Harald Heinrichs · Gerd Michelsen
(Hrsg.)

Nachhaltigkeitswissenschaften

Springer Spektrum

Herausgeber
Harald Heinrichs
Lüneburg
Deutschland

Gerd Michelsen
Lüneburg
Deutschland

ISBN 978-3-642-25111-5   ISBN 978-3-642-25112-2 (eBook)
DOI 10.1007/978-3-642-25112-2

Die Deutsche Nationalbibliothek verzeichnet diese Publikation in der Deutschen Nationalbibliografie; detaillierte bibliografische Daten sind im Internet über http://dnb.d-nb.de abrufbar.

Springer Spektrum

Gedruckt auf säurefreiem und chlorfrei gebleichtem Papier

Springer Spektrum ist eine Marke von Springer DE. Springer DE ist Teil der Fachverlagsgruppe Springer Science+Business Media
www.springer-spektrum.de

Einleitung

Der sächsische Oberberghauptmann Hans Carl von Carlowitz veröffentlichte im Jahr 1713 das Buch *Sylvicultura oeconomica, oder haußwirthliche Nachricht und Naturmäßige Anweisung zur wilden Baum-Zucht.* Darin zeigt er die Notwendigkeit und Möglichkeit einer „nachhaltenden Forstwirtschaft" auf. Heute, 300 Jahre später, ist Nachhaltigkeit bzw. nachhaltige Entwicklung eine Herausforderung, die weit über die Forstwirtschaft hinausweist: In unserer Zeit geht es u. a. um nachhaltiges Wirtschaften, nachhaltige Politik, Bildung für nachhaltige Entwicklung, Nachhaltigkeitskommunikation, nachhaltige Chemie, nachhaltige Stadtentwicklung oder eine ökologische Lebensweise. Die regulative Idee der Nachhaltigkeit ist zu einem zentralen Referenzpunkt in Diskursen und Praktiken zur Zukunftssicherung der globalisierten Weltgesellschaft geworden. Die Initialzündung für die Verbreitung der Nachhaltigkeitsidee als gesellschaftspolitisches Leitprinzip kann der Brundtland-Kommission und der daran anknüpfenden Konferenz für Umwelt und Entwicklung in Rio de Janeiro (1992) zugeschrieben werden.

25 Jahre nach Veröffentlichung des sogenannten Brundtland-Berichts und 20 Jahre nach der Rio-Konferenz, fand erneut in Rio de Janeiro eine Konferenz der Vereinten Nationen zur nachhaltigen Entwicklung statt. Die Bilanz zum „silbernen Jubiläum" des Brundtland-Berichts war ebenso ernüchternd wie die verabschiedeten nächsten Schritte. Trotz vereinzelter Teilerfolge in der Institutionalisierung und Verbreitung von Nachhaltigkeitsansätzen in der Wirtschaft, der Politik und weiterer Gesellschaftsbereichen zeigen zahlreiche Studien auf, dass sich die Welt insgesamt auf einem nicht-nachhaltigen Pfad befindet. Egal, ob die Bestandsaufnahme zur globalen Umweltsituation des Umweltprogramms der Vereinten Nationen herangezogen wird (UNEP Outlook 5 2012), der Zwischenbericht zu den Millennium-Development-Goals (MDG 2010), der Living Planet Report des WWF (2012) oder Berichte zu Teilfragen nachhaltiger Entwicklung wie dem Klimawandel, es erscheint ein sehr ähnliches Bild: Die globale Völkergemeinschaft ist weit entfernt von einer zukunftsfähigen, inter- und intragenerationell gerechten ökologischen, sozialen und ökonomischen Entwicklung. So ist beispielsweise der Anstieg an CO_2 als wesentliche Ursache des anthropogenen Klimawandels trotz internationaler Klimapolitik seit 1990 um ca. 50 % gestiegen, der Artenverlust setzt sich – an vielen Orten beschleunigt – fort, die weltweite Armutsbekämpfung hinkt den gesteckten Zielen hinterher und die sozioökonomische Ungleichheit, die häufig mit soziopolitischer und soziokultureller Ungleichheit verknüpft ist,

hat im Zuge der ökonomischen Globalisierung der vergangenen drei Jahrzehnte in vielen Ländern zugenommen.

Dreihundert Jahre nach der Beschreibung von Nachhaltigkeitsprinzipien in der Forstwirtschaft und 25 Jahre nach der Konzeptionierung von Nachhaltigkeit als gesellschaftspolitischer Leitidee ist der Bedarf nach mehr Nachhaltigkeit in der gesellschaftlichen Praxis somit größer denn je. Auch wenn sich sicherlich darüber streiten lässt, inwieweit ein „Gesellschaftsvertrag für eine Große Transformation", wie ihn der Wissenschaftliche Beirat der deutschen Bundesregierung Globale Umweltveränderungen (WBGU 2011) fordert, möglich ist, so erscheint doch klar, dass nachhaltiges Handeln und Entscheiden zur Zukunftssicherung zwingend notwendig ist. Neben Entscheidungsträgern in Politik, Wirtschaft, Medien und Zivilgesellschaft sowie den Individuen als Bürger und Konsumenten kommt auch der Wissenschaft eine wesentliche Rolle zu. Durch Forschung und Lehre ist die Wissenschaft ein wesentlicher Ort der Zukunftsgestaltung. Sie könnte und sollte einen wichtigen Beitrag zur Entwicklung einer nachhaltigen Gesellschaft leisten.

Die traditionelle, disziplinär aufgegliederte Wissenschaft, die gemäß dem Motto „Die Gesellschaft hat Probleme – die Universitäten haben Disziplinen" operiert, erscheint für diese Aufgabe aber nur unzureichend gerüstet. Eine Wissenschaft, die konkrete Beiträge zur nachhaltigen Entwicklung leisten will, ist gut beraten, gezielt problemlösungsorientiert zu arbeiten. Dafür ist zum einen notwendig, Disziplinengrenzen zu überschreiten und interdisziplinär mit anderen Disziplinen zusammenzuarbeiten. Darüber hinaus gehend ist zum anderen in transdisziplinären Forschungs- und Entwicklungsprozessen mit Akteuren aus der Praxis zu kooperieren. Neben der disziplinären Erforschung der Welt bedarf es somit einer inter- und transdisziplinären Nachhaltigkeitswissenschaften, um die nachhaltige Entwicklung mit qualitativ hochwertiger Expertise zu unterstützen und Nachhaltigkeitsexperten und -expertinnen für die vor uns liegenden großen Herausforderungen auszubilden. Erste Ansätze zur Entwicklung und Etablierung von Nachhaltigkeitswissenschaften sind in den vergangenen zwei Jahrzehnten weltweit in Gang gebracht worden. Es gibt Fachzeitschriften, Studiengänge, Förderprogramme und Professuren. Trotz dieser Initiativen, die auch zu einer unüberschaubaren Anzahl von Publikationen geführt hat, gibt es nach wie vor ein Mangel an Lehrbüchern, die auf die Zielgruppe der Studierenden zugeschnitten sind und versuchen, einen umfassenden Überblick über inter- und transdisziplinäre Nachhaltigkeitswissenschaften zu geben. Das vorliegende Lehr- und Arbeitsbuch will diese Lücke schließen.

Das erste Kapitel gibt einen Überblick über wesentliche Grundlagen nachhaltiger Entwicklung. Es wird eingeführt in die Hintergründe und Zusammenhänge und in relevante theoretische Konzepte. Am Schluss steht eine Reflexion auf die Resonanz zum Thema im Wissenschaftssystem. Im Folgenden werden charakteristische Besonderheiten von Nachhaltigkeitswissenschaften diskutiert: die nachhaltigkeitsethische Perspektive, die aufgrund der Normativität des Konzeptes von zentraler Bedeutung ist, die Relevanz und das Gestaltungspotenzial transdisziplinärer Forschung sowie eine Übersicht über das Methodenspektrum der Nachhaltigkeitswissenschaften. Anschließend wird in zentrale natur- und humanwissenschaftliche Zugänge zur nachhaltigen Entwicklung eingeführt. Dazu gehören in der naturwissenschaftlichen Perspektive die Darstellung der Grundlagen zu Ökosystemen und Biodiversität, chemischen Stoffe in der Umwelt sowie wichtige Erdsysteme und Stoffkreisläufe, insbesondere Klima und Boden. In der humanwissenschaftlichen Perspektive werden drei hervorgehobene Gesellschaftsbereiche fokussiert: In der staatlich-öffentlichen Gestaltung von Nachhaltigkeit werden ökonomische, politik-, rechts- und planungswissenschaftliche Grundlagen vermittelt; zur unternehmerischen Nachhaltigkeit werden Grundlagen und Perspektiven des Nachhaltigkeitsmanagements diskutiert; und schließlich werden mit Blick auf zivilgesellschaftliche Prozesse zur nachhaltigen Entwicklung wichtige Aspekte der Kommunikation, Partizipation und der (digitalen) Medien entfaltet. Im letzten Teil folgen dann – beispielhaft – Handlungsfelder nachhaltiger Entwicklung, in denen insbesondere auch die Relevanz inter- und transdisziplinärer Problembearbeitung aufgezeigt wird. Das Spektrum der Nachhaltigkeitsthemen reicht von Energie über Moore, Wasser und Küstenschutz, bis zu Regionalentwicklung, Kommunalverwaltung und Herausforderungen für die Bildung.

Ähnlich einem Mosaik bilden die Einzelkapitel Bausteine, die – zusammengesetzt – einen Gesamtüberblick über wesentliche Grundlagen und konkretisierende Anwendungsfelder und damit ein Gesamtverständnis von Nachhaltigkeitswissenschaften und Themen nachhaltiger Entwicklung geben sollen. Wir hoffen, mit dem Lehrbuch einen Beitrag zur weiteren Etablierung der Nachhaltigkeitswissenschaften zu leisten und der nächsten Generation von Nachhaltigkeitsexperten und -expertinnen einen einführenden Überblick in das ebenso spannende wie herausfordernde „Jahrhundert-Thema" der nachhaltigen Entwicklung zu ermöglichen.

Wir danken allen ganz herzlich, die für dieses Buch einen Beitrag verfasst haben, die sich an der redaktionellen Arbeit beteiligt haben und die den mühsamen Weg bis zur Veröffentlichung mitgegangen sind. Diese Publikation wäre ohne ihre Mitwirkung und Unterstützung nicht möglich gewesen. Auch wenn alle Beteiligten bemüht waren, sorgfältig und genau zu arbeiten, können auch in diesem Buch noch Fehler stecken. Sie gehen selbstverständlich auf das Konto der Herausgeber.

Lüneburg, im Herbst 2013   Harald Heinrichs
                                                                  Gerd Michelsen

Inhaltsverzeichnis

Mitarbeiterverzeichnis

Maik Adomßent Fakultät Nachhaltigkeit, Leuphana Universität Lüneburg, Lüneburg, Deutschland, E-Mail: adomssent@leuphana.de

Thorsten Assmann Fakultät Nachhaltigkeit, Leuphana Universität Lüneburg, Lüneburg, Deutschland, E-Mail: assmann@leuphana.de

Stefan Baumgärtner Fakultät Nachhaltigkeit, Leuphana Universität Lüneburg, Lüneburg, Deutschland, E-Mail: baumgaertner@leuphana.de

Markus Beckmann Lehrstuhl für Corporate Sustainability Management, Universität Erlangen-Nürnberg, Nürnberg, Deutschland, E-Mail: markus.beckmann@wiso.uni-erlangen.de

Eckhard Bollow Fakultät Nachhaltigkeit, Leuphana Universität Lüneburg, Lüneburg, Deutschland, E-Mail: bollow@leuphana.de

Birgitt Brinkmann Fakultät Nachhaltigkeit, Leuphana Universität Lüneburg, Lüneburg, Deutschland, E-Mail: brinkmann@leuphana.de

Simon Burandt Fakultät Nachhaltigkeit, Leuphana Universität Lüneburg, Lüneburg, Deutschland, E-Mail: burandt@leuphana.de

Claudia Drees Fachbereich Biologie, Zoologisches Institut, Universität Hamburg, Hamburg. Deutschland, E-Mail: claudia.drees@uni-hamburg.de

Helmut Faasch Fakultät Nachhaltigkeit, Leuphana Universität Lüneburg, Lüneburg, Deutschland, E- Mail: faasch@leuphana.de

Mariele Evers Geographisches Institut, Universität Bonn, Bonn, Deutschland, E-Mail: mariele.evers@uni-bonn.de

Markus Groth Climate Service Center (CSC), Helmholtz-Zentrum Geesthacht - Zentrum für Material- und Küstenforschung GmbH, Hamburg, Deutschland, E-Mail: Markus. Groth@hzg.de

Werner Härdtle Fakultät Nachhaltigkeit, Leuphana Universität Lüneburg, Lüneburg, Deutschland, E-Mail: haerdtle@leuphana.de

Harald Heinrichs Fakultät Nachhaltigkeit, Leuphana Universität Lüneburg, Lüneburg, Deutschland, E-Mail: harald.heinrichs@leuphana.de

Sabine Hofmeister Fakultät Nachhaltigkeit, Leuphana Universität Lüneburg, Lüneburg, Deutschland, E-Mail: hofmeister@leuphana.de

Ev Kirst Fakultät Nachhaltigkeit, Leuphana Universität Lüneburg, Lüneburg, Deutschland, E-Mail: kirst@leuphana.de

Alexandra Klein Fakultät Nachhaltigkeit, Leuphana Universität Lüneburg, Lüneburg, Deutschland, E-Mail: aklein@leuphana.de

Jan Felix Köbbing Institut für Botanik und Landschaftsökologie, Universität Greifswald, Greifswald, Deutschland, E-Mail: Jan.Koebbing@stud.uni-greifswald.de

Klaus Kümmerer Fakultät Nachhaltigkeit, Leuphana Universität Lüneburg, Lüneburg, Deutschland, E-Mail: kuemmerer@leuphana.de

Daniel J. Lang Fakultät Nachhaltigkeit, Leuphana Universität Lüneburg, Lüneburg, Deutschland, E-Mail: daniel.lang@leuphana.de

Florian Lüdeke-Freund Fakultät Nachhaltigkeit, Leuphana Universität Lüneburg, Lüneburg, Deutschland, E-Mail: luedeke@leuphana.de

Gerd Michelsen Fakultät Nachhaltigkeit, Leuphana Universität Lüneburg, Lüneburg, Deutschland, E-Mail: michelsen@leuphana.de

Andreas Möller Fakultät Nachhaltigkeit, Leuphana Universität Lüneburg, Lüneburg, Deutschland, E-Mail: moeller@leuphana.de

Tanja Mölders Fakultät für Architektur und Landschaft, Leibnitz Universität Hannover, Hannover, Deutschland, E-Mail: t.moelders@archland.uni-hannover.de

Jens Newig Fakultät Nachhaltigkeit, Leuphana Universität Lüneburg, Lüneburg, Deutschland, E-Mail: newig@leuphana.de

Nils O. Oermann Fakultät Nachhaltigkeit, Leuphana Universität Lüneburg, Lüneburg, Deutschland, E-Mail: oermann@leuphana.de

Goddert von Oheimb Fakultät Nachhaltigkeit, Leuphana Universität Lüneburg, Lüneburg, Deutschland, E-Mail: vonoheimb@leuphana.de

Oliver Opel Fakultät Nachhaltigkeit, Leuphana Universität Lüneburg, Lüneburg, Deutschland, E-Mail: opel@leuphana.de

Wolf-Ulrich Palm Fakultät Nachhaltigkeit, Leuphana Universität Lüneburg, Lüneburg, Deutschland, E-Mail: palm@leuphana.de

Marco Rieckmann Institut für Soziale Arbeit, Bildungs- und Sportwissenschaften, Universität Vechta, Vechta, Deutschland, E-Mail: marco.rieckmann@uni-vechte.de

Horst Rode Fakultät Nachhaltigkeit, Leuphana Universität Lüneburg, Lüneburg, Deutschland, E-Mail: rode@leuphana.de

Wolfgang Ruck Fakultät Nachhaltigkeit, Leuphana Universität Lüneburg, Lüneburg, Deutschland, E-Mail: ruck@leuphana.de

Stefan Schaltegger Fakultät Nachhaltigkeit, Leuphana Universität Lüneburg, Lüneburg, Deutschland, E-Mail: schaltegger@leuphana.de

Thomas Schomerus Fakultät Nachhaltigkeit, Leuphana Universität Lüneburg, Lüneburg, Deutschland, E-Mail: schomerus@leuphana.de

Andreas Schuldt Fakultät Nachhaltigkeit, Universität Lüneburg, Lüneburg, Deutschland, E-Mail: andreas.schuldt@leuphana.de

Ute Stoltenberg Fakultät Nachhaltigkeit, Leuphana Universität Lüneburg, Lüneburg, Deutschland, E-Mail: stoltenberg@leuphana.de

Anja Thiem Fakultät Nachhaltigkeit, Leuphana Universität Lüneburg, Lüneburg, Deutschland, E-Mail: anja.thiem@leuphana.de

Simon Trockel Fakultät Nachhaltigkeit, Leuphana Universität Lüneburg, Lüneburg, Deutschland, E-Mail: trockel@leuphana.de

Brigitte Urban Fakultät Nachhaltigkeit, Leuphana Universität Lüneburg, Lüneburg, Deutschland, E-Mail: urban@leuphana.de

Ulli Vilsmaier Methodenzentrum und Fakultät Nachhaltigkeit, Leuphana Universität Lüneburg, Lüneburg, Deutschland, E-Mail: vilsmaier@leuphana.de

Annika Weinert Leuphana Universität Lüneburg, Lüneburg, Deutschland

Henrik von Wehrden Fakultät Nachhaltigkeit, Leuphana Universität Lüneburg, Lüneburg, Deutschland, E-Mail: henrik.von_wehrden@leuphana.de

Abkürzungsverzeichnis

1D	Eindimensional
AA	AccountAbility
AEUV	Vertrag über die Arbeitsweise der Europäischen Union
AOP	Advanced Oxidation Process
AOX	Adsorbable organic halogen compounds
BauGB	Baugesetzbuch
BBodSchG	Bundes-Bodenschutzgesetz
BCSD	Business Council Sustainable Development
BGB	Bürgerliches Gesetzbuch
BImSchG	Bundes-Immissionsschutzgesetz
BLK	Bund-Länder-Kommission
BMAS	Bundesministerium für Arbeit und Soziales
BMU	Bundesministerium für Umwelt, Naturschutz und Reaktorsicherheit
BNatSchG	Bundesnaturschutzgesetz
BNE	Bildung für nachhaltige Entwicklung
BSCI	Business Social Compliance Initiative
BÜK	Bodenkundliche Übersichtskarte
C	Kohlenstoff
CD	Compact Disc
CDP	Carbon Disclosure Project
CIS	Common Implementation Strategy
CO_2	Kohlenstoffdioxid
COP	Conference of the Parties
COST	European Cooperation in Science and Technology
CPU	Central Processing Unit
CSD	Commission on Sustainable Development
CSO	Civil Society Organization
CSP	Concentrated Solar Power
CSR	Corporate Social Responsibility
DDR	Deutsche Demokratische Republik
DDT	Dichlordiphenyltrichlorethan

DIANE-CM	Decentralised Integrated Analysis and Enhancement of Awareness through Collaborative Modelling and Management of Flood Risk
DJSI	Dow-Jones-Sustainability-Index
DStGB	Deutscher Städte- und Gemeindebund
DVD	Digital Versatile Disc
EEA	Europäische Umweltagentur
EEG	Erneuerbare-Energien-Gesetz
ELER	Europäische Landwirtschaftsfonds für die Entwicklung des ländlichen Raums
EMAS	Eco-Management and Audit Scheme
EMS	Environmental Management System
ESF	European Science Foundation
ETH	Eidgenössische Technische Hochschule
EU	Europäische Union
EU-HWRM-RL	EU-Hochwasserrisiko-Management-Richtlinie
EUV	Vertrag über die Europäische Union
EZG	Einzugsgebietsebene
FAO	Food and Agriculture Organization
FCKW	Fluorchlorkohlenwasserstoffe
FK	Feldkapazität
GAP	Gemeinsame Europäische Agrarpolitik
GATS	General Agreement on Trade in Services
GATT	General Agreement on Tariffs and Trade
GC/MS	Gaschromatographie mit Massenspektrometrie
GEST	Treibhaus-Gas-Emissions-Standort-Typen
GG	Grundgesetz
GPS	Global Positioning System
GRI	Global Reporting Initiative
GWP	Global Water Partnership
HCI	Human Computer Interaction
HFA	Handlungsfolgenabschätzung
HGF	Helmholtz-Gemeinschaft Deutscher Forschungszentren
HHThw	Höchstes eingetretenes Tidehochwasser
HHW	Höchstwasserstände
HPLC/MS	Flüssigchromatographie mit Massenspektrometrie
HSpThw	Höchstes Springtidehochwasser
HW	Hochwasser
HWRM	Hochwasserrisikomanagement
HWRMP	Hochwasserrisikomanagementplan
HWRM-RL	Hochwasserrisikomanagement-Richtlinie
HWS-G	Hochwasserschutzgesetz
ICLEI	Local Governments for Sustainability

ICP-OES	Optische Emissionsspektrometrie mit induktiv gekoppeltem Plasma
ICSU	International Council for Science
IEA	Internationale Energieagentur
IFGM	Integriertes Flussgebietsmanagement
IGBP	International Geosphere-Biosphere Programme
IHDP	International Human Dimensions Programme
IKM	Integriertes Küstenmanagement
IKZM	Integriertes Küstenzonenmanagement
ILO	International Labour Organization
IPCC	Intergovernmental Panel on Climate Change
IRBM	Integrated River Basin Management
ISO	International Organization for Standardization
ISOE	Institut für Sozial-Ökologische Forschung
ISRIC	International Soil Reference and Information Center
ISSC	International Social Science Council
IUCN	International Union for Conservation of Nature
IWRM	Integrated Water Resources Management
KAK	Kationenaustauschkapazität
KfW	Kreditanstalt für Wiederaufbau
KGSt	Kommunale Gemeinschaftsstelle
KMK	Kultusministerkonferenz
KNA	Kosten-Nutzen-Analyse
KPMG	Klynveld Peat Marwick Goerdeler International Cooperative
KrWG	Kreislaufwirtschaftsgesetz
LA 21	Lokale Agenda 21
LAWA	Bund-Länder-Arbeitsgemeinschaft Wasser
LCA	Life-Cycle Assessment
LC-MS	Flüssigchromatographie mit Massenspektrometrie
LIA	Little Ice Age
LPG	Landwirtschaftliche Produktionsgenossenschaft
LUBW	Landesanstalt für Umwelt, Messungen und Naturschutz Baden-Württemberg
LÜNESCO	Lüneburg Network for a Sustainable Community
MAUT	Multi-Attributive Utility Theory
MDG	Millennium Development Goals
MHC	Major Histocompatibility Complex
MIT	Massachusetts Institute of Technology
MSC	Marine Stewardship Council
MTmw	Mittleres Tidemittelwasser
MW	Mittelwasser
N	Stickstoff
N_2O	Distickstoffmonoxid

NASA	National Aeronautics and Space Administration
nFK	nutzbare Feldkapazität
NGO	Non-Governmental Organization
NHW	Nachhaltigkeitshumanwissenschaften
NIBIS	Niedersächsisches Bodeninformationssystem
NLWKN	Niedersächsischer Landesbetrieb für Wasserwirtschaft, Küsten- und Naturschutz
NN	Normalnull
NOGF	Nachhaltigkeitsorientierte Gemeindeführung
NSM	Neues Steuerungsmodell
OBS	Organische Bodensubstanz
OECD	Organisation for Economic Co-operation and Development
OPEC	Organization of the Petroleum Exporting Countries
PAK	Polyzyklische aromatische Kohlenwasserstoffe
PBSM	Pflanzenbehandlungs- und Schädlingsbekämpfungsmittel
PCB	Polychlorierte Biphenyle
PCDD	Polychlorierte Dibenzo-p-dioxine
PCDF	Polychlorierte Dibenzo-p-dioxine und Dibenzofurane
POPs	Persistent organic pollutants
PR	Public Relations
ProMechG	Projekt-Mechanismen-Gesetz
PV	Photovoltaik
PV	Porenvolumen
PVC	Polyvinylchlorid
PWP	Permanenter Welkepunkt
RNE	Rat für Nachhaltige Entwicklung
ROG	Raumordnungsgesetz
RWI	Rheinisch-Westfälische Institut für Wirtschaftsforschung
SA	Social Accountability
SAM	Sustainability Asset Management
SCM	Supply Chain Management
SRU	Sachverständigenrat für Umweltfragen
SSCM	Sustainable Supply Chain Management
StREG	Stromeinspeisegesetz
TEHG	Treibhausgas-Emissionshandelsgesetz
TM	Turing Maschine
TOC	Total Organic Carbon
TRIPS	Trade-Related Aspects of Intellectual Property Rights
UBA	Umweltbundesamt
UGB	Umweltgesetzbuch
UIG	Umweltinformationsgesetz
UMS	Umweltmanagementsystem

UmwRG	Umwelt-Rechtsbehelfsgesetz
UN	United Nations
UNCED	United Nations Conference on Environment and Development
UNCHE	United Nations Conference on the Human Environment
UNCTAD	United Nations Conference on Trade and Development
UNECE	United Nations Economic Commission for Europe
UNEP	United Nations Environmental Programme
UNESCO	United Nations Educational, Scientific and Cultural Organization
UNFCCC	United Nations Framework Convention on Climate Change
UNO	United Nations Organization
USA	United States of America
UV	Ultraviolettstrahlung
UVPG	Gesetz über die Umweltverträglichkeitsprüfung
WBCSD	World Business Council for Sustainable Development
WBGU	Wissenschaftlicher Beirat Globale Umweltveränderungen
WCED	World Commission on Environment and Development
WEI	Water Exploitation Index
WHG	Wasserhaushaltsgesetz
WRB	World Reference Base for Soil Resources
WRRL	Wasserrahmenrichtlinie
WTO	World Trade Organization
WWF	World Wide Fund for Nature

Abbildungsverzeichnis

Tabellenverzeichnis

Teil I
Grundlagen

Nachhaltige Entwicklung: Hintergründe und Zusammenhänge

Gerd Michelsen und Maik Adomßent

Idee und historische Einordnung

„Nachhaltige Entwicklung" oder „Sustainable Development" ist ein Begriff, der spätestens seit der Weltumweltkonferenz von Rio de Janeiro (1992) und der dort verabschiedeten „Agenda 21" sehr unterschiedlich wie auch missverständlich gebraucht, manchmal sogar missbräuchlich genutzt wird. Für „Sustainable Development" hat sich im deutschsprachigen Raum inzwischen der Begriff „Nachhaltige Entwicklung" durchgesetzt, auch wenn daneben viele weitere Übersetzungen in der Fachliteratur verwendet werden. In dem Konzept einer nachhaltigen Entwicklung spielen verschiedene gesellschaftliche Visionen von der Idee der Gerechtigkeit, des genügsamen Lebens, der Freiheit und der Selbstbestimmung, des Wohlergehens aller Menschen und der Zukunftsverantwortung mit jeweils unterschiedlicher Gewichtung zusammen. Regierungen, Wirtschaftsunternehmen, Nichtregierungsorganisationen sowie nationale und internationale Konferenzen formulieren Nachhaltigkeit als eine wichtige Zielsetzung. Dadurch, dass Nachhaltigkeit in unterschiedlichen Interessenzusammenhängen eine Rolle spielt, sind der Begriff und sein Verständnis von Ungenauigkeiten, Mehrdeutigkeiten und zum Teil von Widersprüchen geprägt.

> Ulrich Grober hat sich in seinem Buch „Die Entdeckung der Nachhaltigkeit. Kulturgeschichte eines Begriffs" intensiv mit dem Verständnis von Nachhaltigkeit auseinandergesetzt und eingangs folgende Frage gestellt (Grober 2010, S. 14):

G. Michelsen (✉) · M. Adomßent
Fakultät Nachhaltigkeit, Leuphana Universität Lüneburg, Lüneburg, Deutschland
E-Mail: michelsen@leuphana.de

M. Adomßent
E-Mail: adomssent@leuphana.de

H. Heinrichs, G. Michelsen (Hrsg.), *Nachhaltigkeitswissenschaften*,
DOI 10.1007/978-3-642-25112-2_1, © Springer-Verlag Berlin Heidelberg 2014

„Aber was ist nachhaltig? Das von Joachim Heinrich Campe, dem Lehrer Alexander von Humboldts, 1809 herausgegebene „Wörterbuch der deutschen Sprache" definiert Nachhaltigkeit als das, woran man sich hält, wenn alles andere nicht mehr hält. Das klingt tröstlich. Wie eine Flaschenpost aus einer fernen Vergangenheit für unsere prekären Zeiten. Wir suchen nach einem Modell, das ein Weltsystem abbildet, das 1) n a c h h a l t i g (sustainable) ist ohne plötzlichen und unkontrollierbaren Kollaps; und 2) fähig ist, die materiellen Grundansprüche aller seiner Menschen zu befriedigen. Noch eine Flaschenpost. Diese ist in dem berühmten Bericht an den Club of Rome von 1972 über die Grenzen des Wachstums enthalten.

In beiden Fällen ist Nachhaltigkeit der Gegenbegriff zu „Kollaps". Er bezeichnet, was standhält, was tragfähig ist, was auf Dauer angelegt ist, was resilient ist, und das heißt: gegen den ökologischen, ökonomischen und sozialen Zusammenbruch gefeit. Was frappiert: Die beiden Bestimmungen aus so unterschiedlichen Epochen sind annähernd deckungsgleich. Sie verorten „Nachhaltigkeit" im menschlichen Grundbedürfnis nach Sicherheit."

Das Buch gibt einen lohnenden Einblick, wie sich die Diskussion um Nachhaltigkeit in den letzten Jahrhunderten entwickelt hat und welche Aspekte dabei eine Rolle gespielt haben.

In diesem Kapitel geht es um die Entwicklung der Diskussion um Nachhaltigkeit, um theoretische Konzepte einer nachhaltigen Entwicklung und um politische Konsequenzen.

Von den Anfängen der Diskussion um Nachhaltigkeit

Die Entstehung des Begriffs „Nachhaltigkeit" und damit auch dessen erste Definition werden bereits in die Anfänge des 18. Jahrhunderts zurückgeführt. Die Abhandlung „Sylvicultura Oeconomica oder hauswirthliche Nachricht und naturgemäße Anweisung zur wilden Baum-Zucht" des sächsischen Oberberghauptmanns Carl von Carlowitz aus dem Jahr 1713 wird als Quelle für die erstmalige Erwähnung genannt (u. a. Peters 1984; Schanz 1996; Di Giulio 2003). Dabei bezog sich der Begriff auf die Forstwirtschaft. Carlowitz forderte eine „continuierliche, beständige und nachhaltende Nutzung" des Waldes. Eine nachhaltige Forstwirtschaft beruhte demnach auf dem Grundsatz, dass in einem Jahr nur so viel Holz geschlagen werden soll, dass ständig eine gleich große hiebsreife Menge anfällt und damit ein Wald dauernd erhalten und gut bewirtschaftet werden kann (Abb. 1.1).

Dieser Grundsatz verband ökonomische (maximale Produktionskraft des Waldes in Form des Nutzholzertrages zum Zwecke einzelwirtschaftlicher Existenzsicherung) und ökologische (Erhaltung des ökosystemaren Standorts) Kriterien. Aus einer ökonomischen

Abb. 1.1 Sylvicultura Oeconomica (Wikipedia 2012)

Logik heraus lässt sich auch das Prinzip ableiten, von den „Zinsen" des Kapitals (der jährliche Holzzuwachs, der geschlagen wird) zu leben, und nicht das Kapital (Wald) selbst anzugreifen. Dieses Prinzip wurde Ende des 18. Jahrhunderts in der deutschen Forstwirtschaft gesetzlich festgeschrieben, im Laufe der Zeit ergaben sich aber auch Änderungen im Verständnis einer nachhaltigen Forstwirtschaft. Inwiefern das Nachhaltigkeitsprinzip in der deutschen Forstwirtschaft tatsächlich auch angewendet wurde, wird in den Fachdiskursen zur naturnahen Forstwirtschaft und dem standortgerechten Waldbau unterschiedlich eingeschätzt (Abb. 1.2).

Anfang des 20. Jahrhunderts fand der Nachhaltigkeitsbegriff mit dem Konzept des „maximum sustainable yield" auch Eingang in die Fischereiwirtschaft. Die Zielsetzung war hier ähnlich. Es sollten Bedingungen geschaffen werden, die maximale Erträge in Abhängigkeit von der Populationsstärke ermöglichten. Mehr als 200 Jahre lang war also das Nachhaltigkeitsprinzip, sofern es überhaupt praktische Anwendung fand, weitgehend auf die Forst- und Fischereiwirtschaft begrenzt. Auf die übrigen Bereiche des Wirtschaftens hatte es letztlich kaum Einfluss. Hier kommt das betriebswirtschaftliche Prinzip der „Abschreibung für Abnutzung" dem Erhaltungsziel bzw. dem Ziel, von den Erträgen und nicht von der Substanz zu leben, am nächsten.

Abb. 1.2 Holzschlag in einem
Nadelwald (Earthpeace o. J.)

Bereits Mitte des 18. Jahrhunderts wurde in den ersten wirtschaftswissenschaftlichen Analysen der Faktor Natur (im Sinne von Ressourcen oder Boden) ins Blickfeld der Betrachtungen gestellt. Auch rund 50 Jahre später lag den Arbeiten bedeutender Ökonomen, vor allem der Engländer David Ricardo und Thomas Malthus, wie auch noch Mitte des 19. Jahrhunderts den Überlegungen von John Stuart Mill, die Vorstellung von begrenzten Tragekapazitäten der Natur zugrunde. Malthus hatte vor dem Hintergrund massiven Bevölkerungswachstums in England ein Missverhältnis zwischen der Ressourcenmenge in einem Lebensraum und der Bevölkerungszahl diagnostiziert und Hungersnöte, Epidemien und Kriege als Folge davon prognostiziert. Aus heutiger Sicht werden diese Arbeiten häufig als erstmalige systematische Abhandlung über die Wachstumsgrenzen in einer endlichen Welt sowie deren Belastungsgrenzen bezeichnet und als eine frühe Quelle der Nachhaltigkeitsdebatte interpretiert. In der damaligen Zeit fanden sie jedoch nur geringe Beachtung, da die Umweltprobleme im nationalen oder gar globalen Maßstab nicht Thema der politischen oder gesellschaftlichen Auseinandersetzung waren.

Im Zuge des Ende des 18. Jahrhunderts einsetzenden Industrialisierungsprozesses und seiner Begleiterscheinungen konzentrierte sich für die meisten Menschen die Frage nach Wegen gesellschaftlicher Entwicklung bis in die Mitte des 20. Jahrhunderts hinein weitestgehend auf ökonomische und soziale Aspekte. Überlebensfragen sowie die Regelung von Arbeitsbedingungen standen für sie gegenüber dem, was man heute ökologische Probleme nennt, deutlich im Vordergrund. In dem Maße, wie fortschrittliche Methoden in

Land- und Ernährungswirtschaft die Nahrungsmittelversorgung verbesserten und die Bevölkerung trotz steigender Konsummöglichkeiten nicht in dem vorhergesagten Maß wuchs, teilweise auch konstant blieb, fand die pessimistische These von Malthus zudem immer weniger Resonanz und galt als widerlegt. Auch davon geprägt, wurde in der weiteren Entwicklung und Praxis der neoklassischen Wirtschaftstheorie mehr als 150 Jahre lang der Faktor Natur weitgehend aus der Analyse des Produktionsprozesses ausgeblendet. Seit den 1960er-Jahren haben Wirtschaftswissenschaftler wie Boulding (1966); Ayres und Kneese (1969); Georgescu-Roegen (1971); Ayres (1978); Daly (1973, 1977) u. a. die Natur und Umwelt und damit zumindest indirekt auch die Nachhaltigkeit wieder auf die wirtschaftswissenschaftliche Tagesordnung gesetzt. Im Zuge von immer deutlicher zutage tretenden Umweltproblemen und Umweltkatastrophen wurde der Schutz der Umwelt in dieser Zeit zu einem öffentlichen Thema. Winterlicher Smog in London und New York, Fälle massiver Quecksilbervergiftung in Japan, ein Tankerunglück, das zu einer großen Ölpest führte, sind nur einige Beispiele. Das Buch „Silent Spring" von Rachel Carson, das Anfang der 1960er-Jahre in den Vereinigten Staaten erschien, beeinflusste sehr stark die Diskussion um die Gefahren der Massenanwendung chemischer Stoffe. Die Ressourcenfrage wurde 1972 durch den Bericht „Die Grenzen des Wachstums", der im Auftrag des Club of Rome (Meadows et al. 1972) erstellt wurde, vor allem in den Ländern des Nordens, womit die Industrienationen gemeint sind, ins Zentrum der Debatte gerückt. Wissenschaftler vom Massachusetts Institute of Technology (MIT) berechneten auf der Basis eines Computer-gestützten Simulationsprogramms verschiedene Szenarien zur Zukunft der Erde. Die besorgniserregendste und entsprechend öffentlichkeitswirksame Prognose war, dass die Erde eine Fortführung der ressourcenintensiven Wachstumspolitik nicht mehr lange verkraften könne. In der obigen Abbildung wurden die Szenarien des Berichts übereinandergelegt, um zu zeigen, wie unterschiedlich die Entwicklung wichtiger Variablen verlaufen kann. Die meisten Szenarien zeigen einen deutlichen Rückgang der Bevölkerung bzw. des Lebensstandards (Meadows et al. 2007, S. 14). Der Bericht initiierte eine – überwiegend wissenschaftliche und politische – Diskussion über die Zusammenhänge zwischen gesellschaftlichen Produktionsweisen und Lebensstilen, Wirtschaftswachstum und der Verfügbarkeit bzw. Endlichkeit von Ressourcenbeständen. In Folge der Diskussion um die „Grenzen des Wachstums" entstand eine Initiative skandinavischer Länder und der USA, das Thema Umweltschutz im Rahmen der Vereinten Nationen aufzugreifen (Abb. 1.3).

▶ **Aufgabe:** Tragen Sie mindestens fünf aktuelle Beispiele zur Übernutzung von natürlichen Ressourcen zusammen und beschreiben Sie ein Beispiel exemplarisch.

▶ **Frage:** Nennen Sie wichtige Stationen im Nachhaltigkeitsdiskurs und skizzieren Sie deren Besonderheiten.

Abb. 1.3 Szenarien des
World3-Modells (Meadows
et al. 2007, S. 14). In der Abbildung wurden verschiedene
Szenarien des WORLD3-Mo-
dell für die Bereiche „Bevölkerung" und Lebensstandard"
übereinander gelegt. Den meisten Kurven ist ein Rückgang
in den jeweiligen Bereichen
gemeinsam

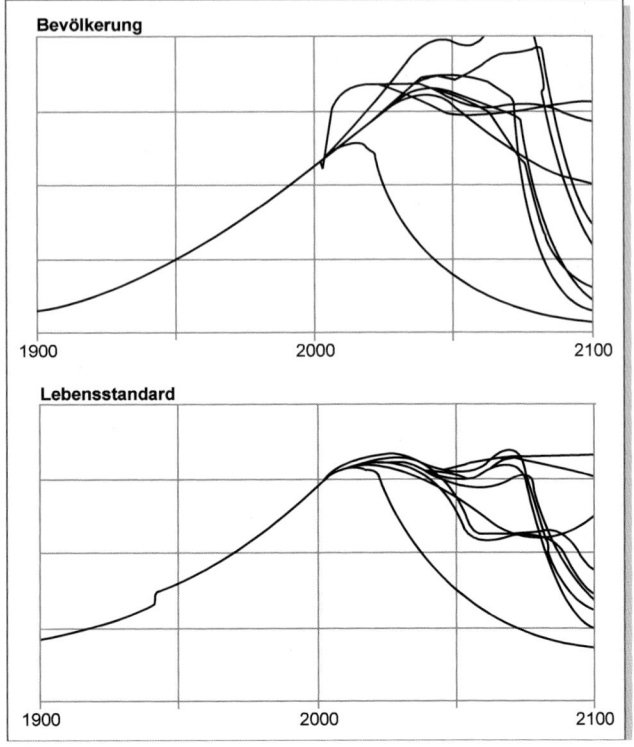

Erste Initiativen der Vereinten Nationen und anderer Organisationen

Die Stockholm-Konferenz und ihre Konsequenzen

1972 fand in Stockholm die erste internationale Konferenz der Vereinten Nationen über
die menschliche Umwelt (United Nations Conference on the Human Environment) statt
(Abb. 1.4). Das politische Hauptinteresse der Länder des Nordens lag darin, Maßnahmen
zur Begrenzung industrieller Umweltverschmutzung und zum Schutz von Ökosystemen
zu vereinbaren, um eine drohende Umweltkatastrophe abzuwenden. Auf der Prioritäten-
liste der Länder des Südens standen dagegen die Bekämpfung der Armut, der Aufbau von
Schul- und Berufsbildungssystemen, die Versorgung mit sauberem Wasser und die Gewährleistung medizinischer Dienste – kurz die soziale und wirtschaftliche Entwicklung.
Hier gab es bereits erste Interessenkonflikte zwischen den beiden Zielen „Umwelt" und
„Entwicklung" (Di Giulio 2003). Durch eine schnelle Industrialisierung wollten die Länder des Südens – dies sind die weniger entwickelten Länder auf der Erde – ihre „Rückstän-
digkeit" überwinden. Die Umweltprobleme wurden dabei, sofern sie überhaupt gesehen
wurden, zunächst in Kauf genommen und sollten erst später beseitigt werden.

Auf der Stockholm-Konferenz kam es dennoch zu einer ersten Annäherung. Die Länder des Nordens konnten die Länder des Südens davon überzeugen, dass es sich bei Dür-
ren, Überschwemmungen und unzureichenden hygienischen Bedingungen auch um Um-

Abb. 1.4 Plenarsaal der Stockholm-Konferenz 1972 (Dahl 2011)

weltprobleme handele und es insofern keinen Widerspruch zwischen Umweltschutz und Entwicklung gäbe. Aus dieser Diskussion entwickelte sich die Kompromissformel „poverty is the biggest polluter". Mit dieser Formel war es den Ländern des Südens möglich, sich auch für Umweltschutz einzusetzen, ohne irgendwelche Abstriche an ihren entwicklungspolitischen Zielen machen zu müssen. Des Weiteren wurde festgestellt, dass die 1972 erkannten Umweltprobleme (z. B. Abholzung tropischer Regenwälder, Meeresverschmutzung) nicht ohne Berücksichtigung sozialer und wirtschaftlicher Gesichtspunkte zu lösen sein würden.

Der „Action Plan for the Human Environment", der 1972 von der UN-Generalversammlung gebilligt wurde, umfasste

- Maßnahmen zum Erfassen von Umweltdaten, zur Umweltforschung, zur Überwachung und zum Austausch von Informationen,
- Übereinkommen zum Umweltschutz und zum schonenden Umgang mit Ressourcen,
- Aufbau von Umweltadministrationen,
- Bildung, Ausbildung und Information der Öffentlichkeit.

Zur Umsetzung des Aktionsplans beschlossen die Vereinten Nationen die Einrichtung eines eigenen Umweltprogramms (UNEP – United Nations Environment Programme) mit Sitz in Nairobi, der Hauptstadt Kenias.

Das Konzept ‚Ecodevelopment' war anfangs vor allem als Entwicklungsansatz für die überwiegend ländlichen Regionen der Länder des Südens gedacht, bot von seinem theoretischen Gerüst her aber die Möglichkeit, über die Dritte Welt hinaus zu einer neuen Definition von Wachstum und Wohlstand zu gelangen. Wesentliche Elemente dieses Ansatzes waren:

- Befriedigung der Grundbedürfnisse mithilfe der eigenen Ressourcenbasis, ohne dabei den Konsumstil der Länder des Nordens zu kopieren,
- Entwicklung eines sogenannten „satisfactory social ecosystem", das Beschäftigung, soziale Sicherheit und Respekt vor verschiedenartigen Kulturen einschließt,
- vorausschauende Solidarität mit zukünftigen Generationen,
- Maßnahmen zur Ressourcen- und Umweltschonung,
- Partizipation der Betroffenen sowie
- begleitende und unterstützende Erziehungs- und Bildungsprogramme

(Haborth 1991 in Eblinghaus und Stickler 1996, S. 31)

Weitere Umwelt- und Entwicklungsinitiativen

Im Anschluss an die Stockholm-Konferenz entwarf das UNEP Konzepte für einen alternativen, auf Umwelt- und Sozialverträglichkeit zielenden Entwicklungspfad. Unter dem Begriff „Ecodevelopment" wurde eine Entwicklungsstrategie formuliert, mit der die Wirtschafts- und Konsumweise der Länder des Nordens als weltweites „Leitmodell" infrage gestellt wurde.

Die „Erklärung von Cocoyoc" (1974), das Abschlussdokument einer von der UNCTAD (United Nations Conference on Trade and Development) und dem UNEP gemeinsam veranstalteten Konferenz im mexikanischen Cocoyoc, und der Bericht der Dag Hammarskjöld Foundation „Was tun" (1975) brachten neben dem Problem der „Unterentwicklung" auch den Fehlzustand der „Überentwicklung" in die Diskussion ein. Der Befriedigung der Grundbedürfnisse als Antwort auf armutsbedingte Bevölkerungsvermehrung und armutsbedingte Umweltzerstörung wurde auf der anderen Seite die Forderung nach einer Reduzierung des Umweltverbrauchs der reichen Länder gegenübergestellt: Ein stabiles ökologisches und soziales Gleichgewicht ist nur durch die Berücksichtigung beider Aspekte zu erzielen. Macht- und Verteilungsfragen auf internationaler und nationaler Ebene wurden in diesem Zusammenhang problematisiert.

Der Bariloche-Report „Grenzen des Elends" (Herrera et al. 1977) der gleichnamigen Stiftung aus Argentinien bezog eine noch radikalere Position, in dem er der These nach den Grenzen des Wachstums eine klare Absage erteilte. Nicht das wirtschaftliche Wachstum, sondern der Konsum der Länder des Nordens führt zu den Grenzen. Diese sollten daher ihren Konsum einschränken und freiwerdende Kräfte den Ländern des Südens zur Verfügung stellen. Wirtschaftliches Wachstum führe nicht zwangsläufig zu steigender Umweltverschmutzung, da dieses Problem technisch kontrollierbar sei. Entscheidend sei es also, umfassenden Technologietransfer von Nord nach Süd zur Lösung der entwicklungspolitischen wie auch der ökologischen Probleme sicherzustellen. Aufgrund der sich weiter verschärfenden globalen Umweltsituation bekam die ökologische Dimension im weiteren Verlauf der internationalen Debatte ein stärkeres Gewicht.

IUCN – The World Conservation Union erarbeitete 1980 in Zusammenarbeit mit UNEP und UNESCO die „World Conservation Strategy". In ihr wurde der Begriff „Sustainable Development" erstmals wieder in einem aktuellen Kontext aufgegriffen. Die Kernthese lautete: Ohne die Erhaltung der Funktionsfähigkeit der Ökosysteme (z. B. vor allem Landwirtschafts-, Wald-, Küsten- und Frischwassersysteme) wird die ökonomische Entwicklung ebenfalls nicht aufrecht zu erhalten sein. Sustainable Development wurde als Konzept verstanden, das durch Schutz und Erhaltung der Natur dafür Sorge trägt, dass die natürlichen Ressourcen erhalten bleiben. Ökologische Aspekte (Ressourcenschonung, Schutz der Artenvielfalt, Erhaltung der Ökosystemfunktionen) standen im Vordergrund. Weniger zur Sprache kamen dagegen die politischen und sozioökonomischen Bedingungen, die eine der wesentlichen Ursachen für die Gefährdung der Ökosysteme waren.

Besonders von Frauen-Initiativen aus dem Süden wurde das Konzept „sustained livelihood" (Wichterich 2002, S. 75) in den Diskurs um Umwelt und Entwicklung eingebracht. Dieser Ansatz stellt „lokale Lebensbedingungen, Überlebenssicherung und Alltagserfahrung von Frauen" (Wichterich 2002, S. 75) in den Vordergrund. Unter Livelihood versteht man den Lebensunterhalt bzw. die Existenzgrundlage, also „sämtliche zum Leben i. w. S. notwendigen Entwicklungsmöglichkeiten, Ressourcen (damit sind sowohl materielle als auch soziale Ressourcen gemeint) und Tätigkeiten" (Scoones 1998 in Göhler 2003). Beim Livelihood-Ansatz steht der Mensch mit seinen Potenzialen und Stärken im Mittelpunkt und die Bedeutung des Lokalen wird betont. Beim Livelihood-Konzept kommt der Subsistenzwirtschaft eine bedeutende Rolle zu.

In den 1980er-Jahren etablierte sich eine veränderte Sicht auf die ökologischen Probleme. So verlagerte sich in der Diskussion der Schwerpunkt von der Ressourcen- hin zur Senkenproblematik, also auf die Frage der Beeinträchtigung der Aufnahme- und Verarbeitungskapazitäten der Ökosysteme. Darüber hinaus setzte sich zunehmend die Erkenntnis durch, dass die von den Ländern des Nordens praktizierten Produktionsweisen und Lebensstile aus verschiedenen Gründen nicht langfristig auf die übrige Welt – d. h. rund 80 % der Weltbevölkerung – übertragbar seien. Daran anknüpfend wurde den Ländern des Nordens aufgrund ihrer Verantwortung für viele Umweltfragen und sozioökonomische Probleme die Hauptlast bei deren Lösung zugewiesen. Der sogenannte „Brandt-Report" (1980) und der darauf folgende „Palme-Report" (1983) – beide Berichte sind Ergebnisse der Arbeiten der Nord-Süd-Kommission der Vereinten Nationen – zählen zu den ersten internationalen Dokumenten, die diese Thematik ausführlicher behandelten. 1982 fand in Nairobi die Nachfolgekonferenz zur Umweltkonferenz von Stockholm statt, auf der eine neue langfristige Strategie für Umwelt und Entwicklung gefordert wurde.

▶ **Aufgabe:** Bewerten Sie stichwortartig die unterschiedlichen Positionen im
    Nachhaltigkeitsdiskurs in den Ländern des Nordens und des Südens.

▶ **Frage:** Welche Rolle spielte auf der Stockholm-Konferenz der Nord-Süd-Kon-
    flikt? Welche Folgeaktivitäten haben sich daraus ergeben?

Wichtige Impulsgeber für die Nachhaltigkeitsdiskussion

Die Brundtland-Kommission

Die Vereinten Nationen haben 1983 eine Sonderkommission eingesetzt, die „Weltkommission für Umwelt und Entwicklung" unter der Leitung der norwegischen Ministerpräsidentin Gro Harlem Brundtland. Sie wurde daher auch „Brundtland-Kommission" genannt.
Die Kommission hatte folgende Aufträge:

* Analyse umwelt- und entwicklungspolitischer Problemstellungen,
* Formulierung wirklichkeitsnaher Lösungsvorschläge,
* Erarbeiten von Vorschlägen für neue Formen der internationalen Zusammenarbeit,
* Herbeiführen von Verständnis und Bereitschaft zum Handeln bei Personen, Organisa-
  tionen, Unternehmen und Regierungen.

Die aus Politikern und Wissenschaftlern zusammengesetzte Kommission war hierbei bemüht, konsensfähige Handlungsempfehlungen zu erarbeiten. Mit der Veröffentlichung
ihres Abschlussberichts „Our Common Future" (WCED 1987) wurde der Begriff „Sustainable Development" von einer größeren Öffentlichkeit als bislang wahrgenommen. Dieser
Bericht fußte zum einen auf einer Analyse der globalen Probleme, zum anderen stellte er
entsprechend Lösungsmöglichkeiten vor. In dem Bericht werden drei globale Problembereiche benannt:

* der Raubbau an den natürlichen Lebensgrundlagen,
* die wachsende Ungleichheit und Armut sowie
* die Bedrohung von Frieden und Sicherheit.

Der Bericht geht in seiner Problemanalyse von der bereits bei der ersten Umweltkonferenz
in Stockholm gewonnenen Erkenntnis aus, dass Umwelt-, Wirtschafts- und soziale Aspekte sich gegenseitig bedingen und beeinflussen. Dies wird anhand verschiedener Beispiele
ausgeführt:

* Armut ist eine der hauptsächlichen Ursachen und zugleich eine der hauptsächlichen
  Folgen von Umweltproblemen.

- Umweltprobleme sind eine Folge der wirtschaftlichen Entwicklung, z. B. durch übermäßige Ressourcennutzung, durch die Emission von Schadstoffen oder die Produktion von Industrieabfällen.
- Zur wirtschaftlichen Entwicklung ist die Erhaltung der natürlichen Rohstoffe notwendig.
- Hunger ist ein wirtschaftliches Problem und ein Problem der ungleichen globalen Verteilung von Nahrungsmitteln.

Drei Grundprinzipien waren für die Brundtland-Kommission entscheidend in der Problemanalyse und den Handlungsempfehlungen: die globale Perspektive, die Verknüpfung von Umwelt- und Entwicklungsaspekten und die Realisierung von Gerechtigkeit. Bei der Gerechtigkeit werden zwei Perspektiven unterschieden:

- die intergenerationelle Perspektive, verstanden als Verantwortung für künftige Generationen, und
- die intragenerationelle Perspektive im Sinne von Verantwortung für die heute lebenden Menschen, v. a. für die armen Staaten und als Ausgleich innerhalb der Staaten.

Gesichter der Nachhaltigkeit

Gro Harlem Brundtland
- geb. 1939
- Ministerpräsidentin von Norwegen
- 1983 - 1987 Vorsitzende der Weltkommission für Umwelt und Entwicklung
- 1998 - 2003 Generaldirektorin der Weltgesundheitsorganisation (WHO)
- seit 2007 UN-Sonderbeauftragte für Klimafragen

Gro Harlem Brundtland (VG Nett 2008)

Die Realisierung nachhaltiger Entwicklung enthält daher aus Sicht der Kommission drei ethisch motivierte Grundforderungen: Bewahrung der Umwelt, Herstellung sozialer Gerechtigkeit und Gewährleistung von politischer Partizipation.

Von der Brundtland-Kommission stammt die bekannteste Definition von „Sustainable Development", wonach eine „Entwicklung, die die Bedürfnisse der heutigen Generationen befriedigt, ohne zu riskieren, dass künftige Generationen ihre eigenen Bedürfnisse nicht befriedigen können" (Hauff 1987, S. 46) als nachhaltig zu verstehen ist. In der englischsprachigen Fassung des Berichts heißt es: *„To make development sustainable – to ensure that it meets the needs of the present without compromising the ability of future generations to meet their own needs"* (WCED 1987, S. 8). Nachhaltige Entwicklung ist als ein Prozess zu verstehen, der zum Ziel hat, den Zustand von Nachhaltigkeit anzustreben. Dieser wäre dann erreicht, *„wenn die gesamte Weltbevölkerung ihre Bedürfnisse und ihren Wunsch nach einem besseren Leben befriedigen könnte und zugleich gesichert wäre, dass dies auch* *für künftige Generationen der Fall sein wird. Eine nachhaltige Entwicklung wiederum wäre eine Entwicklung, die diesen Zustand anstrebt und ihn nach Erreichen auf Dauer sichert"* (Di Giulio 2003, S. 47). Somit sind die Entwicklung und sämtliche diese Entwicklung unterstützenden Prozesse und Maßnahmen dann nachhaltig, wenn sie am Ziel der Nachhaltigkeit orientiert sind.

Als Ziele der Umwelt- und Entwicklungspolitik zur Erreichung des Zustandes von „Nachhaltigkeit" werden im Brundtland-Bericht genannt (WCED 1987): Belebung des Wachstums, Veränderung der Wachstumsqualität, Befriedigung der Grundbedürfnisse nach Arbeit, Nahrung, Energie, Wasser und Hygiene, Sicherung dauerhafter Bevölkerungszahlen, Erhaltung und Stärkung der Ressourcenbasis, Neuorientierung von Technologie und Handhabung von Risiken sowie Verbindung von Umwelt und Wirtschaft in Entscheidungsprozessen.

Der Brundtland-Bericht ist nicht unumstritten, vielmehr hat er auch heftige Einwände erfahren. Obwohl die Forderung nach höheren wirtschaftlichen Wachstumsraten mit der Forderung nach einem umweltverträglichen Wachstum verknüpft wurde, wird dieser Aspekt am intensivsten kritisiert. Außerdem wird beanstandet, dass das Bevölkerungswachstum als wesentlicher Grund für eine nicht-nachhaltige Entwicklung gesehen wird. Dadurch findet nach Auffassung der Kritiker eine Problemverschiebung von den Ländern des Nordens zu den Ländern des Südens statt. Zudem wird die nach allen Seiten konsensfähige, aber auch sehr oberflächliche Definition des Begriffes „Sustainable Development" kritisiert. Dadurch, so der Einwand, wurden vielfältige Interpretations- und Umsetzungsmöglichkeiten eröffnet, die je nach Akteursinteresse zu sehr unterschiedlichen Positionen und Verständnissen führen können. Dennoch kommt dem Bericht trotz aller Kritik nach weitverbreiteter Auffassung vor allem das Verdienst zu, die Idee der Nachhaltigkeit erstmals einer breiteren Öffentlichkeit als globales Entwicklungsleitbild nähergebracht zu haben.

Die Rio-Konferenz

Der Bericht der Brundtland-Kommission hatte auf dringenden Handlungsbedarf für die internationale Völkergemeinschaft hingewiesen. Die in diesem Bericht erhobenen Forderungen und Vorschläge mussten nun in internationale Vereinbarungen und Konventionen umgesetzt werden, um ihre Wirksamkeit entfalten zu können. Als Weg wählten die Vereinten Nationen hierfür die Form einer Konferenz, die genau 20 Jahre nach der ersten weltweiten Umweltkonferenz stattfinden sollte. Die Generalversammlung der Vereinten Nationen beschloss 1989, die „United Nations Conference on Environment and Development" (UNCED) 1992 in Rio de Janeiro durchzuführen.

Bis zur Rio-Konferenz und der Verabschiedung wichtiger Dokumente war es ein langer Weg, auf dem zwischen den beteiligten Regierungen teilweise heftig gerungen wurde. Am Ende der Konferenz sollten schließlich Ergebnisse stehen, die das Ziel einer nachhaltigen Entwicklung von Empfehlungen einer unabhängigen Kommission zu politisch und rechtlich verbindlichen Handlungsvorgaben weiterentwickeln sollten. Nicht nur umweltpolitische Probleme waren Gegenstand der Konferenz; vielmehr sollten auch die drängenden globalen Entwicklungsprobleme im umweltpolitischen Zusammenhang behandelt werden. Das Ziel bestand u. a. darin, die Weichen für eine weltweite nachhaltige Entwicklung zu stellen. Dabei war insbesondere die Abhängigkeit des Menschen von seiner Umwelt und die Rückkopplung weltweiter Umweltveränderungen auf sein Verhalten bzw. seine Handlungsmöglichkeiten zu berücksichtigen.

Die fünf verabschiedeten Dokumente der Rio-Konferenz:
- **Walddeklaration**, die auf die ökologische Bewirtschaftung und den Schutz der Wälder der Erde zielt;
- **Klimaschutz-Konvention**, in der sich die Staaten verpflichten, die Emissionen von Treibhausgasen weltweit auf den Stand von 1990 zu reduzieren;
- **Biodiversitätskonvention**, die Schritte gegen die Abnahme der biologischen Vielfalt völkerrechtlich bindend festlegt;
- **Deklaration von Rio über Umwelt und Entwicklung** und
- **Agenda 21.**

Die Deklaration von Rio über Umwelt und Entwicklung macht deutlich, dass ein wirtschaftlicher Fortschritt langfristig einzig und allein unter Berücksichtigung eines ökosystemaren Ansatzes möglich ist. Dies könne nur erreicht werden, wenn die Staaten weltweit eine neue und gerechte Partnerschaft unter Beteiligung der Regierungen, der Bevölkerung und der wichtigen Gruppen der Gesellschaften eingehen. Hierzu müssen die Staaten internationale Vereinbarungen zum Schutz der Umwelt und des Entwicklungssystems treffen. Dabei darf die Umweltpolitik jedoch nicht in ungerechtfertigter Weise zu Einschränkungen des internationalen Handelns missbraucht werden. In den Grundsätzen der Rio-Deklaration wurde u. a. erstmals die Idee der nachhaltigen Entwicklung verankert. Weiter wurden das Vorsorge- und das Verursacherprinzip als Leitprinzipien anerkannt. So heißt es z. B. in Grundsatz 15 der Deklaration: *„Zum Schutz der Umwelt wenden die Staaten im Rahmen ihrer Möglichkeiten weitgehend den Vorsorgegrundsatz an. Drohen schwerwiegende oder bleibende Schäden, so darf ein Mangel an vollständiger wissenschaftlicher Gewissheit kein Grund dafür sein, kostenwirksame Maßnahmen zur Vermeidung von Umweltverschlechterungen aufzuschieben"* (*UN 1992*).

Den Staaten wird das souveräne Recht über ihre Ressourcen zugestanden. Sie sind aber auch zu umweltschonendem Verhalten verpflichtet. Als unerlässliche Voraussetzungen für eine nachhaltige Entwicklung werden u. a. genannt: die Bekämpfung der Armut, eine angemessene Bevölkerungspolitik, die Verringerung nicht nachhaltiger Konsum- und Produktionsweisen, die umfassende Einbeziehung der Bevölkerung in politische Entscheidungsprozesse. Die Rechte der Menschen, die heute leben, werden ebenso in den Mittelpunkt gerückt wie die Rechte der zukünftigen Generationen.

Die Agenda 21

Auf der Rio-Konferenz wurde ein weltweites Aktionsprogramm, die Agenda 21, verabschiedet. In dem Dokument werden detaillierte Handlungsmöglichkeiten beschrieben, um
einer weiteren Verschlechterung der Situation des Menschen und der Umwelt entgegenzu-
wirken und eine nachhaltige Nutzung der natürlichen Ressourcen sicherzustellen (BMU
1992). Hinsichtlich der Beziehungen zwischen den Staaten wird eine Neuorientierung zu
einer globalen Partnerschaft gefordert. Diese beruht auf gemeinsamen Interessen, wechselseitigen Abhängigkeiten und wiederum gemeinsamen, aber differenzierten Verantwortlichkeiten. Sowohl die Länder des Nordens als auch diejenigen des Südens müssen entsprechend ihren Verantwortlichkeiten und ihren Ressourcen den Willen und die Mittel
aufbringen, um die natürlichen Lebensgrundlagen zu bewahren und die Grundbedürfnisse der Menschen zu befriedigen.

> Die Agenda 21 umfasst insgesamt 40 Kapitel, in denen alle relevanten Politikbereiche und Handlungsmaßnahmen angesprochen werden. Sie ist thematisch in vier Bereiche unterteilt:
>
> Teil I: Soziale und wirtschaftliche Dimensionen,
> Teil II: Erhaltung und Bewirtschaftung der Ressourcen für die Entwicklung,
> Teil III: Stärkung der Rolle wichtiger Gruppen,
> Teil IV: Möglichkeiten der Umsetzung.
>
> In Teil I werden primär die Zusammenhänge zwischen Umwelt, Entwicklung und Handel, die besondere Problemlage der Länder des Südens, z. B. Fragen der Armutsbekämpfung und der Auslandsverschuldung, die Bedeutung der nicht-nachhaltigen Konsumgewohnheiten insbesondere in den Ländern des Nordens sowie die Bevölkerungsdynamik, Gesundheit und Siedlungsentwicklung thematisiert. Teil II widmet sich den ökologieorientierten Themen (z. B. Schutz der Erdatmosphäre, Bekämpfung der Entwaldung, Erhalt der biologischen Vielfalt) und der Frage, wie natürliche Ressourcen erhalten und nachhaltig bewirtschaftet werden können. Teil III umfasst die partizipativen Aspekte in der Agenda. So wird bestimmten gesellschaftlichen Gruppen eine besondere Rolle im Prozess einer nachhaltigen Entwicklung zugewiesen und eine Stärkung dieser Gruppen eingefordert. Explizit geht es dabei um folgende wichtige Gruppen: Frauen, Kinder und Jugendliche, indigene Bevölkerungen, nicht staatliche Organisationen, Kommunen, Arbeitnehmer und Gewerkschaften, die Privatwirtschaft, Wissenschaft und Technik sowie die Bauern. Teil IV behandelt Fragen der Umsetzung, u. a. werden Fragen der Finanzierung und die Rolle der Wissenschaft und der Bildungssysteme diskutiert.

Nach der Agenda 21 sind es in erster Linie die Regierungen der einzelnen Staaten, die auf
nationaler Ebene die Umsetzung der nachhaltigen Entwicklung planen und dabei Strategien, nationale Umweltpläne und nationale Aktionspläne verabschieden sollen. Dabei

sind auch regierungsunabhängige Organisationen und andere Institutionen zu beteiligen. Die nachhaltige Entwicklung soll auf allen Ebenen umgesetzt werden, wobei insbesondere auch eine Veränderung der Konsum- und Lebensstile der Menschen erreicht werden soll. Aus diesem Grund wird eine breite Beteiligung der Öffentlichkeit bzw. der Bevölkerung gefordert. Eine besondere Rolle und Verantwortung kommt hier auch den Kommunalverwaltungen zu, die für ihren Bereich die Umsetzung der Lokalen Agenda 21 im Konsens mit ihren Bürgern erstellen soll. Die Prinzipien und Maßnahmen, die im Juni 1992 in Rio beschlossen wurden, sollten – so das Ziel – innerhalb der nächsten zehn Jahre im nationalen und internationalen Rahmen konkret umgesetzt werden.

Die Ergebnisse der UN-Konferenz für Umwelt und Entwicklung blieben für manche gesellschaftlich wichtigen Gruppen hinter den Erwartungen zurück. Besonders von der Umweltbewegung sowie von Entwicklungs-Nichtregierungsorganisationen wurde in Bezug auf die Agenda 21 kritisiert, dass sie u. a. auf eine Stützung des Bestehenden abziele, herrschaftsfixiert und marktorientiert sei und der Wirtschaft eine zu große Rolle beimesse (Bergstedt 2002). Des Weiteren wird die in vielen Bereichen als zu unverbindlich angesehene Formulierung von Zielen und Handlungsanweisungen bemängelt. Durch die teilweise stark divergierenden Interessen der teilnehmenden Länder bzw. Ländergruppen kam es, wie in den Konferenzen zuvor, zu vielen Kompromissen, um für alle Beteiligten zustimmungsfähige Dokumente zu erhalten. Insbesondere bei den rechtsverbindlichen Konventionen zum Klimaschutz und dem Erhalt der biologischen Vielfalt wurden v. a. durch die USA feste Zeitpläne und Fristen verhindert. Die Agenda 21 und die Rio-Deklaration besitzen keine völkerrechtliche Verbindlichkeit, jedoch aufgrund der Unterzeichnung durch 179 Staaten eine relativ starke politisch verpflichtende Ausstrahlung.

Gerade weil es jedoch gelungen ist, trotz der sehr unterschiedlichen Interessen der Länder einstimmig beschlossene Dokumente zu verabschieden und einen internationalen Prozess in Gang zu bringen, wird die Konferenz von Rio als die erste und bedeutendste Konferenz für eine nachhaltige Entwicklung angesehen. Ein wichtiges Novum dieser Konferenz war auch das offensive und öffentlichkeitswirksame Auftreten der Nichtregierungsorganisationen (Non-Governmental Organizations, NGOs). In den nachfolgenden internationalen Konferenzen setzte sich diese Entwicklung fort, sodass die NGOs inzwischen neben den internationalen und den nationalen Akteuren einen eigenständigen Platz gefunden haben.

Der Rio-Nachfolge-Prozess

Eine wichtige Konsequenz der Rio-Konferenz war in institutioneller Hinsicht die Einrichtung der Commission on Sustainable Development (CSD) auf Ebene der Vereinten Nationen. Diese Kommission setzt sich aus Vertretern von 53 Staaten zusammen, die nach einem bestimmten geografischen Verteilungsschlüssel aus dem Kreis der UN-Mitgliedsstaaten für jeweils drei Jahre ausgewählt werden. Die CSD hat folgende Aufgaben:

- Beobachtung der Fortschritte bei der Umsetzung der Rio-Deklaration, der Agenda 21 und der Wald-Erklärung,
- Begleitung des Folgeprozesses der UNCED-Konferenz (Rio-Nachfolge-Prozess) in Richtung auf eine nachhaltige Entwicklung,
- Verstärkung des Dialogs und der Partnerschaft zwischen den Regierungen der verschiedenen Länder und der internationalen Staatengemeinschaft,
- Unterstützung der in der Agenda 21 als Schlüsselakteure identifizierten Gruppen in ihren Bemühungen um eine nachhaltige Entwicklung.

Der CSD geht es um die Beobachtung, die Förderung und die Evaluierung der Prozesse für eine nachhaltige Entwicklung in den einzelnen Staaten. Zur Konkretisierung des Monitorings wurde ein Arbeitsprogramm verabschiedet, das sich mit der Entwicklung und Erprobung von Indikatoren zu den verschiedenen Themen der Agenda 21 befasste.

Mitte der 1990er-Jahre sind im Zuge des Rio-Nachfolge-Prozesses verschiedene UN-Konferenzen durchgeführt worden, die sich auf die UNCED-Konferenz und vor allem auf die Agenda 21 beriefen und deren Empfehlungen zu konkretisieren versuchten. Zu erwähnen sind:

- Weltwaldkonferenz in Jakarta 1993
- Weltbevölkerungskonferenz in Kairo 1994
- Weltbiodiversitätskonferenz in Nassau 1994
- Weltsozialgipfel in Kopenhagen 1995
- Weltklimagipfel in Berlin 1995
- Weltfrauenkonferenz in Peking 1995
- Weltbiodiversitätskonferenz in Jakarta 1995
- Weltsiedlungskonferenz Habitat II in Istanbul 1996
- Welternährungsgipfel in Rom 1996
- Weltklimagipfel in Genf 1996
- Weltbiodiversitätskonferenz in Buenos Aires 1996

Im Juni 1997 fand fünf Jahre nach der UNCED in New York die Sondertagung „Earth Summit + 5", im Deutschen als „Rio + 5"-Konferenz bezeichnet, statt. Auf ihr erfolgte eine erste Beurteilung und Bewertung zur Umsetzung der Agenda 21. Dabei wurde deutlich, dass die Fortsetzung der bisherigen Entwicklungsmuster nicht zu einer nachhaltigen Entwicklung führen wird. Zur Umkehrung der negativen Trends wurden drei zentrale Punkte gefordert: Investitionen in den Menschen, in seine Bildung und seine Gesundheit; eine Förderung effizienter Technologien sowohl über staatliche Regulierungsmechanismen als auch über wirtschaftliche Anreize sowie eine Reformierung des Preissystems, um umweltschädliche Produktions- und Konsummuster zu vermeiden.

Die Delegierten dieser Konferenz verabschiedeten ein Abschlussdokument (Programme for the Implementation of Agenda 21), in dem sie die Beschlüsse von Rio noch einmal bekräftigten und die bei der Rio-Konferenz 1992 begründete „globale Partnerschaft" erneuerten. Dass weder weiterführende Ziele formuliert noch globale Arbeitsprogramme im Einzelnen beschlossen wurden, lag vor allem daran, dass sich die Länder des Südens und des Nordens nicht darüber verständigen konnten, wie eine nachhaltige Entwicklung weltweit zu finanzieren ist. Insbesondere konnte man sich nicht darauf einigen, den Negativtrend bei der öffentlichen Entwicklungshilfe bis zum Jahre 2000 umzukehren, wie es von den Vertretern der Länder des Südens gefordert wurde.

Die Johannesburg-Konferenz

Zehn Jahre nach der UNCED-Konferenz in Rio fand im Spätsommer 2002 in Johannesburg der Weltgipfel für eine nachhaltige Entwicklung statt. Der Weltgipfel wurde von der CSD unter Beteiligung von Vertretern der Nichtregierungsorganisationen vorbereitet. Insgesamt waren über 20.000 Personen während der Konferenz anwesend, womit sie nach Rio die größte UN-Konferenz war. Im Vordergrund des Johannesburg-Gipfels standen Entscheidungen zu den Themen Globalisierung und nachhaltige Entwicklung, Armutsbekämpfung und Umwelt, Energiepolitik und Wasserwirtschaft, Ressourcenschutz und -effizienz sowie nachhaltige Konsum- und Produktionsmuster. Am Ende der Konferenz wurden eine politische Erklärung der Staats- und Regierungschefs und ein Aktionsplan zur weiteren Verbesserung der Durchsetzung nachhaltiger Entwicklung verabschiedet.

Die „Johannesburg Declaration on Sustainable Development" zeigt primär die großen politischen Linien auf. Sie beruft sich auf den Geist der UN-Konferenzen von Stockholm und Rio und bekennt sich zum Ziel einer nachhaltigen Entwicklung. So heißt es dort (Vereinte Nationen 2002a):

- Wir verpflichten uns, gemeinsam zu handeln, geeint durch Geschlossenheit unseren Planeten zu retten, die menschliche Entwicklung zu fördern und allgemeinen Wohlstand und Frieden zu schaffen. (*Z. 35: Resolution 1*)
- Wir verpflichten uns auf den Durchführungsplan des Weltgipfels für nachhaltige Entwicklung und auf die rasche Verwirklichung der termingebundenen sozioökonomischen und umweltpolitischen Ziele, die darin festgelegt sind. (*Z. 36: Resolution 1*)
- Vom afrikanischen Kontinent aus, der Wiege der Menschheit, geloben wir feierlich vor den Völkern der Erde und vor den Generationen, die diesen Planeten erben werden, unsere Entschlossenheit, dafür Sorge zu tragen, dass unsere gemeinsame Hoffnung auf eine nachhaltige Entwicklung Wirklichkeit wird. (*Z. 37: Resolution 1*)

Das zweite Dokument ist der „Plan of Implementation", ein Aktionsprogramm mit zehn Kapiteln. Der Aktionsplan bekräftigt wichtige Leitziele und fordert in mehreren Bereichen erneut dazu auf, Umsetzungsprogramme auszuarbeiten (Vereinte Nationen 2002a).

Abb. 1.5 Deutsches Logo der
Weltdekade

Neben den politischen Erklärungen und dem Aktionsplan, welche auf multilateraler Ebene ausgehandelt werden und in der Fachsprache „Type I outcomes" genannt werden, kann
der Weltgipfel als weiteres Ergebnis auf die sogenannten „freiwilligen Partnerschaften und
Initiativen für nachhaltige Entwicklung" oder auch „Type II outcomes" verweisen. Es handelt sich hierbei um Initiativen, die dazu dienen sollen, einzelne Beschlüsse konkret umzusetzen. Alle Initiativen müssen von der Konzeption bis zur Durchführung bestimmten
bereits festgelegten Grundsätzen („Bali Guidelines") entsprechen. Bei den Akteuren dieser
Partnerschaften kann es sich um Staaten, Staatengruppen, internationale Organisationen
und/oder gesellschaftliche Gruppen sowie die Privatwirtschaft handeln. Diese Partnerschaften und Initiativen ergänzen die multilateralen Vereinbarungen. Die UN-Kommission für nachhaltige Entwicklung (CSD) soll das Verfahren und die Erfolgskontrolle für
die „Type-II-Initiativen" entwickeln.

Auf dem UN-Weltgipfel in Johannesburg im September 2002 wurde die Rolle der Bildung als Bestandteil der Nachhaltigkeitsentwicklung unterstrichen. Die Generalversammlung der Vereinten Nationen nahm die Empfehlung der Konferenz auf und rief für die Zeit
von 2005 bis 2014 eine Weltdekade zur „Bildung für nachhaltige Entwicklung" aus, die von
der UNESCO koordiniert wird. In der Resolution der UN-Vollversammlung wird betont,
dass „die Bildung ein unverzichtbares Element zur Verwirklichung einer nachhaltigen
Entwicklung ist" (UN o. J., S. 294). Damit ist die Hoffnung verbunden, durch die Aktivitäten im Rahmen dieser UN-Dekade Fortschritte bei der Implementierung der Bildung für
eine nachhaltige Entwicklung in alle Bildungsbereiche zu erzielen (Abb. 1.5).

Die Konferenz von Johannesburg fand, anders als die Vorgängerkonferenz in Rio, unter
eher nüchternen Rahmenbedingungen statt. In Rio nährte das Ende des Kalten Krieges
und der Blockgegensätze die Hoffnung auf eine „Friedensdividende" und einen weltpoli-
tischen Aufbruch. Zehn Jahre danach zeigte sich, dass die globalen Probleme der Umwelt-

zerstörung und der Armut nicht geringer geworden waren und in manchen Bereichen sogar Verschlechterungen stattgefunden hatten (vgl. Teichert und Wilhelmy 2002). Zudem haben sich Länder wie die USA noch deutlicher als in Rio aus internationalen Politikprozessen zurückgezogen und entsprechende Diskussionen und Beschlussfassungen gebremst oder sogar blockiert.

Vor diesem Hintergrund waren bei vielen Beobachtern aus den NGOs wie auch aus den staatlichen Organisationen die Erwartungen im Vorfeld entsprechend zurückhaltend. Eine Stärkung der institutionellen Rahmenbedingungen im internationalen Nachhaltigkeitsprozess gelang nicht: Das Ziel, die UNEP zu einer eigenständigen Umweltorganisation der Vereinten Nationen aufzuwerten, konnte nicht durchgesetzt werden. Ebenso wurde die von der EU geforderte Weltkommission „Nachhaltigkeit und Globalisierung" nicht eingerichtet. Insgesamt ist es nicht gelungen, „ökologische und soziale Prinzipien auf der UN-Ebene völkerrechtlich zu verankern" und damit „ein notwendiges Gegengewicht zu einer starken internationalen Institution wie der Welthandelsorganisation (WTO) mit ihrer Liberalisierungsdoktrin" zu bilden. Im Gegenteil: Es konnte gerade noch eine Formulierung verhindert werden, die eine Dominanz der WTO über die Umwelt- und Sozialabkommen der UNO festgeschrieben hätte (vgl. Unmüßig 2003, S. 15). 10 Jahre später fand erneut in Rio de Janeiro die "Rio+20"-Konferenz statt, auf der es zentral um Fragen zur "Green Economy" ging.

Die positiven Einschätzungen beziehen sich u. a. auf folgende Punkte: Trotz starken Gegenwinds einiger Länder (v. a. USA, Japan) und Ländergruppen (wie der OPEC) konnte eine Spaltung der Staatengemeinschaft verhindert werden. Die Verantwortung der Einzelstaaten wurde im Umsetzungsplan betont. Nationale Nachhaltigkeitsstrategien und entsprechend institutionelle Rahmenbedingungen (z. B. Nachhaltigkeitsräte) sollen geschaffen werden. Mit der Unternehmensverantwortung (corporate responsibility) wurde ein gegenüber der Rio-Konferenz und den dort verabschiedeten Dokumenten neuer Bereich angesprochen. Die Staaten sollen Rahmenbedingungen für freiwillige Vereinbarungen schaffen und die Unternehmen dazu ermutigen, diese aufzugreifen. Es geht dabei um die Verbreitung von Dialog- und Management-Initiativen. Insgesamt wird die weitere Bewertung der Johannesburg-Konferenz abhängig sein vom Implementierungsprozess und den weiteren nationalen Anstrengungen. Entscheidend ist, dass die Zielvereinbarungen von Johannesburg und „der zurückliegenden Weltkonferenzen konsequent abgearbeitet werden" (Teichert und Wilhelmy 2002, S. 50). 10 Jahre später fand erneut in Rio de Janeiro die "Rio+20"-Konferenz statt, auf der es zentral um Fragen zur "Green Economy" ging.

▶ **Aufgabe:** Diskutieren Sie die Bedeutung der Folgeaktivitäten, die sich aus der Rio-Konferenz zu Umwelt und Entwicklung (UNCED 1992) aus bundesdeutscher Sicht ergeben haben.
Recherchieren Sie im Internet die wichtigsten Ergebnisse der "Rio+20"-Konferenz.

▶ **Frage:** Wie beurteilen Sie die Vereinbarkeit von wirtschaftlichem Wachstum mit den Grundsätzen nachhaltiger Entwicklung?

Die Millennium-Entwicklungsziele der Vereinten Nationen

Bereits seit 1961 stellen die Vereinten Nationen jedes Jahrzehnt Zielvorgaben für die gewünschte Weiterentwicklung der Länder des Südens auf. In den ersten drei Entwicklungs-
dekaden von 1960 bis 1990 lag der Schwerpunkt dabei hauptsächlich auf wirtschaftlichem
Wachstum.

1990 zeigte der erste Bericht des Entwicklungsprogramms der Vereinten Nationen (vgl.
UNDP 1990) allerdings, dass Wirtschaftswachstum nicht automatisch auch Verbesserungen in Bereichen wie Bildung und Gesundheit mit sich bringt. Ausgelöst durch den Diskurs zur Nachhaltigkeit wurde ein Paradigmenwechsel in Gang gesetzt: Das wirtschaftliche
Wachstum mit festgeschriebenen jährlich zu erreichenden Wachstumsraten stand nicht
mehr im Vordergrund. Vielmehr sollten neue Ansätze wie Entwicklungspartnerschaften
die Lebenssituation der Menschen des Südens in all ihren Lebensbereichen verbessern.

Vom 6. bis 8. September 2000 fand in New York die 55. Generalversammlung der Vereinten Nationen statt. Auf dieser als „Millenniums-Gipfel" bekannten Zusammenkunft haben die damals 189 Mitgliedsstaaten beschlossen, „keine Mühen [zu] scheuen, um unsere
Mitmenschen – Männer, Frauen und Kinder – aus den erbärmlichen und entmenschli-
chenden Lebensbedingungen der extremen Armut zu befreien" (Vereinte Nationen 2000).
Die Millenniumserklärung der Vereinten Nationen verbindet wesentliche Forderungen
der großen UN-Konferenzen der 1990er-Jahre zu einem Gesamtpaket und stellt eine Neuorientierung in der Entwicklungspolitik dar. Wirtschaftliches Wachstum allein kann die
Probleme des globalen Wandels nicht lösen. Vielmehr müssen die Wechselwirkungen
zwischen den Problemen ganzheitlich betrachtet und von den Menschen gemeinsam angegangen werden. Die Millenniumserklärung enthält vier programmatische Handlungs-
schwerpunkte (vgl. Vereinte Nationen 2000):

- Frieden, Sicherheit und Abrüstung,
- Entwicklung und Armutsbekämpfung,
- Schutz der gemeinsamen Umwelt,
- Menschenrechte, Demokratie und gute Regierungsführung.

Die Millennium-Entwicklungsziele

Aus der Erklärung wurden im Jahr 2001 acht internationale Entwicklungsziele, die
Millennium-Entwicklungsziele (Millennium Development Goals, MDG) abgeleitet.
Sie sollen bis zum Jahr 2015 erreicht werden:

- *MDG 1: Verminderung von extremer Armut und Hunger*
  Der Anteil der Menschen, die über weniger als 1 US-Dollar pro Tag verfügen,
  soll halbiert werden. Der Anteil der Menschen, die Hunger leiden, soll halbiert
  werden.
- *MDG 2: Grundschulbildung für alle Kinder*
  Für die Kinder in der ganzen Welt, Jungen wie Mädchen, muss sichergestellt
  werden, dass sie eine Grundschulausbildung vollständig abschließen können.

- *MDG 3: Gleichstellung und stärkere Beteiligung von Frauen*
  Die Ungleichbehandlung von Mädchen und Jungen soll in sämtlichen Bildungs-
  bereichen beseitigt werden.
- *MDG 4: Senkung der Kindersterblichkeit*
  Die Sterblichkeit der Kinder unter 5 Jahren soll um zwei Drittel gesenkt werden.
- *MDG 5: Die Gesundheit von Müttern verbessern*
  Die Müttersterblichkeit soll um drei Viertel gesenkt werden.
- *MDG 6: Bekämpfung von HIV, Aids, Malaria und anderen Krankheiten*
  Die Ausbreitung von HIV und Aids soll zum Stillstand gebracht und zum Rück-
  zug gezwungen werden. Der Ausbruch von Malaria und anderen Krankheiten
  soll unterbunden werden.
- *MDG 7: Sicherung der ökologischen Nachhaltigkeit*
  Die Grundsätze der nachhaltigen Entwicklung sollen in die nationale Politik
  übernommen werden. Dem Verlust von Umweltressourcen soll Einhalt geboten
  werden.
  Die Zahl der Menschen, die über keinen nachhaltigen Zugang zu gesundem
  Trinkwasser und sanitären Einrichtungen verfügen, soll um die Hälfte gesenkt
  werden.
  Bis zum Jahr 2020 sollen wesentliche Verbesserungen der Lebensbedingungen
  von zumindest 100 Mio. Slumbewohnern erzielt werden.
- *MDG 8: Aufbau einer weltweiten Entwicklungspartnerschaft*
  Den besonderen Bedürfnissen der am wenigsten entwickelten Länder, Binnen-
  und kleinen Inselentwicklungsländer soll Rechnung getragen werden. Ein offenes, regelgestütztes, berechenbares und nicht diskriminierendes Handels- und
  Finanzsystem soll entwickelt werden.
  Die Schuldenprobleme der Entwicklungsländer sollen umfassend angegangen
  werden.
  In Zusammenarbeit mit den Entwicklungsländern sollen Strategien zur Beschaffung menschenwürdiger und produktiver Arbeit für junge Menschen erarbeitet
  und umgesetzt werden.

Seit der Gründung der Vereinten Nationen wurden zahlreiche Aktionspläne zur Armutsbekämpfung umgesetzt. Mit den Millenniumsentwicklungszielen soll nicht allein die Armut reduziert, sondern die Lebensumstände der Menschen im Süden verbessert werden.
Die Gleichstellung und stärkere Beteiligung von Frauen ist nur ein Beispiel dafür. In einem
weiteren Punkt unterscheiden sich die MDGs von allen bisherigen Aktionsplänen: Sie setzen zum ersten Mal konkrete Zielmarken, an denen sich der Erfolg messen lassen kann.

Die Zwischenbilanz ist jedoch ernüchternd: Der Umsetzungsbericht der Vereinten Nationen für das Jahr 2007 (vgl. United Nations 2007) kommt zu dem Schluss, dass große
Fortschritte in einigen Staaten erzielt wurden, jedoch die Mehrheit der Länder des Südens
die Ziele bis 2015 nicht erreichen wird. Besonders dramatisch ist die Lage in Subsahara-

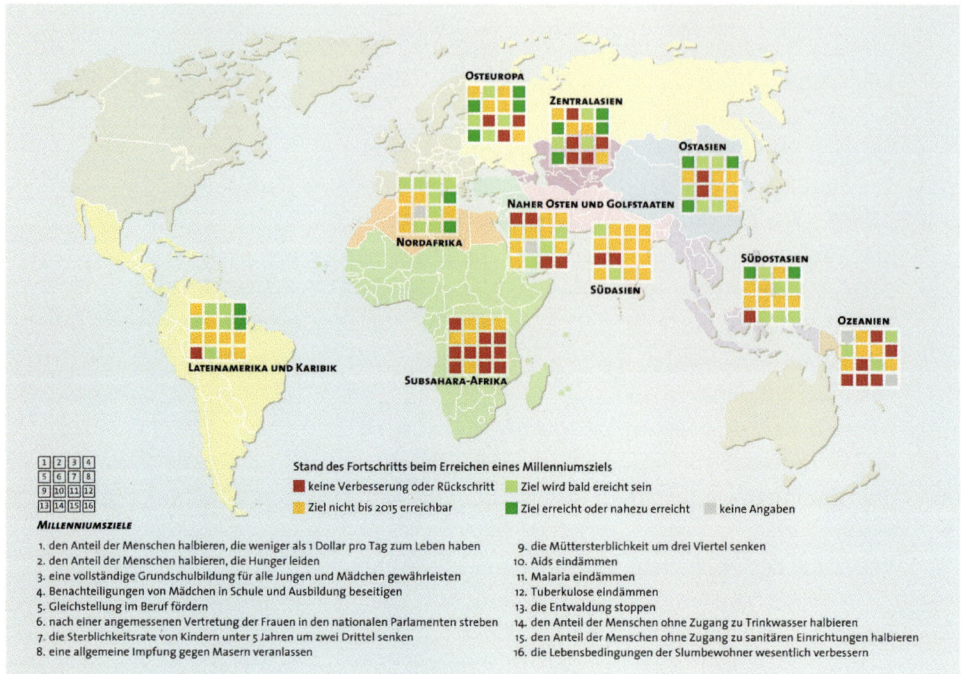

Abb. 1.6 Die Umsetzung der Millenniumsentwicklungsziele (Le monde diplomatique 2007)

Afrika (vgl. Abb. 1.6). Sollte sich das aktuelle Tempo der Umsetzung nicht beschleunigen, wird die Grundschulbildung für alle Kinder erst 2129 erreicht werden können. Das Ziel einer Senkung der Kindersterblichkeit um zwei Drittel erst im Jahr 2106. Für die Verminderung der extremen Armut und die Trinkwasserversorgung lassen sich noch keine Zeitpunkte nennen. Anders stellt sich die Situation in den Ländern Nordafrikas und Asiens dar. Hier werden die meisten Ziele bis 2015 erreicht werden können (vgl. UNDP 2004; Kuhn und Rieckmann 2006; United Nations 2007).

▶ **Aufgabe:** Recherchieren Sie Projekte zur Umsetzung der Millenniumsziele der Vereinten Nationen auf europäischer Ebene und beurteilen Sie deren Ergebnisse.

▶ **Frage:** Welche Konsequenzen ergeben sich nach Ihrer Einschätzung aus dem Leitbild der Nachhaltigkeit für eine globale Entwicklungspolitik?

Nachhaltige Entwicklung: Theoretische Konzepte

Die Konkretisierung des Leitbildes der Nachhaltigkeit und die Ableitung von Umsetzungsstrategien ist eine große Herausforderung. In den Diskussionen über Ziele, Strategien und Instrumente, die im Zusammenhang mit dem Konzept der nachhaltigen Entwicklung diskutiert werden, sind sehr unterschiedliche Ansätze erkennbar. Der Rat von Sachverständigen für Umweltfragen (SRU) merkt hierzu kritisch an, dass die Diskussion durch eine inflationäre und teilweise sehr interessengeleitete Verwendung des Begriffs „nachhaltige Entwicklung" und eine fehlende inhaltliche und konzeptionelle Exaktheit gekennzeichnet ist (vgl. SRU 2002).

Ethische Implikationen

Das Konzept einer nachhaltigen Entwicklung ist nicht das Ergebnis wissenschaftlicher Forschung, sondern es ist ein ethisch begründetes Konzept. Die zugrunde gelegten ethischen Setzungen, wobei die häufigste das in fast allen Definitionen erhaltene Gerechtigkeitspostulat ist, werden in den meisten Arbeiten zur Nachhaltigkeit nicht hinterfragt und auch nicht begründet. Eine ethische Grundlegung bietet der SRU in seinem Jahresgutachten von 1994 (vgl. SRU 1994). Auf der Grundlage einer Verantwortungsethik, die Verantwortung „als Einheit von Klugheit und Pflicht" (SRU 1994, S. 51) begreift, unterscheidet der Rat drei ethische Bestimmungen einer nachhaltigen Entwicklung:

• die Verantwortung des Menschen für seine natürliche Umwelt,
• die Verantwortung des Menschen für seine soziale Mitwelt und
• die Verantwortung des Menschen für sich selbst.

Vor dem Hintergrund der ökologischen Krise kommt der umweltethischen Frage nach Meinung des SRU eine besondere Dringlichkeit zu. Bei der Auseinandersetzung mit dieser Frage verfolgt er einen anthropozentrischen Ansatz, wobei er das Prinzip der Personalität, d. h. „den moralischen Unverfügbarkeitsstatus des Menschen, seine Würde als Person", als grundlegend ansieht. Aus dieser personalen Existenz und der Bestimmung des Menschen als Vernunftwesen leitet der SRU die Verantwortungsfähigkeit des Menschen für die Natur ab. Das Kernstück einer umfassenden Umweltethik ist seiner Ansicht nach die Gesamtvernetzung aller gesellschaftlichen Systeme mit der Natur, die als Retinität bezeichnet wird:

> Will der Mensch seine personale Würde als Vernunftwesen im Umgang mit sich selbst und mit anderen wahren, so kann er der darin implizierten Verantwortung für die Natur nur gerecht werden, wenn er die ‚Gesamtvernetzung' all seiner zivilisatorischen Tätigkeiten und Erzeugnisse mit dieser ihn tragenden Natur zum Prinzip seines Handelns macht (SRU 1994, S. 54).

Die vom SRU postulierte Verantwortung des Menschen für die Natur bezieht sich zum einen auf die Sicherung der Eigenexistenz und Eigenbedeutung der Natur und zum anderen auf die Sicherung der natürlichen Lebensgrundlagen des Menschen. Neben der Umweltverträglichkeit des menschlichen Handelns stellt nach Auffassung des SRU die Sozialverträglichkeit bzw. die soziale Angemessenheit des menschlichen Handelns ein weiteres Kriterium für ein an der Nachhaltigkeitsidee orientiertes Handeln dar. Die Verantwortung für die soziale Mitwelt erstreckt sich sowohl auf die eigene soziale Gruppe oder die eigene Gesellschaft als auch die heutige und zukünftige Menschheit. Ethisches Leitprinzip ist nach Auffassung des Rates „die Forderung nach einer universell auszulegenden Solidarität als Bedingung zur Herstellung sozialer Gerechtigkeit" (SRU 1994, S. 56).

Weiterhin bezieht sich der SRU auf die Verantwortung des Menschen für sich selbst und das Gelingen seines eigenen individuellen Lebens, worin seine Bestimmung als Wesen der Freiheit liegt. Daraus zieht er die Folgerung, dass der Staat verpflichtet sei, das Recht des Einzelnen auf Selbstbestimmung und freie Erfahrung der Persönlichkeit ebenso zu sichern wie ein gerechtes Miteinander der Menschen und den Erhalt der natürlichen Lebensgrundlagen. Die eigentliche ethische Herausforderung sieht der Rat aber in der Ausbildung einer ethischen Grundhaltung, die individuelle Freiheit als Freiheit in Verantwortung für die natürliche Umwelt und die soziale Mitwelt versteht. In diesem Zusammenhang verweist er auf die Bedeutung eines differenzierten Wertbewusstseins, ethischer Sensibilität und Urteilskraft als wesentliche Faktoren für die Ausbildung einer solchen Grundhaltung. Diese müssen im Rahmen eines gesellschaftlichen Prozesses zur Bewusstseinsbildung vermittelt werden.

Ethisch rechtfertigungsfähiges, von der Nachhaltigkeitsidee getragenes Handeln gründet sich nach Auffassung des Sachverständigenrats auf die Prinzipien der Personalität und Retinität sowie auf die Kriterien der Umwelt-, Sozial- und Individualverträglichkeit. Nachhaltigkeit beschreibt somit keinen wissenschaftlich beobachtbaren Sachverhalt. Als ethisches Konzept vermittelt es vielmehr eine Vorstellung davon, „wie die Welt sein sollte" (UBA 2002b, S. 16; Renn et al. 1999). Es geht um die Frage, wie Menschen heute und morgen leben sollen, und um die Frage, welche Zukunft wünschenswert ist (Coenen und Grunwald 2003). Der Diskurs ist daher verbunden mit umweltethischen Überlegungen zum Verhältnis zwischen den Menschen und ihrer natürlichen und künstlichen Umwelt. Dies ist wesentlich bestimmt durch Interessen, Wertvorstellungen und ethische Grundhaltungen der gesellschaftlichen Akteure (Abb. 1.7).

Die ethische Komponente wird insbesondere dann offenkundig, wenn es um Fragen der nationalen oder globalen Verteilung von Nutzungs- bzw. Belastungsrechten in Bezug auf natürliche oder sozioökonomische Ressourcen geht. Es ist wenig überraschend, dass hier zwischen den Staaten der Erde aufgrund unterschiedlicher Probleme, Kulturen, politischer Systeme und Interessen teilweise stark divergierende Vorstellungen bestehen. Auch innerhalb der Länder gibt es in Wissenschaft, Politik und den gesellschaftlichen Interessengruppen unterschiedliche Ansichten, wie die Konkretisierung und die Umsetzung des Konzept einer nachhaltigen Entwicklung erfolgen sollten.

Nachhaltigkeit wird auch als „regulative" Idee verstanden, wobei dieser Begriff auf Kant zurückgeht. Ideen sind keine Begriffe, die einen Erfahrungsgegenstand festlegen, sondern praktisch-regulierende Prinzipien. Ähnlich wie die Begriffe „Freiheit" und „Gerechtigkeit" sollte Nachhaltigkeit als offener und positiver Begriff zu verstehen sein, mit nur vorläufigen Zwischenbestimmungen. Diese Offenheit ist der Tatsache geschuldet, dass die gesellschaftlichen Vorstellungen von nachhaltiger Entwicklung sowohl zeit-, situations- als auch kultur- und wissensabhängig sind (vgl. Enquete-Kommission 1998).

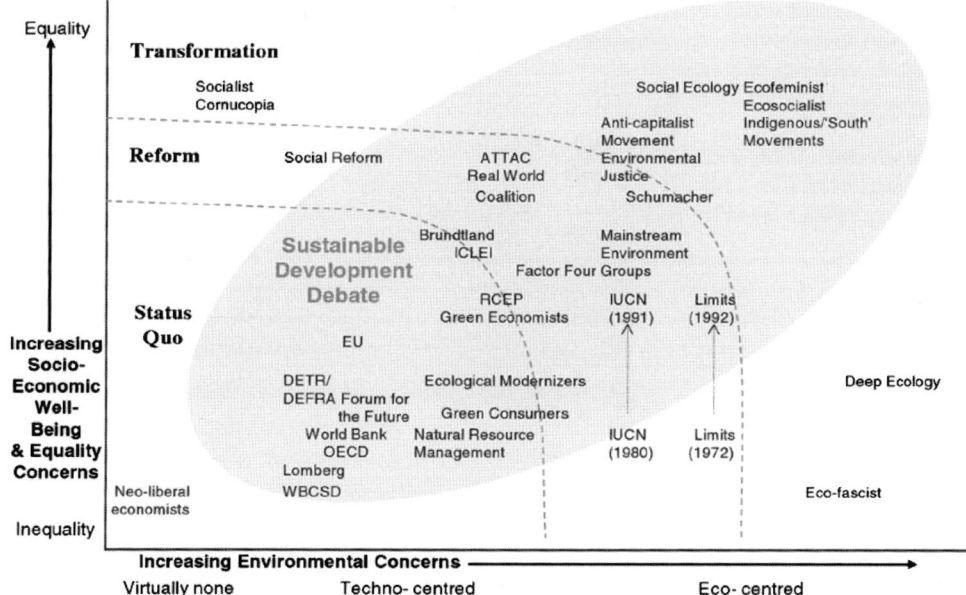

Abb. 1.7 Kartografische Verortung verschiedener Betrachtungsweisen nachhaltiger Entwicklung (Hopwood et al. 2005, S. 41). Die Verknüpfung gerechtigkeitsbezogener Kriterien und umweltbezogener Belange verdeutlicht die Spannbreite vorhandener Denkansätze hinsichtlich ihrer normativen Prioritätensetzung und stellt somit eine nützliche Grundlage für die kritische Bewertung der verschiedenen Interpretationen und Konstrukte im Rahmen des gesamten Nachhaltigkeitsdiskurses dar

An dieser Stelle ist darauf hinzuweisen, dass sich ethische Fragen einer wissenschaftlichen Entscheidbarkeit entziehen. Fragen mit einem normativen Kern können nur in gesellschaftlichen Meinungsbildungsprozessen entschieden werden (vgl. Kopfmüller et al. 2001). Nachhaltigkeitsforschung muss sich daher stets ihrer Einbindung in gesellschaftliche Wahrnehmungs- und Bewertungsprozesse bewusst werden. Eine wissenschaftliche Auseinandersetzung mit dem Konzept einer nachhaltigen Entwicklung kann also nur die Grundlagen für gesellschaftliche Entscheidungen in Form von Orientierungswissen liefern und reflektieren, nicht aber normative Setzungen und Schlussfolgerungen treffen. „Wissenschaftliche Aussagen haben daher, wissenschaftstheoretisch betrachtet, stets die Struktur von Wenn-/Dann-Aussagen" (Kopfmüller et al. 2001, S. 348).

▶ **Aufgabe:** Erörtern Sie die Herausforderungen, die sich mit Blick auf die ethischen Implikationen des Leitbilds nachhaltiger Entwicklung und deren „Übersetzung" in politisches Handeln ergeben.

▶ **Frage:** Welche Probleme sehen Sie mit Blick auf die Einlösung des Anspruchs intergenerational gerechten Handelns und welche Lösungsmöglichkeiten schlagen Sie vor?

Abb. 1.8 Das Umweltbundesamt in Dessau (Wikipedia 2007). Es ist nach ökologischen, ökonomischen und sozio-kulturellen Kriterien gebaut worden und hat 2009 das Deutsche Gütesiegel für nachhaltiges Bauen erhalten (UBA 2012)

Dimensionen der Nachhaltigkeit

In der Diskussion um das Nachhaltigkeitskonzept herrscht weitgehend Einigkeit darüber, dass Nachhaltigkeit nur durch eine Integration der verschiedenen Dimensionen gesellschaftlicher Entwicklung erreicht werden kann. Allerdings bestehen unterschiedliche Ansichten über die Gewichtung der Dimensionen untereinander. Der Kieler Philosoph Konrad Ott weist darauf hin, dass häufig eine Gleichrangigkeit der bereichsorientierten Dimensionen bzw. Säulen gefordert wird, ohne allerdings diese Gleichrangigkeitsprämisse näher zu begründen (Ott 2001). Andere Ansätze schreiben z. B. der ökologischen Dimension eine übergeordnete Rolle zu.

Hinsichtlich der Anzahl und der Gewichtung der verschiedenen Dimensionen von Nachhaltigkeit gibt es unterschiedliche Ansätze. Diese können generell in die „Ein-Dimensionen-" und die „Mehr-Dimensionen-Modelle" unterschieden werden (Tremmel 2003). Beim „Ein-Dimensionen-Modell" wird einer der Dimensionen grundsätzliche Priorität eingeräumt. Ist dies zum Beispiel die ökologische Dimension, dann bedeutet es, dass im Konfliktfall den ökologischen Belangen Vorrang eingeräumt wird. Ökonomische und soziale Aspekte werden als Ursachen und als Folgen der Umweltbelastung angeführt, jedoch nicht als gleichberechtigte Dimension (Kopfmüller et al. 2001).

Ein Beispiel für eine Vorrangstellung der ökologischen Dimension sind die Nachhaltigkeitsstudien des Umweltbundesamtes (UBA 1997; UBA 2002a; Abb. 1.8), nach der die Ökologie den Rahmen bilden soll, innerhalb dessen die Entwicklung von Wirtschaft und Gesellschaft stattfindet: „Die Tragekapazität des Naturhaushalts muss daher als letzte, unüberwindliche Schranke für alle menschlichen Aktivitäten akzeptiert werden" (UBA 2002a, S. 2). Der SRU rät in seinem Gutachten 2002 ebenfalls zu einer Vorrangstellung des ökologischen Ansatzes, insbesondere der Integration von Umweltbelangen in andere Politiksektoren: *Dieser Gedanke* (der Nachhaltigkeit, Anm. d. Verfasser) *hat einen klaren ökologischen Fokus und trägt damit der Tatsache Rechnung, dass im Umweltschutz im Vergleich zur Umsetzung ökonomischer und sozialer Ziele der größte Nachholbedarf existiert"* (SRU 2002, S. 68).

In den Mehr-Dimensionen-Modellen dagegen wird eine gleichrangige Bedeutung aller Dimensionen betont. Dabei reicht die Bandbreite von zwei bis zu acht Dimensionen. Am häufigsten ist jedoch das Drei-Dimensionen-Modell, das die Dimensionen Ökologie, Soziales und Ökonomie nebeneinanderstellt. Dieses Modell wurde von der Enquete-Kommission 1998 in die deutsche Nachhaltigkeitsdebatte eingeführt. Es zielt auf eine als Gesellschaftspolitik verstandene Nachhaltigkeitspolitik, in der die drei Dimensionen Ökologie, Soziales und Ökonomie gleichberechtigt nebeneinanderstehen (Deutscher Bundestag 1998): *„Zentrales Ziel des Nachhaltigkeitsanliegens ist die Sicherstellung und Verbesserung ökologischer, ökonomischer und sozialer Leistungsfähigkeiten. Diese bedingen einander und können nicht teiloptimiert werden, ohne Entwicklungsprozesse als ganze infrage zu stellen"* (Deutscher Bundestag 1998, S. 33).

So ist zum einen „wirtschaftliche Entwicklung und soziale Wohlfahrt nur in dem Maße möglich, in dem die Natur als Lebensgrundlage nicht gefährdet ist" (ebd.). Auf der anderen Seite sind ökologische Ziele schwer umsetzbar, wenn auf gesellschaftlicher wie auf individueller Ebene soziale oder ökonomische Probleme vorherrschen: *„Eine ökologisch dominierte Nachhaltigkeitspolitik wird im gesellschaftlichen Abwägungsprozess immer dann unterliegen, wenn sich andere Problemlagen als unmittelbarer, spürbarer und virulenter erweisen und damit auch für politisches Handeln dringlicher und attraktiver sind. Selbst wenn sie sich durchsetzen kann, bleibt sie ohne Wirkung, denn letztlich dürfte nur eine Politik der Integration der drei Dimensionen in der Lage sein, die konzeptionelle Schwäche einer von wirtschaftlichen und sozialen Fragestellungen isolierten Umweltdiskussion zu überwinden* (Deutscher Bundestag 1998, S. 31 f.)".

Zwei Argumentationsebenen werden zugunsten des Drei-Dimensionen-Ansatzes angeführt: Erstens: Neben den natürlichen Lebensgrundlagen werden auch ökonomische, soziale und kulturelle Werte als Ressourcen betrachtet, die in ihrer Gesamtheit die Basis für die Befriedigung menschlicher Bedürfnisse bilden. Zweitens: Die Gesellschaft kann sowohl durch ökologische als auch durch ökonomische oder soziale Risiken gefährdet werden. Insofern stellt die Tragfähigkeit natürlicher als auch gesellschaftlicher Systeme den Handlungsspielraum für die nachhaltige Entwicklung dar. Umwelt, Gesellschaft und Wirtschaft sind dabei als eigenständige, aber miteinander gekoppelte Subsysteme zu sehen, „deren Funktionsfähigkeit und Störungsresistenz es im Interesse künftiger Generationen zu erhalten gilt" (Kopfmüller et al. 2001, S. 49). Ziel der nachhaltigen Entwicklung ist in diesem Sinne die Vermeidung irreversibler Schäden in allen drei Dimensionen (Abb. 1.9).

Die Kontroversen in dieser Diskussion finden auf zwei Ebenen statt: zum einen zwischen den Vertretern der „Ein-Dimensionen-Modelle" und der „Mehr-Dimensionen-Modelle", mit den oben ausgeführten Argumenten. Eine weitere Kontroverse findet unter den Vertretern der Ein-Dimensionen-Modelle statt. Zwischen ihnen bestehen unterschiedliche Vorstellungen in der Frage, welche der Dimensionen Priorität zukommen soll. Im Rahmen der internationalen Debatte räumen die Länder des Südens bislang der sozialen und ökonomischen Entwicklungsperspektive (einschließlich der globalen Verteilungsfrage) eindeutigen Vorrang ein, was u. a. dazu führt, dass sie bei der Lösung der bestehenden Probleme den Ländern des Nordens den ersten Schritt und die Hauptlast zuschreiben.

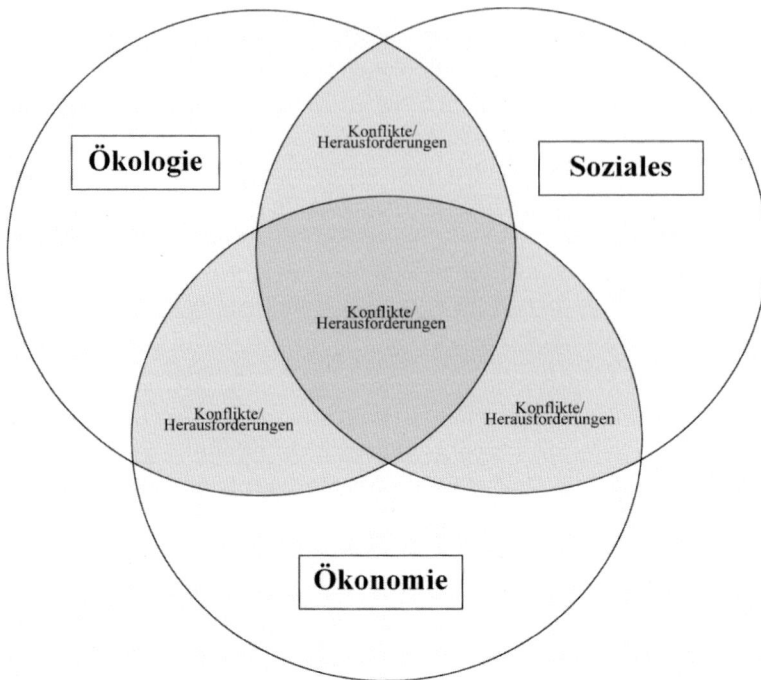

Abb. 1.9 Konflikte und Herausforderungen beim Drei-Dimensionen-Modell der Nachhaltigkeit (nach Tremmel 2003)

Demgegenüber stellen diese Staaten die ökologischen Themen in den Vordergrund (nicht zuletzt, weil sie es sich ökonomisch leisten können) und fordern Lösungsinitiativen vor allem in den Ländern des Südens, wo entsprechende Erfolge als häufig kostengünstiger erzielbar eingeschätzt werden.

Neben den im Brundtland-Bericht genannten Dimensionen Ökologie, Soziales und Ökonomie werden vor allem die kulturelle, die institutionelle und in den Ländern des Südens die politische Dimension diskutiert (Abb. 1.10). Kultur im lexikalischen Sinne (z. B. Meyers Großes Universallexikon 1983, Mannheim) umfasst das, was von Menschen zu bestimmten Zeiten und in abgrenzbaren Regionen in Auseinandersetzung mit der Umwelt geschaffen wurde. Dazu gehören beispielsweise Sprache, Religion, Ethik, Institutionen, Recht, Technik, Wissenschaft, Kunst und Musik, aber auch der Prozess, wie Kulturinhalte und -modelle hervorgebracht wurden, einschließlich entsprechender individueller und gesellschaftlicher Lebens- und Handlungsformen. Unter Kultur lassen sich somit die kulturellen Werte, Weltbilder, Normen und Traditionen fassen, wodurch die Art der Naturnutzung, des gesellschaftlichen Miteinanders und der Wirtschaftsweise geprägt wird. Es wird damit einem pragmatischen Kulturverständnis gefolgt, „das nach Wissensordnungen fragt, die die individuelle und gesellschaftliche Praxis strukturieren" (Holz und Stoltenberg 2011), womit Kultur weniger als theoretischer, denn als operativer Begriff verstanden wird. *„Ein Prozess der Besinnung auf nachhaltige, ethische Werte ist vor allem eine kulturel-*

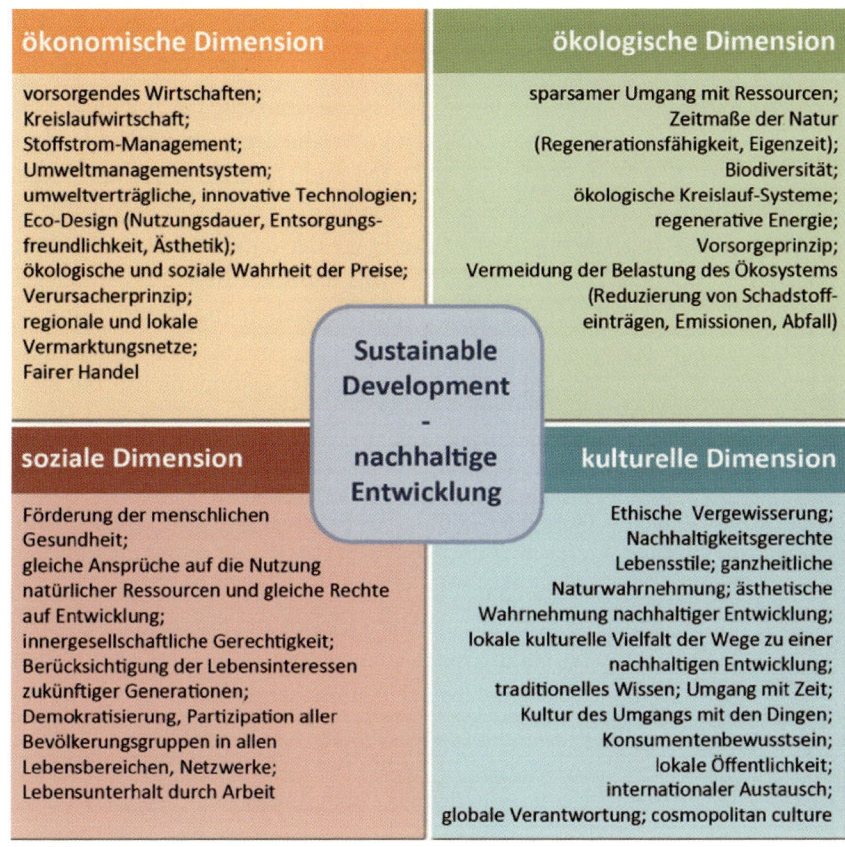

ökonomische Dimension

vorsorgendes Wirtschaften;
Kreislaufwirtschaft;
Stoffstrom-Management;
Umweltmanagementsystem;
umweltverträgliche, innovative Technologien;
Eco-Design (Nutzungsdauer, Entsorgungs-
freundlichkeit, Ästhetik);
ökologische und soziale Wahrheit der Preise;
Verursacherprinzip;
regionale und lokale
Vermarktungsnetze;
Fairer Handel

ökologische Dimension

sparsamer Umgang mit Ressourcen;
Zeitmaße der Natur
(Regenerationsfähigkeit, Eigenzeit);
Biodiversität;
ökologische Kreislauf-Systeme;
regenerative Energie;
Vorsorgeprinzip;
Vermeidung der Belastung des Ökosystems
(Reduzierung von Schadstoff-
einträgen, Emissionen, Abfall)

**Sustainable
Development
-
nachhaltige
Entwicklung**

soziale Dimension

Förderung der menschlichen
Gesundheit;
gleiche Ansprüche auf die Nutzung
natürlicher Ressourcen und gleiche Rechte
auf Entwicklung;
innergesellschaftliche Gerechtigkeit;
Berücksichtigung der Lebensinteressen
zukünftiger Generationen;
Demokratisierung, Partizipation aller
Bevölkerungsgruppen in allen
Lebensbereichen, Netzwerke;
Lebensunterhalt durch Arbeit

kulturelle Dimension

Ethische Vergewisserung;
Nachhaltigkeitsgerechte
Lebensstile; ganzheitliche
Naturwahrnehmung; ästhetische
Wahrnehmung nachhaltiger Entwicklung;
lokale kulturelle Vielfalt der Wege zu einer
nachhaltigen Entwicklung;
traditionelles Wissen; Umgang mit Zeit;
Kultur des Umgangs mit den Dingen;
Konsumentenbewusstsein;
lokale Öffentlichkeit;
internationaler Austausch;
globale Verantwortung; cosmopolitan culture

Abb. 1.10 Das Vier-Dimensionen-Modell der Nachhaltigkeit (nach Stoltenberg 2010)

le Aufgabe. Nachhaltige Entwicklung […] erfordert einen Wechsel zu einer der Nachhaltig-keit verantwortlichen Lebensweise" (Teller und Ax 2003, S. 89 f.). Forderungen nach der Etablierung einer Kultur der Nachhaltigkeit setzen auf dieser Ebene an (Stoltenberg und Michelsen 1999; Reisch 2002; Stoltenberg 2010). Kultur spielt nach dem dargelegten Verständnis auf dem Weg zu einer nachhaltigen Gesellschaft eine wichtige Rolle und sollte als eigenständige Dimension betrachtet werden, *„da durch das Leitbild ‚Nachhaltigkeit' auch unsere Lebensform, Wertvorstellungen, unser Bildungs- und Wissenschaftssystem oder unsere Art von Technikentwicklung als kultureller Hintergrund"* der anderen Dimensionen „kritisch reflektiert und ggf. verändert werden müssen" (Stoltenberg 2000, S. 12).

▶ **Aufgabe:** Sammeln Sie Aspekte, die Ihnen zu einem Problemfeld global nicht-nachhaltiger Entwicklung einfallen und ordnen Sie diese verschiedenen Nachhaltigkeitsdimensionen zu.

▶ **Frage:** Wie beurteilen Sie die Sinnfälligkeit der Forderung, der ökologischen Dimension Priorität gegenüber weiteren Dimensionen einzuräumen?

Schwache und starke Nachhaltigkeit

In der wissenschaftlichen Diskussion um verschiedene Konzepte der Nachhaltigkeit wird zwischen schwacher und starker Nachhaltigkeit unterschieden (u. a. Ott 2001; Meyer-Abich 2001; Scherhorn und Wilts 2001; SRU 2002; Ott und Döring 2004; Egan-Krieger et al. 2009). Wesentliches Merkmal der Unterscheidung ist die Frage, was nachhaltig erhalten werden soll, und eng damit verbunden ist die Frage der Substituierbarkeit der vorhandenen Kapitalien (vgl. Tab. 1.1). Unter Kapital wird dabei ein Bestand definiert, „dessen Erträge dem wirtschaftenden Menschen zur Verfügung stehen und Nutzen bringen" (SRU 2002, S. 65).

Eine problematische Verkürzung in der Geschichte der Ökonomik war die Reduktion der natürlichen Produktionsfaktoren auf „Boden" und „Ressourcen". Es wird mittlerweile davon ausgegangen, dass Boden und nicht erneuerbare Ressourcen nur Komponenten der komplexen Kategorie „Naturkapital" sind. Dies wird in der neueren Ökonomik zunehmend anerkannt (Held und Nutzinger 2001). Die Präzisierung des Naturkapitalbegriffs bereitet allerdings Schwierigkeiten. Naturkapital ist in sich komplex und die Komponenten sind miteinander vernetzt. Auflistungen führen dementsprechend zu Überschneidungen. Daher ist es nicht möglich, eine Liste differenzierter, eindeutig gegeneinander abgegrenzter („distinkter") Elemente von Naturkapital anzufertigen. Vielmehr wird Naturkapital durch Begriffe näher charakterisiert, die ihrerseits umfassende Totalitätsbegriffe sind, wie etwa „Ressourcenbasis", „natürliche Lebensgrundlagen", „Leistungsfähigkeit des Naturhaushaltes", „Stabilität ökologischer Systeme", „Biodiversität" usw. (SRU 2002, S. 64).

Bei den Kapitalien lassen sich verschiedene Formen unterscheiden (vgl. Ott 2001; SRU 2002):

- Naturkapital (z. B. natürliche Ressourcen wie Wasser, Luft),
- Sachkapital (z. B. Maschinen, Anlagen, Geräte, Infrastruktur),
- „kultiviertes Naturkapital" (z. B. Forste, Plantagen, Viehherden),
- Sozialkapital (z. B. moralisches Orientierungswissen, Institutionen),
- Humankapital (z. B. personengebundenes Wissen wie Bildung, Fähigkeiten),
- Wissenskapital (z. B. nicht-personengebundenes, gespeichertes und abrufbares Wissen).

Das Konzept der schwachen Nachhaltigkeit (vgl. Tab. 1.1) „geht von der weitgehenden und zumindest im Prinzip unbegrenzten […] Substituierbarkeit aller Sorten von Kapitalien aus" (Ott 2001, S. 41). Dies bedeutet, dass natürliches Kapital durch andere Kapitalien wie z. B. Wälder durch Parkanlagen oder natürliche Seen durch Schwimmbäder ersetzt werden kann. Dabei wird davon ausgegangen, dass es letztlich unerheblich ist, in welcher physischen Zusammensetzung der ererbte Kapitalbestand an die nächste Generation weitergegeben wird. Entscheidend ist, dass das Gesamtkapital und der Gesamtnutzen und damit insgesamt das Wohlfahrtsniveau erhalten bleiben. Die schwache Nachhaltigkeit knüpft an die neoklassische Nutzentheorie an, nach der es unerheblich ist, wie Nutzen erzeugt wird. Steurer (2001) sieht in der schwachen Nachhaltigkeit das „quantitative Wachstumsparadigma" vertreten. An diesem Konzept werden v. a. die Annahme der vollständigen Subs-

Tab. 1.1 Konzepte der Nachhaltigkeit (Eblinghaus und Stickler 1998; Dobson 2000; Rieckmann 2004; Steurer 2001)

	Sehr schwache Nachhaltigkeit	Schwache Nachhaltigkeit	Starke Nachhaltigkeit	Sehr starke Nachhaltigkeit
Was soll erhalten werden?	Gesamtkapital (menschen-gemacht und natürlich)	Essenzielles natürliches Kapital	Unwiederbringli-che Natur	Eigenwert von Natur
Warum?	Menschliches Wohl	Menschliches Wohl	Menschliches Wohl und Verpflichtungen gegenüber der Natur	Verpflichtungen gegenüber der Natur
Managementstra-tegie?	Maximierung wirtschaftlichen Wachstums	Nachhaltiges wirtschaftliches Wachstum	Wirtschaftliches Nullwachstum; nachhaltiges Wachstum, wenn Umweltqualität dadurch nicht gefährdet	Nullwachstum, z. T. Reduzierung der ökonomi-schen Werte
Substituierbarkeit zwischen men-schengemachtem und natürlichem Kapital?	Prinzipiell unbegrenzt	Nicht immer möglich zwischen menschenge-machtem und essenziellem natürlichen Kapital	Nicht immer möglich zwischen menschenge-machtem Kapital und unwieder-bringlicher Natur	Hält sich von der Ersetzbarkeitsde-batte fern
Ethik?	Instrumenteller Wert der Natur	Instrumenteller Wert der Natur	Vorrang: Wert des Ökosystems	Intrinsischer Wert der Natur

tituierbarkeit von Naturkapital und der Glaube an den technischen Fortschritt und das Wirtschaftswachstum kritisiert (vgl. SRU 2002).

Vertreter der starken Nachhaltigkeit gehen demgegenüber davon aus, dass menschlich produziertes Kapital und natürliches Kapital grundsätzlich komplementär und daher nur sehr begrenzt austauschbar sind (vgl. Daly 1999; Ott 2001; Ott und Döring 2004).

Gesichter der Nachhaltigkeit

Herman E. Daly
- geb. 1938
- Professor em. an der University of Maryland
- 1988-1994 Senior Economist in der Umweltabteilung der Weltbank
- Daly war einer der ersten,der vor den ökologischen Grenzen ökonomischen Wachstums gewarnt hat. Auf ihn gehen grundlegende Management-Regeln der Nachhaltigkeit zurück.

Herman E. Daly (The European 2011)

Tab. 1.2 Das Ebenenmodell starker Nachhaltigkeit (nach Döring 2009)

Ebene	Status im Rahmen der Theorie (vgl. Stegmüller 1980; Ott und Döring 2008, S. 345 ff.)
1. Idee (Theorie inter- und intragenerationeller Gerechtigkeit)	Theoriekern
2. Konzeption („starke' oder ‚schwache' Nachhaltigkeit, vermittelnde Konzeptionen)	
3. Constant Natural Capital Rule, Managementregeln	
4. Leitlinien (Resilienz, Suffizien, Effizienz)	Brückenprinzipien
5. Handlungsdimensionen (Naturschutz, Land- und Forstwirtschaft, Fischerei, Klimawandel u. a.)	Anwendungsfälle
6. Zielsysteme, Spezialkonzepte und -modelle, ggf. Indikatoren	
7. Implementierung, Institutionalisierung, Instrumentierung	

Im Hinblick auf das Naturkapital wird verlangt, dass es in der Zusammensetzung seiner einzelnen Elemente (wie Klimafaktoren, Landschaften, Biodiversität) möglichst konstant gehalten werden soll. Artensterben, der Verlust von Landschaften usw. darf also bei einer starken Nachhaltigkeit nicht zugelassen werden. Es wird davon ausgegangen, dass die Menschen auf die ökologischen Funktionen der Natur angewiesen und diese Funktionen deshalb nicht substituierbar sind (vgl. SRU 2002). Innerhalb der einzelnen Kapitalarten ist allerdings ein begrenzter Austausch möglich. So kann z. B. der Verlust eines Waldes durch Wiederaufforstung in einem anderen Gebiet ersetzt oder der Verbrauch von Erdöl durch entsprechende Investition in erneuerbare Energien kompensiert werden. In der starken Nachhaltigkeit ist das „Paradigma der Wachstumsgrenzen" zu erkennen (Steurer 2001). Einen Versuch zur Operationalisierung der starken Nachhaltigkeit (vgl. Tab. 1.2) stellt u. a. das Umweltraumkonzept dar, wobei der Umweltraum „die Ressourcenbasis und Senkenfunktionen, die Menschen in ihrer natürlichen Umwelt beanspruchen können, ohne sie irreversibel zu schädigen" (SRU 2002, S. 65), umfasst.

▶	**Aufgabe:** Spielen Sie anhand eines selbst gewählten Beispiels nicht nachhaltiger Entwicklung die Möglichkeiten und Grenzen der Anwendung des Konzepts starker Nachhaltigkeit durch.

▶	**Frage:** In welchen Bereichen deutscher (Umwelt- und Nachhaltigkeits-)Politik lassen sich Ansätze starker Nachhaltigkeit erkennen?

Das integrative Konzept nachhaltiger Entwicklung

Verschiedene wissenschaftliche Einrichtungen der Hermann von Helmholtz-Gemeinschaft Deutscher Forschungszentren (HGF) haben von 1998 bis 2002 ein Forschungsprojekt zur Konkretisierung und Umsetzung des Leitbildes einer nachhaltigen Entwicklung durchgeführt. Dabei haben sie ein integratives Konzept nachhaltiger Entwicklung entworfen und es auf die Situation der Bundesrepublik Deutschland angewendet. Bestimmt wird dieses Konzept von seinen konstitutiven Elementen, seinen Zielen und Regeln (vgl. Kopfmüller et al. 2001; Coenen und Grunwald 2003).

„Konstitutiv" bedeutet, dass diese Elemente unverzichtbar und prägend für das Leitbild einer nachhaltigen Entwicklung sind. Sie wurden aus der bisherigen Diskussion zur nachhaltigen Entwicklung abgeleitet. Ein zentrales konstitutives Element einer nachhaltigen Entwicklung ist die intra- und intergenerationelle Gerechtigkeit. Anknüpfend an die Definition der Brundtland-Kommission zur nachhaltigen Entwicklung, die dann gegeben ist, „wenn sie die Bedürfnisse der Gegenwart befriedigt, ohne zu riskieren, dass künftige Generationen ihre eigenen Bedürfnisse nicht befriedigen können" (Hauff 1987, S. 46), bezieht sich die intragenerationelle Gerechtigkeit auf die Bedürfnisse der Gegenwart. Sie strebt das Ziel an, allen Menschen auf der Erde ein menschenwürdiges – zumindest die Grundbedürfnisse befriedigendes – Leben zu ermöglichen. Intergenerationelle Gerechtigkeit dagegen zielt darauf ab, dass zukünftige Generationen ihre Bedürfnisse ebenfalls befriedigen können. Hier geht es darum, der nächsten Generation Rahmenbedingungen zu hinterlassen bzw. zu übergeben, die es ihr erlauben, ihren Lebensstil selbst zu wählen. Da es bei den Gerechtigkeitsprinzipien u. a. um die gerechte Verteilung von Naturressourcen, Wirtschaftsgütern und sozialen Grundgütern geht, wird auch von Verteilungsgerechtigkeit gesprochen. Es gibt in der Wissenschaft unterschiedliche Ansichten hinsichtlich des Verhältnisses zwischen intra- und intergenerationeller Gerechtigkeit. Der HGF-Ansatz orientiert sich an der obigen Definition und sieht beide Prinzipien als gleichrangig an.

Die globale Orientierung ist ein anderes konstitutives Element (Abb. 1.11). Die globale Gültigkeit für das Leitbild der Nachhaltigkeit wird auf drei Ebenen begründet. Zum einen gibt es eine ethische Erklärung: Im Sinne einer globalen Ethik wird allen Menschen das moralische Recht zugesprochen auf die Befriedigung ihrer Grundbedürfnisse, auf die Erfüllung ihrer Wünsche nach einem besseren Leben, auf die Erhaltung der lebensnotwendigen Funktionen der Ökosysteme und auf den gerechten Zugang zu den globalen Ressourcen. Zum anderen gibt es eine problemorientierte Begründung: Viele der bekannten Nachhaltigkeitsprobleme wie anthropogener Treibhauseffekt, Ozonabbau, Verlust der biologischen Vielfalt, Armut, Bevölkerungswachstum oder Arbeitslosigkeit sind globale Phänomene. Sie sind lediglich in Bezug auf ihre Ausprägungen regional unterschiedlich. Und es gibt hierfür eine handlungsstrategische Begründung: Die globalen Probleme erfordern sowohl die Identifizierung und Analyse dieser Probleme als auch die Entwicklung entsprechender Lösungsstrategien und Umsetzungsmechanismen auf der globalen Ebene.

Ein weiteres konstitutives Element ist der anthropozentrische Ansatz. Das Konzept der nachhaltigen Entwicklung ist in erster Linie ein Konzept, dass die menschlichen

Abb. 1.11 „Wir brachen auf, um den Mond zu erkunden, aber tatsächlich entdeckten wir die Erde." (Eugene Cernan, Astronaut) (Bildquelle: NASA 2011)

Bedürfnisse in den Mittelpunkt rückt. Dem Menschen werden Rechte zur Nutzung der Natur zugestanden. Diese kann er im Rahmen und unter Erfüllung bestimmter Pflichten ausüben. So ist er zu einem sorgsamen Umgang mit der Natur verpflichtet, und zwar aus menschlichem Eigeninteresse. Es geht um den langfristigen Erhalt von Funktionen, welche die Natur für den Menschen erfüllen kann. Mit Nutzung sind neben der Entnahme von Rohstoffen oder der Abgabe von Abfällen auch kulturelle Formen, wie die „ästhetische Nutzung" von Landschaften, gemeint. Daher wird von einem „aufgeklärten anthropozentrischen" Ansatz gesprochen. Ausgeschlossen ist hierbei der Diskurs um Eigenrechte der Natur oder anderer Lebewesen, wie z. B. tierethische Fragen.

Im Rahmen des HGF-Forschungsprojekts wurden zur Konkretisierung der konstitutiven Elemente zunächst „generelle Ziele nachhaltiger Entwicklung" abgeleitet (vgl. Coenen und Grunwald 2003). Diese Ziele gelten als notwendige Bedingungen für eine nachhaltige Entwicklung, um den oben formulierten konstitutiven Elementen gerecht zu werden.

Als *generelle Ziele* sind zu nennen:

- *Sicherung der menschlichen Existenz*: Als oberstes Gebot gilt, dass die jetzigen Generationen nicht die Voraussetzungen für das Leben künftiger Generationen zerstören dürfen. Das heißt zunächst, dass die für die menschliche Existenz unentbehrlichen Funktionen der Natur aufrechterhalten werden müssen. Weiterhin lässt sich daraus ableiten, dass die individuelle Existenz aller Mitglieder der Weltgesellschaft dauerhaft und in menschenwürdiger Weise gesichert sein muss.

- *Die Erhaltung des gesellschaftlichen Produktivpotenzials*: Kommende Generationen müssen vergleichbare Voraussetzungen vorfinden, ihre Bedürfnisse, die nicht mit den heutigen übereinstimmen müssen, zu erfüllen. Daraus lässt sich als ein weiteres generelles Ziel nachhaltiger Entwicklung die Forderung ableiten, dass die produktive Kapazität der (Welt-)Gesellschaft in einem ganz allgemeinen Sinne über die Zeit erhalten bleiben muss. Zum gesellschaftlichen Produktivpotenzial gehört neben den natürlichen (erneuerbaren und nicht erneuerbaren) Ressourcen auch das menschliche Wissen.
- *Bewahrung der Entwicklungs- und Handlungsmöglichkeiten*: Das Gebot, die Bedürfnisbefriedigung kommender Generationen nicht zu gefährden, muss materielle und immaterielle Bedürfnisse einschließen. Die heutigen Generationen dürfen daher die Entwicklungs- und Handlungsmöglichkeiten kommender Generationen nicht beschränken. Bezogen auf den einzelnen Menschen bedeutet dies, dass die individuellen Entfaltungsmöglichkeiten heute und in Zukunft gesichert sein müssen.

Zur Operationalisierung der Ziele wurden sogenannte *Nachhaltigkeitsregeln* erarbeitet. Dabei wird unterschieden in

- *substanzielle Nachhaltigkeitsregeln*: Diese Regeln gelten als Mindestbedingungen zur Erreichung der obigen Ziele und werden auch als die „Was-Regeln" der Nachhaltigkeit bezeichnet;
- *instrumentelle Nachhaltigkeitsregeln*: Diese Regeln beinhalten die institutionellen, ökonomischen und politischen Rahmenbedingungen für eine nachhaltige Entwicklung. Es geht also um den Weg zur Erfüllung der Mindestbedingungen, daher werden sie als „Wie-Regeln" bezeichnet (vgl. Kopfmüller et al. 2001).

Die substanziellen Nachhaltigkeitsregeln werden folgenden Zielen zugeordnet:

1. *Sicherung der menschlichen Existenz*: Gefahren und unvertretbare Risiken für die menschliche Gesundheit durch anthropogen bedingte Umweltbelastungen sind zu vermeiden. Für alle Mitglieder der Gesellschaft muss ein Mindestmaß an Grundversorgung (Wohnung, Ernährung, Kleidung, Gesundheit) sowie die Absicherung gegen zentrale Lebensrisiken (Krankheit, Invalidität) gewährleistet sein. Für alle Gesellschaftsmitglieder ist die Möglichkeit einer Existenzsicherung (einschließlich Kindererziehung und Altersversorgung) durch frei übernommene Tätigkeit zu gewährleisten. Diese Regel geht über die Befriedigung der Grundbedürfnisse hinaus und zielt auf ein selbstbestimmtes Leben. Die Nutzung der Umwelt ist nach Prinzipien der Gerechtigkeit unter fairer Beteiligung aller Betroffenen zu verteilen. Extreme Unterschiede in der Einkommens- und Vermögensverteilung sind abzubauen. Armut, die eine aktive

Teilnahme am gesellschaftlichen Leben unmöglich macht, muss entsprechend ausgeschlossen sein.

2. *Erhaltung des gesellschaftlichen Produktivpotenzials*: Die Nutzungsrate sich erneuernder
   Ressourcen darf deren Regenerationsfähigkeit nicht überschreiten sowie die Leistungs-
   und Funktionsfähigkeit des jeweiligen Ökosystems nicht gefährden. Die Reichweite der
   nachgewiesenen nicht erneuerbaren Ressourcen ist über die Zeit zu erhalten. Dabei
   geht es um die Einschränkung des Verbrauchs (Suffizienz), die Erhöhung der Ressour-
   cenproduktivität (Effizienz) oder den Ersatz durch erneuerbare Ressourcen (Konsistenz). Die Freisetzung von Stoffen darf die Aufnahmefähigkeit der Umweltmedien und
   Ökosysteme nicht überschreiten. Technische Risiken mit möglicherweise katastrophalen Auswirkungen für Mensch und Umwelt sind zu vermeiden. Das Sach-, Human- und
   Wissenskapital ist so zu entwickeln, dass die wirtschaftliche Leistungsfähigkeit erhalten
   bzw. verbessert werden kann.

3. *Bewahrung der Entwicklungs- und Handlungsmöglichkeiten*: Alle Mitglieder der Gesellschaft müssen gleichwertige Chancen in Bezug auf den Zugang zu Bildung, Information, Beruf, Ämtern und sozialen, politischen und ökonomischen Positionen haben.
   Allen Mitgliedern der Gesellschaft muss die Teilhabe an den gesellschaftlich relevanten
   Entscheidungsprozessen möglich sein. Hierbei geht es z. B. um die Erhaltung oder Verbesserung demokratischer Formen der Entscheidungsfindung oder Konfliktregelung.
   Das kulturelle Erbe der Menschheit und die kulturelle Vielfalt sind zu erhalten. Kultur-
   und Naturlandschaften bzw. Landschaftsteile von besonders charakteristischer Eigenart
   und Schönheit sind zu erhalten. Um den sozialen Zusammenhalt der Gesellschaft zu
   gewährleisten, sind Rechts- und Gerechtigkeitssinn, Toleranz, Solidarität und Gemeinwohlorientierung sowie Potenziale der gewaltfreien Konfliktregelung zu stärken.

Die instrumentellen Nachhaltigkeitsregeln sind die sogenannten „Wie-Regeln" für eine
nachhaltige Entwicklung. Dabei handelt es sich zum einen um ökonomische Aspekte, zum
anderen um Anforderungen an Institutionen (vgl. Coenen und Grunwald 2003):

1. *Internalisierung sozialer und ökologischer Folgekosten*: Die Preise müssen die im Wirtschaftsprozess entstehenden externen ökologischen Kosten (z. B. Ressourcenknappheit,
   beschädigte Ökosysteme) und sozialen Kosten (z. B. Kinderarbeit, Gesundheitsgefähr-
   dung, Arbeitslosigkeit) reflektieren.

2. *Angemessene Diskontierung*: Durch Diskontierung dürfen weder heutige noch zukünftige Generationen diskriminiert werden.

3. *Verantwortbare Verschuldung*: Es geht dabei um eine Beschränkung der Verschuldung
   auf Investitionen, die der Befriedigung zukünftiger Bedürfnisse dienen.

4. *Faire weltwirtschaftliche Rahmenbedingungen*: Faire Teilnahme am Wirtschaftsprozess,
   besonders Marktzugangsbedingungen für Länder des Südens.

5. Förderung der internationalen Zusammenarbeit: Staaten, NGOs, Unternehmen

6. *Steigerung der Resonanzfähigkeit der Gesellschaft gegenüber den relevanten Problemen*: Steigerung der Problemwahrnehmung, des Problembewusstseins und der Handlungsmöglichkeiten aller Akteure der Gesellschaft durch institutionelle Innovationen.
7. Entwicklung institutioneller Bedingungen zur Analyse und Bewertung der Folgen gesellschaftlicher Handlungen.
8. *Erhöhung der Steuerungsfähigkeit*: Neue Formen der gesellschaftlichen Steuerung für eine nachhaltige Entwicklung sind erforderlich.
9. *Förderung der Selbstorganisationspotenziale gesellschaftlicher Akteure*: Es sind Formen kooperativer und partizipativer Entscheidungsformen zu entwickeln, die zur Stärkung der Zivilgesellschaft beitragen und parallel zu den etablierten Institutionen wirken.
10. *Stärkung des Machtausgleichs zwischen den Akteuren*: Meinungsbildungs-, Aushandlungs- und Entscheidungsprozesse sind so zu gestalten, dass die Artikulationsmöglichkeiten gerecht verteilt und die Verfahren transparent sind. So sollen alle Beteiligten die gleichen Möglichkeiten haben, ihre Positionen durchzusetzen.

Diese Regeln stellen eine normative Basis dar und dienen als Mittel, um die Ziele einer nachhaltigen Entwicklung zu erreichen. Um diese Regeln handlungsrelevant werden zu lassen, bedürfen sie jedoch noch einer weiteren „Unterfütterung" durch Kenngrößen, sog. Indikatoren, die einen weiteren Schritt zur Operationalisierung des integrativen Konzepts darstellen.

▶ **Aufgabe:** Vergleichen Sie das integrative Konzept nachhaltiger Entwicklung mit dem Konzept starker Nachhaltigkeit und arbeiten Sie Ähnlichkeiten und Unterschiede der beiden Ansätze heraus.

▶ **Frage:** Welche Stärken und Schwächen des integrativen Konzepts nachhaltiger Entwicklung lassen sich Ihrer Meinung nach benennen?

Nachhaltige Entwicklung und ihre wissenschaftliche Resonanz

Mit der wachsenden politischen und gesellschaftlichen Beachtung des Leitbildes einer nachhaltigen Entwicklung geht auch eine verstärkte Resonanz innerhalb des wissenschaftlichen Betriebes einher. Dabei entstand der Ruf nach einem neuen, problemorientierten Forschungsparadigma, das die mit nachhaltiger Entwicklung verbundene Komplexität widerspiegelt und die vielfältigen Aus- und Wechselwirkungen sowie die Einflüsse der unterschiedlichen Akteure besser berücksichtigen kann. Dies lässt sich vor allem als Antwort auf eine wachsende Skepsis verstehen, ob der heutige Wissenschaftsbetrieb den Anforderungen, die insbesondere das Feld der nachhaltigen Entwicklung mit sich bringt, gerecht wird. Die entstehenden Nachhaltigkeitswissenschaften stellen dabei den Versuch dar, das komplexe Wirkungsgefüge von Umwelt und Gesellschaft zu analysieren, um neue Einsichten in bestehende Probleme zu ermöglichen und neue Wissensformen zu erschließen.

Die Entstehung der Nachhaltigkeitswissenschaften

Während sich die Wurzeln eines solchen gewandelten Wissenschaftsverständnisses bis zu den Ansätzen der „social ecology" der Chicagoer Schule in den 1920ern zurückverfolgen lassen, können die Anfänge der heutigen Nachhaltigkeitswissenschaften im Rahmen der Forschung zum Globalen Wandel in den späten 1980er-Jahren gesehen werden. Das aufkommende Problembewusstsein, nicht zuletzt beeinflusst von der Publikation „Die Grenzen des Wachstums" (Meadows et al. 1972), rief eine verstärkte Forschung zu Fragen globaler Umweltprobleme hervor. Drei internationale Großforschungsprogramme sind dabei besonders hervorzuheben: 1) das ‚International Geosphere-Biosphere Programme (IGBP)', 2) das ‚World Climate Research Programme' und 3) das ‚International Research Programme on Biodiversity (DIVERSITAS)'. Mit diesen Programmen wurde zum einen bedeutende Grundlagenforschung angestoßen, zum anderen wurden wichtige Anstöße für eine stärkere Berücksichtigung der Ergebnisse in der Politik gegeben, die sich nicht zuletzt im Bericht der Brundtland-Kommission und der Agenda 21 widerspiegeln. Ein großes Verdienst der genannten Forschungsprogramme ist es, zum ersten Mal systematisch vormals getrennte Disziplinen (der Naturwissenschaften) zusammenzubringen; die Wechselwirkung zwischen Gesellschaft und der Umwelt blieb dabei jedoch noch weitgehend unbeachtet.

Erst in den 1990er-Jahren kam es zu einer verstärkten Berücksichtigung dieser Wechselwirkungen und es entstand eine entsprechende interdisziplinäre Forschung zum Globalen Wandel, die neben den Naturwissenschaften auch sozialwissenschaftliche Disziplinen umfasste. Mit der Gründung des ‚International Human Dimensions Programme (IHDP)' wurden ein spezieller Fokus auf die menschlichen Einflüsse gelegt und methodische Ansätze zur integrierten Forschung entwickelt. Zur selben Zeit wurden insbesondere in den USA eine Reihe von Forschungsprojekten initiiert, die Integrationsansätze weiter vorantrieben. Diese unterschiedlichen Initiativen mündeten in einer auf dem World Summit on Sustainable Development (WSSD) in Johannesburg 2002 veröffentlichten Selbstverpflichtung einer Reihe von Forschungsprogrammen, gesellschaftliche Probleme stärker mit zu berücksichtigen.

<u>Gesichter der Nachhaltigkeit</u>

Prof Dr. Egon Becker
- geb. 1936
- 1972-2000 Prof. em. Universität Frankfurt am Main
- Mitbegründer des Instituts für sozial-ökologische Forschung
- Forschungsschwerpunkt Transdisziplinäre Methoden und Konzepte
- Gastprofessor in Kassel, Rio de Janeiro und Mexiko
- „Die ökologische Krise wird mehrdimensional als eine Krise des Politischen, der Geschlechterverhältnisse und der Wissenschaft verstanden. Dadurch rückt Natur als politische Kategorie ins Zentrum der Sozialen Ökologie. Sie kann auf die Krisensituation nur mit einer politisch sensiblen Theoretisierung reagieren. (…) Das Projekt ist ein riskantes Unterfangen, die Krise der Wissenschaft als eine wissenschaftliche Chance zu begreifen (…)." (Becker 2006)

**Egon Becker
(ISOE o.J.)**

Neben diesen Anstößen durch die genannten Großforschungsprogramme wurden teilweise auch aus existierenden Disziplinen heraus Brückenschläge vollzogen. Auf diese Weise entstanden teilweise gänzlich neue wissenschaftliche Arbeitsbereiche wie „Conservation Biology" (Primack 1993) oder „Ecological Economics" (Costanza 1989; Proops 1989). Letztere hat sich bereits in den 1980er-Jahren explizit inter- und transdisziplinär als „The science and management of sustainability" (Costanza 1991) definiert und damit an der Schnittstelle von Ökologie und Ökonomie wirksame Beiträge zur nachhaltigkeitsorientierten Ausrichtung von Politik und Gesellschaft geliefert.

Darüber hinaus sind zwei weitere wichtige Vorläufer der so entstehenden Nachhaltigkeitswissenschaften hervorzuheben, die den neuen Forschungsansatz entscheidend geprägt haben. Dies sind zum einen die insbesondere im deutschsprachigen Europa in den 1980er-Jahren entstehenden integrierten Umweltwissenschaften, die sich als Ansätze der „Sozialen Ökologie", der „Angewandten Ökologie" oder der „Humanökologie" durch einen gemeinsamen Fokus auf gesellschaftliche Naturverhältnisse und damit das Wechselspiel zwischen Gesellschaft und Umwelt, die integrative Analyse dieses Phänomens sowie die Suche nach neuen Wissensformen zur Lösung der damit verbundenen Dilemmata auszeichnen (Becker und Jahn 2006; Serbser 2004). Becker und Jahn (2006, S. 73) nennen insbesondere drei Konstitutionsebenen, durch die sich diese Art der Forschung auszeichnet:

- als Forschungsfeld mit zahlreichen Akteuren und Interessen;
- als ein verschlungener Diskurs mit Thematisierungen, Zugehörigkeits- und Ausschlussregeln;
- als Wissenschaftspraxis mit einer eigenen theoretischen Problematik und einem eigenen Forschungsprogramm.

Die aufkommende transdisziplinäre Forschung stellt die zweite wissenschaftliche Bewegung dar, auf der die Entstehung der Nachhaltigkeitswissenschaften beruht. Ausgangspunkt ist hier die Forderung, dass Wissenschaft und Forschung einen stärkeren Beitrag zur Lösung gesellschaftlicher Probleme leisten müssen und „sozial robustes Wissen" hervorbringen sollen (Nowotny 2000). Eine Reihe unterschiedlicher Ansätze unter dem Label von „Mode 2"-Forschung (Gibbons et al. 1994) oder „Post-Normal Science" (Funtowicz und Ravetz 1993) fokussierte dabei auf einen Wandel des Verständnisses von Wissenschaft als einer grundsätzlich disziplinären, grundlagenorientierten und abgeschotteten Beschäftigung mit akademischen Problemen hin zu einem inter- und transdisziplinären Prozess der Wissensgenese in einem Netzwerk von Wissenschaftlern und relevanten Stakeholdern. Zudem wurde ein verstärktes Augenmerk auf Unsicherheiten und Komplexität im Entscheidungsprozess gelegt.

Aus diesem Verständnis heraus ergibt sich die Notwendigkeit einer Forschung, die sich mit lebensweltlichen Problemen und deren Lösungsmöglichkeiten befasst und die folglich ein enges Zusammenwirken von Wissenschaftlerinnen und Wissenschaftlern sowie Praxisakteuren bedingt. Diesem Verständnis entspricht der Ansatz transdisziplinärer Forschung, die Forschung als gemeinsamen Lernprozess zwischen Gesellschaft und

Wissenschaft anlegt und organisiert und infolgedessen reflexiv verläuft. Transdisziplinäre Forschung ist somit grundsätzlich für alle komplexen gesellschaftlichen Fragestellungen relevant, doch kann neben Gesundheits- und Arzneimittelforschung, Klima- und Risikoforschung vor allem die Umwelt- und Nachhaltigkeitsforschung als exemplarisches Feld wachsender transdisziplinärer Wissenschaftsausrichtung angesehen werden (Jahn 2008).

Verständnis von Nachhaltigkeitswissenschaften

Mit den oben beschriebenen Strömungen ist ein erster Rahmen vorgegeben, in dem sich die aufkommenden Nachhaltigkeitswissenschaften bewegen. Im weitesten Sinne werden Nachhaltigkeitswissenschaften dabei als Forschungsprogramm verstanden, das Wege zu einer nachhaltigen Gesellschaft aufzeigt und dabei berücksichtigt, wie die Gesellschaft ihre Umwelt verändert und wie die Umwelt die Gesellschaft beeinflusst. Swart et al. sehen die Hauptaufgabe der Nachhaltigkeitswissenschaften in einer detaillierteren Definition darin,

> to illuminate the interactions between nature and society at different geographic scales from global to local. It would address the behaviour of complex self-organizing systems and responses of the combined nature-society system to multiple and interacting stresses, involving different social actors. It would develop tools for monitoring key environmental and social conditions and guidance on effective management systems (Swart et al. 2004, S. 138).

Bei der Annäherung an das Wesen der Nachhaltigkeitswissenschaften werden zwei grundsätzliche Herangehensweisen unterschieden: Nachhaltigkeitswissenschaft als eigene Disziplin mit eigenen Theorien und Methoden einerseits und Nachhaltigkeitswissenschaften als ein Konglomerat unterschiedlicher Disziplinen, die auf ein gemeinsames Thema ausgerichtet sind, andererseits (Clark und Dickson 2003). Während ersteres Verständnis (noch) nicht als zutreffend erscheint, besteht ein weitgehender Konsens darin, Nachhaltigkeitswissenschaften als eine Arena anzusehen, *„in which science, practice and visions meet with contributions from the whole spectrum of the natural sciences, economics and social sciences"* (Martens 2006, S. 38).

Das Wesen der Nachhaltigkeitswissenschaften lässt sich damit am besten in einer doppelten Abgrenzung beschreiben: zum einen gegenüber der traditionellen („mode 1") Forschung, da Nachhaltigkeitswissenschaften nicht auf einem originären wissenschaftlichen Programm beruht, sondern vielmehr von der normativen Idee der Nachhaltigkeit geleitet wird und diese als Rahmen für wissenschaftliche Analysen nutzt. Zum anderen unterscheidet sie sich als eigener Typ problemorientierter Forschung sowohl von Grundlagenforschung als auch von angewandter Forschung. Clark (2007) führte hierzu den Begriff der anwendungsorientierten Grundlagenforschung („use-inspired basic research") ein, der auf die doppelte Ausrichtung hin zu neuem Wissen und daraus resultierenden Anwendungsmöglichkeiten hinweist.

Entsprechend lässt sich also festhalten: Nachhaltigkeitsforschung befasst sich mit Problemen, die die langfristige Sicherung der gesellschaftlichen Entwicklungsbedingungen gefährden. Dabei lassen sich im Wesentlichen drei Ebenen unterscheiden, die forschungsrelevant sind: 1) die analytische Ebene, die auf die Schaffung von Systemwissen abzielt; 2) die normative Ebene, auf der Ziel- und Orientierungswissen entwickelt wird, und 3) die operative Ebene, auf der Gestaltungs- oder Transformationswissen erzeugt wird (Nölting et al. 2004, S. 254). Wie von Pohl und anderen herausgearbeitet ist es diese dreifache Unterscheidung – in erster Linie der sich auf der Ebene des Zielwissens niederschlagende normative Gehalt der leitenden Prinzipien des Nachhaltigkeitsleitbilds –, die die im deutschen Sprachraum wurzelnde *transdisziplinäre Nachhaltigkeitsforschung* von der *sustainability science* trennt, die ihren Ursprung in der US-amerikanischen National Academy of Sciences hat (Pohl et al. 2010). Im Kern geht es darum, die verschiedenen Rollen des Menschen als Auslöser, Betroffener und potenzieller Bewältiger von Umweltveränderungen theoretisch und empirisch zu begreifen und abzubilden.

Mit dem so gefundenen Verständnis von Nachhaltigkeitswissenschaften als problemorientiertem und transdisziplinärem Forschungstyp ist die Frage nach den Kernfragen und Leitdisziplinen einer solchen Forschungsrichtung verbunden. Die Eingrenzung der Kernthemen und -fragen kann dabei zumindest auf zwei Arten vorgenommen werden: im Nachvollzug der Schwerpunktsetzungen, die ihren Ausdruck in der Forschungspolitik und in der Community-Bildung finden und in der Analyse des Forschungsoutputs in Form von Institutionen und Publikationen.

In ersterem Fall finden die Forschungsprioritäten in den sogenannten „WEHAB"-Zielen ihren Ausdruck. Hier wurden die Handlungsfelder Wasser, Energie, Gesundheit, Landwirtschaft und Biodiversität als vordringlich identifiziert und konkrete Forschungsanstrengungen hierzu in einem gemeinsamen Papier führender Forschungseinrichtungen auf dem World Summit on Sustainable Development in Johannesburg 2002 vereinbart.

Die wachsende Bedeutung des Diskurses und die Anerkennung der Nachhaltigkeitsforschung als eigenständiges Forschungsprogramm lässt sich dabei der steigenden Anzahl entsprechend thematisch zugeschnittener Konferenzen, Forschungsprojekte und Institutionalisierungen quer zu nationalen und disziplinären Entwicklungen belegen (Clark und Dickson 2003; Kauffman 2009). Für eine „transition to sustainability in the 21st century" (IAP 2000) bleiben dennoch weitreichende Herausforderungen, insbesondere zu Fragen der Theoriebildung und der methodologischen Weiterentwicklung integrativer und transdisziplinärer Forschungsansätze. Insofern bleibt auch nach sieben Jahren weiterer Entwicklung, dem Resümee von Clark und Dickson in weiten Teilen zuzustimmen:

> Sustainability science is not yet an autonomous field or discipline, but rather a vibrant arena that is bringing together scholarship and practice, global and local perspectives from north and south, and disciplines across the natural and social sciences, engineering, and medicine. Its scope of core questions, criteria for quality control, and membership are consequently in substantial flux and may be expected to remain so for some time. (Clark und Dickson 2003, S. 8060).

In einem richtungsweisenden Science-Artikel leiteten zahlreiche Wissenschaftler der Nachhaltigkeitsforschung (Kates et al. 2001, S. 642) hieraus Kernfragen für die Wissenschaft ab:

- How can the dynamic interactions between nature and society – including lags and inertia – be better incorporated into emerging models and conceptualizations that integrate the Earth system, human development, and sustainability?
- How are long-term trends in environment and development, including consumption and population, reshaping nature-society interactions in ways relevant to sustainability?
- What determines the vulnerability or resilience of the nature-society system in particular kinds of places and for particular types of ecosystems and human livelihoods?
- Can scientifically meaningful „limits" or „boundaries" be defined that would provide effective warning of conditions beyond which the nature-society systems incur a significantly increased risk of serious degradation?
- What systems of incentive structures – including markets, rules, norms, and scientific Information – can most effectively improve social capacity to guide interactions between nature and society toward more sustainable trajectories?
- How can today's operational systems for monitoring and reporting on environmental and social conditions be integrated or extended to provide more useful guidance for efforts to navigate a transition toward sustainability?
- How can today's relatively independent activities of research planning, monitoring, assessment, and decision support be better integrated into systems for adaptive management and societal learning?

Zusammenfassend lassen sich Nachhaltigkeitswissenschaften durch folgende Kernelemente charakterisieren:

- intra- und interdisziplinäre Forschung;
- transdisziplinäre Koproduktion von Wissen über die Grenzen akademischer Disziplinen hinweg;
- systemische Perspektive mit besonderem Augenmerk auf die Koevolution komplexer Systeme und ihrer Umwelt;
- Lernen durch Ausprobieren („learning-by-doing" und „learning-by-using") sowie reflexives Lernen („learning-by-learning") als wichtige Basis des Wissenserwerbs (Martens 2006; Kemp und Martens 2007).

Der Fokus von Nachhaltigkeitsforschung liegt im Wesentlichen auf Innovation und Transformation lebensweltlicher Problemkonstellationen. Dementsprechend ist die Partizipation von Stakeholdern aus Bereichen der Gesellschaft außerhalb der Wissenschaft als Kernprämisse transdisziplinärer Forschung im Allgemeinen und Nachhaltigkeitsforschung im Besonderen vorauszusetzen, um zu einer problemadäquaten Zusammenarbeit und einer Zusammenführung des Wissens zu kommen (Kajikawa 2008).

In transdisziplinären Forschungsvorhaben werden wissenschaftliche und lebensweltliche Wissensbestände neu aufeinander bezogen. Daher ist der Prozess der Integration von zentraler Bedeutung. Aus diesem Grund wird dem Forschungsprozess und den spezifischen Herausforderungen, die mit der inter- und transdisziplinären Integration verbunden sind, in den folgenden Abschnitten vertiefend nachgegangen.

▶ **Aufgabe:** Recherchieren Sie konkrete Informationen zu Projekten der Nachhaltigkeitsforschung und bewerten Sie diese mithilfe der aufgezeigten Charakteristika.

▶ **Frage:** Wie schlagen sich die ethischen Prinzipien des Leitbilds nachhaltiger Entwicklung in Ansätzen der Nachhaltigkeitsforschung konkret nieder?

Interdisziplinarität und Transdisziplinarität als wissenschaftliche Charakteristika

Mehrperspektivität und interdisziplinäres Denken und Arbeiten sind wichtige Prinzipien bei der wissenschaftlichen Bearbeitung nachhaltigkeitsorientierter Problemstellungen. Da sich derartige Forschungsgegenstände zumeist als überaus komplex erweisen, können umfassende Analyse sowie Erarbeitung von Lösungskonzepten nicht von einzelnen wissenschaftlichen Disziplinen gelöst werden. Vielmehr sind gemeinsame Anstrengungen von Natur-, Sozial-, Ingenieur- und Geisteswissenschaften erforderlich, die als interdisziplinäre Forschung Disziplingrenzen überschreitet und als transdisziplinäre Forschung den Bogen von der Grundlagenforschung bis hin zu konkreten Anwendungen spannt (Thompson Klein 2010; Kastenhofer 2010).

Disziplinen lassen sich in je eigenen Wissenschaftstraditionen und -kulturen verorten, sind durch unterschiedliche Wissenschaftsverständnisse geprägt, gründen auf unterschiedlichen Grundannahmen und -begriffen und verwenden unterschiedliche wissenschaftliche Vorgehensweisen und Methoden (Becker und Baumgärtner 2005). Diese jeweiligen Besonderheiten der verschiedenen Disziplinen wirken in der Regel als Hemmnis auf die interdisziplinäre Zusammenarbeit.

Disziplinarität: Ein Thema wird von einer einzelnen Wissenschaft bearbeitet.
Multidisziplinarität: Ein Thema wird aus mehreren nebeneinander stehenden disziplinären Perspektiven untersucht.

Interdisziplinarität: Ein Thema wird von mehreren Disziplinen untersucht. Zwischen den Disziplinen besteht ein wechselseitiger Austausch und ein gemeinsames Problemverständnis.
Transdisziplinarität: Ein Thema wird sowohl von Wissenschaftlern als auch Praktikern untersucht. Zum interdisziplinären Ansatz kommt die Praxisorientiertheit hinzu.
(nach Schophaus et al. 2003)

Letztlich entscheidet sich der Erfolg interdisziplinärer Kooperation im konkreten Zusammenarbeiten einzelner Wissenschaftlerinnen und Wissenschaftler. Insofern lässt sich Interdisziplinarität auch als eine primär kognitive Kategorie begreifen (Pätzold und Schüßler 2001). Entsprechend kommen in derartigen Konstellationen des Miteinanders individueller Forschender in besonderer Weise sozial- und organisationspsychologische Aspekte zum Tragen. Dabei stehen Prozesse der Verständigung im Mittelpunkt, die für die Erarbeitung einer gemeinsamen Wissensbasis bis hin zu geteilten mentalen Modellen unerlässlich sind (Godemann und Michelsen 2008).

Diese Aspekte interdisziplinärer Zusammenarbeit können an dieser Stelle nicht vertieft werden. Stattdessen wäre die Frage zu stellen, inwiefern sich Interdisziplinarität im Hinblick auf die oben skizzierten Ideen von post-normal-science und mode-2-science als Übergang zu einem völlig neuen Typ von Wissenschaft – Nachhaltigkeitswissenschaft – begreifen lässt (Becker und Baumgärtner 2005; Pohl et al. 2010; Ravetz 2010). Dafür spricht nicht zuletzt die Erweiterung des Erkenntnisinteresses dieser Forschungshaltung um ein nachhaltigkeitsorientiertes Handlungsinteresse, das zu diesem Zweck dem Prinzip der Transdisziplinarität folgt.

Transdisziplinäre Forschung bezieht sich auf wissenschaftsexterne Problemfelder, die nur durch die Zusammenarbeit von Wissenschaftlerinnen und Wissenschaftlern mit Praxisakteuren gelöst werden können. Dieser Forschungsansatz ist gegenüber Anwendungsforschung und Beratung nicht nur in Bezug auf die am Forschungsprojekt beteiligten Personen abzugrenzen, wobei die Einbeziehung von Praxisakteuren eine besondere Rolle spielt, sondern zusätzlich über die Art von Problemen, an denen gearbeitet wird. Wie gezeigt, kann nur dann von transdisziplinärer Forschung gesprochen werden, wenn das Problem auch auf seine Entstehungshintergründe sowie auf seine gesellschaftlichen Auswirkungen hin untersucht wird. Zusätzlich führt Transdisziplinarität, analog zu Interdisziplinarität, zu verstärkter Reflexion bezüglich der Arbeitsprozesse und Vorgehensweisen außerhalb des wissenschaftlichen Kontextes (Brand 2000).

Ein idealtypischer Prozess der transdisziplinären Forschung (vgl. Abb. 1.12) verläuft im Wesentlichen in drei Schritten und umfasst die folgenden Aspekte (Bergmann et al. 2005, S. 17 f.):

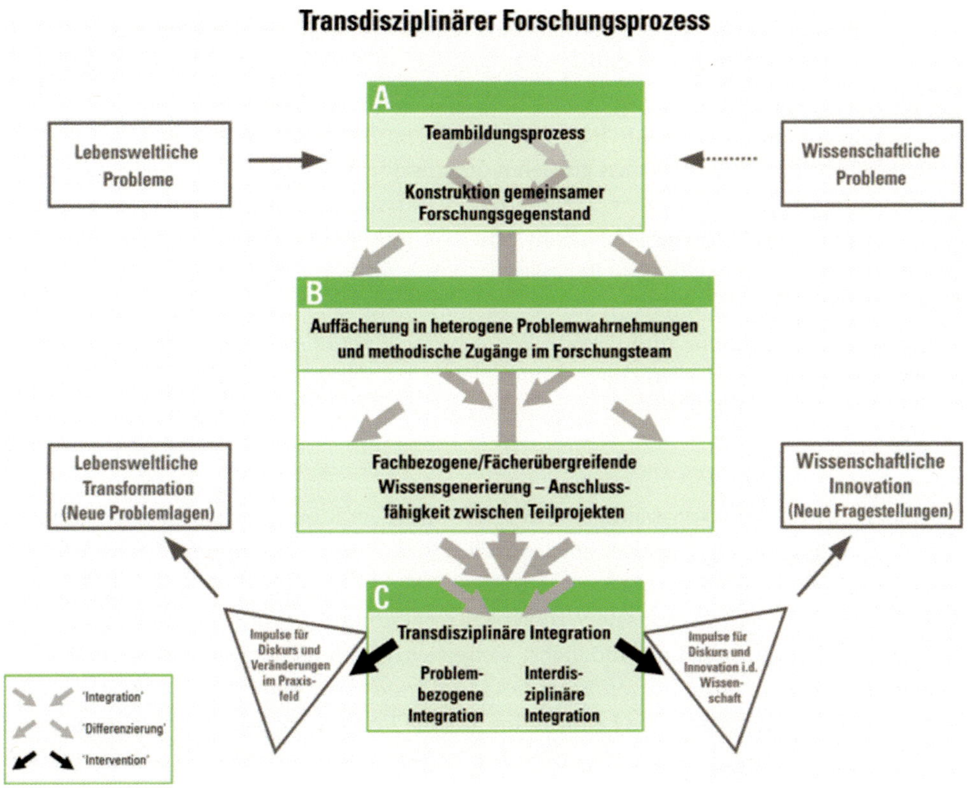

Transdisziplinärer Forschungsprozess

Abb. 1.12 Transdisziplinärer Forschungsprozess (Bergmann et al. 2005, S. 19)

- Eine Struktur für die Problembearbeitung und Integration von relevanten Akteuren wird geschaffen. Den Ausgangspunkt bildet dabei eine lebensweltliche Problemstellung. Die Zusammenstellung des Teams hängt von der spezifischen Fragestellung ab.
- Projektdurchführung und Einsatz spezifischer Methoden: Nach der Aufteilung der Fragestellung in verschiedene Teilbereiche (Differenzierung) wird durch fachübergreifende und kooperative Bearbeitung neues Wissen generiert und bestehendes Wissen erweitert bzw. transformiert.
- In-Wert-Setzung: Diese neuen Wissensbestände müssen angemessen zusammengeführt (Integration 1) und zudem auch in Wissenschaft und Praxis eingebracht werden (Integration 2), sodass innovative sowie transformative Prozesse stattfinden können.

Transdisziplinäre Forschungsprozesse sind durch partizipative Forschungsarrangements (Einbindung von Betroffenen, Nutzern oder Stakeholdern) gekennzeichnet. Im Mittelpunkt stehen Integrationsprobleme, die sich analytisch in vier Dimensionen unterscheiden lassen, forschungspraktisch jedoch eng miteinander verzahnt sind und zudem parallel auftreten (Becker und Jahn 2006, S. 306 ff.; Jahn 2008, S. 32 f.):

- fachlich-disziplinäre Wissensbestände sowie wissenschaftliches und alltagspraktisches Wissen sind voneinander zu unterscheiden bzw. miteinander zu verknüpfen *(kognitiv-epistemische Dimension)*;
- die Interessen und Einzelaktivitäten der beteiligten Akteure sind sowohl innerhalb einzelner Projekte sowie zwischen größeren organisatorischen Einheiten zu unterscheiden bzw. aufeinander zu beziehen *(soziale und organisatorische Dimension)*;
- sprachliche Ausdrucksmöglichkeiten und kommunikative Praktiken sind aufzunehmen und in eine gemeinsame Redepraxis zu überführen, um sich im Forschungsalltag verstehen und verständigen zu können *(kommunikative Dimension)*;
- verschiedene sachliche und technische Lösungselemente sind sozial und normativ so umzugestalten, dass sie in einem funktionsfähigen Sachsystem zusammenwirken und zugleich mit gesellschaftlichen Bedürfnissen kompatibel bleiben *(sachlich-technische Dimension)*.

In dieser Entwicklung von Methoden der Wissensintegration über disziplinäre Grenzen hinweg sieht Krohn „eine zentrale epistemische Qualität transdisziplinärer Forschung (…) – mit dem Ziel, das nomothetische Potenzial und die idiografische Beschreibung in einem Modell zu integrieren, das kausale Wirklichkeitserklärung (Nomothetik) und situative, lokale Fallspezifik (Idiographie) möglichst weitgehend aufeinander bezieht" (Krohn 2008, S. 64). Mit dieser Integration von Forschung und Innovation übernimmt transdisziplinäre Forschung nach Krohn eine Leitfunktion für die Entwicklung der Wissensgesellschaft (ebd.).

Die Syndrome werden vom WBGU analog zum medizinischen Begriff als „globale Krankheitsbilder" bezeichnet (WBGU 1996, S. 109). Sie werden als „charakteristische Konstellationen von natürlichen und anthropogenen Trends der Globalen Wandels sowie deren Wechselwirkungen untereinander" definiert (WBGU 1996, S. 186). In den meisten Fällen handelt es sich um krisenhafte Mensch-Umwelt-Beziehungen (WBGU 1996, S. 186).

Übersicht über die Syndrome des Globalen Wandels (WBGU 1996)
Syndromgruppe „Nutzung"
1. Landwirtschaftliche Übernutzung marginaler Standorte: *Sahel-Syndrom*
2. Raubbau an natürlichen Ökosystemen: *Raubbau-Syndrom*
3. Umweltdegradation durch Preisgabe traditioneller Landnutzungsformen: *Landflucht-Syndrom*
4. Nicht-nachhaltige industrielle Bewirtschaftung von Böden und Gewässern: *Dust-Bowl-Syndrom*
5. Umweltdegradation durch Abbau nicht-erneuerbarer Ressourcen: *Katanga-Syndrom*
6. Erschließung und Schädigung von Naturräumen für Erholungszwecke:

Massentourismus-Syndrom
7. Umweltzerstörung durch militärische Nutzung: *Verbrannte-Erde-Syndrom*

Syndromgruppe „Entwicklung"
8. Umweltschädigung durch zielgerichtete Naturraumgestaltung im Rahmen von Großprojekten: *Aralsee-Syndrom*
9. Umweltdegradation durch Verbreitung standortfremder landwirtschaftlicher Produktionsverfahren: *Grüne-Revolution-Syndrom*
10. Vernachlässigung ökologischer Standards im Zuge hochdynamischen Wirtschaftswachstums: *Kleine-Tiger-Syndrom*
11. Umweltdegradation durch ungeregelte Urbanisierung: *Favela-Syndrom*
12. Landschaftsschädigung durch geplante Expansion von Stadt- und Infrastrukturen: *Suburbia-Syndrom*
13. Singuläre anthropogene Umweltkatastrophen mit längerfristigen Auswirkungen: *Havarie-Syndrom*

Syndromgruppe „Senken"
14. Umweltdegradation durch weiträumige diffuse Verteilung von meist langlebigen Wirkstoffen: *Hoher-Schornstein-Syndrom*
15. Umweltverbrauch durch geregelte und ungeregelte Deponierung zivilisatorischer Abfälle: *Müllkippen-Syndrom*
16. Lokale Kontamination von Umweltschutzgütern an vorwiegend industriellen Produktionsstandorten: *Altlasten-Syndrom*

Vor diesem Hintergrund sind anschauliche Modelle oder Konzepte gefordert, die systemische Funktionen und Beziehungen nachvollziehbar darlegen. Instruktiv können hier Beispiele wie der Syndromansatz globaler Umwelt- und Entwicklungsprobleme wirken, der vom Wissenschaftlichen Beirat der Bundesregierung Globale Umweltveränderungen (WBGU 1996) in Analogie zu Krankheitsbildern (Syndromen) auf Indikatoren (Symptomen) rekurriert und so Umweltdegradationsmuster des Weltsystems illustriert.

▶ **Aufgabe:** Suchen Sie nach Beispielen gelungener inter- oder transdisziplinärer Nachhaltigkeitsforschung und begründen Sie, inwiefern diese dem Anspruch von Inter- bzw. Transdisziplinarität gerecht werden.

▶ **Frage:** Was versteht man unter interdisziplinären und transdisziplinären Forschungsansätzen und wie unterscheiden sie sich?

Möglichkeiten und Grenzen von Nachhaltigkeitsforschung

Zur Illustrierung der Grenzen und Möglichkeiten von Partizipation in inter- und transdisziplinären Forschungskontexten sei zunächst noch einmal ihr Mehrwert gegenüber disziplinären Forschungsprozessen in Erinnerung gerufen. Dieser lässt sich nach Jahn (2008,
S. 34) wie folgt charakterisieren: Das modellhafte Erarbeiten von Lösungen mithilfe pro-
blemadäquater Forschungsdesigns und -ergebnissen führt zum Vordenken gesellschaftlicher Aushandlungsprozesse und somit zu verbesserten Entscheidungsfindungen. Vielfach
wird es durch derartige integrative Ansätze überhaupt erst möglich, vormals als unlösbar
erscheinende gesellschaftliche Problemlagen zu bewältigen. Des Weiteren können transdisziplinäre Forschungsprozesse zu einer prinzipiellen Stärkung des gesellschaftlichen
Handlungsvermögens führen, indem subjektive Problemwahrnehmungen, der Abbau von
Restriktionen bzw. der Aufbau von Optionen ins Blickfeld gerät. Schließlich kann gleichzeitig wissenschaftlich geprüftes und handlungsnahes Wissen entstehen, Impulse für neue
wissenschaftliche Methoden der Wissensintegration gegeben werden und auch bei den
beteiligten Praxisakteuren zu neuen integrativen Arbeitsformen führen.

All diese Aspekte stellen inhaltlich eine große Herausforderung dar, doch sind allein
schon mit der erfolgreichen Gestaltung eines inter- oder transdisziplinären Forschungsprozesses erhebliche Managementaufgaben verbunden (Bogner et al. 2010a). So sind zur
Wissensintegration bzw. Synthesebildung einzelfachliche bzw. fächerübergreifende Beiträge im Forschungsprojekt so zu behandeln, dass sie im Sinne eines integrierten Gesamt-
ergebnisses aneinander anschlussfähig sind. Weiterhin ist für die Organisation des Forschungsprozesses eine Form zu finden, die die Wissensintegration unterstützt, und die
Entscheidungs- und Kommunikationsstrukturen sind so zu organisieren, dass sie ebenfalls dem Integrationsgedanken Rechnung tragen (Bergmann et al. 2010). Schließlich
spielt auch die Teamintegration eine wichtige Rolle, zumal Wissenschaftler und Praxisakteure mit teilweise sehr unterschiedlichen wissenschaftlichen, beruflichen und sozialen
Hintergründen zusammenarbeiten müssen. Erfahrungen zeigen allerdings, dass es in den
Projektteams zu erheblichen Spannungen kommen kann, wofür fachliche, disziplinenspe-
zifische, institutionelle oder soziokulturelle Gründe angeführt werden können (u. a. Loibl
2005; Godemann 2007). Je nach Gruppeneffektivität, die im Wesentlichen von der Fähigkeit der Gruppe zur Selbstreflexion abhängt, können sowohl die inhaltliche als auch die soziale Integration beeinträchtigt werden, unter Umständen sogar scheitern (vgl. Godemann
und Michelsen 2008, S. 187 ff.). In den letzten Jahren ist eine Reihe von Veröffentlichungen
zum Management von inter- und transdisziplinären Forschungsprojekten erschienen, in
denen die Fallstricke derartiger Vorhaben herausgearbeitet und Instrumente zu deren Um-
gehung vorgestellt werden. Zum überwiegenden Teil sind die Veröffentlichungen selbst
Ergebnisse entsprechender Forschung (Rabelt et al. 2007; von Blanckenburg et al. 2005;
Pohl und Hirsch Hadorn 2006); die Publikationen mit Handbuchcharakter gründen teilweise auf über hundert Verbundprojekten (Defila et al. 2006) oder basieren auf der Expertise mehrerer Dutzend ausgewiesener Experten in diesem Bereich, die auf einen umfangreichen Fundus empirischer Ergebnisse zurückgreifen (Hirsch Hadorn et al. 2008).

Auch wenn davon ausgegangen werden kann, dass sich inter- bzw. transdisziplinäre Forschungsansätze neben der eher fachspezifischen Grundlagenforschung und der angewandten Forschung allmählich in der wissenschaftlichen Community zu etablieren scheinen, so fehlt diesem Bereich bisher doch (noch) eine akademische Traditionsbildung, die mit einer verbesserten Institutionalisierung einhergeht (vgl. ausführlichen Abschnitt „Institutionalizing Interdisciplinarity" in Frodemann et al. 2010). Jahn weist darauf hin, dass derartige Prozesse (z. B. einschlägige Fachzeitschriften und die Etablierung in der universitären Lehre) eine gewisse Zeit brauchen und nicht bewusst steuerbar sind, sondern evolutionär verlaufen (Jahn 2008, S. 22 f.). Da diese Forschungsrichtung noch jung ist und sich zudem vornehmlich mit zeitlich begrenzten Projekten befasst, dauert der Prozess der Anerkennung und der Etablierung noch an und hat vor allem im Bereich der Forschungsförderung mit Problemen zu kämpfen, die sicher damit zusammenhängen. Von verschiedenen Experten wird darauf hingewiesen, dass zur Umsteuerung auch Änderungen in der Forschungspolitik stattfinden müssten (Schneidewind 2009; Schneidewind und Singer-Brodowski 2013).

Im Hinblick auf Forschungsförderung und Evaluation wird vor dem Hintergrund der oben genannten Projekterfordernisse nachvollziehbar, dass bisherige Modelle wissenschaftlicher Evaluation den Besonderheiten inter- und transdisziplinärer Forschung häufig nicht gerecht werden (vgl. Huutoniemi 2010). Zum einen sind die üblicherweise in wissenschaftlicher Forschung angesetzten Evaluationszeiträume vielfach zu knapp bemessen (Thompson Klein 2008, S. 109; Bergmann und Schramm 2008). Auf der anderen Seite wäre vermehrt formativen Evaluationsansätzen Raum zu geben, die Wissen mit formativem Potenzial generieren, das dem prozessualen Charakter inter- und transdisziplinärer Forschung besser gerecht würde.

Prinzipiell lassen sich drei unterschiedliche konzeptionelle Betrachtungsweisen zur Systematisierung von Qualitätskriterien inter- und transdisziplinärer Forschung unterscheiden (vgl. Tab. 1.3). Diese sich mitunter überschneidenden Ansätze beziehen sich auf die Bewältigung multipler Disziplinen, die Betonung von Integration und Synergien und das Kritisieren von Disziplinarität (Huutoniemi 2010).

Die Schwierigkeiten bei der Evaluierung inter- und transdisziplinärer Forschung bringen Schiller et al. (2006, S. 69) wie folgt auf den Punkt: „Wie soll beurteilt werden, ob ein bestimmtes Spiel gut und erfolgreich gespielt wird oder nicht, solange man das Spiel und seine Regeln noch nicht kennt?" Gewissermaßen als Antwort entfalten die Autoren im Rahmen des Helmholtz-Forschungsprogramms „Nachhaltige Nutzung von Landschaften" einen wissenschaftstheoretisch und – politisch fundierten Ansatz, der zugleich dem Anspruch praktischer Operationalisierbarkeit Genüge tun soll. Dabei reichen die abgeleiteten Vorschläge für operationale Verfahren der Evaluierung von der Auswahl der Gutachter bis zu Vorschlägen für die Erstellung von Informations- und Beurteilungsbögen sowie Checklisten. Da eine angemessene Evaluierung inter- und transdisziplinärer Forschung sich nicht in der Überprüfung quantitativer Indikatoren erschöpfen kann, sind die Bewertungsverfahren zumeist recht komplex. Entsprechend dominieren multikriterielle Bewertungsverfahren (z. B. Leitbildverfahren, Bayesian Probability Network), die zugleich einen integrativ wirkenden Charakter aufweisen (vgl. Bergmann et al. 2010, S. 88 ff.).

Tab. 1.3 Ansätze zur Systematisierung verschiedener Qualitätskriterien inter- und transdisziplinärer Forschung (ITF) (nach Huutoniemi 2010)

	Beherrschung verschiedener Disziplinen	Hervorhebung von Integration und Synergien	Disziplinäre Kritik
Erkenntnistheoretische Annahmen zu ITF	Anreicherung disziplinären Wissens durch gegenseitiges Anregen	Alternative, integrative Modelle der Wissensproduktion	Umleiten eng fokussierter disziplinärer Ausrichtungen, Wissensdefinition
Wissenschaftliche Standards	Standards beitragender Disziplinen werden kombiniert	Standards der beitragenden Disziplinen können nicht umgangen werden, neue Kriterien interdisziplinärer Expertise werden benötigt	Standards der beitragenden Disziplinen werden in einem Zug durchdrungen und überführt, Schwerpunkt auf externen Kriterien
Bewertungskontext	Relevante disziplinäre Communities	integrative Forschungsumgebung	Systeme der Wissensproduktion und Wissensanwendung mit durchlässigen Systemgrenzen
Politische Auswirkungen	Mehr Flexibilität in der aktuellen Bewertung und bei Förderungsmechanismen	Wahl zwischen den Modi der Forschungsunterstützung, spezifische Mechanismen zur Förderung der ITF	Neubewertung der Governance der Wissensproduktion
Befürworter	Die meisten Förderorganisationen und akademischen Institutionen	Interdisziplinäre Organisationen und Fachleute	Theoretiker der Wissenschaft in der Gesellschaft, kritische Interdisziplinaritäten

In diesem Zusammenhang wird außerdem vorgeschlagen, neben wissenschaftlichen auch lebensweltliche Experten in den Evaluationsprozess einzubeziehen, da innerwissenschaftliche Kriterien nicht alle Erfolgsfaktoren dieser Forschung abdecken. Ein derartiges „Expert-Review" (Bergmann und Schramm 2008, S. 155 f.) würde das Begutachtungsverfahren, das sich bis zu einem „Coaching-Prozess zwischen Fördernden, Begutachtenden und Antragstellern" weiterentwickeln ließe (ebd.), zu einem reflexiven Kommunikationsmedium machen (Voß et al. 2006; Edler und Kuhlmann 2008, S. 215 f.). Somit trüge dann auch die Evaluation transdisziplinärer Forschung partizipative Züge, was in der Logik dieses Forschungsansatzes läge.

Ausblick

Abschließend soll der Versuch einer Einschätzung stehen, welche Bedeutung transdisziplinärer Kommunikation und Produktion von Wissen bei der zukünftigen gesellschaftlichen Bearbeitung von Nachhaltigkeit zukommen könnte.

Die gegenseitige Durchdringung von Wissenschaft und Gesellschaft, die sich als ein Charakteristikum von Wissensgesellschaften begreifen lässt, führt dazu, dass Bürgerinnen und Bürger „nicht mehr nur als Wissensempfänger(innen) (…), sondern auch als über Wissen und Erfahrungen verfügend" gesehen werden (Felt 2010, S. 75). In der Folge werden zunehmend Rufe laut, ihnen eine aktive Teilhabe an der politischen Entscheidungsfindung über Wissenschaft und Technik einzuräumen.

Transdisziplinarität wird in diesem Zusammenhang als vielversprechende neue Form von governance gesehen (Bogner et al. 2010b; Frodeman et al. 2010), ohne dass allerdings derzeit Klarheit darüber besteht, wem in derartigen Prozessen Expertenstatus zuzusprechen sei und wie eine derartige Beteiligung aussehen könnte (Maasen und Lieven 2006). Prinzipiell wird Ländern mit demokratischen Formen der Technologieentwicklung, die bereits seit Längerem eine entsprechende Kultur der Bürgerbeteiligung bei politischen Entscheidungsfindungsprozessen pflegen, eine Schlüsselrolle zugeschrieben: „A democratic model of civic science will enhance active citizenry, public engagement and scrutiny" (Bäckstrand 2003, S. 36). Für diesen Weg müssen viele Voraussetzungen erfüllt werden, sodass eine derartige partizipatorische Gestaltung von Technologiepolitik selbst in Ländern mit entsprechender Vorreiterfunktion (von Brand und Karvonen 2007, S. 29) werden Dänemark, Niederlande und Deutschland als Vorzeigebeispiele genannt) eher die Ausnahme von der Regel darstellt. Gleichwohl ist der Vorteil eines derartigen „civic expert"-Modells nicht von der Hand zu weisen, durch vermehrtes Einbeziehen zivilgesellschaftlicher Expertise einen Zugewinn für eine bessere (im Sinne angemessenerer) Entscheidungsfindung verbuchen zu können.

So ist letztendlich davon auszugehen, dass sich Transdisziplinarität als neue partizipative Form wissenschaftlicher Praxis und Kultur des gesellschaftlichen Umgangs mit Nachhaltigkeit etablieren wird, wobei deren Wert eher in der Wissenskommunikation denn in der Wissensproduktion zu sehen ist (vgl. Feindt et al. 2007, S. 260). Ebenso sicher steht allerdings fest, dass sie in der vielgestaltigen Choreografie des kooperativen Zusammenspiels von Wissenschaft und Gesellschaft kaum allein stehen wird, da es – wie in den vorangehenden Ausführungen dargelegt – für die vielfältigen epistemologischen und ontologischen Problemkonstellationen unserer Zeit nun mal nicht einen allein selig machenden Modellansatz geben kann.

Literatur

Ayres RU (1978) Resources, environment, and economics: applications of the materials/energy balance principle. Wiley-Interscience, New York

Ayres RU, Kneese AV (1969) Production, consumption, and externalities. Am Econ Rev 59:282–297

Bäckstrand K (2003) Civic science for sustainability: Reframing the role of experts, policy-makers and citizens in environmental governance. http://sciencepolicy.colorado.edu/students/envs_5100/backstrand.pdf. Zugegriffen: 19. Juli 2012

Becker C, Baumgärtner S (Hrsg) (2005) Wissenschaftsphilosophie interdisziplinärer Umweltforschung. Metropolis, Marburg

Becker E, Jahn T (Hrsg) (2006) Soziale Ökologie: Grundzüge einer Wissenschaft von den gesellschaftlichen Naturverhältnissen. Campus, Frankfurt a. M.

Bergmann M, Brohmann B, Hofmann E, Loibl M C, Rehaag R, Schramm E, Voß J-P (2005) Qualitätskriterien transdisziplinärer Forschung. Ein Leitfaden für die formative Evaluation von Forschungsprojekten. ISOE-Studientexte Nr 13, Frankfurt a. M.

Bergmann M, Jahn T, Knobloch T, Krohn W, Pohl C, Schramm E (2010) Methoden transdisziplinärer Forschung. Ein Überblick mit Anwendungsbeispielen. Campus, Frankfurt a. M.

Bergmann M, Schramm E (2008) Grenzüberschreitung und Integration: Die formative Evaluation
transdisziplinärer Forschung und ihre Kriterien. In: Bergmann M, Schramm E (Hrsg) Transdisziplinäre Forschung. Integrative Forschungsprozesse verstehen und bewerten. Campus, Frankfurt
a. M., S 149–175

Bergstedt J (2002) Nachhaltig, modern, staatstreu? Staats- und Marktorientierung aktueller Konzepte von Agenda 21 bis Tobin Tax. Projektwerkstatt, Reiskirchen-Saasen

von Blanckenburg C, Böhm B, Dienel H-L, Legewie H (2005) Leitfaden für interdisziplinäre For-
schergruppen: Projekte initiieren – Zusammenarbeit gestalten. Steiner, Stuttgart

BNE-Portal (o. J.) Die UN-Dekade in Deutschland. http://www.bne-portal.de/coremedia/genera-
tor/unesco/de/02__UN-Dekade_20BNE/02__UN__Dekade__Deutschland/Die_20UN-Deka-
de_20in_20Deutschland.html. Zugegriffen: 19. Juli 2012

Bogner A, Kastenhofer K, Torgersen H (Hrsg) (2010a) Inter- und Transdisziplinarität im Wandel?
Neue Perspektiven auf problemorientierte Forschung und Politikberatung. Nomos, Baden-Baden

Bogner A, Kastenhofer K, Torgersen H (2010b) Inter- und Transdisziplinarität – Zur Einleitung in
eine anhaltend aktuelle Debatte. In: Bogner A, Kastenhofer K, Torgersen H (Hrsg) Inter- und
Transdisziplinarität im Wandel? Neue Perspektiven auf problemorientierte Forschung und Politikberatung. Nomos, Baden-Baden, S 7–21

Boulding KE (1966) The economics of the coming spaceship Earth. In: Jarrett HE (Hrsg) Environmental quality in a growing economy. Johns Hopkins University Press, Baltimore

BMU – Bundesministerium für Umwelt, Naturschutz und Reaktorsicherheit (1992) Konferenz der
Vereinten Nationen für Umwelt und Entwicklung im Juni 1992 in Rio de Janeiro – Dokumente –
Agenda 21. http://www.bmu.de/files/pdfs/allgemein/application/pdf/agenda21.pdf. Zugegriffen:
19. Juli 2012

Brand K-W (2000) Nachhaltigkeitsforschung – Besonderheiten, Probleme und Erfordernisse eines
neuen Forschungstypus. In: Brand K-W (Hrsg) Nachhaltige Entwicklung und Transdiszplinari-
tät: Besonderheiten, Probleme und Erfordernisse der Nachhaltigkeitsforschung. Analytica, Berlin, S 9–28

Brand R, Karvonen A (2007) The ecosystem of expertise: complementary knowledges for sustainable
development. Sustain: Sci, pract & policy 3:21–31

Clark WC (2007) Sustainability science: a room of its own. Proc Natl Acad Sci 104:1737–1738

Clark WC, Dickson NM (2003) Sustainability science: the emerging research program. Proc Natl
Acad Sci U S A 100:8059–8061

Coenen R, Grunwald A (Hrsg) (2003) Nachhaltigkeitsprobleme in Deutschland. Analyse & Lösungsstrategien. Ed. Sigma, Berlin

Costanza R (1989) What is ecological economics? Ecol Econ 1:1–7

Costanza R (1991) Ecological economics: the science and management of sustainability. Columbia
University Press, New York

Dahl AL (2011) Stockholm 1972. http://yabaha.net/dahl/personal/Stockholm72.jpg. Zugegriffen: 19.
Juli 2012

Daly HE (1973) Toward a steady-state economy. W. H. Freeman, San Francisco

Daly HE (1977). Steady state economics: the economics of biophysical equilibrium and moral
growth. W. H. Freeman, San Francisco

Daly HE (1999) Wirtschaft jenseits von Wachstum: die Volkswirtschaftslehre nachhaltiger Entwicklung. Pustet, Salzburg

Defila R, Di Giulio A, Scheuermann M (2006) Forschungsverbundmanagement. Handbuch für die Gestaltung inter- und transdisziplinärer Projekte. vdf Hochschulverlag, Zürich

Deutscher Bundestag (1998) Konzept Nachhaltigkeit: vom Leitbild zur Umsetzung. Abschlussbericht der Enquete-Kommission „Schutz des Menschen und der Umwelt – Ziele und Rahmenbedingungen einer nachhaltig zukunftsverträglichen Entwicklung" des 13. Deutschen Bundestages. Dt. Bundestag, Referat Öffentlichkeitsarbeit, Bonn

Di Giulio A (2003) Die Idee der Nachhaltigkeit im Verständnis der Vereinten Nationen – Anspruch, Bedeutung und Schwierigkeiten. LIT, Münster

Dobson A (2000) Drei Konzepte ökologischer Nachhaltigkeit. Nat Kult 1:62–85

Döring R (2009) Theorie und Praxis starker Nachhaltigkeit. In: Schulz J, Thapa PP, Voget L, von Egan-Krieger V (Hrsg) Die Greifswalder Theorie starker Nachhaltigkeit. Metropolis, Marburg, S 13–26

Earthpeace. (o. J.) Wood. http://www.earthpeace.com/images/logs3.jpg. Zugegriffen: 19. Juli 2012

Eblinghaus H, Stickler A (1996) Nachhaltigkeit und Macht: zur Kritik von Sustainable Development. IKO – Verl. für Interkulturelle Kommunikation, Frankfurt a. M.

Eblinghaus H, Stickler A (1998) Nachhaltigkeit und Macht: Zur Kritik von Sustainable Development, 3. Aufl. IKO – Verl. für Interkulturelle Kommunikation, Frankfurt a. M.

Edler J, & Kuhlmann S (2008) Formative Evaluation in reflexiver Forschungspolitik. In: Bergmann M, Schramm E (Hrsg) Transdisziplinäre Forschung. Integrative Forschungsprozesse verstehen und bewerten. Campus, Frankfurt a. M., S 203–231

von Egan-Krieger T, Schultz J, Thapa PP, Voget L (Hrsg) (2009) Die Greifswalder Theorie starker Nachhaltigkeit. Beiträge zur Theorie und Praxis starker Nachhaltigkeit, 2. Metropolis, Marburg

Enquete-Kommission „Schutz des Menschen und der Umwelt" des Deutschen Bundestages (1998) Konzept Nachhaltigkeit. Vom Leitbild zur Umsetzung. Deutscher Bundestag, Bonn

Felt U (2010) Transdisziplinarität als Wissenskultur und Praxis. GAIA 19:75–77

Feindt PH, Freyer B, Kropp C, Wagner J (2007) Neue Formen des Dialogs von Wissenschaft und Politik im Agrarbereich: Wo werden sie gebraucht und wie sollten sie aussehen? In: Kropp C, Schiller F, Wagner J (Hrsg) Die Zukunft der Wissenskommunikation – Perspektiven für einen reflexiven Dialog von Wissenschaft und Politik – am Beispiel des Agrarbereichs. edition sigma, Berlin, S 241–266, 268

Frodemann R, Thompson Klein J, Mitcham C (Hrsg) (2010) The Oxford handbook of interdisciplinarity. Oxford University Press, Oxford

Funtowicz S, Ravetz J (1993) The emergence of post-normal science. In: von Schomberg R (Hrsg) Science, politics and morality: scientific uncertainty and decision making. Kluwer Academic Publishers, Dordrecht, S 85–122

Georgescu-Roegen N (1971) The entropy law and the economic process. Harvard University Press, Cambridge

Gibbons M, Nowotny H, Limoges C (1994) The new production of knowledge. The dynamics of science and research in contemporary societies. Sage, London

Godemann J (2007) Verständigung als Basis inter- und transdisziplinärer Zusammenarbeit. In: Michelsen G, Godemann J (Hrsg) Handbuch Nachhaltigkeitskommunikation. Grundlagen und Praxis. oekom, München

Godemann J, Michelsen G (2008) Transdisziplinäre Integration in der Universität. In: Bergmann M, Schramm E (Hrsg) Transdisziplinäre Forschung. Integrative Forschungsprozesse verstehen und bewerten. Campus, Frankfurt a. M., S 177–199

Göhler D (2003) Livelihood Strategien unter besonderer Berücksichtigung der Waldressourcen. Dargestellt am Beispiel der Fokontany Tsilakanina im Nordwesten Madagaskars. Deutsche Gesellschaft für Technische Zusammenarbeit (GTZ) im Auftrag des Bundesministeriums für wirtschaftliche Zusammenarbeit, Eschborn

Grober U (2010) Die Entdeckung der Nachhaltigkeit: Kulturgeschichte eines Begriffs. Kunstmann, München

Hauff V (1987) Unsere gemeinsame Zukunft. Der Brundtland-Bericht der Weltkommission für Umwelt und Entwicklung. Eggenkamp, Greven

Held M, Nutzinger HG (Hrsg) (2001) Nachhaltiges Naturkapital – Perspektive für die Ökonomik. Campus, Frankfurt a. M.

Herrera AO, Scolnik HD (1977) Grenzen des Elends. Das Bariloche-Modell: So kann die Menschheit überleben. S. Fischer, Frankfurt a. M.

Hirsch Hadorn G, Hoffmann-Riem H, Biber-Klemm S, Grossenbacher-Mansuy W, Joye D, Pohl C, Wiesmann U, Zemp E (Hrsg) (2008) Handbook of transdisiplinary research. Springer, Heidelberg

Holz V, Stoltenberg U (2011) Mit dem kulturellen Blick auf den Weg zu einer nachhaltigen Entwicklung. In: Sorgo G (Hrsg) Die unsichtbare Dimension. Bildung für nachhaltige Entwicklung im kulturellen Prozess. Forum Umweltbildung, Wien, S 15–34

Hopwood B, Mellor M, O'Brien G (2005) Sustainable development: mapping different approaches. Sustain Dev 13:38–52

Huutoniemi K (2010) Evaluating interdisciplinary research. In: Frodemann R, Klein JT, Mitcham C (Hrsg) The Oxford handbook of interdisciplinarity. University Press, Oxford, S 309–320

IAP (2000) Transition to sustainability in the 21st century. http://www.interacademies.net/cms/3066. aspx. Zugegriffen: 19. Juli 2012

ISOE – Institut für sozial-ökologische Forschung (o. J.) Becker E Prof Dr. http://www.isoe.de/uploads/pics/egon-becker.jpg. Zugegriffen: 19. Juli 2012

Jahn T (2008) Transdisziplinarität in der Forschungspraxis. In: Bergmann M (Hrsg) Transdisziplinäre Forschung. Integrative Forschungsprozesse verstehen und bewerten. Campus, Frankfurt a. M., S 21–37

Kajikawa Y (2008) Research core and framework of sustainability science. Sustain Sci 3:215–239

Kastenhofer K (2010) Zwischen „schwacher" und „starker" Interdisziplinarität: Sicherheitsforschung zu neuen Technologien. In: Bogner A, Kastenhofer K, Torgersen H (Hrsg) Inter- und Transdisziplinarität im Wandel? Neue Perspektiven auf problemorientierte Forschung und Politikberatung. Nomos, Baden-Baden, S 87–122

Kates R, Clark W, Corell R, Hall J, Jaeger C, Lowe I, McCarthy J, Schellnhuber H-J, Bolin B, Dickson N, Faucheux S, Gallopin G, Grubler A, Huntley B, Jager J, Jodha N, Kasperson R, Mabogunje A, Matson P, Mooney H (2001) Sustainability science. Sci 292:641–642

Kauffman J (2009) Advancing sustainability science: report on the International Conference on Sustainability Science (ICSS) 2009. Sustain Sci 4:233–242

Kemp R, Martens P (2007) Sustainable development: how to manage something that is subjective and never can be achieved? Sustain: Sci, pract, policy 3:5–14

Kopfmüller J, Brandl V, Jörissen J, Paetau M, Banse G, Coenen R, Grunwald A (2001) Nachhaltige Entwicklung integrativ betrachtet. Konstitutive Elemente, Regeln, Indikatoren. Ed. Sigma, Berlin

Krohn W (2008) Epistemische Qualitäten transdisziplinärer Forschung. In: Bergmann M, Schramm E (Hrsg) Transdisziplinäre Forschung. Integrative Forschungsprozesse verstehen und bewerten. Campus, Frankfurt a. M., S 39–67

Kuhn K, Rieckmann M (Hrsg) (2006) Wi(e)der die Armut. VAS, Frankfurt a. M.

Le monde, diplomatique (2007) Stand des Fortschritts beim Erreichen eines Millenniumziels. http://www.monde-diplomatique.de/karten/jpg/lmd_165.jpg. Zugegriffen: 19. Juli 2012

Loibl MC (2005) Spannungen in Forschungsteams. Hintergründe und Methoden zum konstruktiven Abbau von Konflikten in inter- und transdisziplinären Projekten. Carl-Auer-Systeme, Heidelberg

Maasen S, Lieven O (2006) Transdisciplinarity: a new mode of governing science? Sci Public Soc 33:399–410

Martens P (2006) Sustainability: science or fiction? Sustain: Sci, pract policy 2:36–41

Meadows DL, Meadows DH, Zahn E (1972) Die Grenzen des Wachstums. Bericht des Club of Rome zur Lage der Menschheit. Dt. Verl.-Anstalt, Stuttgart

Meadows DH, Meadows DL, Randers J (2007) Grenzen des Wachstums. Das 30-Jahre-Update, 2. Aufl. Hirzel, Stuttgart

Meyer-Abich KM (2001) Nachhaltigkeit – ein kulturelles, bisher aber chancenloses Wirtschaftsziel. Z Wirtsch- Unternehmethik 2:291–310

Nowotny H (2000) Sozial robustes Wissen und nachhaltige Entwicklung. GAIA 9:93–100

Nölting B, Voß JP, Hayn D (2004) Nachhaltigkeitsforschung – jenseits von Disziplinierung und anything goes. GAIA 13:254–261

Ott K (2001) Eine Theorie ‚starker' Nachhaltigkeit. In: Altner G, Michelsen G (Hrsg) Ethik und Nachhaltigkeit. Grundsatzfragen und Handlungsperspektiven im universitären Agendaprozess. VAS, Frankfurt a. M., S 30–63

Ott K, Döring R (2004) Theorie und Praxis starker Nachhaltigkeit. Metropolis, Marburg

Pätzold H, Schüßler I (2001) Interdisziplinarität aus systemtheoretischer Perspektive: Bedingungen, Hemmnisse und hochschuldidaktische Perspektiven. In: Fischer A, Hahn G (Hrsg) Interdisziplinarität fängt im Kopf an. VAS, Frankfurt a. M., S 77–101

Peters W (1984) Die Nachhaltigkeit als Grundsatz der Forstwirtschaft, ihre Verankerung in der Gesetzgebung und ihre Bedeutung in der Praxis – die Verhältnisse in der Bundesrepublik Deutschland im Vergleich mit einigen Industrie- und Entwicklungsländern. Dissertation, Universität Hamburg.

Pohl C, Wüler G, Hirsch Hadorn G (2010) Transdisziplinäre Nachhaltigkeitsforschung: Kompromittiert die Orientierung an der gesellschaftlichen Leitidee den Anspruch als Forschungsform? In: Bogner A, Kastenhofer K, Torgersen H (Hrsg) Inter- und Transdisziplinarität im Wandel? Neue Perspektiven auf problemorientierte Forschung und Politikberatung. Nomos, Baden-Baden, S 123–143

Pohl C, Hirsch Hadorn G (2006) Gestaltungsprinzipien für die transdisziplinäre Forschung. Ein Beitrag des td-net. oekom, München

Primack RB (1993) Essentials of conservation biology. Sinauer, Sunderland (Massachusetts)

Proops J (1989) Ecological economics: rationale and problem areas. Ecol Econ 1:59–76

Rabelt V, Büttner T, Simon KH (2007) Neue Wege in der Forschungspraxis. Begleitinstrumente in der transdisziplinären Nachhaltigkeitsforschung. oekom, München

Ravetz J (2010) Latest thoughts on post-normal science. In: Bogner A, Kastenhofer K, Torgersen H (Hrsg) Inter- und Transdisziplinarität im Wandel? Neue Perspektiven auf problemorientierte Forschung und Politikberatung. Nomos, Baden-Baden, S 231–246

Reisch L (2002) Kultivierung der Nachhaltigkeit – Nachhaltigkeit als Kultivierung? GAIA 11:113–118

Renn O, Knaus A, Kastenholz H (1999) Wege in eine nachhaltige Zukunft. In:B Breuel (Hrsg) Agenda 21. Vision: nachhaltige Entwicklung. Campus, Frankfurt a. M., S 17–74

Rieckmann M (2004) Lokale Agenda 21 in Chile. Eine Studie zur Implementation eines lokalen Agenda 21-Prozesses in der Cuenca del Lago Llanquihue. oekom, München

Schanz H (1996) Forstliche Nachhaltigkeit. Sozialwissenschaftliche Analyse der Begriffsinhalte und Funktionen. Universität Freiburg, Institut für Forstökonomie, Freiburg i. Br.

Scherhorn G, Wilts CH (2001) Schwach nachhaltig wird die Erde zerstört. GAIA 10:249–255

Schiller J, Manstetten R, Klauer B, Steuer P, Unnerstall H, Wittmer H, Hansjürgens B (2006) Herausforderung Programmforschung – Konzeption, Organisation und Evaluation problemorientierter Umweltforschung. Metropolis, Marburg

Schneidewind U (2009) Nachhaltige Wissenschaft. Plädoyer für einen Klimawandel im deutschen Wissenschafts- und Hochschulsystem. Metropolis, Marburg

Schneidewind U, Singer-Brodowski, M (2013) Transformative Wissenschaft. Klimawandel im deutschen Wissenschafts- und Hochschulsystem. Metropolis, Marburg

Schophaus M, Dienel HL, von Braun C-F (2003) Von Brücken und Einbahnstraßen. Aufgaben für das Kooperationsmanagement interdisziplinärer Forschung. Berlin. http://www.tu-berlin.de/uploads/media/einbahn.pdf. Zugegriffen: 19. Juli 2012

Serbser W (Hrsg) (2004) Humanökologie. Ursprünge - Trends - Zukünfte. Wissenschaftszentrum Berlin für Sozialforschung. oekom, München

SRU – Rat von Sachverständigen für Umweltfragen (1994) Umweltgutachten 1994. Für eine dauerhaft-umweltgerechte Entwicklung. Metzler-Poeschel, Stuttgart

SRU – Rat von Sachverständigen für Umweltfragen (2002) Umweltgutachten 2002. Für eine neue Vorreiterrolle. Metzler-Poeschel, Stuttgart

Steurer R (2001) Paradigmen der Nachhaltigkeit. Z Umweltpolit Umweltr 24:537–566

Stoltenberg U, Michelsen G (1999) Lernen nach der Agenda 21. Überlegungen zu einem Bildungskonzept für eine nachhaltige Entwicklung. NNA-Ber 12(1):45–54

Stoltenberg U (2000) Umweltkommunikation in Lokalen Agenda 21-Prozessen. In: Stoltenberg U., Nora E (Hrsg) Lokale Agenda 21. Akteure und Aktionen in Deutschland und Italien. – Agenda 21 Locale. Attori ed Azioni in Germania ed in Italia. VAS, Frankfurt a. M., S 11–14

Stoltenberg U (2010) Kultur als Dimension eines Bildungskonzepts für eine nachhaltige Entwicklung. In: Parodi O, Banse G, Schaffer A. (Hrsg) Wechselspiele: Kultur und Nachhaltigkeit. edition sigma, Berlin, S 293–311

Swart RJ, Raskin P, Robinson J (2004) The problem of the future. sustainability science and scenario analysis. Glob environ chang 14:137–146

Teichert V, Wilhelmy S (2002) Dem Weltgipfel müssen Taten folgen. epd-Entwicklungspolitik, Heft 22. S 47–50

Teller M, Ax C (2003) Nachhaltigkeit gilt als Schlüsselbegriff für eine zukunftsfähige Welt. Wechselwirk Zuk 25(1):83–92

The European (2011) Herman Daly. http://c0964762.cdn.cloudfiles.rackspacecloud.com/images/6693/insight/herman_daly_interview.jpg?1313489087. Zugegriffen: 19. Juli 2012

Thompson Klein J (2008) Integration in der inter- und transdisziplinären Forschung. In: Bergmann M, Schramm E (Hrsg) Transdisziplinäre Forschung. Integrative Forschungsprozesse verstehen und bewerten. Campus, Frankfurt a. M., S 93–116

Thompson Klein J (2010) A taxonomy of interdisciplinarity. In: Frodemann R, Thompson Klein J, Mitcham C (Hrsg), The Oxford handbook of interdisciplinarity. University Press, Oxford, S 15–30

Tremmel J (2003) Nachhaltigkeit als politische und analytische Kategorie. Der deutsche Diskurs um nachhaltige Entwicklung im Spiegel der Interessen der Akteure. oekom, München

UBA – Umweltbundesamt (1997) Nachhaltiges Deutschland. Wege zu einer dauerhaft umweltgerechten Entwicklung. Erich Schmidt, Berlin

UBA – Umweltbundesamt (2002a) Kommunale Agenda 21 – Ziele und Indikatoren einer nachhaltigen Mobilität. Erich Schmidt, Berlin (Texte 8/02)

UBA – Umweltbundesamt (2002b) Nachhaltige Entwicklung in Deutschland. Die Zukunft dauerhaft umweltgerecht gestalten. Erich Schmidt, Berlin

UBA – Umweltbundesamt (2012) Ökologischer Neubau des UBA. http://www.umweltbundesamt.de/uba-info/dessau/index.htm. Zugegriffen: 19. Juli 2012

UN – United Nations (1992) Erklärung von Rio zu Umwelt und Entwicklung. http://www.un.org/Depts/german/conf/agenda21/rio.pdf. Zugegriffen: 19. Juli 2012

UN – United Nations (2007) The millennium development goals report. United Nations Department of Economic and Social Affairs, New York

UN – United Nation (o. J.) Resolutionen auf Grund der Berichte des Zweiten Ausschusses. http://www.un.org/Depts/german/gv-58/band1/58bd-2.pdf Zugegriffen: 19. Juli 2012

UNDP – United Nations Development Programme (1990) Human development report 1990. New York & Oxford: Oxford University Press. http://hdr.undp.org/en/reports/global/hdr1990/. Zugegriffen: 19. Juli 2012

UNDP – United Nations Development Programme (2004) Human development report 2004. http://hdr.undp.org/en/media/hdr04_complete.pdf. Zugegriffen: 19. Juli 2012

Unmüßig B (2003) Raubbau an natürlichen Ressourcen und Elemente einer ökologischen Gestaltung der Globalisierung. In: Massarrat M, Rolf U, Wenzel HJ (Hrsg) Bilanz nach den Weltgipfeln. Rio de Janeiro 1992 – Johannesburg 2002. Perspektiven für Umwelt und Entwicklung. oekom, München, S 11–21

Vereinte Nationen (2000) Millenniums-Erklärung der Vereinten Nationen. Verabschiedet von der Generalversammlung der Vereinten Nationen zum Abschluss des vom 6.-8. September 2000 abgehaltenen Millenniumsgipfels in New York. Bonn: Informationszentrum der Vereinten Nationen. http://www.un.org/Depts/german/millennium/ar55002-mill-erkl.pdf. Zugegriffen: 19. Juli 2012

Nett VG (2008) Gro Harlem Brundtland. http://static.vg.no/uploaded/image/bilderigg/2008/01/07/1199685283833_679.jpg. Zugegriffen: 19. Juli 2012

Voß J-P, Bauknecht D, Kemp R (Hrsg) (2006) Reflexive governance for sustainable development. Elgar, Cheltenham

WBGU – Wissenschaftlicher Beirat der Bundesregierung Globale Umweltveränderungen (1996) Jahresgutachten 1996. Welt im Wandel – Herausforderung für die deutsche Wissenschaft. Springer, Berlin

WCED – World Commission on Environment and Development (1987) Our common future. Oxford University Press, New York

Wichterich C (2002) Sichere Lebensgrundlagen statt effizienterer Naturbeherrschung – Das Konzept nachhaltige Entwicklung aus feministischer Sicht. In: Görg C, Brand U (Hrsg) Mythen globalen Umweltmanagements: „Rio + 10" und die Sackgassen „nachhaltiger Entwicklung. Westfälisches Dampfboot, Münster, S 72–91

Wikia (o. J.) Planet Erde. http://images.wikia.com/jedipedia/de/images/a/ab/Earth_small.jpg. Zugegriffen: 19. Juli 2012

Wikipedia – die freie Enzyklopädie (2007) UBA. http://upload.wikimedia.org/wikipedia/commons/thumb/5/54/Dessau_uba_05.jpg/800px-Dessau_uba_05.jpg. Zugegriffen: 19. Juli 2012

Wikipedia – die freie Enzyklopädie (2012) Hans Carl von Carlowitz. Unter: http://upload.wikimedia.org/wikipedia/commons/6/68/Carlowitz_Sylvicultura.jpg. Zugegriffen: 19. Juli 2012

Teil II
Ethik, Wissenschaftstheorie und Methodologie

Nachhaltigkeitsethik

Nils Ole Oermann und Annika Weinert

Einführung

Der Begriff der *Nachhaltigkeit* hat sich in den letzten Jahren zu einem häufig benutzten Schlüsselbegriff in vielen jener Debatten entwickelt, die nach dem Verhältnis der Menschen zu ihrer Umwelt und nach menschlichem Zusammenleben fragen. Bestrebungen, wie die Entwicklung politischer Strategien zur Beförderung einer *nachhaltigen Entwicklung* oder die Selbstverpflichtung zu *Nachhaltigkeits*standards im Rahmen der *Corporate Social Responsibility* (CSR) werden oftmals – implizit oder explizit – ethisch fundiert. Indem der Nachhaltigkeitsgedanke im Kern das Prinzip eines bewahrenden Umgangs mit Mensch und Natur betont und dabei über die Gegenwart hinaus auch zukünftige Generationen in den Blick nimmt, impliziert Nachhaltigkeit immer auch ethische Ansprüche. Versteht man Nachhaltigkeit als ein „kollektives Ziel moderner Gesellschaften, auf welches sich diese verpflichtet haben" (Christen 2011, S. 34), so wird in solchen Gesellschaften daraus eine Pflicht zu nachhaltigem Handeln abgeleitet. Diese Frage nach den menschlichen Pflichten führt letztlich zu Immanuel Kants (1724–1804) zweiter Grundfrage der Philosophie „Was soll ich tun?". Das Nachhaltigkeitsprinzip erscheint in einem solchen pflichtenethischen Zusammenhang dann als ein ethisches Prinzip, das die Verantwortung für und Gerechtigkeit gegenüber nachfolgenden Generationen ins Zentrum stellt.

Ein zentraler Beitrag, der von der Philosophie geleistet werden kann, liegt darin, die begrifflichen Schwierigkeiten dieses Konzepts angemessen zu strukturieren. Was den Begriff „Nachhaltigkeit" nämlich nicht trotz, sondern gerade wegen seiner Popularität zu einem schwierigen Begriff macht, ist die Tatsache, dass er in der deutschen Sprache ein

N. O. Oermann; A. Weinert, Leuphana Universität Lüneburg, Lüneburg, Deutschland

N. O. Oermann (✉) · A. Weinert
Fakultät Nachhaltigkeit, Leuphana Universität Lüneburg, Lüneburg, Deutschland
E-Mail: oermann@leuphana.de

H. Heinrichs, G. Michelsen (Hrsg.), *Nachhaltigkeitswissenschaften*,
DOI 10.1007/978-3-642-25112-2_2, © Springer-Verlag Berlin Heidelberg 2014

„Doppelleben" (Grober 2010, S. 17) führt. Zum einen wird er als Alltagsbegriff, zum anderen als akademischer und als politischer Begriff verwendet. Allzu oft und in unterschiedlichen Zusammenhängen finden sich zwar Verweise auf die gesellschaftliche oder ökonomische Relevanz von Nachhaltigkeit. Was jedoch häufig fehlt, ist ein hinreichend klares oder konsistentes Verständnis über das, was „nachhaltig" bedeutet. Ziel aus philosophischer Sicht sollte es darum sein, diese grundlegenden Unklarheiten zu strukturieren.

Wendet man sich von der begrifflichen Ebene der handlungs- und anwendungsorientierten Ebene der Nachhaltigkeit zu, kommt die Ethik ins Spiel. Denn Ethik wird gemeinhin als eine Disziplin der praktischen Philosophie verstanden, die Beurteilungskriterien, methodische Verfahren oder Prinzipien zur „Begründung und Kritik von Handlungsregeln oder normativen Aussagen darüber, wie man handeln soll" (Fenner 2008, S. 5), bereitstellt. Hier kann insbesondere die Ethik zeigen, „dass die Idee der Nachhaltigkeit nicht alleine anhand naturwissenschaftlicher Begrifflichkeit und Methodik fassbar ist, sondern als Handlungsorientierung auf einem genuin normativen Fundament beruht" (Christen 2011, S. 35). Denn Nachhaltigkeit ist kein rein deskriptives Konzept, sondern zielt darauf ab, das „Verhältnis zwischen der Gesellschaft und ihrer natürlichen Umgebung zu regeln" (Christen 2011, S. 35), d. h. nicht nur zu beschreiben, wie sich gegenwärtige Gesellschaften faktisch entwickeln, sondern zu der Aufgabe zu formulieren, wie sich Gesellschaften entwickeln sollen und könnten: „Die natürlichen Grenzen menschlichen Handelns sind nicht Größen, die entdeckt werden können. Es gibt sie nicht in einem strengen Sinn von ‚Geben', und sie können nicht um ihrer selbst willen identifiziert werden. Vielmehr handelt es sich um normative Vorgaben, welche um der Möglichkeit auf ein gelingendes Leben zukünftiger Generationen willen festgesetzt werden" (Christen 2011, S. 35).

Neben theoretisch-konzeptionellen Aufklärungen kommt der Ethik zudem eine praktische Integrations- und Orientierungsfunktion zu: Sie kann zur „Rationalisierung praktischer Stellungnahmen" (Nida-Rümelin 2005, S. 8) beitragen, indem sie begründete Handlungen und Überzeugungen in Entscheidungssituationen einführt und Meinungsäußerungen auf eine sinnvolle Begründungsgrundlage stellt. Solche meist komplexen Entscheidungen liegen in sogenannten Dilemmatasituationen vor. Ein „Dilemma" unterscheidet sich von einem „Problem" semantisch dadurch, dass beim Dilemma keine Entscheidung zwischen zwei Alternativen bzw. drei und mehr Optionen getroffen werden kann, die eine komplexe Ausgangsproblematik komplett zu lösen vermag. Man wägt lediglich zwischen mehr oder weniger wünschenswerten Handlungsoptionen ab. Ein Problem hingegen mag durchaus optimal lösbar sein. Aus ethischer Sicht hat man es häufig mit Dilemmatasituationen zu tun, bei denen Individuen, Gruppen oder ganzen Gesellschaften bei abzuwägenden Alternativen oder Optionen eine Orientierung und Entscheidungsstruktur zur Identifikation eines gangbaren Handlungsweges aufgezeigt werden soll. Kernaufgabe der Ethik ist also nicht die Lösung von monokausalen Problemen, sondern die Strukturierung und Einordnung komplexer Dilemmata.

Was ist Ethik? – Vom Prinzip zur Anwendung

Die Aufgabe der Ethik liegt in der systematischen und strukturierten Entwicklung von Kriterien für moralisches Handeln. Als eigenständige philosophische Disziplin hat sie fundamental Aristoteles behandelt, als er die Disziplinen der praktischen Philosophie (Ökonomie, Politik und Ethik) von denjenigen der theoretischen Philosophie (Logik, Mathematik, Physik und Metaphysik) abzugrenzen vermochte (Pieper 2007, S. 24).

Ethos – Ethik – Moral

Der Begriff „Ethik" leitet sich von dem griechischen „ethos" her, das in zwei Varianten besteht: Ethisch im Sinne des weiteren ἔθος (Gewohnheit, Sitte, Brauch) handelt, „[w]er durch Erziehung daran gewöhnt worden ist, sein Handeln, an dem, was Sitte ist […] auszurichten" (Pieper 2007, S. 25 f.). Im engeren Sinne ethisch handelt, bei dem sich die Gewohnheit, „aus Einsicht und Überlegung das jeweils erforderliche Gute zu tun" (Pieper 2007, S. 25 f.), als ἦθος (Charakter) zum Charakter verfestigt hat (Pieper 2007, S. 25 f. und Fenner 2008, S. 3). Das Wort „Moral" stammt ab vom lateinischen „mos" (Gewohnheit, Sitte, Brauch), das beide semantischen Dimensionen des „ethos"-Begriffes umfasst im Sinne von eingeübten Handlungsmustern, die dann ethisch reflektiert werden.

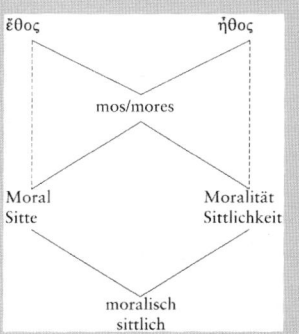

Begriffliche Wurzeln von Ethik und Moral. (Pieper 2007, S. 27)

Während sich im heutigen Sprachgebrauch der Ausdruck „Moral" als *„Inbegriff moralischer Normen, Werturteile, Institutionen"* etabliert hat, wird mit „Ethik" die *„philosophische Untersuchung des Problembereichs der Moral"* bezeichnet (Patzig 1971, S. 3, Hervorhebungen im Original). Die Ethik hat es im Gegensatz zur Moral nicht mit Handlungen selbst zu tun, sondern reflektiert und bewertet mehr oder minder moralisches Handeln und Verhalten. Eine so verstandene, Moral reflektierende Ethik lässt sich unterteilen in die Allgemeine und die Angewandte Ethik. Zentrales Anliegen einer *Allgemeinen Ethik* ist „die Bereitstellung eines Begriffs- und Methodeninstrumentariums, mit dessen Hilfe sie in grundsätzlicher Weise die fundamentalen Probleme der Moral erörtert" (Pieper und Thurnherr 1998, S. 10). Sie ist wiederum unterteilbar in drei Subdisziplinen: die normative Ethik, die deskriptive Ethik und die Metaethik.

Normative Ethik formuliert begründbare normative Urteile. Wenn etwa Aristoteles nach dem fragt, was ein Leben zu einem guten Leben macht, so werden die Antworten darauf je nach Perspektive unterschiedlich ausfallen. Darum sollte die normative Ethik deshalb weiter in teleologische und deontologische Entwürfe untergliedert werden: Teleologi-

sche Ethikkonzeptionen (griech. *telos*: Vollendung, Zweck, Ziel) richten ihr Hauptaugenmerk bei der Bewertung von Handlungen auf bestimmte Zwecke oder Ziele, die in einem
umfassenderen Verständnis „gut" sind (Hübenthal 2006, S. 61). Sie nehmen eine Trennung
zwischen moralischer Richtigkeit und außermoralischer Gutheit vor und bestimmen das
moralisch Richtige danach, ob es das außermoralisch Gute bestmöglich fördert (ebenda).
Die ethische Beurteilung von Handlungen misst sich dabei an der Beurteilung von deren
Folgen. Ein prominentes Beispiel hierfür bildet etwa der klassische Utilitarismus, der im
18. Jahrhundert im angelsächsischen Raum seine Wurzeln hat. Er gehört zu den sogenannten teleologisch-konsequentialistischen Ansätzen, d. h. seine moralischen Beurteilungen
menschlichen Handelns nehmen ihren Ausgang in der Beurteilung von Handlungsfolgen.
Seinen leitenden Wert bildet der Nutzen (*utility*), der als „das Ausmaß des von einer Handlung bewirkten Glücks, Wohlbefindens oder der Befriedigung von Wünschen (Präferenzen)" (Birnbacher 2006, S. 96) verstanden wird. Eine der ersten systematischen Ausarbei-
tungen des Utilitarismus bildet etwa Jeremy Benthams (1748–1832) „Einführung in die
Prinzipien von Moral und Gesetzgebung" (1780). Zur Beurteilung von Handlungsfolgen
zieht Bentham ihren sog. Gratifikationswert heran, der das Maß an Lust oder Unlust einer
Handlung für alle von ihren Folgen Betroffenen umfasst. Der Gratifikationswert einer
Handlung wird zunächst für jeden Betroffenen einzeln errechnet. Addiert man dann die
individuellen Gratifikationswerte eines jeden Betroffenen, ergibt sich in der Summe der
kollektive Gratifikationswert, der Gesamtnutzen einer Handlung (Höffe 2008). Als weitere
klassische Vertreter des Utilitarismus gelten etwa John Stuart Mill (1806–1873), Henry
Sidgwick (1838–1900) und Richard M. Hare (1919–2002).

Deontologische Entwürfe (griech. *to deon* – die Pflicht) verneinen demgegenüber, dass
das Richtige und das moralisch Gute direkt oder indirekt von einem abstrakten Guten
abhängen. Sie ziehen nicht die Handlungsfolgen, sondern Eigenschaften der Handlung
selbst zu ihrer Bewertung heran. Klassischerweise stehen in deontologischen normativen
Entwürfen moralische Pflichten im Mittelpunkt: Ein Beispiel dafür wäre Kants gebots-
ethischer Ansatz, welcher die Pflicht als eine durch die Vernunft gebotene Handlung versteht. Die deskriptive Ethik, die zweite Subkategorie der Allgemeinen Ethik, beschreibt die
empirisch vorfindlichen Normen- und Wertsysteme, ohne ihrerseits moralische Urteile
zu fällen. Hierin liegt eine Parallele zur Metaethik, der dritten Subdisziplin. Im Gegensatz
zur deskriptiven Ethik beschreibt sie jedoch nicht, welche konkreten moralischen Urteile
gefällt werden, sondern widmet sich auf einer Metaebene der „Reflexion, die sich nicht unmittelbar auf den Gegenstand der Ethik, sondern auf die Struktur der ethischen Reflexion
selber sowie auf die Art und Weise bezieht, wie die Ethik über ihren Gegenstand spricht"
(Pieper 1994, S. 78).

Die Angewandte Ethik bildet die zweite große Kategorie, der ethische Entwürfe zugeordnet werden können. Sie leistet die „systematische Anwendung normativ-ethischer
Prinzipien auf Handlungsräume, Berufsfelder und Sachgebiete" (Thurnherr 2000, S. 14).
Hierfür greift sie die in der normativen Ethik getroffenen „allgemeine[n] begründete[n]
Aussagen über das glückliche Leben des Einzelnen oder das gerechte Zusammenleben in
der Gemeinschaft" auf und wendet sie auf konkrete gesellschaftliche Handlungsbereiche
an (Fenner 2010, S. 11). Der Vielfalt unterschiedlicher Problem- und Handlungsfelder

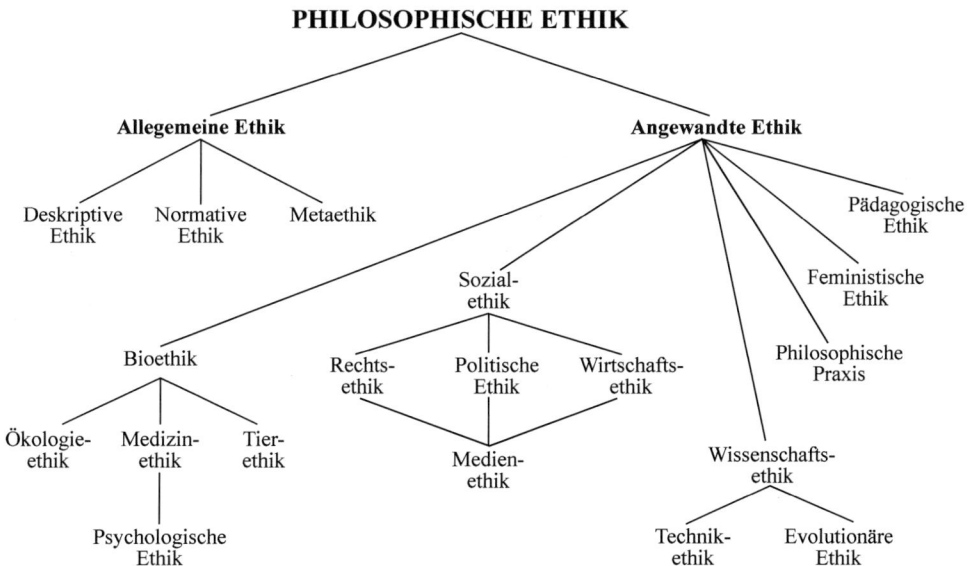

Abb. 2.1 Die Binnendifferenzierung der philosophischen Ethik (Pieper und Thurnherr 1998, S. 9)

ihrer Bezugsdisziplinen entsprechend, hat sie verschiedene Bereichsethiken ausgebildet, wie etwa die Medizin-, Wissenschafts-, Technik-, Rechts- oder Medienethik. Ganz gleich aber, ob sie auf Grundlage von Kants Gebotsethik konstruiert wird, im Sinne der utilitaristischen Ethik nach der Nutzendimension fragt oder einen anderen normativen Entwurf zugrunde legt: In der Regel bedarf sie einer Bezugsdisziplin, die ihr ein fundiertes empirisches Wissen über das jeweilige Handlungsfeld zur Verfügung stellt (Abb. 2.1).

Wo lässt sich in diesem Zusammenhang die Nachhaltigkeitsethik einordnen? Sie kann als eine Bereichsethik der Angewandten Ethik verstanden werden, die sich im Rahmen des Nachhaltigkeitsdiskurses mit ethischen Problemstellungen auf einer generationenübergreifenden Zeitachse auseinandersetzt und diese mit dem Ziel zu strukturieren versucht, in konkreten Handlungssituationen Orientierung zu bieten. Sie stellt jedoch im Gegensatz zu etwa der Wirtschafts-, Technik-, oder Medizinethik keine „Bindestrich-Ethik" dar, denn während der Bindestrich solcher Bereichsethiken auf ihre jeweilige Bezugsdisziplin zurückgeht, wird beim Terminus „Nachhaltigkeitsethik" vielmehr ein Prinzip zum Präfix einer Ethik gemacht. Der Terminus „Prinzip" bezeichnet in der Philosophie oftmals „Einsichten, Normen und Ziele, die methodisch gesehen am Anfang eines theoretischen Aufbaus oder Systems von Handlungsorientierungen stehen" (Kambartel 1995, S. 341).

In diesem Sinne sucht Ethik nach „einem obersten Moralprinzip als einem letzten einheitsstiftenden Grundsatz [...], aus dem man sämtliche konkreten Normen ableiten bzw. sie mit diesem Maßstab kritisieren kann" (Fenner 2010, S. 171). Beispiele für die Ergebnisse dieser Suche bilden etwa Kants Kategorischer Imperativ oder das Prinzip des größtmöglichen Nutzens für die größtmögliche Zahl, das dem Utilitarismus zugeschrieben wird. Während es sich bei diesen Beispielen um Handlungsgebote handelt, können zur Strukturierung ethischer Dilemmata auch inhaltliche Prinzipien wie etwa die Freiheit im „Prinzip

Freiheit" oder die Gerechtigkeit im „Prinzip Gerechtigkeit" oder die Verantwortung in Hans Jonas „Prinzip Verantwortung" herangezogen werden. Zu einem solchen handlungsleitenden Prinzip im zweiten Sinne kann die Nachhaltigkeit zum ethisch handlungsleitenden Prinzip werden, und zwar systematisch ähnlich verankert, wie in Webers Konzept die Gesinnungs- und Verantwortungsethik verortet ist. Letztere begründen nämlich ihrerseits als übergeordnetes Prinzip auch keine Bindestrichethik, sondern ähnlich wie bei der Nachhaltigkeit ein die Ethik selbst strukturierendes Prinzip.

Verantwortungs- und Gesinnungsethik bei Max Weber

Der Soziologe, Nationalökonom und Jurist Max Weber (1864–1920) prägte 1919

Max Weber

in seinem Vortrag „Politik als Beruf" die Unterscheidung von Verantwortungs- und Gesinnungsethik: „Wir müssen uns klar machen, daß alles ethisch orientierte Handeln unter zwei voneinander grundverschiedenen, unaustragbar gegensätzlichen Maximen stehen kann: es kann ‚gesinnungsethisch' oder ‚verantwortungsethisch' orientiert sein" (Weber 1992, S. 70). Der zentrale Unterschied zwischen beiden liegt in den Prinzipien ihrer Handlungsbewertung: Ein Vertreter der Gesinnungsethik messe den moralischen Wert einer Handlung, so Weber, an der Gesinnung, i. S. einer guten Absicht des Handlungssubjekts, blende dabei aber die voraussehbaren oder konkreten Handlungsfolgen aus: Wenn eine aus Gesinnung getane Handlung negative Folgen nach sich ziehe, schreibe er die Folgen nicht dem Handelnden zu, sondern wälze sie auf „die Welt" oder „den Willen Gottes" ab (Weber 1992, S. 71). Demgegenüber vertrete ein Verantwortungsethiker die Position, dass ein Mensch für die Folgen seines Handelns aufzukommen habe und schreibe die Handlungsfolgen demgemäß unmittelbar dem Handelnden selbst zu (Weber 1992, S. 70f). Die webersche Gegenüberstellung wurde von u. a. Hans Jonas (1903–1993) wieder aufgegriffen, der die Verantwortungsethik als eine „Zukunftsethik" unter dem „Prinzip Verantwortung" reformuliert hat (Weber 1992, S. 575f).

So wie Weber „alles ethisch orientierte Handeln" (Weber 1992, S. 70). entweder dem Prinzip der Gesinnung oder der Verantwortung unterstellt, kann eine Nachhaltigkeitsethik dem „Prinzip Nachhaltigkeit" unterstehen. Eine solche als Bereichsethik unter dem Prinzip Nachhaltigkeit verstandene Nachhaltigkeitsethik umfasst dann nicht nur abstrakte normative Handlungsprinzipien, sondern kann durch die generationenübergreifende Anwendung ethischer Grundsätze auf die Lebens- und Handlungswelt des Menschen zu einem handlungsleitenden Prinzip werden. Eine so verstandene Nachhaltigkeitsethik wird sich nicht allein im Abstrakten bewegen, sondern ist stets an konkrete Dilemmata der Praxis gebunden. Die Aufgabe einer so verstandenen Ethik im Allgemeinen und der Nachhaltigkeitsethik im Besonderen kann nicht etwa die Auflösung ethischer Dilemmata oder gar die paternalistische Beantwortung der Frage nach dem „richtigen" bzw. „guten" Leben oder Handeln sein. Sie kann aber die Lösungssuche strukturieren, indem sie „ihre spezifisch philosophische Kompetenz in dem öffentlichen Prozeß der Problemlösung zur Geltung bringt" (Bayertz 1994, S. 26). Ihr Beitrag ist darum primär ein hermeneutischer (von griech. *hermeneus*: der Dolmetscher), eine Übersetzungsleistung zwischen Prinzip und Praxis, die sich in der präzisen Definition von Begrifflichkeiten und im Strukturieren ethischer Dilemmata zur Identifizierung von realen Handlungsoptionen manifestiert. Wie diese strukturierende und orientierende Übersetzungsleistung beim Umgang mit Dilemmatasituationen ihren Beitrag leisten kann, soll im folgenden Kapitel gezeigt werden.

▶ **Frage:** Aus welchen Perspektiven lässt sich der Begriff „Ethik" beschreiben?

▶ **Aufgabe:** Diskutieren Sie die Zusammenhänge zwischen Ethik und dem Leitbild der Nachhaltigkeit. Tauschen Sie Ihr Ergebnis mit anderen Studierenden aus.

Nachhaltigkeitsethik: Gerechtigkeit und Verantwortung auf dem Zeitstrahl

Nachhaltigkeitsethik, so meinen manche, sei definierbar als ethische Reflexion eines definierbaren und implementierbaren inter- und intragenerativen Gerechtigkeitsgrundsatzes (Rogall 2008, S. 150; ähnlich auch: Rogall 2003, S. 330). So klar diese Definition auch die Umrisse und Handlungsfelder der Nachhaltigkeitsethik zu markieren scheint, handelt es sich nach wie vor um eine verhältnismäßig junge Bereichsethik, deren Konturen im wissenschaftlichen Diskurs immer noch weitgehend unscharf erscheinen. So wenig wie im Nachhaltigkeitsdiskurs ein ethischer Konsens besteht, existiert in der zahlenmäßig überschaubaren Literatur zum explizit ethischen Thema ein Einvernehmen darüber, welche Quellen und Wertvorstellungen im Zentrum einer Nachhaltigkeitsethik stehen sollten. Während Nachhaltigkeit gemäß der Definition des Brundtlandberichts als einer der meist verwendeten Definitionen anthropozentrisch ausgerichtet ist und darin die Bedürfnisse und die Rechte künftig lebender Generationen im Vordergrund stehen (Umfassend dazu: Unnerstall 1999), vertreten pathozentrische Stimmen die These, dass sich die Schutzpflicht des Menschen auch auf andere Geschöpfe als Inhabern von Rechten beziehe (Feinberg 1988, S. 140–179). Mitunter werden auch biozentrische Positionen eingenommen, denen zufolge sich ethische Ansprüche moralischer Art auch auf Pflanzen bzw. leidensunfähige Naturobjekte erstrecken (Schüßler 2008, S. 64).

Aus der Frage, was im Zentrum einer Ethik stehen solle – der Mensch oder auch andere Lebewesen und deren Umwelt – leitet sich auch der entscheidende Unterschied zwischen einer Nachhaltigkeitsethik im hier skizzierten Sinne zu verschiedenen Ansätzen der Umweltethik ab, mit denen die Nachhaltigkeitsethik so häufig wie fälschlicherweise identifiziert wird. Der Philosoph Konrad Ott definiert die Umweltethik folgendermaßen: „Die Umweltethik (synonym: *environmental ethics*) fragt zum einen nach den Gründen und den aus ihnen gewonnenen Maßstäben (Werte und Normen), die unser individuelles und kollektives Handeln im Umgang mit der außermenschlichen Natur bestimmen sollten. Zum anderen fragt sie danach, wie diese Maßstäbe umgesetzt werden könnten" (Ott 2010, S. 8). Ihr Thema bildet, wie Ott an anderer Stelle formuliert, „die Beziehung des Menschen zum Außer-Menschlichen" (Ott 1997, S. 58). Sie relativiert damit eine anthropozentrische Perspektive, wie sie die meisten klassischen Entwürfe der Ethik einnehmen, und stellt ihr eine öko- bzw. biozentrische Ausrichtung gegenüber (Ott 1997, S. 59–63). Diese differenzierte Perspektivenwahl bildet ein erstes Abgrenzungsmerkmal zwischen Umwelt- und Nachhaltigkeitsethik, denn letztere bezieht eine anthropozentrische Perspektive auf die ethischen Dilemmata, die sie behandelt.

Ein weiteres Abgrenzungsmerkmal liegt in der Begründung einer solchen Ethik. Ott ordnet die Umweltethik den Bereichsethiken der Angewandten Ethik zu und verortet sie in der Nähe zur Wirtschafts- und Technikethik (Ott 1997, S. 58, Ott 2010, S. 13), d. h. bei den klassischen Bindestrich-Ethiken, die auf einer Bezugswissenschaft aufbauen. Im Gegensatz dazu handelt es sich bei der Nachhaltigkeitsethik, wie oben gezeigt, um eine Bereichsethik, die auf einem inhaltlichen Prinzip fußt. Auch wenn die Themenkomplexe auf den ersten Blick ähnlich erscheinen, weichen ihre Perspektive – Anthropozentrik versus Biozentrik – wie auch ihre Fundierung – Prinzip versus Begleitwissenschaft – voneinander ab und begründen so die Unterschiede zwischen den beiden Disziplinen. Trotz eines fehlenden Konsenses innerhalb des Nachhaltigkeitsdiskurses über mögliche Ausgestaltungen einer Nachhaltigkeitsethik existiert jedoch eine Schnittmenge von solch grundlegenden Prinzipien wie Verantwortung und Gerechtigkeit, die als essentiell begriffen werden. So zeigt etwa die Definition des Brundtlandberichts, dass das Nachhaltigkeitsprinzip das Streben nach intra- und intergenerationeller Verantwortung und Gerechtigkeit in den Mittelpunkt stellt. Gerahmt werden solche Ansätze, die sich mit ethischen Ansprüchen der Nachhaltigkeit beschäftigen, durch die anthropozentrisch-aristotelisch gefärbte Leitfrage, „wie Menschen leben sollen und was heute und morgen ein ‚gutes' Leben ist" (Renn 2007, S. 64–99). Bei der Frage, was ein Leben zu einem guten Leben macht, handelt es sich keineswegs um eine neue Frage, die genuin dem Nachhaltigkeitsdiskurs zuzuordnen wäre. Vielmehr wird mit ihr letztlich eine mehr als 2000 Jahre alte Kernfrage der Ethik wiederaufgenommen, die sich bereits Aristoteles (384–322 v. Chr.) in seiner Nikomachischen Ethik stellte. Den Kern der aristotelischen Ethik bilden die Begriffe *eudaimonia* (Glückseligkeit) und *arete* (Tugend): Aristoteles erhebt mit der Glückseligkeit ein allgemeines, höchstes Strebensziel zum Prinzip seiner Ethik und stellt ihr die Tugenden zur Seite, die dem Menschen eine Orientierung für situationsgebundene Einzelentscheidungen bieten (Rapp 2006, S. 69). Aus aristotelischer Perspektive besteht das gute Leben in einer Betätigung der Seele gemäß dem *ergon*, der besonderen, dem Menschen eigentümlichen Funktion, Aufgabe oder Leistung, die den bestmöglichen Zustand seiner Seele repräsentiert (Rapp 2006, S. 71f). Die Vortrefflichkeit oder Tugendhaftigkeit (*arete*) eines Menschen ergebe sich aus der Ausführung seines *ergon*. „Das für den Menschen Gute ist die Aktivität (*energeia*) der Seele gemäß der Vortrefflichkeit, bzw., wenn es mehrere Arten der Vortrefflichkeit gibt, gemäß der besten und vollkommenen – und dies während eines kompletten Lebens" (Aristoteles). Diese Aktivität findet Aristoteles in der „theoretischen" oder kontemplativen Lebensform, in deren Zentrum die Beschäftigung mit den „theoretisch" genannten Disziplinen (neben der Philosophie und Theologie etwa der Astronomie oder Mathematik) steht (Rapp 2006, S. 73).

Im Nachhaltigkeitsdiskurs erfährt diese alte Frage nach dem, was ein Leben zu einem „guten Leben" macht, über die antike Tugendlehre hinaus eine intertemporale Ausdehnung von der Gegenwart in die Zukunft. Auch wenn die zeitgenössischen Antworten auf die Frage abweichen mögen, wird mit Aristoteles deutlich, dass klassische Fragen und Probleme der Ethik einen zentralen, auf die Zukunft gerichteten Beitrag zur Nachhaltigkeitsdiskussion leisten können. Anhand dreier exemplarischer Dilemmata aus der Nachhaltigkeitsdebatte, nämlich der Diskussion um die Rentenpolitik vor dem Hintergrund des demografischen Wandels, der Frage einer nachhaltigen Entwicklung im Hinblick auf die Energiepolitik und der Frage nach einer gerechten, nachhaltigen Ressourcenverteilung soll im Folgenden gezeigt werden, welchen konkreten Beitrag die vorgestellten klassischen Entwürfe der Ethik für den Nachhaltigkeitsdiskurs künftig zu leisten vermögen.

▶ **Frage:** Wie lassen sich umwelt- und nachhaltigkeitsethische Ansätze voneinander abgrenzen?

Exemplarische Bearbeitung von Dilemmata im Bereich der Nachhaltigkeitsethik

Dilemma 1: Generationenverträge vor dem Hintergrund des demografischen Wandels

Demographische Veränderungen wirken sich auf die sozialen Sicherungssysteme aus und verschärfen mit der zunehmenden Alterung der Gesellschaft die Frage nach den Pflichten gegenüber künftigen Generationen. So wies die *12. Koordinierte Bevölkerungsvorausberechnung des Statistischen Bundesamtes* im November 2009 für den Zeithorizont von 2008 bis 2060 im Kern das folgende Ergebnis aus: „Deutschlands Bevölkerung nimmt ab, seine Menschen werden älter und es werden – auch bei leicht steigender Geburtenhäufigkeit – noch weniger Kinder geboren als heute" (Egeler 2009, S. 8). Eine Folge dieser demografischen Entwicklungen liege darin, dass sich das „zahlenmäßige Verhältnis von potenziellen Empfängern von Leistungen der Alterssicherungssysteme zu den potenziellen Erbringern dieser Leistungen [...] also verschlechtern [werde]" (Egeler 2009, S. 12). Eine schrumpfende Zahl von Menschen im Erwerbsalter muss also künftig für eine wachsende Zahl von Menschen im Rentenalter Leistungen erbringen. Zukünftige Generationen erhalten damit weitreichende Pflichten gegenüber den ihnen jeweils vorangehenden (Abb. 2.2).

Aus philosophischer Sicht wirft die Beschreibung einer solchen demografischen Situation eine für eine Nachhaltigkeitsethik zentrale Frage auf, ob man nämlich überhaupt Pflichten gegenüber noch nicht geborenen, künftigen Generationen haben kann und welche genau das wären. Diese pflichtenethische und gebotsethische Frage, die eine Leitfrage des Nachhaltigkeitsdiskurses bildet, ist aus der Perspektive der Ethik ebenfalls nicht neu.

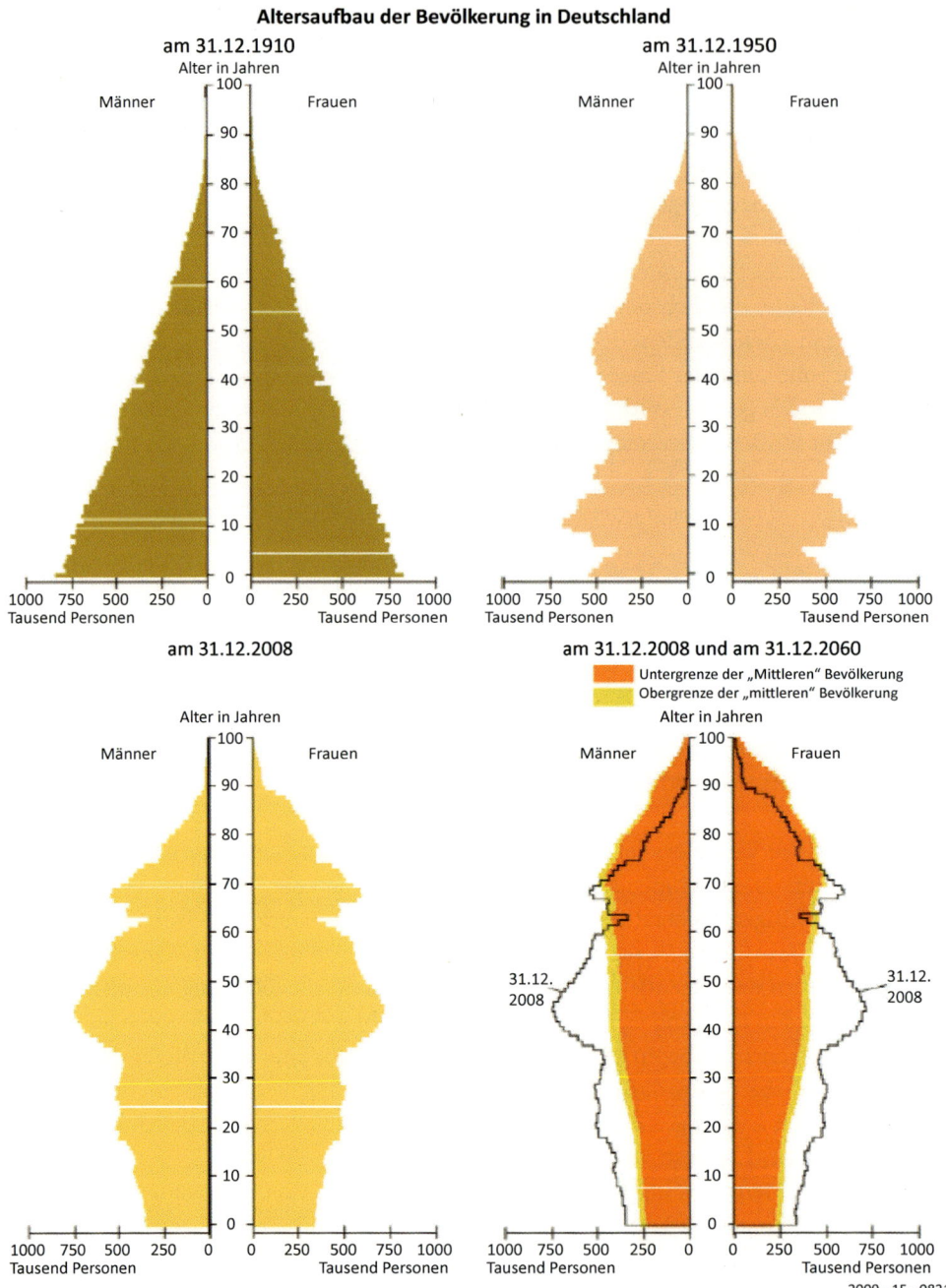

Altersaufbau der Bevölkerung in Deutschland

Abb. 2.2 Altersaufbau der Bevölkerung in Deutschland (Statistisches Bundesamt 2009a, b)

Vor allem in der kantschen Ethik des Pflichtbegriffs stellt sie ein zentrales Thema dar, so dass der Königsberger Philosoph als Bezugspunkt zur Strukturierung des Dilemmas herangezogen werden kann. Immanuel Kant hat in seiner 1781 erschienenen „Kritik der reinen Vernunft" die bekannten drei Grundfragen seiner Philosophie aufgeworfen: „Alles Interesse meiner Vernunft (das spekulative sowohl, als das praktische) vereinigt sich in folgenden drei Fragen:

- Was kann ich wissen?
- Was soll ich tun?
- Was darf ich hoffen?

Die erste Frage, der später die Metaphysik zuordnete, richtet sich auf den „Ursprung, den Umfang und die Grenzen unseres spekulativen Vernunftgebrauchs", die zweite, diejenige der Ethik, fokussiert aufbauend auf der Beantwortung der ersten die „transzendentale und praktische Freiheit des Menschen, d. h. sein Vermögen, von sich aus nach dem Moralgesetz in der Welt kausal wirksam zu werden" (Klemme 2009, S. 13. Die dritte, die Frage der Religion und Metaphysik, fragt nach dem „höchste[n] Zweck, den wir durch unsere reine praktische Vernunft zu bewirken hoffen können" (Klemme 2009, S. 13). 1793 setzte Kant eine vierte Frage hinzu, die aus seiner Sicht alle drei Fragen in sich umfasst: „Was ist der Mensch?" (Kant 1969, S. 429).

In diesem Kontext ist zunächst seine zweite Frage von besonderem Interesse. Kant hat eine Gebotsethik allerdings als eine auf die Gegenwart gerichtete ausgearbeitet, in deren Zentrum die Frage des Sollens und der menschlichen Pflichten steht. Die Pflicht ist bei Kant „eine Handlung, die schlechthin geboten, d. h. durch die Vernunft unbedingt notwendig gemacht wird", und zwar so, „'als ob' eine übernatürliche Gesetzgebung bestände" (Eisler 2002, S. 417). Die moralische Notwendigkeit, die hinter der Pflicht steht, leitet sich von der Freiheit des Einzelnen als Vernunftwesen und der Autonomie seiner Vernunft ab.

Das ethische Kernproblem des Prinzips der Nachhaltigkeit liegt nun in der Frage, ob derlei ethische Verpflichtungen auch gegenüber zukünftigen Generationen existieren können, da künftige Generationen kollektiv zumindest aus juristischer Sicht noch keine Anspruchsteller sein können, weil ihnen die juristischen Eigenschaften einer natürlichen Person fehlen. Für den exemplarischen Fall der Rentenpolitik lautet die Frage dementsprechend, ob lebende Personen in Anbetracht der prognostizierten demografischen Entwicklungen bereits in ihrer Gegenwart eine ethische Pflicht zum Handeln – sei sie nun politisch oder individuell induziert – gegenüber jenen Generationen haben können, die zukünftig – bleibt es bei dem gegenwärtigen Rentensystem – für ihre Renten aufkommen müssen. Ebenso umstritten ist, wer diese „vernunftmäßigen Wesen", von denen Kant ausgeht, in Zukunft sein werden, deren Bedürfnisse ebenso wenig aus der Gegenwart abschätzbar sind wie die zukünftig bestehende Ressourcensituation.

Theologisch betrachtet führt dieses Dilemma letztlich zurück auf die neutestamentliche Frage: „Wer ist mein Nächster?". Die Antwort kann nicht allein die Menge der Personen einbeziehen, die einem Menschen faktisch und gegenwärtig am nächsten stehen, wie etwa

Familienmitglieder, Freunde oder Nachbarn. Ott argumentiert, dass sich in der Gegenwart ethische Urteile formulieren ließen, die sich auf Rechte und Interessen der Zukunft bezögen, sodass also eine Handlung „bereits jetzt unerlaubt oder eine Norm jetzt bereits ungültig sein [könne], wenngleich ihre Folgen und Nebenwirkungen erst künftige Personen treffen mögen" (Ott 1996, S. 141). Er geht also davon aus, dass künftige Generationen den gegenwärtigen in den relevanten Eigenschaften gleichen, ähnliche Grundbedürfnisse, Interessen, und Präferenzen wie die gegenwärtigen Menschen besitzen würden und nicht bereit seien, zugunsten der gegenwärtig lebenden Menschen Schäden, Nachteile oder Mangel zu akzeptieren.

Dieses weite Verständnis des Pflichtbegriffs und der Moralfähigkeit unterstreicht noch einmal die oben angesprochene Distanz eines rein umweltethischen Ansatzes zu exklusiv anthropozentrisch orientierten Ethiken. Insgesamt zieht Ott zur Begründung einer universalistischen Position, die es für geboten hält, prinzipiell alle zukünftigen Personen im gegenwärtigen Handeln moralisch zu berücksichtigen, sechs universalistische Prinzipien von Kambartel, Habermas, Birnbacher, Singer, Jonas und Apel heran. In der Kombination ergeben diese die folgende Prüffrage für den moralischen Gehalt gegenwärtiger Handlungen gegenüber künftigen Generationen: „Zeugt dies Verhalten von Rücksichtnahme gegenüber zukünftigen Personen, ist es global verallgemeinerbar, ist es für alle zukünftig Betroffenen zustimmungsfähig, produziert es ein Höchstmaß an menschlichem Glück über einen längeren Zeitraum hinweg, ist es verträglich im Sinne von Hans Jonas; trägt es dazu bei, die ideale Kommunikationsgemeinschaft im Sinne Apels zu befördern?" (Ott 1996, S. 148). Kann die Frage hinreichend konkret positiv beantwortet werden, sind die Pflichten gegenüber kommenden Generationen angemessen berücksichtigt.

Entsprechend lassen sich ethische Pflichtenkollisionen hinsichtlich künftiger Generationen dann strukturieren, wenn man in Anlehnung an Kant Nachhaltigkeit als ein Vernunftproblem auf einem virtuellen Zeitstrahl betrachtet. Denn wenn man annimmt, dass zukünftige Generationen in ihren Bedürfnissen zur Gestaltung eines guten Lebens gegenwärtigen Generationen nicht unähnlich sind, dann wären diejenigen, die in der Gegenwart die Bedienung dieser Bedürfnisse konsumtiv erschweren oder unmöglich machen, zur Sicherung des *status quo* aus dem Nachhaltigkeitsgedanken heraus nicht nur aufgerufen, sondern im Sinne Kants verpflichtet. Wer etwa eigenmächtig einen Generationenvertrag aufkündigt, wird nicht nur vertragsbrüchig, sondern handelt letztlich unvernünftig, indem er sehenden Auges Pflichten verletzt gegenüber denen, die nach ihm kommen. Gerade bei der Diskussion um Demografie und Rente wird dieses nachhaltigkeitsethische Dilemma besonders deutlich, wenn sich Menschen der Gegenwart auf Kosten der Zukunft Dritter positionieren, wenn sie etwa von der Aufkündigung eines „Generationenvertrages" sprechen.

Dilemma 2: Nachhaltige Energiepolitik auf Grundlage des Risikobegriffs

Ähnlich wie zu der Frage, ob und welche Pflichten gegenüber künftigen Generationen bestehen, kann die Ethik auch in einer weiteren aktuellen Debatte ihren strukturierenden, Beitrag leisten: In Fragen der Nachhaltigkeit einer Energiepolitik. Wie dies geschehen kann, soll im Folgenden exemplarisch gezeigt werden. Denn der im Kern der Diskussion um energiepolitische Fragen stehende Risikobegriff führt wiederum auf die Frage nach der Möglichkeit einer generationenübergreifenden Verantwortung angesichts gegenwärtiger Risikoabwägungen mit ihren zuweilen weit in die Zukunft reichenden Konsequenzen.

Gesichter der Nachhaltigkeit

Hans Jonas
- 1903-1993
- deutscher Philosoph
- 1979 Veröffentlichung seines Hauptwerks „Das Prinzip Verantwortung"
- Begründer des „ökologischen Imperativs" und bekannt als der Philosoph des Umweltbewusstseins

Hans Jonas

Zu der damit verbundenen Verantwortungsverpflichtung gegenüber der Natur und allen – heutigen wie künftigen – Geschöpfen hat der Philosoph Hans Jonas vertiefend Stellung genommen. Jonas veröffentlichte 1979 *Das Prinzip Verantwortung. Versuch einer Ethik für die technologische Zivilisation.* Jonas' Ansatz versteht sich als eine „Zukunftsethik", die die spezifisch neuen Probleme des Handelns in der „technologischen Zivilisation" fokussieren will. Der Anknüpfungspunkt an eine Nachhaltigkeitsethik liegt dabei in seinem Verant-wortungsbegriff: Jonas versteht ethische Verantwortung als „nicht-reziprokes Verhältnis" (Jonas 1987a, S. 177), dessen Asymmetrie sich aus der Macht eines Moralsubjektes über ein oder etwas anderes ableitet, das der Fürsorge bedarf: „Verantwortung ist die als Pflicht anerkannte Sorge um ein anderes Sein, die bei Bedrohung seiner Verletzlichkeit zur ‚Be-sorgnis' wird" (Jonas 1987a, S. 391).

Während die meisten ethischen Ansätze die weitere Existenz der Menschheit als ge-geben voraussetzen und durch ihre Beschränkung auf menschliche Interaktionen sowohl Pflichten gegenüber zukünftigen Generationen als auch gegenüber der Natur ausschließen, konzipiert Jonas eine „Vermeidungsethik" zur Abwendung des „‚äußersten Übels' einer Überlastung der irdischen Biosphäre beziehungsweise eines Gattungssuizids der Mensch-heit" (Werner 2003, S. 43). Vor dem Hintergrund der wachsenden Reichweite menschlicher Handlungsmacht und einer zunehmenden Unsicherheit über die zukünftigen Wirkungen des menschlichen Handelns verortet Jonas die „erste Pflicht der Zukunftsethik" in der „Be-schaffung der Vorstellung von den Fernwirkungen" (Jonas 1987a, S. 64). Angesichts der Fehlbarkeit von Prognosen oder Folgenabschätzungen formuliert er die Entscheidungsre-gel *in dubio pro malo* (im Zweifel für das Schlechte): „[…] wenn im Zweifel, gib der schlim-meren Prognose vor der besseren Gehör, denn die Einsätze sind zu groß geworden für das Spiel" (Jonas 1987b, S. 67). So formuliert Jonas in Ergänzung der kantischen Maxime „Handle nur nach derjenigen Maxime, durch die du zugleich wollen kannst, da sie ein all-gemeines Gesetz werde" (Kant 1970 , S. 51) einen um Erfahrungen seiner Gegenwart ak-tualisierten Kategorischen Imperativ: „Handle so, dass die Wirkungen deiner Handlung verträglich sind mit der Permanenz echten menschlichen Lebens auf Erden", bzw. „Handle so, dass die Wirkungen deiner Handlung nicht zerstörerisch sind für die künftigen Möglichkeiten solchen Lebens" (Jonas 1987a, S. 36). Die Begründung der kategorischen Pflicht zur Bewahrung von Natur und Menschheit fußt auf der Prämisse, dass „die im Menschen kulminierende Zweckhaftigkeit der gesamten Natur als solche wertvoll und bewahrenswert sei" (Werner 2003, S. 47). Indem Jonas eine objektive, intrinsische Zweckhaftigkeit der Natur annimmt, kann er aus dem Gut eine kategorische Pflicht zu seiner Erhaltung folgern. Gemäß Jonas' Konzept der „Heuristik der Furcht" ist die Bedrohung des Menschen eine Bedingung dafür, den Eigenwert des Menschen intuitiv erfahrbar zu machen: „Wir wissen erst, was auf dem Spiele steht, wenn wir wissen, dass es auf dem Spiele steht" (Jonas 1987a, S. 63).

Hans Jonas artikulierte damit bereits Ende der 1970er-Jahre eine grundlegende Unsicherheit über jene Risiken und Schäden, die künftigen Generationen aus den gegenwärtig genutzten atomaren Technologien erstehen könnten. Solche Entscheidungen münden damit in ein stetes Abwägen von Risiken und Chancen vor dem Hintergrund von Informationsdefiziten und unsicheren Prognosen über künftige Entwicklungen. Hieraus erwächst letztlich nicht nur ein ökologisches Problem, sondern auch das oben thematisierte nachhaltigkeitsethische Problem der Pflichten gegenüber künftigen Generationen. Jonas leistet einen zentralen Beitrag zu dessen Strukturierung, indem er seinen Verantwortungsbegriff an den Pflichtbegriff bindet und die Pflichtendiskussion so auf den Verantwortungs- und Risikobegriff als grundlegende Termini des Nachhaltigkeitsdiskurses zentriert. Die Pflichten gegenüber künftigen Generationen erwachsen den heutigen Menschen dabei mit Jonas aus einer intertemporal in die Zukunft ausgeweiteten Verantwortung für eben diese. Mit dieser Verzahnung von Pflichten- und Verantwortungsbegriff und seiner unbedingten Zukunftsorientierung kann auch Jonas „Versuch einer Ethik für die technologische Zivilisation" einen Beitrag zur Strukturierung gegenwärtiger Dilemmata wie demjenigen der Atompolitik leisten.

Offen bleibt aber letztlich bei Jonas der konkrete Umfang der Verpflichtungen heutiger gegenüber kommenden Generationen, denn wer solche Pflichten anerkennt, sagt noch nichts über deren Reichweite aus. Ein weiterer grundlegender Dissens entsteht hinsichtlich der Frage, ob zukünftigen Generationen absolute oder komparative Standards zukommen sollten. Gemäß dem von Anti-Egalitaristen vertretenen absoluten Standard sind die heutigen Generationen verpflichtet, unabhängig vom eigenen, „geerbten" Standard künftigen Generationen nur ein bestimmtes absolutes Niveau zu hinterlassen. Egalitaristen hingegen gehen von der Gleichheit der Menschen aus und treten für einen komparativen Standard ein. Mit ihm ist ein höheres Verpflichtungsniveau als beim absoluten Standard verbunden (Ott und Döring 2008, S. 78–91).

Als Fazit des Risikobegriffs im „Prinzip Verantwortung" in Anwendung auf energiepolitische Dilemmata lässt sich darum eine weitere Facette der Zukunftsorientierung von Ethik herausarbeiten: Dass man im Umgang mit Risiken a priori Verpflichtungen hinsichtlich der Zukunft eingeht, lässt sich stringent darlegen. Was Ethik aber ohne die zugehörigen Fachwissenschaften etwa als Technikethik nicht allein leisten kann, ist die Abschätzung des Umfangs etwaiger Risiken. So gefährdet eine Aufkündigung des Generationenvertrages den Lebensstandard künftiger Rentner, genauer: deren Eigentumsrecht nach Artikel 14 Grundgesetz, während ein Atomunfall das Leben einer ganzen Generation und deren Recht auf körperliche Unversehrtheit gefährdet. Wie wahrscheinlich die Verwirklichung beider Risiken ist, das beurteilt nicht die Ethik. Diese Risikoabschätzung hat zwar weitreichende Konsequenzen für die ethische Einordnung, während die Ethik diese Abschätzung aber selbst nicht zu treffen vermag. An Jonas Risikobegriff wird darum exemplarisch deutlich, dass Ethik stets eine Begleit- und keine Bescheidwissenschaft ist. Ohne Diskussionen um Atomenergie und Atomwaffen in den 1980er-Jahren wären Jonas Ethik und sein „Prinzip Verantwortung" so womöglich nie geschrieben worden. Jonas reflektiert den Risikobegriff als Kern seines philosophischen Entwurfs, weil er aus seiner Sicht zur Überlebensfrage wird. Er bejaht die Verantwortung für die Risiken, um künftigen Generationen ihre Ressource Erde als Lebensraum zu sichern – Vernunft auf dem Zeitstrahl verbunden mit der Suche nach einem guten Leben. Nur erfindet Jonas dies nicht als nachhaltigkeitsethischen Ansatz, sondern der Anlass kommt von außen aus der Realität der Gefahr oder Bedrohung. Anhand dieser Fallstudie wird zudem deutlich, dass die fundamentalethischen Überlegungen sich häufig ähneln, nicht aber die akuten Probleme. Anders als bei der Renten-/Demografiedebatte stellt sich im Umgang mit Risiken im Bereich Energie weiterhin das besondere Problem, dass man sich einem Phänomen mit globalen und nicht nur nationalen Konsequenzen gegenübersieht, was die Perspektive radikal zu verändern vermag – wie etwa im Zusammenhang mit der Atomkatastrophe von Fukushima zu beobachten war.

Dilemma 3: Zukunftsgerechte wie nachhaltige Ressourcenverteilung

Ebenso global muss die Diskussion um absolute oder komparative Standards einer möglichst gerechten Verteilung von Ressourcen auf diesem Planeten ethisch diskutiert werden. Denn das ethische Dilemma dabei ist, dass ein Teil der Welt die Ressourcen eines anderen Teils der Welt konsumiert, ohne dass sich die Akteure begegnen. Dieses globale Verteilungsdilemma führt darum nach der Diskussion um den Risikobegriff zu einem weiteren Kernbegriff der Nachhaltigkeitsdebatte, der Gerechtigkeit, und damit zu der Frage: „Welche Verteilung von Gütern und Chancen zwischen heutigen und künftigen Personen ist eine gerechte Verteilung?" und zielt somit auf die intra- und intergenerative Gerechtigkeit als ein weiteres zentrales Prinzip innerhalb der Nachhaltigkeitsdebatte – neben der Verantwortung und dem auf die Zukunft gerichteten Umgang mit Risiken (Kersting 2000). Während intragenerative Gerechtigkeit Chancengerechtigkeit hinsichtlich des Zugangs zu Grundgütern, der Möglichkeit zur Befriedigung grundlegender Bedürfnisse und im Hinblick auf Partizipation an gesellschaftlichen Entscheidungsprozessen postuliert, bezieht sich der intergenerative Gerechtigkeitsgrundsatz auf eine Verteilung, die angesichts der begrenzten Belastbarkeit der Ökosysteme die Existenz des Lebens langfristig sichern will.

Bei der Beantwortung der Frage, ob absolute oder relative Standards zu einer gerechteren Verteilung zwischen gegenwärtigen und künftigen Personen führen, kann exemplarisch John Rawls (1921–2002) *Theorie der Gerechtigkeit* (1971) bei der Strukturierung der daraus erwachsenden, ethisch wie wirtschaftlich komplexen Verteilungsdilemmata helfen, mit denen eine nachhaltige Form des Wirtschaftens nicht nur ökonomisch, sondern auch ökologisch und sozial konfrontiert ist. Im Zentrum steht dabei die Frage, „welche Grundsätze für Institutionen, die die Verteilung regeln, sich Personen in einem Entscheidungsverfahren, das fairen Bedingungen genügt, einigen würden" (Nida-Rümelin und Özmen 2007, S. 654). Ethisch relevant ist diese Frage nicht zuletzt deshalb, weil sie prinzipiell der Frage nach dem Guten vorgelagert ist: Das Gute kann nur in Abhängigkeit vom Gerechten bestimmt werden. Das Gerechtigkeitsproblem seinerseits bezieht sich nicht auf individuelles Handeln, sondern auf die gesellschaftliche Normierung von Rechten und Pflichten bei der Verteilung von Gütern, und zwar hinsichtlich solcher Grundgüter, „von denen man annehmen kann, dass sie jeder vernünftige Mensch haben will" (Rawls 1975, S. 83), wie Rechte, Freiheiten, Chancen oder Einkommen. Menschen sind nach Rawls rational und werden in ihrem Handeln durch das Streben nach einem individuellen Vorteil gesellschaftlicher Kooperation sowie einem möglichst großen Anteil an gesellschaftlichen Gütern angetrieben. Eine Lösung dieser Spannung zwischen Gemeinwohl und Eigennutz ist nach Rawls durch eine Gerechtigkeitsvorstellung zu erzielen, der alle Gesellschaftsmitglieder zustimmen.

Rawls' Ansatz ist für eine Nachhaltigkeitsethik darum so relevant, weil er sich in intergenerationeller Perspektive auf die Frage ausweiten lässt, wie Güter nicht nur zwischen gegenwärtigen Personen und Gruppen, sondern auch zwischen verschiedenen Generationen gerecht verteilt werden können, d. h. ganz konkret: wie viel wir künftigen Generationen von dem zugestehen sollten, über das wir gegenwärtig verfügen, um gerecht zu handeln. In ähnlicher Weise entwickeln auch Ott und Döring in der Nachhaltigkeitsdebatte Rawls' Ansatz fort und entwerfen eine „intertemporal erweiterte […] Interpretation von John Rawls' Gerechtigkeitstheorie, wonach die Repräsentanten unter dem Schleier nicht wissen, welcher Generation sie angehören" (Christen 2011, S. 35). Mit dieser Fokussierung wird Rawls' Gerechtigkeitstheorie darum für den Nachhaltigkeitsdiskurs höchst anschlussfähig. Aus Sicht von Rawls werde ein Gerechtigkeitskriterium dann die notwendige Zustimmung erhalten, wenn es von den natürlichen, gesellschaftlichen und individuellen Gegebenheiten absehe und den Einfluss individueller Neigungen und Vorstellungen unterbinde. Diese Situation bildet das Gedankenexperiment des sog. *Urzustandes* ab, in der Entscheider gedanklich anonymisiert werden, sodass weder sie selbst noch andere ihre Identitäten und Interessen kennen können: „Die entscheidenden Personen bzw. Parteien verfügen zwar über allgemeine sozialwissenschaftliche und psychologische Kenntnisse, aber sie wissen nicht, wer sie sind; sie kennen weder ihr Geschlecht, noch Alter, Status, Klassen- oder Rassenzugehörigkeit, sie wissen nicht, welche natürlichen Gaben (wie z. B. Intelligenz oder Körperkraft) sie haben oder welches soziale, kulturelle und religiöse Milieu sie geprägt hat. Auch ihre Vorstellungen vom Guten sowie ihre psychologischen Neigungen sind ihnen unbekannt – sie entscheiden unter einem Schleier des Nichtwissens" (Nida-Rümelin und Özmen 2007, S. 656). Alle für die Bestimmung des Gerechtigkeitskriteriums relevanten Informationen sind den Entscheidern unzugänglich, wodurch letztlich ihre Unparteilichkeit gesichert und damit eine Entscheidungssituation hergestellt wird, in der alle Beteiligten „von den gleichen Argumenten überzeugt werden, da sie die Unterschiede zwischen sich nicht kennen und alle gleich vernünftig und in der gleichen Lage sind" (Rawls 1975, S. 162). Ergänzt man dieses Gedankenexperiment nun um eine generationsübergreifende Perspektive, so bleibt auch die Zugehörigkeit der Entscheider zu einer bestimmten Generation – sei es die gegenwärtige oder eine wie weit auch immer in die Zukunft gerichtete – unter dem Schleier des Nichtwissens verborgen. Ein Beteiligter kann vor diesem Hintergrund nicht mehr zweifelsfrei abschätzen, ob die Lösung, für die er argumentiert, ihm oder einer anderen Generation zugutekommt bzw. ob er bereits deren negative Konsequenzen zu tragen hat oder erst kommende Generationen. Nach Rawls' Gedankenexperiment würden sich die Menschen in einer solchen verschleierten Situation auf ein Gerechtigkeitskriterium einigen, das zwei Grundsätze umfasst.

John Rawls' Gerechtigkeitsgrundsätze

„Erster Grundsatz
Jedermann hat gleiches Recht auf das umfangreichste Gesamtsystem gleicher Grundfreiheiten, das für alle möglich ist.

Zweiter Grundsatz
Soziale und wirtschaftliche Ungleichheiten müssen folgendermaßen beschaffen sein: sie müssen unter der Einschränkung des gerechten Spargrundsatzes den am wenigsten Begünstigten den größtmöglichen Vorteil bringen und
    sie müssen mit Ämtern und Positionen verbunden sein, die allen gemäß fairer Chancengleichheit offenstehen.

Erste Vorrangregel (Vorrang der Freiheit)
Die Gerechtigkeitsgrundsätze stehen in lexikalischer Ordnung; demgemäß können die Grundfreiheiten nur um der Freiheit willen eingeschränkt werden, und zwar in folgenden Fällen:
    eine weniger umfangreiche Freiheit muss das Gesamtsystem der Freiheiten für alle stärken;
    eine geringere als gleiche Freiheit muss für die davon Betroffenen annehmbar sein.

Zweite Vorrangregel (Vorrang der Gerechtigkeit vor Leistungsfähigkeit und Lebensstandard)
Der zweite Gerechtigkeitsgrundsatz ist dem Grundsatz der Leistungsfähigkeit und Nutzenmaximierung lexikalisch vorgeordnet; die faire Chancengleichheit ist dem Unterschiedsprinzip vorgeordnet, und zwar in folgenden Fällen:
    eine Chancen-Ungleichheit muss die Chancen der Benachteiligten verbessern;
    eine besonders hohe Sparrate muss insgesamt die Last der von ihr Betroffenen mildern" (Rawls 1975, S. 336f).

Die im ersten Grundsatz formulierten streng egalitaristisch verteilten, politischen Grundgüter, Bürger- und Menschenrechte und Grundfreiheiten sind dem ersten vorgelagert und
dürfen nicht „zugunsten einer höheren Effizienz des Wirtschafts- und Sozialsystems eingeschränkt werden" (Nida-Rümelin und Özmen 2007, S. 658). Der zweite Grundsatz thematisiert die sozioökonomischen Grundgüter und zieht auch hier die Gleichverteilung als
Basis der Beurteilung möglicher Verbesserungen heran. In dem Fall, dass eine mögliche
Ungleichverteilung zu Verbesserungen für alle, und zwar insbesondere für die am schlech-
testen gestellte Gruppe einer Gesellschaft, führen kann, kann sie jedoch durchaus zulässig
sein. Im Urzustand findet eine Bewertung ökonomischer und sozialer Verhältnisse nach
dem Effizienzprinzip statt, so dass ein Zustand dann als pareto-optimal gilt, wenn niemand besser gestellt werden kann, ohne einen anderen damit schlechter zu stellen. Wenn
auch die Generationszugehörigkeit in der Entscheidungssituation unter dem Schleier des
Nichtwissens verborgen war, besteht also an eine Lösung der Anspruch, keine Generation
schlechter zu stellen als eine andere. Da einige der möglichen effizienten Verteilungen jedoch den Gerechtigkeitsintuitionen entgegenstehen, bedarf es des Differenzprinzips, das
zwischen den gleichermaßen effizienten Ungleichverteilungen diejenigen bestimmt, die
insofern gerecht sind, als sie „zur Verbesserung der Aussichten der am wenigsten begünstigten Mitglieder der Gesellschaft bei[tragen]" (Rawls 1975, S. 96). Dementsprechend fordert jede rationale Person ein möglichst hohes Minimum für die Gruppe der am schlech-
testen Gestellten, denn diese Gruppe könnte sie selbst einnehmen.

Dieser Ansatz führt zurück auf den Kern der Nachhaltigkeitsdebatte und die mit Kant
zu stellende Frage, ob man Pflichten gegenüber künftigen Generationen haben kann und
ob diese – in Anknüpfung an globale Verteilungsgerechtigkeit als Ausgangspunkt der Fallstudie – auch global Geltung beanspruchen können. Jede Generation müsste im rawlsschen Sinne unter intergenerationellem Fokus einen möglichst geringen Nachteil aus Entscheidungen und Handlungskonsequenzen früherer Generationen ziehen können, damit
eine gerechte Verteilung von Gütern und Chancen vorläge. Auch Ott und Döring fragen
im Sinne der oben skizzierten Auseinandersetzung, „ob zukünftige Generationen gleich
viel erhalten müssen, wie gegenwärtige ererbt haben (komparativer Standard), oder ob
es auch schon gerecht ist, wenn ihnen ein bestimmtes Mindestmaß an Lebensqualität gewährleistet wird (absoluter Standard)" (Christen 2011, S. 35). Sie argumentieren für einen
komparativen intergenerationellen Verteilungsstandard. Vor diesem Hintergrund bestehe
kein Grund mehr dafür, dass sich Menschen mit einem absoluten Mindeststandard zufrie-
dengeben. Ergänzt wird der komparative Standard durch einen absoluten Standard, für
den Ott und Döring auf den sog. Fähigkeiten-Ansatz der Philosophin Martha Nussbaum
zurückgreifen, wonach „alle Menschen die Möglichkeit erhalten sollten, bestimmte basale
Fähigkeiten menschlichen Lebens ausüben zu können" (Christen 2011, S. 36). Mithilfe
der absoluten Variante kann sichergestellt werden, dass „ein bestimmtes Maß an Lebensqualität nicht nur gegenwärtig, sondern auch über die Zeit hinweg nicht unterschritten
werden darf" (Christen 2011, S. 36). Nachhaltigkeit kann in diesem Sinne auf die normativ
begründete Idee zurückgeführt werden, wonach „allen Menschen unabhängig von Raum
und Zeit ein absoluter Standard gewährleistet werden sollte, ohne dass dabei der kompara-

tive Standard in Bezug auf zukünftige Generationen verletzt werden darf, d. h. ohne dass es zukünftigen Generationen dadurch schlechter geht, als es der gegenwärtigen Generation geht" (Christen 2011, S. 36).

Diese Beispiele zeigen: Oftmals führen solche Debatten um konkrete Dilemmata gerechter – nationaler wie globaler – Verteilung von Gütern und Ressourcen aus dem Nachhaltigkeitsdiskurs auf kategorische Probleme und zentrale Topoi der Ethik zurück, wie sie etwa Rawls beim Begriff Verteilungsgerechtigkeit im Rekurs auf Kant und die Utilitaristen aufwirft. Ein nur scheinbar rein ökonomisches Problem des gerechten Umgangs mit natürlichen Ressourcen wird so zu einem ethischen Dilemma, das sich nicht allein mit ökonomischer Expertise von Weltbank und IWF lösen lässt, sondern das in eine Diskussion um ein globales Ethos münden kann, wie sie etwa Hans Küng und andere bereits führen (Küng et al. 2010).

▶ **Aufgabe:** Ordnen Sie den Begriff der Verteilungsgerechtigkeit in den Nachhaltigkeitsdiskurs ein. Wo könnte ein Bezug dieses Gerechtigkeitsbegriffs zum Ansatz von John Rawls und zum Pflichtenbegriff bei Kant liegen?

▶ **Frage:** Welche Gemeinsamkeiten und Unterschiede bestehen zwischen den drei Dilemmata?

Fazit

Die Auswahl der philosophisch-fundamentalethischen Ansätze bestimmt immer auch das Ergebnis einer ethischen Analyse. Für die Nachhaltigkeitsdebatte bedeutet das: Was die Frage nach ethischen Pflichten gegenüber künftigen Generationen im kantschen Sinne oder die Gerechtigkeitsdebatte bei Rawls in der Nachhaltigkeitsdebatte ethisch bedeutet, hängt aus anthropologischer Perspektive an den Wertvorstellungen und individuellen Überzeugungen desjenigen, der diese Fragen stellt: Am einzelnen Menschen. Die Anthropologie (von griech. *anthropos*, „Mensch", und *logos*, „Lehre") ist in diesem Sinne die Lehre von der Natur des Menschen.

Es war Kant, der 1793 diese Grundfrage jeder Anthropologie als vierte Grundfrage der Philosophie so einfach wie prägnant formulierte: „Was ist der Mensch?" (Kant 1969, S. 429 und 1972, S. 25). In der Vorrede zu seiner Logik stellt Kant fest, dass die oben vorgestellten, vorangehenden drei Grundfragen nach dem menschlichen Wissen, Sollen und Hoffen „im Grunde" zur Anthropologie gerechnet werden können, „weil sich die drei ersten Fragen auf die letzte beziehen" (Kant 1972, S. 25). Wer an ethischen Entwürfen arbeitet, wird die anthropologischen und begrifflichen Prämissen seiner Suche vorab möglichst deutlich herausarbeiten: Wer schuldet wem etwas in Gegenwart und Zukunft? Was bedeutet das Eingehen eines Risikos und wie schätzt man dessen Folgen ab? Was ist eine gerechte Verteilung über die ökonomische Mechanik derselben hinaus? Ganz gleich, ob eine Ethik der Nachhaltigkeit über Aristoteles oder Kant, Jonas oder Rawls, Marx oder Habermas konstruiert wird:

Ethik im Allgemeinen und Nachhaltigkeitsethik im Besonderen sind kein Addendum, kein Kosmetikum der Wirtschaft, Wissenschaft, Technik oder Politik, sondern Ethiken definieren deren Reichweite und strukturieren deren Handlungsoptionen. Ethik soll ihren Bezugswissenschaften nicht abstrakt die Welt erklären, sondern die Prämissen und Bedingungen menschlichen Handelns zu verstehen suchen, bevor sie daraus ein mehr oder auch weniger moralisches Handeln ethisch reflektiert, strukturiert oder kritisiert. Die Nachhaltigkeitsethik fragt in letzter Konsequenz im aristotelischen Sinne danach, was das Leben des Menschen sinnvoll und lebenswert macht, was es zu einem „guten" Leben und damit zu einem solchen werden lässt, das dem Menschen sein Menschsein ermöglicht. Und sie fragt gleichzeitig mit Kant nach der Pflicht des Einzelnen und danach, wie nachhaltiges Handeln vernünftig begründbar auf einem Zeitstrahl geschehen kann, der die Lebensspanne des Einzelnen weit überschreitet.

Nachhaltigkeit als ethisches Prinzip beschreibt damit letztlich etwas Ähnliches wie das, was Immanuel Kant mit dem Terminus „Vernunft" beschreibt, allerdings mit zwei Besonderheiten: Nachhaltigkeit und damit auch Nachhaltigkeitsethik projiziert vernünftiges Handeln auf einen Zeitstrahl. Dieser zeitliche Aspekt, der ökologisch, sozial wie ökonomisch betrachtet mittlerweile zu einem Zeitdruck geworden ist und die Virulenz der Nachhaltigkeitsdebatte bedingt, erklärt sich durch Entwicklungen, wie sie für Kant noch gar nicht als Herausforderung absehbar waren: durch Industrialisierung und Globalisierung mit all ihren Folgen. Wer etwa die drei wesentlichen Produktionsfaktoren *land-labour-capital* in einem Diskurs über die Kriterien von Verteilungsgerechtigkeit so in Einklang zu bringen versucht, dass er auf der Zeitachse dauerhaft nachhaltig wirtschaften kann und keine unbotmäßigen Risiken eingeht, der wird auch kein Problem damit haben, Nachhaltigkeit als handlungsleitenden, intergenerationellen Wert zu akzeptieren, auch wenn diese Beschreibung aus philosophischer Sicht spätestens seit Martin Heideggers fundamentaler Kritik des Wertbegriffs, der Werte als „positivistischen Ersatz für das Metaphysische" kritisierte, unscharf ist (Heidegger 1977, S. 227).

Rudolf Schüßler macht auf ein weiteres Spannungsverhältnis in der philosophisch-ethischen Nachhaltigkeitsdebatte aufmerksam. Er betont, dass die Auseinandersetzung mit dem Verhältnis von heutigen und künftig lebenden Menschen auf einem individualistischen Verständnis beruhe und diese Sichtweise mit Vertretern einer kommunitären Sozialphilosophie nicht vereinbar sei. Diese könnten nämlich geltend machen, dass ein intergenerativer Interessens- und Bedürfnisausgleich für politische Planungen bedeutungslos ist. Heutige Generationen, so erklären die Vertreter des Kommunitarismus, sind ihrer Pflicht ausreichend nachgekommen, wenn sie das Gemeinwesen, die *polis*, in wohlgeordnetem Zustand hinterlassen haben (Schüßler 2008, S. 65). Offen bleibt freilich, was der Maßstab dieses Wohlgeordnetseins sein soll. In jedem Fall wird dieser jedoch von Menschen interpretiert, die solche Ordnungen schaffen. In diesem Sinne reflektiert Nachhaltigkeitsethik nicht nur anthropologisch den Menschen, dessen gesellschaftliche Verantwortung oder dessen Pflichten gegenüber sich selbst, sondern auch das Verhältnis von Menschen untereinander, zu anderen Generationen und vor allem auch zu deren Umwelt. Sie argumentiert weder rein anthropozentrisch noch biozentrisch, aber sie bejaht die Existenz ethischer Pflichten über geographische wie intergenerationelle Grenzen hinaus.

Wer sich zu diesem intergenerationellen Gerechtigkeitsgebot bekennt und damit den kommenden Generationen ähnliche Lebenschancen zuerkennen möchte, wie sie sich heute lebende Menschen bieten, wird mit hoher Wahrscheinlichkeit auch unter dem rawlsschen Schleier des Nichtwissens Verzicht – vor allem im Umgang mit natürlichen Ressourcen – üben müssen. Denn allein mit einer ökonomischen Erhöhung von Effizienzen und einem verantwortungsvolleren Umgang mit Ressourcen, ohne sich von bestimmten Lebensgewohnheiten und -bildern zu verabschieden, wird es nicht getan sein (Renn 2007, S. 95f). Eine wesentliche Aufgabe künftiger nachhaltigkeitsethischer Entwürfe wird es sein, dem Menschen seine gegenwärtigen wie künftigen Handlungsoptionen zu strukturieren, um ihm damit konkret vor Augen zu führen, dass alles Handeln – bei allen systemischen Limitationen und vermeintlichen wie tatsächlichen Sachzwängen – letztlich auf persönlichen Entscheidungen beruht, dass ethisch verantwortbares Handeln immer auch am Menschenbild und den Wertorientierungen aller Akteure hängt, da sich diese letztlich – wie schon bei Kant – nicht kollektiv anonymisiert fragen lassen müssen „Was sollen wir tun?“, sondern individuell konkret: „Was soll ich tun?“.

▶ **Aufgabe:** Versuchen Sie den Begriff „Nachhaltigkeitsethik“ zu definieren und beschreiben Sie seine Wurzeln und die um ihn geführten Kontroversen. Diskutieren Sie Ihre Einsichten mit anderen Studierenden.

Literatur

Bayertz K (1994) Praktische Philosophie als angewandte Ethik. In: Bayertz K (Hrsg) Praktische Philosophie. Grundorientierungen angewandter Ethik. Rowohlt, Reinbek, S 7–47
Birnbacher D (2006) Utilitarismus. In: Düwell M, Hübenthal C, Werner MH (Hrsg) Handbuch Ethik. Metzler, Stuttgart, S 95–107
Christen M (2011) Nachhaltigkeit als ethische Herausforderung. Inf Philos 2: 34–43
Egeler R (2009) Statement auf der Pressekonferenz „Bevölkerungsentwicklung in Deutschland bis 2060“ am 18. November 2009 in Berlin. http://www.destatis.de/jetspeed/portal/cms/Sites/destatis/Internet/DE/Presse/pk/2009/Bevoelkerung/Statement__Egeler__PDF, property=file.pdf. Zugegriffen: 19. März 2012
Eisler R (2002) Pflicht. In: Eisler R (Hrsg) Kant-Lexikon. Nachschlagewerk zu Kants sämtlichen Schriften, Briefen und handschriftlichem Nachlaß. Olms Verlag, Hildesheim u. a., S 410–417
Feinberg J (1988) Die Rechte der Tiere und zukünftiger Generationen. In: Birnbacher D (Hrsg) Ökologie und Ethik. Reclam, Stuttgart, S 140–179
Fenner D (2008) Ethik: Wie soll ich handeln? Francke, Tübingen
Fenner D (2010) Einführung in die Angewandte Ethik. Francke, Tübingen
Grober U (2010) Die Entdeckung der Nachhaltigkeit: Kulturgeschichte eines Begriffs. Kunstmann, München
Heidegger M (1977) Nietzsches Wort „Gott ist tot“. In: Heidegger M (Hrsg) Holzwege. Klostermann Verlag, Frankfurt a. M., S 209–267
Höffe O (2008) Einleitung. In: Höffe O Einführung in die utilitaristische Ethik. Klassische und zeitgenössische Texte. Francke, Tübingen, S 7–51
Hübenthal C (2006) Teleologische Ansätze. In: Düwell M, Hübenthal C, Werner MH (Hrsg) Handbuch Ethik. Metzler, Stuttgart, S 61–68

Jonas H (1987a) Das Prinzip Verantwortung. Versuch einer Ethik für die technologische Zivilisation. Suhrkamp, Frankfurt a. M.

Jonas H (1987b) Technik, Medizin und Ethik. Zur Praxis des Prinzips Verantwortung. Suhrkamp, Frankfurt a. M.

Kambartel F. (1995). Prinzip In: Mittelstraß J (Hrsg) Enzyklopädie Philosophie und Wissenschaftstheorie (Bd. III, S. 341 f.). Metzler, Stuttgart u. a

Kant I (1969) Brief an Carl Friedrich Stäudlin, 4.5.1793. In: Kant's gesammelte Schriften, (Hrsg) von der Preußischen Akademie der Wissenschaften, Berlin [Nachdruck der Ausgabe Berlin und Leipzig 1923], Bd. XI (S. 429 f.). Berlin

Kant I (1972) Logik. In Kant's gesammelte Schriften, (Hrsg) von der Preußischen Akademie der Wissenschaften [Nachdruck der Ausgabe Berlin und Leipzig 1922], Bd. IX. Berlin

Kersting W (2000) Theorien sozialer Gerechtigkeit. Metzler, Stuttgart

Klemme HF (2009) Immanuel Kant. In: Bohlken E, Thies C (Hrsg) Handbuch Anthropologie. Der Mensch zwischen Natur, Kultur und Technik. Metzler, Stuttgart u. a, S 11–16

Küng H, Leisinger K M, Wieland J (2010) Globales Wirtschaftsethos: Konsequenzen und Herausforderungen für die Weltwirtschaft. Deutscher Taschenbuch Verlag, München

Nida-Rümelin J (2005) Theoretische und angewandte Ethik: Paradigmen, Begründungen, Bereiche. In Nida-Rümelin J (Hrsg) Angewandte Ethik. Die Bereichsethiken und ihre theoretische Fundierung. Ein Handbuch Kröner, Stuttgart, S 2–87

Nida-Rümelin J, Özmen E (2007) John Rawls. Eine Theorie der Gerechtigkeit. In: Brocker M (Hrsg) Geschichte des politischen Denkens. Ein Handbuch. Suhrkamp, Frankfurt a. M. S 651–666

Ott K (1996) Vom Begründen zum Handeln. Aufsätze zur angewandten Ethik. Narr-Francke-Attempto-Verlag, Tübingen

Ott K (1997) Umweltethik in schwieriger Zeit. In: Ott K (Hrsg) Umweltethik in schwieriger Zeit. Antrittsvorlesung von Prof. Dr. Konrad Ott und Reden von Prof. Dr. Jürgen Kohler u. a. Festschrift anläßlich der Antrittsvorlesung von Dr. Konrad Ott, Professor für Umweltethik an dem Stiftungslehrstuhl der Michael Otto Stiftung an der Ernst-Moritz-Arndt-Universität in Greifswald am 17. Oktober 1997 Michael-Otto-Stiftung für Umweltschutz, Hamburg, S 51–88

Ott K (2010) Umweltethik zur Einführung. Junius, Hamburg

Ott K, Döring R (2008) Theorie und Praxis starker Nachhaltigkeit. Metropolis-Verlag, Marburg

Patzig G (1971) Ethik ohne Metaphysik. Vandenhoek & Ruprecht, Göttingen

Pieper A, Thurnherr U (1998) Einleitung. In: Pieper A, Thurnherr U (Hrsg) Angewandte Ethik. Eine Einführung. Beck, München, S 7–13

Pieper A (2007) Einführung in die Ethik. Francke, Basel

Rapp C (2006) Aristoteles. In: Düwell M, Hübenthal C, Werner MH (Hrsg) Handbuch Ethik. Metzler, Stuttgart, S 69–81

Rawls J (1975) Eine Theorie der Gerechtigkeit. Übers. von Hermann Vetter. Suhrkamp, Frankfurt a. M.

Renn O (2007) Ethische Anforderungen an eine Nachhaltige Entwicklung: Zwischen globalen Zwängen und individuellen Handlungsspielräumen. In: Altner G, Michelsen G (Hrsg) Ethik und Nachhaltigkeit: Grundsatzfragen und Handlungsperspektiven im universitären Agendaprozess. Verlag für akademische Schriften, Frankfurt a. M., S 64–99

Rogall H (2008) Ökologische Ökonomie. Eine Einführung. VS Verlag für Sozialwissenschaften/ GWV Fachverlage GmbH, Wiesbaden

Schüßler R (2008) Nachhaltigkeit und Ethik. In: Kahl W (Hrsg) Nachhaltigkeit als Verbundbegriff. Mohr Siebeck, Tübingen, S 60–79

Statistisches Bundesamt (Hrsg) (2009a) Bevölkerung Deutschlands bis 2060. Begleitmaterial zur Pressekonferenz am 18. November 2009 in Berlin. http://www.destatis.de/jetspeed/portal/cms/ Sites/destatis/Internet/DE/Presse/pk/2009/Bevoelkerung/pressebroschuere__bevoelkerungsentwicklung2009,property=file.pdf. Zugegriffen: 19. März 2012

Statistisches Bundesamt Deutschland (2009b) Gemeinden nach Bundesländern und Einwohnergrö-
 ßenklassen 31.12.2009. http://www.destatis.de/jetspeed/portal/search/results.psml. Zugegriffen:
 6. März 2012
Thurnherr U (2000) Angewandte Ethik zur Einführung. Junius, Hamburg
Unnerstall H (1999) Rechte zukünftige Generationen. Königshausen & Neumann, Würzburg
Weber M (1992) Politik als Beruf. Reclam, Stuttgart
Werner M H (2003) Hans Jonas' Prinzip Verantwortung. In: Düwell M, Steigleder K (Hrsg) Bioethik.
 Eine Einführung. Suhrkamp, Frankfurt a. M, S 41–56

Transdisziplinäre Forschung

3

Ulli Vilsmaier und Daniel J. Lang

Einleitung

Die Art, wie Wissenschaft betrieben wird und welche Stellung sie in der Gesellschaft einnimmt, ist eine zentrale Frage der Nachhaltigkeitsforschung. Die Frage richtet sich in erster Linie an die Wissenschaft selbst. Sie richtet sich aber auch an die Politik, welche die Rahmenbedingungen für Wissenschaft wesentlich mitgestaltet, sowie an die Wirtschaft und die Zivilgesellschaft, die ihrerseits bestimmte Interessen und Bedürfnisse an Wissen haben. Dies wurde bereits 1992 auf der UN-Konferenz ‚Umwelt und Entwicklung' in Rio de Janeiro erkannt und in der Agenda 21 verankert. Beitrag widmet sich der Frage, wie Wissenschaft und Technik einen „offeneren und wirkungsvolleren Beitrag zu Entscheidungsprozessen in der Umwelt- und Entwicklungspolitik zu leisten" vermögen. (Agenda 21, Kap. 31.1). Dort heißt es weiter:

> Die kooperative Beziehung, die zwischen Wissenschaft und Technik auf der einen und der Öffentlichkeit auf der anderen Seite besteht, soll ausgebaut und im Sinne einer vollwertigen Partnerschaft vertieft werden. [...] Bestehende multidisziplinäre Ansätze müssen verstärkt und weitere interdisziplinäre Untersuchungen zwischen Wissenschaft und Technik und politischen Entscheidungsträgern und mit der breiten Öffentlichkeit durchgeführt werden, um

U. Vilsmaier (✉)
Methodenzentrum und Fakultät Nachhaltigkeit, Leuphana Universität Lüneburg, Lüneburg, Deutschland
E-Mail: vilsmaier@leuphana.de

D. J. Lang
Fakultät Nachhaltigkeit, Leuphana Universität Lüneburg, Lüneburg, Deutschland
E-Mail: daniel.lang@leuphana.de

H. Heinrichs, G. Michelsen (Hrsg.), *Nachhaltigkeitswissenschaften,*
DOI 10.1007/978-3-642-25112-2_3, © Springer-Verlag Berlin Heidelberg 2014

genügend Führungspotential und praktisches Know-how zur Durchsetzung des Konzepts einer nachhaltigen Entwicklung bereitstellen zu können. Der Öffentlichkeit soll geholfen werden, ihre Meinung darüber, in welcher Form Wissenschaft und Technik organisiert werden müßten [sic!], um das Leben der Menschen in positiver Weise zu beeinflussen, gegenüber den Vertretern von Wissenschaft und Technik zum Ausdruck zu bringen (Agenda 21, Kap. 31.1).

Wissenschaft sollte demzufolge eine stärkere Gesellschaftsorientierung einnehmen und Forschung nicht im Elfenbeinturm, sondern in bestimmten Bereichen und zu bestimmten Fragestellungen in kooperativer Weise mit EntscheidungsträgerInnen und der Öffentlichkeit betrieben werden. Damit sollte eine gegenseitige Anerkennung als ‚vollwertige Partner' einhergehen. Doch was kann es bedeuten, dass Wissenschaft, Politik, zivilgesellschaftliche Gruppen oder ganz allgemein Öffentlichkeit gemeinsam Wissen schaffen? Was bedeutet das für das Selbstverständnis von Wissenschaft, die seit dem 17. Jahrhundert eine ausdifferenzierte Praxis der Wissensproduktion entwickelt hat und in einem Rahmen von spezifischen Regeln und Übereinkünften erfolgt?

Um Antworten auf diese Fragen zu finden, ist es notwendig, die historisch gewachsenen und bestehenden Verständnisse von Wissenschaft in den Blick zu nehmen. Denn die aufgeworfenen Forderungen zielen darauf ab, den Ort und die Rolle der Wissenschaft in der Gesellschaft neu zu bestimmen. Dazu ist es von zentraler Bedeutung, zu sehen, dass die Ordnungen und Rollenaufteilungen in Gesellschaften immer Ergebnis eines Entwicklungsprozesses sind. Schon die Forderung von Kooperation zwischen unterschiedlichen Gesellschaftsbereichen setzt eine klare Trennung, eine Grenze zwischen den Bereichen voraus. Doch so eindeutig, wie beispielsweise die Begriffe ‚Wissenschaft' und ‚Politik' auch zu unterscheiden sind, die Grenzen zwischen den dahinter liegenden Konzepten sind keineswegs immer genau zu bestimmen – und sie sind vor allem nicht einfach *gegeben*, sondern Ergebnis eines Prozesses. Wenn wir also von *der* Wissenschaft und *den anderen* Gesellschaftsbereichen sprechen, dürfen wir nicht aus den Augen verlieren, dass wir uns dabei auf ein ganz besonderes Wissenschafts- und Gesellschafts*bild* beziehen, das eine bestimmte Ordnung spiegelt. Diejenige Ordnung, die uns heute als normal erscheint, ist keineswegs *gegeben*. Der Wandel der Ordnung zeigt sich beispielsweise dann, wenn Disziplinen sich durch das Ausdifferenzieren des Wissens in Subdisziplinen aufspalten oder gänzlich neue Wissenschaftsbereiche entstehen, die quer zu bisherigen Ordnungsrastern liegen, wie dies derzeit in den Nachhaltigkeitswissenschaften der Fall ist (vgl. Michelsen und Adomßent in diesem Buch).

Auch hinter dem Begriff der Transdisziplinarität verbergen sich viele Bedeutungsfelder. In den folgenden Abschnitten wird Transdisziplinarität als gesellschaftlich kontextualisierte, theoretisch fundierte und methodenbasierte sowie problemorientierte Forschung vorgestellt, die als Forschungspraxis eine Antwort auf die Forderungen der Agenda 21 darstellt und disziplinäre wie interdisziplinäre Forschung ergänzt. Daran anschließend werden wir verschiedene Verständnisse von Transdisziplinarität beleuchten, um die Breite und Tiefe der Anliegen und Zielsetzungen sichtbar zu machen, die in diesem Begriff zusammenlaufen. Abschließend werden wir Prinzipien transdisziplinärer Forschung und zwei Ansätze vorstellen, die in der transdisziplinären Nachhaltigkeitsforschung vielfältig fruchtbar zum Einsatz kommen.

Anspruch und Hintergrund transdisziplinärer Forschung

> Wenn uns die Probleme nicht den Gefallen tun, sich selbst disziplinär oder gar fachlich zu definieren, dann bedarf es eben besonderer Anstrengungen, die in der Regel aus den Fächern oder Disziplinen herausführen (Mittelstraß 2003: 9).

Mit diesem Zitat des Philosophen und Wissenschaftstheoretikers Jürgen Mittelstraß ist treffend beschrieben, warum die Bearbeitung drängender gesellschaftlicher Herausforderungen häufig nicht aus den traditionellen disziplinären Organisationsstrukturen und Perspektiven heraus erfolgen kann. Bei genauerer Betrachtung befinden wir uns hier jedoch in einer paradoxen Situation, denn auf der einen Seite sind die gesellschaftlichen Herausforderungen mit zunehmender Technisierung immer komplexer geworden. Auf der anderen Seite wurde diese Technisierung aber überhaupt erst durch die starke Spezialisierung der Wissenschaft möglich (Mittelstraß 1996). Eine Folge davon ist, dass die Art von Wissenschaft, die den zivilisationsgeschichtlichen Verlauf in den vergangenen Jahrhunderten zentral mitgeprägt hat – und dies immer stärker tut –, sich wenig für die Untersuchung ihrer Konsequenzen eignet. In gewisser Weise wurde der Erfolg der Wissenschaft, der häufig auf Spezialisierung beruht, zum Verhängnis, da diese sich zunehmend von gesellschaftsrelevanten Fragen entfernte (Felt 2001) und ihre ausdifferenzierte Organisationsform den komplexen Herausforderungen nicht begegnen kann, die am Beginn des 21. Jahrhunderts auf lokalen wie globalen Agenden stehen. Beispiele für diese Herausforderungen sind die Wasser-, Nahrungsmittel- und Energiesicherung, verbesserte Gesundheitsversorgung und Sicherheit, die Reduktion von Treibhausgasen, um gefährliche Klimaänderungen zu vermeiden, und die Auslöschung von Armut und Hunger sowie der Erhalt eines intakten Ökosystems, die Reid et al. (2010) als die ‚Grand Challenges' bezeichnen. Folglich bedarf es neuer Wege in der Forschung, die über bestehende Grenzen hinausreichen.

Gesellschaftsorientierte Forschung

Transdisziplinäre Forschung hat sich seit den 1990er-Jahren als Forschungspraxis entwickelt, um ergänzend zu disziplinärer und interdisziplinärer Forschung einen Bearbeitungshorizont zu eröffnen, der sich komplexen gesellschaftlichen Problemstellungen zuwendet (vgl. Scholz 2011). Sie versteht sich als *gesellschafts- oder lebensweltorientierte Forschung*. Damit ist gemeint, dass die Fragen und Problemstellungen der Forschung nicht aus einer wissenschaftlichen Tradition heraus generiert werden (indem die Forschungsfront immer weiter hinausgeschoben wird), sondern sich an gesellschaftlich relevanten Fragestellungen oder Problemen orientieren. Das Identifizieren und Rahmen dieser Fragestellungen und Probleme ist somit ein wichtiger Bestandteil transdisziplinärer Forschung. Schon die Frage, was denn gesellschaftlich relevant sei oder als gesellschaftliches Problem wahrgenommen werde, lässt sich oft nicht eindeutig beantworten, sondern muss aus unterschiedlichen Perspektiven und unter Einbezug unterschiedlicher Wissens- und Erfahrungshorizonte betrachtet und definiert werden. In der transdisziplinären Forschung wird hierfür häufig von Problemidentifikation und -strukturierung gesprochen (vgl. Pohl und Hirsch Hadorn 2006). Ein solches Vorgehen ist vor allem dann geeignet, wenn es sich um Phänomene handelt, die mit hohen Unsicherheiten (z. B. über deren Ursachen oder Folgewirkungen) behaftet sind und eine komplexe Struktur oder hohe Varianz in der Wahrnehmung aufweisen, die aus disziplinären Einzelperspektiven keine sinnhafte Klärung finden und auch in interdisziplinären Forschungsverbünden nicht adäquat erfasst werden können. Dies ist beispielsweise der Fall, wenn Auswirkungen zwar erlebt, das Problem in seiner Gesamtheit, mit all den dazugehörenden Facetten seiner Ursache, Wirkung, Wahrnehmung, Bewertung und Bedeutung jedoch nur vage erkenn- und erklärbar ist. Scholz und Tietje (2002) sprechen bei Problemen, deren Ausgangszustand nur wenig bekannt ist und sowohl der Zielzustand als auch der Weg dahin weitgehend unbekannt sind, von *ill-defined problems*.

Transdisziplinäre Forschung bietet Ansätze, die es ermöglichen, sich Situationen hoher Unsicherheit und Komplexität zu nähern, wenn über das, was sie *als Ganzes* ausmacht, keine Klarheit herrscht. Bei transdisziplinärer Forschung geht es – so könnte man salopp behaupten – um dieses Ganze. Damit ist jedoch *nicht* gemeint, dass transdisziplinäre Forschung davon ausgeht, dass wir Wirklichkeit (vollständig) abbilden oder als Ganzheit erfassen könnten. Ganz im Gegenteil: Das besondere dieser Forschungsform ist, dass sie Unsicherheit und Unvollständigkeit anerkennt und als Rahmenbedingung der Forschung berücksichtigt. Der Blick durch wissenschaftliche Brillen, wie viele es auch sein mögen, trifft eine lebensweltliche Situation niemals ganz, weil diejenigen, die blicken, immer an ihre eigene Perspektive gebunden sind und daher nur einen bestimmten Blickwinkel ausleuchten. Aus diesem Grund öffnet die transdisziplinäre Forschung ihre Grenzen gegenüber außerwissenschaftlichen Perspektiven, um die Vielfalt an Betrachtungswinkeln zu erhöhen. Sie erkennt an, dass ein lebensweltliches Problem dann bestmöglich erfasst und folglich bearbeitet werden kann, wenn auch das Erleben sowie das im Alltag oder durch professionelle Tätigkeiten erworbene Wissen einbezogen wird, welches das ‚Leben in dieser Welt' ausmacht, wie auch das Leiden, das durch eine Problemlage entstehen kann. Häufig ist daher die Rede von Kooperationen mit ‚Praxisakteuren' oder außerwissenschaftlichen Akteuren. Sie komplementieren das Bild einer Situation, das WissenschaftlerInnen durch ihre spezifische Kenntnis von Teilaspekten erfassen.

Wir können die Entwicklung transdisziplinärer Forschungsformen als eine Antwort auf die Kritik am historisch gewachsenen System neuzeitlich-moderner Wissenschaft deuten, die sich aus praktischen Anwendungszusammenhängen, wie z. B. der Problemlösungskompetenzen von wissenschaftlichem Wissen, herleitet. Durch das kooperative Vorgehen, von der Identifikation gesellschaftsrelevanter Fragestellungen bis hin zur gemeinsamen Erarbeitung von Lösungsstrategien, sollten die Produktion und Bereitstellung von Wissen sowie das Verändern gesellschaftlicher Problemstellungen stärker ineinandergreifen. Transdisziplinäre Nachhaltigkeitsforschung versteht sich insofern als *transformative* Wissenschaft (WBGU 2011; Lang et al. 2012).

Forschen als Lernprozess

Ziel transdisziplinärer Nachhaltigkeitsforschung ist nicht, einzig wissenschaftlich fundierte Antworten auf drängende gesellschaftliche Herausforderungen zu liefern, sondern *Prozesse* zu gestalten, die vielfältige Aufgaben erfüllen. In erster Linie handelt es sich um Lernprozesse, in denen WissenschaftlerInnen unterschiedlicher Disziplinen wie VertreterInnen nicht-wissenschaftlicher Gesellschaftsbereiche (z. B. aus zivilgesellschaftlichen Organisationen, bestimmten Berufssparten, der Politik, der Industrie oder BewohnerInnen einer Region) gemeinsam von- und miteinander lernen, um eine Situation oder ein Phänomen in seiner Komplexität zu verstehen und zu verändern (siehe Box „The Zurich Definition of Transdisciplinarity"; Klein et al. 2001). Um die Vielfalt der Perspektiven, Erfahrungshintergründe und verschiedene Arten von Wissen für den transdisziplinären Forschungsprozess fruchtbar zu machen, ist dieser Lernprozess von zentraler Bedeutung. Damit verbindet sich aber nicht nur eine Technik des Lernens, sondern auch eine bestimmte Haltung seitens der beteiligten Akteure. Hirsch Hadorn et al. (2008a) bringen dies wie folgt zum Ausdruck:

> Through scientists entering into dialogue and mutual learning with societal stakeholders, science becomes part of societal processes […]. Problem-solving includes reflections, the transformation on attitudes, the development of personal competence and ownership, along with capacity building, institutional transformations and technology development (Hirsch Hadorn et al. 2008a: 25).

Damit sind viele Aspekte angesprochen, die zur Etablierung einer ‚vollwertigen Partnerschaft' zwischen Wissenschaft, Technik und Öffentlichkeit beitragen, wie dies im Kap. 31 der Agenda 21 gefordert wird. Wichtig ist dabei, die Unterschiedlichkeit der Rollen der Beteiligten zu sehen und zu stärken. Es liegt auf der Hand, dass Akteure aus der Wissenschaft beispielsweise vermehrt Beiträge zum Schaffen der Grundlagen für transdisziplinäre Forschung leisten (z. B. über die Akquise von Fördermittel oder die methodische Ausgestaltung von Forschungsprozessen). Umgekehrt können, je nach Forschungssetting, gerade nicht-wissenschaftliche Akteure maßgeblich zu einer starken Verankerung der Forschung in der Gesellschaft beitragen, indem sie das Forschungsprojekt bekannt machen, themenbezogene Netzwerke nutzen oder sich selbst kontinuierlich einbringen. Gerade weil transdisziplinäre Prozesse so viele Aufgaben erfüllen können, sind sie für das Initiieren oder Stärken von nachhaltiger Entwicklung bedeutsam. So heißt es in der Erklärung der wegweisenden Transdisziplinaritätskonferenz in Zürich 2000 (vgl. Box „The Zurich Definition of Transdisciplinarity"): „The key-word for the 21st century is sustainability. Transdisciplinarity is one of the major tools for reaching it" (Klein et al. 2001).

Kontextabhängigkeit von Forschung

Wir haben nun einen Teil des Entstehungshintergrundes transdisziplinärer Forschungsformen diskutiert, indem wir auf die Grenzen der Problemlösungskompetenz disziplinärer und auch interdisziplinärer Forschung in der Bearbeitung komplexer, lebensweltlicher Problemstellungen verwiesen haben. Zudem haben wir gesehen, dass es vor allem der Anspruch ist, die Welt nicht nur zu erklären, sondern auch Beiträge zu deren Gestaltung zu liefen, der transdisziplinäre Forschung charakterisiert. Um die Hintergründe transdisziplinärer Forschung in seiner Tiefe zu verstehen, gilt es jedoch noch einen weiteren Teil des Entstehungshintergrundes auszuleuchten. Kritik an etablierten neuzeitlich-modernen Formen der Wissenschaft entstand nicht nur aufgrund mangelnder Erfolge mit Blick auf die großen Herausforderungen unserer Zeit. Kritik an dem tradierten System der Wissenschaft, ihrem Selbstverständnis als hierarchisch höher (bzw. höchst)gestelltem Erkenntnissystem mit den damit verbundenen Ansprüchen an Objektivität ist auch aus vielen wissenschaftsinternen Einsichten erwachsen. So haben beispielsweise WissenschaftsforscherInnen, insbesondere in wissenschaftssoziologischen Untersuchungen seit den 1960er-Jahren, vermehrt die *Kontextabhängigkeit* wissenschaftlicher Erkenntnisgenese deutlich gemacht (Felt 2001). Unter Kontextabhängigkeit wird – ganz allgemein formuliert – verstanden, dass Wissenschaft nicht im luftleeren Raum passiert, sondern immer in einer spezifischen Situation. Dazu zählen die Bedingungen in einem Labor ebenso wie das geistig-kulturelle Umfeld, die politischen und ökonomischen Bedingungen sowie historische Erfahrungen, die eine bestimmte Epoche charakterisieren. Das wird zwar von vielen WissenschaftlerInnen negiert, doch der Glaube an eine objektive Wissenschaft, d. h. eine ,von Subjektivität, Leidenschaft und Interessen gereinigte' Praxis (Nowotny 1999), wurde in den vergangenen Jahrzehnten aus vielen Forschungsrichtungen heraus als ein Mythos entlarvt. Hierbei ist es interessant zu sehen, dass sich diese Kritik in unterschiedlichen Disziplinen entwickelte (Beispiele siehe Box „Wissenschaft und Kontext").

Wissenschaft und Kontext
Blickt man zurück in die Geschichte der Wissenschaft, so ist es keineswegs selbstverständlich, dass Wissenschaft und Religion scharf voneinander abgegrenzt sind. Sir Isaak Newton, der ,Urvater' der mechanischen Physik, hat beispielsweise seine gesamte Mechanik vor dem Hintergrund eines allmächtigen Gottes erklärt, den er in der physikalischen Größe des Raumes wirksam sah. Der Raum sei, so Newton, ein Organ Gottes, der in seiner unendlichen Ausdehnung, in seiner Allgegenwart und Unveränderlichkeit die Grundlage allen Seins bilde. Sein ,absoluter Raum' bildet gleichsam den Hintergrund seiner Wissenschaft und lässt sich nicht in „diesseitiger Empirie" erforschen, er gehört zum „Mobiliar der Transzendenz" (Heuser 2005: 121). Der Kontext newtonscher Mechanik war somit niemand geringerer als der Gott Israels. Die unscharfe Grenze zwischen Wissenschaft und Religion dient uns als Beispiel **historischer Kontextabhängigkeit**.
     In jüngerer Vergangenheit hat die Physik ganz wesentlich zu den Erkenntnissen der Kontextabhängigkeit von Wissenschaft beigetragen, indem der Zusammenhang zwischen einem Experiment und dessen Ergebnis auf mikrokosmischer Ebene aufgedeckt wurde. In den bekannten Experimenten der Physiker des Kopenhagener

Kreises wurde zu Beginn des vergangenen Jahrhunderts erkannt, dass die Ergebnisse eines Experimentes davon abhängen, wie sie erzeugt werden. Wie ein quantenphysikalisches Phänomen beobachtet (d. h. im Experiment beforscht) wird, entscheidet ganz wesentlich über das, wie sich das Phänomen zeigt (Welle-Teilchen-Dualismus). Für den Mikrokosmos wurde hier eine **prinzipielle Kontextabhängigkeit** ergründet, die sehr viele Atomphysiker zu Reflexionen über die Grenzen von Wissenschaft und menschlicher Erkenntnis angeregt haben (siehe Bohr 1958).

Auf der ‚anderen‘ Seite des Spektrums wissenschaftlicher Disziplinen waren es vor allem die Kulturwissenschaften, die aufgezeigt haben, wie sehr unser Denken über bestimmte Phänomene davon beeinflusst wird, von wo aus, d. h. aus welchem **geistig-kulturellen Kontext** wir auf diese blicken. Als ein wichtiger Vertreter hierfür kann Edward Said genannt werden, der in seinem Werk ‚Orientalism‘ (1978) zeigen konnte, dass Orient und Okzident als ‚Kulturerdteile‘ *so* nur aus einer bestimmten Betrachtungsperspektive existieren. Für ihn war es ein Stein des Anstoßes, dass der Begriff des Orients einen ganzen Erdteil auf eine Art und Weise beschrieb, d. h. ein Bild erzeugte, das von anderen, nämlich westlichen WissenschaftlerInnen und SchriftstellerInnen, so gezeichnet wurde. In seinem Hauptwerk hat Said auch aufgezeigt, wie sehr das Bild des Orients davon geprägt wurde, dass westliches Denken Definitionen sehr stark aus Gegensätzen (einem „entweder/oder Denken“) generiert.

Soziale Kontexte von Wissenschaft zu untersuchen ist eine Aufgabe der science-studies. Bekannt sind hierfür Bruno Latours Arbeiten, in denen er Prozesse des ‚Wissen Schaffens‘ detailliert analysiert (2002). Dabei hat er beispielsweise Bodenkundlerinnen beobachtet und entdeckt, wie die Untersuchungsbedingungen verändert wurden, in dem Moment, da die Bodenproben aus ihrem autochtonen Umfeld (d. h. dem ursprünglichen Entstehungskontext) entnommen, in ein Labor verfrachtet und dort in eine – von ForscherInnen *verhandelte* und *gewählte* – Ordnung gebracht und analysiert wurden. Ein weiteres Beispiel ist die Untersuchung, in der Latour den Alltag eines französischen Wissenschaftlers nachverfolgte, der sich zwischen wissenschaftlichen Kongressen und Ministerien bewegte, wo einmal wissenschaftliche Ergebnisse, einmal förderpolitische Entscheidungen *verhandelt* wurden, die beide den weiteren Verlauf der Forschung massiv prägen sollten.

Die Beispiele für die Kontextabhängigkeit von Forschung verdeutlichen, dass zwischen unserem Bild von Wissenschaft und den Praktiken der WissenschaftlerInnen, häufig eine Kluft besteht. Das ist auch der Hintergrund, vor dem Gibbons et al. (1994) in den 1990er-Jahren den Begriff der *Mode 2* Forschung entfalteten. Als *Mode 1* bezeichnen sie jene Forschung, die „aus der Suche nach allgemeingültigen Erklärungsprinzipien hervorgegangen" ist (Nowotny 1999:67). Für die AutorInnen ist dieses Wissenschaftsverständnis, das an eine Reinheit der Methode und allgemeingültige Wahrheit glaubt, einem Mythos geschuldet. Mit *Mode 2* wird eine Form von Wissenschaft bezeichnet, die anerkennt, dass auch Wissenschaft in einem spezifischen Kontext und von Menschen betrieben wird, deren Denken und Handeln von unterschiedlichsten Interessen, Leidenschaften und damit subjektiven Faktoren beeinflusst ist und insofern kein absolutes Wissen hervorbringen kann. Darauf zielt auch die Kritik von Funtowicz und Ravetz 1993 ab, die unter dem Begriff ‚post-normal science' formuliert wurde.

Die *Mode 2* Diskussion hat einen wichtigen Beitrag geleistet, Aufmerksamkeit für transdisziplinäre Forschung zu erregen. Das Sichtbar-Machen der Grenzen der Objektivität in der wissenschaftlichen Wissensproduktion hat auch an den Grenzen der Wissenschaft als gesellschaftliches System und ihrem Selbstverständnis gerüttelt und vor allem an der „Hoffnung auf die universelle Wirkungskraft einer dem wissenschaftlichen Denken und Tun eigenen höheren Rationalität, die sich in alle Bereiche des öffentlichen und privaten Lebens ausbreiten sollte." (Nowotny 1999:48).

▶   **Fragen:** Welchen Beitrag kann transdisziplinäre Forschung zu einer nachhaltigen Entwicklung leisten?
Welche Umstände haben zur Entwicklung transdisziplinärer Forschung beigetragen?
Wodurch charakterisiert sich ein transdisziplinäres Vorgehen in der Formulierung von Forschungsfragen?

▶   **Aufgabe:** Wählen Sie sich eine gesellschaftliche Problemstellung, die Ihnen aus Ihrem regionalen Lebensumfeld bekannt ist und identifizieren Sie alle Akteure, die zur Analyse und Erarbeitung von Lösungswegen in irgendeiner Weise beitragen könnten, ebenso wie wissenschaftliche Disziplinen, deren Forschungsleistung in der Bearbeitung der Problemstellung von Relevanz wären.

Einblick in unterschiedliche Transdisziplinaritätsverständnisse

Im vorausgehenden Kapitel wurde bereits deutlich, dass es sich bei der Entstehung von transdisziplinärer Forschung um ein Phänomen handelt, das aus verschiedenen historischen Entwicklungsprozessen resultiert und sich in unterschiedlichen Forschungsfeldern entwickelt(e). Wir werden im Folgenden drei Diskussionslinien skizzieren, die sich im Verständnis von Transdisziplinarität, konkret mit Blick auf die Ansprüche und Zielsetzungen, voneinander unterscheiden. Daran anschließend werden wir auf Konzepte und Ansätze der Transdisziplinarität in der Nachhaltigkeitswissenschaft genauer eingehen.

Der Begriff ‚Transdisziplinarität' wurde erstmals Anfang der 1970er-Jahre von dem Entwicklungspsychologen Jean Piaget und dem Physiker Erich Jantsch verwendet. Er tauchte im Zuge eines Workshops mit dem Titel: „Interdisziplinarität – Probleme der Lehre und der Forschung an den Universitäten" in Frankreich auf (Nicolescu 2008:17; Übers. d. Autoren). Der Begriff wurde damals verwendet, um das Auflösen disziplinärer Grenzen hervorzuheben, das die Teilnehmer als elementares Ziel erachteten, um eine verlorene Ganzheit wiederzugewinnen. Diese Ganzheit sollte durch eine klare Orientierung an gesellschaftlichen Zielen und durch ein ganzheitliches Konzept von Forschung, Entwicklung und Lehre hergestellt werden (vgl. Pohl und Hirsch Hadorn 2006). Transdisziplinarität hat als Begriff zum damaligen Zeitpunkt jedoch keine weite Verbreitung erfahren. Erst zum Beginn der 1990er-Jahre kam es zu einer Wiederbelebung aus verschiedenen wissenschaftlichen Strömungen.

Transdisziplinarität als echte Interdisziplinarität

Der Wissenschaftsphilosoph Jürgen Mittelstraß greift den Begriff erstmals 1987 auf. Er versteht Transdisziplinarität als ‚echte Interdisziplinarität' (1996, 2003), die sich durch eine durchdauernde Zusammenarbeit über disziplinäre Grenzen hinweg auszeichnet, um außerwissenschaftlichen Problemen zu begegnen, die aus disziplinärer Perspektive nicht zu lösen sind. Transdisziplinäre Forschung ermögliche es, hinderliche Verengungen der Organisationsstruktur (wie disziplinäre Grenzen) zu überwinden. Dabei stelle Transdisziplinarität ein ‚integratives Konzept' dar, das keinesfalls an die Stelle von Disziplinen trete und auch keine vordergründigen Konsequenzen auf Theoriebildung habe. „Sie leitet Problemwahrnehmungen und Problemlösungen, aber sie verfestigt sich nicht in theoretischen Formen – weder in einem fachlichen oder disziplinären noch in einem holistischen Rahmen" (2003:11). Transdisziplinarität könne laut Mittelstraß zwar auf institutioneller Ebene zu tief greifenden Veränderungen führen (z. B. Ausbildung von Forschungszentren), nicht aber zu einer Veränderung wissenschaftlicher Rationalitätsstandards und den darin verankerten Methoden und Formen der Theoriebildung (ebd.:22).

> Die Optik der Transdisziplinarität ist eine wissenschaftliche Optik, und sie ist auf eine Welt gerichtet, die selbst mehr und mehr ein Werk des wissenschaftlichen und des technischen Verstandes ist, ein wissenschaftliches und technisches Wesen hat (Mittelstraß 2003: 11).

Transdisziplinarität sei nicht als transwissenschaftliches Prinzip zu verstehen, vielmehr stelle sie die ursprüngliche Einheit der Wissenschaft wieder her. Jürgen Mittelstraß erachtet es als Gebot der Stunde, für das einzutreten, was Wissenschaft ausmacht und sie gegenüber anderen Formen der Wissensproduktion auszeichnet. Damit richtet er sich *gegen* Grenzüberschreitungen, die – im Namen welchen Anliegens auch immer – zum Aufweichen wissenschaftlicher Rationalitätsstandards führen. Transdisziplinarität werde nicht an diesen Standards rütteln. Sie werde jedoch zu Verschiebungen in den Organisationsformen von Wissenschaft und wissenschaftlicher Forschung beitragen, wo dies Problemlagen erfordern (2003).

Transdisziplinarität zur Herstellung einer Einheit des Wissens

In ganz anderer Weise hat Basarab Nicolescu, ein Physiker rumänischer Herkunft, in Anknüpfung an die Wissenschafts- und Erkenntniskritik des Kopenhagener Kreises (siehe Box „Wissenschaft und Kontext"), den Begriff der Transdisziplinarität aufgegriffen. Er bezeichnet damit nicht nur einen Prozess des Umordnens bestehender Strukturen oder ein Auflösen von historisch gewachsenen Grenzen, sondern ein gänzlich anderes Denken und ,Wissen Schaffen', das die modernen Dualismen von Subjekt und Objekt, von Materie und Sinn, Körper und Geist überwinden sollte. Nicolescu arbeitet in einer Tradition, die sich gegen das Denken in Gegensätzen wendet. Er ist dem Verbindenden auf der Spur – letztlich einer ,Einheit des Wissens':

> At the beginning of human history, science, spirituality, and culture were inseparable. They were certainly animated by the same questions, those about the meaning of the universe and the meaning of life. The germ of the split between science and meaning, between subject and object, was already present in the seventeenth century, when the methodology of modern science was formulated, but it did not become full-blown until the nineteenth century. (Nicolescu 2008: 13).

Nicolescu sieht die Schwierigkeiten im Umgang mit den großen Herausforderungen unserer Zeit einem zu reduktionistischen Weltbild geschuldet. In seinem ,Manifesto of Transdisciplinarity' (2002) hat er in Anlehnung an den Quantenphysiker Werner Heisenberg verschiedene ,levels of reality' eingeführt, entlang derer er eine Unterscheidung zwischen Disziplinarität und Transdisziplinarität vornimmt. ,Levels of reality' charakterisieren sich dadurch, dass sie bestimmten, unveränderlichen Gesetzen unterliegen. Geht man beispielsweise davon aus, dass es nur eine Realitätsebene gibt, z. B. die Welt, in der die Gesetze der mechanischen Physik herrschen, so können etwaige Phänomene, die nicht unter dieses Gesetz fallen (also nicht dieser Realitätsebene angehören), nicht erkannt werden. Sie können keinen Platz finden und daher werden sie entweder als Illusion bewertet oder in der Logik dieser Gesetze erklärt. Ein gutes Beispiel hierfür ist das Phänomen der Liebe, das sich – durch die Brille einer bestimmten Weltsicht betrachtet – als purer Chemismus entpuppt. Disziplinäre Forschung würde sich in dieser Logik überwiegend auf nur einer Realitätsebene abspielen. Transdisziplinarität würde sich hingegen auf mehrere Ebenen zugleich beziehen und die Bewegungen dazwischen mit einschließen (Nicolescu 2008).

> As the prefix „trans" indicates, *transdisciplinarity concerns that which is at once between the disciplines, across the different disciplines, and beyond all disciplines. Its goal is the understanding of the present world, of which one of the imperatives is the unity of knowledge.* (Nicolescu 2008: 2).

Nicolescu kritisiert an anderen Transdisziplinaritätsverständnissen, dass sie zu sehr in modernem Denken verhaftet seien und zu sehr auf das Objekt der Forschung fokussieren würden, wodurch die Verschränkung von Subjekt und Objekt (hier: Den Forschenden und ihren Gegenständen) keine Berücksichtigung fände. Für Nicolescu ist die Verschränkung von Subjekt und Objekt der zentrale Aspekt von Transdisziplinarität.

Integratives Transdisziplinaritätsverständnis in den Umwelt- und Nachhaltigkeitswissenschaften

Wie bereits deutlich wurde, entwickelte sich seit den 1990er-Jahren ein zunehmend verbreitetes Verständnis in den Umwelt- und Nachhaltigkeitswissenschaften, in dem Transdisziplinarität als eine Forschungspraxis gesehen wird, die ihre Grenzen gegenüber nichtwissenschaftlichen Akteuren und entsprechenden Wissens- und Erfahrungsformen sowie Werten und Normen öffnet (Klein et al. 2001; Scholz und Tietje 2002; Pohl und Hirsch Hadorn 2006; Hirsch Hadorn et al. 2008a, 2008b; Scholz 2011; Spangenberg 2011), um drängenden Herausforderungen bestmöglich begegnen zu können. Der niederländische Nobelpreisträger Paul Crutzen hat für die gegenwärtige Epoche, in welcher der Mensch immer gravierender in die natürliche Umwelt eingreift, den Begriff des Anthropozäns geprägt (Crutzen 2002). Damit ist bezeichnet, dass der Einfluss des Menschen auf den Planeten dem der natürlichen Kräfte gleichkommt bzw. diese übersteigt. Mit dieser Verschiebung im ‚Kräfteverhältnis' kann Umwelt- und Nachhaltigkeitsforschung nicht mehr ohne Berücksichtigung des Menschen erfolgen. Folgerichtig beziehen sich auch die großen Herausforderungen für eine „Earth System Science for Global Sustainability", welche gemeinsam vom „International Council for Science (ICSU)" und dem „International Social Science Council (ISSC)" formuliert wurden, stark auf den Einbezug der anthropogenen Komponenten in die Betrachtungen und auf ein besseres Verständnis sowie auf Möglichkeiten zur Beeinflussung der Mensch-Umwelt-Beziehungen (Reid et al. 2010). Ausgehend von Forschungsfragen, die lebensweltlichen Problemstellungen entspringen und meist mit großen Unsicherheiten behaftet sind, suchen Ansätze transdisziplinärer Nachhaltigkeitsforschung in diesem Sinne, die Welt nicht nur zu verstehen, sondern zudem Beiträge zu deren Gestaltung zu leisten. Nicht nur wissenschaftlich generierte Erkenntnis sollte im Forschungsprozess Berücksichtigung finden, sondern auch Wissensformen, die in beruflichen Kontexten erworben oder im alltäglichen Daseinsvollzug als Erfahrungswissen angeeignet werden – im Sinne eines über Verfügungswissen hinausreichenden Orientierungswissens (Dürr et al. 2006), das einem ‚Orientierungskönnen' (Mittelstraß 1996) entspringt. Neben Wissen und Erfahrungen werden zudem Werte, Interessen und Gewohnheiten in der Forschung berücksichtigt und in transdisziplinären Prozessen verhandelt. Durch transdisziplinäre Forschung soll einerseits dem Problem begegnet werden, dass sich Wissensproduktion als zunehmend zu weit entfernt von den Betroffenen gezeigt hat und dadurch gesellschaftliche Lernprozesse sowie die Umsetzung von wissenschaftlich erarbeiteten Wegen der Problemlösung häufig ausbleiben. Andererseits wird angenommen, dass mit dem Nicht-Berücksichtigen von nicht-wissenschaftlichem Wissen problemrelevantes Wissen außen vor bleibt und deshalb nur unvollständige Ergebnisse erzielt werden. Zur Entwicklung transdisziplinärer Forschung in den Umwelt- und Nachhaltigkeitswissenschaften haben WissenschaftlerInnen mit verschiedensten natur-, sozial- und geisteswissenschaftlichen Hintergründen beigetragen. Ausgewählte Definitionen von Transdisziplinarität in den Umwelt- und Nachhaltigkeitswissenschaften finden sich in Box „Transdisziplinarität - Definitionen aus den Umwelt- und Nachhaltigkeitswissenschaften". Ein Meilenstein war eine internationale Konferenz in Zürich im Jahr 2000. Dort versammelten sich 800 WissenschaftlerInnen und VertreterInnen aus Wirtschaft, Politik und Zivilgesellschaft aus 50 Nationen, um sich auf Eigenschaften und Potenziale von Transdisziplinarität zu verständigen und um diese Forschungsform bekannter zu machen. Wir haben aus diesem Grund die wesentlichen Aussagen der ‚Zurich Definition of Transdisciplinarity' in der Box „The Zurich Definition of Transdisciplinarity" gesondert wiedergegeben.

Transdisziplinarität - Definitionen aus den Umwelt- und Nachhaltigkeitswissenschaften

„Transdisciplinarity is a reflexive, integrative, method-driven scientific principle aiming at the solution or transition of societal problems and concurrently of related scientific problems by differentiating and integrating knowledge from various scientific and societal bodies of knowledge. This definition highlights that transdisciplinary research needs to comply with the following requirements: (a) focussing on societally relevant problem; (b) enabling mutual learning processes among researchers from different disciplines (from within academia and from other research insitutions), as well as actors from outside academia; and (c) aiming at creating knowledge that is solution-oriented, socially robus (see, eg., Gibbons 1999), and transferable to both the scientific and societal practice." (Lang et al. 2012).

„Transdisciplinarity is considered a powerful and efficent means of using knowledge from science and society with different epistemics serving societal capacity-building under certain political cultures; (...) [It is] a means of coping with complex, ill-defined (wicked), contextualized and socially relevant problems that are nowadays often defined in the frame of uncertainty and ambiguity. Transdisciplinary processes can organize sustainability learning and capacity-building in society. They are essential for environmental literacy." (Scholz 2011).

„Transdisziplinär können wir Forschungsprozesse nennen, die auf eine Erweiterung der disziplinären, multi- und interdisziplinären Formen einer problembezogenen Integration von Wissen und Methoden zielen: Im disziplinären Kontext findet Integration auf der Ebene (disziplinen-)intern definierter Forschungsfragen statt, im multidisziplinären auf der Ebene praktischer Ziele und Probleme, im interdisziplinären auf der Ebene wissenschaftlicher Fragestellungen im Überschneidungsbereich verschiedener Disziplinen und im transdisziplinären auf der Ebene des Überschneidungsbereichs dieser wissenschaftlichen Fragestellungen mit gesellschaftlichen Problemen. In transdisziplinären Forschungsprozessen werden gesellschaftliche Sachverhalte als lebensweltliche Problemlagen aufgegriffen und wissenschaftlich bearbeitet." (Jahn 2008).

„Ist das Wissen über ein gesellschaftlich relevantes Problemfeld unsicher, ist umstritten, worin die Probleme konkret bestehen, und steht für diejenigen, welche in die Probleme und ihre Bearbeitung involviert sind, viel auf dem Spiel, so sind die Voraussetzungen für transdisziplinäre Forschung gegeben. Transdisziplinäre Forschung befasst sich mit solchen Problemfeldern derart, dass sie a) die Komplexität der Probleme erfasst, b) die Diversität von wissenschaftlichen und gesellschaftlichen Sichtweisen der Probleme berücksichtigt, c) abstrahierende Wissenschaft und fallspezifisch relevantes Wissen verbindet und d) Wissen zu einer am Gemeinwohl orientierten praktischen Lösung von Problemen beiträgt." (Pohl und Hirsch Hadorn 2006).

The Zurich Definition of Transdisciplinarity

Why transdisciplinarity?

- The core idea of transdisciplinarity is that different academic disciplines working jointly with practitioners to solve a real-world problem. It can be applied in a great variety of fields.
- Transdisciplinary research is an additional type within the spectrum of research and coexists with traditional mono-disciplinary research.
- The science system is the primary knowledge system in society. Transdisciplinarity is a way of increasing its unrealized intellectual potential and, ultimately, its effectiveness.

How is transdisciplinary done?

- Transdisciplinary projects are promising when they have clear goals and competent management to facilitate creativity and minimize friction among members of a team.
- Stakeholders must participate from the beginning and be kept interested and active over the entire course of a project.
- Mutual learning is the basic process of exchange, generation and integration of existing or newly-developing knowledge in different parts of science and society.

How is transdisciplinarity promoted?

- The most important element is recognition of this form of joint research and learning by society and influential individuals.
- Flexible organizations must be established, with new stimuli such as taskforces and transdisciplinarity labs.
- Courageous research and development administration is needed to promote transdisciplinarity, not simply praise interdisciplinarity and still promote disciplinarity.

Klein et al. 2001: 4f.

Die Integration von Erfahrung und Wissen, das auf unterschiedliche Weise erzeugt wird, sollte entsprechend nicht nur Wissen über Phänomene (Systemwissen) hervorbringen, sondern ebenso Wissen hinsichtlich anzustrebender nachhaltiger Veränderungen (Zielwissen) und entsprechender Ansätze zur Gestaltung von Transformationsprozessen

(Transformationswissen). Diese drei Wissensarten – Systemwissen, Zielwissen, Transformationswissen – werden in der transdisziplinären Forschung häufig als ein Strukturierungselement des Forschungsprozesses und der daraus resultierenden Erkenntnisse herangezogen. Nach Pohl und Hirsch Hadorn (2006:33) adressieren die drei Wissensarten folgende Aspekte:

- Systemwissen: Aspekte der Genese und möglichen Entwicklungen des Problems und seinen lebensweltlichen Interpretationen.
- Zielwissen: Aspekte der Bestimmung und Begründung von Veränderungsbedarf und erwünschten Zielen sowie besseren Praktiken.
- Transformationswissen: Aspekte der technischen, sozialen, rechtlichen, kulturellen u. a. Handlungsmöglichkeiten zur Veränderung bestehender und Einführung erwünschter Praktiken.

Abbildung 3.1 verdeutlicht, dass die drei Wissensarten in einem engen Zusammenhang stehen. Zudem sind in der Abbildung Herausforderungen im Hinblick auf die jeweiligen Wissensarten skizziert. Die Verknüpfung von Identifikation und Analyse eines bestimmten Problemzusammenhanges mit Fragen nach möglichen, wünschenswerten, besseren Praktiken und den Wegen dorthin ist für sich selbst ein sehr komplexes Vorhaben. Bisherige Erfahrungen transdisziplinärer Forschung haben gezeigt, dass diese Ansprüche nicht immer optimal verwirklicht werden können. Die Differenzierung zwischen den drei Wissensarten vor Augen zu haben kann ein wichtiges Orientierungs- und Organisationsinstrument in einem transdisziplinären Prozess sein.

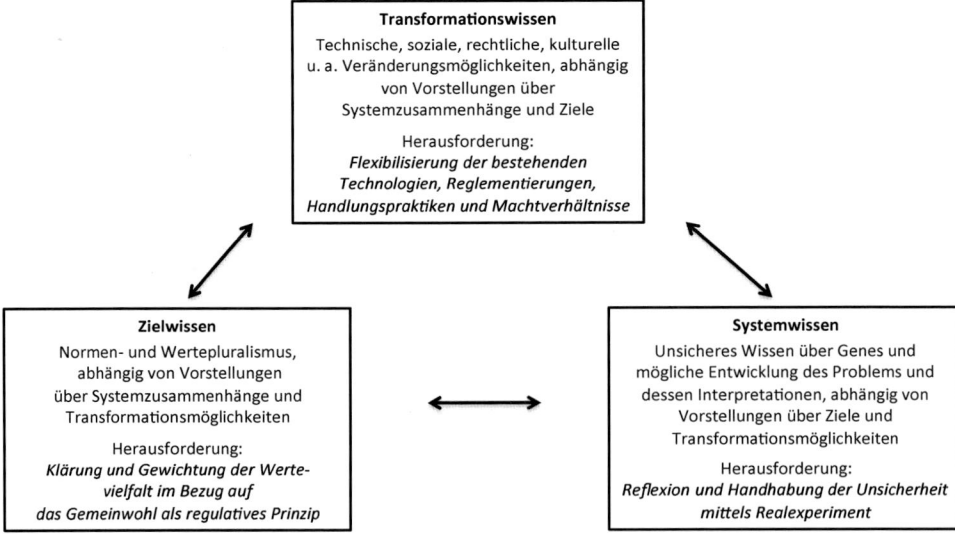

Abb. 3.1 Interdependenz der drei Wissensarten (nach Pohl und Hirsch Hadorn 2006: 35)

▶   **Fragen:** Worin bestehen die wesentlichen Gemeinsamkeiten und Unterschiede der genannten Verständnisse von Transdisziplinarität?
Welche zentralen Eigenschaften transdisziplinärer Forschung werden in der ‚Zurich Definition of Transdisciplinarity' genannt?

▶   **Aufgabe:** Knüpfen Sie an Ihr in Aufgabe 1 gewähltes Beispiel an und überlegen Sie, wie die unterschiedlichen Akteure zu den genannten Wissensformen – Systemwissen, Zielwissen und Transformationswissen – auf welche Art und Weise beitragen könnten.

Gestaltung transdisziplinärer Forschungsprozesse

Im Folgenden werden wir näher auf die Gestaltung von transdisziplinären Forschungsprozessen eingehen und dabei die Prozessphasen detaillierter beschreiben sowie Prinzipien zur Gestaltung transdisziplinärer Forschung vorstellen, die aus mehreren etablierten Ansätzen abgeleitet wurden. Abschließend werden ein konzeptioneller Rahmen sowie ein methodologischer Ansatz transdisziplinärer Forschung anhand von Beispielprojekten vorgestellt.

Phasen transdisziplinärer Forschung

Wie jede andere Forschung läuft auch transdisziplinäre Forschung in bestimmten chronologischen Schritten ab. Aufgrund der spezifischen, mit vielerlei Unsicherheitn behafteten Forschungskonstellationen ist ein rekursives Vorgehen in transdisziplinärer Forschung aber unerlässlich. Rekursiv bedeutet, dass im Laufe des Forschungsprozesses immer wieder auf Arbeitsschritte Bezug genommen wird, die schon einmal durchlaufen wurden. Das wollen wir anhand der drei Phasen veranschaulichen, in die transdisziplinäre Forschung häufig eingeteilt wird (vgl. Lang et al. 2012; eine ähnliche Phasengliederung wird auch von Jahn 2008 und Pohl und Hirsch Hadorn 2006 sowie weiteren ForscherInnen vorgenommen):

•   Problemidentifikation und -strukturierung
•   Gemeinsames Generieren von lösungsorientiertem und anschlussfähigem Wissen
•   Re-Integration und Anwendung des generierten Wissens

Unter Problemidentifikation und -strukturierung werden alle Aktivitäten verstanden, die zu einem transdisziplinären Forschungsobjekt sowie zu entsprechenden Forschungsfragen führen. Um ein Forschungsobjekt definieren zu können, muss Klarheit darüber herrschen, wodurch sich das zu untersuchende und zu verändernde Phänomen charakterisiert. Dies ist bei komplexen Problemen in der Nachhaltigkeitsforschung keineswegs banal. So ist in bestimmten Fällen möglicherweise überhaupt nicht klar, welche Aspekte zu einem Problemkomplex gehören, da die Wechselwirkungen noch nicht verstanden sind. In anderen Fällen mag die Problemlage zwar greifbarer, hingegen aber kein Problembewusstsein bei relevanten Akteuren vorhanden sein. Eine der großen Herausforderungen ist es, die ‚richtigen‘ und legitimierten Akteure in den Forschungsprozess mit einzubeziehen (vgl. Lang et al. 2012). Bei aller Unterschiedlichkeit der Zielsetzungen, die aufeinandertreffen, wenn ForscherInnen, PolitikerInnen, UnternehmerInnen oder AktivistInnen zusammenkommen, ist es von zentraler Bedeutung, ein geteiltes Problemverständnis und einen gemeinsamen Zielhorizont zu entwickeln. Damit einher geht auch das Anerkennen von den Unterschieden in den Rollen und Aufgaben, die in einem transdisziplinären Forschungsprozess eingenommen werden (Muhar et al. 2006). Gleichermaßen bedarf es aber auch einer entsprechenden Analyse des Forschungsstandes mit Blick auf die sich formierenden Fragestellungen und der kontinuierlichen Entwicklung der Forschungsarchitektur. Schon hier deutet sich an, dass viele Schritte eher ineinandergreifen als aufeinanderfolgen – und dass einige Schritte auch sehr schwer vorhersehbar sind, wie zum Beispiel die Entwicklung eines transdisziplinären Forschungsteams.

Die eigentliche Untersuchung der Forschungsfragen findet in der Phase des gemeinsamen Generierens von lösungsorientiertem und anschlussfähigem Wissen statt. Eine große Herausforderung besteht darin, Wissen, das auf unterschiedliche Weise entstanden ist (z. B. durch wissenschaftliche Forschung oder die alltägliche Lebenspraxis), zusammenzuführen. Während die wissenschaftliche Wissensgenerierung durch etablierte Vorgehensweisen (z. B. Theoriebezug, standardisierte Methoden) eine Absicherung erfährt, ist es um Wissen, das außerhalb der Wissenschaft generiert wird, ganz anders bestellt. Wie können wir feststellen, ob ein solches (vermeintliches) Wissen nicht bloße Meinung ist, die lediglich von einer Person, einem Unternehmen, einer politischen Partei vorgetragen wird? An dieser Stelle trifft die transdisziplinäre Forschung an die Grenzen der Überprüfbarkeit. Daher ist es wichtig, die unterschiedlichen Formen von Wissen nicht einfach zu ‚vermischen‘, sondern systematisch aufeinander zu beziehen. Das kann zum Beispiel erfolgen, indem Problembeschreibungen und -erklärungen aus unterschiedlichen, nichtwissenschaftlichen Erfahrungskontexten (oft auch als lebensweltliche Darstellungen bzw. Interpretationen bezeichnet) jenen wissenschaftlicher Herkunft gegenübergestellt und aufeinander bezogen werden. Dabei kann sich zum Beispiel herausstellen, dass in (inter) disziplinären Forschungsperspektiven bestimmte Facetten bisher außerhalb des Betrachtungshorizontes lagen und daher in die Untersuchungen einbezogen werden müssen. Es kann sich aber auch umgekehrt (vermeintliches) Wissen als bloße Meinung entpuppen, die nicht belastbar ist.

In der letzten Phase des Prozesses geht es darum, das generierte Wissen in die gesellschaftliche und die wissenschaftliche Praxis zu ‚re-integrieren‘ und dort nutzbar zu machen. Das kann bedeuten, dass ein konkreter Problemlösungsansatz, der in einem transdisziplinären Prozess erarbeitet wird, in der Folge auch zur Umsetzung kommt. Und selbst wenn das in der konkreten Situation nicht in direkter Form erfolgt, so kann durch einen transdisziplinären Prozess ein Umdenken stattfinden, das Entwicklungen beeinflusst. Für die Wissenschaft kann durch derartige kooperative Forschungsprozesse ein Zugewinn an Wissen und Verstehen erfolgen, der in die *scientific community* eingespeist und dort diskutiert wird (durch wissenschaftliche Publikationen) und seine Wirkung auf diese Weise entfaltet. Eine wichtige Frage ist hierbei, inwieweit sich fallstudienbasierte und somit stark kontextualisierte Erkenntnisse generalisieren und auf andere Fälle bzw. in andere Kontexte übertragen lassen (vgl. Krohn 2008).

Die hier vorgestellte Phasengliederung ist dienlich, um den Forschungsprozess zu organisieren. In transdisziplinärer Forschung muss diese Linearität jedoch immer wieder durchbrochen werden. Schon die Begrenzung eines transdisziplinären Forschungsfeldes kann sich im Laufe des Forschungsprozesses verändern. So können zum Beispiel in der Problembearbeitung neue Facetten des Forschungsfeldes ans Tageslicht kommen, die eine Adaption in der Strukturierung des Problemfeldes oder sogar ein Vergrößern des Teams nötig machen. Stößt das transdisziplinäre Forschungsteam beispielsweise im Zuge der Analyse eines hydrologischen Einzugsgebietes auf eine Quelle für Verschmutzungen, die zuvor nicht im Horizont des Möglichen stand, kann das Hinzuziehen neuer ExpertInnen oder der VerursacherInnen und damit das Ausweiten des Forschungsfeldes von Nöten sein. Es kann aber auch sein, dass schon während der Identifikation des Forschungsobjekts und dessen Strukturierung ersichtlich wird, dass gar keine weitere Forschung mehr benötigt wird, da genügend Wissen vorhanden ist, um Lösungswege aufzuzeigen (Pohl und Hirsch Hadorn 2006), oder dass eine disziplinäre bzw. interdisziplinäre Bearbeitung der Forschungsfragen zielführender ist als eine transdisziplinäre. Die transdisziplinäre Forschung hat dann vor allem zu einem Verständnis über das Problem geführt. Durch das Beleuchten der Situation oder des Phänomens aus unterschiedlichen Perspektiven kann dieses erst in seiner Komplexität erfasst werden. In gelungenen transdisziplinären Forschungsprojekten wird im Zuge dessen schon sehr viel an neuem Wissen und Verständnis für Problemzusammenhänge generiert. Darüber hinaus kann ein Forschungssetting, in dem WissenschaftlerInnen mit Akteuren anderer Gesellschaftsbereiche zusammenarbeiten, auch einen guten Boden bieten, um nicht nur Lösungsvorschläge zu erarbeiten, sondern diese auch zur Realisierung zu bringen.

Prinzipien transdisziplinärer Forschung

Im Folgenden werden wir nun Prinzipien zur Gestaltung transdisziplinärer Forschung vorstellen, die als Hintergrund für das Erarbeiten einer transdisziplinären Forschungsarchitektur dienen können (Tab. 3.1). Diese Prinzipien wurden von Lang et al. 2012 erarbeitet und sind den drei Phasen transdisziplinärer Forschung zugeordnet. Als Hilfestellung zur Realisierung und Überprüfung bzw. Evaluierung der Prinzipien wurde von den Autoren zu jedem Gestaltungsprinzip eine Leitfrage formuliert. Diese Fragen können jedoch lediglich der Orientierung dienen. Sie müssen der jeweiligen Forschungssituation angepasst werden. Für eine laufende, formative Evaluierung (gestaltend, während des Projekts) oder

Tab. 3.1 Prinzipien und Leitfragen zur Gestaltung transdisziplinärer Forschung in den Nachhaltigkeitswissenschaften (Lang et al. 2012)

Prinzip	Leitfrage
PHASE A	
Bilden eines kollaborativen Forschungsteams	Umfasst das Forschungsteam alle relevanten Expertisen, Erfahrungen und sonstigen entscheidenden „stakes", um dem Nachhaltigkeitsproblem so zu begegnen, dass Lösungsvorschläge und -optionen sowie ein Beitrag zu vorhandenen wissenschaftlichen Erkenntnissen geleistet werden?
Schaffen eines gemeinsamen Verständnisses bzgl. des zu adressierenden Nachhaltigkeitsproblems	Hat das Projektteam ein gemeinsames Verständnis des zu adressierenden Nachhaltigkeitsproblems geschaffen und akzeptiert das Team die gemeinsame Problemdefinition?
Gemeinschaftliches Definieren des Forschungsobjektes, der Forschungsziele sowie der Erfolgskriterien	Wurde ein gemeinsamer Forschungsrahmen oder eine Leitfrage formuliert (mit darauf aufbauenden Forschungsfragen und -zielen) und stimmen alle Partner mit den definierten Erfolgskriterien überein?
Aufbauen eines methodologischen Framework zur gemeinsamen Wissensproduktion und -integration	Ist das Projektteam mit dem gemeinsam entwickelten methodologischen Framework, welches definiert, wie das Forschungsziel in Phase B erreicht und wie der transdisziplinäre Rahmen angewandt werden soll, einverstanden?
PHASE B	
Rollen von PraktikerInnen und WissenschaftlerInnen definieren	Sind die Aufgaben und Rollen aller Akteure im Forschungsprozess klar definiert?
Anwenden und Anpassen von integrativen Forschungsmethoden und Gestaltung eines „Transdisziplinären Settings" zur Wissensgenerierung und -integration	Nutzt oder entwickelt das Forschungsteam Methoden, die i) adäquate Problemlösungen liefern sowie ii) ein geeignetes „Setting" für inter- und transdisziplinäre Kooperation und Wissensintegration bilden?
PHASE C	
Zweidimensionale Integration realisieren	Sind die Projektergebnisse darauf ausgelegt, das adressierte Problem zu transformieren oder zu lösen? Sind die Ergebnisse in bestehende wissenschaftliche Erkenntnisse integriert, um einen Transfer sowie eine Generalisierung zu ermöglichen?
Generieren von zielorientierten Produkten für Wissenschaft und Praxis	Stellt das Forschungsteam ihren Partnern Produkte, Dienstleistungen und Publikationen in angemessener Form zur Verfügung?
Bewerten der wissenschaftlichen und gesellschaftlichen Auswirkungen	Wurden die Ziele erreicht? Wurden zusätzliche (unvorhergesehene) positive Effekte erzielt?

Tab. 3.1 (Fortsetzung)

Prinzip	Leitfrage
GENERELLE PRINZIPIEN (betreffen alle Phasen)	
Regelmäßige formative Evaluation sicherstellen	Wurde eine formative Evaluation durchgeführt, bei der wichtige ExpertInnen des betreffenden Bereiches und des transdisziplinären Projektes einbezogen waren?
Konfliktkonstellationen entschärfen	Haben WissenschaftlerInnen und PraktikerInnen von Beginn an Konflikten vorgebeugt bzw. diese antizipiert und wurden Maßnahmen eingeleitet, um aufkommende Konflikte zu bewältigen?
Verstärken von Partizipationsmöglichkeiten und -interesse	Wurde während des Projektes den materiellen und immateriellen Ressourcen, die für eine effektive und andauernde Partizipation benötigt werden, genügend Aufmerksamkeit geschenkt?

ex-post Evaluierung (auf die Wirkung ausgerichtet, nach dem Projekt) von transdisziplinären Projekten empfiehlt es sich sehr, diese Fragen im transdisziplinären Team (z. B. im Rahmen einer Steuerungsgruppe) gemeinsam anzupassen und zu erweitern.

Das ISOE-Modell

Das Institut für Sozial-Ökologische Forschung (ISOE), Frankfurt, hat zur Entwicklung transdisziplinärer Forschungsprozesse maßgeblich beigetragen und das ISOE-Modell für transdisziplinäre Forschung entwickelt. Die sozial-ökologische Forschung hat den Anspruch, eine reflexive Forschungspraxis mit besonderen Problemzugängen und fachübergreifender Problembearbeitung zu verbinden (vgl. Becker und Jahn 2006; Jahn 2008). Ein wesentliches Merkmal des ISOE-Modells ist die Unterscheidung zwischen einem lebensweltlichen, einem wissenschaftlichen und einem integrativen Zugang, der für die Bearbeitung von Forschungsfragen von Bedeutung ist, die sich sowohl auf gesellschaftliche Probleme als auch auf damit verbundene offene wissenschaftliche Fragestellungen beziehen. Diese Unterscheidung ist dienlich, weil sie die Notwendigkeit verdeutlicht, eine Frage oder Problemstellung hinsichtlich des Kontextes, in dem sie auftaucht und der Zielsetzung, auf die sie gerichtet ist, zu charakterisieren. Dies ist eine wesentliche Voraussetzung für die geeignete Wahl des Forschungsdesigns und der anzuwendenden Methoden. Auf den ersten Blick scheint die Identifikation des Kontextes, in dem eine Frage oder Problemstellung auftaucht, ein Leichtes zu sein. Wissenschaftliche Fragestellungen entstehen aus der ständigen Ausweitung der Erkenntnisgrenzen, wodurch immer neue ungelöste Fragen auftauchen. Lebensweltliche Probleme entstehen inmitten der Gesellschaft. Die einen verfolgen

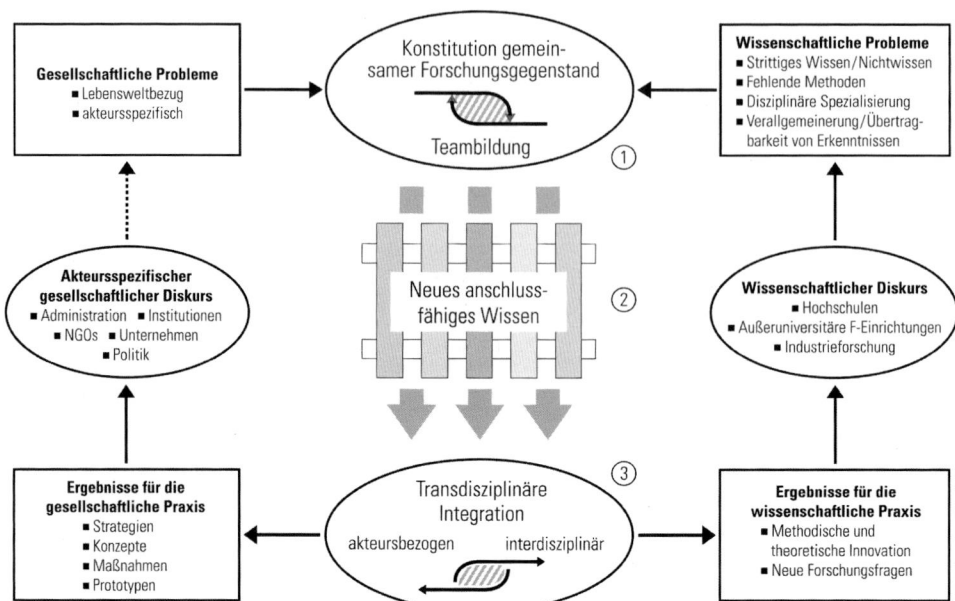

Abb. 3.2 Modell eines idealtypischen transdisziplinären Forschungsprozesses: Das ISOE-Modell (Jahn 2008:31, Abdruck mit freundlicher Genehmigung des Autors)

epistemische Ziele, suchen also die Erkenntnis zu mehren und zu verbessern. Die anderen suchen nach Steigerung der Lebensqualität, der Verwirklichung eigener Interessen und Wertvorstellungen und/oder wollen der Gemeinschaft dienen. Wie bereits erwähnt, ist diese Separierung nicht immer gegeben. Gesellschaftliche Probleme sind beispielsweise häufig auch Wissensprobleme, wenn die Wissenschaft noch keine oder zumindest keine geeigneten Antworten anbieten kann.

Das allgemeine Modell eines idealtypischen transdisziplinären Forschungsprozesses (siehe Abb. 3.2) stellt einen integrativen Forschungszugang dar, der für die Bearbeitung von Forschungsobjekten entwickelt wurde, die von einem gesellschaftlichen Problem ausgehen. Es bildet einen idealtypischen Verlauf eines transdisziplinären Projektes ab, der von der Konstitution des Forschungsgegenstandes bis zum Ende des Forschungsprojektes zahlreiche Integrationsschritte beinhaltet. Die generellen Phasen des Modells (1–3) entsprechen den oben beschriebenen Forschungsphasen. Im Folgenden wird das Modell entlang eines transdisziplinären Projektes im Bereich Mobilität (CITY: *Mobil*) beschrieben (vgl. Bergmann et al. 2010 sowie Bergmann und Jahn 2008). CITY: *Mobil* hatte zum Ziel, ‚Handlungsstrategien für eine ökologisch und sozial verträgliche, ökonomisch effiziente Verkehrsentwicklung in Stadtregionen‘ zu generieren. Die Städte Freiburg und Schwerin wurden in dem transdisziplinären Forschungsprojekt als Modellstädte untersucht. Die erste Phase diente der Formulierung eines gemeinsamen Forschungsgegenstandes, wobei gesellschaftliche Problemwahrnehmung mit wissenschaftlichen Wissensdefiziten verknüpft wurden. In CITY: *Mobil* sollten interdisziplinäre wissenschaftliche Methoden entwickelt werden, mit denen sich Wissen erarbeiten lässt, das dazu taugt, tatsächlich gestaltend (im Sinne der Nachhaltigkeit) – und nicht nur beschreibend – in die Verkehrsplanung und das Verkehrsgeschehen einer Stadt einzugreifen, denn – so die Erkenntnisse aus der Konstitutionsphase des Vorhabens – die gebräuchlichen Methoden und Instrumente aus Einzelfächern reichten zum Zeitpunkt der Aufnahme der Forschungsarbeiten nicht aus, um diesem Anspruch nach Transformationswissen gerecht zu werden (Bergmann et al. 2010: 139 f.).

Wissensbedarf herrschte insofern sowohl in dem konkreten gesellschaftlichen Problemfeld, um Lösungsstrategien für das städtische Verkehrsproblem zu schaffen, als auch in der Wissenschaft, die keine adäquaten Methoden und Instrumente zur Verfügung hatte, um auf diesen Wissensbedarf zu reagieren. Das transdisziplinäre ForscherInnenteam musste sich folglich sowohl aus WissenschaftlerInnen unterschiedlicher Forschungsbereiche (Stadt- und Verkehrsplanung, Ökologie, Ökonomie, Soziologie u. a.) als auch aus VertreterInnen der städtischen Bevölkerung und der kommunalen Behörden zusammensetzen. Die Zusammensetzung des Forschungsteams führte dazu, dass das Verkehrsproblem als ein Mobilitätsproblem erkannt wurde, das weit über Technik- und Infrastrukturbezogene Fragestellungen hinausreicht und beispielsweise auch Fragen des Lebensstils und der Alltagsabläufe einschließt. Damit wurde der Horizont geweitet und eine integrative Sichtweise auf die Situation ermöglicht. Die Integrationsarbeit begann in dem Projekt schon mit der Begriffsarbeit, durch welche die unterschiedlichen Facetten des Mobilitätsbegriffes (räumliche, soziale, sozialräumliche Mobilität) differenziert wurden. Ein weiterer Integrationsschritt bestand darin, dass ein Defizit an Methoden zur Bearbeitung der Fragestellung identifiziert und zur gemeinsamen Herausforderung wurde. Neben dem wissenschaftlichen Ziel der Methodenentwicklung, die eine enge interdisziplinäre Zusammenarbeit voraussetzte, in der z. T. etablierte disziplinäre Methoden modifiziert und auf die interdisziplinären Ansprüche hin weiterentwickelt wurden, war das Untersuchungsdesign so aufgebaut, dass in allen Teilprojekten ein enger Bezug zur Leitfragestellung gewährleistet war, um die Kooperation zwischen Disziplinen und Instituten als gegenseitigen Lernprozess zu fördern. Integration erfolgte auch bei der Bewertung der Untersuchungsergebnisse, die in Form einer Handlungsfolgenabschätzung (HFA) als eine Ex-ante-Abschätzung durchgeführt wurde und nicht nur soziale, ökonomische, ökologische, technische und organisatorische Aspekte berücksichtigte, sondern auch Erfolgswahrscheinlichkeiten der Zielerreichung vor dem administrativen und politischen Hintergrund einbezog (Bergmann et al. 2010). Um neues Wissen nicht nur wissenschaftlich, sondern auch gesellschaftlich anschlussfähig zu machen, ist eine Prüfung der Validität und Relevanz durch VertreterInnen der betreffenden Gesellschaftsbereiche, die in das Forschungsteam eingebunden sind, von großer Bedeutung. Vor allem muss das neue Wissen mit Blick auf die eingangs identifizierte Problemlage bewertet werden, um das mögliche Wirkungsspektrum einzuschätzen (Jahn 2008:31). Im Sinne der Re-Integration dienten die Ergebnisse aus CITY: *Mobil* einerseits den kommunalen Stadt- und VerkehrsplanerInnen sowie PolitikerInnen, andererseits der wissenschaftlichen Gemeinschaft. Erarbeitet wurden ein ‚Planungsleitfaden für stadtverträgliche Mobilität', der in den Modellstädten zur Anwendung gebracht wurde, sowie

Publikationen, die WissenschaftlerInnen in konzeptioneller und methodischer Hinsicht Unterstützung für transdisziplinäre Forschungsprozesse geben sollen.

Transdisciplinary Case Study Ansatz

Ein methodologischer Zugang zur Gestaltung und Durchführung von transdisziplinären Nachhaltigkeitsprojekten ist der transdisziplinäre Fallstudienansatz, der zu Beginn der 1990er-Jahre an der ETH Zürich entwickelt und in Lehrforschungsprojekten zu unterschiedlichen Themen (z. B. Ländliche Entwicklung, Scholz et al. 2002, 1995; Stadtentwicklung, Scholz et al. 2005; Lagerung radioaktiver Abfälle, Scholz et al. 2007) zur Anwendung gebracht wurde (zusammenfassend siehe: Stauffacher und Scholz 2012, 2008; Scholz und Stauffacher 2010). Der Fokus des Ansatzes liegt auf der Entwicklung von zukunftsorientierten Handlungsoptionen, die mittels qualitativer und quantitativer Methoden in einem transdisziplinären Prozess entwickelt und bewertet werden. Die methodologischen Grundlagen dieses Ansatzes wurden von Scholz und Tietje (2002) als ‚Embedded case study methods‘ publiziert. Im Folgenden werden die sechs Hauptschritte der transdisziplinären Entwicklung von Handlungsoptionen anhand eines Regionalentwicklungsprojektes im Schweizer Kanton Appenzell Ausserrhoden vorgestellt (vgl. Stauffacher et al. 2008). Das Forschungsprojekt wurde 2001 von der ETH Zürich gemeinsam mit der Kantonsverwaltung und in Kooperation mit VertreterInnen verschiedener weiterer Gesellschaftsbereiche durchgeführt. Im Mittelpunkt der Studie stand die Entwicklung der Landschaftsnutzung in der ländlich bzw. periurban geprägten Region in der Ostschweiz.

Am Beginn des transdisziplinären Prozesses stand die Definition der Leitfrage (1), die zwischen einer kantonalen Arbeitsgruppe und den WissenschaftlerInnen der ETH festgelegt wurde. Diese lautete: „Wie kann die Landschaft von Appenzell Ausserrhoden in ihrer ökologischen Qualität bewahrt bzw. aufgewertet werden und gleichzeitig ökonomische Wertschöpfung erhalten oder sogar erhöht werden?" Um diese umfassende Frage operationalisierbar zu machen, wurde sie in Facetten aufgesplittet (2). Dabei wurden die drei Themenfelder ‚Natur und Landschaft‘, ‚Tourismus und Erholung‘ und ‚Ländliche Siedlungen‘ festgelegt. Die Forschungsorganisation erfolgte entlang dieser drei Facetten. Eine Synthesegruppe sollte garantieren, dass trotz Facettierung der Untersuchung die Forschungsleistungen aufeinander bezogen und integrierbar angelegt werden. In einem dritten Schritt (3) erfolgte eine Systemanalyse in den einzelnen Facetten, die sich Fragen der historischen Entwicklung der Region sowie der gegenwärtigen Situation widmete. Dafür wurde ein Mix an qualitativen und quantitativen Methoden zur Anwendung gebracht und sowohl Dokumente und statistische Daten herangezogen als auch Interviews und Workshops mit Akteuren aus der Region durchgeführt. In einem weiteren Schritt (4) wurden mittels einer formativen Szenarioanalyse für jede Facette Szenarien entwickelt. Die formative Szenarioanalyse basiert auf der Identifikation von Einflussvariablen, die das zu untersuchende System beeinflussen. Zur Entwicklung von Szenarien im Sinne *möglicher* Zukunftszustände werden zunächst mögliche zukünftige Ausprägungen dieser Variablen definiert. Anschließend werden ausgewählte konsistente (plausible) Konstellationen dieser Ausprägungen als Szenarien ausformuliert. Transdisziplinäre Szenarienentwicklung charakterisiert sich durch die kontinuierliche Zusammenarbeit mit nicht-wissenschaftlichen Akteuren in der Identifikation von Einflussfaktoren, der Analyse von deren Interaktionen, der Definition ihrer Ausprägungen sowie der Auswahl und Interpretation der Szenarien. Auf diese Weise findet Wissen, das durch das Leben und Arbeiten in der Region erworben wird, Eingang in die Szenarien. Mittels einer multi-kriteriellen Bewertung wurde die Wünschbarkeit der Szenarien sowohl aus ExpertInnenperspektive als auch aus der Perspektive von unterschiedlichen Akteursgruppen bestimmt (5). Abschließend wurden die Ergebnisse mit den Forschungspartner Innen aus der Region diskutiert und gemeinsam Handlungsorientierungen im Hinblick auf künftige Entwicklungen in den einzelnen Facetten erarbeitet (6) (vgl. Stauffacher et al. 2008). Mithilfe der Arbeiten der Synthesegruppe konnten die Erkenntnisse innerhalb der einzelnen Facetten integriert und Aussagen im Hinblick auf die übergeordnete Fragestellung getroffen werden (Wiek und Walter 2009).

Eine wichtige Rolle innerhalb des transdisziplinären Fallstudienansatzes spielt das Konzept der ‚funktional dynamischen Kollaboration‘ (vgl. Krütli et al. 2010; Stauffacher et al. 2008), das auch auf andere Ansätze gut übertragbar ist. Grundsätzlich können bei der Zusammenarbeit zwischen Wissenschaft und Praxis (aus der Sicht der WissenschaftlerInnen) diverse Grade der Intensität des Einbezugs von Akteuren unterschieden werden. Diese reichen von einer reinen Information der Akteure bis hin zu einem Arbeiten auf gleicher Augenhöhe bzw. dem ‚Empowerment‘ der Praxisakteure durch die WissenschaftlerInnen. Zu beachten ist, dass die unterschiedlichen Intensitäten des Einbezugs auch mit Verschiebungen der Machtkonstellationen sowie Verantwortlichkeiten für den Prozess und die Ergebnisse einhergehen (vgl. van Kerkhoff und Lebel 2006). Im Sinne der funktional dynamischen Kollaboration müssen aber nicht alle Akteure zu jedem Zeitpunkt in gleichem Maße in den Forschungsprozess einbezogen werden. Es gilt vielmehr für jeden Prozessschritt gemeinsam gezielt zu überlegen, wessen Einbezug in welcher Intensität sinnvoll, zielführend und insofern funktional ist.

▶ **Fragen:** Wie können nicht-wissenschaftliche Akteure in das Entwickeln und Bewerten von Szenarien einbezogen werden?
Was können fördernde und hemmende Faktoren in einer transdisziplinären Generierung von Forschungsfragen sein?

▶ **Aufgabe:** Erarbeiten Sie für Ihr oben gewähltes Beispiel ein Forschungsdesign, in dem Sie die drei Zugänge zur Bearbeitung ihrer Problemstellung nach dem ISOE-Modell zur Anwendung bringen.
Stellen Sie Überlegungen an, wie in einem transdisziplinären Forschungsprozess Wissen von bloßer Meinung unterschieden werden kann.

Ausblick

Transdisziplinäre Forschung hat in der Nachhaltigkeitswissenschaft den Anspruch, die Produktion von Wissen über gesellschaftsrelevante Problemstellungen mit deren Transformation zu verbinden. Sie ist insofern eine gestaltende Forschungsform, die durch eine starke Verankerung von Wissenschaft in der Gesellschaft ein höheres Leistungspotenzial mit Blick auf die ‚Grand Challenges' (Reid et al. 2010) unserer Zeit zu generieren sucht. Während der Begriff der Transdisziplinarität heute eine breite Verwendung erfährt, ist die Forschungsform selbst jedoch noch keineswegs konsolidiert. Nach wie vor besteht großer Forschungsbedarf mit Blick auf die Integration von Wissen und Erfahrungen, die sich hinsichtlich ihrer Genese unterscheiden, und die Berücksichtigung von Normen und Werten stellt gerade mit Blick auf die Generalisierbarkeit von Ergebnissen transdisziplinärer Forschung eine große Herausforderung dar. Die starke gesellschaftliche und situative Verankerung transdisziplinärer Forschung eröffnet neue Chancen, mit dem Schaffen von Wissen auch eine gestaltende Wirkung zu entfalten. Mit ihr wird jedoch auch an Nachvollziehbarkeit der Generierung von Wissen eingebüßt. ‚In vivo' anstelle von ‚in vitro' Forschung (Nicolescu 2008) eröffnet Raum für Unvorhersehbares und gibt damit ein Stück weit die Kontrolle ab, die ein exaktes Vorgehen und eine entsprechende Rekonstruktion ermöglichen würde. Daher ist es von besonderer Bedeutung, den Forschungsprozess gut zu planen und transparent und genau zu dokumentieren. Das gilt im Besonderen für jene Facetten des Forschungsprozesses, die auf den ersten Blick als Peripherie der Forschung erscheinen, wie z. B. das Entstehen von Kontakten zu potenziellen ProjektpartnerInnen, öffentliche/politische Diskurse, die den transdisziplinären Prozess begleiten, oder der Verlauf von kooperativen Arbeitstreffen transdisziplinärer Teams. Die Grenzen transdisziplinärer Forschung liegen häufig in den zur Verfügung stehenden Ressourcen begründet. Das gilt sowohl für finanzielle Mittel wie auch für die Ressourcen Zeit, Energie und Geduld aller Beteiligten. Die noch größeren Herausforderungen liegen jedoch im Umgang mit dem Fremden und Befremdlichen, dem Ungewohnten und Unberechenbaren, das sich in transdisziplinären Projekten zur Geltung bringt.

Gerade in der Nachhaltigkeitswissenschaft soll transdisziplinäre Forschung nicht die Relevanz und Nützlichkeit von disziplinärer und interdisziplinärer Forschung infrage stellen. Es geht vielmehr darum, Erkenntnisse, die durch diese unterschiedlichen Forschungszugänge gewonnen werden, gezielt aufeinander zu beziehen und füreinander nutzbar zu machen. Nur auf diese Weise lässt sich auch das von Clark gezeichnete „Idealbild" der Nachhaltigkeitswissenschaft als „use inspired basic research" wirklich realisieren (Clark 2007). Blickt man auf die Entwicklung der Nachhaltigkeitswissenschaft (Sustainability Science) wird deutlich, dass bisher ein viel stärkerer Fokus auf einer Science *for* Sustainability (eher disziplinär und interdisziplinär) als auf einer Science *of* Sustainability (eher transdisziplinär) lag und immer noch liegt (vgl. Spangenberg 2011).

Literatur

Becker E, Jahn T (Hrsg) (2006) Soziale Ökologie. Grundzüge einer Wissenschaft von den gesellschaftlichen Naturverhältnissen. Campus, Frankfurt a. M.

Bergmann M, Jahn T (2008) CITY: Mobil: A model for integration in sustainability research. In: Hirsch Hadorn G, Hoffmann-Riem H, Biber-Klemm S, Grossenbacher-Mansuy W, Joye D, Pohl C, Wiesmann U, Zemp E (Hrsg) Handbook of transdisciplinary research. Springer, Berlin, S 89–102

Bergmann M, Schramm E (2008) Transdisziplinäre Forschung. Integrative Forschungsprozesse verstehen und bewerten. Campus, Frankfurt a. M.

Bergmann M, Jahn T, Knobloch T, Krohn W, Pohl C, Schramm E (2010) Methoden transdisziplinärer Forschung. Ein Überblick mit Anwendungsbeispielen. Campus, Frankfurt a. M.

Bohr N (1958) Die Atome und die menschliche Erkenntnis. In: Bohr N (Hrsg) Atomphysik und menschliche Erkenntnis (Die Wissenschaft, Bd. 112). F. Vieweg, Braunschweig, S 84–95

Bundesministerium für Umwelt, Naturschutz und Reaktorsicherheit (1997). Agenda 21. Abgerufen am 30.10.2011 unter: http://www.agenda21-treffpunkt.de/archiv/ag21dok/kap31.htm. Zugegriffen: 30. Okt. 2011

Clark WC (2007) Sustainability science: A room of its own. Proc Natl Acad Sci United States Am 104(6):1737–1738

Crutzen P (2002) Geology of mankind. Nat 415:23

Dürr H-P, Dahm JD, zur Lippe R (2006) Potsdamer manifest 2005: ‚We have to learn to think in a new way‘. oekom, München

Felt U (2001) Wie kommt Wissenschaft zu Wissen? Perspektiven der Wissenschaftsforschung. In: Hug T (Hrsg) Einführung in die Wissenschaftstheorie und Wissenschaftsforschung (Wie kommt Wissenschaft zu Wissen, Bd. 4). Schneider, Hohengehren, S 11–26

Funtowicz SO, Ravetz JR (1993) Science for the post-normal age. Futures 25:739–755

Gibbons M, Limoges C, Nowotny H, Schwartzman S, Scott P, Trow M (1994) The new production of knowledge. The dynamics of science and research in contemporary societies. Sage, London

Häberli, R, Grossenbacher-Mansuy W, Klein JT (2001): Summary. In: Klein JT, Grossenbacher-Mansuy W, Häberli R, Bill A, Scholz RW, Welti M (Hrsg): Transdisciplinarity: Joint problem solving among science, technology, and society. An effective way for managing complexity. Birkhäuser, Basel, 3–5.

Heuser H (2005) Der Physiker Gottes. Isaac Newton oder die Revolution des Denkens. Herder, Freiburg

Hirsch Hadorn G, Biber-Klemm S, Grossenbacher-Mansuy W, Hoffmann-Riem H, Joye D, Pohl C, Wiesmann U, Zemp E (2008a) The emergence of transdisciplinarity as a form of research. In: Hirsch Hadorn G, Hoffmann-Riem H, Biber-Klemm S, Grossenbacher-Mansuy W, Joye D, Pohl C, Wiesmann U, Zemp E (Hrsg) Handbook of Transdisciplinary Research. Springer, Berlin, S 19–42

Hirsch Hadorn G, Hoffmann-Riem H, Biber-Klemm S, Grossenbacher-Mansuy W, Joye D, Pohl C, Wiesmann U, Zemp E (Hrsg) (2008b) Handbook of transdisciplinary research. Springer, Berlin

Jahn T (2008) Transdisziplinarität in der Forschungspraxis. In: Bergmann M, Schramm E (Hrsg) Transdisziplinäre Forschung: Integrative Forschungsprozesse verstehen und bewerten. Campus, Frankfurt a. M., S 21–38

van Kerkhoff L, Lebel L (2006) Linking knowledge and action for sustainable development. Annu Rev Environ Resour 31(1):445–477

Klein JT, Grossenbacher-Mansuy W, Häberli R, Bill A, Scholz RW, Welti M (Hrsg) (2001) Transdisciplinarity: Joint problem solving among science, technology, and society. An effective way for managing complexity. Birkhäuser, Basel

Krohn W (2008) Epistemische Qualitäten transdisziplinärer Forschung. In: Bergmann M, Schramm E (Hrsg) Transdisziplinäre Forschung. Integrative Forschungsprozesse verstehen und bewerten. Campus, Frankfurt a. M., S 39–67

Krütli P, Stauffacher M, Flüeler T, Scholz WR (2010) Functional-dynamic public participation in technological decision making: Site selection processes of nuclear waste repositories. J Risk Res 13(7):861–875

Lang DJ, Wiek A, Bergmann M, Stauffacher M, Martens P, Moll P, Swilling M, Thomas C (2012) Transdisciplinary research in sustainability science – practice, principles, and challenges. Sustain Sci 7(1):25–43

Latour B (2002) Die Hoffnung der Pandora. Untersuchungen zur Wirklichkeit der Wissenschaft. Suhrkamp, Frankfurt a. M.

Lieven O, Maasen S (2007) Transdisziplinäre Forschung: Vorbote eines ‚New Deal' zwischen Wissenschaft und Gesellschaft? GAiA 16(1):35–40

Max-Neef M (2005) Foundations of transdisciplinarity. Ecol Econ 53(1):5–16

Mittelstraß J (1996) Leonardo-Welt. Über Wissenschaft, Forschung und Verantwortung Suhrkamp, Frankfurt a. M.

Mittelstraß J (2003) Transdisziplinarität – wissenschaftliche Zukunft und institutionelle Wirklichkeit. Konstanzer Universitätsreden 214. Universitätsverlag, Konstanz

Muhar A, Vilsmaier U, Glanzer M, Freyer B (2006) Initiating transdisciplinarity in academic case study teaching: Experiences form a regional development project in Salzburg, Austria. Int J Sustain High Educ 7(3):293–308

Nicolescu B (2002) Manifesto of Transdisciplinarity. State University of New York Press, New York

Nicolescu B (2008) In vitro and in vivo knowledge. In: Nicolescu B (Hrsg) Transdisciplinarity. Theory and Practice. Hampton Press, Cresskill S 1–22

Nowotny H (1999) Es ist so. Es könnte auch anders sein Über das veränderte Verhältnis von Wissenschaft und Gesellschaft Erbschaft unserer Zeit, Bd. 4. Suhrkamp, Frankfurt a. M.

Nowotny H, Schott P, Gibbons M (2004) Wissenschaft neu denken. Wissen und Öffentlichkeit in einem Zeitalter der Ungewissheit. Velbrück Wissenschaft, Weilerswist

Pohl C, Hirsch Hadorn G (2006) Gestaltungsprinzipien für die transdisziplinäre Forschung. oekom, München

Reid WV, Chen D, Goldfarb L, Hackmann H, Lee YT, Mokhele M, Ostrom E, Raivio K, Rockström J, Schellnhuber HJ, Whyte A (2010) Earth system science for global sustainability: Grand challenges. Sci 330:916–917

Said E (1978) Orientalism. Vintage, New York

Scholz RW (2011) Environmental literacy in science and society: From knowledge to decision. Cambridge

Scholz RW, Stauffacher M (2010) The transdisciplinarity laboratory at the ETH Zurich: Fostering reflection-in-action in higher education. PlanTheory Pract 11(4):606–609

Scholz RW, Tietje O (2002) Embedded case study methods. Integrating qualitative and quantitative knowledge. Sage, Thousand Oaks

Scholz RW, Koller T, Mieg AH, Schmidlin C (Hrsg) (1995) Perspektive Grosses Moos – Wege zu einer nachhaltigen Landwirtschaft. ETH-UNS Fallstudie 1994. vdf, Zürich

Scholz RW, Stauffacher M, Bösch S, Wiek A (Hrsg) (2002) Landschaftsnutzung für die Zukunft – Der Fall Appenzell Ausserrhoden. ETH-UNS Fallstudie 2001. Rüegger, Zürich

Scholz RW, Stauffacher M, Bösch S, Krütli P (Hrsg) (2005) Nachhaltige Bahnhofs- und Stadtentwicklung in der trinationalen Agglomeration: Bahnhöfe in der Stadt Basel. ETH-UNS Fallstudie 2004. Rüegger, Zürich

Scholz RW, Lang DJ, Wiek A, Walter AI, Stauffacher M (2006) Transdisciplinary case studies as a means of sustainability learning: Historical framework and theory. Int J Sustain High Educ 7(3):226–251

Scholz RW, Stauffacher M, Bösch S, Krütli P, Wiek A (Hrsg) (2007) Entscheidungsprozesse Wellenberg – Lagerung radioaktiver Abfälle in der Schweiz. ETH-UNS Fallstudie 2006. Rüegger, Zürich

Spangenberg JH (2011) Sustainability science: A review, an analysis and some empirical lessons. Environl Conserv 38(3):275–287

Stauffacher M, Scholz RW (2012) Transdisziplinäre Lehrforschung am Beispiel der Fallstudien der ETH Zürich. In: Dusseldorp M, Beecroft R (Hrsg) Technikfolgen abschätzen lehren: Bildungspotenziale transdisziplinärer Methoden. Verlag für Sozialwissenschaften, Wiesbaden, S 277–291

Stauffacher M, Scholz RW (2008) Erfahrungen in Grenzgebieten: Transdisziplinäre Fallstudien als Lehrforschungsprojekte an der ETH Zürich. In: Darbellay F, Paulsen T (Hrsg) Herausforderung Inter- und Transdisziplinarität. Konzepte, Methoden und innovative Umsetzung in Lehre und Forschung. Presses polytechniques et universitaires romandes, Lausanne, S 135–154

Stauffacher M, Flüeler T, Krütli P, Scholz RW (2008) Analytic and dynamic approach to collaborative landscape planning: A transdisciplinary case study in a Swiss pre-alpine region. Syst Pract Action Res 21(6):409–422

Wiek A, Walter AI (2009) A transdisciplinary approach for formalized integrated planning and decision-making in complex systems. Eur J Oper Res 197(1):360–370

WBGU (2011) Welt im Wandel. Gesellschaftsvertrag für eine Große Transformation. Zusammenfassung für Entscheidungsträger. WBGU, Berlin

Methoden und Methodologie in den Nachhaltigkeitswissenschaften

Daniel J. Lang, Horst Rode und Henrik von Wehrden

Einleitung

Wie in den vorhergehenden Kapiteln dargelegt, setzen sich die Nachhaltigkeitswissenschaften mit gesellschaftlich relevanten, komplexen Problem- und Fragestellungen auseinander und verfolgen dabei das Ziel, Beiträge zur Lösung dieser Probleme zu leisten. Mit diesem Ansatz unterscheidet sich dieses Wissenschaftsgebiet ganz fundamental von anderen, stärker disziplinär verorteten Wissenschaftsansätzen, die i. d. R. auf ein klar definiertes Set an Methoden zurückgreifen bzw. sich häufig zu einem gewissen Grad durch das jeweilige methodische Instrumentarium definieren. Trotz dieses Unterschieds ist es auch in den Nachhaltigkeitswissenschaften entscheidend, klar festzulegen auf welche Art und Weise Problem- und Fragestellungen bearbeitet werden, um gezielt und nachvollziehbar Erkenntnisse zu deren Lösung bzw. Beantwortung zu erarbeiten. Methoden sind somit als Mittel zu einem bestimmten Zweck zu verstehen und nicht als „Selbstzweck". Dies deckt sich mit der ursprünglichen Herkunft des Begriffs, der dem griechischen *méthodos* entlehnt ist, was wörtlich übersetzt, ‚der Weg auf ein Ziel hin‘ bedeutet (Kluge 1989).

Der Methodenbegriff wird innerhalb verschiedener Wissenschaftsgebiete sowie in nicht-wissenschaftlichen Diskursen sehr unterschiedlich verwendet. In diesem Kapitel wollen wir auf eine eher pragmatische und ‚breite‘ Definition zurückgreifen, die sich an der ursprünglichen Wortbedeutung orientiert:

D. J. Lang (✉) · H. Rode · H. v. Wehrden
Fakultät Nachhaltigkeit, Leuphana Universität Lüneburg, Lüneburg, Deutschland
E-Mail: daniel.lang@leuphana.de

H. Rode
E-Mail: rode@leuphana.de

H. v. Wehrden
E-Mail: henrik.von_wehrden@leuphana.de

H. Heinrichs, G. Michelsen (Hrsg.), *Nachhaltigkeitswissenschaften,*
DOI 10.1007/978-3-642-25112-2_4, © Springer-Verlag Berlin Heidelberg 2014

Unter Methode wird eine „transparente und [klar] strukturierte Abfolge von Schritten" zur Beantwortung spezifischer Fragestellungen bzw., gerade im Fall der Nachhaltigkeitswissenschaften, „zum Entwickeln von Lösungsoptionen für komplexe Nachhaltigkeitsherausforderungen" verstanden. „Forschungs-Methodologie ist die zugrundeliegende Theorie von Methoden – eine strukturierte Zusammenstellung von Erkenntnissen darüber wie Forschung durchgeführt wird bzw. wurde und/oder gibt begründete Hinweise darauf wie Forschung durchgeführt werden sollte" (Wiek und Lang, in prep., übersetzt durch die Autoren dieses Kapitels).

Aufgrund der Problem-/Lösungsorientierung der Nachhaltigkeitswissenschaften wird in diesem Wissenschaftsgebiet auf ein breites Spektrum an Methoden verschiedener Disziplinen zurückgegriffen. Der Hauptanspruch kann daher nicht darin bestehen, spezifisch „nachhaltigkeitswissenschaftliche Methoden" zu entwickeln und zu definieren. Existierende Methoden sowie methodische Ansätze sollen vielmehr gezielt genutzt, auf nachhaltigkeitswissenschaftliche Fragestellungen angepasst, weiterentwickelt und zu einem sinnvollen methodischen Vorgehen integriert werden. Die vorgeschlagene Unterscheidung zwischen einer *science for sustainability* und einer *science of sustainability* spielt auch im Hinblick auf die Anwendung und Entwicklung von Methoden eine wichtige Rolle. Unter *science for sustainability* wird eine eher disziplinär/interdisziplinär orientierte Forschung verstanden, die wissenschaftliche Erkenntnisse im Hinblick auf Nachhaltigkeitsproblem- und -fragestellungen liefert. *Science of sustainability* umfasst eher inter- und transdisziplinär orientierte Forschung, mit dem Ziel konkrete Beiträge zu gesellschaftlichen, wechselseitigen Lernprozessen zu leisten (Spangenberg 2011).

In diesem Kapitel möchten und können wir keinen umfassenden und v. a. abschließenden Überblick über möglichst viele Methoden geben, die in den Nachhaltigkeitswissenschaften zur Anwendung kommen. Vielmehr sollen grundlegende methodische Herangehensweisen und methodologische Überlegungen von naturwissenschaftlichen, humanwissenschaftlichen sowie integrativen/inter- und transdisziplinären Ansätzen im Bezug auf nachhaltigkeitswissenschaftliche Fragestellungen exemplarisch dargestellt werden. Als integrativ werden in diesem Kapitel Ansätze verstanden, welche Wissen sowohl aus den Humanwissenschaften und den Naturwissenschaften als auch Wissen von Akteuren außerhalb der akademischen Welt zusammenführen. Vereinfacht können die in diesem Kapitel vorgestellten Ansätze der Natur- und Humanwissenschaft tendenziell einer *science for sustainability* und die integrativen Ansätze einer *science of sustainability* zugeordnet werden. Diese vereinfachte Einteilung ist in der Wissenschaftspraxis jedoch nicht allgemeingültig, da es zahlreiche Ausnahmen gibt. So existieren integrative Ansätze, welche Erkenntnisse im Sinne einer science for sustainablity liefern (z. B. integrative Modellierungsansätze zum Verständnis von Mensch- Umweltinteraktionen, etwa im Rahmen der Modellierung von Ökosystemdienstleisungen (Raudsepp-Hearnea et al. 2010; Nelson et al. 2009) und humanwissenschaftliche und naturwissenschaftliche Ansätze, die den Grundideen einer *science of sustainability* folgen (z. B. formative Evaluationsforschung in den Bildungswissenschaften etwa im Anschluss an das BLK-Programm „21" oder im Rahmen der UN-Dekade Bildung für eine nachhaltige Entwicklung; Rode 2005; Rode & Michelsen 2012).

Spezifische Aspekte und Herausforderungen

Die führenden internationalen Vereinigungen der Naturwissenschaften (International Council for Science – ICSU) und der Sozialwissenschaften (International Social Science Council – ISSC) haben als Resultat eines gemeinsamen Prozesses, im Jahr 2010 folgende fünf Grand Challenges (große Herausforderungen) für die Erdsystemwissenschaften, im Hinblick auf globale Nachhaltigkeit formuliert (nach Reid et al. 2010, Übersetzung durch die Autoren):

1. Verbesserung von Prognosen zukünftiger Umweltbedingungen und deren Konsequenzen für den Menschen
2. Entwicklung, Ausbau und Integration von Beobachtungssystemen, um [besser] mit regionalem und globalem Wandel umzugehen
3. Ermittlung wie unerwünschte globale Umweltveränderungen antizipiert, verhindert und bewältigt werden können
4. Ermittlung von institutionellen und ökonomischen Veränderungen sowie Verhaltensänderungen, die Schritte in Richtung globaler Nachhaltigkeit ermöglichen
5. Förderung von Innovationen (und Evaluationsmechanismen) als technologische, regulatorische und soziale Antworten zum Erreichen globaler Nachhaltigkeit.

Diese Herausforderungen sind auch für die Nachhaltigkeitswissenschaften generell von zentraler Bedeutung. Kombiniert mit dem häufig stark partizipativen und kollaborativen sowie transformativen Charakter der Nachhaltigkeitswissenschaften machen sie deutlich, dass es bei der Anwendung, Anpassung und Entwicklung von Methoden innerhalb dieses Wissenschaftsgebiets zahlreiche spezifische Anforderungen zu beachten und Schwierigkeiten zu bewältigen gilt. Auf die folgenden drei dieser Anforderungen und Schwierigkeiten möchten wir hier näher eingehen: Generiertes Wissen, Wissensintegration und Skalen.

Generiertes Wissen

Als problem- und lösungsorientiertes sowie „nutzen-inspiriertes" (Clark 2007) Wissenschaftsgebiet ist es explizites Ziel der Nachhaltigkeitswissenschaften Wissen zu generieren, das über ein reines Erkenntnisinteresse hinausgeht. Es werden konkret Beiträge zur Lösung von relevanten, lebensweltlichen Nachhaltigkeitsproblemen angestrebt. Charakteristika dieser Probleme sind u. a., dass sie *akut, komplex, örtlich verankert* und *umstritten* (vgl. Wiek und Lang in prep.) sind. In diesem Sinne gilt es Wissen zu generieren, das auf der einen Seite *sozial robust* ist und auf der anderen Seite Erkenntnisse zur Gestaltung von Transformationsprozessen in Richtung einer nachhaltigen Entwicklung liefert.

Sozial robustes Wissen

In Kap. 2.2 sind wir auf verschiedene Überlegungen im Hinblick auf die Notwendigkeit von transdisziplinären Forschungsansätzen im Bereich der Nachhaltigkeitswissenschaften eingegangen. Ein Kernaspekt dieser Überlegungen ist dabei die Forderung nach der Produktion von sozial-robustem Wissen, das Scholz 2011 wie folgt definiert:

> A form of epistemics or an orientation that: i) meets state-of-the-art scientific knowledge; ii) has the potential to attract consensus and is understandable by all stakeholder groups; iii) acknowledges the uncertainties and incompleteness inherent in any type of knowledge about processes of the universe; iv) generates processes of knowledge integration of different types of epistemics, particularly (different) scientific and experiential knowledge and v) reflects on the constraints given by the context both generating and utilizing knowledge (Scholz 2011, S. 548).

Auch wenn das Konzept des sozial-robusten Wissens nicht unumstritten ist (z. B. Weingart 2008) und sich auch hier bisher keine einheitliche Definition herauskristallisiert hat, sind zwei zentrale Aspekte, die es in den Nachhaltigkeitswissenschaften zu beachten gilt, i) die Kontextabhängigkeit der betrachteten Problemstellungen sowie ii) die angestrebte breite Akzeptanz der Ergebnisse und der Einbezug normativer Aspekte in den Forschungsprozess. Methodisch bringt dies große Herausforderungen mit sich, da u. a. mit anerkannten wissenschaftlichen Gütekriterien wie Reliabilität (Wiederholbarkeit der Messungen) und Validität ((Allgemein-)Gültigkeit) häufig nicht in der gleichen Weise umgegangen werden kann, wie bei klassischen empirischen Forschungsansätzen. Dies bedeutet jedoch nicht, dass wissenschaftliche Qualitätskriterien in den Nachhaltigkeitswissenschaften von untergeordneter Bedeutung sind. Es gilt vielmehr die Qualität mithilfe von spezifischen Ansätzen sowie erweiterten Qualitätskriterien sicherzustellen (Scholz et al. 2006; Krohn 2008; Bergmann und Schramm 2008; Lang et al. 2012).

Wissen zum Ermöglichen und Gestalten von Transformationsprozessen

Auf unterschiedliche Art und Weise wollen die Nachhaltigkeitswissenschaften letztlich immer zur Gestaltung von Nachhaltigkeitstransformationsprozessen in Mensch-Umweltsystemen beitragen. Um diese Prozesse gezielt zu gestalten, sind unterschiedliche Arten von Wissen von Bedeutung (vgl. Abb. 4.1).

Zum einen gilt es, die Eigenschaften und Wirkzusammenhänge innerhalb der betrachteten Systeme sowie deren Einbettung in die jeweiligen Kontextbedingungen zu verstehen und mögliche Zukunftszustände dieser Systeme zu antizipieren. Neben diesem Wissen über die Strukturen und Dynamiken des Systems müssen der gegenwärtige Systemzustand sowie die möglichen zukünftigen Zustände auf ihre Wünschbarkeit im Sinne einer nachhaltigen Entwicklung hin umfassend bewertet werden. Auf diese Weise lässt sich eine robuste (Nachhaltigkeits-)Vision des anzustrebenden Zustands sowie die Diskrepanzen zwischen diesem Zustand und dem Ist-Zustand ermitteln. Basierend auf der Kenntnis dieser Diskrepanzen und Zielrichtung sind Interventions- und Transformationsstrategien zu entwickeln, die nach ihrer Implementierung kontinuierlich evaluiert und angepasst werden. Diese Reflexivität der Forschung (kontinuierliche Reflexion des Forschungsprozesses und der gewonnenen Erkenntnisse) bezieht sich jedoch nicht nur auf das Transformationswissen, sondern sollte während des gesamten Forschungsprozesses eine wichtige Rolle spielen.

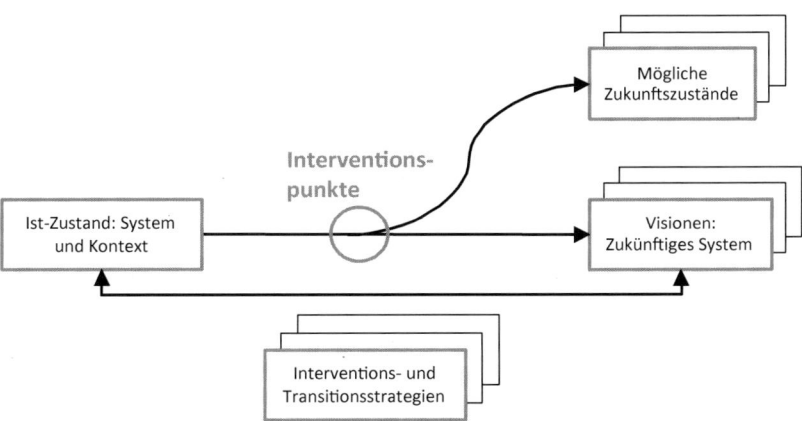

Abb. 4.1 Relevantes Wissen für die zielorientierte Gestaltung von Nachhaltigkeitstransformations-prozessen (Quelle: Angepasst aus Wiek et al. 2011, Übersetzung durch die Autoren)

Wissensintegration

Eine von insgesamt fünf Empfehlungen, die aus einer Initiative zweier bedeutender euro-päischer Wissenschaftsinstitutionen, European Science Foundation (ESF) und der Euro-pean Cooperation in Science and Technology (COST), zur Identifikation von Antworten der Wissenschaft auf die fundamentalen Umwelt- und soziale Herausforderungen unserer Zeit resultierte, lautet:

> Re-organise research so disciplines share knowledge and practices, and, from the onset, work together with each other and with stakeholders (RESCUE 2012).

Diese Empfehlung deckt sich stark mit einigen Überlegungen zu transdisziplinärer For-schung. Wie in dem besagten Kapitel ausführlich dargelegt, erfordern derartige For-schungs- und Lernvorhaben Integrationsleistungen unterschiedlicher Art und Weise. Die-se gilt es bei der Anwendung, Anpassung und Entwicklung von Methoden zu beachten, und/oder es müssen zu deren Bewältigung gezielt spezifische Methoden herangezogen werden.

Generelle Integrationsherausforderungen

Jahn (2008) unterscheidet generell die folgenden vier Dimensionen von Integrationshe-rausforderungen für inter- und transdisziplinäre Forschung (angepasst aus Jahn 2008, S. 32-33):

- Kognitiv epistemische Dimension: Hierbei „geht es [v. a.] um das Unterscheiden und Verknüpfen von fach-disziplinären Wissensbeständen sowie von wissenschaftlichem und alltagspraktischem Wissen". Wichtige Aufgaben sind hierbei, dass Methoden und Begriffe gegenseitig erläutert und verstanden werden sowie dass man sich auf Defini-tionen und Vorgehensweisen einigt, mit dem Ziel „einer gemeinsamen Methodenent-wicklung und Theoriebildung."

- Sozial und organisatorische Dimension: Hierbei „geht es um das Unterscheiden und [Aufeinander-beziehen] unterschiedlicher Interessen und Aktivitäten der beteiligten Forscherinnen und Forscher" sowie der beteiligten Akteure aus der Praxis.
- Kommunikative Dimension: Hierbei „geht es um das Unterscheiden und Verknüpfen verschiedener sprachlicher Ausdrucksmöglichkeiten und kommunikativer Praktiken, mit dem Ziel, sich im Forschungsalltag [. . .] verstehen und verständigen zu können."
- Sachlich technische Dimension: Hierbei „geht es um das [konkrete] Umgestalten verschiedener sachlicher und technischer Lösungselemente zu einem sozial und normativ eigebetteten nachhaltig funktionsfähigen System."

Arten der Wissensintegration

Eine spezielle Integrationsherausforderung, die v. a. im Bereich der kognitiv epistemischen Dimension anzusiedeln ist, aber auch die anderen Dimensionen betrifft, ist die Integration unterschiedlicher Arten von Wissen. Scholz und Tietje (2002) haben hierbei vier Arten von Wissen bzw. Arten der Wissensintegration unterschieden:

Disziplinen:	Das Verständnis von Nachhaltigkeitsproblemen sowie das Entwickeln von Lösungsoptionen verlangt die Integration von Wissen und Erkenntnissen aus den Natur-, Sozial- und Geisteswissenschaften (die letzten beiden sind in diesem Buch unter Humanwissenschaften zusammengefasst). Gerade im Hinblick auf das Entwickeln von Lösungsoptionen spielt auch Wissen aus den Ingenieur- und Technikwissenschaften eine entscheidende Rolle.
„Denkmodi"/Denkmuster:	In Bezug auf Beurteilungs- und Entscheidungsprozesse werden häufig idealtypisch zwei Strategien bzw. Denkmodi unterschieden: auf der einen Seite analytisches/logisches und auf der anderen Seite ein intuitives Entscheiden und Denken. Da in den Nachhaltigkeitswissenschaften konkrete Lösungsoptionen erarbeitet werden sollen und Nachhaltigkeitsprobleme häufig mit fundamentalen Unsicherheiten verbunden sind, die eine absolute Unterscheidung zwischen „richtig und falsch" nicht zulassen, gilt es beide Denkmodi zu berücksichtigen und zu integrieren, um zu zielführenden Erkenntnissen und Entscheidungen zu gelangen.
Systeme:	Die Bearbeitung von nachhaltigkeitswissenschaftlichen Fragestellungen verlangt häufig die Betrachtung verschiedener „Systeme", wie beispielsweise Boden, Wasser und Luft als natürliche Systeme oder Wirtschaft, Politik und Zivilgesellschaft als humane Systeme. Die Integration und Synthese von Erkenntnissen bzgl. dieser Systeme sowie die Erforschung und Berücksichtigung von Phänomenen an der Schnittstelle zwischen diesen Systemen ist, als eine Kernherausforderung innerhalb der Nachhaltigkeitswissenschaften anzusehen.

Tab. 4.1 Beispiele relevanter Skalen im Bereich der Nachhaltigkeitswissenschaften

Art	Skalenebenen	Referenz
Räumlich	„Patch" – Landschaft – Region – Global	Cash et al. 2006
Zeitlich	ein Zeitpunkt, eine Saison, mehrere Jahre	Holling 2001
(Regulations-) Ebenen von Human-Systemen	Individuum – Gruppe – Organisation – Institution – Gesellschaft – Supranationale/ Supragesellschaftliche Ebene	Scholz 2011

Perspektiven und Interessen: In den Nachhaltigkeitswissenschaften ist der Einbezug von außerwissenschaftlichen Akteuren häufig von großer Bedeutung. Ziel ist es hierbei Erfahrungswissen sowie Interessen, Präferenzen und Werte verschiedener Akteure aktiv mit in den Forschungsprozess einzubeziehen, um sozial robustes Wissen (s. o.) zu erzeugen und umsetzbare Lösungsoptionen zu entwickeln.

Scholz (2011) hat als weitere Art der Wissensintegration zusätzlich die Berücksichtigung unterschiedlicher Kulturen (kulturelles Wissen) vorgeschlagen, was sich gut mit der vorgestellten Notwendigkeit zur Berücksichtigung der kulturellen Dimension der Nachhaltigkeit deckt.

Skalen

Für das Verwirklichen einer nachhaltigen Entwicklung ist die Berücksichtigung verschiedener zeitlicher und räumlicher Skalen relevant. Dies wird bereits in der einfachen „Formel" der Agenda 21 *think global, act local* sowie der Kernidee der Brundtland-Definition einer *intergenerationalen Gerechtigkeit* (Hauff 1987) deutlich. Daher und aufgrund der Tatsache, dass sich zahlreiche Phänomene in sozial-ökologischen Systemen bzw. Mensch-Umweltsystemen über verschiedene zeitliche und räumliche Skalen hinweg erstrecken, spielt das Verständnis von Unterschieden und Gemeinsamkeiten sowie Wechselwirkungen zwischen Strukturen und Prozessen unterschiedlicher Skalenebenen eine zentrale Rolle (siehe Tab. 4.1; ebenso Holling 2001; Cash et al. 2006; Kümmerer und Hofmeister 2008; Scholz 2011). Als eng verbunden mit den räumlichen und zeitlichen Skalen, aber nicht notwendigerweise identisch mit diesen, können hierarchisch angeordnete (Regulations)Ebenen von Human-Systemen verstanden werden (siehe Tab. 4.1).

Methodische Herausforderungen, welche die „Mehrebenen-Betrachtung" mit sich bringt, umfassen i) naturwissenschaftliche Fragestellungen (z. B. die Herunterskalierung von globalen Klimamodellen zum Abschätzen von lokalen Effekten vgl. Walz et al. in press; Hijmans 2005), ii) humanwissenschaftliche Fragestellungen (z. B. die Frage, welchen Effekt die Zugehörigkeit zu einer Lerngruppe mit Eigenschaften, die sie von anderen Lerngruppen unterscheiden, auf den individuellen Lernerfolg hat (Ditton 1998; Grotheer & Kerst 2011) sowie iii) Fragestellungen an der Schnittstelle dieser Perspektiven (z. B. wie hängen bei gesellschaftlichen Transformationsprozessen, Innovationen in einer Nische mit Gegebenheiten auf der Ebene des sozio-technischen Regimes zusammen, das selbst wiederum in einen größeren exogenen Kontext eingebettet ist, z. B. Geels und Schot 2007).

▶ **Fragen:** Welche Aspekte sind bei der Methodenwahl zu beachten, wenn für ein gesellschaftlich relevantes Nachhaltigkeitsproblem Lösungsoptionen entwickelt werden sollen?
Mit welchen Herausforderungen sind die Nachhaltigkeitswissenschaften methodisch konfrontiert?
Welche Bedeutung haben Skalen bei Nachhaltigkeitsproblemen und welche Herausforderungen ergeben sich daraus für die zu verwendenden Methoden?

▶ **Aufgabe:** Erstellen Sie anhand der Charakteristika von Nachhaltigkeitsproblemen zu zwei gesellschaftlichen Problemstellungen detaillierte Problembeschreibungen und vergleichen sie diese miteinander.

Quantitatives, hypothesengeleitetes Forschungsdesign

- X Prozent der Biodiversitäts-Hotspots (sehr artenreiche Regionen) wird bis zum Jahr Y aufgrund der veränderten klimatischen Bedingungen einen Rückgang der Artenvielfalt aufweisen.
- Die Variabilität (Veränderlichkeit) des Klimas nimmt global zu.
- Durch die erhöhte Anzahl der Menschen ohne Zugang zu Trinkwasser in der Region X nimmt die regionale Abwanderungsrate zu.

Dies sind Beispielhypothesen zu Nachhaltigkeitsherausforderungen wie dem globalen Klimawandel und der Wasserknappheit in Teilen der Welt (Jerneck et al. 2011). Das Formulieren und Testen von Hypothesen stellt eine grundsätzliche Herangehensweise in den Natur- und Humanwissenschaften dar (Booth et al. 2008). Hierbei werden häufig basierend auf bestehenden Beobachtungen oder Studien komplexere Zusammenhänge vermutet, die durch klar formulierte Hypothesen verifiziert (bestätigt) oder falsifiziert (widerlegt) werden. Die Ergebnisse eines Hypothesentests besitzen immer eine begrenzte Wahrscheinlichkeit, da man u. a. davon ausgehen muss, nicht alle Einflussgrößen erfasst zu haben. Die entsprechende Prüfung der Hypothese – egal ob bestätigt oder widerlegt – wird daher als vorläufig angenommen, da spätere Erkenntnisse zu einer Modifikation der Ergebnisse führen könnten. Dies ist in der Praxis jedoch oft von untergeordneter Relevanz.

Die Reihenfolge der Hypothesen bestimmt die inhaltlichen Analyseaspekte und zieht sich durch den gesamten Aufbau der Arbeit. Die Veröffentlichung der Ergebnisse in wissenschaftlichen Fachzeitschriften und Büchern ist häufig ein zentrales Ziel einer wissenschaftlichen Arbeit (Day 2006; Cargill & O'Connor 2009). Die weiteren Ausführungen in diesem Kapitel werden daher entlang einer häufig verwendeten Gliederung von Beiträgen innerhalb dieser Publikationsmedien strukturiert.

Exemplarisches Vorgehen zur Hypothesenentwicklung und -testung

1. Erarbeitung einer Fragestellung nach Einschätzung ihrer gesellschaftlichen und/oder wissenschaftlichen Relevanz
2. Sichtung des Forschungsstandes
3. Entwicklung eines theoretischen Modells auf der Basis von Fragestellung und Forschungsstand
4. Ableitung von Hypothesen aus dem Modell
5. Datenerhebung
6. Datenanalyse
7. Ergebnisse
8. Diskussion
9. evtl. Modellrevision

Zur Verdeutlichung der verschiedenen Forschungsdesigns werden diese im folgenden Kasten aus Perspektive der Natur- und Humanwissenschaften exemplarisch dargestellt.

Naturwissenschaftliche Perspektive	Humanwissenschaftliche Perspektive
Hypothese: Artenvielfalt nimmt mit steigendem Niederschlag und in Richtung der Tropen zu.	**Hypothese:** Gezielte Unterrichts- und Schulgestaltung in Richtung auf nachhaltige Entwicklung und nachhaltigen Konsum leistet einen hohen Beitrag zur Entwicklung nachhaltiger Konsummuster bei Jugendlichen.
Datenerhebung: Verschiedenste Daten über Diversität wurden erhoben, z. B. über Regenwürmer, Vögel, Fische, Fledermäuse, holzige Pflanzen, Schnecken, Brutvögel und Käfer. Die Datensätze sind Bespiele auf unterschiedlichen Skalen, und stammen aus zahlreichen Regionen, z. B. Europa, Nordamerika, Peru, Südafrika, England sowie der östlichen Pazifikregion.	**Datenerhebung:** Gezielte Auswahl von Schulen, die auf dem Weg zu einer nachhaltigen Schulkultur bereits vorangekommen sind. Schülerinnen und Schüler zufällig ausgewählter Schulen als Kontrollgruppe, die bei ihrem „alten" Unterricht bleiben. Standardisierte Befragungen (Fragebogen) beider Gruppen. Befragung von Versuchs- und Kontrollgruppe nach ihren Konsumgewohnheiten zu Beginn des Unterrichtsversuchs befragt. Wiederholte Befragung beider Gruppen am Ende des Unterrichtsversuchs.
Datenanalyse: Korrelation von Umweltparametern gegen Artenzahlen von verschiedenen Organismen, hierbei zeigen sich größtenteils lineare Zusammenhänge, jedoch gibt es auch unimodale Modelle.	**Datenanalyse:** Grundauszählungen für alle Befragten beider Gruppen. Feststellung statistischen bedeutsamer (signifikanter) Unterschiede zwischen beiden Gruppen hinsichtlich von Veränderungen, um auf den Erfolg des Unterrichts schließen zu können.
Ergebnis: Global betrachtet befindet sich die höchste Anzahl von Arten in den Tropen, außerdem nimmt Biodiversität mit steigendem Niederschlag zu (Gaston 2000).	**Ergebnis:** Vergleich der Gruppenergebnisse. Die Hypothese gilt als bestätigt, wenn die Bereitschaft zu nachhaltigem Konsum in der Versuchsgruppe signifikant größer ist als in der Kontrollgruppe.

Diskussion:	Diskussion:
Räumliche Heterogenität von Artenvielfalt muss noch besser erforscht werden, weitere Kenntnisse über den biotischen und abiotischen Hintergrund sind nötig. Hierbei sollte ein besoderer Fokus auf die verschiedenen Skalen gerichtet werden, so gibt es viele Gemeinsamkeiten aber auch Unterschiede in den Diversitätsmustern zwischen lokalen und globalen Skalen. Darüber hinaus gibt es häufig Übereinstimmungen in Diversitätsmustern zwischen verschiedenen Artengruppen.	Einschätzung der eigenen Ergebnisse und Befunde an Hand der bestehenden Forschungsliteratur zur eigenen Fragestellung; Bei Abweichungen der eigenen Ergebnisse: Prüfunf, ob das Erhebungsverfahren tatsächlich geeignet war: War die Versuchsgruppe gut ausgewählt? Entsprachen die Schulen, in denen die Angehörigen der Versuchsgruppe unterrichtet wurden, den Erwartungen? Wurden bei den Schulen der Kontrollgruppe alle Merkmale (z. B. Entwicklungsgrad der Schulkultur) angemessen berücksichtigt? Kam es bei der Datenerhebung zu Problemen (z. B. „einseitiges" Antwortverhalten)?

Datenerhebung: Stichprobe und Reproduzierbarkeit (Auswahlverfahren)

Die Hypothesen werden in der Regel basierend auf einer repräsentativen Stichprobe einer Grundgesamtheit getestet. Ein häufiger Kritikpunkt ergibt sich aus der Frage, inwieweit ein Ganzes durch einen oft deutlich kleineren Teil erfasst wird. Um dies quantifizieren zu können, sollte jedes Experiment bzw. Design klare Aussagen im Bezug auf möglichst alle relevanten erwarteten Einflussgrößen machen. Die Grundparameter der Stichprobe (Fehlertoleranz und Sicherheitswahrscheinlichkeit als Maß für die Wahrscheinlichkeit mit der Ergebnisse innerhalb der gesetzten Toleranz liegen) sind anzugeben. Idealerweise werden mehrere Datensätze unabhängig voneinander erhoben und ermöglichen so einen direkten Vergleich (externe Validierung). Da dies in der Realität oft zu aufwendig ist, wird der existierende Datensatz häufig geteilt, um so die Datenqualität zu testen (interne Validierung) (Quinn und Keough 2002).

Pseudoreplikation ist ein anderer häufiger Vorwurf bei der Erhebung von Daten. So muss für jeden Datenpunkt die Unabhängigkeit gewährleistet sein, d. h. zwei Datenpunkte sollten idealerweise nicht voneinander abhängig sein oder beeinflusst werden. Da dies in der Realität oft schwer zu vermeiden ist, gibt es zahlreiche Verfahren, um mit der räumlichen Pseudoreplikation von Datenreihen umzugehen (z. B. hierarchische Designs, Autokorrelation). Dies gilt ebenso für die zeitlichen Abfolgen im Rahmen von mehreren Messungen hintereinander. Hier ist es z. B. häufig, dass zwei Datenpunkte, die direkt hintereinander gemessen wurden, sich ähnlicher sind als zwei Datenpunkte, die durch einen langen Zeitraum getrennt sind (zeitliche Pseudoreplikation) (Quinn und Keough 2002).

Versuchsanordnung

Versuche sollten sich soweit möglich an realen Bedingungen orientieren und Beobachtungen sollten das zu beobachtende System möglichst nicht stören oder beeinflussen. Dies ist natürlich in der Realität oft nicht zu erreichen, weswegen durch wiederholte Beobachtungen bzw. Messungen eventuelle Fehler minimiert werden sollen. In den Humanwissenschaften besteht ein Problem z. B. in der sogenannten Panel-Mortalität, d. h. man erreicht im zweiten Durchgang eines Versuchs nicht mehr alle Teilnehmerinnen und Teilnehmer des ersten Durchgangs. Besonders bei Langzeitstudien sind daher sehr große Stichproben zu Beginn notwendig, um dieses Problem zu kompensieren.

Exemplarisches Vorgehen bei der Festlegung der Stichprobe und des Untersuchungsdesigns

1. Pre-Post-Test-Design. Messung vor einer Intervention und nach einer Intervention. Hypothese: Es gibt Veränderungen durch die Intervention
2. Festlegung einer Versuchsgruppe und einer Kontrollgruppe
3. Bestimmung der Unterschiede zwischen den Messzeitpunkten und Versuchs- und Kontrollgruppe
4. Bewertung der Unterschiede

	Naturwissenschaftliche Perspektive	Humanwissenschaftliche Perspektive
Beispiel	**Hypothese:** Die Anzahl von Kleinsäugern ist beeinflusst vom Nahrungsangebot und dem Vorhandensein anderer Arten. **Ergebnis:** Die Populationdichte von Kleinsäuger hängt sowohl vom Vorhandensein anderer Arten als auch vom Futter ab. Allerdings sind diese Zusammenhänge Komplex und z.T. nur sehr zeitverzögert feststellbar (Brown and Munger, 1985).	**Hypothese:** Jugendliche an Schulen mit ausgeprägtem Nachhaltigkeitsprofil tendieren stärker zu nachhaltigem Konsum als Schülerinnen und Schüler an Schulen ohne Nachhaltigkeitsprofil. **Ergebnis:** Eine schulische Profilierung in Richtung nachhaltige Entwicklung unterstützt die Entstehung nachhaltiger Konsummuster bei Jugendlichen.

Auswertung

Die Auswertung naturwissenschaftlicher und empirischer sozialwissenschaftlicher Daten erfolgt für gewöhnlich mithilfe statistischer Tests und/oder Modelle. Hierbei werden bestimmte Schwellenwerte oder Signifikanzmaße angesetzt. Der häufigste Schwellenwert ist der sogenannte „p-Wert" („p" leitet sich vom englischen Probability ab), der angibt mit welcher Wahrscheinlichkeit das Ergebnis eintritt. Der häufigste Grenzwert ist 0,05, was bedeutet, dass mit einer Wahrscheinlichkeit von 95 % das modellierte Ereignis eintritt. Bei der Anwendung dieser Maße muss man aber beachten, dass sie von den Fallzahlen abhängen: Je mehr Untersuchungseinheiten einbezogen werden, desto eher werden auch inhaltlich geringe Unterschiede oder Zusammenhänge statistisch signifikant (Quinn und Keough 2002; Crawley 2012).

Exemplarisches Vorgehen bei der Auswertung empirischer Daten

1. Grundauszählung (Häufigkeitsverteilungen und Verteilungsparameter).
2. Hypothesen-/Modelltest (Überprüfung von Zusammenhängen mit Beschreibung der Stärke von Zusammenhängen oder der Größe von Differenzen)
3. Untersuchung der Ergebnisse auf Signifikanz unter Beachtung inhaltlicher Überlegungen.

	Naturwissenschaftliche Perspektive	Humanwissenschaftliche Perspektive
Beispiel	Die Verbreitung von Bigfoot wurde modeliert. Das Model zeigte eine klare Einnischung der Art, die jedoch deutliche Ähnlichkeit mit der Verbreitung des Schwarzbären zeigte (Lozier et al. 2009).	Vergleich der unterschiedlichen Gruppenergebniss. Die Hypothese wird bestätigt: Die Bereitschaft zu nachhaltigem Konsum ist in der Versuchsgruppe signifikant größer ist als in der Kontrollgruppe.

Ergebnisinterpretation/-präsentation/Implementierung

Die Ergebnisse einer Studie werden häufig in einem eigenen Kapitel/Abschnitt eines Forschungsberichtes/-artikels beschrieben, in dem die Ergebnisse nicht diskutiert werden. Der Aufbau dieses Kapitels orientiert sich an den aufgestellten Hypothesen. Im Folgenden werden die Ergebnisse diskutiert bevor abschließend Schlussfolgerungen gezogen werden.

Grafische Repräsentation

Graphiken als Visualisierung der statistischen Auswertung unterstützen häufig die Ergebnisdarstellung.

Einbettung (Theorie/Praxis . . .)

Im Rahmen der Diskussion werden die Ergebnisse in den Kontext der vorhandenen Literatur eingebettet und diskutiert. Hierbei ist die Zitierung der wesentlichen Literatur absolut unabdingbar. Der Beitrag der vorliegenden Arbeit für die wissenschaftliche Community sollte herausgestellt werden.

Kritische Reflexion

Die Arbeit sollte darüber hinaus in der Rückschau kritisch durchleuchtet werden, was Vorschläge zu Verbesserungen und zu weiteren Forschungsansätzen/-fragen beinhaltet. Dies schließt auch eine Methodenkritik mit ein.

Transfer

In einem letzten Schritt werden die Ergebnisse der Studie in einem breiteren Rahmen eingebettet, um so den Wissenstransfer jenseits des jeweiligen Fachgebietes zu ermöglichen.

Exemplarisches Vorgehen bei der Ergebnispräsentation und -intepretation

1. Beschreibung der Ergebnisse mit Hypothesentest.
2. Spiegelung an der relevanten Literatur mit Einordnung: neue Ergebnisse als Bestätigung oder Ablehnung bestehender Ergebnisse.
3. Methodenkritik
4. Herausarbeitung des Beitrags zur Modellbildung und Aufzeigen potenzieller Folgeforschung

	Naturwissenschaftliche Perspektive	Humanwissenschaftliche Perspektive
Beispiel	Relokation von Populationen von zwei Schmetterlingsarten, um Effekte vom Klimawandel zu simulieren. Ein Kompensieren der Arten durch eine Verschiebung des Vorkommensgebietes in Richtung der Pole erscheint eher unwahrscheinlich (Pellingi et al. 2009).	Formulierung von Empfehlungen auf der Grundlage der Ergebnisse: Hinweise zur Erfolg versprechenden nachhaltigen Gestaltung einer Schule. Beschreibung guten Unterrichts im Sinne der Fragestellung.

▶ **Fragen:** Welche Kernaspekte/Schritte zeichnen das vorgestellte hypothesen-geleitete Forschungsdesign aus? Gibt es Spezifika innerhalb der Nachhaltig-keitswissenschaften im Bezug auf dieses Forschungsdesign?
Welche Qualitätskriterien stehen bei diesem Forschungssetting im Vordergrund und welche Probleme stellen sich dabei bezüglich der Spezifika in den Nachhal-tigkeitswissenschaften (auch in Bezug auf das vorangegangene Kapitel)?

▶ **Aufgabe:** Erarbeiten Sie 1–3 Hypothese(n) zu dem gesellschaftlichen Nach-haltigkeitsproblem, welches im ersten Aufgabenblock erstellt wurde, die ver-ifiziert bzw. falsifiziert werden kann/können. Skizieren Sie kurz, wie Sie beim Testen der Hypothesen vorgehen würden.

Exemplarische methodische Designs und Methoden in den Natur- und Humanwissenschaften

Im vorhergehenden Kapitel wurde deutlich, dass das quantitative, hypothesengeleitete Vorgehen grundsätzlich keine fundamentalen Unterschiede zwischen den empirischen Humanwissenschaften und den Naturwissenschaften aufweist. Unterschiede werden je-doch dann deutlich, wenn man die verschiedenen Forschungsdesigns und Methoden konkret betrachtet. Daher werden im Folgenden einige relevanten Designs und Methoden kurz vorgestellt.

Naturwissenschaften

Erhebung und Analyse von Umweltdaten

Die Erhebung von Umweltdaten ist zu vielfältig, um an dieser Stelle abschließend erläutert werden zu können. Daher sollen einige grundlegende Erwägungen einen Überblick geben. Am häufigsten folgen Daten einer Normalverteilung, d. h. es gibt viele Datenpunkte, die nahe an einem bestimmten Wert (Mittelwert) liegen, während nur wenige Werte deutlich höher oder deutlich niedriger sind. Dies ist typisch für zahlreiche Umweltinformationen, die gemessen oder beobachtet werden können. Hierzu zählen z. B. Messungen von Gewäs-serbelastungen, Klimadaten, Strahlungsmessungen oder Daten über Größe und Gewicht.

Darüber hinaus spielen Zähldaten eine zentrale Rolle in der Erhebung von Umweltdaten, d. h. Daten, die einen absoluten Nullpunkt haben und ganze Zahlen darstellen. Dies ist z. B. für Biodiversitätskartierungen wichtig, in denen die Anzahl von Arten gezählt wird. Anders als bei normal verteilten Daten haben Zähldaten meistens viele Beobachtungen mit niedrigen Werten und wenige Beobachtungen mit hohen Werten.

Wichtig für jede Form der Datenerhebung ist ein klares Design (Scheiner und Gurevitch 2001), d. h. es sollte von Anfang an klar sein, wie viele Datenpunkte aufgenommen werden und welche Information beobachtet und gemessen werden soll. Änderungen während der Datenaufnahme sollten vermieden werden, da sie die ersten Datenpunkte oft nutzlos werden lassen. Vorstudien sind daher hilfreich, um komplexe Datenerhebungen testweise zu versuchen und wenn nötig zu modifizieren und zu präzisieren. Fehlende Werte sollten vermieden werden, da diese häufig den gesamten Datenpunkt unbrauchbar machen können.

Bei Schätzdaten sollten alle beteiligten Personen vorher zusammen mehrere Datenpunkte testweise aufnehmen, um vergleichbare Aufnahmen zu garantieren. Ebenso sollten bei Messdaten alle Methoden und Geräte so benutzt werden, dass die Daten nicht voneinander abweichen (zur Sicherung der Reliabilität). Taxonomische Daten (z. B. Pflanzenarten) sollten alle möglichst vorher bekannt sein oder gesammelt werden, um eine vergleichbare Bestimmung zu garantieren.

Experimente

Laborexperimente sind ein wesentlicher Teil der naturwissenschaftlichen Forschung. Hierbei werden die komplexen Bedingungen aus dem Freiland reduziert auf kontrollierte Bedingungen, die möglichst konstant und vergleichbar sind. Oftmals werden dann eine oder mehrere Bedingungen variiert, um Veränderungen zu quantifizieren und Zusammenhänge zwischen den gezielt veränderten Größen (unabhängige Variablen) und Größen, die durch die Veränderungen beeinflusst werden (abhängige Variablen) zu identifizieren. Wenn mehrere Parameter verändert werden, können auch Interaktionen zwischen den Parametern untersucht werden. Das wichtigste bei allen Laborexperimenten ist die klare Reproduzierbarkeit, die durch eine genaue Planung und Dokumentation garantiert wird. Darüber hinaus werden möglichst alle Teile des Experiments mehrmals wiederholt, um zu validieren, dass die Ergebnisse unabhängig vom Zufall sind.

Diese Sicherstellung der Reproduzierbarkeit ist bei Experimenten im Freiland oft noch aufwendiger, da hier umfangreiche Vorarbeiten notwendig sind und/oder die zahlreichen Proben mit einem großen Arbeitsaufwand erhoben werden müssen. Ursprünglich wurden Freilandexperimente in der Landwirtschaft etabliert, mittlerweile haben sie aber in praktisch allen Disziplinen Einzug gehalten und beantworten komplexeste Fragestellungen unter kontrollierten (Freiland-)Bedingungen. Wie auch im Labor wird/werden zumeist ein oder mehrere Gradienten (also kontinuierliche Umweltinformationen) oder Gruppen (also nicht kontinuierliche Gradienten) manipuliert, während andere Informationen möglichst vergleichbar sein sollen und daher konstant gehalten werden. Zahlreiche Freilandexperimente zeichnen sich mittlerweile durch eine hohe Komplexität aus, in denen die Experimentalflächen von Arbeitsgruppen zahlreicher Disziplinen untersucht werden.

Modellierung

Die Auswertung der Daten ist ebenso vielfältig wie komplex, wobei mittlerweile nahezu alle Analysen computergestützt sind und Computer somit meist eine Grundvoraussetzung für die Datenauswertung sind. Darüber hinaus sind große Datenmengen mittlerweile über das Internet verfügbar, z. B. Satellitendaten (Horning 2010) oder Daten von Klimamodellen. Die Software für die Auswertungen ist z. T. kostenfrei erhältlich (z. B. R für Statistik (Crawley 2012) oder GRASS für geografische Informationssysteme), teilweise aber auch sehr kostenintensiv (z. B. ArcGIS (www.esri.com) oder SPSS). Gemeinsam ist allen Softwarepaketen eine große Komplexität und Dynamik, nicht nur weil die technischen Möglichkeiten sich ständig vervielfachen, sondern auch die Analysemethoden ständig weiterentwickelt werden. Einige Analysen sind eher visuell bzw. deskriptiv, etwa die Darstellung räumlich verfügbarerer Informationen mithilfe von Karten. Diese werden heutzutage zumeist mit geografischen Informationssystemen erstellt, die nicht nur zur Visualisierung und Datenverwaltung sondern auch zur weiteren Datenanalyse dienen. Die statistische Auswertung von Daten sollte streng genommen immer den gleichen Prinzipien folgen, allerdings haben sich im Laufe der Zeit in den einzelnen Disziplinen bestimme Analysen etabliert und durchgesetzt. Sogenannte dynamische Modellierungen sind z. B. in der Prognose von Wetter und Klima unabdingbar geworden und haben große Relevanz, z. B. für landwirtschaftliche Planung und auch längerfristige Szenarien in Bezug auf den Klimawandel. Grundsätzlich hat das Niveau der statistischen Auswertung von Daten in den letzten Jahren und Jahrzehnten zugenommen. Ein stärkerer Austausch zwischen den Disziplinen wird die Analyse in Zukunft noch anspruchsvoller werden lassen, aber gleichzeitig (hoffentlich) dazu führen, dass die jeweils korrekten Analysen gemacht werden und nicht diejenigen, die Teil der Tradition der jeweiligen Disziplin sind. Dank der Computerrevolution und des Internets haben wir immer größere Möglichkeiten bei der Erhebung und Auswertung von Daten, aber die Herausforderungen sind zugleich kaum kleiner geworden, und die Kooperation verschiedenster Disziplinen ist nicht nur aus naturwissenschaftlicher Perspektive wünschenswert.

Humanwissenschaften

In den Humanwissenschaften kommt eine beträchtliche Bandbreite verschiedener Erhebungsverfahren zum Einsatz. Sie lassen sich grob in quantitative und qualitative Verfahren einteilen, wobei es allerdings auch Übergänge und Kombinationen unterschiedlicher Methoden gibt. So lassen sich beispielsweise in einer qualitativen Studie bestimmte Denkmuster erheben, deren Verbreitung und Zusammenhang mit anderen Personenmerkmalen dann quantitativ erhoben werden.

Die Entscheidung für die zu wählenden Methoden orientiert sich an der Fragestellung der Forschungsarbeit. Eine angemessene Fragestellung ist sowohl für die Auswahl adäquater quantitativer als auch qualitativer Verfahren notwendige Voraussetzung. Das gilt auch, wenn bereits existierende Daten einer erneuten Analyse unterzogen werden sollen (sog. Sekundäranalyse).

Quantitative Methoden

Derartige Sekundäranalysen gehören zumeist in den Bereich quantitativer Methoden, besonders wenn es um sozio-ökonomische Daten geht. Diese Daten werden in standardisierten Verfahren vielfach zentral über amtliche Stellen erhoben. Dazu gehören beispielsweise Statistiken über Alter und Geschlecht, Größe des Wohnortes, Ausbildung usw. An ökonomischen Daten lassen sich u. a. Kennzahlen zur Beschäftigung oder zur Wirtschaftsleistung von Betrieben nennen. Darüber hinaus gibt es Spezialuntersuchungen, die sich mit Hintergründen sozio-ökonomischer Entwicklungen, wie beispielsweise Bildungsgängen oder der Situation von Haushalten befassen. Ein Teil dieser Daten ist öffentlich zugänglich und kann für Sekundäranalysen genutzt werden (www.gesis.org, www.destatis.de). Meist basieren diese Daten auf sehr großen, teilweise internationalen Stichproben und weisen damit im Sinne von Fehlertoleranzen eine hohe Qualität auf. Diese Daten werden zum einen aus amtlichen Quellen (z. B.: Einwohnermeldeämter, Agentur für Arbeit), zum anderen aus standardisierten Befragungen gewonnen. Sekundäranalysen nutzen statistische Standardprozeduren und können auch zum Test von Hypothesen und zur Entwicklung und Testung von Modellen genutzt werden.

Die standardisierte Befragung mittels eines Fragebogens, der allen Befragten die gleichen Fragen stellt, ist die häufigste Form der quantitativen Datenerhebung. Es gibt unterschiedliche technische Umsetzungen: den Papierfragebogen, der mit der Post versandt wird, den Online-Fragebogen, die telefonische Befragung, die face-to-face-Befragung. Bei der face-to-face-Befragung werden die Befragten von Interviewern häufig zu Hause aufgesucht. Der Fragenkatalog ist standardisiert. Dieses Verfahren liefert die höchste Datenqualität, da Antwortausfälle ("keine Angabe") relativ selten vorkommen. Bei der telefonischen Befragung besteht die Schwierigkeit, dass heutzutage verschiedene, insbesondere junge Zielgruppen nur eingeschränkt erreichbar sind, da sie keinen Festnetzanschluss mehr besitzen und so für ein Auswahlverfahren (Stichprobenziehung) nicht verfügbar sind. Bei der Verwendung von Online-Fragebogen gibt es zwei Wege: Wenn man über E-Mail-Adressen Befragter verfügt, so lassen sich personalisierte Fragebogen-Links versenden. Damit lässt sich der Fragebogenrücklauf gut verfolgen und durch entsprechende Erinnerungen steigern. Allerdings lassen sich E-Mail-Adressen nicht immer ermitteln, sodass bei Online-Verfahren im Grunde nicht mit Zufallsstichproben gearbeitet werden kann. Die zweite Variante der Online-Befragung ist die "offene" Form, d. h. man stellt meist einen Link auf einer Internetseite ein, der dann zum Fragebogen führt. Auf diesem Wege lassen sich bei geringen Kosten viele Befragte erreichen. Nachteile sind, das nie vollständig auszuschließende Ausfüllen mehrerer Fragebogen durch eine einzelne Person und die mögliche positive Selbstselektion, d. h. es werden nur Befragte erreicht, die einer Fragestellung ohnehin positiv oder sehr stark negativ gegenüberstehen. Der Papierfragebogen ist eine ressourcenintensive Form der Befragung. Er erlaubt eine gute Rücklaufkontrolle, erfordert aber in der Administration einen großen Aufwand. Das Übertragen der Daten in die elektronische Form ist eine nicht zu unterschätzende Fehlerquelle.

Vor dem Einsatz des Fragebogens stehen die Formulierung von Fragestellungen, Erklärungsmodellen und Hypothesen sowie die Festlegung, wer eigentlich befragt werden soll (Stichprobe). Der Aufbau eines Fragebogens orientiert sich an allgemeinen Regeln (z. B. „leichte" Fragen als Einstieg an den Anfang) und an den zu untersuchenden Hypothesen bzw. Modellkomponenten (vgl. Porst 2018; Moosbrugger und Kelava 2012). Diese sollten im Fragebogen vollständig durch entsprechend Fragen bzw. Teilfragen („Items") abgebildet sein. Dabei muss man darauf achten, dass der Fragebogen nicht zu umfangreich wird. Man muss schon bei den Überlegungen zu Fragestellung und ggfs. Modell eine Eingrenzung vornehmen.

Wenn in der humanwissenschaftlichen Forschung von Modellen die Rede ist, so sind damit meist Überlegungen gemeint, die als definierter Wirklichkeitsausschnitt Annahmen über Zusammenhänge und Ausprägungen verschiedener Variablen so zusammenfassen, dass eine Formulierung von Hypothesen und eine am Modell orientierte strukturierte Auswertung ermöglicht werden. So gibt es Modelle in den Wirtschaftswissenschaften, die sich mit der Entwicklung von Preisen für bestimmte Güter unter bestimmten Bedingungen befassen oder Vorhersagen über den Wirtschaftsverlauf unter bestimmten Voraussetzungen (z. B. Preis- und Lohnentwicklung) ermöglichen. In der Umweltbewusstseinsforschung gibt es Modelle, die den vermuteten Zusammenhang zwischen Motivationen, Intentionen und Handlungsabsichten (z. B. Fishbein und Ajzen 1975) beschreiben. Diese Modelle lassen sich als konzeptionelle Modelle bezeichnen. Ihnen stehen in wachsendem Umfang Simulationsmodelle gegenüber, die möglichst viele Parameter eines zu lösenden Problems aufnehmen und die Interaktionen unterschiedlicher „Agenten" modellieren und simulieren. Ein Beispiel sind Prognosemodelle über den Verlauf und die Bedingungen einer Umstellung des Individualverkehrs auf Elektromobilität (vgl. http://www.wiwi.unibielefeld.de/?id=3553).

Ein Spezialfall quantitativer Befragungen sind die sogenannten quasi-experimentellen Settings. So werden beispielsweise in der Lernforschung oftmals Untersuchungsdesigns entwickelt, die eine Versuchs- und eine Kontrollgruppe umfassen und eine Messung vor dem Beginn des Experiments und nach dessen Ende, manchmal zeitlich weiter versetzt auch noch einen dritten Messzeitpunkt vorsehen. Diese Vorgehensform wird auch als Pre-Post-Test-Design bezeichnet. Derartige experimentelle Designs werden als Quasi-Experimente bezeichnet, da sich nicht alle Rahmenbedingungen für alle beteiligten Testpersonen gleich (konstant) halten lassen. Dies gilt besonders für die Kontrollgruppe, die beispielsweise keinen besonderen Unterricht erhält, aber zu Vergleichszwecken die gleichen Aufgaben wie die Versuchsgruppe vorgelegt bekommt. Darüber hinaus hängt beispielsweise die erfolgreiche Lösung von Aufgaben auch von Personenmerkmalen ab, die variabel sind und nicht kontrolliert werden können.

Qualitative Methoden

Qualitative Methoden dienen nicht dem alleinigen Testen von Hypothesen, können aber auch einen Beitrag zur Bestätigung von Vermutungen leisten. Am Beginn einer qualitativen Studie steht wie beim quantitativen Vorgehen die Formulierung einer adäquaten Fragestellung. Auf der Grundlage dieser Fragestellung werden die Untersuchungsgegenstände, die zur Beantwortung der Fragestellung beitragen können, identifiziert. Dabei kann es sich um Texte, Kunstwerke, Filme, Gebäude usw. handeln. Diese Untersuchungsgegenstände finden sich oft in geisteswissenschaftlichen Untersuchungen, beispielsweise bei der Analyse historischer Quellen oder der Interpretation von Kunstwerken. Für die Analyse von Texten gibt es Verfahren zur Inhaltanalyse, die vom Gesamttext über Schlüsselformulierungen hin zu einem Kondensat reichen, das den wesentlichen Gehalt einer größeren Menge von Texten beinhaltet (Mayring 2002; Lamnek 2010).

Auch sozialwissenschaftliche Untersuchungen werden häufig qualitativ durchgeführt. Meist geschieht dies über Interviews, die in der Regel weniger standardisiert sind als ein Fragebogen. Bei qualitativen Interviews gibt es eine Bandbreite von hoch standardisiert bis nahezu völlig offen.

Paradigmatisch für qualitative Sozialforschung ist die *grounded theory* (Glaser 1992; Glaser und Strauss 1967; Strauss und Corbin 2011). Sie entstand aus dem Bedürfnis, theoretische und empirische Forschung einander näher zu bringen. Theorien sollten möglichst eng an die soziale Wirklichkeit gekoppelt werden. Zunächst wurden auch Überlegungen angestellt, eine solche Theorieentwicklung mit quantitativen Methoden zu betreiben. Inzwischen gilt die grounded theory jedoch praktisch ausschließlich als Grundlage qualitativer Sozialforschung. Grounded theory entwickelt Theorien nicht abstrakt, sondern möglichst in intensiver Auseinandersetzung mit dem Untersuchungsgegenstand. Bei unterschiedlichen Untersuchungsgegenständen wird es vor diesem Hintergrund schwierig, Forschungsergebnisse zu vergleichen und miteinander in Beziehung zu setzen, allerdings beanspruchen die Ergebnisse auch keine so weit gehende Verallgemeinerungsfähigkeit wie in der quantitativen Forschung. Mit der *grounded theory* lassen sich auch ethnografische Ansätze (s. u.) und Verfahren, wie die bereits seit dem 19. Jahrhundert entwickelte hermeneutische Rekonstruktion von Texten, ohne vorherige theoretische Festlegung empirischer Aussagen direkt aus dem zu untersuchenden Material ableiten (Jacob 1995; Jung 1996).

Während bei quantitativen Studien vielfach Zufallsstichproben (jede zu befragende Person hat die gleiche Chance, in die Stichprobe zu geraten) untersucht werden, geht die qualitative Forschung einen anderen Weg. Ihr geht es darum, beispielsweise die Tiefen und Verästelungen einer Denkstruktur offen zu legen. Statistische Repräsentativität steht dabei nicht im Vordergrund. So besteht die Möglichkeit, sich bei der Auswahl der zu Interviewenden auf einen Personenkreis zu konzentrieren, der die erwarteten oder benötigten Informationen zu liefern verspricht. Man wählt also gezielt aus. Dabei ist es oft wichtig, möglichst kontrastierende Fälle zu untersuchen, beispielsweise Interviewpartner mit unterschiedlichem Alter oder aus unterschiedlichen gesellschaftlichen Kontexten. Man bezeichnet dieses Auswahlverfahren auch als *theoretisches Sampling*. Oft wird theoretisches Sampling auch als kumulatives Verfahren eingesetzt. Man beginnt mit einer Auswahl von

Untersuchungseinheiten und analysiert diese. Auf der Basis der Analyseergebnisse werden dann weitere Fälle gesucht, die die bereits vorliegenden Ergebnisse bestätigen, erweitern, modifizieren oder – abhängig von der Fragestellung der Untersuchung – auch infrage stellen. Die Auswahl zusätzlicher Fälle kann man abbrechen, wenn erkennbar wird, dass es keine weiteren Zugewinne bei der Präzisierung der gewonnenen Theorie gibt (theoretische Sättigung), sich beispielsweise Antworten und Gedankengänge zu wiederholen beginnen.

Ein zu beachtender Spezialfall qualitativer Forschung ist die Ethnografie. Dieser Forschungsansatz kommt aus der Ethnologie, hat aber auch Eingang in die Soziologie gefunden. Zunächst entwickelt, um auf der Grundlage teilnehmender Beobachtung in Kombination mit Befragung die Sichtweisen fremder Kulturen zu erfassen, dient dieser Ansatz heute auch der Analyse unterschiedlicher gesellschaftlicher Gruppen und Milieus. Dies können unterschiedliche Jugendkulturen sein, aber auch Belegschaften von Betrieben usw. Kennzeichnend für das Vorgehen ist das Gespräch mit den Befragten, das ohne festgelegten Fragenkatalog oder Interviewleitfaden geführt wird. Meist werden mehrere Gespräche über einen längeren Zeitraum geführt. Die Analyse erfolgt dann mit inhaltsanalytischen Verfahren, die Schlüsselsätze, zentrale Begriffe und auch Gemeinsamkeiten und Unterschiede zwischen den Interviewpartnern herausarbeiten. Darüber hinaus wird die Interviewsituation unter den Perspektiven der jeweiligen Untersuchung beobachtet, um auch Stimmungslagen und emotionale Reaktionen der Befragten erfassen zu können.

Diese hier kurz dargestellten Verfahren lassen sich kombinieren, wenn es darum geht, Fallstudien (Case Studies) zu betreiben. Bei den „Fällen" handelt es sich häufig um größere Untersuchungseinheiten. Die Bandbreite kann vom Ökosystem bis hin zu einer Universität reichen. Abhängig von der Fragestellung lassen sich etwa die Analyse von Dokumenten und quantitative und qualitative Formen der empirischen Forschung miteinander kombinieren, um die vielfältigen Merkmale einer solch großen Untersuchungseinheit zu beschreiben. So könnte man, um die Leistungsfähigkeit einer Universität zu bewerten, die Studienprogramme und -pläne analysieren, die Durchschnittsnoten der erzielten Studienabschlüsse ermitteln, oder Absolventinnen und Absolventen danach fragen, ob das Studium bei der Berufsfindung hilfreich war. An diesem Punkt könnte man auch potenzielle Arbeitgeber nach ihren Erwartungen an Absolventinnen und Absolventen befragen usw. Case Studies vereinen also unterschiedliche forschende Vorgehensweisen. Die Entscheidung für eine Fallstudie hängt von der Forschungsfrage und der daraus abgeleiteten Hypothesenstruktur ab. Yin (2008) sieht Fallstudien vor allem dort angebracht, wo es um die Klärung konkurrierender Hypothesen geht und die Fragen des Wie und Warum. Dabei versucht eine Fallstudie keine Bedingungen zu kontrollieren, wie es etwa im Experiment geschieht.

▶   **Fragen:** Welche Methoden werden zur Datenerhebung in den Natur- und Humanwissenschaften genutzt?
Was sind Herausforderungen bei der Datenauswertung?
Womit beschäftigen sich die Modelle in den Human- bzw. Naturwissenschaften?

▶ **Aufgabe:** Sammeln Sie möglichst viele Gemeinsamkeiten und Unterschiede zwischen natur- und humanwissenschaftlichen Methoden und versuchen Sie deren Ursache zu ergründen.

Integrative und transformative methodische Ansätze

Die oben beschriebenen, spezifischen Aspekte und Herausforderungen der Nachhaltigkeitswissenschaften verdeutlichen, dass die Problem- und Fragestellungen in diesem Wissenschaftsgebiet in vielen Fällen, neben den dargestellten human- und naturwissenschaftlichen Settings und Methoden, auch nach integrativen sowie transdisziplinären Betrachtungen im Sinne einer *science of sustainability* verlangen. Hierbei werden human- wie auch naturwissenschaftliche Ansätze und Erkenntnisse gezielt integriert sowie Praxisakteure mit ihrem impliziten oder expliziten Erfahrungswissen aktiv in den Forschungsprozess einbezogen. Auch wenn in den letzten Jahren vermehrt methodische Ansätze in dieser Richtung entwickelt wurden, hat sich v. a. im Bereich der Transdisziplinären Nachhaltigkeitsforschung noch keine einheitliche und allgemein anerkannte Strukturierung und Terminologie herausgebildet (Brandt et al. 2013, Lang et al. 2012). Im Folgenden wird auf zwei exemplarische transdisziplinäre und transformative Herangehensweisen eingegangen, die das Ziel verfolgen, wechselseitige Lernprozesse zwischen Wissenschaftlerinnen und Wissenschaftlern unterschiedlicher Disziplinen sowie außerwissenschaftlichen Akteuren zu ermöglichen.

Evidenzbasierte, transformative Forschung

Da die Problem- und Fragestellungen im Zusammenhang mit einer nachhaltigen Entwicklung häufig räumlich verankert sind, besteht in den Nachhaltigkeitswissenschaften das Ziel, sozial robustes Wissen zu generieren, das den jeweiligen Kontextbedingungen gerecht werden soll. Diese Tatsache wirft die Frage auf, wie bestehende Erkenntnisse auf spezifische Kontexte und Sachverhalte übertragen werden können, um die betrachtete Fragestellung zu bearbeiten. Weiter stellt sich die Frage, wie die Erkenntnisse, die aus der Bearbeitung der spezifischen Fragestellung resultieren, genutzt werden können, um die Wissensbasis auf einer übergeordneten Ebene zu erweitern und für weitere Transformationsprozesse nutzbar zu machen (im Sinne einer Re-Integration der Erkenntnisse in den wissenschaftlichen Diskurs).

In Abb. 4.2 ist ein einfaches Schema einer evidenzbasierten, transformativen Forschung dargestellt.

In einem ersten Schritt (I) wird bei diesem Forschungsansatz zunächst der gegenwärtige Wissensstand bzgl. der zu betrachtenden/gestaltenden Transformationsprozesse aufbereitet und synthetisiert. Hierbei sollen nicht nur bestehende wissenschaftliche Erkenntnisse integriert werden, sondern auch Erkenntnisse und Erfahrungen aus Projekten zu

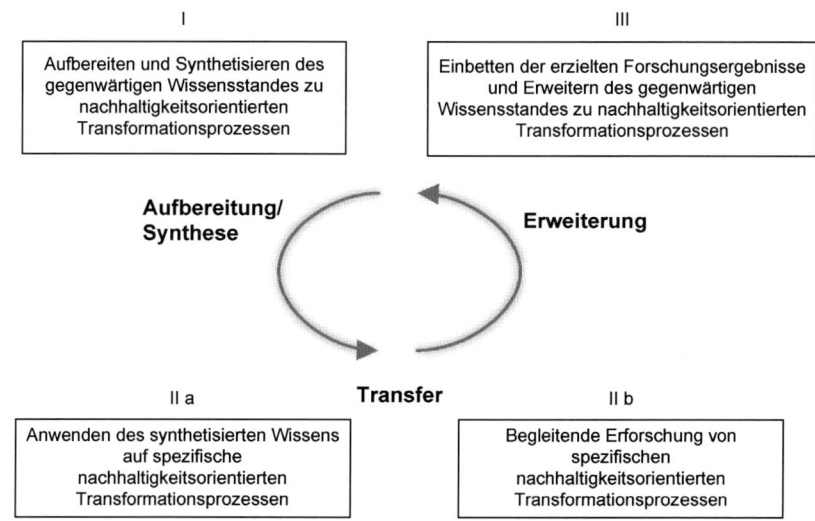

Abb. 4.2 Idealtypische Darstellung der Komponenten einer evidenzbasierten transformativen Forschung

ähnlichen Problem- und Fragestellungen, die in anderen Kontexten durchgeführt wurden. Dieses synthetisierte Wissen wird anschließend genutzt (IIa), um spezifische Transformationsprozesse im Rahmen von transdisziplinären, kontextbezogenen Forschungsvorhaben (mit-)zu gestalten (Fallstudien). Diese Vorhaben können zu einem gewissen Grad als sogenannte realweltliche Laboratorien angesehen werden, in welchen, durch eine strukturierte Begleitforschung (IIb), Erkenntnisse gewonnen werden, die den gegenwärtigen Wissensstand gezielt erweitern bzw. festigen (III). Auch wenn die einzelnen Komponenten des Schemas aufeinander aufbauen, müssen und sollen diese nicht linear abgearbeitet werden. In der konkreten Forschungspraxis gilt es vielmehr immer wieder Iterationsschritte zuzulassen, z. B. wenn bei der konkreten Gestaltung und Begleitung von Transformationsprozessen neue Fragen aufkommen, zu welchen der Wissensstand bisher noch nicht aufgearbeitet war. Die Fallstudien werden im Hinblick auf die Erweiterung des Wissensstandes idealerweise so gewählt, dass bereits zu Beginn des Vorhabens deutlich ist, welche Charakteristika den Fall auszeichnen und was aufgrund dieser Charakteristika anhand des Falls „gelernt" werden kann. Hierbei kann die Analyse von Gemeinsamkeiten und Unterschieden der jeweiligen Kontexteigenschaften verschiedener potenzieller Fallstudien hilfreich sein (z. B. Zemp et al. 2011).

Transdisziplinärer Fallstudienansatz/Integrative, szenariobasierte Planungsforschung

Der transdisziplinäre Fallstudienansatz wurde bereits als ein methodologischer Zugang zur Gestaltung und Durchführung von transdisziplinären Nachhaltigkeitsprojekten vorge-

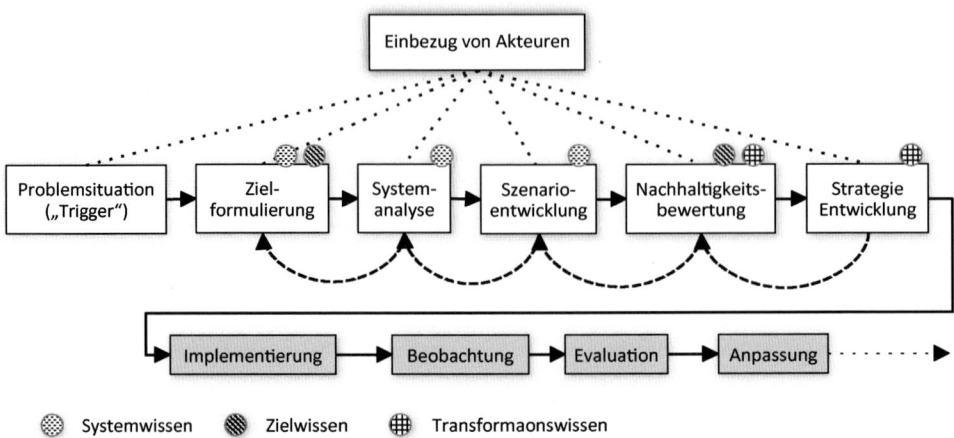

Abb. 4.3 Integrativer, szenariobasierter Forschungs- und Planungsansatz. Bei den Prozessschritten ist jeweils angegeben, welche Arten von Wissen (vgl. Abb. 4.1) jeweils hauptsächlich generiert werden sollen. (Quelle: Angepasst aus: Wiek, Lang and Withycombe, 2011 , Complex Problem Solving. Reader für den MBA Studiengang Sustainability Management. CSM, Leuphana Universität Lüneburg; Übersetzung durch die Autoren)

stellt. Dieser Ansatz kann als ein exemplarisches Beispiel für einen integrativen, szenariobasierten Forschungs- und Planungsansatz zur komplexen Problemlösung angesehen werden. In Abb. 4.3 sind die generellen Schritte dieser Herangehensweise dargestellt. Übergeordnetes Ziel ist hierbei die Entwicklung und letzten Endes Implementierung sowie die kontinuierliche Anpassung von Lösungsstrategien für spezifische Nachhaltigkeitsherausforderungen (vgl. auch evidenzbasierte Interventionsforschung). Im Sinne eines *Backward Planning* (vom Ende her planen) sollten alle methodischen Schritte auf dieses Ziel hin ausgerichtet und jeweils mit den vorhergehenden und nachfolgenden Schritten abgestimmt sein (vgl. Scholz et al. 2006).

Ausgangspunkt für den Forschungsprozess stellt eine (konkrete) Problemsituation/ Herausforderung im Sinne einer nachhaltigen Entwicklung dar („Trigger"). Basierend darauf werden in einem gemeinsamen Prozess zwischen Wissenschaftlerinnen und Wissenschaftlern unterschiedlicher Disziplinen sowie Vertreterinnen und Vertretern relevanter Akteursgruppen Forschungsobjekte, Forschungsziele sowie Erfolgskriterien definiert (Lang et al. 2012). Diese Phase kann als „Ausrichtungsphase" des Forschungsprozesses bezeichnet werden. Generell folgt darauf eine Phase, in welcher der Forschungsprozess „gerahmt" wird – sprich die angewendeten Methoden sowie das Setting der Methodenanwendung definiert werden (Wiek und Lang, in prep.). Beim in Abb. 4.3 vorgestellten Forschungs- und Planungsansatz ist der generelle methodische Rahmen grob vorgegeben. Im Sinne des *Backward Planning*, ist jedoch eine Spezifizierung der methodischen Schritte, z. B. im Hinblick auf den Grad des Einbezugs verschiedener Akteure bei der Bearbeitung der einzelnen Schritte (Stauffacher et al. 2008) sowie eine grobe Definition der erwarteten Inputs aus den jeweils vorhergehenden Schritten, notwendig. Nach der Ausrichtungs- und Rahmungsphase folgt als erster methodischer Schritt der Forschungsphase im engeren Sinne, die Analyse des betrachteten Systems. Hierbei werden relevante Einflussvariablen im Hinblick auf die Fragestellung sowie deren Wechselwirkungen identifiziert und analysiert. Die Resultate der Analysen geben Einblicke in die Strukturen und Dynamiken sowie den aktuellen Zustand des Systems. Methoden, die für diesen Schritt herangezogen werden können, sind beispielsweise die Qualitative Systemanalyse (Wiek et al. 2008), Akteurs- und Akteursnetzwerkanalysen (Frischknecht und Schmied 2003; Jansen 2006; vgl. Kasten unten) oder Group Model Building Ansätze (Vennix 1996). Aufbauend auf den Erkenntnissen der Systemanalyse folgt als nächster Schritt die Entwicklung von explorativen Szenarien, mit dem Ziel ein möglichst diverses Spektrum an möglichen (nicht notwendigerweise wahrscheinlichen) Zukunftszuständen des Systems abzubilden. Auch für diesen Schritt lassen sich verschiedene Methoden heranziehen, wie beispielsweise die (Funktional) Formative Szenarioanalyse (Scholz und Tietje 2002; Spoerri et al. 2009) oder die Cross-Impact Balance Analysis (Weimer-Jehle 2006). Während sowohl Systemanalyse als auch Szenarioentwicklung v. a. Systemwissen (inkl. Wissen über potenzielle Systementwicklungen) generieren, wird im folgenden Schritt der Nachhaltigkeitsbewertung, v. a. Zielwissen bzgl. der anzustrebenden/wünschenswerten Zukunftsvision erarbeitet. Häufig kommen hierbei Multikriterien-Ansätze wie die MAUT (Multi-Attributive Utility Theory, Scholz und Tietje 2002) zur Anwendung. Eine entscheidende Rolle innerhalb von Nachhaltigkeitsbewertungen spielen die zugrunde gelegten Nachhaltigkeitsprinzipien bzw. übergeordneten Nachhaltigkeitskriterien. Im Sinne einer integrativen und umfassenden Nachhaltigkeitsbetrachtung ist dabei die Anwendung von systemischen Prinzipien/übergeordneten Kriterien (z. B. Grunwald und Kopfmüller 2006; Gibson 2006; Lang et al. 2007) gegenüber unstrukturierten Kriterien-/Indikatorenlisten i.d.R. vorzuziehen. Ein großes Potenzial des Bewertungsschrittes besteht darin, dass unterschiedliche Präferenzen von Akteuren sowie Interessenkonflikte zwischen verschiedenen Akteursgruppen transparent gemacht werden können. Um dies zu erreichen, eignen sich spezifische Erhebungsmethoden, wie beispielsweise der sogenannte Explorationsparcours (Loukopoulos und Scholz 2004). Basierend auf den Erkenntnissen dieses Schritts werden im Folgenden gemeinsam Handlungsorientierungen sowie Umsetzungsstrategien für den Umgang mit den betrachteten Fragestellungen entwickelt, die im Folgenden durch die betroffenen Akteure implementiert werden können. Wichtig zu beachten ist hierbei, dass die Wissenschaftlerinnen und Wissenschaftler den Schritt der Implementierung zwar begleiten können, jedoch nicht die Rolle der Entscheider übernehmen bzw. die verantwortliche Institution für die Implementierung sind. Die auf die Implementierung folgende begleitende Forschung folgt zum einen der Idee des Plan-Do-Check-Act-Zyklus und kann zum anderen im Sinne der oben vorgestellten evidenzbasierten transformativen Forschung organisiert sein.

Beispielhaftes, schrittweises methodisches Vorgehen – Akteursanalyse
(basierend auf Frischknecht & Schmied 2003 und Deutsche Gesellschaft für Internationale Zusammenarbeit 2006)

Die Methode der Akteursanalyse ermöglicht eine Forschungsfrage aus verschiedenen Perspektiven relevanter individueller (sozial handelnder Personen) und kollektiver Akteure (organisierte Einheiten, z. B. Unternehmen, Ministerien), die in einem System funktionell miteinander verbunden sind, zu beleuchten. Die Methode wird einerseits in der Wissenschaft verwendet, aber auch in Unternehmen, Behörden und NGOs spielt sie für die Entwicklung und Planung von Bürgerbeteiligungsverfahren, Dialogprozessen, Marktanalysen oder PR-Strategien eine Rolle.

Mit der Akteursanalyse können das soziale Handeln und die Beziehungen der Akteure untereinander genauer unter die Lupe genommen und dabei bestimmt werden, welche Relevanz einzelne Akteure im System innehaben, welche Absichten sie verfolgen und wie ihre Interaktionen in Bezug zu anderen Akteuren ablaufen.

Eine Akteursanalyse kann entlang der folgenden Schritte durchgeführt werden:

1. *Problemdefinition und Forschungsfrage*
2. *Identifikation von Schlüsselakteuren* aufgrund von Stellung, Wissen, Fähigkeiten, Vernetzung oder Einflussmöglichkeiten
3. *Analyse der Schlüsselakteure* anhand von wichtigen Kernfunktionen: Generell geht es in diesem Schritt um die Sammlung von Informationen zur Akteursfunktion (Zulieferer, Angebotsseite, Nachfrageseite, etc.), Legitimität (Institutionelle Stellung, zugeschriebene oder erworbene Rechte etc.), Ressourcenverfügbarkeit (Wissen, Sachverstand und Fähigkeiten, materielle Ressourcen, Einflusspotenzial), Vernetzung oder der speziellen Handlungsziele der Akteure in Bezug auf die betrachtende Situation.
4. *Analyse der Akteursnetzwerke*, dabei können u. a. folgende Kategorien das Netzwerk charakterisieren: Indirekter Einfluss, Institutionelle Verflechtung, Quantitative/Qualitative Kommunikation
5. *Analyse des Veränderungspotenzials einzelner Akteure*: Hier geht es darum, die Übereinstimmung der Interessen der jeweiligen Akteure mit dem Ziel festzustellen.

Forschungsergebnisse: Abgleich der Ergebnisse aus der Akteursanalyse mit den Hypothesen, um anschließend Schlussfolgerungen ziehen zu können

▶ **Fragen:** Welche Komponenten/Schritte des evidenzbasierten, transformativen Forschungsansatzes sind kontextspezifisch und welche nicht?
Was ist unter Backward Planning zu verstehen und was ist das Ziel dieses Planungsprinzips?

▶ **Aufgabe:** Beschreiben Sie anhand von mindestens drei Beispielen, wie Erkenntnisse aus den oben beschriebenen human- und naturwissenschaftlichen Settings gezielt in den integrativen, szenariobasierten Forschungs- und Planungsansatz integriert werden können. Versuchen sie hierbei auf das gesellschaftliche Nachhaltigkeitsproblem aus dem vorigen Aufgaben-Block Bezug zu nehmen.

Schlussfolgerungen und Ausblick

Der Überblick über die methodologischen Herausforderungen und die exemplarischen methodischen Ansätze unterschiedlicher Perspektiven, den dieses Kapitel aufspannt, macht deutlich, wie vielfältig, relevant und teilweise noch unstrukturiert der Methodenkanon innerhalb der Nachhaltigkeitswissenschaften ist. An dieser Stelle möchten wir abschließend auf zwei Aspekte eingehen, die in unseren Augen von substantieller Bedeutung für die Gestaltung und Anwendung sowie für die Weiterentwicklung von Methoden innerhalb dieses Wissenschaftsgebietes sind.

Keine unüberwindbaren Grenzen aber Notwendigkeit, Schnittstellen zu harmonisieren

Vor allem innerhalb des Abschnitts über das quantitative, hypothesengeleitete Forschungsdesign wird deutlich, dass die grundsätzlichen methodischen Herangehensweisen in den empirischen Human- und Naturwissenschaften teilweise sehr ähnlich sind. Dies gilt auch für andere Bereiche, wie die quantitative Modellierung von sozialen und natürlichen Systemen (Daily und Ellison 2002; Daily 1997). Diese Gemeinsamkeiten bieten eine große Chance für integrative Betrachtungen an der Schnittstelle zwischen Human- und Naturwissenschaften, die auch vermehrt genutzt wird. Ein Problem bei diesen Betrachtungen ist jedoch häufig, dass bestimmte Aspekte wie Terminologie, Datenformate, betrachtete Zeiträume etc. noch nicht ausreichend harmonisiert sind und ein gezieltes gemeinsames Generieren bzw. Zusammenführen von Erkenntnissen aus den verschiedenen Perspektiven behindern. Aus diesem Grund sollte bei inter- und transdisziplinären Forschungsprojekten, die Integrationsarbeit einer der ersten Schritte innerhalb des Projekts sein und sich durch das gesamte Projekt ziehen (Lang et al. 2012). Auf dem Weg zu einem eigenständigen Wissenschaftsgebiet wird es zudem wichtig sein, dass auch auf einer übergeordneten Ebene die methodologischen Herausforderungen an den Schnittstellen noch besser verstanden und beispielsweise vermehrt harmonisierte Forschungsprotokolle entwickelt werden. Dies gilt insbesondere auch für Ansätze, bei welchen die Herangehensweisen weniger offensichtliche Gemeinsamkeiten aufweisen, wie beispielsweise bei ethnologischen Studien im Vergleich zu experimenteller natur- und sozialwissenschaftlicher Forschung. Im Sinne einer problem- und lösungsorientierten Forschung erscheint es sinnvoll und lohnend diese Herausforderungen anzugehen, da nur durch das Zusammenführen der Erkenntnisse unterschiedlicher Perspektiven das notwendige Wissen zur Gestaltung der angestrebten gesellschaftlichen Transformationsprozesse generiert werden kann.

Vom Wissen zum Handeln

Ein häufig beschriebenes Phänomen im Zusammenhang mit nachhaltiger Entwicklung ist die ‚Kluft zwischen Wissen und Handeln' (z. B. van Kerkhoff und Lebel 2006). Wie oben beschrieben sollte es im Sinne einer *science of sustainability* in den Nachhaltigkeitswissenschaften nicht nur darum gehen Sozial-Ökologische/Mensch-Umwelt Systeme besser zu verstehen, sondern auch, (i) weitere Wissensarten (mit-)zu entwickeln, die für die Gestaltung von Transformationsprozessen notwendig sind (vgl. auch WBGU 2011 – Transformationswissen und transformatives Wissen) und (ii) Prozesse zu ermöglichen, in denen dieses Wissen an der Schnittstelle zwischen Wissenschaft und Gesellschaft entwickelt wird, um es sowohl für die gesellschaftliche als auch für die wissenschaftliche Praxis nutzbar zu machen. Damit dies erreicht werden kann, gilt es das Zusammenwirken disziplinärer, interdisziplinärer sowie transdisziplinärer Forschung innerhalb der Nachhaltigkeitswissenschaften noch besser zu verstehen und zu stärken. Wie dargestellt ist dies keine einfache Aufgabe, v. a. auch unter methodologischen Gesichtspunkten. Wir hoffen in diesem Kapitel einige Ansatzpunkte aufgezeigt zu haben, wie dies möglich ist und sind davon überzeugt, dass sowohl die disziplinäre Forschung als auch eher inter-/und transdisziplinäre Ansätze von diesen Bestrebungen profitieren können. Vor allem sind durch diese Bestrebungen aber Fortschritte in Richtung einer nachhaltigen Entwicklung zu erwarten, die dazu beitragen besser zu verstehen, (i) welche Zukunft aus gesamtgesellschaftlicher Sicht wünschenswert und nachhaltig ist und (ii) wie Entwicklungen in Richtung von dieser Zukunft gestaltet sowie (iii) konkret angegangen werden können – ganz im Sinne des Zitats von Gerry Brewer, mit dem wir dieses Kapitel beenden möchten:

> No one can predict the future, but we can invent and make the future because we know how to do so and we have done so consistently through our history as a species. Inventing and making however mean thinking clearly about where we wish to go and then creating and devising the means to get there (Brewer 2007, S. 160).

Literatur

Bergmann M, Schramm E (Hrsg) (2008) Transdisziplinäre Forschung: Integrative Forschungsprozesse verstehen und bewerten. Campus, Frankfurt a. M.

Bergmann M, Jahn T, Knobloch T, Krohn W, Pohl C, Schramm E (2010) Methoden transdisziplinärer Forschung. Ein Überblick mit Anwendungsbeispielen. Campus, Frankfurt a. M.

Bolker BM, Brooks ME, Clark CJ, Geange SW, Poulsen JR, Stevens MH, White J-SS (2009) Generalized linear mixed models: a practical guide for ecology and evolution. Trends Ecol Evol 24(3):127–135

Booth WC, Colomb GG, Williams JM (2008) The craft of research. University of Chicago Press, Chicago

Börjeson L, Höjer M, Dreborg K-H, Ekvall T, Finnveden G (2006) Scenario types and techniques: towards a user's guide. Future 38(7):723–739

Brandt P, Ernst A, Gralla F, Luederitz C, Reinert F, Abson D, Lang DJ, Newig J, Wehrden H von (2013). A review of transdisciplinary research in sustainability science. Ecological Economics 92:1–15

Brewer GD (2007) Inventing the future: scenarios, imagination, mastery and control. Sustain Sci 2(2):159–177

Brown JH, Munger JC (1985) Experimental manipulation of a desert rodent community: food addition and species removal. Ecol Soc 66(5):1545–1563

Cargill M, O'Connor P (2009) Writing scientific research articles: strategy and steps. Wiley-Blackwell, Chichester

M Carrier, D Howard, JA Kourany (Hrsg) (2008) The challenge of the social and the pressure of practice: science and values revisited. University of Pittsburgh Press, Pittsburgh

Cash DW, Adger W, Berkes F, Garden P, Lebel L, Olsson P, Pritchard L, Young O (2006) Scale and cross-scale dynamics: governance and information in a multilevel world. Ecol Soc 11(2):8

Clark WC (2007) Sustainability science: a room of its own. Proc Natl Acad Sci 104(6):1737–1738

Crawley MJ (2012) The R book. Wiley-Blackwell, Oxford

Daily GC (1997) Nature's services: societal dependence on natural ecosystems. Island Press, Washington

Daily GC, Ellison K (2002) The new economy of nature: the quest to make conservation profitable. Island Press, Washington

Day RA, Gastel B (2006) How to write and publish a scientific paper. Greenwood Press, Westport

Deutsche Gesellschaft für Internationale Zusammenarbeit (2006). Mainstreaming Participation. Instrumente zur Akteursanalyse. http://www.giz.de/Themen/de/dokumente/de-SVMP-Instrumente-Akteursanalyse.pdf. Zugegriffen 26. July 2013

Ditton H (1998) Mehrebenenanalyse: Grundlagen und Anwendungen des hierarchisch linearen Modells. Juventa-Verlag, Weinheim

Fishbein M, Ajzen I (1975) Belief, attitude, intention and behavior: An introduction to theory and research. Addison-Wesley, Reading

Frischknecht P M, & Schmied B (2003) Umgang mit Umweltsystemen: Methodik zum Bearbeiten von Umweltproblemen unter Berücksichtigung des Nachhaltigkeitsgedankens. Ökom-Verlag, München

Gaston KJ (2000) Global patterns in biodiversity. Nature 405(6783):220–227

Geels FW, Schot J (2007) Typology of sociotechnical transition pathways. Res Policy 36(3):399–417

Gibson RB (2006) Sustainability assessment: basic components of a practical approach. Impact Assess Proj Apprais 24(3):170–182

Glaser BG (1992) Basics of grounded theory analysis. Sociology Press, Mill Valley

Glaser BG, Strauss AL (1967) The discovery of grounded theory: strategies for qualitative research. Aldine, New York

Grotheer M, Kerst C (2011) Studienqualität in system- und hochschulbezogener Perspektive: Auswertungen mit Daten des Studienqualitätsmonitors und des Konstanzer Studierendensurveys. Hannover.

Hauff V (Hrsg) (1987) Unsere gemeinsame Zukunft: Der Brundtland-Bericht der Weltkommission für Umwelt und Entwicklung. Eggenkamp, Greven

Hijmans RJ, Cameron SE, Parra JL, Jones PG, Jarvis A (2005) Very high resolution interpolated climate surfaces for global land areas. Int J Climatol 25(15):1965–1978

Holling CS (2001) Understanding the complexity of economic, ecological, and social systems. Ecosyst 4(5):390–405

Horning N (2010) Remote sensing for ecology and conservation: a handbook of techniques. Oxford University Press, Oxford

Jacob J (1995) Verstehen konstruieren. In: Pechlivanos M (Hrsg) Einführung in die Literaturwissenschaft. Metzler, Stuttgart, S 324–336

Jahn T (2008) Transdisziplinarität in der Forschungspraxis. In: Bergmann M, Schramm E (Hrsg) Transdisziplinäre Forschung: Integrative Forschungsprozesse verstehen und bewerten. Campus, Frankfurt a. M., S 21–37

Jansen D (2006) Einführung in die Netzwerkanalyse: Grundlagen, Methoden, Forschungsbeispiele. VS Verlag für Sozialwissenschaften, Wiesbaden

Jerneck A, Olsson L, Ness B, Anderberg S, Baier M, Clark E, Hickler T, Hornborg A, Kronsell A, Lövbrand E, Persson J (2011) Structuring sustainability science. Sustainability. Science 6(1):69–82

Jung M (1996) Dilthey zur Einführung. Junius, Hamburg

Kluge F (1989) Ethymologisches Wörterbuch der deutschen Sprache. de Gruyter, Berlin

Kopfmüller J, Grunwald A (2006) Nachhaltigkeit. Campus Verlag, Frankfurt a. M.

Krohn W (2008) Epistemische Qualitäten transdisziplinärer Forschung. In: Bergmann M, Schramm E (Hrsg) Transdisziplinäre Forschung: Integrative Forschungsprozesse verstehen und bewerten. Campus, Frankfurt a. M., S 39–68

Kümmerer K, Hofmeister S (2008) Sustainability, substance flow management and time. Part I. J Environ Manag 88(4):1333–1342

Lamneck, S (2010) Qualitative Sozialforschung: Lehrbuch. Beltz Psychologie Verlags Union, Weinheim

Lang DJ, Scholz R W, Binder CR, Wiek A, Stäubli B (2007) Sustainability Potential Analysis (SPA) of landfills – a systemic approach: theoretical considerations. J Clean Prod 15(17): 1628–1638

Lang D J, Wiek A, Bergmann M, Stauffacher M, Martens P, Moll P, Swilling M, Thomas C J (2012) Transdisciplinary research in sustainability science: practice, principles, and challenges. Sustain Sci 7(Suppl 1):25–43

Loukopoulos P, Scholz RW (2004) Sustainable future urban mobility: using ‚area development negotiations' for scenario assessment and participatory strategic planning. Environ Plan A 36(12):2203–2226

Lozier JD, Aniello P, Hickerson MJ (2009) Predicting the distribution of Sasquatch in western North America: anything goes with ecological niche modelling. J Biogeogr 36(9):1623–1627

Mayring, P (2002) Einführung in die qualitative Sozialforschung: Eine Anleitung zu qualitativem Denken. Beltz Psychologie Verlags Union, Weinheim

Moosbrugger H, Kelava A (2012) Testtheorie und Fragebogenkonstruktion. Springer, Berlin

Nelson E, Mendoza G, Regetz J, Polasky S, Tallis H, Cameron D, Chan KM, Daily GC, Goldstein J, Kareiva PM, Lonsdorf E, Naidoo R, Ricketts TH, Shaw M (2009) Modeling multiple ecosystem services, biodiversity conservation, commodity production, and tradeoffs at landscape scales. Front Ecol Environ 7(1):4–11

Ness B, Urbel-Piirsalu E, Anderberg S, Olsson L (2007) Categorising tools for sustainability assessment. Ecol Econ 60(3):498–508

Pechlivanos M (Hrsg) (1995) Einführung in die Literaturwissenschaft. Metzler Verlag, Stuttgart

Pelini SL, Dzurisin JD, Prior KM, Williams CM, Marsico TD, Sinclair BJ, & Hellmann JJ (2009) Translocation experiments with butterflies reveal limits to enhancement of poleward populations under climate change. Proc Natl Acad Sci 106(27):11160–11165

Porst R (2008) Fragebogen: Ein Arbeitsbuch. VS Verlag für Sozialwissenschaften, Wiesbaden

Quinn GP, Keough MJ (2002) Experimental design and data analysis for biologists. Cambridge University Press, Cambridge

Raudsepp-Hearne C, Peterson GD, Bennett EM (2010) Ecosystem service bundles for analyzing tradeoffs in diverse landscapes. Proc Natl Acad Sci 107(11):5242–5247

Reid WV, Chen D, Goldfarb L, Hackmann H, Lee YT, Mokhele K, Ostrom E, Raivio K, Rockstrom J, Schellnhuber HJ, Whyte A (2010) Earth system science for global sustainability: grand challenges. Science 330(6006):916–917

RESCUE (2012). Responses to environmental and societal challenges for our unstable Earth: ESF-COST ‚Frontier of Science' joint initiative. European Science Foundation, Strasbourg (FR) and

European Cooperation in science and technology, Brussels (BE). http://www.esf.org/index.php?eID=tx_ccdamdl_file&p[file]=39249&p[dl]=1&p[pid]=4050&p[site]=European%20Science%20Foundation&p[t]=1345467949&hash=f095effdd87ae9aab324e5d4c422c0b5&l=en. Zugegriffen: 14. Aug 2012

Rode H (2005) Motivation, Transfer und Gestaltungskompetenz: Ergebnisse der Abschlussevaluation des BLK-Programms „21" 1999–2004

Rode H, Michelsen G (2012) Der Beitrag der UN-Dekade 2005–2014 zur Verbreitung und Verankerung der Bildung für nachhaltige Entwicklung. http://www.bne-portal.de/coremedia/generator/unesco/de/Downloads/Dekade__Publikationen__national/20120423__Beitrag_20der_20Dekade.pdf. Zugegriffen 18. Nov 2012

Scheiner S M, Gurevitch J (2001) Design and analysis of ecological experiments. Oxford University Press, Oxford

Scholz R W (2011) Environmental literacy in science and society: from knowledge to decisions. Cambridge Univ. Press, Cambridge

Scholz R W, & Tietje O (2002) Embedded case study methods: integrating quantitative and qualitative knowledge. Sage Publications, Thousand Oaks

Scholz RW, Lang DJ, Wiek A, Walter AI, Stauffacher M (2006) Transdisciplinary case studies as a means of sustainability learning: historical framework and theory. Int J Sustain High Educ 7(3):226–251

Schramm E (2008) Transdisziplinarität in der Forschungspraxis. In: Bergmann M, Schramm E (Hrsg) Transdisziplinäre Forschung: Integrative Forschungsprozesse verstehen und bewerten. Campus, Frankfurt a. M., S 21–38

Spangenberg JH (2011) Sustainability science: a review, an analysis and some empirical lessons. Environ Conserv 38(03):275–287

Spoerri A, Lang D J, Binder CR, Scholz RW (2009) Expert-based scenarios for strategic waste and resource management planning – C & D waste recycling in the Canton of Zurich, Switzerland. Resour, Conserv Recycl, 53(10):592–600

Statistisches Bundesamt (Destatis). Nachhaltige Entwicklung in Deutschland – Indikatorenbericht 2012. Wiesbaden

Stauffacher M, Flüeler T, Krütli P, Scholz RW (2008) Analytic and dynamic approach to collaboration: a transdisciplinary case study on sustainable landscape development in a Swiss Prealpine region. Syst Pract Action Res 21(6):409–422

Strauss AL, Corbin J (2011) Grounded theory methodology: an overview. In: Norman DK, Yvonna L S (Hrsg) The Sage handbook of qualitative research Sage Publications, Los Angeles, S. 273–285

van Kerkhoff L, Lebel L (2006) Linking knowledge and action for sustainable development. Annu Rev Environ Resour 31(1): 445–477

Vennix J (1996) Group model building: facilitating team learning using system dynamics. Wiley, Chichester

A. Walz, J.M. Braendle, D.J. Lang, F. Brand, S. Briner, C. Elkin, C. Hirschi, R. Huber, H. Lischke, D.R. Schmatz, Experience from downscaling IPCC-SRES scenarios to specific national-level focus scenarios for ecosystem service management, Technological Forecasting and Social Change, Available online 5 October 2013

Wissenschaftlicher Beirat Globale Umweltveränderungen, W B G U (2011) Welt im Wandel: Gesellschaftsvertrag für eine Große Transformation. Wissenschaftlicher Beirat der Bundesregierung Globale Umweltveränderungen (WBGU), Berlin

Weimer-Jehle W (2006) Cross-impact balances: a system-theoretical approach to cross-impact analysis. Technol Forecast Soc Chang 73(4):334–361

Weingart P (2008) How robust is „socially robust knowledge"? In: Carrier M, Howard D, Kourany JA (Hrsg) The challenge of the social and the pressure of practice: science and values revisited. University of Pittsburgh Press, Pittsburgh, S 131–145

Wiek A, Binder C, Scholz RW (2006) Functions of scenarios in transition processes. Futures 38(7):740–766

Wiek A, Lang DJ, Siegrist M (2008) Qualitative system analysis as a means for sustainable governance of emerging technologies: the case of nanotechnology. J Clean Prod 16(8–9):988–999

Wiek, Lang and Withycombe, 2011 , Complex Problem Solving. Reader für den MBA Studiengang Sustainability Management. CSM, Leuphana Universität Lüneburg

Wiek A, Withycombe L, Redman CL (2011) Key competencies in sustainability: a reference framework for academic program development. Sustain Sci 6:203–218

Wiek A, Lang DJ (in prep). Transformational research for sustainability: a practical methodology

Wilkinson A, Eidinow E (2008) Evolving practices in environmental scenarios: a new scenario typology. Environ Res Lett 3(4): 045017

Yin R (2008) Case study research: design and methods. Sage Publications, Thousand oaks

Zemp S, Stauffacher M, Lang DJ, Scholz RW (2011) Classifying railway stations for strategic transport and land use planning: context matters!. J Transp Geogr 19(4):670–679

Teil III
Naturwissenschaftliche Perspektiven

Ökosystem und Biodiversität

5

Thorsten Assmann, Claudia Drees, Werner Härdtle,
Alexandra Klein, Andreas Schuldt und Goddert von Oheimb

Ökosysteme und ihre Funktionen

Lebewesen existieren nicht unabhängig voneinander, sondern weisen wechselseitige Beziehungen mit anderen Lebewesen und ihrer Umwelt auf. Diese Interaktionen hängen sowohl von der Umwelt als auch von den Organismen innerhalb des betreffenden Systems ab. So leben in einem Buchenwald andere Pflanzen und Tiere als auf einer Wiese oder in einem See. Die Interaktionen zwischen den Lebewesen sind deshalb auch unterschiedlich.

Die meisten dieser Wechselbeziehungen stehen in Verbindung mit Entwicklung und Aufbau von körpereigenen Strukturen und Biomasse sowie der Deckung des Energiebedarfs. Pflanzen betreiben Photosynthese, um Lichtenergie zum Aufbau von energiehaltigen organischen Substanzen zu nutzen, aus denen wesentliche Teile des Pflanzenkörpers aufgebaut werden und zugleich auch dessen Energiebedarf gedeckt werden kann. Tiere und Pilze konsumieren andere Organismen (oder Teile von ihnen) und können so eben-

T. Assmann (✉) · C. Drees · W. Härdtle · A. Klein · A. Schuldt · G. v. Oheimb
Fakultät Nachhaltigkeit, Leuphana Universität Lüneburg, Lüneburg, Deutschland
E-Mail: assmann@leuphana.de

C. Drees
E-Mail: claudia.drees@uni-hamburg.de

W. Härdtle
E-Mail: haerdtle@leuphana.de

A. Klein
E-Mail: aklein@leuphana.de

A. Schuldt
E-Mail: andreas.schuldt@leuphana.de

G. v. Oheimb
E-Mail: vonoheimb@leuphana.de

H. Heinrichs, G. Michelsen (Hrsg.), *Nachhaltigkeitswissenschaften*,
DOI 10.1007/978-3-642-25112-2_5, © Springer-Verlag Berlin Heidelberg 2014

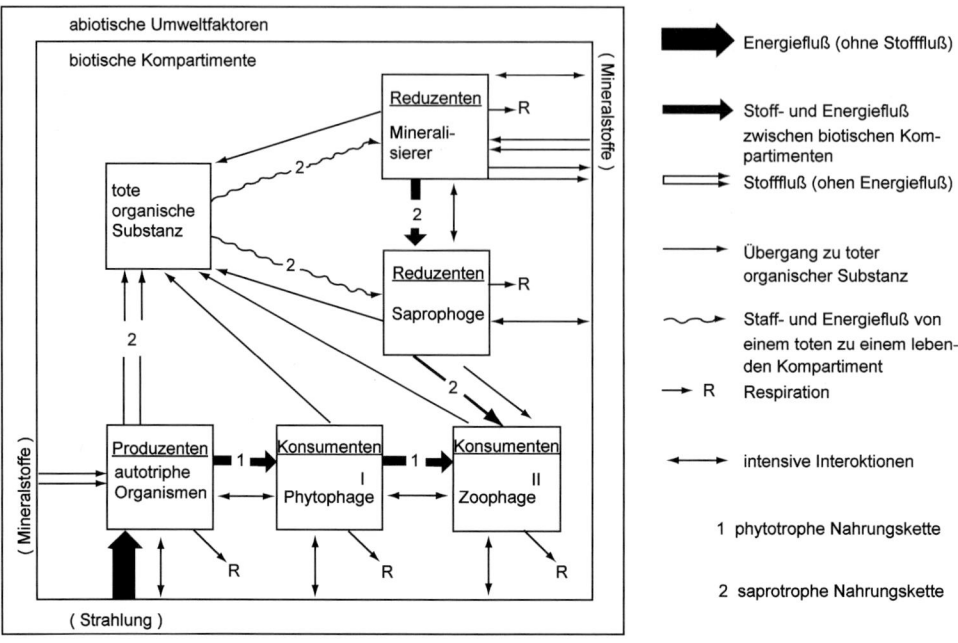

Abb. 5.1 Ökosystem-Modell nach Ellenberg und Schäfer

falls ihren Stoffwechsel durchführen und ihre eigenen Körper aufbauen. Neben dem Konsumieren von Biomasse sind auch (zwischenartliche) Konkurrenz, Bestäubung, Aufnahme und Abgabe von anorganischen Stoffen aus der Umgebung Objekte der Interaktionen zwischen Organismen.

Netzwerke von Interaktionen zwischen den Organismen und ihrer Umwelt in einem bestimmten Raum bezeichnet man als Ökosysteme (Schulze et al. 2002). Die Größendimensionen eines Ökosystems sind nicht festgelegt und sie können sehr großräumig gefasst werden, manchmal spricht man auch von dem Erdsystem als globalem Ökosystem (Krebs 2009). Für viele wissenschaftliche Fragen und Umweltprobleme des Menschen ist jedoch ein Konzept der Ökosysteme mit gut abgrenzbaren, kleineren Räumen notwendig. Einfache Beispiele für Ökosysteme sind Seen, Wälder, Moore, Wüsten oder Meere. Nichtsdestoweniger sind ökosystemare Untersuchungen und Betrachtungen auch für das gesamte Erdsystem notwendig.

In der Regel sind die Wechselbeziehungen zwischen Organismen komplex, weil die meisten Arten mit vielen anderen interagieren. Die Interaktionen erfolgen dabei auf unterschiedlichen trophischen Ebenen eines Nahrungsnetzes (siehe Abb. 5.1): Die autotrophen („sich selbst ernährenden") Pflanzen (Primärproduzenten) werden dabei von unterschiedlichen Pflanzenfressern (Herbivore, Phytophage) gefressen und diese Tiere wiederum von Räubern (Zoophage), die zu zahlreichen Arten gehören können und oftmals von weiteren Räubern gejagt werden (Zoophage 1. und 2. Ordnung). Abgestorbene Organismen und tote Biomasse werden von unterschiedlichen Zersetzern (Saprophage, Destruenten, Mineralisierer) konsumiert und damit abgebaut, sodass bestimmte Stoffe, insbesondere

Tab. 5.1 Beispiele für ökosystemare Dienstleistungen (nach Krebs 2009, verändert)

Reinigung von Luft und Wasser	Schutz der Küsten vor Erosion und Überschwemmung
Bereitstellung von Trinkwasser	Teilweise Stabilität des Klimas
Entwicklung und Erhalt von Böden und Bodenfruchtbarkeit	Erholungsfunktion und ästhetische Werte
Entgiftung und Abbau von Abfall	Kontrolle vieler Schädlinge in land- und forstwirtschaftlich genutzten Beständen
Bestäubung von Nutzpflanzen und anderer Vegetation	Erhalt der Biodiversität
Ausbreitung von Samen	Abbau von Faezes (insb. von Weidetieren)

auch manche Nährstoffe, freigesetzt werden und den Produzenten wieder zur Verfügung stehen. Pflanzenfresser, Räuber und Zersetzer ernähren sich von anderen Organismen und werden als Konsumenten bzw. als heterotroph bezeichnet (Phytophage als Konsumenten 1., Zoophage als Konsumenten 2., 3. oder weiterer Ordnungen).

Die Interaktionen zwischen den trophischen Ebenen gewährleisten 1) Stoffkreislauf und damit gekoppelt 2) Energiefluss. Die Biomasse und damit die in den organischen Verbindungen verfügbare chemische Energie nehmen von der trophischen Ebene der Primärproduzenten zu den Konsumenten höherer Ordnungen ab. Damit existiert auf den höchsten trophischen Ebenen nur wenig Biomasse und damit auch weniger chemische Energie. Den letzten Schritt im Energiefluss eines Nahrungsnetzes führen die Destruenten durch, indem sie letztlich anorganische Stoffe produzieren, die von Primärproduzenten wieder aufgenommen werden können. Diese benötigen dann wieder Energiezufuhr, um aus den anorganischen Verbindungen organische mit einem höheren Energiegehalt zu synthetisieren. So ergeben sich Kreisläufe für die einzelnen chemischen Elemente (z. B. Kohlenstoff, Stickstoff, Phosphor), während der Energiegehalt über die trophischen Ebenen abnimmt.

Innerhalb von Ökosystemen gibt es zahlreiche Prozesse, die einen Stofffluss zwischen den trophischen Ebenen gewährleisten. Daneben gibt es auch Prozesse, die dazu führen, dass sich bestimmte Eigenschaften bzw. Auswirkungen von Ökosystemen einstellen: Bodenbildung und Bestäubung sind Beispiele für solche Prozesse. Die Bildung von Böden wird sowohl durch Pflanzen als auch Tiere ganz wesentlich beeinflusst (Humusbildung, Vertikalverlagerung von Bodenbestandteilen). Die Bestäubung von Blütenpflanzen durch Insekten ist eine Symbiose, die sich seit dem Erdmittelalter entwickelt hat und für die Fortpflanzung vieler Pflanzen essenziell ist. Solche ökosystemaren Prozesse werden auch als Ökosystemfunktionen bezeichnet. Sie sind die Voraussetzung dafür, dass der Mensch von den meisten Ökosystemen profitieren kann, indem er ökosystemare Dienstleistungen in Anspruch nimmt. Wichtige ökosystemare Dienstleistungen sind in Tab. 5.1 aufgeführt.

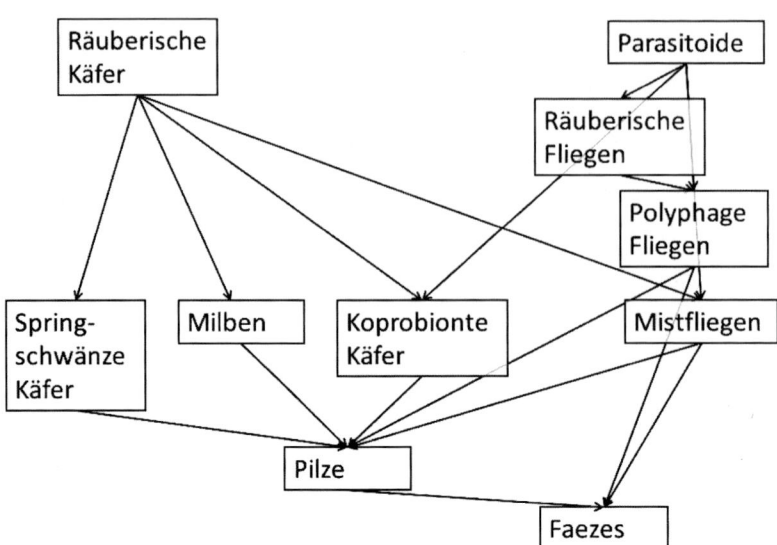

Abb. 5.2 Vereinfachtes Nahrungsnetz der Insektengemeinschaft, die Kuhdung in Europa besiedelt (nach Hanski 1991 und Skidmore 1991, verändert)

Ökosysteme sind grundsätzlich offene Systeme, da sie kontinuierlich eine Energiezufuhr von außen benötigen und zumindest ein Teil der Organismen aufgrund seiner Mobilität in der Lage ist, die betreffenden Lebensräume zu verlassen (z. B. Vögel). Ein gewisser Austrag von Biomasse oder anorganischen Verbindungen wird von (einigen) Ökosystemen toleriert (z. B. Auswaschung von Nährstoffen, Gewinnung bestimmter Holzmengen in Wäldern). Oft werden auch aus anderen Ökosystemen Stoffe eingetragen bzw. Individuen wandern ein, sodass es durchaus Interaktionen (und damit auch Abhängigkeiten) zwischen Ökosystemen gibt.

Die Komplexität des Nahrungsnetzes ergibt sich aus den teilweise enormen Artenzahlen. Allein auf den mitteleuropäischen Eichen (Stiel-, Trauben- und Flaumeichen, *Quercus robur*, *Q. petraea* und *Q. pubescens*) kommen ungefähr 700 Blatt-fressende Insektenarten vor und über 100 Käferarten leben als Zersetzer oder Räuber ausschließlich im Holz dieser Baumarten (Speight 1989, Brändle and Brandl 2003). Im Dung von britischen Kühen leben weit über 400 wirbellose Tierarten (siehe Abb. 5.2), die ganz wesentlich den Dungabbau leisten und damit für das Funktionieren von Weide-Ökosystemen eine wesentliche Rolle wahrnehmen (Skidmore 1991). Auch wenn diese Arten nicht alle in einem Eichenwald oder einem Dunghaufen vorkommen, machen die Zahlen doch die Komplexität der Nahrungsbeziehungen deutlich.

Werden Ökosysteme durch den Menschen oder natürliche Ereignisse gestört, können sie in ein anderes Ökosystem übergehen, d. h., dass die Zusammensetzung mit Arten sich deutlich ändert. Ein Beispiel sind norddeutsche Hochmoorgebiete, die durch Entwässerung irreversibel verändert wurden. Auch Regenerationsbemühungen führten bisher nicht zum gewünschten Erfolg (Nick et al. 2001). Andere Ökosysteme kehren nach einer Störung über andere Ökosysteme in den ursprünglichen (oder einen ähnlichen) Zustand zurück. Kahlschläge oder durch Sturm erzeugte Windwurfflächen in Wäldern weisen in der Regel eine Abfolge von Lebensgemeinschaften auf, an deren Ende wieder ein Wald steht. Solche Entwicklungen von Lebensgemeinschaften erfolgen unter bestimmten Umweltbedingungen stets gleichartig und werden Sukzession genannt. In weiten Teilen Europas entwickeln sich Lebensgemeinschaften (zumindest mittelfristig) zu Wäldern, auch wenn sie noch keine Bäume aufweisen. Das Endstadium der Entwicklung von Lebensgemeinschaften heißt Klimax.

Da (fast alle) Arten innerhalb von Ökosystemen sich in ihren Häufigkeiten in Raum und Zeit verändern, sind Ökosysteme zugleich auch dynamische Systeme. Einen wesentlichen Teil dieser Dynamik bewirken Schwankungen der Populationsgrößen. Manche Insekten weisen Schwankungen der Individuendichten auf, die drei Zehnerpotenzen umfassen können (Den Boer 1990, Den Boer und Van Dijk 1994). Insbesondere wenn es sich um Insekten handelt, die Pflanzen fressen, kann es deshalb zu einem erheblichen Einbruch des Pflanzenwachstums kommen.

Im Rahmen dieser Dynamik sind viele Ökosysteme jedoch stabil. Die Zusammensetzungen und Häufigkeiten der Arten in den Lebensgemeinschaften und auch die Stoffflüsse variieren nur geringfügig. Oft werden Persistenz (Stabilität über eine längere Zeit, ohne dass eine Störung erfolgt), Resilienz (nach einer Störung wird der ursprüngliche Zustand wieder erreicht) und Resistenz (trotz Störung oder Veränderung der Umweltbedingungen bleibt das System stabil) unterschieden.

Diese unterschiedlichen Formen der Stabilität können bedingt oder gefördert werden durch Regelmechanismen zwischen den trophischen Ebenen: Bestimmt die Biomasse der Primärproduzenten die Dichte bzw. Biomasse der Herbivoren und diese derjenigen der Prädatoren, spricht man „von unten nach oben"-Regulation („bottom up"). Ein Beispiel ist die Zusammensetzung der Lebensgemeinschaft, die mit der Laubstreu in Wäldern zusammenhängt: Die in der Streu vorkommende Menge einzelner chemischer Elemente bzw. der Verbindungen, die große Mengen dieser Elemente enthalten, kann die Biomasse zumindest wichtiger saprophager Tiergruppen weitgehend bestimmen (Kohlenstoff: Scheu und Schaefer 1998, Phosphor: McGlynn et al. 2007) und diese wiederum vermutlich diejenige ihrer Zoophagen (Abb. 5.3).

Es gibt jedoch auch Ökosysteme, in denen Zoophage die Dichte von bestimmten Herbivoren bestimmen und damit eine große Auswirkung auf die Vegetation haben. Eine solche „von oben nach unten"-Wirkung („top down") in Nahrungsnetzen ist aus unterschiedlichen Lebensgemeinschaften bekannt: An der amerikanischen Pazifikküste prädieren Seeotter Seeigel, die bei niedrigen Dichten aufgrund geringen Weidedruckes große Bestände von Tangen wachsen lassen. Werden die Seeigel durch Rückgang der Seeotter häufiger, gehen die Tange zurück (Estes und Duggins 1995). Inzwischen werden Killerwale (und auch Haie) als möglicher Grund für den vielerorts zu beobachtenden Rückgang des Seeotters diskutiert (Kuker und Barrett-Lennard 2010). Dies hat zur Folge, dass die Seeigel häufiger werden und die Tange zurückgehen. Damit ist eine top down-Wirkung in diesem Nahrungsnetz über mehrere trophische Interaktionen hinweg möglich (trophische

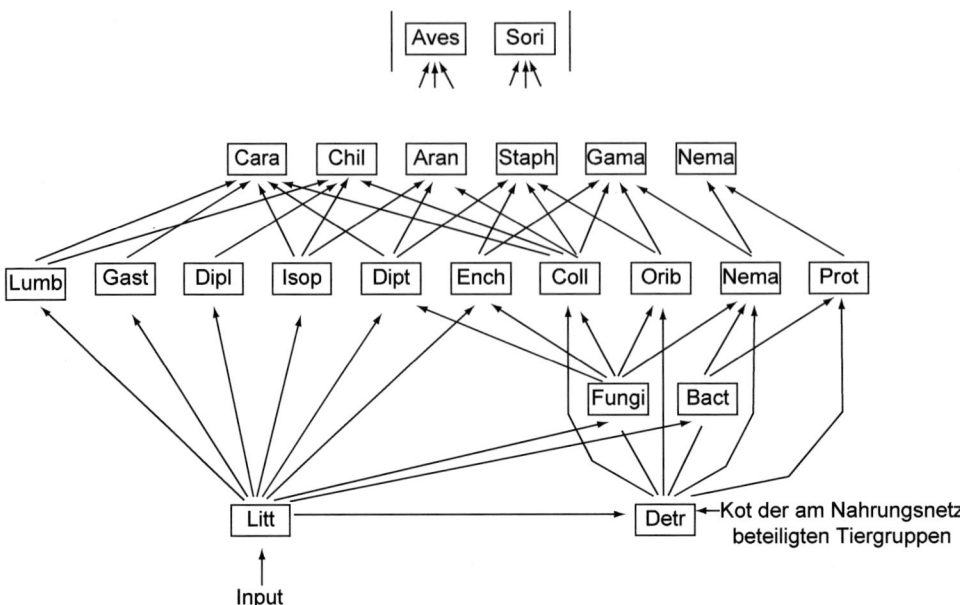

Abb. 5.3 Stark vereinfachte Darstellung der Zusammensetzung der Lebensgemeinschaft, die im Zusammenhang mit dem Streuabbau in temperaten Laufwäldern steht (nach Schaefer, aus Kratochwil and Schwabe 2001)[1]

Kaskade). Auch für terrestrische Ökosysteme sind „top down"-Beziehungen sehr wahrscheinlich: Das Vorkommen bzw. Fehlen von Spinnenarten mit bestimmten Jagdstrategien (lokomotorisch aktiv oder lauernd) kann in Grasslandökosystemen zur Folge haben, dass bestimmte Phytophage in ihrer Häufigkeit sich ändern. Da unterschiedliche Phytophage auch unterschiedliche Nahrungspflanzen präferieren, kann die Regulation durch die Spinnenarten zu einem Kaskaden-Effekt auf der Produzentenebene führen. In dem Beispiel aus den USA werden Pflanzen, die im Stickstoffkreislauf unterschiedliche Funktionen wahrnehmen, in Abhängigkeit von den beiden Ernährungstypen der Spinnen unterschiedlich stark gefressen, sodass sogar die Auswaschungsraten von Stickstoff-Verbindungen sich ändern kann (Schmitz 2008). Zu den klassischen top down-Regulationen von Arten gehören auch viele Beispiele biologischer Schädlingsbekämpfung (siehe Tab. 5.2).

Die Zusammensetzung von Lebensgemeinschaften muss nicht unbedingt „bottom up" oder „top down" (bzw. einer Kombination aus beidem) kontrolliert sein. Auch das Auftreten einzelner Arten kann einen wesentlichen Effekt auf die betreffenden Ökosysteme haben. Oft werden Arten, die Ressourcen für das Existieren von anderen Arten schaffen, als Ökosystem-Ingenieure (ecosystem engineers) oder Schlüsselarten bezeichnet. So können Biber mit dem Einstauen von Wasser ganze Ökosysteme transformieren. Aber auch kleinere

---

[1] Aves: Vogel, Sori: Spitzmause, Cara: Laufkafer, Chil: Hundertfuser, Aran: Spinnen, Stap: Kurzflugler, Gama: Raubmilben, Nema: Fadenwurmer, Lumb: Regenwurmer, Gast: Schnecken, Dipl: Hundertfuser, Isop: Asseln, Dipt: Fliegen (Larven), Ench: Enchytraiden, Coll: Springschwanze, Orib: Hornmilben, Prot: Urtiere, Litt: Streu, Fungi: Pilze, Bact: Bakterien, Detr: Detritus

Tab. 5.2 Beispiele für erfolgreiche biologische Schädlingsbekämpfungen

Schädling	Antagonist	Region	Quelle
Schwimmfarn *Salvinia molesta* aus Südamerika in tropische Gebiete eingeschleppt	Rüsselkäfer *Cyrtobagous salvinia*	Australien, Indo-Australischer Archipel, Südostasien, tropisches Afrika	(Room 1990)
Wollschildlaus *Icerya purchasi* auf Zitrusfrüchten	Marienkäfer *Rodalia cardinalis*	Kalifornien	(Krebs 2009)
Schwammspinner *Lymantria dispar* und Goldafter *Euproctis chrysorrhoea*	Puppenräuber *Calosoma sycophanta*	USA	(Erwin 2007)

Organismen können wesentliche Wirkungen auf andere Arten bzw. Ökosystemfunktionen haben (Regenwürmer: McLean and Parkinson 1998, Bockkäfer: Buse et al. 2008).

▶ **Frage:** Was versteht man unter Sukzession? Wie unterscheiden sich die Begriffe Persistenz, Resilienz und Resistenz?

▶ **Aufgabe:** Diskutieren Sie die verschiedenen ökosystemaren Dienstleistungen! Lassen sich unterschiedliche Prioritäten vergeben?

Biodiversität

Als Kurzform für biologische Vielfalt etablierte sich der Begriff Biodiversität seit den 1990er-Jahren in der Naturschutzbiologie und anderen Disziplinen der Nachhaltigkeitswissenschaften. Insbesondere das „Biodiversity" betitelte Buch des Entomologen Edward Osborne Wilson (1986) machte den Begriff populär. Heute hat der Begriff eine weite Verwendung, nicht nur in der Biologie und Ökologie (inkl. der Naturschutzbiologie), sondern auch im politisch-sozialen Bereich. Für eine nachhaltige Entwicklung der Menschheit nehmen Erhalt und Nutzung von Biodiversität eine zentrale Rolle ein.

Seit der Umweltkonferenz der Vereinten Nationen in Rio de Janeiro 1992 versteht man unter Biodiversität die gesamte Vielfalt der lebenden Organismen inkl. aller ökologischer Wechselbeziehungen. Diese Definition ermöglicht die Unterscheidung von 3 Ebenen der Biodiversität: 1) genetische Variabilität innerhalb von Arten, 2) Artenvielfalt und 3) Diversität der Lebensgemeinschaften beziehungsweise Ökosysteme. Die letztgenannte Ebene der Biodiversität wird in Kap. 2.3 behandelt.

Genetische Diversität einer Art kann sich sowohl in äußerlich sichtbaren Merkmalen (z. B. Färbung bei Marienkäfern) als auch auf der Ebene der Moleküle (z. B. Blutgruppen des Menschen) äußern. Diese Eigenschaften werden an die nächste Generation vererbt. Für das Überleben von Arten kann genetische Variabilität von Bedeutung sein. Für die

Zucht von Nutzpflanzen und Haustieren ist diese Ebene der Biodiversität seit langer Zeit wichtig, und auch heute wird immer noch auf Wildformen zurückgegriffen, wenn neue Sorten gezüchtet werden.

Auch wenn die genetische Diversität nicht im Fokus vieler Diskussionen um die biologische Vielfalt steht, stellt sie einen wesentlichen Teil der Biodiversität dar. Für das Überleben von Arten kann sie eine große Bedeutung haben. Welche Konsequenzen der Verlust von genetischer Diversität haben kann, zeigt der Gepard (*Acinonyx jubatus*), bei dem der Monomorphismus der Gene des Haupt-Histokompatibilitätskomplexes (major histocompatibility complex, MHC) aufgetreten ist. Diese Gene sind für die Immunabwehr verantwortlich. Durch die Transplantation von Hautstücken zwischen Individuen derselben Art bzw. anderer Arten und innerhalb desselben Individuums wird deutlich, dass das Immunsystem des Gepards funktioniert, aber die genetische Variabilität extrem eingeschränkt ist: Allotransplantate (Transplantate von nicht verwandten Individuen einer Art) heilten genauso gut wie Autotransplantate (Transplantate, bei denen Spender und Empfänger identische Individuen sind). Am 28. Tag nach der Übertragung entwickelte sich bei Allo- und Autotransplantaten sogar Haarwuchs mit den für Geparde typischen Flecken. Abgestoßen wurden hingegen Xenotransplantate (Transplantate von einer fremden Art) von der Hauskatze (*Felis sylvestris*). Diese Ergebnisse sind ein Beleg für die fehlende Variabilität der MHC-Gene (Obrien et al. 1985). Im Gegensatz zu anderen Katzenarten zeigt der Gepard eine erhöhte Krankheitsanfälligkeit (z. B. gegenüber der Katzenperitonitis). In Populationen, die genetisch monomorph sind, trifft der Krankheitserreger immer auf dasselbe Abwehrsystem. Hat er sich an ein Individuum angepasst, hat er sich gleichzeitig an alle Individuen der Population adaptiert. Die geringe oder weitgehend fehlende genetische Variabilität der MHC-Gene des Gepards kann folglich die ausgeprägte Krankheitsanfälligkeit dieser Art erklären. Populationen, die auf einen Krankheitserreger nicht differenziert reagieren können bzw. insbesondere keine Immunabwehr leisten können, haben eine deutlich erhöhte Aussterbewahrscheinlichkeit.

Viele bedrohte Arten weisen eine stark reduzierte genetische Variabilität auf. Bedauerlicherweise kann eine solche Variabilität nicht schnell wieder von den Populationen bzw. Arten erworben werden, wenn sie verloren wurde. Für viele Gene sind 105 bis 107 Generationen notwendig, um die genetische Variabilität über Mutationsereignisse wieder zu erlangen (Frankham et al. 2002).

Für den Menschen stellt die enorme Variabilität vieler Kulturpflanzen und Haustiere mit ihren zahlreichen lokalen Formen ein bedeutendes Beispiel für genetische Variabilität im Kontext der Biodiversität dar. Der Erhalt solcher Formen ist für eine nachhaltige Landnutzung oft von besonderer Bedeutung.

Artenvielfalt bzw. Artendiversität umfasst das Gesamtspektrum der Arten von Bakterien und Einzellern bis hin zu vielzelligen Pflanzen, Tieren und Pilzen. Zahlreiche Arten nutzt der Mensch als direkte oder indirekte Ressource (z. B. Holz und pharmakologisch bedeutsame Inhaltsstoffe einiger Pflanzen).

Oft fasst man unter einer Art die Individuen zusammen, die eine potenzielle Fortpflanzungsgemeinschaft bilden. Ein Austausch genetischen Materials mit anderen Arten ist

Tab. 5.3 Darstellung taxonomischer Einheiten des Laufkäfers *Carabus auronitens*[2]

Taxonomische Einheit	Taxon
Stamm	Arthropoda (Gliederfüßer)
Klasse	Insecta (Insekten)
Ordnung	Coleoptera (Käfer)
Überfamilie	*Caraboidea* (Laufkäferartige)
Familie	*Carabidae* (Laufkäfer)
Unterfamilie	*Carabinae* (Großlaufkäfer)
Tribus	*Carabini*
Gattung	*Carabus* Linné 1758
Untergattung	*Chrysocarabus* Thomson 1875
Art	*auronitens* Fabricius 1792
Unterart(en) (2 Beispiele)	*auronitens* Fabricius (s.str.) (oder eine andere Unterart, z. B. *festivus* Dejean, 1826)
Vollständiger Artname	*Carabus auronitens* Fabricius, 1792 (Goldglänzender Laufkäfer)

dabei ausgeschlossen (biologischer Artbegriff). Für diesen klassischen Artbegriff können Pferd und Esel als Beispiel herangezogen werden. Beide Arten können sich untereinander fruchtbar vermehren, die Hybride (Ergebnisse von Kreuzungen) zwischen den Arten (Maultier bzw. Maulesel) sind jedoch nicht fruchtbar. Der biologische Artbegriff kann auf Lebewesen, die sich nicht sexuell fortpflanzen, nicht einfach angewendet werden. Deshalb wurden ungefähr 20 Artkonzepte entwickelt, um die ungeheure Vielfalt der Lebewesen erfassen und definieren zu können (Claridge et al. 1997).

Die Aufgabe der Taxonomie ist die Erfassung und Kategorisierung der globalen Artendiversität. Dabei beschreiben und benennen sie Einheiten, die Gruppen von Individuen mit gleichen Eigenschaften und einem gemeinsamen phylogenetischen Ursprung darstellen (Taxa, Singular: Taxon). Arten sind solche Taxa. Sie werden zu Gattungen zusammengefasst und diese wiederum zu Familien und diese zu Ordnungen. Letztere werden in Klassen zusammengezogen. Ein Beispiel für eine solche hierarchische taxonomische Einordnung ist in Tab. 5.3 angeführt.

Seit ca. einem Vierteljahrhundert arbeiten Taxonomen an der Erfassung der globalen Artendiversität. Inzwischen wurden ca. 1,6 bis 1,7 Mio. Arten beschrieben (Abb. 5.4). Die tatsächlichen Artenzahlen sind jedoch viel höher. Allein von den Insekten, die mit ca. einer Million bekannter Arten über die Hälfte der bekannten Artendiversität stellen, sind nur ca. 1/3 aller Arten bisher beschrieben worden (Hamilton et al. 2010). Jährlich werden un-

---

[2] Endungen, die für die Range der Über- und Unterfamilie, Familie und Tribus charakteristisch sind, sind unterstrichen. Bei Art-, Unterart- und Gattungsnamen werden oft auch die Autoren angeführt, die erstmals das betreffende Taxon beschrieben haben. Dargestellt ist nur ein Teil der hierarchischen Einordnung, denn die Arthropoden werden zu den Tieren (Animalia) gestellt und diese bilden mit zahlreichen Pflanzen und Pilzen die Vielzeller (Metazoa)

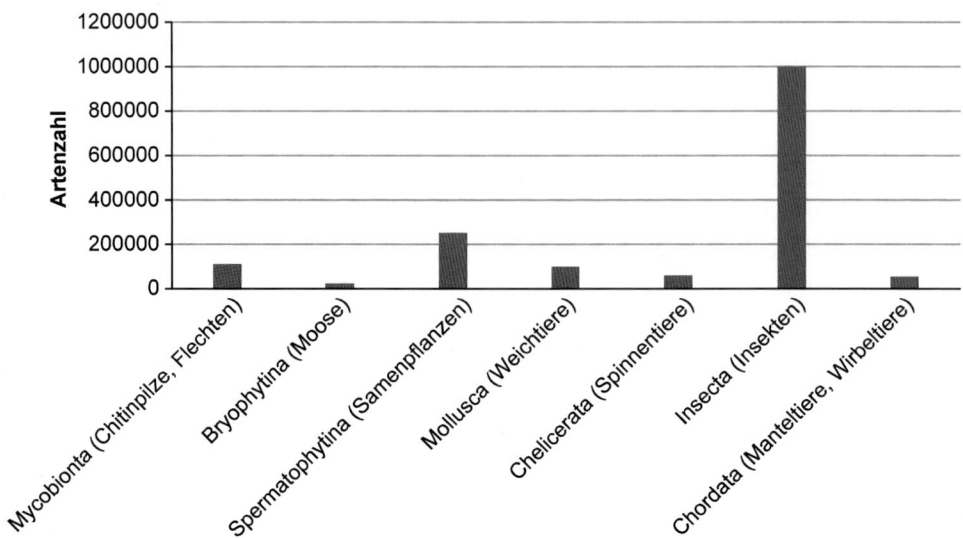

Abb. 5.4 Zahl bekannter Arten für die artenreichsten Taxa (nach Westheide und Rieger 1996; Sitte et al. 2002, Nentwig et al. 2011, verändert)[3]

gefähr 15.000 Beschreibungen von neu entdeckten Arten veröffentlicht (May 2010). Die meisten Arten werden aus tropischen oder subtropischen Gebieten beschrieben. Allerdings sind auch die Länder Südeuropas bezüglich vieler Tier- und Pflanzengruppen noch nicht erschöpfend erforscht und es werden immer wieder neue Arten beschrieben. Aus Mittel- und Nordeuropa werden nur selten Arten gemeldet, die für die Wissenschaft neu sind (Huber und Molenda 2004). Auch in den Meeren ist die Biodiversität nur unzureichend erfasst. Man weiß zwar, dass Korallenriffe besonders viele Arten enthalten, aber die Schätzungen für die Artenzahlen dieser Lebensräume schwanken zwischen 600.000 und 9.000.000 weltweit (Knowlton 2001). Vielleicht sind nur ca. 10 % der Tierarten aus den Korallenriffen beschrieben (Sheppard et al. 2009) (Abb. 5.4).

Angesichts der schier unbegrenzt erscheinenden Biodiversität stellt sich immer wieder die Frage, ob diese Bandbreite an Taxa überhaupt für das Funktionieren von Ökosystemen notwendig ist oder ob nicht auch weniger Arten stabile Systeme hervorbringen können. Diskutiert werden in diesem Zusammenhang besonders die folgenden Gruppen von Hypothesen (Nentwig et al. 2011):[3]

1. Grundsätzlich ist es möglich, dass viele Arten mehr oder weniger bedeutsam sind und zu den wesentlichen Funktionen eines Ökosystems jeweils beitragen. Damit sollten die Ökosystemfunktionen zunehmen, wenn die Artenzahl steigt. Auch die Stabilität eines Ökosystems sollte bei dieser Annahme zunehmen. Insbesondere der zuletzt genannte Aspekt wird immer beobachtet und ist auch durch Simulationen belegt worden.

---

[3] Aus manchen Gruppen sind bisher nur relativ wenige Arten beschrieben worden. Die tatsächlichen Artenzahlen liegen für diese und andere Taxa deutlich höher (z. B. Bakterien: ca. 5000 Arten, nicht dargestellt)

Insbesondere im Vergleich mit anthropogenen Systemen, die oft eine höhere Störungs-
anfälligkeit bzw. geringere Resilienz aufweisen (z. B. Kapitaltransfersysteme der großen
Banken), wird oft betont, dass die Komplexität der Arten und die vielfältigen Interak-
tionen zwischen den Arten zu einer beachtlichen Stabilität von Ökosystemen beitragen
(May et al. 2008). Hypothesen wie die Gleichwertigkeit-der-Arten-Hypothese und die
Diversitäts-Stabilitäts-Hypothese gehören in diese Gruppe der Hypothesen.

2. Viele Arten ähneln einander stark und scheinen dieselben oder ähnliche trophische
   Interaktionen aufzuweisen. Sollten bei solcher Komplementarität einzelne Arten ausfallen, ist anzunehmen, dass die Funktionen des Ökosystems jedoch erhalten bleiben. Diese sollten erst dann gestört werden, wenn die letzten Arten ausfallen, die die
   betreffende Funktion leisten. Bei dieser Abhängigkeit sollten Ökosystemfunktionen
   mit einem Anstieg der Artenzahlen stark steigen, aber bald ein Plateau erreichen, da
   die zusätzlichen Arten keine weitergehende Steigerung der betreffenden Funktionen
   bewirken sollten. Die wenigen wichtigen Arten können auch als Schlüsselarten bezeichnet werden. Diese Hypothese ist besonders unter der Bezeichnung Redundante-Arten-
   Hypothese bekannt.

3. Möglich ist es auch, dass keine starke Abhängigkeit zwischen Ökosystemfunktionen
   und Artenzahl besteht. Entscheidend für die Funktionen sind die einzelnen Arten
   und nicht ihre Anzahl. Eine Vorhersagbarkeit von ökosystemaren Funktionen mithilfe der Artenzahl ist damit nicht möglich. Diese Beziehung ist Gegenstand der
   Idiosynkrasie-Hypothese.

Auswertungen zahlreicher Untersuchungen, insbesondere mit manipulierten Artenzahlen,
kommen zu dem Ergebnis, dass für viele Ökosysteme offenbar die funktionalen Gruppen
wichtiger sind als die Artenzahl und dass eine Sättigung der Ökosystemfunktionen nach
relativ geringen Artenzahlen erfolgt (z. B. Hooper et al. 2005). Daneben gibt es aber eine
erhebliche Variabilität in den Ergebnissen, die eine generelle Ablehnung oder Befürwor-
tung der einzelnen Hypothesen nicht ermöglicht. Deutlich wurde aber auch, dass selbst
dann, wenn Arten funktionell redundant sind, viele Arten einfach notwendig sind, um
die vielfältigen Funktionen eines Ökosystems unter verschiedenen Umweltbedingungen
(und an unterschiedlichen Orten und unter den Aspekten des Klimawandels) zu gewährleisten (Cardinale et al. 2006; Isbell et al. 2011). Hinzu kommt, dass eine hohe Artenzahl
eine „Versicherung" der Ökosysteme gegen den Ausfall von Arten darstellen kann. Arten
können aufgrund vielfältiger Prozesse (z. B. Krankheiten oder natürliche Populationsgrö-
ßeschwankungen) ausfallen. Wenn mehrere Arten dieselben Funktionen leisten können,
bedeutet der Ausfall einzelner Arten nicht eine tiefgreifende Beeinträchtigung der Ökosysteme (Yachi und Loreau 1999).

Biodiversität (oder genauer Artendiversität) ist nicht gleichmäßig weltweit verteilt.
Vielmehr lassen sich breitengradabhängige Verteilungsmuster für viele Organismengruppen feststellen. Auf den Kontinenten sind Gradienten abnehmenden Artenreichtums von
den tropischen Äquatorregionen in Richtung auf die Pole zu erkennen. Beispiele für die
geographische Verteilung von Artendiversität sind die Gefäßpflanzen und die Schwalben-

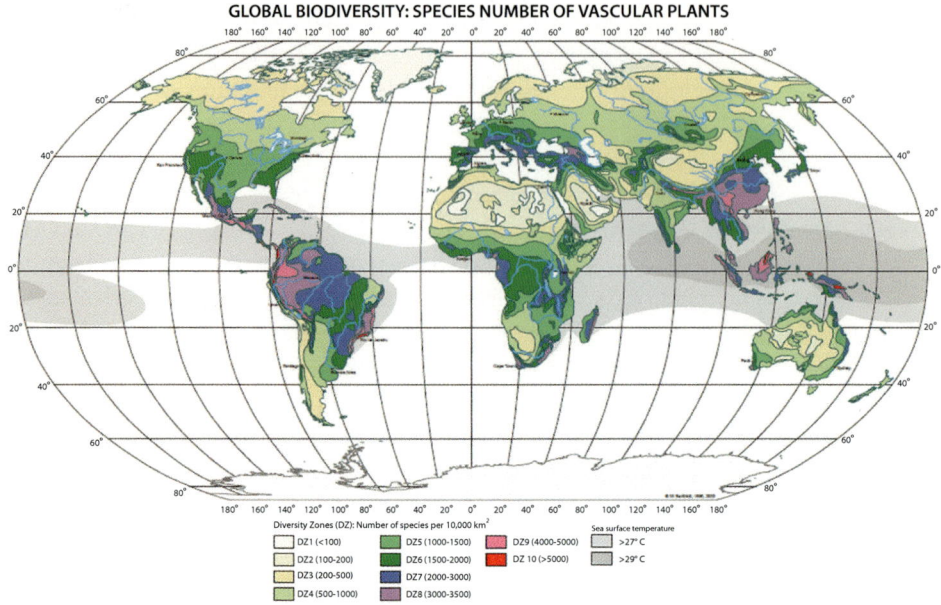

Abb. 5.5 Artendiversität der Gefäßpflanzen (Barthlott et al. 2007)

schwänze (*Papilionidae*), eine Familie der Tagfalter (Abb. 5.5 und 5.6). Die Gradienten des Artenreichtums lassen sich durch eine einfache Beziehung zu den Breitengraden nicht erschöpfend beschreiben. Für viele Regionen und Taxa konnte gezeigt werden, dass der Artenreichtum mit der Nettoprimärproduktion bzw. mit einer Interaktion aus Temperatur und Niederschlag eng korreliert ist. So wird auch verständlich, weshalb in den großen Trockengebieten (Wüsten und Halbwüsten) die Artenzahlen der meisten Tier- und Pflanzengruppen niedrig sind.

In den Meeren gibt es vergleichbare Gradienten der Artendiversität. So nimmt z. B. die Artenzahl in den Korallenriffen zu den Tropen deutlich zu und zeigt im Indo-Australischen Archipel ihr Maximum (Bellwood und Meyer 2009, Sheppard et al. 2009) (Abb. 5.7). Allerdings sind auch deutliche Abweichungen von solchen Mustern bekannt geworden. Besonders überraschend ist die Existenz zahlreicher Arten im antarktischen Atlantik (Brandt et al. 2007).

Die geographischen Verteilungsmuster der Artendiversitäten von Korallenriff-Fischen und Kauri-Schnecken weisen relativ gute Übereinstimmungen auf. Solche Übereinstimmungen lassen sich auch zwischen anderen Taxa feststellen. In Europa nimmt die Artendiversität von Gefäßpflanzen sowie einigen Wirbeltier- und Insektengruppen von Süd- nach Nordeuropa deutlich ab (Abb. 5.8). Da einige Organismengruppen in denselben Regionen viele Arten aufweisen, kann man Zentren der Artendiversität, sogenannte Biodiversitäts-Hotspots, identifizieren. Oft koinzidieren die geographischen Verteilungsmuster der Gesamtartenzahlen eines Taxons mit der Artenzahl von Endemiten. Unter Endemiten

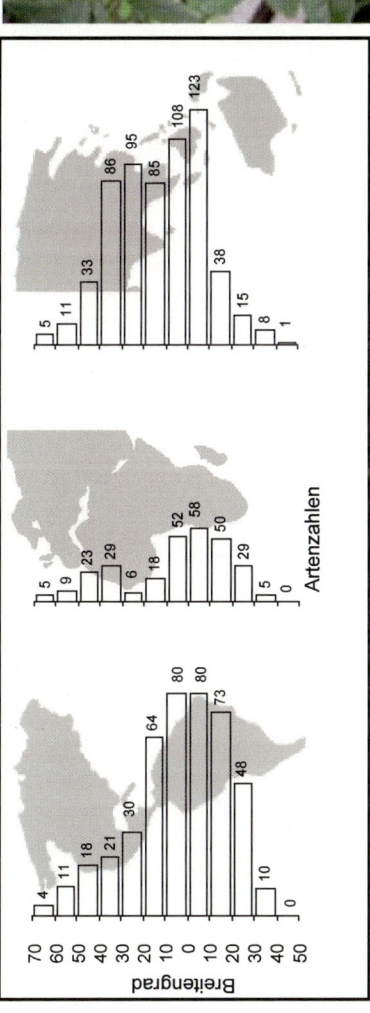

Abb. 5.6 Breitengradabhängige Gradienten der Artenhäufigkeiten von Schwalbenschwanz-Arten (Papilionidae) in Amerika, Westeurasien und Afrika sowie Ostasien und Australien (links) (Daten aus Collins u. Morris 1985; Darstellung aus Assmann und Härdtle 2002). Schwalbenschwanzart aus Südwest-China (rechts)

Abb. 5.7 Muster der Artendiversität für Korallenriff-Fische und Kaurie- oder Porzellanschnecken (aus Bellwood und Meyers 2009) (*links*). Blick in ein Korallenriff am Roten Meer (*rechts*)

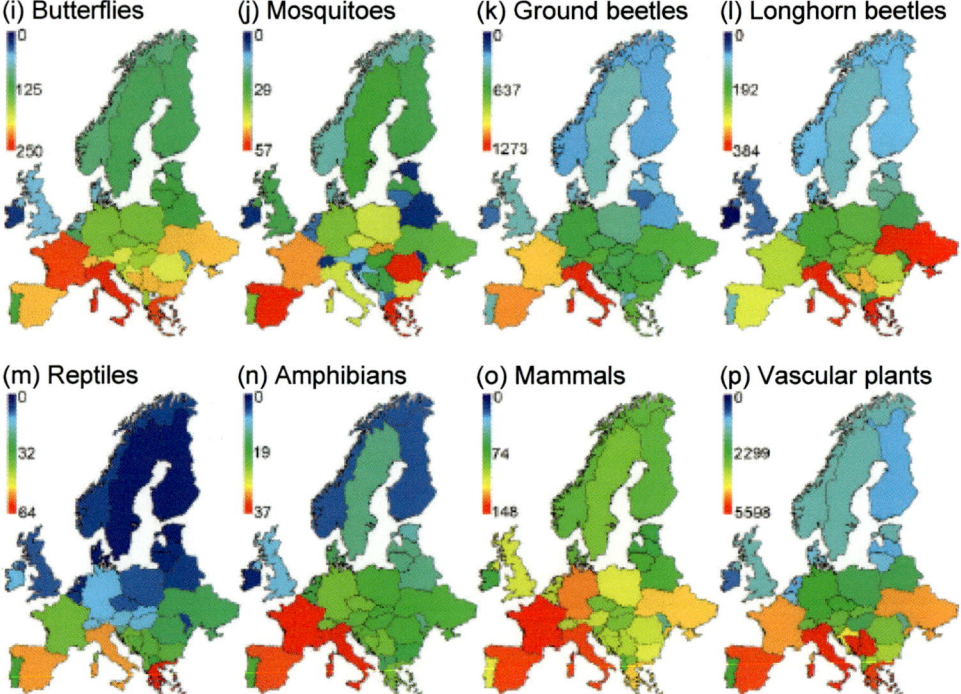

Abb. 5.8 Artendiversitäten ausgewählter Taxa in Ländern Europas (Schuldt and Assmann 2010)

versteht man Taxa, die ein begrenztes Verbreitungsgebiet aufweisen (z. B. in einem Land oder einem Gebirge). Dies trifft auch auf Europa zu. Die meisten Endemiten weisen die südeuropäischen Länder auf, während in Mitteleuropa nur wenige Arten auf kleine Verbreitungsgebiete beschränkt sind. Nordeuropa weist fast keine Endemiten auf (Schuldt und Assmann 2010).

Die wahrscheinlich bekannteste Darstellung der Biodiversitäts-Hotspots stammt von Myers et al. (2000) und wurde in den folgenden Jahren ergänzt (siehe Abb. 5.9). Bei der Ermittlung der Biodiversitäts-Hotspots im Sinne von Myers et al. waren Endemiten von

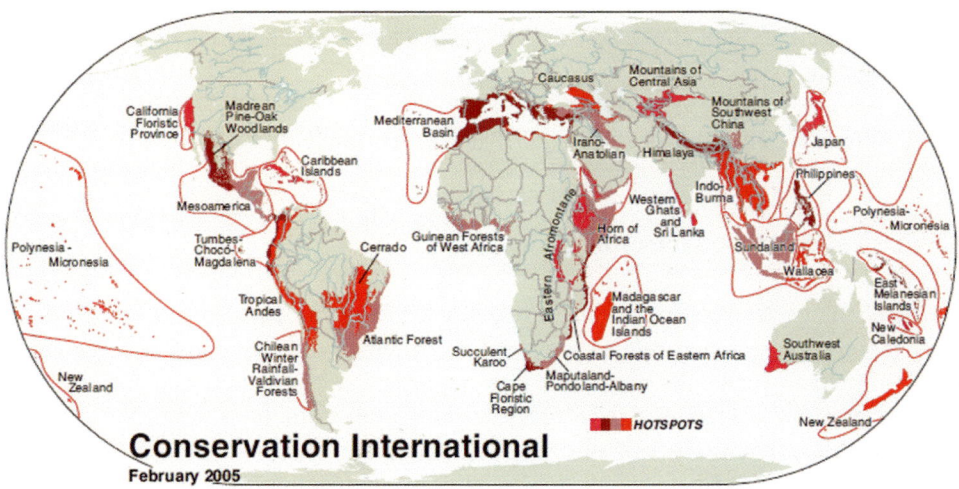

Abb. 5.9 Die 34 bedeutendsten Biodiversitäts-Hotpots nach Myers et al. (2000) und nachfolgenden Modifikationen durch Conservation International

besonderer Bedeutung. Die Diversität der Endemiten ist stark korreliert mit der Diversität der Gesamtartenzahl des betreffenden Taxons. Zugleich wurden für die Biodiversitäts-Hotspots Gebiete mit außergewöhnlich starkem Lebensraumverlust identifiziert. Zur Abgrenzung wurden nicht nur Gefäßpflanzen, sondern auch gut untersuchte Tiergruppen (Säugetiere, Vögel, Reptilien und Amphibien) herangezogen. Zusammen umfassen die 34 Regionen nur 2,3 % der Landfläche der Erde, beherbergen aber mindestens 50 % aller Samenpflanzen- und ca. 77 % aller Wirbeltierarten. Besonders wichtige „Hotspots" stellen die tropischen Anden, die Sunda-Region, Madagaskar, die tropischen Tieflandregenwälder Brasiliens und die Karibik dar.

Die globale Artendiversität ist durch menschliche Aktivitäten bereits deutlich zurückgegangen. Seit der letzten Eiszeit wurden insbesondere größere Wirbeltiere (Megafauna) durch den Menschen in Nord- und Südamerika sowie Australien ausgerottet. Für Europa und Asien gibt es noch Diskussionen über die Rolle des Menschen bei zahlreichen Aussterbeprozessen, allerdings ist es auch für diese Region wahrscheinlich, dass der Mensch eine bedeutende Rolle bei den Aussterbeprozessen gespielt hat. Schätzungen ergeben, dass jährlich eine Säugetier- oder Vogelart ausstirbt. Jährlich gehen 0,5 % der Fläche tropischer Regenwälder irreversibel verloren. Da diese Ökosysteme zu den artenreichsten weltweit gehören, muss man davon ausgehen, dass jährlich allein durch den Schwund tropischer Wälder Tausende von Arten aussterben. Dies spiegelt sich nicht zuletzt in den Roten Listen wider. Ungefähr 40 % aller von der IUCN bearbeiteten Arten sind in ihrem Fortbestand bedroht (Groom et al. 2006). Die Hauptgründe für diese Biodiversitätskrise sind Lebensraumdegradation und -verlust, Habitatfragmentierung, Übernutzung der betreffenden Bestände, Ausbreitung eingeführter Arten (Neobiota), Auswirkungen des globalen Wandels und Verlust genetischer Variabilität. Obwohl es zahlreiche Programme gibt, die den Stopp des Artensterbens (zumindest lokal) zum Ziel haben, scheint der Rückgang der Biodiversität weiter voranzuschreiten. Nur vermehrte länderübergreifende Anstrengungen werden in der Lage sein, diesen Verlust von Biodiversität aufzuhalten oder wenigstens zu verlangsamen.

▶ **Aufgabe:** Definieren Sie den Begriff „Biodiversität" mit eigenen Worten!

Diversität der Ökosysteme

Arten können selbstverständlich nicht losgelöst voneinander existieren, sondern bilden gemeinsame Vorkommen, die Lebensgemeinschaften (= Biozönosen). Infolge ähnlicher Umweltansprüche und einseitiger oder gegenseitiger Abhängigkeit in einem Biotop (= Lebensraum) können die Arten überleben und bilden durch vielfältige Beziehungen ein Verknüpfungsgefüge. Biotop und Biozönose bilden in der Regel ein Ökosystem. Aufgrund der vielfältigen Umweltbedingungen gibt es zahlreiche, unterschiedlich zusammengesetzte Lebensgemeinschaften.

Zahlreiche Autoren unterteilen die Diversität der Lebensgemeinschaften wie folgt: *Alpha-Diversität* ist die Zahl der Arten an einer Stelle oder in einer Lebensgemeinschaft zu einem Zeitpunkt und gibt damit an, wie viele Arten direkt oder indirekt in einem Ökosystem interagieren. Die *Gamma-Diversität* beschreibt die Vielfalt einer Landschaft, die mehr als einen Lebensraum aufweist. Als *Beta-Diversität* wird die Veränderung der Artenzahl entlang eines Gradienten über mehrere Lebensräume hinweg bezeichnet.

Als Zonobiome (oder Großlebensräume = life zones) werden die großen Landlebensräume der Erde mit einheitlichem Klimacharakter, einheitlicher Vegetation (inkl. landwirtschaftlicher Kulturformen) und charakteristischer Tierwelt verstanden (Nentwig et al. 2011). Bei der Charakterisierung solcher Zonobiome steht in aller Regel die Vegetation (bzw. die Vegetationsstruktur) im Vordergrund, die bezüglich der Gesamtbiomasse entsprechender Systeme oftmals deutlich über 95 % stellt. Als wichtige Kenngrößen zur Beschreibung der in einem Zonobiom vorherrschenden Klimaverhältnisse werden die mittleren Jahresniederschläge und mittleren Jahrestemperaturen herangezogen (oftmals auf der Basis der sogenannten Walter-Lieth-Klimadiagramme). Nach Sitte et al. (2002) lassen sich weltweit 16 Zonobiome sowie verschiedene Übergangsgebiete zwischen diesen und die Hochgebirge der Erde unterscheiden. Die räumliche Verteilung dieser Landlebensräume geht aus der Abb. 5.10 hervor (mit den wichtigen Landlebensräumen Wüsten, Grasbzw. Zwergstrauchvegetation, Lockergehölze und Wälder).

Stoffkreisläufe in Ökosystemen und nachhaltige Nutzung

Der Transport von Stoffen (gemeint sind chemische Elemente oder Verbindungen) innerhalb von Ökosystemen wird allgemein als „Stofffluss" bezeichnet. Dabei ist unmaßgeblich, ob dieser Transport von Stoffen zwischen den Organismen eines Ökosystems, zwischen Organismen und ihrer abiotischen Umwelt oder zwischen verschiedenen abiotischen Ökosystemkompartimenten (z. B. Atmosphäre, Boden, Grundwasser etc.) stattfindet.

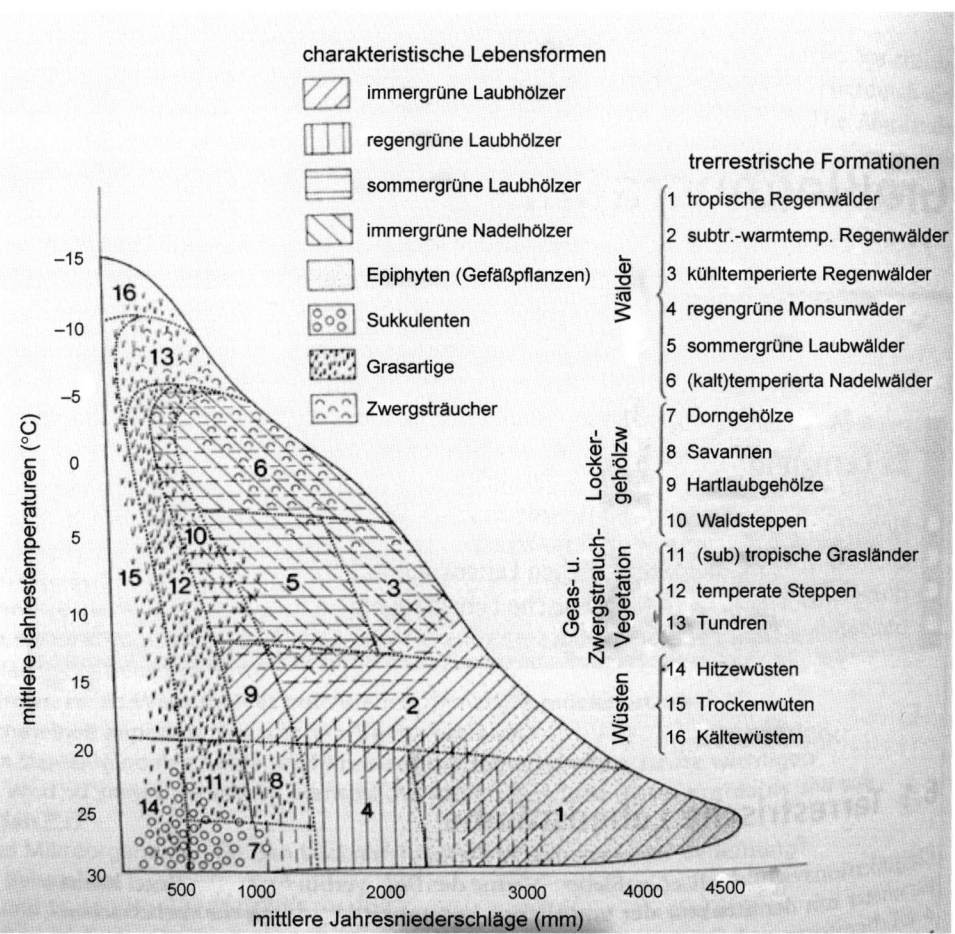

Abb. 5.10 Charakteristische Lebensformen bedeutender Pflanzen und Großlebensräume der Erde in Abhängigkeit von jährlicher mittlerer Niederschlagsmenge und Temperatur (Sitte et al. 2002)

Viele Stoffe, beispielsweise für Pflanzen wichtige Makronährelemente wie Stickstoff und Phosphor, werden von Organismen aus ihrer Umgebung aufgenommen und durch Exkretion oder – nach dem Absterben der betreffenden Organismen – wieder an diese zurück gegeben. Durch ein solches „Recycling" von Stoffen entstehen Kreisläufe, die auch als Stoff- oder Elementkreisläufe bezeichnet werden. Aber nicht alle Stoffe in einem Ökosystem befinden sich in einem Kreislauf. Bestimmt Stoffe gelangen von außen in Ökosysteme hinein, können dort eine bestimmte Zeit (beispielsweise in einem Kreislauf) verweilen oder das Ökosystem bereits nach kurzer Zeit (wenige Stunden oder Tage) wieder verlassen. Abhängig vom Grad, mit dem Stoffe in ein Ökosystem gelangen, dort verweilen oder auch das Ökosystem wieder verlassen, spricht man von offenen oder geschlossenen Kreisläufen. Allerdings beschreiben die Begriffe „offener" oder „geschlossener Kreislauf" eher Extreme der Verweildauer von Stoffen in einem System, denn unter natürlichen Bedingungen sind zwischen diesen in der Regel alle denkbaren Übergänge realisiert.

Gute Beispiele für offene Stoffkreisläufe in Ökosystemen sind der Wasserkreislauf und der Kohlenstoffkreislauf. Wasser gelangt mit Niederschlägen in Ökosysteme (beispielsweise in Waldökosysteme), wird dort von der lebenden Biomasse (im gegebenen Beispiel den Bäumen) aufgenommen, durch Transpiration in die Atmosphäre zurückgegeben oder auch – zumindest für eine gewisse Zeit – im Boden gespeichert. Mit dem Sickerwasser kann zuvor aufgenommenes Niederschlagswasser in den Grundwasserkörper gelangen und auf diesem Wege das Ökosystem wieder verlassen. Kohlenstoff wird von Pflanzen aus der Atmosphäre in Form von Kohlendioxid aufgenommen und im Pflanzenkörper in Form organischer Kohlenstoffverbindungen, z. B. Cellulose, zumindest für eine gewisse Zeit (wenige Jahre bis viele Jahrhunderte) gespeichert. Kohlenstoffverluste eines Ökosystems entstehen durch die Zersetzung toter organischer Substanz wie auch durch die Atmung der Organismen. Streng genommen ist somit die Bezeichnung „Kohlenstoffkreislauf" nicht ganz korrekt, denn das von den Organismen mittels Atmung freigesetzte Kohlendioxid wird ja nicht wieder in Gänze im Zuge der Photosynthese von Pflanzen aufgenommen.

Beispiele für (weitgehend) geschlossene Kreisläufe sind der Stickstoff- oder der Phosphorkreislauf in Ökosystemen. Für viele Pflanzen sind diese Nährelemente (also N und P) limitierend. Dies bedeutet, dass ihre Verfügbarkeit das Wachstum der Pflanzen und somit die Primärproduktion eines Ökosystems steuert beziehungsweise limitiert. Obwohl Stickstoff in großer Menge (als molekularer Stickstoff) in der Atmosphäre vorhanden ist, kann dieser von den meisten Pflanzen nicht unmittelbar genutzt werden (wenn man von einigen Spezialisten-Gruppen wie beispielsweise den Schmetterlingsblütlern (*Fabaceae*) absieht, die mittels sogenannter Symbionten das N_2-Reservoire der Atmosphäre zur Deckung ihres N-Bedarfes zu nutzen vermögen). Die meisten Pflanzen müssen ihren N-Bedarf über die Aufnahme anorganischer N-Verbindungen (als Ammonium oder Nitrat) aus ihrer Umgebung (z. B. dem Boden) decken. Mit dem Abbau organischer N-Verbindungen (beispielsweise von Proteinen oder ihren Bausteinen, den Aminosäuren) wird Stickstoff – zunächst in reduzierter Form – im System wieder freigesetzt. Durch die Oxidation von Ammonium im Boden kann dann wiederum Nitrat entstehen, sodass sich der N-Kreislauf auf diese Weise schließt. In natürlichen, also vom Menschen weitgehend ungestörten Systemen sind N-Verluste gering. Diese können beispielsweise auf anoxischen Böden durch Denitrifikation und einer damit verbundenen Freisetzung von beispielsweise Lachgas (N_2O) entstehen. Natürliche Einträge an Stickstoff in ein Ökosystem finden unter anderem durch elektrische Entladungen in der Atmosphäre (bei Gewittern) oder durch N-Fixierung der bereits erwähnten Symbiosepartner von Pflanzen statt. Solche N-Flüsse sind aber, im Vergleich zu ökosysteminternen Umsätzen, stets sehr gering. In den meisten Agrarökosystemen hat der Mensch den natürlichen Kreislauf von Stickstoff mitunter erheblich gestört, indem zur Verbesserung der Agrarproduktion anorganischer Stickstoffdünger in oftmals erheblichen Mengen (vielfach deutlich über 100 kg ha-1 yr-1) eingebracht wird. In solchen Systemen ist der N-Kreislauf somit nicht mehr geschlossen, da einerseits hohe (künstliche) N-Einträge wie oftmals auch hohe N-Austräge (beispielsweise über das Sickerwasser in Form von Nitrat) bestehen.

In den Abb. 5.11 und 5.12 wird mit dem Kreislauf des Kohlenstoffs und des Stickstoffs jeweils ein Beispiel für einen offen und einen (unter natürlichen Verhältnissen weitgehend)

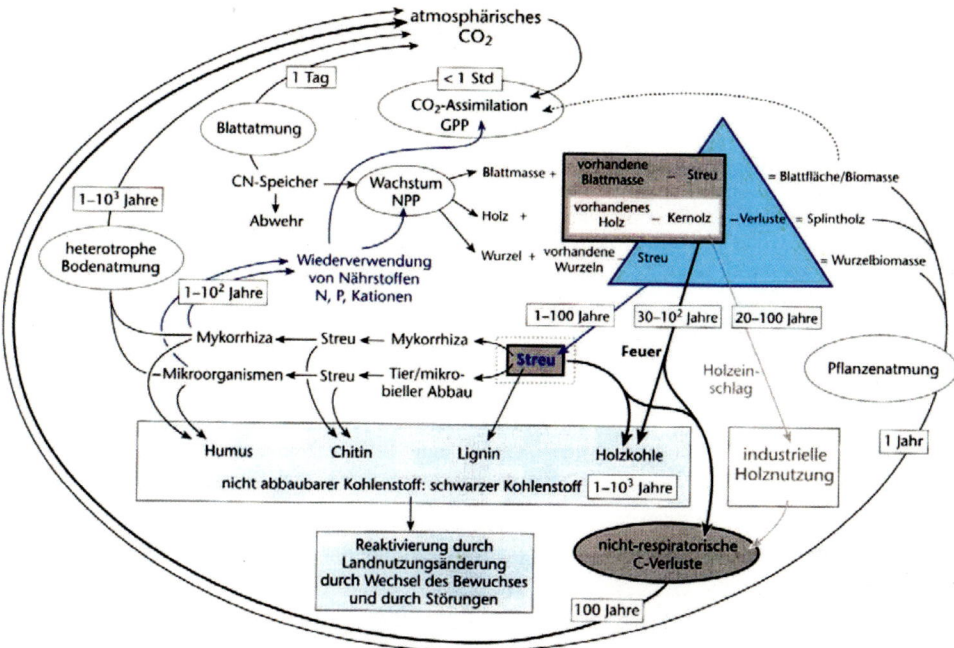

Abb. 5.11 Kohlenstoffkreislauf innerhalb eines Ökosystems (aus Schulze et al. 2002)

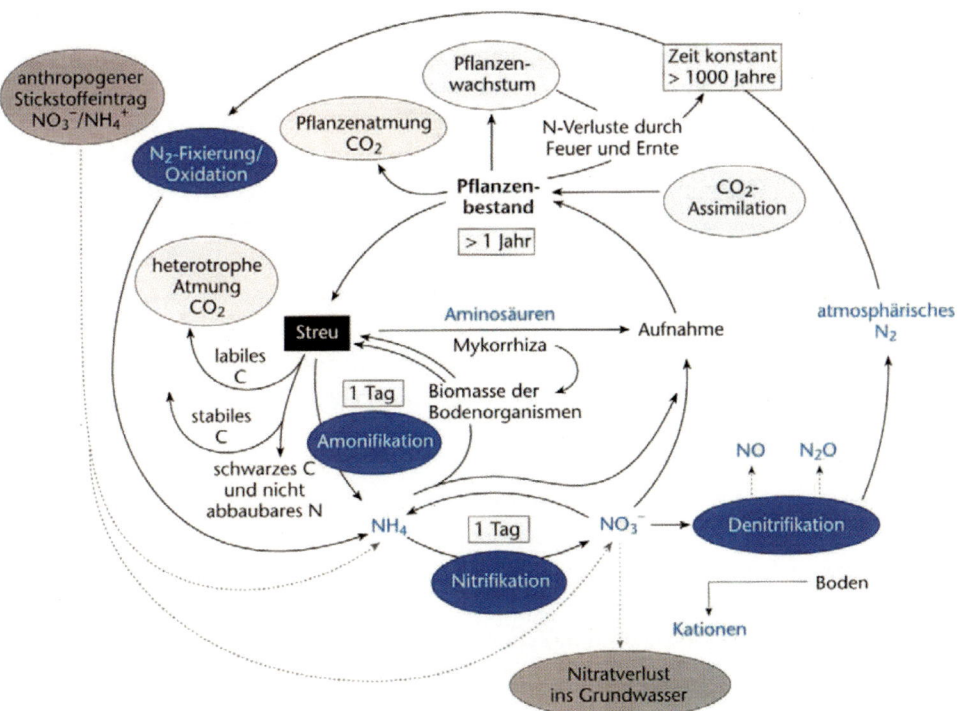

Abb. 5.12 Stickstoffkreislauf innerhalb eines Ökosystems (aus Schulze et al. 2002)

geschlossenen Stoffkreislauf gezeigt. Der von vielen Ökosystemen in organischer Form gebundene Kohlenstoff und Stickstoff wird im Zuge der Mineralisation der organischen Substanz nicht immer vollständig wieder freigesetzt (d. h. bis zur Stufe anorganischer Verbindungen mineralisiert). Die Geschwindigkeit solcher – im Wesentlichen von Mikroorganismen und Pilzen geleisteten – Mineralisationsprozesse wird von vielen abiotischen Faktoren mit gesteuert. Beispielsweise ist der Abbau der organischen Substanz bei niedrigen Temperaturen, bei hoher Azidität des Bodens (d. h. niedrigen Boden-pH-Werten) oder unter anoxischen Verhältnissen (z. B. in wassergesättigten Böden) mehr oder minder stark gehemmt. So kann in einem Ökosystem – langfristig betrachtet – die Aufbaurate von organischen Verbindungen (Synthese organischer Verbindungen pro Zeit) höher sein als die Mineralisationsrate (Abbau organischer Verbindungen pro Zeit). Bei positiven Raten akkumuliert ein Ökosystem organische Substanz und wird somit zugleich eine Senke für Kohlenstoff oder Stickstoff. Weltweit wichtige C- und N-Senken sind beispielsweise Waldökosysteme, Moore oder auch Ozeane (hier besonders die marinen Sedimente). In diesen Ökosystemen verläuft der Abbau organischer Verbindungen langsamer ab als der im System ablaufende Prozess des Aufbaus organischer Verbindungen. In Mooren werden Mineralisationsprozesse vielfach durch die Sauerstoffarmut des Substrates gehemmt, sodass sich im Laufe von Jahrhunderten mächtige Torflager bilden können. In borealen (Nadel-)Wäldern hemmen niedrige Temperaturen und Boden-pH-Werte die Zersetzung der Streu, sodass diese Systeme in ihren Böden (d. h. in den organischen Auflagen wie auch im mineralischen Oberboden) beträchtliche Mengen an organischer Substanz akkumulieren.

Die Tab. 5.4 und 5.5 zeigen für verschiedene Ökosystem, die weltweit gespeicherten Mengen an Kohlenstoff und Stickstoff. Die Eigenschaft mancher Ökosysteme, Kohlenstoff oder Stickstoff in Form von organischen Verbindungen langfristig zu speichern, wird heute als „Ökosystemdienstleistung" („ecosystem service") gewertet. Die Festlegung von Kohlenstoff bedeutet beispielsweise, dass dieser der Atmosphäre in Form des klimawirksamen Kohlendioxids entzogen wurde, betreffende Systeme somit dem gegenwärtig prognostizierten Klimawandel zumindest in gewissen Grenzen entgegen zu wirken vermögen. Eine Festlegung von Stickstoff in Ökosystemkompartimenten wie dem Boden bedeutet, dass einer Auswaschung von Nitrat (und somit eine Kontamination des Grundwassers mit Nitrat) wie auch eine Freisetzung von klimawirksamem Lachgas verhindert wird. In vielen Fällen hängen solche Ökosystemdienstleistungen von der Intaktheit oder der Unversehrtheit der betreffenden Systeme ab. Dies bedeutet, dass eine stärkere Nutzung von Ökosystemen und eine damit einhergehende Beeinträchtigung wichtiger Ökosystemfunktionen auch deren Serviceleistung für den Menschen schmälern kann. Eine Entwässerung oder Abtorfung von Hochmooren führt beispielsweise dazu, dass deren Torfkörper mineralisiert und somit der darin gespeicherte Kohlenstoff als Kohlendioxid oder auch als Methan freigesetzt wird, beides klimawirksame Gase. So sind entwässerte Hochmoore nicht mehr in der Lage, als „Kohlenstoffsenke" zu fungieren. Überdies konnten Studien zeigen, dass „alte" Ökosysteme mit langer „ökologischer Kontinuität" besonders gut die oben beschriebenen Servicefunktionen erfüllen (Luyssaert et al. 2008).

Tab. 5.4 Globale Stoffflüsse und Vorräte von Kohlenstoff (1015 g C a-1) sowie Angaben der jährlichen Veränderungen (Fluss) (aus Nentwig et al. 2011)

Bereich		Speicher	Fluss
Land	Vorrat in der lebenden Vegetation	600 (jährlich – 1)	
	Vorrat in anderen Organismen und toter Biomasse	1500	
	Vorrat im Gestein	20,000,000	
	Vorrat als gewinnbarer fossiler Energieträger	4000 (jährlich – 6)	
	Abgabe von der Vegetation an die Atmosphäre (Respiration)		60
	Abgabe vom Boden an die Atmosphäre (Respiration)		60
	Abgabe an die Atmosphäre durch menschliche Aktivität		6
	Austrag durch Flüsse ins Meer		1
Meer	Vorrat als Kohlendioxid/Kohlensäure	40.000 (jahrlich +4)	
	Vorrat als gelöste organische Substanz	3000	
	Vorrat in der Biomasse	17	
	Abgabe an die Atmosphäre (Respiration)		90
	Abgabe in das Sediment		0.1
Atmosphäre	Vorrat als Kohlendioxid	760 (jahrlich +4)	
	Vorrat als Methan	6	
	Vorrat als Kohlenmonoxid	0.2	
	Abgabe an die Landvegetation (Photosynthese)		120
	Abgabe an das Meer (Photosynthese)		92

Ändert sich der Vorrat in aufeinanderfolgenden Jahren, so ist diese jährliche Zu- oder Abnahme vermerkt

Die Funktionstüchtigkeit von Ökosystemen (und auch deren Serviceleistung für den Menschen) steht demzufolge oft in Zusammenhang damit, wie intensiv die betreffenden Ökosysteme durch den Menschen genutzt werden. Um diese Wechselwirkungen mit dem Menschen und auch die Nachhaltigkeit der Nutzung von Ökosystemen besser darzustellen, wurde das sogenannte Syndromkonzept entwickelt (Schulze et al. 2002). Danach äußert sich eine Übernutzung oder nicht nachhaltige Nutzung von Ökosystemen in bestimmten „Krankheitsbildern" eines Systems, den Syndromen. Das Syndromkonzept ist damit geeignet, die hochkomplexe Dynamik der Mensch-Umwelt-Wechselbeziehungen zwischen Biosphäre, Atmosphäre, Pedosphäre und Hydrosphäre auf der einen Seite und Wirtschaft,

Tab. 5.5 Globale Stickstoffflüsse und Vorräte von Stickstoff im Ökosystem (aus Nentwig et al. 2011)

Bereich		Speicher	Fluss
Land	Vorrat in der Vegetation	35,000	
	Vorrat im Boden	100,000	
	Austrag durch Flüsse ins Meer		36
	Abgabe an die Atmosphäre durch Denitrifizierung		200
	Abgabe an die Atmosphäre durch menschliche Aktivität		140
Meer	Vorrat gasförmig	20,000,000	
	Vorrat als gelöste anorganische Substanz	600,000	
	Vorrat als gelöste organische Substanz	200,000	
	Vorrat in der Biomasse	500	
	Abgabe an die Atmosphäre durch Denitrifizierung		110
	Abgabe in das Sediment		10
Atmosphäre	Vorrat	4,000,000,000	
	Abgabe an das Meer durch biologische Fixierung		15
	Abgabe an das Land durch biologische Fixierung		140
	Transport zum Land		15

Bevölkerung, gesellschaftlicher Organisation sowie Wissenschaft und Technik auf der anderen Seite zu untersuchen (Schulze et al. 2002). Nicht nachhaltige Nutzungsweisen von Ökosystemen werden beispielsweise durch das „Dust Bowl-Syndrom" oder das „Raubbau-Syndrom" beschrieben (WBGU 1999). Das Dust Bowl-Syndrom steht für eine industrialisierte, nicht nachhaltige Landwirtschaft und deren naturräumliche Folgen. Zu diesen zählen beispielsweise die Veränderung hydrologischer Verhältnisse, Eutrophierung, Kontamination von Böden und Grundwasser, Verlust der biologischen Vielfalt, Anreicherung von Pestiziden in der Nahrungskette und die Emission von Treibhausgasen. Das Raubbau-Syndrom beschreibt ähnliche Veränderungen durch nicht nachhaltige Landnutzungssysteme, wobei sich dieses Syndrom nicht alleine auf landwirtschaftliche Nutzflächen, sondern auch auf Forst- beziehungsweise Waldflächen bezieht. Wesentliches Merkmal ist eine Diskrepanz zwischen der Nutzung und dem natürlichen Nachwachsen einer betrachteten Ressource (beispielsweise Holz). Vom Dust Bowl-Syndrom sind weite Teile Europas und Nordamerikas und vom Raubbbau-Syndrom viele Gebiete mit tropischen Regenwäldern (Amazonasbecken, Kongogebiet, Indonesien) betroffen (WBGU 1999).

Einfluss des globalen Wandels auf Ökosysteme und Biodiversität

Das Klima hat sich seit der Entstehung der Erde immer wieder gewandelt und insbesondere die Eis- und Warmzeiten mit ihren zyklischen Temperatur- und Niederschlagsveränderungen stellen ein gutes Beispiel für solche Veränderungen dar. Die neuartigen Veränderungen der Temperaturveränderungen gehen eindeutig auf anthropogene Veränderungen zurück. Zahlreiche Prognosen für die Zukunft lassen viel stärkere Veränderungen erwarten (Quante 2010). Diese Veränderungen betreffen nicht nur Temperatur und Niederschläge, sondern auch Landschaftsnutzung, Urbanisation und weitere weltweite Veränderungen in der Umwelt. Man spricht deshalb von globalem Wandel.

Die Vorhersagen zum Klimawandel lassen erwarten, dass sich die Verbreitungsgebiete vieler Arten zu den Polen hin verschieben werden. In den letzten Jahrzehnten erfolgte bereits in vielen Regionen eine Erwärmung des Klimas. Für manche Organismengruppen konnte eine Verschiebung der Verbreitungsareale auch nachgewiesen werden. So konnten Hickling et al. (2006) zeigen, dass viele Arten, die in Großbritannien vorkommen und dort den Nordrand ihrer Verbreitung aufweisen, sich eindeutig nach Norden ausbreiten (Abb. 5.13). Aus Deutschland sind zahlreiche Arten bekannt, die sich nordwärts ausbreiten bzw. als südliche Arten in ihrer Häufigkeit zunehmen (z. B. Taubenschwänzchen *Macroglossum stellatarum* und C-Falter *Polygonia c-album* in Norddeutschland sowie Gottesanbeterin *Mantis religiosa* und Spinnenassel *Scutigera coleoptrata* in Süddeutschland). In den Gebirgen lässt sich für zahlreiche Arten eine aufwärtsgerichtete Verschiebung der Vorkommen beobachten (Lenoir et al. 2008). Allerdings sind nicht alle Verschiebungen auf das Klima zurückzuführen, manchmal können auch synchrone Veränderungen in der Landnutzung ähnliche Auswirkungen zeigen (Dieker et al. 2011). Pflanzen scheinen nur langsam ihre Verbreitungsgebiete im Klimawandel zu verändern, Vögel und Schmetterlinge hingegen schneller. Aber auch die beiden zuletzt angeführten Gruppen bleiben trotz ihres guten Ausbreitungspotenzials in ihren Arealveränderungen hinter den bereits erfolgten Klimaveränderungen zurück. Sie breiten sich also nicht so schnell aus wie das ihnen zusagende Klima (Devictor et al. 2012).

Eine Verlagerung des Südrandes von Verbreitungsgebieten nach Norden ist nur selten belegt worden. Dies kann damit zusammenhängen, dass das Verschwinden einer Art in einer Region oft nur schlecht zu belegen ist. Zudem zerstört der Mensch in Europa viele Lebensräume, die Arten mit einer nördlichen Verbreitung aufweisen. Ungestörte Hochmoore gehören zu diesen Biotopen; sie sind inzwischen aus Mitteleuropa fast gänzlich verschwunden. Damit kann nicht entschieden werden, ob die Vernichtung des Lebensraums oder die Klimaerwärmung der entscheidende Faktor für den Rückgang ist. Im Fall der Hochmoore (wie auch anderer nährstoffarmer Lebensräume) kommt hinzu, dass neben dem Klima sich in den letzten Jahrzehnten auch der atmogene Niederschlag von Stickstoffverbindungen verändert hat, sodass sich die betreffenden Lebensräume gewandelt haben.

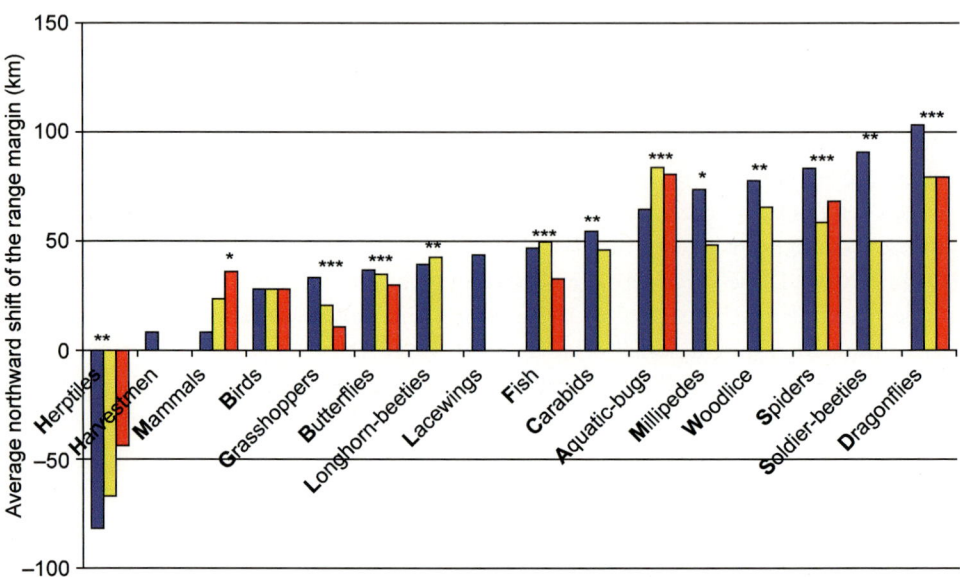

Abb. 5.13 Verlagerung der Nordgrenze des Verbreitungsgebietes von südlich verbreiteten Arten in Großbritannien innerhalb von ca. 25 Jahren

Manche Arten wurden durch die (noch) geringfügigen Veränderungen im Klima der letzten Jahrzehnte deutlich häufiger und konnten durch ihre Wechselwirkungen mit anderen Arten bereits zu deutlichen Veränderungen in Ökosystemen führen. In weiten Teilen der temperaten (und teilweise auch der borealen) Region nehmen einige Borkenkäferarten deutlich zu. Da unter bestimmten Stressbedingungen die Brutbäume nicht in der Lage sind, die eindringenden Tiere abzutöten, konnte ihr Massenauftreten regional zu einem großflächigen Absterben der Bäume führen. Die Fichtenbestände im Nationalpark Bayerischer Wald sind ein Beispiel für eine solche Entwicklung oder auch British Columbia, wo ca.100.000 Quadratkilometer von Kiefernwäldern durch Borkenkäfer und Feuer in den letzten Jahren abstarben (Henson 2011). Das zuletzt genannte Gebiet entspricht den gesamten Landesflächen von Belgien und den Niederlanden zusammen.

Detaillierte Untersuchungen haben gezeigt, dass die Reaktionen einiger Arten auf den Klimawandel wahrscheinlich so unterschiedlich sein werden, dass Verbreitungsgebiete, die sich jetzt noch stark überlappen, in der Zukunft deutlich auseinander bewegen werden (Schweiger et al. 2008). Auch die jahreszeitliche Synchronisation von Arten, die trophische Interaktionen aufweisen, kann schlechter werden (z. B. Blühzeitpunkt und Auftreten von Bestäubern, Eiablage des Kuckucks und Brutzeit der Wirtsarten) (Sherry et al. 2007). Die Zusammensetzung zukünftiger Lebensgemeinschaften und damit ganzer Ökosysteme lässt sich deshalb nur unter Vorbehalten vorhersagen. Allerdings ergeben sich für einige trophische Interaktionen innerhalb der Ökosysteme deutliche Tendenzen. So werden nach einer umfangreichen Metaanalyse nicht nur die Häufigkeiten von vielen Arten sich ver-

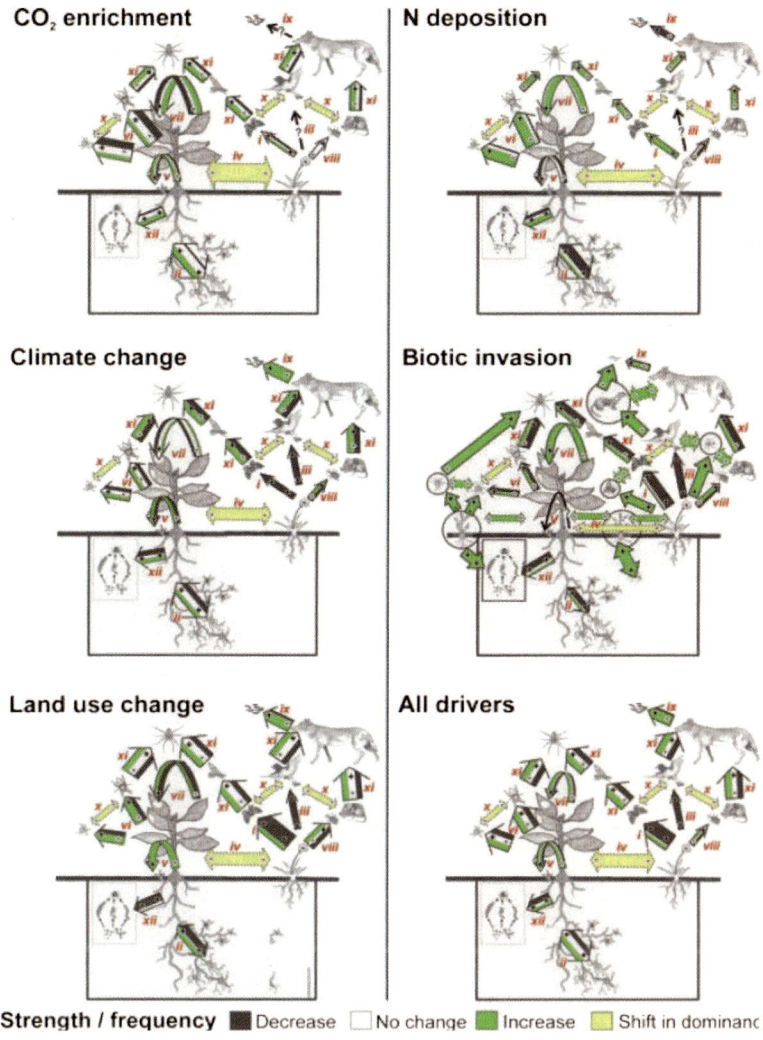

Abb. 5.14 Auswirkungen des globalen Wandels auf trophische Interaktionen innerhalb von Ökosystemen (aus Tylianakis et al. 2008)

ändern, sondern manche Ökosystemfunktionen werden deutlich zurückgehen (z. B. Bestäubung von Blütenpflanzen durch Insekten) und die damit verbundenen ökosystemaren Dienstleistungen ebenfalls (Abb. 5.14) (Tylianakis et al. 2008).

▶ **Frage:** Welche ökologischen Veränderungen sind aufgrund des Klimawandels zu erwarten? Warum ist Klimaschutz aus ökologischer Sicht wichtig?

Literatur

Barthlott W, Hostert A, Kie, G, Koper W, Kreft H, Mutke J, Rafiqpoor MD, Sommer JH (2007) Geographic patterns of vascular plant diversity at continental to global scales. Erdkunde 61:305–315

Bellwood DR, Meyer CP (2009) Searching for heat in a marine biodiversity hotspot. J Biogeogr 36:569–576

Brändle M, Brandl R (2003) Species richness on trees: a comparison of parasitic fungi and insects. Evol Ecol Res 5:941–952

Brandt A, Gooday AJ, Brandao SN, Brix S, Brokeland W, Cedhagen T, Choudhury M, Cornelius N, Danis B, De Mesel I, Diaz RJ, Gillan DC, Ebbe B, Howe JA, Janussen D, Kaiser S, Linse K, Malyutina M, Pawlowski J, Raupach M, Vanreusel A (2007) First insights into the biodiversity and biogeography of the Southern ocean deep sea. Nature 447:307–311

Buse J, Ranius T, Assmann T (2008) An endangered longhorn beetle associated with old oaks and its possible role as an ecosystem engineer. Conserv Biol 22:329–337

Cardinale BJ, Srivastava DS, Duffy JE, Wright JP, Downing AL, Sankaran M, Jouseau C (2006) Effects of biodiversity on the functioning of trophic groups and ecosystems. Nature 443:989–992

Claridge MF, Dawah HA, Wilson MR (1997) Species: The units of biodiversity. Chapman and Hall, London.

Den Boer PJ (1990) Density limits and survival of local populations in 64 carabid species with different powers of dispersal. J Evol Biol 3:19–48

Den Boer PJ, Van Dijk TS (1994). Carabid beetles in a changing environment. Wagening Agric Univ Pap 94(6):1–30

Devictor V, van Swaay C, Brereton T, Brotons L, Chamberlain D, Heliölä J, Herrando S, Julliard R, Kuussaari M, Lindstrom A, Reif J, Roy DB, Schweiger O, Settele J, Stefanescu C, Van Strien A, Van Turnhout C, Vermouzek Z, WallisDeVries M, Wynhoff I, Jiguet F (2012) Differences in the climatic debts of birds and butterflies at a continental scale. Nat Clim Chang 2:121–124

Dieker P, Drees C, Assmann T (2011) Two high-mountain burnet moth species (Lepidoptera, Zygaenidae) react differently to the global change drivers climate and land-use. Biol Conserv 144:2810–2818

Erwin T (2007) A treatise on the Western Hemisphere Carabidae (Coleoptera). Their classification, distribution s and ways of life. Volume 1. Trachypachidae, Carabidae-Nebriiformes. Pensoft, Sofia

Estes JA, Duggins DO (1995) Sea otters and kelp forests in Alaska – generality and variation in community ecological paradigm. Ecol Monogr 65:75–100

Frankham R, Ballou JD, Briscoe DA (2002) Introduction to conservation genetics. Univ. Press, Cambridge

Groom MJ, Meffe GK, Carroll CR (2006) Principles of conservation biology. Sinauer Ass, Sunderland

Hamilton AJ, Basset Y, Benke KK, Grimbacher PS, Miller SE, Novotny V, Samuelson GA, Stork NE, Weiblen GD, Yen JDL (2010) Quantifying uncertainty in estimation of tropical arthropod species richness. Am Nat 176:90–95

Hanski I (1991) The dung insect community. In: Hanski I Cambefort Y (Hrsg) Dung beetle ecology. Princeton University Press, Princeton, S 5–21

Henson R (2011) The rough guide to climate change. Rough Guides, London

Hickling R, Roy DB, Hill JK, Fox R, Thomas CD (2006) The distributions of a wide range of taxonomic groups are expanding polewards. Glob Chang Biol 12:450–455

Hooper DU, Chapin FS, Ewel JJ, Hector A, Inchausti P, Lavorel S, Lawton JH, Lodge DM, Loreau M, Naeem S, Schmid B, Setala H, Symstad AJ, Vandermeer J, Wardle DA (2005) Effects of biodiversity on ecosystem functioning: a consensus of current knowledge. Ecol Monogr 75:3–35

Huber C, Molenda R (2004) *Nebria* (*Nebriola*) *praegensis* sp. nov., ein Periglazialrelikt im Süd-Schwarzwald/Deutschland, mit Beschreibung der Larven (Insecta, Coleoptera, Carabidae). Contributions to natural history. Sci pap Nat Hist Mus Bern 4:1–28

Isbell F, Calcagno V, Hector A, Connolly J, Harpole WS, Reich PB, Scherer-Lorenzen M, Schmid B, Tilman D, van Ruijven J, Weigelt A, Wilsey BJ, Zavaleta ES, Loreau M (2011) High plant diversity is needed to maintain ecosystem services. Nature 477:199–202

Knowlton N (2001) The future of coral reefs. Proc Natl Acad Sci USA 98:5419–5425

Kratochwil A, Schwabe A (2001) Ökologie der Lebensgemeinschaften. Ulmer, Stuttgart

Krebs CJ (2009) Ecology. Pearson, San Francisco

Kuker K, Barrett-Lennard L (2010) A re-evaluation of the role of killer whales Orcinus orca in a population decline of sea otters Enhydra lutris in the Aleutian Islands and a review of alternative hypotheses. Mamm Rev 40:103–124

Lenoir J, Gegout JC, Marquet PA, de Ruffray P, Brisse H (2008) A significant upward shift in plant species optimum elevation during the 20th century. Science 320:1768–1771

Luyssaert S, Schulze E-D, Börner A, Knohl A, Hessenmöller D, Law BE, Ciais P, Grace J (2008) Old-growth forests as global carbon sinks. Nature 455:213–215

May R M (2010) Tropical arthropod species, more or less? Science 329:41–42

May RM, Levin SA, Sugihara G (2008) Ecology for bankers. Nature 451:893–895

McGlynn TP, Salinas DJ, Dunn RR, Wood TE, Lawrence D, Clark DA (2007) Phosphorus limits tropical rain forest litter fauna. Biotropica 39:50–53

McLean M, Parkinson D (1998) Impacts of the epigeic earthworm Dendrobaena octaedra on oribatid mite community diversity and microarthropod abundances in pine forest floor: a mesocosm study. Appl Soil Ecol 7:125–136

Myers N, Mittermeier RA, Mittermeier CG, da Fonseca GAB, Kent J (2000) Biodiversity hotspots for conservation priorities. Nature 403:853–858

Nentwig W, Bacher S, Brandl R (2011) Ökologie kompakt. Spektrum Akademischer Verlag, Heidelberg

Nick KJ, Löpmeier F-J, Schiff H, Blankenburg J, Gebhard J, Knabke C, Weber HE, Främbs H, Mossakowski D (2001) Moorregeneration im Leegmoor/Emsland nach Schwarztorfabbau und Wiedervernässung. Angew Landschaftsökologie 38:204

Obrien SJ, Roelke ME, Marker L, Newman A, Winkler CA, Meltzer D, Colly L, Evermann JF, Bush M, Wildt DE (1985) Genetic basis for species vulnerability in the cheetah. Science 227:1428–1434

Quante M (2010) Climate Modifications. In: Habel JC, Assmann T (Eds) Relict species: phylogeography and conservation biology. Springer, Berlin, S 9–56

Room PM (1990) Ecology of a simple plant-herbivore system: Biological control of *Salvinia*. Trends in Ecology & Evolution 5

Scheu S, Schaefer M (1998) Bottom-up control of the soil macrofauna community in a beechwood on limestone: Manipulation of food resources. Ecology 79:1573–1585

Schmitz OJ (2008) Effects of predator hunting mode on grassland ecosystem function. Science 319:952–954

Schuldt A, Assmann T (2010) Invertebrate diversity and national responsibility for species conservation across Europe—a multi-taxon approach. Biol Conserv 143:2747–2756

Schulze E-D, Beck E, Müller-Hohenstein K (2002) Plant ecology. Springer, Heidelberg

Schweiger O, Settele J, Kudrna O, Klotz S, Kuhn I (2008) Climate change can cause spatial mismatch of trophically interacting species. Ecology 89:3472–3479

Sheppard CRC, Davy SK, Pilling GM (2009) The biology of coral reefs. Oxford University Press, Oxford

Sherry RA, Zhou XH, Gu SL, Arnone JA, Schimel DS, Verburg PS, Wallace LL, Luo YQ (2007) Divergence of reproductive phenology under climate warming. Proc Natl Acad Sci USA 104:198–202

Sitte P, Weiler EW, Kadereit JW, Bresinsky A, Körner C (2002) Strasburger. Lehrbuch der Botanik. Spektrum, Heidelberg

Skidmore P (1991) Insects of the British cow-dung community. Field Studies Council, Shrewsbury

Speight MCD (1989) Saproxylic invertebrates and their conservation. Council of Europe. Nat environ ser 42:1–79

Tylianakis JM, Didham RK, Bascompte J, Wardle DA (2008) Global change and species interactions in terrestrial ecosystems. Ecol Lett 11:1351–1363

WBGU – Wissenschaftlicher Beirat der Bundesregierung Globale Umweltveränderungen (1999) Welt im Wandel: Strategien zur Bewältigung globaler Umweltrisiken. Jahresgutachten 1998. Springer, Heidelberg

Westheide W, Rieger R (1996) Spezielle Zoologie. Fischer, Stuttgart

Wilson EO (1986) Biodiversity. National Academic Press, Washington

Yachi S, Loreau M (1999) Biodiversity and ecosystem productivity in a fluctuating environment: the insurance hypothesis. Proc Natl Acad Sci USA 96:1463–1468

Chemische Stoffe in der Umwelt

6

Klaus Kümmerer und Wolfgang Ruck

Einleitung

Die Geschichte der chemischen und pharmazeutischen Industrie und Wissenschaft über die letzten 150 Jahre ist eine beeindruckende Erfolgsgeschichte. Beginnend mit anorganischen Stoffen wie Soda über die bunte Welt der synthetischen Teerfarben (Spelsberg et al. 1992) ist die Chemie heutzutage nicht mehr aus unserem täglichen Leben wegzudenken. Wir verwenden Chemikalien, wie z. B. Arzneimittel, Desinfektionsmittel, Kontrastmittel, Farbstoffe, Pestizide, Lacke, Waschmittel etc., aber auch andere Produkte, wie z. B. Kunststoffe in Textilien, Gehäuse von Geräten, als Bauteile in Autos, als Verpackungen oder als Datenspeicher (CD, DVD), um nur einige zu nennen. Die Produkte der chemischen Industrie leisten einen wertvollen Beitrag zu unserer Ernährung, zu unserer Gesundheit und unserem Lebensstandard. Allerdings zeigt die Geschichte der Chemie, dass es bei dieser Erfolgsgeschichte auch Schattenseiten gab und gibt.

Umweltanalytik

Probenahme

Seit Menschengedenken weiß man, dass spezifische Stoffe bei Mensch, Pflanze oder Tier spezifische Wirkungen auslösen. Dieses Wissen wurde allerdings nur von einer kleinen

K. Kümmerer (✉) · W. Ruck
Fakultät Nachhaltigkeit, Leuphana Universität Lüneburg, Lüneburg, Deutschland
E-Mail: Klaus.Kuemmerer@leuphana.de

W. Ruck
E-Mail: ruck@leuphana.de

H. Heinrichs, G. Michelsen (Hrsg.), *Nachhaltigkeitswissenschaften*,
DOI 10.1007/978-3-642-25112-2_6, © Springer-Verlag Berlin Heidelberg 2014

Abb. 6.1 Paracelsus
(1493–1541)

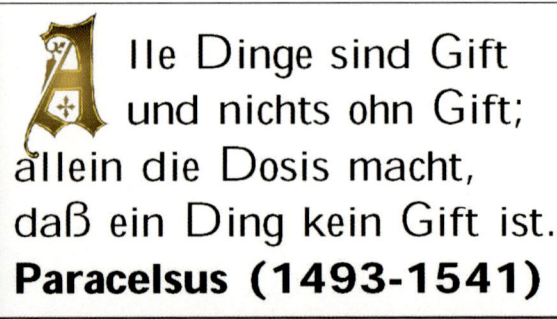

Alle Dinge sind Gift
und nichts ohn Gift;
allein die Dosis macht,
daß ein Ding kein Gift ist.
Paracelsus (1493-1541)

Anzahl Spezialisten ordentlich beherrscht, und Menschen mit diesem Sonderwissen waren teilweise als so genannte Hexen oder Zauberer in ihrem Leben bedroht.

Einer der Ersten, der ansatzweise über Konzentrationen und Grenzwerte nachdachte, war Paracelsus im 16. Jahrhundert. „Dosis sola venenum facit": Allein die Dosis macht es (Abb. 6.1). Aber es dauerte noch einige Jahre, bis begonnen wurde, chemische Untersuchungen von Umweltproben durchzuführen. Das wohl erste Umweltkompartiment, das systematisch untersucht wurde, dürfte Wasser gewesen sein. Andreas Sigismund Marggraf untersuchte 1748 in Berlin eine eisenhaltige Quelle und bestätigte dem Wasser Heilkräfte. (Auf diese Untersuchung geht der Name des heutigen Berliner Bezirks Gesundbrunnen zurück.)

Mit dem Aufkommen der analytischen Chemie durch Gay-Lussac begannen seine Schüler mehr oder weniger systematisch Pflanzen und Böden zu untersuchen. Dabei ging es aber in erster Linie um die Hauptbestandteile organischer Verbindungen wie Kohlenstoff, Wasserstoff, Sauerstoff, Schwefel, Stickstoff und Kalium. Dabei tat sich besonders der deutsche Chemiker Justus Liebig in der zweiten Hälfte des 19. Jahrhunderts hervor. Die ersten Vorschriften zur Untersuchung von Trinkwasser finden sich in Deutschland im Reichsseuchengesetz des Jahres 1900. Hierbei wurden allerdings in erster Linie hygienische Parameter kontrolliert.

Erst in den 1970er-Jahren gab es eine Trinkwasserverordnung mit klaren Grenzwerten für einige ausgewählte Parameter. Diese Gesetze der frühen 1970er-Jahre, wie das Wasserhaushaltsgesetz, das z. B. in Paragraf 7a Grenzwerte für die Einleitung von Industrieabwässern in Gewässer festlegte, das Abwasserabgabengesetz, die Technische Anweisung Luft und das Abfallgesetz, schufen einen gesetzlichen Rahmen, anhand dessen Umweltproben systematisch untersucht werden konnten. Die Klärschlammverordnung, die ebenfalls aus dieser Zeit stammt, beinhaltete die ersten klaren Grenzwerte für die Schwermetalle Blei, Cadmium, Chrom, Kupfer, Nickel, Quecksilber und Zink in Klärschlamm und Ackerböden.

Folglich hat sich erst in den 1970er-Jahren eine Systematik der chemischen Untersuchung von Umweltkompartimenten entwickelt. Dazu mussten die entsprechenden Proben gewonnen und untersucht werden. Dabei stellte sich sehr bald heraus, dass die Gewinnung repräsentativer Proben nicht so einfach ist. Der Stuttgarter Abfallchemiker Thomanetz gab seinen Studierenden, die Abfallproben untersuchen sollten, ein Fahrrad und forderte sie auf, eine repräsentative Probe zu nehmen. Man kann sich vorstellen, dass die Studierenden an dieser Aufgabe scheiterten. Der Gehalt an Eisen war halbwegs exakt zu bestimmen, Chrom, Kupfer und andere Schwermetalle waren sehr uneinheitlich verteilt. Sowohl Böden, die durch anthropogene Wirkungen verschmutzt waren, als auch Abfälle waren sehr inhomogene Haufwerke, die mit vertretbarem Aufwand, im Gegensatz zu Wasser oder Luft, nicht homogenisierbar waren. In der Regel versuchte man durch die Gewinnung einer großen Zahl von Stichproben diesem Problem Herr zu werden, die so gewonnenen Daten stellten aber ein sehr uneinheitliches Bild dar. Sie repräsentierten eben die Inhomogenität des beprobten Kompartimentes. Hier von Streuungen der Analysewerte zu sprechen, trifft das Problem nur sehr unscharf. Nicht die chemische Analyse streut in diesem Fall, sondern die Zusammensetzung der gewonnenen Proben.

Auch bei der Beurteilung von stark in Konzentration und Durchfluss wechselnden Abwasserströmen mussten besondere Strategien zur Gewinnung repräsentativer Proben entwickelt werden. Für Flüssigkeiten und Gase wurden Probenahmegeräte entwickelt, die versuchen, diesen Problemen Rechnung zu tragen. Abbildung 6.2 zeigt den Anhang 1 der Abwasserabgabengesetz vom März 1987.

Häufig spielen in diesen Systemen auch noch Feststoffe in Gas oder Wasser eine bedeutende Rolle und müssen berücksichtigt werden. Für die Probenahme in Umweltkompartimenten gilt in hohem Maße die Feststellung, dass nicht-repräsentative Proben keine repräsentativen Ergebnisse liefern können. Fehler, die bei der Probenahme begangen wurden, können im Nachhinein durch nichts korrigiert werden.

Nachweis: Analytik

Mitte der 1950er-Jahre trat in der Umgebung der Stadt Minamata (Japan) eine Krankheit auf, die heute den Namen der Stadt trägt. Menschen litten unter Müdigkeit, Kopf- und Gliederschmerzen, Lähmungen, Psychosen und fielen bei schweren Verläufen ins Koma. In vielen Fällen führte die Krankheit zum Tod. Heute wird geschätzt, dass knapp 20.000 Menschen unter dieser Krankheit gelitten haben und ca. 3.000 daran gestorben sind. Die Ursache lag in Quecksilberverbindungen, die ein Chemiebetrieb ins Meer eingeleitet hatte. Ein ähnlicher Fall trat 1964 in der japanischen Präfektur Niigata auf. Durch Cadmium, das über einen Fluss zur Bewässerung von Reisfeldern gelangte, brach in Japan 1950 die Itai-Itai-Krankheit aus. Die Cadmium-Verbindungen wurden durch Buntmetallbergbau in die Umwelt abgegeben.

Durch diese Zwischenfälle wurde die Weltöffentlichkeit aufgerüttelt und nach und nach wurden systematische Untersuchungen von Trinkwasser, Abwasser und Flusswasser sowie von Böden eingeführt. Bis diese Überwachung in Deutschland flächendeckend eingeführt war, dauerte es bis Ende der 1970er-Jahre. Andere Länder folgten dem deutschen Beispiel mit zeitlichem Verzug. Nach und nach entwickelte sich in dieser Zeit die Umweltanalytik aus der analytischen Chemie heraus. Sie wurde mehr und mehr zur analytischen Chemie der Spurenstoffe, bei der es um immer niedrigere Konzentrationen ging. Anfänglich konnten Stoffe im unteren Milligrammbereich gemessen werden, mittlerweile werden

Bundesgesetzblatt Jahrgang 2005 Teil I Nr. 5, ausgegeben zu Bonn am 25. Januar 2005 119

Anlage
(zu § 3)

(1) Die Bewertungen der Schadstoffe und Schadstoffgruppen sowie die Schwellenwerte ergeben sich aus folgender Tabelle.

Nr.	Bewertete Schadstoffe und Schadstoffgruppen	Einer Schadeinheit entsprechen jeweils folgende volle Messeinheiten	Schwellenwerte nach Konzentration und Jahresmenge	Verfahren zur Bestimmung der Schädlichkeit des Abwassers
1	Oxidierbare Stoffe in chemischem Sauerstoffbedarf (CSB)	50 Kilogramm Sauerstoff	20 Milligramm je Liter und 250 Kilogramm Jahresmenge	303
2	Phosphor	3 Kilogramm	0,1 Milligramm je Liter und 15 Kilogramm Jahresmenge	108
3	Stickstoff als Summe der Einzelbestimmungen aus Nitratstickstoff, Nitritstickstoff und Ammoniumstickstoff	25 Kilogramm	5 Milligramm je Liter und 125 Kilogramm Jahresmenge	Nitratstickstoff: 106 Nitritstickstoff: 107 Ammoniumstickstoff: 202
4	Organische Halogenverbindungen als adsorbierbare organisch gebundene Halogene (AOX)	2 Kilogramm Halogen, berechnet als organisch gebundenes Chlor	100 Mikrogramm je Liter und 10 Kilogramm Jahresmenge	302
5	Metalle und ihre Verbindungen		und	
5.1	Quecksilber	20 Gramm	1 Mikrogramm 100 Gramm	215
5.2	Cadmium	100 Gramm	5 Mikrogramm 500 Gramm	207
5.3	Chrom	500 Gramm	50 Mikrogramm 2,5 Kilogramm	209
5.4	Nickel	500 Gramm	50 Mikrogramm 2,5 Kilogramm	214
5.5	Blei	500 Gramm	50 Mikrogramm 2,5 Kilogramm	206
5.6	Kupfer	1 000 Gramm	100 Mikrogramm 5 Kilogramm	213
		Metall	je Liter Jahresmenge	
6	Giftigkeit gegenüber Fischeiern	6 000 Kubikmeter Abwasser geteilt durch G_{EI}	$G_{EI} = 2$	401

G_{EI} ist der Verdünnungsfaktor, bei dem Abwasser im Fischeitest nicht mehr giftig ist. Den Festlegungen der Tabelle liegen die Verfahren zur Bestimmung der Schädlichkeit des Abwassers nach den angegebenen Nummern in der Anlage „Analysen- und Messverfahren" zur Abwasserverordnung in der Fassung der Bekanntmachung vom 17. Juni 2004 (BGBl. I S. 1108, 2625) zugrunde.

(2) Wird Abwasser in Küstengewässer eingeleitet, bleibt die Giftigkeit gegenüber Fischeiern insoweit unberücksichtigt, als sie auf dem Gehalt an solchen Salzen beruht, die den Hauptbestandteilen des Meerwassers gleichen. Das Gleiche gilt für das Einleiten von Abwasser in Mündungsstrecken oberirdischer Gewässer in das Meer, die einen ähnlichen natürlichen Salzgehalt wie die Küstengewässer aufweisen.

Abb. 6.2 Anhang 1 des Abwasserabgabengesetzes (März 1987)

Konzentrationen im Bereich von Nano- und Picogramm pro Liter im Wasser gemessen und überwacht.

Als in den 1980er-Jahren die Aufnahme der Pflanzenbehandlungs- und Schädlingsbekämpfungsmittel (PBSM) in die Trinkwasserverordnung diskutiert wurde und man einen Grenzwert von 0,1 µg in Erwägung zog, war der Aufruhr in der wissenschaftlichen Fachwelt groß: Von circa 600–800 infrage kommenden Stoffen konnte man diese Konzentration nur von weniger als 100 Stoffen sicher bestimmen. Die Gesundheits- und Umweltpolitiker ließen sich nicht beirren. Sie wollten eigentlich sagen: PBSM haben im Trinkwasser nichts zu suchen. Deshalb legten sie einen extrem niedrigen Grenzwert fest. Fünf Jahre später zeigte sich, dass diese Sturheit der Politik die Wissenschaft beflügelt hatte. Man konnte von inzwischen rund 1.200 infrage kommenden Stoffen knapp 1.000 auf dem Niveau des Grenzwertes der Trinkwasserverordnung bestimmen: Diese frühe Form von Nachhaltigkeitspolitik hatte der analytischen Chemie Flügel verliehen.

Vor diesem Hintergrund hat sich die Umweltanalytik zu einer Vorreiterin der chemischen Spurenanalytik entwickelt. Heute stehen die empfindlichsten Analysegeräte in Umweltlaboratorien. Die Koppelung von Gaschromatographie mit Massenspektroskopie (GC-MS) oder Flüssigchromatographie mit Massenspektroskopie (LC-MS) gehören heute genauso zur Standardausrüstung von Umweltlaboratorien wie optische Emissionsspektroskopie mit induktiv gekoppeltem Plasma (ICP-OES).

In Klärschlämmen und Böden werden heute 13 Schwermetalle und 5 giftige organische Stoffe/Stoffgruppen untersucht. Im Einzelnen sind dies die Schwermetalle Arsen, Cadmium, Kobalt, Chrom, Kupfer, Quecksilber, Molybdän, Nickel, Blei, Selen, Thallium, Vanadium und Zink und die organischen Stoffe/Stoffgruppen adsorbierbare organische Halogenverbindungen (AOX), polyaromatische Kohlenwasserstoffe (PAK), polychlorierte Biphenyle (PCB), polychlorierte Dibenzodioxine (PCDD) und polychlorierte Dibenzofurane (PCDF).

Chemische Stoffe in der Umwelt

Bis lange nach dem Zweiten Weltkrieg wurden Abfälle und Abwässer wie auch die Produkte der chemischen Industrie direkt in die Umwelt emittiert (Carson 1962). Das Buch „Der stumme Frühling"/„Silent Spring" von Rachel Carson, das 1962 erstmals erschienen ist, ist wohl eines der wichtigsten des letzten Jahrhunderts, insbesondere was Umweltchemie und Ökologie sowie Umweltschutz allgemein anbelangt (letzte deutsche Auflage: Carson 2007). Carson beschreibt darin am Beispiel einer fiktiven Kleinstadt die Folgen der breiten und unbedachten Anwendung von Pestiziden wie z. B. DDT, Methoxychlor, Lindan, 2,4-Dichlorphenoxyessigsäure (2,4-D), 2,4,5-Trichlorphenoxyessigsäure, Aldrin, Dieldrin, Chlordan: Es gibt keine Vögel mehr, die singen – daher der Titel des Buchs. Die Essigsäureester von 2,4- und 2,4,5-Trichlorphenol waren Bestandteile von „Agent White" und „Agent Orange", die im Vietnamkrieg als Entlaubungsmittel von den amerikanischen Streitkräften eingesetzt worden waren. 2,4-D enthält als Verunreinigung das hochgiftige und beim Menschen möglicherweise krebsauslösende 2,3,7,8 Tetrachlor-Dibenzo-p-Dioxin („Seveso-Dioxin") – unter den Folgen dieses Stoffes leidet die vietnamesische Bevölkerung heute noch. Carsons daraus folgende zentrale Frage lautet: Was bedeutet das für den Menschen? Zuvor hatte sich gezeigt, dass sogar Arzneimittel wie z. B. der Wirkstoff Thalidomid (Wirkstoff des Produkts Contergan®) zu erheblichen Schäden beim Menschen und seinen Nachkommen führen können, was die Diskussion natürlich befeuerte.

Einige der oben genannten Chemikalien wie z. B. DDT, Aldrin, Dieldrin und Chlordan sind auch heute noch aufgrund ihrer hohen Stabilität (Persistenz) in der Umwelt von großem Interesse (Scheringer 2012). Einige sind noch in Gebrauch, wohingegen andere zu einer Gruppe von Stoffen gehören (z. B. die Chlororganika DDT, Dieldrin, Chlordan), die auch als das „dreckige Dutzend" bezeichnet werden und unter die Stockholmer Konvention für POPs („persistent organic pollutants") fallen (http://www.unido.org/index. php?id=5167). DDT wird trotz großer Resistenz- und Umweltprobleme mangels Alternativen immer noch großflächig zur Bekämpfung der Malaria eingesetzt. Zum Teil handelt es sich beim „dreckigen Dutzend" um Chemikalien, die schon vor über hundert Jahren synthetisiert und danach in zunehmend großen Mengen in sehr vielen Produkten eingesetzt worden sind. Zu dieser Gruppe gehören auch die polychlorierten Biphenyle (PCB) deren Gefährlichkeit schon in den 20er-Jahren des 20. Jahrhunderts bekannt war. Dennoch dauerte es nahezu weitere 60 Jahre, bis sie verboten wurden, also bis mehr als 20 Jahre nach der Veröffentlichung von „Silent Spring".

Der Ausgangspunkt von Carson war das gezielte Ausbringen von Chemikalien in die Umwelt, z. B. als Pestizide, nicht die mit ihrer Herstellung entstehenden Abfälle und Emissionen in Luft und Wasser und deren teilweise illegale Entsorgung. Große Verschmutzungen der Umwelt durch chemische Abfälle (z. B. in den USA der Love Canal) und wilde Abfalldeponien kamen in Deutschland in den 1970er-Jahren ins Blickfeld. Als Altlasten sind solche Ablagerungen, aber auch Stoffgruppen wie z. B. die PCB, heute noch von Bedeutung (EEA 2001). Dies kann die Zeitskalen und ihre Bedeutung illustrieren, die mit dem Eintrag von chemischen Stoffen in die Umwelt verbunden sein können (Kümmerer und Hofmeister 2008; Hofmeister und Kümmerer 2009). Seit einigen Jahren stehen ähnliche Stoffe, die bromierten Diphenylether im Mittelpunkt des Interesses. Sie werden als Flammschutzmittel verwendet. Den PCB wie auch den polybromierten Biphenylen und Diphenylethern ist darüber hinaus gemeinsam, dass es sich nicht nur jeweils um eine chemische Verbindung handelt, sondern mehrere.

Gesichter der Nachhaltigkeit

Rachel Carson
- 1907-1964
- US-amerikanische Biologin und Sachbuachautorin
- Ihr bekanntestes Buch, „Silent Spring" (Der stumme Frühling, 1962) gilt als einer der Ausgangspunkte der Umweltbewegung, und gilt als eines der einflussreichsten Bücher des 20. Jahrhunderts.

Rachel Carson

Als Folge davon, dass diese unbeabsichtigten Einträge von Schwermetallen und Phosphat, chlorierten organischen Verbindungen, wie z. B. die chlorierten Dioxine und Dibenzofurane sowie polyzyklische aromatische Kohlenwasserstoffe und chlorierte Lösungsmittel, die in der chemischen Reinigung und der Metallindustrie verwendet wurden, ins Grundwasser gelangten und generell zunehmend in der Umwelt nachgewiesen wurden, trat der von Carson thematisierte beabsichtigte Eintrag und die daraus resultierenden ökologischen Folgen (einschließlich der Anreicherung in der Nahrungskette bis hin zur menschlichen Muttermilch) in den Hintergrund des Interesses. Waren in den Jahren nach Carsons

Veröffentlichung die unbeabsichtigten Emissionen durch Abfälle und Abwässer aus der Produktion der Schwerpunkt der Umweltbelastung dieses Industriesektors, so wurden insbesondere beginnend mit den 70er-Jahren des letzten Jahrhunderts zunehmend Anstrengungen unternommen, Abfälle umweltunschädlich zu entsorgen bzw. später zu trennen und zu recyceln, Abwasser und Abluft zu reinigen sowie auch den Schutz beim Umgang mit Chemikalien insgesamt zu verbessern. Neben zunehmend besseren Möglichkeiten, chemische Stoffe in der Umwelt nachzuweisen, hat zu dieser Entwicklung auch ein besseres Wissen um die Giftigkeit der Stoffe beigetragen. Dies wurde noch verstärkt durch einige große Unglücke in Chemieanlagen in den 70er-und 80erJahren des letzten Jahrhunderts, die zur Freisetzung größerer Mengen hochgiftiger Stoffe und zu Todesfällen führten (z. B. Seveso (Italien) in einer Tochterfirma der Hofmann La Roche AG 1976 chlorierte Dioxine und Furane, Bhopal (Indien) in einer Produktionsstätte der Union Carbide 1984, das als das schwerste Chemieunglück gilt mit ca. 1.600 Soforttoten (Methylisocyanat), Schweizerhalle (Schweiz) durch einen Brand in der Firma Sandoz 1986 (eine Vielzahl von Chemikalien gelangte direkt in den Rhein) (Sambeth 2004). Dies führte zu für jedermann deutlich sichtbaren Folgen der Vergiftung von Mensch und Tier (Kümmerer 2012). Diese Folgen sind in Seveso und Bhopal auch heute noch, eine Generation später, am Gesundheitszustand der Bevölkerung sichtbar. Auch der Einsatz des Entlaubungsmittels „Agent Orange" im Vietnamkrieg durch die USA, von dem bekannt wurde, dass es hochgiftige chlorierte Dioxine enthält, trug dazu bei, den Eintrag von Chemikalien in die Umwelt gesetzlich besser zu regulieren.

Maßnahmen legislativer und technischer Art haben diese Emissionen drastisch reduziert. Es wurden beispielsweise die Verbrennungstechniken für Müll und Abfälle so optimiert, dass die zuvor aus den Schornsteinen in relevanten Mengen emittierten chlorierten Dioxine praktisch kaum noch eine Rolle spielen. Anfang bis Mitte der 90er-Jahre des letzten Jahrhunderts konnte festgestellt werden, dass die Belastung der Umwelt durch Abfälle und Abluft aus der Produktion in Mittel- und Nordeuropa de facto kein größeres Problem mehr war. Dies betraf neben den Emissionen aus der Produktion auch sogenannte unbeabsichtigte Emissionen wie z. B. Stickoxide, Kohlenwasserstoffe oder polyzyklische Kohlenwasserstoffe aus Verbrennungsprozessen wie z. B. Verbrennungsmotoren. Hier konnte zwar die Emission des einzelnen Motors deutlich reduziert werden, aber dieser Fortschritt wurde durch die Zunahme der pro Jahr und Person bzw. Fahrzeug gefahrenen Kilometer mehr als kompensiert. Erkauft wurde dies auch damit, dass jetzt entlang der Straßen Platin aus den Katalysatoren in erhöhter Konzentration nachgewiesen werden kann (Kümmerer et al. 1999). Außerdem kommen früher ungeordnet abgelagerte Stoffe noch an vielen Stellen in der Umwelt vor (Altlasten) und es ist ungewiss wie lange beispielsweise Basisabdichtungen von Mülldeponien halten werden.

Allerdings ist die Situation in vielen Ländern Süd- und vor allem Osteuropas, was Emissionen in die Luft und auch den Umgang mit Chemikalien, Arzneimitteln und Abfällen anbelangt, nach wie vor sehr unbefriedigend. Dies trifft in noch stärkerem Maße auf Länder außerhalb Europas und Nordamerikas zu, in die zum Teil unsere Abfälle (und damit auch die in ihnen enthaltenen Wertstoffe) exportiert werden. Chemikalien, die bei uns in der Anwendung verboten sind oder nicht mehr produziert werden, werden dort immer noch produziert und angewendet.

Seit den 1990er-Jahren wurde zunehmend erkannt, dass es nicht mehr (nur) die ungewollten Emissionen sind, die die Umwelt belasten, sondern auch die Produkte selbst, die bestimmungsgemäß, d. h. infolge ihrer Anwendung, in die Umwelt gelangen: Duftstoffe und Treibmittel aus Spraydosen, Inhaltsstoffe z. B. von Duschgels, Arzneimitteln und anderen Produkten des täglichen Bedarfs, aber auch von Pflanzenschutzmitteln gelangen sogar infolge der bestimmungsgemäßen Anwendung, also als Folge ihrer beabsichtigten richtigen Anwendung in die Umwelt. Andere Produkte wie z. B. Kunststofftüten und andere Gegenstände aus Kunststoffen werden nach wie vor falsch entsorgt und gelangen z. B. in die Meere, wo sie große Ansammlungen bilden, sich zu kleinen Teilchen zersetzen, Inhaltsstoffe ans Wasser abgeben und so die Tierwelt schädigen.

Insgesamt gehen zwar die Konzentrationen der Stoffe in der Umwelt zurück, aber die Anzahl der Stoffe und die bekannt werdenden Wirkungen nehmen zu. Gleichzeitig wird aber die Lücke zwischen dem was wir über die Stoffe für eine tragfähige Risikobewertung wissen sollten und dem was wir wissen immer größer, d. h. das Wissen über die langfristigen Folgen nimmt ab. Gleichzeitig nehmen die Stoffströme, d. h. die Tonnagen und ihre weltweite Verästelung, zu. Entgegen der Erwartungen, die mit dem Fortschritt des technischen Umweltschutzes ursprünglich verbunden waren, ist die Situation also insgesamt nicht wirklich besser geworden, sondern vielmehr anders: Die Stoffmengen und -arten nehmen zu, die Folgen werden schleichender und subtiler (wie z. B. die endokrin wirksamen Stoffe zeigen), also weniger deutlich sichtbar. Selbst für die bereits vermarkteten Chemikalien ist die Datenlage völlig unzureichend (Abb. 6.3).

Diese Erkenntnis ist einer der Gründe für die Einführung von REACH, von der eine Verbesserung der Informations- und Datenlage erwartet wird. Dennoch ist zu erwarten, dass wir, in Anbetracht der Vielzahl chemischer Stoffe – und der aus ihnen möglicherweise entstehenden Transformationsprodukte für die wir so gut wie keine Daten haben –, der Vielzahl möglicher Wirkungsendpunkte, die zu bewerten sind, den dafür notwendigen Mitteln, Personal und Zeit, kaum in der Lage sein dürften, für alle Stoffe alle notwendigen Eigenschaften zu ermitteln. Im Laufe der Geschichte der Stoffbewertung kamen immer wieder neue Wirkungen hinzu, an die vorher nicht gedacht wurde, z. B. wurden zunächst nur akute Wirkungen betrachtet, erst später chronische. Die endokrine Wirkung kam erst vor etwa 20 Jahren in den Fokus der Aufmerksamkeit. Immuntoxische und neurotoxische Wirkungen werden derzeit als weitere künftig zu erfassende Parameter diskutiert.

REACH

Die Abkürzung „REACH" steht für „Registration, Evaluation and Authorisation of Chemicals" (Registrierung, Bewertung und Zulassung von Chemikalien). REACH betrifft Hersteller, Importeure und auch Anwender von Chemikalien. In der alten EU-Gesetzgebung für die Chemikalienzulassung gab es verschiedene Regeln für „Altstoffe" (vor September 1981 auf dem Markt gebrachte Stoffe) und „Neustoffe".

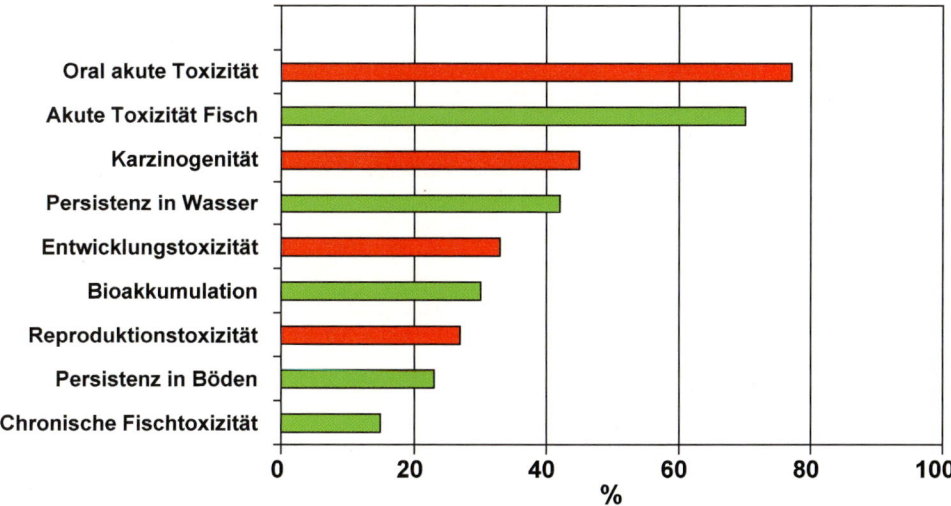

Abb. 6.3 Verfügbare Daten für Chemikalien, bezogen auf die ca. 3.000 am besten untersuchten chemischen Stoffe; Datenbasis: IUCLID Stoffdatenbank der EU, Allanou et al. 2003

REACH ist am 01. Juni 2007 in Kraft getreten. Mit REACH soll ein hohes Schutzniveau für die Gesundheit und die Umwelt garantiert werden und der freie Verkehr von Stoffen im Binnenmarkt, Wettbewerbsfähigkeit und Innovation sollen gewährleistet und verbessert werden. Im Zentrum von REACH steht das Vorsorgeprinzip. REACH beruht auf dem Grundsatz, dass Hersteller, Importeure und auch nachgeschaltete Anwender („Downstream User") darauf achten, dass sie nur Stoffe herstellen, in Verkehr bringen und verwenden, die die menschliche Gesundheit und die Umwelt nicht schädigen. Je nach importierter oder produzierter Stoffmenge müssen dafür unterschiedliche Daten zu Gesundheits- und Umweltgefahren vorgelegt werden. Für Stoffe als solche oder Zubereitungen gilt, dass ein Hersteller bzw. Importeur, der einen Stoff als solchen oder in einer oder mehreren Zubereitungen in einer Menge von mindestens 1 t pro Jahr herstellt bzw. importiert, ein Registrierungsdossier einreichen muss.

(www.edc-com.eu)

Das Wissen über Stoffe und ihr Verhalten und ihre Wirkung in der Umwelt und im Menschen wächst zwar von Tag zu Tag. Die Wissenslücke zwischen dem, was wir wissen müssten und dem, was wir wirklich wissen bzw. wissen können, wird jedoch ebenfalls täglich größer. In toxikologischer Hinsicht sind dabei nicht nur Karzinogenität und Gentoxizität von Interesse, sondern es zeigt sich zunehmend, dass für eine den Menschen betreffende Stoffbewertung auch Immuntoxizität und Neurotoxizität zu betrachten sind. Hierüber liegt jedoch bisher nur sehr rudimentäres Wissen vor. Aufgrund der großen Raum- und Zeitskalen, der Vielzahl der Stoffe, ihrer Anwendungen und den möglicherweise gebildeten stabilen Transformationsprodukten ist eher davon auszugehen, dass wir diesbezüglich aus zeitlichen, finanziellen, aber auch erkenntnistheoretischen Gründen bald an unsere Grenzen stoßen werden.

▶ **Frage:** Welches waren die mit der Entwicklung der Chemie hauptsächlich verbundenen Umweltbelastungen?

Die Trinkwasserverordnung vom Mai 2011

In der Trinkwasserverordnung in der Version vom Mai 2011 befinden sich nur noch im Anhang 1 drei hygienische Grenzwerte (Escherichia koli und koliforme Bakterien, Enterokokken und Pseudomonas Aeruginosa). Die chemischen Parameter reichen von Polyacrylamid, Benzol, Bor, Chromat, Chrom, Cyanid, 1,2-Dichlorethan, Fluorid, Nitrat, Pflanzenschutzmittel und Biozidprodukten, Quecksilber, Selen, Tetrachlorethen und Trichlorethen, Antimon, Arsen, Benzo-(a)-pyren, Blei, Cadmium, Epichlorhydrin, Kupfer, Nickel, Nitrit, polycyclische aromatische Kohlenwasserstoffe (PAK), Trihalogenmethane bis zu Vinylchlorid. Als Indikatorparameter sind Aluminium, Ammonium, Chlorid, Clostridium Perfringens und Eisen zu nennen. Darüber hinaus werden die Färbung, der Geruchsschwellenwert und der Geschmack hinzugezogen. Die Koloniezahl der Bakterien bei 20 und 80°C wird mit einem Grenzwert überprüft. Die Parameter elektrische Leitfähigkeit, Mangan, Natrium, organisch gebundener Kohlenstoff (TOC), Oxidierbarkeit, Sulfat, Trübung und pH-Wert werden betrachtet, obwohl von diesen Parametern an sich keine Gefährdung ausgeht. Sie deuten nur darauf hin, dass verunreinigende Stoffe ins Wasser gekommen sein könnten. Als letzter Indikatorparameter wird Tritium (in Bq) und eine Gesamtdosis (mSv/Jahr) als Maß für die radioaktive Belastung hinzugezogen.

Reinhaltung der Gewässer

Die Photosynthese spielt in den natürlichen Systemen der Erde für den Umsatz organischer Stoffe und für das Energiemanagement eine zentrale Rolle. In biochemischen Vorgängen wird Kohlendioxid und Wasser unter Einwirkung von Sonnenlicht zu organischer Substanz und Sauerstoff umgebaut. Dabei wird Energie in der organischen Substanz gespeichert. Diese Energie kann bei der oxidativen Zersetzung organischer Substanz wieder zeitversetzt freigesetzt werden. Je nachdem, unter welchen Randbedingungen diese Oxidation stattfindet, wird sie aerober Abbau, Verdauung, Kompostierung, Zersetzung oder Verbrennung genannt. In ihr wird die organische Substanz wieder zu Kohlendioxid und Wasser umgebaut. Dabei wird die gleiche Menge an Sauerstoff verbraucht, wie bei der Photosynthese hergestellt wurde (Abb. 6.4).

Für die Photosynthese müssen bestimmte Bedingungen erfüllt sein, damit sie stattfinden kann. Neben den geeigneten Organismen (z. B. Algen) muss genügend Sonnenlicht, Kohlendioxid und Wasser vorhanden sein. Weitere notwendige Bedingungen sind die geeigneten Temperaturfenster sowie die Makronährstoffe Stickstoff, Phosphor, Kalium,

Abb. 6.4 Photosynthese und
Abbau organischer Substanz

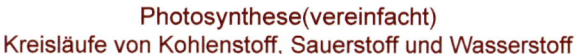

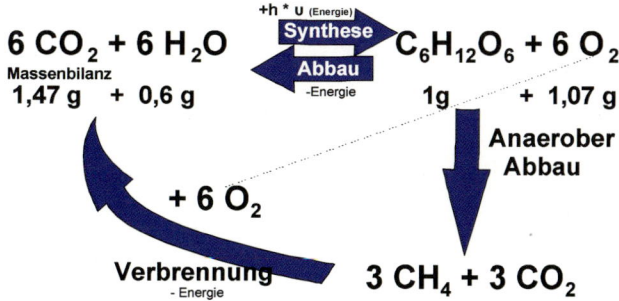

Schwefel, Magnesium und Calcium, um nur die wichtigsten zu nennen, sowie die notwendigen Mikronährstoffe, auch Spurenelemente genannt.

Wenn in einem Gewässer all diese Bedingungen optimal erfüllt sind, werden Algen wachsen und sich vermehren, bis einer der genannten Faktoren nicht mehr gegeben ist. Dieses unkontrollierte Wachstum von Algen wird auch als Algenblüte bezeichnet. Dabei werden beträchtliche Mengen an organischen Substanzen produziert und die entsprechende Menge Sauerstoff. Allerdings ist Sauerstoff nur in der Größenordnung von 10 mg/l im Wasser löslich (Abb. 6.5). Deshalb wird der Überschuss in die Atmosphäre abgegeben. Tritt die Minimumsituation ein, und das kann jede Nacht geschehen, weil die Sonnenenergie fehlt, dann tritt im Gewässer durch Abbau von Biomasse Sauerstoffmangel ein und das Gewässer kann umkippen. Aus diesen Gründen ist eine Algenblüte für Gewässer ein unerwünschter Zustand.

Ein gesundes Gewässer sollte sich in einem Gleichgewichtszustand befinden, in dem das Wachstum der Algen durch den Mangel an einem Nährstoff limitiert ist. Um dies zu verdeutlichen, kann man die Lehren Justus Liebigs zum optimalen Pflanzenwachstum umkehren. Anschaulich wird dies am Beispiel des Liebig'schen Fasses dargestellt. Das Liebig'sche Fass zeigt, dass das Volumen des Fasses durch die kürzeste Fassdaube bestimmt ist (Abb. 6.6).

In Abwägung der technischen Möglichkeiten und natürlichen Gegebenheiten erscheint in einem gesunden Gewässermanagement die Auswahl von Phosphor und Stickstoff als Minimumelemente als eine sinnvolle Vorgehensweise. Deshalb hat man sich entschieden, das Algenwachstum in Gewässern durch Minimierung der Phosphor- und Stickstoffemissionen in Grenzen zu halten. Gewässer, in denen das in vollem Umfang gelungen ist, werden als oligotroph bezeichnet. Gewässer, in denen das nicht gelungen ist und in denen jederzeit eine Algenblüte möglich ist, werden als eutroph bezeichnet. Dazwischen liegen mesotrophe Gewässer.

Vor diesem Hintergrund ergibt sich, dass Phosphor und Stickstoff die beiden am häufigsten genannten eutrophierenden Elemente sind. Deshalb wird ihnen das nächste Kapitel gewidmet.

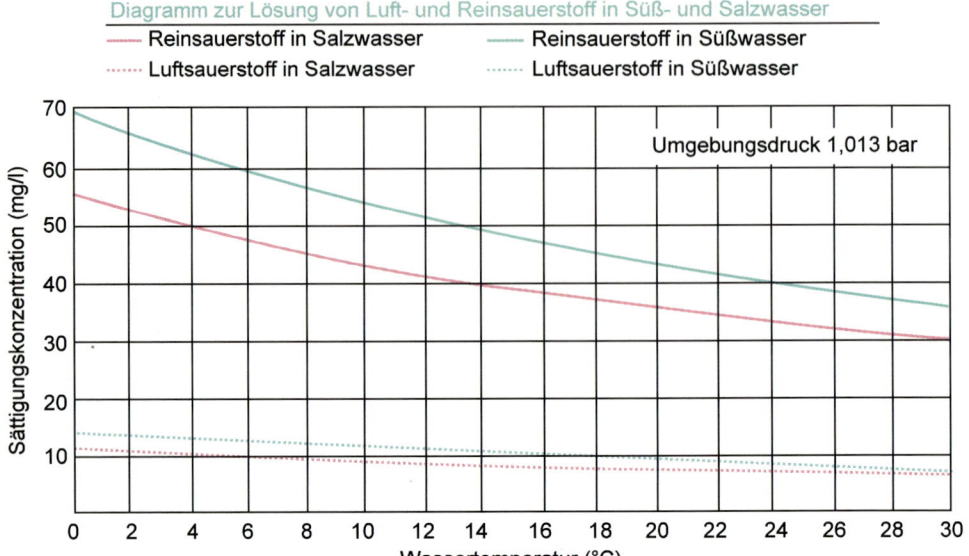

Abb. 6.5 Löslichkeit von Sauerstoff in Wasser, 10 mg/l ~0,001%

Abwasserreinigung

Jedes Wasser, dessen sich der Mensch entledigt oder zu entledigen versucht, ist per Definition Abwasser. Wenn über einem Waschbecken der Wasserhahn geöffnet wird und reines Trinkwasser aus dem Hahn fließt, wird dieses Wasser, ohne sich stofflich zu verändern, beim Eintritt in den Abfluss zu Abwasser. Vor diesem Hintergrund ist es nicht möglich, Abwasser über seine Zusammensetzung zu definieren. Im kommunalen Bereich werden Abwässer in der Kanalisation gesammelt und in die Kläranlage geleitet. Da auf diesem Wege in der Regel auch Fäkalabwässer transportiert werden, enthalten kommunale Abwässer immer Fäkalkeime, Stickstoff- und Phosphorverbindungen sowie organische Substanzen. Bei Industrieabwässern ist dies nicht zwingend der Fall.

Normale kommunale Abwässer enthalten in der Regel zwischen 400 und 1.500 mg organische Stoffe und zwischen 300 und 800 mg anorganische Stoffe pro Liter. Das heißt, dieses ungereinigte Abwasser enthält maximal 2,3 g gelöste Stoffe als Verschmutzung pro Liter. Der Rest des Abwassers ist reines Wasser, also H_2O. Abwasser ist also zu knapp 99,8 % reines Wasser. Andere Stoffe werden bei dieser Reinheit als hochreine Stoffe bezeichnet. Daraus ist ersichtlich, dass die Reinheitsanforderungen an Wasser höher sind als an andere Stoffe. Bei Wasser können also bereits kleinste Mengen an Fremdstoffen eine Anwendung für viele Bereiche ausschließen. Die üblichen Kläranlagen erhöhen die Reinheit des Wassers auf bis zu 99,995 %.

Die hohen Reinheitsforderungen an Wasser hängen damit zusammen, dass nur relativ wenig Sauerstoff in Wasser löslich ist. Je nach Temperatur lösen sich im Wasser aus der Luft zwischen 7 und 15 mg/l. Wenn man die organischen Wasserinhaltsstoffe als bioche-

Abb. 6.6 Das Liebig'sche Fass
und das Gesetz des Minimums.
(Bildquelle: Liebig-Museum)

misch gut abbaubar betrachtet und ihnen eine ähnliche Zusammensetzung wie Kohlen-
hydraten zuschreibt, dann ist ihr Sauerstoffverbrauch beim biochemischen Abbau zu CO_2
und H_2O (Abb. 6.4) fast genauso groß wie ihre Masse. Da bei 20°C nur ca. 10 mg Sauerstoff
im Wasser gelöst sind, können auch nur 10 mg zuckerähnliche Abwasserinhaltsstoffe im
Wasser aerob abgebaut werden. Ist mehr abbaubare Substanz vorhanden, wird der Sauerstoffgehalt im Wasser völlig aufgebraucht und das Gewässer „kippt um". Deshalb ist die
wichtigste Aufgabe der Abwasserreinigung, Sauerstoff zehrende Stoffe weitestgehend aus
dem Wasser zu entfernen. Dies geschieht in der biologischen Abwasserreinigung.

Darüber hinaus soll die Abwasserreinigung eine Eutrophierung des Gewässers möglichst verhindern, sie soll also die Makronährstoffe Phosphor und Stickstoff eliminieren.
Phosphor wird heutzutage durch biologische Verfahren oder durch chemische Fällung aus
dem Wasser entfernt. Bei Stickstoff ist diese Elimination ein sehr komplexer Vorgang. Zunächst werden die reduzierten Stickstoffverbindungen, wie weiter oben bereits skizziert,
zu Nitrat oxidiert. Dann wird das entstandene Nitrat mit abbaubaren organischen Verbindungen zu Stickstoff (N_2) reduziert. Diesen Vorgang nennt man Denitrifikation. Stickstoff
kann also nicht einfach aus dem Wasser gefällt und herausfiltriert werden, wie das bei
Phosphor möglich ist, sondern er muss über Nitrifikation und Denitrifikation über einen
aufwendige Prozess in den reaktionsträgen Stickstoff umgewandelt und in die Atmosphäre
ausgetragen werden.

Neben den abbaubaren organischen Substanzen sowie Phosphor und Stickstoff können in der Abwasserreinigung in der Regel nur noch die ungelösten Stoffe entfernt
werden. Nicht abbaubare Stoffe oder lösliche Schwermetalle werden in der Regel nicht
eliminiert. Sie werden von der Kläranlage üblicherweise unverändert ins Gewässer weitergegeben. In der biologischen Stufe der Kläranlage selbst können giftige Stoffe sehr störend

wirken: Sie töten die Mikroorganismen in der biologischen Klärstufe ab und verhindern so, dass die Bakterien organische Stoffe oder Stickstoffverbindungen oxidieren können. Sie richten also einen doppelten Schaden an, auf der einen Seite setzen sie die biologische Abwasserreinigung außer Kraft und auf der anderen Seite schädigen sie Gewässerorganismen.

Wichtige anorganische Stoffe

Phosphor und Stickstoff

Phosphor kommt in der Natur nur in gebundener Form vor. Häufige Phosphormineralien sind Apatite $Ca_5(PO_4)_3(X)$, X = F, Cl, OH. Diese Mineralien sind weitgehend wasserunlöslich. Deshalb gelangt kein mineralischer Phosphor direkt in die Gewässer. In menschlichen und tierischen Ausscheidungen hingegen treten hohe Konzentrationen von wasserlöslichen Phosphorverbindungen auf. So scheidet z. B. ein Mensch pro Tag zwischen einem und drei Gramm gebundenen Phosphor aus (Tab. 6.1).

So enthält ungereinigtes Abwasser deutliche Konzentrationen an Phosphorverbindungen. In einer modernen Abwasserreinigung muss also Phosphor eliminiert werden. Zu diesem Zweck kann der Phosphor im Klärprozess mit Eisen-, Aluminium- oder Calciumsalzen ausgefällt werden. Auf diese Weise kann der Phosphorgehalt in gereinigtem Abwasser auf ein bis zwei mg/l gesenkt werden. Niedrigere Konzentrationen erfordern neben der Fällung der unlöslichen Phosphorverbindungen auch noch die Filtration von partikulär gebundenem Phosphor. Mit biologischen Verfahren kann der Phosphor im Abwasser auch auf ein Niveau unterhalb von zwei mg/l gesenkt werden.

Da Phosphor ein relativ seltenes Element auf der Erde ist, arbeitet man zurzeit mit großer Intensität daran, Phosphor aus Abwässern und Abfällen zurückzuführen. Abwässer und Tierknochen gelten hier als ein wichtiges Potenzial für das Phosphorrecycling. Die ursprünglich genutzten Phosphormineralien, die inzwischen erschöpft sind, waren relativ gering mit giftigen Stoffen belastet. Die aktuell geförderten Phosphorvorkommen sind mit Schwermetallen, besonders häufig mit Uran, verschwistert. Deshalb führt die Düngung mit diesen Phosphaten langfristig zu einer nicht völlig unbedeutenden Schwermetallbelastung der Böden. Aus diesen Gründen erscheint es als ein Gebot der Stunde, Recyclingphosphor im Sinne eines nachhaltigen Stoffstrommanagements einzusetzen. Dabei ist sehr bedeutend, dass Phosphor als Düngestoff durch nichts ersetzt werden kann (Liebig'sches Fass). Er ist daher in vielen Systemen der limitierende Faktor, weshalb bspw. Gewässer anhand des Phosphorgehalts in sogenannte Trophiestufen eingeteilt werden können (Abb. 6.7).

Stickstoff kommt einerseits als Luftstickstoff zu 78 Vol.-% in der Atmosphäre vor. Er liegt hier als molekularer Stickstoff (N_2) in relativ reaktionsträger Form vor. Die meisten Lebewesen können den molekularen Stickstoff nicht verwerten. Nur wenige Bakterien können aus Luftstickstoff körpereigenes Eiweiß synthetisieren. Dazu gehören die Knöllchenbakterien, die mit Leguminosen in Symbiose leben, oder Cyanobakterien. Daneben kann Luftstickstoff durch elektrische Entladung bei Gewittern mit Sauerstoff zu Stickoxi-

Tab. 6.1 Entwicklung der einwohnerspezifischen Phosphorbelastung seit 1975 (in g pro Einwohner und Tag)

Phosphorquelle / Literaturangabe	Menschliche Ausscheidungen u. Nahrungs-mittelreste (g/E·d)	Wasch- u. Reinigungsmit-tel (g/E·d)	Wäsche-schmutz u. a. Haushalts-abwässer (g/E·d)	Gesamtmenge (g/E·d)
Bernhard (1978), Hamm (1989), Hamm et al. (1991) für 1975	1,9	3,0		4,9
Behrendt et al. (1999), Neumann (1987) für 1985	1,9 (1,6 u. 0,3)	1,4		3,5
Hamm (1989)	1,9	0,9		2,8
Werner und Wodsak (1994), Hamm et al. (1991)	1,9 (1,6 u. 0,3)	0,45	0,15	2,5
Hosang und Bischof (1998)	1,5	1		2,5
Koppe und Sto-zek (1999)	1,5	0,5		2,0
LfU (2000)	1,6	0,2		1,8

Abb. 6.7 Trophiestufen in Abhängigkeit vom Phosphor-gehalt nach Vollenweider (OECD-Tagung 1968, Paris)

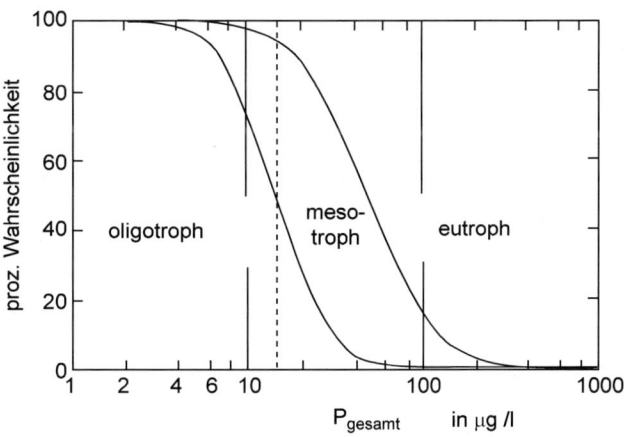

den verbunden werden. Ähnliche Reaktionen sind bei technischen Hochtemperatur-Ver-brennungsprozessen möglich. So müssen z. B. die in Autoabgasen entstehenden Stickoxide mit Katalysatoren reduziert werden. Andererseits ist Stickstoff ein essenzielles Element für alle Lebensprozesse. Die Bildung von Aminosäuren benötigt Stickstoffverbindungen. Vor diesem Hintergrund wird klar, dass in allen Zersetzungs- und Abbauprodukten von orga-

Nitrifikation

$$2\ NH_4^+ + 3\ O_2 \rightarrow 2\ NO_2^- + 2\ H_2O + 4\ H^+$$

Nitritation (Nitrosomonas)

$$2NO_2^- + O_2 \rightarrow 2\ NO_3^-$$

Nitratation (Nitrobakter)

$$NH_4^+ + 2\ O_2 \rightarrow NO_3^- + H_2O + 2\ H^+$$

1 g Ammoniumstickstoff verbraucht 4,6 g Sauerstoff

Abb. 6.8 Schema des Ammoniumabbaus zu Nitrat (Nitrifikation)

nischer Substanz mehr oder weniger große Mengen an Stickstoffverbindungen freigesetzt werden. Menschliche und tierische Ausscheidungen enthalten, je nach Ernährungsweise, deutliche Mengen an Aminen, Harnstoff und Aminosäuren. Oxidierte oder reduzierte Stickstoffverbindungen werden in Luft oder Wasser verfrachtet und tragen so zur Eutrophierung von Ökosystemen bei.

In ungeklärtem Abwasser liegt der Stickstoff in der Regel in reduzierter Form vor, als Ammonium und dessen Verbindungen. In der biologischen Abwasserreinigung wird neben den organischen Kohlenstoffverbindungen auch Ammonium oxidiert. Dies geschieht in einem zweistufigen Prozess der Nitrifikation (Abb. 6.8). Zuerst oxidieren Nitrosomonas-Bakterien Ammonium zu Nitrit. Dann oxidiert das Bakterium Nitrobacter das Nitrit zu Nitrat. Nitrosomonas sind sehr robuste und unempfindliche Bakterien, die mit nicht allzu großer Geschwindigkeit bei Temperaturen über 12-15 °C stabil arbeiten. Der Nitrobacter oxidiert Nitrit sehr schnell zu Nitrat, gilt aber als sehr empfindlich. Kleine Veränderungen im pH-Wert oder geringe Störstoffe wie z. B. Schwermetalle hemmen ihn beim Abbauprozess. Dadurch geschieht die Nitrifikation unvollständig und „bleibt beim Nitrit hängen". So entsteht anstelle des relativ ungiftigen Nitrats giftiges Nitrit. Das Entstehen von Nitrit kann allgemein als Indikator für eine Vergiftung des entsprechenden Ökosystems betrachtet werden.

Schwermetalle

Die International Union of Pure and Applied Chemistry (IUPAC) stellte 2001 fest, dass in der Literatur über 30 Definitionen existieren, die den Begriff „Schwermetall" klären. Es sind Metalle mit einer Dichte größer als 3,5 oder größer als 6 g/cm³, einmal gehören die Halbmetalle Selen und Arsen dazu, ein anderes Mal nicht. Deshalb empfiehlt die IUPAC den Begriff gar nicht mehr zu verwenden, sondern stattdessen von „giftigen Elementen"

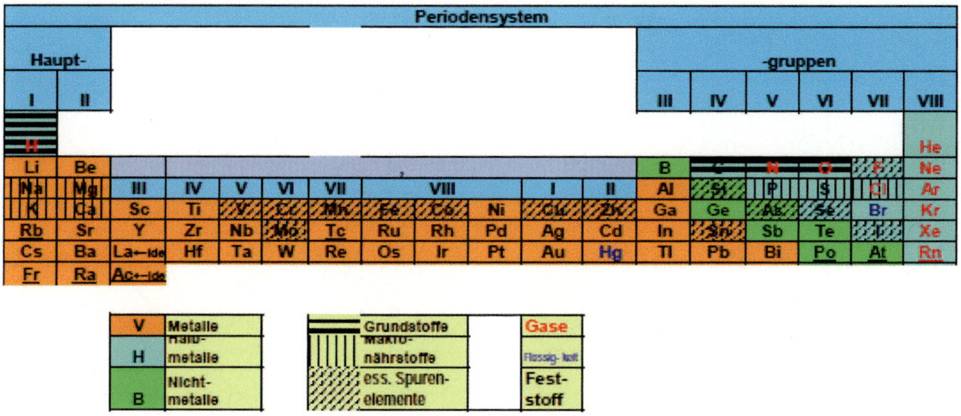

Abb. 6.9 Das Periodensystem der Elemente des Lebens. Grundstoffe der organischen Materie sind horizontal, Makronährstoffe vertikal schraffiert gezeigt. Essenzielle Spurenelemente wurden diagonal schraffiert gekennzeichnet

zu sprechen. In der nachhaltigen Chemie wird der Begriff „Schwermetall" schon lange in diesem Sinne verwendet.

Diese Schwermetalle sind auf der Erde weit verbreitet, teilweise werden darunter auch essenzielle Spurenelemente wie Kupfer, Selen und Zink verstanden. In der Abb. 6.9 sind die Elemente mit einer Ordnungszahl kleiner als 89 dargestellt. Hier werden die Metalle, die Halbmetalle sowie die Nichtmetalle in Farben gekennzeichnet, die Relevanz der Elemente für die Lebensprozesse auf der Erde wird in Schraffuren dargestellt. Es wurde folgende Einteilung vorgenommen:

- Organische Grundstoffe (Wasserstoff, Kohlenstoff, Stickstoff, Sauerstoff)
- Makronährstoffe (Natrium, Kalium, Magnesium, Calcium, Phosphor, Schwefel, Chlor)
- Mikronährstoffe/essenzielle Spurenelemente (Fluor, Vanadin, Chrom, Molybdän, Mangan, Eisen, Kobalt, Kupfer, Zink, Silizium, Zinn, Arsen, Selen, Jod)

Eine weitere Anzahl von Elementen wird in ihrer biologischen Relevanz noch diskutiert, so könnten z. B. Bor und Rubidium auch zu den Mikronährstoffen gehören.

Schwermetalle kommen in der Regel in Verbindungen vor. Diese Verbindungen sind mehr oder weniger gut wasserlöslich. Hiervon hängt im Wesentlichen die Mobilität dieser Elemente in den Ökosystemen ab. Unter natürlichen Bedingungen können die Metalle je nach pH-Wert als Oxide oder als Hydroxide immobilisiert werden. In Abb. 6.10 wird die Löslichkeit von Metallhydroxiden in Abhängigkeit vom pH-Wert dargestellt.

Eine weitere Möglichkeit der Immobilisierung ist die Ausfällung als Karbonat, Sulfat oder Sulfid.

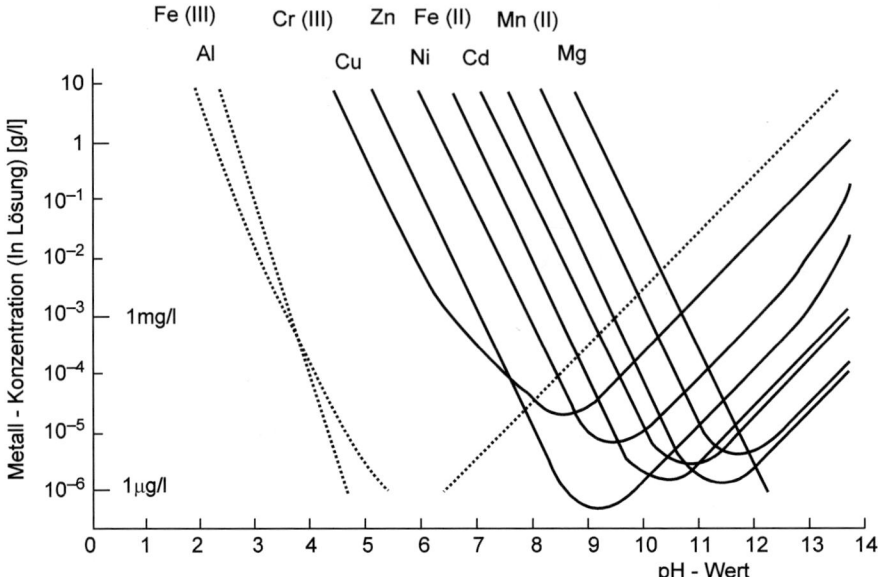

Abb. 6.10 Löslichkeit von Metallhydroxiden in Abhängigkeit vom pH-Wert

Organische Stoffe

Quellen

Organische Schadstoffe finden sich heutzutage in Europa und Nordamerika meist in sehr geringen Konzentrationen in der Umwelt (µg/l bzw. µg/kg und darunter) – in anderen Ländern können sie aufgrund des weniger verbreiteten technischen Umweltschutzes oder der ungeordneten Entsorgung oder Aufbereitung von Abfällen aus den zuvor genannten Ländern durchaus in deutlich höherer Konzentration vorhanden sein. Solch höhere Konzentrationen sind in einigen Fällen auch bei uns von Bedeutung in Form sogenannter Altlasten, wie z. B. alter Gaswerksstandorte, aufgelassener Deponien (s. oben) oder illegaler Ablagerungen aus der Vergangenheit (s. oben). Sie sind dann aber räumlich eng begrenzt.

Einige typische Aspekte von organischen Schadstoffen in niedriger Konzentration aber dafür weiter Verbreitung (ubiquitär) in der Umwelt kann das Beispiel der PCB demonstrieren (EEA 2001). Ähnliche Beispiele sind die eingangs schon erwähnten chlorierten Pestizide wie z. B. DDT, Lindan, Aldrin, Dieldrin und andere. Aber auch nicht halogenierte organische Stoffe wie z. B. Phthalate, die als Weichmacher für Kunststoffe wie z. B. PVC breite Verwendung finden, sind schon seit Jahrzehnten in der Umwelt nachweisbar. PCB wurden 1877 erstmals synthetisiert. Aufgrund ihrer Eigenschaften wurden sie über die Jahrzehnte in immer vielfältigeren Anwendungen eingesetzt so z. B. in Kosmetika, als Hydrauliköle, Weichmacher für Kunststoffe oder Transformatorenöle. 1899 wurde erstmals über ernsthafte Gesundheitsprobleme (Chlorakne) bei Personen berichtet, die PCB handhabten. Weitere mit PCB assoziierte Gesundheitsprobleme war die Vergiftung mit Reisöl, das mit PCB kontaminiert war sowie Neurotoxizität und ihre krebsauslösende Wirkung (Details und weitere Befunde vgl. EEA 2001). In den 70er-Jahren des letzten Jahrhunderts wurden sie als Umweltkontaminanten in weiter Verbreitung bekannt, die in vielen, insbesondere marinen Organismen, aber auch Kuhmilch und Muttermilch nachweisbar waren. Trotz dieser eindeutigen und alarmierenden Kenntnisse dauerte es annähernd einhundert Jahre bis die Anwendung dieser Stoffe verboten wurde. Sie sind immer noch in der Umwelt nachweisbar. Darüber hinaus zeigt dieses Beispiel, mit welchen Zeitskalen zu rechnen ist. Diese sind nicht nur ökologischer und erkenntnistheoretischer Natur, sondern werden maßgeblich durch die Zeiten politischer und ökonomischer Rahmenbedingungen bestimmt. Häufig wird argumentiert, dass bestimmte Stoffe von herausragender ökonomischer Bedeutung und damit von hoher Bedeutung für unseren Lebensstandard seien. Dabei werden die Jahre oder Jahrzehnte später durch die Allgemeinheit aufzubringenden Folgekosten jedoch oft ausgeblendet.

Die Forschung der letzten Jahre konnte eindeutig zeigen, dass nicht nur organische chemische Stoffe geringer Polarität, wie die oben genannten, globale Verteilung finden und sich u. a. im Menschen anreichern können (Scheringer und Dunn 2002). Darüber hinaus deuten statistische Auswertungen darauf hin, dass die Gegenwart von persistenten oder schwer abbaubaren chemischen Stoffen Krebs auslösen kann. Insbesondere in Anbetracht der äußerst dünnen Datenlage für die vielen in der Umwelt nachweisbaren Stoffe, muss dies mehr als bedenklich erscheinen (Allanou et al. 2003). Die Anwesenheit von diesen Mikroschadstoffen (Schwarzenbach et al. 2006) beispielsweise in der aquatischen Umwelt ist eine der großen Herausforderungen für eine künftige nachhaltige Wasserwirtschaft (DFG 2003). Dies gilt insbesondere, aber nicht nur, für Länder, in denen nicht zuletzt aufgrund des Klimawandels mehr und mehr Oberflächenwasser oder gar Abwasser direkt oder nach nur unzureichender Aufbereitung für die Bewässerung zur Nahrungsmittelerzeugung verwendet werden muss. Auch die Folgen der FCKW in der Stratosphäre (Kümmerer 1996; WMO 2006) wie auch die Degradation von Böden (Kümmerer et al. 2009) u. a. durch Schadstoffe und übermäßigen Düngereinsatz werden noch Jahrzehnte oder gar Jahrhunderte zu spüren sein.

Viele der in der Umwelt vermutlich infolge der Nutzung einschlägiger Produkte vorhandenen Stoffe wurden bisher noch gar nicht in der Umwelt nachgewiesen, sind aber aufgrund der Anwendung bestimmter Produkte (z. B. Fassadenanstriche) oder bestimmter Prozesse (z. B. Verbrennungsprozesse, Verkehr) zu erwarten, so dass mit dem ersten analytischen Nachweis immer wieder neue Verbindungen als „Schadstoff des Monats" in den Fokus gelangen. Daher werden solche Verbindungen im englischen Sprachgebrauch auch als „emerging contaminants" also „neu auftauchende Verunreinigungen" bezeichnet. Dies bedeutet jedoch nicht, dass diese Verbindungen ganz generell erst kürzlich in die Umwelt eingetragen oder nicht schon früher einmal nachgewiesen worden sind. Sie werden als neuartig empfunden, weil älteren Publikationen keine Beachtung geschenkt wurde, die

Medien gerade kein Interesse daran hatten, weil Autoren, die sich mit diesen Verbindungen beschäftigen, ältere Literatur nicht geprüft haben oder sich mit den Worten „emerging" oder „neu" in der Überschrift eine stärker Interesse weckende Publikation erhofften. Viele der Stoffe wurden in der Vergangenheit auch deshalb nicht gefunden, weil eben nicht explizit nach ihnen gesucht wurde. Das Wissen über die Wirkung dieser Stoffe ist zum Teil sehr gering. Aufgrund ihrer niedrigen Konzentration (µg/l und darunter) werden sie besser als Spurenstoffe (micropollutants) bezeichnet.

Die Spurenstoffe sind trotz ihrer vergleichsweise niedrigen Konzentration von hohem Interesse, da sie eine der großen Herausforderungen für ein nachhaltiges Wassermanagement darstellen (DFG 2003). Innerhalb der Gruppe der neuartigen Spurenstoffe finden sich einerseits oft Gruppen von Chemikalien mit sehr unterschiedlichen chemischen Strukturen und Eigenschaften wie z. B. der Wasserlöslichkeit, biologischen Abbaubarkeit, Toxizität etc. Andererseits werden oft Stoffe nach ihrer Anwendung zu Gruppen zusammengefasst, wie z. B. Arzneimittel oder Insektizide, Biozide, Weichmacher, Antibiotika etc. Eine Klassifizierung innerhalb der oben genannten Untergruppen nach ihrer chemischen Struktur findet sich des Öfteren, so z. B. innerhalb der Gruppe der Antibiotika, die in die Untergruppen ß-Laktame, Cephalosporine, Penizilline, Chinolone u. a. eingeteilt werden. Andere Gruppeneinteilungen beruhen auf einem Wirkmechanismus, soweit er bekannt ist, wie z. B. Antimetabolite oder alkylierende Substanzen innerhalb der Gruppe der Zytostatika. Solch eine Klassifizierung kann dazu führen, dass sehr verschiedene Moleküle mit sehr unterschiedlichen physiko-chemischen Eigenschaften und damit sehr unterschiedlichem Umweltverhalten subsumiert werden.

Typische Vertreter solcher organischer Stoffe sind Arzneimittelwirkstoffe, Desinfektionsmittel, Kontrastmedien aus dem medizinischen Bereich aber auch aus dem häuslichen Bereich als Inhaltsstoffe von Produkten, die wir täglich nutzen, wie beispielsweise Shampoos, Wasch- und Reinigungsmittel oder der Nahrungsmittelerzeugung (Pflanzenschutzmittel) und gewerblich industriellen Aktivitäten (z. B. Farbstoffe, Anstriche, Konservierungsstoffe, die z. B. von Oberflächen wie Fassaden oder Autos abgewaschen werden). Zu den Spurenstoffen zählen aber auch die sogenannten „Hilfsstoffe" komplexer Produkte. In Pflanzenbehandlungsmitteln und Arzneimitteln kommen beispielsweise neben den eigentlichen Wirkstoffen Hilfsstoffe vor, die die Stabilität des Wirkstoffs, seine Aufnahme in den Zielorganismus oder seine Bioverfügbarkeit verbessern. Bei Kunststoffen ist an Weichmacher oder Flammschutzmittel zu denken. Unbeabsichtigte Nebenprodukte der Verbrennung gehören ebenfalls zu den Spurenstoffen.

Nicht zuletzt aufgrund ihrer Vielzahl wird es auch in Zukunft nicht möglich sein, für sämtliche Stoffe alle notwendigen Daten für eine Risikoabschätzung zu erheben. Aus diesem Grunde wird im Folgenden nicht die Wirkung einzelner Spurenstoffe diskutiert, sondern es werden exemplarisch einige Stoffgruppen genannt, von denen typische Vertreter, ihre Quellen und ihr Verhalten in der Umwelt beschrieben werden.

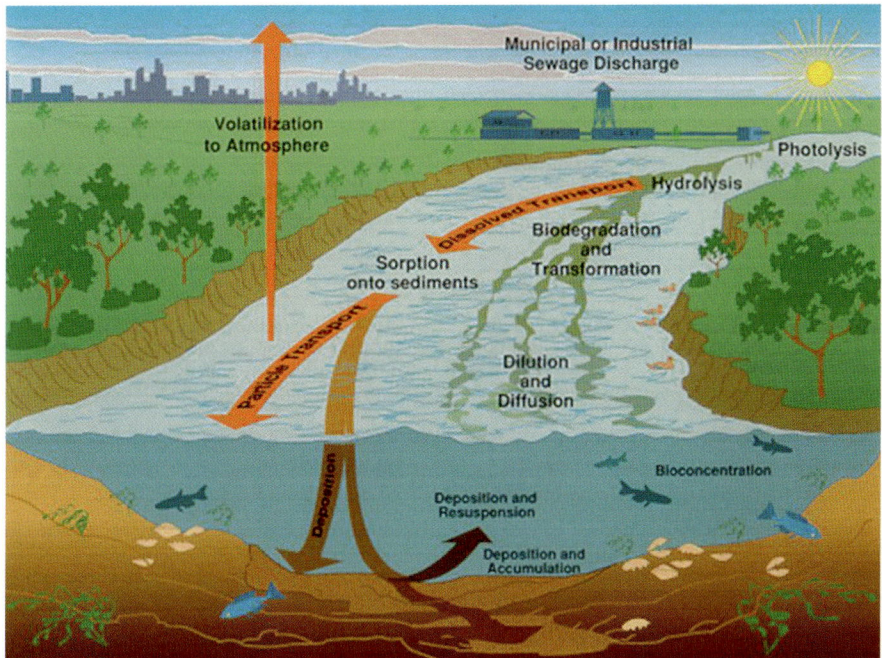

Abb. 6.11 Eintrag von chemischen Stoffen über das Abwasser in die aquatische Umwelt – Verteilung und Verbleib (Quelle: US Geological Survey, http://toxics.usgs.gov/regional/emc/transport_fate.html)

Verteilung und Verbleib

Chemische Stoffe werden aus verschiedenen Quellen in die Umwelt eingetragen. Sie verteilen sich dann in den Umweltmedien Wasser, Boden und Luft. Die Abb. 6.11 und 6.12 illustrieren, wie chemische Stoffe sich in der Umwelt verteilen können.

Ihre Konzentration kann durch Anreicherungs- (z. B. Sorption oder Ausfällung), Umbau- und Abbauvorgänge z. B. durch Licht (Photolyse) oder im menschlichen, tierischen oder mikrobiellen Organismus wie z. B. Bakterien und Pilzen (letztere vor allem in Böden) umgebaut bzw. auch vollständig abgebaut oder durch abiotische Oxidation und Hydrolyse verändert werden. Für diese Prozesse empfiehlt sich der Begriff Transformation. Die Begriffe Metabolite/Metabolismus sollten daher ausschließlich benutzt werden, wenn es sich um eine strukturelle Veränderung einer Chemikalie durch Organismen handelt. Bevorzugt sollte der Begriff eingeengt werden auf Veränderungen in der Molekülstruktur im menschlichen oder tierischen Körper, sei es durch menschliche oder tierische Enzyme oder dort vorkommende Mikroorganismen. Demgemäß sollte alles, was außerhalb des menschlichen und tierischen Körpers geschieht, als Transformation bezeichnet werden. Transformation ist dann die Bezeichnung aller strukturellen Änderungen von chemischen Stoffen nach ihrem Eintrag in die Umwelt. So ist Biotransformation die Veränderung durch Bakterien oder Pilze und Phototransformation die durch Licht. Metalle können nicht ab-

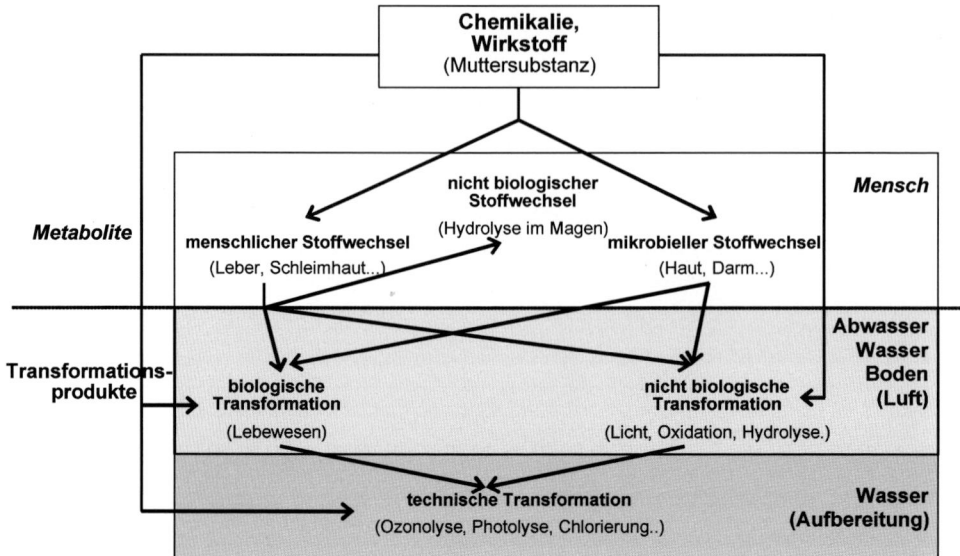

Abb. 6.12 Metabolite und Transformationsprodukte von Arzneimittelwirkstoffen (Quelle: Kümmerer 2008)

gebaut werden, sie reichern sich oft in verschiedenen Kompartimenten in der Umwelt oder der Nahrungskette an. Die Produkte solcher Ab- und Umbauprozesse haben andere Eigenschaften als die Ausgangsstoffe (Muttersubstanzen), es sind andere chemische Verbindungen, da sie strukturell verändert wurden (Abb. 6.11, 6.12).

Daneben gibt es auch Transformation und Abbau durch technische Prozesse, wie bspw. die Ozonung bei der erweiterten Abwasserreinigung oder die Behandlung durch Wasserstoffperoxid (allgemein „advanced oxidation processes", AOPs).

Transformationsprodukte werden auch in der Umwelt als Spurenstoffe nachgewiesen. Solche Transformationsprodukte können u. U. für die Qualität von Trink- und Grundwasser von genauso hoher, oder in manchen Fällen sogar noch höherer, Relevanz sein als die Ausgangsprodukte selbst (Hanke et al. 2007). In den letzten Jahren hat sich gezeigt, dass durch die oxidativen Methoden in der erweiterten Abwasserreinigung oft Transformationsprodukte entstehen, die nicht oder nur unvollständig entfernt werden können und dass diese Transformationsprodukte eine erhöhte Toxizität aufweisen können (Barceló und Petrovic 2008, Schmitt-Jansen et al. 2007; Della Greca et al. 2007; Fatta-Kassinos et al. 2011).

Organische Stoffe werden also idealerweise schnell und vollständig zu Wasser, Kohlendioxid und anorganischen Salzen abgebaut, d. h. vollständig mineralisiert. Ist dies nicht der Fall, sollte man nicht von einem Abbau sprechen. Manche organischen Stoffe werden gar nicht oder nur sehr langsam in der Umwelt abgebaut, sind also persistent („persistent organic pollutants"=POPs). Sie reichern sich im Körper von Menschen, in Tieren und Pflanzen an, haben aufgrund ihrer Beständigkeit das Potential zum weiträumigen Transport („grasshopper"-Effekt) und stellen ein globales Problem dar, welches nur international geregelt werden kann (vgl. Stockholm-Konvention http://chm.pops.int/Home/tabid/2121/mctl/ViewDetails/EventModID/871/EventID/407/xmid/6921/Default.aspx).

Konzentration und Anzahl der Stoffe – Spurenstoffe (micropollutants)

Trotz der in Ländern wie Deutschland praktisch lückenlosen Präsenz von Kläranlagen finden sich sogenannte Spurenstoffe (micropollutants), die aus städtischen, industriellen und landwirtschaftlichen Aktivitäten stammen flächendeckend in hoher Anzahl in der aquatischen Umwelt (Reemtsma und Jekel 2006, Schwarzenbach et al. 2006; Barceló und Petrovic 2008; Kümmerer 2008; Fatta-Kassinos et al. 2010; Kümmerer 2009). Typisch für diese Spurenstoffe ist, dass sie in einem niedrigen Konzentrationsbereich (µg/l oder darunter) in der aquatischen Umwelt vorkommen. Nicht zuletzt deshalb sind sie auch erst in den letzten Jahren mehr in den Vordergrund getreten, da vorher nur wenige geeignete und verlässliche Analyseverfahren für ihren Nachweis zur Verfügung standen. Häufig, wenn auch nicht immer, handelt es sich bei diesen Stoffen um polare organische Stoffe, so dass die LC (Flüssigchromatographie) gekoppelt mit spezifischer Detektion wie beispielsweise Massenspektrometrie (LC-MS und LC-MS/MS) für einen eindeutigen und sicheren Nachweis notwendig ist.

Innerhalb der Europäischen Union sind derzeit etwa 100.000 verschiedene Chemikalien auf dem Markt, die zum Teil einzeln, zum Teil gemischt in einer großen Anzahl von Produkten Verwendung finden. Wie viele davon potenziell wasserrelevant sind, weil sie im Rahmen ihrer normalen Nutzung langfristig und unbeabsichtigt aber unvermeidlich in die aquatische Umwelt eingetragen werden, ist nicht bekannt. Beispiele sind Inhaltsstoffe von Fassaden (z. B. Alkizide oder Monomere und Polymere), Bestandteile von Körperpflegemitteln oder Arzneimitteln, aber auch Flammschutzmittel, die auf Textilien aufgebracht sind und im Laufe der Zeit bei jedem Waschvorgang ausgewaschen werden. Ähnliches gilt für andere Textilhilfsmittel und für Farbstoffe.

In einer Untersuchung, in der mehr als 100 Wasserproben von jeweils 100 europäischen Flüssen aus 27 europäischen Ländern auf 35 ausgewählte Substanzen untersucht wurden, die u. a. Arzneimittel, Pestizide (Pflanzenschutzmittel), Perfluoroctansulfonate, Benzotriazole, Hormone und andere endokrin wirksame Stoffe umfassten, wurden häufig beispielsweise die Benzotriazole in sehr hoher Konzentration nachgewiesen. Aber auch Koffein oder Arzneimittelwirkstoffe wie Carbamazepin oder Nonylphenoxyessigsäure – als ein Transformationsprodukt von bestimmten nicht ionischen Tensiden – wurden nachgewiesen (Loos et al. 2009). Nur 10 % der untersuchten Flusswasserproben, die analysiert wurden, konnten hinsichtlich ihrer chemischen Belastung als „sehr sauber" klassifiziert werden. Rodil et al. (2009) haben eine Methode entwickelt, um 53 Stoffe aus unterschiedlichen Stoffklassen, wie z. B. saure Herbizide, UV-Filter aus Sonnenschutzmitteln, Insektenrepellents, Flammschutzmittel, Bakterizide, Arzneimittel und ihre Transformationsprodukte nachweisen zu können. Sie fanden 31 verschiedene Schadstoffe im Abwasser mit Konzentrationen bis zu 10 µg/l (z. B. den Arzneimittelwirkstoff Ibuprofen). 13 Verbindungen fanden sie in Leitungswasser in Konzentrationen bis zu 130 ng/µL. Die am häufigsten nachgewiesenen Chemikalien in Oberflächenwasser in den USA waren Cholesterol (ein natürliches Sterol), Metolachlor (ein Herbizid) und Kotinin (ein Nikotinmetabolit), wohingegen im Grundwasser am häufigsten Tetrachlorethylen (ein chloriertes organisches

Lösungsmittel), Carbamazepin (ein Arzneimittel), Bisphenol A (aus Polycarbonatkunststoffen), phosphororganische Flammschutzmittel und andere Stoffe nachgewiesen wurden. Im Median wurden vier Verbindungen pro Probenahmestelle nachgewiesen. Dies deutet darauf hin, dass Chemikalien generell als Mischungen in der aquatischen Umwelt vorkommen und dass neben ihrem natürlichen Ursprung insbesondere ihre Nutzung durch den Menschen und ihre Beseitigung als Abfall als Eintragsquellen von Bedeutung sind. Entsprechend wurden Stoffe und ihre Abbauprodukte auch im Abstrom und im Sickerwasser von Kläranlagen nachgewiesen (Buszka et al. 2009).

Grenzen des technischen Umweltschutzes am Beispiel der Entfernung organischer Stoffe durch die Abwasserreinigung

Als Lösungsansatz werden seit einigen Jahren vermehrt Verfahren der sogenannten erweiterten Abwasserreinigung („4. Stufe der Abwasserreinigung") diskutiert. Darunter versteht man die Behandlung des Ablaufs von Kläranlagen z. B. mit Oxidationsmitteln (z. B. Ozon, Wasserstoffperoxid) oder Licht (Photolyse) oder einer Kombination aus diesen und weiteren Verfahren wie z. B. Elektrokoagulation, Ultrafiltration oder Sorption an Aktivkohle (Schulte-Oehlmann et al. 2007; Jones et al. 2007; Wenzel et al. 2008). Allerdings hat sich sehr schnell gezeigt, dass diese erweiterten Verfahren erhebliche Nachteile haben (Kümmerer 2008). Einige dieser Nachteile und Limitierungen gelten sinngemäß auch für die Behandlung von Abfällen oder von Abluft.

Für die erweiterte Abwasserbehandlung werden Verfahren untersucht, die (photochemische) Oxidationsprozesse (Ternes und Joss 2006) verwenden, aber auch Filtrationsprozesse (Heberer und Feldmann 2008), Aktivkohle (Metzger et al. 2005) und andere Techniken (Matamoros und Bayona 2006). Übersichtsarbeiten bezüglich der Vor- und Nachteile der verschiedenen Technologien wurden publiziert (Jones et al. 2007; Schulte-Oehlmann et al. 2007; Wenzel et al. 2008). Eine genauere Betrachtung zeigt jedoch, dass diese nach wie vor als „end of pipe" (nachgeschaltete Maßnahmen) zu bezeichnende Herangehensweise der Abwasserbehandlung einige ernsthafte Begrenzungen hat und zumindest auf lange Sicht keine nachhaltige Lösung sein wird (Kümmerer 2008, 2009). Die Wirksamkeit einzelner Verfahren der Abwasserbehandlung hängt stark von der Struktur der chemischen Substanz ab, die entfernt werden soll, und damit auch der Herkunft des Abwassers (industrielle Produktionsabwässer vs. kommunale Abwässer). Keine Technologie kann alle Schadstoffe entfernen. Niemand weiß, ob diese sogenannten erweiterten Abwasserbehandlungen auch für Substanzen, die künftig erst noch auf den Markt kommen, wirksam sein werden. Gleichzeitig bedeutet die Einführung weiterer Stufen der Abwasserreinigung hohe Investitionen, die auf lange Zeit Techniken und Problemlösungen festlegen und verfügbare Investitionen für andere Ansätze deutlich reduzieren. Die Flexibilität, um passende Antworten auf verschiedene Schadstoffe im Abwasser zu finden bzw. die Möglichkeiten sie zu entfernen, würde also stark abnehmen. Es entstehen insbesondere bei oxidativen Prozessen Transformationsprodukte, die oft mutagen sind oder andere toxische Eigenschaften aufweisen (s. oben). Es ist auch zu bedenken, dass Wasser aus Starkregenereignissen oft nicht behandelt wird und damit auch die Schadstoffe nicht aus dem Wasser entfernt werden. Hinzu kommt, dass manches Abwasser aufgrund der Problematik undichter Abwasserrohre gar nicht die Kläranlage erreicht, sondern direkt ins Grundwasser eindringt. Im Sinne der Nachhaltigkeit ist besonders gravierend, dass die erweiterten Abwasserreinigungsprozesse in aller Regel einen hohen Energieinput und einen geringen Wasserfluss benötigen. Daher sind sie oft nicht möglich oder mit hohen Investitionen verbunden. In weniger entwickelten Volkswirtschaften und ariden Regionen sind solche Techniken gar nicht verfügbar und oft auch nicht sinnvoll.

Exemplarische Beispiele für alte und neue Spurenstoffe

Flammschutzmittel

Neben den anorganischen Flammschutzmitteln wurden in den letzten Jahrzehnten vor allem organische Flammschutzmittel beispielsweise in elektronischen Geräten oder Textilien verwendet, um eine Erniedrigung der Entflammbarkeit im Brandfalle zu erreichen. Die Organobromverbindungen umfassen verschiedene Klassen u. a. auch die Gruppe der polybromierten Biyphenylether. Allein ihre Produktion betrug in den letzten Jahren weltweit jeweils mehrere 10.000t pro Jahr. Teilweise wurden Maßnahmen zur Emissionsminderung ergriffen und es sind Ersatzstoffe verfügbar. Allerdings ist nicht sicher, ob damit langfristig immer eine wirkliche Verbesserung der Situation einhergeht, oder ob es aufgrund des mangelnden Kenntnisstandes nur eine scheinbare Lösung ist. Es wird sicher Jahre oder Jahrzehnte dauern, bis die letzten Stoffe nicht mehr benutzt werden bzw. nicht mehr in der Umwelt nachweisbar sind. Diese Verbindungen sind lipophil und bioakkumulierend sowie sorbierend.

Durch Emission aus elektronischen Geräten gelangen sie in die Raumluft und sammeln sich im Hausstaub oder im menschlichen Fettgewebe oder der Muttermilch an. Gemäß ihrer Anwendung ist die Kontamination in städtischen Regionen höher. Textilien sind eine der Hauptquellen für Organobromverbindungen in der aquatischen Umwelt. Die Flammschutzmittel werden während des Waschvorganges zum Teil aus den Textilien ausgewaschen. In manchen Ländern ist sicher auch die Produktion der Textilien eine wichtige Quelle für diese Stoffe. Häufig handelt es sich dabei um halogenierte Kohlenwasserstoffe wie z. B. Organobromverbindungen. Diese Stoffe werden, wie andere Stoffe auch, als eine technische Mischung verschiedener Stoffe (Isomere und Homologe, vgl. z. B. PCB) verwendet. Polybromierte Biphenylether sind zwischenzeitlich ubiquitär, reichern sich in Klärschlamm an und sind in allen Kompartimenten einschließlich Wassersedimenten und Biota nachweisbar.

Die Europäische Union hat die polybromierten Flammschutzmittel auf die Liste der Chemikalien gesetzt, die nicht mehr im Zusammenhang mit elektrischer und elektronischer Ausrüstung, wie z. B. Computern und Telefonen, benutzt werden sollen. Sie sind auch im Annex X der europäischen Wasserrahmenrichtlinie der EU enthalten.

Eine weitere Gruppe von Flammschutzmitteln, die Organophosphorverbindungen, findet v. a. als halogenierte Verbindungen in Form organischer Phosphate und Phosphoniumsalze Verwendung. Die Hauptquelle dieser Organophosphate sind wahrscheinlich Baumaterialien (Bester et al. 2010). Sie sind etwas polarer als die Organobromverbindungen aber immer noch vergleichsweise unpolar. Diese Verbindungen wurden ebenfalls im Ablauf von Kläranlagen gefunden. Die Konzentrationen, die für einzelne Vertreter dieser Klasse im Rhein und in der Ruhr nachgewiesen wurden, bewegten sich im Bereich von einigen 100 ng/l bis zu 10 µg/L (Bester et al. 2010). Die Konzentrationen im Ablauf von Kläranlagen für diese Verbindungen sind nahezu identisch mit denen im Kläranlagenzulauf. Sie werden also in der Abwasserreinigung kaum aus dem Wasser entfernt.

Pflanzenschutzmittel (Pestizide)

Pestizide wurden schon vor Jahrzehnten in der aquatischen Umwelt nachgewiesen (s. o.), insofern sind sie keine neuartigen Spurenstoffe. In letzter Zeit rücken vor allen Dingen Transformationsprodukte von Pestiziden in das Zentrum des Interesses. Für die Zulassung eines Pestizids müssen neben Daten zur Muttersubstanz auch Daten zu Abbauprodukten (oft Metabolite genannt) in Boden und Sediment vorgelegt werden. Weisen die gebildeten Abbauprodukte noch die Eigenschaften des Pestizids auf oder sind sie kanzerogen oder gentoxisch, müssen weitere Untersuchungen folgen. Andernfalls spricht man von nichtrelevanten Metaboliten und weitere Untersuchungen entfallen. Dies kann jedoch zu unerwarteten Problemen führen: So werden diese Transformationsprodukte häufig im Zulauf der Trinkwasseraufbereitung, d. h. im Rohwasser, nachgewiesen. Ihre Eigenschaften sind jedoch kaum bekannt, da sie nicht weiter im Rahmen der Zulassung untersucht werden müssen. Zum Teil können sie in höheren Konzentrationen als die Wirkstoffe, d. h. die Muttersubstanzen selbst, nachgewiesen werden. Ein Beispiel hierfür ist ein Transformationsprodukt von Chloridazon, nämlich das Chloridazonmethyldesphenyl, das in Konzentrationen bis zu 0,1 µg/l regelmäßig in Grundwasserproben nachgewiesen wurde (Weber et al. 2007). Ein anderes Beispiel ist der Fall des Pestizids Tolylfluanid. Tolylfluanid wurde als Fungizid im Obst- und Gemüsebau eingesetzt, wo es zwischenzeitlich verboten ist. Es wird im Boden nahezu vollständig umgesetzt in N,N-Dimethylsulfamid (DMS), das im Konzentrationsbereich von 100 bis 1.000 ng/l (Grundwasser) bzw. 50 bis 90 ng/l (Oberflächenwasser) nachgewiesen werden konnte. DMS wurde als nicht-relevanter Metabolit eingestuft. Es ist bekannt, dass DMS eine hohe Mobilität in Wasser und Boden aufweist. Zwischenzeitlich hat sich gezeigt, dass DMS in Böden durch Bodenpassage und übliche Techniken der Trinkwasseraufbereitung wie z. B. Uferfiltration, Aktivkohlefiltration, Flokkulation oder Oxidation mit Wasserstoffperoxid nicht entfernt werden kann. Allerdings führt eine Trinkwasseraufbereitung von DMS-haltigem Wasser durch Ozonung zur Bildung des karzinogenen Nitrosdimethylamin (NDMA) (Schmidt und Brauch 2008). Dies zeigt einen weiteren Aspekt der Problematik der Transformationsprodukte: Wir kennen häufig ihre Eigenschaften nicht und können weder in toxikologischer Hinsicht noch bezüglich ihres Verhaltens, beispielsweise in der Trinkwasseraufbereitung, Voraussagen treffen.

Endokrin wirksame Stoffe

In den letzten 20 Jahren sind Chemikalien in den Fokus der Aufmerksamkeit gelangt, die über verschiedene Mechanismen wie Hormone in Organismen wirken. Es kann sich dabei um natürliche oder synthetische Stoffe handeln, die mit dem endokrinen System in vielfältiger Form in Wechselwirkung treten und die Entwicklung oder Fortpflanzung beeinflussen. In Bezug auf die Fortpflanzung können sie östrogene, antiöstrogene, androgene, antiandrogene oder gestagene Wirkungen haben oder die Entwicklung durch Störung des Schilddrüsensystems verändern. Am bekanntesten sind Stoffe, die bei Fischen im Abstrom von Kläranlagen dazu geführt haben, dass männliche Fische das Protein Vitellogenin produzieren, das unter normalen Umständen nur in weiblichen Fischen zu bestimmten Zeiten des Geschlechtszyklus vorkommt (Purdom et al. 1994; Sumpter und Jobling 1995; Vethaak et al. 2006). Ganz aktuell wird diskutiert, ob sie auch zu erhöhten Krebsraten beitragen. Diese Substanzen haben sehr niedrige Wirkschwellen, die zum Teil unter 1 ng/l liegen. Solche Stoffe haben sehr unterschiedliche chemische Strukturen und kommen in einer Vielzahl von Produkten vor. Sie werden hauptsächlich aus Nichtpunktquellen in die Umwelt eingetragen, was ihre Kontrolle sehr schwierig macht. Neben den natürlichen und den synthetischen Hormonen aus der Antibabypille gehören hierzu eine Vielzahl von Stoffen, wie beispielsweise Bisphenol A, Tributylzinn-Verbindungen oder Alkylphenole und ihre Ethoxylate, einige Pestizide, Dioxine, polychlorierte Biphenyle aber auch bromierte organische Flammschutzmittel.

Produkte des täglichen Bedarfs (Personal Care Products)

In Produkten, wie Shampoos, Duschbädern, Desinfektionsmitteln (Bolek und Kümmerer 2010) und Ähnlichem sind oft 10 bis 20 verschiedene Verbindungen, wie z. B. Tenside, Konservierungsstoffe, Farbstoffe sowie Duftstoffe und andere enthalten. Diese Stoffe werden gemäß ihrer Anwendung hauptsächlich ins kommunale Abwasser und von dort aus in Oberflächengewässer eingetragen. Im Fall der Duftstoffe ist von besonderer Bedeutung, dass es hier Stoffe gibt, die auch in der Natur vorkommen und die Wirkung von natürlichen Stoffen als Medium zur Kommunikation zwischen Organismen entweder imitieren oder genau diese Stoffe sind (Dicke und Sabelis 1988). Die in früheren Jahren hauptsächlich untersuchten Stoffe aus diesem Anwendungsbereich sind die sogenannten Moschusduftstoffe, wie beispielsweise Galaxolid und Tonalid, die insbesondere in Kosmetika und in der Parfümerie eingesetzt wurden und zum Teil noch werden (Reiner und Kannan 2006). Diese Stoffe sind oft lipophil, da sie gezielt für den Aufzug auf Fasern und Haaren optimiert wurden. Entsprechend dieser Eigenschaft neigen sie auch zur Bioakkumulation. Viele sind persistent (Boethling 2011). Einige von ihnen stehen im Verdacht endokrin wirksam zu sein (Seinen et al. 1999; Bitsch et al. 2001). Die Zulaufkonzentrationen in Kläranlagen sind im unteren μg/l-Bereich (Bester 2006). Elimination in Kläranlagen findet kaum statt. In Sonnenschutzcremes werden u. a. organische Verbindungen zur Absorption der schädlichen UV-Strahlung eingesetzt. Einige dieser Verbindungen stehen im Verdacht endokrin wirksam zu sein (Schlumpf et al. 2008). Insbesondere durch das Abwaschen von der Haut werden diese Stoffe entweder über das kommunale Abwasser oder auch direkt ins Oberflächengewässer eingetragen. Die im Wasser gemessenen Konzentrationen bewegen sich im Bereich von wenigen ng/l bis etwa 200 µg/l.

Arzneimittel

Arzneimittel konnten in den vergangenen Jahren vielfältig in der aquatischen Umwelt nachgewiesen werden (Heberer 2002; Kümmerer 2009). Arzneimittel und Desinfektionsmittel gelangen quasi bestimmungsgemäß nach der Anwendung ins kommunale Abwasser. Gleiches gilt für Röntgenkontrastmittel. Arzneimittel umfassen eine sehr große Variabilität chemischer Strukturen. Insgesamt sind etwa 3.000 verschiedene Wirkstoffe in Deutschland auf dem Markt. Häufig handelt es sich dabei um Moleküle, die mehrere unterschiedliche funktionelle Gruppen tragen, die dazu führen können, dass sich diese Verbindungen unterschiedlich verhalten, da sie je nach pH-Wert neutral, elektrisch positiv oder negativ geladen sind. Dies erschwert die Einschätzung des Umweltverhaltens oftmals sehr. Seit kurzem kommen Arzneimittel auf Proteinbasis auf den Markt, sogenannte „biopharmaceuticals" oder „bioceuticals". Über deren Umweltverhalten ist relativ wenig bekannt. Es wird davon ausgegangen, dass reine Proteinstrukturen sowohl im menschlichen Körper als auch in der Kläranlage relativ leicht verstoffwechselt oder zumindest in der Umwelt durch Denaturierung inaktiviert werden. Andererseits zeigt aber das Beispiel der Prionen, dass manche dieser Strukturen sehr stabil sein können. Hinzu kommt, dass es zwischenzeitlich Moleküle gibt, die chemisch modifiziert werden und infolge dessen wiederum andere Eigenschaften haben. Inwieweit diese künftig zu einer Entlastung der Gewässer von Arzneimittelwirkstoffen beitragen können, ist daher noch völlig unklar. Erste Tendenzen deuten darauf hin, dass einerseits der Anwendungsbereich nur auf einige wenige Indikationsgebiete beschränkt sein wird, wie z. B. die Krebsbehandlung, dass aber gleichzeitig in diesen Indikationsgebieten die Eiweißmoleküle bzw. eiweißartigen Moleküle häufig zusammen mit den bisherigen klassischen Wirkstoffen Verwendung finden. Untersuchungen haben gezeigt, dass entgegen der ersten Erwartungen nicht die Krankenhäuser sondern die Privathaushalte die Haupteintragsquellen sind (Schuster et al. 2008). Die Vielzahl der chemischen Strukturen und die niedrige Konzentration erfordern, dass jeweils spezifische Analysenmethoden entwickelt werden. So können von den etwa 3.000 in Deutschland auf den Markt befindlichen Wirkstoffen derzeit etwa 160 in den Umweltmatrizes Abwasser, Oberflächengewässer, Grundwasser sowie Trinkwasser nachgewiesen werden.

Die Konzentrationen liegen im Kläranlagenablauf typischerweise im Bereich von wenigen µg/l, während sie in Oberflächengewässern durch die Verdünnung des Gewässerabflusses im Bereich von wenigen 100 ng/l zu finden sind. Im Grundwasser sind entsprechend noch geringere Konzentrationen zu erwarten. Einige wenige Wirkstoffe konnten auch schon in Trinkwasser nachgewiesen werden (wenige ng/l). Besonders kritische Stoffe sind einerseits Antibiotika wegen ihrer Fähigkeit der Resistenzausbildung sowie andererseits Zytostatika, die zum Teil selbst Krebs fördern oder auslösen können, und Hormone, die schon in sehr geringen Konzentrationen (zum Teil unterhalb von wenigen ng/l) gegen Organismen in der Umwelt wirksam sind. Eine weitere Quelle für Arzneimittelwirkstoffe in der aquatischen Umwelt sind u. a. Deponiesickerwässer. Nicht überraschend ist es, dass auch Drogen in Oberflächen- und Abwässern nachgewiesen werden. Zum Teil erlauben die gemessenen Konzentrationen bspw. von Kokain, Ecstasy und anderen Wirkstoffen eine Abschätzung des Konsums (Zuccato et al. 2011). Viele Hersteller haben ihre Produktion (z. B. der Arzneimittel, die von uns genutzt werden) in den asiatischen Raum verlegt. Aufgrund verschiedener Faktoren führt dies zum Teil zu sehr hohen Konzentrationen in den dortigen Abwässern. So wurden im Abwasser indischer Produktionsanlagen Wirkstoffkonzentrationen im Bereich von mg/l gefunden (Larsson et al. 2007). Ähnlich dürfte die Situation in manchen Teilen von Afrika, beispielsweise in Ghana, aussehen, wo ebenfalls Arzneimittelwirkstoffsynthesen in großem Umfang stattfinden.

Synthetische Nanopartikel

Nanomaterialien werden als zunehmend wichtig in technischer und wirtschaftlicher Hinsicht angesehen. Die Anwendungsfelder sind sehr vielfältig und kaum überschaubar. Unter anderem werden sie in Sonnencremes eingesetzt. Einerseits können damit endokrin wirksame Inhaltsstoffe ersetzt werden. Andererseits ist aber über Verhalten, Verbleib und Wirkung der Nanopartikel kaum etwas bekannt. Insofern wiederholt sich hier quasi archetypisch, was schon von anderen Stoffen wie z. B. den PCB bekannt ist. Stoffe werden als kritisch erkannt, man sucht nach Alternativen, verwendet sie dann ohne eine ausreichende Kenntnis ihrer Eigenschaften und es resultiert ein weiteres Problem. Die Eigenschaften der synthetischen Nanopartikel werden durch ihre Größe, Form, Aggregatzustand, Oberfläche und die chemische Zusammensetzung bestimmt. Sie sind eine sehr junge aber vielfältige Gruppe von Stoffen. Zu ihnen gehören z. B. Silbernanopartikel, Partikel aus Titandioxid (TiO_2) aber auch solche, die nur aus Kohlenstoff bestehen (Fullerene, Kohlenstoffnanoröhren). Zum Teil sind sie an der Oberfläche chemisch verändert, um sie z. B. besser wasserlöslich zu machen (Kümmerer et al. 2011). Dadurch agglomerieren z. B. Fullerene und Kohlenstoffnanoröhren nicht mehr, wenn sie in die aquatische Umwelt gelangen. Es konnte gezeigt werden, dass Nanopartikel, die in Fassaden eingebracht wurden (als Farbbestandteil) aus diesen im Laufe der Zeit wieder ausgewaschen wurden und mit Niederschlägen in Gewässer gelangten. Konzentrationen im Bereich von wenigen ng/l bis µg/l werden für die aquatische Umwelt erwartet. Andererseits wird erwartet, dass Nanopartikel auch positive Wirkungen für die Umwelt haben: Titandioxidpartikel erhöhen z. B. als Photokatalysatoren die Effizienz des Abbaus von Schadstoffen durch Licht. In diesem Fall erfolgt der Eintrag von Nanopartikeln in das Abwasser wiederum gezielt und bestimmungsgemäß.

Die Kenntnisse über Verbleib und Wirkung der unterschiedlichen Nanopartikel in der Umwelt sind bisher nur rudimentär. Dies liegt nicht nur an der Vielzahl der verschiedenen

Partikelarten, sondern auch daran, dass Messmethoden (Frimmel und Nießner 2010) und Testverfahren, wie sie für „klassische" Chemikalien geeignet sind, zum Teil nicht verfügbar sind und vorhandene wahrscheinlich für Nanopartikel nicht immer zuverlässige Ergebnisse liefern. Dies gilt sowohl hinsichtlich der Umwelteigenschaften als auch für die Humantoxizität.

Zusammenfassend muss festgehalten werden, dass derzeit eine Umweltrisikoabschätzung aufgrund fehlender Daten und Kenntnisse kaum möglich ist, die Partikel aber dennoch in zunehmendem Umfang eingesetzt werden und in die Umwelt gelangen. Für Silbernanopartikel und andere anorganische Nanopartikel beispielsweise werden Risiken für aquatische Organismen erwartet, eine experimentelle Untersuchung und damit auch eine verlässliche Risikoabschätzung ist jedoch derzeit und in absehbarer Zeit kaum möglich (SRU 2011; Nanokommission 2011).

▶ **Frage:** Wie wurden die Probleme des Eintrags von Stoffen in die Umwelt bisher vor allem gelöst?
   Welches sind die aktuellen Fragen in dieser Hinsicht?

▶ **Aufgabe:** Im vorliegenden Beitrag standen vor allem die durch die Chemie verursachten Probleme im Mittelpunkt. Fassen Sie die positiven Beiträge der Chemie zusammen, die Ihnen einfallen.

Nachhaltige Chemie

Grenzen des technischen Emissionsmanagements

Der technische Ansatz der Behandlung von Emissionen wie z. B. Abwasser, hat seine Berechtigung. Insbesondere wäre ohne eine Abwasserbehandlung zur Hygienisierung, d. h. der Entfernung von Krankheitserregern, der heutige Standard der Wasser- und Trinkwasserhygiene nicht denkbar. Dieser wiederum ist eine der wesentlichen Ursachen für die in den letzten einhundert Jahren enorm gestiegene Lebenserwartung. Die Entfernung von normalerweise das Wachstum begrenzenden Elementen wie Phosphor und Stickstoff (s. o.), und damit das Verhindern, dass Gewässer infolge der Eutrophierung zu stinkenden Kloaken werden, wäre ohne weitergehende Abwasserreinigung ebenfalls nicht gelungen. Die oben beschriebenen Beispiele zeigen aber auch, dass die anstehenden Probleme mit der Behandlung von Abluft und Abwasser zwar reduziert, aber nicht vollständig gelöst werden können.

In Anbetracht der Vielzahl der Stoffe, und laufend kommen neue hinzu, wobei manche wie z. B. die Nanopartikel ganz neue Fragen aufwerfen, bedarf es dringend eines anderen Denkens und neuer Ansätze. Gemäß den Prinzipien der Nachhaltigkeit darf nicht nur die Anwendung eines Stoffs im Mittelpunkt stehen. Vielmehr muss der gesamte Lebenszyklus betrachtet werden (Clark 2006; Anastas und Warner 1998). Neben Fragen nach der Art und Herkunft der Rohstoffe, ihrer Veredelung und ihres Gebrauchs umfasst dies vor allem

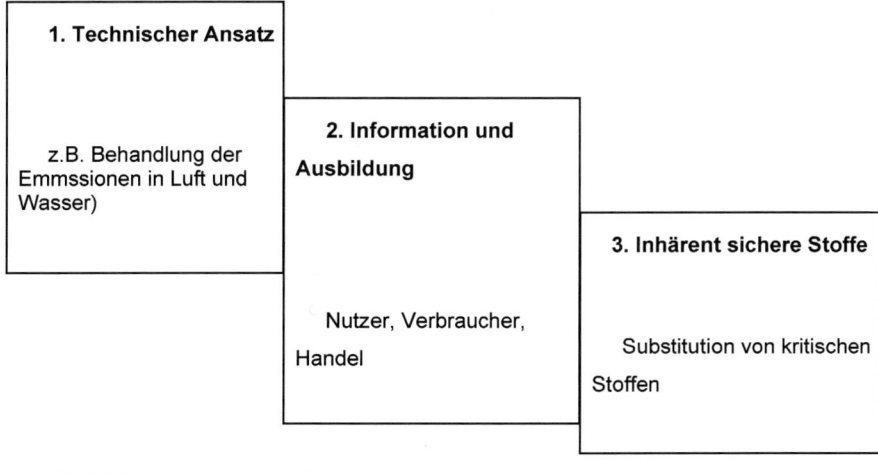

1. Technischer Ansatz

z.B. Behandlung der
Emmssionen in Luft und
Wasser)

2. Information und Ausbildung

Nutzer, Verbraucher,

Handel

3. Inhärent sichere Stoffe

Substitution von kritischen

Stoffen

Reduktion während/nach Gebrauch

Inhärente Reduktion

Abb. 6.13 Ansätze zur Reduktion des Eintrags chemischer Stoffe in die Umwelt (Kümmerer 2007)

auch ihr Schicksal nach der Gebrauchsphase. Für die Reduktion von Emissionen als ein Ansatz des Risikomanagements bieten sich grundsätzlich drei verschiedene Ansätze an (Abb. 6.13).

Viele Inhaltsstoffe gelangen aus Konsumprodukten des täglichen Bedarfs durch ihre bestimmungsgemäße Nutzung zwangsläufig in die Umwelt. Stoffe, die ins Abwasser gelangen – und auf diesen liegt im Folgenden exemplarisch der Fokus – werden in Kläranlagen oft nicht oder nur unvollständig aus dem Abwasser entfernt. Manche finden sich aufgrund ihrer schweren Abbaubarkeit im Belebt- bzw. Klärschlamm wieder. In Ländern ohne Abwasserbehandlung gelangen sie auf jeden Fall und direkt in die Umwelt und werden im Fall von „water reuse" (Wasserwiederverwendung) direkt in den aquatischen Nutzungszyklus eingeschleust, möglicherweise auch direkt die Nahrungskette. Die Verfahren der erweiterten Abwasserbehandlung entsprechen, wie oben schon dargelegt wurde, nicht den Kriterien der Nachhaltigkeit und sind daher zumindest mittel- bis langfristig keine Option zur Reduktion organischer Spurenstoffe im Wasser. Sie sind und bleiben „end of pipe"-Technologien mit all ihren Einschränkungen.

Eine umfassendere Betrachtung

Das Verbraucherverhalten kann effektiv zur Reduktion des Eintrags von Spurenstoffen in die Umwelt beitragen. Im Fall von Stoffen, die unvermeidlich, gemäß ihrer beabsichtigten Nutzung, in die Umwelt gelangen, kann der Eintrag aber nicht verhindert werden. Den Blick vom Ende des Rohres, also der Nachbehandlung, auf seinen Beginn zu richten, bringt die chemischen Produkte und damit die Stoffe selbst ins Blickfeld. Die Konzepte der grünen und der nachhaltigen Chemie und Pharmazie zeigen auf, dass der gesamte Lebenszyklus chemischer Stoffe betrachtet werden muss, wenn es um nachhaltige Lösungen gehen soll (Anastas und Warner 1998; Clark et al. 2006; Clark 2006). „Grün" und „nachhaltig" werden manchmal synonym verwendet. Sie sind jedoch unterschiedlich. Grüne Chemie und grüne Pharmazie haben vor allem das Produkt, also die Moleküle selbst, im Blickfeld. Dagegen beinhalten nachhaltige Chemie und Pharmazie darüber hinausgehende Aspekte (z. B. ökonomische und soziale Aspekte der Rohstoffgewinnung, Einbezug der Stakeholder etc.).

Demnach sollte die Gewinnung und Verwendung von chemischen Stoffen an jeder Station des Lebenswegs den Kriterien der Nachhaltigkeit entsprechen. So sollte z. B. ihre Anwendung wirksam und effizient sein, in Kombination mit keinen oder nur geringen unbeabsichtigten Wirkungen.

Benign by Design

Die Persistenz von Stoffen ist eine der wichtigsten und problematischsten Umwelteigenschaften chemischer Stoffe. Eine lange Lebensdauer von chemischen Stoffen in der Umwelt bedingt eine weite, meist globale Verbreitung (dazu reicht z. B. eine Lebensdauer von 10 Tagen in der Atmosphäre schon aus). Persistenz führt auch häufig zu einer langen Präsenz solcher Stoffe in der Umwelt (Kümmerer 1996). In diesen Fällen kann keine tragfähige Risikoabschätzung durchgeführt werden: Je größer die involvierten Zeitskalen (und damit auch die Raumskalen), desto unsicherer werden Prognosen über mögliche Folgen und desto weniger relevant sind Untersuchungsergebnisse im Labormaßstab (Cairns und Mount 1990). Daher sollte ein chemischer Stoff in der herkömmlichen Abwasserbehandlung oder nach Eintrag in Oberflächengewässer möglichst schnell und vollständig, d. h. zu anorganischen Salzen, abgebaut werden.

Der Abbau von organischen Molekülen in der Umwelt wird durch bestimmte Rahmenbedingungen gesteuert, wie z. B. Lichtzutritt, Feuchtigkeit, pH-Wert, Temperatur, Anwesenheit von bestimmten Mikroorganismen, die sich meist von denen der Anwendung mehr oder weniger stark unterscheiden, Damit gilt es in Zukunft zu spielen und die Erkenntnisse dazu zu systematisieren.

Benign by Design
Künftig wird es zunehmend notwendig sein, den Kriterien einer nachhaltigen Chemie zu genügen. Dies bedeutet u. a., dass Chemikalien zunehmend sowohl ihre Anwendungszwecke möglichst optimal erfüllen müssen als auch, dass sie wenig toxisch und möglichst umweltverträglich (http://www.aktuelle-wochenschau.de/index08.htm) sein müssen. Auch unter ökonomischen Gesichtspunkten wird eine gezielte Stoffsynthese angesichts steigender Kosten am Rohstoff- und Arbeitsmarkt stark an Bedeutung gewinnen.

> Ausgehend von der Expertise der Hersteller und Anwender lassen sich für die jeweilige Anwendung nach zuvor festgelegten Kriterien (z. B. Anwendung, Umwelt, Toxizität) sehr gut geeignet erscheinende Moleküle kreieren und mittels computerbasierter Methoden bewerten, bevor sie synthetisiert werden. Das heißt die Auswahl der geeigneten Stoffe erfolgt systematisch schon bevor in die Synthese von nicht geeigneten Kandidaten investiert wurde.
> (Quelle: www.edc-com.eu)

Der Umgang mit Ressourcen

Auch hinsichtlich strategischer Ressourcen und begrenzter bzw. nicht nachwachsender Rohstoffe, wie den seltenen Metallen oder Phosphor, müssen wir besser verstehen und berücksichtigen, was es bedeutet, diese Stoffe u.a. durch ihre Anwendung großflächig in der Umwelt zu verteilen. Im Falle des Phosphors geschieht dies durch die Anwendung von Phosphat als Mineraldünger in der Landwirtschaft. Phosphat kann im Gegensatz zu Nitrat nicht synthetisch in großtechnischem Maßstab hergestellt werden. Bei den seltenen Metallen erfolgt diese Verteilung über die Produkte (z. B. Handy, Computer, Magnete in Windrädern etc.). Im Sinne einer effizienten Nutzung werden immer geringere Konzentrationen solcher Metalle bei den genannten Produkten eingesetzt. Dies macht aber deren Wiedergewinnung immer schwieriger. Daher wird auch für solche Produkte das Konzept „benign by design" (etwa: von Beginn an umweltfreundlich) von Bedeutung sein. Aber ganz grundsätzliche Fragen stellen sich auch bezüglich der klassischen Rohstoffbasis der organischen Chemie, nämlich der Reichweite und Verfügbarkeit von Erdöl und möglichen Ersatzrohstoffen (GDCh et al. 2010).

> ▶ **Frage:** Welchen rohstoffbezogenen Herausforderungen wird sich die Chemie bzw. die chemische Industrie stellen müssen?
> Nachhaltige Chemie im weiteren Sinne hat viele Überschneidungen zu anderen Fächern. Wo sind diese und worin liegt ihre Bedeutung für die nachhaltige Entwicklung insgesamt?

Ausblick

Chemische Stoffe und Produkte sind ein nicht wegzudenkender Teil unseres Lebens – nicht nur weil die ganze organische Natur nichts anderes als Chemie ist, sondern auch weil chemische Stoffe in Form von Arzneimitteln, Pflanzenschutzmitteln, Farben, Kunststoffen, Textilien, Körperpflegeprodukten etc. erheblich zu unserem Lebensstandard beitragen. Daher hat Chemie immer auch inter- und transdisziplinäre Aspekte. Dies gilt noch mehr für die nachhaltige Chemie. Die chemische Industrie ist ohne dieses Denken und

Handeln nicht möglich und nicht zukunftsfähig. Das Gleiche gilt für die anderen Disziplinen wie z. B. die Ökonomie und die Politik, da Chemie ein zentraler Bestandteil unseres Lebens und Wirtschaftens ist. Ohne die moderne Chemie wird es in vielen Bereichen
schwierig, künftig nachhaltig zu sein. Für die erfolgreiche Umsetzung der nachhaltigen
Chemie bedarf es aber mehr als nur der eigentlichen Chemie. Ein wirklich nachhaltiger
Beitrag der Chemie zur Nachhaltigkeit kann nicht auf die Chemie als solche beschränkt
bleiben. Vielmehr ist „die Chemie" sowohl in (natur-)wissenschaftlicher als auch gesell-
schaftswissenschaftlicher und ökonomischer Hinsicht Teil eine größeren Ganzen. Insofern
ist Chemie bzw. nachhaltige Chemie ein inter- und transdisziplinäres Feld par excellence.

Literatur

Allanou R, Hansen BG, Van Der Bilt Y (2003) Public availability of data on EU high production
volume chemicals – Part 1. Chim Oggi 21:91–95
Anastas PT, Warner JC (1998) Green chemistry: theory and practice. Oxford University Press, New
York
Barceló D, Petrovic M (2008) Emerging contaminants from industrial and municipal waste: Occur-
rence, analysis and effects. Springer, Berlin
Behrendt H et al. (1999) Nährstoffemissionen und -frachten in den Flussgebieten Deutschlands und
ihre Veränderung. In: UBA Texte 29/00 (1999), Nährstoffemissionen in die Oberflächengewässer
– Workshop des Umweltbundesamtes, Abacus Tierpark Berlin, 29–30 November 1999
Bernhard B (Hrsg) (1978) Phosphor – Wege und Verbleib in der Bundesrepublik Deutschland; Pro-
bleme des Umweltschutzes und der Rohstoffversorgung. Verlag Chemie, Weinheim
Bester K (2006) Personal care compounds in the environment. VCH-Wiley, Weinheim
Bester K, McArdell CS, Wahlberg C, Bucheli TD (2010) Quantitative mass flows of selected xeno-
biotics in urban waters and waste water treatment plants. In: Kassinos D, Bester K, Kümmerer K
(Hrsg) Xenobiotics in the urban water cycle. Springer, New York, S 3–26
Bitsch N, Dudas C, Körner W, Failing K, Biselli S, Rimkus G, Brunn H (2001) Estrogenic activity of
musk fragrances detected by the E-screen assay using human mcf-7 cells. Arch Environ Contam
Toxicol 43:257–264
Boethling R (2011) Incorporating environmental attributes into musk design. Green Chem 13:3386–
3396
Bolek R, Kümmerer K (2010) Fate and effects of little investigated scents in the aquatic environment.
In: Kassinos D, Bester K, Kümmerer K (Hrsg) Xenobiotics in the urban water cycle. Springer,
New York, S 87–110
Buszka PM, Yeskis DJ, Kolpin DW, Furlong ET, Zaugg SD, Meyer MT (2009) Waste-indicator and
pharmaceutical compounds in landfill-leachate-affected ground water near Elkhart, Indiana,
2000–2002. Bull Environ Contam Toxicol 82:653–659
Cairns Jr J, Mount DI (1990) Aquatic toxicology. Environmental Science and Technology 24(2):154–
161
Carson R (2007) Der stumme Frühling. Beck, München
Castiglioni S, Zuccato E, Fanelli R (Hrsg) (2011) Mass spectrometric analysis of illicit drugs in the
environment. Wiley-Interscience Series on Mass Spectrometry. Wiley, Hoboken
Clark JH (2006) Green chemistry: today (and tomorrow). Green Chem 8:17–21
Clark JH, Budarin V, Deswarte FEI, Hardy JJE, Kerton FM, Hunt AJ, Luque R, Macquarrie DJ, Mil-
kowski K, Rodriguez A, Samuel O, Tavener SJ, White RJ, Wilson AJ (2006) Green chemistry and
the biorefinery: a partnership for a sustainable future. Green Chem 8:853–860

DellaGreca M, Iesce MR, Isidori M, Montanaro S, Previtera L, Rubino M (2007) Phototransformation of amlodipine in aqueous solution: toxicity of the drug and its photoproduct on aquatic organisms. International Journal of Photoenergy 2007, art. no. 63459

Deutsche Forschungsgemeinschaft (DFG) – Kommission für Wasserforschung (2003) Wasserforschung im Spannungsfeld zwischen Gegenwartsbewältigung und Zukunftssicherung (Denkschrift). Wiley-VCH, Weinheim

Dicke M, Sabelis MW (1988) Infochemical terminology: based on cost-benefit analysis rather than origin of compounds? Funct Ecol 2:131–139

European Environmental Agency (2001) Late lessons from early warnings. Copenhagen

Fatta-Kassinos D, Vasquez MI, Kümmerer K (2011) Transformation products of pharmaceuticals in surface waters and wastewater formed during photolysis and advanced oxidation processes – degradation, elucidation of byproducts and assessment of their biological potency. Chemosphere 85:693–709

Frimmel FH, Nießner R (Hrsg) (2010) Nanoparticles in the water cycle. Properties, analysis and environmental relevance. Springer, Heidelberg

GDCh (Gesellschaft Deutscher Chemiker) et al (2010) Positionspapier „Rohstoffbasis im Wandel" (erstellt von der Gesellschaft Deutscher Chemiker (GDCh), der Gesellschaft für Chemische Technik und Biologie e. V. (DECHEMA), der Deutschen Wissenschaftlichen Gesellschaft für Erdöl, Erdgas und Kohle e. V. (DGMK) und des Verbandes der Chemischen Industrie e. V. (VCI), Frankfurt/Main)

Hamm A (1989) Entwicklung der P-Bilanz in der Bundesrepublik Deutschland. In: Bayrische Landesanstalt für Wasserforschung (Hrsg) Aktuelle Probleme des Gewässerschutzes: Nährstoffbelastung und –elimination. R. Oldenbourg Verlag, München, S 99–109:

Hamm A et al. (Hrsg) (1991) Studie über Wirkungen und Qualitätsziele von Nährstoffen in Fließgewässern. Acadamia, Sankt Augustin

Hanke I, Singer H, McArdell CS, Brennwald M, Traber D, Muralt R, Herold T, Oechslin R, Kipfer R (2007) Arzneimittel und Pestizide im Grundwasser. Gas Wasser Abwasser 3:187–196

Heberer T (2002) Occurrence, fate, and removal of pharmaceutical residues in the aquatic environment: a review of recent research data. Toxicol Lett 131:5–17

Heberer T, Feldmann D (2008) Removal of pharmaceutical residues from contaminated raw water sources by memebrane filtration. In: Kümmerer K. (Hrsg) Pharmaceuticals in the Environment. Springer, Berlin Heidelberg, S 427–453

Hofmeister S, Kümmerer K (2009) Sustainability, substance-flow management, and time, part II: temporal impact assessment (TIA) for substance-flow management. J Environ Manage 90:1377–1384

Hosang W, Bischof W (1998) Abwassertechnik. B. G. Teubner Verlag, Stuttgart

Jones OHA, Green PG, Voulvoulis N, Lester JN (2007) Questioning the excessive use of advanced treatment to remove organic micro-pollutants from waste water. Environ Sci Technol 41:5085–5089

Kassinos D, Bester K, Kümmerer K (Hrsg) (2010) Xenobiotics in the urban water cycle. Springer, New York

Koppe P, Stozek A (1999) Kommunales Abwasser: seine Inhaltsstoffe nach Herkunft, Zusammensetzung und Reaktionen im Reinigungsprozess einschließlich Klärschlämme. Vulkan-Verlag, Essen

Kümmerer K. (1996) The ecological impact of time. Time and Society 5(2):209–235

Kümmerer K (2007) Sustainable from the very beginning: Rational design of molecules by life cycle engineering as an important approach for green pharmacy and green chemistry. Green Chemistry 9(8):899–907

Kümmerer K (Hrsg) (2008) Pharmaceuticals in the environment: sources, fate, effects and risks. Springer, Berlin

Kümmerer K (2009) The presence of pharmaceuticals in the environment due to human use – present knowledge and future challenges. J Environ Manage 90:2354–2366

Kümmerer K (2010) Emerging contaminants in waters. Hydrol Wasserbewirtsch 54:349–359

Kümmerer K (2012) 50 years after Rachel Carsons, Silent spring – what has been gained? Gaia (im Druck)

Kümmerer K, Held M, Pimentel D (2009) Sustainable use of soils and time. J Soil Water Conserv 65:141–149

Kümmerer K, Helmers E, Hubner P, Mascart G, Milandri M, Reinthaler F, Zwakenberg M (1999) European hospitals as a source for platinum in the environment in comparison with other sources. Sci Total Environ 225:155–165

Kümmerer K, Hofmeister S (2008) Sustainability, substance flow management and time. Part I. Temporal analysis of substance flows. J Environ Manage 88:1333–1342

Kümmerer K, Menz J, Schubert T, Thielemans W (2011) Biodegradability of organic nanoparticles in the aqueous environment. Chemosphere 82:1387–1392

Landesanstalt für Umweltschutz Baden-Württemberg [LfU] (Hrsg) (2000) Phosphorelimination in kommunalen Kläranlagen – Optimierungsmöglichkeiten. Karlsruhe

Längin A, Schuster A, Kümmerer K (2008) Chemicals in the environment – the need for a clear nomenclature: parent compounds, metabolites, transformation products and their elimination. Clean 36:349–350

Larsson DGJ, de Pedro C, Paxeus N (2007) Effluent from drug manufactures contains extremely high levels of pharmaceuticals. J Hazard Mater 148:751–755

Loos R, Gawlik BM, Locoro G, Rimaviciute E, Contini S, Bidoglio G (2009) EU-wide survey of polar organic persistent pollutants in European river waters. Environ Pollut 157:561–568

Matamoros V, Bayona JM (2006) Elimination of pharmaceuticals and personal care products in subsurface flow constructed wetlands. Environ Sci Technol 40:5811–5816

Metzger S, Kapp H, Seitz W, Weber WH, Hiller G, Süßmuth W (2005) Entfernung von iodierten Röntgenkontrastmitteln bei der kommunalen Abwasserbehandlung durch den Einsatz von Pulveraktivkohle. GWF Wasser Abwasser 9:638–645

Nanokommission (2011) Verantwortlicher Umgang mit Nanotechnologien. (Bericht und Empfehlungen der Nanokommission 2011. Herausgegeben vom Bundeministerium für Umwelt, Naturschutz und Reaktorsicherheit. Berlin)

Neumann H (1987) Notwendigkeit der Nährstoffelimination aus der Sicht des Gewässerschutzes. In Kayser R (Hrsg) Biologische Stickstoff- und Phosphorelimination in Abwasserreinigungsanlagen. Veröffentlichungen des Instituts für Stadtbauwesen, Heft 42, Technische Universität Braunschweig, S 1–35

Purdom CE, Hardiman PA, Bye VJ, Eno NC, Tyler CR, Sumpter JP (1994) Estrogenic effects of effluents from sewage treatment works. Chem Ecol 8:275–285

Reemtsma T, Jekel M (Hrsg) (2006) Organic pollutants in the water cycle: properties, occurrence, analysis and environmental relevance of polar compounds. Wiley VCH, Weinheim

Reiner JL, Kannan K (2006) A survey of polycyclic musks in selected household commodities from the United States. Chemosphere 62:867–873

Rodil R, Quintana JB, Lopez-Mahia P, Muniategui-Lorenzo S, Prada-Rodriguez D (2009) Multiresidue analytical method for the determination of emerging pollutants in water by solid-phase extraction and liquid chromatography-tandem mass spectrometry. J Chromatogr A 1216:2958–2969

Sachverständigenrat für Umweltfragen (SRU) (2011) Vorsorgestrategien für Nanomaterialien. (Sondergutachten)

Sambeth J (2004) Zwischenfall in Seveso. Unionsverlag, Zürich

Scheringer M (2012) Umweltchemikalien 50 Jahre nach Silent Spring: ein ungelöstes Problem. Gaia (im Druck)

Scheringer M, Dunn MJ (2002) Persistence and spatial range of environmental chemicals: New ethical and scientific concepts for risk assessment. Wiley VCH, Weinheim

Schlumpf M, Durrer S, Faass O, Ehnes C, Fuetsch M, Gaille C, Henseler M, Hofkamp L, Maerkel K, Reolon S, Timms B, Tresguerres JAF, Lichtensteiger W (2008) Developmental toxicity of UV filters and environmental exposure: a review. Int J Androl 31:144–151

Schmidt CK, Brauch HJ (2008) N,N-dimethylsulfamide as precursor for N-nitrosodimethylamine (NDMA) formation upon ozonation and its fate during drinking water treatment. Environ Sci Technol 42:6340–6346

Schmitt-Jansen M, Bartels P, Adler N, Altenburger R (2007) Phytotoxicity assessment of diclofenac and its phototransformation products. Anal Bioanal Chem 387:1389–1396

Schulte-Oehlmann U, Oehlmann J, Püttman W (2007) Arzneimittelwirkstoffe in der Umwelt – Einträge, Vorkommen und der Versuch einer Bestandsaufnahme. Z Umweltchem Ökotox 19:168–179

Schuster A, Hädrich C, Kümmerer K (2008) Flows of active pharmaceutical ingredients originating from health care practices on a local, regional, and nationwide level in Germany – is hospital effluent treatment an effective approach for risk reduction? Water Air Soil Poll 8:457–471

Schwarzenbach R, Escher BI, Fenner K, Hofstetter TB, Johnson AC, von Gunten U, Wehrli B (2006) The challenge of micropollutants in aquatic systems. Science 313:1072–1077

Seinen W, Lemmen JG, Pieters RHH, Verbruggen EMJ, van der Burg B (1999) AHTN and HHCB show weak estrogenic – but no uterotrophic activity Toxicol Lett 111:161–168

Spelsberg G, Andersen A, Henseling KO, Möller F (1992) Das blaue Wunder. Zur Industriegeschichte der Farbstoffe. Verlag Kölner Volksblatt, Köln

Sumpter JP, Jobling S (1995) Vitellogenesis as a biomarker for estrogenic contamination of the aquatic environment. Environ Health Persp 103:173–178

Ternes TA, Joss A (Hrsg) (2006) Human pharmaceuticals, hormones and fragrances. The challenge of micro-pollutants in urban water management. IWA Publishing, London

Vethaak D, Schrap M, De Voogt P (Hrsg) (2006) Estrogens and xenoestrogens in the aquatic environment: an integrated approach for field monitoring and effect assessment. Society of Environmental Toxicology and Chemistry (SETAC), Pensacola

Weber WH, Seitz W, Schulz W, Wagener HA (2007) Detection of the metabolites desphenyl-chloridazon and methyldesphenyl-chloridazon in surface water, groundwater and drinking water. Vom Wasser 105:7–14

Wenzel H, Larsen HF, Clauson-Kaas J, Høibye L, Jacobsen BN (2008) Weighing environmental advantages and disadvantages of advanced wastewater treatment of micro-pollutants using environmental life cycle assessment. Water Sci Technol 57:27–32

Werner W, Wodsak HP (Hrsg) (1994) Stickstoff- und Phosphateintrag in die Fließgewässer Deutschlands unter besonderer Berücksichtigung des Eintragsgeschehens im Lockergesteinsbereich der ehemaligen DDR. Dachverband Agrarforschung, Schriftenreihe agrarspectrum, Bd. 22. DLG-Verlag, Frankfurt/Main

World Meteorological Organization (WMO) (2006) Scientific Assessment of Ozon depletion. (Report Genf)

Zuccato E, Castiglioni S, Tettamanti M, Olandese R, Bagnati R, Melis M, Fanelli R (2011) Changes in illicit drug consumption patterns in 2009 detected by wastewater analysis. Drug Alcohol Depend 118(2–3):464–469

Erdsystem, Klima und globale Stoffkreisläufe

7

Wolf-Ulrich Palm und Brigitte Urban

Aufteilung des Erdsystems

Der Versuch einer Unterteilung der Erde in einzelne Sphären in Form einer Aufteilung, d. h. Kompartimentierung in verschiedene, abgegrenzte Bereiche, ist schon bei Aristoteles in Form der vier „Elemente" Feuer, Wasser, Boden und Luft formuliert worden. Tatsächlich ist eine solche Unterteilung einerseits sinnvoll aufgrund unterschiedlicher Zeitspannen und z. B. typischer Reaktionen, andererseits ist sie aufgrund der Wechselwirkungen zwischen den Kompartimenten für eine ganzheitliche und damit nachhaltige Beschreibung der Prozesse auf der Erde hinderlich. Die heutige Sichtweise der vielfältigen Prozesse auf der Erde nimmt darauf direkten Bezug. Dies zeigt sich im Besonderen auch in der Beschreibung klimatischer Vorgänge, die im Rahmen des Klimasystems die Wechselwirkungen aller globalen Sphären umfasst (Hupfer 1996; Arnold 1997; Forster et al. 2007). Üblicherweise werden vier große Teilsysteme oder globale Sphären unterschieden (Abb. 7.1), die sich in weitere Subsphären unterteilen.

Die Atmosphäre stellt die gasförmige Hülle der Erde dar, wobei auch innerhalb der Atmosphäre z. B. Wechselwirkungen der gasförmigen Komponenten mit Partikeln (Aerosolen) bedeutsam sind. Die Hydrosphäre umfasst Bereiche und Prozesse im Zusammenhang mit dem wässrigen System der Erde. Zur Hydrosphäre werden demnach die Ozeane, Seen und Flüsse, aber auch das Grundwasser und das Wasser in der Atmosphäre gezählt. Weiterhin stellt die Kryosphäre, also die eisbedeckte Fläche auf der Erde, ein im Klimasystem außerordentlich wichtiges Teilsystem der Hydrosphäre dar. Neben der großen Verweilzeit, und damit Speicherung des Wassers im Eissystem der Erde, besitzen Eisoberflächen ein

W.-U. Palm (✉) · B. Urban
Fakultät Nachhaltigkeit, Leuphana Universität Lüneburg, Lüneburg, Deutschland
E-Mail: palm@leuphana.de

B. Urban
E-Mail: urban@leuphana.de

H. Heinrichs, G. Michelsen (Hrsg.), *Nachhaltigkeitswissenschaften*,
DOI 10.1007/978-3-642-25112-2_7, © Springer-Verlag Berlin Heidelberg 2014

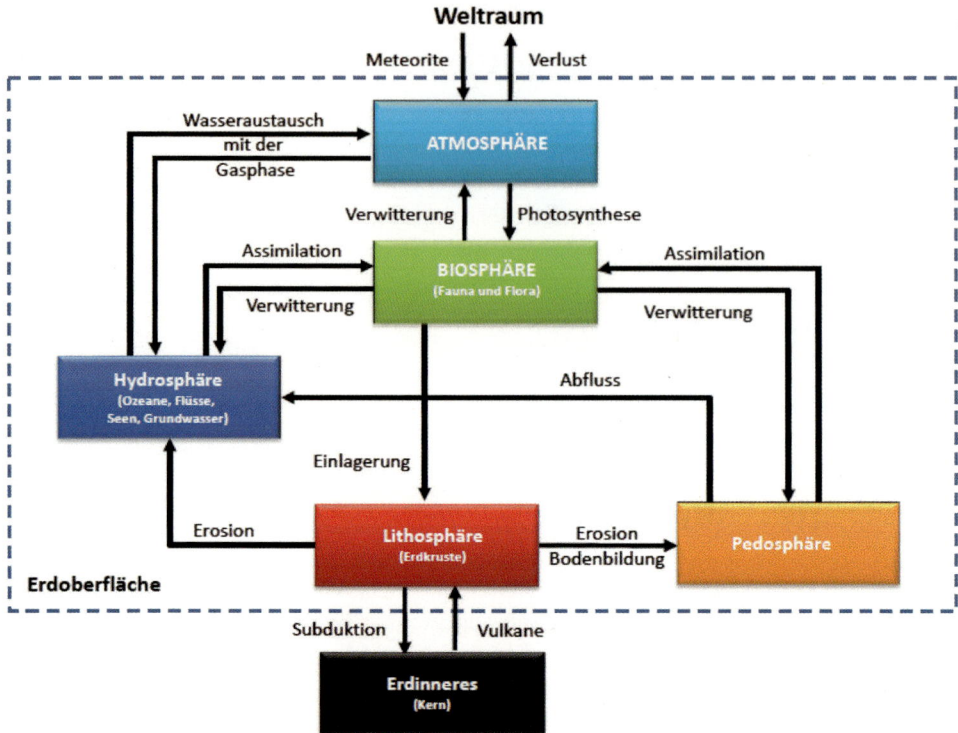

Abb. 7.1 Reservoire bzw. Sphären auf der Erde und beispielhafte Austauschprozesse zwischen den Reservoiren (modifiziert nach Jacob 1999)

hohes Reflexionsvermögen der Sonnenstrahlung (d. h. eine hohe Albedo mit ca. 50 %) und sind damit eine bedeutsame Stellgröße im Klimasystem. Als Lithosphäre wird die ca. 100–200 km starke Schicht der Erdkruste und des äußeren Erdmantels bezeichnet. Zur Lithosphäre werden die Kontinentalplatten oder auch damit verbundene Prozesse des Vulkanismus gezählt. Aufgrund der Verwitterung der Gesteine und der damit verbundenen Bodenbildung, wird die obere Schicht der Lithosphäre als ein Teilbereich gesondert betrachtet und als Pedosphäre bezeichnet. Der gesamte Bereich des Lebendigen auf der Erde wird als Biosphäre bezeichnet. Die Biosphäre steht in Form der Ökosysteme in Wechselwirkung mit der Atmosphäre, Hydrosphäre und Lithosphäre.

Prozesse im Erdsystem

Globalstrahlung, Niederschlag und Temperatur

Die praktisch vollständig durch die Sonne bereitgestellte und damit auch auf der Erde verfügbare Energie ist zeitlich und örtlich höchst variabel. Dies bewirkt ebenfalls eine hohe Variabilität der bedeutsamen Parameter Globalstrahlung, Temperatur und Niederschlag, die im Folgenden kurz dargestellt werden.

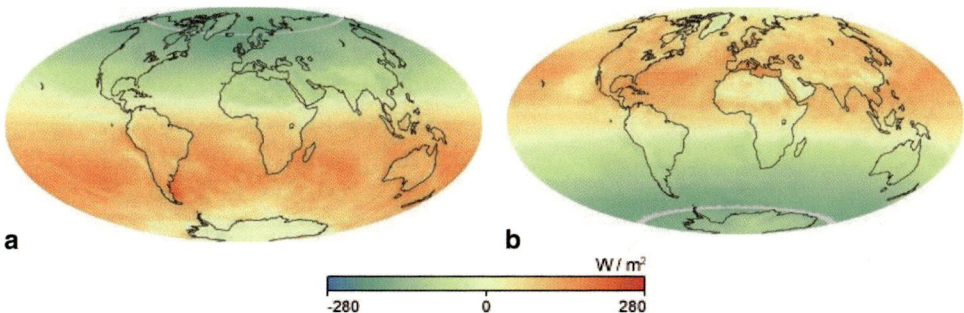

Abb. 7.2 Globale Netto-Energieflüsse der Sonneneinstrahlung in W/m² für den Monat Dezember 2010 (**a**) und Juni 2010 (**b**). Ein positiver Wert (*in rot*) bedeutet, dass mehr Energie eingestrahlt als emittiert wird, der umgekehrte Fall gilt für negative Werte (*in grün*). (NASA 2011a)

Globalstrahlung

Die globalen Netto-Energieflüsse der Sonneneinstrahlung korrelieren auf der Erde im Besonderen mit der Jahreszeit. In Abb. 7.2 ist die jahreszeitliche Trennung der Nord- und Südhemisphäre anhand von zwei Datensätzen aus dem Juli und Dezember 2010 deutlich zu ersehen.

Die Tagesmittelwerte der Flächenleistung durch die direkte und diffuse Sonneneinstrahlung (Globalstrahlung) für die Jahre 2009–2012 für den Standort Lüneburg sind in der Abb. 7.3 dargestellt (basierend auf Daten von NLWKN 2013). Offensichtlich ist der Tagesmittelwert der Globalstrahlung aufgrund der unterschiedlichen Wolkenbedeckung extrem variabel. Die mittlere jährliche Globalstrahlung für den Standort Lüneburg beträgt für diesen Zeitraum zwischen 108–119 W/m².

Die mittlere Globalstrahlung ist in den Äquatorregionen am höchsten. Entsprechend sind in diesen Regionen auf der Erde z. B. auch die höchsten Umsatzraten bezüglich des Abbaus einer Verbindung durch das Sonnenlicht zu erwarten.

Im Gegensatz zu den Daten eines wie in Abb. 7.3 dargestellten Standortes für die gemäßigten Breiten auf der Nordhalbkugel, wird für die mittlere globale, jährliche Globalstrahlung z. B. für das Jahr 2005 ein Wert von 163 W/m² (NASA 2011b) gefunden. Dieser Wert steht in guter Übereinstimmung mit dem Wert von 161 W/m² für die auf dem Erdboden absorbierte Flächenleistung der eintreffenden Sonnenstrahlung (siehe dazu auch Abb. 7.11).

Oberflächentemperatur

Die mittlere jährliche Oberflächentemperatur der Erde wurde von Jones (Jones et al. 1999) aufgrund verfügbarer Messungen zu 14 °C angegeben. Die mittleren jährlichen Temperaturen unterscheiden sich auf den beiden Hemisphären und betragen danach auf der Nordhemisphäre 14,6 °C, auf der Südhemisphäre 13,4 °C. Die maximalen mittleren Temperaturen auf der Nordhemisphäre liegen im Juli bei 15,9 °C, die minimalen Temperaturen im Januar bei 12,2 °C. Die Verteilungen der globalen, mittleren Oberflächentemperaturen für zwei Monate des Jahres 2010 (aus Satellitendaten der NASA) sind in Abb. 7.4 dargestellt.

Niederschlag

Die detaillierte Auswertung von globalen monatlichen Datensätzen der Niederschlagsereignisse im Zeitraum von 1979–2001 (23 Jahre) ist in (Adler et al. 2003) dargestellt.

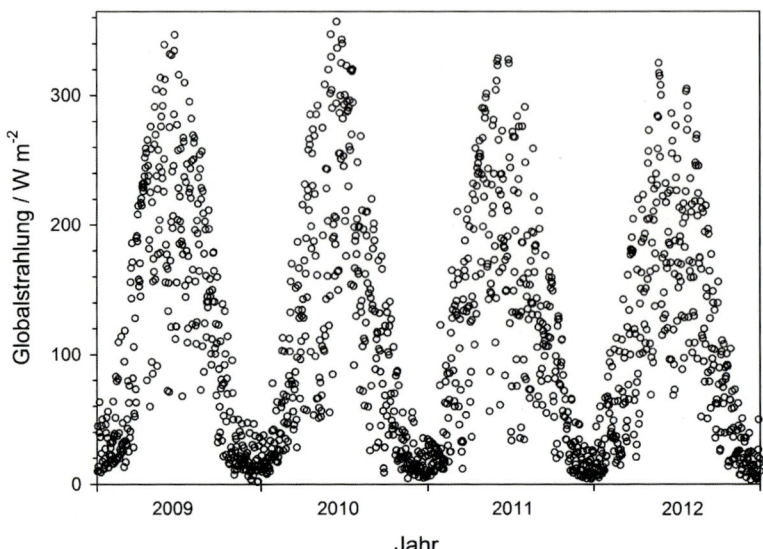

Abb. 7.3 Tagesmittelwerte der Globalstrahlung in Lüneburg für die Jahre 2009–2012

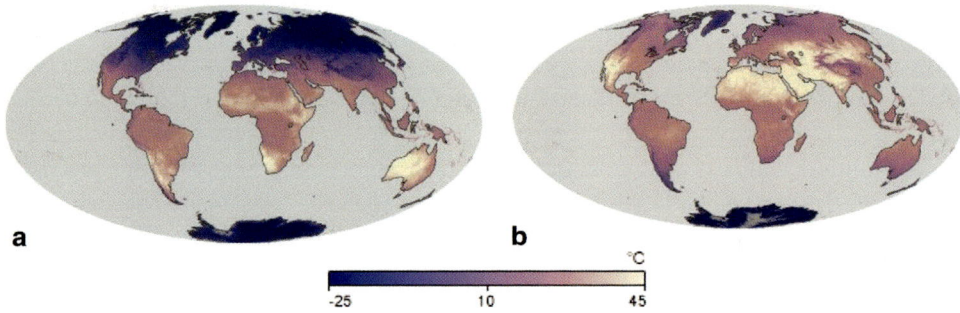

Abb. 7.4 Globale mittlere Oberflächentemperaturen in °C für den Monat Dezember 2010 (**a**) und Juni 2010 (**b**) (NASA 2011c)

Unabhängig von regionalen Differenzen konnte innerhalb dieses Zeitraums aus den verfügbaren Datensätzen keine Zunahme sowohl im globalen Maßstab als auch für den Bereich der Tropen erkannt werden. Im Mittel wird ein jährlicher globaler Niederschlag von 2,61 mm/Tag (953 mm/Jahr) gefunden, über den Ozeanen 2,84 mm/Tag, über dem Festland 2,09 mm/Tag.

Unabhängig von diesen globalen Mittelwerten kann es regional jedoch zu langjährigen Änderungen kommen. So wurde für Deutschland mit Monatsmittelwerten der Niederschlagsdaten von 1901–2000 für geringere Monatsniederschlagssummen ein Trend zu selterenem Auftreten von Extremereignissen gefunden. Für höhere Monatsniederschlagssummen war dagegen im Osten ein Trend zu selterenem, im Westen ein Trend zu häufigerem Auftreten von Extremereignissen zu erkennen.

Abb. 7.5 Der globale Wasserkreislauf. Schätzungen der Hauptwasserreservoire in t, Flüsse innerhalb des Systems in 10^{12} t/Jahr^{-1} (Trenberth et al. 2007). Die für das Polareis angegebenen Flüsse aus (Enquete 1991) wurden behutsam angepasst

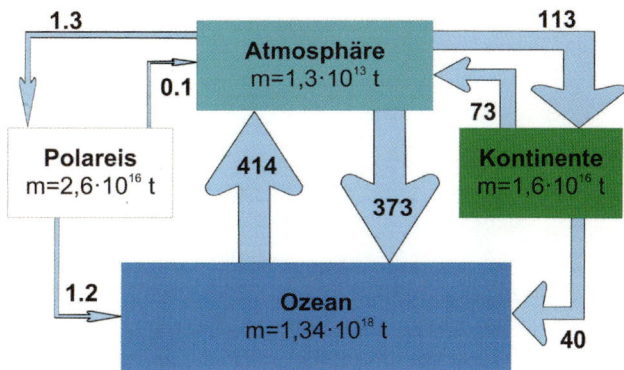

Globale Stoffkreisläufe

Die Erde ist praktisch ein geschlossenes System. Entgegen dem in geschlossenen Systemen gegebenen Energieaustausch (Strahlungsgleichgewicht) stehen die Elemente auf der Erde über globale Stoffkreisläufe in Verbindung. Einige Aspekte typischer globaler Stoffkreisläufe und deren anthropogener Einfluss werden in den folgenden Kapiteln dargestellt.

Wasserkreislauf

Der globale Wasserkreislauf ist geprägt durch die Ozeane als größtem Wasserreservoir auf der Erde und dem Gleichgewicht zwischen Verdunstung und Niederschlag in die Atmosphäre (Abb. 7.5).

Die Weltmeere speichern mehr als 97 % des gesamten Wassers auf der Erde. Entsprechend erfolgt der größte Wassereintrag in die Atmosphäre über den Ozeanen mit 414.000 km³/Jahr, 73.000 km³/Jahr erfolgen durch Verdunstung über den Landmassen. Ausgeglichen wird dieser Austrag zu 90 % über Niederschläge und zu 10 % über Oberflächenzuflüsse. Der überwiegende kontinentale Wasseranteil (98 %) ist als Grundwasser gebunden, Flüsse und Seen tragen zum kontinentalen Wasseranteil nur zu ca. 1 % bei. Interessant für Transportphänomene im Besonderen für Verbindungen, die gut über den Niederschlag aus der Atmosphäre ausgewaschen werden, ist die Aufenthaltsdauer, τ, des Wassers in der Atmosphäre. Die Aufenthaltsdauer in einem Gleichgewichtssystem lässt sich leicht über das Verhältnis von Reservoirvolumen und Fluss in das oder aus dem System berechnen.

$$\tau\,(\text{Aufenthaltsdauer}) = \frac{\text{Volumen}}{\text{Fluss}}$$

Somit ergibt sich beispielsweise die Aufenthaltsdauer des Wassers in der Atmosphäre mit den Daten aus Abb. 7.5 (Reservoirgröße 13.000 km³, Fluss in das oder aus dem System = 487.000 km³/Jahr) zu τ = 0,027 Jahre bzw. damit ca. 10 Tage.

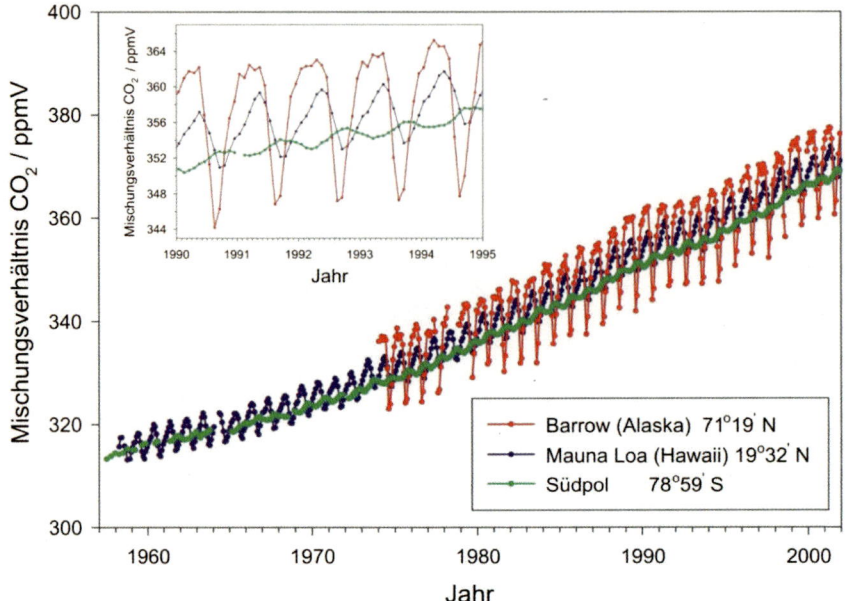

Abb. 7.6 Zunahme des Kohlendioxids in der Atmosphäre von 1959 bis 2002 nahe dem Nordpol, in der Äquatorregion und am Südpol. Der globalen Zunahme des Kohlendioxids überlagert ist die durch Photosynthese beeinflusste, regelmäßige Fluktuation des Kohlendioxids (vgl. Ausschnitt zwischen 1990–1995). Diese Daten fußen auf den umfangreichen Messungen aus der Gruppe von C. D. Keeling (z. B. Keeling et al. 1976). Die Grafik wurde aus verfügbaren Daten der IRI/LDEO Climate Data Library erstellt

▶ **Aufgabe:** Berechnen Sie mit den Daten aus der Abb. 7.5 die mittleren Aufenthaltszeiten des Wassers in den Kontinenten, im Polareis und im Ozean.

Globaler Kohlenstoffkreislauf

Millionen von Jahren bestand ein natürliches Gleichgewicht zwischen dem Kohlenstoff im terrestrischen Kompartiment, der Biosphäre, den Ozeanen und der Atmosphäre. Wie aus Untersuchungen von Eisbohrkernen bekannt, schwankte der Anteil des Kohlendioxids in der Atmosphäre in den letzten 650.000 Jahren aufgrund der eiszeitlichen Zyklen (dadurch bedingt im Besonderen mit Änderungen in der Aufnahme in den Ozeanen) im Bereich von 180 ppmV (Kaltzeiten) und 300 ppmV (Warmzeiten). Vor 1760 betrug die Schwankung des Kohlendioxids für die zurückliegenden 10.000 Jahre 260–280 ppmV. Seitdem ist eine starke Zunahme des Kohlendioxids um ca. 100 ppmV in einem Zeitraum von 250 Jahren zu beobachten, auf einen heutigen Wert von ca. 380 ppmV (Denman et al. 2007). Aus den umfangreichen Messungen der Gruppe um C. D. Keeling ist die Zunahme des atmosphärischen Kohlendioxids mit hoher Genauigkeit an den unterschiedlichsten Stationen weltweit dokumentiert. In Abb. 7.6 ist das Mischungsverhältnis des Kohlendioxids an drei Stationen auf der Nordhalbkugel, der Äquatorregion und der Südhalbkugel dargestellt. An der Messstation in Alaska auf der Nordhalbkugel, mit hoher Vegetationsdichte, wird eine hohe natürliche Schwankung im Bereich um 50 ppmV gemessen mit Maxima in den Wintermonaten und Minima in den Sommermonaten (hohe Photosyntheseaktivität). Diese

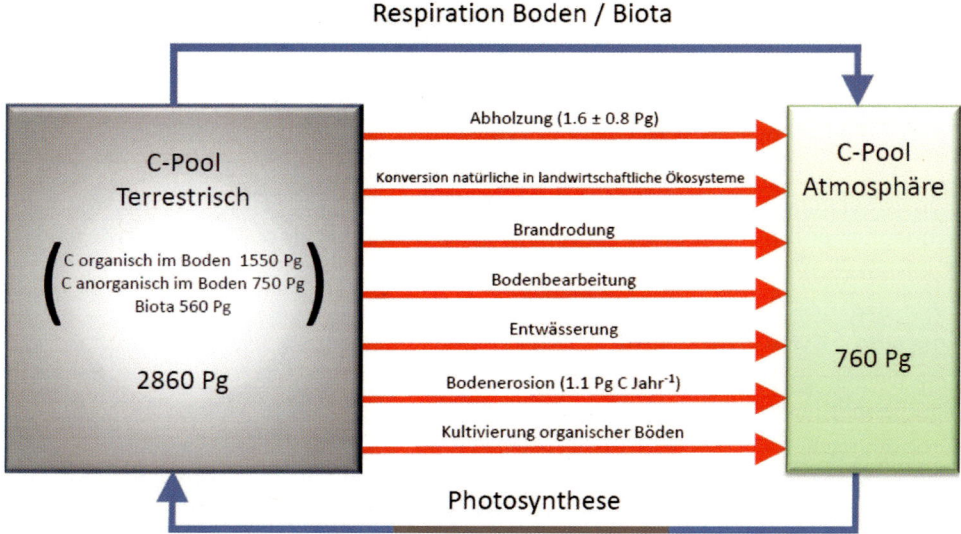

Abb. 7.7 Größe des terrestrischen und atmosphärischen Kohlenstoffpools in Pg (1 Pg = 10^{15} g), deren natürliche Kopplung durch Respiration, Photosynthese und qualitative Angabe einiger anthropogener Faktoren, die die „vorindustriellen" Reservoire (d. h. in den letzten ca. 150 Jahren) beeinflusst haben. (Englische Originalgrafik in Lal 2004)

starke Schwankung ist aufgrund der geringen Vegetationsdichte wesentlich geringer am Südpol und phasenverschoben (Südhalbkugel). Von dieser natürlichen Schwankung des Kohlendioxids überlagert, wird eine bisher stetige Zunahme der Kohlendioxidkonzentration in der Atmosphäre gemessen.

Aus Abb. 7.6 ist ebenfalls zu entnehmen, dass Kohlendioxid ein langlebiges Gas in der Atmosphäre darstellt, da an allen drei Orten ähnliche (nicht jedoch identische!) Mischungsverhältnisse gemessen werden konnten und somit das Kohlendioxid annähernd global verteilt wird. Tatsächlich jedoch wird Kohlendioxid überwiegend auf der Nordhalbkugel emittiert. So wird eine streng lineare Korrelation der über Jahrzehnte gemessenen Differenz (maximal 2,5 ppmV) des Kohlendioxids zwischen Nordhalbkugel und Südhalbkugel mit der Emission des Kohlendioxids aus der Verbrennung fossiler Brennstoffe gefunden (Denman et al. 2007). Korrelationen dieser Art belegen, dass der Anstieg des Kohlendioxids in der Atmosphäre ursächlich durch den menschlichen Einfluss bedingt ist.

Einige qualitative anthropogene Einflüsse auf den Kohlenstoffhaushalt sind nach Daten aus (Lal 2004) in Abb. 7.7 zusammengestellt. Neben dem Kohlendioxid als einer bedeutenden klimawirksamen Kohlenstoffkomponente, spielen, neben weiteren Gasen wie z. B. Methan, im Besonderen die organischen und anorganischen Kohlenstoffverbindungen als Senken und Quellen im terrestrischen Kompartiment eine herausragende Rolle. Eine umfangreiche Zusammenstellung und Details sind z. B. in (Denman et al. 2007) und in (Lal 2004) zu finden.

Aus den bisher bekannten Daten wurde der anthropogene Einfluss auf den natürlichen Kohlenstoffkreislauf seit der vorindustriellen Zeit in (Denman et al. 2007) und (Sabine et. al. 2004) zusammengefasst und diskutiert. Das anthropogen beeinflusste terrestrische Reservoir (Vegetation, Boden und Detritus, d. h. Humifizierung) fungiert gleichzeitig als

Quelle und als Senke. Insgesamt wurden durch menschlichen Einfluss nach diesen Daten 101 GtC zusätzlich aufgenommen, jedoch gleichzeitig 140 GtC abgegeben. Daraus folgt ein Nettoverlust an Kohlenstoff in diesem Kompartiment von 39 GtC. Neben dem terrestrischen Kompartiment wird als Quelle des globalen Kohlenstoffeintrags im Besonderen die Verbrennung fossiler Brennstoffe mit einer Masse von bisher insgesamt 244 GtC erkannt. Von den demnach insgesamt freigesetzten 283 GtC wurden 118 GtC in den Ozeanen aufgenommen und 165 GtC in die Atmosphäre freigesetzt (in beiden Fällen überwiegend als Kohlendioxid).

Globaler Stickstoffkreislauf

Der globale Stickstoffkreislauf ist ein Paradebeispiel einer durch den Menschen aktiv und gewollt herbeigeführten Überführung einer höchst stabilen Verbindung in reaktive Verbindungen, mit erheblichen Konsequenzen für die menschliche Gesundheit und die Ökosysteme (Galloway et al. 2008). Dabei wurde und wird durch anthropogene Aktivitäten die Überführung des Stickstoffs aus der Atmosphäre (N_2, Oxidationsstufe 0) in einerseits höchst reaktive Verbindungen höherer Oxidationsstufe (NO_y), wie den Stickoxiden ($NO + NO_2 = NO_x$), Nitrat (NO_3^-), Nitrit (NO_2^-), Salpetersäure (HNO_3) oder klimawirksamen Verbindungen wie Distickstoffoxid N_2O (Lachgas) und andererseits ebenfalls höchst reaktiven Verbindungen niedrigerer Oxidationsstufen (NH_x), wie Ammoniak (NH_3) und Ammonium (NH_4^+), der Stickstoffkreislauf seit den letzten 100 Jahren entscheidend beeinflusst. Ende des 19. Jahrhunderts war die Bildung reaktiver Stickstoffverbindungen (N_r) überwiegend gekennzeichnet durch die pflanzliche Aufnahme und Umwandlung des N_2 in der Atmosphäre in einer Größenordnung von 100 Tg/Jahr (Galloway und Cowling 2002), dabei entspricht $1\,Tg = 10^{12}$ g. Ein Jahrhundert später (1990) betrug dieser natürliche Umwandlungsprozess in reaktive Verbindungen noch 89 Tg/Jahr, der anthropogene Beitrag lieferte jedoch durch den landwirtschaftlichen Anbau, dem Haber-Bosch-Prozess zur Synthese von Ammoniak, und den fossilen Verbrennungsprozessen einen zusätzlichen Beitrag von insgesamt 140 Tg/Jahr (Galloway und Cowling 2002).

Ammoniak-Herstellung

Die Herstellung des Ammoniaks (NH_3) durch den Haber-Bosch-Prozess stellt einen entscheidenden Beitrag zum heutigen globalen Stickstoff-Budget dar. Dabei wird aus dem Stickstoff der Luft und einem Gemisch aus Kohlenmonoxid und Wasserstoff (Synthesegas) in einem fünfstufigen Prozess Ammoniak gebildet:

Schritt 1: $CH_4 + H_2O \rightarrow CO + 3\,H_2$ („Synthesegas")
Schritt 2: $2\,CH_4 + O_2 \rightarrow 2\,CO + 4\,H_2$
Schritt 3: $CO + H_2O \rightarrow CO_2 + H_2$
Schritt 4:   Wash-Out von CO_2
Schritt 5: $3\,H_2 + N_2 \rightarrow 2\,NH_3$

Die Reaktion ist zwar exotherm ($\Delta_r H^0 = -92$ kJ/mol, $\Delta_r G^0 = -32.9$ kJ/mol), aber bei Normalbedingungen extrem langsam. Die Reaktion gelingt jedoch nach Haber und Bosch (1913 entwickelt) bei einem Druck von 200–300 bar, einer Temperatur von 450 °C und in Gegenwart eines Katalysators (z. B. Fe_3O_4). Ammoniak wurde im Jahr 2000 zu 90 % über das Haber-Bosch-Verfahren hergestellt in einer Menge von 2 Mio. t in der Woche.

▶   **Aufgabe:** Geben Sie eine qualitative Erklärung, warum für den Schritt 5 des Haber-Bosch-Verfahrens die Reaktionsenthalpie $\Delta_r H$ stärker negativ gefunden wird als die Freie Reaktionsenthalpie $\Delta_r G$. Suchen Sie aus geeigneten Tabellenwerken Daten zu Bildungsenthalpien und zu Entropien der beteiligten Komponenten und berechnen Sie $\Delta_r G$.

Der überwiegende Eingriff des Menschen in den Stickstoffhaushalt erfolgt demnach zur Herstellung des reaktiven Stickstoffs N_r, der zur indirekten Herstellung von Düngemitteln und damit für die Bereitstellung der Nahrung verwendet wird. Der menschliche Körper benötigt ungefähr 2 kg Stickstoff pro Person und Jahr, es wird jedoch insgesamt das Zehnfache an Stickstoff pro Person und Jahr in den Prozessen zur Nahrungsproduktion eingesetzt.

Basierend auf den Schätzungen von (Galloway und Cowling 2002) wurde der Stickstoffkreislauf (Galloway et al. 2004) für 1890, 1990 und für 2050 überarbeitet und modifiziert. Nach diesen Schätzungen ist die Entnahme des Stickstoffs für den Haber-Bosch-Prozess mit 100 Tg/Jahr sogar größer als in etwas älteren Schätzungen. Die biologische Fixierung des Stickstoffs in Agrarökosystemen übersteigt nach diesen Schätzungen einen Faktor 3 verglichen mit der biologischen Fixierung in natürlichen Ökosystemen. Im Besonderen jedoch sind die Schätzungen zu den natürlichen Ökosystemen unklar und damit unsicher.

Entsprechend den Umwandlungen des nichtreaktiven Stickstoffs in die reaktiven Formen NO_y und NH_x wird Stickstoff verfrachtet und in großen Tonnagen deponiert. Schätzungen der Deposition von Stickstoffverbindungen sind nach einer Untersuchung unter Nutzung von 23 unterschiedlichen Modellen jedoch unsicher bis zu einem Faktor 2 (Dentener et al. 2006). Ein Hauptergebnis solcher Depositionsschätzungen ist eine Angabe der Deposition relativ zur kritischen Beladung an Gesamtstickstoff in (Dentener et al. 2006) angenommen von 1000 mg(N) m^{-2} Jahr^{-1}. Nach vorliegenden Depositionsschätzungen für das Jahr 2000 überschreitet die Deposition an Gesamtstickstoff die kritische Beladung in Westeuropa auf 30 % aller Flächen, in Osteuropa sogar 80 % aller Flächen.

Fazit

Die Kenntnis der örtlichen und zeitlichen Variabilität globaler Parameter ist zur Beurteilung des anthropogenen Einflusses zwingend notwendig. Dies bezieht sich einerseits auf offensichtliche Werte wie z. B. die Niederschlagshäufigkeit und andererseits auf Elemente und deren Verbindungen im Rahmen der Stoffkreisläufe. Aus allen vorhandenen Untersuchungen und Beziehungen globaler Parameter und Stoffkreisläufe muss von einer anthropogenen Beeinflussung des globalen Erdsystems ausgegangen werden.

Das atmosphärische System

Die Atmosphäre stellt das gasförmige Bindeglied zwischen der Hydro- und der Lithosphäre und dem die Erde umgebenden unwirtlichen Weltraum dar. Dabei fungiert die Atmosphäre im Besonderen einerseits als Reservoir des für das Leben auf der Erde notwendigen Sauerstoffs und andererseits als Schutzschild gegen die harte UV-Strahlung der Sonne. Weiterhin wird, durch den natürlichen Treibhauseffekt, eine für das Leben angenehme Temperatur auf der Erdoberfläche erhalten.

Die Schichtung der Atmosphäre

Die Ausdehnung der Atmosphäre ist mit einer Höhe von ca. 500 km als sehr gering anzusehen. Aufgrund des Temperaturverlaufs kann die Atmosphäre in Stockwerke eingeteilt werden (Abb. 7.8). Die unterste Schicht der Atmosphäre wird als Troposphäre bezeichnet und ist gekennzeichnet durch eine stetige Temperaturabnahme von der Erdoberfläche bis zu einer Grenzschicht, der Tropopause, in der Temperaturen im Bereich von −60 °C bis −70 °C herrschen. Im Bereich der Tropopause erhöht sich wiederum die Temperatur und es findet demnach eine Temperaturinversion statt. Die Tropopausenhöhe ist variabel und liegt in Bereichen von ca. 8 km (an den Polen) bis 17 km (in Äquatornähe), wobei der Unterschied in der Tropopausenhöhe qualitativ aufgrund der sehr starken Sonneneinstrahlung mit aufsteigenden Luftmassen erklärt werden kann. Die Troposphäre als unterste Schicht der Atmosphäre ist der Teil der Atmosphäre, in der sich alle uns sicht- und fühlbaren Wetterphänomene abspielen. Oberhalb der Troposphäre liegt die Stratosphäre mit einer wiederum zunehmenden Temperatur bis zu einer Höhe von ca. 50 km.

Die Temperaturabnahme in der Troposphäre mit der Höhe hat physikalische Gründe, da einerseits der durch das Sonnenlicht erwärmte Erdboden seine Energie an die dem Erdboden naheliegenden Luftschichten abgibt und andererseits ein aufsteigendes Luftpaket mit einer verbundenen Druck- und Dichteabnahme eine Temperaturabnahme erfahren muss. Die Temperaturzunahme in der Stratosphäre hat jedoch im Besonderen chemische Gründe, da in dieser Schicht das in hohem Mischungsverhältnis vorliegende Ozon das Sonnenlicht absorbiert und diese aufgenommene Energie zum Teil als Wärme wieder abgegeben wird. Oberhalb der Stratosphäre werden mit der Mesosphäre und Thermosphäre weitere, hier jedoch nicht näher betrachtete Schichten definiert.

Abb. 7.8 Schichtung der
Atmosphäre. Die dargestellten
Temperatur- und Druckverläufe
unterscheiden sich an verschiedenen Orten auf der Erde.
Die Datenpunkte (ausgezogene
Linien) sind aus Messungen der
NASA für Temperatur (*rot*) und
Druck (*blau*) der Referenzat-
mosphäre gültig für das Kenne-
dy-Space-Center (Florida, USA)
bis zu einer Höhe von 90 km
entnommen. Die gestrichelte
rote Linie oberhalb 90 km gibt
den ungefähren Temperatur-
verlauf in der unteren Thermosphäre an (Keegan 2000)

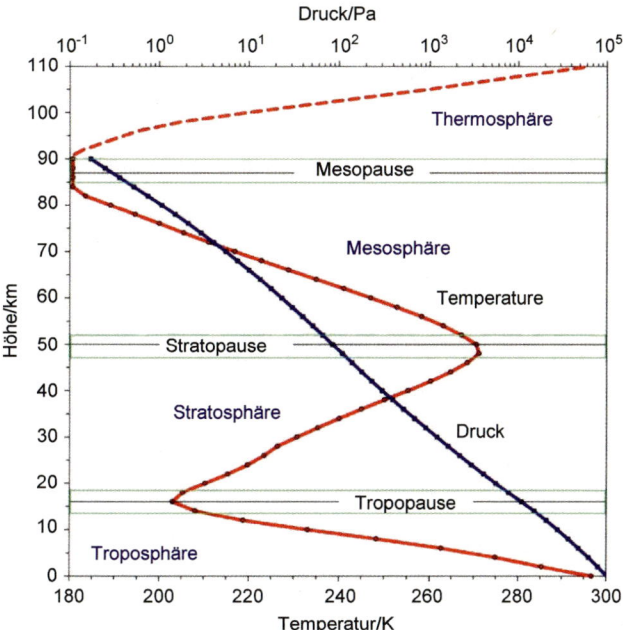

Konzentrationsangaben und Zusammensetzung der Atmosphäre

Die Konzentration einer Verbindung in der Gasphase wird über das ideale Gasgesetz
erhalten:

$$p \cdot V = n \cdot R \cdot T$$

mit p = Druck (in Pa), V = Volumen (in m³), n = Molzahl (in mol), T = Temperatur (in
K) und R = Gaskonstante (= 8,314 J K⁻¹ mol⁻¹). Mit n = m/M (m = Masse in kg und M =
Molmasse in kg/mol) kann damit die Konzentration c (in kg/m³) berechnet werden:

$$c = \frac{m}{V} = \frac{p \cdot M}{R \cdot T}$$

Da die Konzentration in der Gasphase vom Druck p und der Temperatur T abhängt, wird
eine Angabe einer Konzentration in der Einheit kg/m³ nur in speziellen Fällen gefunden
(z. B. für Luftmessstationen, wobei Konzentrationen der gasförmigen Komponenten normalerweise bezogen auf die Temperatur T = 293 K und den Druck p = 101,3 kPa angegeben werden).

Es ist demnach sinnvoll, die Konzentrationen der einzelnen Komponenten in der Gasphase nicht als absolute Größen anzugeben, sondern bezogen auf alle Moleküle, die unter
diesen Bedingungen vorhanden sind. Eine solche Größe wird als Mischungsverhältnis bezeichnet. Die SI-Einheit des Mischungsverhältnisses ist mol/mol, häufig werden jedoch

andere nicht-SI-Einheiten verwendet wie % oder z. B. ppmV (parts per million bezogen auf das Volumen V).

In Tab. 7.1 sind die Hauptkomponenten der trockenen Troposphäre, deren Mischungsverhältnisse sowie ihre typischen Quellen und Lebensdauern zusammengestellt.

Der Wassergehalt in der Gasphase ist sehr variabel (Tab. 7.1). Die maximale Konzentration des Wassers in der Gasphase (Sättigungskonzentration) kann über den Dampfdruck des Wassers berechnet werden. Für eine Temperatur von T = 298 K, dem Dampfdruck des Wassers von p (H_2O) = 3.170 Pa bei T = 298 K und einem angenommenen Luftdruck von p = 10^5 Pa liegt ein Mischungsverhältnis von X = p (H_2O)/p = 0,032 mol/mol (= 3,2 %) vor und damit unter diesen Bedingungen n/V = 1,29 mol/m^3 bzw. eine absolute Luftfeuchte von c = 0,0232 kg/m^3. Eine angenommene Konzentration von c = 0,0116 kg/m^3 unter diesen Bedingungen entspricht demnach einer relativen Luftfeuchtigkeit von rF = 50 %.

▶ **Aufgaben:** Welche Einheit besitzt das Produkt pV im idealen Gasgesetz? Berechnen Sie für die Bedingungen T = 298 K und p = 101,3 kPa die Anzahl Mole n und die Anzahl der Moleküle pro m^3 Luft.

Von einer Substanz liegt das Mischungsverhältnis 1 ppmV vor. Welchem Volumen entspricht dieses Mischungsverhältnis bezogen auf ein Gesamtvolumen von 1 m^3?

Unter Standardbedingungen liegen in der unteren Schicht der Atmosphäre (der Troposphäre) die drei Hauptkomponenten Stickstoff, Sauerstoff und Argon in der Gasphase mit einem Mischungsverhältnis von 78,1, 20,9 und 0,9 % vor. Berechnen Sie die Partialdrücke und die Anzahl der Moleküle in 1 m^3 jeweils unter Normalbedingungen.

Das Gas Ozon möge mit einer Konzentration von c(O_3) = 50 µg/m^3 vorliegen. Die Temperatur soll T = 298 K und der Druck p = 10^5 Pa betragen. Wie groß ist das Mischungsverhältnis des Ozons unter diesen Bedingungen?

Die Energiebilanz der Erde

Das Stefan-Boltzmann-Gesetz

Jeder Körper strahlt eine bestimmte Leistung im elektromagnetischen Spektrum (Abb. 7.9) entsprechend seiner Temperatur ab. Wir können uns Körper im obigen Sinne in jeder Art und Weise vorstellen, z. B. als ein Stück heißes Eisen, die Erde oder die Sonne etc. Wir bezeichnen einen Körper als einen schwarzen Strahler, wenn er im gesamten elektromagnetischen Spektrum alle Frequenzen vollständig absorbieren und entsprechend vollständig emittieren kann. Schon Ende des 19. Jahrhunderts war die pro Flächeneinheit emittierte

Tab. 7.1 Gasförmige Bestandteile der trockenen Atmosphäre. Mischungsverhältnisse der Gase mit hoher lokaler Variabilität können z. T. stark von den angegebenen Werten abweichen (z. B. in Städten)

Gas	Formel	Mischungsverhältnis		Lit.	Q	Lebensdauer		Lit.
Global verteilte Gase								
Stickstoff	N_2	78,084	%	G	V, Bi	$1{,}6 \cdot 10^7$	a	A
Sauerstoff	O_2	20,946	%	G	Bi	$(3-10) \cdot 10^3$	a	A
Argon	Ar	0,934	%	G	R	Praktisch ewig		C
					V	3–4	a	A
Kohlenstoffdioxid	CO_2	379	ppmV	B	Bi, An	250	a	D
						Triexponentiell		B, E
Neon	Ne	18,18	ppmV	G	V	Praktisch ewig		C
Helium	He	5,24	ppmV	G	R	$2 \cdot 10^6$	a	C
Methan	CH_4	1,774	ppmV	B	Bi, An	12	a	B
Krypton	Kr	1,14	ppmV	G	R	Praktisch ewig		C
Wasserstoff	H_2	0,5	ppmV	G	P, Bi, An	4–8	a	A
Distickstoffmonoxid (Lachgas)	N_2O	319	ppbV	B	Bi, An, P	114	a	B
Xenon	Xe	87	ppbV	G	R	Praktisch ewig		C
CFC-12	CF_2Cl_2	538	pptV	B	An	100	a	B
CFC-11	$CFCl_3$	251	pptV	B	An	45	a	B
HCFC-22	$CHFCl_2$	169	pptV	B	An	12	a	B
Tetrachlorkohlenstoff	CCl_4	93	pptV	B	An	26	a	B
CFC-113	$CFCl_2CF_2Cl$	79	pptV	B	An	85	a	B
PFC-14	CF_4	74	pptV	B	An	50000	a	B
Schwefelhexafluorid	SF_6	5,6	pptV	B	An	3200	a	B
Gase mit hoher lokaler Variabilität								
Wasser	H_2O	0–4	%		Bi	10	d	A
Ozon	O_3	10–100	ppbV	A	P	Tage – Wochen		A, F
Schwefeldioxid	SO_2	0,01–1	ppbV	A	V, An, P	1	d	A
Stickstoffdioxid	NO_2	10–100	pptV	H	P, Bi	0,5–2	d	A
Stickstoffmonoxid	NO	5–100	pptV	H	Bi, An, P	0,5-2	d	A
Ammoniak	NH_3	0,01-1	ppbV	A	Bi, An	2–10	d	A

Tab. 7.1 (Fortsetzung)

Gas	Formel	Mischungsver-hältnis		Lit.	Q	Lebensdauer		Lit.
Kohlenmon-oxid	CO	40–200	ppbV	A	Bi, An, P	60	d	A
Salpetersäure	HNO_3	0,05-1	ppbV	H	P	Tage – Wochen		I
Formaldehyd	CH_2O	0,1-1	ppbV	A	P, An	1,5	h	A

Die angegebenen Lebensdauern dieser Komponenten sind Anhaltswerte und können vom angegebenen Wert beträchtlich abweichen. Zum Vergleich wurde ebenfalls Wasser in die Tabelle aufgenommen, alle Konzentrationen beziehen sich jedoch auf die wasserfreie Atmosphäre. Q = Quellen nach Enquete 1991 und Wallace und Hobbs 2006: V = Vulkanismus, Bi = Biosphäre, R = Radioaktiver Zerfall, An = Anthropogene Emission, P = Photochemie; Lebensdauer: a = Jahr, d = Tag, h = Stunde. Lit.: A) Hobbes 2000, Wallace und Hobbs 2006, B) Forster et al. 2007, C) Holland 1984, D) Khalil 1999, E) nach Forster et al. 2007: „The decay of a pulse of CO_2 with time t is given by $a_0 + \sum_{i=1}^{3} a_i \cdot e^{-t/\tau_i}$ where $a_0 = 0.217$, $a_1 = 0.259$, $a_2 = 0.338$, $a_3 = 0.186$, $\tau_1 = 172.9$ years, $\tau_2 = 18.51$ years, and $\tau_3 = 1.186$ years.", F) für Reinluft, freie Troposphäre, G) Möller 2003, H) Enquete 1991, I) Hanke et al. 2003

gesamte Leistung (die Einheit der Leistung P ist Watt (W), Leistung ist Energie pro Zeit: 1 W = 1 J/s) eines schwarzen Strahlers bekannt und konnte durch das Stefan-Boltzmann-Gesetz beschrieben werden:

$$P / Wm^{-2} = \varepsilon \cdot \sigma \cdot T^4$$

Dabei ist T die absolute Temperatur (Einheit: K), ε der Emissionsgrad (der hier als $\varepsilon = 1$ angenommen wird) und $\sigma = 5{,}670 \cdot 10^{-8}$ $Wm^{-2} K^{-4}$ die Stefan-Boltzmann-Konstante. Mit dem Gesetz von Stefan und Boltzmann kann demnach die abgegebene Leistung eines Körpers bei einer gegebenen Temperatur pro Fläche berechnet werden.

▶ **Aufgabe:** Welche Leistung pro m^2 strahlt ein Stück Eisen bei T = 1.000 K ab?

Mithilfe der klassischen Physik ist es jedoch nicht mehr möglich, die Verteilung der Energien, d. h. das abgestrahlte elektromagnetische Spektrum, zu beschreiben. Die Entwicklung des Verständnisses zur quantitativen Beschreibung dieser sogenannten Strahlungsflussdichte eines schwarzen Strahlers (also z. B. auch der Sonne und der Erde) gelang erst Max Planck Anfang des 20. Jahrhunderts mithilfe der Quantentheorie. Max Planck war der Erste, der die Strahlung eines schwarzen Strahlers erklären konnte, jedoch nur unter der ungewöhnlichen Annahme, dass die Energien diskret, d. h. gequantelt, vorliegen.

$$E = h \cdot \nu$$

Die von der Sonne erhaltene Strahlungsleistung, die an der oberen Schicht der Atmosphäre anliegt, kann dabei tatsächlich sehr gut mit der Strahlungsleistung eines schwarzen Kör-

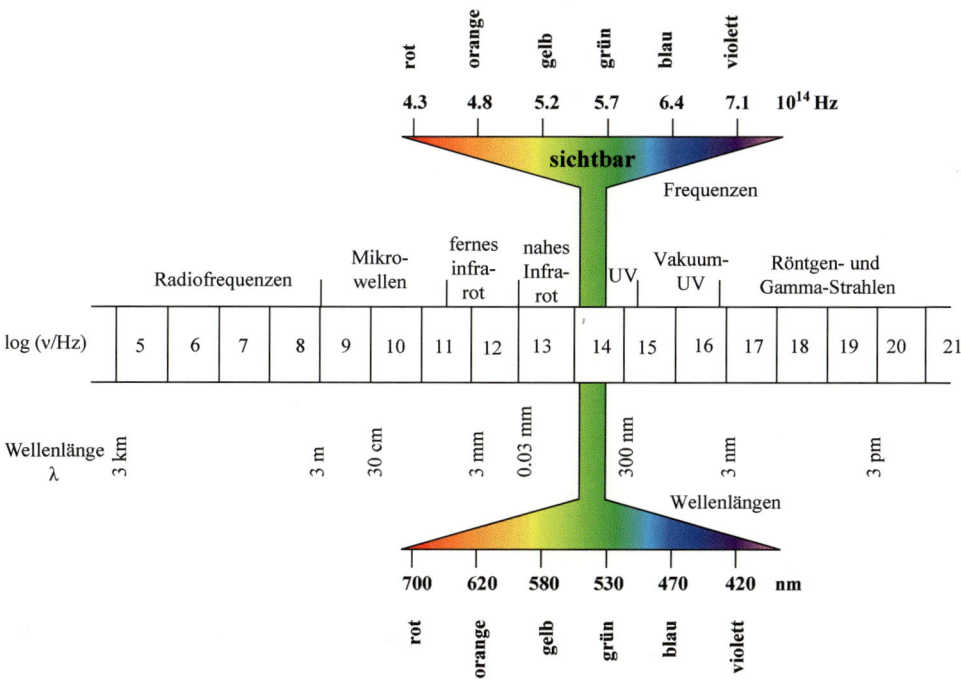

Abb. 7.9 Das elektromagnetische Spektrum und seine Einteilung in verschiedene Bereiche

pers bei einer angenommenen Oberflächentemperatur der Sonne von T = 5.800 K verglichen werden, dargestellt in Abb. 7.10.

Die Solarkonstante

Wir wollen die im vorigen Kapitel beschriebenen, bisher eher abstrakten Beziehungen bezüglich einiger Eigenschaften der Sonne anwenden. Die flächenbezogene Leistung, die die Erde von der Sonne erhält, kann leicht abgeschätzt werden. Die Sonne (wie auch die Erde) ist in guter Näherung ein schwarzer Strahler. Die Temperatur an der Sonnenoberfläche beträgt ca. T = 5.800 K. Die Erde bewegt sich um die Sonne mit einem mittleren Abstand von r_{SE} = 149.597.890 km, der mittlere Radius der Sonne beträgt r_S = 6.96 · 10^5 km. Zuerst berechnen wir die Leistung der Sonne pro m^2 Sonnenoberfläche aus dem Stefan-Boltzmann-Gesetz zu P/m^2 (Sonne) = 6,42 · 10^7 Wm^{-2}. Unter Berücksichtigung der Sonnenoberfläche beträgt die Gesamtleistung damit P (Sonne) = 3,9 · 10^{26} W. Diese Leistung wird radial in den Weltraum abgestrahlt. Jedes Objekt, dass sich rechtwinklig zu den Sonnenstrahlen im Abstand r_{SE} im Weltraum befindet (also auch die Erde), erhält von der Sonne die Leistung pro Quadratmeter, die sich aus der Kugeloberfläche um die Sonne mit dem Abstand r_{SE} ergibt, d. h. P/m^2 (Solar) = 3,9 · 10^{26}/(4 π r^2_{SE}) = 1.400 Wm^{-2}. Diese Größe ist in der Diskussion des Energiehaushalts der Erde eine zentrale Größe und wird Solarkonstante genannt. Die Solarkonstante schwankt innerhalb eines Jahres aufgrund der schwankenden Sonne-Erde-Abstände um ca. 6,9 %. Ein zurzeit gültiger Wert, der aus Satellitenmessungen

Abb. 7.10 Oberhalb der Erdatmosphäre anliegende solare,
extraterrestrische Strahlungsdichte und entsprechende
Strahlungsdichte eines schwarzen Körpers bei T = 5.800 K.
(Experimentelle Daten entnommen aus Iqbal 1983)

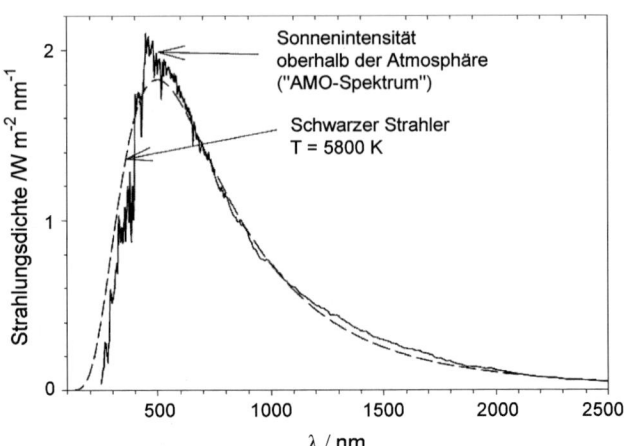

erhaltenen mittleren Solarkonstante, kann als P/m^2 (Solar) = 1.367 Wm^{-2} angenommen
werden.

Das Energiebudget der Erde

Die Solarkonstante ist damit die Leistung pro Flächeneinheit, die bei direkter Bestrah-
lung der Sonne (mit dem Radius der Erde von r_E = 6.378 km auf einer Fläche von F =
$\pi\, r_E^2$) an der äußeren Schicht der Atmosphäre der Erde anliegt. Im Mittel erhält damit
jeder Quadratmeter der Erde (Oberfläche der Erde O = 4 $\pi\, r_E^2$) eine Leistung von P/m^2 =
1.367 · F/O = 1.367/4 = 341,3 Wm^{-2}. Das Energiebudget der Erde mit diesem Wert der verfügbaren Leistung pro Fläche der einfallenden Sonnenstrahlung ist in Abb. 7.11 dargestellt.
Danach sind durch Reflektion an Wolken und Erdoberfläche jedoch nur ca. 30 % der Sonnenstrahlung auf der Erde verfügbar, d. h. ca. 239 W/m^2. Da sich die Erde im Strahlungsgleichgewicht befindet, muss diese eintreffende Flächenleistung der die Erde verlassende
Strahlungsleistung entsprechen. Im Gegensatz zum einfallenden Sonnenspektrum mit
einem Maximum von 500 nm (vgl. Abb. 7.10) liegt das Maximum des Emissionsspektrums
der Erde jedoch aufgrund der mittleren Temperatur der Erde von T = 14 – 15 °C spektral in
einem Bereich mit einem Maximum von ca. 10.000 nm (= 10 μm). Viele sogenannte Treibhausgase in der Atmosphäre absorbieren Strahlung in diesem Spektralbereich. Diese in
der Atmosphäre absorbierte Energie wird dabei wiederum abgestrahlt, sowohl nach unten
(zur Erdoberfläche) als auch in den Weltraum. Damit verbunden ist eine prinzipiell hö-
henabhängige Störung der Nettoeinstrahlung (Einstrahlung minus Ausstrahlung) in den
einzelnen Schichten der Atmosphäre. Der Einfluss der unterschiedlichsten Faktoren (z. B.
eine Konzentrationsänderung eines Treibhausgases oder aber die Änderung der Solarkonstante) auf den Strahlungshaushalt wird als Strahlungsantrieb (im Englischen „radiative
forcing") bezeichnet und definitionsgemäß in einer Höhe der Tropopause berechnet. Das
prinzipielle Vorgehen bei der Berechnung des Treibhauseffektes und zur Definition des

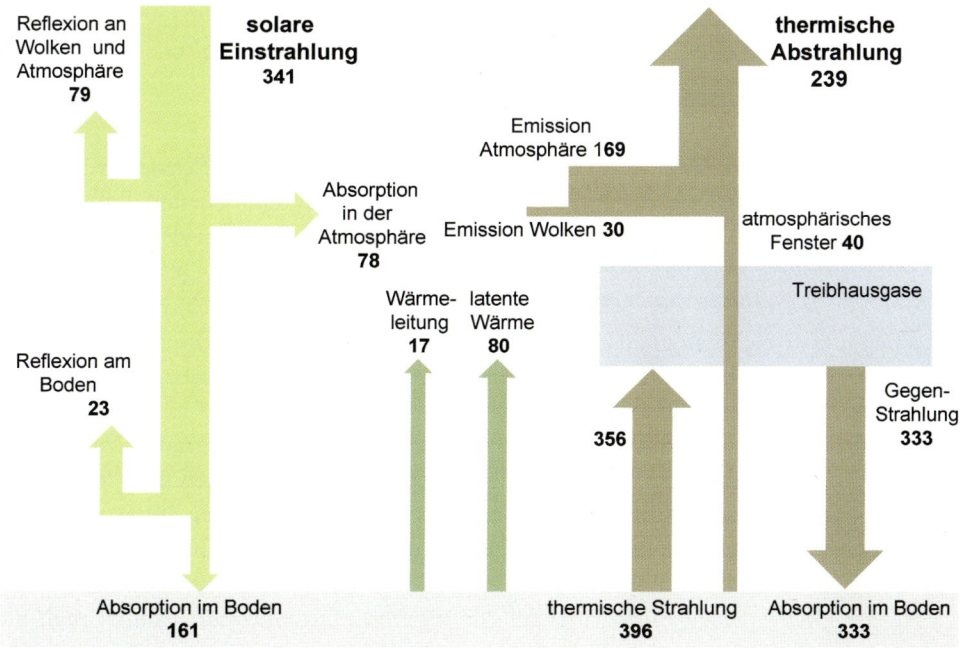

Abb. 7.11 Globales mittleres Energiebudget der Erde, gültig für den Zeitraum März 2000 bis Mai 2004. Alle angegebenen Zahlen in der Einheit W/m². (Daten aus Trenberth et al. 2009)

Strahlungsantriebs ist in Jacob (1999) und im Detail im IPCC-Bericht (Forster et al. 2007) nachzulesen.

▶ **Aufgabe:** Berechnen Sie unter Zuhilfenahme von Abb. 7.11 und der Kenntnis einer mittleren globalen Temperatur auf der Erde von T = 14 °C (287 K) den auf der Erde herrschenden natürlichen Treibhauseffekt. Benutzen sie die von der Erde in den Weltraum abgestrahlte Leistung nach Stefan-Boltzmann P (abgestrahlt)/W = 4 · π · r_E^2 σ · T_E^4, die Solarkonstante F_S = 1.367 W/m² und die von der Sonne empfangene Leistung P (empfangen)/W = π · r_E^2 · F_S (1 – A), wobei A die Albedo (reflektierter Anteil der Sonnenstrahlung) ist; nach Abb. 7.11 ist dabei A = 0,3. Der natürliche Treibhauseffekt kann als ΔT = T – T_E angesehen werden.

Interessant ist, dass Sie den Treibhauseffekt auch für andere Planeten berechnen können, ohne Daten zu deren Ausmaßen zu kennen. Auf der Venus herrschen Temperaturen im Bereich von T = 450 °C (723 K). Die Solarkonstante der Venus beträgt F_V = 2.615 W/m² und die Venus besitzt eine starke Albedo von A_V = 0,75. Wie groß ist der Treibhauseffekt der Venus?

Die Lithosphäre

Aufbau und Prozesse

Lithosphäre (lithos, gr. Stein; sphära, gr. Kugel) nennt man die äußere Schale der Erde. Sie besteht im oberen Teil aus der Erdkruste und darunter aus dem obersten Teil des Erdmantels. Die Grenze innerhalb der Lithosphäre ist durch die Mohorovičić-Diskontinuität (Moho) gekennzeichnet, die auf einem Sprung der seismischen Geschwindigkeiten beruht. Die Mächtigkeit der Erdkruste oberhalb der Moho liegt bei 5–7 km unter den Ozeanen und erreicht bis zu 50 km unter den Hochgebirgen. Die Mächtigkeit der gesamten Lithosphäre ist durchschnittlich 100 km; entlang der mittelozeanischen Rücken ist sie nur einige km dick, erreicht aber 200 km unter den Kontinenten. Die Lithosphäre verhält sich bezüglich ihrer Verformbarkeit gleich, nämlich dehnbar und biegsam (elastisch) bis steif und brüchig (rigide). Im Gegensatz dazu reagiert die darunter liegende *Asthenosphäre (asthenos, gr. weich)* weich und leicht verformbar (duktil) bis plastisch, ähnlich einer zähen Flüssigkeit. Die großen tektonischen Platten, die die Lithosphäre bilden, schwimmen gleichsam auf der duktilen Asthenosphäre.

An der Grenze auseinanderdriftender (divergierender) *Lithosphärenplatten* reißt die Kruste auf und ständig aus dem Erdmantel aufsteigendes und erstarrendes Magma an den sogenannten mittelozeanischen Rücken bildet stetig neue *ozeanische Erdkruste*. Neue, sich abkühlende, und ältere Krusten bewegen sich zusammen vom Entstehungsort fort (*„sea floor spreading"*) und können an Plattengrenzen unter die kontinentale bzw. auch unter eine weniger dichte ozeanische Erdkruste abtauchen (*Subduktion*). Entlang der Subduktionszonen kommt es vielfach zu Erdbeben und Vulkanismus (Abb. 7.12) (Tarbuck und Lutgens 2009).

Gelegentlich kommt es vor, dass sich bei Überschiebungsprozessen die schwerere *ozeanische Kruste* auf eine *kontinentale Kruste* schiebt. Man spricht dann von Obduktion, als gegenläufigen Prozess zur Subduktion. Als Motor für die Bewegung der lithosphärischen Platten (Plattentektonik) werden Konvektionsströme im Erdmantel angenommen.

Die *ozeanische Kruste* besteht überwiegend aus basischen Magma-Gesteinen, Basalt und dem äquivalenten Tiefengestein Gabbro. Die mittlere Dichte liegt bei 3 g/cm^3. Als sogenannte SiMa-Kruste enthält sie neben Sauerstoff und Silizium als weiteren wesentlichen Bestandteil Magnesium. Ihre Mächtigkeit ist mit 5–8 Kilometern deutlich geringer als die der *kontinentalen Kruste*.

Die *kontinentale Kruste* baut sich neben Sauerstoff überwiegend aus Silizium und Aluminium auf (ehem. SiAl). Ihre Dichte beträgt 2,7 g/cm^3, wobei ihre Mächtigkeit bei ungleichmäßigem Oberflächenrelief zwischen 5 und 80 km variiert. Die mit zunehmender Tiefe der Erdkruste ansteigende Temperatur folgt einem mittleren Gradienten von 3 K/100 m (1 °C/33 m), die als *Geothermische Tiefenstufe* bezeichnet wird. Hierin liegen die Potentiale für die Nutzung geothermischer Energie.

Abb. 7.12 Prozessabläufe
in der Lithosphäre (Tarbuck
et al. 2005)

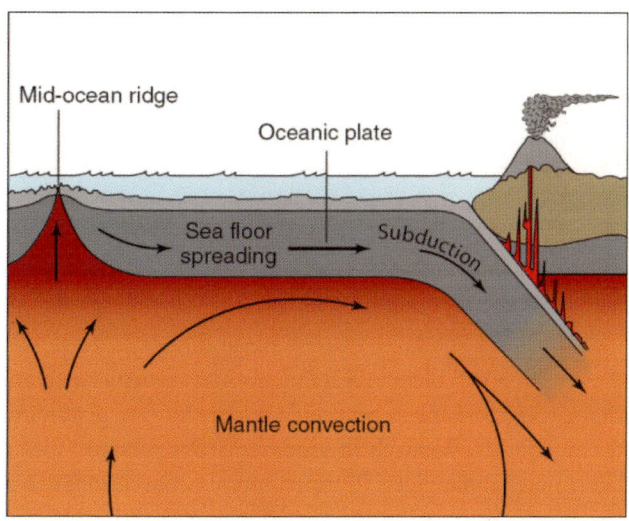

Gesteine und Gesteinszyklus

Die Gesteine, die die feste Erdkruste bilden, sind nur auf ca. 29 % der Erdoberfläche, nämlich der *kontinentalen Landmasse,* der direkten Beobachtung zugänglich. Sie bestehen aus einem Gemenge von Mineralien, das auf die unterschiedlichsten Arten zusammengehalten wird.

Entsprechend ihrer Entstehung (Genese) werden drei Gesteinsklassen unterschieden:

- Magmatische Gesteine (Magmatite)
- Metamorphe Gesteine (Metamorphite)
- Sedimentgesteine (Sedimente)

Magmatische Gesteine (Magmatite)

Wenn heißes, geschmolzenes Material des Erdmantels (Magma) abkühlt und auskristallisiert, entstehen magmatische Gesteine (Erstarrungsgesteine). Erkaltet das Magma in der Erdkruste in einer Tiefe von einem bis mehreren Kilometern, dann dauert die Abkühlung relativ lange und die Mineralien können größere Kristalle bilden, mit einer grobkörnigen Struktur. Man spricht dann von *Plutoniten* oder *Tiefengesteinen.* Einige Beispiele sind Granit, Diorit und Gabbro.

Wird das flüssige Magma durch Vulkanismus bis an die Erdoberfläche transportiert, spricht man von *Vulkaniten* (*Ergussgesteinen*). Da die Abkühlung schnell vonstattengeht, bilden sich in der Regel nur kleine, häufig mikroskopisch kleine Kristalle aus. Die Vulkanite haben demzufolge meist eine feinkörnige Struktur, oder sie bestehen aus einer feinkörnigen Matrix mit einzelnen, größeren mineralischen Einsprenglingen (porphyrisches

Gefüge). Beispiele für verbreitete Vulkanite sind Basalt, Andesit und Trachyt. Bei besonderen Ausbruchsverhältnissen, in Zusammenwirkung mit Luft und Wasser, sind die Vulkanite als Asche, Tuff oder Bimsstein, als blasig-schaumige Gesteine oder im Extremfall als vulkanisches Glas (z. B. Obsidian) ausgebildet.

Metamorphe Gesteine (Metamorphite)

Wenn Tiefengestein oder Sedimentgestein durch tektonische Bewegungen der Erdkruste in große Tiefen abgesenkt wird, wandelt es sich bereits unterhalb seiner Schmelztemperatur unter hohem Druck und Temperatureinflüssen wesentlich in seinem Mineralbestand und in seiner Struktur. Diese Umwandlungsprozesse werden als *Gesteinsmetamorphose*, die dadurch gebildeten Gesteine als **Metamorphite (Umwandlungsgesteine)** bezeichnet. Bei Gebirgsbildungen werden Gesteinskörper großräumig von anderen Gesteinspaketen überlagert, dadurch in größere Tiefen versenkt und gerichteten Drücken und jeweiligen tiefenabhängigen Temperaturen (siehe *Geothermische Tiefenstufe*) ausgesetzt. Die bei diesem Prozess der *Regionalmetamorphose* entstandenen Gesteine werden durch eine Schieferung charakterisiert, wie sie z. B. für Gneise und Schiefer typisch ist. Finden solche Umwandlungsprozesse in der Kontaktzone zwischen heißem Magma und einem Nebengestein statt, spricht man von *Kontaktmetamorphose*. Typische Metamorphite sind Amphibolit und Eklogit aus Magmatiten sowie Marmor und Quarzit aus Sedimentgestein.

Sedimentgesteine (Sedimentite oder Ablagerungsgesteine)

Das gemeinsame Charakteristikum aller Sedimentgesteine ist, dass vor der Ablagerung mehrere Bildungsprozesse durchlaufen werden müssen, wodurch schon die Eigenschaften des künftigen Gesteins vorbereitet werden.

Verwitterung, physikalische, chemische und biogene Prozesse, durch die Gesteine ganz oder teilweise zerstört werden (Füchtbauer 1988).

Erosion, Vorgang, bei dem Gesteinsbruchstücke und Verwitterungsprodukte durch Eis, Wasser oder Wind abtransportiert werden.

Sedimentation, das ist die Ablagerung der durch die Erosion transportierten Partikel, aber auch das chemische Ausfällen von Substanzen aus wässrigen Lösungen.

Diagenese, bezeichnet den Vorgang der Verfestigung von Lockergestein zu Sedimentgestein. Dabei wird durch die Last überlagernden, jüngeren Gesteins Wasser und Bodenluft ausgepresst (Kompaktion) und bei steigendem Druck und Temperaturanstieg bilden sich in den Gesteinsporen neue Mineralien und Bindemittel durch Lösung von Mineralien, Kristallneubildung oder Umkristallisation (Zementation).

Die geologisch, sedimentologische Einteilung der Sedimentgesteine unterscheidet nach den Bildungsräumen und Bildungsbedingungen:

Marines Sediment: durch Flüsse, Gletscher oder Wind ins Meer transportiertes Gesteinsmaterial, das sich in allen Meeresbereichen (Schelf, Kontinentalhang, Tiefsee) ablagern kann; durch Meeresorganismen gebildete Gesteine wie z. B. Korallenriffe; durch chemische Ausfällung gelöste Stoffe wie z. B. $CaCO_3$ (Kalk).

Tab. 7.2 Bezeichnungen klastischer Sedimente (Wiechmann 2000; Ad hoc-Arbeitsgruppe Boden 2005, verändert)

Mittlere Korngröße unverfestigter Gesteine	Lockersedimente karbonatfreie/karbonatische	
>2 mm	Psephite	Rudite
2-0,02 mm	Psammite	Arenite
<0,02 mm	Pelite	Lutite
Mittlere Korngröße unverfestigter Sedimente	Verfestigte Sedimentgesteine	
> 60 mm	Steine/Schutte	Konglomerate/Breccien
60-2 mm	Kiese/Gruse	
2-0,06 mm	Sande	Sandsteine
<0,06 mm	Schluffe und Tone	Schluff- und Tonsteine

Terrestrische Sedimente:

- *Fluviatile Sedimente:* durch fließendes Wasser transportiertes und abgelagertes Gesteinsmaterial, wie z. B. Schluff, Sand, Kies.
- *Glaziale Sedimente:* durch Gletscher transportiertes und abgelagertes Gesteinsmaterial, wie z. B. Geschiebemergel, Geschiebelehm, Schmelzwassersande.
- *Äolische Sedimente:* durch Wind transportiertes und abgelagertes Gesteinsmaterial, wie z. B. Dünensand, Löss.
- *Limnische Sedimente:* in Seen abgelagertes, überwiegend sehr feinkörniges und organisch angereichertes Gesteinsmaterial, wie z. B. Kieselgur (Diatomeenerde).
- *Pyroklastische Sedimente:* durch Luft und Wasser verbreitete vulkanische Aschen und Tuffe; sie sind ein Grenzfall zu den Vulkaniten, wie z. B. Bims.

Eine andere Art der Gesteinsklassifizierung richtet sich nach den Entstehungsprozessen. Danach unterscheidet man:

Klastische Sedimentgesteine (Trümmergesteine; *gr. klastó, (ab)gebrochen; Klasten, (Gesteins-)Bruchstücke*): Sie entstehen durch physikalische und chemische Verwitterungsprozesse (siehe Verwitterung) bereits existierender Gesteinsmaterialien. Der Grad der Vorzerkleinerung, die chemische Beschaffenheit und die Erosion bestimmen wesentlich das Gefüge des klastischen Sediments. Die Sedimentationseigenschaften werden hauptsächlich von der Korngrößenzusammensetzung beeinflusst. Eine gebräuchliche Einteilung der *sedimentären Lockergesteine* und der diagenetisch veränderten *sedimentären Festgesteine* nach Korndurchmesser folgt der in Tab. 7.2 dargestellten Gliederung.

Im Konglomerat sind die Gesteinsbruchstücke kantengerundet, in der Breccie liegen sie kantig und eckig vor. Durch diagenetische Prozesse sind sie fest verkittet und in quarzitischer (SiO_2) oder karbonatischer ($CaCO_3$) Matrix eingebunden.

Chemische Sedimentgesteine Chemische Sedimente entstehen durch Ausfällung gelöster Stoffe aus wässrigen Lösungen. Dies kann ein chemisch anorganischer Vorgang sein, wie etwa die Ablagerung von Salzen bei der Eindampfung von Meerwasser (Evaporite:

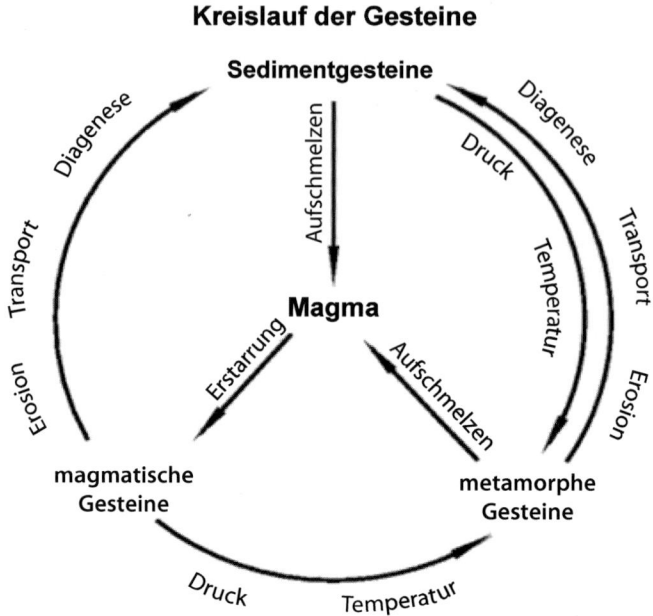

Abb. 7.13 Kreislauf der Gesteine (Wikipedia 2012a)

Salz, Gips); es kann aber auch eine biochemische Reaktion sein, die durch Organismen verursacht wird, die gelöste Stoffe zum Aufbau ihrer Skelette benötigen oder biochemisch die Ausfällung herbeiführen (Diatomit, Radiolarit, Opal). Chemische Sedimente treten in limnischen und marinen Bildungsräumen auf.

Biogene Sedimentgesteine Als Biogene Sedimentgesteine oder auch organogene Sedimente bezeichnet man Gesteine, die durch die Mitwirkung lebender Organismen entstanden sind (siehe auch „Chemische Sedimentgesteine"), z. B. Korallenriffe, Riffkalk; oder die durch Anreicherung abgestorbener Organismen (Einzeller, Pflanzen) gebildet wurden, wie z. B. Diatomeenerde, Torf, Kohle.

Gesteinszyklus

Durch die exogenen dynamischen Prozesse (Verwitterung, Erosion, Sedimentation und Diagenese) und die endogenen dynamischen Prozesse (Metamorphose, Aufschmelzung und Erstarrung) stehen die Gesteine in ständiger Wechselbeziehung zueinander und bilden einen Kreislauf. Abbildung 7.13 zeigt schematisch diese Zusammenhänge auf.

Magmatische Gesteine und metamorphe Gesteine werden durch Verwitterung, Erosion, Sedimentation und Diagenese zu Sedimentgesteinen. Ebenso können Sedimentgesteine auf diese Weise wiederum zu neuen Sedimentgesteinen werden. Magmatische Gesteine und Sedimentgesteine werden bei ausreichendem Druck- und Temperaturanstieg zu metamorphen Gesteinen. Alle drei Gesteinsgruppen können bei ausreichender Absen-

Tab. 7.3 Verbrauch bzw. Einsatz von mineralischen Rohstoffen und Energierohstoffen in Deutschland im Laufe eines Lebens (Lebensalter 80 Jahre, Datenbasis 2008) (nach BGR o. J.)

Rohstoff	Menge	Rohstoff	Menge
Sand	245 t	Kaolin	4,0 t
Hartsteine	215 t	Aluminium	3,0 t
Braunkohle	170 t	Kupfer	2,0 t
Mineralöl	105 t	Torf	2,0 t
Erdgas (in 1000 m³)	95	Bentonit	0,7 t
Kalkstein, Dolomit	70 t	Zink	0,7 t
Steinkohle	65 t	Kali (K_2O)	0,6 t
Stahl	40 t	Schwefel	0,5 t
Zement	27 t	Blei	0,4 t
Steinsalz	14 t	Feldspat	0,4 t
Tone	12 t	Flussspat	0,4 t
Quarzsand	9 t	Schwerspat	0,3 t
Gips, Anhydrit	7 t	Phosphate	0,1 t

kung wieder aufschmelzen zu Magma und mit dem Aufstieg des Magmas und der Erstarrung beginnt der Zyklus erneut.

Bedeutung der Gesteine

Die Gesteine sind, neben Wasser und Sauerstoff, eine wichtige Lebensgrundlage für den Menschen, die Flora und die Fauna. Die oberflächennahen Gesteine stellen das Ausgangssubstrat für die Bodenbildung dar. Die außerordentliche Bedeutung der Gesteine als Rohstofflieferant zeigt eine von der Bundesanstalt für Geowissenschaften und Rohstoffe zusammengestellte Tab. (7.3).

Ursprung der mineralischen Rohstoffe sind wiederum die Gesteine, in denen es zu überdurchschnittlichen Konzentrationen von festen (Mineralien), flüssigen (Erdöl) oder gasförmigen (Erdgas) Stoffen kommen kann. Der Wert dieser sogenannten „Lagerstätten" ist immer bestimmt von technischen Notwendigkeiten und ökonomischen Forderungen, d. h. es muss eine Nachfrage nach dem Rohstoff bestehen und der Abbau muss technisch und wirtschaftlich möglich sein. Die Lagerstättenbildung ist in Zusammenhang mit der Bildung der oben beschriebenen Gesteinsgruppen zu sehen. Zu den Rohstoffen aus dem magmatischen Bildungsbereich gehören die meisten Erze bzw. ihre typischen Mineralien (z. B. gediegen Platin und Gold, Chromit, Magnetit, Apatit, Bleiglanz, Kupferkies, Zinkblende, Antimonglanz, Molybdänglanz, Uranpechblende). Edelsteine (Beryll, Turmalin, Topas) und die in jüngster Zeit viel beachteten „seltenen Erden" gehören ebenfalls dazu.

Bei der Metamorphose können ebenfalls abbauwürdige Mineralienanreicherungen entstehen. Dazu gehören auch in erster Linie Erze (Eisen, Kupfer, Chrom, Nickel und andere), aber auch Gesteine wie Marmor und Dolomit. Sedimentäre Lagerstätten sind so vielfältig und unterschiedlich wie die Bedingungen vor, während und nach der Sedimentation. Dazu gehören:

Seifenlagerstätten: selektive, gravitative Ablagerung (Gold, Diamanten).
Lagerstätten der chemischen Verwitterung: Anreicherung von Eisen, Aluminium, Kupfer u. a.
Chemisch oder biochemisch/biogene Ausscheidungen zuvor gelöster Stoffe: Rasen-Eisenerze, Al, Fe, Cu, Pb-Zn, oolithische Fe-, Mn-Lagerstätten, Manganknollen im Tiefseebereich.
Kalksteine und Dolomite sowie Sulfatgesteine: Kupferschiefer.
Evaporite: Steinsalz, Kalisalz, Gips.

Von besonderer Wichtigkeit sind noch die biogenen Lagerstätten von:
Kohle, als Anhäufung von pflanzlichem Material im limnischen und paralimnischen Bildungsraum, die durch den Prozess der Inkohlung umgewandelt wird.
Erdöl, als Faulschlammbildung im sauerstoffarmen Milieu mit einem hohen Anteil an biogenem Material (Algen), dass durch Druck und Temperatur über lange Zeiträume in Gas und Erdöl umgewandelt wird.
Den Wert und die Bedeutung vieler Gesteine erfährt man ständig im alltäglichen Leben, wo wir dem Gestein als Werkstoff in fast allen Lebensbereichen begegnen. Es seien hier nur einige Beispiele genannt: Baumaterial (Split im Straßenbau, Pflastersteine); Belag (Treppen, Fensterbänke); Fassadenverkleidung; in der bildenden Kunst (Bildhauerei, Grabmale); und schließlich noch als Schmuckstein (Edelsteine). Ein besonderer Wert der Gesteine liegt darin, dass sie mit den in ihnen enthaltenen Versteinerungen (Fossilien) gleichsam als Archiv der Erdgeschichte und der Evolution zur Verfügung stehen. In der jüngsten Erdgeschichte ist die konservierende Eigenschaft der meist sedimentären Gesteine für die Archäologie von außerordentlicher Bedeutung.
Weltweit kommt den quartären (eiszeitlichen), jüngsten Sedimenten eine besondere Bedeutung zu. Die am Grund des Gletschers gebildeten „ausgeschmolzenen" Gesteinsmassen der *Grundmoränen* (franz. moraine = Schutt), mit ihren z. T. tonnenschweren Findlingen und den nach dem Abschmelzen des Inlandeises und der Gletscher zurückgebliebenen Endmoränen, charakterisieren die ehemaligen Vereisungsgebiete (Klostermann 2009). Die vor den Vereisungsgebieten liegenden, periglazialen Regionen sind die Ablagerungsräume der großen Urstromtäler und Sanderflächen (isländ.: sandur = Sand), in denen durch Schmelzwasser fluvioglaziale Schotter- und Sande abgelagert worden sind. In ruhigen Schmelzwasserbecken setzten sich Bändertone ab (z. B. Lauenburger Ton). Der gesamte Mittel- und Osteuropäische Flachlandraum ist geprägt durch glaziäre Sedimente und die daraus resultierenden Landschaftsformen (z. B. Endmoränenzüge, Grund- und Endmoränenseen, Sölle).
Aus den großen Urstromtälern, den Sanderflächen und den Grundmoränen des zurückgehenden Eises wurden feinste Partikel (Korngröße: 0,01 – 0,05 mm) ausgeweht und bei nachlassender Transportkraft des Windes als Löss wieder abgelagert. Die Lössgebiete in Mitteleuropa liegen entlang der Ränder der Mittelgebirge von Niedersachsen (Soester,

Hildesheimer Börde) über Sachsen-Anhalt (Magdeburger Börde) bis nach Thüringen und Sachsen. Aber auch in der Kölner Bucht und im Oberrheingraben sind Lösse verbreitet. In Osteuropa (Weißrussland, Ukraine, Russland) nehmen die flächige Verbreitung und die Mächtigkeit der Lössablagerungen zu (Haase et al. 2007). Große Verbreitungsgebiete gibt es weiterhin in Nord- und Südamerika, in Nordafrika und in Zentralasien. Im nordchinesischen Löss-Plateau, das sich über ca. 276.000 km^2 erstreckt, erlangen sie mehrere hundert Meter Mächtigkeit (Lowe und Walker 1997). Die herausragende Bedeutung des Lösses liegt in seinen guten bodenphysikalischen Eigenschaften und seinem Nährstoffreichtum begründet. Dadurch ist er das Ausgangsmaterial äußerst fruchtbarer Böden. Lössgebiete werden häufig als die „Kornkammern" der Erde bezeichnet. In Europa wurden Lössgebiete schon während der „neolithischen Revolution" vor über 6.000 Jahren besiedelt und für die landwirtschaftliche Nutzung erheblich umgestaltet.

▶ **Frage:** Was sind die wesentlichen Unterschiede zwischen ozeanischer und kontinentaler Kruste?

▶ **Aufgaben:** Nennen Sie drei Hauptgruppen der Gesteine und ihre wesentlichen.

▶ Geben Sie einige Ihnen bekannte Gesteinsnamen und ihre Bedeutung bzw. Verwendung an und beschreiben Sie, aus welcher der Gesteinsgruppen sie stammen.

Die Pedosphäre

Bodenbildung und Bodenkompartimente

Böden stellen die natürliche Grundlage aller terrestrischen Lebensvorgänge dar und nehmen mit ihren Funktionen in der Ökosphäre (vgl. Kap. 5 Ökosystem und Biodiversität) eine Schlüsselrolle ein. Wesentliche *Faktoren*, die die Bodenbildung bestimmen, sind Klima, Ausgangsgestein, Organismen, das die Landschaft bestimmende Relief, Wasser und der Mensch. Der Faktor Zeit, in diesem Fall die Bodenbildungsdauer, nimmt Einfluss auf die Wirksamkeit und Ausprägung der Bodenbildungsfaktoren und -prozesse. Bedeutende Klimaeinflussgrößen sind Niederschlag, Temperatur, Luftfeuchte und Wind. Die im humiden Klima abwärts gerichtete Wasserbewegung beeinflusst die Stoffverlagerung und Bodenentwicklung in besonderem Maße. Die Beschaffenheit des geologischen Ausgangsgesteins wirkt besonders bei einem geringen Verwitterungsgrad, respektive einem jungem Bildungsalter, verstärkt auf die Bodenentwicklung. Verschiedene *Prozesse* wirken unter dem Einfluss der *Bodenbildungsfaktoren* zusammen und bedingen weiterhin die Bodenentstehung/-entwicklung. Kennzeichnend für einen bestimmten *Bodentyp* ist schließlich der Bodenprofilaufbau, der den Entwicklungszustand eines Bodens aufzeigt. Durch die bodenbildenden Prozesse, wie

- Verwitterung des geologischen Ausgangsgesteins und Mineralneubildung,
- Verlagerung von Zersetzungs- und Verwitterungsprodukten sowie Bildung von Humus und einem Gefüge,

entstehen im Laufe der Zeit unterschiedliche Horizonte, die wiederum ein Bodenprofil bilden (Scheffer und Schachtschabel 2010).

Verwitterung des geologischen Ausgangsgesteins und Mineralneubildung

Karbonathaltige Ausgangssubstrate oder Böden (Karbonatfest- und Lockergesteine, z. B. Mergel, Geschiebemergel, Löss) unterliegen unter entsprechendem Niederschlags-/Wasser- und Temperaturregime der sogenannten *Lösungs-* bzw. *Kohlensäure-Verwitterung*. Der Gehalt an CO_2, SO_2, NO_3, $NaCl$ im Regenwasser und die Komponenten der Regenwasserluft (durchschnittlich 62 % N, 30 % O, 8 % CO_2) steigern die Lösungskraft des Wassers. Über diesen chemischen Verwitterungsprozess entsteht das leicht lösliche und mit dem Sickerwasser verlagerbare Kalziumhydrogenkarbonat $Ca(HCO_3)_2$. Karbonathaltige Baustoffe werden in gleicher Weise durch Lösungsverwitterungsprozesse angegriffen wie ein kalkhaltiges Bodenausgangsgestein oder ein karbonathaltiger Boden.

Aus den Zerfallsprodukten chemischer Verwitterungsprozesse oder/und durch Umbildung *primärer Silikate* (*Silikatverwitterung* von Feldspäten; Hydratation von Glimmer) können als Neubildung bodenökologisch wichtige sekundäre Minerale, die **Tonminerale,** entstehen. Tonminerale sind Schichtsilikate mit einer Grundstruktur, die beim sogenannten Zweischichtmineral von einer plättchenartig übereinanderliegenden SiO4-Tetraeder- und AlOH-Oktaederschicht (1:1) charakterisiert wird (z. B. Kaolinit). Dreischichtminerale weisen eine zusätzliche Tetraederschicht auf (z. B. Illit), die die Oktaederschicht einrahmt. Tonminerale, insbesondere Dreischichttonminerale, kommen aufgrund ihrer guten Wasser- und Kationeneinlagerungs- bzw. Bindungseigenschaften wesentliche physikalische Bodeneigenschaften zu: (Nähr)Stoff- und Wasseraufnahme, deren Speicherung und Wiederabgabe. Der Prozess der Tonmineralentstehung, auch als *Verlehmung* bezeichnet, wird von Oxidationsverwitterungsprozessen, bei denen sich insbesondere sekundäre silicatbürtige *Eisenoxid(hydroxid)e* bilden, begleitet. In den temperiert-humiden Breiten ist das Endprodukt vor allem der *Goethit* (nach J. W. von Goethe) dasjenige Eisenoxidhydroxid (αFeOOH), das den Böden die Braunfärbung verleiht und vor allem den unteren Mineralbodenhorizont, den B-Horizont, als verbraunt charakterisiert (Abb. 7.14).

Physikalische Verwitterungsprozesse, die insbesondere die Insolation (Temperaturverwitterung durch Sonnenbestrahlung), Frostverwitterung (Frostsprengung durch Ausdehnung von gefrierendem Wasser oder Solifluktion, das Bodenfließen im Permafrost u. a.) und die Salzsprengung als Gesteinszerteilungsprozesse umfassen, beschränken sich im Wesentlichen auf Wüsten, Halbwüsten, Hochgebirgslagen und subarktisch-arktische Bereiche. Über *physikalisch-biologische Verwitterungsprozesse* üben insbesondere Wurzeln höherer Pflanzen mechanischen Druck auf das umgebende Gestein aus, vergrößern so Gesteinsklüfte oder zerkleinern das Gestein und schaffen damit neue Angriffsflächen für

Bodenhorizonte als Produkt bodengenetischer Prozesse

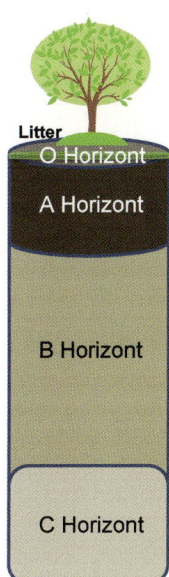

Organische Lagen
➢**L**-Horizont (litter, egl. unzersetzte org. Reste, Streu)
➢**O**-Horizont (Auflagehorizont auf Mineralboden)
➢**H**-Horizont (Torfhorizont: >3 dm Mächtigkeit + > 30mas% OBS)

Mineralbodenhorizonte

➢ **A**-Horizont
Organisch-mineralischer Oberbodenhorizont

➢ **B**-Horizont
Verwitterter Unterbodenhorizont,
oft mit Stoffzufuhr

➢ **C**-Horizont
Ausgangsgestein des Bodens,
z.T. physikalisch verwittert oder kalkangereichert

Andere häufige Mineralbodenhorizonte: z.B. **G, S, M**

Abb. 7.14 Mineralboden- und organische Auflagehorizonte (mas% = Gewichtsprozent; Torfhorizonte hier nicht dargestellt) (Eigene Darstellung)

nachgeschaltete Verwitterungsvorgänge. Auch Baustoffe, Mauerwerk von Häusern oder Straßenbeläge zeigen häufig Spuren des Wurzeldrucks von höheren Pflanzen.

Chemisch-biologische Verwitterungsprozesse werden im Boden überwiegend durch die Beteiligung von Pflanzen mit geringem faunistischen Beitrag wirksam. Dabei kommt Säureausscheidungen von Pflanzenwurzeln, die ebenso wie die mikrobiellen Atmungsprozesse bei der Mineralisation organischer Abfallstoffe die H^+-Konzentration der Bodenlösung erhöhen, die größte Bedeutung zu. Daneben tragen anthropogene Einträge durch Düngemittel bzw. Atmosphäre von beispielsweise NH_3 und NH_4^+, durch Nitrifikationsprozesse zu einer Versauerung und Erhöhung der Lösungsverwitterungsintensität bei. Bei der Zersetzung organischer Reste entstehende Produkte, wie Zitronensäure oder Fulvosäuren, produzieren in der Regel in unwesentlichen Mengen H^+-Ionen und tragen daher kaum zur pH-Erniedrigung bei.

Verlagerung von Zersetzungs- und Verwitterungsprodukten, Bildung von Humus und Horizontherausbildung

Über den Prozess der *Lessivierung*, bzw. *Tonverlagerung*, kommt es zu einer Umlagerung von Tonmineralen über perkolierendes Wasser aus dem Oberboden (A-Horizont, *e* elluvial, veramt an Ton) in den Unterboden (B-Horizont, *t* tonangereichert). Dabei werden die charakteristischen Ae- und Bt- Horizonte des Bodentyps Parabraunerde gebildet. Neben der Tonmineralneubildung, und tragen insbesondere die *Humifizierung und Zer-*

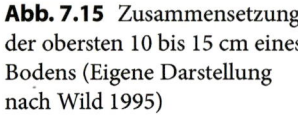

Abb. 7.15 Zusammensetzung der obersten 10 bis 15 cm eines Bodens (Eigene Darstellung nach Wild 1995)

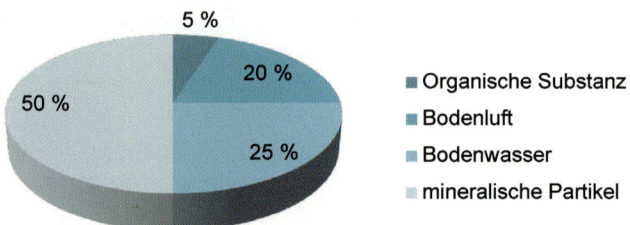

setzung in biologisch aktiven mineralischen Oberböden zur Huminstoffanreicherung und Herausbildung des diagnostischen A-Horizontes (mineralisch organischer Oberbodenhorizont) und der Humusformen bei (Abb. 7.14). Bei gehemmter Zersetzung, die durch Luft-, Nährstoff- oder Wärmemangel und schwer abbaubare Vegetationsreste bedingt sein kann, reichern sich Streu- und Huminstoffe an und bilden bei terrestrischen Böden (Landböden) organische Auflagehorizonte (O-Horizonte), die in der Reihung Mull, Moder und Rohhumus an Säuregrad zu- und Nährstoffgehalt abnehmen. Bei der *Podsolierung* kommt es aufgrund mangelhaft zersetzter organischer Substanz aus dem stark sauren Rohhumus zu einer Stoffumverteilung von im Wesentlichen Eisen, Mangan, Kupfer, Phosphor und Molybdän und zur Humusverlagerung, was zur Herausbildung eines mit den verlagerten Stoffen und Mineralteilchen verkitteten und verfestigten Unterbodens bzw. einer Ortsteinlage beiträgt. Bei Grundwasserböden führt der gehemmte Abbau der pflanzlichen Masse zu Torfauflagen, den H-Horizonten, die z. T. erhebliche Mächtigkeiten erreichen können (Abb. 7.14).

Durch den Einfluss von *Grund- oder Stauwasser* entstandene Böden weisen eine jeweils spezifisch ausgeprägte Dynamik insbesondere von Eisen- und Manganoxiden in Reduktions- bzw. Oxidationsbereichen auf. Grundwasserbeeinflusste *Gley*-Böden (G-Horizonte) sind in Niederungen, Bach- oder Flusstälern verbreitet. *Pseudogleye,* (S-Horizonte) mit einem periodisch wasserstauenden Horizont, treten unabhängig von der Anbindung an das Grundwasser, in Abhängigkeit des jeweiligen Mineralfeinkornanteils und dessen Verteilung im Bodenprofil, auf (Abb. 7.14).

Bodenbestandteile und abgeleitete Bodeneigenschaften

Böden können in feste, flüssige und gasförmige Bestandteile oder Kompartimente zerlegt werden. Abbildung 7.15 zeigt im Verhältnis die Bodenvolumina der festen Bodenbestandteile (mineralische Partikel und organische Substanz) sowie die von Wasser und Luft im Oberboden eines terrestrischen Bodens.

Textur

Mit der *Bodenart* oder *Textur* wird die Zusammensetzung des mineralischen Bodenmaterials aus den Korngrößen Sand, Schluff und Ton gekennzeichnet (Abb. 7.16). Ein Gemisch aller drei Fraktionen wird bodenkundlich als Lehm bezeichnet. Die Bodenart ist

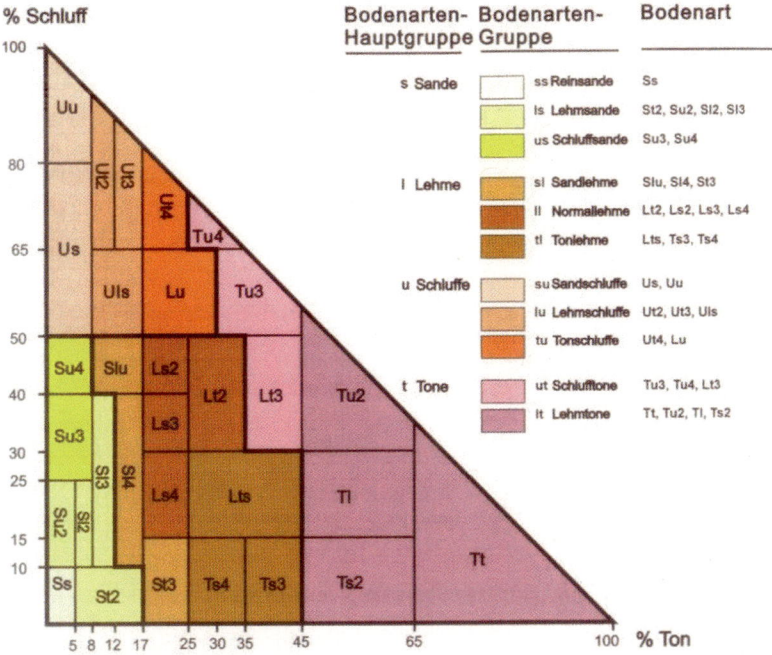

Abb. 7.16 Bodenartendiagramm. Legende: *s* sandig, *u* schluffig, *t* tonig, *l* lehmig, *2* schwach, *3* mittel, *4* stark; Beispiele: *Lts* sandig-toniger Lehm; *Uls* sandig-lehmiger Schluff; *Su2* schwach schluffiger Sand. (Ad hoc Arbeitsgruppe Boden 2005)

eine der wichtigsten Bodeneigenschaften, mit Auswirkungen auf die *Bodenfruchtbarkeit* (Erträge), die *Filterung* und *Sorption* von Stoffen und auf die *Bodenentwicklung*. Unter den abzuleitenden physikalischen Bodeneigenschaften bestimmt sie das Porenvolumen, die Porengrößenverteilung und damit maßgeblich den *Bodenwasser-* und *Bodenlufthaushalt*. Die mineralogische Zusammensetzung des mineralischen Bodenmaterials variiert sehr stark je nach Ausgangsmaterial, Transportmedium und Ablagerungsmilieu während der Lockergesteinsentstehung oder Bodenumlagerung.

Die Körnung, Gesamtbodenart eines Bodens wird in die *Feinbodenart* (Anteile < 2 mm) und die *Grobbodenart* (Anteile > 2 mm) untergliedert. Die bodenökologisch maßgeblichen Hauptfraktionen des Feinbodens differenzieren sich in Sand (S), Schluff (U) und Ton (T), denen Äquivalentdurchmesser zugeordnet sind (Tab. 7.3). Nach dem Vorherrschen einer jeweiligen Fraktion und als Sand-Schluff-Tongemenge werden die Bodenarten-Hauptgruppen Sand, Schluff, Ton und Lehm gebildet und Bodenartengruppen ausgeschieden (Abb. 7.16).

Diese Untergliederung und Abgrenzung zwischen den Bodenarten wurde in einer Weise vorgenommen, dass sie auch durch die sogenannte Fingerprobe im Gelände differenziert und determiniert werden kann (Ad hoc Arbeitsgruppe Boden 2005).

Wichtige ökologische Bodeneigenschaften, die sich aus der Textur ableiten lassen und land- und bodennutzungsrelevant sind, sind in vereinfachter Form in Tab. 7.4 dargestellt.

Tab. 7.4 Untergliederung und Bezeichnungen der Kornfraktionen des Feinbodens (Ad hoc Arbeitsgruppe Boden 2005)

Fraktion/Unterfraktion	Abkürzung	Äquivalentdurchmesser (µm)
Ton	*T*	*<2*
Feinton	fT	<0,2
Mittelton	mT	0,2–0,6
Grobton	gT	0,6–2
Schluff	*U*	*63–2*
Feinschluff	fU	2–6,3
Mittelschluff	mU	6,3–20
Grobschluff	gU	20–63
Sand	*S*	*63–2000*
Feinstsand	ffS	63–125
Feinsand	fS	63–200
Mittelsand	mS	200–630

Humus, organische Bodensubstanz

Die *organische Bodensubstanz* (*OBS*) (*=Humus*) stellt den zweiten wichtigen Feststoffpartner im Boden dar, dem vielfältige Funktionen z. B. im Bereich der Stoffkreisläufe, der Wasser- und Nährstoffbereitstellung und ihrer Speicherung zukommen. In Abhängigkeit von den Klimafaktoren, dem Ausgangsgestein und der Vegetation, respektive der Nutzung befindet sich die organische Bodensubstanz in einem ständigen Zersetzungs-, Auf- und Umbauprozess. Die OBS des Mineralbodens setzt sich chemisch durchschnittlich aus 47 % C, 44 % O, 1 % H, 2 % N, S, P und Metallen in austauschbarer (insbesondere Ca, Mg) oder in Komplexen eingebundener Form zusammen (u. a. Cu, Mn, Zn, Al und Fe). Ackerböden der temperiert humiden Zone besitzen im mineralisch organischen Oberbodenhorizont Ap (*p*pflügen) im Mittel 1,8–2,5 % OBS, bei Böden unter Grünlandnutzung beträgt sie zwischen 5-8 %. Im Rohhumus erreicht die OBS Werte zwischen 10–25 %, im Moder (häufige Waldhumusform) 4–8 % und im Mull (z. B. auch Ackermull von Schwarzerden) zwischen 4–8 %.

Die *organische Bodensubstanz* charakterisiert alle in und auf dem Boden vorkommenden abgestorbenen und sich in Zersetzung befindenden organischen Stoffe bzw. deren Umwandlungsprodukte. Die Gesamtheit der im Boden lebenden tierischen und pflanzlichen Organismen (*Bodenfauna und Bodenflora*) wird als *Edaphon* bezeichnet und bildet zusammen mit den im Boden lebenden Pflanzenwurzeln die *Biomasse des Bodens*. Der Massenanteil des Edaphons macht zwischen 1 % und 10 % der organischen Bodensubstanz aus. Der organischen Bodensubstanz kommt wesentliche Bedeutung bei der Sicherung der Produktionsfunktion (landwirtschaftlicher Pflanzenproduktion) des Bodens zu. Ihre Quantität und Qualität fungieren als wichtige Faktoren weiterer Bodenfunktionen (Kationenaustauschkapazität (KAK), Wasserhaltekapazität, Nährstoffspeicherung, pH-Pufferung, Erodierbarkeit u. a.). In genutzten Böden nehmen Düngung, Bearbeitung und

Tab. 7.5 Bodenart und Bodenarteneigenschaften

Eigenschaft	Sand, S	Schluff, U	Ton, T	Lehm, L
Bodenbearbeitung	++	0	−	+
Nährstoffspeicherung	−	−/0	++	+
Nährstoffnachlieferung	0/−	+	−	++
Wasserspeicherung	−	+/0	+/++	++
Wassernachlieferung	−	++	−	+
Dränung, Infiltration	++	−/−	−	0
Erosion, Wind Erosion, Wasser	+0	++	——	−0

++ sehr gut (sehr hoch); + gut (hoch); 0 befriedigend (mittel); − schlecht (wenig); – sehr schlecht (sehr wenig) (eigene Darstellung nach Kuntze et al. 1994)

Fruchtfolge (Erntereste/Streu) entscheidenden Einfluss auf die Umsetzungsprozesse der organischen Bodensubstanz und damit auf die CO_2-Freisetzung aus Mineralböden. Die Abschätzung der Humusqualität wird auch über das *Kohlenstoff-/Stickstoffverhältnis* (C/N-Verhältnis), vorgenommen, die umso höher zu bewerten ist, je Stickstoff reicher die OBS ist. Die organischen Ausgangstoffe besitzen in Abhängigkeit der sie aufbauenden Vegetationsreste, C/N-Ausgangsgehalte von beispielsweise 10:1 für Leguminosenwurzeln, 40 bis 60:1 für Laub von Waldgehölzen (Eiche, Buche, Birke), oder 80 bis 100:1 für Getreidestroh. Bei einem engen C/N Verhältnis ist die Zersetzbarkeit der organischen Substanz hoch, bei einem weiten C/N Verhältnis gehemmt. In Ackerböden (Ap-Horizont) der temperiert-humiden Zone liegt das C/N Verhältnis zwischen 10 und 13:1, im Rohhumus zwischen 25 und 40:1 und in nährstoffarmen Hochmoortorfen bei 50:1.

Bodenluft und Bodenwasser

Neben den festen Bestandteilen, dem Mineralkörper und dem Humus, besteht der Boden aus einem Hohlraumsystem, das mit *Wasser* und *Luft* gefüllt ist. Grundsätzlich können alle Böden Wasser aufnehmen und damit Speicherfunktionen im Wasserkreislauf übernehmen. In Abhängigkeit von den Bodeneigenschaften beeinflusst das Bodenwasser die chemischen, physikalischen und biotischen Prozesse. Böden wirken gegenüber Wasser als *Speicher, Puffer, Filter* und *Austauschmedium.*

Als *Bodenwasser* bezeichnet man den Wasseranteil, der durch Trocknung bei 105 °C aus dem Boden entfernt werden kann. Das nach der Trocknung verbleibende Wasser ist Kristallwasser und wird zur festen Bodensubstanz gezählt. Bodenwasser wird über Niederschlag, Grundwasser und Kondensation aus der Atmosphäre ergänzt. Aufgrund der chemischen und physikalischen Gegebenheiten im Bodenraum werden das Wasser und dessen Bestandteile in unterschiedlicher Weise gebunden, abgeleitet, oder von Pflanzen aufgenommen. Einen wesentlichen Einfluss auf die Wasserbewegung im Boden besitzen die Porengröße, bzw. das *Porenvolumen* (Tab. 7.5) und die Adsorptionskräfte negativ geladener mineralischer und organischer fester Bodenbestandteile. Mineralböden haben ein durchschnittliches Porenvolumen (PV) von 40–50 %, selbst in stark verdichteten Böden

Tab. 7.6 Größe und ökologische Bedeutung von Bodenporen

Porentyp	Größe/Durchmesser (µm)	Unterteilung des Bodenwassers
Grobporen	>50	Schnell dränend, Sickerwasser, Luftkapazität hoch
Grobporen	50–10	Langsam dränend, pflanzenverfügbar, nFK
Mittelporen	10–0,2	Pflanzenverfügbar, nFK
Feinporen	<0,2	Totwasser, PWP

nFK nutzbare Feldkapazität, *PWP* permanenter Welkepunkt

wurde selten ein PV unter 30 % ermittelt (Kuntze et al. 1994). Locker gelagerte Sandböden erreichen ein PV von 45 %, ein verdichteter Schluffboden von 35 % (Tab. 7.6).

Die *Wasserbindungsintensität* eines Bodens, die *Saugspannung*, ist im Wesentlichen von seiner Porengrößenverteilung abhängig. Sie ist als derjenige Druck definiert, der bei seiner Entwässerung überwunden werden muss. Ein Boden hält im Zustand der sogenannten *Feldkapazität* diejenige Wassermenge gespeichert, die er bei guter Wassersättigung (z. B. im zeitigen Frühjahr) maximal gegen die Gravitation zurückhalten kann. Beim sogenannten *permanenten Welkepunkt* (*PWP*) ist das Bodenwasser aufgrund intensiver Bindung nicht mehr pflanzenverfügbar, respektive nur noch wenigen spezialisierten Pflanzen zugänglich. Die *nutzbare Feldkapazität* (*nFK*) beschreibt die pflanzenverfügbare Wassermenge, die sich aus dem Wassergehalt eines Bodens bei Feldkapazität minus seinem Wassergehalt beim permanenten Welkepunkt ermitteln lässt. Die Feldkapazität (FK) ist folglich ein Maß für die Fähigkeit des Bodens in Wasser gelöste Stoffe (z. B. Nitrat, Pestizide) zurück zuhalten. Sie ist abhängig von der Bodenart, dem Humusgehalt und der Lagerungsdichte. Hohe Feldkapazitäten verhindern die Verlagerung gelöster Stoffe in den Untergrund, niedrige Feldkapazitäten tragen andererseits zu einer höheren Grundwasserneubildungsrate bei.

In den nicht wassergesättigten Poren befindet sich die *Bodenluft*, die sich gegenüber der atmosphärischen Luft in ihrer Gaszusammensetzung wesentlich unterscheidet. Die Bodenluft in einem sandigen Lehm setzt sich im Mittel aus 19–21 % O_2, 0,1–3 % CO_2 und 79,1 % N zusammen. In einem schluffigen Ton sind dagegen zwischen 9–19 % O_2 und 1–5 % CO_2 in der Bodenluft enthalten (Kuntze et al. 1994). Aufgrund sauerstoffzehrender Lebensvorgänge ist der Sauerstoffgehalt der Bodenluft generell geringer als in der Atmosphäre. Die in der Regel höheren CO_2-Konzentrationen der Bodenluft gegenüber denen der Atmosphäre können mit der Wurzelatmung und der Atmung des Edaphons (*Bodenatmung*) erklärt werden. Dabei korreliert die CO_2-Konzentration mit der Bodentemperatur, dem Wasservolumen und der Lagerungsdichte, dem pH-Wert und der Menge organischer Substanz im Boden.

Weitere abgeleitete Bodeneigenschaften

Die Art, Menge und Verteilung von Tonmineralen, die Humusform, Metallverbindungen (Fe, Mn), Carbonate und Wasser bedingen die *Färbung* der Bodenhorizonte. Die Bodenfarbe kann z. B. mit der Munsell Soil Color Chart (2012) bestimmt und mit normierten

Symbolen ausgedrückt werden; sie gibt wesentliche Hinweise auf das geologische Ausgangsgestein, die Genese, das Wasser-Luft Regime, die Nutzung und auch auf Bodenschä-
den.

Im Laufe der Bodenentwicklung reichern sich über bereits dargestellte Prozesse und
Quellen Protonen (H^+-Ionen) an, die über ökosystemeigene und belastende ökosystem-
fremde (atmosphärische) Einträge den jeweiligen *pH-Wert (Bodenreaktion)* des Bodens
bestimmen. pH-Wirkungen im Boden sind vielfältig, so bestimmt der Säuregrad beispielsweise genetische Prozesse ebenso wie Nähr- und Schadstoffverfügbarkeit oder -festlegung
(Schwermetalle). Für Metalle können aufgrund der Applikation z. B. von Klärschlämmen,
Kompost oder Düngemitteln in Verbindung mit atmosphärischen Einträgen, über die natürlichen Hintergrundwerte hinausgehende, Bodenbelastungen entstehen. Insbesondere
unter fortschreitender Bodenversauerung kann eine Mobilitätszunahme und damit eine
Gefährdung anderer natürlicher Ressourcen und des Menschen eintreten. Für Metalle
in Böden sind daher sogenannte (Vorsorge-)Grenz-pH-Werte (Ad hoc Arbeitsgruppe
Boden 2005) anwendbar, die im Falle einer Unter-, bzw. Überschreitung auf Zunahme
der Mobilität rückschließen lassen und Maßnahmen, wie z. B. Aufkalkung oder Unter-
bindung weiterer Klärschlammaufbringung (Klärschlammverordnung, AbfKlärV) nach
sich ziehen.

Unter den auch pH-abhängigen physiko-chemischen Bodeneigenschaften kommt dem
Bodenaustauschersystem insbesondere für den *Kationenaustausch* große ökologische Bedeutung zu. Ökologisch wichtig sind die vom Kationenaustausch bestimmten Filter- und
Puffereigenschaften des Bodens in Bezug auf Nährstoffauswaschung/-bindung, Schad-
stoffakkumulation/Schadstoffbindung und Gewässerschutz. Neben der Adsorption gelöster Stoffe (anorganische, organische Kationen, Anionen und neutrale Moleküle) wirken im
Boden unter anderem als Säure-Puffer die Carbonat-Pufferung (Kalklösung), die Pufferung durch Silkatverwitterung (Tonmineralbildung) oder die Pufferung durch Auflösung
von Oxiden, Hydroxysulfaten.

Bodenklassifikation und Bodenverbreitung

In der Bundesrepublik Deutschland erfolgt eine systematische Zuordnung der Böden
in Abteilungen, Klassen, Bodentypen und Subtypen (Bodenkundliche Kartieranleitung
2005). Die Abteilungen werden nach ihrem Wasserregime in terrestrische Böden, die
außerhalb des Grundwassereinflusses liegen, in semiterrestrische Böden (Grundwasserböden) und in semisubhydrische und subhydrische Böden (Unterwasserböden einschließlich derjenigen des Gezeitenbereichs) unterschieden. Moorböden werden in einer eigenen
Abteilung beschrieben. Die Klassen und Bodentypen geben den Entwicklungszustand der
Böden sowie durch die pedogenen Prozesse hervorgerufene Merkmale wieder. Bei den
Subtypen werden die möglichen Kombinationen von Horizonten und Horizontfolgen aufgeführt. Bodenkarten, die die vorherrschenden Bodentypen eines Gebietes darstellen, sind
im Maßstab von 1:25.000 und 1:50.000 (z. B. Bodenkundliche Übersichtskarte, 1:50.000,

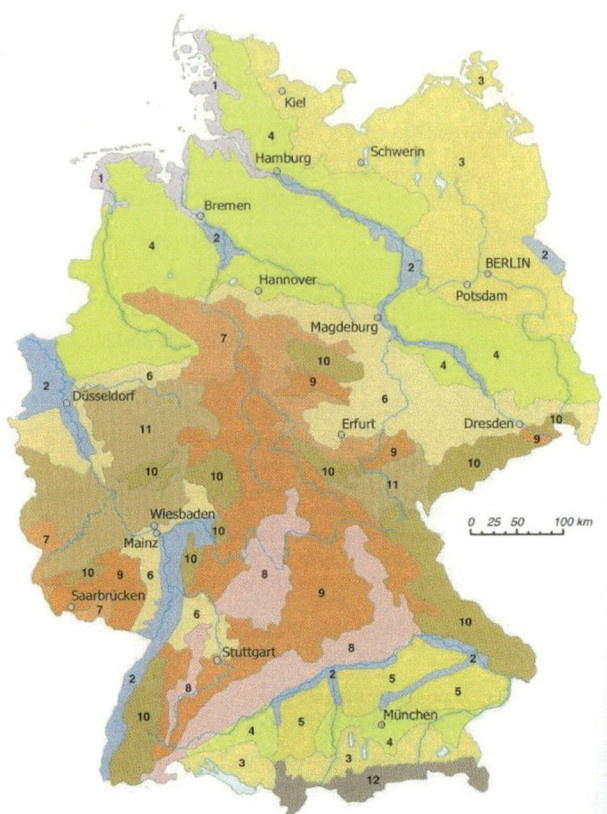

Abb. 7.17 Karte der Bodenregionen (BR) der Bundesrepublik Deutschland (Ad hoc Arbeitsgruppe Boden 2005) Legende: *1* BR des Küstenholozäns, *2* BR der (überregionalen) Flusslandschaften, *3* BR der Jungmoränenlandschaften, *4* BR der Altmoränenlandschaften, *5* BR der Deckenschotterplatten und Tertiärhügelländer im Alpenvorland, *6* BR der Löss- und Sandlösslandschaften, *7* BR der Berg- und Hügelländer mit hohem Anteil an nichtmetamorphen Sedimentgesteinen im Wechsel mit Löss, *8* BR der Berg- und Hügelländer mit hohem Anteil an nichtmetamorphen carbonatischen Gesteinen, *9* BR der Berg- und Hügelländer mit hohem Anteil an nichtmetamorphen Sand-, Schluff-, Ton- und Mergelgesteinen, *10* BR der Berg- und Hügelländer mit hohem Anteil an Magmatiten und Metamorphiten, *11* BR der Berg- und Hügelländer mit hohem Anteil an Ton- und Schluffschiefern, *12* BR der Alpen

BÜK50) zur Verfügung. Abbildung 7.17 gibt einen Überblick über die *Bodenregionen* der Bundesrepublik Deutschland, die eine zusammenfassende Zuordnung kartierter Böden ermöglicht. Während auf kleineren Maßstabsebenen (z. B. 1:100.000, 1:500.000 und kleiner) Bodengesellschaften einer größeren Region kartographisch zusammengefasst werden, enthalten Karten größerer Maßstäbe (z. B. 1:5.000) Informationen zu Bodeneigenschaften (z. B. der Textur) oder zum Grundwasser. Bodenkarten und thematische Auswertungskarten liegen heute überwiegend in digitaler Form bei den Bodeninformationssystemen wie beispielsweise im Niedersächsischen Bodeninformationssystem (NIBIS) der staatlichen Geologischen Dienste der jeweiligen Landesämter abrufbar vor. Bodenschätzungsdaten

(Bodenbonitierung) bzw. Bodenschätzungskarten im Maßstab von 1:5.000 liefern wichtige Informationen für den Bodenschutz und die Boden- und Grundstücksbewertung z. B. im Verkaufs- oder Umnutzungsfall.

Die internationale Bodenklassifikation der **W**orld **R**eference **B**ase for Soil Resources (IURS, WRB 2007) hat 1988 das FAO-System (Food and Agriculture Organization) abgelöst. Sie beschreibt in ihrer revidierten Form auf höchster Ebene nunmehr 30 Reference Soil Groups (Referenz-Bodengruppen), die nach diagnostischen Horizonten, Eigenschaften oder Materialen und Einzelmerkmalen unterschieden werden. Die WRB fungiert im Wesentlichen als weltweites Referenzsystem zur Vereinfachung überregionaler Vergleiche von Böden, sie soll jedoch nicht regionale Bodenklassifikationssysteme ersetzen. Bodenprofildaten aller Weltregionen und Auswertkarten zu globalen Boden- und Landnutzungsaspekten stehen digitalisiert beim International Soil Reference and Information Center (ISRIC) in Wageningen, Niederlande zur Verfügung.

▶ **Frage:** Welche wesentlichen bodenbildenden Prozesse tragen zur Herausbildung von Ton und Humus im Boden bei?

▶ **Aufgaben:** Welche Bodenart hat ein Boden mit einem Gehalt von:
- *65 % Sand, 30 % Schluff, 5 % Ton?*
- *85 % Sand, 10 % Schluff, 5 % Ton?*
- *35 % Sand, 45 % Schluff, 20 % Ton*
- *13 % Sand, 70 % Schluff, 17 % Ton*

Klassifizieren Sie die Bodenarten Ton, Lehm, Schluff und Sand nach ihren Eigenschaften im nachfolgenden einfachen Schema mithilfe der Bewertung ++ sehr gut (sehr hoch); + gut (hoch); 0 befriedigend (mittel); -schlecht (wenig); – sehr

Eigenschaft	Sand, S	Schluff, U	Ton, T	Lehm, L
Bodenbearbeitung				
Nährstoffspeicherung				
Nährstoffnachlieferung				
Wasserspeicherung				
Wassernachlieferung				
Dränung, Infiltration				
Erosion, Wind				
Erosion, Wasser				

schlecht (sehr wenig). Erläutern Sie diese Zuordnung.

▶ **Fragen:** Was versteht man unter der Feldkapazität und was unter der nutzbaren Feldkapazität und welche Bedeutung haben sie, z. B. in Bezug auf Ökologie und Ressourcenschutz?
Wie setzt sich die OBS zusammen und welche Bedeutung kommt ihr im Boden zu?

Der Globale Wandel

Die paläoklimatische Entwicklung der Erde

Paläoklimatische Forschungen befassen sich mit der Klimavergangenheit der Erde vom Beginn ihrer Entstehung vor ca. 4,6 Mrd. Jahren bis in die jüngste Vergangenheit vor 250 Jahren, deren Klimaentwicklung sich mit Messdaten rekonstruieren lässt. Das Klima früherer geologischer Zeiträume wird indirekt aus dem interdisziplinären Zusammenwirken von z. B. der Geologie, Meteorologie, Physik, Biologie, Paläopedologie und der Analyse geschichtlicher Quellen anhand verschiedenartiger, sogenannter Klimaarchive und Klimaindikatoren (*proxies = Stellvertreter, indirekte Klimaanzeiger*) rekonstruiert. Dies können im naturwissenschaftlichen Bereich z. B. Pollen und Sporen, Baumringe, faunistische Reste, wie z. B. Korallen oder Käfer- und Säugetierreste, See- und Meeressedimente, eiszeitliche Sedimente oder Eisbohrkerne, in verschiedenen Medien inkorporierte Isotope (Klostermann 2009) und auch geschichtliche Aufzeichnungen von Wetter-, Ernte- und Flutereignissen (Glaser 2008) sein.

Die Erde hat sich im Laufe ihrer Entwicklung mehrfach von einem durch ein warmes Klima charakterisierten Planeten mit eisfreien Polen zu einem Eiszeitplaneten gewandelt (Abb. 7.18). Im oberen Ordovizium vereisten bereits große Teile des Urkontinents Gondwana, was ebenfalls für den Übergang des Karbons zum Perm mit den permo-karbonischen Vereisungen belegt ist. Unter dem relativ trockenen Klima des Perms entstanden in vielen Gebieten der Erde große Salzlagerstätten.

Mit der Vereisung des Südpols (Antarktis) vor 30–40 Mio. Jahren, während des mittleren Tertiärs, wurde die jüngste Kühl-/Kaltklimaphase der Erdgeschichte eingeleitet, die im Quartär, der jetzigen geologischen Epoche anhält.

Die im ausgehenden Pliozän einsetzenden Abkühlungsoszillationen und der im folgenden Quartär charakteristische Wechsel von Warm- und Kaltzeiten lassen sich gut mit den Perioden der Milankovitch-Zyklen (Milankovitch 1941) parallelisieren. Während sich zu Beginn des gesamten Eiszeitalters (Quartär), das seit 2,58 Mio. Jahren andauert, das Landeisvolumen, der Meeresspiegel und die globale Temperatur noch in 41.000 Jahreszyklen geändert haben, weisen insbesondere die Eisbohrkerne (Wostok (Antarktika): Petit et al. 1999; EPICA community members 2004) für die letzten 800.000 Jahre auf einen 100.000 jährigen Zyklus hin. Neben den orbitalen Prozessen mit einer Zyklizität (Milankovitch-Zyklen) und der Kontinentaldrift (Plattentektonik und *sea floor spreading*) mit Wanderung der Kontinente in Polarregionen (Umverteilung von Land und Meer, des ozeanisch-atmosphärischen Wärmeaustauschs), die insbesondere in der älteren Erdgeschichte von besonderer Bedeutung war, müssen verschiedene weitere natürliche Prozesse und Einflussgrößen auf das Klima in ihrem Zusammenwirken hinsichtlich natürlicher Klimaschwankungen in Betracht gezogen werden. Zu diesen gehören Veränderungen der Sonnenaktivität, der thermohalinen ozeanischen Zirkulation, des erdmagnetischen Feldes und intensiver Vulkanismus, Treibhausgase, Aerosole und die Vegetationsbedeckung bzw. Landnutzung die auf unterschiedlichen Zeitskalen wirksam werden. Diese wesentlichen Klimaschritt-

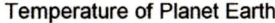

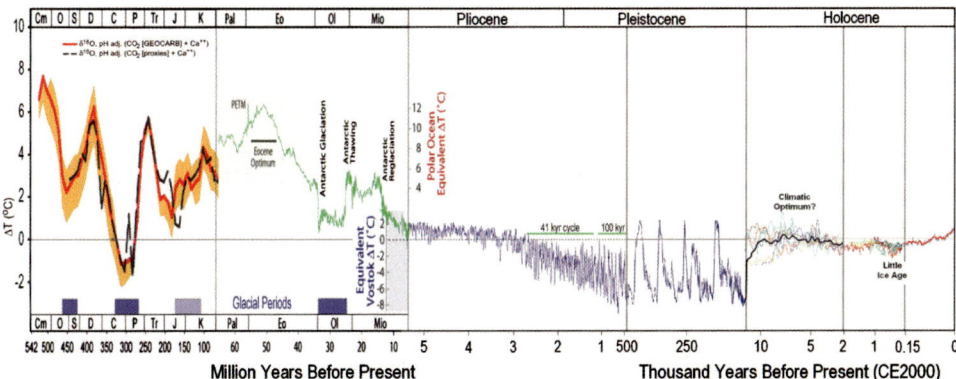

Abb. 7.18 Temperaturrekonstruktion der letzten ca. 550 Mio. Jahre anhand einer Kombination verschiedener Klimaarchive (*Cm* Cambrium, *O* Ordovizium, *S* Silur, *D* Devon, *C* Karbon, *P* Perm, *Tr* Trias, *J* Jura, *K* Kreide; Tertiär: *Pal* Paläozän, *Eo* Eozän, *Ol* Oligozän, *Mio* Miozän und Pliozän; Quartär: Pleistozän und Holozän) (*kyr* kilo years = tausend Jahre). (Wikipedia 2012b)

Tab. 7.7 Ursachen für Klimaänderungen und Ausmaß bzw. zeitliche Wirksamkeit (Eigene Darstellung nach Negendank 2002)

Natürliche Ursachen	Gekoppelt
	Polare Vereisungen
Plattentektonik (langfristig)	Meeresspiegelschwankungen
Orbitale Ursachen (langfristig)	Meteoriteneinschläge (groß-klein)
Solare Ursachen (kurzfristig)	Vulkanische Gase (Eruptionen) (tropisch-nichttropisch)
	Staubstürme (Sahara)

macher bzw. Ursachen für Klimaschwankungen lassen sich in einer Zusammenfassung nach Negendank (2002) folgendermaßen beschreiben (Tab. 7.7).

Natürliche Variabilitäten innerhalb des Klimasystems sind z. B. die Nordatlantische Oszillation, ENSO („southern oscillation" – La Niña, El Niño) und die anthropogenen atmosphärischen Gase (CO_2, CH_4, N_2O, O_3, CFC), *Aerosole und Vegetationsänderung durch Landnutzung(swandel)*.

Die ausgeprägten Warm-(Interglazial = Warmzeit zwischen zwei Eis- bzw. Kaltzeiten) und Kaltzeiten (Glazial) der letzten 800.000 Jahre sind bezogen auf ihren zeitlichen Umfang und ihre klimatische Wertigkeit anhand terrestrischer, mariner und kryogener (Eisbohrkerne) Klimaarchive mit ihren Klima-Proxies global rekonstruierbar (Abb. 7.18) (zusammengefasst auch im 4. Report des IPCC 2007). Die an benthischen, sedimentbürtigen Foraminiferen ermittelten marinen Sauerstoffisotopenkurven ($^{18}O/^{16}O$) (Marine Isotopic Stages – MIS) (Shakelton und Obdyke 1973; Shakelton und Chappell 1986) liefern dabei, ebenso wie die Eisbohrkerne (z. B. EPICA community members 2004), ein chronologisch-klimatisches Gerüst für weltweite Korrelationen einzelner Klimaphasen des Quartärs.

Im Vergleich mit der andauernden nacheiszeitlichen Warmzeit, dem Holozän (von gr. holos = ganz und kainos = neu), ist die Dauer der Interglaziale von Interesse. Hochauflösende pollenanalytische Untersuchungen an jahresgeschichteten Kieselalgen-Seesedimenten in der Lüneburger Heide haben beispielsweise für das letzte Interglazial (Eem-Warmzeit, zwischen 126.000–115.000 Jahren) eine Dauer von ca. 12.000 Jahren ergeben (u. a. Müller 1974). Während des gesamten, insbesondere mittleren und jüngeren Pleistozäns werden die einschneidenden Klimaveränderungen von Floren- (z. B. drastische Verschiebungen der Waldgrenze, Abwandern von Gehölzen in Refugialräume) und Faunenverschiebungen (subarktische Faunen in Nordspanien) begleitet. Auch die Entwicklung adaptierter eiszeitlicher Großsäuger wie Waldelefant, Mammut, Wollhaariges Nashorn, Höhlenbär u. a. ist signifikant für die geologische Epoche des Quartärs. Hinzu kommen die im Pleistozän zunehmenden Einflüsse des Menschen, die sich bereits seit der letzten Warmzeit durch signifikante Eingriffe in die Umwelt, wie die Jagd oder das Brennen der Vegetation, rekonstruieren lassen (Rule et al. 2012). Diese wenigen Beispiele zeigen bereits deutlich die zeitliche Variabilität von Warmklimaphasen, die immer von einem Meeresspiegelhochstand, erhöhten CO_2-Gehalten der Atmosphäre und anthropogenen Adaptionsformen begleitet waren, auf.

Klimaentwicklung und anthropogene Umwelteinflüsse seit dem Ende der letzten Eiszeit

Die Endphase der letzten Eiszeit ist das sogenannte Weichsel-*Spätglazial* in Nord-, respektive das Würm-*Spätglazial* in Süddeutschland. Die Rekonstruktion der Klimaentwicklung erfolgt für Spätglazial und Holozän wie für das gesamte Quartär ebenfalls über Proxies, im terrestrischen Bereich insbesondere über Pollen- und Sporenvergesellschaftungen in Sedimenten und Torfen. Das Spätglazial wurde von einem oszillierenden Klimaverlauf, mit Erwärmungs- und Kühl- bis Kaltphasen charakterisiert, die sich in Mitteleuropa zwischen 14.450–11.590 Jahren vor heute (Litt et al. 2003) auswirkten. Während warmklimatischer, kurzer Oszillationsphasen, z. B. im Allerød-Interstadial (*Interstadial* = wärmere Phase während einer Kaltzeit), breiteten sich bereits Birken-Kiefernwälder mit Pappeln und Weiden in Westdeutschland aus (Litt et al. 2003). Während der Klimarückschläge (Dryas 1, Dryas 2, Dryas 3), benannt nach Dryas octopetala, der Silberwurz, einer Pflanze der Zwergstrauchheiden arktischer Tundren, stellten sich wieder Steppentundren mit einer lichtliebenden Kräuterflora, Zwergbirken, Wacholder, Weiden und – je nach geographischer Lage – anderen Sträuchern oder auch vereinzelt Baumbirken ein (Abb. 7.19). Bereits während, insbesondere jedoch am Ende, der letzten Eiszeit kommt es zu einem Aussterben eiszeitlicher Großtierarten, wie unter anderem dem Höhlenbären und Höhlenlöwen, dem Steppenwisent, Wollnashorn und zuletzt dem Mammut in Eurasien. Da die Subsistenz des prähistorischen modernen Menschen (*Homo sapiens*) im ausgehenden Paläolithikum (*Paläolithikum* = Altsteinzeit) vielerorts bis in das Holozän hinein ausschließlich jägerisch-sammlerisch basiert war, wird neben klimatischen umweltverändernden

Ursachen für dieses Aussterben vor allem auch die Überjagung („overkill"-Hypothese) diskutiert. Aus der Zeit des ausgehenden Paläolithikums, insbesondere der europäischen archäologischen Kulturstufe des Magdaléniens, während der sich der Mensch im besonderen Maße an die hochkaltzeitlichen und später rasch wechselnden Klimaschwankungen anpassen musste, stammen auch bemerkenswerte kulturelle Hinterlassenschaften, wie die bekannten Höhlenmalereien und Venusdarstellungen als Beispiele für späte altsteinzeitliche Kunst (Bosinski 2002).

Das Holozän, die heutige Warmzeit, dauert seit ca. 11.500 Jahren an (Litt et al. 2003) und war am Ende der letzten Eiszeit vom Rückzug der Inlandeis- und Alpengletscher, globalem Meeresspiegelanstieg und der Wiedereinwanderung und Ausbreitung wärmeliebender Pflanzen und Tiere in der Nordhemisphäre sowie von erneuter Ausdehnung der äquatorialen Vegetationsgürtel gekennzeichnet. Waldgehölze wanderten aus ihren Refugialräumen wieder nach Westeuropa ein, in ähnlicher Reihenfolge wie während früherer Interglaziale, jedoch mit teilweise veränderten Dominanzen, wie beispielsweise im Fall der Rotbuche (*Fagus sylvatica*), die in vorausgegangenen pleistozänen Warmzeiten entweder völlig fehlte oder kaum Bedeutung hatte (Lang 1994).

Die Klimaentwicklung im Holozän hatte im sogenannten Atlantikum (Blytt-Sernander-System, Abb. 7.19) zwischen ca. 9.000 und 5.500 Jahren ihr thermisches Optimum erreicht. Die Temperaturen waren 2–2,5 °C höher als heute und es herrschten feuchtere Verhältnisse. Eine gravierende Kaltphase in der Nordhemisphäre zu Beginn des Atlantikums (Abb. 7.19) vor ca. 8.200 Jahren ist auf erneutes Zufließen riesiger Wassermassen eines Schmelzwassersees aus Nordamerika in den Atlantik, das eine Unterbrechung des Golfstroms zur Folge hatte, zurückzuführen. Ein vergleichbares älteres Ereignis wird bereits als Auslöser für die spätglaziale Dryas-3-Kaltzeit angenommen.

Das Atlantikum hat sich nicht nur intensiv auf die Biozönosenentwicklung ausgewirkt, sondern die Besiedlung Europas durch den jungsteinzeitlichen, Ackerbau betreibenden und Vieh haltenden Menschen fällt ebenfalls in diesen nacheiszeitlichen Klimaabschnitt. Die Landwirtschaft nahm bereits vor ca. 11.000 Jahren ihren Ursprung im Mittleren Osten, im Bereich des fruchtbaren Halbmondes (Wilcox 2005), was wiederum in Zusammenhang mit der Klimaveränderung in der Dryas-3-Zeit und einem daraus entstandenen Handlungsdruck auf die Populationen gebracht wird. Die neolithische Kolonialisierung Europas erfolgte entlang großer Ströme und verlief bevorzugt auch durch Lösslandschaften, sogenannte Altsiedlungsgebiete. Die radikale Umgestaltung der ehemals vollständig bewaldeten mitteleuropäischen Landschaft durch den neolithischen Menschen dokumentiert sich in zahlreichen Umweltveränderungen, wie beispielsweise einer starken Zunahme der Bodenerosion aufgrund von Rodungen und Bodenbewirtschaftung, mit der Folge einer Verschlechterung der Infiltrationseigenschaften der Böden.

Von ca. 5.600 bis 2.400 Jahren vor heute folgte mit dem Subatlantikum eine von kurzen wärmeren Abschnitten unterbrochene kühlere Phase mit den bisher niedrigsten Temperaturen des Holozäns zum Ende der Bronze- und Beginn der Eisenzeit (Abb. 7.19). Das Klimaoptimum der Römerzeit dauerte von ca. 2.300 bis 1.600 Jahren vor heute und ist durch 1–1,5 °C höhere Mitteltemperaturen und das Aufblühen des römischen Reiches charakterisiert. Während der anschließenden Völkerwanderungszeit fand eine klimatische Abkühlung statt, die im Mittelmeerraum auch von einer Aridisierung begleitet war. Das mittelalterliche Wärmeoptimum (IPCC 2007; Glaser 2008) (ca. 750–1250 unserer Zeitrechnung) hat insbesondere für den nordeuropäischen Raum signifikante Veränderungen mit sich gebracht. So konnte aufgrund der günstigen Klimaverhältnisse der Getreideanbau weit nach Norden ausgedehnt werden, die Wikinger besiedelten Gebiete auf Grönland und Island und entdeckten Amerika (Glaser 2008). In Mitteleuropa nahm die Bevölkerung schlagartig von 46 Mio. um 1050 auf ca. 73 Mio. um 1300 zu (Behringer 2007; Glaser 2008). Während dieser, auch als „mittelalterliche Rodungsperiode" (Abb. 7.19) bekannten, Zeit, expandierte die landwirtschaftliche Bodennutzung in einem bis dahin unbekannten Ausmaß, resultierend in der geringsten bisher für Mitteleuropa ermittelten Waldbedeckung (Glaser 2008) und damit verbundenen intensiven Bodenerosionsprozessen (Bork et al. 1998; Urban et al. 2011). Die sich anschließende, von extremen Wintern und kühl-nassen Sommern mit gravierenden sozioökonomischen Folgen charakterisierte „Kleine Eiszeit" (Glaser 2008) („Little Ice Age" (LIA)), kann mit mehreren Sonnenaktivitätsminima verknüpft werden, wobei das sogenannte *Maunder*-Minimum mit dem kältesten Abschnitt des LIA (1645–1715) korreliert. Feulner (2011) zufolge sollen Vulkanausbrüche und geringe Treibhausgasgehalte der Atmosphäre entscheidend zur Temperaturabsenkung während des LIA beigetragen haben.

Ruddiman (2005) hat bei der Betrachtung der jahrtausendealten Landnutzungspraktiken auf allen Kontinenten, gestützt auf Modellierungen, die Hypothese präindustrieller CO_2- und anderer Treibhausgasfreisetzungen und ihre Klimawirkung aufgestellt. Aus den Wostok-Eiskernbohrungen kann eine Abweichung des Verlaufs der holozänen CO_2- und Methankonzentrationen von denen älterer Interglaziale beobachtet werden. Dem natürlichen Trend folgend, hätten die Methan- und CO_2-Konzentration seit ihrem holozänen Maximum kontinuierlich abnehmen müssen. Die Methankonzentration steigt jedoch an, wenn sie im Vergleich zur jeweiligen Phase früherer Warmzeiten der letzten 400.000 Jahre hätte fallen sollen und das CO_2 verhält sich ebenfalls während der letzten Jahrtausende anders als aus dem fossilen Befund heraus erwartet bzw. modelliert werden kann. Ruddiman (2005) sieht die Hauptursache für den stetigen Anstieg beider Treibhausgase bereits vor dem *Anthropozän* (gr., sinngemäß: vom Menschen gemacht; Crutzen und Stoermer 2000; Steffen et al. 2007), legt man dessen Beginn zu Anfang des 19. Jahrhunderts, in sehr alten landwirtschaftlichen Praktiken seit dem frühen Holozän. Diese sind Rodung und Kulturpflanzenanbau auf natürlichen Waldstandorten insbesondere Europas und Asiens und hier vor allem auch der Nassreisanbau. Seit 1850 befindet sich die Erde in einer globalen Erwärmungsphase, deren Verursachung sich nicht zuletzt, gestützt auf Ergebnisse der Paläoklimaforschung (IPCC 2007), auf diverse Nutzungsaktivitäten des Menschen zurückführen lässt.

Die Beziehungen zwischen Mensch und seiner natürlichen Umwelt sollten vorrangig auf einen schonenden Umgang mit den Ressourcen *Boden* bzw. seinen oberflächennahen *Ausgangsgesteinen*, mineralischen und organischen *Rohstoffen, Wasser* und *Luft* ausgerichtet sein. Bodenschutz als Beispiel ist bzw. sollte ökosystemar, d. h. auf den Schutz der ande-

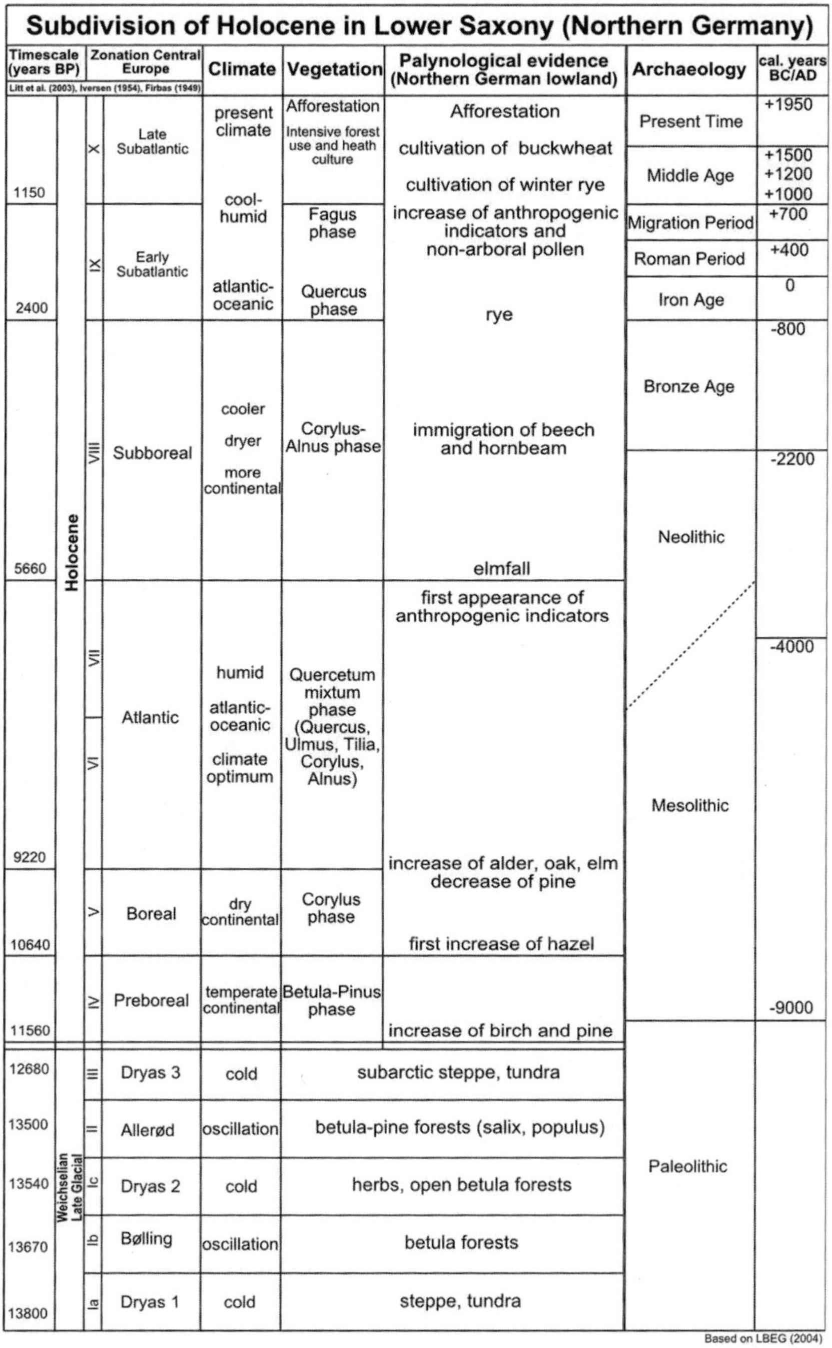

Subdivision of Holocene in Lower Saxony (Northern Germany)

Timescale (years BP)		Zonation Central Europe Litt et al. (2003), Iversen (1954), Firbas (1949)	Climate	Vegetation	Palynological evidence (Northern German lowland)	Archaeology	cal. years BC/AD
	X	Late Subatlantic	present climate	Afforestation	Afforestation	Present Time	+1950
				Intensive forest use and heath culture	cultivation of buckwheat	Middle Age	+1500 +1200 +1000
1150			cool-humid		cultivation of winter rye		
	IX	Early Subatlantic		Fagus phase	increase of anthropogenic indicators and non-arboral pollen	Migration Period	+700
						Roman Period	+400
			atlantic-oceanic	Quercus phase	rye	Iron Age	0
2400							-800
	VIII	Subboreal	cooler dryer more continental	Corylus-Alnus phase	immigration of beech and hornbeam	Bronze Age	
							-2200
						Neolithic	
5660					elmfall		
	VII	Atlantic	humid atlantic-oceanic climate optimum	Quercetum mixtum phase (Quercus, Ulmus, Tilia, Corylus, Alnus)	first appearance of anthropogenic indicators		-4000
	VI					Mesolithic	
9220					increase of alder, oak, elm decrease of pine		
	V	Boreal	dry continental	Corylus phase	first increase of hazel		
10640							
11560	IV	Preboreal	temperate continental	Betula-Pinus phase	increase of birch and pine		-9000
12680	III	Dryas 3	cold		subarctic steppe, tundra		
13500	II	Allerød	oscillation		betula-pine forests (salix, populus)		
13540	Ic	Dryas 2	cold		herbs, open betula forests	Paleolithic	
13670	Ib	Bølling	oscillation		betula forests		
13800	Ia	Dryas 1	cold		steppe, tundra		

Based on LBEG (2004)

Abb. 7.19 Spätglaziale und holozäne Klimaentwicklung, Vegetationszonen und archäologische Perioden Norddeutschlands (Urban et al. 2011, verändert)

ren Sphären und Nutzungsformen orientiert, sein. Die natürlichen Funktionen des Bodens als Lebensgrundlage und Lebensraum für Menschen, Tiere, Pflanzen und Bodenorganismen, als Bestandteil des Naturhaushalts, insbesondere mit seinen Wasser- und Nährstoffkreisläufen und als Abbau-, Ausgleichs- und Aufbaumedium für stoffliche Einwirkungen, insbesondere auch zum Schutz des Grundwassers, zu erhalten, ist seit 1998 auch gesetzlich im Bundes-Bodenschutzgesetz (BBodSchG 1999) verankert. Bodenbelastungen und Veränderungen sind weitgehend auf anthropogene Eingriffe und Nutzungen zurückzuführen (Blume 2004). Der Bodenabtrag durch Wind- und Wassererosion (im Wesentlichen ackerbaulich genutzter Standorte) und der Eintrag von Chemikalien in Böden über die Düngung, den Luftpfad aus Industrie, Siedlungen und Landwirtschaft oder über Bäche, Flüsse und Abfallablagerungen haben weltweit zu schwerwiegenden Bodenbeeinträchtigungen bzw. -verlusten (Degradation) geführt. Die geowissenschaftlich-bodenkundliche Perspektive in Kap. 4–6 will auch im Hinblick auf den Schutz des Klimas bzw. der anderen Sphären, die Relevanz von Grundkenntnissen der Geo- und Pedoressourcen und ihrer Wechselwirkungen mit den übrigen Sphären für die Nachhaltigkeitsforschung aufzeigen.

Literatur

Ad hoc Arbeitsgruppe Boden (2005) Bodenkundliche Kartieranleitung. Schweizerbart'sche Verlagsbuchhandlung, Stuttgart

Adler RF, Huffman GJ, Chang A, Ferraro R, Xie P, Janowiak J, Rudolf B, Schneider U, Curtis S, Bolvin D, Gruber A, Susskind J, Arkin P (2003) The version 2 Global Precipitation Climatology Project (GPCP). Monthly precipitation analysis (1979-present). J Hydrometeorol 4:1147–1167

Arnold H (1997) Chemisch-dynamische Prozesse in der Umwelt. B. G. Teubner Verlagsgesellschaft, Stuttgart, Leipzig

Behringer W (2007) Kulturgeschichte des Klimas: von der Eiszeit bis zur globalen Erwärmung. 2. Durchges. Auflage. München, C. H. Beck Verlag, 352 S.

Blume HP et al (2004) Handbuch des Bodenschutzes. Reihe ecomed Biowissenschaften. Wiley, Weinheim

Bork HR, Bork H, Dalchow B, Faust B, Piorr HP, Schatz T (1998) Landschaftsentwicklung in Mitteleuropa. Klett, Stuttgart

Bosinski G (2002) Die Anfänge der Kunst – Das Jungpaläolithikum in Deutschland. In: W Menghin, D Planck (Hrsg) Menschen – Zeiten – Räume. Archäologie in Deutschland. Theiss, Stuttgart, S 113–120

Bundes-Bodenschutzgesetz (BBodSchG) (1999) Bundes-Bodenschutz- und Altlastenverordnung vom 12. Juli 1999, (BGBl. I S. 1554), letzte Änderung durch Artikel 5 Absatz 31 des Gesetzes vom 24. Februar 2012 (BGBl. I S. 212). (http://www.gesetze-im-internet.de/bbodschv/index.html, Zugegriffen: 28. Juli 2013)

Crutzen PJ, Stoermer EF (2000) The ,Anthropocene'. Global Change Newsl 41:17–18

Denman KL, Brasseur G, Chidthaisong A, Ciais P, Cox PM, Dickinson RE, Hauglustaine D, Heinze C, Holland E, Jacob D, Lohmann U, Ramachandran S, da Silva Dias PL, Wofsy SC, Zhang X (2007) Couplings between changes in the climate system and biogeochemistry. In: S Solomon, D Qin, M Manning, Z Chen, M Marquis, KB Averyt, M Tignor, HL Miller (Hrsg) Climate change 2007. The physical science basis. Contribution of working group I to the fourth asessment report of the intergovernmental panel on climate change. Cambridge University Press, Cambridge

Dentener F, Drevet J, Lamarque JF, Bey I, Eickhout B, Fiore AM, Hauglustaine D, Horowitz LW, Krol M, Kulshrestha UC, Lawrence M, Galy-Lacaux C, Rast S, Shindell D, Stevenson D, Van Noije T, Atherton C, Bell N, Bergman D, Butler T, Cofala J, Collins B, Doherty R, Ellingsen K, Galloway J, Gauss M, Montanaro V, Müller JF, Pitari G, Rodriguez J, Sanderson M, Solmon F, Strahan S, Schultz M, Sudo K, Szopa S, Wild O (2006) Nitrogen and sulfur deposition on regional and global scales: A multimodel evaluation. Global Biogeochem Cy 20:1–21

Enquete Kommission „Vorsorge zum Schutz der Erdatmosphäre" des Deutschen Bundestages (Enquete) (1991) (Hrsg) Schutz der Erde. Bd 3, Teilbd 1. Economica, Bonn

EPICA community members (2004) Eight glacial cycles from an Antarctic ice core. Nature 429:623–628

Feulner G (2011) Are the most recent estimates for maunder minimum solar irradiance in agreement with temperature reconstructions? Geophys Res Lett 38:L16706

Füchtbauer H (1988) Sedimente und Sedimentgesteine. Schweizerbart'sche Verlagsbuchhandlung, Stuttgart

Forster P, Ramaswamy V, Artaxo P, Berntsen T, Betts R, Fahey DW, Haywood J, Lean J, Lowe DC, Myhre G, Nganga J, Prinn R, Raga G, Schulz M, Van Dorland R (2007) Changes in atmospheric constituents and in radiative forcing. In: S Solomon, D Qin, M Manning, Z Chen, M Marquis, KB Averyt, M Tignor, HL Miller (Hrsg) Climate change 2007. The physical science basis. Contribution of working group I to the fourth assessment report of the intergovernmental panel on climate change. Cambridge University Press, Cambridge

Galloway JN, Dentener FJ, Boyer EW, Capone DG, Howarth RW, Seitzinger SP, Asner G, Cleveland C, Greene P, Holland E, Karl DM, Michaels AF, Porter JH, Townsend AR, Vörösmarty C (2004) Global and regional nitrogen cycles: past, present and future. Biogeochemistry 70:153–226

Galloway JN, Cowling EB (2002) Reactive nitrogen and the world: 200 years of change. AMBIO 31:64–71

Galloway JN, Townsend AR, Erisman JW, Bekunda M, Cai Z, Freney JR, Martinelli LA, Seitzinger SP, Sutton MA (2008) Transformation of the nitrogen cycle: Recent trends, questions, and potential solutions. Science 320:889–892

Glaser R (2008) Klimageschichte Mitteleuropas. 1200 Jahre Wetter, Klima, Katastrophen. Wissenschaftliche Buchgesellschaft, Darmstadt

Haase D, Fink J, Haase G, Ruske R, Pecsi M, Richter H, Altermann M, Jäger KD (2007) Loess in Europe – its spatial distribution based on a European Loess Map, scale 1:2.500.000. Quaternary Sci Rev 26:1301–1312

Hanke M, Umann B, Uecker J, Arnold F, Bunz H (2003) Atmospheric measurements of gas-phase HNO_3 and SO_2 using chemical ionization mass spectrometry during the MINATROC field campaign 2000 on Monte Cimone. Atmos Chem Phys 3:417–436

Hobbs PV (2000) Introduction to atmospheric chemistry. Cambridge University Press, Cambridge IUSS Working Group WRB (2007) World Reference Base for Soil Resources 2006, first update 2007. World Soil Resources Reports 103. FAO, Rom

Holland HD (1984) The chemical evolution of the atmosphere and oceans. Princeton University Press, Princeton

Hupfer P (1996) Unsere Umwelt: Das Klima. B. G. Teubner Verlagsgesellschaft, Stuttgart, Leipzig

IPCC (2007) Paleoclimate In: S Solomon, D Qin, M Manning, Z Chen, M Marquis, KB Averyt, M Tignor, HL Miller (Hrsg) Climate change 2007. The physical science basis. Contribution of working group I to the fourth assessment report of the intergovernmental panel on climate change. Cambridge University Press, Cambridge

Iqbal M (1983) An introduction to solar radiation. Academic Press, Toronto

Jacob DJ (1999) Introduction to atmospheric chemistry. Princeton University Press, Princeton

Jones PD, New M, Parker DE, Martin S, Rigor IG (1999) Surface air temperature and its changes over the past 150 years. Rev Geophys 37:173–200

Keegan WB (2000) Terrestrial environment (climatic) criteria handbook for use in aerospace vehicle development (NASA-HDBK-1001). National Aeronautics and Space Administration (NASA), 11. August 2000. http://standards.nasa.gov. Zugegriffen: 25. August 2011

Keeling CD, Bacastow RB, Bainbridge AE, Ekdahl CA Jr, Guenther PR, Waterman LS, Chin JFS (1976) Atmospheric carbon dioxide variations at Mauna Loa Observatory, Hawaii. Tellus 26:538–551

Khalil MAK (1999) Non-CO_2 greenhouse gases in the atmosphere. Annu Rev Energ Env 24:645–661

Klostermann J (2009) Das Klima im Eiszeitalter. Schweizerbart'sche Verlagsbuchhandlung, Stuttgart

Kuntze H, Roeschmann G, Schwerdtfeger G (1994) Die Bodenkunde. Eugen Ulmer, Stuttgart

Lal R (2004) Agricultural activities and the global carbon cycle. Nutr Cycl in Agroecosys 70:103–116

Lang G (1994) Quartäre Vegetationsgeschichte Europas. Fischer, Stuttgart

Litt T, Schmincke HU, Kromer B (2003) Environmental response to climate and volcanic events in central Europe during the Weichselian Lateglacial. Quat Sci Rev 22:7–32

Lowe JJ, Walker MJC (1997) Reconstructing quaternary environments. Addison Wesley Longman, Harlow

Milankovitch M (1941) Kanon der Erdbestrahlung und seine Anwendung auf das Eiszeitenproblem, Spezialbd 132. Königlich Serbische Akademie, Belgrad

Möller D (2003) Luft. Chemie – Physik – Biologie – Reinhaltung – Recht. De Gruyter, Berlin

Müller H (1974) Pollenanalytische Untersuchungen und Jahresschichtenzählungen an der eemzeitlichen Kieselgur von Bispingen/Luhe. Geol Jahrbuch, Reihe A. 21:149–169

Munsell Soil Color Charts (2012) 2009 Year Revised/2012 Production. Munsell Color x-rite. Grand Rapids, MI 49512

NASA (2011a) NASA Earth Observations (NEO), Earth's Radiant Energy System (CERES) sensors on NASA's Terra and Aqua satellites. http://earthobservatory.nasa.gov/GlobalMaps/. Zugegriffen: Juli 2011

NASA (2011b) Surface meteorology and solar energy, NASA's applied sciences program in the science mission directorate. http://eosweb.larc.nasa.gov/. Zugegriffen: Juli 2011

NASA (2011c) NASA earth observations (NEO), moderate resolution imaging spectroradiometer (MODIS) on NASA's Terra satellite. http://earthobservatory.nasa.gov/GlobalMaps/. Zugegriffen: Juli 2011

Negendank JFH (2002) Klima im Wandel: Die Geschichte des Klimas aus geobiowissenschaftlichen Archiven. http://www.gfz-potsdam.de/bib/pub/schule/neg_kiw_0209.htm Zugegriffen: Juli 2011

Petit JR, Jouzel J, Raynaud D, Barkov NI, Barnola JM, Basile I, Bender M, Chappellaz J, Davisk M, Delaygue G, Delmotte M, Kotlyakov VM, Legrand M, Lipenkov VY, Lorius C, Pepin L, Ritz C, Saltzmank E, Stievenard M (1999) Climate and atmospheric history of the past 420.000 years from the Vostok ice core, Antarctica. Nature 399:429–436

Rule S, Brook BW, Haberle SG, Turney CSM, Kershaw AP, Johnson CN (2012) The aftermath of megafaunal extinction: ecosystem transformation in pleistocene Australia. Science 335:1483–1486

Ruddiman WF (2005) How did humans first alter global climate? Sci Am 292:46–53

Sabine CL, Feely RA, Gruber N, Key RM, Lee K, Bullister JL, Wanninkhof R, Wong CS, Wallace DWR, Tilbrook B, Millero FJ, Peng TH, Kozyr A, Ono T, Rios AF (2004) The oceanic sink for anthropogenic CO_2. Science 305:367–371

Scheffer F, Schachtschabel P (2010) Lehrbuch der Bodenkunde. Spektrum, Heidelberg

Shackleton NJ, Chappell J (1986) Oxygen sea isotopes and sea level. Nature 324:137–140

Shackleton NJ, Obdyke ND (1973) Oxygen-isotope and paleomagnetic stratigraphy of equatorial Pacific core V28–238: oxygen-isotope temperatures and ice volumes on an 105 year to 106 year scale. Quaternary Res 3:39–55

Steffen W, Crutzen PJ, McNeill JR (2007) The anthropocene: Are humans now overwhelming the great forces of nature? Ambio 36:614–621

Tarbuck EJ, Lutgens FK (2009) Allgemeine Geologie. Pearson Education, München

Tarbuck EJ, Lutgens FK, Tasa D (2005) Earth: An Introduction to Physical Geology (8th Edition). Pearson Education, Inc., Upper Saddle River, NJ. S. 426, Fig. 14.9.

Trenberth KE, Smith L, Qian T, Dai A, Fasullo J (2007) Estimates of the global water budget and its annual cycle using observational and model data. J Hydrometeorol 8:758–769

Trenberth KE, Fasullo JT, Kiehl J (2009) Earth's Global Energy Budget. B Am Meteorol Soc 90:311–323

Urban B, Kunz A, Gehrt E (2011) Genesis and dating of late pleistocene-holocene soil sediment sequences from the Lüneburg Heath, Northern Germany. Eiszeitalter und Gegenwart (E & G). Quat Sci J 60:6–26

Wallace JM, Hobbs PV (2006) Atmospheric science: an introductory survey. Academic, San Diego

Wiechmann H (2000) Gesteine als Ausgangsmaterial der Bodenentwicklung. In: H-P Blume, P Felix-Henningsen, WR Fischer, HG Frede, R Horn, K Stahr (Hrsg) Handbuch der Bodenkunde. Wiley, Weinheim, S 1–43

Wikipedia (2012a) Kreislauf der Gesteine. http://upload.wikimedia.org/wikipedia/commons/4/41/Kreislauf_der_Gesteine. Zugegriffen: 16. Dezember 2012

Wikipedia (2012b) Temperature of Planet Earth. http://upload.wikimedia.org/wikipedia/commons/f/f5/All_palaeotemps.png. Zugegriffen: 12. März 2012

Wilcox G (2005) The distribution, natural habits and availability of wild cereals in relation to their domestication in the Near East: multiple events, multiple centres. Journal of Vegetation History and Archaeobotany 14:534–41

Wild A (1995) Umweltorientierte Bodenkunde – Eine Einführung. Spektrum, Heidelberg

Teil IV
Humanwissenschaftliche Perspektiven

Öffentliche Nachhaltigkeitssteuerung

Stefan Baumgärtner, Harald Heinrichs, Sabine Hofmeister und
Thomas Schomerus

Öffentliche Nachhaltigkeitssteuerung beschäftigt sich mit der Frage: Durch welche öffentlichen Institutionen und Regelungssysteme kann das normative Ziel der Nachhaltigkeit in einer komplexen und pluralen Gesellschaft erreicht werden? Um diese Frage zu beantworten stützen wir uns auf Konzepte und Methoden der Fachgebiete Ökonomik, Politikwissenschaft, Rechtswissenschaft und Planungswissenschaft.

Ökonomik und Nachhaltigkeitssteuerung

Stefan Baumgärtner

Der Fokus der Ökonomik – der Wissenschaft vom Wirtschaften – liegt auf Effizienz. Effizienz meint die Nichtverschwendung knapper Mittel zur Erreichung eines gegebenen Ziels, wenn Handlungsalternativen bestehen.

H. Heinrichs (✉) · S. Baumgärtner · S. Hofmeister · T. Schomerus
Fakultät Nachhaltigkeit, Leuphana Universität Lüneburg, Lüneburg, Deutschland
E-Mail: harald.heinrichs@leuphana.de

S. Baumgärtner
E-Mail: baumgaertner@leuphana.de

S. Hofmeister
E-Mail: hofmeister@leuphana.de

T. Schomerus
E-Mail: schomerus@leuphana.de

H. Heinrichs, G. Michelsen (Hrsg.), *Nachhaltigkeitswissenschaften*,
DOI 10.1007/978-3-642-25112-2_8, © Springer-Verlag Berlin Heidelberg 2014

Definition „Ökonomik"

„Die *Ökonomik* [...] untersucht menschliches Verhalten als eine Beziehung zwischen [gegebenen] Zielen und knappen Mitteln, die alternative Verwendungsmöglichkeiten haben." (Robbins 1932)

Der Beitrag, den die Ökonomik zur öffentlichen Nachhaltigkeitssteuerung machen kann, besteht demnach darin, öffentliche Steuerungsprozesse und -strukturen, die auf das Ziel der Nachhaltigkeit gerichtet sind, daraufhin zu analysieren,

- welche Handlungsalternativen für private wie öffentliche Akteure unter den gegebenen ökonomischen, sozialen, politischen und institutionellen Beschränkungen bestehen und wie diese jeweils auf das Ziel der Nachhaltigkeit bezogen sind („Möglichkeitenmenge"),
- welche Trade-Offs zwischen den einzelnen Alternativen bestehen („Opportunitätskosten") und
- durch welche Handlung ein möglichst nachhaltiges Ergebnis erreicht werden kann bzw. durch welche Handlung ein bestimmtes erwünschtes Nachhaltigkeitsergebnis zu möglichst geringen (Opportunitäts-)Kosten erreicht werden kann („Optimierung").

Die nachhaltigkeitsökonomische Analyse geht also von den Handlungen einzelner Akteure aus, die jeweils über eine Menge an möglichen Handlungsalternativen verfügen („methodologischer Individualismus"). Sie ist letztlich orientiert auf das Ziel der Nachhaltigkeit. Allerdings verfolgen zahlreiche gesellschaftliche, wirtschaftliche oder politische Akteure bei ihrem Handeln gar nicht unmittelbar das Ziel der Nachhaltigkeit, sondern eigene und selbstbezogene Ziele: Individuen verfolgen bei ihrem Handeln überwiegend das Ziel der persönlichen Nutzenbefriedigung, Unternehmen verfolgen bei ihrem Handeln überwiegend das Ziel der Gewinnmaximierung, und selbst Politiker und Verantwortliche der öffentlichen Verwaltung verfolgen in ihrem beruflichen Handeln teilweise egoistische Ziele, wie die Beförderung der eigenen politischen Karriere oder die Maximierung des eigenen (Lebens)Einkommens.

Vor diesem Hintergrund unterscheidet die ökonomische Analyse explizit zwischen den individuellen, überwiegend selbstbezogenen Handlungszielen einzelner Akteure (wie z. B. persönliche Nutzenbefriedigung, Gewinnmaximierung etc.) und normativ begründeten gesamtgesellschaftlichen Zielen (wie z. B. Wohlfahrtssteigerung, soziale Gerechtigkeit oder eben Nachhaltigkeit). Seit Adam Smith (1776) existiert die Vermutung, dass das selbstbezogene Handeln individueller Akteure einen gesamtgesellschaftlich wünschenswerten Zustand erzeugt, in dem freie und mündige Akteure ihre Fähigkeiten und Güter zum gegenseitigen Vorteil austauschen. Die moderne Wohlfahrtsökonomik zeigt aber, dass das im Allgemeinen nicht zu erwarten ist. Um einen gesamtgesellschaftlich wünschenswerten Zustand zu erreichen, und insbesondere eine nachhaltige Entwicklung, ist eine Steuerung individuellen Handelns durch eine den gesamtgesellschaftlichen Zielen verpflichtete Instanz erforderlich. Ihrem liberalen Ursprung und Grundverständnis entsprechend, ist der Ansatz der modernen Ökonomik hierfür, nicht die Handlungsmotive und -ziele der Individuen zu verändern, sondern die individuellen Möglichkeitenmengen. Das bedeutet, für einzelne Individuen bestehende Handlungsmöglichkeiten einzuschränken oder neue Handlungsmöglichkeiten zu eröffnen, entweder durch Mengensteuerung, z. B. Ge- und Verbote, oder durch pekuniäre Steuerung, z. B. Veränderung von Preisen, Steuern, Subventionen und Einkommen („Anreizsteuerung"). Beispielsweise kann der Energieverbrauch von nutzenmaximierenden Konsumenten und gewinnmaximierenden Firmen durch eine höhere Besteuerung, und damit eine Verteuerung, von Energie gesenkt werden.

Die ökonomische Kernfrage der öffentlichen Nachhaltigkeitssteuerung lautet dann (Baumgärtner 2011; Baumgärtner und Quaas 2010): Durch welche Institutionen oder Steuerungsprozesse lässt sich effizient erreichen, dass die Entwicklung des Gesamtsystems, die sich als aggregiertes Ergebnis der Handlungen der voneinander unabhängig und selbstbezogen handelnden individuellen Akteure ergibt, nachhaltig ist? Mit anderen Worten: Wie lassen sich individuelle und kollektive Rationalität in Übereinstimmung bringen, indem individuelles Handeln anreizverträglich auf das Ziel der Nachhaltigkeit hin gesteuert wird?

▶   **Frage:** Womit beschäftigt sich die (Nachhaltigkeits-)Ökonomik?

▶   **Aufgaben:** Arbeiten Sie für ein aktuelles Nachhaltigkeitsproblem Ihrer Wahl die ökonomische Dimension heraus: Welche Mittel sind knapp? Welche Akteure verfolgen welche individuellen Handlungsziele? Welche Handlungsalternativen bestehen für individuelle Akteure? Wie wirken sich Veränderungen der individuellen Handlungsmöglichkeiten auf die Nachhaltigkeit aus?
Diskutieren Sie die elementaren Annahmen, die dem ökonomischen Paradigma der Anreizsteuerung im Hinblick auf Nachhaltigkeit zugrunde liegen: Welche Annahmen sind das? Wie realistisch sind diese? Welche alternativen Konzeptionen öffentlicher Nachhaltigkeitssteuerung gibt es?

Methode: Mikroökonomik

Eine für die nachhaltigkeitsökonomische Analyse zentrale Methode ist die Mikroökonomik. Die Mikroökonomik untersucht, ausgehend vom Handeln individueller Akteure bei gegebenen individuellen Zielvorstellungen und beschränkten Handlungsmöglichkeiten, welche Strukturen und Zustände sich auf der gesamtgesellschaftlichen und gesamtwirtschaftlichen Ebene daraus ergeben. Dabei geht man davon aus, dass individuell rationale und selbstbezogene Akteure auf externe Anreize reagieren, d. h. bei unveränderter individueller Zielvorstellung ihr tatsächliches Handeln veränderten Handlungsmöglichkeiten anpassen. Damit kann man untersuchen, wie sich durch regulierenden Eingriff einer über-geordneten Instanz in die individuellen Handlungsmöglichkeiten bestimmte, normativ be-gründete gesamtgesellschaftliche Ziele effizient erreichen lassen. Das für die ökonomische Analyse zentrale Konzept der Effizienz, d. h. der Nichtverschwendung knapper Ressourcen bei alternativen Verwendungsmöglichkeiten, wird dabei konkret operationalisiert, z. B. im Hinblick auf das individuelle Wohlergehen aller Individuen der Gesellschaft (Pareto 1906).

Da eine detaillierte Darstellung der Mikroökonomik den Umfang dieses Kapitels spren-gen würde und es auch hervorragende Lehrbücher der Mikroökonomik gibt, verweisen wir für eine Einführung in die Mikroökonomik auf die Literatur (z. B. Gravelle und Rees 2004; Pindyck und Rubinfeld 2009; Breyer 2011; Nicholson und Snyder 2011). Auch für die detaillierte Darstellung der Anwendung der mikroökonomischen Methode zur Ana-lyse von Umwelt-, Ressourcen- und Nachhaltigkeitsproblemen verweisen wir auf die Lite-ratur (z. B. Stephan und Ahlheim 1996; Common und Stagl 2005; Hanley et al. 2001, 2007; Daly und Farley 2010).

▶   **Frage:** Wie funktioniert die Methode der Mikroökonomik?

▶   **Aufgabe:** Recherchieren Sie in einem Lehrbuch der Mikroökonomik
   a. wie das Nutzenmaximierungsproblem eines Haushalts bei gegebener Bud-getbeschränkung formal beschrieben und gelöst werden kann,
   b. wie das Kostenminimierungsproblem eines Unternehmens bei gegebener Technologie formal beschrieben und gelöst werden kann,
   c. was ein Wettbewerbsmarktgleichgewicht ist, und
   d. wie Pareto-Effizienz definiert ist.

Lektionen

Mithilfe der mikroökonomischen Methode gewinnt man aus der nachhaltigkeitsökono-mischen Analyse spezifische und genuin ökonomische Einsichten in die öffentliche Nach-haltigkeitssteuerung, die insofern Konkretisierungen allgemeiner ökonomischer Grund-prinzipien (z. B. Frank und Bernanke 2009; Bofinger 2010; Mankiw 2011) auf den Nach-haltigkeitskontext sind. Exemplarisch werden hier die folgenden 15 Lektionen behandelt.

Menschliches Wirtschaften und natürliche Umwelt: Modelle und Wirklichkeit
Die natürliche Umwelt stellt eine essenzielle Lebensgrundlage des Menschen dar, der Mensch nutzt sie in vielfacher Weise zur Steigerung seines Wohlbefindens. Die natürlichen Gegebenheiten und Gesetzmäßigkeiten stellen Beschränkungen und Knappheiten dar, mit denen der Mensch wirtschaftlich umgeht. Konzeptionell wichtig im Hinblick auf die zeit-liche Dimension ist dabei die Unterscheidung zwischen Strom- und Bestandsgrößen.

Sowohl der Beitrag natürlicher Umwelt und natürlicher Ressourcen zum menschlichen Wohlbefinden als auch die Beschränkungen, die die natürliche Umwelt den Handlungsmöglichkeiten des wirtschaftenden Menschen auferlegt, lassen sich für eine mikroökonomische Analyse angemessen modellieren. Das geschieht mithilfe der individuellen Nutzenfunktion und individueller Handlungsmöglichkeiten bzw. beschränkungen.

Ein Modell fungiert als Mediator zwischen Konzepten (Rationalismus) und Wirklichkeit (Empirismus). Ein Modell ist immer eine Vereinfachungen bzw. Abstraktionen der Realität und damit immer „unrealistisch". Es soll als wissenschaftliches Instrument immer einen Zweck erfüllen. Die Qualität eines Modells muss im Hinblick auf die Erfüllung dieses Zwecks beurteilt werden. Es gibt viele unterschiedliche mögliche Modellzwecke, z. B. Erklärung, Verständnis, Vorhersage oder Verallgemeinerung.

Ein Beispiel für ein wichtiges ökonomisches Modell ist das Verhaltensmodell des „homo oeconomicus". Nach diesem Modell handelt ein Individuum bei der Verwendung knapper Güter rational, d. h. widerspruchsfrei, und selbstbezogen, d. h. gemäß den eigenen, gegebenen Präferenzen. Das Modell hat den Anspruch, das tatsächliche Handeln des Menschen in ökonomischen Kontexten – d. h. bei Entscheidungen über die Verwendung knapper Güter, die alternative Verwendungsmöglichkeiten haben – richtig zu beschreiben. Insofern muss es sich dem Kriterium empirischer Überprüfung, z. B. in Labor- oder Feldexperimenten, stellen und bei Modellvorhersagen widersprechenden empirischen Befunden verworfen oder entsprechend modifiziert werden. Das Modell hat grundsätzlich nicht den Anspruch, andere Aspekte des menschlichen Verhaltens, z. B. die Ausprägung und kritische Reflexion von Präferenzen, oder menschliches Verhalten in anderen Kontexten, z. B. in der Liebe, richtig zu beschreiben. Es ist auch nicht bewertend, d. h. das Modell gibt keine Vorschrift oder Empfehlung für das richtige individuelle Handeln – noch nicht einmal im ökonomischen Kontext.

Knappheit und Opportunitätskosten

Natürliche Ressourcen sind knapp, d. h. es gibt nicht genug davon, um gleichzeitig jede mögliche Nachfrage danach zu befriedigen. Das bedeutet: Die Nutzung einer knappen Ressource bringt Opportunitätskosten mit sich.

Definition „Opportunitätskosten"
Die Opportunitätskosten einer knappen Ressource sind der entgangene Nutzen aus der besten alternativen Verwendung der Ressource.

Beispielsweise ist Landfläche in vielen Gegenden der Welt in dem Sinne knapp, dass nicht alle möglichen nutzenstiftenden Landnutzungsformen gleichzeitig realisiert werden können. Ein und derselbe Quadratmeter Land kann entweder menschlicher Siedlungsraum sein, für landwirtschaftliche Zwecke verwendet werden oder er kann mit geeigneter

Vegetation als Habitat für Vogel- und Insektenarten dienen. Eine dieser Nutzungen schließt die jeweils anderen aus. Die Opportunitätskosten der Verwendung dieses Landstücks als Habitat für den Artenschutz bestehen dann beispielsweise in dem entgangenen Nutzen als Siedlungsfläche oder in dem entgangenen Ertrag aus landwirtschaftlicher Nutzung – je nachdem, was von beidem höher ist.

Opportunitätskosten entstehen zusätzlich zu den direkten Kosten der Nutzung einer Ressource und müssen bei Entscheidungen über eine Ressourcennutzung berücksichtigt werden. Häufig sind die Opportunitätskosten dabei am wichtigsten. Die Opportunitätskosten von wirtschaftlichen Aktivitäten bestehen häufig in einer Verschlechterung der Umweltqualität; die Opportunitätskosten von Umweltschutz häufig in entgangenen wirtschaftlichen Erträgen. Umweltschutz verursacht Opportunitätskosten, auch wenn er nicht ökonomisch, sondern z. B. politisch oder ethisch begründet ist. Typischerweise steigen die Kosten des Umweltschutzes überproportional: Je mehr Emissionen aus industriellen Quellen beispielsweise bereits vermieden wurden, desto aufwendiger (d. h. kostenintensiver) wird die Vermeidung einer weiteren Einheit Emissionen.

▶   **Frage:** Was sind Opportunitätskosten?

▶   **Aufgabe:** Angenommen, auf einer Wiese soll die Population einer bodenbrütenden Vogelart wirksam geschützt werden. Die Wiese gehört einem Landwirt, der durch unbeschränktes Mähen der Wiese einen Ertrag von 7.500 € aus der Heuproduktion erzielen könnte. Eine Beschränkung des Mahdzeitraums könnte die Vogelart wirksam schützen. Diese Schutzmaßnahme würde administrative Kosten von 2.500 € für Implementierung, Überwachung und Durchsetzung verursachen. Der Landwirt könnte bei beschränktem Mahdzeitraum einen Ertrag von 4.000 € aus der Heuproduktion erzielen. Wie hoch sind a) die Opportunitätskosten und b) die Gesamtkosten der Schutzmaßnahme?

Optimierung und Optimalbedingung

Wenn es das Ziel eines Entscheiders ist, eine ökonomische Zielgröße zu maximieren (z. B. den Gewinn einer Firma, den Nutzen eines Haushalts, die ökonomische Wohlfahrt der Gesellschaft), dann wird die optimale Nutzung natürlicher Ressourcen und Dienstleistungen nach folgender Regel bestimmt („Marginalprinzip"): „Grenznutzen=Grenzkosten".

Definition „Grenznutzen"

Der Grenznutzen eines Gutes ist der Nutzenzuwachs, der aus dem Konsum einer zusätzlichen kleinen (marginalen) Einheit des Gutes entsteht. Die Grenzkosten eines Gutes sind die Kosten einer zusätzlichen kleinen (marginalen) Einheit des Gutes.

Abb. 8.1 Optimales Niveau an
Umweltschutz

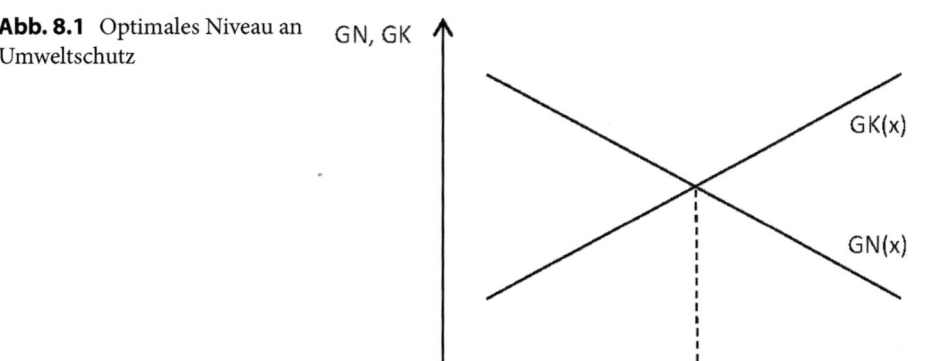

Nach dieser Regel ergibt sich ein optimales Niveau an Umweltschutz bzw. Umweltverschmutzung – nicht zu viel und nicht zu wenig (vgl. Abb. 8.1).

Wenn (i) die gesellschaftliche Wohlfahrt W(x), die sich aus einem Niveau x an Umweltschutz ergibt, gemessen wird als die Differenz des gesamten gesellschaftlichen Nutzens und
der gesamten Kosten (einschließlich Opportunitätskosten) von Umweltschutz auf diesem
Niveau, W(x) = N(x)–K(x), (ii) der gesamte gesellschaftliche Nutzen von Umweltschutz
N(X) mit zunehmendem Umweltschutzniveau x unterproportional zunimmt, sodass der
Grenznutzen GN(x) positiv und abnehmend ist, und (iii) die gesamten Kosten von Umweltschutz K(x) mit zunehmendem Umweltschutzniveau x überproportional zunehmen,
sodass die Grenzkosten GN(x) positiv und zunehmend sind, dann ist das optimale Umweltschutzniveau, bei dem die gesellschaftliche Wohlfahrt W maximal wird, genau das x^*,
für das gilt: $GN(x^*) = GK(x^*)$.

Begründung: Ein $x = x_1 < x^*$ kann nicht optimal sein, denn $GN(x_1) > GK(x_1)$, sodass auf
diesem Niveau eine kleine („marginale") Erhöhung von x den Nutzen stärker erhöht als
die Kosten. Damit kann bei $x = x_1$ durch marginale Steigerung von x die Wohlfahrt noch
erhöht werden, und deswegen ist ein $x < x^*$ nicht optimal. Auch ein $x = x_2 > x^*$ kann nicht
optimal sein, denn $GN(x_2) < GK(x_2)$, sodass auf diesem Niveau eine marginale Verringerung von x die Kosten stärker reduziert als den Nutzen. Damit kann bei $x = x_2$ durch marginale Verringerung von x die Wohlfahrt noch erhöht werden, und deswegen ist ein $x > x^*$
nicht optimal. Also muss $x = x^*$ das optimale Umweltschutzniveau sein, denn nur bei $x = x^*$
kann die Wohlfahrt aus Umweltschutz nicht weiter erhöht werden.

Die Bedingung „Grenznutzen = Grenzkosten" bestimmt nicht nur das optimale Niveau
der Nutzung bzw. des Schutzes natürlicher Ressourcen. Sie ermöglicht auch eine sehr
schnelle und einfache Abschätzung, ob ein gegebener Zustand optimal ist bzw. – falls das
nicht der Fall ist – ob eine Erhöhung oder Verringerung des Nutzungs-/Schutzniveaus zu
einer Verbesserung führt. Sie gibt also eine einfache Orientierung für die Richtung von
Nachhaltigkeitssteuerung.

Beispielsweise ist im Fall von Klimaschutz durch Reduktion von Treibhausgasemissionen der gegenwärtige Zustand durch folgende Zahlen charakterisiert: Der Nutzen einer eingesparten Tonne CO_2-Emissionen (d. h. vermiedene Schäden aus dieser emittierten Tonne) beträgt ca. 50 € (Grenznutzen; ermittelt aus wissenschaftlichen Untersuchungen und ökonomischer Bewertung der erwarteten Schäden); die Kosten für die Einsparung einer Tonne CO_2-Emission auf die günstigste Art betragen ca. 30 € (Grenzkosten; gegeben durch den Preis eines Emissionszertifikats auf dem europäischen Markt für CO_2-Emissionsrechte). Dann ist unmittelbar klar: Im gegenwärtigen Zustand ist der Grenznutzen einer weiteren Emissionsreduktion (50 €/t) höher als die Grenzkosten dieser Reduktion (30 €/t). Durch die Verringerung von CO_2-Emissionen um eine weitere Tonne entstünde für die Gesellschaft ein Nettonutzenzuwachs von $50 - 30 = 20$ €. Der gegenwärtige Zustand ist also nicht optimal; das gegenwärtige Niveau an Emissionsreduktion ist zu niedrig; eine weitere Reduktion von Emissionen wäre eine Verbesserung. All das ergibt sich bereits aus dem Vergleich von Grenznutzen und Grenzkosten im gegenwärtigen Zustand. Bei welchem Niveau an Emissionsreduktionen das Optimum denn tatsächlich liegt, muss man dafür gar nicht wissen!

▶   **Frage:** Welche Bedingung charakterisiert die optimale Verwendung knapper natürlicher Ressourcen?

Ökonomische Bewertung von Umweltgütern und -schäden

Ökonomische Bewertungen der natürlich Umwelt sind nützlich für verschiedene Zwecke: rationale und effiziente Entscheidungen in komplexen Situation, Evaluierung der volkswirtschaftlichen Effizienz und Verteilungsgerechtigkeit von Politikmaßnahmen, Abschätzung von Umweltschäden und Kompensationszahlungen, umfassende Beurteilung der Leistungsfähigkeit und nachhaltigen Entwicklung einer Volkswirtschaft etc.

Zur praktischen Ermittlung des ökonomischen Werts von Umweltveränderungen existiert eine Reihe von theoretisch fundierten Verfahren. Alle diese Verfahren haben jedoch mehr oder weniger große konzeptionelle und praktische Probleme.

Definition „Ökonomischer Wert"

Der ökonomische Wert eines Gutes misst die relative Knappheit dieses Gutes als Mittel zur Befriedigung menschlicher Bedürfnisse und Wünsche, z. B. zur Maximierung der gesellschaftlichen Wohlfahrt, unter den gegebenen gesellschaftlichen, institutionellen und technologischen Bedingungen.

▶   **Frage:** Was ist der ökonomische Wert eines Gutes?

▶   **Aufgaben:** Diskutieren Sie, inwiefern natürliche Ressourcen und Umweltverschmutzung einen ökonomischen Wert haben und welche Wertdimensionen dabei vernachlässigt werden.

Recherchieren Sie, welchen ökonomischen Wert a) eine Tonne Kupfer, b) ein durchschnittlicher Hektar Mangrovenwald an der Küste Thailands sowie c) die Existenz des Luchses (Lynx lynx) im Bayerischen Wald haben und wie diese Werte methodisch ermittelt wurden.

Wohlfahrtsverbesserung und Effizienz durch Tausch: Die Leistung von freien Wettbewerbsmärkten

Im ökonomischen Ideal ist Wirtschaft ist nicht ein Nullsummenspiel, bei dem der Gewinn des Einen der Verlust des Anderen ist, sondern ein Positivsummenspiel, bei dem durch effiziente Allokation von Ressourcen zusätzliches Einkommen und Vermögen geschaffen bzw. die gesamte Wohlfahrt erhöht wird. Der hierfür zentrale Mechanismus ist der freiwillige Tausch zwischen Individuen, die sich in Bezug auf z. B. Präferenzen, Technologien oder Anfangsausstattung mit Ressourcen unterscheiden. Tauschobjekte können Konsumgüter, Kapitalgüter, Arbeit, natürliche Ressourcen, Umweltqualität oder -verschmutzung, Risiken, Zeit etc. sein. Die Institutionalisierung dieses Tausch-Mechanismus ist der „Markt", der aus dem selbstbezogenen und voneinander unabhängigen Handeln individueller Käufer und Verkäufer „wie von unsichtbarer Hand gelenkt" (Smith 1776) das aus gesamtgesellschaftlicher Sicht Erwünschte, nämlich Effizienz, generiert.

Mit der Hypothese der unsichtbaren Hand hat Adam Smith das Forschungsprogramm der modernen Volkswirtschaftslehre vorgegeben, die sich in dem Vierteljahrtausend seit Erscheinen des *Wohlstands der Nationen* (1776) daran abgearbeitet hat, genau zu prüfen, ob – bzw. unter welchen Bedingungen – diese Hypothese richtig ist. Der heutige Stand des Wissens sind das sogenannte „Erste und Zweite Wohlfahrtstheorem". Das erste Theorem besagt, dass unter bestimmten Bedingungen das Gleichgewicht auf einem freien Wettbewerbsmarkt paretoeffizient ist. Das bedeutet, dass Märkte von ganz alleine einen effizienten Zustand herstellen. Der Staat wird dafür nur insofern benötigt als er eine Eigentumsordnung und funktionierende Märkte, d. h. die Voraussetzungen für Marktwirtschaft, sicherstellen muss.

Das zweite Theorem besagt, dass unter bestimmten anderen, stärkeren Bedingungen durch geeignete Umverteilung von Ressourcen unter allen paretoeffizienten Zuständen sich jeder beliebige erreichen lässt. Das heißt Effizienz und Verteilungsgerechtigkeit sind unabhängig voneinander erreichbar. Das legitimiert Marktwirtschaft als reines Effizienz-Instrument, das sich auch nicht dem Kriterium der Verteilungsgerechtigkeit stellen muss, da Verteilungsgerechtigkeit ja unabhängig von Effizienz, z. B. durch staatliche Umverteilung von Einkommen oder Vermögen erreichbar sei.

Im Hinblick auf den Gegenstand und normativen Anspruch der Nachhaltigkeit ist an den beiden Wohlfahrtstheoremen wichtig, dass die jeweilige Aussage nur unter bestimmten Bedingungen gilt. Alle Bedingungen müssen erfüllt sein, damit freie Wettbewerbsmärkte zu einem paretoeffizienten Zustand der Gesellschaft führen bzw. damit Effizienz und Verteilungsgerechtigkeit unabhängig voneinander erreicht werden können. Ist auch nur eine dieser kritischen Bedingungen verletzt, dann ist das nicht mehr möglich. Etliche der Bedingungen sind aber gerade nicht erfüllt, wenn es um die langfristigen und inhärent unsicheren Mensch-Natur-Beziehungen geht. Das zeigt eine kritische Durchsicht der wichtigsten Bedingungen:

Annahme 1: Der Nutzen einer Person ist nur abhängig von ihrem eigenen Konsum, über den sie frei entscheidet. Aber Umweltverschmutzung (z. B. durch Autoabgase, Zigarettenqualm etc.), die das Wohlbefinden einer Person negativ beeinflusst, wird auch von anderen verursacht und ist nicht unter voller Kontrolle der betroffenen Person („externe Effekte").

Annahme 2: Güter sind privat: Jede Einheit eines Gutes (z. B. Wein, Käse etc.) kann nur von einem Konsumenten konsumiert werden. Umweltgüter (z. B. Wald, saubere Luft, Naturparks) können dagegen häufig von mehreren Konsumenten gleichzeitig genutzt werden („öffentliche Güter").

Annahme 3: Individuen müssen auf dem Markt dem Verkäufer einen Preis bezahlen, um in den Besitz des zu konsumierenden Gutes zu kommen. Für viele Umweltgüter sind jedoch keine Eigentumsrechte definiert und es existieren keine Preise, obwohl sie knapp sind („nicht definierte Eigentumsrechte", „fehlende Märkte", „unbeschränkter Zugang").

Annahme 4: Märkte sind kompetitiv („Wettbewerbsmärkte"): Alle Käufer und Verkäufer nehmen die Preise als gegeben an. Aber viele natürliche Ressourcen sind im Besitz von Monopolisten oder Oligopolisten, die über Marktmacht verfügen und den Marktpreis der Ressource beeinflussen können („Marktmacht").

Annahme 5: Alle Akteure haben vollständige und vollkommene Informationen über alle Güter. Aber bei vielen Umweltgütern (z. B. Biodiversität) ist das Wissen über ihre Eigenschaften unvollständig oder asymmetrisch verteilt („asymmetrische Information").

Annahme 6: Präferenzen und Technologien sind konvex: Durchschnittliche Güterbündel werden höher geschätzt und sind einfacher herzustellen als extreme. Aber in vielen Ökosystemen führen z. B. Unteilbarkeiten oder dynamische Nichtlinearitäten dazu, dass die Produktion von Ökosystemdienstleistungen nichtkonvex ist („Nichtkonvexitäten").

> ▶ **Frage:** Was besagen das erste und das zweite Wohlfahrtstheorem? Auf welchen Annahmen beruhen diese Aussagen?

Marktversagen und Marktregulierung

Im Hinblick auf Effizienz und Nachhaltigkeit gibt es zwei fundamentale Probleme mit freien Wettbewerbsmärkten, die auch bereits in den Wohlfahrtstheoremen angesprochen werden:

Problem 1: Natürliche Umwelt und Ressourcen verletzen in vielfacher Hinsicht die Bedingungen, unter denen die Behauptungen der Wohlfahrtstheoreme richtig sind. Das bedeutet, die Aussagen der beiden Wohlfahrtssätze gelten nicht. Insbesondere ist der durch freie Wettbewerbsmärkte generierte Zustand nicht gesamtgesellschaftlich effizient („Marktversagen"), und Effizienz und Verteilungsgerechtigkeit lassen sich auch nicht unabhängig voneinander erreichen.

Problem 2: Das normative Kriterium der Paretoeffizienz zielt ausschließlich auf Effizienz, nicht auf Nachhaltigkeit. Damit kann man nach den Wohlfahrtstheoremen gar nicht erwarten, dass durch die Institution des freien Wettbewerbsmarktes Entwicklungen generiert werden, die nachhaltig sind. Auch eine Marktregulierung, die alleine auf Effizienz zielt, greift im Hinblick auf Nachhaltigkeit zu kurz.

Beides sind aus ökonomischer Sicht gute und wichtige Gründe für Marktregulierung. Nachhaltige Entwicklung erfordert demnach sogar angemessene Marktregulierung. Durch geeignete regulierende Eingriffe des Staates in das Marktgeschehen lassen sich eine Pareto-Verbesserung und nachhaltige Entwicklungen erreichen, insbesondere durch einen geeigneten Mix aus ordnungsrechtlichen Instrumenten (Ge- und Verbote), marktwirtschaftlichen Instrumente (Steuern, Abgaben, Subventionen, handelbare Zertifikate) sowie Definition und Garantie von Eigentumsrechten (intra- und intergenerationelle Verteilung von Rechten wie z. B. Recht auf saubere Umwelt vs. Recht auf Verschmutzung). Der Bedarf für Marktregulierung und ihre wohlfahrtssteigernde Wirkung in den Fällen, in denen ursprünglich Marktversagen vorliegt, wurde bereits früh erkannt. Arthur Cecil Pigou setzte 1912 mit dieser Einsicht einen deutlichen Kontrapunkt zu den eher liberalen und marktoptimistischen Ansichten von Adam Smith.

Auch wenn es Marktversagen gibt und deswegen Marktregulierung notwendig ist, um eine nachhaltige Entwicklung zu erreichen, ist es dennoch sinnvoll, bei der Regulierung einen Wettbewerbsmarkt als Orientierung zu nehmen und bei der institutionellen Implementierung Marktelemente und Marktkräfte so weit wie möglich einzubeziehen. Der Grund dafür ist die im Prinzip bestehende effizienz- und wohlfahrtssteigernde Wirkung von Marktwirtschaft. In dieser Logik liegt es auch, durch institutionelle Regulierung neue Märkte für Umweltverschmutzung bzw. Umweltqualität zu schaffen, um diese Güter nachhaltig und effizient zu allozieren. Beispiele hierfür sind der Europäische Markt für den Handel mit CO_2-Verschmutzungsrechten oder der US-amerikanische sowie der australische Markt für Biodiversitätsschutz („Conservation Reserve Program", „Bush Tender Project").

► **Frage:** Welche ökonomischen Gründe gibt es für Marktregulierung? Wie erfolgt Marktregulierung?

Anreize und Anreizsteuerung

Die Ökonomik geht von der Verhaltenshypothese aus, dass individuelle Entscheider (z. B. Firmen oder Haushalte) rational und in ihrem eigenen Interesse handeln („homo oeconomicus", s. oben): Firmen maximieren ihren Gewinn, Haushalte maximieren ihren Nutzen. Dabei reagieren sie auf Änderungen in den externen Beschränkungen ihres individuellen Verhaltens (z. B. Marktpreise, Gesetze etc.), d. h. sie handeln anreizgesteuert. Diese Verhaltenshypothese erklärt, warum Firmen und Haushalte der Umwelt häufig Schaden zufügen – nämlich weil viele natürliche Ressourcen und Umweltgüter keinen Preis besitzen oder ihr Preis ihre tatsächliche Knappheit nicht angemessen widerspiegelt. Diese Verhaltenshypothese erklärt auch, warum manche Firmen und Haushalte sich aktiv für den Umweltschutz einsetzen – nämlich weil sie sich davon direkt oder indirekt einen eigenen Gewinn- bzw. Nutzenzuwachs versprechen.

Diese Verhaltenshypothese bietet auch einen Ansatz zur Lösung von Umweltproblemen durch geeignete staatliche Regulierung („Anreizsteuerung"). Institutionen zur Lösung von Umweltproblemen müssen dabei strategisches Verhalten der wirtschaftlichen Akteure berücksichtigen („Anreizkompatibilität").

Externe Effekte

Ein (positiver oder negativer) externer Effekt liegt vor, wenn die Handlungen eines Wirtschaftssubjekts das Wohlbefinden einer anderen Person bzw. die Produktionsmöglichkeiten einer anderen Firma direkt beeinflussen, ohne dass das betroffene Wirtschaftssubjekt dem zustimmt oder dafür kompensiert wird. Beispielsweise verschlechtern die Schwefel- und Stickoxidemissionen einer Firma A die Luftqualität und damit die Gesundheit einer Person B, ohne dass sich A und B darüber geeinigt hätten oder B von A eine Kompensation für die Gesundheitsbeeinträchtigung erhalten würde.

Bei externen Effekten ist das freie (unregulierte) Marktgleichgewicht nicht gesellschaftlich optimal („Marktversagen"). Im unregulierten Marktgleichgewicht ist im Vergleich zum gesellschaftlichen Optimum das Aktivitätsniveau des verschmutzenden Wirtschaftssubjekts zu hoch, die Umweltverschmutzung zu hoch und das Aktivitätsniveau des geschädigten Wirtschaftssubjekts zu niedrig. Am Beispiel der Emissionen heißt das: Im unregulierten Marktgleichgewicht gibt es im Vergleich zur wohlfahrtsmaximalen Situation zu viele Emissionen, die Luftqualität ist zu schlecht und der Gesundheitszustand der betroffenen Personen ist zu schlecht.

Durch einen korrigierenden Markteingriff („Marktregulierung") kann eine gesellschaftlich optimale Allokation hergestellt werden („Internalisierung des externen Effekts"), in der sowohl die gesellschaftliche Wohlfahrt als auch die Umweltqualität höher sind als im unregulierten Zustand. Dies kann grundsätzlich auf drei unterschiedliche Arten geschehen:

- Ordnungsrechtliche Eingriffe: Ge- und Verbote
- Marktwirtschaftliche Eingriffe: Besteuerung oder Subventionierung (Pigou 1912/1920)
- Zuteilung von Eigentumsrechten (Coase 1960)

Gesichter der Nachhaltigkeit

Arthur Cecil Pigou

- 1877–1959
- Lehrstuhl für Politische Ökonomie, Universität Cambridge
- einer der Begründer der modernen Wohlfahrtsökonomik
- analysierte als Erster mit ökonomischen Methoden Marktversagen als ein Nachhaltigkeitsproblem, d. h. als systematische Ursache sowohl gesamtwirtschaftlicher Ineffizienz,
  sozialer Ungerechtigkeit als auch von Umweltzerstörung
- Hauptidee: Sofern Märkte durch das ungesteuerte Eigeninteresse der Akteure versagen und es zu positiven, negativen oder intertemporalen externen Effekten kommt, sind
  staatliche Interventionen in Form von Subventionen oder
  Steuern notwendig („Pigou-Steuern"), um diese externen
  Effekte zu internalisieren und die gesamtwirtschaftliche Wohlfahrt zu erhöhen
- Hauptwerk: Wealth and Welfare (1912), überarbeitet als „The Economics of Welfare"
  (1920)

Arthur Cecil Pigou. (Quelle: http://en.wikipedia.org/wiki/ Arthur_Cecil_Pigou)

Die verschiedenen Arten von Regulierung führen alle zu derselben gesellschaftlich effizienten Allokation, unterscheiden sich aber in ihrer Verteilungswirkung. Auch im gesellschaftlichen Optimum gibt es Umweltverschmutzung!

▶   **Frage:** Was ist ein externer Effekt? Welches Problem gibt es bei der Allokation von Gütern mit externen Effekten? Wie kann dieses gelöst werden?

Öffentliche Güter

Ein reines öffentliches Gut ist ein Gut, das gekennzeichnet ist durch Nicht-Rivalität im Konsum und Nicht-Ausschließbarkeit vom Konsum, z. B. Hochwasserschutz durch einen Deich oder Klimastabilität. Bei öffentlichen Gütern ist das freie (unregulierte) Marktgleichgewicht nicht paretoeffizient („Marktversagen"). Im unregulierten Marktgleichgewicht kommt es gemessen am Pareto-Optimum zu einer Unterversorgung mit dem öffentlichen Gut: Das Individuum mit der höchsten Zahlungsbereitschaft stellt das öffentliche Gut bereit, die anderen verhalten sich als „Trittbrettfahrer".

Eine paretoeffiziente Allokation erfordert die Berücksichtigung der Nachfragefunktionen, d. h. Zahlungsbereitschaften, aller Individuen gemäß der Lindahl-Samuelson-Bedingung. Eine paretoeffiziente Finanzierung der Bereitstellung des öffentlichen Gutes erfordert, dass alle Individuen sich an der Finanzierung der Bereitstellung des öffentlichen Gutes gemäß ihrer individuellen Zahlungsbereitschaft beteiligen. Das Problem hierbei ist die Ermittlung der wahren Nachfragefunktionen bzw. Zahlungsbereitschaften. Eine mögliche Lösung hierfür bietet das Clark-Verfahren (Steuer) oder das Thompson-Verfahren (Versicherung).

▶ **Frage:** Was ist ein öffentliches Gut? Welches Problem gibt es bei der Allokation öffentlicher Güter? Wie kann dieses gelöst werden?

Allmende-Ressourcen

Ein Allmende-Gut ist ein Gut, das gekennzeichnet ist durch Rivalität im Konsum und Nicht-Ausschließbarkeit vom Konsum, z. B. ein Fischbestand auf hoher See oder eine Weide mit offenem Zugang. Bei Allmende-Ressourcen ist das freie (unregulierte) Marktgleichgewicht nicht gesamtwirtschaftlich optimal („Marktversagen"): Im unregulierten Marktgleichgewicht wird eine Allmende-Ressource im Vergleich zum gesamtwirtschaftlichen Optimum übernutzt – die sogenannte „Tragödie der Allmende" (Hardin 1968).

Sowohl durch zentrale Planung als auch durch Einführung und Durchsetzung privater Eigentumsrechte an der Ressource wird diese effizienter bewirtschaftet und es entstehen Wohlfahrtsgewinne für die Gesellschaft. Im Idealfall kann die Gesellschaft so ein Wohlfahrtsmaximum erreichen. Welchem Mitglied bzw. welchen Mitgliedern der Gesellschaft die Eigentumsrechte an der Ressource übertragen werden, ist für die Allokationseffizienz unerheblich. Verschiedene mögliche Zuweisungen der Eigentumsrechte unterscheiden sich aber im Hinblick auf die Verteilungsgerechtigkeit.

In vielen Fällen ist bei einer lokalen Allmende-Ressource eine in Form sozialer Nutzungsregeln und Kontrollmechanismen institutionalisierte gesellschaftliche Kooperation sowohl zentraler (staatlicher) Planung als auch Privatisierung überlegen (Ostrom 1990). Für die erfolgreiche gesellschaftliche Lösung lokaler Allmende-Probleme hat Ostrom (1990) sieben Prinzipien identifiziert, die gleichzeitig als Orientierung für die Konstruktion von Institutionen zur Ressourcennutzung gelten können. Auf globale Allmende-Ressourcen, wie z. B. Hochsee-Fischbestände oder das Klimasystem, können diese Prinzipien allerdings nicht unmittelbar angewendet werden, da sie direkte gesellschaftliche Beziehungen zwischen den beteiligten Nutzern voraussetzen.

Gesichter der Nachhaltigkeit

Elinor Ostrom

- 1933-2012
- Professorin für Politikwissenschaft an der Indiana University, Bloomington, USA
- erforschte, wie Menschen sich gesellschaftlich organisieren, um nachhaltig in und von Ökosystemen zu leben
- 2009 Nobelpreis für Wirtschaftswissenschaften (als erste Frau) für den Nachweis „wie gemeinschaftliches Eigentum von Nutzerorganisationen erfolgreich verwaltet werden kann"
- Hauptwerk: Governing the Commons: The Evolution of Institutions for Collective Action (1990) [deutsch: Die Verfassung der Allmende: Jenseits von Staat und Markt, 1999]

Elinor Ostrom

▶   **Frage:** Was ist eine Allmende-Ressource? Welches Problem gibt es bei der Nutzung von Allmende-Ressourcen? Wie kann dieses gelöst werden?

Umweltpolitische Instrumente zur Regulierung einer verschmutzenden Branche

Das optimale Gesamt-Emissionsniveau ist bestimmt durch die Regel „Gesamtwirtschaftliche Grenzvermeidungskosten = Gesellschaftlicher Grenzschaden". Das bedeutet, in der
Abwägung der gesamtwirtschaftlichen Kosten und gesellschaftlichen Nutzen von Emis-
sionsvermeidung ist zu wenig Umweltschutz genauso wenig optimal wie zu viel Umweltschutz.

Ein gegebenes Gesamt-Emissionsziel wird zu minimalen gesamtwirtschaftlichen Kosten erreicht, wenn gilt: „Die Grenzvermeidungskosten aller Firmen sind gleich".

Die gesellschaftlich optimale Aufteilung der Emissionsvermeidungsaktivitäten ist bestimmt durch die Regel „Grenzvermeidungskosten jeder einzelnen Firma = Gesellschaftlicher Grenzschaden". Diese Effizienzbedingung wird erfüllt von Emissions-Steuern und
handelbaren Emissions-Zertifikaten; sie wird im Allgemeinen nicht erfüllt von Emissions-
Standards. Darüber hinaus unterscheiden sich die Instrumente auch im Hinblick auf andere Kriterien:

• Die ökologische Treffsicherheit ist am höchsten bei Emissions-Standards und Emissions-Zertifikaten.
• Die Kostenbelastung für Firmen ist am höchsten bei Emissions-Steuern und auktionierten Emissions-Zertifikaten; sie ist am geringsten bei Emissions-Standards.
• Die Staatseinnahmen sind am höchsten bei Emissions-Steuern und auktionierten Emissions-Zertifikaten; sie sind gleich Null bei Emissions-Standards, kostenlosen Zertifika-
ten oder rückerstatteten Emissions-Steuern.
• Die dynamische Anreizwirkung für Firmen, die Emissionen noch weiter zu reduzieren
oder neue umweltfreundliche Technologien zu entwickeln, ist am höchsten bei Emissions-Steuern und handelbaren Emissions-Zertifikaten.

Diskontierung und intertemporale Entscheidungen

Ein zukünftiger Euro hat nicht den gleichen ökonomischen Wert wie ein Euro heute. Dafür gibt es drei verschiedene Gründe: a) reine Zeitpräferenz, d. h. Ungeduld in der Nutzenbefriedigung, b) Konsumwachstum bei abnehmendem Grenznutzen von Konsum und c)
Unsicherheit über die Zukunft.

Das muss bei intertemporalen Entscheidungen berücksichtigt werden: Durch Diskontierung müssen Wertströme (Nutzen, Kosten), die zu unterschiedlichen Zeitpunkten anfallen, in eine gemeinsame Werteinheit (z. B. Gegenwartswert) umgerechnet werden, um
vergleichbar zu sein. Bei Konsum unterschiedlicher Güter müssen konsumgutspezifische
Diskontraten betrachtet werden, da sich die Nutzeneigenschaften und Wachstumsraten
bei verschiedenen Konsumgütern im Allgemeinen unterscheiden.

Typischerweise werden zukünftige Wertströme geringer bewertet als heutige Wertströme („Minderschätzung zukünftigen Konsums"). Diskontierung fördert dann die Verlagerung von Nutzen aus der Zukunft in die Gegenwart und von Kosten aus der Gegenwart in die Zukunft. Diskontierung an sich wirkt aber nicht gegen die natürliche Umwelt. Es wirkt zwar gegen manche Umweltschutzprojekte, es wirkt aber auch gegen manche Umweltzerstörungsprojekte.

Nicht alle Gründe für Diskontierung bzw. die entsprechende Höhe der Diskontrate sind ethisch zu rechtfertigen. Zum Beispiel ist reine Zeitpräferenz der heutigen Generation gegenüber zukünftigen Generationen nicht zu rechtfertigen. Im Unterschied dazu ist Diskontierung aufgrund von Konsumwachstum bei abnehmendem Konsum – falls beides sicher gegeben ist – ein ethisch unbedenklicher Grund für Diskontierung. Für gesellschaftliche Entscheidungen sollte eine Diskontrate gewählt werden, die ethisch legitim ist. Diese liegt deutlich niedriger als der Marktzinssatz. Auch sollten unterschiedliche Güter(gruppen) mit unterschiedlichen Raten diskontiert werden.

▶   **Frage:** Was ist Diskontierung? Aus welchen Gründen wird bei intertemporalen Entscheidungen diskontiert?

▶   **Aufgabe:** Diskutieren Sie, ob bzw. inwiefern Diskontierung a) notwendig ist, um intertemporale Entscheidungen zu treffen, und b) ethisch legitim ist im Hinblick auf die Rechte und Pflichten heutiger und zukünftiger Generationen.

Umweltrisiken und Entscheidungen unter Unsicherheit

Sind zukünftige Nutzen oder Kosten unsicher, dann muss diese Unsicherheit bei der Entscheidung gemäß den individuellen oder gesellschaftlichen Risikopräferenzen berücksichtigt werden. Gemäß der Erwartungsnutzenhypothese wiegt dabei für risiko-averse Entscheider ein unsicherer Ertrag um eine sogenannte „Risikoprämie" geringer als der erwartete Ertrag. Umgekehrt werden unsichere Kosten um eine gewisse Risikoprämie höher bewertet als die erwarteten Kosten.

Die Unsicherheit über zukünftige Erträge und Kosten begründet den Wert von Versicherung, Informationen und Flexibilität. Damit kann sie dazu führen, dass das Aufschieben unsicherer Projekte vorteilhaft ist. Dieser Mechanismus wirkt sowohl gegen unsichere Umweltschutzprojekte als auch gegen unsichere Umweltzerstörungsprojekte.

Nachhaltige Nutzung natürlicher Ressourcenbestände

Im Hinblick auf die nachhaltige Nutzung natürlicher Ressourcenbestände müssen die normativen Kriterien der Effizienz und Gerechtigkeit intertemporal angewendet werden. Das bedeutet: Die Nutzenströme, die der Bestand für verschiedene Nutzer der heutigen und zukünftigen Generationen generiert, müssen explizit in ihrem Zeitverlauf betrachtet und beurteilt werden. Dazu muss die natürliche Dynamik von Ressourcenbeständen berücksichtigt werden. Grundlegend ist dabei die Unterscheidung zwischen erneuerbaren und nichterneuerbaren Ressourcen.

Wichtige Beispiele für nichterneuerbare natürliche Ressourcen sind fossile Energieträger (Öl, Kohle, Erdgas), Kupfer, Eisen, Aluminium oder seltene Erden. Der optimale Extraktionspfad einer homogenen nichterneuerbaren Ressource, die mit Extraktionskosten von Null extrahiert und direkt konsumiert werden kann („Cake-Eating"), ist, bei einer utilitaristischen intertemporalen Wohlfahrtsfunktion mit positiver (negativer) Diskontierung, gekennzeichnet von über die Zeit fallenden (steigenden) Extraktionsmengen. Die Rate der Zu- bzw. Abnahme der Extraktionsmengen wächst mit der Diskontrate. In einer Wettbewerbsmarktwirtschaft mit gewinnmaximierenden Extraktionsunternehmen gibt der Marktzinssatz die Wachstumsrate an, mit der der Ressourcenpreis wächst („Hotelling-Regel").

Wichtige Beispiele für erneuerbare natürliche Ressourcen sind Fischbestände, Wald und Agrarprodukte. Die optimale ökonomische Nutzung einer erneuerbaren Ressource ist ein dynamisches Problem. Die „Maximum Sustainable Yield"-Erntestrategie ist im Allgemeinen nicht optimal, da die Kosten des Erntens dabei nicht berücksichtigt werden. Optimalität erfordert, dass Ernteaufwand und -menge kleiner, und daher Bestandsniveaus höher, sind als in der „Maximum Sustainable Yield"-Strategie.

Bei unbeschränktem Zugang zu einer rivalen erneuerbaren Ressource ist das (unregulierte) Marktgleichgewicht nicht optimal („Marktversagen"): Die Ressource wird übernutzt (Ernteaufwand ist zu hoch), das Bestandsniveau ist zu klein.

Diskontierung zukünftiger Kosten und Nutzen führt zu höherem Ernteaufwand und niedrigerem Bestandsniveau einer erneuerbaren Ressource als ohne Diskontierung. Im Extremfall, insbesondere bei sehr hoher Diskontrate und bei Spezies mit sehr niedriger intrinsischer Nettowachstumsrate, kann die Ernte des gesamten Bestandes, d. h. die Ausrottung der Population, optimal sein („optimale Ausrottung").

Nachhaltigkeitsmessung: Wohlfahrtsfunktionen und Nachhaltigkeitsindikatoren

Wenn Nachhaltigkeit als Generationengerechtigkeit aufgefasst und über die Maximierung einer intertemporalen Wohlfahrtsfunktion operationalisiert wird, dann beinhaltet jede dafür verwendete intertemporale Wohlfahrtsfunktion Grundvorstellungen von Generationengerechtigkeit. Neben utilitaristischen Gerechtigkeitsvorstellungen (mit oder ohne Diskontierung) kommt dafür auch Gerechtigkeitsvorstellung von Rawls infrage, das Chichilnisky-Kriterium oder das Neidfreiheits-Kriterium.

Gerechtigkeits- und wohlfahrtstheoretisch fundierte Nachhaltigkeitsregeln oder -indikatoren erfordern immer eine explizite Benennung der als Ziel fungierenden und operational formulierten Nachhaltigkeitsnorm, z. B. die zu maximierende Wohlfahrtsfunktion. Das gilt u. a. für die Hartwick-Regel und die Regel starker bzw. schwacher Nachhaltigkeit. Es gilt auch für derzeit verwendete gesamtwirtschaftliche Nachhaltigkeitsindikatoren wie das ggf. „grün" und/oder „nachhaltig" korrigierte Bruttosozialprodukt oder das „genuine" bzw. „inklusive" gesamtwirtschaftliche Vermögen.

Beitrag der Ökonomik zur inter- und transdisziplinären Nachhaltigkeitswissenschaft sowie zur öffentlichen Nachhaltigkeitssteuerung

Die Ökonomik – die Wissenschaft vom Wirtschaften – ist elementar auf andere akademische Disziplinen bezogen und insofern inhärent interdisziplinär ausgerichtet. Das gilt umso mehr für die Nachhaltigkeitsökonomik, die analysiert, wie öffentliche Steuerungsprozesse und -strukturen so gestaltet werden können, dass knappe Mittel – natürliche Ressourcen und ihre menschengemachten Substitute und Komplemente – effizient zur Erreichung des gesellschaftlichen Ziels der Nachhaltigkeit eingesetzt werden.

Die *Knappheit natürlicher Ressourcen* ist dabei primär Gegenstand von Naturwissenschaften wie z. B. der Physik, Chemie, Geologie, Hydrologie, Biologie, Ökologie etc.; die *Möglichkeiten, natürliche Ressourcen in Konsum- und Investitionsgüter umzuformen*, werden von den Ingenieurwissenschaften beschrieben; das Zustandekommen und die *Funktionsweise regulierender Institutionen* ist primär Gegenstand der Planungs-, Politik-, Rechts- und Verwaltungswissenschaften; die *normative Begründung von Nachhaltigkeit* erfolgt in der Ethik; *menschliches Verhalten* ist primär Gegenstand von Psychologie und Soziologie. Das Wissen all dieser akademischer Disziplinen ist für die Nachhaltigkeitsökonomik erforderlich und wird systematisch miteinbezogen.

Umgekehrt kann die ökonomische Perspektive auf Nachhaltigkeitsprobleme, mit ihrem klaren Fokus auf Effizienz, systematisch ordnende Beziehungen zwischen ansonsten unverbundenen Disziplinen bzw. disziplinären Fragestellungen herstellen und insofern innovativ und forschungsleitend auch in anderen Disziplinen wirken. Beispielsweise werden im Fall der Hummerfischerei an der Küste Neufundlands der allgemein-ethische Diskurs über das Verhältnis von intra- und intergenerationeller Gerechtigkeit und die meeresbiologische Untersuchung des Nahrungsnetzwerkes von Kabeljau, kleinen Küstenfischen und Schalentieren durch die ökonomische Perspektive direkt und auf originelle Weise miteinander verbunden: Wie müssen institutionelle Regelungen für die Nutzung bzw. Bewahrung der Populationen von Kabeljau, kleinen Küstenfischen und Schalentieren gestaltet sein, damit sowohl intra- als auch intergenerationelle Gerechtigkeit in den Mensch-Natur-Beziehungen effizient erreicht werden?

Bei Fragen der effizienten Verwendung knapper Mittel zur Erreichung eines gegebenen Ziels ist die transdisziplinäre Einbeziehung relevanter Akteure häufig möglich und sogar erforderlich, um das wissenschaftliche Problem überhaupt erst genau zu definieren: Welches Ziel genau soll eigentlich erreicht werden? Welche Mittel stehen dafür zur Verfügung? Und welche alternativen Verwendungsmöglichkeiten haben diese Mittel? Erst wenn diese Fragen aus der Sicht von Praxisakteuren beantwortet sind, hat man ein gesellschaftlich relevantes wissenschaftliches Problem definiert.

Zur öffentlichen Nachhaltigkeitssteuerung kann eine solcherart umfassend verstandene Nachhaltigkeitsökonomik wichtiges Orientierungswissen beitragen. Ihr genuin ökonomischer Fokus liegt auf ökonomischer Effizienz, d. h. Nicht-Verschwendung knapper Mittel – natürlicher Ressourcen und ihrer menschengemachten Substitute und Komplemente – zur Erreichung des gesellschaftlichen Ziels der Nachhaltigkeit. Mit diesem Fokus kann sie die wesentlichen Alternativen, Trade-Offs und damit auch Opportunitätskosten von Handlungsoptionen für nachhaltige Entwicklung aufzeigen. Weiterhin kann sie Empfehlungen dafür geben, wie Institutionen zur Nutzung und Bewahrung natürlicher Ressourcen sowie ihrer menschengemachten Substitute und Komplemente gemacht sein müssen, damit diese Güter effizient eingesetzt werden, um das Ziel einer nachhaltigen Entwicklung zu erreichen.

Politik und nachhaltige Entwicklung

Harald Heinrichs

Die große Idee einer nachhaltigen Entwicklung, die im sogenannten Brundtland-Bericht 1987 skizziert und auf der Konferenz für Umwelt und Entwicklung in Rio de Janeiro 1992 im Rahmen der Rio-Deklaration und der Agenda 21 von 179 Staaten konkretisiert wurde, ist das Resultat vielfältiger, weltweit verteilter Diskussionen und Aktivitäten in Wissenschaft, Zivilgesellschaft, Wirtschaft und Politik. Den Nährboden für die Erfindung des Leitbilds bildeten die Erkenntnisse der interdisziplinären Umweltforschung seit Ende der 1960er-Jahre, die Sozial-, Friedens- und Umweltbewegungen der 1960er-, 1970er- und 1980er-Jahre des 20. Jahrhunderts, die Innovationen von Umweltpionierunternehmen seit den 1970er-Jahren und das weitsichtige Engagement von (inter)nationalen Eliten in Politik und Verwaltung. Nachhaltige Entwicklung war von Beginn an ein internationales gesellschaftspolitisches – und kein primär wissenschaftliches – ‚Projekt', mit dem ethisch-normativen Anspruch einer zukunftsfähigen und gerechten Gestaltung von Gesellschaft und Wirtschaft auf einem begrenzten Planeten.

Auch wenn in der Agenda 21 die Verantwortung unterschiedlicher Gesellschaftsbereiche, wie z. B. dem Bildungssektor oder der Wirtschaft, betont wird, war und ist nachhaltige Entwicklung ein politisches Phänomen. In Konflikt- und Aushandlungsprozessen zwischen (staatlicher) Politik und Verwaltung sowie mit gesellschaftlichen Politikakteuren, wie Unternehmen, Verbänden oder Bürgerinitiativen, wird nachhaltige Entwicklung interpretiert und gestaltet. In diesem Verständnis wird im Folgenden das Themenfeld „Politik und nachhaltige Entwicklung" näher beleuchtet.

Zunächst wird die besondere Bedeutung der Umweltpolitik für die Entstehung von Nachhaltigkeitspolitik betrachtet. Es wird erläutert, wie sich das Leitbild der nachhaltigen Entwicklung im gesellschaftspolitischen Kontext der vergangenen 20 Jahre in Politik und Verwaltung entwickelt hat, und welche Institutionen und Instrumente der Nachhaltigkeitspolitik (inter)national entstanden sind. Im Anschluss an die beschreibende Analyse der Umwelt- und Nachhaltigkeitspolitik, werden wesentliche theoretische Ansätze zum vertiefenden Verständnis vorgestellt. Der Beitrag schließt mit einem Ausblick auf weiterführende Gestaltungmöglichkeiten der Nachhaltigkeitspolitik und konkretisiert die Rolle der sozial- und politikwissenschaftlichen Perspektive im Rahmen inter- und transdisziplinärer Nachhaltigkeitswissenschaft.

Umwelt- und Nachhaltigkeitspolitik

Die Ursprünge dessen, was heute als Nachhaltigkeitspolitik bezeichnet werden kann, liegen in der Umweltpolitik. In den 1960er-Jahren des 20. Jahrhunderts wurden Umweltprobleme, wie Luft- oder Wasserverschmutzung, als Nebenfolgen industriellen Wirtschaftswachstums diagnostiziert (McNeil 2003). Es wurde deutlich, dass die existierenden Umwelt- und Naturschutzmaßnahmen des späten 19. Jahrhunderts nicht mehr ausreichten, um die neuen Umweltprobleme fortgeschrittener Industriegesellschaften, wie z. B. die Ausbreitung von Chemikalien, in den Griff zu bekommen. Ebenso wurde der globale Charakter der Umweltproblematik erkennbar: Ähnliche Umweltprobleme traten weltweit in industrialisierten Ländern auf und gleichzeitig gewannen grenzüberschreitende Umweltprobleme an Bedeutung. Neben den diagnostizierten existierenden Umweltveränderungen, zeigten Szenario-Studien die Endlichkeit natürlicher Ressourcen bei fortschreitendem industriellen Wachstum (Meadows et al. 1972). Diese Erkenntnisfortschritte, die einhergingen mit einem beginnenden Wandel von Wertvorstellungen in – zunächst kleinen – Teilen der Bevölkerung und veränderten politischen Bewertungen, führten international ebenso wie in zahlreichen Nationalstaaten zur Etablierung moderner Umweltpolitik (Jänicke et al. 2003). Prinzipien wurden formuliert, Inhalte konkretisiert, Institutionen geschaffen und Instrumente entwickelt. Angetrieben durch Umweltpionierstaaten wie Schweden und die USA, wurden neben nationalen parallel signifikante internationale Aktivitäten in Gang gebracht. Insgesamt lässt sich konstatieren, dass sich die moderne Umweltpolitik seit ihren Anfängen, durch Politiklernen und Diffusion von Konzepten und Ansätzen, weltweit dynamisch entwickelt hat. Dabei wurden mit der Zeit aber auch die Grenzen von Umweltschutzansätzen und die Notwendigkeit zur Weiterentwicklung von Umweltpolitik deutlich.

Zum einen wurde erkennbar, dass die sektorale Umweltpolitik, die einzelne Umweltprobleme regulierte, nicht ausreicht, um die vernetzten Problemlagen in den Griff zu bekommen. Zum anderen zeichnete sich ab, dass nachsorgender Umweltschutz in industriegesellschaftlichen Produktionsprozessen unzureichend ist. Und schließlich wurde deutlich, dass insbesondere im Kontext globaler Umweltprobleme, Entwicklungsfragen, wie Armut und Bevölkerungsentwicklung, zentral sind. Die politischen Antworten auf diese Herausforderungen markieren die Erneuerung der Umweltpolitik und ihre Erweiterung hin zur Nachhaltigkeitspolitik seit den 1980er-Jahren.

Einerseits gab es Innovationen in der Umweltpolitik. Dazu gehören der Ansatz der Umweltpolitikintegration, die Konzepte des vorbeugenden, produktionsintegrierten Umweltschutzes und der ökologischen Modernisierung sowie die strategische Umweltpolitik (Jänicke 2008). Die Umweltpolitikintegration unterstützt die Integration von Umweltanforderungen in andere Politikfelder, wie Agrar- oder Verkehrspolitik, weil Umweltprobleme häufig durch Maßnahmen in anderen Politikfeldern verursacht werden. Die integrierte Umweltschutzpolitik und die ökologische Modernisierung eröffneten Perspektiven für eine proaktive Umweltschadensvermeidung, durch umwelttechnische und -organisatorische Innovationen. Und die strategische Umweltpolitik ermöglichte eine an Mittel- und Langfristzielen ausgerichtete, anpassungsfähige umweltpolitische Steuerung.

Neben der industriegesellschaftlich ausgerichteten Umweltschutzpolitik gewannen globale soziale und wirtschaftliche Entwicklungsfragen an Bedeutung, die in zwei wegweisenden Berichten („Brandt-Report" und „Palme-Report") pointiert wurden. Die wechselseitige Abhängigkeit zwischen ökonomischen, sozialen und ökologischen Bedingungen und Entwicklungen wurde in Wissenschaft, Zivilgesellschaft und (inter)nationaler Politik systematischer erörtert. Die Brundtland-Kommission, die von 1984–1987 arbeitete, brachte die Diskurse und Erkenntnisse zusammen und kreierte die wirkmächtige Idee der nachhaltigen Entwicklung, die schließlich 1992 auf der Weltkonferenz für Umwelt und Entwicklung in Rio de Janeiro als globales Leitbild verabschiedet wurde.

Die konzeptionelle Verknüpfung ökologischer Herausforderungen mit ökonomischen und sozialen Entwicklungsfragen in langfristiger Perspektive und dem expliziten Postulat intra- und intergenerationeller Gerechtigkeit im Brundtland-Bericht, der Rio-Deklaration und der Agenda 21, bot einen für viele Akteure anschlussfähigen Orientierungsrahmen. Dieser kann als Kristallisationskern für die Entstehung der Nachhaltigkeitspolitik gesehen werden. Über Umweltschutzpolitik hinausgehend, kann Nachhaltigkeitspolitik dementsprechend verstanden werden als Gesellschaftsentwicklungspolitik, unter besonderer Berücksichtigung der natürlichen Lebensgrundlagen. Seit der Rio-Konferenz vor 20 Jahren hat sich Nachhaltigkeitspolitik zwar inhaltlich, institutionell und instrumentell weiterentwickelt, eine weltweite, systematische Etablierung und effektive Umsetzung ist aber noch nicht erreicht.

Gesichter der Nachhaltigkeit

Prof. em. Dr. Dr. Udo E. Simonis
- emeritierter Professor für Umweltpolitik am Wissenschaftszentrum Berlin für Sozialforschung (WZB)
- Forschungsschwerpunkte: Ökologischer Strukturwandel von Wirtschaft und Gesellschaft, Weltumweltpolitik
- Zwischen 1992 und 1996 war er Mitglied des Wissenschaftlichen Beirates der Bundesregierung Globale Umweltveränderungen (WBGU). Er ist Vorsitzender des Kuratoriums der Deutschen Umweltstiftung. Darüber hinaus ist er in einer Vielzahl wissenschaftlicher Gremien aktiv.

Udo E. Simonis

Sowohl innerhalb von Nationalstaaten als auch auf internationaler, zwischenstaatlicher Ebene gibt es eine große Varianz an Wertvorstellungen, Interessenlagen, Machtpotentialen und Problemlösungsbereitschaften bezüglich nachhaltiger Entwicklung bei politischen Akteuren aus (formaler) Politik, Verwaltung, Wirtschaft und Zivilgesellschaft (Meadowcroft 2008). Die politische Debatte über nachhaltige Entwicklung ist seit der Verabschiedung des Leitbilds geprägt von vielfältigen Interpretationen, konkurrierenden Definitionen und Kontroversen bei der Konkretisierung (Grunwald und Kopfmüller 2006). Das Spektrum reicht von umweltzentrierten bis zu multidimensionalen und integrativen Verständnissen, von kreativen und konkreten Gestaltungsansätzen nachhaltiger Entwicklung über rein symbolische Politik bis hin zu Ignoranz und Blockade nachhaltigkeitspolitischer Entwicklungen. Wie jedes andere politische Vorhaben auch, muss nachhaltige Entwicklung in Meinungs- und Willensbildungsprozessen erstritten und gestaltet werden. Die Reichweite der, für eine nachhaltige Entwicklung als notwendig angesehenen, Veränderungsprozesse, fordert gesellschaftspolitische Entscheidungsprozesse in besonderem Maße. Trotz der hohen Komplexität nachhaltiger Entwicklung, die aufgrund der Zukunftsorientierung mit unsicherem Wissen und ambivalenten Bewertungen konfrontiert ist, hat sich, ausgehend von der Agenda 21, ein inhaltliches Spektrum herauskristallisiert und charakteristische instrumentelle und institutionelle Ansätze sind entstanden. Dabei lässt sich, ähnlich wie bei der weltweiten Verbreitung von Umweltpolitik, auch bei der Nachhaltigkeitspolitik Politiklernen und Diffusion beobachten.

International und auch in Deutschland setzt sich zunehmend ein multidimensionales Nachhaltigkeitsverständnis durch (Göll und Thio 2004). Wenn auch weiterhin die in die Nachhaltigkeitsperspektive einbezogenen Politikinhalte und Handlungsfelder sowie die Akzentuierungen auf den verschiedenen Politikebenen – Kommunen, Länder, Nationen, Regionen, International – und in unterschiedlichen Staaten verschieden ausfallen, so zeichnet sich eine Tendenz zur Bearbeitung miteinander wechselwirkender Politikinhalte ab. Dieser Trend auf der Inhaltsebene geht einher mit einer darauf zugeschnittenen Instrumentenentwicklung. Der Herausforderung, miteinander wechselwirkende ökologische, ökonomische und soziale Dynamiken in langfristiger Perspektive politisch gestaltbar zu machen, wird im Wesentlichen mit drei Instrumententypen begegnet: Nachhaltigkeitsstrategie, Nachhaltigkeitsprüfung sowie Nachhaltigkeitskommunikation und -kooperation.

Um der Integrations- und Langfristanforderung der Nachhaltigkeitspolitik gerecht zu werden, wurden bereits in der Agenda 21 alle Nationen aufgefordert, Nachhaltigkeitsstrategien mit Zielen, Maßnahmen und Indikatorensystemen zum Monitoring zu entwickeln. Nachhaltigkeitsstrategien, wenn auch unterschiedlich ausgestaltet und effektiv, haben sich zu einem Kernelement der Nachhaltigkeitspolitik entwickelt (Meadowcroft 2007). Daneben gewinnen Nachhaltigkeitsprüfungen und -bewertungen an Bedeutung (Grunwald und Kopfmüller 2007). Von diesem Instrument wird erwartet, Nachhaltigkeitswirkungen von Politikentscheidungen abzuschätzen. Schließlich spielen dialogisch-partizipative Ansätze eine wichtige Rolle (Heinrichs 2005, Newig in diesem Bd.). Nachhaltige Entwicklung wurde von Beginn an als kollektiver Such-, Lern- und Gestaltungsprozess verstanden. Dafür bedarf es eines kooperativen, initiierenden und moderierenden Staats, der wirtschaftliche und zivilgesellschaftliche Akteure aktiv in die politische Gestaltung nachhaltiger Entwicklung einbindet. Auffällig ist, dass ‚härtere‘ Politikinstrumente, die explizit Nachhaltigkeit als integrative Herausforderung adressieren, wie z. B. eine gesetzliche Verpflichtung zur Nachhaltigkeitsberichterstattung von Unternehmen, bislang kaum eingesetzt werden. Auch wenn eine Vielzahl von politischen Instrumenten – vom Emissionshandel bis zur Wärmedämmverordnung – unmittelbar nachhaltigkeitsrelevant sind, ist, im Vergleich zur Umweltpolitik, der Instrumentenmix der Nachhaltigkeitspolitik bislang deutlich weniger entwickelt und hat eine Tendenz zu ‚weichen‘ Instrumenten.

Ebenso wie in der Umweltpolitik und anderen Politikfeldern, ist auch für die Nachhaltigkeitspolitik eine adäquate institutionelle Verankerung von zentraler Bedeutung. Aufgrund der historisch bedingten Nähe zur Umweltpolitik, ist Nachhaltigkeitspolitik (zunächst) in existierende Umweltinstitutionen eingegliedert worden. In einigen Fällen wurden Umweltministerien beispielsweise zu Nachhaltigkeitsministerien. Inwieweit diese sektorale Verankerung hilfreich ist, ist weiter zu diskutieren. Wichtig erscheint aber, (auch) eine institutionelle Verankerung zu etablieren, die dem Querschnittscharakter, den Integrationsanforderungen und der Langfristorientierung nachhaltiger Entwicklung gerecht wird (Lafferty 2004). Dazu sind in den vergangenen Jahren eine Reihe innovativer Ansätze entwickelt und implementiert worden. Beispielsweise gibt es auf unterschiedlichen Politikebenen (international, regional, supranational, national, subnational), in Parlamenten, Ministerien und Verwaltungen Querschnittsarbeitsgruppen, wie z. B. in Deutschland ein Staatssekretärsausschuss für Nachhaltigkeit im Bundeskanzleramt, parlamentarische Ausschüsse und Arbeitsgruppen zur nachhaltigen Entwicklung, kommunale Nachhaltigkeitsmanagement- und Koordinierungsstellen oder auf der Ebene der Vereinten Nationen die „Commission on Sustainable Development", die zur Umsetzung der Agenda 21 eingesetzt wurde und deren Weiterentwicklung auf der UN-Nachhaltigkeitskonferenz – Rio + 20– im Juni 2012 in Rio de Janeiro beschlossen wurde.

Nachhaltigkeitspolitikbarometer

Welchen Stellenwert genießt Nachhaltigkeit in Politik und Bundesverwaltung in Deutschland? Das war die Frage, mit der sich eine Studie an der Professur für Nachhaltigkeit und Politik beschäftigte. Im Auftrag des WWF entwickelt, kommt das Nachhaltigkeitspolitikbarometer zu dem Schluss, dass Nachhaltigkeit im Bereich Politik – im Gegensatz zur Rhetorik der Bundesregierung – lediglich teilweise priorisiert wird. Die Befragung in allen Bundesministerien und den im Bundestag vertretenen Parteien, sowie die unterstützende qualitative und quantitative Dokumentenanalyse, verdeutlichten, dass Deutschland „Mittelmaß statt Spitzenklasse" ist. Während etwa die Zusammenarbeit mit zivilgesellschaftlichen Akteuren in Fragen der Nachhaltigkeit von der Politik durchaus verstärkt gesucht wird, ist die Praxis der

Abb. 2: WWF-Studie
mit dem
Nachhalti keits olitikb

Koordination zwischen den Ministerien in den seltensten Fällen intensiv ausgeprägt – trotz Institutionen wie dem Staatssekretärsausschuss für nachhaltige Entwicklung, der ursprünglich auch mit dem Ziel gegründet wurde, die Abstimmung zwischen den Resorts zu verbessern. Auch auf der föderalen Ebene ist die Zusammenarbeit zwischen Bund und Ländern in Nachhaltigkeitsfragen ebenfalls nicht ausreichend, häufig sogar kaum ausgeprägt. Der Grund dafür wird von den Praktikern in den Ministerien in der Länder-Befürchtung des „Hineinregierens" durch den Bund gesehen. Von den Nachhaltigkeitspolitikern im Bundestag wird – gerade wegen des Querschnittscharakters von Nachhaltigkeit – seitens ihrer Kollegen aus anderen Fachbereichen ebenfalls oft ein „Hineinregieren" befürchtet. Im Bereich der Beschaffung durch die öffentliche Hand zeigt sich, dass Aspekte der Nachhaltigkeit aufgenommen werden, in der Praxis selbst aber noch zu häufig andere Kriterien dominieren. Als Folge ist die Nachfragemacht des Bundes selten wirklich nachhaltigkeitswirksam. Insgesamt fällt die Priorisierung von Nachhaltigkeit häufig anderen Schwerpunktsetzungen und „Erfordernissen" täglicher Arbeit zum Opfer.

(Heinrichs, H.; Laws, N. (2012): Mehr Macht für eine nachhaltige Zukunft. Politikbarometer zur Nachhaltigkeit in Deutschland. WWF, Berlin.)

Daneben wurden in vielen Ländern Nachhaltigkeits(bei)räte eingesetzt, wie z. B. in Deutschland der „Rat für nachhaltige Entwicklung" auf Bundesebene, der Nachhaltigkeitsrat in Baden-Württemberg auf Landesebene oder der Nachhaltigkeitsrat der Stadt Freiburg auf kommunaler Ebene. Die Nachhaltigkeitsräte repräsentieren häufig eine heterogene Teilnehmerzusammensetzung aus Wissenschaft, Wirtschaft, Zivilgesellschaft und Politik. Diese institutionellen Entwicklungen sind erfreulich und notwendig, aber bislang zu wenig systematisch und verbindlich, über die Politik- und Verwaltungsebenen hinweg institutionalisiert. Die institutionelle Infrastruktur in Politik und Administration erscheint bislang nicht als ausreichend, angesichts der enormen Herausforderungen einer nachhaltigen Entwicklung (Tab. 8.1).

Eine Erweiterung von sektoraler Umweltpolitik, über Umweltpolitikintegration hin zur integrativen Nachhaltigkeitspolitik ist zwar erkennbar. In inhaltlicher, institutioneller und instrumenteller Perspektive sind erste, vielversprechende Ansätze entwickelt und teilweise implementiert. Aber auch 20 Jahre nach der ersten Rio-Konferenz, befindet sich Nachhaltigkeitspolitik noch im ‚status nascendi'.

Bei der Bilanzierung der Erfolge und Misserfolge in der Entwicklung der Nachhaltigkeitspolitik sollte man nicht politisch naiv sein. Nachhaltige Entwicklung und Nachhaltigkeitspolitik sind nicht, in einem technokratischen Verständnis, einfach in Politik und Verwaltung implementierbar. Sie sind in einem facettenreichen gesellschaftspolitischen Kontext mit unübersichtlichen Gemengelagen in politischen Auseinandersetzungen zu erstreiten. Massive geopolitische Verschiebungen seit dem Zusammenbruch des Ostblocks, Nebenfolgen neoliberaler ökonomischer Globalisierung – zumindest bis zur Wirtschaftskrise 2008 – sowie nationale und subnationale Herausforderungen, wie z. B. Haushaltsdefizite in vielen westlichen Ländern, zusammenbrechende Staaten in Afrika oder soziale Konflikte in autokratischen Systemen, können zwar als Symptome nichtnachhaltiger Entwicklung gedeutet werden, der kurzfristige Handlungsdruck macht aber die Etablierung langfristigen Denkens und Handelns schwierig. Jenseits der normativen Forderung nach mehr und besserer Nachhaltigkeitspolitik ist es deshalb notwendig, die Möglichkeiten und Herausforderungen für die Weiterentwicklung von Nachhaltigkeitspolitik theoriegeleitet vertiefend zu analysieren.

▶ **Fragen:** Was sind wesentliche Unterschiede zwischen Umwelt- und Nachhaltigkeitspolitik?
Was sind wesentliche Herausforderungen für eine erfolgreiche Nachhaltigkeitspolitik?

▶ **Aufgabe:** Recherchieren Sie aktuelle nachhaltigkeitspolitische Entwicklungen auf Bundes- und Länderebene und diskutieren Sie mit Ihren Kommilitonen inwieweit die momentanen Strukturen und Instrumente effektiv sind für eine nachhaltige Entwicklung.

Tab. 8.1 Meilensteine der Umwelt- und Nachhaltigkeitspolitik in Deutschland, der Europäischen Union und bei den Vereinten Nationen

Dekade	Deutschland	Europa	Vereinte Nationen
1970–1980	Umweltprogramm 1971 Umweltbundesamt 1974	Erstes Umweltaktions-programm 1973–1976 Zweites Umweltaktions-programm 1976–1981 Generaldirektion Umwelt in der Europäischen Kommission 1972	Erste Umweltkonferenz in Stockholm 1972
1980–1990	Bundesumweltministerium 1986 Parlamentarischer Ausschuss Umwelt, Naturschutz und Reaktorsicherheit 1986	Drittes Umweltaktions-programm 1982–1987 Viertes Umweltaktions-programm 1987–1992	IUCN „World Conservation Strategy" 1980 Brandt-Report & Palme-Report 1980 Brundtland-Kommission 1984–1987
1990–2000	Enquete-Kommission „Schutz des Menschen und der Umwelt" 1992–1998 Umweltschutz im Grundgesetz 1994 Enquete-Kommission „Demographischer Wandel" (1995–2002)	Fünftes Umweltaktions-programm 1993–2000 Europäische Umwelt-agentur 1994 Cardiff-Prozess 1998 Amsterdamer-Vertrag 1999	Rio-Konferenz, Agenda 21, „Commission on Sustainable Development" 1992 Folgekonferenzen 1994–1997
2000–2010	Nachhaltigkeitsstrategie und Fortschrittsberichte ab 2002 Enquete-Kommission „Globalisierung der Weltwirtschaft" 1999–2002 Enquete-Kommission „Zukunft des bürgerschaftlichen Engagements" (1999–2002) Nachhaltige Energieversorgung unter den Bedingungen der Globalisierung und der Liberalisierung (2000–2002)	Lissabon-Strategie Sechstes Umweltak-tionsprogramm 2000 Nachhaltigkeitsstrategie und Fortschrittsberichte ab 2001 Umweltausschuss des Europäischen Parlaments 2004	Millenium-Development Goals 2000 Johannesburg-Konferenz 2002
2010–2020	Parlamentarischer Beirat für nachhaltige Entwicklung 2010 Energiewende 2011 Enquete-Kommission „Wachstum, Wohlstand, und Lebensqualität" 2011	Europa 2020-Strategie	Rio + 20-Konferenz 2012

Nachhaltigkeitspolitik verstehen

Die beschreibende, empirisch-deskriptive Analyse der Nachhaltigkeitspolitik ist eine notwendige Bedingung für eine kritische Bestandsaufnahme und die Identifikation von Entwicklungsmöglichkeiten und -notwendigkeiten. Hinreichend für ein vertieftes Verständnis von Politik und nachhaltiger Entwicklung ist sie aber nicht. Dafür sind Sozial- und Politiktheorien nutzbar zu machen. Mit Blick auf wesentliche Charakteristika nachhaltiger Entwicklung, wie Langfrist- und Gerechtigkeitsorientierung, soziale und sachliche Komplexität sowie Integration, Umgang mit unsicherem Wissen und ambivalenter Bewertung, Pfadabhängigkeit nichtnachhaltiger Praktiken sowie der inhärent transformativen Perspektive sind folgende Theorien zum besseren Verständnis von Nachhaltigkeitspolitik in demokratischen Gesellschaften besonders relevant: Demokratietheorie, Bürokratietheorie, Systemtheorie, Steuerungstheorie und Transitiontheorie (Heinrichs 2011).

Weltweit werden ca. zwei Drittel aller Staaten als demokratisch eingestuft, die übrigen Staaten sind Hybridformen (demokratische und autoritäre Regime) oder autoritäre Regime (vgl. www.freedomhouse.org). Um Nachhaltigkeitspolitik – auch international – zu verstehen, ist deshalb die demokratietheoretische Perspektive für die Identifizierung von Möglichkeiten, Grenzen und Gestaltungsansätzen für Nachhaltigkeitspolitik von besonderer Bedeutung. Dies gilt umso mehr, da die Rio-Deklaration und die Agenda 21 ein Verständnis von nachhaltiger Entwicklung als Such-, Lern- und Gestaltungsprozess widerspiegeln, die nur mit einem demokratischen Politik- und Gesellschaftssystem vereinbar scheinen. Auch wenn Nachhaltigkeitspolitik im Vergleich von autoritären, hybriden und (unterschiedlichen) demokratischen Politiksystemen stärker untersucht werden sollte, so geht es zentral um demokratietheoretische Grundfragen, wie beispielsweise die Verknüpfung von langfristig ausgerichteter, nachhaltiger Entwicklung mit kurzfristigen Wahlzyklen, die politische Meinungs- und Willensbildung zu nachhaltiger Entwicklung durch Parteien und anderen (organisierten) Interessengruppen, die Nachhaltigkeitsrelevanz unterschiedlicher Demokratieformen, wie direkter vs. repräsentativer Demokratie, parlamentarischem vs. präsidenziellem System, Konkurrenz- oder Konsensdemokratie.

Analog zur Demokratietheorie, die hilft, den politischen Kontext von Nachhaltigkeitspolitik systematisch zu analysieren, hilft die bürokratietheoretische Perspektive, Möglichkeiten, Grenzen und Gestaltungsansätze in der Verwaltung, die politische Entscheidungen umsetzt, besser zu verstehen. Die typischen Merkmale von Verwaltungshandeln, wie Spezialisierung, Hierarchie, Regelgebundenheit und Aktenmäßigkeit, die gemäß der Bürokratietheorie die besondere rationale Form der Herrschaftsausübung gewährleisten, stellen Herausforderungen an die Nachhaltigkeit, die Querschnitts- und Langfristorientierung sowie integrativer Perspektiven bedarf. Neuere verwaltungstheoretische Ansätze der Verwaltungsmodernisierung – „New Public Management" und „New Public Governance" – bieten hierzu interessante Anknüpfungspunkte (Blanke et al. 2010).

Demokratie- und Bürokratietheorie sind wesentlich für ein besseres Verständnis von Nachhaltigkeitspolitik im politisch-administrativen Kontext. Für die Analyse von Nachhaltigkeitspolitik im gesamtgesellschaftlichen Zusammenhang ist die (soziologische) Systemtheorie hilfreich (Luhmann 2000). Moderne Gesellschaften zeichnen sich durch eine

Ausdifferenzierung in Teilsysteme, wie beispielsweise Wirtschaft, Politik oder Wissenschaft, aus, die ihren jeweils eigenen Logiken folgen. Gemäß der Eigenlogiken und -dynamiken der Gesellschaftsbereiche, wird von einer begrenzten Steuerungsfähigkeit des politischen Systems ausgegangen. Gerade in offenen, demokratischen Gesellschaftssystemen ist aus dieser Perspektive nicht davon auszugehen, dass Politik und Verwaltung die nachhaltige Gesellschaftsentwicklung direkt steuern kann. Die systemtheoretische Perspektive schärft den Blick für die Notwendigkeit intelligenter Steuerungs- und Gestaltungsansätze.

Die politische Steuerungstheorie ist als Ansatz gesamtgesellschaftlicher Planung und Lenkung in den 1960er- und 1970er-Jahren entstanden (vgl. Mayntz 2009). Ausgehend von einer Steuerungshierarchie, war die Politik als Steuerungssubjekt und die gesellschaftlichen Bereiche und Akteure als Steuerungsobjekte konzeptioniert. Dieses Steuerungsideal wurde theoretisch und empirisch bald kritisiert. Es wurde herausgearbeitet, dass Steuerung nicht als einseitiger, zielgerichteter Prozess gedacht werden kann, sondern ein Interaktionsprozess ist, in dem Steuerungsbemühungen der Politik auf gesellschaftliche Akteure treffen, die in unterschiedlicher Art und Weise (re)agieren können. Die Erkenntnisse über begrenzte politische Steuerungsfähigkeit im hierarchischen-direktiven Verständnis führten insbesondere im Kontext nicht realisierter Versprechen staatlicher Gesamtsteuerung („Staatsversagen") und ökonomischer Globalisierung, in dem vielfältige Akteure im internationalen System ohne „Weltregierung" wechselseitig aufeinander einwirken, zu steuerungstheoretischen Weiterentwicklungen. Staatliche Kontextsteuerung und gesellschaftliche Selbststeuerung wurden in theoretischen Entwürfen zum kooperativen Staat und zur sogenannten (Global) Governance zu zentralen Elementen. Die Steuerungstheorie schärft den Blick dafür, welchen Mix an Steuerung und Selbstorganisation eine langfristige, zielgerichtete Politikgestaltung für eine nachhaltige Entwicklung bedarf.

An die System- und (neuere) Steuerungstheorie anknüpfend und aufbauend auf interdisziplinäre komplexitätstheoretische Ansätze, wurde in den vergangenen Jahren mit dem „Transitionmanagment" ein explizit auf nachhaltige Entwicklung zielender (normativer) Theorie- und Gestaltungsansatz entwickelt (Kanatsching und Pelikan 2010; Loorbach 2007). Diese Perspektive verfolgt das Ziel, Übergänge („transitions") in einen qualitativ anderen Gesellschaftszustand zu erfassen und zu katalysieren. Ähnlich wie der fundamentale und weitreichende Übergang von der Agrargesellschaft zur Industriegesellschaft, geht es dabei um den Übergang von einer nichtnachhaltigen zu einer nachhaltigen Gesellschaft. Diese Theorieperspektive eröffnet einen interessanten Horizont für die Nachhaltigkeitspolitik. Die Grenzen des Ansatzes hinsichtlich macht- und interessenpolitischer Konstellationen in realdemokratischen Prozessen sind aber kritisch zu reflektieren, um nicht in die Falle einer politisch unterkomplexen, technokratischen Managementperspektive zu laufen.

Ebenso wie die Nachhaltigkeitspolitik die gesellschaftspolitische Dynamik beeinflusst, die sich in Institutionenwandel, Akteurskonstellationen und Instrumentenwahl widerspiegelt,wirken die gesellschaftlichen und politischen Bedingungen, Konflikte und Trends auf die Nachhaltigkeitspolitik ein. Für die Analyse der Nachhaltigkeitspolitik und die Entwicklung von Gestaltungsansätzen reicht deshalb nicht der enge Blick auf ihre Institutionen und Instrumente. Die genannten Theorien helfen, Nachhaltigkeitspolitik in (demo-

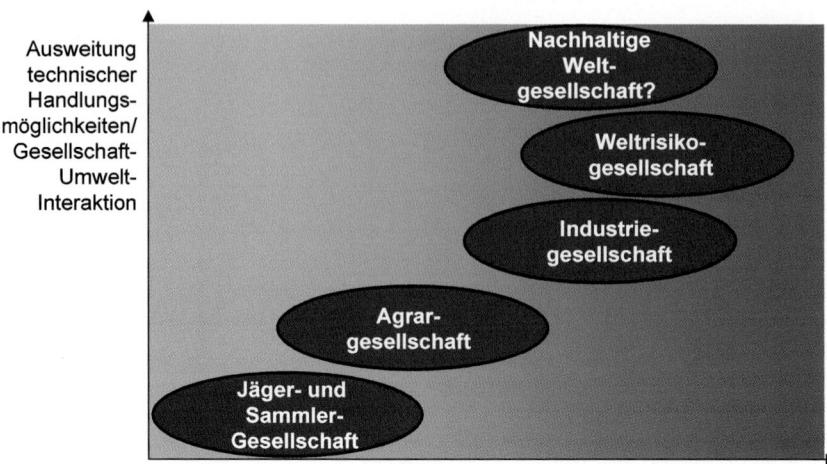

Abb. 8.2 Entwicklung zur nachhaltigen Weltgesellschaft (eigene Darstellung)

kratischen) Gesellschaften gründlicher zu reflektieren und zu verstehen. Sie können dazu beitragen, die aktuellen und zukünftigen nachhaltigkeitspolitischen Entwicklungen einzuordnen und voranzubringen.

▶ **Frage:** Was sind aus der Sicht der Demokratietheorie die zentralen Herausforderungen der Nachhaltigkeitspolitik?

▶ **Frage:** Worin sehen Sie Grenzen neuerer Governance-Ansätze, wie beispielsweise dem Transitionmanagement?

▶ **Aufgabe:** Recherchieren Sie Fallbeispiele für die Integration von Nachhaltigkeit in die Verwaltung und bewerten diese aus der Perspektive der Bürokratietheorie.

Nachhaltigkeitspolitik gestalten

Klimawandel, Ressourcenverbrauch, volatile Wirtschaftsdynamik, soziale Ungleichheit oder demographischer Wandel sind miteinander wechselwirkende Problemfelder, die nachhaltigkeitspolitischer Gestaltung bedürfen. Die Herausforderungen sind so enorm, dass Wissenschaftler die Notwendigkeit einer „großen Transformation" sehen (WBGU 2011) (Abb. 8.2).

Wie auf den vorangegangenen Seiten dargestellt, lässt sich feststellen, dass die Transformation zwar bereits im Gange ist – dies zeigen die Entwicklungen von der Umwelt- hin zur Nachhaltigkeitspolitik in den vergangenen 20 Jahren – die Transformationsgeschwindigkeit ist aber unzureichend. Es gilt, Nachhaltigkeitspolitik gezielt und mit Nachdruck weiterzuentwickeln. In Wissenschaft und Praxis gibt es dazu interessante aktuelle Entwicklungen.

Nachhaltigkeit in Politik und Verwaltung erfordert eine multiple Integration, zu der konzeptionelle Ansätze entwickelt und exemplarisch angewendet werden. Über integrative Nachhaltigkeitsindikatorensysteme hinaus betrifft dies die horizontale Integration über Politikfelder hinweg, die vertikale Integration über politische Handlungsebenen, die Akteursintegration durch Partizipation und Kooperation, die Integration unterschiedlicher Wissensformen und -ansprüche sowie die Integration von kurz- und langfristigen Zeitskalen (Steurer 2010). Ansätze wie die „integrative Nachhaltigkeitssteuerung" in (kommunalen) Verwaltungen versuchen, diese Integrationsanforderungen zu konkretisieren (Oppenrieder und Heinrichs 2011).

Ein wesentlicher Treiber nichtnachhaltiger Entwicklung liegt in der Produktion und dem Konsum ressourcenverbrauchender Güter und Dienstleistungen (UN 2011). Es ist eine zentrale Aufgabe der Nachhaltigkeitspolitik, eine Neubewertung von ressourcenintensivem Wirtschaftswachstum zu stimulieren und Veränderungsprozesse zu initiieren. Aktuelle (nachhaltigkeits)politische Initiativen, wie die Einrichtung einer Enquete-Kommission beim deutschen Parlament zu „Wachstum, Wohlstand und Lebensqualität" (Bundestag 2012) oder die Entwicklung und Diskussion neuer (integrativer) Wohlstandsindikatoren, die neben dem Bruttoinlandsprodukt als zentralem volkswirtschaftlichen Indikator auch soziale und ökologische Aspekte berücksichtigen, sind beispielhaft für aktuelle Debatten über Möglichkeiten und Grenzen eines anderen Wirtschaftswachstums (Schepelmann et al. 2010; Stiglitz et al. 2010).

Schließlich haben politische Gesetzesinitiativen in spezifischen Politikfeldern, wie der Beschluss zur Energiewende in Deutschland, ebenso eine hohe Relevanz für nachhaltige Entwicklung wie ‚weiche' Programme und Maßnahmen, zu denen die Förderung gesellschaftlicher Verantwortung von Unternehmen (BMAS 2010) oder die Etablierung eines Nachhaltigkeitskodex (RNE 2012), um den Verpflichtungsgrad von Nachhaltigkeitsmanagement und -berichterstattung im privaten Sektor zu erhöhen, gehören.

Diese neueren Ansätze, die 20 Jahre nach der ersten Konferenz für Umwelt und Entwicklung in Rio de Janeiro auf der Nachfolgekonferenz „Rio + 20" unter den Leitthemen „Green economy and poverty reduction" und „Institutions for sustainable development" im Juni 2012 diskutiert wurden (www.uncsd2012.org/rio20/), stellen weitere Schritte auf dem langen Weg zu einer nachhaltigen Entwicklung dar. Um die Realisierungsbedingungen und -barrieren von nachhaltiger Entwicklung, als einer inzwischen gereiften politischen Idee, zu verstehen und zu gestalten, ist die konstruktiv-kritische Begleitung durch eine inter- und transdisziplinär angelegte Nachhaltigkeitspolitikforschung notwendig. Für eine auf Problemlösungen gerichtete Bearbeitung von Nachhaltigkeitspolitik, sind disziplinäre soziologische, politik- und verwaltungswissenschaftliche Ansätze zu verbinden mit nachhaltigkeitswissenschaftlicher Expertise. Durch transdisziplinäre Forschungs- und Entwicklungsprojekte, wie z. B. zur integrativen Nachhaltigkeitssteuerung in der Verwaltung (www.nachhaltige-verwaltung.de), in denen eng mit Politik- und Verwaltungspraxis kooperiert wird, kann die Nachhaltigkeitspolitikforschung einen Beitrag leisten zur Weiterentwicklung von Nachhaltigkeitspolitik und öffentlicher Nachhaltigkeitssteuerung.

Nachhaltigkeit aus rechtlicher Perspektive

Thomas Schomerus

Nachhaltigkeit wird vor allem als eine politische Handlungsmaxime wahrgenommen. Nachhaltigkeit ist aber auch und gerade ein Postulat des Rechts. Es gibt auf allen Ebenen etliche an Nachhaltigkeitsidealen orientierte Rechtsnormen, vom Völkerrecht über das Recht der Europäischen Union bis zum nationalen Recht mit dem Bundes-, Landes- und Kommunalrecht. Zum Beispiel wird bereits in der Präambel des Vertrags über die Europäische Union (EUV) die „Stärkung des Zusammenhalts und des Umweltschutzes" mit dem „wirtschaftlichen und sozialen Fortschritt ihrer Völker unter Berücksichtigung des Grundsatzes der nachhaltigen Entwicklung" beschworen.

Dennoch wirken die Konturen der Nachhaltigkeit in ihrer rechtlichen Wirkung verschwommen. Sie wird nicht als eindeutiges rechtliches Gebot wahrgenommen, sondern als „Alles-und-Nichts"-Idealvorstellung, die je nach Interessen und Standpunkten unterschiedlich ausgefüllt wird (Rehbinder 2002; Bosselmann 2008). Es gibt keine allgemeingültige rechtliche Festlegung auf eine bestimmte Ausprägung oder Auslegung des Nachhaltigkeitsbegriffs. Für den Teilbereich der Raumordnung hat der Gesetzgeber in § 1 Abs. 2 ROG allerdings eine Leitvorstellung formuliert, nach der

> eine nachhaltige Raumentwicklung, die die sozialen und wirtschaftlichen Ansprüche an den Raum mit seinen ökologischen Funktionen in Einklang bringt

anzustreben ist. Ob sich der Gesetzgeber hiermit für eine „harte" Nachhaltigkeitsdefinition entschieden hat, bei der ökologischen Belangen ein grundsätzlicher Vorrang eingeräumt wird, oder ob damit eine „weiche" Definition im Sinne des „Säulen"- oder „Dreiecksmodell" gemeint ist (in diesem Sinne Spannowsky et al. 2010), ist eine Frage der Auslegung. Die Anwendung juristischer Auslegungsmethoden kann sinnvollerweise nur im Kontext der jeweiligen Normen erfolgen, in denen der Begriff verwendet wird.

Auslegungsmethoden

Kernelement juristischer Methodik ist die Auslegung. An erster Stelle steht die grammatische Auslegung. Der Wortlaut einer Norm bzw. eines Begriffs markiert grundsätzlich die Grenze der Auslegung. Von großer Bedeutung ist die Auslegung nach dem Sinn und Zweck einer Norm, die teleologische Auslegung. Hierbei wird gefragt, welches Ziel mit einer Regelung erreicht werden soll (dies wird häufig in § 1 des jeweiligen Gesetzes bestimmt), und es wird unter mehreren nach dem Wortlaut möglichen Auslegungen diejenige gewählt, die dem Normzweck am nächsten kommt. Weiter können der Zusammenhang einer Norm im Gesamtgefüge des Gesetzes oder Rechtsgebiets (systematische Auslegung) sowie der Wille des Gesetzgebers (historische Auslegung) herangezogen werden.

Ein „Nachhaltigkeitsrecht" oder „Recht der Nachhaltigkeit" hat sich bislang nicht als eigenständiges, eindeutig abgrenzbares, homogenes Rechtsgebiet wie das Umwelt- oder Wirtschaftsrecht etabliert. Nachhaltigkeit ist eine Querschnittsmaterie, die so gut wie sämtliche Rechtsbereiche betrifft. Recht der Nachhaltigkeit lässt sich umschreiben als Summe der rechtlichen Regelungen, die auf die Verwirklichung von Nachhaltigkeitszielen ausgerichtet sind. Während auf die Umsetzung des Nachhaltigkeitsideals insgesamt gerichtete Rechtsnormen eher selten sind, gibt es eine Unmenge an Regelungen, die die Verwirklichung einzelner Teilziele der Nachhaltigkeit im Auge haben. Auch letztere sind zum großen Bereich des Nachhaltigkeitsrechts zu zählen.

▶ **Frage:** Wie lässt sich der Nachhaltigkeitsbegriff rechtlich definieren?

▶ **Aufgabe:** Legen Sie den Nachhaltigkeitsbegriff in § 1 Abs. 2 ROG aus.

Nachhaltigkeit und Gerechtigkeit

Gerechtigkeit als ureigenes Desiderat des Rechts ist eines der zentralen Elemente des Nachhaltigkeitsbegriffs. Gerechtigkeit wird vielfach im Sinne einer Verteilungsgerechtigkeit verstanden, bei der es um die faire Verteilung von Gütern und Pflichten geht (Bosselmann 2008; zum sogenannten „Fairnessprinzip" siehe Rawls 2003).

Dabei geht es um die gerechte Verteilung von Ressourcen zwischen Menschen. Der Nachhaltigkeitsgedanke taucht in einer so verstandenen Gerechtigkeitstheorie allenfalls am Rande auf, insbesondere fehlen die ökologische und die Zukunftskomponente. Daher wurde unter dem Begriff der Umweltgerechtigkeit („environmental justice") bzw. der ökologischen Gerechtigkeit („ecological justice") ein weiterführender Ansatz entwickelt, bei dem die Beziehungen zwischen den Menschen und der natürlichen Umwelt in den Mittelpunkt gerückt werden (Bosselmann 2008).

Gesichter der Nachhaltigkeit

Prof. Dr. Klaus Bosselmann
- seit 1999 Gründungsdirektor des New Zealand Centre for Environmental Law an der University of Auckland
- Er vertritt einen an der starken Nachhaltigkeit orientierten ökozentrischen Ansatz und hat zahlreiche Bücher und Beiträge zum Nachhaltigkeitsrecht verfasst.
Wegweisend ist insbesondere "The Principle of Sustainability: Transforming Law and Governance" (2008).

Klaus Bosselmann

Damit ist noch nicht geklärt, in welcher rechtlichen Beziehung Mensch und natürliche Umwelt stehen. In der Tradition westlicher Rechtsordnungen haben Personen keine Pflichten gegenüber der Natur und die Natur hat keine Rechte gegenüber Personen.

Rechtsfähigkeit, d. h. die Eigenschaft, Rechte und Pflichten zu haben, kommt nach § 1 des Bürgerliches Gesetzbuchs (BGB) nur natürlichen und juristischen Personen zu. Tiere dagegen sind keine Personen, auf sie sind nach § 90 a BGB die für Sachen geltenden Vorschriften entsprechend anzuwenden. Sie haben damit, wie die Natur allgemein, keine Rechte und Pflichten. Dieser anthropozentrische Ansatz von Recht und Gerechtigkeit wurde von Vertretern der Umweltgerechtigkeit herausgefordert. In dem berühmt gewordenen Rechtsstreit Sierra Club vs. Morton lehnte der oberste Gerichtshof der Vereinigten Staaten (Supreme Court) 1972 zwar die Klage eines kalifornischen Naturschutzverbands, der sich stellvertretend für ein von einem Ausbauvorhaben bedrohtes Tal gegen das diesen Ausbau beantragende Unternehmen wandte, ab (405 U.S. 727). Jedoch formulierte Richter William O. Douglas ein von der Mehrheitsentscheidung abweichendes Votum, in dem er der betroffenen Natur ein eigenes Klagerecht zugestand. Dieser Gedanke wurde von dem amerikanischen Rechtswissenschaftler Christopher Stone mit seiner Schrift „Should trees have standing?" (1974) aufgegriffen. In Deutschland klagten 1988 die Robben in der Nordsee, vertreten durch Umweltverbände, gegen die staatliche Genehmigung der Verklappung von Dünnsäure bei Helgoland. Die Klage wurde vom Verwaltungsgericht Hamburg mit der Begründung abgewiesen, dass Tiere und die Natur an sich keine eigenen Rechte hätten (VG Hamburg, NVwZ 1988, 1058).

Ein die gesamte Natur einschließendes ökozentrisches Verständnis von Gerechtigkeit findet sich nicht unmittelbar in den gängigen Definitionen der Nachhaltigkeit. So ist der Ansatz der Brundtland-Kommission mit der inter- und intragenerationellen Perspektive der Gerechtigkeit anthropozentrisch zu verstehen. Allerdings findet sich z. B. im SRU-Gutachten von 1994 auch der Aspekt der Verantwortung des Menschen für die Natur im Hinblick auf die Sicherung ihrer Eigenexistenz und Eigenbedeutung (SRU 1994). Um diese Verantwortung stärker herauszustellen, wird zusätzlich zu den herkömmlichen Gerechtigkeitsansätzen als weiteres Element der Nachhaltigkeit der Aspekt der Gerechtigkeit zwischen den Arten, die interspezielle Gerechtigkeit („interspecies justice") herausgestellt (Bosselmann 2002). In diesem Sinne besagt der Entwurf der Erd-Charta, deren Verabschiedung als völkerrechtliches Dokument bisher nicht gelungen ist und die damit noch keinen rechtlichen Status besitzt, in ihrem ersten Grundsatz:

1. Achtung haben vor der Erde und dem Leben in seiner ganzen Vielfalt.
   a. Erkennen, dass alles, was ist, voneinander abhängig ist und alles, was lebt, einen Wert in sich hat, unabhängig von seinem Nutzwert für die Menschen....

Auch § 1 Abs. 1 Bundes-Naturschutzgesetz (BNatSchG) besagt, dass

Natur und Landschaft [...] auf Grund ihres eigenen Wertes und als Grundlage für Leben und Gesundheit des Menschen auch in Verantwortung für die künftigen Generationen im besiedelten und unbesiedelten Bereich nach Maßgabe der nachfolgenden Absätze [...] zu schützen [...] sind.

▶   **Frage:** Ist Nachhaltigkeit im geltenden Recht eher anthropozentrisch oder ökozentrisch ausgerichtet?

▶ **Aufgabe:** Durch das Naturschutzgebiet „Hohe Tannen" soll eine Straße gebaut werden. Erläutern Sie anhand des geltenden Rechts, ob das Naturschutzgebiet aus eigenem Recht gegen den Bau klagen kann.

Nachhaltigkeit als Rechtsprinzip

Nachhaltigkeit wird gemeinhin als ein Rechtsprinzip angesehen, als ein Rechtsgrundsatz, dessen Wurzeln vor allem im Umweltrecht liegen (Rehbinder 2002). Rechtsprinzipien sind in ihrer rechtlichen Wirkung nicht immer eindeutig (sogenannte „twilight norms", Bosselmann 2008). Jedes einzelne Prinzip bedarf einer genauen Einordnung. Sie sind aber mehr als nur schöner Schein oder „Potemkinsche Dörfer" (Sanden 2008), sondern haben, soweit sie etwa in völkerrechtlichen Verträgen oder in nationalen Gesetzen niedergelegt sind, einen rechtlichen Gehalt. Ohne einen das Prinzip tragenden und als verbindlich anerkannten Vertrag, eine Rechtsnorm oder sonstige ihnen zukommende Rechtsqualität haben Prinzipien nur eine moralische Wirkung ohne rechtlich fundierte Durchsetzungs- und Sanktionsmöglichkeiten. Wichtig ist die allgemeine Anerkennung des Prinzips als rechtlich relevant, das Prinzip muss Niederschlag in der Rechtsordnung finden (Bosselmann 2008). Auch ein ungeschriebenes und lediglich gewohnheitsrechtlich anerkanntes Prinzip kann eine solche Relevanz haben.

Was genau unter Rechtsprinzipien zu verstehen ist, ist Gegenstand einer langjährigen rechtsphilosophischen Diskussion. Prinzipien sind nicht mit Politiken („policies") gleichzusetzen. Hierunter sind Standards oder auch Ziele zu verstehen, die von den betreffenden Stellen eingehalten bzw. erreicht werden sollen (Dworkin 1977): „... *that kind of standard that sets out a goal to be reached, generally an improvement in some economic, political or social feature of the community*". Meist handelt es sich um ökonomische, soziale oder ökologische Ziele. Ein Beispiel für eine solche „policy" findet sich in der nationalen Nachhaltigkeitsstrategie von 2002, wenn es dort heißt:

> Bis 2020 soll die Energie- und Rohstoffproduktivität gegenüber 1990 bzw. 1994 etwa verdoppelt werden. Dies bedeutet, dass mit einer bestimmten Energiemenge im Jahr 2020 etwa doppelt so viel produziert werden kann wie 1990. Langfristig soll sich die Verbesserung der Energie- und Rohstoffproduktivität an der „Faktor 4"-Vision orientieren.

Die sogenannte Hart-Dworkin-Debatte

Zu der Frage, in welchem Verhältnis Prinzipien und Regeln in der konkreten Rechtsanwendung stehen, hat sich eine mittlerweile jahrzehntelange Diskussion entwickelt, die auch unter dem Namen „Hart-Dworkin-Debatte" bekannt ist (Shapiro 2007). Ausgangspunkt ist der rechtspositivistische Ansatz des britischen Rechtsphilosophen H.L.A. Hart, der in seinem Hauptwerk „The concept of law" (1961) davon ausgeht, dass Recht als ein System von Regeln zu sehen sei. Außerhalb des geltenden Rechts würden danach grundsätzlich keine bindenden Normen anerkannt. Sei keine

Regel vorhanden, müssten neue Regeln geschaffen werden. Es gebe demnach keine unmittelbare Anwendbarkeit von Prinzipien, solange diese nicht durch eine entsprechende Regel konkretisiert wurden. Hintergrund ist die Unterscheidung zwischen Recht mit seinen verbindlichen Regeln und Moral mit ihren allgemeinen Prinzipien. Hiergegen wendet sich R. Dworkin, Nachfolger auf dem Lehrstuhl von Hart in Oxford, in seiner Schrift „Taking rights seriously" (Bürgerrechte ernst genommen) von 1977. Wenn keine Regel anwendbar sei, müssten Prinzipien unmittelbar bei der Entscheidung über die Rechtslage in einem Einzelfall angewenndet werden.

Prinzipien sind weiter von Regeln zu unterscheiden. Regeln sind konditionale Rechtsnormen, die aus Tatbestand und Rechtsfolge bestehen (Wenn-Dann-Struktur). Sie gelten nicht umfassend, sondern sind nur auf den jeweiligen Einzelfall anwendbar. Anders ausgedrückt: Regeln gelten entweder ganz oder gar nicht. Ein typisches Beispiel für eine solche Regel ist § 6 Bundes-Immissionsschutzgesetz (BImSchG):

1) Die Genehmigung ist zu erteilen, wenn sichergestellt ist, dass die sich aus § 5 und einer auf Grund des § 7 erlassenen Rechtsverordnung ergebenden Pflichten erfüllt werden …

Prinzipien sind nicht konditional strukturiert, sondern beanspruchen allgemeine Gültigkeit. Sie weisen auf eine bestimmte Argumentation hin, ohne aber, anders als Regeln, eine ganz bestimmte Entscheidung zu erfordern (Dworkin 1977): „… *states a reason that argues in one direction, but does not necessitate a particular decision"*. Um auf einen Einzelfall angewandt zu werden, benötigen sie im Normalfall eine Konkretisierung durch Regeln. Prinzipien können auch als Optimierungsgebote verstanden werden. Sie fordern von den entscheidenden Stellen eine möglichst weitgehende Umsetzung des Grundsatzes. Dies besagt z. B. § 2 ROG, dessen Absatz. 1 lautet:

1) Die Grundsätze der Raumordnung sind im Sinne der Leitvorstellung einer nachhaltigen Raumentwicklung nach § 1 Abs. 2 anzuwenden und durch Festlegungen in Raumordnungsplänen zu konkretisieren, soweit dies erforderlich ist.

Wie lässt sich ein so verstandenes Rechtsprinzip der Nachhaltigkeit in den Kontext vergleichbarer Rechtsprinzipien einordnen? Verbleibt für die Nachhaltigkeit überhaupt eine eigenständige Steuerungswirkung? Insbesondere die Prinzipien des Umweltrechts, wie sie in Art. 191 Abs. 2 AEUV aufgeführt werden, überschneiden sich großenteils mit der Nachhaltigkeit:

Die Umweltpolitik der Union … beruht auf den Grundsätzen der Vorsorge und Vorbeugung, auf dem Grundsatz, Umweltbeeinträchtigungen mit Vorrang an ihrem Ursprung zu bekämpfen, sowie auf dem Verursacherprinzip.

Der Nachhaltigkeit am nächsten kommt das Vorsorgeprinzip, das zum Ziel hat, bei bestehenden Unsicherheiten im Hinblick auf den Eintritt künftiger Schäden vorbeugende Maßnahmen zu treffen, sodass Risiken frühzeitig minimiert und der Schadenseintritt von vornherein verhindert wird (siehe etwa Art. 15 der Rio-Deklaration). Das Vorsorgeprinzip betrifft nicht nur die klassische Risikovorsorge, sondern ist weiter zu verstehen, z. B. auch im Sinne einer Ressourcenvorsorge (Rehbinder 2002). Nachhaltigkeit umfasst dennoch mehr als Vorsorge, weil der Nachhaltigkeitsgrundsatz die Aspekte der Verantwortung für die Zukunft und die globalen inter- und intragenerationelle Gerechtigkeit stärker hervorhebt. Zudem erstreckt sich Nachhaltigkeit, anders als Vorsorge, auf sämtliche Bereiche von Politik, Gesellschaft, Wirtschaft und Recht und reicht damit über den klassischen Bereich des Umweltschutzes und Umweltrechts hinaus (Rehbinder 2002).

Nachhaltigkeit lässt sich damit als ein Rechtsprinzip einordnen, das starke Wurzeln im Umweltrecht hat und sich z. T. mit dem umweltrechtlichen Vorsorgeprinzip überschneidet. Dies macht Art. 37 der Europäischen Grundrechtecharta deutlich:

> Ein hohes Umweltschutzniveau und die Verbesserung der Umweltqualität müssen in die Politiken der Union einbezogen und nach dem Grundsatz der nachhaltigen Entwicklung sichergestellt werden.

Es geht aber in seiner Bedeutung weit über den Umweltschutz hinaus und ist ein übergeordnetes Prinzip, das sämtliche Rechtsbereiche, das öffentliche Recht mit dem Umwelt-, Wirtschafts- und Sozialrecht, aber auch das private Recht, erfasst. In dieser Breite, um nicht zu sagen Grenzenlosigkeit, liegt eine Stärke und zugleich Schwäche das Nachhaltigkeitsprinzips (Rehbinder 2002). Dessen rechtliche Steuerungswirkung ist damit geringer als die von spezifischeren, auf Entscheidungskonstellationen in einem bestimmten Rechtsbereich abgestimmten Grundsätzen. Dies heißt aber nicht, dass die Steuerungswirkung gleich Null wäre. Prinzipien können im deutschen Recht zur Konkretisierung der Ermessensausübung dienen. Dies gilt grundsätzlich auch für das Nachhaltigkeitsprinzip. Viele Rechtsnormen sehen auf der Tatbestandsseite („Wenn-Seite") der Norm bestimmte oder auch unbestimmte Voraussetzungen vor, während der zuständigen Stelle auf der Rechtsfolgenseite („Dann-Seite") der Norm ein Entscheidungsfreiraum (ermessen) eingeräumt wird („wenn, dann kann"). In die hiernach zu treffende Ermessensentscheidung fließen Nachhaltigkeitserwägungen ein.

▶ **Frage:** Lässt sich Nachhaltigkeit als Rechtsprinzip einordnen?

▶ **Aufgabe:** Der Bau der Straße durch das Naturschutzgebiet „Hohe Tannen" wird mit einem Bebauungsplan geplant. Erläutern Sie, ob bzw. wie im Planaufstellungsverfahren die Frage der Nachhaltigkeit eines solchen Straßenbaus in der Abwägung Berücksichtigung finden kann.

Nachhaltigkeit im rechtlichen Mehrebenensystem

Nachhaltigkeit im Völkerrecht

Das Völkerrecht ist die eigentliche Quelle des Konzepts der nachhaltigen Entwicklung. Zwar finden sich im Gründungsvertrag der Vereinten Nationen, der UN-Charta von 1945, noch keine Erwägungen zur Nachhaltigkeit insgesamt. Sie war ganz von den Erfahrungen des Zweiten Weltkriegs geprägt und wurde vor allem zur Sicherung des Weltfriedens beschlossen. Art. 55 ff. befasst sich aber mit der internationalen Zusammenarbeit auf wirtschaftlichem und sozialem Gebiet. Als Beispiel für einen besonders erfolgreichen internationalen Vertrag kann das Wiener Abkommen zum Schutz der Ozonschicht von 1985 mit der Montreal-Konferenz von 1987 hervorgehoben werden.

Die Rio-Deklaration über Umwelt und Entwicklung von 1992 stellt das erste umfassende und das wichtigste völkerrechtliche Dokument zur Nachhaltigkeit dar. Bereits im ersten Grundsatz der Deklaration heißt es im Sinne des oben beschriebenen anthropozentrischen Ansatzes:

> Die Menschen stehen im Mittelpunkt der Bemühungen um eine nachhaltige Entwicklung. Sie haben das Recht auf ein gesundes und produktives Leben im Einklang mit der Natur.

Auch im Weiteren wird die Nachhaltigkeit hervorgehoben, wie z. B. im Grundsatz 8:

> Um nachhaltige Entwicklung und eine höhere Lebensqualität für alle Menschen herbeizuführen, sollten die Staaten nicht nachhaltige Produktionsweisen und Konsumgewohnheiten abbauen und beseitigen und eine geeignete Bevölkerungspolitik fördern.

Trotz dieser klaren Verankerung in der Rio-Deklaration und in anderen völkerrechtlichen Übereinkommen wird bezweifelt, dass es sich bei der Nachhaltigkeit bereits um einen allgemeinen Rechtsgrundsatz des internationalen Rechts handelt. Es ist schwierig, aus der Rio-Deklaration konkrete Rechtspflichten abzuleiten, sodass diese *„eher als Verankerung einer politischen Leitvorstellung der Völkergemeinschaft"* (Koch in Heun 2006) eingeordnet wird.

Dagegen sind andere auf der Rio-Konferenz 1992 beschlossene Übereinkommen durchaus auf die Konkretisierung des Nachhaltigkeitsgebots, im Sinne verbindlicher Rechtspflichten der Staatengemeinschaft und der einzelnen Staaten, gerichtet. Dies betrifft z. B. die Klimarahmenkonvention („United Nations Framework Convention on Climate Change", UNFCCC) mit den sie ausfüllenden Protokollen.

Artikel 4 der Klimarahmenkonvention sieht konkrete Pflichten der Vertragsparteien vor, die u. a. im Kyoto-Protokoll detaillierter ausgestaltet werden. In Art. 2 des Kyoto-Protokolls heißt es:

> 1) Um eine nachhaltige Entwicklung zu fördern, wird jede in Anlage I aufgeführte Vertragspartei bei der Erfüllung ihrer quantifizierten Emissionsbegrenzungs- und -reduktionsverpflichtungen nach Artikel 3
>
>   a) entsprechend ihren nationalen Gegebenheiten, Politiken und Maßnahmen wie die folgenden umsetzen und/oder näher ausgestalten …

Weitere nachhaltigkeitsrelevante völkerrechtliche Regelungen im Zusammenhang mit der Rio-Konvention sind:

- Die Biodiversitätskonvention (Übereinkommen über die biologische Vielfalt); sie verfolgt die Ziele des Schutzes der biologischen Vielfalt, der nachhaltigen Nutzung ihrer Bestandteile, sie will eine Zugangsregelung schaffen und einen gerechten Ausgleich von Vorteilen herstellen, die aus der Nutzung genetischer Ressourcen entstehen (s. auch das Cartagena-Protokoll über den grenzüberschreitenden Verkehr von gentechnisch veränderten Organismen von 2003 sowie das noch nicht in Kraft getretene Nagoya-Protokoll von 2010, das einen rechtlich verbindlichen Rahmen für den Zugang zu genetischen Ressourcen und einen gerechten Vorteilsausgleich bezweckt).
- Die UN-Walddeklaration zum internationalen Schutz der Wälder sowie die Konvention zur Bekämpfung der Wüstenbildung.

Mit der UN-Kommission für nachhaltige Entwicklung („Commission on Sustainable Development" – CSD) wurde im Sinne einer Institutionalisierung von Nachhaltigkeit eine Einrichtung gegründet, um einen wirksamen Folgeprozess der Rio-Konferenz zu gewährleisten.

Nach der Rio-Konferenz 1992 wurden weitere wichtige Verträge geschlossen, die auch Nachhaltigkeitsziele verfolgen. Zu nennen sind:

- Die Aalborg-Charta von 1994 (Charta der Europäischen Städte und Gemeinden auf dem Weg zur Zukunftsbeständigkeit – „Charter of European Cities and Towns Towards Sustainability"). Sie ist Ergebnis der von der EU veranstalteten und von der ICLEI („Local Governments for Sustainability") inhaltlich ausgerichteten „Europäischen Konferenz über zukunftsbeständige Städte und Gemeinden" und verfolgt das Ziel eines Zusammenschlusses von der Nachhaltigkeit gegenüber aufgeschlossenen Kommunen.
- Die 1998 beschlossene Aarhus-Konvention (Übereinkommen der UN-Wirtschaftskommission für Europa über den Zugang zu Informationen, die Öffentlichkeitsbeteiligung an Entscheidungsverfahren und den Zugang zu Gerichten in Umweltangelegenheiten).
- Die Erd-Charta als völkerrechtlich verbindlicher Rahmen für die nachhaltige Entwicklung wurde bisher nicht rechtlich verbindlich verankert (vgl. http://www.earthcharterinaction.org/content/).

Von besonderer Bedeutung für die Verwirklichung des Nachhaltigkeitsideals sind die Vertragsstaatenkonferenzen (COP) zur Klimarahmenkonvention. Auf der COP 15 in Kopenhagen wurde 2009 der sogenannte „Copenhagen Accord" erstellt, der auch eine allgemeine Anerkennung der 2-°C-Leitplanke enthält. In dem Accord wurde die Relevanz des Klimaschutzes für die Nachhaltigkeit betont.

Die Konferenz ist am Ende gescheitert, weil das Ziel einer Vereinbarung über eine Kyoto-Nachfolgeregelung über 2012 hinaus nicht erreicht wurde. Es erfolgte nur eine Einigung in einer kleinen Runde, bestehend aus 25 Regierungschefs, u. a. China, Indien, Südafrika und Brasilien sowie den USA, wobei alle anderen Verhandlungsstaaten ausgeschlossen waren. Damit wurde der Copenhagen Accord nur zur Kenntnis genommen, aber nicht völkerrechtlich verbindlich verabschiedet. Teilweise wurde dieser Mangel auf der COP 16 mit den „Cancún Agreements" korrigiert, indem u. a. die freiwilligen CO_2-Reduktionsziele von Kopenhagen in das UN-Vertragswerk übernommen wurden (nachhhaltigkeit.info 2012).

Neben diesen, mehr oder weniger unmittelbar auf die Umsetzung des Nachhaltigkeitsgedankens ausgerichteten, völkerrechtlichen Vereinbarungen gibt es auch internationale, nicht minder wichtige Vertragswerke, die primär andere Ziele verfolgen. Dies gilt insbesondere für die Welthandelsorganisation („World Trade Organisation" – WTO). Die Sonderorganisation der Vereinten Nationen wurde 1995 als Nachfolgeorganisation des Allgemeinen Zoll- und Handelsabkommens (GATT) errichtet. Zentrale Elemente der Verträge, zu denen neben dem GATT auch das Dienstleistungsabkommen GATS und das Abkommen über handelsbezogene geistige Eigentumsrechte (TRIPS) zählen, sind die Prinzipien der Meistbegünstigung (Handelsvergünstigungen eines Staates müssen gegenüber allen anderen WTO-Staaten gelten) und der Nichtdiskriminierung (Ausnahmen vom Verbot der Mengenbeschränkung müssen Geltung für alle Teilnehmer haben). Das „Marrakesh Agreement Establishing the World Trade Organization" von 1994 beruft sich ausdrücklich auf den Grundsatz der nachhaltigen Entwicklung.

Auch gibt es neuartige Umwelt- und Nachhaltigkeitsprüfungen im WTO-Regime (Gehring 2007), und das GATT erlaubt in Art. XX Ausnahmen aufgrund von „Maßnahmen zum Schutz des Lebens und der Gesundheit von Menschen, Tieren und Pflanzen" oder „Maßnahmen zur Erhaltung erschöpflicher Naturschätze". Jedoch ist insgesamt nicht zu verkennen, dass das Welthandelsrecht der Freiheit des Welthandels verpflichtet ist. Es stellt ein in sich geschlossenes System dar, das zu wenig mit den völkerrechtlichen Vereinbarungen im Rahmen der Rio-Konferenz abgeglichen wurde (Pannizzon et al. 2010). Streitfälle werden allein WTO-intern durch Panels entschieden. Ein Beispiel hierfür sind die bekannten „Tuna-Dolphin"-Fälle von Beginn der 1990er-Jahre. Die USA hatten zum Schutz von Delphinen außerhalb des US-Territoriums Importverbote für Thunfisch erlassen. Das Panel sah in solchen extraterritorial wirkenden Regelungen keine zulässige Ausnahme im Sinne des Art. XX GATT, u. a. weil solche Handelsbeschränkungen nur vorgeschoben sein können, um den nationalen Markt zu schützen.

► **Frage:** Welche Bedeutung hat der Nachhaltigkeitsgrundsatz im Völkerrecht für den Einzelnen?

► **Aufgabe:** Finden Sie heraus, welche Beweggründe zu den Entscheidungen der WTO-Panels in den sogenannten „Tuna-Dolphin"-Fällen geführt haben.

Nachhaltigkeit im EU-Recht

Auf der Ebene der Europäischen Union gibt es zunächst verschiedene nicht verbindliche politischen Strategien, wie die EU-Strategie zur nachhaltigen Entwicklung von 2006, die als Gesamtziel verfolgt:

Maßnahmen zu ermitteln und auszugestalten, die die EU in die Lage versetzen, eine kontinuierliche Verbesserung der Lebensqualität sowohl der heutigen als auch künftiger Generationen zu erreichen, indem nachhaltige Gemeinschaften geschaffen werden, die in der Lage sind, die Ressourcen effizient zu bewirtschaften und zu nutzen und das ökologische und soziale Innovationspotenzial der Wirtschaft zu erschließen, wodurch Wohlstand, Umweltschutz und sozialer Zusammenhalt gewährleistet werden.

Weitergeführt wurde dies durch die Europa 2020-Strategie für intelligentes, nachhaltiges und integratives Wachstum von 2010, die besonders das Thema des Ressourcenschutzes betont. Die Umsetzung der Strategien wird durch in zehn Gruppen unterteilte Indikatoren für nachhaltige Entwicklung überprüft, die alle zwei Jahre in einem Bericht der EU-Statistikbehörde Eurostat veröffentlicht werden. In diesen Strategien werden seitens der EU die politischen Vorstellungen deutlich gemacht, die dann in rechtlich verbindliche Normen umgesetzt werden müssen.

> **Primär- und Sekundärrecht**
> Das Unionsrecht unterscheidet zwischen dem Primärrecht (den Verträgen) und dem Sekundärrecht. Primärrecht ist dem Völkerrecht zuzuordnen, weil die Verträge durch die Mitgliedstaaten auf der Grundlage ihrer nationalen Souveränität geschlossen wurden. Nach den Wirren um die Reform des Primärrechts und dem endgültigen Scheitern einer europäischen Verfassung 2004 besteht das Primärrecht nunmehr aus dem am 1.12.2009 in Kraft getretenen Vertrag von Lissabon (EU-Grundlagenvertrag) mit dem Vertrag über die Europäische Union (EUV) und dem Vertrag über die Arbeitsweise der Europäischen Union (AEUV). Das Sekundärrecht ist aus den Verträgen abgeleitet und besteht aus unmittelbar anzuwendenden Verordnungen, auf Umsetzung durch die Mitgliedstaaten ausgerichteten Richtlinien sowie Entscheidungen der Unionsorgane in Einzelfällen.

Die EU ist vom Ursprung her und in erster Linie immer noch eine Wirtschaftsgemeinschaft mit dem zentralen Instrument des Binnenmarkts. Dennoch wird im Primärrecht in Art. 3 Abs. 3 EUV die Befolgung des Grundsatzes der nachhaltigen Entwicklung hervorgehoben:

> 3) Die Union errichtet einen Binnenmarkt. Sie wirkt auf die nachhaltige Entwicklung Europas auf der Grundlage eines ausgewogenen Wirtschaftswachstums und von Preisstabilität, eine in hohem Maße wettbewerbsfähige soziale Marktwirtschaft, die auf Vollbeschäftigung und sozialen Fortschritt abzielt, sowie ein hohes Maß an Umweltschutz und Verbesserung der Umweltqualität hin. Sie fördert den wissenschaftlichen und technischen Fortschritt …

Die enge Beziehung zwischen Nachhaltigkeit und Umweltschutz wiederum wird in Art. 11 AEUV herausgestellt:

> Die Erfordernisse des Umweltschutzes müssen bei der Festlegung und Durchführung der Unionspolitiken und -maßnahmen insbesondere zur Förderung einer nachhaltigen Entwicklung einbezogen werden.

Nachhaltigkeit ist damit als ein allgemeiner, querschnittsorientierter und übergeordneter Rechtsgrundsatz des Unionsrechts anzusehen.

Das Sekundärrecht mit seinen vielen tausend Verordnungen und Richtlinien ist äußerst vielfältig. Die Union darf Sekundärrecht nach den Zuständigkeitsregeln aus Art. 2 AEUV nur erlassen, wenn sie hierzu durch die Verträge ermächtigt wird. Es gibt z. B. nach Art. 3 AEUV ausschließliche Zuständigkeiten in den Bereichen der Zollunion, der Festlegung der für das Funktionieren des Binnenmarkts erforderlichen Wettbewerbsregeln, der Währungspolitik der Mitgliedstaaten, deren Währung der Euro ist, der Erhaltung der biologischen Meeresschätze im Rahmen der gemeinsamen Fischereipolitik und der gemeinsamen Handelspolitik. Wichtige geteilte Zuständigkeiten, in denen die Union im Rahmen des Subsidiaritätsprinzips vorrangig tätig werden darf, finden sich nach Art. 4 AEUV für den Binnenmarkt, die Sozialpolitik, die Landwirtschaft, die Umwelt, den Verbraucherschutz, den Verkehr und die Energie. Dies bedeutet, dass die Union in den für die Nachhaltigkeit bedeutenden Bereichen Wirtschaft, Soziales und Umwelt über weitgehende Kompetenzen verfügt und einer der für das Nachhaltigkeitsrecht wichtigsten Akteure ist.

Beispielhaft für EU-Verordnungen und Richtlinien mit Nachhaltigkeitszielen sei der Bereich des Klimaschutzes mit dem Umweltenergierecht aufgeführt. In der Erneuerbare-Energien-Richtlinie (2009/28/EG) werden gemäß Art. 1

> verbindliche nationale Ziele für den Gesamtanteil von Energie aus erneuerbaren Quellen am Bruttoendenergieverbrauch und für den Anteil von Energie aus erneuerbaren Quellen im Verkehrssektor festgelegt.

Weiter werden dort

> Kriterien für die Nachhaltigkeit von Biokraftstoffen und flüssigen Biobrennstoffen vorgeschrieben.

Die Endenergieeffizienz- und Energiedienstleistungs-Richtlinie (2006/32/EG) sieht in Art. 4 Abs. 1 ein quantifiziertes Ziel vor:

> 1) Die Mitgliedstaaten legen für das neunte Jahr der Anwendung dieser Richtlinie einen generellen nationalen Energieeinsparrichtwert von 9 % fest, der aufgrund von Energiedienstleistungen und anderen Energieeffizienzmaßnahmen zu erreichen ist, und streben dessen Verwirklichung an.

Hinzu kommt die Richtlinie über die Gesamtenergieeffizienz von Gebäuden (2010/31/EU), mit der u. a. Mindestanforderungen an die Gesamtenergieeffizienz von Gebäuden oder Gebäudeteilen festgelegt werden.

▶   **Frage:** Welches Verständnis von Nachhaltigkeit liegt dem Recht der Europäischen Union zugrunde?

▶   **Aufgabe:** Ermitteln und erläutern Sie weitere wichtige, auf die Umsetzung des Nachhaltigkeitsprinzips gerichtete Regeln des EU-Rechts.

Nachhaltigkeit im nationalen Recht

Im Grundgesetz taucht Nachhaltigkeit zwar leider begrifflich nicht auf. Es gibt aber mit dem 1994 eingefügten Staatsziel Umweltschutz im Art. 20a GG eine Zentralnorm, die wesentliche Nachhaltigkeitsbereiche erfasst:

> Der Staat schützt auch in Verantwortung für die künftigen Generationen die natürlichen Lebensgrundlagen und die Tiere im Rahmen der verfassungsmäßigen Ordnung durch die Gesetzgebung und nach Maßgabe von Gesetz und Recht durch die vollziehende Gewalt und die Rechtsprechung.

Der Artikel 20a GG richtet sich an alle staatlichen Organe wie Bundesregierung, Bundestag, Bundesrat oder Bundesverfassungsgericht und enthält den Auftrag, in all ihren Politiken die Erhaltung der natürlichen Lebensgrundlagen auch für die kommenden Generationen zu sichern. In erster Linie wird dem Gesetzgeber aufgegeben, Regelungen zum Schutz der genannten Rechtsgüter zu schaffen. Man kann zumindest davon ausgehen, dass ein Verschlechterungsverbot damit verbunden ist. Artikel 20a GG gibt kein Ziel vor, das noch erreicht werden soll, sondern setzt seinem Wortlaut nach darauf, einen vorhandenen Zustand zu schützen. Artikel 20a GG ist jedoch mehr als nur ein Verschlechterungsverbot, er ist auch als Optimierungsgebot zu interpretieren, das in der Abwägung entgegenstehender Belange dem Umwelt- und Nachweltschutz ein höheres Gewicht verleiht. Auch das Vorsorgegebot lässt sich aus Art. 20a GG herauslesen, denn ohne umfassende Vorsorge vor künftigen Umweltschäden ist ein Schutz der natürlichen Lebensgrundlagen nicht möglich. Insofern lässt sich das Staatsziel Umweltschutz in seiner Wirkung mit Art. 191 Abs. 2 AEUV vergleichen, nach dem die gesamte Umweltpolitik der Union insgesamt auf ein hohes Schutzniveau abzielt.

Artikel 20a GG richtet sich nur an staatliche Stellen, nicht an den Bürger. Für diesen sieht das Grundgesetz eine Reihe von Freiheits- und Gleichheitsgrundrechten vor, deren Hauptzweck ihrem Ursprung nach in der Funktion als Abwehrrechte gegenüber dem Staat liegt. In die Grundrechte der Berufsfreiheit nach Art. 12 GG, der Eigentumsfreiheit nach Art. 14 GG oder der allgemeinen Handlungsfreiheit nach Art. 2 Abs. 1 GG darf staatlicherseits nur eingegriffen werden, wenn eine gesetzliche Ermächtigung gegeben ist und weitere Voraussetzungen, wie die Einhaltung des Verhältnismäßigkeitsgrundsatzes, erfüllt sind. Die genannten Grundrechte geben dem Bürger auch ein grundsätzliches Recht auf Nutzung der Naturgüter, denn ohne diese ist die Grundrechtsausübung nicht möglich. Dieses Recht kann durch Gesetze, die verfassungsgemäß sein müssen, eingeschränkt werden. So gewährt Art. 14 Abs. 1 GG die Eigentumsfreiheit nur im Rahmen der geltenden Gesetze, und nach Art. 14 Abs. 2 GG unterliegt das Eigentum sozialen Bindungen:

> 1) Das Eigentum und das Erbrecht werden gewährleistet. Inhalt und Schranken werden durch die Gesetze bestimmt.
> 2) Eigentum verpflichtet. Sein Gebrauch soll zugleich dem Wohle der Allgemeinheit dienen.

Der Staat kann damit die Grundrechtsausübung auch im Interesse der Nachhaltigkeit einschränken. Hierzu gibt Art. 20a GG eine verstärkte Legitimation. Der Staat hat grundsätzlich einen weiten Spielraum in Bezug auf das Ob und Wie seiner Entscheidungen. Es sind aber Konstellationen denkbar, wie etwa im Falle des Klimaschutzes, in denen ein staatliches Einschreiten geboten erscheint. Ohne die Durchführung von Maßnahmen zur Bekämpfung der globalen Erwärmung, wäre die weitere Wahrnehmung von Grundrechten erheblich gefährdet.

Artikel 20a GG gibt dem Einzelnen kein subjektives Recht auf Schutz und Erhaltung der Umwelt im Sinne eines Umwelt- oder Nachhaltigkeitsgrundrechts. Nachhaltigkeit ist grundsätzlich nicht einklagbar. Klagen sind nach der Konzeption des Art. 19 Abs. 4 GG nur zulässig, wenn eine Verletzung individueller Rechte zumindest möglich erscheint. Allerdings dienen auf Nachhaltigkeitsziele gerichtete Normen wie etwa die Klimaschutzgesetze mit dem Treibhausgas-Emissionshandelsgesetz (TEHG) nicht dem Schutz des Einzelnen, sodass Klagen gegen eine Verletzung dieser Gesetze zulasten von Umweltschutz und Nachhaltigkeit von den Gerichten abgewiesen werden würden. Ein teilweiser Ausweg aus diesem Dilemma liegt in der Einführung von Verbandsklagerechten, mit denen bestimmten Verbänden ein Klagerecht unabhängig von der Verletzung subjektiver Rechte eingeräumt wird. Ein Beispiel hierfür ist das Umwelt-Rechtsbehelfsgesetz (UmwRG).

Im einfachen Recht, d. h. außerhalb des Grundgesetzes und der Landesverfassungen, gibt es, ähnlich wie beim europäischen Sekundärrecht, eine Fülle von rechtlichen Regelungen mit Nachhaltigkeitszielen. Da das Wirtschafts- und das Umweltrecht weitgehend durch europäische Vorgaben determiniert werden, besteht eine große Zahl der Gesetze in diesen Bereichen entweder aus unmittelbar anzuwendendem EU-Recht in Form von Verordnungen oder es handelt sich um die Umsetzung von Richtlinien (im Umweltbereich sind dies ca. 80 %). Nichtsdestotrotz hat der nationale Gesetzgeber in der Regel einen erheblichen Spielraum, Nachhaltigkeitszielen und Maßnahmen für deren Durchsetzung ein mehr oder weniger großes Gewicht beizumessen.

Nachhaltigkeit findet sich als Zielbestimmung in einer Vielzahl nationaler Gesetze. Überwiegend handelt es sich hierbei um Gesetze aus dem Umweltbereich. So knüpft der oben zitierte § 1 BNatSchG unmittelbar an die Formulierung aus Art. 20a GG an. Sozusagen der Klassiker der Nachhaltigkeit ist das Bundeswaldgesetz (BWaldG), dessen § 1 Nr. 1 lautet:

> Zweck dieses Gesetzes ist insbesondere,
> 1) den Wald wegen seines wirtschaftlichen Nutzens (Nutzfunktion) und wegen seiner Bedeutung für die Umwelt, insbesondere für die dauernde Leistungsfähigkeit des Naturhaushaltes, das Klima, den Wasserhaushalt, die Reinhaltung der Luft, die Bodenfruchtbarkeit, das Landschaftsbild, die Agrar- und Infrastruktur und die Erholung der Bevölkerung (Schutz- und Erholungsfunktion) zu erhalten, erforderlichenfalls zu mehren und seine ordnungsgemäße Bewirtschaftung nachhaltig zu sichern …

Nachhaltigkeitsziele enthalten auch § 1 Bundes-Bodenschutzgesetz (BBodSchG), § 1 Wasserhaushaltsgesetz (WHG) sowie § 1 Kreislaufwirtschaftsgesetz (KrWG). Diese werden aber auch in nicht rein auf den Umweltschutz ausgerichteten, sondern querschnittsorientierten Gesetzen, normiert, wie etwa dem oben zitierten § 1 Abs. 2 ROG. § 1 Abs. 5 BauGB stellt eine Leitidee der Bauleitplanung auf:

> Die Bauleitpläne sollen eine nachhaltige städtebauliche Entwicklung, die die sozialen, wirt-
> schaftlichen und umweltschützenden Anforderungen auch in Verantwortung gegenüber
> künftigen Generationen miteinander in Einklang bringt, und eine dem Wohl der Allgemein-
> heit dienende sozialgerechte Bodennutzung gewährleisten.

Diese wird in der Aufzählung der verschiedenen Belange in § 1 Abs. 6 BauGB konkretisiert.
Die Belange sind in die planerische Abwägung bei der Aufstellung der Flächennutzungs-
und Bebauungspläne einzustellen und nach Maßgabe des Abwägungsgebots zu bewerten.
Nachhaltigkeit kommt in diesen Gesetzen vor allem als Zielbestimmung vor. Ob bzw.
wie weit hierdurch in den jeweiligen Gesetzen tatsächlich relevante Änderungen in Richtung auf eine bessere Umsetzung des Nachhaltigkeitsideals bewirkt werden, kann bezweifelt werden. Zum Beispiel ist das Planungsrecht per se auf Zukunftsgestaltung angelegt.
Bei der planerischen Abwägung müssen ohnehin alle in Betracht kommenden Belange
berücksichtigt werden. Nachhaltigkeit als übergeordnetes Prinzip führt nicht zwingend
zu Änderungen in den Abwägungsentscheidungen. Nachhaltigkeit setzt keine absoluten
Grenzen, die in der Abwägung nicht überwindbar wären (Rehbinder 2002). Dennoch ist
vor allem in dem durch das Nachhaltigkeitsprinzip geforderten langfristigen Denken ein
Mehr im Verhältnis zum bisherigen Planungsrecht zu sehen (Spannowsky et al. 2010). In
dem Erfordernis der Abwägung mit den Interessen künftiger Generationen liegt die wesentliche Steuerungswirkung des Nachhaltigkeitsprinzips.

▶ **Frage:** Welche Steuerungswirkung hat das Nachhaltigkeitsprinzip in seinen
konkreten Ausgestaltungen im nationalen Recht?

▶ **Aufgabe:** Sie gehen gerne in dem Naturschutzgebiet „Hohe Tannen" spazieren.
Können Sie mit Aussicht auf Erfolg gegen den Ihrer Meinung nach nichtnachhaltigen Bau der Straße klagen?

Weiterentwicklungen zu einem übergreifenden Nachhaltigkeitsrecht

Ein Nachhaltigkeitsrecht, das sich als übergreifendes Rechtsgebiet mit einer deutlichen
normativen Botschaft versteht, braucht eigene Instrumente und Institutionen. Hierzu
gibt es bisher erst Ansätze. Instrumentell können z. B. Nachhaltigkeitsprüfungen eingeführt werden, die über die auf Umweltbelange beschränkten Umweltprüfungen nach dem
Gesetz, die Umweltverträglichkeitsprüfung (UVPG) hinausgehen. Das Projektmechanis-
mengesetz (ProMechG), das für die Anrechnung von CO_2-Emissionsreduktionseinheiten
in Umsetzung der Mechanismen des Kyoto-Protokolls anzuwenden ist, sieht z. B. in § 8
Abs. 1 neben der UVP eine eigenständige Nachhaltigkeitsprüfung vor:

> Im Rahmen des Mechanismus für umweltverträgliche Entwicklung hat die zuständige
> Behörde die Zustimmung zu erteilen, wenn
> 1. …, und die Projekttätigkeit
> 2. keine schwerwiegenden nachteiligen Umweltauswirkungen verursacht und

3. der nachhaltigen Entwicklung des Gastgeberstaates in wirtschaftlicher, sozialer und ökologischer Hinsicht, insbesondere vorhandenen nationalen Nachhaltigkeitsstrategien, nicht
zuwiderläuft.

Seit 2010 werden zudem Gesetzesvorhaben auf ihre Nachhaltigkeitsauswirkungen überprüft. Zuständig hierfür ist der aus Abgeordneten des Bundestages bestehende Parlamentarische Beirat für nachhaltige Entwicklung. Die Gesetzesentwürfe werden daraufhin geprüft, ob sie für die Nachhaltigkeit relevant sind und ob die Bundesregierung die Nach-
haltigkeitsfolgen des Gesetzes darin ausreichend berücksichtigt hat. Maßstab der Prüfung
sind die Ziele und Indikatoren der nationalen Nachhaltigkeitsstrategie. Derartige Prüfungen können das Bewusstsein für die Erfordernisse der Nachhaltigkeit schärfen und im
Einzelfall zu Korrekturen nachhaltigkeitswidriger Entscheidungen führen. Allerdings gibt
es solche Prüfungen bisher nur vereinzelt.

Eine andere Weiterentwicklungsmöglichkeit liegt in der Institutionalisierung von Nachhaltigkeit durch Erweiterung der Einrichtung und Kompetenzen von Nachhaltigkeitsräten. Solche Räte mit beratenden Funktionen gibt es bereits auf allen Ebenen. Ein Beispiel
ist der von der Bundesregierung erstmals 2001 eingesetzte Rat für nachhaltige Entwicklung (RNE), dessen Aufgaben es sind, Beiträge zur Umsetzung der nationalen Nachhaltigkeitsstrategie zu entwickeln, konkrete Handlungsfelder und Projekte zu benennen und Öffentlichkeitsarbeit für Nachhaltigkeit zu leisten. Auf kommunaler Ebene gibt es in einigen
Städten, z. B. Freiburg im Breisgau, Nachhaltigkeitsräte als Teil der Kommunalparlamen-
te oder in anderer Trägerschaft. Insgesamt sind diese Räte aber nicht durchgehend und
flächendeckend vorhanden, sondern eher vereinzelt und zufällig (Schomerus 2011). Eine
weitere Institutionalisierung durch verbindliche Einführung von Nachhaltigkeitsräten mit
eindeutigen Kompetenzen könnte die Umsetzung des Nachhaltigkeitsprinzips fördern.

▶   **Frage:** Welche weiteren Instrumente und Institutionen lassen sich zur weiteren
     Umsetzung des Nachhaltigkeitsprinzips gestalten?

▶   **Aufgabe:** Entwerfen Sie weitere Ideen, wie das Rechtsprinzip der Nachhaltig-
     keit zu einem umfassenden Recht der Nachhaltigkeit weiterentwickelt werden
     kann.

Das Leitbild Nachhaltigkeit – Anforderungen an die Raum- und Umweltplanung

Sabine Hofmeister

Einleitung

Die Orientierung am Leitbild Nachhaltige Entwicklung ist in der Raum- und Umweltplanung nicht neu. Seit 1998 ist es als Leitziel der formellen Raumplanung auch rechtlich

verankert (ROG § 2 Abs. 1). Obwohl begrifflich nicht explizit gefasst, gilt dies sachlich auch für die Naturschutz- und Landschaftsplanung (BNatSchG § 1 Abs. 1). In den Umweltfachplanungen nimmt die Bedeutung des Nachhaltigkeitsgedankens, insbesondere vor dem Hintergrund, dass europäische Rechtsvorschriften in nationales Umweltrecht implementiert werden, stetig zu.

Ob und in welcher Weise die Orientierung der Planung am Nachhaltigkeitsprinzip auch Planungsparadigmen und -theorien beeinflusst hat, wird im Folgenden diskutiert. Dabei wird zunächst die Frage gestellt, welche Herausforderungen an Raum- und Umweltplanung in substanzieller und in prozeduraler Hinsicht von diesem Leitbild ausgehen. Ob und auf welche Weise sich diese Anforderungen planungstheoretisch widerspiegeln, wird – nach einem kurzen Ruckblick auf die Theoriegeschichte der Planung – in der Reflektion auf die aktuellen Debatten um „strategische Planung" gefragt. Die Merkmale dieses Planungstyps werden dargestellt und hinsichtlich ihres Bezugs auf und ihrer Konsistenz zum Nachhaltigkeitskonzept hinterfragt. Abschliesend werde ich im Rahmen eines Ausblicks die Perspektiven auf eine in substanzieller und prozeduraler Dimension an Nachhaltigkeit orientierten Raum- und Umweltplanung aufzeigen.

Nachhaltige Raumentwicklung

Im Kern des Leitbilds Nachhaltige Entwicklung stehen zwei normative Elemente: Gerechtigkeit – intragenerational und im Blick auf künftige Generationen intergenerational – sowie das Integrationsgebot: Die ökonomische, sozial-kulturelle und ökologische Entwicklung sind im Blick auf Raum- und Umweltgestaltung in Einklang zu bringen. Damit schließt das Leitbild Nachhaltigkeit unmittelbar an das Selbstverständnis räumlicher und umweltbezogener Planungen an – sowohl substanziell, d. h. mit Blick auf die Inhalte, Gegenstände und Ziele der Planung (Theorie *über* Planung/„theories *in* planning"), als auch prozedural im Hinblick auf die Steuerung von Entscheidungs- und die Gestaltung von Planungsprozessen (Theorien *der* Planung/„theories *of* planning").

Als handlungsleitende Normen sind die Gerechtigkeitsgebote in der Raumordnung zweifach verankert. Substanziell ist räumliche Planung dem Nachhaltigkeitsprinzip verpflichtet: Das Ziel, gleichwertige Lebensverhältnisse im Raum durch räumliche Planung herzustellen und zu sichern (ROG § 1 Abs. 2), steht für das Gebot der *intragenerationalen* Gerechtigkeit. Im Hinblick auf die Gerechtigkeit gegenüber *künftigen Generationen* übernimmt die räumliche Planung Verantwortung, insbesondere durch ihre Ressourcensicherungsfunktion und eine dauerhafte Erhaltung und Erneuerung der naturräumlichen und ökologischen Grundlagen gesellschaftlicher Entwicklung (ROG § 2, Abs. 2, Nr. 6). Umweltfachplanungen, wie die Naturschutz- und Landschaftsplanung, die wasserwirtschaftliche Planung oder die Abfallwirtschafts- und Luftreinhalteplanung sowie die Umweltprüfverfahren, sind eng mit der gesamträumlichen Planung verzahnt oder/und flankieren die ökologisch orientierten Ziele der Raumplanung. Auch mit Blick auf das *Integrationsgebot* schließt räumliche Planung, die in der Bundesrepublik Deutschland von Beginn an als sektoral übergreifende, überfachliche Planung verstanden und als solche flächendeckend angelegt wurde, direkt an das Nachhaltigkeitskonzept an: Dabei ist Raum die Integrationsebene für die Zusammenführung der Perspektiven zu einer ökonomischen, sozialen und ökologischen Entwicklung von Städten und Regionen. Die raumordnerische Selbstverpflichtung auf das Leitziel Nachhaltige Entwicklung stärkt mithin den schon seit 1965 bestehenden Anspruch räumlicher Planung, auf eine integrierte Entwicklung hinzuwirken. Die mit den politischen Anstrengungen zur Schaffung eines Umweltgesetzbuches (UGB) in den 1990er-Jahren einsetzende Diskussion um eine stärkere Integration von Umweltplanungen und räumlicher Planung („Umweltleitplanung"), brachte die Integrationsansprüche von Raum- und Umweltplanung nochmals zum Ausdruck. Diese Diskussion ist jedoch, nachdem die Bemühungen um ein UGB gescheitert waren, wieder in den Hintergrund gerückt.

Auf *prozeduraler* Ebene gilt die umfassende Teilhabe der unterschiedlichen Bevölkerungsgruppen an Planungs- und Entscheidungsprozessen als unumstritten. Partizipation soll durch formelle Beteiligungsverfahren, wie sie im Raumordnungs- und Baurecht sowie in Umweltfachplanungen und -prüfverfahren vorgesehen ist, gewährleistet werden. Die Koordination und Integration unterschiedlicher Interessen in Planungsprozessen ist zudem mit dem Gleichwertigkeitsgrundsatz und dem Gebot der Überfachlichkeit programmatisch wie rechtlich verankert. Doch sind es überwiegend informelle Planungsverfahren, wie regionale Entwicklungskonzepte, Städtenetze, Regional- und Stadt(teil)konferenzen oder Agenda-21-Prozesse, die eine umfassende Teilhabe der Bürger und Bürgerinnen ermöglichen. Dass es, obwohl die Debatten zu „Partizipation" und „Demokratisierung" von Steuerungsprozessen in den letzten Jahren – auch aufgrund der wachsenden Bedeutung des Konzepts der Nachhaltigkeit – deutlich zugenommen haben, immer wieder zu z. T. massiven Problemen bei der Akzeptanz öffentlicher Pläne in der Umsetzung kommt (vgl. die anhaltenden Auseinandersetzungen um die Realisierung von Großinfrastrukturprojekten, wie z. B. „Stuttgart 21", Flughafen Berlin-Brandenburg, um die Nutzung der Kernkraft und die Entsorgungspläne für radioaktive Abfälle), deutet darauf hin, dass es bisher nicht ausreichend gelingt, diesen programmatischen Anspruch auch einzulösen. Das Zusammenwirken von informeller Planung, deren Ergebnissen es an Legitimation und Verbindlichkeit fehlt, mit den formellen, rechtlich verankerten Planungen, ist häufig inkonsistent und im Ergebnis nicht immer konstruktiv.

Insbesondere die zunehmende Bedeutung der prozeduralen Anforderungen an die Planung als einem Modus öffentlicher Nachhaltigkeitssteuerung, der als kooperativ und demokratisch wahrgenommen wird, spiegelt sich in den planungstheoretischen Debatten wider. Dabei wird auf das Leitziel Nachhaltige Raumentwicklung unmittelbar Bezug genommen. Zugleich sind es jedoch gesellschaftliche und ökonomische Transformationsprozesse, die die planungstheoretischen Debatten prägen.

Theoriegeschichte der Planung: Von der „Gesamtplanung" zum „Inkrementalismus" und zur „kooperativen Planung"

Das flächendeckende System der räumlichen Planung, wie es sich nach dem Zweiten Weltkrieg in der Bundesrepublik Deutschland und in der DDR nach dem Vorbild der Raumplanung zur Zeit des Nationalsozialismus etablierte, hat seine Wurzeln im späten 19. und im frühen 20. Jahrhundert: Seinerzeit galt es, die drastischen Folgen des Industrialisierungs- und des damit einhergehenden Urbanisierungsprozesses zu mindern und, so weit möglich, zu bewältigen. Die ersten „gesamträumlich" orientierten Planungsgemeinschaften bildeten sich in den stark industrialisierten und urbanisierten Regionen Deutschlands heraus, in Berlin (Zweckverband Groß-Berlin 1912) und dem Ruhrgebiet (Siedlungsverband Ruhrkohlenbezirk 1920) (Nuissel 2007). Räumliche Planung war von Beginn an als Strategie der Krisenbewältigung konzipiert.

Damit richtete sich *traditionelle Planung* also zunächst auf Gefahrenabwehr, auf Anpassung an die und Korrektur der negativen sozialen und gesundheitlichen Folgen einer expandierenden Marktökonomie. Erst seit den 1960er- und 1970er-Jahren entwickelte sich nach und nach ein auf Entwicklungsplanung gerichtetes Selbstverständnis räumlicher Planung, das statt auf einer reaktiven auf einer aktiv gestaltenden und zukunftsgerichteten Funktion öffentlicher Steuerung basierte. Eine Phase, die in der Literatur mit dem Begriff „Planungseuphorie" verbunden ist, begann und zugleich ein Prozess der Verwissenschaftlichung von Planung. Es dominierte die Vorstellung, dass die Gesellschaft zukünftige Entwicklungen rational und gesetzmäßig steuern könne. Neben der gesamträumlichen Planung, die sich auf den Raum als Integrationsebene der verschiedenen sektoralen Regulierungen bezog, waren es ab den 1970er-Jahren auch die zunehmend in das öffentliche Interesse rückenden ökologischen Probleme und das wachsende Bewusstsein von der Begrenztheit natürlicher Ressourcen, die die politische Planung motivierten: Die ersten Umweltfachplanungen (Luftreinhalte- und Wasserwirtschaftsplanung) sowie die (naturschutzrechtliche) Landschaftsplanung entstanden vor dem Hintergrund eines fest in ein positivistisches, naturwissenschaftlich-technisches Weltbild eingebetteten Planungsverständnisses.

Doch stieß die Vorstellung von einer rational fundierten, alle Planungsbereiche integrierenden „Gesamtplanung" etwa ab den 1980er-Jahren – gleichsam im Schatten der in dieser Zeit planungstheoretisch vorangetriebenen Verwissenschaftlichung von Entscheidungs- und Planungsverfahren – mehr und mehr auf Skepsis: Vor dem Hintergrund des auch in den Raum- und Planungswissenschaften einsetzenden Paradigmenwandels – der Ablösung des vorhersehbaren, berechenbaren und linearen Bilds von einer (gestaltbaren) Zukunft durch die Gewissheit der Ungewissheit und Unberechenbarkeit künftiger Entwicklung und die Grenzen des Wachstums (Meadows et al. 1972) – wurde das der traditionellen Planung zugrunde liegende Entwicklungsmodell erschüttert. In dieser Phase setzten sich Planungstheorien auch in Deutschland mehr und mehr durch, die aus den USA kommend (Baybrooke und Lindholm 1963) dem traditionellen, auf Gesamtplanung gerichteten, ein *inkrementalistisches Planungsverständnis* entgegensetzten: In diesem Paradigma wird Planung auf einzelne „machbare" Projekte reduziert; sie wird verstanden als eine „Strategie der unkoordinierten kleinen Schritte" (Frey et al. 2008: 22). Planungstheorie konzentriert sich zunehmend auf die Prozesse der Planung, auf die Akteurskonstellationen und Steuerungsmuster.

Aus einer kritischen Perspektive auf inkrementalistische Planungstheorien stellt sich diese Entwicklung als problematisch dar: Es wird eine Schwächung des Staates diagnostiziert – im Fokus der Kritik steht der Staat, der seine Verantwortung in Bezug auf die

Zukunftsvorsorge nach und nach abgibt und Gestaltungsaufgaben zunehmend auf private Akteure, vor allem Wirtschaftsakteure, überträgt. Die wachsende Einbindung privater Akteure („public private partnership") in Vorhaben der Stadt- und Regionalplanung führte schließlich zu einem Legitimationsproblem der Planung insgesamt. Diese kritische Haltung wird planungstheoretisch aufgenommen mit dem Konzept des *perspektivischen Inkrementalismus*, in dem der Staat gesamtgesellschaftliche Interessen als Langfristperspektive den projektorientierten Einzelplanungen gleichsam unterlegt. Begleitet wird diese Entwicklung von Positionen, die die prozedurale Dimension der Planung noch stärker in den Vordergrund stellen: Planung wird vor allem als eine *kommunikative* Aufgabe verstanden. Staat, Kommunen und Planerinnen und Planer treten vor allem als Moderatoren und Moderatorinnen sowie Mediatoren und Mediatorinnen in einem multiple Akteursinteressen vermittelnden und ausgleichenden Prozess auf.

Eine *kommunikative* oder *demokratische* Planung (Healey 1997; Selle 1996) geht vom Bild des *kooperativen Staats* aus (Hamedinger et al. 2008) – einem Staat, der strategische Entwicklungsziele perspektivisch verfolgt, indem er Konstellationen von und Aushandlungsprozesse zwischen den verschiedenen gesellschaftlichen Akteuren auf informeller Planungsebene initiiert, begleitet und mitgestaltet. Fürst (2011: 46) weist auf den defensiven Charakter des „kooperativen Staats" hin: Die Öffnung des Staates für kooperative Handlungsansätze beruht auf der wachsenden Steuerungsmacht der Privatwirtschaft im Außenverhältnis sowie auf einem wachsenden Rechtfertigungsdruck und dem höheren Stellenwert politischer Akzeptanzgewinnung im Innenverhältnis. *Strategische Planung* bezeichnet gleichsam eine Kombination traditionellen und inkrementalistischen Planungsverständnisses – einen Mix aus verschiedenen planungstheoretischen Ansätzen und Instrumenten (Frey et al. 2008: 26 ff). Planungstheorien sind auf multiple Steuerungsprozesse gerichtet („governance"). Planerinnen und Planer werden sowohl als Vermittlerinnen und Vermittler spezifischer Wissensbestände und Fachkompetenzen als auch als Moderatoren und Moderatorinnen sowie Mediatorinnen und Mediatoren gesehen (Tab. 8.2).

Theoriegeschichtlich betrachtet, schält sich in den letzten Jahrzehnten eine deutliche Verschiebung des planungswissenschaftlichen Erkenntnisinteresses heraus: von dem Interesse an der *Substanz* – an den Inhalten, den Zielen, Gegenständen und Resultaten öffentlicher Planung – hin zum wissenschaftlichen Interesse an den gesellschaftlichen *Prozessen*, die gesellschaftliche Entwicklung steuern. Die räumliche Planung und (später zunehmend auch) Umweltplanungen werden planungstheoretisch unter dem Aspekt der *Kooperation/ Partizipation* betrachtet. Umweltfachplanungen sind stärker durch Expertensysteme geprägt; erst durch die Implementierung EU-rechtlicher Verfahren im Umweltbereich setzt sich auch hier eine Tendenz zur Öffnung durch (Nuissel 2007: 47). An dieser Stelle schließt Planungstheorie an die prozeduralen Anforderungen, wie sie auf Basis des Leitbilds Nachhaltigkeit an die Planung gestellt werden, an.

Demgegenüber hat das Konzept Nachhaltige Entwicklung die Ausbildung und Entwicklung *substanzieller Planungstheorien* in den Raum- und Planungswissenschaften kaum beeinflusst. Mit Ausnahme weniger Studien, die in der Folge der Rio-Konferenz und der planungsrechtlichen Implementierung des Leitziels Nachhaltige Entwicklung in den

Tab. 8.2 Die drei vorherrschenden Paradigmen der raumbezogenen Planung der letzten Jahrzehnte (Quelle: Eigene Darstellung verändert nach Nuissel 2007: 44)

	Vom synoptischen Planungsideal (traditionelles Planungs-verständnis) …	… über die Varianten des Inkrementalismus …	… zu einer diskursi-ven Planungskultur
Planungsansatz	Definition eines best-möglichen (rationalen) Endzustandes	Formulierung von strategi-schen Leitlinien, Projektorientierung	Ergebnisoffener Prozess in gegebenem (pluralem) organisato-risch-institutionellen Rahmen
Planungsrationalität	Zweckrationalität und wissenschaftliches Wissen	Politische und ökono-mische Rationalität, Managementkompe-tenz	Kommunikative Rationalität, basie-rend auf Interaktion von Akteuren und Interessen
Vorherrschender Steuerungsmodus	Eingriff	Selbststeuerung	Verhandlung, Mitwirkung

1990er-Jahren entstanden sind (u. a. ARL 2000; Hübler et al. 2000), hat sich in Deutschland keine anhaltende planungstheoretische Diskussion darüber entwickelt, was die Realisierung nachhaltiger Raum- und Umweltentwicklung durch Planung konkret erfordert, nach welchen Kriterien und an welchen Handlungsprinzipien eine nachhaltigkeitsorientierte Planung gemessen werden kann und welche theoretisch-konzeptionellen und inhaltlichen Herausforderungen von diesem Leitziel ausgehen. Eine planungstheoretische Reflektion des Nachhaltigkeitskonzepts und der hiervon ausgehenden Herausforderungen für die raum- und umweltbezogene Planung steht noch aus.

Die planungstheoretische Reflektion nachhaltiger (Raum-)Entwicklung in substanzieller Dimension wird allerdings in dem Umfang dringlicher, in dem sich sozial-ökologische Problemlagen als Probleme der Daseinsvorsorge erweisen und in den Vordergrund gesellschaftlicher Steuerungsanstrengungen zur Zukunftsgestaltung rücken. Während sich die planungstheoretischen Diskussionen im Schatten der beschleunigten Entwicklung der Globalisierung der Märkte – und in der Folge des Verlusts an Gestaltungs- und Steuerungskompetenz der Nationalstaaten sowie des sich verschärfenden Wettbewerbs zwischen Städten und Regionen – zu gesellschaftlichen und ökonomischen Transformationsprozessen entwickeln, spitzt sich die sozial-ökologische Krisenlage deutlich zu: Der Klimawandel und seine Folgen, Artenverluste, Bodendegradationen sowie offene (z. B. radioaktive Abfälle) und versteckte Probleme der Abfallentsorgung (z.B. stoffliche Verunreinigungen von Nahrungsmitteln) fordern stärker als zuvor eine wirkmächtige gesellschaftliche Planung. Sie stellen Raum- und Umweltplanung vor völlig neue Herausforderungen und Aufgaben.

Wird das Selbstverständnis der Planung, wie es sich im Paradigma der „strategischen Planung" bündelt, diesen neuen Anforderungen gerecht? Vermag es einzulösen, was programmatisch und politisch mit dem Leitziel Nachhaltige Raum- und Umweltentwicklung verbunden wird?

▶ **Frage:** Was wird unter „substanzieller Planungstheorie" verstanden, was unter
    „prozeduraler Planungstheorie"?

▶ **Aufgabe:** Beschreiben Sie die Phasen in der Geschichte der raumbezogenen
    Planung entlang der jeweils vorherrschenden Paradigmen.

„Strategische Planung" – ein nachhaltigkeitsorientiertes Paradigma?

Vor dem Hintergrund des fundamentalen Wandels der ökonomischen, sozial-kulturellen
und ökologischen Bedingungen in den Industrienationen wie auch einer veränderten Rolle der Nationalstaaten – verbunden mit der Erosion der Prämissen räumlicher Planung
(z. B. Gemeinwohlorientierung, Gleichwertigkeitsziel und soziale Durchmischung) – erfährt das Paradigma der *strategischen Planung* in Europa neuen Auftrieb (Frey et al. 2008:
14 f). Und dies, obgleich es auf die Planungstheorien der 1960er- und 1970er-Jahre zurückgeht und daher keineswegs neu ist (Zibell 2008: 323). Seine Anschlussfähigkeit an
Konzepte Nachhaltiger Entwicklung wird vielfach behauptet und insbesondere mit der
Leitbildorientierung und den dieser zugrunde liegenden multiplen Steuerungsmustern
(„governance") begründet.

Kennzeichen des strategischen Planungsverständnisses ist die Kombination aus Reaktionen auf kurzfristige, unvorhergesehene Ereignisse mit langfristigen Planungszielen.
Der Plan wird als Teil einer übergeordneten Strategie gesehen. Leitbild- und Projektorien-
tierung sowie Partizipation, d. h. die Einbindung aller Akteure in den Planungsprozess,
kennzeichnen dieses Planungsverständnis weiterhin (Frey et al. 2008: 27). Planung wird
in diesem Verständnis zu „einem kollektiven Prozess der Handlungskoordination" (Fürst
2011: 60). Die „richtige" Planentscheidung ist die, die sich durch Konsensbildung herstellt. Gegenläufige und widersprüchliche Interessen werden durch Verhandlung scheinbar in „win-win-Lösungen" übersetzt (Bauhardt 2007: 314). Strategische Planung findet
in einem Geflecht aus formellen und informellen Netzwerken statt, wobei das politisch-
administrative System als offen konzipiert ist und Kooperation als Steuerungsmodus die
Hierarchie ersetzen soll („kooperativer Staat"). Ungleichgewichte zwischen formell und
informell agierenden Akteuren werden in diesem Verständnis ausgeblendet – ohne dass
sie dadurch etwa unwirksam würden. Im Gegenteil steht der aus dem sprachlichen Umfeld
von Militär und Wirtschaft stammende Begriff „Strategie" für eine (neue) Planungskul-
tur, die die Ökonomisierung des Sozialstaats und der Solidarsysteme ebenso hinnimmt,
wie die Orientierung des politisch-administrativen Systems an einem unternehmerischen
Managementdenken und -handeln (Dangschat et al. 2008: 44 f; auch Fürst 2011: 46). Das
Planungsergebnis wird an Effizienz gemessen (Bauhardt 2007: 314). Die „Output-Legi-
timation" gewinnt gegenüber der herkömmlichen „Input-Legitimation" staatlichen Handelns an Gewicht (Fürst 2011: 53).

Strategische Planung fragt nach dem Verhältnis und der Verzahnung von Leitbildern/
Zielen/Vorstellungen mit Konzepten/Plänen und deren dauerhafter und prozessorientier-
ter Umsetzung (ARL 2011). Dabei erweist sie sich jedoch im Hinblick auf die Inhalte – auf

die durch Planung zu lösenden Probleme – wie auch auf die Qualität der Planergebnisse als unbestimmt: Welche Ziele und welche übergeordnete Strategie der Planung zugrunde liegen, wer diese auf Basis welcher Aushandlungs- und Entscheidungsprozesse formuliert, und wer auf welche Weise gewährleistet, dass die Strategie erfolgreich wird, bleibt in diesem Planungsverständnis offen. Offen bleibt damit auch, welches theoretisch-konzeptionelle Verständnis von Nachhaltigkeit und nachhaltiger (Raum-)Entwicklung der Planung zugrunde liegt. Und schließlich bleibt auch die Frage, innerhalb welcher Herrschaftsstrukturen sich Planung realisiert und wie Planung zur Lösung sozial-ökologischer Problemlagen beitragen und sich einer nachhaltigen Entwicklung annähern könnte, unbeantwortet.

Indem sozial-ökologische Krisenphänomene (Becker und Jahn 2006) offensichtlich werden, geraten die mit der gesellschaftlichen und räumlichen Entwicklung verbundenen stofflich-energetischen Prozesse zunehmend in das Blickfeld – auch in das politischer Planung. Raum- und umweltpolitische Planungs- und Steuerungssysteme sehen sich bei der Bewältigung sozial-ökologischer Problemlagen zunehmend mit Handlungsblockaden konfrontiert, die die institutionelle Entkoppelung von Raum-, Ressourcen- sowie Stoffpolitik und -planung erneut in Frage stellen (Hofmeister 2011).

Durch verschiedene Typen von *Transformationsprozessen* werden neuartige Probleme der Planungssysteme induziert:

Sozial-ökologische Krisenerscheinungen, wie der anthropogen verursachte Klimawandel, verweisen auf enger werdende und sich beschleunigende Koppelungen zwischen sozial-ökonomischen und ökologischen Prozessen (Hybridisierung). Die *Transformation gesellschaftlicher Naturverhältnisse* erschüttert die Grundannahmen der Planungssysteme. Formelle und informelle Planungen basieren auf Annahmen, welche die „Natur" als einen konstanten Faktor setzen – d. h., auf Annahmen, die die Realität gesellschaftlicher Naturverhältnisse immer weniger abzubilden vermögen. Die in jüngster Zeit auf breiter gesellschaftlicher Ebene artikulierten Zweifel an den technischen Möglichkeiten, Kernkraftwerke sicher zu betreiben, zeigen, dass die Annahmen über die „Naturvoraussetzungen" von Technik brüchig zu werden beginnen. Oder ein Beispiel aus der Ressourcenplanung: In der Wasserwirtschaft werden Grundwasserneubildungsraten angenommen, in denen die Schwankungen, z. B. durch Extremwetterereignisse, die in der Folge des Klimawandels häufiger werden, keine Berücksichtigung finden (Kluge 2003). Sozial-ökologische Problemlagen fordern dazu auf, die Wechselwirkungen zwischen Gesellschaft und Natur in ihrer Dynamik neu zu denken. Das Paradigma „strategische Planung" hat, weil es sich in Bezug auf den Gegenstand und die Aufgaben der Planung unbestimmt verhält, auf die hiermit verbundenen Probleme und Herausforderungen jedoch kaum Antworten.

Die seit langem beobachtbare *Transformation von Raumstrukturen* und Raumnutzungsmustern („Zwischenstadt", „Stadtlandschaft", Schrumpfung und Wachstum von Siedlungsräumen) stellt die Grundannahmen räumlicher Planung ebenfalls infrage: Sowohl die Wachstumsorientierung planerischer Konzepte als auch das Denken im Gegensatzverhältnis, wie Stadt vs. Land, urban vs. ländlich, Metropole vs. Peripherie, durch die welche Raumplanung konzeptionell maßgeblich geprägt ist, werden mehr und mehr fragwürdig. Soll einer Verschärfung regionaler Disparitäten im Sinne des Gerechtigkeitsgebots nachhaltiger Raumentwicklung entgegengewirkt werden und Zugangschancen zu öffentlichen

Ressourcen (z. B. zu Versorgungs- und Verkehrsinfrastrukturen) gerecht verteilt werden, bedarf es einer Anpassung der konzeptionellen Grundlagen der Planung. Zugleich fordert diese Entwicklung zu einer im umfassenden Sinne gerechten und partizipativen Planung auf regionaler und überregionaler Ebene heraus. Die mit den räumlichen Transformationsprozessen einhergehenden theoretisch-konzeptionellen Herausforderungen können aus den oben genannten Gründen im Selbstverständnis der Planung als „strategisch" nicht abgebildet werden.

Soziale und *kulturelle Transformationsprozesse*, wie der demographische Wandel, veränderte Konsum- und Nutzungsmuster, Bedürfnisse und Verhaltensweisen fordern Planung heraus, die Vielfalt („diversity") der unterschiedlichen Nutzer-, Akteurs- und Betroffenengruppen mitzudenken. Das Selbstverständnis der Planung als „strategisch" antwortet hierauf ambivalent: Einerseits wird durch die Ausrichtung der Planung auf die Akteure vermittelt, dass die unterschiedlichen Akteursgruppen in Entscheidungsprozesse gleichermaßen und gleichberechtigt eingebunden sind. Andererseits wird durch das weiterhin unzureichend vermittelte Verhältnis zwischen dem politisch-administrativen System, das über legitime Entscheidungsbefugnisse verfügt und verbindliche Planungsergebnisse generiert, mit informellen Planungssystemen, denen jene Kompetenzen fehlen, systematisch ein Akzeptanzdefizit in Bezug auf Planungsentscheidungen erzeugt. Planung ist daher auf substanzieller Ebene gefordert, das Integrationsgebot der Entwicklungsdimensionen stärker als bisher umzusetzen und zugleich – auf prozeduraler Ebene – Inklusionsprobleme ebenso wie die Frage nach der Legitimation von Entscheidungen, zu lösen. Im Paradigma der strategischen Planung kann diesen Erfordernissen nicht ausreichend entsprochen werden.

Durch weitreichende *technologische* Transformationsprozesse, wie sie vor allem in den Bereichen Informations- und Kommunikationstechnik sowie Energie- und Biotechnologie auftreten, werden neuartige Risiken induziert, die sich in der Verbindung mit der Transformation gesellschaftlicher Naturverhältnisse verstärken. Planung basiert zunehmend auf Entscheidungen unter den Bedingungen der Unsicherheit, der Ungewissheit und des Nichtwissens. Im positivistischen Paradigma traditioneller Planung kann auf diese Situation nicht angemessen reagiert werden. Dagegen könnte es, ausgehend von einem strategischen Planungsverständnis, in dem die Akteursorientierung zum zentralen Merkmal der Planung wird, gelingen, breite gesellschaftliche Risikodiskurse zu ermöglichen, in Planungsprozesse einzubinden und in der Umsetzung zu berücksichtigen.

Institutionelle Transformationsprozesse, wie die Deregulierung, Liberalisierung und Privatisierung von ehemals öffentlichen Funktionen, z. B. in der Ver- und Entsorgungsinfrastruktur, führen in Verbindung mit der *ökonomischen Transformation* durch Globalisierung der Märkte zu veränderten Governance-Strukturen und Steuerungsmustern, insbesondere auch in Umweltpolitik und -planung. Ungleichheiten und Ungleichgewichte zwischen den unterschiedlichen Akteuren, die über mehr oder weniger Gestaltungsmacht verfügen, verstärken sich unter diesen Bedingungen (Monstadt 2004). Wie für die sozialkulturellen Transformationsprozesse gilt auch hier, dass Planung sicher zu stellen hat, dass unterschiedliche Akteure in Entscheidungsprozesse umfassend eingebunden werden. Strategische Planungsansätze allein leisten dies nicht. Sie sind zu ergänzen um Ansätze einer „ausgleichenden Gerechtigkeitsplanung" (Bauhardt 2007: 313).

Tab. 8.3 Neue Herausforderungen für die Raum- und Umweltplanung durch sozial-ökologische Transformationen (Quelle: Eigene Darstellung)

Transformationsprozesse	Notwendige Neuorientierungen
Transformation gesellschaftlicher Naturverhältnisse	Einbeziehen der Wechselbeziehungen zwischen Gesellschaft und Natur (sozial-ökologische Problemlagen als ‚hybride' Phänomene) in Planungstheorien und -konzepte; Integration der Planungssysteme (raum-, umwelt-, ressourcen-, energie- und stoffbezogene Planung)
Transformation von Raum- und Siedlungsstrukturen	Prüfung und ggf. Anpassung der paradigmatischen und konzeptionellen Grundlagen der Raum- und Umweltplanung (z. B. Abkehr von ‚Wachstumsorientierung')
Soziale und kulturelle Transformationen	Orientierung der Planung an der Vielfalt der Lebensstile und Bedürfnisse (‚diversity')
Technologische Transformationen (in Verbindung mit ökonomischen Transformationsprozessen)	Stärkere Risikoorientierung der Planung (Unsicherheit, Ungewissheit und Nichtwissen als allgemeine Bedingungen von Planung)
Institutionelle Transformationen	Planung als multiple Steuerungsaufgabe (Akteursorientierung und ‚ausgleichende Gerechtigkeitsplanung')

Die genannten Typen von Transformationsprozessen sind eng aneinander gekoppelt und wirken dynamisch ineinander – sie verstärken und beschleunigen sich wechselseitig. In der Verbindung mit neuartigen sozial-ökologischen Krisenlagen durch die Transformation gesellschaftlicher Naturverhältnisse werden Systeme öffentlicher Planung gebraucht, die sowohl prozedural als auch substanziell unmittelbar auf die mit dem Nachhaltigkeitskonzept verbundenen Gerechtigkeits- und Integrationsgebote verpflichtet sind, und diese umzusetzen vermögen (Tab. 8.3).

Im Hinblick auf die prozeduralen Anforderungen der Nachhaltigkeit wird die „strategische Planung" weder dem intra- noch dem intergenerationalen Gerechtigkeitsgebot umfassend gerecht: So ist gezeigt worden, dass der wachsende Einfluss informeller Akteursgruppen auf formelle Entscheidungen stärker zur Exklusion marginalisierter, weniger wirkmächtiger Bevölkerungsgruppen beiträgt, dass Benachteiligungen verfestigt und erneuert werden; durch Informalisierung und Privatisierung von Politik und Planung werden gerechtere Entscheidungsstrukturen also gerade nicht forciert (Sauer 2008). Informelle Kooperationen beruhen auf Kooptation der Beteiligten, auf Entöffentlichung (Sauer 2008). Kooperationsformen „leben" daher von Ausgrenzungen (Reuter 2004). Strategische Planung ist daher durch Konzepte „ausgleichender Gerechtigkeitsplanung" zu ergänzen (Bauhardt a. a. O.), wie das „collaborative planning" (Baptista 2005; Healey 1997) oder insbesondere das „equity planning" (Fainstein und Fainstein 1996). Das heißt, es bedarf Politiken, die, um bestehende strukturelle Unterschiede und Herrschaftsverhältnisse wissend, Planer und Planerinnen explizit als „Anwältinnen" und „Anwälte" struktureller Minderheiten einsetzen, um einen Ausgleich zwischen ungleichen gesellschaftlichen Interessen herbeizuführen. Die Interessenkonstellationen und Machtverhältnisse zwischen den am Planungsprozess Beteiligten und von ihm Betroffenen sind offen zu legen und planungsmethodisch zugunsten strukturell benachteiligter Gruppen zu berücksichtigen. Ebenso wie Kommunikations- und Moderationsverfahren sind auch Macht- und Herrschaftsanalysen unverzichtbare Voraussetzungen und Instrumente der Planung (Bauhardt 2004: 151 f).

Hinsichtlich der substanziellen Anforderungen an Planung, geben strategische Planungsansätze keine Antworten auf die mit den sozial-ökologischen Transformationsprozessen verbundenen Herausforderungen. In diesem Paradigma bleibt eine Wettbewerbs- und Konkurrenzsicht dominant, die zwar programmatisch mit den nachhaltigkeitsorientierten Zielen Umweltschutz, soziale Gerechtigkeit und kulturelle Vielfalt verbunden wird, allerdings ohne die systematischen und immanenten Widersprüche zwischen und in diesen Zielsetzungen zu reflektieren und zu thematisieren (Dangschat 2008).

▶   **Frage:** Was wird unter „strategischer Planung" verstanden?

▶   **Aufgabe:** Reflektieren Sie am Beispiel des Klimawandels das „strategische Planungsverständnis" im Hinblick auf seine Potentiale zur Bewältigung sozial-ökologischer Problemlagen.

Ausblick: Sozial-ökologische Perspektiven auf eine integrierte Raum- und Umweltplanung

Vor dem Hintergrund der planungstheoriegeschichtlichen Betrachtung und den Überlegungen zur „Passfähigkeit" aktueller planungstheoretischer Debatten um strategische Planung zeigt sich, dass die Raum- und Planungswissenschaften zwar auf die sozio-ökonomische Transformation durch Globalisierung der Märkte und die von hier ausgehenden räumlichen Anforderungen reagiert haben, indem die Öffnung öffentlicher Planung hin zur Mitwirkung privater Akteure und Investoren durch Planungstheorien begleitet und begründet wird. Im Paradigma strategische Planung spiegeln sich die hiervon ausgehenden Veränderungsprozesse explizit wider. Zugleich wird jedoch auch sichtbar, dass die mit diesen Transformationsprozessen verbundene sozial-ökologische Krisensituation planungstheoretisch bislang noch kaum wahrgenommen und reflektiert wird. Im Blick auf die inhaltlichen Aufgaben der Raum- und Umweltplanungen zur Bewältigung sozial-ökologischer Problemlagen und zur Erreichung des Ziels einer integrierten Raumentwicklung ist in den letzten Jahren planungstheoretisch wenig Neues gedacht worden. Doch allein durch „Innovationen" auf prozeduraler Ebene kann Planung diesen neuartigen Anforderungen nicht gerecht werden.

Insbesondere am Beispiel der raum- und planungswissenschaftlichen Reflektion des Klimawandels und seiner Folgen, die in den letzten Jahren zu einer breiten Debatte über Anpassungsstrategien und -maßnahmen (Adaption) geführt hat, zeigen sich die substanziellen Defizite der Planungswissenschaften deutlich. Die Themen Klimavorsorge und Mitigation, die Vermeidung und Minderung von Klimafolgen, werden hier zwar mit angesprochen, jedoch im Blick auf die daraus resultierenden neuen Anforderungen an eine integrierte Raum- und Umweltplanung nur selten reflektiert (vgl. auch Hanisch 2010).

Der Planung kommt in Bezug auf die sozial-ökologische Transformation gesellschaftlicher Naturverhältnisse eine entscheidende Rolle zu, wenn sie die Aufgabe der Krisenbewältigung 2 annehmen und verantwortungsvoll wahrnehmen will. Die Potentiale und Kompetenzen der Raum- und Umweltplanung ließen sich im Blick auf Mitigationsmaßnahmen an den Verursachungsketten – am Beispiel: Ver- und Entsorgungsinfrastrukturen, Landwirtschaft, Industrie und Verkehr – bündeln. Indem hier mit Hilfe stoffstromanalytischer Ansätze und planerischer, auf die regionalen Besonderheiten angelegter Ressourcen- und Stoffstrom-managementansätze räumliche und ökologisch orientierte Planungen zusammengeführt werden können, könnten die Gestaltungskompetenzen deutlich erhöht werden.

Eine integrierte Raum- und Umweltplanung versteht sich als Mittlerin und (Mit-)Gestalterin sozial-ökologischer Transformationsprozesse mit dem Ziel, Natur- und sozial lebensweltliche Produktivität zu erhalten und sie zu erneuern, um im Sinne des Nachhaltigkeitskonzepts die Reproduktionsfähigkeit der Gesellschaft zu sichern. Sie verbindet Ansätze des Stoffstrom- und Ressourcenmanagements mit Konzepten nachhaltiger Raum- und Landschaftsentwicklung. In dieser Verbindung kommt es wesentlich auf eine gerechte, demokratische Gestaltung von Planungsprozessen an: Die Orientierung der Planung an den Alltagsbedürfnissen und -erfahrungen, an der Vielfalt der Lebensstile und -muster der Nutzerinnen und Nutzer von Raum- und Umweltleistungen wird zur wichtigsten Ressource der Planung. Nachhaltige Steuerungsmuster basieren auf einer umfassenden Teilhabe der unterschiedlichen Akteure, wobei – entsprechend des Ansatzes der Gerechtigkeitsplanung („equity planning") – die Unterstützung der Teilhabe strukturell benachteiligter Bevölkerungsgruppen vorrangig wird. Die Nutzung lebensweltlicher, auf Alltagspraktiken beruhender Wissensbestände durch Planung ist für eine nachhaltige Raum- und Umweltentwicklung unverzichtbar geworden.

Ausgehend von einem sozial-ökologischen Problemverständnis sind Umwelt-, Ressourcen- und räumliche Planung nicht voneinander trennbar. Das den Planungskulturen jeweils eigene Selbstverständnis ist mit Perspektive auf die anderen zu erweitern:

Für die *räumliche Planung* bedarf es einer paradigmatischen Neuorientierung in Hinblick auf die physisch materiellen, stofflichen und energetischen Prozesse im Raum – einer konzeptionellen und strategischen Erweiterung um Ansätze des Stoffstrom- und Ressourcenmanagements (vgl. z. B. Hofmeister 2011, Hofmeister & Hübler 1990, Kanning 2001).

Für die *Umwelt-, Ressourcen- und Landschaftsplanung* schließlich bedarf es einer Perspektiverweiterung um sozio-ökonomische und sozio-technische Prozesse und die hiermit induzierten Stoff- und Energieflüsse. Dies impliziert eine Ablösung von dem (noch) dominierenden Paradigma des Umwelt- und Naturschutzes. Umwelt- und LandschaftsplanerInnen sind gefordert, sich als (Mit-)GestalterInnen gesellschaftlicher Naturverhältnisse an der Ent-wicklung nachhaltiger Regulierungsformen aktiv zu beteiligen (Kanning 2005).

Auf der Grundlage einer solchen, in den Planungswissenschaften inter- und transdisziplinär verankerten, Sektoren übergreifenden Neuorientierung der Planungspraxis eröffnen sich viel-fältige Möglichkeiten und Chancen – von der theoretischen und konzeptionellen

Ebene bis hin zu einer Vernetzung bestehender und der Entwicklung neuer Instrumente. Vielfach wurde schon gezeigt, dass und welche Synergien beispielsweise durch Vernetzung (betrieblicher und überbetrieblicher) Umwelt- und Stoffstrommanagementansätze mit dem Instrumentarium der Raum- und Umweltplanungen gewonnen und genutzt werden könnten (vgl. exemplarisch das Schweizer Projekt „Netzstadt", Oswald & Baccini 2003). Im Blick auf eine nachhaltige Raum- und Umweltentwicklung gilt es, die hier aufgezeigten Potentiale weiterzuentwickeln und sie zu nutzen.

Planungstheoretisch sind die neuartigen Herausforderungen der Planung durch die sozial-ökologische Krise in substanzieller Dimension zu reflektieren („theory in planning"): Planungstheorie kann hier unmittelbar anknüpfen an und aufbauen auf Ansätze zur Theoreti-sierung von Nachhaltigkeit (z. B. Ott & Döring 2004). Es ist ein Verständnis von den Inhalten, Aufgaben und Zielen nachhaltigkeitsorientierter Planung zu entwickeln, das an prozedurale Planungstheorien („theory of planning") anschließt, diese erweitert und weiterentwickelt. In der Verbindung der prozeduralen mit der substanziellen Perspektive auf und in der Planung durch theoretisch analytische Reflektion der von dem Leitziel nachhaltige (Raum)Entwicklung ausgehenden Planungsinhalte und Gestaltungsziele liegt die Herausforderung für die Weiterentwicklung von Planungstheorie und -praxis.

Literatur

Aachener Stiftung Kathy Beys (o. J.) Lexikon der Nachhaltigkeit. http://www.nachhaltigkeit.info
Akademie für Raumforschung und Landesplanung (ARL) (Hrsg) (2000) Nachhaltigkeitsprinzip in der Regionalplanung. Handreichung zur Operationalisierung. Forschungs- und Sitzungsbericht (FuS), Bd 212. ARL, Hannover
Akademie für Raumforschung und Landesplanung (ARL) (2011) Strategische Regionalplanung. Positionspapier. ARL Nr 84. ARL, Hannover
Bauhardt C (2004) Entgrenzte Räume. Zu Theorie und Politik räumlicher Planung. VS-Verlag, Wiesbaden
Bauhardt C (2007) Feministische Verkehrs- und Raumplanung. In: Schöller O, Canzler W, Knie A (Hrsg) Handbuch Verkehrspolitik. VS-Verlag, Wiesbaden, S 301–319
Baumgärtner S (2011) Normative Begründung der Nachhaltigkeitsökonomie. In: StudierendenInitiative Greening the University e. V. (Hrsg) Wissenschaft für nachhaltige Entwicklung! Multiperspektivische Beiträge zu einer verantwortungsbewussten Wissenschaft. Metropolis-Verlag, Marburg, S 273–298
Baumgärtner S, Quaas MF (2010) What is sustainability economics? Ecol Econ 69:445–450
Baybrooke D, Lindholm CE (1963) A strategy of decision. Policy evaluation as a process. Free Press, New York
Becker E, Jahn T (Hrsg) (2006) Soziale Ökologie. Grundzüge einer Wissenschaft von den gesellschaftlichen Naturverhältnissen. Campus, Frankfurt a. M.
Blanke B, von Bandemer S, Nullmeier F, Wewer G (2010) Handbuch zur Verwaltungsreform. VS-Verlag, Wiesbaden
Bundesministerium für Arbeit und Soziales (BMAS) (2010) Aktionsplan CSR der Bundesregierung. http://www.bmas.de/DE/Service/Publikationen/a398-csr-aktionsplan.html. Zugegriffen: 19. Aug 2012
Gesetz über Naturschutz und Landschaftspflege (BNatschG) (2009) Bundesnaturschutzgesetz vom 29. Juli 2009 (BGBl. I S 2542)

Bofinger P (2010) Grundzüge der Volkswirtschaftslehre. Pearson, München

Bosselmann K (2002) Die Erd-Charta: Entwurf einer Ethik der Nachhaltigkeit. Nat Kult 3:57–72

Bosselmann K (2008) The principle of sustainability: Transforming law and governance. Ashgate

Breyer B (2011) Mikroökonomik. Eine Einführung. Springer, Berlin

Bundestag (2012) Enquete-Kommission „Wachstum, Wohlstand, Lebensqualität – Wege zu nachhaltigem Wirtschaften und gesellschaftlichem Fortschritt in der Sozialen Marktwirtschaft". http://www.bundestag.de/bundestag/ausschuesse17/gremien/enquete/wachstum/index.jsp. Zugegriffen: 19. Aug 2012

Coase RH (1960) The problem of social cost. J Law Econ 3:1–44

Common M, Stagl S (2005) Ecological economics. An introduction. Cambridge University Press, Cambridge

Daly H E, Farley J (2010) Ecological economics. Principles and applications. Island Press, Washington D.C.

Dangschat JS (2008) Autobahnen ins Glück. Der Münchhausen-Effekt der Strategischen Raumplanung. In: Hamedinger A, Frey O, Dangschat JS, Breitfuss A (Hrsg) Strategieorientierte Planung im kooperativen Staat. VS Verlag, Wiesbaden, S 38–60

Davidoff P (1996) Advocacy and pluralism in planning. In: Champbell S, Fainstein S (Hrsg) Readings in planning theory. Blackwell, Cambridge, S 305–322 (Erstveröff. (1965) J Am Inst Plan 31:331–338)

Dworkin R (1977) Taking rights seriously. Harvard University Press, Cambridge M.A.

Ekardt F (2005) Das Prinzip Nachhaltigkeit, Generationengerechtigkeit und globale Gerechtigkeit. Beck, München

Fainstein SS, Fainstein N (1996) City planning and political values: An updated view. In: Champbell S, Fainstein S (Hrsg) Readings in planning theory. Blackwell, Cambridge, S 265–287

Frank R, Bernanke B (2009) Principles of economics. McGraw-Hill, New York

Frey O, Hamedinger A, Dangschat JS (2008) Strategieorientierte Planung im kooperativen Staat. Eine Einführung. In: Hamedinger A, Frey O, Dangschat JS, Breitfuss A (Hrsg) Strategieorientierte Planung im kooperativen Staat. VS Verlag, Wiesbaden, S 14–33

Fürst D (2011) Politik und Verwaltung im Wandel. Raumplanung unter veränderten Verhältnissen. In: Akademie für Raumforschung und Landesplanung (ARL) (Hrsg) Grundrisse der Raumordnung und Raumentwicklung. ARL, Hannover, S 46–73

Gehring M (2007) *Nachhaltigkeit durch Verfahren im Welthandelsrecht, Umwelt- und Nachhaltigkeitsprüfungen durch die WTO.* Duncker & Humblot, Berlin

Göll E, Thio SL (2004) Nachhaltigkeitspolitik in EU-Staaten. Nomos, Baden-Baden

Gravelle H, Rees R (2004) Microeconomics. Prentice Hall, Upper Saddle River

Grunwald A, Kopfmüller J (2006) Nachhaltigkeit. Campus, Frankfurt a. M.

Grunwald A, Kopfmüller J (2007) Die Nachhaltigkeitsprüfung: Kernelemente einer angemessenen Umsetzung des Nachhaltigkeitsleitbilds in Politik und Recht. (Wissenschaftliche Berichte, FZKA 7349, Forschungszentrum Karlsruhe)

Hamedinger A, Frey O, Dangschat JS, Breitfuss A (Hrsg) (2008) Strategieorientierte Planung im kooperativen Staat. VS Verlag, Wiesbaden

Hanisch J (2010) Nachhaltige Raum- und Umweltplanung am Beispiel der Klimapolitik. Überlegungen für eine räumlich-ökologische Planung zur Bewältigung der Klimakrise. SRL Schriften Nr. 55. SRL, Berlin

Hanley N, Shogren JF, White B (2001) Introduction to environmental economics. Oxford University Press, Oxford

Hanley N, Shogren JF, White B (2007) Environmental economics in theory and practice. Palgrave Macmillan, London

Hardin G (1968) The tragedy of the commons. Sci 162:1243–1248

Healey P (1997) Collaborative planning. Shaping places in fragmented societies. Macmillan, Basingstoke

Heinrichs H (2005) Herausforderung Nachhaltigkeit – Transformation durch Partizipation? In: Feindt PH, Newig J (Hrsg) Partizipation, Öffentlichkeitsbeteiligung, Nachhaltigkeit. Perspektiven der politischen Ökonomie Metropolis, Marburg, S 30–54

Heinrichs H (2011) Soziologie globaler Umwelt- und Nachhaltigkeitspolitik. In: Gross M (Hrsg) Handbuch Umweltsoziologie. VS Verlag, Wiesbaden, S 628-650

Heinrichs H, Laws N (2012) Mehr Macht für eine nachhaltige Zukunft. Politikbarometer zur Nachhaltigkeit in Deutschland. WWF, Berlin

Hofmeister S (2011) Anforderungen eines sozial-ökologischen Stoffstrommanagements an technische Ver- und Entsorgungssysteme. In: Tietz HP, Hühner T (Hrsg) Zukunftsfähige Infrastruktur und Regionalentwicklung. Forschungs- und Sitzungsberichte (FuS) Nr. 235. ARL, Hannover, S 176–190

Hofmeister S, Hübler KH (1990) Stoff- und Energiebilanzen als Instrument der räumlichen Planung. ARL Beiträge 118. ARL, Hannover

Hübler KH, Kaether J, Selwig L, Weiland U (2000) Weiterentwicklung und Präzisierung des Leitbilds der nachhaltigen Entwicklung in der Regionalplanung und regionalen Entwicklungskonzepten. UBA Texte 59/00. UBA, Berlin

Jänicke M (2008) Megatrend Umweltinnovation. Oekom, München

Jänicke M, Kunig P, Stitzel M (2003) Umweltpolitik: Lern- und Arbeitsbuch. Dietz, Bonn

Kanatsching D, Pelikan I (2010) Transitionmanagement in Theorie und Praxis. In: Steurer R, Trattnigg R (Hrsg) Nachhaltigkeit regieren. Oekom, München, S 75–96

Kanning H (2001) Umweltbilanzen. Instrumente einer zukünftigen Regionalplanung? (UVP spezial 17, Dortmund)

Kanning H (2005) Brücken zwischen Ökologie und Ökonomie – Umweltplanerisches und ökonomisches Wissen für ein nachhaltiges regionales Wirtschaften. Oekom, München

Kluge T (2003) Nachhaltiger Umgang mit Wasserressourcen in Deutschland. Probleme, Handlungs- und Forschungsbedarf, internationale Einbettung. In: Kopfmüller J (Hrsg) Den globalen Wandel gestalten. Ed. Sigma, Berlin, S 207–226

Koch HJ (2006) Nachhaltigkeit. In: Werner H (Hrsg) Evangelisches Staatslexikon. Stuttgart

Lafferty WM (Hrsg) (2004) Governance for sustainable development: The challenge of adapting form to function. Edward Elgar, London

Loorbach D (2007) Transition management. Governance for sustainability. International Books, Berlin

Luhmann N (2000). Die Politik der Gesellschaft. Suhrkamp, Frankfurt a. M.

Mankiw NG (2011) Principles of economics. South-Western, Mason

Mayntz R (2009) Über Governance: Institutionen und Prozesse politischer Regelung. Campus, Frankfurt a. M.

McNeill JR (2003) Blue Planet: Die Geschichte der Umwelt im 20. Jahrhundert. Campus, Frankfurt a. M.

Meadowcroft J (2007) National sustainable development strategies: Features, challenges and reflexivity. Eur Environ 17:152–163

Meadowcroft J (2008) Who is in charge here? Governance for sustainable development in a complex world. In: Newig J, Voß JP, Monstadt J (Hrsg) Governance for sustainable development. Routledge, New York

Meadows DL, Meadows DH, Zahn E (1972) Die Grenzen des Wachstums. Bericht des Club of Rome zur Lage der Menschheit. Dt. Verlags-Anstalt, Stuttgart

Meadows DL, Meadows DH, Zahn E, Milling P (1972) Die Grenzen des Wachstums. Bericht des Club of Rome zur Lage der Menschheit. Rowohlt, Reinbek bei Hamburg

Monstadt J (2004) Die Modernisierung der Stromversorgung. Regionale Energie- und Klimapolitik im Liberalisierungs- und Privatisierungsprozess. VS Verlag, Wiesbaden

Nicholson W, Snyder CM (2011) Microeconomic theory: Basic principles and extensions. Thomson/ South-Western, Mason

Nuissel H (2007) Entwicklung der raumbezogenen Planung in Deutschland. In: Weiland U, Wohlleber-Feller, S (Hrsg) Einführung in die Raum- und Umweltplanung. Schöningh, Paderborn, S 39–47

Oppenrieder C, Heinrichs H (2011) Nachhaltige Verwaltung – Ein integratives Konzept. In: Institut für den öffentlichen Sektor e. V. (Hrsg) Public Governance. Berlin

Ostrom E (1990) Governing the commons: The evolution of institutions for collective action. Cambridge University Press, Cambridge

Oswald F, Baccini P (2003) Netzstadt. Einführung in das Stadtentwerfen. Birkhäuser, Basel

Ott K, Döring R (2004) Theorie und Praxis starker Nachhaltigkeit. Metropolis, Marburg

Pareto V (1906) Manuale d'economia politica con una introduzione alla scienza sociale. Società editrice libraria, Milano

Pigou AC (1912) Wealth and welfare. (Überarb.1920 : The economics of welfare. Macmillan, London

Pindyck RS, Rubinfeld DL (2009) Microeconomics. Prentice Hall, Upper Saddle River

Rawls J (2003) Gerechtigkeit als Fairness. Ein Neuentwurf. Suhrkamp, Frankfurt a. M.

Rehbinder E (2002) Das deutsche Umweltrecht auf dem Weg zur Nachhaltigkeit? NVwZ 2002:657–666

Reuter W (2004) Planung und Macht – Positionen im theoretischen Diskurs und ein pragmatisches Modell von Planung. In: Altrock U, Güntner S, Huning S, Peters D (Hrsg) Perspektiven der Planungstheorie. Leue Verlag, Berlin, S 57–78

Rat für Nachhaltige Entwicklung (RNE) (2012) Der Deutsche Nachhaltigkeitskodex. http://www. nachhaltigkeitsrat.de/uploads/media/RNE_Der_Deutsche_Nachhaltigkeitskodex_DNK_texte_ Nr_41_Januar_2012.pdf. Zugegriffen: 19. Aug 2012

Robbins L (1932) An Essay on the nature and significance of economic science. Macmillan, London

Raumordnungsgesetz (ROG) (2008) Raumordnungsgesetz vom 22. Dezember 2008 (BGBl. I S 2986), zuletzt geändert durch Art. 9 des Gesetzes vom 31. Juli 2009 (BGBl. I S 2585)

Sachverständigenrat für Umweltfragen (SRU) (1994) Umweltgutachten 1994. Für eine dauerhaft-umweltgerechte Entwicklung (Drucksache 12/6995)

Sanden J (2008) Überlegungen zur Generationengerechtigkeit aus der Umweltperspektive. ZfU 31:35–473

Sauer B (2008) Formwandel politischer Institutionen im Kontext neoliberaler Globalisierung und die Relevanz der Kategorie Geschlecht. In: Casale R, Rendtorff B (Hrsg) Was kommt nach der Geschlechterforschung. Zur Zukunft der feministischen Theoriebildung. Transcript, Bielefeld, S 237–254

Schepelmann P, Goosens Y, Makipaa A (Hrsg) (2010) Towards sustainable development: Alternatives to GDP for measuring progress. Wuppertal-Institute for Climate, Environment and Energy, Wuppertal

Schomerus T (2011) Nachhaltigkeit braucht Institutionen – zur Institutionalisierung von Nachhaltigkeitsräten. Natur und Recht 2011, 1

Selle K (1996) Was ist bloß mit der Planung los? Erkundungen auf dem Weg zum kooperativen Handeln. Inst. f. Raumplanung (IRPUD), Univ., Dortmund

Shapiro SJ (2007) The „Hart-Dworkin"-debate: A short guide for the perplexed, Working Paper Nr. 77. (Michigan Law, Public Law and Legal Theory Working Paper Series)

Spannowsky W, Runkel P, Goppel K (2010) Raumordnungsgesetz (ROG). Kommentierung zu § 1. Beck, München

Stephan G, Ahlheim M (1996) Ökonomische Ökologie. Springer, Berlin

Steurer R (2010) Sustainable development as a governance reform agenda: Principles and challenges. In: Steurer R, Trattnigg R (Hrsg) Nachhaltigkeit regieren. Oekom, München

Stiglitz J, Sen A, Fitoussi JP (2009) Report by the Commission on the Measurement of Economic Performance and Social Progress, Paris

Stone C (1974) Should trees have standing? Toward legal rights for natural objects. Kaufmann, Minnesota

Verwaltungsgericht Hamburg (1998) Beschluss vom 22.09.1988–7 VG 2499/88. NVwZ 1988: 1058

Wissenschaftlicher Beirat Globale Umweltveränderungen (WBGU) (2011) Welt im Wandel. Gesellschaftsvertrag für eine große Transformation. WBGU, Berlin

Zibell B (2008) Strategieorientierte Planung – eine neue Idee? In: Hamedinger A Frey O, Dangschat JS, Breitfuss A (Hrsg) Strategieorientierte Planung im kooperativen Staat. VS Verlag, Wiesbaden, S 322–350

Unternehmerische Nachhaltigkeit

9

Markus Beckmann und Stefan Schaltegger

Formuliert in Anlehnung an John Rawls (1971/1979), beschreibt Nachhaltigkeit die Herausforderung, das gesellschaftliche Zusammenleben so zu gestalten, dass es sowohl für jetzige als auch zukünftige Generationen ein „Unternehmen der Zusammenarbeit zum wechselseitigen Vorteil" darstellt. Es geht um Lösungen, durch die sich die Mitglieder der Gesellschaft jetzt und in der Zukunft in die Lage versetzen, auf breiter Front menschliche Bedürfnisse zu berücksichtigen, und zwar sowohl in wirtschaftlicher als auch ökologischer und sozialer Hinsicht.

Eine solche nachhaltige Entwicklung geschieht nicht von selbst, noch fällt sie vom Himmel. Sie muss vielmehr durch Lernprozesse kreativ und aktiv geschaffen werden – sie muss „unter-nommen" werden. Wie der mehrdeutige Begriff andeutet, handelt es sich bei einem Unternehmen also um ein Unterfangen oder eine Organisation, die etwas in die Hand nimmt und umsetzt. Dies können und müssen nicht nur immer häufiger Beiträge zu einer nachhaltigen Entwicklung sein – sie sind es auch immer mehr. Dies erfordert die Zusammenarbeit unterschiedlichster Akteure und Gesellschaftsbereiche, angefangen von der Politik über das Recht bis hin zur Wissenschaft.

Die in diesem Kapitel eingenommene unternehmerische Perspektive nimmt eine Akteursgruppe ins Blickfeld, die im gesellschaftlichen Lernprozess für Nachhaltigkeit eine zentrale Rolle spielt: Unternehmen und jene Entrepreneure, die beim Staat oder in gesellschaftlichen Organisationen mit Managementmethoden arbeiten oder Wirtschaftsorganisationen gründen, verändern und gestalten.

M. Beckmann (✉)
Lehrstuhl für Corporate Sustainability Management, Universität Erlangen-Nürnberg, Nürnberg, Deutschland
E-Mail: markus.beckmann@wiso.uni-erlangen.de

S. Schaltegger
Fakultät Nachhaltigkeiten, Leuphana Universität Lüneburg, Lüneburg, Deutschland
E-Mail: schaltegger@leuphana.de

H. Heinrichs, G. Michelsen (Hrsg.), *Nachhaltigkeitswissenschaften*,
DOI 10.1007/978-3-642-25112-2_9, © Springer-Verlag Berlin Heidelberg 2014

Abb. 9.1 Schadschöpfung
durch Luftverschmutzung

Unternehmerischem Handeln kommt eine entscheidende Rolle für eine nachhaltige Entwicklung zu. Unternehmen sind sowohl bedeutende Ausgangspunkte von Nachhaltigkeitsproblemen als auch zentrale Akteure zu ihrer Lösung. Ohne unternehmerische Nachhaltigkeit ist eine nachhaltige Entwicklung nicht möglich.

Unternehmen sind Wertschöpfungsagenten im gesellschaftlichen Auftrag: Sie schaffen Gestaltungsangebote für das Leben aller. Sie erfüllen eine schöpferische Aufgabe, indem sie komplexe Formen der Zusammenarbeit erfinden und realisieren und auf diese Weise wichtige gesellschaftliche Bedürfnisse befriedigen. Dabei schaffen Unternehmen auf vielfältige Weise Werte für jene Stakeholder, mit denen sie interagieren: Kunden erhalten Produkte und Dienstleistungen, Mitarbeiter erhalten Arbeit, Lieferanten erhalten Abnehmer, Aktionäre eine Entlohnung ihres eingesetzten Kapitals. Alle Wertschöpfungsaktivitäten sind inhärent jedoch auch mit Schadschöpfung verbunden, also mit unerwünschten negativen sozialen Wirkungen und Umweltbelastungen (vgl. Schaltegger und Sturm 1990). Das mit der Wertschöpfung gekoppelte Entstehen von Schadschöpfung ist in seinem Ausmaß zwar gestaltbar und damit entkoppelbar, bisher aber nicht vollständig eliminierbar. Die Erzeugung von Wertschöpfung und die gleichzeitige Minderung von Schadschöpfung wird damit zu einer zentralen Herausforderung für nachhaltiges Wirtschaften und unternehmerische Nachhaltigkeit (Abb. 9.1).

Mit dieser Perspektive ergibt sich eine wichtige Konsequenz: Wertschöpfung ist ein sozialer Prozess. Sie erfordert stets Interaktionen des Unternehmens mit seinen Stakeholdern. Eine zentrale Funktion des Unternehmens besteht folglich darin, diese wertschöpfenden Interaktionsprozesse zu ermöglichen und mit geringstmöglicher Schadschöpfung zu realisieren. Für das Anliegen der Nachhaltigkeit gilt analog, dass ein Unternehmen niemals im luftleeren sozialen Raum agiert. Vielmehr leistet ein Unternehmen seine möglichen Beiträge zur Nachhaltigkeit stets in der Interaktion mit unterschiedlichen Anspruchsgruppen.

Grundlagen eines interaktionsorientierten Nachhaltigkeitsmanagements

Unternehmen sind Wertschöpfungsagenten im gesellschaftlichen Auftrag

Die Leitidee der Nachhaltigkeit ist dem Anliegen verpflichtet, dass sowohl heutige als auch zukünftige Generationen sich entwickeln und ihre für sie wichtigen ökologischen, wirtschaftlichen und sozialen Bedürfnisse befriedigen können. Blickt man auf die Vielfalt der damit verbundenen Bedürfnisse wird deutlich, wie komplex diese Herausforderung ist. Rund um den Globus wünscht eine wachsende Weltbevölkerung nicht nur ausreichende und gesunde Nahrung, sondern hat auch hinsichtlich zahlreicher anderer Bereiche wie Gesundheit, Kleidung, Wohnraum, Finanzdienstleistungen, Bildung, Mobilität oder Kommunikation vielfältige Erwartungen.

Ohne Unternehmen könnten wir die meisten dieser Bedürfnisse nicht befriedigen. Denn erst durch die Organisationsform ‚Unternehmen' werden viele komplexe Problemlösungen überhaupt möglich. An einem so einfachen Beispiel wie einem ganz normalen Mobiltelefonat lässt sich verdeutlichen, welcher Grad an Komplexität sich allein mit diesem Beitrag zur Befriedigung des menschlichen Kommunikationsbedürfnisses verbindet. Ein simples Handygespräch möglich zu machen, erfordert die Zusammenarbeit von Abertausenden von Menschen an ganz unterschiedlichen Stellen – angefangen von den Bauarbeitern, die die Sendemasten aufstellen, und den Mitarbeitern des Mobilfunkanbieters im Vertrieb oder in der Buchhaltung, über die Designer, Ingenieure und Fabrikmitarbeiter des Telefonherstellers oder die Mitarbeiter des Energieunternehmens, das den Strom für die Sendemasten produziert, bis hin zu den Angestellten der Bank, die eine Abrechnung des Gesprächs per Lastschriftauftrag möglich macht. Ohne Unternehmen könnten wir die Komplexität derartig arbeitsteiliger Problemlösungen gar nicht bewältigen.

Den Unternehmen kommt dementsprechend eine wichtige Rolle zu, weil sie hochgradig komplexe Formen der gesellschaftlichen Zusammenarbeit möglich machen. Unternehmen lösen Probleme, indem sie die Kooperation ganz unterschiedlicher Akteure organisieren. Denkt man diesen Kooperationsgedanken zu Ende, lässt sich formulieren, welche gesellschaftliche Funktion Unternehmen idealerweise übernehmen: Unternehmen befriedigen menschliche Bedürfnisse durch gesellschaftliche *Wertschöpfung* (Porter und Kramer 2011). Dieser Gedanke der Wertschöpfung verdient es, etwas näher erläutert zu werden. Aus einer gesellschaftlichen Kooperationsperspektive schöpfen Unternehmen Wert, indem sie Win-win-Lösungen organisieren, durch die sich alle Beteiligten wechselseitig besserstellen, also jeweils für sich einen individuellen Mehrwert erzielen.

Diese Win-win-Vorstellung von nachhaltiger Entwicklung und Wertschöpfung begegnet zuweilen dem Einwand, Trade-offs, also Opfer auf der einen Seite, um anderswo zu gewinnen (hierzu z. B. Byggeth und Hochschorner 2006), seien die Regel (z. B. Hahn et al. 2010). Hier liegt jedoch ein grundlegendes Missverständnis vor. Denn gerade in einer wettbewerblich verfassten Marktwirtschaft ist das Zustandekommen von

Win-win-Lösungen zwischen Stakeholdern nicht der Ausnahmezustand, sondern der Regelfall (vgl. z. B. Mises 1959). Der Grund hierfür: Unternehmen können nur dann dauerhaft die freiwillige Kooperation ganz unterschiedlicher Stakeholder organisieren, wenn diese erwarten, sich durch ihre Zusammenarbeit individuell besserzustellen. Anders formuliert: Die Kunden werden nur dann ein Produkt kaufen, die Mitarbeiter nur dann für das Unternehmen arbeiten wollen, die Zulieferer nur dann mit dem Unternehmen Geschäfte machen, die Investoren nur dann in das Unternehmen investieren, wenn jeder dieser Kooperationspartner für sich erwartet, sich durch diese Zusammenarbeit nicht schlechter, sondern besser zu stellen. Freiwillige Kooperation bringt mit anderen Worten immer die Erwartung zum Ausdruck, ein Win-win-Potential zu erschließen. Ohne Wertschöpfung – und das heißt: ohne einen Mehrwert für andere zu schaffen – kann im Regelfall kein Unternehmen erfolgreich bestehen.

Folgt man diesem Gedanken kooperativer Wertschöpfung, verbinden sich damit drei wichtige Folgerungen:

Erstens wird deutlich, dass unternehmerische Wertschöpfung ein *sozialer Prozess* ist, der auf der Interaktion des Unternehmens mit seinen Stakeholdern aufbaut. Kein Unternehmen befriedigt gesellschaftliche Bedürfnisse im Alleingang. Vielmehr resultiert Wertschöpfung immer aus der Interaktion eines Unternehmens mit seinen Stakeholdern. Aus diesem Grund rückt die Stakeholderperspektive ins Zentrum unternehmerischer Wertschöpfung. Um wechselseitig vorteilhafte Kooperation organisieren zu können, muss die Unternehmensleitung ihre relevanten Kooperationspartner kennen, ihre Interessen verstehen und sich ihnen verständlich machen können.

Zweitens liegt in der durch Unternehmen organisierten kooperativen Wertschöpfung auch ihr primärer *Beitrag zur Nachhaltigkeit*. Unternehmen tragen zu dem gesellschaftlichen Lernprozess bei, jene Organisationsformen sozialer Kooperation zu finden, durch die wir die vielfältigen sozialen, ökologischen und wirtschaftlichen Bedürfnisse heutiger und zukünftiger Generationen befriedigen wollen. Ohne Wertschöpfung – das heißt ohne Prozesse, durch die wir uns gesellschaftlich wechselseitig besserstellen – keine Nachhaltigkeit.

Drittens ergeben sich Folgerungen für den Status des unternehmerischen Gewinnprinzips. Unter den Idealbedingungen funktionierender Wettbewerbsmärkte – also bei perfekt definierten Eigentumsrechten, in Abwesenheit externer Effekte und ohne Monopole –, fungieren unternehmerische Gewinne als ein Signal – und eine Belohnung dafür –, dass es einem Unternehmen gelungen ist, kooperative Wertschöpfung zu organisieren (Mises 2008). Schließlich kann ein Unternehmen auf Konkurrenzmärkten nur in dem Maße Gewinne erwirtschaften, in dem es ihm gelingt, bei seinen Kunden eine freiwillige Zahlungsbereitschaft zu mobilisieren, die die Kosten zur Herstellung der Güter und Dienstleistungen übersteigt (Jensen 2002). Gewinne sind dann ein Überschuss gelungener Win-win-Kooperationen. Unter idealen Rahmenbedingungen funktionierender Märkte können Unternehmen daher im Windschatten ihres Gewinnstrebens wichtige Beiträge zur gesellschaftlichen Nachhaltigkeit leisten.

▶ **Aufgabe:** Erläutern Sie an einem konkreten Beispiel, inwiefern das betrachtete Unternehmen durch seine Tätigkeit Werte schöpft, welcher Art diese Werte sind und für wen sie wichtig sind.

▶ **Frage:** Inwiefern trägt das unternehmerische Gewinnprinzip unter der Annahme einer idealen Rahmenordnung zum Anliegen der Nachhaltigkeit bei?

Unternehmen betreiben immer auch Schadschöpfung

In einer idealen Marktwirtschaft mit perfekten Rahmenbedingungen würden Unternehmen durch ihre Wertschöpfung bereits dann systematisch zu gesellschaftlicher Nachhaltigkeit beitragen, wenn sie versuchten, wirtschaftlich erfolgreich zu sein und Gewinne zu erzielen. Dieser Gedanke steht hinter dem kontrovers diskutierten Diktum von Milton Friedman (1970), die Verantwortung von Unternehmen bestehe ausschließlich darin, ihre Gewinne zu erhöhen. Allerdings bewegen sich reale Unternehmen praktisch nie in idealen Märkten mit perfekten Rahmenbedingungen. Auch auf der rein physischen Ebene wird deutlich, dass jede wirtschaftliche Aktivität direkt oder indirekt mit Stoffströmen verbunden ist. Die Folge: Unternehmerische Wertschöpfungsaktivitäten sind immer auch mit *Schadschöpfung* verbunden, also mit unerwünschten negativen sozialen Wirkungen und Umweltbelastungen.

Aus einer volkswirtschaftlichen Sicht liegt der Grund für die schadschöpfenden Effekte wirtschaftlichen Handelns in einer defizienten Rahmenordnung wirtschaftlichen Handelns, insbesondere in negativen externen Effekten aufgrund ungenügend definierter Eigentumsrechte (z. B. Endres 2007; Fritsch et al. 2007). Aus der hier eingenommenen interaktionsorientierten Stakeholder-Perspektive lässt sich dieser Zusammenhang auch noch anders formulieren: Schadschöpfung resultiert aus dem Umstand, dass bei vielen wirtschaftlichen Aktivitäten die Gruppe der unmittelbar Beteiligten nicht mit der Gruppe der mittelbar Betroffenen eins zu eins zusammenfällt (fehlende Äquivalenz von Verursacher-, Nutzer- und Betroffenengruppen, z. B. Frisch et al. 2007). In kooperativen Wertschöpfungsprozessen sind die direkt Beteiligten jene Kooperationspartner, die der Zusammenarbeit *freiwillig* zustimmen, weil sie sich davon individuell besser stellen. Betroffen von diesen Wertschöpfungsaktivitäten können jedoch auch Dritte sein, die *unfreiwillig* negative Auswirkungen erfahren. Die Liste dieser negativen Folgen für Dritte ist lang, angefangen von Gesundheits- und Stressbelastungen bei den Anwohnern einer Fabrik aufgrund von Produktionslärm bis hin zu steigenden Nahrungsmittelpreisen für die Armen in Entwicklungsländern aufgrund des verstärkten Anbaus von Energiepflanzen für Biokraftstoffe auf Nahrungsmittelagrarflächen (z. B. Tischler 1994).

Dass praktisch jede Wertschöpfungsaktivität immer auch mit Schadschöpfung verbunden ist, zeigt sich jedoch in besonderer Deutlichkeit mit Blick auf Umweltbelastungen. Buchstäblich jede wirtschaftliche Tätigkeit geht an irgendeiner Stelle mit Ressourcenverbrauch, Stoffflüssen und Schadstoffemissionen einher (z. B. Schmidt-Bleek 1998; von Weizsäcker et al. 2010). Zur gesellschaftlichen ‚Schadschöpfung' werden Umweltbelastun-

Tab. 9.1 Wertschöpfung und Schadschöpfungslogik im Vergleich

	Wertschöpfung	Schadschöpfung
Primär relevante Stakeholder	Direkte Stakeholder	Indirekte Stakeholder
Involviertheit	Kooperationspartner/Beteiligte	Dritte/Betroffene
Freiwilligkeit	Freiwillig	Unfreiwillig
Verteilungslogik	Win-win	Win-lose
Nachhaltigkeit	…wird befördert	…wird unterminiert

gen allerdings nicht systematisch deswegen, weil sie die Natur schädigen, sondern weil diese Naturzerstörung ihrerseits als *gesellschaftliche* Belastung erfahren wird (z. B. Luhmann 1986). In diesem Sinne folgen sowohl das Konzept der Wertschöpfung als auch das Konzept der Schadschöpfung einer anthropozentrischen Perspektive. Umweltbelastungen schädigen Menschen, wenn auch in ganz unterschiedlicher Weise. Fischer verlieren ihre Lebensgrundlage, Landschaften verlieren ihren Erholungswert, Menschen erkranken an Feinstaub, leiden unter Klimaveränderungen oder empfinden den Verlust von Tier- und Pflanzenarten als schweren Verlust. Schadschöpfung entspricht einer Vernichtung von Werten, nämlich bei jenen Stakeholdern, die durch diese Aktivitäten subjektiv schlechter gestellt werden.

Fokussiert man in diesem Sinne auf die Auswirkungen unternehmerischen Handelns auf den Menschen und seine ökologischen, sozialen und wirtschaftlichen Bedürfnisse, lässt sich der Unterschied zwischen unternehmerischer Wertschöpfung und Schadschöpfung wie folgt gegenüberstellend akzentuieren (Tab. 9.1).

Unternehmen organisieren Wertschöpfung, indem sie verschiedene Kooperationspartner zusammenbringen, die als direkt Beteiligte (direkte Stakeholder) freiwillig am Wertschöpfungsprozess kooperieren, weil sie sich dadurch individuell besser stellen. Insofern bringt eine solche Wertschöpfung eine Win-win-Logik zur Geltung, die das Anliegen der Nachhaltigkeit direkt befördert, weil sie Menschen ermöglicht, ihre ökologischen, sozialen und wirtschaftlichen Bedürfnisse zu befriedigen.

Gleichzeitig entsteht durch diese Wertschöpfungsaktivitäten jedoch auch Schadschöpfung, die oft nicht primär bei den Kooperationspartnern, sondern bei Dritten (indirekten Stakeholdern) zu unerwünschten Folgen führt (sog. *Externalisierung*). Diese Betroffenen werden nicht besser, sondern – unfreiwillig – schlechter gestellt. Insofern folgt Schadschöpfung einer *Win-lose-Logik*, die dem Anliegen der Nachhaltigkeit direkt zuwider läuft, weil Schadschöpfung die Grundlagen für heutige und zukünftige Generationen erodiert, ihre ökologischen, sozialen und wirtschaftlichen Bedürfnisse zu befriedigen. Schadschöpfung ist somit Ausdruck von Wertschöpfungsprozessen auf Kosten Dritter und ungleichgewichtigen Stakeholder-Beziehungen, in denen gewisse Interessens(gruppen) in der grundsätzlichen Win-win-Logik des Wirtschaftens unterrepräsentiert oder von ihr ausgeschlossen sind.

Doch nicht nur aus gesellschaftlicher Sicht unterminiert Schadschöpfung das Anliegen der Nachhaltigkeit. Auch für unternehmerische Nachhaltigkeit wird Schadschöpfung zum Problem. Dabei kann „corporate sustainability" mit Fokus auf inter- und intragenerationale Gerechtigkeit als „meeting the needs of a firm's direct and indirect stakeholders […], without compromising its ability to meet the needs of future stakeholders as well" (Dyllick und Hockerts 2002) interpretiert werden. Im Wesentlichen geht es bei unternehmerischer Nachhaltigkeit um eine Verbindung von sozialen, ökologischen und ökonomischen Zielen (z. B. Schaltegger und Burritt 2005).

Gesichter der Nachhaltigkeit

Garrett Hardin
- 1915-2003
- Professor of Human Ecology von 1963-1978 an der University of California, Santa Barbara
- Autor des Science-Artikels „Tragedy of the Commons", der vor den unbeabsichtigten ökologischen Folgen unkoordinierten individuellen Verhaltens warnte.

Garret Hardin

Dementsprechend kann Schadschöpfung im Extremfall die zukünftige Ressourcenbasis für die eigenen Wertschöpfungsaktivitäten zerstören. Zu denken ist beispielsweise an das Problem der Überfischung, durch das Fischereiunternehmen ihre eigene Geschäftsgrundlage bedrohen (zu diesem Problem der „Tragik der Allmende" Hardin 1968). Zweitens kann die dauerhafte Schädigung von indirekten Stakeholdern dazu führen, dass diese die „licence to operate" des Unternehmens in Frage stellen. Wird dem Unternehmen die Legitimität des eigenen Handelns aberkannt, kann dies zu gravierenden Problemen führen, etwa wenn Genehmigungen nicht mehr erteilt oder verlängert werden. Eng damit verbunden kann, drittens, die „licence to co-operate" unter Druck geraten, also die Grundlage der Zusammenarbeit mit den bisherigen Kooperationspartnern, den direkten Stakeholdern (z. B. Schaltegger et al. 2003). Wenn die Mitarbeiter, Kunden, Investoren etc. den Schadschöpfungsaspekt der Wertschöpfungsaktivitäten erkennen und als illegitim ablehnen, wenden sie sich im Extremfall vom Unternehmen ab und kündigen letztlich ihre Kooperationsbereitschaft auf.

Nimmt man das Problem der Schadschöpfung ernst, so ergeben sich nun in Analogie zum vorherigen Abschnitt in umgekehrter Reihenfolge drei wichtige Folgerungen.

Erstens haben Schadschöpfungseffekte zur Folge, dass unternehmerische Gewinne nicht mehr ein eindeutiges Signal für mehr Nachhaltigkeit im Sinne wechselseitiger Besserstellung darstellen. Vielmehr können Gewinne im Rahmen einer Win-lose-Logik auch zu Lasten von Nachhaltigkeit erzielt werden, etwa wenn ein Unternehmen Entsorgungskosten durch die unkontrollierte Emission von Schadstoffen spart. Gleichzeitig treffen kurzfristige Gewinne auch keine Aussage darüber, ob der Unternehmenserfolg auf einer tatsächlich nachhaltigen Grundlage gründet.

Zweitens avanciert die Verringerung von Schadschöpfungseffekten zu einem entscheidenden Beitrag von Unternehmen zur Nachhaltigkeit. Es geht darum, Formen der Wertschöpfung zu finden, die möglichst minimal die Fähigkeiten heutiger und zukünftiger Generationen beeinträchtigen, ihre wirtschaftlichen, ökologischen und sozialen Bedürfnisse zu befriedigen. Bei geschickter Ausgestaltung kann es einzelnen Unternehmen dabei sogar gelingen, durch ihre Produkte und Dienstleistungen mehr Schadschöpfung in der Welt zu reduzieren als sie selbst verursachen (prominente Beispiele sind der Vertrieb von Heizungsthermostaten oder solarthermischen Anlagen).

Drittens wird deutlich, dass auch Schadschöpfung eine soziale Interaktionsdimension hat. Schadschöpfung entsteht erst dadurch, dass es Stakeholder gibt, die negativ von den Wertschöpfungsaktivitäten eines Unternehmens betroffen sind. Bemühungen der Schadschöpfungsminimierung erfordern daher ebenfalls das Einnehmen einer Stakeholderperspektive. Um die Schädigung von indirekten Stakeholdern zu verringern, muss ein Unternehmen wissen, wer seine relevanten Stakeholder sind, das heißt, wer von den eigenen Aktivitäten negativ betroffen ist, welche Art negativer Auswirkungen verursacht wird und wie man diese Schädigung vermeiden oder verringern könnte.

Diese Überlegungen führen auf der materiellen Ebene zu einem integrativen Verständnis, was Nachhaltigkeitsmanagement in der Interaktion mit Stakeholdern bezweckt: Nachhaltigkeitsmanagement drückt sich in der Summe aller gezielter, systematischer und in Stakeholder-Beziehungen realisierter Maßnahmen zur integrativen Berücksichtigung sozialer, ökologischer und ökonomischer Wirkungen unternehmerischer Wertschöpfung aus, um erstens (innenorientiert) eine nachhaltige Organisationsentwicklung zu realisieren und zweitens (außenorientiert), um die Organisation zu befähigen, einen positiven Beitrag zur nachhaltigen Entwicklung von Wirtschaft und Gesellschaft zu leisten (Schaltegger et al. 2003).

▶ **Aufgabe:** Vergleichen Sie die Beziehungen eines Unternehmens mit seinen Stakeholdern im Fall der Wertschöpfung und im Fall von Schadschöpfung und erläutern Sie die relevanten Unterschiede.

▶ **Frage:** Warum verlieren unternehmerische Gewinne angesichts von Schadschöpfungseffekten ihre Signalfunktion, dass ein Unternehmen erwünschte Nachhaltigkeitsbeiträge leistet?

Unternehmerische Nachhaltigkeit erfordert ein integriertes Wert- und Schadschöpfungsmanagement

Die bisherigen Überlegungen zeigen, dass sich die grundsätzliche Herausforderung des unternehmerischen Nachhaltigkeitsmanagements in einer spannungsreichen, doppelten Aufgabe äußert. Auf der einen Seite besteht die gesellschaftliche Funktion von Unternehmen darin, wirtschaftliche, soziale und ökologische Bedürfnisse durch kooperative Wertschöpfung zu befriedigen. Gerade in der Erfüllung dieser Wertschöpfungsfunktion liegt ihr primärer Beitrag zur Nachhaltigkeit. Auf der anderen Seite zeitigen diese Wertschöpfungsaktivitäten nachhaltigkeitsmindernde Schadschöpfungseffekte. So gesehen liegt der

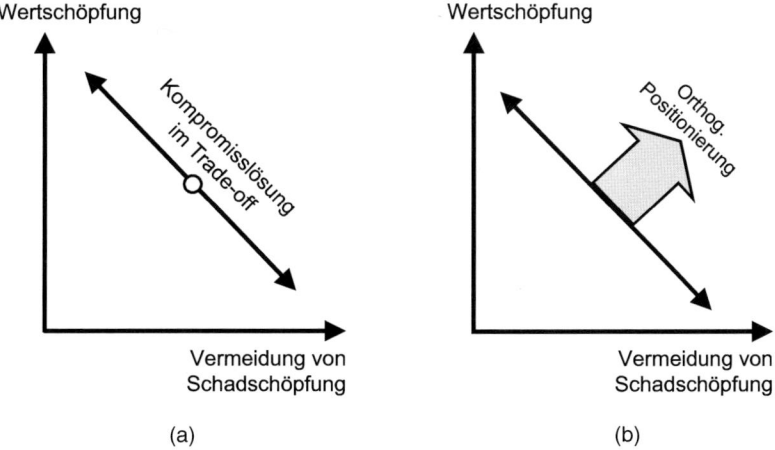

Abb. 9.2 Win-lose versus Win-win-Perspektive auf Nachhaltigkeit

zweite, mit dem ersten eng verknüpfte zentrale unternehmerische Beitrag zur Nachhaltigkeit dann in der Verringerung oder Vermeidung jener Schadschöpfung, die durch Wertschöpfungsaktivitäten erst zum Problem wird.

Das unternehmerische Nachhaltigkeitsmanagement steht somit vor der Herausforderung, simultan zwei unterschiedliche Ziele zu verfolgen, nämlich gleichzeitig eine größtmögliche Steigerung der Wertschöpfung *und* eine größtmögliche Minderung der Schadschöpfung. In dieser Situation lassen sich paradigmatisch zwei Möglichkeiten unterscheiden, wie man angesichts dieser multiplen Ziellogiken die Aufgabe des unternehmerischen Nachhaltigkeitsmanagements denken kann. Abbildung 9.2 illustriert diese unterschiedlichen Denkperspektiven grafisch.

1. Die erste Denkmöglichkeit interpretiert das Verhältnis zwischen dem Ziel der Wertschöpfung und dem Ziel der Schadschöpfungsverringerung als einen grundsätzlichen Trade-off, also als einen Zielkonflikt. Abbildung 9.2a hilft, dieses Denken grafisch darzustellen. Auf den beiden Achsen der Grafik sind die zwei unterschiedlichen Ziele „Mehr Wertschöpfung" und „Weniger Schadschöpfung" abgetragen. Die negativ geneigte Trade-off-Gerade bringt sodann den Zielkonflikt zum Ausdruck: Ausgehend von einem beliebigen Punkt auf dieser Geraden lässt sich ein „Mehr" an Wertschöpfung nur zu Lasten des Ziels der Schadschöpfungsvermeidung erreichen – und umgekehrt. Das Verhältnis von Wertschöpfung zugunsten der direkten Stakeholder und Schadschöpfungsvermeidung zugunsten der indirekten Stakeholder wird dann als eine „Win-lose"-Relation gedacht.

Geht man von einem solchen Zielkonflikt aus, dann liegt es nahe, die Aufgabe des unternehmerischen Nachhaltigkeitsmanagements darin zu sehen, zwischen beiden Zielen sorgfältig abzuwägen und eine möglichst angemessene Kompromisslösung innerhalb des

Trade-offs zu realisieren. Kurzfristig betrachtet sind solche Abwägungsentscheidungen in der Unternehmenspraxis in der Tat häufig unvermeidbar. Langfristig betrachtet verbinden sich mit diesem Trade-off-Denken jedoch gerade aus einer Nachhaltigkeitsperspektive zwei gravierende Nachteile.

Erstens zwingt das Trade-off-Denken zu äußerst schwierigen und oftmals strittigen Werturteilsentscheidungen (Pies und Sardison 2009). Denn anhand welcher allgemein zustimmungsfähigen Kriterien sollte eine Entscheidung erfolgen? Intuitiv könnte eine Lösung darin gesehen werden, jenen Punkt auf der Trade-off-Geraden zu realisieren, der gleichsam das höchste Gesamtniveau an Nachhaltigkeit erreicht. Das Problem besteht dann jedoch nicht nur darin, dass offen bleibt, wie man beispielsweise einen besseren Zugang zu Medikamenten aufgrund günstigerer Preise (Wertschöpfung) mit der höheren Umweltbelastung der Anwohner einer Fabrik (Schadschöpfung) verrechnet. Vielmehr wird deutlich, dass in jeweils beiden Zieldimensionen die individuellen Bedürfnisse und Nachhaltigkeitsinteressen realer Stakeholder stehen. Agiert man innerhalb des gegebenen Trade-offs, produziert jede Entscheidung somit zwangsläufig Verlierer.

> **Die Trade-off-Logik am Beispiel: Emissionsreduktion durch End-of-Pipe-Technologie (Hart 2010)**
>
> Betrachtet sei der Fall, dass eine gegebene Produktionstechnologie zu ökologischen Schadschöpfungseffekten führt und diese Schadschöpfung sodann reduziert wird, indem am Ende des Produktionsprozesses noch zusätzliche Filter oder ähnliches installiert werden.
>
> (+) Diese Lösung führt zwar zu weniger Schadschöpfung und stellt damit jene Stakeholder auf direkt ersichtlichem Wege besser, die unter der Schadschöpfung leiden.
>
> (−) Da mit dieser Lösung aber nur zusätzliche Kosten verbunden sind, reduziert sich im Vergleich zu vorher das Wertschöpfungspotenzial für die zuvor beteiligten Stakeholder – sei es, dass die Produktpreise steigen, die Löhne fallen oder der Gewinn für die Anteilseigner sinkt.
>
> → Die Folge: Es gibt Verlierer, die schlechter gestellt werden und in der Folge ihre Bedürfnisse weniger befriedigen können. Anders als es die regulative Nachhaltigkeitsidee eigentlich impliziert, werden soziale, ökologische und wirtschaftliche Aspekte dann nicht integriert, sondern als Gegensätze betrachtet, geschaffen und verfestigt. Solche Lösungsansätze mobilisieren in der Regel die zu den Verlierern zählenden Stakeholder, den nicht-nachhaltigen Zustand zu verteidigen, und verhindern damit häufig eine Veränderung in Richtung nachhaltiger Entwicklung.

Zweitens geraten unternehmerische Win-lose-„Lösungen", die die Schadschöpfung zu Lasten von Wertschöpfung reduzieren, im marktlichen Wettbewerb langfristig ins Hintertreffen (Baumol 1975). Wenn ein Unternehmen seine Schadschöpfung nur dadurch reduzieren kann, dass es auf bestimmte Wertschöpfungsaktivitäten verzichtet oder zusätzliche

Mehrkosten in Kauf nimmt, ohne damit an anderer Stelle Vorteile zu erzielen, dann erfährt es im Vergleich zu den weniger nachhaltigen Unternehmen einen Wettbewerbsnachteil. Ist dies dauerhaft der Fall, kann die letztendliche Konsequenz darin bestehen, dass ausgerechnet die auf Nachhaltigkeit bedachten Unternehmen aus dem Markt gedrängt werden. Das vermeintlich gute Beispiel wird abgestraft. Eine umfassende Transformation der Wirtschaft hin zu mehr Nachhaltigkeit ist auf diese Weise nicht möglich. Zugespitzt sind dauerhaft im Win-lose-Paradigma angesetzte (Nachhaltigkeits-)Lösungen unter Wettbewerbsbedingungen langfristig nicht nachhaltig.

2. Vor dem Hintergrund dieser Probleme des Trade-off-Denkens schlägt das zweite Denkmuster eine alternative Blickrichtung vor. Dieses zweite Paradigma nimmt den situativen Trade-off zwischen dem Ziel der Wertschöpfung und dem Ziel der Schadschöpfungsminderung nicht zum unveränderlichen Nennwert, sondern fokussiert auf die Suche nach und Umsetzung von Möglichkeiten, diesen Konflikt langfristig konstruktiv aufzulösen. Technisch formuliert, geht es um eine „orthogonale Positionierung" (Pies 2000, S. 34 et passim), also um eine Änderung der Denkrichtung um 90 Grad. Die Idee besteht darin, mit der Verminderung von Schadschöpfungseffekten bisher unausgeschöpfte Win-win-Potentiale zu erschließen. Ausgangspunkt ist dabei, positive soziale und ökologische Wirkungen zu schaffen, d. h. sogenannt „öko-effektiv" und „sozio-effektiv" zu arbeiten (Schaltegger und Burritt 2005).

> **Die Überwindung von Trade-offs am Beispiel: Emissionsreduktion durch Process-Re-Engineering (Hart 2010, S. 28)**
> Im End-of-Pipe-Beispiel ging es darum, ein gegebenes Wertschöpfungsmodell im Grunde genommen unverändert zu belassen und lediglich am Ende um eine – kostentreibende – Filterlösung zu ergänzen. Eine solche Lösung verbleibt innerhalb des Trade-off-Denkens.
> Blickt man jedoch umfassender auf die Wertschöpfungsvorgänge und fragt danach, wie der Prozess so neu gestaltet werden kann, dass Emissionen gar nicht erst entstehen und zusätzliche Ressourcen gespart werden (z. B. durch einen geschlossenen Wasserkreislauf in der Produktion, womit Einkaufkosten für Frischwasser und Abwassergebühren gespart werden), dann werden auch ungenutzte Wertschöpfungspotentiale sichtbar.

Abbildung 9.2b illustriert diese Perspektive grafisch. Wie der Pfeil in nordöstliche Richtung ausdrückt, geht es darum, gerade durch die Vermeidung von Schadschöpfung auch ein zusätzliches Mehr an Wertschöpfung möglich zu machen. Eine solche Lösung erfordert in der Regel, den gesamten Wertschöpfungsprozess zu hinterfragen und gegebenenfalls neu zu organisieren.

Zentrale Herausforderung in dieser Sichtweise wird somit die Schaffung sogenannter „Business Cases for Sustainability" (z. B. Schaltegger und Hasenmüller 2006; Schaltegger 2011; Schaltegger et al. 2012). Unter einem Business Case of Sustainability, häufig als „enlightened self-interest" umschrieben (z. B. Tracey et al. 2005), wird meist das Streben nach ökonomischem Erfolg verstanden, der mit Umwelt- oder Sozialmaßnahmen einhergeht (z. B. Dyllick und Hockerts 2002; Epstein 2008). Wird dieses Ergebnis in der Win-lose-Logik verfolgt und verstanden, so kann ein Business Case nur sehr beschränkt zu unternehmerischer Nachhaltigkeit beitragen.

Demgegenüber steht das Konzept des Business Case FOR Sustainability, der im Unterschied zu einem Business Case OF Sustainability wirtschaftlichen Erfolg DURCH (und nicht nur parallel dazu) eine intelligente Ausgestaltung freiwilliger Umwelt- und Sozialaktivitäten schafft. Business Cases for Sustainability kennzeichnen sich durch (Schaltegger et al. 2012) a) eine freiwillige Managementhandlung, b) mit dem Zweck und der Wirkung, ein Nachhaltigkeitsproblem zu lösen (also öko- und sozio-effektiv zu sein) und c) dadurch ökonomische Werte zu schaffen und den Unternehmenserfolg zu erhöhen.

Beispiele für Ansatzpunkte zur Schaffung von Business Cases for Sustainability sind Kosteneinsparungen durch die Reduktion des Energie- und Materialverbrauchs, die Realisierung von Innovationen und Markterfolg durch überzeugende nachhaltige Produkte oder die nachhaltige Organisationsentwicklung und Positionierung als attraktiver Arbeitgeber.

In diesem Zusammenhang hat durch die Verbreitung des World Business Council for Sustainable Development (WBCSD) ein Stichwort besondere Bedeutung erlangt: Öko-Effizienz (Schaltegger und Sturm 1990; BCSD und Schmidheiny 1992). Dabei geht es darum, zum Beispiel durch eine verringerte ökologische Schadschöpfung zugleich Kosten zu senken oder den Wertschöpfungsbeitrag zu steigern (für eine vertiefte Diskussion des Öko-Effizienz-Konzepts z. B. Schaltegger und Burritt 2005). In diesem hier dargestellten Verständnis ist die Realisierung positiver Nachhaltigkeitswirkungen (d. h. Öko- und Sozio-Effektivität) Voraussetzung für Öko- und Sozio-Effizienz und die Schaffung eines Business Case for Sustainability.

Das World Business Council for Sustainable Development

Das World Business Council for Sustainable Development (WBCSD) (Weltwirtschaftsrat für Nachhaltige Entwicklung) ist eine globale Organisation, die sich gezielt dem Thema Unternehmen und nachhaltige Entwicklung verschrieben hat. Das maßgeblich von den Unternehmensvorständen getragene WBCSD hat rund 200 internationale Mitgliedsunternehmen, die im Bereich Nachhaltigkeit und Unternehmensverantwortung eine Vorreiterrolle anstreben wollen. Entstanden ist das WBCSD im Nachgang an die Konferenz der Vereinten Nationen über Umwelt und Entwicklung 1992 in Rio de Janeiro. Gegründet von dem Unternehmer Stephan Schmidheiny im Jahr 1995, hat es seinen Sitz in Genf. Webseite: www.wbcsd.org

Stellt man dem unternehmerischen Nachhaltigkeitsmanagement im Sinne eines Business Case for Sustainability eine Suchanweisung voran, die darauf abzielt, durch die Verringerung von Schadschöpfungseffekten erweiterte Wertschöpfungspotentiale zu erschließen (Esty und Winston 2009), so verbinden sich damit zwei wichtige Vorteile, die den zuvor diskutierten Nachteilen einer Trade-off-Lösung spiegelbildlich gegenüberstehen.

Erstens trägt eine solche Lösung in einem viel umfassenderen Sinne zum Ziel der Nachhaltigkeit bei. Sie setzt die – aus Nachhaltigkeitsgründen wichtige – Wertschöpfungsfunktion von Unternehmen nicht fallweise außer Kraft, sondern nutzt sie noch besser für die Schaffung von Werten und setzt sie mit Blick auf einen erweiterten Stakeholderkreis für Innovationen in Kraft. Dies entspricht dem Grundsatz, dass nachhaltige Entwicklung nicht durch philanthropische oder korrektive Maßnahmen erreicht werden kann, wenn die Geschäftsmodelle, Produktionsprozesse und Produkte unverändert bleiben. Vielmehr kann nachhaltige Entwicklung nur erreicht werden, wenn die Wertschöpfungsprozesse sozialer und ökologischer ausgestaltet werden. Gleichzeitig bedarf es hierzu keiner strittigen Werturteile; die Lösung verzichtet darauf, systematisch Verlierer zu produzieren. Ein Gegensatzdenken unterschiedlicher Nachhaltigkeitsaspekte kann im Idealfall vermieden werden.

Zweitens kann eine solche Lösung gerade auch unter den Wettbewerbsbedingungen von Konkurrenzmärkten nachhaltig sein. Ein Unternehmen, das durch seine Nachhaltigkeitsinnovationen zusätzliche Wertschöpfungspotenziale und damit Wettbewerbsvorteile erschließt, kann am Markt nicht nur langfristig bestehen. Es setzt zudem seine Wettbewerber unter Druck, ihre Nachhaltigkeitsperformance ebenfalls zu verbessern. Das gute Beispiel macht dann Schule. Nachhaltigkeitspioniere, sog. Sustainable Entrepreneure, können auf diese Weise zu Treibern einer wirtschaftlichen Transformation zu mehr Nachhaltigkeit werden (z. B. Hockerts und Wüstenhagen 2010; Schaltegger und Wagner 2011).

Kontrastiert man abschließend beide Denkrichtungen wird deutlich, dass ein auf Wertschöpfungssteigerungen ausgerichtetes, transformatives Nachhaltigkeitsmanagement einer vergleichsweise leistungsstärkeren Denklogik folgt. Verstanden als heuristische Denk- und Suchanweisung kann ein solches Verständnis gezielt Innovationen anleiten, die langfristig zu einer nachhaltigen Entwicklung beitragen. Damit ist freilich nicht gesagt, dass es innerhalb eines gegebenen Wertschöpfungskontexts keine Trade-offs gibt. Allerdings besteht die eigentliche Aufgabe von Unternehmertum als Entrepreneurship nicht darin, einen gegebenen Kontext als unveränderlich zu betrachten. Vielmehr besteht gerade für *unternehmerische* Nachhaltigkeit und Sustainable Entrepreneurship die Herausforderung darin, nicht-nachhaltige Strukturen kreativ zu zerstören (z. B. Schaltegger 2010). Eine solche Transformationsaufgabe ist nie im Alleingang, sondern nur in der Interaktion mit zahlreichen Stakeholdern möglich (z. B. Schneidewind 1998). Aus diesem Grund widmet sich der nächste Abschnitt vertieft einer Diskussion des Stakeholder-Konzepts.

▶   **Aufgabe:** Nennen Sie fünf Beispiel dafür, wie ein Unternehmen durch die gezielte Vermeidung von Schadschöpfung zugleich neue Wertschöpfungspotenziale erschließt, und erläutern Sie ein Beispiel im Detail.

▶ **Frage:** Warum sind gut gemeinte Anstrengungen eines Unternehmens, die dauerhaft höhere Kosten aber keinen zusätzlichen Nutzen für das Unternehmen realisieren, langfristig in ihrer Nachhaltigkeitswirkung begrenzt?

Nachhaltigkeitsmanagement erfordert intensive Stakeholderinteraktionen

Sowohl Wertschöpfung als auch Schadschöpfung fallen nicht im Unternehmen als einer geschlossenen „Black box" an, sondern ergeben sich stets im Zusammenspiel des Unternehmens mit seinen Stakeholdern. Als *Stakeholder* – oder Anspruchsgruppe – lassen sich in Anlehnung an Freeman (1984) alle Individuen oder Gruppen bezeichnen, die einen materiellen oder immateriellen Anspruch („stake") haben. Stakeholder können Zielsetzung und Handeln eines Unternehmens beeinflussen oder selbst davon beeinflusst werden. Dabei verfolgen die unterschiedlichen Stakeholder eines Unternehmens simultan sowohl gleichgerichtete als auch konfligierende Interessen. Konfligierende Interessen bestehen beispielsweise darin, dass die Kunden niedrige Preise, die Geldgeber hohe Renditen und die Angestellten zugleich möglichst hohe Löhne wünschen. Simultan haben alle Gruppen zugleich das gleichgerichtete Interesse, dass die Kooperation und Wertschöpfung überhaupt zustande kommt, die Unternehmung nicht scheitert und so auch in Zukunft produktive Tauschbeziehungen möglich sind.

Gesichter der Nachhaltigkeit

R. Edward Freeman

- geb. 1951
- Professor für Business Adminstration an der University of Virginia
- Maßgeblicher Begründer des Stakeholder-Ansatzes durch sein Werk „Strategic Management – A Stakeholder Approach" von 1984

R. Edward Freeman

Abbildung 9.3 stellt das Unternehmen im Beziehungsnetzwerk seiner unterschiedlichen Stakeholder dar. Ein gängiger Ansatz zur weiteren Stakeholder-Unterteilung ist die Unterscheidung zwischen den *unternehmensinternen* Stakeholdern (z. B. Angestellte, Abteilungen, verschiedene Managementebenen), die in Abb. 9.3 innerhalb des zentralen Würfels zusammengefasst werden, und den *unternehmensexternen* Stakeholdern außerhalb dieses Würfels (Eigentümer, Lieferanten, Anwohner, Behörden etc.). Für die in diesem Beitrag eingenommene Perspektive erweist sich jedoch eine zweite Unterscheidung als besonders interessant, nämlich die *Unterscheidung zwischen direkten und indirekten Stakeholdern.*

Die direkten Stakeholder sind jene Akteure, die über *vertragliche Marktbeziehungen oder andere direkte Austauschformen (wie einem Informationsaustausch)* direkt am unter-

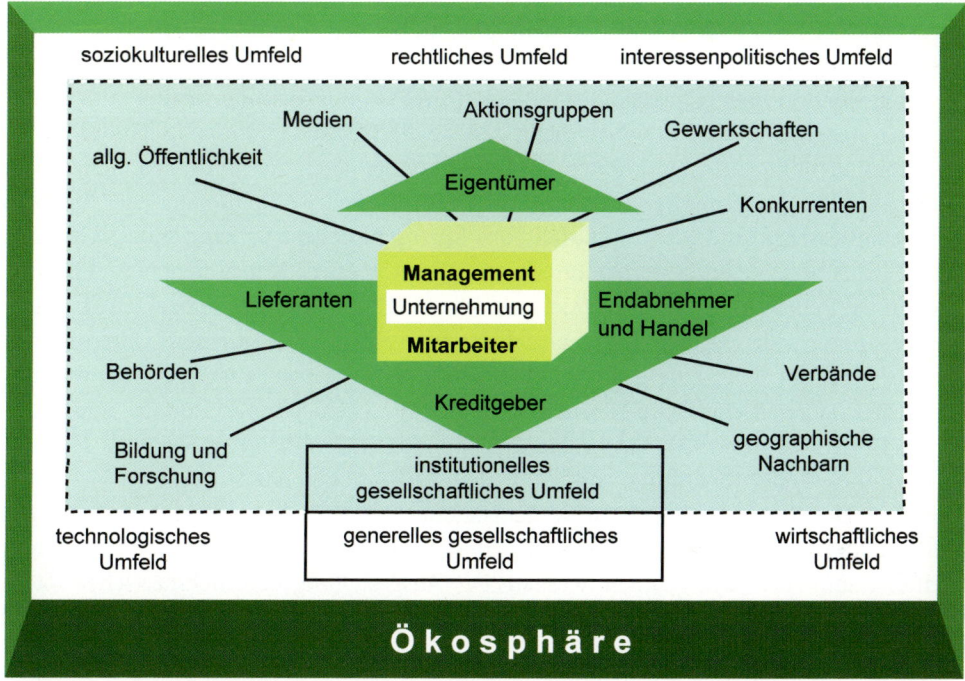

Abb. 9.3   Die Stakeholder eines Unternehmens (Schaltegger und Sturm 1992)

nehmerischen Wertschöpfungsprozess beteiligt sind, also insbesondere die Kunden, die Mitarbeiter, die Zulieferer und die Kapitalgeber, aber auch Medien oder NGOs, wenn sie in direktem Austausch mit dem Unternehmen stehen und am Wertschöpfungsprozess beteiligt sind. Für sie gilt, dass sie auf freiwilliger Basis mit dem Unternehmen kooperieren, weil sie dadurch für sich individuell relevante Werte erreichen wollen. Die direkten Stakeholder stehen somit im Zentrum der Wertschöpfungstätigkeit eines Unternehmens. Abbildung 9.3 fasst die Gruppe der in der konventionellen Betriebswirtschaftslehre üblicherweise beachteten direkten Stakeholder in Form der mittleren Dreiecke zusammen. Die Realisierung unternehmerischer Nachhaltigkeit unter dem Blickwinkel von Marktbeziehungen (siehe wirtschaftliches Umfeld in Abb. 9.3) kann als *marktorientiertes Nachhaltigkeitsmanagement* bezeichnet werden.

Außerhalb dieser Dreiecke steht die Gruppe der häufig in indirekter Beziehung zum Unternehmen stehenden Stakeholder. Sie sind häufig nicht direkt über vertragliche Markt- oder Austauschbeziehungen mit dem Unternehmen verbunden. Aber dennoch können sie die unternehmerische Wertschöpfungstätigkeit beeinflussen und selbst von ihr betroffen sein. Diese Auswirkungen der unternehmerischen Wertschöpfungsaktivitäten auf andere können positiver Natur sein (etwa im Fall einer Medienberichterstattung über den erfolgreichen Geschäftsverlauf eines Unternehmens). Sie können aber auch zur Schlechterstellung der indirekten Stakeholder führen, etwa im Fall von Umweltbelastungen. Da die indirekten Stakeholder diese Effekte nicht innerhalb ihrer kooperativen Vertragsbeziehungen direkt mit der Unternehmung verhandeln können, können sie von den Folgen unternehmerischer Schadschöpfung in besonderer Weise betroffen sein.

Auch wenn indirekte Stakeholder in keiner direkten Austauschbeziehung zum Unternehmen stehen, folgt daraus jedoch nicht, dass sie die Wertschöpfungsaktivität der Unternehmung nicht beeinflussen können. Vielmehr können auch die indirekten Stakeholder direkte Stakeholder in der Bereitstellung wichtiger materieller und immaterieller Ressourcen beeinflussen – und im Konfliktfall zum Entzug bewegen. So kann eine NGO z. B. über Medienberichte und Internetaufrufe einen Boykott durch Konsumenten und Konsumentinnen initiieren. Insofern lässt sich auch die Interaktion mit den indirekten Stakeholdern als potenzielle wichtige Tauschbeziehung betrachten. So wird einem Unternehmen beispielsweise nur dann eine grundsätzliche „licence to operate" zugesprochen, wenn es im Gegenzug gesellschaftliche Normen berücksichtigt (siehe sozio-kulturelles und rechtliches Umfeld in Abb. 9.3). Solche Normen können in kodifizierter Form als Gesetze, Verordnungen oder Richtlinien von rechtlichen Institutionen wie Polizei oder Gerichten durchgesetzt, von Standardisierungsorganisationen als technische Norm ausformuliert oder auch in weniger expliziter Form in sozio-kulturellen Prozessen durch Achtung und Ächtung zum Ausdruck gebracht werden. Die Ausgestaltung unternehmerischer Nachhaltigkeit unter dem Blickwinkel rechtlicher und sozio-kultureller Normen ist Gegenstand des *normenorientierten Nachhaltigkeitsmanagements*.

Im Einzelfall geht es im Stakeholderumfeld auch darum, Erwartungen einzelner Stakeholder nicht zu verletzen. Je nach Stakeholder können diese Erwartungen ganz unterschiedlich sein. Eine Umweltschutz-Organisation formuliert beispielsweise die Erwartung, dass ein Unternehmen keine exzessive Verschmutzung verursacht, bestimmte wissenschaftlich formulierte Ziele erreicht (z. B. Klimaneutralität) oder Technologien einsetzt (z. B. lösemittelfreie Reinigung; siehe technologisches Umfeld in Abb. 9.3). Verstößt ein Unternehmen gegen diese Erwartung, stellt die NGO die *Legitimität* des Unternehmenshandelns in Frage, kann Proteste und Boykotte organisieren und damit letztlich den Wertschöpfungsprozess unter Druck setzen. In solchen interessenspolitischen Prozessen (vgl. interessenpolitisches Umfeld in Abb. 9.3) können auch Regierungen, Verbände oder Allianzen von Stakeholdern Bedeutung erlangen. Damit spielen selbst im Konfliktfall und für das *interessenpolitische Nachhaltigkeitsmanagement* Kooperationen zwischen Stakeholdern eine wesentliche Rolle.

Nicht nur die direkten, sondern auch die indirekten Stakeholder beeinflussen somit, inwieweit ein Unternehmen seine gesellschaftliche Wertschöpfungsfunktion im Sinne der Nachhaltigkeit erfüllen und wirtschaftlich erfolgreich sein kann. In dieser Situation ermöglicht das Stakeholder-Konzept eine umfassende Analyse der unterschiedlichen Anspruchsgruppen im Wert- und Schadschöpfungsprozess, ihrer Interessen und wechselseitigen Beziehungen. Eine solche Analyse bietet den Einstieg, systematisch nach bisher unausgeschöpften Verbesserungspotenzialen zu suchen. Wo können Modelle entwickelt werden, Schadschöpfung zu vermeiden und gerade dadurch Mehrwerte zu schaffen? So kann beispielsweise die Umstellung auf Biolandbau die Schadschöpfung mit Blick auf die Grundwasserbelastung einer Region vermindern und zugleich ein Zusatznutzen für den gesundheitsbewussten Verbraucher stiften. Das nachhaltigkeitsorientierte Stakeholder-Management bereitet in diesem Sinne Lösungen den Weg, die die Realisierung bisher nicht erschlossener gemeinsamer Interessen zwischen (direkten und indirekten) Stakeholdern ermöglichen. Die Kenntnis der Stakeholder sowie ihrer Interessen, Erwartungen und Wahrnehmungen ist hierfür ein wichtiger Schritt. Allerdings bietet eine reine Stakeholderanalyse selbst noch keine Problemlösung. Die interaktionsorientierte Realisierung schadschöpfungsminimierender Wertschöpfungsmodelle durch die Gestaltung produktiver Stakeholder-Beziehungen ist vielmehr eine äußerst komplexe Herausforderung des *kooperativen Nachhaltigkeitsmanagements*.

Der nächste Abschnitt nimmt daher eine Auswahl jener Konzepte und Instrumente in den Blick, die in den verschiedenen Bereichen des unternehmerischen Nachhaltigkeitsmanagements eine Hilfestellung geben, um diese Komplexität zu reduzieren. Im Mittelpunkt der Betrachtung stehen die Interaktionen des Unternehmens mit seinen Stakeholdern sowie wichtige Faktoren, die diese Interaktionen systematisch beeinflussen.

▶ **Aufgabe:** Erörtern Sie, wie auch indirekte Stakeholder auf die Wertschöpfungsmöglichkeiten eines Unternehmens Einfluss nehmen können. Illustrieren Sie diesen Einfluss an einem konkreten Nachhaltigkeitsthema.

▶ **Frage:** Warum ist die Stakeholder-Perspektive für das Nachhaltigkeitsmanagement von noch wichtigerer Bedeutung als für die herkömmliche Unternehmensführung?

Perspektiven des interaktionsorientierten Nachhaltigkeitsmanagements

Normenorientiertes Nachhaltigkeitsmanagement

Die Komplexität des Anliegens unternehmerischer Nachhaltigkeit stellt das Management sowohl nach innen wie nach außen vor eine anspruchsvolle Aufgabe. Wie kann es gelingen, das unternehmerische Nachhaltigkeitsmanagement nach innen und z. B. innerhalb von Lieferketten nach außen zu strukturieren?

Angesichts der Komplexität dieser Aufgabe kommt über die gesetzlichen Regelungen hinaus jenen weit verbreiteten Orientierungsrahmen eine bedeutende Rolle zu, die für die Unternehmen allgemein zugängliche und erprobte *Normen* für das betriebliche Nachhaltigkeitsmanagement formulieren. Bei diesen Normen handelt es sich um einheitlich formulierte Standards, die sich für das betriebliche Nachhaltigkeitsmanagement als hilfreich und zweckmäßig erwiesen haben. Basierend auf dem Prinzip der Freiwilligkeit können Unternehmen diese etablierten Standards im Rahmen eines normenorientierten Nachhaltigkeitsmanagements nutzen (Schaltegger et al. 2007).

In den vergangenen Jahrzehnten haben sowohl staatliche und suprastaatliche Akteure als auch private Normierungsstellen eine Reihe derartiger Normensysteme veröffentlicht (für eine Übersicht siehe z. B. Baumann et al. 2005). In den frühen 1990er-Jahren ent-

Abb. 9.4 Das EMAS-Logo

wickelten die Europäische Union wie auch die Internationale Standardisierungsorganisation ISO noch heute relevante Standards für betriebliche *Umweltmanagementsysteme*. Ein Umweltmanagementsystem (UMS, oder englisch „Environmental Management System/ EMS") ist die Gesamtheit von Managementprozessen und Strukturen, mit denen eine Organisation die ökologischen Folgen ihrer Tätigkeit erfassen, analysieren und ggf. reduzieren kann, um auf diese Weise gesetzliche Vorgaben erfüllen, Transparenz herstellen und Kosten sparen zu können.

Als ersten weit anerkannten UMS-Standard formulierte 1993 die Europäische Union das unter dem Akronym EMAS bekannte „Environmental Management and Audit Scheme", das 2001 in einer überarbeiteten Version verabschiedet wurde (vgl. www. emas.de). Um die Vorgaben von EMAS zu erfüllen, muss ein Unternehmen unter anderem ein Umweltmanagementsystem etablieren, das es dazu befähigt:
- seine Umweltziele klar zu definieren
- seine umweltbezogene Performance zu erfassen und zu evaluieren
- eine effiziente Umweltberichterstattung zu gewährleisten
- seine umweltbezogenen Aktivitäten zu planen und zu steuern
- seine Planungen zu implementieren
- eine dafür nötige effiziente und effektive Organisation aufzubauen
- sowie mit seinen internen und externen Stakeholdern kommunizieren zu können (etwa durch Umweltberichte).

Unternehmen, die die Vorgaben von EMAS erfüllen und ihr Umweltmanagementsystem einer externen Prüfung zugänglich machen, können das EMAS Logo (Abb. 9.4) in ihrer generellen Unternehmenskommunikation (nicht jedoch auf Produkten) verwenden. Neben erhofften, aber häufig nicht erreichten Reputationseffekten liegt der in der Realität bei vielen Unternehmen erzielte Nutzen eines Umweltmanagementsystems vor allem in organisationsinternen Vorteilen, etwa der Minimierung von technischen Risiken, der Reduzierung umweltrelevanter Kosten in der Produktion durch gesteigerte Öko-Effizienz oder dem Aufdecken von Innovationspotenzialen.

Während die EMAS-Standards durch die Europäische Union formuliert wurden, beruht die ISO 14000er Reihe auf den Standards der Internationalen Standardisierungsorganisation ISO (für eine Übersicht z. B. Müller 2001). Die ISO ist eine nichtstaatliche Normierungsorganisation des privaten Sektors, deren Standards von Unternehmen ebenfalls freiwillig umgesetzt werden können. In bedeutender Ähnlichkeit zu EMAS formuliert auch die ISO 14001-Norm einen Prozessstandard für Umweltmanagementsysteme. Darüber hinaus bietet die ISO 14000er-Reihe noch weitere spezifische Instrumente des Umweltmanagements. So formulieren die Normen ISO 14010–14105-Standards zur Auditierung des betrieblichen Umweltmanagements. Die Normen 14031 ff. formulieren Richtlinien für die Verfahren zur Evaluation der unternehmerischen Umweltleistungen und die ISO 14040 ff. Normen beziehen sich wiederum auf Standards bezüglich der Lebenszyklusbewertung (Life-Cycle Assessment, LCA) von Produkten.

Anders als der ISO 14001-Standard, mit dem sich ein Unternehmen zu einem Prozess der beständigen Verbesserung verpflichtet, ohne dabei absolute Mindeststandards erfüllen zu müssen, basiert der SA 8000-Standard auf Mindeststandards. Dennoch ähneln sich die Normen von EMAS, ISO 14001 und SA 8000 in wichtigen Punkten.

Neben diesen stark ökologisch orientierten Normen rückten mit der Bedeutungszunahme eines alle drei Säulen berücksichtigenden Nachhaltigkeitsverständnisses seit Anfang der 2000er-Jahre zunehmend sozialorientierte Normen in den Fokus. Die beiden wichtigsten Sozialstandards sind zum einen die Social Accountability Norm SA 8000 (http://www.sa-intl.org/) sowie der Standard der Organisation AccountAbility AA 1000 (http://www.accountability.org/). Der im Jahr 2001 eingeführte Social Accountability 8000 Standard war der erste internationale Standard zur Sicherung grundlegender Arbeitnehmerrechte. Er basiert maßgeblich auf den Kernarbeitsnormen der Internationalen Arbeitsorganisation (International Labour Organization, ILO, www.ilo.org). Mit dem SA 8000 Standard verpflichten sich Unternehmen unter anderem zu einem Verbot von Kinder- und Zwangsarbeit, zu Arbeitsplatzsicherheit und -gesundheit, zum Recht auf gewerkschaftliche Organisation sowie zu Antidiskriminierung, einer maximalen Wochenarbeitszeit von 48 h und zur Festsetzung eines Mindestlohns.

Im Bestreben, die sozialen und ökologischen Zielsetzungen in einem Managementsystem zusammenzuführen, wurde die ISO 26000 als neueste Norm zur Beschreibung von wesentlichen Elementen und Kriterien eines Nachhaltigkeitsmanagementsystems entwi-

ckelt (http://www.iso.org/iso/social_responsibility). Neben der Betrachtung organisations-
interner Aspekte betont die ISO 26000 vor allem auch Nachhaltigkeitsaspekte im Unternehmensumfeld und der Lieferkette. Damit sehen alle hier angesprochenen Normensysteme vor, dass die teilnehmenden Unternehmen auch ihre Zulieferer ermutigen, die
entsprechenden Standards zu übernehmen. Ebenso fordern diese Standards die explizite
Formulierung einer Erklärung, in der die Unternehmen ihre ökologischen und sozialen
Ziele formulieren, sowie die regelmäßige Prüfung dieser Unternehmensziele. Das nor-
menorientierte Nachhaltigkeitsmanagement liefert verbindliche und hilfreiche Einstiegs-
prozesse und -kriterien und Organisationsrahmen für eine kontinuierliche Verbesserung.
Es endet somit nicht mit der einmaligen Implementierung eines „fertigen" Management-
systems. Vielmehr entfalten diese Standards ihr volles Potenzial erst dann, wenn ihre Umsetzung innerhalb des Unternehmens durch stetige Lernprozesse weiterentwickelt wird.

Unternehmerisches Handeln auf Märkten

Märkte sind der systematische Ort, an dem Unternehmen mit ihren Stakeholdern Wertschöpfung aus wechselseitig vorteilhaften Kooperationen organisieren. Eine Besonderheit
dieser Marktbeziehungen liegt dabei darin, dass Unternehmen auf Märkten in der Regel
mit Stakeholdern interagieren, mit denen sie in direkten vertraglichen Beziehungen stehen. Mögliche negative Effekte der Wertschöpfungstätigkeit eines Unternehmens auf die
beteiligten Stakeholder können damit im Idealfall unmittelbar thematisiert und vertraglich berücksichtigt werden. Allerdings resultieren viele Nachhaltigkeitsprobleme in der
Praxis daraus, dass Schadschöpfungseffekte deswegen nicht berücksichtigt werden, weil
die vollen Wirkungen entweder auch für die direkt Beteiligten nicht vollends transparent
sind, Machtungleichgewichte bestehen oder keine Äquivalenz zwischen den Gruppen der
beteiligten Verursacher, Nutzer und Betroffenen besteht, d. h. es wie im Falle von Umweltbelastungen zu negativen Folgen zulasten Dritter außerhalb der Marktbeziehungen
kommt.

Anders formuliert, treten Nachhaltigkeitsprobleme auf, wenn Schadschöpfungseffekte nicht in den marktlichen Wertschöpfungsbeziehungen Berücksichtigung finden. Eine
zentrale Aufgabe des Nachhaltigkeitsmanagements besteht daher darin, die Vermeidung
von Schadschöpfung (wieder) in die direkten Marktbeziehungen integrieren zu können.
Hierfür muss eine nachhaltigere, weil schadschöpfungsmindernde Wertschöpfungstätigkeit auch den relevanten marktlichen Kooperationspartnern erkennbare Vorteile (oder
zumindest keine Nachteile) bringen können. Es geht darum, durch die Vermeidung von
Schadschöpfung neue Wertschöpfungspotenziale zu erschließen. So kann eine Schadschöpfungsminderung daran gekoppelt sein, dass durch sie ein zusätzlicher privater Nutzen bei wichtigen Marktpartnern entsteht. Zu denken ist beispielsweise an eine energie-
sparende Technologie, die nicht nur die Umwelt schont, sondern durch die die Kunden
auch Energiekosten sparen. Aber auch die Vermeidung von Schadschöpfung selbst kann
für die Kooperationspartner einen Zusatznutzen darstellen, wenn dies von weiteren wich-

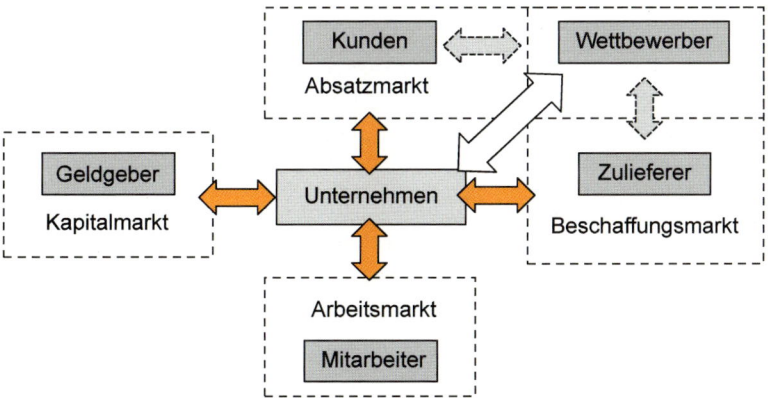

Abb. 9.5 Das Unternehmen in verschiedenen Märkten

tigen Stakeholdern wahrgenommen wird oder Risiken reduziert. Viele Verbraucher haben beispielsweise eine besondere Zahlungsbereitschaft für nachhaltige Produkte. Arbeitnehmende arbeiten lieber für ein ökologisch und sozial verantwortliches Unternehmen und viele Geldgeber suchen nach nachhaltigen Investmentmöglichkeiten.

Für die Realisierung unternehmerischer Nachhaltigkeit ist die Marktperspektive von besonderer Bedeutung, weil ein Unternehmen nur dann langfristig zur gesellschaftlichen Nachhaltigkeit beitragen kann, wenn es auf allen relevanten Märkten dauerhaft Kooperationspartner für seine Wertschöpfung zusammenzuführen vermag (Abb. 9.5). Die Vision einer nachhaltigen Entwicklung beinhaltet nicht nur die Verfolgung sozialer und ökologischer Ziele, sondern auch deren Integration mit ökonomischen Zielen. Nachhaltigkeit darf also nicht systematisch zulasten der unternehmerischen Marktbeziehungen gehen, sondern bedarf einer Integration in diese Wertschöpfungsbeziehungen.

Dabei agieren Unternehmen gleichzeitig auf verschiedenen Märkten, die es im Folgenden zu betrachten gilt. Auf den *Absatzmärkten* treten Unternehmen in Interaktion mit ihren Kunden. Auf den *Beschaffungsmärkten* interagieren Unternehmen mit ihren Lieferanten. Mit ihren *Wettbewerbern* können Unternehmen sowohl auf Absatz- als auch Beschaffungsmärkten in Kontakt stehen. Der Austausch mit den Geldgebern eines Unternehmens findet auf *Finanzmärkten* statt und auch die Rekrutierung und Beschäftigung von Mitarbeitern ist eingebettet in Marktbeziehungen, nämlich den *Arbeitsmarkt*.

Interaktion mit Kunden (Absatzmärkte)

Unternehmen produzieren Güter und Dienstleistungen, die sich an den Bedürfnissen der Konsumenten auf den Absatzmärkten messen lassen müssen. Marketing heißt vor diesem Hintergrund, das Unternehmen im Sinne einer marktorientierten Unternehmensentwicklung konsequent vom Markt her zu führen. Dies beinhaltet neben der Analyse und Erhebung der Konsumentenwünsche durch Marktforschung sowie dem gezielten Einsatz von Marketinginstrumenten auch die Beobachtung von Wettbewerbern oder der institutionellen Kunden im Einzelhandel. All diese Aufgaben betreffen auch das Nachhaltigkeitsmarketing. Allerdings lässt sich die nachhaltigkeitsorientierte Interaktion eines Unternehmens mit seinen Kunden nicht einfach auf das ‚Marketing von sozial und umweltverträglichen Produkten' verkürzen. Vielmehr verbinden sich mit vielen nachhaltigen Produkten und Dienstleistungen besondere Herausforderungen, die es für ein Unternehmen in der Interaktion mit seinen Kunden und zur Transformation konventioneller Märkte in nachhaltigere Märkte zu adressieren gilt (z. B. Belz und Peattie 2010).

Im Kern des Nachhaltigkeitsmanagements steht die Verbindung unternehmerischer Wertschöpfung mit einer gleichzeitigen Vermeidung oder Verminderung ungewollter Schadschöpfungseffekte während der gesamten Lebensdauer eines Produkts. Gerade aus dieser Nachhaltigkeitsorientierung ergeben sich jedoch in besonderer Weise *Informationsasymmetrien*, die die Interaktion mit den Kunden beeinflussen (Fritsch et al. 2007, S. 282 ff.). Nachhaltige Produkte und Dienstleistungen offerieren den Kunden ein besonderes Nutzenversprechen. Versprochen wird eine verminderte Schadschöpfung, mit der sich zugleich ein zusätzlicher Mehrwert für den Kunden verbindet. Auf der einen Seite kann dies ein direkter privater Nutzen sein wie beispielsweise Kostenersparnis bei energieeffizienten Produkten oder ein Gesundheits- oder Wellnessnutzen bei biologisch angebauten Lebensmitteln. Auf der anderen Seite können Kunden bereits für die verminderte Schadschöpfung an sich eine besondere Zahlungsbereitschaft artikulieren. In beiden Fällen besteht jedoch das Problem darin, dass viele Aspekte des Nutzenversprechens im Moment des Kaufes vom Kunden gar nicht überprüft werden können. Das Unternehmen hat gegenüber den Kunden einen substanziellen Informationsvorsprung.

Die Informationsasymmetrie zwischen Unternehmen und Konsument, die das Unternehmen scheinbar bevorteilt, wird letzten Endes für beide Seiten zum Problem. Denn wenn Kunden Zweifel haben, ob ein bestimmtes Nutzenversprechen auch tatsächlich gehalten wird, treten sie häufig gar nicht erst in eine Kaufbeziehung mit dem Unternehmen. Die Folge: Beide Seiten, das Unternehmen und potenzielle Kunden, bleiben unter ihren Möglichkeiten, wenn eine an sich wechselseitige vorteilhafte Tauschbeziehung zwar gewünscht ist, jedoch nicht zustande kommt. Aufgrund von Informationsasymmetrien bleiben Wertschöpfungspotenziale dann ungenutzt.

Auch das herkömmliche Marketing steht vor der Herausforderung, mit jenen Informationsasymmetrien umzugehen, die sich mit praktisch jedem Nutzenversprechen verbinden. Für nachhaltigkeitsorientierte Unternehmen ist die damit verbundene Informationsaufgabe jedoch von systematischer Natur, weil es hier primär auch um Schadschöpfungsvermeidung geht, die nicht direkt beim Konsumenten anfällt und daher auch nicht von ihm beobachtet werden kann. Gerade den ökologischen und sozialen Prozesseigenschaften wie auch vielen nicht oder schwer beobachtbaren Produkteigenschaften (z. B. Sozialstandards, Carbon Footprint, Deponieeigenschaften) kommt als Differenzierungsmerkmal für nachhaltige Produkte im Markt eine entscheidende Rolle zu.

Aus diesem Grund hat ein nachhaltigkeitsorientiertes Unternehmen ein Interesse daran, Vertrauen und Glaubwürdigkeit aufzubauen, indem es Informationsasymmetrien abbaut (z. B. Meffert und Kirchgeorg 1998; Belz 2005; Schaltegger 2004). Wie dies gelingen kann, hängt dabei vom Grad der Informationsasymmetrie, der Produkt- und Beziehungs-gestaltung sowie der generellen Reputation des Unternehmens ab. Dabei lassen sich drei Fälle unterscheiden.

Bei *Erfahrungsgütern* kann der Konsument die Qualitätseigenschaften eines Guts zwar nicht beim Kauf, jedoch durch den späteren Ge- oder Verbrauch durch Erfahrung selbst überprüfen. Als Beispiel diene ein Waschmittel, das verspricht, auch bei niedrigen Tempe-raturen seine volle Waschkraft zu entfalten und damit Energie zu sparen. In einem solchen Fall kann ein Unternehmen die Interaktion mit seinen Kunden dadurch flankieren, dass es für das Erfahrungsgut mit einer Garantie (z. B. „Geld zurück bei Unzufriedenheit") bürgt. Obwohl der Kunde nach wie vor die Qualitätseigenschaft des Produkts vor dem Kauf nicht überprüfen kann, wird durch das Signal der Garantie das Qualitätsversprechen des Unter-nehmens glaubhaft(er), sodass eine wertschöpfende Kaufbeziehung möglich wird.

Anders gelagert ist die Situation im Falle von *Prüfgütern* und Vertrauensgütern (auch *Potemkingüter)*. Ein *Prüfgut* ist ein Produkt, bei dem der einzelne Verbraucher die Qua-litätseigenschaften weder vor noch nach dem Kauf überprüfen kann, dies jedoch durch eine Drittinstitution wie eine staatliche Prüfstelle oder die Stiftung Warentest möglich ist. So kann ein privater Konsument im Normalfall beispielsweise nicht überprüfen, ob ein vorgeblich biologisch angebautes Lebensmittel tatsächlich frei von Pestiziden ist. Grund-sätzlich ist eine solche Prüfung für Dritte aber möglich, etwa durch eine Laboranalyse. Im Fall der Prüfgüter kann ein Unternehmen daher das Problem der Informationsasymmetrie gezielt adressieren, indem es beispielsweise unabhängige Prüfinstitute beauftragt, derarti-ge Qualitätskontrollen durchzuführen (z. B. „Kontrolliert vom Institut XZY"). Durch eine solche proaktive Informationspolitik kann das Unternehmen die Glaubwürdigkeit seines Produktversprechens erhöhen und die Interaktion mit dem Kunden absichern.

Im Fall von Vertrauens- oder *Potemkingütern* ist unabhängige Prüfung des Produkts durch externe Beobachter nicht möglich, um bestimmte Qualitätseigenschaften nach Er-stellung des Produktes zu untersuchen. So kann beispielsweise selbst die elaborierteste La-boranalyse von Thunfischfleisch nicht klären, ob der Fischfang auf delfinfreundliche Wei-se erfolgte. Potemkingüter liegen vor allem dann vor, wenn für den Verbraucher nicht die unmittelbar beobachtbaren Eigenschaften des Endprodukts, sondern Eigenschaften des Produktionsprozesses von Bedeutung sind. So sieht man einem T-Shirt nicht an, ob die Näherinnen sich gewerkschaftlich organisieren dürfen oder ob Kinderarbeit mit im Spiel ist. Das Unternehmen steht im Extremfall daher vor der Herausforderung, die Berück-sichtigung komplexer Nachhaltigkeitsaspekte der gesamten Wertschöpfungskette wäh-rend der Leistungserstellungsprozesse extern überprüfen zu lassen und die Einhaltung von Standards glaubhaft zu kommunizieren. Vor diesem Hintergrund kommt unabhängigen Labeln und Zertifizierungsverfahren eine wichtige Rolle zu, wie dies beispielsweise mit dem MSC-Siegel („Marine Stewardship Council") dokumentiert wird, das die Einhaltung von Nachhaltigkeitsgrundsätzen stichprobenweise während des Fischereiprozesses über-prüft und auf dieser Grundlage Fischereibetriebe zertifiziert (www.msc.org).

Zertifizierungsverfahren, Siegeln und Labeln kommt in der nachhaltigkeitsorientierten Interaktion mit Kunden aus mindestens drei Gründen eine besondere Bedeutung zu. Zum einen senken sie die Transaktionskosten einer Qualitätsprüfung, da sich die involvierten Organisationen auf die Prüfung spezialisieren können und nicht jedes Unternehmen eigene Ressourcen aufwenden muss, um ein eigenes Prüfsystem zu entwickeln. Zum zweiten können unabhängige Drittorganisationen eine höhere Glaubwürdigkeit für eine stringente Überprüfung und Einhaltung von Standards sichern, als wenn ein Unternehmen solche Aussagen über sich selbst trifft. Drittens können anerkannte Siegel und Labels aufgrund ihrer Bekanntheit den Nutzen der Zertifizierung erhöhen. Denn nur wenn ein Verbraucher auch weiß, wofür ein Siegel steht, können damit Informationsasymmetrien abgebaut werden. Bekannte Siegel mit Wiedererkennungseffekt ermöglichen es den Konsumenten, im Kontext einer hohen Informationsfülle Komplexität zu reduzieren.

Ein weiterer potenziell wichtiger Ansatz zum gezielten Aufbau von Kundenbeziehung ist die Entwicklung einer glaubwürdigen *Nachhaltigkeitsmarke*. Eine solche Marke dient dazu, in Sachen Nachhaltigkeit langfristig eine Reputation der Verlässlichkeit aufzubauen. Eine solche Reputation kann wie eine Art Pfand wirken, das ein Nachhaltigkeitsversprechen glaubhaft macht. Wichtig ist jedoch, dass das Unternehmen seine Versprechen auch tatsächlich halten kann. Gerade im Nachhaltigkeitsbereich droht sonst der Vorwurf des „Greenwashing", der die Interaktion mit den Kunden auf dem Absatzmarkt extrem belastet. Ein Unternehmen ist daher gut beraten, sich darauf einzustellen, mit seinen Konsumenten einen kritischen Dialog führen zu können. Neue Ansatzpunkte hierfür bieten neue soziale Medien (Blogs, Facebook, Twitter etc.). Diese neuartigen Kommunikationsmedien sind auch deswegen von großer Bedeutung, weil sie die Informationsmöglichkeiten zwischen Unternehmen und Verbrauchern verändern. Durch neue soziale Medien werden Konsumenten in die Lage versetzt, untereinander kritische Informationen rasch und ungefiltert auszutauschen und damit ihren Informationsnachteil gegenüber dem Unternehmen abzubauen. Auch wenn sich damit ein scheinbarer Machtverlust für Unternehmen verbindet, kann diese Entwicklung den Qualitätsunterschied zwischen nachhaltigkeitsorientierten und anderen Unternehmen deutlicher zum Ausdruck bringen lassen. Unternehmen können auf diese Weise nicht nur wertvolle Informationen über die Bedürfnisse der Konsumenten erfahren. Tatsächlich nachhaltigkeitsorientierte Unternehmen brauchen zusätzliche Transparenz nicht zu fürchten, sondern können durch neue soziale Medien Informationsasymmetrien abbauen, ihre Glaubwürdigkeit erhöhen und besonders belastbare Beziehungen zu Kunden und der Gesellschaft aufbauen.

▶ **Aufgabe:** Recherchieren Sie fünf nachhaltigkeitsrelevante Label und diskutieren sie kritisch ihre Eignung, für ein Unternehmen das eigene Nachhaltigkeitsversprechen glaubwürdiger zu machen.

▶ **Frage:** Warum ist das Problem der Informationsasymmetrien bei nachhaltigen Gütern und Dienstleistungen noch ausgeprägter als bei herkömmlichen?

Interaktion mit Lieferanten (Beschaffungsmärkte)

Die Betrachtung unternehmerischer Wert- und Schadschöpfungsprozesse lässt sich nicht auf ein einzelnes Unternehmen begrenzen. Vielmehr stehen Unternehmen in engem Austausch mit den vor- und nachgelagerten Stufen des Wertschöpfungsprozesses. Kein Unternehmen produziert alle Rohstoffe, Vorprodukte und anderen Inputs, die es benötigt, selbst, sondern bezieht diese vorwiegend auf Beschaffungsmärkten von seinen Lieferanten. Vor diesem Hintergrund werden Unternehmen, die das Nutzenversprechen eines nachhaltigen Produktes abgeben, zunehmend dafür in die Pflicht genommen, soziale und ökologische Standards in ihrer Zulieferkette sicherzustellen. Auch konventionelle Unternehmen stehen vor der Herausforderung, Risiken aus der mangelnden Beachtung sozialer und ökologischer Themen durch die Einhaltung von Mindeststandards zu reduzieren. Dem Management dieser Zulieferinteraktionen kommt daher aus der Perspektive des unternehmerischen Nachhaltigkeitsmanagements eine wichtige Rolle zu.

Das Management von Lieferbeziehungen wird in der Betriebswirtschaftslehre allgemein als *Supply Chain Management* (SCM) diskutiert (Mentzer 2004). Im Fokus des SCM steht ein System von Zulieferern von Waren und Dienstleistungen auf mehreren Stufen, die in der Regel in einem kontinuierlichen Koordinationsprozess stehen. Ziel ist es, über die Grenzen der Einzelunternehmen hinaus Wertschöpfungsprozesse zu analysieren und darauf aufbauend inner- und überbetrieblich zu optimieren. Die Vorteile, die auf diese Weise realisiert werden sollen, umfassen beispielsweise Verbesserungen der Produkt- und Prozessqualität, die Erzielung von Kostenvorteilen oder eine verbesserte Lieferqualität durch kürzere Lieferzeiten bei gleichzeitig höherer Lieferzuverlässigkeit. Hierfür bedarf es des Aufbaus eines geeigneten Informations- und Kommunikationssystems, das die verschiedenen Lieferbeziehungen erfasst und abbilden kann.

Zur Umsetzung eines Sustainable Supply Chain Managements können Unternehmen auf verschiedene Instrumente zurückgreifen. Stoffstromanalysen sowie Prozesskosten- und Materialflusskostenrechnungen können die Transparenz über Stoffströme erhöhen und Potenziale zur Reduzierung von Stoffverbrauch und Energie identifizieren helfen. Gemeinsam geteilte Informationen über Zusammensetzung und Inhaltsstoffe wichtiger Vor-, Zwischen- und Endprodukte ermöglichen es, über die Betriebsgrenzen hinaus Systeme der Weiterverwendung und des Recyclings aufeinander abzustimmen. Einheitliche Indikatoren und Kennzahlen sowie Checklisten erleichtern das Qualitätsmanagement. Ebenso können durch ein gemeinsames SSCM ökologische und soziale Standards definiert werden (z. B. Vermeidung von Kinderarbeit), die über alle Lieferstufen hinweg gelten sollen. Auch können branchenweit betriebene Organisationen sowohl die Kosten der Informationserfassung, Auditierung und Schulung von Lieferanten reduzieren, deren Qualität steigern und auch die Informationsqualität über soziale und ökologische Aspekte in der Lieferkette erhöhen. Ein Beispiel einer solchen vom Textileinzelhandel betriebenen Organisation ist die Business Social Compliance Initiative (BSCI; www.bsci.org) (Abb. 9.6).

Abb. 9.6 Das BSCI-Logo

Dieses allgemeine Konzept des Supply Chain Managements lässt sich unter dem Stichwort *Sustainable Supply Chain Management* (SSCM) auf den Bereich der nachhaltigen Unternehmensführung übertragen (z. B. Seuring und Müller 2008; Sumati 2004). Gerade aus einer Nachhaltigkeitsperspektive kommt den Zulieferbeziehungen eine besondere Bedeutung zu. So werden in einer spezialisierten Wirtschaft komplexe Wertschöpfungsprozesse durch Arbeitsteilung in verschiedene Organisationseinheiten auseinandergezogen. Dies kann zwar bedeutende Effizienzgewinne mit sich bringen. Als Folge können auf diese Weise aber auch unbeabsichtigte Schadschöpfungseffekte auftreten, die in einer integrierten Organisation internalisiert werden könnten. Zu denken ist beispielsweise an die Umweltbelastung durch unnötige Leerfahrten, die bei einer Vielzahl von Unternehmen auftreten. Das Supply Chain Management zielt darauf, diese Vorteile von Spezialisierung und Arbeitsteilung beizubehalten und dabei gleichzeitig jene Synergien und Schadschöpfungsvermeidungsmöglichkeiten zu nutzen, die gerade aus Nachhaltigkeitssicht in einer integrierten Organisation denkbar wären.

Mit einem umfassenden Sustainable Supply Chain Management verbinden sich große Nachhaltigkeitspotenziale, aber auch gewisse Probleme. Die für eine funktionierende Koordination nötige Offenlegung betrieblicher Daten kann zu Vorbehalten bei Unternehmen führen, die beispielsweise die missbräuchliche Nutzung oder Weitergabe ihrer vertraulichen Daten fürchten. Ebenso können sich durch eine enge Verzahnung von Unternehmen durch das SCCM langfristige Abhängigkeiten ergeben. Diese gilt besonders für kleine Betriebe, die keine eigene Lieferkette aufbauen und organisieren können und daher auf die Einbindung durch größere Unternehmen angewiesen sind.

Allerdings können große Unternehmen ihren Einfluss auch nutzen, um gegenüber ihren Zulieferbetrieben höhere Umwelt- und Sozialstandards einzufordern. Ein aktives Management der Interaktionen auf dem Beschaffungsmarkt bleibt jedoch nicht dabei stehen, derartige Standards den Lieferanten gegenüber einfach vertraglich vorzuschreiben. Hintergrund ist, dass vielen Zulieferbetrieben oftmals das Know-how, das Commitment und die Prozesse fehlen, um die erwünschten Standards überhaupt einhalten zu können. Als Beispiel denke man an die Zulieferbetriebe in der Textilindustrie in Entwicklungs- und Schwellenländern (z. B. Loew 2005). Westliche Kleidungsartikelhersteller haben in den 1990er-Jahren drastisch gespürt, dass es nicht ausreicht, sich auf vertragliche Vereinbarungen zu verlassen, um beispielsweise die Einhaltung der Kernarbeitsnormen sicherzustellen. Vielmehr bedarf es spezieller Schulungen und komplexer Auditierungsverfahren, um das Nachhaltigkeitsmanagement der Zulieferkette aktiv weiterzuentwickeln.

Eine Perspektive, die in den letzten Jahren diesen Gedanken weiterführt, fokussiert darauf, wie Unternehmen durch die aktive Unterstützung und Begleitung ihrer (potenziellen) Lieferanten die Interaktionen auf dem Beschaffungsmarkt noch vertiefen können. So unterstützen einige Unternehmen beispielsweise die Erzeuger landwirtschaftlicher

Abb. 9.7 Das Problem der
Überfischung ist ein gemeinsames Problem aller Wettbewerber in der Fischereibranche

Produkte durch technische Beratung bei der Umstellung auf ökologische Landwirtschaft. Andere Unternehmen bieten ihren Erzeugern in Entwicklungs- und Schwellenländern Mikrokredite, damit diese den Erwerb von Saatgut und Maschinen vorfinanzieren kön- nen. Indem Unternehmen offen für die Bedürfnisse und Probleme ihrer Zulieferer sind und darüber nachdenken, diese bei der Überwindung ihrer Herausforderungen gezielt zu unterstützen, können Unternehmen durch neuartige Interaktionen auf den Beschaffungs- märkten neue Wertschöpfungspotenziale für mehr Nachhaltigkeit erschließen (Porter und Kramer 2011).

Interaktion mit Wettbewerbern (Absatzmärkte; Beschaffungsmärkte)
Eine wichtige Stakeholder-Gruppe, die oft vernachlässigt wird, sind die Wettbewerber eines Unternehmens. Ein Grund hierfür mag darin liegen, dass die Wettbewerber primär als Konkurrenz gesehen werden, die mit dem Unternehmen in einem Interessenskonflikt stehen. Tatsächlich ist die Beziehung der Konkurrenten *im* Wettbewerbsspiel durch einen Interessensgegensatz gekennzeichnet: Was das eine Unternehmen an Marktanteil gewinnt, muss bei einem stagnierenden Markt das andere zwangsläufig verlieren. Allerdings verliert diese Sichtweise leicht aus den Augen, dass die Unternehmen trotz konfligierender Interes- sen *im* Spiel immer auch gemeinsame Interessen *am* Spiel haben. Die Unternehmen haben beispielsweise ein gemeinsames Interesse daran, dass der Markt zustande kommt und auch in Zukunft Wertschöpfungsmöglichkeiten bietet (Abb. 9.7).

Dass die Unternehmen trotz (genauer: gerade aufgrund) ihrer Konkurrenzsituation gemeinsame Interessen teilen, trifft in besonderer Weise auf viele Nachhaltigkeitsheraus- forderungen zu. Wenn Verbraucher aufgrund des Auftretens von Krankheiten wie BSE und der Verbreitung dieser Information durch die Medien deutlich weniger Rindfleisch konsumieren, dann sind alle Unternehmen in diesem Markt vom Rückgang betroffen. In- sofern haben alle Unternehmen z. B. ein Interesse, dass wesentliche Nachhaltigkeitsrisiken für den gesamten Markt gelöst werden. Dabei ist zu beachten, dass viele Nachhaltigkeits- probleme nicht durch ein einzelnes Unternehmen im Alleingang gelöst werden können. Vielmehr liegt der Schlüssel oft darin, möglichst viele Unternehmen mit ins Boot zu holen. Ein einfaches Beispiel bietet die Gruppe von Fischereiunternehmen, die gemeinsam ein Interesse haben, die Fischbestände auch in Zukunft dauerhaft nutzen zu können. In einem solchen Fall treten sogenannte *Trittbrettfahrer*-Probleme auf (z. B. Fritsch et al. 2007). Beschließt ein einzelnes Unternehmen, seine Fangzahlen zu reduzieren, um die Fischbestände zu schonen, schützt es damit nicht nur für sich, sondern auch für andere den Fischbestand. Diese können dann als Trittbrettfahrer die Vorleistung des nachhaltigen Vorreiters ausnutzen, indem sie ihre Fangzahlen unverändert lassen oder sogar erhöhen. Das Beispiel zeigt, dass es Fälle gibt, in denen den Möglichkeiten eines einzelnen Unternehmens, individuell ein Nachhaltigkeitsproblem zu lösen, Grenzen gesetzt sind. Diese Grenzen lassen sich jedoch durch die Zusammenarbeit mit den Wettbewerbern systematisch überwinden oder zumindest verschieben.

So wichtig die Kooperation mit den Wettbewerbern sein mag, gilt dennoch zu beachten, dass die Zusammenarbeit konkurrierender Unternehmen ein sensibles Thema ist. In der Praxis und in der Theorie bestehen große Vorbehalte gegenüber Vereinbarungen zwischen Wettbewerbern. Hier besteht die nicht unbegründete Befürchtung, dass Konkurrenten miteinander kooperieren, um Kartelle zu bilden, die unerwünschte Wettbewerber fernhalten sollen, oder um illegale Preisabsprachen zu vereinbaren, durch die die beteiligten Unternehmen Monopolgewinne auf Kosten der Konsumenten realisieren. Solche Formen von Wettbewerbsabsprachen tragen nicht zum Anliegen der Nachhaltigkeit bei, sondern gehen zulasten gesellschaftlicher Wertschöpfung. Die Wettbewerbsaufsicht verfolgt diese unerwünschten Formen der Zusammenarbeit von Wettbewerbern daher auch mit empfindlichen Geldbußen. Diese zum Teil sehr harten Sanktionen sind ein weiterer Grund, warum das Nachhaltigkeitsmanagement gut beraten ist, darauf zu achten, dass eine Zusammenarbeit mit den Wettbewerbern nicht gegen das Kartellrecht verstößt. Aus Nachhaltigkeitssicht zielt die Zusammenarbeit mit den Wettbewerbern nicht darauf, die Wertschöpfungslogik von Märkten außer Kraft zu setzen, sondern dort noch besser in Kraft zu setzen, wo wichtige Nachhaltigkeitsaspekte bisher noch nicht Berücksichtigung finden. Das Stichwort lautet *Co-opetition* (Brandenburger und Nalebuff 1998). Es geht nicht darum, den Wettbewerb als solchen auszuschalten, sondern im Sinne der Nachhaltigkeit besser auszurichten.

> **Das Beispiel der 4C-Initiative: Common Code for the Coffee Community**
> In der 4C-Initiative haben sich neben großen Kaffeeherstellern auch bedeutende Kaffeeröstereien zusammengeschlossen, um gemeinsame ökologische und soziale Mindeststandards für den Kaffeeanbau zu vereinbaren.
>
> Diese Standards umfassen beispielsweise die Ächtung bestimmter Pestizide, den Schutz von Primärwald oder die Vermeidung von Kinderarbeit.
>
> Die 4C-Initiative erfasst beispielsweise für den deutschen Markt 85 % des Marktvolumens. Damit wird es möglich, Mindeststandards praktisch wettbewerbsneutral zu vereinbaren. Gleichzeitig hat die 4C-Initiative von Anfang an den Kontakt zu den Behörden der Wettbewerbsaufsicht gesucht, um kartellrechtliche Konflikte zu vermeiden.
>
> Infos unter: http://www.4c-coffeeassociation.org/en/

Unternehmen können in unterschiedlichen Wettbewerbskontexten Nachhaltigkeitsproblemen begegnen. Schließlich agieren Unternehmen simultan auf verschiedenen Märkten. So konkurrieren Unternehmen auf dem Finanzmarkt um die gleichen Geldgeber und auf dem Arbeitsmarkt um attraktive Mitarbeiter. In besonderer Weise treten gemeinsame Interessen an einem nachhaltigkeitsförderlichen Wettbewerb jedoch auf den Beschaffungs- und Absatzmärkten auf.

Zunächst zu den Beschaffungsmärkten. Hier konkurrieren die Unternehmen um Zulieferer, Vorprodukte und andere Inputs. Ein gemeinsames Interesse kann darin bestehen, in den vorgelagerten Wertschöpfungsstufen für die Einhaltung ökologischer und sozialer Mindeststandards zu sorgen. Die Zusammenarbeit mit den Konkurrenten bietet einerseits den Vorteil, dass ein *level playing field* geschaffen wird, das Trittbrettfahrerverhalten und damit Wettbewerbsnachteile für die nachhaltigen Unternehmen verhindert (siehe das 4C-Beispiel). Andererseits können durch ein koordiniertes Handeln Effizienz- und Effektivitätsvorteile bei der Umsetzung gemeinsamer Standards erreicht werden.

Nun zu den Absatzmärkten. Auch hier stehen Unternehmen in Konkurrenz, und zwar um Absatzmöglichkeiten und Endkunden. Eine Zusammenarbeit mit den Wettbewerbern kann sinnvoll sein, um diese Märkte aufzubauen und weiterzuentwickeln. Zu denken ist beispielsweise an gemeinsame Labels oder Standards, die Wertschöpfungsinteraktionen mit den Kunden ermöglichen. Ebenfalls denkbar sind gemeinsame Vertriebsstrukturen oder Verhandlungsstrukturen mit größeren institutionellen Nachfragern. Gerade bei Nachhaltigkeitspionieren handelt es sich anfangs oft um kleinere Unternehmen, die keine Marktmacht geltend machen können – beispielsweise um Zugang zu Großhändlern zu erlangen. In dieser Situation können Wettbewerber kooperieren, um gemeinsam besser den Markt zu erschließen. Ein Beispiel bieten Erzeugergenossenschaften. Bauern, die ökologische Landwirtschaft betreiben, stehen auf dem Absatzmarkt eigentlich in einem Konkurrenzverhältnis. Trotzdem können sie sich im Rahmen einer Erzeugergenossenschaft zusammenschließen, um etwa gemeinsame Vertriebskanäle aufzubauen oder um das gemeinsame Produkt in der Öffentlichkeit besser bekannt zu machen wie beispielsweise im Fall der Assoziation ökologischer Lebensmittelhersteller (http://www.aoel.org/index-de.html).

Die Kooperation mit den Wettbewerbern ist somit ein wichtiger Hebel, um Lernprozesse in einer ganzen Branche voranzubringen und diese hin zu mehr Nachhaltigkeit zu transformieren. Unternehmen können auf diese Weise gemeinsam Märkte entwickeln und weiterentwickeln, die die Wettbewerbslogik nutzen, um Schadschöpfung zu minimieren und nachhaltige Wertschöpfungsprozesse zu ermöglichen.

▶ **Aufgabe:** Recherchieren Sie ein Beispiel dafür, wie Wettbewerber eines Marktes versuchen, gemeinsam höhere Nachhaltigkeitsstandards zu etablieren. Nehmen Sie kritisch Stellung.

▶ **Frage:** Warum zählen auch Wettbewerber zu den Stakeholdern eines Unternehmens? Wieso haben die Wettbewerber untereinander mit Blick auf Nachhaltigkeitsprobleme nicht nur konfligierende, sondern auch gemeinsame Interessen?

Interaktion mit Geldgebern (Finanzmärkte)

Unternehmen benötigten für ihre wirtschaftliche Tätigkeit Kapital, um Investitionen in Forschung, neue Anlagen und Markteinführungen zu tätigen, um mit Liquiditätsschwankungen umzugehen und um Wachstumsprozesse zu finanzieren. Auch für das Nachhaltigkeitsmanagement ist daher die Interaktion mit (potenziellen) Geldgebern auf Finanzmärkten ein entscheidender Handlungsbereich. Umgekehrt gewinnen aus der Perspektive der Investoren Nachhaltigkeitsaspekte zunehmend an Bedeutung, sei dies unter dem Begriff *Nachhaltiges Investment,ethical investment* oder *socially responsible investment* (SRI). Auch wenn diese Anlageformen im Vergleich zum Gesamtvolumen im Finanzmarkt noch eher ein Nischenphänomen darstellen, ist in den vergangenen Jahren ein stetiger und deutlicher Anstieg des nachhaltigen Investments zu beobachten (z. B. Faust und Scholz 2008; http://www.eiris.org/). Nachhaltigkeitsorientierten Unternehmen bieten sich damit erweiterte Möglichkeiten, an Fremd- oder Eigenkapital zu gelangen. Fremdkapital können Unternehmen in Form von Krediten von speziellen, nachhaltigkeitsorientierten Finanzinstituten aufnehmen. Eigenkapital bezieht sich auf Anlageformen, bei denen der Investor eigene Anteile am Unternehmen erwirbt, insbesondere in Form von Aktien. In dieser Hinsicht ist auch an auf Nachhaltigkeit spezialisierte Aktienfonds zu denken.

Eine Besonderheit von nachhaltigen Investments besteht darin, dass die Investoren im Vergleich zu konventionellen Anlagen ein erweitertes Set an Zielgrößen zu optimieren suchen. Neben den herkömmlichen Investitionszielen der Rendite- und der Risikooptimierung sollen auch Aspekte der Nachhaltigkeit Berücksichtigung finden (z. B. Peylo 2011). Dabei kann zwischen Ausschlussprinzipien, Positivselektion und kombinierten, komplexeren Auswahlverfahren unterschieden werden. Mit Negativkriterien wollen viele Anleger bestimmte, in ihrem Verständnis unnachhaltige Unternehmen oder Branchen ausschließen – typischerweise etwa Unternehmen der Atomindustrie oder Rüstungsindustrie. In diesem Ausschlussprinzip liegen auch die historischen Wurzeln des ethischen Investments, das in den 1970er-Jahren entstand, um Investitionsmöglichkeiten zu bieten, die nicht in die Rüstungszulieferer des Vietnamkriegs oder in eine Unterstützung des Apartheid-Regimes in Südafrika involviert waren. Demgegenüber kommen Positivkriterien häufig in Themenfonds wie z. B. für Unternehmen regenerativer Energietechnologien zum Ausdruck. Heute liegt der Fokus des nachhaltigen Investments vor allem auch auf kombinierten, komplexen Formen der speziellen Berücksichtigung besonders nachhaltiger Unternehmen im Anlageportfolio, die gleichzeitig eine marktübliche oder sogar höhere Rendite sicherstellen. Dies kann gelingen, wenn spezifische Nachhaltigkeitsrisiken wenig nachhaltiger Unternehmen (wie z. B. hohe Kosten bei der Einführung des CO_2-Emissionszertifikatehandels) gezielt ausgesondert und spezifische Nachhaltigkeitschancen vorbildlich nachhaltiger Unternehmen (wie z. B. Kostenreduktion durch Effizienzgewinne oder Marktchancen durch Nachhaltigkeitsinnovationen) systematisch berücksichtigt werden.

So gesehen, geht es auch bei der Interaktion mit (potenziellen) Investoren auf dem Finanzmarkt aus einer Nachhaltigkeitsperspektive darum, die Vermeidung von Schadschöpfungseffekten mit der Erschließung neuer Wertschöpfungspotenziale zu verbinden. Wertschöpfung heißt auch hier, dass es möglich wird, durch die Interaktion beide Seiten besser zu stellen und ihnen einen Vorteil zu stiften. Für die Unternehmen ist dieser Nutzen klar. Sie erhalten einen erweiterten Zugang zu Finanzierungsquellen und können damit ihre Kapitalkosten reduzieren. Auch können wesentliche Reputationswirkungen von einer Aufnahme in einem Nachhaltigkeitsfonds ausgehen. Die Investoren sind wiederum auf der Suche nach Anlageoptionen, die eine überlegene Investitionsmöglichkeit darstellen.

Für ein Zustandekommen wechselseitig vorteilhafter Interaktionen auf dem Finanzmarkt bedarf es folglich möglichst transparenter Informationen über Rendite-, Risiko- und Nachhaltigkeitsperformance-Erwartungen jener Unternehmen, in die zu investieren ein Anleger prüft. Allerdings bestehen zwischen dem Unternehmen und den potenziellen Investoren substanzielle Informationsasymmetrien (Fritsch et al. 2007). Dem Anleger stehen viele entscheidungsrelevante Informationen entweder gar nicht oder nur nach kostspieliger Recherche zur Verfügung. Dies gilt bereits mit Blick auf die konventionellen Größen von Rendite- und Risikoerwartung. In besonderer Weise kommt dieser Umstand jedoch mit Blick auf die Nachhaltigkeitsperformance zum Tragen. Wie sehr ein Unternehmen Schadschöpfung vermeidet, welchen ökologischen Fußabdruck seine Produkte aufweisen oder wie gewissenhaft es Sozialstandards in der Wertschöpfungskette vermeidet, sind Informationen, die den Investoren kaum vollständig zur Verfügung stehen. Ohne glaubwürdige Informationen zur tatsächlichen Nachhaltigkeitsleistung kann kein Investment nachhaltig ausgestaltet werden.

Aus diesem Grund kommt auch im Finanzmarkt dem Abbau von Informationsasymmetrien eine wichtige Rolle für das Zustandekommen wechselseitig vorteilhafter Interaktionen zwischen Unternehmen und Nachhaltigkeitsinvestoren zu. Schematisch lassen sich zwei Ebene unterscheiden, auf denen eine solche Informationsaufbereitung stattfindet, nämlich zum einen die betriebliche Ebene des Unternehmens selbst sowie zum zweiten die Ebene von Informationsintermediären, die als Mittler auf dem Finanzmarkt agieren.

Das Carbon Disclosure Project (CDP) ist eine 2002 gegründete Initiative, die mehr Transparenz bei CO_2-Emissionen von Unternehmen erreichen will. Weltweit haben sich dem CDP über 500 Großinvestoren angeschlossen, die zusammengenommen mehr als $ 70 Billionen Vermögen verwalten (Stand: Ende 2011). Damit ist das CDP die größte Investoreninitiative der Welt.

Das CDP ist eine gemeinnützige, unabhängige Organisation. Im Auftrag ihrer Mitglieder fordert das CDP die größten internationalen Unternehmen auf, ihre CO_2-Emissionen zu veröffentlichen und zu reduzieren. Ziel der teilnehmenden Investoren ist es, mehr Transparenz über die Klimarisiken ihrer Kapitalanlagen zu erlangen und dazu beizutragen, den Klimawandel zu vermeiden. Das CDP stellt jährliche Unternehmensanfragen und erhöht den aufgebauten Druck der Investoren, indem veröffentlicht wird, welche Unternehmen eine Offenlegung ihrer Treibhausemissionen verweigern.

Zunächst zur betrieblichen Ebene des Einzelunternehmens. Auf dieser Ebene sind es die Unternehmen selbst, die aus Investorensicht relevante Informationen erheben, analysieren und kommunizieren. Unternehmen können dafür auf eine Reihe von Instrumenten zu-

Abb. 9.8 GRI-Logo

rückgreifen, die sie auch für ihr internes Controlling und Rechnungswesen verwenden. Zu denken ist dabei auch an Ansätze wie Umweltmanagementsysteme oder an spezifischere Kennzahlen wie den *carbon footprint* (*vgl.* www.carbonfootprint.org), der die durch ein Produkt verursachte CO_2-Belastung ermittelt.

Ein Konzept, das die Nachhaltigkeitsperformance eines Unternehmens direkt mit seiner ökonomischen Performance in Bezug setzt, ist der *environmental shareholder value.* Dieses Konzept untersucht systematisch den Einfluss, den Umweltmanagementmaßnahmen auf die Treiber des langfristigen Unternehmenswerts haben (Schaltegger und Figge 1997, 2000).

Die 10 Indikatorenbereiche der Global Reporting Initiative
- Strategie und Analyse
- Unternehmensprofil
- Ökonomische Leistung
- Governance, Verpflichtungen und Engagement
- Produktverantwortung
- Arbeitspraktiken & Beschäftigung
- Menschenrechte
- Gesellschaftlich-soziale Leistung
- Ökologische Leistung
- Berichtsparameter

Während die Systeme des Controllings und der Wirkungsmessung zunächst die Nachhaltigkeitsleistung eines Unternehmens erheben, liegt die Aufgabe des Nachhaltigkeitsberichtswesens oder *Sustainability Reportings* darin, diese Performance auch nach außen zu kommunizieren. Als ein einflussreicher Standard hat sich dafür in den vergangenen Jahren der Leitfaden der *Global Reporting Initiative* (GRI, www.globalreporting.org) (Abb. 9.8) etabliert. Die GRI-Guidelines wurden in einem partizipativen Verfahren unter Einbindung von Unternehmen, NGOs und Regierungen erarbeitet. Sie bilden einen international anerkannten Rahmen für die Erstellung von Nachhaltigkeitsberichten. Die GRI-Richtlinien definieren 120 Indikatoren in zehn Bereichen, die von der ökologischen Leistung, den Arbeitspraktiken und der Produktverantwortung über das Unternehmensprofil und die ökonomische Leistung bis hin zu Eigenschaften des Berichts selbst reichen. Die GRI-Richtlinien bieten einen einheitlichen Rahmen, durch den die Vergleichbarkeit unterschiedlicher Unternehmen erhöht wird. Damit sind sie für das Einzelunternehmen ein potenziell leistungsstarkes Instrument der Informationsarbeit.

Nun zur Rolle von Intermediären im Finanzmarkt. Hier geht es um Institutionen, die nachhaltigkeitsrelevante Unternehmensinformationen aufbereiten und dann als Mittler für potenzielle Investoren bereitstellen. Bekannt sind in diesem Zusammenhang Aktienindizes, die gezielt Nachhaltigkeitskriterien berücksichtigen, wie beispielsweise der britische FTSE4Good- oder der Dow-Jones-Sustainability-Index (DJSI). Beide Indizes stützen sich bei ihrer Auswahl auf die Bewertung spezialisierter Analyse- und Ratingagenturen (nämlich von *Ethical Investment Research Service*, EIRIS, im Fall des FTSE4Good bzw. *Sustainability Asset Management*, SAM, im Fall des DJSI).

Ratingagenturen wie SAM oder Oekom bieten auch jenseits von Aktienindizes die Möglichkeit, für ein einzelnes Unternehmen eine externe Nachhaltigkeitsbewertung zu erstellen (Schäfer 2005). Die Verfahren zur Erstellung eines solchen Ratings sind unterschiedlich, verbinden jedoch üblicherweise Kriterien wie das Best-in-Class-Prinzip (Auswahl von Nachhaltigkeitsführern innerhalb einer Branche) oder Best-of-Class Prinzip (Bewertung der Nachhaltigkeit einer Branche und seiner Unternehmen, die im Gesamtbild sich qualifizieren oder nicht), Ausschlusskriterien (z. B. keine Berücksichtigung von Landminenherstellern) und Themengewichtungen (z. B. erneuerbare Energien).

Nachhaltigkeitsratings sind damit ein wichtiges Instrument, um Informationsasymmetrien zwischen Unternehmen und Investoren abzubauen. Da die Ratingagenturen klare Kriterien vorgeben, die in die Bewertung eingehen, eröffnet sich für Unternehmen die Möglichkeit, ihr Nachhaltigkeitsmanagement kritisch zu überprüfen, zu verbessern und sodann gezielt die gewünschten Informationen bereitzustellen. Reporting-Standards wie die GRI-Richtlinien spielen hierbei eine wichtige Rolle, da sich viele Ratingagenturen bei der Bewertung von Nachhaltigkeitsberichten an diesen orientieren. Insofern bestehen auch auf der betrieblichen Ebene des Einzelunternehmens verschiedene Möglichkeiten, den Ratings der Agenturen gezielt zuzuarbeiten.

Interaktion mit Mitarbeitern (Arbeitsmarkt)

Aus einer Marktperspektive betrachtet, finden die Interaktionen eines Unternehmens mit seinen Mitarbeitern im Kontext von Arbeitsmärkten statt. Auch Arbeitsmärkte sind ein Ort, an dem Wertschöpfung stattfindet. Arbeitgeber und Arbeitnehmer kommen hier auf freiwilliger Basis zusammen, weil sie sich durch die Kooperation besserzustellen erhoffen. Das Unternehmen erhält Arbeitsleistung, die Mitarbeiter eine Entlohnung. Allerdings geht es in einer modernen Arbeitsbeziehung oft um noch viele weit differenziertere Inhalte, die für die jeweiligen Partner wichtig sind, auch wenn sie vertraglich gar nicht in justiziabler Weise festgeschrieben werden können. Unternehmen erwarten beispielsweise Ideenreichtum und Loyalität; Arbeitnehmende erwarten ein gutes Klima, Erfüllung und Anerkennung bei der Arbeit. Mit formalen Verträgen allein lassen sich viele dieser wichtigen Bedürfnisse bei der Kooperationsgestaltung nicht vollständig berücksichtigen. Eine Folge kann sein, dass in der Arbeitsbeziehung Probleme auftauchen, angefangen von Motivationsverlust bis hin zur inneren Kündigung. Wertschöpfungspotenziale bleiben dann für beide Seiten ungenutzt (z. B. Zaugg 2009).

Angesichts eines unvollständigen Kooperationsrahmens zwischen Arbeitnehmenden und Unternehmen können durch das Handeln und Unterlassen des Unternehmens jedoch auch echte Schadschöpfungseffekte zulasten der Arbeitnehmenden verursacht werden. Betriebsunfälle, gesundheitliche Gefährdungen, Mobbing oder Burn-out schädigen die Arbeitnehmenden und ihr soziales Umfeld. Gleichzeitig gefährden diese Probleme auch die Grundlagen des Unternehmens für eine langfristige Wertschöpfung mit seinen Mitarbeitern.

Aus diesem Grund erfordert das unternehmerische Nachhaltigkeitsmanagement eine bewusste Pflege und Weiterentwicklung der Interaktion des Unternehmens mit seinen Mitarbeitenden. Die folgenden Punkte stellen eine Auswahl relevanter Fragen dar (vgl. z. B. Ehnert 2009; Zaugg 2009):

Sicherheit und Gesundheit. Dem Unternehmen kommt die Verantwortung zu, für sichere Arbeitsplätze und die Vermeidung von Gesundheitsrisiken zu sorgen. Viele vermeintliche Kosten erweisen sich hierbei als sinnvolle Investitionen in die Zufriedenheit und Leistungsfähigkeit der Mitarbeitenden. Eine betriebliche Gesundheitsvorsorge kann in diesem Sinne ein Paradebeispiel dafür sein, wie sich durch die Vermeidung von Schadschöpfung wechselseitig vorteilhafte Wertschöpfungspotenziale realisieren lassen. Gleiches gilt für ein aktives Sicherheitsmanagement, das Unfallrisiken minimiert und damit Qualitätsstandards sichert und kostspielige Verzögerungen im Betriebsablauf verhindert.

Bildung. Nicht erst angesichts des demografischen Wandels zeigt sich, dass gut ausgebildete Mitarbeitende ein zunehmend wichtiger Erfolgsfaktor sind. Unternehmen sind daher gut beraten, die persönliche Weiterentwicklung der Mitarbeitenden zu fördern. Lebenslanges Lernen heißt dabei, auch älteren Mitarbeitenden (sog. silver workers) passende Bildungsangebote zu machen und sie auf diese Weise fit für den Arbeitsmarkt zu erhalten. Gerade ein Unternehmen, das Mitarbeitende längerfristig an sich binden möchte, muss Weiterentwicklungsmöglichkeiten bieten, damit Arbeitnehmende überhaupt bereit sind, jene spezifischen Investitionen zu tätigen, die mit einer Langfristbindung verbunden sind.

Familienfreundlichkeit. Durch die fehlende Vereinbarkeit von Beruf und Familie führt die Wertschöpfungstätigkeit eines Unternehmens zu unerwünschten Schadschöpfungseffekten im privaten Umfeld der Arbeitnehmer. Für das Nachhaltigkeitsmanagement besteht die Herausforderung daher darin, durch einen familienfreundlichen Arbeitsplatz negative Folgen der modernen Arbeitswelt zu mindern und zugleich auch Vorteile für das Unternehmen zu erzielen. Betriebskindergärten, flexible Arbeitszeitmodelle wie Teilzeit oder Home-Office-Tage sind beispielhafte Ansätze, die in diesem Sinne zur Erhöhung von Flexibilität, Motivation und Mitarbeiterbindung beitragen können. Gerade bei jungen, gut ausgebildeten Fachkräften kann ein familienfreundliches Umfeld zu einem Entscheidungskriterium bei der Wahl des Arbeitgebers avancieren.

Führung. Moderne Arbeitsprozesse finden in der Regel in Teamstrukturen statt. Die Qualität der Führung entscheidet dabei, ob es im sozialen Zusammenspiel zu unerwünschten Entwicklungen kommt wie beispielsweise Mobbing, Konflikten oder Misstrauen. Diese Probleme schädigen die Mitarbeitenden in ihrer Würde und ihrem Wohlbefinden, aber auch die Fähigkeit der Belegschaft, im Team vertrauensvoll zu kooperieren. Führung ist daher ein wichtiges Handlungsfeld für Unternehmen, um die Interaktion mit aber auch zwischen ihren Mitarbeitenden zu gestalten.

Work-Life-Balance. Die Arbeitsbelastung in modernen Unternehmen führt zunehmend zu starken psychischen Beanspruchungen und Überforderungssituationen. Unregelmäßige Arbeitszeiten und ein hohes Maß von Überstunden führen dazu, dass soziale Beziehungen außerhalb des Arbeitskontexts oftmals nur noch bedingt gepflegt werden können. Eine solche Entwicklung kann für die Arbeitnehmenden schwerwiegende langfristige Folgen zeitigen, angefangen von Stress über Rückenleiden bis hin zu Burn-out und chronischen Erschöpfungszuständen. Für das Unternehmen resultieren hieraus ebenfalls gravierende Probleme. Aus diesem Grund geht es unter dem Stichwort Work-Life-Balance auch darum, das langfristige Interesse an einer gesunden Arbeitsbeziehung nicht durch Termindruck und andere kurzfristige Faktoren zu schädigen.

Diversity und Gleichberechtigung. Unternehmen erzielen Rationalisierungseffekte unter anderem dadurch, dass sie auf standardisierte Verfahren und gleichförmige Prozesse bauen. Vereinheitlichte Denk-, Führungs- und Organisationsstrukturen können jedoch nur eingeschränkt die Vielfalt und Unterschiedlichkeit der Arbeitnehmenden widerspiegeln. Als Folge kann es dazu kommen, dass das Denken, die Vorurteile und Handlungsmuster der Mehrheit zu Lasten jener gehen, die nicht von der Mehrheit repräsentiert werden. Diese unerwünschten Formen der sozialen Schadschöpfung können auch zum Problem des Unternehmens werden, da sie kritisches Denken, Initiative und Kreativität sowie unkonventionelle Innovationen blockieren. Zudem sind auch Konsumentinnen und Konsumenten und ihre Bedürfnisse vielfältig und lassen sich daher durch eine unternehmensinterne Pluralität besser verstehen. Vor diesem Hintergrund ist ein nachhaltigkeitsorientiertes Personalmanagement im Sinne des Diversity-Gedankens bestrebt, Vielfalt im Unternehmen anzuerkennen und zu fördern. Konkret heißt das beispielsweise, dass sowohl bei der Einstellung als auch bei der Beförderung die Vielfalt aufgrund von Geschlecht, Behinderung und Nichtbehinderung, Alter, Migration, Religion, Weltanschauung oder sexueller Orientierung wertgeschätzt und bewusst eingebunden wird.

Bei der Wahl des Arbeitgebers, für das Arbeitswohlbefinden und die Leistung im Unternehmen spielen diese Faktoren eine wesentliche Rolle und äußern sich häufig in der Reputation, die der Arbeitgeber erhält. Eine konsequente Nachhaltigkeitsorientierung kann im Markt dabei signalisieren, wer sich um gesellschaftliche Belange kümmert und von wem außer Gehalt nicht viel zu erwarten ist. Das arbeitsmarktorientierte Nachhaltigkeitsmanagement bezweckt deshalb, das Unternehmen als Wunscharbeitgeber (sog. „Employer of choice") zu entwickeln.

▶ **Aufgabe:** Vergleichen Sie, auf welche Art und Weise Nachhaltigkeitsaspekte die Interaktion eines Unternehmens mit seinen marktlichen Stakeholdern beeinflussen (können). Überlegen Sie, inwieweit sich dieses Bild in Abhängigkeit unterschiedlicher Faktoren (z. B. Branche, Standort etc.) ändert.

Unternehmerisches Agieren im betrieblichen und gesellschaftlichen Kontext

Interaktionen innerhalb des Unternehmens

Ein Unternehmen ist keine Blackbox. Vielmehr finden innerhalb eines Unternehmens vielfältige Stakeholderinteraktionen statt. Vermittelt durch ein Unternehmen interagieren Eigentümer und Manager. Manager stehen mit Mitarbeitenden im Austausch. Mitarbeitende interagieren mit Mitarbeitenden. Und auch zwischen Unternehmenseinheiten wie Töchtern, Abteilungen oder Teams bestehen unterschiedliche Interaktionen. An der Qualität des Zusammenspiels dieser heterogenen Akteure entscheidet sich, wie gut in einem Unternehmen Wertschöpfung gelingt und inwiefern dabei unerwünschte Schadschöpfungseffekte verursacht werden. Aus diesem Grund liegt ein wichtiges Handlungsfeld des Nachhaltigkeitsmanagements in der Gestaltung dieser unternehmensinternen Interaktionen. Im weitesten Sinne geht es um die Gestaltung der *Corporate Governance* (z. B. Schewe 2005).

Corporate Governance im engeren Sinne bezeichnet freilich die spezifischere Frage, wie in einem Unternehmen das Verhältnis von Eigentümern und Managern geregelt wird. Diese Frage stellt sich, wenn in einem Unternehmen der bzw. die Eigentümer nicht zugleich auch die täglichen Managemententscheidungen treffen, sondern an Manager delegieren. Systematisch ist dies bei größeren Aktiengesellschaften der Fall (Berle und Means 1932). Hier sind die Manager die angestellten Agenten, an die die Aktionäre als auftraggebende Prinzipale die Geschäftsführung abtreten. Dieses Verhältnis wird in der Betriebswirtschaftslehre besonders vom sog. Principal-Agent Ansatz beleuchtet (Eisenhardt 1989). Da die Interessen der Manager und der Aktionäre nicht übereinstimmen müssen, stellt das Corporate Governance-Konzept die Frage, wie potenzielle Interessenskonflikte zwischen Managern und Eigentümern bestmöglich gelöst werden können. Ein Vorschlag besteht beispielsweise darin, die Interessen der Manager durch Aktienoptionen mit den Interessen der Anleger in Einklang zu bringen. Aus Nachhaltigkeitssicht sind diese Diskussionen hochgradig relevant. So setzen kurzfristige Aktienoptionen meist Anreize für kurzfristige Optimierungsstrategien, durch die langfristige Nachhaltigkeitsaspekte aus dem Blick geraten können. Insofern entscheiden sich hier wichtige Weichenstellungen für das Nachhaltigkeitsmanagement. Weitere Fragen der Corporate Governance im engeren Sinne beziehen sich auf Aspekte der Leitung und Überwachung in Unternehmen wie beispielsweise die Regelungen für die Zuständigkeiten und die Arbeitsweise des Vorstands sowie der Aufsichtsgremien (z. B. Aufsichtsrat).

In einem weiteren Sinne schließt Corporate Governance die allgemeine Frage mit ein, wie ein Unternehmen seinen internen Ordnungsrahmen für gelingende Wertschöpfung entwickelt. Wie verhindert man beispielsweise Interessenkonflikte zulasten der unternehmerischen Wertschöpfungsfunktion? Ein wichtiges Beispiel ist das Problem der Korruption. Korruption schädigt maßgeblich das Anliegen der Nachhaltigkeit. Und wie die hohen Strafzahlungen von Siemens und anderer der Korruption überführten Unternehmen zeigen (Pies 2008), birgt Korruption auch ein enormes Unternehmensrisiko. Allerdings kann es für Akteure innerhalb des Unternehmens Anreize geben, Korruptionsstrategien zu ergreifen, beispielsweise, wenn vom Unternehmen ambitionierte Umsatzvorgaben gemacht werden, die auf sauberem Weg praktisch kaum erreicht werden können. Deutlich wird, dass die Prävention von Korruption nicht auf reinen Absichtserklärungen aufbauen kann, sondern ein gezieltes Management der Corporate Governance erfordert. Die Integrität des Unternehmens bedarf geeigneter interner Anreiz-, Informations- und Kontrollstrukturen. Ein Instrument, das Unternehmen hierfür beispielsweise prüfen können, ist das Prinzip des *Whistle Blowing* (Leisinger 2003; Pies und Beckmann 2010). Gemeint ist die Einrichtung eines Meldesystems oder einer Ombudsstelle, durch die Unregelmäßigkeiten und Missstände innerhalb des Unternehmens vertraulich zur Sprache gebracht werden können. Der Hintergrund ist, dass Korruption innerhalb des Unternehmens auf funktionierenden „Schweigekartellen" basiert. Eine Aufgabe der Corporate Governance kann es sein, diese Kartelle zulasten Dritter aufzubrechen, ohne dabei freilich ein Klima des generellen Misstrauens zu schaffen.

Ein weiteres Instrument zur Gestaltung der internen Interaktionsbedingungen im Unternehmen bieten Verhaltenskodizes (sog. Codes of Conduct; Beckmann und Pies 2007). Hierbei gibt es einerseits unternehmensübergreifende Kodizes, wie den Deutschen Corporate Governance Kodex oder den im Jahr 2011 vorgestellten Nachhaltigkeitskodex des Rats für Nachhaltige Entwicklung (www.nachhaltigkeitsrat.de). Diese Kodizes können ein Instrument sein, um für die Unternehmen als Gesamtgruppe Standards zu etablieren und Transparenz zu erhöhen. Andererseits gibt es unternehmensspezifische Kodizes, die einzelne Unternehmen individuell für sich entwickeln. Ähnlich wie Unternehmensleitbilder und vergleichbare Instrumente können letztere Kodizes für die Interaktion im Unternehmen gemeinsame Orientierungspunkte dafür schaffen, nach welchen Werten und Prinzipien sensible prozessuale, ökologische und soziale Fragen verhandelt werden. Auch hier ist jedoch entscheidend, dass ein Kodex nicht nur auf Papier existiert, getreu dem Motto „gelesen, gelacht, gelocht". Vielmehr geht es um Strukturen, die als Teil der Corporate Governance auch tatsächlich Beobachtung finden.

Interaktionen mit der Öffentlichkeit und kritischen Stakeholdern

Unternehmen bestehen nicht nur aus Beziehungen zwischen Eigentümern und Managern und organisationsinternen Stakeholderbeziehungen. Alle Organisationen stehen neben ihren direkten Stakeholdern auf Märkten auch mit einer Vielzahl weiterer gesellschaftlicher Akteure in Wechselbeziehungen. Dabei lassen sich die im vorangegangenen Abschnitt vom Prinzipal-Agenten-Ansatz angesprochenen Fragestellungen der Corporate Governance auch auf die Untersuchung eines breiteren Stakeholdernetzwerks übertragen. Der sogenannte Stakeholder-Agency Ansatz (Hill und Jones 1992) beleuchtet die aus Informationsasymmetrien zwischen unterschiedlichen Stakeholdern in und um ein Unternehmen entstehenden Probleme und nimmt eine Erweiterung des Prinzipal-Agenten-Ansatzes um die Vielzahl und Vielfalt an Stakeholderbeziehungen vor.

Das unternehmerische Handeln hat Auswirkungen auf andere, wenn Unternehmen beispielsweise Steuern zahlen (oder nicht zahlen), oder wenn Wertschöpfungsaktivitäten durch Lärm, Verschmutzung oder Ressourcenverbrauch die Umwelt belasten oder Anrainer schädigen. Dieser Einfluss des Unternehmens wird im gesellschaftlichen Umfeld durch verschiedene Seiten kritisch beobachtet, angefangen von der allgemeinen Öffentlichkeit und den Medien über die Verwaltungen und Regierungen, Internet-Gemeinschaften und Bürgerinitiativen bis hin zu speziell organisierten Stakeholder-Gruppen in Form von Umweltschutz-, Menschenrechts- oder anderen zivilgesellschaftlichen Organisationen (englisch: Civil Society Organization (CSO) oder NGO für Non Governmental Organization). Für all diese Akteure kann die unternehmerische Wert- und Schadschöpfungstätigkeit substanzielle Folgen zeitigen. Umgekehrt können auch diese Organisationen Einfluss auf die Wertschöpfungsmöglichkeiten eines Unternehmens nehmen. Die Beziehung zu öffentlichen Verwaltungen ist beispielsweise für Genehmigungen wichtig. Die Medienberichterstattung beeinflusst maßgeblich die Reputation eines Unternehmens. Und kritische CSOs können Proteste organisieren und zum Boykott eines Unternehmens aufrufen. Auf diese Weise können indirekte Stakeholder das Verhalten der direkten Stakeholder verändern und damit bedeutsamen Einfluss auf die Wertschöpfungsgrundlage eines Unternehmens ausüben (z. B. Ungericht 2005).

Aus diesem Grund kommt der Interaktion mit der breiten gesellschaftlichen Öffentlichkeit und kritischen Stakeholdergruppe eine wichtige Rolle zu. Es geht darum, Legitimität und damit die *Licence to (co-)operate* für Wertschöpfungsaktivitäten dauerhaft zu sichern. Vereinfacht gesprochen hat eine solche dialogische Stakeholderkommunikation folgende zwei unterschiedliche, sich aber ergänzende Aufgaben:

Auf der einen Seite bedarf es des Dialogs mit der Öffentlichkeit und kritischen Stakeholdergruppen, um diesen den Standpunkt des Unternehmens verständlich zu machen. Insbesondere geht es darum, aufzuzeigen, wo das Unternehmen bereits wichtige Wertschöpfungsbeiträge für Nachhaltigkeit leistet. Angesichts der Komplexität vieler Wertschöpfungsprozesse ist diese Aufgabe keineswegs trivial. Hier kann Kritik aus dem Unverständnis für die eigentlich erwünschten Leistungen eines Unternehmens erwachsen. Ein Dialog mit den Stakeholdern kann helfen, diesen zu erklären, was das Unternehmen eigentlich tut, und dadurch Legitimität zu erwerben.

Auf der anderen Seite dürfen Stakeholderdialoge nicht darauf verkürzt werden, aus Unternehmenssicht den Status Quo unkritisch zu verteidigen. Vielmehr gilt es, die von den Stakeholdern geäußerte Kritik ernst zu nehmen und als wichtigen Anstoß zu nutzen, die eigenen Wertschöpfungstätigkeiten kritisch auf Verbesserungspotenziale und Möglichkeiten der Schadschöpfungsvermeidung zu überprüfen. In vielen Fällen bietet der Dialog mit kritischen Stakeholdern auch deswegen wertvolle Informationen und Ansatzpunkte für Innovationen, weil beispielsweise Umweltschutzorganisationen für bestimmte Fragen eine fachliche Expertise aufbauen können, über die das Unternehmen schlichtweg nicht verfügt (Hansen et al. 2011). Stakeholderdialoge können daher wie ein Frühwarnsystem auf Herausforderungen oder wie ein Vorschlagswesen auf Innovationspotenziale aufmerksam machen, deren sich das Unternehmen andernfalls nicht bewusst wäre. Der fachliche Input kann helfen, für Probleme sensibel zu werden, Lösungsansätze zu prüfen und durch Innovationen Schadschöpfungsminderung und neue Wertschöpfungspotentiale zu verbinden.

Damit ein solcher Austausch möglich wird, bedarf es einer ernsthaft interaktiven Kommunikation, die tatsächlich in zwei Richtungen funktioniert. Das Unternehmen muss seine Stakeholder verstehen und zugleich von diesen verstanden werden. Diese Aufgabe ist keineswegs einfach, weil das Unternehmen und seine verschiedenen Stakeholder zum Teil sehr unterschiedliche Sprachen sprechen. Und auch die Stakeholder vertreten untereinander verschiedene und zum Teil inkommensurable Sichtweisen. Die Interaktion mit einem diversen Stakeholderumfeld erfordert somit differenzierte Übersetzungskompetenzen, um zwischen dem Unternehmen und seinen Stakeholdern sowie zwischen diesen moderieren zu können (Pies et al. 2009).

Für einen solchen Dialog mit seinen Stakeholdern können Unternehmen ein breites Spektrum an Managementmethoden nutzen. Nachhaltigkeitsberichte können eine wichtige Grundlage bieten, um die Wertschöpfungstätigkeit des Unternehmens darzustellen und zu dokumentieren, ob und wie kritische Anfragen aus der Vergangenheit aufgegriffen wurden. Allerdings bietet ein solches Instrument keine Möglichkeit, simultan in einen wechselseitigen Dialog zu treten. Besonders geeignet ist für diesen Zweck hingegen die Nutzung neuer sozialer Medien im Internet. Dem Austausch der Stakeholder sowohl untereinander als auch mit dem Unternehmen kann in Blogs mit Kommentarfunktion oder speziellen Diskussionsforen ein Raum gegeben werden. Aber auch Pressegespräche und Multi-Stakeholder-Dialoge in Form von runden Tischen oder Arbeitsgruppen kann ein Unternehmen initiieren, um aktiv in die Interaktion mit seinem Umfeld zu treten. Umgekehrt gibt es oft auch im Unternehmensumfeld bereits bestehende Dialogformate wie spezielle Konferenzen, Arbeitsgruppen oder Themengespräche, die von Ministerien, Stiftungen, Universitäten oder CSOs organisiert werden. Diese Gesprächsmöglichkeiten bieten Gelegenheit, sich nicht nur mit diesen Stakeholdern, sondern häufig auch mit anderen Unternehmen über kritische Themen auszutauschen.

> **Frage:** Worin besteht die Funktion von Stakeholder-Dialogen? Warum ist es wichtig – und keineswegs trivial einfach –, dass sie als Zweibahnstraßen funktionieren?

Interaktion in interessenpolitischen Prozessen

Unternehmen betreiben ihre Wertschöpfung nie in einem institutionellen Vakuum, sondern agieren stets vor dem Hintergrund eines rechtlichen Ordnungsrahmens. Auf internationaler, nationaler oder lokaler Ebene geben Staaten und suprastaatliche Organisationen wie die Europäische Union wichtige Spielregeln vor, innerhalb deren Unternehmen mit ihren Stakeholdern interagieren und ihre Wertschöpfungsaktivitäten entfalten. Allerdings ist diese Rahmenordnung nie perfekt, etwa wenn der Ausstoß von Klimagasen nicht oder nur ungenügend bepreist wird. Die Folge ist, dass Unternehmen aufgrund sozialer und ökologischer Schadschöpfungseffekte stets mit Nachhaltigkeitsproblemen konfrontiert werden, die der Ordnungsrahmen zu lösen versagt (z. B. Pies et al. 2010; Beckmann 2010) (Abb. 9.9).

Das Nachhaltigkeitsmanagement greift die Frage auf, welchen Beitrag nicht die Politik, sondern die Unternehmen selbst dafür leisten können, diese Schadschöpfungsprobleme zu vermeiden und dies zugleich mit wirtschaftlichem Erfolg zu verbinden. Hierzu gibt es ein breites Spektrum an Strategien, die Unternehmen im Alleingang umsetzen können.

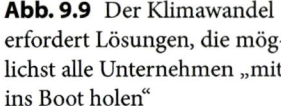

Abb. 9.9 Der Klimawandel
erfordert Lösungen, die möglichst alle Unternehmen „mit
ins Boot holen"

Allerdings gibt es auch Fälle, in denen die Möglichkeiten eines einzelnen Unternehmens stark begrenzt sind, und zwar in doppelter Hinsicht.

Zum einen stößt der Lösungsbeitrag eines einzelnen Unternehmens an Grenzen, wenn man ihn an der Lösung des Gesamtproblems misst. Als Beispiel diene der Klimawandel. Selbst wenn einzelne sehr große Unternehmen ihren gesamten Wertschöpfungsprozess klimaneutral gestalten, bleibt das Klimaproblem ungelöst, solange die restlichen Unternehmen sich weiterhin klimaschädlich verhalten. Zum zweiten können individuelle Nachhaltigkeitsbeiträge an wettbewerbsbedingte Grenzen der wirschaftlichen Tragfähigkeit stoßen. Höhere Umwelt- und Sozialstandards können mit höheren Kosten verbunden sein. Zwar können Unternehmen diese Mehrkosten in einigen Fällen an die Konsumenten weitergeben, wenn diese dafür eine größere Zahlungsbereitschaft haben, etwa für höherpreisige Produkte. Auch können Innovationen aus der Interaktion zu sozialen und ökologischen Themen mit Lieferanten entstehen. Manchmal können Mehrkosten aber auch nicht weitergegeben oder durch andere Vorteile kompensiert werden, sodass dann bei gegebenen Marktrahmenbedingungen ausgerechnet den nachhaltig agierenden Unternehmen Wettbewerbsnachteile drohen können (Baumol 1975).

Mit Blick auf beide Probleme – die begrenzte Wirkung individueller Unternehmensbeiträge sowie wettbewerbsbedingte Barrieren – wird es aus einer Nachhaltigkeitsperspektive daher wichtig, die anderen Unternehmen, gesellschaftliche Organisationen, Verbände und die Politik mit ins Boot zu holen. Am umfassendsten ist dies der Fall, wenn der rechtliche Ordnungsrahmen so geändert werden muss, dass unternehmerische Beiträge für mehr Nachhaltigkeit nicht mehr durch höhere Kosten, sondern durch größere Marktchancen zum Ausdruck gebracht werden. Aus diesem Grund avanciert die interessenpolitische Mitarbeit von Unternehmen an der Weiterentwicklung des Ordnungsrahmens zu einer wichtigen Nachhaltigkeitsstrategie. Unternehmen, die eine Rolle einnehmen, um Markt- und Staatsversagen insgesamt zu beheben, können als strukturpolitische Akteure bezeichnet werden (z. B. Schneidewind 1998) und werden als sogenannte Sustainable Entrepreneure in der Literatur diskutiert (z. B. Schaltegger und Wagner 2011).

In interessenpolitischen Prozessen versuchen Unternehmen ihre Wertschöpfungstätigkeit dadurch zu sichern, dass sie aus ihrer eigentlichen wirtschaftlichen Rolle in eine dezidiert politische Rolle wechseln. Eine solche politische Rolle bezweckt eine Veränderung der Marktrahmenbedingungen und kann auf Umverteilung von unnachhaltigen auf nachhaltige Anbieter (sog. rent seeking) oder auf Behebung von Marktversagen (sog. market correction seeking) ausgerichtet sein (Schaltegger 1999). Üblicherweise werden Unternehmen als reine Regelnehmer betrachtet (Friedman 1970). Die Politik macht die Spielregeln; die Wirtschaft optimiert innerhalb der gesetzten Marktrahmenbedingungen. Als interessenpolitische Akteure nehmen Unternehmen die geltenden Regeln hingegen nicht zum unveränderlichen Nennwert, sondern wirken darauf hin, dass sie geändert oder durch zusätzliche Regeln ergänzt werden (Scherer et al. 2006; Pies et al. 2010).

Prinzipiell lassen sich zwei Spielarten politischen Unternehmertums für eine nachhaltige Entwicklung unterscheiden, wie Unternehmen durch interessenspolitische Prozesse auf nachhaltigkeitsfördernde Spielregeln hinwirken können. Im ersten Fall engagieren sich Unternehmen dafür, dass *andere* – üblicherweise der Staat – die gewünschten Regeln setzen. Im zweiten Fall sind Unternehmen in sogenannten New-Governance-Prozessen *selbst* daran beteiligt, gemeinsam mit anderen Akteuren Regeln für ihr wirtschaftliches Handeln zu erarbeiten.

Zunächst zur ersten Spielart. Hier geht es im Prinzip um klassische Lobbying-Prozesse zur Beeinflussung staatlicher Regulierung. Dieses Handlungsfeld ist vor allem mit Blick auf jene Probleme relevant, bei denen der Staat prinzipiell in der Lage ist, lösungsadäquate Regeln zu setzen (und auch durchzusetzen), es aber darauf ankommt, den politischen Willen hierzu zu mobilisieren. Bei vielen Problemen ist das der Fall. Ob in Deutschland bestimmte Chemikalien eingesetzt werden dürfen oder ob Legebatterien erlaubt sind, sind Fragen, die durch nationale Regulierung geklärt werden können. In den dazu gehörigen politischen Willensbildungsprozessen spielen Interessensgruppen eine wichtige Rolle. Für Unternehmen bieten sie einen Mechanismus, auf nachhaltigkeitsförderliche Regeln Einfluss zu nehmen – sei dies durch direkte Fachgespräche und Anhörungen, über die durch Verbände vermittelte Lobbyarbeit oder in Kooperation mit zivilgesellschaftlichen Organisationen wie Umweltschutzgruppen.

Beispiele für unternehmerisches Lobbying für Klimaschutz:

- Im Vorfeld der Ratifikation des Kyoto-Protokolls initiierte im Jahr 2001 die Deutsche Telekom mit der Unterstützung des WWF International und der NGO germanwatch die Initiative „emission55 – business for climate". Das Bündnis, dem sich auch Unternehmen wie ABB, Credit Suisse oder Canon anschlossen, rief die Regierungen der Welt dazu auf, das Kyoto-Protokoll bis zum folgenden Jahr zu ratifizieren.
- Ein aktuell bekanntes Beispiel ist die Initiative 2° (http://www.initiative2grad. de/). Unternehmer wie beispielsweise Michael Otto engagieren sich hier für eine Begrenzung der Erderwärmung und fordern unter anderem die Bundesregierung dazu auf, ihre Aktivitäten zum Klimaschutz zu verstärken.

Nachhaltigkeitspolitische Lobbyarbeit durch Unternehmen muss aber nicht auf der Ebene nationaler Regulierung stehen bleiben. Unternehmen können an interessenspolitischen Prozessen teilnehmen, um Druck auf ihre nationalen Regierungen auszuüben, damit diese auf internationaler Ebene beispielsweise umweltpolitische Ziele verfolgen. Gerade das Feld der Klimapolitik zeigt aber auch, dass unternehmerisches Lobbying sehr konträre Interessen vertritt. So leisteten im Rahmen der sogenannten „Global Climate Coalition" in den Jahren 1989–2002 vor allem US-amerikanische Großunternehmen wie der Ölmulti Exxon zum Teil massiven Widerstand *gegen* eine aktive Klimaschutzpolitik auf nationaler wie internationaler Ebene (McCright und Dunlap 2011). Die Beispiele zeigen, dass interessenspolitische Prozesse keineswegs zwangsläufig zu nachhaltigen Lösungen führen – gerade deswegen ist es für nachhaltigkeitsorientierte Unternehmen wichtig, in ihnen eine aktive Rolle zu spielen.

Nun zur zweiten Spielart, nämlich der Mitarbeit von Unternehmen in New-Governance-Prozessen. In vielen Problemfeldern fehlt ein geeigneter Ordnungsrahmen, weil es keine Instanz gibt, die in der Lage ist, entsprechende Regeln im Alleingang zu setzen und durchzusetzen. Dies gilt in besonderer Weise mit Blick auf grenzübergreifende oder gar globale Probleme. Während sich die wirtschaftlichen Wertschöpfungsprozesse und Schadschöpfungseffekte globalisiert haben, sind die politischen Regelsetzungsprozesse und Sanktionsmechanismen noch weitgehend an die Nationalstaaten gebunden. Zwar gibt es globale Institutionen wie die Organisationen der Vereinten Nationen, jedoch ohne weitreichende Durchsetzungsfähigkeiten.

Angesichts derartiger Lücken in der Rahmenordnung sehen sich Unternehmen in vielen Fällen mit Nachhaltigkeitsproblemen konfrontiert, die sie nur dann systematisch lösen können, wenn sie selbst aktiv an alternativen Regelungslösungen mitarbeiten. Das Stichwort hierzu lautet *New Governance* (Wolf 2003; Pattberg 2005; Pies und Koslowski 2011). Gemeint sind damit sektorübergreifende Regelfindungsdiskurse und Regelsetzungsprozesse, bei denen nicht nur Staaten, sondern auch Unternehmen und zivilgesellschaftliche Organisationen mitwirken. Ein bekanntes Beispiel aus dem Kontext von Produktlabels bietet das Marine Stewardship Council (MSC), das 1997 auf Initiative des Unternehmens Unilever sowie des WWF gegründet wurde, um Prinzipien und Kriterien für eine nachhaltige Fischerei zu entwickeln (http://www.msc.org/).

▶   **Aufgabe:** Vergleichen Sie kritisch – jenseits der bereits im Text genannten Fälle – ein Beispiel für unternehmerisches Lobbying zugunsten der Nachhaltigkeit mit einem Beispiel unternehmerischen Lobbyings zulasten der Nachhaltigkeit.

▶   **Frage:** Worin liegen mögliche Grenzen dafür, dass ein Unternehmen seine Nachhaltigkeitsbeiträge im Alleingang leistet? Warum stellt das interessenspolitische Nachhaltigkeitsmanagement eine wichtige Erweiterung für unternehmerisches Nachhaltigkeitsengagement dar?

Fazit

Unternehmen sind Wertschöpfungsagenten für Nachhaltigkeit. In der Interaktion mit ihren Stakeholdern organisieren sie differenzierte Formen gesellschaftlicher Kooperation und tragen damit dazu bei, vielfältige wirtschaftliche, soziale und ökologische Bedürfnisse zu befriedigen. Gleichzeitig ist jede Form der Wertschöpfung jedoch auch mit unerwünschten sozialen und ökologischen Schadschöpfungseffekten verbunden. Eine zentrale Herausforderung für nachhaltiges Wirtschaften und unternehmerische Nachhaltigkeit besteht daher darin, Wertschöpfungsaktivitäten so auszurichten, dass Schadschöpfung möglichst stark vermieden werden kann, und mit dieser Schadschöpfungsvermeidung sogar neue Wertschöpfungspotenziale – das heißt Möglichkeiten für wechselseitige Besserstellungen – zu erschließen. Unternehmen und jene Entrepreneure, die mit Managementmethoden Wertschöpfungsprozesse initiieren, umsetzen und weiterentwickeln, können in diesem Sinne wesentliche Beiträge für das Anliegen der Nachhaltigkeit leisten.

Inter- und transdisziplinäre Anschlüsse

Das Nachhaltigkeitsmanagement fokussiert auf die Interdependenzen des Unternehmens mit seiner natürlichen und gesellschaftlichen Umwelt. Aus diesem Grund erfordert eine unternehmerische Nachhaltigkeitsperspektive stets den inter- und transdisziplinären Dialog mit anderen Disziplinen und Praxisakteuren. So kommt den nachhaltigkeitsorientierten Naturwissenschaften eine große Bedeutung zu, um die ökologischen Folgen von Wertschöpfungsprozessen beurteilen zu können. Die Entwicklung nachhaltiger Innovationen erfordert die Zusammenarbeit von Management-, Natur-, Ingenieur- und Geisteswissenschaften. Die sozialwissenschaftliche Forschung leistet einen wichtigen Beitrag zur Analyse der sozialen Folgen wirtschaftlichen Handelns. Für Fragen der Stakeholder-Kommunikation und Partizipation ist die Nachhaltigkeitskommunikation ein wichtiger Dialogpartner. Die Politik- und Rechtswissenschaft ist unverzichtbar für die Bearbeitung von Regulierungsfragen, interessenpolitischen Prozessen und für die Analyse gesellschaftlicher Governance. Als stark anwendungs- und handlungsorientierte Wissenschaft ist die Managementwissenschaft in vielen Themenbereichen heute schon inter- und transdisziplinär ausgerichtet. Die Bearbeitung von Nachhaltigkeitsfragestellungen fordert sie jedoch häufig, mit noch mehr Sichtweisen, Disziplinen und Praxisexperten, in intensive Interaktion zu treten (Schaltegger et al. 2013).

Zur gesellschaftlichen Einbettung von Unternehmen

Unternehmerische Beiträge zur Nachhaltigkeit sind immer eingebettet in ein gesellschaftliches Umfeld, das die Möglichkeiten für unternehmerisches Handeln systematisch beeinflusst. Diesem Umfeld kommt daher auch für das Anliegen unternehmerischer Nachhaltigkeit eine entscheidende Rolle zu. Staatliche Akteure setzen durch ihre Regulierung, Subventionen und Gesetzgebung Anreize, die unternehmerische Nachhaltigkeit sowohl fördern als auch erschweren können. Die Wissenschaft und die Universitäten legen durch ihre Aktivitäten in Forschung und Lehre die Grundlage dafür, ob Unternehmen auf nachhaltigkeitsrelevantes Wissen und gut ausgebildete Mitarbeiter aufbauen können. Die Medien spielen eine Schlüsselrolle dafür, wie Nachhaltigkeitsthemen gesellschaftlich kommuniziert und bewertet werden – und damit auch von Unternehmen aufgegriffen werden können. Zivilgesellschaftliche Organisationen können gezielten Einfluss auf Unternehmen nehmen – sei es durch negative Sanktionen wie Boykotte im Fall von Unternehmen mit schlechter Nachhaltigkeitsleistung, sei es durch positive Anreize wie *Buykotts* oder Kooperationen mit Unternehmen, die eine gute Nachhaltigkeitsperformance aufweisen. Deutlich wird, dass unternehmerische Beiträge zur Nachhaltigkeit nicht isoliert betrachtet werden können. Vielmehr bedarf es eines *Enabling Environments*, durch das gesellschaftlich auf breiter Front ein unterstützendes Umfeld für unternehmerische Beiträge zur Nachhaltigkeit geschaffen wird.

Social Entrepreneurship und weitere Anwendungen der unternehmerischen Perspektive

Das vorliegende Kapitel fokussierte auf den Beitrag von privatwirtschaftlichen, gewinnorientierten Unternehmen zur Nachhaltigkeit. Aber auch jenseits von For-Profit-Unternehmen können Entrepreneure mit unternehmerischem Handeln und Managementmethoden Wertschöpfungsprozesse für Nachhaltigkeit organisieren. Ein Stichwort hierzu lautet *Social Entrepreneurship*. Social Entrepreneure greifen gezielt gesellschaftliche Probleme auf und entwickeln alternative Geschäftsmodelle, um auf innovative Weise soziale oder ökologische Anliegen zu befördern (z. B. Mair et al. 2006; Beckmann 2011a, 2011b). Egal ob Social Entrepreneure hierfür Non-Profit-Organisationen, gemeinnützige Unternehmen oder For-Profit-Firmen gründen – stets dient in diesen Fällen das wirtschaftliche Handeln als ein Mittel, um ein gesellschaftliches Problem zu lösen. Genau wie im Fall von gewinnorientierten Unternehmen leisten Social Entrepreneure dabei Nachhaltigkeitsbeiträge, indem sie neue Formen gesellschaftlicher Wertschöpfung organisieren. Und auch unternehmerische Akteure in staatlichen oder zivilgesellschaftlichen Organisationen können als *Intrapreneure* in ihrem Organisationsumfeld bisher unausgeschöpfte gesellschaftliche Wertschöpfungspotenziale identifizieren und selbst unternehmerisch aktiv werden, um als *Change Agents* Veränderungen zu mehr Nachhaltigkeit zu bewirken. In diesem Sinne wendet sich die unternehmerische Perspektive zur Nachhaltigkeit nicht nur an zukünftige Manager in Unternehmen, sondern auch an zivilgesellschaftliche und öffentliche Führungskräfte, also an Verantwortungsträger in allen gesellschaftlichen Bereichen.

Literatur

Baumann W, Kössler W, Promberger K (2005) Betriebliche Umweltmanagementsysteme: Anforderungen – Umsetzung – Erfahrungen. Linde, Wien

Baumol WJ (1975) Business responsibility and economic behavior. In: Phelps ES (Hrsg) Altruism, morality, and economic theory. Russell Sage, New York, S 45–56

BCSD (Business Council Sustainable Development), Schmidheiny S (1992) Changing course, changing course: a global business perspective on development and the environment. MIT Press, Cambridge

Beckmann M (2010) Ordnungsverantwortung. wvb, Berlin

Beckmann M (2011a) The social case as a business case: making sense of social entrepreneurship from an ordonomic perspective. In: Pies I, Koslowski P (Hrsg) Corporate citizenship and new governance: the political role of corporations. Springer, Berlin, S 91–115

Beckmann M (2011b) Social Entrepreneurship. Neues Phänomen, altes Paradigma oder Vorbote eines Kapitalismus 2.0. In: Empter S, Hackenberg H (Hrsg) Social Entrepreneurship – Social Business: Für die Gesellschaft unternehmen. VS-Verlag, Wiesbaden, S 67–85

Beckmann M, Pies I (2007) Freiheit durch Bindung – Zur ökonomischen Logik von Verhaltenskodizes. zfbf – Z betriebswirtschaftliche Forsch 59:615–645

Belz F (2005) Nachhaltigkeits-Marketing in Theorie und Praxis. Deutscher Universitätsverlag, Wiesbaden

Belz F, Peattie K (2010) Sustainability marketing. A global perspective. Wiley, Chichester

Berle AA, Means GC (1932) The modern corporation and private property. MacMillan, New York

Brandenburger A, Nalebuff B (1998) Co-opetition. 1. A revolutionary mindset that combines competition and cooperation. 2. The game theory strategy that's changing the game of business. Doubleday, New York

Byggeth S, Hochschorner E (2006) Handling trade-offs in ecodesign tools for sustainable product development and procurement. J Clean Prod 14(15/16):1420–1430

Dyllick T, Hockerts K (2002) Beyond the business case for corporate sustainability. Bus Strateg Env 11(2):130–141

Eisenhardt KM (1989) Agency theory: an assessment and review. Acad Manag J 14(1):57–74

Endres A (2007) Umweltökonomie. Lehrbuch. Kohlhammer, Stuttgart

Epstein MJ (2008) Making sustainability work. Best practices in managing and measuring corporate social, environmental and economic impacts. Greenleaf Publishing, Sheffield

Ehnert I (2009) Sustainable human resource management: a conceptual and exploratory analysis from a paradox perspective. Physica, Heidelberg

Esty D, Winston A (2009) Green to gold: how smart companies use environmental strategy to innovate, create value, and build competitive advantage. Wiley, New York

Faust M, Scholz S (Hrsg) (2008) Nachhaltige Geldanlagen – Produkte, Strategien und Beratungskonzepte. Frankfurt School Verlag, Frankfurt

Freeman RE (1984) Strategic management. A stakeholder approach. Pitman, Boston

Friedman M (1970) The social responsibility of business is to increase its profits. New York Times Magazine, 13. September 1970, 32–33, 122–126

Fritsch M, Wein T, Ewers HJ (2007) Marktversagen und Wirtschaftspolitik: mikroökonomische Grundlagen staatlichen Handelns. Vahlen, München

Hahn T, Figge F, Pinkse J, Preuss L (2010) Trade-offs in corporate sustainability: you can't have your cake and eat it. Bus Strateg Env 19:217–229

Hansen EG, Bullinger AC, Reichwald R (2011) Sustainability innovation contests: evaluating contributions with an eco impact-innovativeness typology. Int J Innov Sustain Dev 5(2/3):221–245

Hardin G (1968) The tragedy of the commons. Science 162:1243–1248

Hart SL (2010) Capitalism at the crossroads: next generation business strategies for a post-crisis world. Prentice Hall, Upper Saddle River

Hill CWL, Jones TM (1992) Stakeholder-agency theory. J Manag Stud 29:131–154

Hockerts K, Wüstenhagen R (2010) Greening Goliaths versus emerging Davids—theorizing about the role of incumbents and new entrants in sustainable entrepreneurship. J Bus Ventur 25:481–492

Jensen MC (2002) Value maximization, stakeholder theory, and the corporate objective function. Bus Ethics Q 12(2):235–256

Leisinger KM (2003) Whistleblowing und Corporate Reputation Management. Hampp, München

Loew T (2005) CSR in der Supply Chain. Herausforderungen und Ansatzpunkte für Unternehmen. Institute 4 Sustainability, Berlin

Luhmann N (1986) Ökologische Kommunikation: Kann die moderne Gesellschaft sich auf ökologische Gefährdungen einstellen? Westdeutscher Verlag, Opladen

Mair J, Robinson J, Hockerts K (Hrsg) (2006) Social entrepreneurship. Palgrave MacMillan, Basingstoke

McCright AM, Dunlap RE (2011) The politicization of climate change and polarization in the American public's views of global warming, 2001–2010. Sociol Q 52:155–194

Meffert H, Kirchgeorg M (1998) Marktorientiertes Umweltmanagement. Schäffer-Poeschel, Stuttgart

Mentzer J (2004) Fundamentals of supply chain management: twelve drivers of competitive advantage. Sage Publication, Thousand Oaks

Mises L (1959) Artikel „Markt". In Handwörterbuch der Sozialwissenschaften, Bd 7. Fischer, Stuttgart, S 131–136

Mises L (2008) Profit and loss. von Mises Institute. The Ludwig von Mises Institute, Auburn

Müller M (2001) Normierte Umweltmanagementsysteme und deren Weiterentwicklung im Rahmen einer nachhaltigen Entwicklung unter besonderer Berücksichtigung der Öko-Audit Verordnung und der ISO 14001. Duncker & Humboldt, Berlin

Pattberg P (2005) The institutionalization of private governance: how business and nonprofit organizations agree on transnational rules. Governance 18(4):589–610

Peylo BT (2011) Integration of sustainability into modern portfolio theory. J Manag Financ Sci 4(6):85–109

Pies I (2000) Ordnungspolitik in der Demokratie. Mohr Siebeck, Tübingen

Pies I (2008) Wie bekämpft man Korruption? Lektionen der Wirtschafts- und Unternehmensethik für eine ‚Ordnungspolitik zweiter Ordnung'. wvb, Berlin

Pies I, Beckmann M (2010) Whistle-Blowing heißt nicht: „verpfeifen": Ordonomische Überlegungen zur Korruptionsprävention durch und in Unternehmen. In: lbrecht R, Knoepffler N, Kodalle KM (Hrsg) Korruption: Moralische Verdorbenheit oder Ergebnis falscher Strukturen. Kritisches Jahrbuch der Philosophie. Beiheft, Bd 9. Verlag Königshausen & Neumann, Würzburg, S 55–81

Pies I, Koslowski P (Hrsg) (2011) Corporate citizenship and new governance: The political role of corporations. Springer, Dordrecht

Pies I, Sardison M (2009) Wirtschaftsethik. In: Pies I (Hrsg) Moral als Heuristik. Ordonomische Schriften zur Wirtschaftsethik. Wissenschaftlicher Verlage Berlin, Berlin, S 145–173

Pies I, Hielscher S, Beckmann M (2009) Betriebswirtschaftslehre und Unternehmensethik – Ein ordonomischer Beitrag zum Kompetenzaufbau für Führungskräfte. Die Betriebswirtschaft (DBW) 69(3):317–332

Pies I, Beckmann M, Hielscher S (2010) Value creation, management competencies, and global corporate citizenship. J Bus Ethics 94:265–278

Porter ME, Kramer MR (2011) Creating shared value. How to reinvent capitalism – and unleash a wave of growth and innovation. Harv Bus Rev 89(1/2):62–77

Rawls J (1971/1979) Eine Theorie der Gerechtigkeit. Suhrkamp, Frankfurt

Schäfer H (2005) Corporate social responsibility rating. Techn Marktverbreit Finanzbetr 7(4):251–259

Schaltegger S (1999) Bildung und Durchsetzung von Interessen in und im Umfeld von Unternehmen. Eine politisch-ökonomische Perspektive. Die Unternehmung 53(1):3–20

Schaltegger S (2004) Nachhaltigkeitsaspekte der Markenführung. In: Bruhn M (Hrsg) Handbuch Markenführung. Gabler, Wiesbaden, S 2677–2703

Schaltegger S (2010) Unternehmerische Nachhaltigkeit als Treiber von Unternehmenserfolg und Strukturwandel. Wirtschaftspolit Blätter 57(4):495–503

Schaltegger S (2011) Sustainability as a driver for corporate economic success. Consequences for the development of sustainability management control. Soc Econ 33(1):15–28

Schaltegger S, Burritt R (2005) Corporate sustainability. In: Folmer H, Tietenberg T (Hrsg) The international yearbook of environmental and resource economics. Edward Elgar, Cheltenham, S 185–232

Schaltegger S, Figge F (1997) Umwelt und Shareholder Value. WWZ/Sarasin & Cie – Studie Nr. 54. WWZ/Sarasin & Cie, Basel

Schaltegger S, Figge F (2000) Environmental Shareholder Value. Econ Success Corp Env Manag Eco-Manag Audit 7(1):29–42

Schaltegger S, Hasenmüller P (2006) Nachhaltiges Wirtschaften aus Sicht des „Business Case of Sustainability". In: Tiemeyer E, Wilbers K (Hrsg) Berufliche Bildung für nachhaltiges Wirtschaften. Konzepte, Curricula, Methoden, Beispiele. Bertelsmann, Bielefeld, S 71–86

Schaltegger S, Sturm A (1990) Ökologische Rationalität. Die Unternehmung 4(1990):273–290

Schaltegger S, Sturm A (1992) Ökologieorientierte Entscheidungen in Unternehmen. Paul Haupt, Bern

Schaltegger S, Wagner M (2011) Sustainable entrepreneurship and sustainability innovation. Categ Interact Bus Strateg Env 20(4):222–237

Schaltegger S, Burrit R, Petersen H (2003) An Introduction to Corporate Environmental Management: Striving for Sustainability. Greenleaf Publishing, Sheffield

Schaltegger S, Herzig C, Kleiber O, Klinke T, Müller J (2007) Nachhaltigkeitsmanagement in Unternehmen. Von der Idee zur Praxis: Managementansätze zur Umsetzung von Corporate Social Responsibility und Corporate Sustainability. BMU, Econsense, Centre for Sustainability Management, Berlin

Schaltegger S, Lüdeke-Freund F, Hansen E (2012) Business cases for sustainability. The role of business model innovation for corporate sustainability. Intern J Innov Sust Dev 6(2):95–119

Schaltegger S, Beckmann M, Hansen E (2013) Transdisciplinarity in Corporate Sustainability: Mapping the Field. Bus Strateg Env (22):219–229

Scherer AG, Palazzo G, Baumann D (2006) Global rules and private actors. Toward a new role of the transnational corporation in global governance. Bus Ethics Q 16(4):505–532

Schewe G (2005) Unternehmensverfassung. Corporate Governance im Spannungsfeld von Leitung, Kontrolle und Interessenvertretung. Springer, Berlin

Schmidt-Bleek F (1998) Das MIPS-Konzept: weniger Naturverbrauch – mehr Lebensqualität durch Faktor 10. Drömer Knauer, München

Schneidewind U (1998) Die Unternehmung als strukturpolitischer Akteur. Kooperatives Schnittmengenmanagement im ökologischen Kontext. Metropolis, Marburg

Seuring S, Müller M (2008) From a literature review to a conceptual framework for sustainable supply chain management. J Clean Prod 16(15):1699–1710

Sumati R (Hrsg) (2004) Corporate social responsibility: sustainable supply chains. ICFAI Univ. Press, Nagarjuna Hills

Tischler K (1994) Umweltökonomie. Oldenbourg, München

Tracey P, Phillips N, Haugh H (2005) Beyond philanthropy: community enterprise as a basis for corporate citizenship. J Bus Ethics 58(4):327–344

Ungericht B (2005) Zwischen Konflikt und Kooperation: Neue zivilgesellschaftliche Akteure und multi-stakeholder Dialog als betriebswirtschaftliche Herausforderungen. Hampp, München

Weizsäcker EU von, Hargroves K, Smith M (2010) Faktor Fünf. Die Formel für nachhaltiges Wachstum. Droemer, München

Wolf KD (2003) Normsetzung in internationalen Institutionen unter Mitwirkung privater Akteure? In "International Environmental Governance" zwischen ILO, öffentlich-privaten Politiknetzwerken und Global Compact", Praxishandbuch UNO. Springer, Berlin, S 225–240

Zaugg RJ (2009) Nachhaltiges Personalmanagement: eine neue Perspektive und empirische Exploration des Human Ressource Management. Gabler, Wiesbaden

Kommunikation, Partizipation und digitale Medien

10

Eckhard Bollow, Helmut Faasch, Andreas Möller, Jens Newig, Gerd Michelsen und Marco Rieckmann

Nachhaltigkeitskommunikation

Gerd Michelsen und Marco Rieckmann

Bedeutung von Nachhaltigkeitskommunikation

Es mögen Fische sterben oder Menschen, das Baden in Seen oder Flüssen mag Krankheiten erzeugen, es mag kein Öl mehr aus den Pumpen kommen, und die Durchschnittstemperaturen mögen sinken oder steigen: solange darüber nicht kommuniziert wird, hat dies keine gesellschaftlichen Auswirkungen (Luhmann 1986, S. 63).

G. Michelsen (✉) · E. Bollow · H. Faasch · A. Möller · J. Newig
Fakultät Nachhaltigkeit, Leuphana Universität Lüneburg, Lüneburg, Deutschland
E-Mail: michelsen@leuphana.de

M. Rieckmann (✉)
Institut für soziale Arbeit, Bildungs- und Sportwissenschaften,
Universität Vechta, Vechta, Deutschland
E-Mail: marco.rieckmann@uni-vechte.de

E. Bollow
E-Mail: bollow@leuphana.de

H. Faasch
E- Mail: faasch@leuphana.de

A. Möller
E-Mail: moeller@leuphana.de

J. Newig
E-Mail: newig@leuphana.de

H. Heinrichs, G. Michelsen (Hrsg.), *Nachhaltigkeitswissenschaften,*
DOI 10.1007/978-3-642-25112-2_10, © Springer-Verlag Berlin Heidelberg 2014

Dieses Zitat von Niklas Luhmann verweist auf die Bedeutung von Kommunikation für die gesellschaftliche Auseinandersetzung mit Umweltfragen wie auch Fragen einer nachhaltigen Entwicklung im Allgemeinen. Denn was in einer Gesellschaft als problematisch wahrgenommen wird, hängt davon ab, wie das Wissen über einen Sachverhalt durch gesellschaftliche Akteure zugänglich gemacht und bewertet wird.

Gesichter der Nachhaltigkeit

Niklas Luhmann
- 1927-1998
- deutscher Soziologe und Gesellschaftstheoretiker
- Begründer der soziologischen Systemtheorie
- Monographie „Ökologische Kommunikation" (1986)

Niklas Luhmann

Eine nachhaltige Entwicklung ist als gesellschaftlicher *Lern-, Verständigungs- und Gestaltungsprozess* zu verstehen (Michelsen 2007; Michelsen und Godemann 2011; Stoltenberg 2007), der erst durch die Beteiligung möglichst vieler Menschen mit Ideen und Visionen gefüllt werden kann und der daher ohne gesellschaftliche Partizipation gar nicht vorstellbar ist (Heinrichs 2007b; Stoltenberg 2007). Heinrichs betont in diesem Sinne, dass es wünschenswert und notwendig sei, „weitere Bevölkerungs- und Akteurkreise stärker in konkrete gesellschaftspolitische […] Prozesse zu involvieren, um der gewachsenen sachlichen und sozialen Komplexität hoch differenzierter Gesellschaften gerecht zu werden" (Heinrichs 2007b, S. 717).

Vor diesem Hintergrund bedarf es eines gesellschaftlichen Verständigungsprozesses, der sich mit den Ursachen wie auch mit Lösungsansätzen nicht-nachhaltiger Entwicklung befasst, ein Verständigungs- und Kommunikationsprozess, der heute auch mit dem Begriff der Nachhaltigkeitskommunikation bezeichnet wird.

▶   **Aufgabe:** Positionieren Sie sich vor dem Weiterlesen selbst: Was ist Ihres Erachtens die Aufgabe von Nachhaltigkeitskommunikation?

Begriff und Verständnis

Bis vor wenigen Jahren wurde vor allem noch von *Umweltkommunikation* gesprochen. Mittlerweile ist dieser Begriff in der wissenschaftlichen Diskussion vom Begriff der *Nachhaltigkeitskommunikation* abgelöst worden, weil „sich die Erkenntnis durchgesetzt hat, dass die Kommunikation über Umweltfragen nicht mehr ohne Bezug auf das Leitbild der ‚Nachhaltigkeit' erfolgen kann und die Diskurse darum im Kontext der Auseinandersetzung mit Fragen einer nachhaltigen Entwicklung zu verorten sind" (Michelsen 2007, S. 25). Neben der Umweltkommunikation können auch *Risiko- und Wissenschaftskommunikation* als wesentliche Entwicklungslinien betrachtet werden, die am Entstehen der Nachhaltigkeitskommunikation beteiligt waren und weiterhin maßgeblich zu deren Weiterentwicklung beitragen (Adomßent und Godemann 2007, 2011). Nachhaltigkeitskommunikation

Tab. 10.1 Weiche und harte Instrumente der Umwelt-/ Nachhaltigkeitspolitik

Weiche Instrumente	Harte Instrumente
Bildung	Gesetzliche Regelungen (z. B. Verordnungen)
Förderprogramme	Grenzwerte, Verbote
Information, Aufklärung und Beratung	Ökonomische Maßnahmen
Kooperation	Sanktionen
Partizipation	Steuern, Gebühren
Selbstverpflichtungen	Zertifizierungen

integriert mithin die unterschiedlichen Perspektiven der Umwelt-, Risiko- und Wissenschaftskommunikation.

Die Diskussion um eine nachhaltige Entwicklung, die seit der Weltkonferenz für Umwelt und Entwicklung 1992 in Rio de Janeiro geführt worden ist, kann als konsequente Fortführung der Kommunikation über Umweltprobleme gesehen werden. Mit dem Begriff der Nachhaltigkeitskommunikation wird der Prozess beschrieben, „in dem es zukunftsbezogen um die Auseinandersetzung mit Argumenten, Handlungsoptionen oder Positionen zu einer gesellschaftlichen Entwicklung aus ökonomischer, ökologischer, sozialer und kultureller Perspektive geht, wobei diese Perspektiven von den Individuen in der Gesellschaft unterschiedlich wahrgenommen und interpretiert werden" (Michelsen 2007, S. 25).

Nachhaltigkeitskommunikation ist mithin ein *Prozess*, in dem es darum geht, sich mit den jeweiligen gesellschaftlichen Ansprüchen an eine nachhaltige Entwicklung auseinanderzusetzen, einen Ausgleich zwischen unterschiedlichen Interessen und Wahrnehmungen verschiedener Akteure zu finden, sich über den einzuschlagenden Weg zu verständigen, die Bevölkerung zu informieren und möglichst viele Menschen zu motivieren, sich einzubringen und an der Gestaltung der Gesellschaft im Sinne nachhaltiger Entwicklung zu beteiligen. Nachhaltigkeitskommunikation bietet einen *Verständigungsrahmen* für unterschiedliche gesellschaftliche Systeme und Akteure (Wissenschaft, Wirtschaft, Bildung, Medien etc.) (Michelsen und Godemann 2011).

Nachhaltigkeitskommunikation wird auch als ein *Steuerungsinstrument der Nachhaltigkeitspolitik* verstanden und in den Kontext der ‚weichen‘ oder ‚persuasiven‘ Instrumente eingeordnet (Michelsen 2007). Hierzu gehören vor allem Informations- und Beratungsinstrumente, die seit den 1980er-Jahren vor allem im Umweltbereich an Bedeutung gewonnen haben. Gegenüber den ordnungspolitischen und ökonomischen Instrumenten – den so genannten ‚harten‘ Instrumenten – benötigt der Einsatz von ‚weichen‘ Instrumenten keine speziellen gesetzlichen Regelungen, die meist mit einem aufwändigen politischen Abstimmungsverfahren verbunden sind (Tab. 10.1).

Der Umgang mit lebensweltlichen Problemen im Kontext einer nachhaltigen Entwicklung ist nur auf der Basis eines informierten gesellschaftlichen Gestaltens und Entscheidens möglich. Es bedarf gesellschaftlichen Handlungsvermögens und Wissens. Dabei geht es sowohl um ein Wissen im Sinne von Verstehen des Sachverhalts (*Systemwissen*), Wissen zur Bestimmung von Gestaltungs- und Entscheidungsspielräumen (*Orientierungswissen*), als auch Wissen über Mittel und Wege, diese praktisch nutzen zu können (*Transforma-*

tionswissen) (Jahn und Schramm 2006). Nachhaltigkeitskommunikation trägt dazu bei, dass möglichst viele Menschen Zugang zu diesem Wissen bekommen bzw. an Wissensaustausch und -produktion beteiligt werden können. Zudem möchte sie einen Perspektivenwechsel, eine neue Wahrnehmungsweise ermöglichen, dabei auch provozieren und vor allem Neues initiieren. Es sollen Möglichkeitsräume geschaffen und aufgezeigt werden, dass eine nachhaltige Entwicklung machbar ist.

Als *Felder der Nachhaltigkeitskommunikation* werden u. a. Naturschutz, Konsum, Verkehr und Energie, Unternehmen, Kommunen und der Bildungsbereich unterschieden (Michelsen und Godemann 2007; Godemann und Michelsen 2011). Die Verständigung über eine nachhaltige Entwicklung findet dabei auf unterschiedlichen Ebenen und in verschiedenen Kontexten statt: zwischen Individuen; zwischen Individuen und Institutionen; zwischen Institutionen und innerhalb von Institutionen; in Schulen und Hochschulen; in den Medien; in der Politik; in der Wirtschaft; in den Kommunen; regional, national und international (Michelsen 2007).

▶ **Aufgabe:** Überlegen Sie, in welchen Kontexten Ihnen Nachhaltigkeitskommunikation bereits begegnet ist!

Theoretische Zugänge

Wenn es um die theoretische Rahmung von Nachhaltigkeitskommunikation geht, sind unterschiedliche wissenschaftliche Disziplinen mit ihren verschiedenen theoretischen Grundlagen und Erkenntnissen heranzuziehen, weil eine Disziplin allein den komplexen Herausforderungen der Nachhaltigkeitskommunikation nicht gerecht werden kann. Theoretisch bezieht sich die Nachhaltigkeitskommunikation neben anderen auf die Systemtheorie bzw. die Erkenntnistheorie des Konstruktivismus, auf kommunikations- und medientheoretische Ansätze, auf psychologische Ausführungen sowie soziologische Grundlagen. Für die Nachhaltigkeitskommunikation wurde bislang noch kein eigener theoretischer Rahmen erarbeitet, der es erlaubt, von einer Nachhaltigkeitskommunikations-Theorie zu sprechen.

Kommunikation ist grundsätzlich zu verstehen als symbolisch vermittelte Handlung. Menschen konstruieren ihre Wirklichkeit auf der Grundlage von Wahrnehmungen und Erfahrungen. Dieser These liegen grundlegende Bezugspunkte soziologischen Denkens zugrunde: die Überlegungen von Mead (1934) zur symbolisch-interaktionalen Entstehung von Werten sowie Berger und Luckmanns (1966) Theorie der sozialen Konstruktion von Wirklichkeit. Luhmann ist in seinem Buch „Ökologische Kommunikation" (1986) der Frage nachgegangen, welche Möglichkeiten eine Gesellschaft hat, „über ökologische Gefährdungen zu kommunizieren" (1986, S. 62). Sein *systemtheoretischer Ansatz* verdeutlicht sehr anschaulich den Stellenwert von Kommunikation (vgl. das Zitat von Luhmann zu Beginn dieses Kapitels). Dabei geht es Luhmann nicht um vermeintlich objektive Tatsachen von Umweltgefährdungen wie Klimawandel oder Artenverlust, die er nicht bestreitet, sondern um deren gesellschaftliche Resonanz und damit verbundene Auswirkungen. Zusammengeführt ist festzuhalten, dass menschliches Verhalten, gesellschaftliche Werte und Einstellungen in Bezug auf die (Um-)Welt immer durch Kommunikation vermittelt sind.

Nachhaltigkeitskommunikation wird stark von den *(Massen-)Medien* beeinflusst. Die Medien- und Kommunikationsforschung beschäftigt sich mit Fragen der Produktion, mit den Inhalten und mit den sozialen und politischen Implikationen von Berichterstattung über Nachhaltigkeit. Sie hilft zu verstehen, wie und warum Nachhaltigkeitsthemen die Aufmerksamkeit der Öffentlichkeit erregen. Verschiedene Untersuchungen zur medialisierten Kommunikation über Nachhaltigkeitsfragen zeigen, wie sich die Berichterstattung in den vergangenen Jahrzehnten verändert hat. Waren zunächst massive Umweltverschmutzungen (z. B. die Chemiekatastrophe in Seveso 1976, die Rheinverseuchung 1986) in den Medien repräsentiert, richtete sich der Fokus später auf die Auseinandersetzung um die Atomenergie, das Waldsterben und das Ozonloch. Seit den 1990er-Jahren dominieren die Themen Globale Erwärmung und Klimawandel (Hansen 2011). Durch die Nuklearkatastrophe in Fukushima (2011) hat die Auseinandersetzung mit Atomenergie und der Frage einer zukunftsfähigen Energieversorgung erneut an Bedeutung gewonnen.

Der Diskurs über Nachhaltigkeit ist durch einige Besonderheiten gekennzeichnet (Ziemann 2007):

- die Reflexivität hinsichtlich der Problemlagen und des Umgangs mit ihnen;
- die Etablierung von Nachhaltigkeit als gesellschaftlicher Eigenwert und damit verbunden Akzeptanzbildung, wobei unterschiedliche Interpretationen von Nachhaltigkeit aufeinanderprallen können;
- die Normalisierungstendenz mit der Folge, dass bei zunehmender Thematisierung von Nachhaltigkeit immer weniger Aufmerksamkeit und Verständigungsdruck entsteht;
- die Medialisierung, mit der versucht wird, der Normalisierungstendenz im Nachhaltigkeitsdiskurs durch eine Kopplung an die Medien zu begegnen.

Diese Besonderheiten wirken auf Prozesse der Nachhaltigkeitskommunikation zurück und sind bei der Gestaltung dieser Prozesse zu berücksichtigen. Zunehmende Bedeutung erfahren soziale Netzwerke, die aus Akteuren (Individuen oder Organisationen) sowie deren Verknüpfungen bestehen, in denen insbesondere medienvermittelte Kommunikationsformen (z. B. Web 2.0) eine Rolle spielen und in denen soziale Interaktionsprozesse stattfinden (De Witt 2007).

Einen anderen theoretischen Zugang eröffnet die *konstruktivistische Perspektive*. Der Konstruktivismus bietet als Wahrnehmungs- und Erkenntnistheorie ein mögliches Erklärungsmuster für die Schwierigkeit, Menschen neue Einsichten und Kenntnisse zu vermitteln. Aus konstruktivistischer Perspektive ist Lernen ein eigensinniger, selbstgesteuerter Vorgang. Sie stützt sich auf wissenschaftliche Erkenntnisse, die darauf schließen lassen, dass nicht gelernt wird, was gelehrt wird, sondern dass Menschen ihre Wirklichkeit auf der Grundlage vorhandener Erfahrungen selbst konstruieren und sich selbst einen Begriff von den Dingen machen. Allerdings müssen neues Wissen und neue Erfahrungen passen, sprich anschlussfähig an vorhandene Erkenntnisse und Einsichten sein. Damit macht dieser Ansatz auf den Wert der jeweiligen Lebenserfahrungen auf die kulturell und lebensgeschichtlich unterschiedlichen Sichtweisen aufmerksam (Siebert 2008, 2011; Roth 2001).

Der Umgang mit *Komplexität und Offenheit* ist bei der Auseinandersetzung um Nachhaltigkeit und deren zugrunde liegendem Konzept ein zentraler Aspekt. Es ist zu fragen, wie komplexe Sachverhalte so aufgeschlüsselt werden können, dass die Wahrnehmung und Analyse von Problemen auch für den Einzelnen relevant werden. Konstruktivistisch betrachtet reduziert die/der Einzelne die Komplexität von Sachverhalten Schritt für Schritt so, dass sie/er neue Sachverhalte in ihr/sein Vorwissen integrieren kann. Dabei ist ein ausgewogenes Maß zwischen zu hoher und zu geringer Komplexität zu finden. Auf Handeln bezogen bedeutet dies: Wollen wir uns kritisch mit der Realität auseinandersetzen, sind wir vor allem darauf angewiesen, die Perspektivität unserer Wahrnehmung und die anderer erkennen und reflektieren zu können. Ähnlich verhält es sich mit dem Aspekt von Offenheit. Es gibt keine Sicherheit im Handeln. Diese Unsicherheit erhöht sich im Kontext nachhaltiger Entwicklung und setzt ein reflektierendes Risikobewusstsein wie auch die Fähigkeit zur Risikoabwägung und Urteilsvorsicht voraus (Renn et al. 2007).

Die Auseinandersetzung mit dem Thema Nachhaltigkeit schließt indirekt oder direkt eine Beschäftigung mit *Risiken* ein wie z. B. mit Risiken des Klimawandels, der Atomenergienutzung oder des Artensterbens. Wer eine Botschaft oder Informationen vermitteln will, ist zunächst einmal gut beraten, sich ein Bild von den Wahrnehmungsweisen seiner Kommunikationspartner zu machen. Die Risikoforschung zeigt, dass der Umgang mit Risiken und die Einschätzung von Risiken kein Feld ist, in dem Rationalität eine zentrale Rolle spielt (WBGU 1998). Die international vergleichende Risikoforschung stellt starke Differenzen in der Risikowahrnehmung fest. Es ist offenbar die Gesellschaft, in der man lebt, die festlegt, welche Risiken man wahrnimmt und fürchtet. Man spricht auch von der Kulturrelativität von Risiken, wobei diese sich auch auf unterschiedliche Lebensstilgruppen und Milieus innerhalb einer Gesellschaft bezieht, da unterschiedliche soziale Organisationsformen und Lebensweisen unter anderem mit unterschiedlichen Deutungen, Naturbildern, Gefahrenwahrnehmungen verbunden sind. Vergleichende Untersuchungen zur Risikowahrnehmung haben hierzu eine Fülle von Belegen zusammengetragen (u. a. Wildavsky 1993). Wenn also die Rede davon ist, dass die Risikowahrnehmung kulturell geprägt ist, so ist damit nicht nur gemeint, dass diese in unterschiedlichen Kulturkreisen verschieden ist, sondern dass auch in jedem Land das soziale Milieu, in dem man sich bewegt, die Wahrnehmung formt. Damit hängt zugleich die Bedeutung zusammen, die einem Risiko beigemessen wird (Adomßent und Godemann 2007, 2011).

Aus der Perspektive der Soziologie spielt die Frage nach der Ausdifferenzierung und Aktualisierung der *Lebensstile* im Kontext der Nachhaltigkeitskommunikation eine wichtige Rolle. Ohne auf den sozialwissenschaftlichen Milieu- bzw. Lebensstilansatz und den daraus resultierenden Konsequenzen für die ‚Vermarktung' der Idee der Nachhaltigkeit im Detail einzugehen, bleibt festzustellen, dass es wenig aussichtsreich ist, nach einem generalisierbaren Kommunikationskonzept zur Verankerung der Idee der Nachhaltigkeit zu suchen. Das Konstrukt ‚Lebensstile' macht darauf aufmerksam, dass sich angesichts zunehmender Individualisierung, der Ausdifferenzierung von ökonomischen Lagen und Bildungsverläufen, angesichts unterschiedlicher Nutzung von Mobilität etc. eine Vielfalt von Lebensstilen herausgebildet hat. In Lebensstilen verbinden sich Ressourcennutzung, Verhaltensweisen, Wertorientierungen zu Mustern der Lebensführung. Die Herausbildung verschiedener Lebensstile wird als Antwort auf die Individualisierung der Gesellschaft gesehen, wie der Soziologe Ulrich Beck (1986, 2007) in verschiedenen Publikationen festgestellt hat. Lebensstile sind keine emanzipatorischen Lebensentwürfe, sondern Typen von

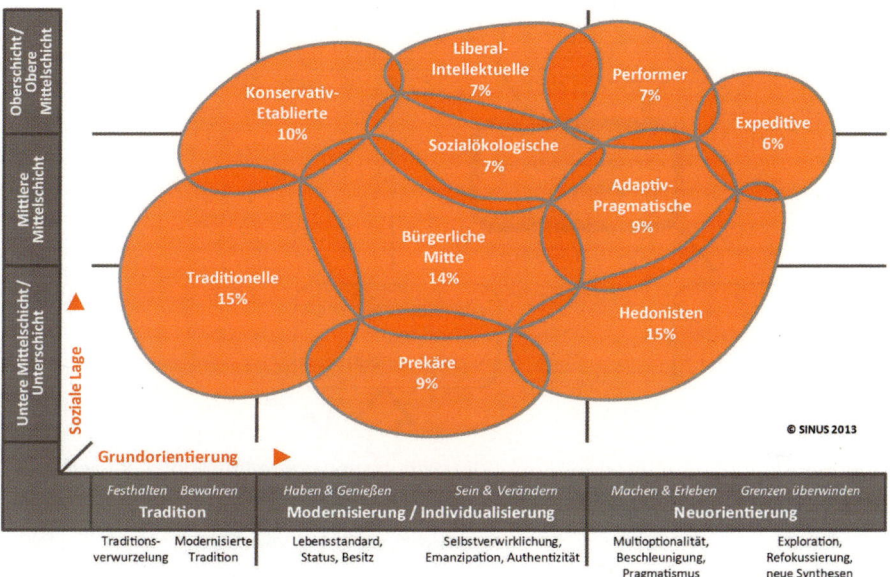

Die Sinus-Milieus® in Deutschland 2013
Soziale Lage und Grundorientierung

Abb. 10.1   Sinus-Milieus 2013 (Sinus-Institut 2013)

Lebensmustern, die sich heute insbesondere durch die Art der Konsumorientierung unterscheiden. Wenn Nachhaltigkeitskommunikation mit der Änderung von individuellen Einstellungen und Verhaltensweisen verbunden wird, bekommen die verschiedenen Lebensstiltypen eine besondere Bedeutung (Lange 2007; Kleinhückelkotten 2005).

> **Die Sinus-Milieus**
>
> Die Sinus-Milieus verbinden demografische Eigenschaften wie Bildung, Beruf oder Einkommen mit den realen Lebenswelten der Menschen, d.h. mit ihrer Alltagswelt, ihren unterschiedlichen Lebensauffassungen und Lebensweisen. Das Modell hinter den Sinus-Milieus gruppiert Menschen nach ihren Lebensauffassungen und Lebensweisen. Die Sinus-Milieus sind als wissenschaftlich fundiertes Modell etabliert. Sie werden kontinuierlich durch Begleitforschung und Beobachtung soziokultureller Trends aktuell gehalten (Abb. 10.1).

Kommunikation über nachhaltige Entwicklung hat auch mit der Auseinandersetzung mit Wissen und Wissensbeständen zu tun. Die Betonung der Sinnhaftigkeit des Konzeptes der Nachhaltigkeit allein reicht jedoch nicht aus, um entsprechendes Verhalten bei der Bevölkerung zu mobilisieren. Die *Umweltpsychologie* weist darauf hin, dass der Kontext des Wissenserwerbs über die Handlungsrelevanz des Wissens mitentscheidet. Wissen muss einen

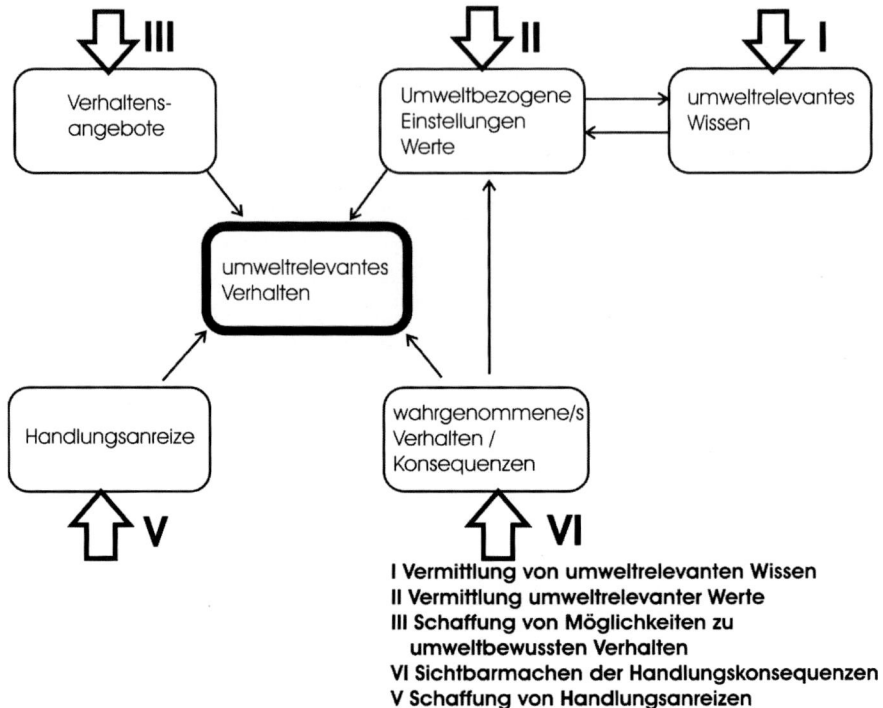

Abb. 10.2 Fietkau-Kessel-Modell (Fietkau/Kessel 1981 in Matthies 2005)

Gebrauchswert haben, daher werden zum Verständnis von Nachhaltigkeit verschiedene Formen von Wissen relevant. Diverse Untersuchungen der letzten Jahrzehnte haben dabei gezeigt, dass eine Kluft zwischen Einstellungen und Verhalten vorliegt, dass also ein hohes Umweltbewusstsein häufig nicht in einem tatsächlich umweltverträglichen Verhalten resultiert (Kruse 2007, 2011). Das in der Umweltpsychologie weit verbreitete Fietkau-Kessel-Modell (1981) macht darauf aufmerksam, dass neben Wissen und Einstellungen auch Verhaltensangebote, Handlungsanreize und wahrgenommene Konsequenzen von Bedeutung für die Förderung umweltverträglichen Verhaltens sind (Matthies 2005) (Abb. 10.2).

Matthies hat das Fietkau-Kessel-Modell auf der Grundlage neuerer Studien weiterentwickelt und erweitert (Abb. 10.3).

▶ **Aufgabe:** Überlegen Sie anhand eines konkreten Aktions-/Themenfeldes, wie die unterschiedlichen theoretischen Zugänge für die praktische Nachhaltigkeitskommunikation nutzbar gemacht werden können.

Methodische Umsetzung

Ein theoretischer Rahmen für Nachhaltigkeitskommunikation ist notwendig, um die Möglichkeiten und Bedingungen von Prozessen der Kommunikation über Nachhaltigkeit und dahinterstehende Konzepte verstehen, ihre Defizite erkennen und analysieren sowie

| **Normaktivation** | **Motivation** | **Evaluation** | **Aktion** |

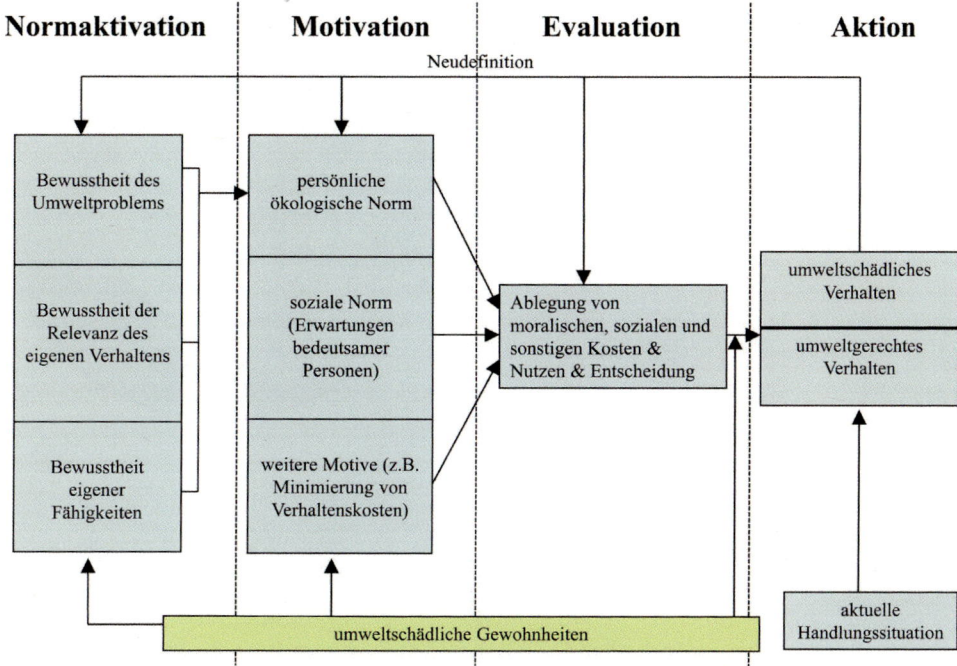

Abb. 10.3 Integratives Einflussschema umweltgerechten Alltagshandelns (Matthies 2005)

konzeptionelle Überlegungen anstellen zu können, die eine erfolgreiche Kommunikation über Nachhaltigkeit ermöglichen. Um allerdings den Prozess der Kommunikation über Nachhaltigkeit zu organisieren, zu gestalten oder zu beeinflussen, werden entsprechende Methoden und Instrumente benötigt. Hierzu gehören u. a. Social Marketing, Empowerment, Instrumente der Partizipation und Planung oder auch Bildung (hierzu auch Michelsen und Godemann 2007; Godemann und Michelsen 2011).

Social Marketing ist ein wichtiger Ansatz der Nachhaltigkeitskommunikation, mit dem ein Prozess der freiwilligen, individuellen Verhaltensänderung bezüglich gesellschaftlicher Anliegen wie Energiesparen oder Naturschutz mit denselben Prinzipien wie der Absatz von Gütern und Dienstleistungen unterstützt werden kann (Kotler und Lee 2008). Der Ansatz des Social Marketing liefert eine Strategie, mit der die Effizienz von Nachhaltigkeitskommunikation gesteigert werden kann, wobei die diesem Ansatz implizierte Marketingorientierung davon ausgeht, dass sich das Kommunikationskonzept an den Bedürfnissen und Zielgruppen und damit auch an den Lebensstilen der Menschen orientiert (Hübner 2007) (Abb. 10.4). Die Mund-zu-Mund-Kommunikation ist zentrales Element der *viralen Kommunikation*, die vor allem als Online-Kommunikation stattfindet und bei Netzwerken eine besondere Rolle spielt (Heuser und Spoun 2009).

Ein anderer Ausgangspunkt der Nachhaltigkeitskommunikation ist die *Empowerment-Strategie*, die darauf abzielt, die Menschen zu ermächtigen und zu befähigen, sich aktiv in die Gestaltung ihrer Lebensbedingungen einzumischen (Seitz 2007). Es geht dabei um ein institutionelles wie auch um ein individuelles Ausmaß von Empowerment (u. a. Wil-

Abb. 10.4 Marketing-Zyklus
(Novelli 1987 in Hübner 2007)

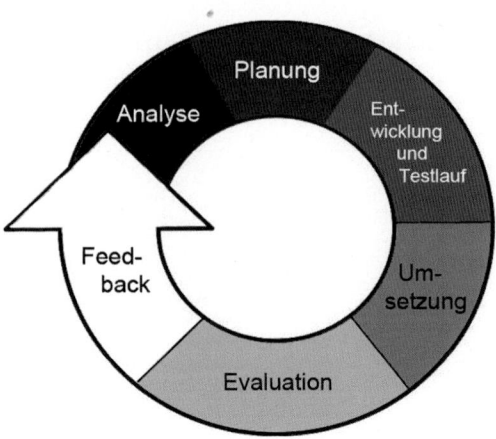

kinson 1998). Über Kommunikations- und Partizipations-, aber auch durch Lernprozesse sollen die Zivilgesellschaft gestärkt, das bürgerliche Engagement gefördert und politische Bildungsprozesse unterstützt werden, die es dem Individuum ermöglichen, aktiv an der Gestaltung einer nachhaltigen Gesellschaft mitzuwirken. Eine zentrale Rolle spielt dabei die Erschließung von individueller Gestaltungskompetenz und das Eröffnen von Teilhabe- und Mitgestaltungsmöglichkeiten. Hierzu sind entsprechende Räume zu schaffen und Chancen zu eröffnen, die die Fähigkeiten der Menschen stärken, den Wandlungsprozess im Sinne einer nachhaltigen Entwicklung mitzugestalten sowie reflexiv mit den Unsicherheiten und Unwägbarkeiten, den unterschiedlichen Rationalitäten, aber auch den Nebenfolgen des eigenen Handelns umzugehen, die mit einem solchen Engagement verbunden sind. Dabei kann der Einsatz unterschiedlicher kommunikativer *Planungs- und Partizipationsinstrumente* eine Rolle spielen, die von der Zukunftswerkstatt und Zukunftskonferenz über runde Tische und Mediation bis hin zur Anwaltsplanung oder eParticipation umfassen können (Heinrichs 2007b).

In den weiteren Kontext von Nachhaltigkeitskommunikation sind auch Bildungsprozesse einzubeziehen, wobei *Bildung* mittel- und langfristig vor allem die Aufgabe hat, den Erwerb von Grundlagenwissen und die Entwicklung von Kompetenzen zu fördern, die zur aktiven Gestaltung eines nachhaltigen, zukunftsfähigen Lebens und Wirtschaftens sowie zur Partizipation und zum Handeln befähigen. Ziel einer Bildung für nachhaltige Entwicklung (BNE) ist, Voraussetzungen für selbstbestimmtes und autonomes Handeln zu fördern und nicht bloße Verhaltensänderungen zu trainieren. BNE soll die kreativen Potentiale des Einzelnen, seine Kommunikations- und Kooperationsfähigkeit sowie Problemlösungs- und Handlungsfähigkeit entwickeln und fördern. Es sollen Lernprozesse angestoßen werden, die im persönlichen und beruflichen Leben das Bewusstsein für ökologisch Vertretbares, ökonomisch Realisierbares und sozial Verträgliches schärfen sowic entsprechende Verhaltensweisen ermöglichen. BNE kann im Rahmen formaler, non-formaler wie auch informeller Bildung erfolgen (De Haan et al. 2008).

▶   **Aufgabe:** Recherchieren Sie Beispiele der Nachhaltigkeitskommunikation, in
      denen die genannten Methoden zur Anwendung kommen.

Forschung zur Nachhaltigkeitskommunikation

Es lassen sich im Bereich der Nachhaltigkeitskommunikation verschiedene *Forschungsfel-
der* unterscheiden. So geht es u. a. um die empirische Untersuchung von Umweltbewusstsein oder entwicklungspolitischem Bewusstsein, Jugendstudien, Lernforschung, Informa-
tionsverhalten zu Nachhaltigkeit und Nachhaltigkeitskommunikation in den Medien oder
Unternehmen (Michelsen und Godemann 2007).

An dieser Stelle soll beispielhaft auf die *Umweltbewusstseinsforschung* eingegangen werden. Alle zwei Jahre veröffentlichen das Bundesministerium für Umwelt, Naturschutz und
Reaktorsicherheit (BMU) und das Umweltbundesamt (UBA) die sogenannte Umweltbe-
wusstseinsstudie. Diese Repräsentativstudie gibt es seit Anfang der 1990er-Jahre; die letzte
Erhebung hat im März/April 2010 stattgefunden (n=2008). Die Studie beinhaltet immer
langfristige gleichbleibende Trendfragen sowie jeweils wechselnde inhaltliche Schwerpunkte. Alle Studien werden unter http://www.umweltbundesamt.de/umweltbewusstsein
veröffentlicht, und die Rohdaten stehen beim Zentralarchiv für empirische Sozialforschung in Köln für Sekundäranalysen zur Verfügung.

Die Studien der letzten Jahre haben gezeigt, dass zunächst der Begriff der nachhaltigen
Entwicklung in der Bevölkerung kaum bekannt war. „Die Bekanntheit des Leitbildes als
solchem lag in 2000 bei nur 13 %, vier Jahre später kannten dann schon 22 % das Konzept.
2010 ist der Bekanntheitsgrad auf 43 % gestiegen – was mehr als einer Verdreifachung in
10 Jahren entspricht" (BMU und UBA 2010, S. 40). Dabei sind es insbesondere die gesellschaftlichen Leitmilieus, die den Begriff der nachhaltigen Entwicklung kennen. Hier
spiegelt sich auch der starke Zusammenhang zwischen dem Bekanntheitsgrad und dem
Bildungsgrad der Befragten (d. h. je höher der Bildungsgrad, desto bekannter ist der Begriff der Nachhaltigkeit) wider, der sich seit einigen Jahren in den Umweltbewusstseins-
studien zeigt.

Die Studie zum Umweltbewusstsein 2010 zeigt u. a., dass es weiterhin eine hohe politische Priorität für den Umweltschutz gibt, mehr Engagement der Bundesregierung im Umweltschutz gefordert wird und dass es ein hohes Problembewusstsein für die Risiken des
Klimawandels gibt, wobei ein besonderes Engagement der Industrieländer beim Klimaschutz eingefordert wird und hohe Erwartungen an Wissenschaft, Technik und Politik beim
Klimaschutz bestehen (BMU und UBA 2010). Weiterhin machen die Ergebnisse deutlich,
dass es eine breite gesellschaftliche Zustimmung zum Ausstieg aus der Atomenergie und
ein hohes Bewusstsein für die Bedeutung der biologischen Vielfalt gibt und dass eine hohe
Sensibilität für die soziale Gerechtigkeit von Umweltschutzmaßnahmen besteht (ebd.).

Die Grundprinzipien der Nachhaltigkeit wie Gerechtigkeit, Fairer Handel zwischen armen und reichen Ländern oder der sorgfältige Umgang mit den natürlichen Ressourcen
stoßen allgemein auf sehr hohe Zustimmung in der Bevölkerung. Daher kann vermutet

Abb. 10.5 Logo der
Nordlicht-Kampagne

werden, dass in der Gesellschaft ein guter Resonanzboden für eine am Konzept der nachhaltigen Entwicklung orientierte Politik vorhanden ist. Dass in einigen Bevölkerungsteilen
der Begriff der Nachhaltigkeit an sich aber immer noch nicht gut bekannt ist, zeigt allerdings, dass die Kommunikation dieser Begrifflichkeit nicht ganz einfach ist (Grunenberg
und Kuckartz 2007).

> **Aufgabe:** Was würden Sie gerne erforschen? Überlegen Sie sich eine Frages-
> tellung und eine methodische Herangehensweise für eine empirische Untersu-
> chung im Bereich der Nachhaltigkeitskommunikation!

Beispiele von Nachhaltigkeitskommunikation

Es gibt eine nahezu unüberschaubare Vielzahl von Aktivitäten der Nachhaltigkeitskommunikation. So kann man z. B. an Beiträge im Radio oder Fernsehen, Nachhaltigkeitsberichte von Unternehmen, Aktivitäten einer Bildung für eine nachhaltige Entwicklung in
Schule, Kindergarten oder im Museum, Broschüren von Behörden oder auch an Kampagnen von Umweltverbänden denken (Michelsen und Godemann 2007).

Im Folgenden werden zwei *Kampagnen* beispielhaft kurz vorgestellt:

Nordlicht-Kampagne (http://www.nordlicht.uni-kiel.de) *(Abb. 10.5)* Die Nordlicht-Kampagne wird seit dem 1. Oktober 1991 in Schleswig-Holstein durchgeführt. Durch die breit
angelegte Kampagne, die von verschiedenen Gruppen und MultiplikatorInnen mitgetra-
gen wird, werden einfach und kostengünstig umsetzbare Schritte zum Strom- und Wassersparen bekannt gemacht. Die Bevölkerung wird landesweit über Handzettel, Presseartikel,
Rundfunk- und TV-Meldungen dazu aufgefordert, durch die Installation von Geräten zur
Effizienzsteigerung wie Energiesparlampen, Durchflussbegrenzer und Toiletten-Spül-
kästen mit Spartaste oder Wasserstop einen Beitrag zum Energie- und Wassersparen und
damit zum Umweltschutz zu leisten. Darüber hinaus wird auf Energiesparmöglichkeiten
durch den Ersatz von Altgeräten durch den Erwerb energieeffizienter Neugeräte hingewiesen. Eine Besonderheit ist, dass die Kampagne auf dem Konzept des „Partizipativen
Sozialen Marketing" (Prose 2010) basiert. Dies bedeutet, dass möglichst viele Personen
zum Mitmachen motiviert und damit zu den eigentlichen TrägerInnen und MultiplikatorInnen der Kampagne werden sollen.

Kampagne für saubere Kleidung (http://www.cleanclothes.org) *(Abb. 10.6)* Die Kampagne für saubere Kleidung widmet sich der Verbesserung der Arbeitsbedingungen und der

Abb. 10.6 Logo der Clean
Clothes-Kampagne

**Clean
Clothes
Campaign**

Stärkung der Rolle der ArbeitnehmerInnen in der globalen (Sport-)Bekleidungsindustrie.
Seit 1989 arbeitet die Kampagne daran sicherzustellen, dass die Grundrechte der Arbeit-
nehmerInnen eingehalten werden. Sie bildet und mobilisiert VerbraucherInnen, nimmt
Einfluss auf Unternehmen und Regierungen und bietet direkte Unterstützung für ArbeitnehmerInnen, die für ihre Rechte kämpfen und bessere Arbeitsbedingungen fordern. Die
Kampagne für saubere Kleidung ist ein Zusammenschluss von Organisationen in 15 europäischen Ländern. Zu den Mitgliedern zählen Gewerkschaften und NGOs, die ein breites
Spektrum von Perspektiven und Interessen abdecken, wie die Rechte der Frauen, Verbraucherschutz und Armutsbekämpfung. Zudem besteht ein Partner-Netzwerk von mehr
als 200 Organisationen und Gewerkschaften in Bekleidung produzierenden Ländern, um
lokale Probleme und Ziele zu identifizieren und die Kampagne dabei zu unterstützen, Strategien zu entwickeln, die dazu dienen, ArbeitnehmerInnen bei der Erreichung ihrer Ziele
zu unterstützen. Die Kampagne kooperiert intensiv mit ähnlichen Kampagnen in den Vereinigten Staaten, Kanada und Australien.

▶   **Aufgabe:** Die gute Resonanz des Themas „Klimawandel" hat in den letzten
     Jahren zu einer Vielzahl von größeren und kleineren Klimaschutzkampagnen
     geführt. Recherchieren Sie im In- und Ausland und wählen Sie eine Klimaschutz-
     kampagne aus. Reflektieren Sie vor dem Hintergrund der Ausführungen zu the-
     oretischen und methodischen Ansätzen der Nachhaltigkeitskommunikation in
     diesem Kapitel die gewählte Kampagne kritisch. Wie ließe sich die Kampagne
     optimieren?

Partizipation

Jens Newig

Entscheidungsfindung und Partizipation

Traditionelle Formen kollektiver Entscheidungsfindung für komplexe Umwelt- und Nachhaltigkeitsprobleme werden zunehmend in Frage gestellt (Fiorino 2000; Renn 2008).
Gegenüber repräsentativ-demokratischen, hoheitlich-administrativen Verfahren werden

verstärkt partizipative, kooperative und netzwerkförmige Governance-Modi unter Einbezug der Zivilgesellschaft ins Spiel gebracht und auch institutionalisiert (Bulkeley und Mol 2003; Weidner 2004). Dies gilt zumindest für demokratische Industriestaaten der „westlichen" Welt, zunehmend aber auch in Schwellenländern wie Brasilien (Fung und Wright 2001) sowie seit kurzem gar in traditionell stark autoritär geprägten Staaten wie etwa China (Lan et al. 2006).

Ein Hauptmotiv für diese Entwicklung liegt in der gewachsenen Komplexität moderner Umwelt- und Nachhaltigkeitsprobleme begründet, der man mit flexibleren, anpassungsfähigeren Formen gesellschaftlicher Entscheidungsfindung begegnen möchte, die zugleich derartige Entscheidungen auf eine breitere gesellschaftliche Basis stellen. Die gesellschaftliche Bearbeitung von Umwelt- und Nachhaltigkeitsthemen ist typischerweise mit komplexen und unsicheren sozial-ökologischen Systemdynamiken, einem fehlenden Wissen über Steuerungswirkungen sowie mit gesellschaftlichen Werte- und Verteilungskonflikten konfrontiert (Voß et al. 2008). Die neuen Governance-Modi sind von zwei Aspekten geprägt, die diesen Herausforderungen begegnen. Einerseits ermöglichen sie unterschiedliche Formen individuellen und kollektiven Lernens und somit einen differenzierteren Umgang mit Komplexität und Unsicherheit als traditionelle Governance-Modi der hoheitlichen politisch-administrativen Entscheidungsstrukturen. Andererseits entsprechen sie der Logik der Proceduralisierung. Das heißt, anstelle einer Definition erwünschter Umweltzustände wird auf die Definition von Verfahren gezielt, die in der Lage sein sollen, (langfristig) erwünschte Zustände zu definieren und zu fördern. Zugleich sollen Hierarchien durch eine größere Vielfalt von Entscheidungszentren angesichts einer gestiegenen Komplexität von Problemlagen ersetzt oder ergänzt werden, so dass diese Governanceformen flexibler auf die veränderlichen Wechselwirkungen moderner Gesellschaften und ihrer Umwelt reagieren können (Ostrom et al. 1961; Minsch et al. 1998).

Während die ideologische Basis für neue gesellschaftliche Problemverarbeitungsformen einen hohen Reifegrad aufweist, liegen für ihre tatsächliche Leistungsfähigkeit kaum gesicherte Erkenntnisse vor (Koontz und Thomas 2006; Newig und Fritsch 2009b; Rogers und Weber 2010). Zu widersprüchlich und punktuell sind die bisherigen empirischen Forschungen, zu heterogen aber auch die konzeptionell-begriffliche Landschaft.

Institutionalisierung von Partizipation

Partizipation an umwelt- und nachhaltigkeitsbezogenen Entscheidungen wird zunehmend rechtlich institutionalisiert. Bereits die Abschlusserklärung der UN-Konferenz über Umwelt und Entwicklung in Rio de Janeiro 1992 („Rio-Deklaration") fordert in ihrem Prinzip 10, dass „Umweltschutzprobleme […] am besten unter Beteiligung der betroffenen Bürger – auf der jeweiligen Ebene – zu lösen" sind.

Die **Rio-Deklaration über Umwelt und Entwicklung** wurde 1992 auf der Konferenz für Umwelt und Entwicklung in Rio de Janeiro verabschiedet. Sie enthält 27 Grundsätze.

Grundsatz 10 lautet: Umweltfragen sind am besten auf entsprechender Ebene unter Beteiligung aller betroffenen Bürger zu behandeln. Auf nationaler Ebene erhält jeder Einzelne angemessenen Zugang zu den im Besitz öffentlicher Stellen befindlichen Informationen über die Umwelt, einschließlich Informationen über Gefahrstoffe und gefährliche Tätigkeiten in ihren Gemeinden, sowie die Gelegenheit zur Teilhabe an Entscheidungsprozessen. Die Staaten erleichtern und fördern die öffentliche Bewusstseinsbildung und die Beteiligung der Öffentlichkeit, indem sie Informationen in großem Umfang verfügbar machen. Wirksamer Zugang zu Gerichts- und Verwaltungsverfahren, so auch zu Abhilfe und Wiedergutmachung, wird gewährt.

Dieser internationale Partizipationsdiskurs wurde auf europäischer Ebene aufgenommen und 1998 in einem Abkommen der UN-Wirtschaftskommission für Europa (UNECE), danach auch in Richtlinien der Europäischen Union institutionalisiert. So wurde das UNECE-Aarhus-Übereinkommen „über den Zugang zu Informationen, die Öffentlichkeitsbeteiligung an Entscheidungsverfahren und den Zugang zu Gerichten in Umweltangelegenheiten" von 1998 in der EU durch die Öffentlichkeitsbeteiligungsrichtlinie 2003/35/EG implementiert. Von den im Aarhus-Übereinkommen genannten drei Aspekten kommt die größte Aufmerksamkeit der Öffentlichkeitsbeteiligung an *Entscheidungsverfahren* zu. Damit ist die Mitwirkung nicht-staatlicher Akteure an öffentlichen Planungs- und Verwaltungsverfahren in Umweltangelegenheit gemeint.

Im Geiste des Aarhus-Übereinkommens wurden drei weitere EU-Richtlinien erlassen, die explizit die Beteiligung der Öffentlichkeit an umweltbezogenen Entscheidungen festschreiben. Von besonderem Interesse ist die Wasserrahmenrichtlinie (2000/60/EG), die materielle Umweltziele („guter Wasserstatus") mit prozeduralen Erfordernissen wie Information und Konsultation der Öffentlichkeit sowie einer „aktiven Einbeziehung" von Stakeholdern in den Implementationsprozess verbindet (Art. 14 WRRL).

Definition und Abgrenzung zu ähnlichen Konzepten

Partizipation wird typischerweise als Beteiligung an kollektiven Entscheidungen definiert. Dementsprechend wird dieser Begriff in den Sozialwissenschaften in Zusammenhang mit Bürger- und Öffentlichkeitsbeteiligung und zivilgesellschaftlichem Engagement, (betrieblicher) Mitbestimmung bis hin zu öffentlich-privater Kooperation und gemeinsamer Entscheidungsfindung verwandt. Im englischen Sprachraum ist häufig von „collaborative governance" oder „management" die Rede (Randolph und Bauer 1999; Koontz und Thomas 2006; Busenberg 2007), was dem hier diskutierten Verständnis von Partizipation entspricht. Die vielfältigen Formen von Umweltmediation bzw. Mediation im öffentlichen

Raum (Claus und Wiedemann 1994; Zilleßen 1998; Holzinger 2000; Watson und Danielson 2004) lassen sich als Ausprägungen von Partizipation mit konfliktlösender Zielsetzung
begreifen.

Gesichter der Nachhaltigkeit

Jürgen Habermas
- 1929 geboren
- deutscher Philosoph und Soziologe
- Begründer entscheidender Grundlagen für eine
  partizipative und deliberative Demokratie
- Habermas entwickelte normative Kriterien
  für eine kommunikative Rationalität, bei der eine
  vollkommene Chancengleichheit aller Beteiligter
  vorausgesetzt wird.

Jürgen Habermas
(Wikipedia 2008)
((Bild von Habermas streiche,
wir haben nicht die
Rechte.))

Bezogen auf das politikwissenschaftliche Konzept des Policy-Zyklus bedeutet Partizipation, dass nichtstaatliche Akteure beim Agenda Setting und/oder bei der Formulierung,
Implementation und Evaluation von Politik einbezogen werden. Renn definiert Partizipation als „alle Formen der Einflussnahme auf die Ausgestaltung kollektiv verbindlicher
Vereinbarungen durch Personen und Organisationen, die nicht routinemäßig mit diesen
Aufgaben betraut sind" (Renn 2005, S. 227). Jürgen Habermas' Modell deliberativer Öffentlichkeit (Habermas 1981) verweist auf die Teilnahme von Bürgern an diskursiven und
deliberativen Verfahren, in denen der Austausch rationaler und sachlicher Argumente im
Vordergrund steht, als ein weiteres wesentliches Moment von Partizipation. Damit wird
deutlich, dass Partizipation von stark informellen Formen, die „bottom-up" aus der Zivilgesellschaft entspringen, bis hin zu rechtlich institutionalisierten Beteiligungsformen, die
staatlicherseits („top-down") eingeführt werden, reichen kann.

Fünf Elemente erscheinen zentral, um Partizipation näher zu charakterisieren:

1. Kooperation/Kommunikation: Zunächst einmal lässt sich Partizipation abgrenzen zu
   einseitigem bzw. ausschließlich hoheitlichem Handeln (Verwaltungs- oder Gerichts-
   entscheidungen). Bei Partizipation geht es um das gemeinsame Problemlösen, die
   gemeinsame oft konsensuale Entscheidungsfindung, die Rolle von Kommunikation
   und Interessenausgleich. Einer sach- und zielorientierten wechselseitigen Kommunikation in Gruppen (Rowe und Frewer 2005) sowie deliberativen Prozessen (Habermas
   1981; Webler et al. 1995) kommt damit eine wichtige Bedeutung zu.
2. Öffentlicher Raum: Bei Partizipation geht es um eine Teilhabe an Entscheidungen im
   öffentlichen Raum. Entscheidungen im öffentlichen Raum machen für einen größeren
   Personenkreis Vorgaben über künftiges Handeln und regeln damit potenziell konflikt-
   hafte Materien. Im Unterschied dazu kann sich z. B. bürgerschaftliches Engagement
   auf Graswurzel-„Aktionen" im Bereich der Naturschutzpflege beziehen. Solange diese
   reinen Aktionscharakter tragen, aber keine Bindungswirkung über künftige Aktivitäten
   entfalten, liegt keine Partizipation im Sinne der Governance-Perspektive vor.

3. Mitbestimmung: Bei Partizipation geht es um eine Teilhabe von Personenkreisen, die nicht routinemäßig derartige Entscheidungen vornehmen (Renn 2005). Damit bilden insbesondere Wahlen keine Formen von Partizipation im hier verstandenen Sinne. Allerdings bedeutet dies nicht, dass in partizipativen Prozessen keine staatlichen Entscheidungsorgane beteiligt sind; es darf sich nur nicht ausschließlich um solche handeln.

4. Machtabgabe: Partizipation impliziert zudem eine Machtabgabe an die beteiligten Personenkreise. Solange also lediglich Kommunikation im Kontext öffentlicher Entscheidungen stattfindet, die Anliegen der Beteiligten aber die zu treffenden Entscheidungen nicht beeinflussen können, liegt keine Partizipation vor (Arnstein 1969).

5. Repräsentation: Schließlich liegt Partizipation nur dann vor, wenn der Kreis der beteiligten Personen diejenigen mit einem legitimen Anliegen ausreichend repräsentiert (Schmitter 2002). Die Beteiligung nur bestimmter Interessengruppen ist dann eher als Lobby-Arbeit oder allgemein korporatistische Handlungsform einzustufen.

Einige dieser fünf Kriterien können mehr oder weniger stark erfüllt sein, so dass sich unterschiedliche Grade oder Intensitäten von Partizipation unterscheiden lassen. Die Kriterien (2) und (3) sind hiervon ausgenommen, sie müssen erfüllt sein, damit Partizipation überhaupt vorliegt. Die Kriterien (1), (4) und (5) können hingegen in unterschiedlichen Abstufungen vorliegen. Dabei charakterisieren (1) und (4) den Prozess der Partizipation, (5) dagegen die beteiligten Akteure. Daraus ergibt sich, dass Partizipation ein mehrdimensionales Konzept ist. Frühe Klassifikationen von Partizipation haben häufig einseitig auf Machtaspekte abgehoben, so vor allem die bekannte „Leiter der Bürgerbeteiligung" der Amerikanerin Sherry Arnstein (1969). Andere Klassifikationen setzen einseitig auf die Art der Informationsflüsse (Rowe und Frewer 2005). Das hier verwendete mehrdimensionale Partizipationskonzept integriert und ergänzt diese früheren Typologien, indem es die folgenden Dimensionen identifiziert, die jeweils variable Grade annehmen können (siehe auch Fung 2006):

- die Art, Richtung und Intensität der Informationsflüsse (z. B. reine Anhörungsverfahren oder intensive Face-to-Face-Kommunikation mit der Möglichkeit zu deliberativen Prozessen);
- die Stärke des Einflusses auf die zu treffenden Entscheidungen, der den Beteiligten gewährt wird;
- der Kreis der beteiligten Personen (wenige Interessengruppenvertreter oder eine breite Öffentlichkeitsbeteiligung) (Abb. 10.7).

In Bezug auf die demokratische Gewaltenteilung kann Partizipation grundsätzlich in der Gesetzgebung (Legislative), der Regierung und Verwaltung (Exekutive) sowie der Gerichtsbarkeit (Judikative) stattfinden. Das Hauptaugenmerk partizipativer Möglichkeiten im Umwelt- und Nachhaltigkeitskontext liegt – wie schon beim Aarhus-Übereinkommen angesprochen – bei der Gestaltung von Verwaltungsverfahren, in denen es um die konkrete Planung und Ausgestaltung nachhaltigkeitsrelevanter Politiken geht und in denen,

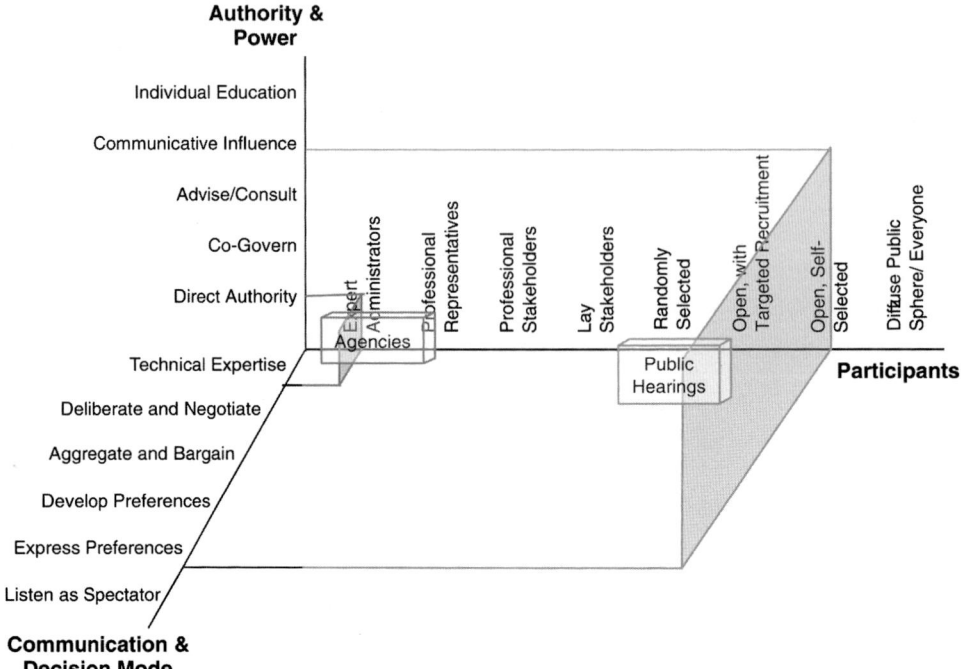

Abb. 10.7 Mehrdimensionalität von Partizipation anhand des „Democracy Cube" (Fung 2006: 71)

soweit sie hinreichend lokalen Charakter tragen, die größten Mitwirkungsmöglichkeiten für Bürger/innen sowie organisierte Akteure der Zivilgesellschaft bestehen.

▶   **Aufgabe:** Skizzieren Sie ein Beteiligungsverfahren, das der „idealen Sprechsituation" (Habermas) möglichst nahe kommt. Welche Probleme treten dabei auf?

▶   **Frage:** Welche Dimensionen von Partizipation lassen sich unterscheiden? Warum ist es problematisch, Partizipation nur entlang einer Dimension (z. B. bei Arnstein) zu beschreiben?

Partizipation: Ansprüche, Erwartungen und Kritik

Die Motivationen für eine (geforderte) Ausweitung von Partizipations- und Beteiligungsformen an nachhaltigkeitsrelevanten Entscheidungen sind vielfältig und vielschichtig und haben sich im Verlaufe der Jahrzehnte gewandelt. Drei Kerndiskurse lassen sich mit Bezug auf Partizipation identifizieren, die historisch unterschiedliche Bedeutung hatten und haben: Emanzipation, Legitimation und Effektivität.

Emanzipation Emanzipation beschreibt die Befreiung aus Zuständen der Abhängigkeit bzw. Ungleichheit und eine (Wieder-)Gewinnung von Selbstbestimmung, wie sie für demokratische Gesellschaften prägend ist. Emanzipation setzt also einen Zustand der Ungleichheit oder Abhängigkeit voraus. Partizipation im Sinne einer Teilhabe an kollektiven Entscheidungen bildet damit ein zentrales emanzipatorisches Element und ist als Kritik an herrschenden gesellschaftlichen Zuständen vor allem im marxistischen und neomarxistischen Schrifttum verankert.

Als „Hauptphase" des Emanzipationsdiskurses können die zivilgesellschaftlichen Bewegungen der 1960er-Jahre in vielen westlichen Demokratien bezeichnet werden. In diese Phase fällt das Erstarken von Umweltbewegungen als Ausdruck emanzipatorischer Belange. So konstatiert Læssøe (2007, S. 236) für Dänemark, „Partizipation wurde Teil eines Prozesses sozialer Emanzipation. Umweltzerstörung und die Unterdrückung von ökologischen Werten wurden als eine weitere Dimension der Unterdrückung der Menschen im kapitalistischen System angesehen."[1] Diese emanzipatorischen Motive bilden den Ausgangspunkt für Habermas' Konzept der deliberativen Demokratie (Habermas 1962). Im Mittelpunkt standen und stehen dabei Motive wie die Möglichkeit zur Mitbestimmung, die Öffnung von Entscheidungsprozessen und die Demokratisierung der Gesellschaft (von Alemann 1975). Politisch spiegelten sich diese Entwicklungen beispielsweise in Deutschland durch Willy Brandts Diktum von „Mehr Demokratie wagen" wider (Abb. 10.8).

> Sherry Arnstein legte 1969 mit ihrem berühmten Essay „A Ladder of Citizen Participation" den Grundstein für eine langjährige Debatte um Bürgerbeteiligung. Die Stufen der Leiter orientieren sich an einem Mehr oder Weniger an Machtabgabe.

Seinen paradigmatischen Ausdruck fand der Emanzipationsdiskurs der Partizipation in Sherry Arnsteins berühmten Essay mit dem Titel „Leiter der Bürgerbeteiligung" (Arnstein 1969). Darin beschreibt und kritisiert die Autorin die verbreitete Tendenz zu Schein-Partizipation. Partizipation wird mit Macht bzw. Machtabgabe (aus Sicht der regierenden Eliten) gleichgesetzt und dabei „citzen control" als höchste Stufe und zugleich normativ höchstwertiger Zustand beschrieben. Faktisch wie normativ umstritten ist das Argument, partizipative Verfahren stärkten tatsächlich die Organisationspotentiale und damit die Machtpositionen unterlegener Interessengruppen im Sinne einer „Umverteilung" zugunsten sozial Schwächerer (Selle 1996a; Minsch et al. 1998).

Demokratische Legitimität Ein zweiter wichtiger Diskurs im Zusammenhang mit Partizipation bezieht sich auf die demokratischen Qualitäten und damit die Legitimität von Entscheidungsprozessen. Partizipation, so die Annahme, soll zum einen zu transparenteren Entscheidungen im öffentlichen Raum führen und damit eine stärkere Kontrolle der staat-

---

[1] Eigene Übersetzung aus dem Englischen.

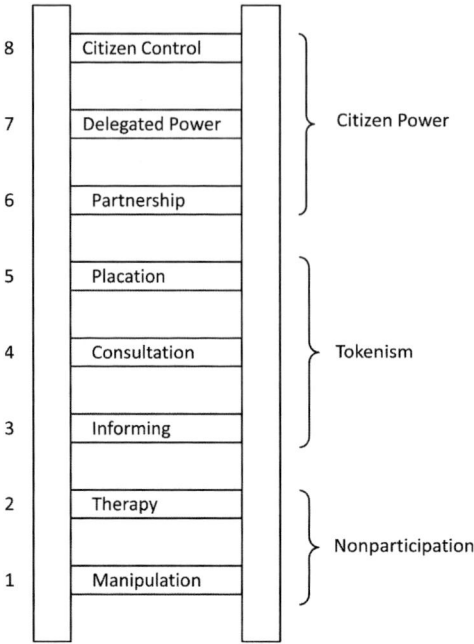

8	Citizen Control	
7	Delegated Power	Citizen Power
6	Partnership	
5	Placation	
4	Consultation	Tokenism
3	Informing	
2	Therapy	
1	Manipulation	Nonparticipation

Abb. 10.8 Leiter der Bürgerbeteiligung (Arnstein 1969)

lichen Organe erlauben. Vor allem aber wird Partizipation als direktere Form demokratischer Willensbildung gesehen, die vor allem dort ihre Berechtigung hat, wo die örtlichen Belange einzelner Akteure, die von lokalen planerischen Entscheidungen direkt betroffen sind, über die repräsentativ-demokratische Willensbildung nicht mehr angemessen repräsentiert werden können (Menzel 1980; Selle 1996a).

Basierend auf dem Modell des Politik-Zyklus (Easton 1965; Scharpf 1999) lassen sich zwei Dimensionen demokratischer Legitimität von öffentlichen Entscheidungen unterscheiden. Partizipation kann für die Erreichung von Legitimität in jeder dieser Dimensionen eine wichtige, mitunter zentrale Rolle spielen. Die *Input-Legitimität* von Entscheidungen bemisst sich danach, wer die Entscheidung herbeigeführt hat bzw. daran (mit-)beteiligt war. Repräsentation ist hier also das zentrale Kriterium. Im Einzelnen ist danach zu fragen, ob alle ‚legitimen' Anspruchsgruppen beteiligt bzw. durch autorisierte Vertreter repräsentiert werden (Schmitter 2002; Brown 2006; Fung 2006). Eine rein input-orientierte Legitimation von Entscheidungen könnte jedoch intransparent und/oder ineffektiv und damit illegitim bleiben. Die Legitimität demokratischer Entscheidungen beruht häufig ganz wesentlich auf den eingesetzten Verfahren, also dem *Throughput*. Demokratische Verfahren erlauben den effektiven Ausgleich unterschiedlicher Interessen, sorgen für Transparenz und ermöglichen damit eine Kontrolle durch eventuell Nichtbeteiligte. In Bezug auf Partizipation bedeutet dies, dass die Beteiligten effektiven Einfluss auf die Entscheidungen

Tab. 10.2 Dimensionen von Legitimität (Newig 2008: 12)

Legitimitätskriterium	Erläuterung	Indikatoren
Input	Partizipation	Repräsentativität
Throughput	Verfahren (Beteiligung)	Fairness, Transparenz
Output	Entscheidung	Geeignetheit, Angemessenheit
Outcome	Verhaltensänderung der Adressaten	Implementation
Impact	Realweltliche Wirkungen	Zielerreichung, Effektivität

haben und das Verfahren fair abläuft, also beispielsweise keine Gruppen willkürlich benachteiligt (Webler et al. 1995) (Tab. 10.2).

Effektivität In den letzten Jahrzehnten hat sich der Schwerpunkt des Diskurses auf eine Partizipation „von oben" verlagert. Zwar spielt auch bei Fragen von Umwelt und Nachhaltigkeit eine Bottom-Up-Partizipation – in dem Sinne, dass Bürger/innen, zivilgesellschaftliche und wirtschaftliche Verbände die Initiative ergreifen – eine Rolle (Koontz 2006). Der heute dominante Diskurs ist jedoch der einer zivilgesellschaftlichen Einbindung „von oben" (Newig und Fritsch 2008). Was wie ein Widerspruch in sich klingt, meint die von Seiten öffentlicher Entscheidungsträger (Verwaltungen) angestoßenen Möglichkeiten zur Beteiligung und Mitwirkung von üblicherweise nicht entscheidungsbefugten individuellen Akteuren, Institutionen, Organisationen etc.

Vor allem in jüngerer Zeit haben staatliche, wirtschaftliche, wissenschaftliche und andere Entscheidungsträger Partizipation als ein Mittel zur Sicherung von Akzeptanz entdeckt sowie als Möglichkeit, Entscheidungsprozesse zu öffnen (Smith 2003; Kastens und Newig 2008) und (lokales) Wissen und Perspektiven einer Vielzahl von Akteuren einzubeziehen (Berkes und Folke 2002; Pellizzoni 2003; Koontz 2006). Kurz gesagt geht es also um die Verbesserung der Effektivität in Bezug auf gesetzte Nachhaltigkeitsziele. So geht Heinelt (2002, S. 17) davon aus, „dass Partizipation zu einem höheren Grad an nachhaltigen und innovativen Ergebnissen führt"[2]. Ähnlich fassen Randolph und Bauer (1999) zusammen, dass kooperative und partizipative Prozesse im Umweltmanagement mit größerer Wahrscheinlichkeit in Entscheidungen resultieren, die Umweltschutz fördern. Schließlich diagnostizieren Beierle und Cayford (2002), das Ziel von Partizipation habe sich von einer reinen Förderung von Transparenz und Zurechenbarkeit hin zur Entwicklung der inhaltlichen Substanz von Entscheidungen gewandelt.

Vor allem in Bezug auf komplexe Umwelt- und Nachhaltigkeitsthemen ist der Effektivitätsdiskurs zu Partizipation im Zusammenhang mit einer Reihe verwandter wissenschaftlicher Ansätze und Communities zu sehen. So ist die Effektivität von Institutionen im Umweltbereich Kernthema von Arbeiten, die auf Theorien komplexer sozial-ökologischer Systeme (Folke et al. 2005) rekurrieren. Eine Schlüsselthese lautet, dass die „Polyzentri-

---

[2] Eigene Übersetzung aus dem Englischen.

zität" eines Systems von Governance-Institutionen sich positiv auf die Bewältigung von Umwelt- und Nachhaltigkeitsproblemen auswirkt. Eine Vielzahl von relativ autonomen Entscheidungspunkten erhöhe die Flexibilität von Governance-Systemen und die Diversität von Lösungsansätzen sowie die Anpassungsfähigkeit an Umweltveränderungen und verbessere damit die umweltbezogene Nachhaltigkeit von Entscheidungen (Ostrom et al. 1961; Ostrom 1990; Minsch et al. 1998; McGinnis 1999).

Eine wesentliche Argumentation für die Effektivitätssteigerung durch Partizipation beruht auf der Annahme, Partizipation ermögliche soziales oder kollektives Lernen. Damit verbindet sich die Vorstellung, ein partizipativer (Gruppen-)Prozess fördere nicht nur den Austausch von Informationen, sondern auch ein erweitertes Verständnis für die Sichtweisen der beteiligten Akteure und ein verbessertes Verständnis des jeweiligen Problemgegenstands (Webler et al. 1995; Pahl-Wostl 2009; Reed et al. 2010).

Kritik Die Erwartungen, die mit Partizipation und neuen Governance-Formen verbunden werden, sind, wie gesehen, immens. Theoretisch-konzeptionelle Überlegungen sowie empirische Forschungsergebnisse lassen gleichwohl Zweifel an der umfassenden Gültigkeit der dargestellten Thesen aufkommen. Diese reichen von einer fundamentalen Infragestellung des Erfolgs zivilgesellschaftlicher Partizipation (Bora 1994) über Dilemmata zwischen Beteiligung und Effektivität (Dahl 1994) bis hin zu empirisch differenzierten Befunden zur Wirksamkeit von Partizipation (Layzer 2008; Newig und Fritsch 2009b).

Grundsätzliche Zweifel an ,erfolgreicher' Partizipation werden aus systemtheoretischer Perspektive vorgebracht. Unter Berufung auf Annahmen der autopoietischen Systemtheorie Luhmanns (1987) folgert Bora (1994), gestützt auf empirische Forschungen zu öffentlichen Anhörungen, die Einbeziehung öffentlicher Argumente in administrativen Entscheidungsverfahren scheitere regelmäßig an konkurrierenden Rationalitäten der beteiligten gesellschaftlichen Subsysteme. Aus der funktionalen Differenzierung der modernen Gesellschaft folge, dass die beteiligten Akteure in unterschiedlichen gesellschaftlichen Kommunikationssystemen agieren, deren diskursive Eigen-Rationalitäten kaum miteinander kompatibel sind, so dass eine erfolgreiche Integration gesellschaftlicher Vorstellungen und administrativer Entscheidungen kaum möglich sei. Dies habe überdies den unerwünschten Nebeneffekt, Frustration seitens der Beteiligten wegen nicht erreichbarer Erwartungen zu erzeugen.

Aus sozialpsychologischer Sicht wird ferner auf potenziell nachteilige Effekte partizipativer Gruppenprozesse verwiesen, so beispielsweise die Tendenz zu riskanteren Entscheidungen oder eine Schließung gegenüber kritischen Stimmen (Cooke 2001).

Schließlich wird auch eine der Grundannahmen der Partizipationsbefürworter in Frage gestellt, nämlich dass überhaupt neue Informationen im Verlauf eines Partizipationsverfahrens generiert werden können. Gerade bei stark techniklastigen Umweltfragen komme es viel eher auf Expertenwissen denn auf die Beiträge von ,Laien' an (Thomas 1995; Rydin 2007).

Auch die verstärkte Legitimität partizipativer im Unterschied zu weniger partizipativen Verfahren wird angezweifelt. Wesentlich komme es darauf an, inwieweit die Teilnehmenden legitime Interessen repräsentieren (Elliott 1984; Bora und Hausendorf 2009). So kann letztlich die Grenze zwischen legitimer Interessenvertretung und illegitimer Einflussnahme im Sinne eines einseitigen Lobbying verschwimmen.

Empirische Forschungsergebnisse

Trotz des hohen Stellenwertes des instrumentellen Partizipationsverständnisses ist die empirische Datenlage noch sehr dünn und vor allem fragmentiert. Die mit Abstand wichtigste Quelle empirischer Daten im Bereich umweltbezogener Governance-Verfahren bilden qualitative Fallstudien. Die Tatsache, dass die allermeisten Fallstudien aus Nordamerika stammen, reflektiert die Bedeutung von Beteiligungs- und Mediationsverfahren in den Vereinigten Staaten und Kanada.

Obwohl die überwiegende Mehrzahl von Veröffentlichungen Einzelfallstudien portraitiert, sind einige vergleichende Untersuchungen verfügbar, die fast ausnahmslos partizipative Entscheidungsprozesse in den USA zum Gegenstand haben und jeweils nur in Teilen die Beziehung zwischen Partizipationsverfahren und deren Outputs bzw. Outcomes untersuchen. Chess und Purcell (1999) vergleichen etwa 20 Fallstudien in umweltbezogenen Entscheidungsverfahren. Darin hatte die Art des partizipativen Verfahrens *keinen* Einfluss auf Outputs bzw. Outcomes. Die bislang umfangreichste vergleichende Analyse umweltbezogener partizipativer Governance-Prozesse haben Beierle und Cayford (2002) vorgelegt. In einer Metaanalyse von 239 bereits veröffentlichten Fallstudien haben die Autoren Kontext-, Prozess- und Ergebnisvariablen untersucht. Partizipation, so die Hauptschlussfolgerung der Autoren, bringe häufig Entscheidungen hervor, welche die Werte der Öffentlichkeit reflektieren, ausreichend robust sind und förderlich für die Lösung von Konflikten, für die Vertrauensbildung und die Bildung der Bevölkerung in Umweltfragen sind. Die zentrale Rolle für den „Erfolg" von Partizipation wird der *Prozessgestaltung* zugeschrieben, wobei intensivere Prozesse allgemein als erfolgreicher gewertet werden als weniger intensive (Abb. 10.9).

Der Autor dieses Beitrags hat in Co-Autorenschaft eine vergleichende Meta-Analyse von 47 Fällen unterschiedlich partizipativer umweltbezogener Entscheidungsverfahren in Nordamerika und in Europa mit explizitem Fokus auf Effektivitätsfragen durchgeführt (Newig und Fritsch 2009b). Es stellte sich heraus, dass Partizipation in den untersuchten Fällen zwar tendenziell zur Beilegung von Konflikten und dem Aufbau wechselseitigen Vertrauens beitrug, umweltbezogene Outputs und Outcomes jedoch nicht signifikant beeinflusste im Vergleich zu stärker hoheitlichen Entscheidungsverfahren. Die Analyse zeigt, dass der umweltbezogene „Erfolg" partizipativer Verfahren wesentlich auf die Präferenzen der involvierten Akteure zurückgeführt werden konnte. Dies deckt sich mit den Beobachtungen von Hunold und Dryzek (2005) sowie Layzer (2008).

Partizipation hat, so lässt sich schlussfolgern, in modernen Demokratien durchaus ein erhebliches Governance-Potenzial und führt in vielen Fällen zu sachgerechteren, stärker umweltbezogenen bzw. besser akzeptierten öffentlichen Entscheidungen. Die Ergebnisse legen nahe, dass die Interessenlagen der beteiligten Akteure häufig ausschlaggebend sind.

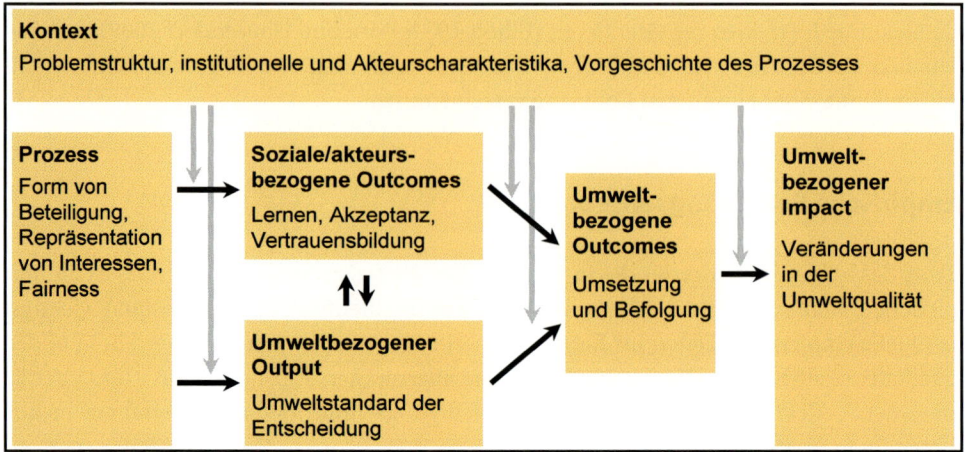

Abb. 10.9 Konzeptionelles Modell der Wirkungen von Partizipation auf umweltbezogene Outputs und Outcomes (Newig 2008)

Wo die Akteure ökologischen Gesichtspunkten weniger zugeneigt sind, kann Partizipation auch weniger Umweltschutz bewirken. Insgesamt wird der Erfolg von Partizipation von einer Vielfalt kontextueller Bedingungen beeinflusst. Für die Gestaltung partizipativer Prozesse folgt daraus, dass es keine Patentlösungen geben kann. Vielmehr scheint es Erfolg versprechend, wenn Entscheidungen über das Ausmaß von Partizipation und die Auswahl von Methoden und Instrumenten in differenzierter Weise in Beziehung zu den jeweiligen Zielen und Gegebenheiten erfolgen.

▶ **Fragen:** Was versteht man unter Emanzipation, Effektivität und Legitimität? Lassen sich die mit Partizipation verfolgten Ziele von Emanzipation, Legitimität und Effektivität gleichermaßen erreichen oder nur auf Kosten der jeweils anderen? Erläutern Sie dies anhand eines Beispiels.

▶ **Aufgabe:** Die Leiter der Bürgerbeteiligung setzt „Citizen Control" als bestmöglichen Maßstab für Partizipation. Diskutieren Sie anhand eines Beispiels (z. B. Stuttgart 21) die Wünschbarkeit und Realisierbarkeit einer kompletten Selbstbestimmung durch die Bürger/innen.

Gestaltung von Partizipation

Mit dem oben erarbeiteten Wissen im Hintergrund, wie lassen sich Partizipationsprozesse so gestalten, dass sie unter den jeweiligen Gegebenheiten effektiv und zugleich legitim sind – und damit sowohl materiellen als auch prozeduralen Nachhaltigkeitserfordernissen gerecht werden? Im Folgenden wird dabei die Perspektive der öffentlichen Entscheidungsträger – typischerweise Umweltbehörden – eingenommen.

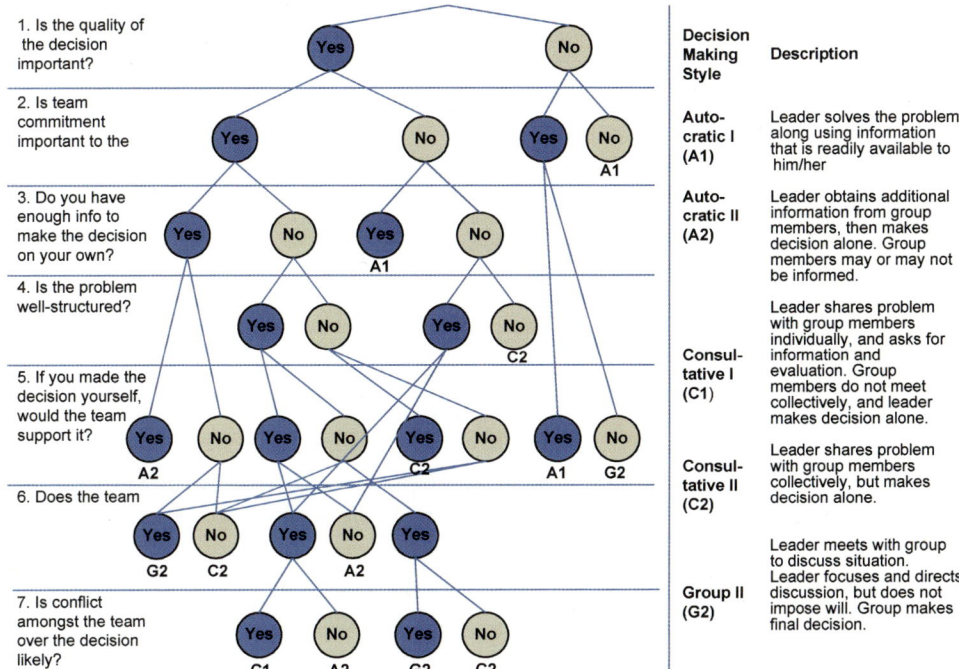

Abb. 10.10 Das Vroom-Yetton-Modell (1973) zur Auswahl von mehr oder weniger partizipativen Entscheidungsmodi (Mindtools 2012)

Zunächst einmal gilt es sich in Erinnerung zu rufen, dass Partizipation mit unterschiedlichen Zielen verbunden sein kann. Unterschiedliche Ziele verlangen unterschiedliche Methoden. Der erste Schritt einer (möglichen) partizipativen Gestaltung eines Entscheidungsverfahrens besteht daher häufig darin, zu überlegen, welche Ziele mit dem Einsatz von Partizipation überhaupt verfolgt werden (könnten). Geht es darum, ein Entscheidungsverfahren legitimer zu gestalten? Oder geht es darum, die Effektivität des Entscheidungsverfahrens zu verbessern, indem z. B. die Informationsbasis von Entscheidungen verbreitert oder die Akzeptanz von Entscheidungen verbessert wird (Abb. 10.10)?

Aus einer effektivitätsorientierten Perspektive wurde bereits in den 1970er-Jahren ein Entscheidungsmodell vorgelegt, das den Grad der Partizipation von einer Reihe situativer Faktoren abhängig macht. Das ursprünglich von Vroom und Yetton (1973) für Entscheidungsprozesse in Unternehmen konzipierte Modell wurde in der Literatur zu Partizipation im Umweltbereich aufgenommen und weiter entwickelt (Thomas 1993; Daniels et al. 1996). Der Grad der Partizipation wird auf fünf Stufen zwischen Alleinentscheidungen über konsultative Verfahren bis hin zur Gruppenentscheidung unterschieden. Welcher Partizipationsgrad in einer bestimmten Situation jeweils empfohlen wird, ergibt sich aus einem Entscheidungsbaum, der sieben ja/nein-Kriterien enthält. Diese umfassen unter anderem die Frage, ob der Führungsperson (bzw. die öffentliche Verwaltung) genügend Informationen zur Verfügung stehen, um Entscheidungen allein zu treffen; ob mit Akzeptanz auf Seiten der Adressaten der Entscheidung gerechnet werden kann; ob grundsätzliche Ziele geteilt werden; oder ob eine getroffene Entscheidung Konflikte hervorruft wird. Die Anwendung eines solchen einfachen Entscheidungsmodells, das übrigens empirisch validiert wurde (Thomas 1993), setzt natürlich voraus, dass die Entscheidungspersonen die sieben ja/nein-Fragen tatsächlich beantworten können sowie dass die jeweils situativ empfohlenen Partizipationsgrade tatsächlich realisiert werden können.

Ein umfassenderes Sechs-Schritte-Modell zur Planung von Partizipationsverfahren in öffentlichen Verwaltungsentscheidungen wurde bereits 1981 von Creighton in seinem „Public Involvement Manual" (Creighton 1981, S. 54 ff.) vorgestellt. (1) In einem ersten Schritt wird empfohlen, zunächst die Entscheidung, um die es geht, sowie die einzelnen Phasen des Entscheidungsprozesses zu definieren. (2) Anschließend gilt es, die Beteiligungsziele für jede Phase zu formulieren. (3) Aufbauend auf diesen Analysen werden dann der notwendige Austausch mit der Öffentlichkeit sowie (4) die zu beteiligenden Öffentlichkeiten definiert. Für die Schritte (2) bis (4) ließe sich das angepasste Vroom-Yetton-Modell heranziehen, das Creighton jedoch nicht berücksichtigt. Im Anschluss an eine (5) Analyse „besonderer Umstände" steht schließlich (6) die Auswahl geeigneter Partizipationstechniken.

Aus dem vierten Schritt in Creightons Handbuch folgt, was heute meist als Akteurs- oder Stakeholder-Analyse bezeichnet wird. Entsprechende Methoden sind inzwischen derart vielfältig, dass sich damit ein eigenes Lehrbuch füllen ließe. Die Hauptaufgabe einer Stakeholderanalyse liegt darin, die für eine Beteiligung an Entscheidungsverfahren relevanten Akteure oder Gruppen zu identifizieren: sind dies eher Experten im klassischen Sinne oder Bürger/innen oder organisierte Interessengruppen? Als wesentliche Kriterien für eine Einbindung gelten: (1) Inwieweit ist ein Akteur (potenziell) von geplanten Entscheidungen betroffen, was sind also seine Werte und Interessen in Bezug auf die anstehende Entscheidung? (2) Inwieweit kann ein Akteur im Beteiligungsprozess konstruktiv zur Problemlösung beitragen? (3) Inwieweit besitzt ein Akteur Macht und Einfluss, um die geplante Entscheidung bzw. ihre Umsetzung positiv oder negativ zu beeinflussen? Dabei geht es beim ersten Aspekt hauptsächlich um Argumente von Legitimität, bei den Aspekten (2) und (3) um solche von Effektivität. Eine Vielzahl von Methoden zur Stakeholderanalyse werden etwa bei Babiuch und Farhar 1994, Mitchell et al. 1997 sowie Eden und Ackerman 1998 vorgestellt.

Zur Frage der Instrumentenwahl – welche Form oder „Technik" der Partizipation soll gewählt werden – gibt es ebenfalls mittlerweile eine schier unerschöpfliche Literatur (ein neuerer Überblick findet sich bei Rowe und Frewer 2005). Beispielhaft genannt seien drei Gruppen von Prozessformen:

1. Bereits seit langem werden insbesondere bei Planungsverfahren Anhörungen eingesetzt, um einer betroffenen – breiten, meist unorganisierten – Öffentlichkeit Gelegenheit zu Stellungnahmen bei Planungsverfahren zu gewähren (Selle 1996b; Rowe und Frewer 2005). Zusätzlich zu schriftlichen Eingaben findet oft ein Erörterungstermin, nicht selten in Form einer Großveranstaltung, statt, auf dem die leitenden Behörden

auf mündliche Anfragen reagieren können und die ein gewisses Maß an Interaktion zulassen. Bei einer Vielzahl von Betroffenen kann dies ein zielführendes Verfahren sein. Kritisiert werden jedoch die Anonymität und mangelnde Interaktion klassischer Anhörungen.

2. Eine intensive, dialogorientierte Form der Partizipation bilden Planungszellen (Dienel und Renn 1995) und die verwandte Form der Citizens Jurys (Smith und Wales 2000). Hier werden meist wenige Dutzend Bürger/innen nach bestimmten Kriterien aus einer betroffenen Öffentlichkeit ausgewählt, um in einem meist mehrtägigen, intensiven und diskursiven Prozess unter Einbeziehung von Dokumenten und Experteninputs schließlich ein Votum in Form eines Bürgergutachtens zu dem jeweiligen Entscheidungsproblem vorzulegen. Erfahrungen haben gezeigt, dass die diskursive Atmosphäre dazu beitragen kann, dass die beteiligten Bürger/innen Gemeinwohlinteressen hinter Eigeninteressen stellen und so nachhaltige Lösungen entwickeln können (Renn und Webler 1996).

3. Häufig werden neben – oder anstatt – einzelnen Bürger/innen organisierte Stakeholder in mehr oder weniger dialogorientierten Verfahren in Entscheidungsprozesse eingebunden. Dabei handelt es sich typischerweise um Gruppen von wenigen Dutzend Beteiligten, die über Zeiträume von wenigen Wochen bis zu vielen Monaten an Lösungen arbeiten. Im deutschsprachigen Raum sind hier dialogische Verfahren (Feindt 1997; Heinrichs 2007a) zu nennen, in den USA vor allem Formen des „collaborative management", die auch längerfristig angelegt sein können (Koontz et al. 2004; Layzer 2008). Eine Sonderform bilden dabei Verfahren der Konfliktmittlung oder Mediation im öffentlichen Bereich (Fietkau und Weidner 1994; Zilleßen 1998; Watson und Danielson 2004; Striegnitz 2007).

Bei aller Unsicherheit bezüglich der tatsächlichen Leistung partizipativer Verfahren in gegebenen Kontexten lassen sich eine Reihe von „Schlüsselfaktoren" nennen, die von potenziell hoher Bedeutung für den „Erfolg" partizipativer Verfahren sind. An erster Stelle steht die schon erwähnte notwendige *Reflexion über die Ziele*, die mit Partizipation verfolgt sind. Zweitens gilt es, genügende *Ressourcen* für einen Partizipationsprozess einzuplanen. Stehen genügend (geschulte) Mitarbeiter/innen zur Verfügung? Können Ausgaben der Teilnehmenden erstattet werden? Kann ggf. eine externe Moderation bezahlt werden? Drittens ist ein explizites *Erwartungsmanagement* zu nennen. Den Beteiligten gegenüber sollte sehr transparent gemacht werden, was sie von dem Partizipationsprozess erwarten können – und was nicht. Welche Aufgaben, Rollen und Einflussmöglichkeiten kommen den Beteiligten zu? Viertens haben eine sorgfältige *Auswahl von Beteiligungsmethoden*. Investitionen in eine gut durchdachte Beteiligungsstrategie große Chancen, sich durch Erfolge im Verfahren auszuzahlen. Fünftens und letztens lautet die Empfehlung, soviel und systematisch wie möglich aus laufenden Partizipationsprozessen zu *lernen*. Eine sorgfältige Auswertung des Verfahrens und seiner Ergebnisse kann dazu beitragen, Verfahren für künftige Entscheidungen weiter zu verbessern.

▶ **Aufgabe:** Recherchieren Sie ein Fallbeispiel für einen partizipativen Entscheidungsprozess. Beschreiben Sie den Prozess anhand der drei Dimensionen von Partizipation sowie der verfolgten Ziele. Bewerten Sie die Ergebnisse in punkto Emanzipation, Legitimität und Effektivität. Entwickeln Sie Vorschläge zur Verbesserung des gewählten Verfahrens und diskutieren auch mögliche „Nebenwirkungen" Ihrer Verbesserungsvorschläge.

Partizipation und transdisziplinäre Herausforderungen

Die nachhaltigkeitsbezogenen Leistungen von Partizipation sind nach wie vor unzureichend erforscht. Entsprechend orientiert sich der Einsatz von Partizipation zurzeit mehr an politischen Moden denn an gesicherter Evidenz. Welche Forschungsstrategien bieten sich an? Zum einen gilt es, das in vielen Hunderten von Einzelfallstudien bereits vorhandene empirische Wissen systematisch zu aggregieren und mit Blick auf die Relevanz von Partizipation für Nachhaltigkeit (ökologische Effektivität) auszuwerten. Hierzu bietet sich die Methode der Fallstudien-Metaanalyse (Case Survey) an (Larsson 1993; Beierle und Cayford 2002; Newig und Fritsch 2009a, b). Die – bisher noch selten angewendete – Case-Survey-Methode ermöglicht es, qualitatives, fallbasiertes Wissen systematisch zu aggregieren und statistisch auszuwerten und damit erheblich verlässlichere Ergebnisse zu liefern als Einzelfallstudien oder klassische „Reviews". Gleichwohl lassen sich durch dieses Vorgehen nicht alle systematischen Verzerrungen – etwa durch eine Selektion tendenziell „positiver" Verfahren, die zur Veröffentlichung als Fallstudien gelangen – ausschließen. Eine weitergehende Überlegung wären – zweitens – experimentelle Feldversuche (Gross und Hoffmann-Riem 2005; Stoker und John 2009). Experimentelle Methoden besitzen ein hohes Potenzial, unverzerrte Ergebnisse zu liefern und werden in der politikwissenschaftlichen Literatur zunehmend diskutiert (Green und Gerber 2003; Druckman et al. 2006). Die Methodologie komplexerer Feldexperimente, wie sie für Beteiligungsverfahren nötig wären, ist noch nicht ausgearbeitet. Hier bieten sich viel versprechende Perspektiven für eine zukünftige, inter- und transdisziplinäre Forschung.

Die dargelegte Bedeutung von Prozeduralisierung, also anstelle einer Definition erwünschter Umweltzustände die Definition von Verfahren zu setzen, die in der Lage sein sollen, (langfristig) erwünschte Zustände zu definieren und zu realisieren, verweist darauf, dass auch das wissenschaftliche Verständnis von Effektivität erweitert werden muss, um langfristige, möglicherweise diffuse (System-)Effekte evaluieren zu können (Rogers und Weber 2010).

Eine besondere Herausforderung stellt sich bei der Integration natur- und sozialwissenschaftlicher Konzepte, die bei Untersuchungen zur Entstehung und Wirkung von Partizipation im Umweltbereich implizit oder explizit eine Rolle spielt. Dabei kommt es regelmäßig zu Spannungsverhältnissen etwa in dem Dualismus von „Faktenwissen" und gesellschaftlich konstruierter Realität (Yearley 2000; Wynne 1992), bezüglich der Wahrnehmung von Unsicherheiten (Pellizzoni 2003), der normativen Wünschbarkeit „unberührter" Natur, der Quantifizierung sozialwissenschaftlicher Daten oder der Inkommensurabilität von Ansätzen, in denen die natürliche Umwelt als etwas außerhalb der Sphäre der Sozialwissenschaften Liegendes – in denen Soziales nur durch Soziales erklärt werden könne (Durkheim) – konzipiert wird. Aufgrund dieser grundlegenden Unterschiede der natur- und sozialwissenschaftlichen Perspektiven ging die Analyse der neuen Governance-Modi bisher, wie oben dargestellt, selten über die Evaluierung des Prozesses hinaus. In letzter Zeit werden viel versprechende integrative Ansätze entwickelt, die aktuell schwerpunktmäßig die Stabilität und Anpassungsfähigkeit sozial-ökologischer Systeme in den Blick nehmen, aber auch Fragen des Zusammenspiels naturräumlicher und gesellschaftlicher Skalen und Ebenen diskutieren (Berkes et al. 2003; Folke 2006; Armitage 2008). Die Partizipation zivilgesellschaftlicher Akteure nimmt darin eine zentrale Stellung ein.

Bei aller Konzentration auf neue Formen von Governance und (erwünschten) gesellschaftlichen Veränderungsprozessen in Richtung Nachhaltigkeit wird häufig eines vergessen: Der Aufbau neuer Strukturen geht fast unweigerlich mit dem (gezielten) Abbau oder dem (ungesteuerten) Verfall alter Strukturen einher. Sozialwissenschaftliche Forschungen fast aller Subdisziplinen haben seit jeher einen starken „bias" in Richtung Aufbau unter Vernachlässigung von Abbauvorgängen. Dabei lassen sich „Verfalls"-Prozesse mitunter durchaus als Transformationsprozesse begreifen (Sieferle 2008). Ein vertieftes Verständnis dessen, wie bestehende Strukturen weichen, um neuen – partizipativen, lernenden usw. – Platz zu machen, verspricht höchst produktive Einsichten für die sozialwissenschaftliche Umwelt- und Nachhaltigkeitsforschung (Newig 2012). Es steht zu hoffen, dass eine derart erweiterte Governance-Perspektive ihren Beitrag zur Bewältigung der gegenwärtigen Umwelt- und Nachhaltigkeitsprobleme leistet.

▶   **Aufgabe:** Versetzen Sie sich in die Lage eines Mitarbeiters/einer Mitarbeiterin der Kreisumweltbehörde. Sie sind zuständig für die Gestaltung eines Partizipationsprozesses, haben aber nur wenig Zeit. Auf welcher Basis entwickeln Sie das Design ihres Beteiligungsprozesses? Welche Informationsquellen konsultieren Sie, mit welchen Personen sprechen Sie? Welche Hilfsmittel oder Informationen würden Sie sich wünschen, um in knapper Zeit einen möglichst „erfolgreichen" Prozess zu designen?

Digitale Medien

Eckhard Bollow, Helmut Faasch und Andreas Möller

Mit der Überschrift „Digitale Medien" ist die Frage verbunden, welchen Beitrag die digitalen Medien zu einer nachhaltigen Entwicklung leisten können. Damit deutet sich eine Hilfsfunktion einer neutralen Technik an. Foren und Wikis kommen in den Sinn. Ob man die Informations- und Kommunikationstechnik auf eine neutrale Hilfsfunktion reduzieren kann, ist fraglich. Die Informations- und Kommunikationstechnik hat mittlerweile in sehr kurzer Zeit tiefgreifende Veränderungen in der sozialen Wirklichkeit bewirkt. Die Computertechnik ist zu einer zentralen Komponente der gesellschaftlichen Infrastruktur geworden. Man denke nur an die Bedeutung von SMS, Email, Smartphones oder Facebook. Es reicht also nicht mehr aus, verschiedene Ausprägungen der Computertechnik beziehungsweise der digitalen Medien zu beschreiben und Potenziale abzuleiten. Vielmehr gilt es, Nachhaltigkeit als eine Handlungsorientierung zu begreifen, die in einem komplexen Wechselverhältnis zu den neuen Infrastrukturen steht. Das erfordert, die neuen Entwicklungen nicht nur zu beschreiben (Wie ist die Situation?), sondern Zusammenhänge auch zu erklären (Warum ist die Situation so? Was folgt daraus?). Erklärungen umfassen stets auch den Aspekt der Gestaltung, indem sie auch Zusammenhänge für zukünftige erwünschte Beobachtungen erklären. Man könnte hier von nachhaltiger Informationsgesellschaft sprechen. Erklärungen wiederum erfordern eine Ausgangsbasis, eine Theorie, mit deren Hilfe es möglich ist, die Zusammenhänge aufzuklären.

▶   **Aufgabe:** Recherchieren Sie im Internet und in der Bibliothek nach den Begriffen Beschreibungsmodell und Erklärungsmodell. Definieren Sie auf der Grundlage der Recherchen beide Begriffe und grenzen Sie sie voneinander ab.

Theoretische Grundlagen

Bei den digitalen Medien kommt die theoretische Informatik als theoretisches Fundament in Betracht. Die theoretische Informatik versteht sich als Spezialbereich der Mathematik und befasst sich mit Fragen der Grenzen der Berechenbarkeit, der Komplexität von Berechnungen, formaler Sprachen usw. Sie ist damit auf die Innenwelt der Computertechnik gerichtet und kann damit nur wenig zu der Frage, wie die Computertechnik die soziale Wirklichkeit neu strukturiert, beitragen. Gleichwohl kann man von dieser Grundlegung der Informatik einen Punkt lernen: Der Ableitung von Erkenntnissen dient ein konsistentes Aussagensystem mit einer axiomatischen Basis, zum Beispiel in der Informatik die Turing-Maschine (Hopcroft und Ullman 1979, S. 146 ff.). Dieser Ansatz lässt sich grundsätzlich auch auf Prozesse in der Gesellschaft übertragen: Auf der Grundlage einer sozialwissenschaftlichen Theorie oder einer Kombination mehrerer, aufeinander abgestimmter Theorien werden Aussagen abgeleitet, die dann in Frage stehende Zusammenhänge erklären. Die Grundannahmen solcher Theorien erfordern allerdings eine Absicherung. Empirische Untersuchungen sollten zeigen, dass die Erklärungen, die sich aus den Grundannahmen der Theorien, deren axiomatischer Basis also ergeben, nicht im Widerspruch zu Beobachtungen in der sozialen Wirklichkeit stehen.

Die Turing-Maschine
Eine Turing-Maschine™ besteht aus einem (theoretisch) unendlichen Band, das, in Zellen unterteilt, als Eingabe-, Ausgabe- und Speichermedium dient (Asterloh und Baier 2003, S. 36 ff.). Auf dieses Band kann mit einem Schreib-/Lesekopf zugegriffen werden. Dieser Kopf kann auch in einzelnen Schritten nach links oder rechts bewegt werden. Das „Programm" einer TM kann als Sammlung von Übergangsfunktio-

nen verstanden werden. Inputs dieser Funktionen sind ein interner Zustand der Maschine (gedacht zum Beispiel als Programmzeile) und dem unter dem Lesekopf stehenden Zeichen. Die Übergangsfunktion legt dann die nächste Konfiguration der TM fest: der neue Zustand, das Zeichen, das auf das Band geschrieben werden soll, und schließlich das Bewegen des Kopfes, nach links, rechts oder gar nicht. Das Abarbeiten eines Programms startet mit einer Anfangskonfiguration (Anfangszustand und Eingabeparameter auf dem Band) und endet, wenn sie anhält, in einem speziellen Endzustand (auf dem Band steht dann die Ausgabe).

Die TM taugt nicht wirklich als praktisch einsetzbarer Computer. Die Programmierung ist sehr schwierig, und der sequenzielle Umgang mit dem Speicherband ist sehr ineffizient. Die Konstruktion richtete sich auch eher danach, zu einer möglichst einfachen mathematischen Beschreibung zu kommen, so dass mithilfe der Mathematik Erkenntnisse über die Möglichkeiten der TM (Grenzen der Berechenbarkeit) untersucht werden können. Ein praktisches Resultat ist etwa, dass man kein universelles Programm schreiben kann, das prüft, ob ein Programm unter allen Umständen korrekt arbeitet. Wenn man dann zeigt, dass kein Computer heute mehr kann als die TM, dann übertragen sich die Erkenntnisse auf die Computertechnik.

Ein solches Maschinenmodell und das sich ergebende Aussagensystem führen dann sehr schnell zu einer Fachsprache: das Band, der Schreib-/Lesekopf, die Bandzelle, das Anhalten in einem Endzustand, das Akzeptieren eines Inputs usw. Das Modell von Maturana hat zu einer noch deutlich umfangreicheren Fachsprache geführt. Autopoiesis ist dabei die Krönung.

Potenzielle Quellen für Theorien, die helfen, das Verhältnis zwischen digitalen Medien und Nachhaltigkeit zu klären, sind die Soziologie einschließlich der Kommunikationswissenschaften, Philosophie, die Biologie („theoretische Biologie", Precht 2011, S. 303), die Linguistik und nicht zuletzt auch die Informatik, wenn sie sich mit der Beziehung zwischen Mensch und Computer (Human Computer Interaction, HCI) befasst. Im Folgenden soll ein Ansatz weiterverfolgt werden, der tatsächlich aus der Informatik stammt: die Language Action Perspective (Winograd 1986). Sie ist ein Beispiel dafür, wie verschiedene sozialwissenschaftliche Theorien zu einem Bündel zusammengeführt werden, um den Anforderungen an die Erklärungen gerecht zu werden. Daraus ergibt sich auch eine Vorbildfunktion für die konzeptbasierte Interdisziplinarität in den Nachhaltigkeitswissenschaften.

Von Maturana übernehmen Winograd und Flores die Theorie der lebendigen Organisation (Winograd und Flores 1989, Maturana 1985). Maturana begreift das Lebewesen als eine spezielle Maschine. Dies erscheint etwas befremdlich, entspricht aber in der Informatik der Fundierung mit der bereits erwähnten Turing-Maschine. Maturana geht ähnlich vor: Er schlägt ein theoretisches Modell des Lebens vor und nennt diese Maschine eine autopoietische Maschine. Mit dem Begriff der *Autopoiesis* legt er die Organisation dieser Maschine fest. Er schreibt: „Es gibt Maschinen, die eine Anzahl ihrer Variablen konstant oder innerhalb eines begrenzten Wertebereichs halten. Dies muss sich auf solche Weise in der Organisation dieser Maschinen ausdrücken, dass dieser Prozess vollständig innerhalb der Grenzen

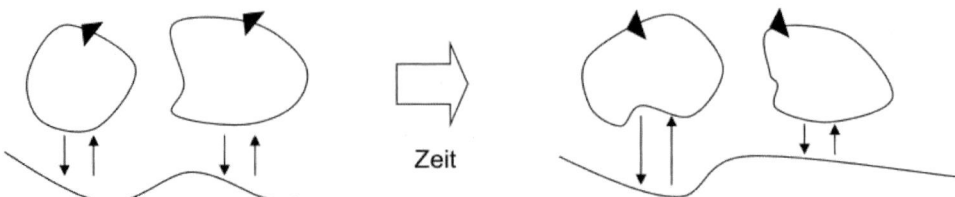

Abb. 10.11 Strukturelle Kopplungen zweier Lebewesen über ein gemeinsam geteiltes Medium (nach dem Vorbild von Maturana und Varela 1990, S. 196)

der durch diese Organisation bestimmten Maschine abläuft" (Maturana 1985, S. 184). Diese Maschine bezeichnet Maturana als homöostatische Maschine. Eine autopoietische Maschine definiert er dann als eine homöostatische Maschine, „die als ein Netzwerk von Prozessen der Produktion (Transformation und Destruktion) von Bestandteilen organisiert (als Einheit definiert) ist, das die Bestandteile erzeugt, welche 1. aufgrund ihrer Interaktionen und Transformationen kontinuierlich eben dieses Netzwerk an Prozessen (Relationen), das sie erzeugte, neu generieren und verwirklichen, und die 2. dieses Netzwerk (die Maschine) als eine konkrete Einheit in dem Raum, in dem diese Bestandteile existieren, konstituieren, indem sie den topologischen Bereich seiner Verwirklichung als Netzwerk bestimmen" (Maturana 1985, S. 184 f.). Maturana schließt direkt, dass „eine autopoietische Maschine durch ihr Operieren fortwährend ihre eigene Organisation erzeugt, und zwar als System der Produktion eigener Bestandteile" (Maturana 1985, S. 185), und hierfür hat er den Begriff Autopoiesis eingeführt. Wichtig zum Verständnis ist auch die unterschiedliche Definition von Organisation und Struktur: Die Organisation muss aufrechterhalten werden, und dies kann durch Verändern der internen Strukturen erreicht werden.

Dieses Maschinenmodell hat Maturana dann auf Lebewesen angewendet und eine ganze Reihe von Schlussfolgerungen gezogen. Er beginnt mit sehr einfachen Lebensformen wie Einzellern und zeigt dann, dass auch auf höheren Stufen das Prinzip nicht durchbrochen wird. Das Modell wird auf mehrzelliges Leben und auf das Operieren des Nervensystems und des menschlichen Gehirns, einschließlich der Herausbildung der zwischenmenschlichen Kommunikation, angewendet (Maturana und Varela 1990) (Abb. 10.11).

Die Theorie der lebendigen Organisation mit dem zugrunde liegenden Modell der autopoietischen Maschine erlaubt dann, das Verhalten eines Lebewesens in seiner Umwelt (Medium) zu erklären. Maturana verwendet dafür den Begriff der strukturellen Kopplung. Lebewesen und Medium gehen eine wechselseitige Beziehung ein, bei der beide – das Lebewesen und das Medium – Strukturveränderungen erfahren: Lebewesen und Medium gehen einen ko-evolutionären Prozess ein.

Daher passt hier der Begriff der Umwelt nicht mehr. Die Analyse muss auch das „Umgebende" einschließen. Stattdessen wird der Begriff des Mediums verwendet. Das Medium wird also nicht als Übertragungsmedium zwischen Sender und Empfänger verstanden, sondern als die gesamte physische Wirklichkeit, die ein Lebewesen umgibt und in der die ko-evolutionären Prozesse zu Strukturveränderungen führen. Dabei kann es durchaus

Überlappungen mit anderen Lebewesen geben. Mehrere Lebewesen teilen sich ein Medium, was eine strukturelle Kopplung der beteiligten Lebewesen zur Folge hat.

Die Theorie der lebendigen Organisation lässt Ableitungen bezogen auf die Computertechnik zu. Die technisch vernetzte Computertechnik entwickelt sich mehr und mehr zu einem wichtigen Bestandteil des Mediums, das die Menschen umgibt. Die physische Wirklichkeit wird mit der Computertechnik um eine neue Ebene bereichert: Speichermedien werden als universell einsetzbare Zustandsräume entwickelt, und Computer können auf diesen Speichern operieren und sie verändern. In einem „universellen" Zustandsraum sind die Zustände unabhängig von der materiellen Basis: darauf, wie sich die Zustände – die Bits und Bytes – materialisieren, als magnetisches Feld auf der Festplatte oder als Kondensatorladung im Hauptspeicher, kommt es für das Operieren des Computers nicht an. Der Personal Computer steht für den Teil des Mediums, den der Mensch exklusiv nutzen kann, das digitale Medium hingegen will gerade die Überlappungen der Medien herstellen, allerdings nicht nur im Sinne der Weiterleitung, sondern auch im Sinne gemeinsam genutzter externer Strukturen: von Datenbanken bis hin zum Wiki und zu Facebook.

Computerspiele als neue Medien
Seit dem Einsatz des Computers als neuer universell einsetzbarer Zustandsraum wird zwischen realer und virtueller Welt unterschieden. Diese Begriffe könnten generell zur Abgrenzung der verschiedenen Zustandsräume dienen, finden aber insbesondere dann Anwendung, wenn die soziale und materielle Wirklichkeit mithilfe der Computertechnik nachgebildet wird. Dies erlaubt dann Repräsentationen von Organisationseinheiten wie Unternehmen oder Verwaltungen, was zum Beispiel für das Management interessant ist. Auch ist es möglich, strukturähnliche Welten zu schaffen. Dies ist dann die Grundlage der Phantasiewelten von Computerspielen. Der Computer erlaubt damit das Schaffen eines „neuen Mediums", in das der Spieler eintauchen kann (Immersion). Dabei operiert er in dem Medium, als sei es die materielle Wirklichkeit. Anfangs sind diese virtuellen Welten vollständig von den Computern simuliert worden, heute stellt man über das Internet strukturelle Kopplungen zwischen Spielern her. Diese Kopplung wird nicht simuliert und macht damit einen Teil der sozialen Wirklichkeit der Spieler aus.

Zwischenmenschliche Kommunikation

Für die hier zu klärende Beziehung zwischen digitalen Medien und Nachhaltigkeit sind insbesondere Menschen interessant, da sie ein Nervensystem und Sprache entwickelt haben. Das Nervensystem erweitert eine lebendige Organisation um universelle interne Zustandsvariablen. Ähnlich wie bei den Bits und Bytes der Computer kommt es auf die materielle Basis nicht an. Das Nervensystem erweitert massiv und universell den internen Interaktionsbereich des Lebewesens. Damit werden nicht-physikalische symbolische Interaktionen zwischen verschiedenen Organismen vorbereitet (Maturana 1985), einschließlich der zwischenmenschlichen Kommunikation.

Bei derartigen strukturellen Kopplungen beziehen sich die Interaktionen zwischen den beteiligten Lebewesen auf die Nervensysteme. Die Beteiligten können diese internen Zustandsänderungen der Anderen allerdings nicht direkt wahrnehmen. Ihre Wahrnehmung ist auf die Inputs und Outputs an der „Oberfläche" beschränkt: sie können nur das Verhalten und Handeln beobachten.

Strukturelle Kopplungen dienen der Theorie zufolge der Erhaltung der Autopoiesis. Das Operieren erfolgt also nicht zufällig, sondern hat eine Orientierung. Bei strukturell gekoppelten Lebewesen kommt es zu einem wechselseitig gekoppelten Operieren, dem Ko-Operieren. Das Ko-Operieren kann durch die Flexibilität und Universalität der Nervensysteme auf zweierlei Weise erfolgen: erstens durch direkte Abstimmung des Verhaltens (Maturana nennt als Beispiel das genetisch vorgegebene Paarungsverhalten) und zweitens durch Abstimmung von Orientierungen. Der erste Fall des Ko-Operierens wird als Interaktion definiert, der zweite als Kommunikation (Maturana 1985). Von besonderer Bedeutung ist im Folgenden der Abgleich von Orientierungen; dieser Prozess ist der Interaktion vorgelagert. Das Wechselspiel selbst wird als Konversation bezeichnet.

Kommunikation mit Automaten und Man-Machine Symbiosis
Bereits 1962 hat Petri seine Dissertation in der gerade neu entstehenden Wissenschaftsdisziplin Informatik mit „Kommunikation mit Automaten" überschrieben (Petri 1962). Diese Überschrift ist bewusst doppeldeutig gewählt. Einerseits bezieht sie sich auf Mensch-Maschine-Interaktionen. In der Theorie der lebendigen Organisation sind die Mensch-Maschine-Interaktionen neuartige strukturelle Kopplungen. Die Neuartigkeit basiert auf den universellen Zustandsräumen des Computers sowie der Fähigkeit zur Symbolmanipulation. Es ist daher bereits zu Beginn des Computerzeitalters über eine „Man-Computer Symbiosis" (Licklider 1960) nachgedacht worden. Ziel ist eine Denkverstärkung des Menschen, insbesondere, wenn man die sich ergebenden konsensuellen Bereiche der symbiotischen Beziehung zu Knoten („Thinking Centers") in einem Netzwerk macht (Licklider 1960, zitiert in Pflüger 2004, S. 373 f.).

Andererseits hat Petri bereits in den 1960er-Jahren erkannt, dass sich die Computertechnik zu einem Medium der zwischenmenschlichen Kommunikation entwickeln wird. Er macht die wesentlichen gesellschaftlichen Auswirkungen nicht am „Rechnen" sondern an der „Kommunikation" fest – eine Sichtweise, die heute plausibel erscheint, seinerzeit aber völlig ungewöhnlich gewesen ist. Das Rechnen ist für ihn ein Spezialfall einer „grundlegenden und einheitlichen Theorie der Kommunikation", die als „theoretisches Fundament für die Informationstechnik" (Schelhove 2004, S. 325) dienen soll.

Wir nennen diese Einheiten orientierender Kopplungen dann Äußerungen, die aus Folgen von Wörtern bestehen und gesprochen werden. Die Art der Orientierung wird in der Äußerung zum Ausdruck gebracht: Fragen werden gestellt, Fragen beantwortet, Befehle erteilt, Zweifel geäußert, Konsens hergestellt usw. Mit jeder Äußerung verbindet sich also auch ein Orientierungsziel, das auch in der Äußerung explizit gemacht wird.

Auf die Tatsache, dass Kommunizieren eine spezielle Form des Handelns ist und nicht nur als Statusäußerung begriffen werden kann, hat Austin in den 1950er-Jahren aufmerksam gemacht (Austin 1962, Austin und Searle 1971).

Der Ansatz ist von Austin und vor allem von Searle zur Sprechakttheorie ausgebaut worden (Searle 1983). Dabei hat die Frage im Vordergrund gestanden, wie die einzelnen Äußerungen zu Konversationen beitragen: das so genannte illokutionäre Ziel. Die Äußerungen sind entsprechend klassifiziert worden, als Behauptungen und Beschreibungen (so sind die konstativen Äußerungen in die Theorie integriert worden), Einstellungen zu Sachverhalten, Anordnungen und Befehle, Versprechungen und Garantien usw. (Winograd und Flores 1989, S. 104; Winograd 1986, S. 205; Habermas 1995a, S. 427 ff.). Man ist dabei also der Frage nachgegangen, welchen Beitrag eine Äußerung zum Erfolg einer Konversation und sich anschließenden Handlungen leistet. Die Anliegen des Sprechers werden mit der Äußerung explizit zum Ausdruck gemacht (das Versprechen, die Feststellung, die Zurückweisung). Die Äußerung wird als illokutionärer Akt bezeichnet (Searle 1983, S. 39 ff.).

▶   **Aufgabe:** Stellen Sie nach dem Vorbild von Searle eine Tabelle mit verschiedenen Klassen von Äußerungen zusammen. Überlegen Sie, wie man die Äußerungen jeweils mit Computern unterstützen kann (so markiert man bei Emails die Antwort auf eine Frage mit „Re"), auch implizit im Kontext (so ist in einem Forum „Wer weiß was?" der erste Forumseintrag implizit eine Frage; es folgen dann Antworten). Andere Muster der Konversation sind denkbar.

Der Sprecher muss aber nicht alle seine eigenen internen Vororientierungen und Anliegen sprachlich zum Ausdruck bringen. Dies kann er machen, weil seine internen Zustände und Operationen Anderen nicht zugänglich sind. Die Anderen können nur das Verhalten einschließlich der Äußerungen wahrnehmen. Die Konversation kann zu Verhaltensweisen führen, die vorher nicht explizit zur Sprache gekommen sind. Diese Effekte werden als perlokutionäre Effekte bezeichnet (Habermas 1995a).

Mithilfe solcher Herleitungen gelingt es, die Prozesse der zwischenmenschlichen Kommunikation zu modellieren. Die Kommunikation ist demnach ein spezieller ko-evolutionärer Prozess, der in komplexen sozialen Bereichen die für eine direkte Ko-Operation notwendige Gleichgestimmtheit erzeugt. Es ergibt sich durch gemeinsame Orientierungen ein sozial strukturierter konsensueller Bereich.

Die Theorie liefert als Schlussfolgerung damit einen Zugang zu einer zentralen Frage in den Sozialwissenschaften: Wie gelingt es den Menschen, gemeinsame Handlungsorientierungen zu entwickeln, über die dann nicht länger gesprochen werden muss, um dann direkt miteinander zu kooperieren bzw. zu interagieren? Die gemeinsamen Orientierungen verdichten sich zu Beschreibungen, Bildern und gleichsam zu Gesetzen. Wie sich daraus allerdings die gegenwärtigen Merkmale fortgeschrittener Industriegesellschaften entwickeln, leitet Maturana aus dem Modell selbst nicht ab. Dies ist aber mit Blick auf eine nachhaltige Entwicklung als gesamtgesellschaftlicher konsensueller Bereich notwendig.

Hierfür kann die Theorie kommunikativen Handelns von Habermas herangezogen werden (Habermas 1995a, b). Habermas diskutiert insbesondere im zweiten Teil seines Grundlagenwerks, wie sich aus Interaktions- und Kommunikationsprozessen soziale Ordnung und soziale Wirklichkeit entwickeln. Zentraler Punkt ist, dass mit der zwischenmenschlichen Kommunikation ein höherer Abstimmungsaufwand verbunden ist als mit bereits abgestimmten Verhaltensmustern, die man dann als Routine bezeichnet. Bei Routine kann der Interaktionsprozess direkt aufgenommen werden.

Dies führt zum Paradox des kommunikativen Handelns. Kommunikation ist dann besonders erfolgreich, wenn sie sich selbst möglichst schnell überflüssig macht (Habermas 1995b). Der effektive Kommunikationsprozess zielt darauf ab, dass sich die Beteiligten in den Kommunikationsprozessen nicht auf ein abgestimmtes Verhalten im Einzelfall verständigen, sondern Verhaltensmuster und Regeln für zukünftige direkte Interaktionen vereinbaren, über die im Anschluss nicht länger gesprochen werden muss. Der Kommunikationsprozess wird dabei nach und nach durch generalisierte Handlungsorientierungen, generalisierte Motiven und systemische Mechanismen (Habermas 1995b) ersetzt.

Kommunikation in gesellschaftlichen Subsystemen

Anfang der 1990er-Jahre sind die Orientierungshandlungen in Bezug auf die Wirtschaft als abgeschlossen betrachtet worden. Es haben sich weitgehend stabile Grundorientierungen herausgebildet. Benannt werden diese mit Marktwirtschaft, Gewinnmaximierung, Effizienz usw. In der Wirtschaft ist so das Operieren erheblich von orientierender Kommunikation entlastet worden. Die stabilisierten generellen Handlungsorientierungen werden, etwa durch das Studium der Wirtschaftswissenschaften, von einer Generation zur nächsten weitergegeben (Berger und Luckmann 2007). Sie stehen nicht zur Disposition.

Der Einsatz der Computertechnik muss folglich keine Beiträge zum Herausbilden von Grundorientierungen leisten. Ein neues Kommunikationsmedium im allgemeinen Sinne ist nicht erforderlich. Vielmehr können die sich herauskristallisierten Mechanismen als Grundlagen für weitere Formalisierung und die Anwendung der Computertechnik genutzt werden. Die IT-Lösungen lassen sich dann optimal an die speziellen Orientierungen, die sich zu Logiken verfestigt haben, anpassen.

In der Wirtschaft kann dann die Frage gestellt werden, inwieweit die Computertechnik das rationale und effiziente Operieren weiter steigern kann. Die Idee ist, dass das Computernetzwerk mit seinen Speicher-, Verarbeitungs- und Weiterleitungsmöglichkeiten das repräsentieren kann: Unternehmen werden im Computer abgebildet. Dieses Abbild erlaubt dann das Nachvollziehen (Vergangenheit) oder das Simulieren (Zukunft) der Prozesse im Unternehmen. Die sich ergebende Datengrundlage umfasst dann auch, zumeist verdichtet zu Kennzahlen, die für das Entscheiden relevanten Zustands- und Prozessgrößen wie Kosten, Kapitalbindung usw. Zugleich kann überlegt werden, ob nicht Teile der Prozesse auf den Computer übertragen werden können.

Hier ergibt sich eine Art Arbeitsteilung: Der Computer sammelt, speichert und verarbeitet möglichst weitgehend Daten. Menschen – als Entscheidungsträger – treffen schließlich rationale Entscheidungen. Der Computereinsatz wird entsprechend charakterisiert: als Managementinformationssystem oder Decision Support System (Keen und Scott-Morton 1978).

Die Orientierungsfunktion der Kommunikation spielt anscheinend keine Rolle mehr, da der Prozess der Orientierung mit dem Entscheidungsprozess vorgegeben ist. Die Kommunikation kann auf den Aspekt des Informationsaustausches reduziert werden. Kommunizieren lässt sich damit als Schritt in das Entscheidungsmodell integrieren: Zustände und Entscheidungen werden anderen Wirtschaftssubjekten mitgeteilt: von der Bilanz bis hin zum Nachhaltigkeitsbericht.

▶   **Aufgabe:** Übertragen Sie das zum Subsystem Wirtschaft Gesagte auf andere gesellschaftliche Subsysteme, etwa auf die Bürokratie. Recherchieren Sie sozialwissenschaftl iche Erkenntnisse und Aussagen zur Bürokratie. Vielleicht beziehen Sie auch die „Grundsätze des Berufsbeamtentums" mit ein, die immerhin im Grundgesetz erwähnt werden.

Gesellschaftliche Erkenntnisprozesse und Ordnungsbildung in der Gesellschaft

In den Nachhaltigkeits- und Umweltwissenschaften werden die Forschungsgegenstände und Erkenntnisse verschiedener Natur- und Sozialwissenschaften zusammengeführt. Da ist es hilfreich zu verstehen, wie sich diese wissenschaftlichen Disziplinen herausgebildet haben.

Mit Blick auf die Forschungsgegenstände der wissenschaftlichen Disziplinen lässt sich beobachten, dass gerade die Sozialwissenschaften mit gesellschaftlichen Subsystemen wie der Wirtschaft, dem Rechtssystem oder der öffentlichen Verwaltung befasst sind (Nachhaltigkeitsmanagement, Umwelt- und Nachhaltigkeitspolitik, Umweltrecht u. Ä.).

Basierend auf den Arbeiten von Max Weber skizziert Habermas die Herausbildung solcher gesellschaftlicher Subsysteme (Habermas 1995b). Eine zentrale Funktion übernimmt dabei – wie auch bei Maturana – die zwischenmenschliche Kommunikation: als fundamentaler Prozess der Neu-Orientierung und des Auskristallisierens gemeinsamer Orientierungen. Erstrecken sich diese Konsensprozesse nach und nach auf große Bereiche der Gesellschaft, bilden sich eben die Subsysteme heraus, in denen dann eine grundsätzliche Verständigung nicht mehr erforderlich ist. Das Interagieren kann weitgehend nach den Regeln erfolgen. Das vollständige Interagieren nach Regeln wird dann in den jeweiligen Subsystemen zum Ideal. Dieses wird in der Ausbildung nachfolgenden Generationen nahe gebracht und Abweichungen als irrational eingestuft. Ergänzende Mechanismen wie in der Wirtschaft das Controlling sollen die Abweichungen minimieren.

Dieser Prozess bezieht sich auch auf Begriffe, mit denen die Orientierungen und Mechanismen bezeichnet werden. Auch ergeben sich bestimmte Formen typischer Interaktionen. Unvorteilhafte Konstellationen werden mithilfe bestimmter „Codes" identifiziert und auf spezifische Weise zur Sprache gebracht. Auch die Umgangsformen werden in einer bestimmten Weise kodiert. So bildete sich in der Wirtschaft beispielsweise die Unterscheidung zwischen dispositiven und ausführenden Tätigkeiten heraus. Mit den dispositiven Tätigkeiten ist das Management befasst. Das Management denkt in bestimmten Bahnen, etwa nach dem Vorbild von Taylor, und verwendet bestimmte Sprachen. Besonders deutlich sind diese Prozesse der sprachlichen Entwicklung auch im Rechtssystem. Die Fachsprachen haben zum Ziel, die Regeln und Mechanismen unmissverständlich zu machen, entsprechend grenzen sie sich zunehmend von der auf Gleichgestimmtheit, Flexibilität und entsprechende Unschärfe angelegten universellen Umgangssprache ab.

Problematisch für solche zunehmend fest gefügten und kleinteiligeren Regelsysteme ist der Wandel. Die Frage ist, was passiert, wenn die Regeln nicht mehr passen:

- Was passiert, wenn bestimmte, veränderliche Zustandsgrößen des Mediums von den Regeln nicht erfasst werden. Das ist zum Beispiel beim Umweltschutz der Fall, der lange Zeit nicht als fundamentales Prinzip des Wirtschaftens verankert gewesen ist.
- Was passiert, wenn die Reichweite struktureller Kopplungen erheblich zunimmt. Das wird gegenwärtig unter dem Stichwort Globalisierung diskutiert.
- Was passiert, wenn die Gesellschaft durch große universelle externe Zustandsräume einen grundsätzlich neuen Charakter bekommt? Das ist gegenwärtig zu beobachten, wenn von Informations-, Wissens- oder Mediengesellschaft gesprochen wird.
- Was passiert, wenn bestimmte sich wandelnde Zustandsgrößen bislang gar keine Rolle gespielt haben? Das ist bei den globalen Umweltveränderungen sowie der Verknappung von Rohstoffen und fossilen Energieträgern der Fall. Dann wird man versuchen, diese über ein Grundprinzip einzubeziehen. Dies ist aber erst der Anstoß eines gesellschaftlichen Verständigungsprozesses. Die Definition einer nachhaltigen Entwicklung durch die Brundtland-Kommission kann als ein solcher Anstoß begriffen werden.

Winograd und Flores betonen die Bedeutung und Chancen solcher „Breakdowns" (Winograd und Flores 1989, S. 69 ff.). Immer tritt in solchen Fällen eine Situation ein, bei der man auf die bewährten Regeln nicht zurückgreifen kann. Kommunikatives Handeln wird wieder erforderlich. Man ringt um gemeinsame neue Orientierung. Breakdowns müssen nicht immer (drohende) große Katastrophen sein. Sie können grundsätzlich bei allen Strukturänderungen der Medien auftreten: Auftreten des Computers in der Wirtschaft, neue Formen der Wertschöpfung in anderen Ländern bei zunehmender Globalisierung usw. Auch das Einleiten einer nachhaltigen Entwicklung kann vor Ort zu Breakdowns führen: neue Labels auf den Produkten (Carbon Footprint), neue Berichtspflichten (Sustainability Report) usw.

▶ **Aufgabe:** Entwickeln Sie eine Dramaturgie für eine Mode auf dem Gebiet der nachhaltigen Entwicklung. Den Ansatz können Sie frei wählen. Strukturieren Sie die Mode im zeitlichen Ablauf (Phasen). Überlegen Sie, welche „Gestaltungsmuster" für Kommunikationsprozesse auf dem Gebiet der nachhaltigen Entwicklung diskutiert werden. Ordnen Sie diese den Phasen zu.

Auf längere Sicht ergibt sich eine zyklische, durch Störungen angestoßene Pendelbewegung in den gesellschaftlichen Subsystemen: Das Alte steht in Frage, Neues wird vorgeschlagen, erlernt, diskutiert, erprobt und bei Erfolg in neue Regeln überführt.

Nachhaltige Entwicklung ist, obwohl es sich auf die materiellen Medien bezieht, kein Organisationsprinzip der materiellen Umwelt. Es könnte eine fundamentale Handlungsorientierung sein, die dann eine starke Verknüpfung mit der materiellen Umwelt aufweist. Dabei kanalisiert Nachhaltigkeit als Prinzip das Operieren der Gesellschaft in der materiellen Umwelt.

Einen Ausgangspunkt hierzu bildet die Definition der nachhaltigen Entwicklung von der sog. Brundtland-Kommission. Diese weist einerseits Grundübereinstimmungen mit der Autopoiesis auf: die materielle und symbolische Umwelt soll auf eine Weise in einem Gleichgewicht gehalten werden, dass die Autopoiesis der Gesellschaftsmitglieder gewährleistet werden kann. Man kann also Nachhaltigkeit auch als eine Relation zwischen materiellen und symbolischen Medien auffassen. In den universellen Zustandsräumen des Menschen und des Computers kann gegen diese Relation verstoßen werden; es muss dann aber klar sein, dass es sich um Phantasiewelten handelt. Bei den Computerspielen ist dies offensichtlich, auf problematische Grundannahmen des Wirtschaftens wie das grenzenlose Wachstum haben die „Grenzen des Wachstums" (Meadows et al. 1972) aufmerksam gemacht.

Ein Problem ergibt sich andererseits daraus, dass das Gleichgewichtsprinzip die Lebensspanne der Beteiligten überschreitet. Irreversible Strukturveränderungen zulasten zukünftiger Generationen könnten sich als vorteilhaft für die gegenwärtige Generation erweisen. So ist es kein Zufall, dass sich etwa die Prognosen von Klimamodellen auf die Lebenserwartung der gegenwärtigen Generation beziehen.

Vom Charakter her kann die nachhaltige Entwicklung also als ein Kandidat für eine generalisierte Handlungsorientierung begriffen werden. Sie würde dann das weitere Orientierungshandeln kanalisieren. Allerdings ist sie derzeit lediglich als ein Orientierungsvorschlag zu verstehen. Daraus folgt, dass die nachhaltige Entwicklung als Prozess am Anfang steht: am Anfang einer Orientierungs- und Transformationsphase. Es geht in der Transformationsphase darum, mit der nachhaltigen Entwicklung einen neuen Grundkonsens in der Gesellschaft zu verankern. Erst wenn dies gelungen ist, kann die nachhaltige Entwicklung in eine zweite Phase treten, in der nachhaltige Entwicklung als gesellschaftliche Routine ausgefeilt und umgesetzt wird.

Bezogen auf das Verhältnis von neuen Medien und Nachhaltigkeit ergeben sich zwei wesentliche Fragestellungen: (1) In Transformationsphasen, in denen sich die Veränderungen vollziehen, spielt die zwischenmenschliche Kommunikation als grundlegendes Orientierungshandeln eine zentrale Rolle. Wie können digitale Medien die Kommunikation in den Transformationsphasen unterstützen? (2) Die Transformationsphase muss darauf ausgerichtet sein, sich möglichst schnell zu überwinden, um die mit der sprachlichen Verständigung einhergehende erhöhte Komplexität schrittweise wieder zu reduzieren (Habermas 1995b). Die Frage ist in Bezug auf den Einsatz der digitalen Medien dann die nach der Effektivität.

Entwicklung digitaler Medien

In diesem Abschnitt soll zunächst eine Vorstellung digitaler Medien im engeren Sinne entwickelt werden. Dabei wird sich erweisen, dass eine entscheidende Eigenschaft das digitale Medium von anderen Medien abgrenzt: Der Computer ist die erste Maschine, die auf den externen Symbolfolgen operieren und diese verändern kann. Die Definition der Turing-Maschine deutet dies bereits an: Das Programm bearbeitet mit dem Lese-/Schreibkopf das aus Symbolfolgen bestehende Band.

Zunächst ist es schwierig gewesen, das Operieren auf diesen symbolischen Artefakten zu externalisieren. Das betrifft etwa das Kopieren und Weitergeben. Dies ist insbesondere für das Bereichern der sich überlappenden Zustandsräume wichtig, damit verschiedene Lebewesen strukturelle Kopplungen über die Medien eingehen können: symbolische Interaktionen und symbolische Kommunikation. Fortschritte sind in dem Bereich der Buchdruck, die Schallplatte, das Tonband, das Telefonkabel und die Funktechnik gewesen.

Hierbei handelt es sich allerdings um spezielle Formen des Operierens. Operationen wie das Vervielfältigen und Weiterleiten beziehen sich nicht auf das Gefüge von Symbolen und damit nicht auf eine Modifikation der symbolisierten Zustandsgrößen. Vielmehr ist das Operieren auf das Verhältnis von symbolischem und materiellem Artefakt gerichtet. Mal wird das materielle Artefakt kopiert (Buchdruck), mal wird es gewechselt (Funk). Bedeutungen der Inhalte spielen für das Operieren keine Rolle.

Erst die Computertechnik als externe Maschinerie operiert auf den Symbolen selbst. Man bezeichnet den Computer in der Informatik deswegen auch, ohne es negativ zu meinen, als Symbolmanipulator. Dieses Operieren erfordert eine sichere, flexible und maschinenlesbare Kopplung der Symbolfolgen an die materielle Basis: Speicher in unterschiedlicher Form und Größe, je nach möglicher Veränderungsgeschwindigkeit und Stabilität der Speicherung. Medien wie die Tontafel oder das Buch sind denkbar ungeeignet. Veränderbare Magnetfelder von Metallflächen sind da schon wesentlich flexibler.

Damit nicht aus einer 5 eine 6 wird oder aus einer 3 eine 8, muss dafür Sorge getragen werden, dass Symbole auch sicher erkannt werden können. Zwar werden auf der untersten Ebene der materiellen Speicherung keine Bits und Bytes abgespeichert, sondern Magnetfelder erzeugt oder Kondensatoren aufgeladen. Verschiedene Zustände sind aber sehr sicher voneinander abgrenzbar (0 V bedeutet eine „0“, 5 V bedeutet eine „1“, so dass man auch eine Spannung von 0,25 V noch der „0“ und 4,5 V der „1“ zuordnen kann). Diese Zuordnung zu einer einfachen Menge an Basissymbolen bezeichnet man dann als Digitalisierung. Mächtigere Symbole werden dann aus den Bits als Bitfolgen zusammengesetzt, bis hin zu Zahlen und Schriftzeichen. Medien, die dem Operieren des digitalen Computers zugänglich sind, werden daher oft auch als digitale Medien bezeichnet.

Grundlage des Operierens des Computers bzw. der maschinellen Symbolmanipulation ist dann ein gemeinsames Verständnis darüber, was das externe Operieren bewirken soll. Am Anfang der Computerentwicklung bestand ein großes Interesse daran, für den Menschen besonders mühsame und fehlerträchtige Operationen auf Symbolfolgen zu externalisieren: das Rechnen mit Zahlen. Dahinter verbirgt sich bereits eine Abstraktions- und Orientierungsleistung: Konkrete Sachverhalte werden gemeinsam dekontextualisiert und zu „abstrakten Informationen“ (Broy 1992, S. 3), zu Zahlen, mit denen gerechnet werden darf.

Bereits in der Schule lernen wir, wie man sich schrittweise dem Berechnungsergebnis auf der Basis von Grundoperationen (z. B. Kopfrechnen) nähert: Addition, Subtraktion, Multiplikation und Division großer Zahlen, Wurzeln ziehen usw. Mit Textaufgaben werden der Prozess der Abstraktion und das Gewinnen abstrakter Informationen trainiert. Für das dann ermöglichte Operieren auf den abstrakten Informationen wird der Begriff Algorithmus verwendet: Operationsfolgen, die auch Zyklen mit Abbruchkriterien enthalten dürfen, werden aus einer kleinen Menge elementarer Operationen zusammengesetzt (Bauer und Goos 1982). Die elementaren Operationen werden im Computer von der CPU („Central Processing Unit“) zur Verfügung gestellt.

Algorithmus
„Ein Algorithmus ist eine präzise, d. h. in einer festgelegten Sprache abgefasste, endliche Beschreibung eines schrittweisen Problemlösungsverfahrens zur Ermittlung gesuchter Größen aus gegebenen Größen, in dem jeder Schritt aus einer Anzahl ausführbarer eindeutiger Aktionen und einer Angabe über den nächsten Schritt besteht“ (Pomberger 1999, S. 517).

Im Zusammenhang mit der hier präsentierten Theorie der lebendigen Organisation ergeben sich zwei Fragenkomplexe: Wie gelingt es überhaupt, Algorithmen zu schreiben, die sich gebrauchstauglich in soziale Kontexte einfügen? Die zweite Frage bezieht sich auf die Fortentwicklung analoger Medien zu digitalen: Was kommt entscheidend hinzu?

1. *Symbolmanipulation:* Das Operieren des Computers auf abstrakten Informationen kann als ein Ergebnis von Orientierungs- bzw. Kommunikationsprozessen der Beteiligten begriffen werden. Petri spricht von dem Ziel eines „verabredungstreuen Umgangs mit Dokumenten" (Petri 1983, S. 43, zitiert in Schelhowe 1997, S. 132). Perfekte Software ist ein gedachter Grenzwert eines Orientierungsprozesses, und es muss genau dieser Prozess selbst als effektiver in Bezug auf das Ziel gestaltet werden. Die Orientierungshandlungen müssen so lange fortgesetzt werden, bis das Operieren auf die Computer übertragen werden kann. Dieser gemeinsame Prozess der Dekontextualisierung und Abstraktion wird als Formalisierung bezeichnet. Die sich ergebenden abstrakten Informationen können mithilfe von Symbolfolgen extern repräsentiert und mit dem Computer bearbeitet werden.

   Die Beteiligten sind mit zwei ineinander greifenden Herausforderungen konfrontiert. Zum einen ist das Orientierungshandeln grundsätzlich ein offener Prozess, was die Planung des Prozesses erschwert. Immerhin kann man in vielen Fällen auf stabilen gemeinsamen Handlungsorientierungen aufbauen, etwa in der Wirtschaft oder in der Verwaltung. Dann kann man den Orientierungsprozess vereinfachen (Anforderungsanalyse, Floyd und Züllighoven 1999, S. 775). In anderen Fällen fehlen die Orientierungen.

   Zum Zweiten wird die operierende Maschine selbst zu einer Komponente des Mediums, was die strukturellen Kopplungen verändert. Floyd spricht von „artefaktbezogenen Handlungsräumen" (Floyd 2002, S. 20 f.): das Nutzen des Computers führt zu neuen Ideen, was man mit ihm sonst noch alles machen kann. Zusammen mit der leichten „Verformbarkeit von Software", also der universellen Auslegung der Zustandsräume und der Operationen, führt das dazu, dass Software nie fertig wird.

   Heute werden aus den zwei Gründen zunehmend zyklische Prozessmodelle diskutiert (Floyd und Züllighoven 1999, S. 777 ff.). In diesen ist es möglich, neue Orientierungen und sich wandelnde Medien, nicht zuletzt durch die Software selbst, im nächsten Durchlauf zu berücksichtigen. Man spricht in dem Zusammenhang auch von so genannten Agility-Ansätzen wie „Extreme Programming" (Beck 2000).

2. *Verwaltung von Content:* Das Operieren von Computern auf Symbolfolgen führt nicht zwangsläufig zur universellen Symbolmanipulation und zum Rechnen. Nicht jede Symbolfolge muss bearbeitet, verändert oder ausgewertet werden. Der Computer kann sie auch einfach nur speichern (auf der Festplatte oder einem USB-Stick), mit einem neuen materiellen Medium verknüpfen (Brennen auf CD) oder weiterleiten (per Email). Damit erweitert der Computer die Möglichkeiten alter Medien und stellt insbesondere einen universellen Container bereit: für Gesprochenes, Musik, Fotos, Videos und Texte. Hierbei ist es nicht erforderlich, dass ein Konsens über den Inhalt hergestellt wird, der

durch die Formalisierung zu einer maschinellen Bearbeitung der Inhalte führt. Für den Computer ist ein Foto nur eine Pixelfolge, eine Email nur eine Folge von Zeichen. Dies führt zu einer Klasse von Software, die hohe gesellschaftliche Bedeutung erlangt hat: seit Mitte der 1990er-Jahre Email, WWW oder Chat, aktuell aber auch Twitter und Facebook. Wenn von neuen Medien gesprochen wird, dann ist diese Klasse an Software und diese spezielle Form des Operierens der Computer gemeint.

Dadurch, dass ein vorgelagerter Formalisierungsprozess diesen Zustandsfolgen gerade nicht zugrunde liegt, wir sprechen von Content, ergibt sich eine spezifische Flexibilität: Diese Klasse von Software kann für strukturelle Kopplungen genutzt werden, die in der Theorie der lebendigen Organisation als Kommunikation bezeichnet werden. Das Computernetz wird zu einem digitalen Medium der zwischenmenschlichen Kommunikation. Nach der Definition des Mediums in der Theorie der lebendigen Organisation ergibt sich, dass die gesamte Computertechnik als digitales Medium definiert werden kann. Hier haben wir es mit einer speziellen Klasse zu tun. Im Zweifel soll daher im Folgenden vom digitalen Medium im engeren Sinne gesprochen werden.

Winograd und Flores haben in den 1980er-Jahren überlegt, wie man Menschen in Kommunikationsprozessen optimal unterstützen kann (Winograd und Flores 1989). Das Ziel besteht darin, dass die Konversationen mit möglichst wenig Aufwand – effektiv – zur Kooperation führen. Winograd spricht von „Conversation for Action" (Winograd 1989, S. 206), die es mithilfe digitaler Medien zu unterstützen gilt. Der Vorteil liegt darin, mehr Kommunikation zu ermöglichen, das Verhältnis also zwischen Kommunikationsprozessen und auf Handlungsorientierungen basierenden nicht-sprachlichen Interaktionen zugunsten der Kommunikation zu verschieben. Wie später noch zu diskutieren sein wird, ist dies gerade in Bezug auf eine nachhaltige Entwicklung eine wesentlicher Aspekt.

Insgesamt ergibt sich das Bild, dass Computer, als digitale Medien, zwar auf neue Art und Weise Content speichern und weiterleiten können, sie auf die Weise neuartige Überlappungen der Medien der Beteiligten zur Verfügung stellen, im Grunde aber keinerlei Zugang zum Content haben. Eine solche Einschränkung kann als unbefriedigend angesehen werden. Beispielsweise kann der Computer zwar den Content nach bestimmten Zeichenfolgen durchsuchen, „verstehen" kann er aber nicht, was gesucht wird. Die Suche führt dann zu inhaltlich falschen Treffern, weil die Zusammenhänge nicht verstanden werden. Es wird überlegt, ob man daran etwas ändern kann.

Tatsächlich ermöglicht der Übergang vom analogen zum digitalen Medium erstmals das Operieren einer Maschine auf den Symbolfolgen selbst: die Symbolmanipulation. Es haben sich in diesem Zusammenhang zwei Strategien herausgebildet:

1. Man versucht, den Content dann doch maschinell zu interpretieren. Dies würde beispielsweise ermöglichen, Texte maschinell zu übersetzen. Eine andere Möglichkeit wäre die semantische Suche. Man könnte die Suche auch gleich zur Problemlösung weiterentwickeln, wie im Falle von Wolfram Alpha, (http://www.wolframalpha. com/, so bestimmt die Suchmaschine zur Eingabe „$x^2-3\times x+2$" auch gleich noch

die Nullstellen). Die Suche würde sich etwa auf eine Lösung eines mathematischen Problems beziehen. Denkbar wäre dann auch, einen computerbasierten Sekretär zu programmieren, der dann Dienstreisen bucht, Emails einer ersten Sichtung unterzieht usw. Man spricht von intelligenten Agenten.

2. Man nutzt das Umfeld des nicht interpretierten Contents, also das Umgehen des Menschen mit dem Content und das damit zusammenhängende Generieren weiteren Contents. Es wird versucht, aus der strukturellen Kopplung von Mensch und Computer neue Zustandsvariablen abzuleiten. Dies erfolgt durch Analyse der Prozesse und Teilformalisierung des Nutzungskontextes. So kann man die Verlinkung der Webseiten zählen, was die Wertschätzung für die Webseite ausdrückt. Man kann die Freundeslisten in Facebook auswerten usw.

Das Verfolgen, Speichern und Auswerten des Benutzerverhaltens wird kritisch diskutiert. Hier tritt in spezieller Form auf, was in der Sprechakttheorie als perlokutionärer Effekt bezeichnet wird: Interne Strukturen und Orientierungen müssen in Interaktions- und Kommunikationsprozessen nicht explizit gemacht werden. Wir können nur das Verhalten beobachten. Man fragt sich, welche verdeckten Algorithmen zum Einsatz kommen, wenn ich bei einem Freund einen Eintrag kommentiere oder meine Lieblingsmusik angebe. Was macht Google mit meiner Suchanfrage und dem Klick auf ein Suchergebnis? Wenn also strukturelle Kopplungen mithilfe von Algorithmen und Zustandsvariablen auf den Computern der Benutzer („Cookies") verdeckt verfolgt werden: Wer hat Zugriff auf die Auswertungen? Wer nutzt sie? Während also die digitalen Medien neue strukturelle Kopplungen in Verbindung mit Symbolspeichern ermöglichen, geht der Beteiligte zugleich eine verdeckte strukturelle Kopplung mit dem Anbieter des Mediums ein.

Der Zusatznutzen der Symbolmanipulation ist grundsätzlich als positiv einzustufen: Unsere symbolische Umwelt nimmt an Vielfalt zu. In Bezug auf eine nachhaltige Entwicklung könnten die intelligenten Agenten Aspekte der Nachhaltigkeit einbeziehen, eben beim Buchen von Reisen, beim Einkauf von Büromaterial usw. Wir werden im Folgenden sehen, dass gerade die Teilformalisierung von Content eine spezifische Kontextualisierung der digitalen Medien ermöglicht.

Digitale Medien und nachhaltige Entwicklung

Bezogen auf eine nachhaltige Entwicklung verbindet sich mit den digitalen Medien im weiteren Sinne eine Reihe von Potenzialen. Dabei ist zwischen den beiden Phasen einer nachhaltigen Entwicklung zu unterscheiden. In der zweiten Phase kann die Rolle des Computers mit der gegenwärtig in der Wirtschaft verglichen werden: Die Handlungsorientierungen und systemischen Mechanismen sind stabilisiert. Sie dienen als Grundlage der weiteren Formalisierung: Datenverarbeitung für nachhaltige Entwicklung mit dem Zweck der Sicherung der Rationalität (Controlling). Vorarbeiten für diese Phase liegen bereits vor: Umweltinformationssysteme mit einem Nachhaltigkeitsschwerpunkt.

In der ersten Phase hingegen gilt es überhaupt erst, Nachhaltigkeit als generalisierte Handlungsorientierung argumentativ zu stützen und für entsprechende Kommunikationsprozesse die notwendigen digitalen Medien zur Verfügung zu stellen, wobei hierbei die digitalen Medien im engeren Sinne gemeint sind: Computernetze als neue Medien der zwischenmenschlichen Kommunikation. Dabei rücken die gekoppelten Orientierungshandlungen von Menschen in den Vordergrund, und es stellt sich die Frage, wie dafür der Möglichkeitsraum erweitert werden kann. Hierbei rücken verschiedene Entwurfsleitbilder und -muster in den Blick: Email, Chat, Foren, Wikis, soziale Netzwerke usw.

Nachhaltige Entwicklung befindet sich in der Transformationsphase, in der noch keine Routine und Normalität gegenwärtig sind. Die Computerunterstützung sollte hierauf Rücksicht nehmen und die Entwicklungsleitbilder für IT-Lösungen entsprechend ausrichten. Das bedeutet konkret gemäß der bereits eingeführten Einteilung des Computers als Medium:

Die Computertechnik erweitert auf neuartige Weise den Zustandsraum der die Lebewesen umgebenden Medien. Dies wird durch universelle und schnelle Speichertechniken ermöglicht. Dieser neue Zustandsraum hat mittlerweile eine gigantische Größe angenommen. Computertechnik kann die Gesellschaft dabei unterstützen, die Wissensbasis zur Nachhaltigkeit weiter auszubauen. Hierzu hat es bereits eine ganze Reihe von Anstrengungen gegeben. Von besonderer Bedeutung ist, dass eine solche interdisziplinäre Wissensbasis weder eindeutig einer wissenschaftlichen Disziplin noch einem gesellschaftlichen Subsystem zuzuordnen ist. Es muss sich um eine gleichsam mehrsprachige Wissensbasis handeln, welche die Sprache der Wirtschaftswissenschaften, des Rechtssystems, der Soziologie, der Chemie, der Physik usw. sprechen muss, um anschlussfähig zu sein. Zusätzlich bildet sich eine eigene Sprache der Nachhaltigkeit heraus: Vom Syndrom bis zum Life-Cycle von Produkten und Dienstleistungen.

Eine besondere Bedeutung in der eben skizzierten Wissensbasis haben Datenbanken, die Datensätze enthalten, welche der maschinellen Interpretation zugänglich sind. Solche Daten ermöglichen nicht nur Verwalten, Suchen und Darstellen des externalisierten Wissens. Der Computer kann auf ihnen selbst operieren. Solche Daten mithilfe der Computertechnik zu nutzen, ist Aufgabe der Umwelt- oder Nachhaltigkeitsinformationssysteme. Diesen Informationssystemen liegen verschiedene Modellbildungs- und Simulationsansätze zugrunde. Der Nutzer solcher Systeme wird gewöhnlich als Entscheidungsträger bezeichnet. Die Analyse zeigt, dass der Entscheidungsträger eher in der zweiten Phase auf den Plan tritt. In der ersten haben die Systeme eine andere Funktion: Sie liefern Argumente in den Kommunikationsprozessen.

Dies hat erheblichen Einfluss auf die Gestaltung der IT-Lösungen. Man bezeichnet diese Klasse als Werkzeuge bzw. Tools: a) Sie werden für den Einzelfall eingesetzt, so dass eine weitgehende Automatisierung kaum Sinn macht. Ansonsten wäre dies ein Indiz für den Übergang in die zweite Phase. b) Wichtig ist die sprachliche Passung: Wie werden die Argumente visualisiert? Welche Begriffe sind dabei zu verwenden? Wie passt sich dies in etablierte Konversationsmuster wie zum Beispiel den Monolog (sprich Powerpoint-Präsentation in einem Meeting) ein? Wie muss wiederum dieser aufgebaut sein?

Das mittlerweile weltweite Computernetz ermöglicht neuartige Überlappungen hinsichtlich der externen universellen Symbolspeicher. Symbolfolgen können kopiert, gespeichert und weitergeleitet werden. Es steht ein digitales Medium im engeren Sinne zur Verfügung, das frühere Grenzen an Raum und Zeit aufhebt. Regelmäßig tauchen in den letzten Jahren neue Gestaltungsmuster für diese digitalen Medien auf: Foren, Twitter, Facebook usw. Der Erfolg der Angebote richtet sich weniger nach der Funktionsvielfalt, sondern eher nach der Reichweite potenzieller struktureller Kopplungen. Die Frage ist nicht: Welche Funktionen bietet Facebook? Sondern: Wer ist alles in Facebook? Die potenziellen strukturellen Kopplungen, die ein soziales Netzwerk wie Facebook bietet, werden als so wichtig eingestuft, dass sie die Angst vor verdeckten strukturellen Kopplungen mit dem Plattformanbieter überwiegen.

Metaphern der Computernutzung

Die Formen der Computernutzung werden oft mit Metaphern charakterisiert. Derzeit haben sich drei Metaphern herausgebildet: der Computer als Automat, der Computer als Werkzeug und der Computer als Medium.

Der *Computer als Automat* setzt die Industrialisierung im Büro fort. Die Maschinen und das Fließband haben in der Produktion zu erheblichen Effizienzsteigerungen geführt. Dabei werden Tätigkeiten, die früher Menschen durchgeführt haben, von Maschinen ausgeführt. Der Mensch als Arbeitskraft wird durch die Maschine ersetzt. Das Ideal ist die Vollautomation der Produktion. Dies ist bis in die 1970er-Jahre hinein im Büro nicht möglich gewesen. Seit der Verfügbarkeit der Computertechnik wird auch versucht, Büroarbeit zu automatisieren. Das betrifft dann Routinearbeiten wie die Abwicklung von Bestellungen, die Finanzbuchhaltung usw. So ist auch das aktuelle „Thema" der Geschäftsprozessmodellierung dem Automatisierungsleitbild zuzuordnen. Die Automatisierung wird nach und nach auch ein wichtiger stabilisierender Aspekt einer nachhaltigen Entwicklung sein (nachhaltigkeitsbezogenes Rechnungswesen u. Ä.). Der Automatisierung sind ökonomische Grenzen gesetzt, weil sich die Automatisierung von Einzelfällen nicht lohnt. Mit anderen Worten: Automatisierung setzt Routine voraus. Es verbleibt eine Formalisierungslücke.

Der *Computer als Werkzeug* will die Fähigkeiten des Menschen nicht ersetzen, sondern verstärken. Dies betrifft etwa das Verwalten von Emails, das Schreiben von Briefen und Texten, das Halten von Vorträgen usw. Texte und Folien bilden einen geordneten Zustandsraum (das Material), der mithilfe des Werkzeugs bearbeitet werden kann. Das Werkzeug erweist sich als wesentlich flexibler als der Automat, weil das Werkzeug das, was es bearbeitet, nicht „verstehen" muss. So muss die Textverarbeitung die Inhalte der Texte nicht verstehen, das Präsentationsprogramm nicht die Botschaften der Präsentationsfolien, … Die Computerwerkzeuge tragen dazu bei, die Formalisierungslücke der Automaten zu schließen.

Der *Computer als Medium* wiederum dient dazu, verschiedene Menschen über den Computer miteinander zu vernetzen. Der Computer nimmt Botschaften entgegen, leitet diese an Zielcomputer weiter; diese begreifen sich als Postfächer, welche die Botschaften direkt an den Empfänger weiterleiten oder zwischenspeichern. Beim Chat werden Sender und Empfänger möglichst direkt und verzögerungsfrei gekoppelt (Vorbild Telefon), bei der Email geht man eher davon aus, dass Sender und Empfänger nicht direkt gekoppelt werden können, so dass die Botschaften zwischengespeichert werden müssen (Vorbild Brief). Man spricht aber auch vom Computermedium, wenn mehrere Menschen gemeinsam Texte bearbeiten und quasi über den gemeinsamen Text miteinander verknüpft sind (Wikis). Soziale Netze haben sich erst nach und nach etabliert. Diese setzen dabei an, dass die heutigen Leben (Arbeit, Freizeit) Spuren im Internet hinterlassen (können): Was mache ich gerade? Was habe ich erlebt? Was geht mir durch den Kopf? Dies wird einem Freundeskreis zur Kenntnis gebracht.

Diese Facetten der Computernutzung können auch als Erweiterung der bereits vorgestellten um eine soziale Dimension begriffen werden:

Die vorgestellte Wissensbasis entwickelt sich zu einer gemeinsamen Wissensbasis. Nach Prinzipien, wie man sie bei Wikipedia findet, stabilisieren sich Faktenlage und Definitionen. Strittiges wird offen diskutiert. Mit Blick auf den Aspekt der Handlung, den insbesondere die Sprechakttheorie betont und kategorisiert, sind die Wissensplattformen lediglich eine spezielle Form: externalisierte Zustandsbeschreibungen.

Die diskutierten Tools entwickeln sich zu Projekten von „Communities". Ein prominentes Beispiel sind die Klimasimulationen, die nur mit erheblichen gesellschaftlichen Anstrengungen möglich sind. Gleichwohl führen auch diese Simulationen zu einer bestimmten Klasse kommunikativen Handelns: wieder zu der einer Zustandsbeschreibung.

Winograd und Flores haben versucht, diese Beschränkung auf Basis der Sprechakttheorie zu überwinden. Sie sind davon ausgegangen, dass die einzelnen Sprechakte in Konversationen eingebunden sind, deren Effektivität durch den Computer unterstützt werden kann. In Ansätzen haben sich diese heute bei den Emails durchgesetzt: Antworten und Weiterleitungen. Es gibt aber keine Instanzen, die Konversationen in Emailsystemen verfolgen und ihre Effektivität im Auge haben. Tatsächlich ist auch die Softwarelösung von Winograd und Flores nicht erfolgreich gewesen.

▶   **Aufgabe:** Wichtige Metaphern der Computernutzung sind Automat, Werkzeug und Medium. Ordnen Sie Beispiele der Computernutzung im Umweltschutz und auf dem Gebiet der nachhaltigen Entwicklung den Metaphern zu.

Auch wenn der Ansatz von Winograd und Flores nicht erfolgreich gewesen ist, so weist er doch ein wesentliches Element auf: die Teilformalisierung. Das Zuordnen von in einer Email enthaltenen Äußerungen zu bestimmten Klassen von Sprechakten bewirkt, dass der Computer diese formalisierten Teile auswerten kann. Beim vorgeschlagenen „Koordinator" (Winograd und Flores 1989, S. 261) werden die mit einem Sprechakt verbundenen

Handlungsanliegen wie Frage, Befehl, Zurückweisung usw. explizit gemacht, ähnlich wie bei der Email Antworten und Weiterleitungen, so dass der Computer den Stand der Konversation verfolgen und mit effektiven Konversationsmustern abgleichen kann.

Materielle Welten & Symbolwelten

Die Computertechnik stellt in der Sprache der Theorie der lebendigen Organisation universelle Zustandsräume zur Verfügung und bereichert so die Medien der Menschen. Diese neuen Symbolwelten können auf verschiedene Weise mit der materiellen Welt verknüpft werden.

Ein Ansatz der Verknüpfung von materieller und symbolischer Welt setzt bei der Industrialisierung und Automatisierung an. Die Automatisierung der Produktion erfordert auch nicht-materielle Schritte wie Berechnungen und flexible Anpassungen (flexible Produktion). Heute werden Produktionsprozesse weitgehend mithilfe der Computertechnik gesteuert. Sensoren und Aktoren spielen eine wichtige Rolle. Die zusätzliche Flexibilität ermöglicht ein universelles Design der Maschinen – bis hin zur Robotertechnik.

Eine weitere Verknüpfung von materieller und symbolischer Welt ist die virtuelle Realität. Die Idee ist, materielle Medien in symbolischen zu rekonstruieren. Die strukturelle Kopplung soll dazu führen, dass man sich in der virtuellen Welt wie in der realen verhält. Virtuelle Welten sind eine wichtige Grundlage der Computerspiele. Erhebliche Computerressourcen werden dazu eingesetzt, die virtuellen Welten „realitätsnah" herzustellen. Insbesondere muss diese Welt berechnet werden.

Bei Augmented Reality wird versucht, symbolische und materielle Welt technisch überlappen zu lassen, so dass die materiellen Medien erweitert werden. Dies kennt man bereits von Beschriftungen, Schildern usw., erfolgt hier aber dynamisch. So kann man Fahrzeuginformationen im Windschutzfenster einblenden lassen, oder ein Videobild einer Kamera wird im Navigationssystem mit dem Kartenmaterial verrechnet. Technische Hilfsmittel wie Brillen werden entwickelt, um die Überschneidungen realisieren zu können.

Mit dem Ambient Computing wird versucht, Alltagsgegenstände mit sich vernetzender Computertechnik auszustatten. So können die Alltagsgegenstände zugleich auch Zugänge zu den Symbolwelten zur Verfügung stellen: Email, Chat, Facebook, Suchmaschinen, Kalender, … Hier werden die Zustände von Räumen universell angereichert und eng mit den materiellen Gegenständen verzahnt. Dadurch ergibt sich eine Allgegenwart der Computer (Ubiquitous oder auch Pervasive Computing). Das Wearable Computing kann als Spezialfall begriffen werden. Kleidung und Computer sind miteinander verschmolzen. Die Mensch-Maschine-Interaktionen erfolgen über Bewegungen sowie erweiterte Sinnesorgane (Hörgeräte und Linsen mit Augmented-Reality-Funktionen).

Hier wird die Formalisierung aus der Theorie selbst abgeleitet. Ein anderer Weg der Teilformalisierung besteht darin, die Teilformalisierung auf den Nutzungskontext zu beziehen. Die Handlungsorientierungen ergeben sich dann implizit aus dem konkreten Kontext. Hier wird der Feststellung Rechnung getragen, dass die universellen Zustandsräume der Computer die Medien bereichern und nicht etwa ersetzen. Eine Teilformalisierung von Content dient also dazu, eine Vernetzung der Medien zu ermöglichen.

Eine solche Teilformalisierung von Inhalten anhand der jeweiligen Kontexte findet man bei verschiedenen erfolgreichen Webanwendungen. Wenn der Zeitbezug wichtig ist, dann werden Datumsangaben formalisiert. Wenn der Raumbezug eine zentrale Bedeutung hat, sind dies die Geokoordinaten usw.

Neben der Formalisierung einfacher Datenstrukturen kann sich die Formalisierung auf Modelle und Simulationen beziehen. Hier ergibt sich eine Schnittstelle zwischen Modellbildung, Simulation und Kommunikation: Modelle als formale Komponenten des konsensuellen Bereichs. Gerade in den Umwelt- und Nachhaltigkeitswissenschaften stellen diese Modelle Bezüge zur materiellen und natürlichen Umwelt her. Durch sie werden Zustände und Prozesse der materiellen bzw. natürlichen Umwelt in den konsensuellen Bereich aufgenommen: durch Stoffstrommodelle, durch Ausbreitungs- und Transportmodelle. Für manche Problemlagen ist die Modellbildung noch Gegenstand der Forschung und nicht verfestigt, etwa bei der Biodiversität, was diese Problemlagen dann weniger „greifbar" macht.

Die Kommunikationsplattform ist dann nicht mehr universell einsetzbar, sondern auf einen bestimmten Nutzungs- und Handlungskontext zugeschnitten. Bei OpenStreetMap (OSM) ist der Handlungskontext das gemeinsame Aufbauen einer Open-Source-Weltkarte, die jedem frei zur Verfügung steht. Beim Geo-Caching ist es das internetbasierte Verstecken und Suchen von kleinen Gegenständen mithilfe von GPS-Geräten. Die Internetplattform zum Geo-Caching enthält dann auch wenige Zustandsbeschreibungen, sondern kann in erster Linie als Sammlung von Handlungsanweisungen begriffen werden: Befehle (Anweisungen zur Suche), Hinweise zu Problemen, Feedback usw.

▶   **Aufgabe:** Überlegen Sie sich ein Projekt auf dem Gebiet der nachhaltigen Entwicklung, etwa eine Einkaufsgemeinschaft für biologisch angebaute Lebensmittel. Es sollen auch digitale Medien eingesetzt werden.
   1. Stellen Sie eine Liste von möglichen Teilformalisierungen zusammen (Datum, Mengen und Beträge, Erfüllen von Gütesiegeln usw.)
   2. Stellen Sie auf der Basis der Klassen von Äußerungen aus der Sprechakttheorie eine Liste Äußerungen zusammen, die explizit oder implizit unterstützt werden sollen: Spezielle Fragen, Zustimmungen

Wenn es um die Frage nach dem Verhältnis zwischen digitalen Medien und nachhaltiger Entwicklung geht, dann deutet sich auch damit eine Kontextualisierung an. Die nachhaltige Entwicklung erweist sich aber als derart weit generalisierte Handlungsorientierung, dass unmittelbar Schritte der Formalisierung nicht abgeleitet werden können. Die Nachhaltigkeit muss auf verschiedene Aktivitätsfelder und Orientierungsprojekte „herunterge-brochen" werden: Pilotprojekte des betrieblichen Nachhaltigkeitsmanagements, Projekte im Rahmen der Bildung für nachhaltige Entwicklung usw. Stets sollte das von der Compu-tertechnik zur Verfügung gestellte Medium nicht nur eines der Zustandsbeschreibungen sein, vielmehr eines, welches das Ko-Operieren und zukünftige Routine effektiv vorberei-tet. Kommunikation sollte als kommunikatives Handeln begriffen werden: Wie gestaltet man die Kommunikationsplattformen nach effektiven Konversationsmustern?

Zusammenfassung

Gesellschaftliche Veränderungen werden gegenwärtig vor allem durch die Entwicklun-gen in der Computertechnik angestoßen. Das verknüpft die Computertechnik mit der nachhaltigen Entwicklung: mit beiden verbinden sich, wenn auch mit unterschiedlichen Ausgangspunkten, neue generalisierte Handlungsorientierungen, in der Computertech-nik als Informations- oder Mediengesellschaft benannt. Bei der Computertechnik bezieht sich der ko-evolutionäre Prozess auf technische Möglichkeiten, die neu, aber bereits in der Welt sind, was dann zu einem rasanten Ausbau und einer Strukturveränderung der Me-dien führt. Einen ähnlichen ko-evolutionären Prozess hat es bereits bei der Industrialisie-rung gegeben – mit massiven Auswirkungen auf die materielle Umwelt: Straßen, Fabriken, Fahrzeuge, aber auch Verbrauch fossiler Energieträger und knapper Ressourcen.

Bei der nachhaltigen Entwicklung bezieht sich der Prozess allerdings nicht auf bereits eingetretene Zustandsänderungen und Erweiterungen, er ist eher auf die in universellen Zustandsräumen möglichen Antizipationen bezogen: auf die Kurven aus den „Grenzen des Wachstums" (Meadows et al. 1972), die Ergebnisse der großen Klimamodelle, den Stern-Re-port. Angestrebt ist also nicht der Umbau der materiellen Umwelt mithilfe technischer Ar-tefakte, sondern genau das Gegenteil: die Gesellschaften sollen sich in materiellen Medien entwickeln können, bei denen eine von den Mitgliedern als wünschenswert erachtete gesell-schaftliche Entwicklung mit den Änderungen der materiellen Umwelt Schritt halten kann.

Hier erweist sich, dass man die mit digitalen Medien und nachhaltiger Entwicklung verknüpften Handlungsorientierungen nicht voneinander isolieren kann. Das führt zur eingangs gestellten Frage, in welchem Verhältnis Computertechnik und nachhaltige Ent-wicklung stehen und mit welcher theoretischen Grundlage das Verhältnis geklärt werden kann. Eine solche Theorie sollte sich auf den Schnittbereich zwischen Mensch und Tech-nik beziehen.

In diesem Kapitel ist vor allem die Theorie der lebendigen Organisation von Maturana herangezogen worden. Grundlage ist ein Maschinenmodell der lebendigen Organisation. Bei der Vorstellung der Theorie werden bereits weitreichende Schlussfolgerungen gezo-gen, die zahlreiche Anschlüsse zu Forschungsfeldern der Nachhaltigkeitswissenschaften bieten. Eine solche Theorie kann daher auch als Grundlage der konzeptbasierten Inter-disziplinarität dienen. Die hier in Frage stehenden digitalen Medien sind insofern nur als ein Beispiel zu sehen. Die Theorie ist auch bereits als Grundlage von Lerntheorien heran-gezogen worden (Schulmeister 2002), insbesondere auch mit Blick auf die Bildung für eine nachhaltige Entwicklung (Siebert 2005).

Ein Theorieangebot kann sich aber nur dann als tauglich erweisen, wenn es auch zu den in Frage stehenden Phänomenen Aussagen liefert. Beispielsweise könnte man bei den digitalen Medien an Theorieangebote denken, die einzig vom Bild des Übertragungsmediums ausgehen. Hier würden dann zwei wichtige Funktionen des Computers ausgeblendet werden: die des Speicherns und die der Symbolmanipulation, die sich nicht auf Kopieren und Weiterleiten nicht interpretierten Contents beschränkt.

Die Theorie der lebendigen Organisation ermöglicht eine ganze Reihe von Erklärungen, welche helfen, die gegenwärtigen und zukünftigen Entwicklungen einzuordnen und Gestaltungsempfehlungen abzuleiten. In einer gestaltungsorientierten Perspektive an der Schnittstelle zwischen Mensch und Technik ist ein solches „Sich-Bedienen" von Theorien typisch. Teils wird dies nicht explizit gemacht, wenn über zugrunde liegende Handlungsorientierungen nicht gesprochen werden muss. In der Wirtschaft heißt das Maschinenmodell dann „Entscheidung". Teils wird die Theoriesuche durch eigene „Breakdowns" angestoßen. Das ist etwa bei Winograd in den 1970er-Jahren bei der Forschung auf dem Gebiet der künstlichen Intelligenz der Fall gewesen. Er ist dann bei einer der zentralen Fragen der Sozialwissenschaften gelandet: Wie handeln Menschen in Gemeinschaft?

Gleichwohl ist das Anwenden einer Theorie kein Beweis für die Theorie, sondern bestenfalls ein Test: Die Anwendung der Theorie falsifiziert die Theorie nicht. Hier wird also nicht der Anspruch erhoben, die einzig gültige Theorie zur Klärung des Verhältnisses zwischen digitalen Medien und nachhaltiger Entwicklung präsentiert zu haben, sie wird vielmehr als „schlüssig" betrachtet: Sie nimmt konsistent die notwendigen Unterscheidungen vor, die wir für Entwicklungsleitbilder und -muster heranziehen können.

Literatur

Adomßent M, Godemann J (2007) Umwelt-, Risiko-, Wissenschafts- und Nachhaltigkeitskommunikation. In: Godemann J, Michelsen G (Hrsg) Handbuch Nachhaltigkeitskommunikation. Grundlagen und Praxis. Oekom, München, S 42–52
Adomßent M, Godemann J (2011) Sustainability communication: an integrative approach. In: Godemann J, Michelsen G (Hrsg) Sustainability communication: interdisciplinary perspectives and theoretical foundation. Springer, Dordrecht, S 27–37
Alemann U von (Hrsg) (1975) Partizipation – Demokratisierung – Mitbestimmung: Problemstellung und Literatur in Politik, Wirtschaft, Bildung und Wissenschaft. Eine Einführung. Studienbücher zur Sozialwissenschaft, Opladen
Arbter K, Handler M, Purker E, Tappeiner G, Trattnigg R (2005) Das Handbuch Öffentlichkeitsbeteiligung. Die Zukunft gemeinsam gestalten. Lebensministerium, Wien
Armitage D (2008) Governance and the commons in a multi-level world. Int J Commons 2(1):7–32
Arnstein SR (1969) A ladder of citizen participation. J Am Inst Plan 35(4):216–224
Asterloh A, Baier C (2003) Theoretische Informatik. Pearson, München
Austin J (1962) How to do things with words. Harvard University Press, Cambridge
Austin J (1971) Performative-constative. In: Searle J (Hrsg) The philosophy of language. Oxford University Press, Oxford, S 13–22
Babiuch WM, Farhar BC (1994) Stakeholder analysis methodologies resource book. National Renewable Energy Laboratory, Colorado
Bauer F, Goos G (1982) Informatik – Eine einführende Übersicht. Springer, Berlin

Beck U (1986) Risikogesellschaft. Auf dem Weg in eine andere Moderne. Suhrkamp, Frankfurt a. M.

Beck K (2000) Extreme programming – Das Manifest. Addison-Wesley, München

Beck U (2007) Weltrisikogesellschaft. Suhrkamp, Frankfurt a. M.

Beierle TC, Cayford J (2002) Democracy in practice. Public participation in environmental decisions. Resources for the Future, Washington

Berger PL, Luckmann T (1966) The social construction of reality: a treatise in the sociology of knowledge. Anchor Books, Garden City

Berger P, Luckmann T (2007) Die gesellschaftliche Konstruktion der Wirklichkeit. Fischer, Frankfurt a. M.

Berkes F, Folke C (2002) Back to the future: ecosystem dynamics and local knowledge. In: Gunderson LH, Holling CS (Hrsg) Panarchy. Understanding transformations in human and natural systems. Island Press, Washington, S 121–146

Berkes F, Colding J, Folke C (Hrsg) (2003) Navigating social-ecological systems. Building resilience for complexity and change. Cambridge University Press, Cambridge

Bignami F (2003) Three generations of participation rights in European administrative proceedings. Administrative procedure in European law. Università degli studi di Roma „La Sapienza"

BMU – Bundesministerium für Umwelt, Naturschutz und Reaktorsicherheit, UBA – Umweltbundesamt (Hrsg) (2010) Umweltbewusstsein in Deutschland 2010. Ergebnisse einer repräsentativen Bevölkerungsumfrage. BMU/UBA, Berlin

Bora A (1994) Grenzen der Partizipation? Risikoentscheidungen und Öffentlichkeitsbeteiligung im Recht. Z Rechtssoziol 15(2):126–152

Brown MB (2006) Survey article: citizen panels and the concept of representation. The J Polit Philos, 14(2):203–225

Broy M (1992) Informatik – Eine grundlegende Einführung. Teil 1. Springer, Berlin

Bulkeley H, Mol APJ (2003) Participation and environmental governance: consensus, ambivalence and debate. Environ Val 12(2):143–154

Busenberg G (2007) Citizen participation and collaborative environmental management in the marine oil trade of coastal Alaska. Coast Manag 35:239–253

Chess C, Purcell K (1999) Public participation and the environment: do we know what works? Environ Sci Technol 33(16):2685–2692

Claus F, Wiedemann PM (Hrsg) (1994) Umweltkonflikte. Vermittlungsverfahren zu ihrer Lösung. Praxisberichte. Blottner, Taunusstein

Cooke B (2001) The social psychological limits of participation? In: Cooke B, Kothari U (Hrsg) Participation: the new tyranny? Zed Books, London, S 102–121

Creighton JL (1981) The public involvement manual. Abt Books, Cambridge

Dahl RA (1994) A democratic dilemma: system effectiveness versus citizen participation. Polit Sci Q 109(1): 23–34

Daniels SE, Lawrence RL, Alig RJ (1996) Decision-making and ecosystem-based management: applying the Vroom–Yetton model to public participation strategy. Environ Impact Assess Rev 16(1):13–30.

De Haan G, Kamp G, Lerch A, Martignon L, Müller-Christ G, Nutzinger HG (Hrsg) (2008) Nachhaltigkeit und Gerechtigkeit. Grundlagen und schulpraktische Konsequenzen. Springer, Berlin

De Witt C (2007) Beiträge der Medientheorie(n) zu einer von Medien gestalteten Nachhaltigkeitskommunikation. In: Godemann J, Michelsen G (Hrsg) Handbuch Nachhaltigkeitskommunikation. Grundlagen und Praxis. Oekom, München, S 175–183

Dienel PC, Renn O (1995) Planning cells: a gate to "fractal" mediation. In: Renn O, Webler T, Wiedemann P (Hrsg) Fairness and competence in citizen participation: evaluating models for environmental discourse. Kluwer Academic Publisher, Dordrecht, S 117–140

Druckman JN, Green DP, Kuklinsky JH, Lupia A (2006) The growth and development of experimental research in political science. Am Polit Sci Rev 100(4):627–635

Dryzek JS (1997) The politics of the earth. Environmental discourses. Hum Ecol Rev 5(1)

Easton D (1965) A systems analysis of political life. Wiley, New York

Elliott MLP (1984) Improving community acceptance of hazardous waste facilities through alternative systems for mitigating and managing risk. Hazard Waste 1(3):397–410

EU (2002) Leitfaden zur Beteiligung der Öffentlichkeit in Bezug auf die Wasserrahmenrichtlinie. Aktive Beteiligung, Anhörung und Zugang der Öffentlichkeit zu Informationen. Endgültige, nach dem Treffen der Wasserdirektoren im November 2002 erarbeitete Fassung, [Übersetzung der englischen Originalfassung] Guidance Document No. 8

Feindt PH (1997) Kommunale Demokratie in der Umweltpolitik. Neue Beteiligungsmodelle. Polit Zeitgesch 47(27):39–46

Fietkau HJ, Weidner H (1994) Mediationsverfahren im Kreis Neuss. In: Claus F, Wiedemann PM (Hrsg) Umweltkonflikte. Vermittlungsverfahren zu ihrer Lösung. Blottner, Taunusstein, S 99–118

Fiorino DJ (2000) Innovation in U.S. environmental policy. Is the future here? Am Behav Sci 44(4):538–547

Fischer F (2006) Participatory governance as deliberate empowerment – the cultural politics of discursive space. Am Rev Public Adm 36:19–40

Floyd C (2002) Developing and embedding autooperational form. In: Dittrich Y et al (Hrsg) Social thinking – software practice. MIT Press, Cambridge

Floyd C, Züllighoven H (1999) Softwaretechnik. In: Rechenberg P, Pomberger G (Hrsg) Informatik-Handbuch. Hanser, München, S 763–788

Folke C (2006) Resilience: the emergence of a perspective for social-ecological systems analyses. Global Environ Chang 16(3):253–267

Folke C, Hahn T, Olsson P, Norberg J (2005) Adaptive governance of social-ecological systems. Annu Rev Environ Resour (30):441–473

Fung A (2006) Varieties of participation in complex governance. Public Adm Rev 66(Special Issue):66–75

Fung A, Wright EO (2001) Deepening democracy: innovations in empowered participatory governance. Polit Polit 29(1):5–41

Godemann J, Michelsen G (Hrsg) (2011) Sustainability communication: interdisciplinary perspectives and theoretical foundation. Springer, Dordrecht

Green DP, Gerber AS (2003) The underprovision of experiments in political science. Ann Am Acad Polit Soc Sci 589:94–112

Gross M, Hoffmann-Riem H (2005) Ecological restoration as a real-world experiment: designing robust implementation strategies in an urban environment. Public Underst Sci 14(3):269–284

Grunenberg, Heiko; Kuckartz, Udo (2007): Umweltbewusstsein. Empirische Erkenntnisse und Konsequenzen für die Nachhaltigkeitskommunikation. In: Gerd Michelsen und Jasmin Godemann (Hg.): Handbuch Nachhaltigkeitskommunikation. Grundlagen und Praxis. Zweite aktualisierte und überarbeitete Auflage. München: ökom, S 197–208

Habermas J (1962) Strukturwandel der Öffentlichkeit: Untersuchungen zu einer Kategorie der bürgerlichen Gesellschaft. Luchterhand, Neuwied

Habermas J (1981) Theorie des kommunikativen Handelns. Suhrkamp, Frankfurt a. M.

Habermas J (1995a) Theorie kommunikativen Handelns. Bd. 1. Handlungsrationalität und gesellschaftliche Rationalisierung. Suhrkamp, Frankfurt a. M.

Habermas J (1995b) Theorie kommunikativen Handelns. Bd. 2. Zur Kritik der funktionalistischen Vernunft. Suhrkamp, Frankfurt a. M.

Hansen A (2011) Communication, media and environment: towards reconnecting research on the production, content and social implications of environmental communication. Intern Commun Gaz 73(1–2):7–25

Heinelt H (2002) Achieving sustainable and innovative policies through participatory governance in a multi-level context: theoretical issues. In: Heinelt H, Getimis P, Kafkalas G, Smith R, Swyngedouw E (Hrsg) Participatory governance in multi-level context. Concepts and experience. Leske + Budrich, Opladen, S 17–32

Heinrich LJ (1999) Grundlagen der Wirtschaftsinformatik. In: Rechenberg P, Pomberger G (Hrsg) Informatik-Handbuch. Hanser, München, S 1019–1033

Heinrichs H (2007a) Kultur-Evolution: Partizipation und Nachhaltigkeit. In: Michelsen G, Godemann J (Hrsg) Handbuch Nachhaltigkeitskommunikation. Oekom, München, S 709–720

Heinrichs H (2007b) Kultur-Evolution: Partizipation und Nachhaltigkeit. In: Godemann J, Michelsen G (Hrsg) Handbuch Nachhaltigkeitskommunikation. Grundlagen und Praxis. Oekom, München, S 715–726

Heuser UJ, Spoun S (2009) Virale Kommunikation. Möglichkeiten und Grenzen des prozessanstoßenden Marketings. Nomos, Baden-Baden

Holzinger K (2000) Limits of co-operation: a German case of environmental mediation. Eur Environ 10:293–305

Hopcroft J, Ullman J (1979) Introduction to automata theory, languages, and computation. Addison-Wesley, Reading

Hübner G (2007) Soziales Marketing. In: Godemann J, Michelsen G (Hrsg) Handbuch Nachhaltigkeitskommunikation. Grundlagen und Praxis. Oekom, München, S 289–298

Hunold C, Dryzek J (2005) Green political strategy and the state: combining political theory and comparative history. In: Barry J, Eckersley R (Hrsg) The state and the global ecological crisis. MIT Press, Cambridge, S 75–96

Jahn T, Schramm E (2006) Wissenschaft und Gesellschaft. In: Becker E, Jahn T (Hrsg) Soziale Ökologie. Grundzüge einer Wissenschaft von den gesellschaftlichen Naturverhältnissen. Campus, Frankfurt a. M., S 96–109

Kastens B, Newig J (2008) Will participation foster the successful implementation of the WFD? The case of agricultural groundwater protection in North-West Germany. Local Environ 13(1):27–41

Keen PGW, Scott-Morton MS (1978) Decision support systems: an organizational perspective. Addison-Wesley, Reading

Kieser A (1996) Moden & Mythen des Organisierens. Dtsch Betr 56:21–36

Kleinhückelkotten S (2005) Suffizienz und Lebensstile. Ansätze für eine milieuorientierte Nachhaltigkeitskommunikation. Berliner Wissenschafts-Verlag, Berlin

Koontz TM (2006) Collaboration for sustainability? A framework for analyzing government impacts in collaborative-environmental management. Sustain Sci Pract Policy 2(1):15–24

Koontz TM, Thomas CW (2006) What do we know and need to know about the environmental outcomes of collaborative management? Public Adm Rev 66:111–121

Koontz TM, Steelman TA, Carmin J, Smith Korfmacher K, Moseley C, Thomas CW (2004) Collaborative environmental management. What roles for government? Resources for the Future, Washington

Kotler P, Lee N (2008) Social marketing: influencing behavior for good. Sage, Thousand Oaks

Kruse L (2007) Nachhaltigkeitskommunikation und mehr: Die Perspektive der Psychologie. In: Godemann J, Michelsen G (Hrsg) Handbuch Nachhaltigkeitskommunikation. Grundlagen und Praxis. Oekom, München, S 111–122

Kruse L (2011) Psychological aspects of sustainability communication. In: Godemann J, Michelsen G (Hrsg) Sustainability communication: interdisciplinary perspectives and theoretical foundation. Springer, Dordrecht, S 69–77

Læssøe J (2007) Participation and sustainable development: the post-ecologist transformation of citizen involvement in Denmark. Environ Polit 16(2):231–250

Lan X, Simonis UE, Dudek DJ (2006) Environmental Governance in China. Report of the Task Force on Environmental Governance to the China Council for International Cooperation on Environment and Development (CCICED)

Lange H (2007) Lebensstile – Der sanfte Weg zu mehr Nachhaltigkeit? In: Godemann J, Michelsen G (Hrsg) Handbuch Nachhaltigkeitskommunikation. Grundlagen und Praxis. Oekom, München, S 162–174

Larsson R (1993) Case survey methodology: quantitative analysis of patterns across case studies. Acad Manag J 36(6): 1515–1546

Layzer J (2008) Natural experiments: ecosystem-based management and the environment. MIT Press, Cambridge

Lehner F, Hildebrand K, Maier R (1995) Wirtschaftsinformatik – Theoretische Grundlagen. Hanser, München

Licklider JCR (1960) Man-computer symbiosis. IRE transactions on human factors in electronics. HFE I(March):4–11

Luhmann N (1986) Ökologische Kommunikation. Kann die moderne Gesellschaft sich auf ökologische Gefährdungen einstellen? Leske + Budrich, Opladen

Luhmann N (1987) Soziale Systeme: Grundriß einer allgemeinen Theorie. Suhrkamp, Frankfurt a. M.

Matthies E (2005) Wie können PsychologInnen ihr Wissen besser an die PraktikerIn bringen? Vorschlag eines neuen integrativen Einflussschemas umweltgerechten Alltagshandelns. Umweltpsychol 9(1):62–81

Maturana H (1985) Erkennen: Die Organisation und Verkörperung von Wirklichkeit. Vieweg, Braunschweig

Maturana H, Varela F (1990) Der Baum der Erkenntnis – Die biologischen Wurzeln des menschlichen Erkennens. Goldmann, München

McGinnis MD (Hrsg) (1999) Polycentricity and local public economies: readings from the workshop in political theory and policy analysis. University of Michigan Press, Ann Arbor

Mead GH (1934) Mind, Self, and Society. University of Chicago Press

Meadows DH, Meadows DL, Randers J, Behrens III WW (1972) Die Grenzen des Wachstums. Bericht des Club of Rome zur Lage der Menschheit. Deutsche Verlags-Anstalt, Stuttgart

Michelsen G (2007) Nachhaltigkeitskommunikation: Verständnis – Entwicklung – Perspektiven. In: Godemann J, Michelsen G (Hrsg) Handbuch Nachhaltigkeitskommunikation. Grundlagen und Praxis. Oekom, München, S 25–41

Michelsen G, Godemann J (Hrsg) (2007) Handbuch Nachhaltigkeitskommunikation. Grundlagen und Praxis. Oekom, München

Minsch J, Feindt PH, Meister HP, Schneidewind U, Schulz T, Tscheulin J (1998) Institutionelle Reformen für eine Politik der Nachhaltigkeit. Studie im Auftrag der Enquete-Kommission „Schutz des Menschen und der Umwelt" des Deutschen Bundestages. Springer, Heidelberg

Newig J (2011) Partizipation und neue Formen der Governance. In: Groß M (Hrsg) Handbuch Umweltsoziologie. VS-Verlag, Wiesbaden, S 485–502

Newig J, Fritsch O (2008) Der Beitrag zivilgesellschaftlicher Partizipation zur Effektivitätssteigerung von Governance. Eine Analyse umweltpolitischer Beteiligungsverfahren im transatlantischen Vergleich. In: Bode I, Evers A, Klein A (Hrsg) Bürgergesellschaft als Projekt. Eine Bestandsaufnahme zu Entwicklung und Förderung zivilgesellschaftlicher Potenziale in Deutschland. VS-Verlag, Wiesbaden, S 214–239

Newig J, Fritsch O (2009a) The case survey method and applications in political science. APSA 2009 Paper. http://ssrn.com/abstract=1451643

Newig J, Fritsch O (2009b) Environmental governance: participatory, multi-level – and effective? Environ Policy Gov 19(3):197–214

Newig J, Fritsch O (2009c) More input – better output: does citizen involvement improve environmental governance? In: Blühdorn I (Hrsg) In search of legitimacy. Policy making in Europe and the challenge of complexity. Barbara Budrich, Opladen, S 205–224

Oels A (2003) Global discoure, local struggle. Die Rekonstruktion des Lokalen durch Lokale-Agenda 21-Prozesse. In: Döring EM, Engelhardt GH, Feindt PH, Oßenbrügge J (Hrsg) Stadt – Raum – Natur. Die Metropolregion als politisch konstruierter Raum. Hamburg Univ. Pr, Hamburg

Ostrom V, Tiebout CM, Warren R (1961) The organization of government in metropolitan areas: a theoretical inquiry. Ame Polit Sci Rev 55(4):831–42

Pahl-Wostl C (2009) A conceptual framework for analysing adaptive capacity and multi-level learning processes in resource governance regimes. Global Environ Chang 19(3):354–365

Pellizzoni L (2003) Uncertainty and participatory democracy. Environ Value 12(2):195–224

Petri CA (1962) Kommunikation mit Automaten. Schriftenreihe des Instituts für Instrumentelle Mathematik, Bonn

Petri CA (1983) Zur „Vermenschlichung" des Computers. GMD-Spiegel 1983(3/4):42–44

Pflüger J (2004) Konversation, Manipulation, Delegation: Zur Ideengeschichte der Interaktivität. In: Hellige HD (Hrsg) Geschichten der Informatik. Springer, Berlin

Pomberger G (1999) Prozedurorientierte Programmierung. In: Rechenberg P, Pomberger G (Hrsg) Informatik-Handbuch. Hanser, München, S 517–528

Precht DR (2011) Wer bin ich – und wenn ja, wie viele? Goldmann, München

Prose F (2010) Partizipatives Soziales Marketing für den Klimaschutz. Ansätze zur Veränderung von Umweltbewußtsein und Umweltverhalten aus sozialpsychologischer Perspektive. http://www.nordlicht.uni-kiel.de/online-publikationen/2.-konzept-des-partizipativen-sozialen-marketing/psm-partizipatives-soziales-marketing.htm. Zugegriffen: 15. Aug 2012

Randolph J, Bauer M (1999) Improving environmental decision-making through collaborative methods. Policy Stud Rev 16(3–4):168–191

Reed MS, Evely AC, Cundill G, Fazey I, Laing A, Newig J, Parrish B, Prell C, Raymond C, Stringer LC (2010) What is social learning? Ecol Soc 15(2)

Renn O (2005) Partizipation – ein schillernder Begriff. GAIA – Ecol Perspect Sci Soc 14(3):227–228

Renn O (2008) Risk governance. Coping with uncertainty in a complex world. Earthscan, London

Renn O, Webler T (1996) Der kooperative Diskurs: Grundkonzept und Fallbeispiel. Anal Krit 18(2):175–207

Renn O, Webler T, Wiedemann P (1995) The pursuit of fair and competent citizen participation. In: Renn O, Webler T, Wiedemann P (Hrsg) Fairness and competence in citizen participation: evaluating models for environmental discourse. Kluwer, Dordrecht, S 339–368

Renn O, Schweizer PJ, Dreyer M, Klinke A (2007) Risiko. Über den gesellschaftlichen Umgang mit Unsicherheit. Oekom, München

Rogers E, Weber EP (2010) Thinking harder about outcomes for collaborative governance arrangements. Am Rev Public Adm 40(5):546–567

Rolf A (1998) Grundlagen der Organisations- und Wirtschaftsinformatik. Springer, Berlin

Roth G (2001) Fühlen, Denken, Handeln. Wie das Gehirn unser Verhalten steuert. Suhrkamp, Frankfurt a. M.

Rowe G, Frewer LJ (2005) A typology of public engagement mechanisms. Sci Technol Hum Value 30(2):251–290

Rydin Y (2007) Re-examining the role of knowledge with inplanning theory. Plan Theory 6(1):52–68

Scharpf FW (1999) Regieren in Europa. Effektiv und demokratisch? Campus, Frankfurt a. M.

Schelhowe H (1997) Das Medium aus der Maschine – Zur Metamorphose des Computers. Campus, Frankfurt a. M.

Schelhowe H (2004) Produktionsmaschine oder Kommunikationsmedium? Carl Adam Petri und sein Vorschlag für eine einheitliche Theorie der Computertechnologie. In: Hellige HD (Hrsg) Geschichten der Informatik. Springer, Berlin

Schmitter PC (2002) Participation in governance arrangements: is there any reason to expect it will achieve „sustainable and innovative policies in a multi-level context"? In: Grote JR, Gbikpi B (Hrsg) Participatory governance. Political and societal implications. Leske & Budrich, Opladen

Schulmeister R (2002) Grundlagen hypermedialer Lernsysteme. Oldenbourg, München

Searle J (1983) Sprechakte – Ein sprachphilosophischer Essay. Suhrkamp, Frankfurt a. M.

Selle K (1996a) Klärungsbedarf. Sechs Fragen zur Kommunikation in Planungsprozessen – insbesondere zur Beteiligung von Bürgerinnen und Bürgern. In: Selle K (Hrsg) Planung und Kommunikation. Bauverlag, Wiesbaden, S 161–180

Selle K (1996b) Von der Bürgerbeteiligung zur Kooperation und zurück. Vermittlungsarbeit bei Aufgaben der Quartiers- und Stadtentwicklung. In: Selle K (Hrsg) Planung und Kommunikation. Bauverlag, Wiesbaden, S 61–78

Seitz K (2007) Empowerment für eine zukunftsfähige Entwicklung. In: Godemann J, Michelsen G (Hrsg) Handbuch Nachhaltigkeitskommunikation. Grundlagen und Praxis. Oekom, München

Siebert H (2005) Nachhaltigkeitskommunikation: Eine systemisch-konstruktivistische Perspektive. In: Michelsen G, Godemann J (Hrsg) Handbuch Nachhaltigkeitskommunikation. Oekom, München

Siebert H (2008) Konstruktivistisch lehren und lernen. Ziel Verlag, Augsburg

Siebert H (2011) Sustainability communication: a systemic-constructivist perspective. In: Godemann J, Michelsen G (Hrsg) Sustainability communication: interdisciplinary perspectives and theoretical foundation. Springer, Dordrecht, S 109–115

Sieferle RP (2008) Collapse of civilizations – a conceptual analysis based on the example of the Imperium Romanum. GAIA – Ecol Perspect Sci Soc 17(2):213–223

Smith G (2003) Deliberative democracy and the environment. Routledge, London

Smith G, Wales C (2000) Citizens' juries and deliberative democracy. Polit Stud 48:51–65

Stoker G, John P (2009) Design experiments: engaging policy makers in the search for evidence about what works. Polit Stud 57(2):356–373

Stoltenberg U (2007) Gesellschaftliches Lernen und Partizipation. In: Jonuschat H, Baranek E, Behrendt M, Dietz K, Schlußmeier B, Walk H, Zehm A (Hrsg) Partizipation und Nachhaltigkeit: Vom Leitbild zur Umsetzung. Oekom, München, S 54–66

Thomas JC (1995) Public participation in public decisions. New skills and strategies for public managers. Jossey-Bass, San Francisco

Voß JP, Newig J, Kastens B, Monstadt J, Nölting B (2008) Steering for sustainable development: a typology of problems and strategies with respect to ambivalence, uncertainty and distributed power. In: Newig J, Voß JP, Monstadt J (Hrsg) Governance for sustainable development. Coping with ambivalence, uncertainty and distributed power. Routledge, London, S 1–20

Voß S, Gutenschwager K (2001) Informationsmanagement. Springer, Berlin

Watson JL, Danielson LJ (2004) Environmental mediation. Nat Resour Lawyer 15(4):687–723

WBGU – Wissenschaftlicher Beirat der Bundesregierung Globale Umweltveränderungen (1998) Strategie zur Bewältigung globaler Umweltrisiken. Jahresgutachten 1998. Springer, Berlin

Webler T, Kastenholz H, Renn O (1995) Public participation in impact assessment: a social learning perspective. Environ Impact Assess 15:443–463

Wegener I (1999) Grenzen der Berechenbarkeit. In: Rechenberg P, Pomberger G (Hrsg) Informatik-Handbuch. Hanser, München, S 111–118

Weidner H (2004) Nachhaltigkeitskooperation: Vom Staatspessimismus zur Zivilgesellschaftseuphorie? In: Gosewinkel D, Rucht D, Van den Daele W, Kocka J (Hrsg) Zivilgesellschaft – national und transnational. Edition Sigma, Berlin, S 282–410

Wildavsky A (1993) Vergleichende Untersuchung zur Risikowahrnehmung: Ein Anfang. In: Bayerische R (Hrsg) Risiko ist ein Konstrukt. Knesebeck, München

Wilkinson A (1998) Empowerment: theory and practice. Pers Rev 27(1):40–56

Winograd T (1986) A language/action perspective on the design of cooperative work. Proceedings of the 1986 ACM conference on Computer-supported cooperative work, Austin, TX, S 203–220

Winograd T, Flores F (1989) Erkenntnis Maschinen Verstehen. Rotbuch, Berlin

Wynne B (1992) Misunderstood misunderstanding: social identities and public uptake of science. Public Underst Sci 1(3):281–304

Yearley S (2000) Making systematic sense of public discontents with expert knowledge: two analytical approaches and a case study. Public Underst Sci 9(2):105–122

Ziemann A (2007) Kommunikation der Nachhaltigkeit. Eine kommunikationstheoretische Fundierung. In: Godemann J, Michelsen G (Hrsg) Handbuch Nachhaltigkeitskommunikation. Grundlagen und Praxis. Oekom, München, S 123–133

Zilleßen H (Hrsg) (1998) Mediation. Kooperatives Konfliktmanagement in der Umweltpolitik. Westdeutscher Verlag, Opladen

Teil V
Handlungsfelder

Energie

11

Florian Lüdeke-Freund und Oliver Opel

Die Energiewende als transdisziplinäre Herausforderung

Die Herausforderung Energiewende

Energie ist der Treibstoff der Zivilisation. Ob Kommunikation, Mobilität, Beleuchtung oder Heizung – sämtliche menschliche Bedürfnisse erfordern die permanente Verfügbarkeit entsprechender Energieformen. Wie sehr unser Leben von der Verfügbarkeit von Strom, Wärme und Kraftstoffen abhängt, wird uns durch kleine Stromausfälle und größere Zusammenhänge wie der Einfluss des Ölpreises auf die Nahrungsmittelpreise immer wieder aufs Neue bewusst. Unser individuelles und gesellschaftliches Leben ist von der Energienutzung durchzogen und mit dieser untrennbar vernetzt. Energie, wie auch andere Ressourcen, ist grundsätzlich knapp und teuer, und Energieverbräuche haben immer auch eine ökologische und eine soziale Dimension.

Diese Aspekte spielen in der gesellschaftlichen Debatte über die sogenannte Energiewende in Deutschland eine große Rolle. Die Gefahren des Klimawandels, die Begrenztheit fossiler Energiereserven und die Risiken der Kernenergie zwingen zu Einsparungen, Effizienzsteigerungen und der Nutzung alternativer und schon in vorindustrieller Zeit genutzter Energiequellen wie Sonne, Wind, Wasserkraft, Biomasse und Erdwärme. Auch diese sogenannten erneuerbaren Energien sind nicht unbegrenzt verfügbar und ihre Nutzung

1

F. Lüdeke-Freund (✉) · O. Opel
Fakultät Nachhaltigkeit, Leuphana Universität Lüneburg, Lüneburg, Deutschland
E-Mail: luedeke@leuphana.de

O. Opel
E-Mail: opel@leuphana.de

H. Heinrichs, G. Michelsen (Hrsg.), *Nachhaltigkeitswissenschaften*,
DOI 10.1007/978-3-642-25112-2_11, © Springer-Verlag Berlin Heidelberg 2014

erfordert gleichsam einen Ressourcenaufwand. Sie werden jedoch (bis auf Erdwärme und Gezeitenkraft) durch die ständige Nachlieferung von Sonnenenergie stetig erneuert. Ihr Angebot übersteigt den weltweiten Energiebedarf um ein Vielfaches (UBA 2010).

Erneuerbare Energien sind damit nicht nur gewissermaßen unerschöpflich, ihre Nutzung ist weitgehend auch ohne bzw. mit sehr geringen Treibhausgasemissionen möglich. Industrieländer wie Deutschland müssen ihre gesamtgesellschaftlichen Emissionen bis 2050 um 80–95 % gegenüber 1990 reduzieren, um zur Begrenzung der vom Menschen verursachten globalen Erwärmung auf maximal 2 °C beizutragen (BMU 2010; SRU 2011). Das 2-Grad-Ziel ist national und international anerkannt und eine zentrale Zielgröße der Umwelt- und Klimapolitik. Dabei zeichnet sich ab, dass dieses Ziel angesichts der weiterhin steigenden Klimagasemissionen und der stockenden internationalen Klimaverhandlungen möglicherweise nicht erreicht wird (Rest 2011). In Deutschland werden jährlich über 900 Mio. t Treibhausgase emittiert (BMU 2011a, b). Fast 40 % hiervon entfallen auf die Energiewirtschaft. Durch die Nutzung erneuerbarer Energien wurden 2011 insgesamt rund 130 Mio. t Treibhausgase vermieden: 86 Mio. im Stromsektor, 39 Mio. im Wärme- und knapp 5 Mio. im Kraftstoffbereich. Ihr Anteil am gesamten Stromverbrauch belief sich 2011 auf 20,3 % (Wärme: 11 %; Kraftstoff: 5,5 %) (BMU 2012a).

Bereits seit den 1970er-Jahren wird die Nutzung erneuerbarer Energien wie Wind und Sonne als Alternative zur konventionellen, auf fossilen Energieträgern wie Kohle und Öl basierenden Energieerzeugung diskutiert und ist inzwischen in Deutschland gesetzlich verankert. Verschiedene Bundesregierungen haben Selbstverpflichtungen beschlossen, die einen Ausbau der erneuerbaren Energien vorsehen. Trotz der geschaffenen politischen und gesetzlichen Voraussetzungen muss die Energiewende letztendlich auf der Ebene einzelner gesellschaftlicher Akteure wie Unternehmen und private Haushalte umgesetzt werden. Aus den naturwissenschaftlichen Erkenntnissen bzgl. der Energiebereitstellung und -nutzung werden somit politische Programme, gar Gesetze, aus welchen wiederum gesellschaftliche und individuelle Herausforderungen resultieren.

Energiewende-Definition der deutschen Bundesregierung (Quelle: http://www. bmu.de)

„Der Begriff ‚Energiewende' steht für den Aufbruch in das Zeitalter der erneuerbaren Energien und der Energieeffizienz. Die Bundesregierung hat beschlossen, dass die Energieversorgung Deutschlands bis zum Jahr 2050 überwiegend durch erneuerbare Energien gewährleistet werden soll. Dies erfordert einen grundlegenden Umbau der Energieversorgungssysteme, der Deutschland vor ökonomische und technologische Herausforderungen stellt [...]. Die Sicherstellung einer zuverlässigen, wirtschaftlichen und umweltschonenden Energieversorgung ist eine der größten Herausforderungen des 21. Jahrhunderts. Doch die Energiewende ist mehr als nur Herausforderung: Die Energiewende ist eine ethische und kulturelle Grundsatzentscheidung und sie beinhaltet die einmalige Chance, der Welt ein Beispiel zu geben, wie Wettbewerbsfähigkeit und Nachhaltigkeit in einer führenden Industrienation vereinbart werden können."

Die in 2011 eingeleitete Beschleunigung des Umbaus der deutschen Energieversorgung zu einem System basierend auf erneuerbaren Energien, Effizienz und Einsparung stellt ein gesellschaftliches Gemeinschaftswerk dar (Ethik-Kommission Sichere Energieversorgung 2011). Die Bundesregierung sieht hierin neben Herausforderungen auch Chancen für den Ausbau der Vorreiterrolle, die Deutschland traditionell im Bereich der alternativen Energietechnologien einnimmt.

Die Mehrperspektivität der Energiewende

Essenziell für das Verständnis dieser Herausforderung ist, dass die beteiligten Akteure jeweils unterschiedliche, ihnen ganz eigene Perspektiven besitzen, eigene Ziele verfolgen und spezifischen, manchmal nicht unmittelbar erkennbaren Abhängigkeiten unterliegen (z. B. Akteure wie Energieerzeuger, private Haushalte, Industrieunternehmen, Politiker). Diese Perspektiven und Abhängigkeiten bestimmen ihre Interessen und ihr Handeln. Präferenzen für bestimmte Energietechnologien gehen damit einher. Erfolgreiche Energiepolitik muss daher zur Realisierung großer Veränderungen die jeweiligen Sichtweisen und Abhängigkeiten der unterschiedlichen Akteure verstehen und integrieren – eine transdisziplinäre Aufgabe (Heinrichs et al. 2011).

Von zentraler Bedeutung sind neben ethischen und sozio-kulturellen Problemstellungen, die sich mit Fragen der sozialen Gerechtigkeit und Verantwortung im Umgang mit Energie befassen, betriebs- und volkswirtschaftliche Perspektiven. Diese treten miteinander verknüpft auf, werden oftmals aber separat diskutiert. Zu den volkswirtschaftlichen Themen zählen bspw. gegenwärtige und zukünftige Umwelt- und Gesundheitsschäden, die Sicherung der Energieversorgung und des allgemeinen Wohlstands. Zu den betriebswirtschaftlichen Themen zählen insbesondere die Energiekosten, die sich nicht nur auf private Haushalte, sondern auch auf energieintensive Unternehmen und deren Wettbewerbsfähigkeit auswirken (Breitschopf et al. 2010). Weitere Aspekte betreffen Investitionen, um die konventionelle und alternative Energieerzeuger zunehmend konkurrieren. Investoren und Banken müssen sich indes auf neue Kapitalanlageformen einstellen.

Weiterhin ist die technische Perspektive von grundlegender Wichtigkeit, betrachtet sie doch Möglichkeiten und Maßnahmen zur Verringerung sozio-ökonomischer und ökologischer Kosten sowie die Möglichkeiten für eine nachhaltige Energieversorgung insgesamt. Aus dieser Mehrperspektivität lassen sich unmittelbar transdisziplinäre Herausforderungen ableiten, die in erster Linie die Integration der unterschiedlichen praktischen, wissenschaftlichen und zivilgesellschaftlichen Sichtweisen auf die Energiewende betreffen.

Das Kapitel verdeutlicht diese Herausforderung und führt in die naturwissenschaftliche Perspektive sowie exemplarische Problemlagen aus wirtschaftswissenschaftlicher Sicht ein. Der erste Abschnitt erläutert Grundbegriffe wie Primär-, End- und Nutzenergie. Als Beispiel eines politisch-ökonomischen Konflikts behandelt der zweite Abschnitt die Förderung der Photovoltaik, die verstärkt seit dem Jahr 2012 und seitdem anhaltend im Fokus der öffentlichen Energiedebatte steht. Der dritte Abschnitt führt beide Perspektiven im Begriff der externen Effekte und der exergetischen Bewertung zusammen. Abschließend diskutiert der vierte Abschnitt die Energiewende als transdisziplinäre Herausforderung.

▶ **Frage:** Wofür steht die Energiewende und weshalb wird sie als ein gesamtgesellschaftliches und mehrperspektivisches Vorhaben charakterisiert?

▶ **Aufgabe:** Setzen Sie sich mit den zentralen politischen Schriftstücken zur Energiewende auseinander (weiterführende Literatur und Quellenangaben). Definieren Sie die als notwendig erachtete „Wende". Diskutieren Sie Hürden und Lösungsansätze.

Energie aus naturwissenschaftlicher Perspektive

Energiephysikalische Grundbegriffe: Von der Energie zur Exergie

Energie ist zunächst eine physikalische Größe. Wesentliche Grundformen der Energie sind dabei mechanische Bewegungsenergie (kinetische Energie, beispielsweise Windkraft), Lageenergie (potenzielle Energie, beispielsweise im Pumpspeicherkraftwerk) und elektromagnetische Energieformen, wie sie uns als Wärme, Licht, elektrische Spannung und elektrischer Strom, Radio-, Röntgen- und radioaktive Strahlung begegnen (Nolting 2011a, b).

Die Größe **Arbeit** besitzt die gleichen Einheiten wie die Größe Energie: Joule (J) (veraltet auch Calorie, Cal) und Wattsekunde (Ws) bzw. Kilowattstunde (kWh). Arbeit und Energie werden oft synonym verwendet. Beim Verrichten von Arbeit handelt es sich um Energieumwandlungsprozesse. Arbeit wird dabei mechanisch als über einen bestimmten Weg wirkende Kraft definiert (Nolting 2011a).

Eng verbunden mit dem Begriff der Energie bzw. Arbeit ist der Begriff der Leistung, der als Energieänderung je Zeiteinheit bzw. Arbeit pro Zeit wiederum eng mit dem Begriff der **Kraft** verbunden ist. Je größer die wirkenden Kräfte, desto mehr Arbeit kann in einer bestimmten Zeit verrichtet werden und desto schneller lassen sich Energiezustände ändern. Die Einheit der Größe Leistung ist Watt (W) oder Joule pro Sekunde (J/s) (ebd.).

Eine weitere wesentliche Größe, die jedoch wesentlich unbekannter als die Begriffe Arbeit und Leistung ist, letztlich aber auch besondere wirtschaftliche Bedeutung besitzt, ist der Begriff der Exergie, der das grundsätzliche, gesamte Vermögen zur Verrichtung von Arbeit angibt. Der Begriff Exergie schließt ein, dass zum Verrichten einer bestimmten Arbeit neben dem tatsächlich Arbeit verrichtenden Teil der benötigten Energie weiterhin Hilfsenergie benötigt wird, die bei dem entsprechenden Prozess nicht direkt genutzt werden kann. Dieser Anteil, Anergie genannt, bleibt bei dem betrachteten Energieumwandlungsprozess ungenutzt. Zwar kann nach dem ersten Hauptsatz der Thermodynamik keine

Energie verlorengehen. Gemäß dem zweiten Hauptsatz erhöht sich jedoch die Entropie, d. h. die „Unordnung", bei jedem Energieumwandlungsprozess (Nolting 2011c). In der Praxis ergeben sich daher Verluste bezüglich der nutzbaren Energie, meistens als sogenannte Abwärme. Eng hiermit verbunden sind die Begriffe Energieeffizienz und Exergieeffizienz, wobei sich letzterer explizit auf die gesamtwirtschaftliche Brennstoffausnutzung unter Einbezug der Anergie und somit der nicht genutzten Abwärme bezieht.

Exergie, verstanden als gesamtes Arbeitsvermögen inklusive Hilfsenergie bzw. Abwärme, ist folglich die energiewirtschaftlich bedeutsame Größe. Die Preise für verschiedene Energieträger und -formen orientieren sich an deren Exergiegehalt und umfassen auch die jeweils spezifischen Verluste in den Energiebereitstellungsketten. Die exergetische Betrachtung ist somit das Pendant zu einer wirtschaftlichen Gesamtkostenbetrachtung (siehe vierten Abschnitt). Um dies näher erläutern zu können, müssen weitere energiewirtschaftliche Begriffe eingeführt werden: Primär-, End- und Nutzenergie.

Energiewirtschaftliche Begriffe: Primär-, End- und Nutzenergie

Energiewirtschaftlich wird Primär-, End- und Nutzenergie unterschieden (Ströbele et al. 2010). Nutzenergie ist dabei die eigentlich benötigte Energieform und bezeichnet die tatsächlich genutzte Energie, z. B. in Form von Wärme, Bewegungsenergie oder Licht. Für die Bereitstellung dieser Nutzenergieformen wird Endenergie benötigt. Dies sind Energieträger, die beispielsweise von Energieversorgungsunternehmen bezogen werden können. Hierzu zählen Treib- und Brennstoffe wie Benzin, Kerosin, Diesel, Erdgas, Biogas sowie Elektrizität. Endenergieformen zeichnet im Gegensatz zur Nutzenergie ein nicht direkt nutzbarer Energiegehalt aus. Sie sind jedoch in entsprechenden Energieumwandlungsanlagen direkt zur Nutzenergiebereitstellung beim Endkunden geeignet und damit im Endkundenmarkt handelbar, woraus sich die Bezeichnung Endenergie ableitet. Um Endenergie bereitzustellen, werden bestimmte Ressourcen benötigt, die sogenannte Primärenergie bereitstellen. Dies sind insbesondere Energieträger wie Kohle, Öl, Erdgas und Uran. Die Beschränkung auf diese nicht-erneuerbaren Energieträger bei der primärenergetischen Betrachtung ergibt sich aus ihrer Knappheit und damit wirtschaftlichen Bedeutung, die eine Erfassung des Primärenergiebedarfes volkswirtschaftlich notwendig macht.

Erneuerbare Energieträger enthalten ebenfalls einen primärenergetischen Anteil in Form des Aufwands an fossilen Energieträgern für die Herstellung der entsprechenden Anlagen sowie deren Betrieb. Dieser Anteil schrumpft jedoch mit zunehmendem Anteil erneuerbarer Energien an der Gesamtenergieversorgung. Ein wichtiges Kriterium für die Effizienz erneuerbarer Energien in der umweltökonomischen Perspektive ist daher die Payback-Time, d. h. die Zeitspanne, die benötigt wird, um mithilfe einer Anlage zur Bereitstellung von End- oder Nutzenergie aus erneuerbaren Energien den primärenergetischen Aufwand mit der bereitgestellten Energie aus den genutzten erneuerbaren Energieformen auszugleichen. Nach Ablauf der Payback-Time wird primärenergetisch aufwandsneutrale Endenergie bereitgestellt, es müssen jedoch Aufwendungen für den Betrieb und die Wartung der Anlagen während der Laufzeit berücksichtigt werden (Nitsch et al. 2004).

Entropie und Nachhaltigkeit (vgl. Georgescu-Roegen 1971; Corning 2002)

Der zweite Hauptsatz der Thermodynamik, das Gesetz von der Zunahme der Entropie ("Unordnung"), ist uns aus dem täglichen Leben gut bekannt: Sich selbst überlassen, strebt jedes physikalische System dem Zustand größtmöglicher Unordnung entgegen. Der Energiebegriff und die Energiewirtschaft sind stark mit dem Begriff der Entropie verknüpft: Eine Änderung des Energieinhalts eines Systems setzt sich generell aus einer Änderung der Enthalpie (Wärmeabgabe oder -aufnahme) und einer Entropieänderung zusammen, wobei die freigesetzte Energie zunimmt, je mehr Entropie geschaffen wird. Die Freisetzung von Energie benötigt also geordnete Strukturen, die in ungeordnetere Strukturen umgewandelt werden können.

Allein die Prozesse der lebendigen Materie können örtlich begrenzt Ordnung schaffen, wobei entropiereiche "Grundbausteine" (Nährstoffe, Wasser, CO_2) mithilfe der Sonneneinstrahlung in geordnete Materie umgewandelt werden. Das Wirtschaftssystem kann thermodynamisch ebenso gesehen werden: Es verwendet Ressourcen hohen Entropiegehalts und wandelt diese in Waren, Immobilien und Energieformen höheren Ordnungsgrads um.

Für die Herstellung und Aufrechterhaltung eines geordneten Zustandes der Materie ist jedoch ein ständiger Energiefluss vonnöten: So werden beispielsweise pflanzliche Kohlenstoffverbindungen (Kohlenhydrate, Fette, Öl, Kohle oder Gas) mit Sauerstoff umgesetzt ("verbrannt", "veratmet"), wobei letztlich als Abfall Entropie, nämlich kaum mehr reaktionsfähiges CO_2 und Wasser sowie niederwertige Energieformen, Anergie, gebildet wird. Dabei ist die Menge der resultierenden Entropie immer größer als die örtlich begrenzt geschaffene Ordnung. Nur durch die Nutzung von hochwertiger Sonnenenergie (Exergiezustrom) kann in Summe Ordnung in dem thermodynamisch offenen "System Erde" geschaffen werden. Der "Entropiemüll" fällt dann nicht auf der Erde an, sondern es werden unabhängige, im Weltall ablaufende Prozesse genutzt.

Eine Wirtschaft auf der Basis fossiler Energien kann aus dieser Sichtweise heraus nicht nachhaltig sein: Fossile Energieträger enthalten in früherer Zeit aus dem Sonnenlicht gebildete geordnete Strukturen, welche nicht unerschöpflich sind. Langfristig muss sich die Entropiezunahme auf der Erde so weit als möglich mit dem Zustrom an Sonnenenergie und den hieraus gebildeten geordneten Strukturen die Waage halten. Die Nutzung nicht-erneuerbarer Ressourcen muss demnach verringert und die Entropiezunahme durch Vermeidung von "Entropiemüll" verringert werden. Hierzu tragen auch eine Kreislaufwirtschaft und sogar ein sogenanntes "downcycling" bei. Letztlich ist eine der einfachsten und effektivsten Maßnahmen aus entropischer Sicht jedoch eine Umstellung des Energiesystems auf die Nutzung erneuerbarer Energien, Energieeffizienz und Energiesparen – die Energiewende (die in Deutschland spätestens im Jahr 2000 mit dem Erneuerbare-Energien-Gesetz eingeleitet wurde).

Bewertung der Energienutzung: CO_2-, Treibhausgas- und Ökobilanzen

Eng mit der primärenergetischen Betrachtung verknüpft ist das Thema der CO_2-Bilanzierung. Hierbei wird das bei der Bereitstellung von Nutz- oder Endenergie emittierte Kohlendioxid (CO_2) quantifiziert. Für die Produktion von 1 kWh Strom können folgende CO_2-Emissionen angenommen werden (die Spannen ergeben sich aus verschiedenen technischen Konzepten; SRU 2011):

- Braunkohle 703–1.142 g
- Steinkohle 508–897 g
- Erdgas 5–398 g
- Uran 31–61 g
- Solarstrom 25–89 g
- Wasserkraft 39 g
- Windkraft 22–23 g
- Biogas -414 g (inkl. Gutschrift für die Wärmeerzeugung in KWK bei Annahme einer CO_2-neutralen Biogasbereitstellung)

CO_2 ist jedoch nicht das einzige Treibhausgas, das bei einer ökologischen Bewertung zu betrachten ist. Verschiedene andere Gase wie Methan, Lachgas und halogenierte Kohlenwasserstoffe besitzen teils deutlich stärkere treibhauswirksame Eigenschaften. Sie werden in der Treibhausgasbilanz mit sogenannten CO_2-Äquivalenten erfasst. Besonders wichtig in diesem Zusammenhang ist, dass gerade auch die Nutzung erneuerbarer Energieträger und Energieeffizienzmaßnahmen vielfältige treibhauswirksame Effekte besitzen, da auch sie einen Ausstoß von Klimagasen verursachen.

Die Ökobilanzierung kann in diesem Punkt über die primärenergetische Betrachtung hinausgehen und jeder Energieform neben ökologischen auch ökonomische Kosten zuordnen. Die Nutzung natürlicher Ressourcen und die damit einhergehende Verringerung ihrer Qualität und verfügbaren Menge haben eine unmittelbar ökonomische Bedeutung (Burritt et al. 2011). Die primärenergetische Betrachtungsweise geht hierbei in eine ressourcenökonomische über (Nitsch et al. 2004) (diese Zusammenhänge werden im vierten Abschnitt vertieft).

Die oben aufgeführten Zahlen deuten dies an: Auch die erneuerbaren Energien müssen ökologisch und ökonomisch bilanziert werden. Nimmt man Effekte wie die ästhetische Störung des Landschaftsbildes durch Windkraftanlagen hinzu, kann zudem auch von sozialen Kosten gesprochen werden. Keine Energie- und Ressourcennutzung ist kostenfrei möglich. Auch dann nicht, wenn es sich um regenerative Alternativen handelt. Welches Konfliktpotenzial die Energiewende mit ihrer Betonung der erneuerbaren Energien birgt, wird im dritten Abschnitt anhand der kontrovers diskutierten Photovoltaik veranschaulicht.

▶ **Frage:** Was bedeuten die Begriffe Primär-, Nutz- und Endenergie – können Sie diese anhand Ihnen bekannter Beispiele erklären? Nutzen Sie die jeweils gebräuchlichen Energieeinheiten.

▶ **Aufgabe:** Die Entropiezunahme eines Energiesystems kann in direkten Zusammenhang mit dessen Nachhaltigkeit gebracht werden. Setzen Sie sich mit dem zweiten Hauptsatz der Thermodynamik auseinander und versuchen Sie, die Argumentation im Detail nachzuvollziehen.

Energie aus wirtschaftswissenschaftlicher Perspektive

Kontrovers diskutiert: Das Beispiel der Photovoltaik

Ausgehend vom Ausstieg aus der Kernenergie bis 2022 sieht die Ethik-Kommission der deutschen Bundesregierung den kurz- und mittelfristigen Ausbau der erneuerbaren Energien als wesentlichen Pfeiler der Energiewende. Insbesondere die Wind- und Solarenergie werden eine wichtige Rolle als Nutz- und Endenergielieferanten spielen, wobei die Kommission feststellt, dass der Ausbau der Offshore-Windenergie und das sogenannte Repowering (Ersatz älterer Anlagen durch neue, leistungsstärkere) bislang hinter den Erwartungen zurückbleiben (Ethik-Kommission Sichere Energieversorgung 2011). Der Solarenergie, sowohl der solaren Wärmeerzeugung (Solarthermie) als auch der solaren Stromerzeugung (Photovoltaik (PV), Concentrated Solar Power (CSP)), wird ein großes Potenzial zugeschrieben, dessen weitere Erschließung im Falle der Photovoltaik im Wesentlichen vom Erreichen der sogenannten Netzparität und der Entwicklung sogenannter „Smart Grids" abhängt (z. B. Lorenz et al. 2008; Servatius et al. 2012).

Hiermit werden zugleich auch die zentralen Themen der kontroversen Diskussionen rund um den Ausbau der Photovoltaik in Deutschland angesprochen: Kosteneffizienz und technische Integration. Aspekte, von denen man meinen könnte, dass sie sich mehr oder weniger objektiv beurteilen ließen. Ein Blick auf die geführten Diskussionen macht jedoch deutlich, dass sich zu jedem Fakt stets mindestens zwei Interpretationen finden lassen. Insbesondere der rasante Photovoltaik-Ausbau der letzten Jahre leistet dem politischen und gesellschaftlichen Diskurs Vorschub. Mit deutlich über 7 GW neu installierter Leistung in 2012 und gut 32 GW Gesamtkapazität ist Deutschland nach wie vor „Photovoltaik-Weltmeister" (vgl. BSW 2013a; EPIA 2012) (Abb. 11.1). Zur Verdeutlichung der Größenordnung: Die Anfang 2013 noch in Betrieb befindlichen neun deutschen Atomkraftwerke kommen insgesamt auf ca. 13 GW Erzeugungskapazität. Ein direkter Vergleich beider Erzeugungsarten verbietet sich jedoch, da Photovoltaik- und Kernkraftwerke auf Basis nicht vergleichbarer Technologien Strom produzieren.

Als Ausdruck der Bedeutung, die der Photovoltaik seitens Politik und Gesellschaft beigemessen wird, werden im Folgenden einige Grundlagen der Förderung zusammengefasst. Dass diese nicht kritiklos von allen gesellschaftlichen Gruppen akzeptiert wird, ist ebenso offensichtlich wie naheliegend.

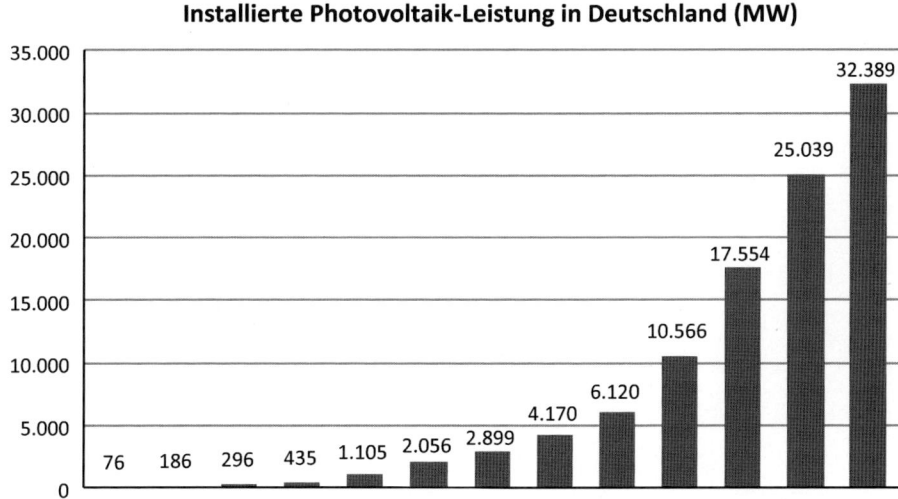

Abb. 11.1 Entwicklung der gesamt installierten Photovoltaik-Leistung in Deutschland 2000–2012. (BMU 2012a; BNA 2013)

Die Förderung der Photovoltaik – Ausdruck ihrer Bedeutung für die Energiewende?

Dem Thema Kosteneffizienz kann man sich am einfachsten über die kostenseitigen Anforderungen und Erwartungen an die Photovoltaik nähern. Man spricht in diesem Zusammenhang oft von der sogenannten Netzparität (engl. grid parity), die erreicht ist, wenn die Kosten der Erzeugung von Ökostrom mit den Kosten konventioneller Erzeugungsformen vergleichbar sind (z. B. Bhandari und Stadler 2009). Nimmt man den Preisindex der Leipziger Strombörse EEX als Referenz für die durchschnittlichen Kosten für konventionellen „Graustrom", d. h. Strom, der nicht nach Erzeugungsarten unterschieden gehandelt wird, so ist aus Kostensicht die Netzparität von Ökostrom erreicht, wenn dieser für etwa vier bis fünf Cent je kWh produziert werden kann (zugrunde gelegt wird der durchschnittliche Handelspreis für sog. Baseload-Strom im Jahr 2012). Aus Endverbrauchersicht hingegen bezieht sich die Netzparität auf den Vergleich der Kosten der Eigenerzeugung, bspw. mittels einer eigenen PV-Dachanlage, mit dem Endverbraucherpreis für Strom vom regionalen Versorger. Dieser lag 2012 bundesweit bei durchschnittlich ca. 26 Cent je kWh (vgl. z. B. Agentur für Erneuerbare Energien 2012).

Das Erreichen der Netzparität stellt aus Endverbrauchersicht einen kritischen Punkt dar, ab dem selbst produzierter Ökostrom zu einer kosteneffizienten Alternative zu gekauftem Strom wird. Kostet 1 kWh vom eigenen Hausdach genauso viel oder sogar weniger

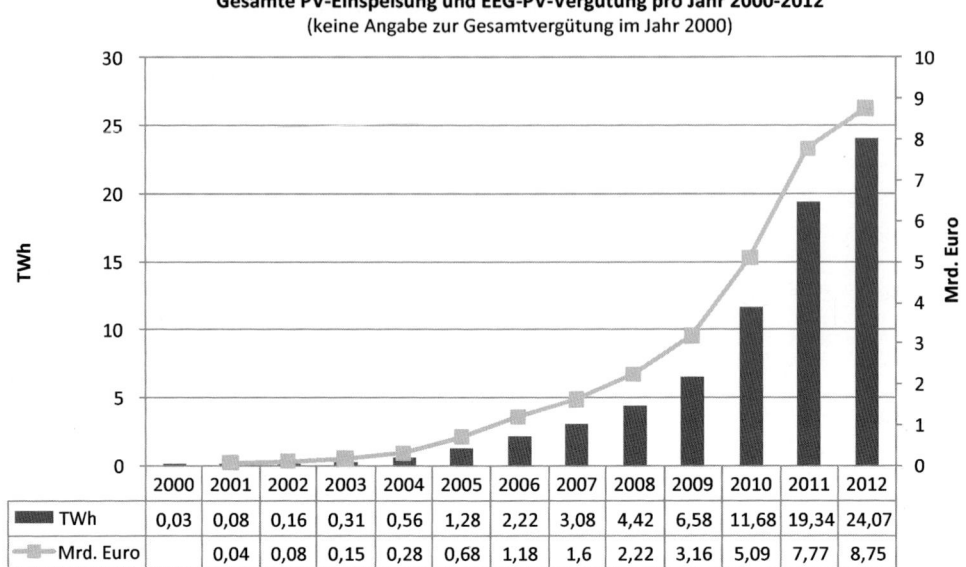

Abb. 11.2 Gesamte Solarstromeinspeisung und EEG-Vergütung pro Jahr 2000–2012 (BMU 2012b)

als beim regionalen Versorger, hat der Endverbraucher die Wahl zwischen diesen beiden Optionen bzw. kann sie kombinieren, ohne Kostennachteile in Kauf nehmen zu müssen. Im Rahmen eines Forschungsprojekts zur Wettbewerbsfähigkeit der Photovoltaik in elf europäischen Ländern wurde ermittelt, dass die Netzparität für private Endverbraucher in Deutschland in 2012 erreicht wurde (Lettner und Auer 2012). Zugrunde gelegt wurde ein durchschnittlicher Endkundenpreis von ca. 25 Cent je kWh. Die Netzparität und das Unterschreiten der Kosten für konventionellen Strom stellen wichtige umwelt- und energiepolitische Ziele für mehr Kosteneffizienz und gesellschaftliche Akzeptanz dar (siehe auch Abb. 11.4). Diese Ziele werden auf vielfältige Weise gefördert.

Sowohl die Erzeugung als auch der lokale Eigenverbrauch von Solarstrom werden durch das Erneuerbare-Energien-Gesetz (EEG) gefördert. Das EEG legt die Kosten der Ökostromerzeugung über den regulären Strompreis, den die Energieversorger in Rechnung stellen, auf alle Verbraucher um (energieintensive Unternehmen sind von dieser EEG-Umlage befreit). Die im Verbraucherstrompreis enthaltene EEG-Umlage betrug in 2012 ca. 3,6 Cent pro kWh und wird für 2013 mit 5,3 Cent angegeben (vgl. BEE 2012), wobei der unbestritten große, durch starke Kostensenkungen jedoch sinkende relative Anteil der Photovoltaik besonders kontrovers diskutiert und gewertet wird (z. B. BEE 2012; Breitschopf et al. 2010; Wenzel und Nitsch 2010; Wirth 2013). Abbildung 11.2 stellt die gesamte jährliche Solarstromeinspeisung in Terawattstunden (1 TWh = 1 Mrd. kWh) und die entsprechende jährliche EEG-Vergütung in Milliarden Euro für den Zeitraum 2000 bis 2012 dar.

Das EEG stellt ein wirkungsvolles regulatorisches Instrument dar und wurde mittlerweile dutzendfach weltweit kopiert (zur Geschichte des EEG siehe bspw. Jacobsson und Lauber 2006). Die Wirkung des EEG basiert im Wesentlichen auf dem Prinzip des Netzvorrangs für Strom aus Ökoenergieanlagen und einer für 20 Jahre garantierten gesetzlichen Vergütung für diesen Strom. Der Netzvorrang sichert auch Betreibern von Kleinanlagen die Abnahme ihres produzierten Stroms durch den hiesigen Netzbetreiber. Die feste Vergütung sichert eine gut kalkulierbare und relativ risikoarme Rendite.

Der Vorläufer des EEG, das 2000 in Kraft trat und seitdem mehrfach novelliert wurde, war das sogenannte Stromeinspeisegesetz (StrEG) von 1991, das als erstes Einspeisegesetz für Ökostrom weltweit gilt. Die EEG-Vergütungen werden technologiespezifisch in Abhängigkeit von den Kosten der verschiedenen Erzeugungsoptionen festgelegt. Diese Vergütungen sind abhängig vom Jahr der Installation und sinken, je später die Anlagen in Betrieb gehen (Degression), um Kostensenkungen anzuregen. Im Zuge von Novellierungen des EEG (bisher 2004, 2009, 2012) werden die Vergütungsätze der Technologieentwicklung und sich verändernden umwelt-, energie- und industriepolitischen Zielen angepasst.

Die Einspeisevergütung und die regulatorischen Bedingungen der Solarstromproduktion und -nutzung wurden zwischen 2009 und 2012 als Reaktion auf den massiven Kapazitätsausbau stark verändert. Außerplanmäßige Anpassungen sowie die reguläre Degression senkten die Vergütungssätze auf 11,5 bis 16,6 Cent pro ins Netz eingespeister kWh, je nach Leistungsklasse (Stand Februar 2013; BSW 2013b). Diese Spanne betrug im EEG 2004 noch 45,7 bis 57,4 Cent. Je nach Ausbau kann die Vergütung bis Ende 2013 auf 8,8 bis 12,7 Cent absinken (ebd.). Die EEG-Novelle 2012 definiert eine dynamische Anpassung der Vergütungssätze, die monatlich um bis zu 2,8 % gekürzt werden können (abhängig vom Ausbau der letzten 12 Monate, sog. „atmender Deckel"; BMU 2012c). Dieser dynamischen Anpassung liegt ein politisch definierter „Zubaukorridor" von 2,5 bis 3,5 GW pro Jahr zugrunde, der langfristig zu einer Gesamtkapazität von 52 GW führen soll (Stand 31.12.2012: ca. 32 GW). Nach Erreichen dieses Ziels erhalten neue PV-Anlagen keine EEG-Vergütung mehr (ebd.). Insgesamt zielen diese und weitere regulatorische Anpassungen auf einen erhöhten Eigenverbrauch (im EEG 2009 erstmals durch eine Prämie unterstützt) sowie auf eine direkte Vermarktung des Solarstroms (siehe Marktintegrationsmodell sowie die Vorschriften zur Direktvermarktung im EEG 2012).

Neben dem EEG existieren weitere Förderprogramme und –instrumente, die die gegenwärtig und langfristig anfallenden Kosten auf individueller und gesellschaftlicher Ebene beeinflussen, d. h. von den Anlagenbetreibern auf die Gemeinschaft umverteilen. Die Entwicklung der Photovoltaik-Förderung lässt sich anhand einiger Beispiele aus den letzten zwei Jahrzehnten knapp charakterisieren. Ein Blick in die Datenbank der Internationalen Energieagentur (IEA) zeigt zudem, dass in Deutschland seit Mitte der 1980er-Jahre mehr als zwei Dutzend politische Programme und Gesetze für die Verbreitung der Photovoltaik verabschiedet wurden (Hansen et al. 2011).

Beispiele der deutschen PV-Förderung

Nach der Installation von Europas erster PV-Anlage im Jahr 1983 in Deutschland wurde 1990 das 1.000-Dächer-Programm aufgelegt. 2.000 Anlagen in der Größenordnung von 1–5 kW Leistung wurden mit öffentlichen Mitteln subventioniert. Installiert wurden insgesamt 5,3 MW. 1999 folgte dann das 100.000-Dächer-Programm, ein Darlehensprogramm der Kreditanstalt für Wiederaufbau (KfW), das ca. 50.000 Anlagen mit einer Gesamtleistung von 261 MW förderte. Die KfW, die deutsche Förderbank des Bundes und der Länder, hat hierfür zinsgünstige Darlehen in Höhe von rund 560 Mio. € vergeben. In den 1990er-Jahren wurden weitere Förderinstrumente etabliert, die zur Steigerung der Nachfrage nach PV-Anlagen vor allem auf finanzielle Anreize setzten. So wurden staatliche Marktanreizprogramme und das Stromeinspeisegesetz (StrEG) zu den Instrumenten mit dem höchsten Einfluss auf die Verbreitung der Photovoltaik. Später folgten KfW-Programme wie **Solarstrom Erzeugen**, das zwischen 2005 und 2008 rund 40.000 Kredite über insgesamt 1,2 Mrd. € für PV-Anlagen mit insgesamt über 300 MW Leistung bereitstellte. Bei den KfW-Programmen ist zu bedenken, dass es sich zwar um vergünstigte, aber dennoch kommerziell gestaltete Kredite und nicht um Subventionen handelt. Auch bei der EEG-Vergütung handelt es sich juristisch gesehen nicht um Subventionen, da keine öffentlichen Haushaltsmittel aufgewendet werden (diese Interpretation ist jedoch nicht unumstritten).

Gesichter der Nachhaltigkeit

Hermann Scheer (1944-2010)

- Hermann Scheer war ein moderner Kämpfer für die Energiewende. Der SPD-Politiker, Buchautor („Energieautonomie", „Der energethische Imperativ") und Träger des Alternativen Nobelpreises gilt als einer der Väter des EEG

Hermann Scheer

Die Kritiker und die „wahren Kosten" des Solarstroms

„Teuer", „ineffizient", „deckt nur fünf Prozent des Strombedarfs". In den Studien der Kritiker finden sich viele Argumente gegen die Photovoltaik. Die Themen Kosteneffizienz und technische Integration in das Energiesystem spielen stets eine zentrale Rolle (vgl. z. B. dena 2010; Frondel et al. 2008, 2010). Doch nicht nur für ihre kritischen Positionen bekannte

Institute wie das Rheinisch-Westfälische Institut für Wirtschaftsforschung (RWI) äußern sich derart. Auch der Sachverständigenrat für Umweltfragen (SRU), ein wissenschaftliches Gremium, das die Bundesregierung zu umweltpolitischen Themen berät, fordert ein eher auf kleinerem Niveau kontrolliertes Wachstum der Photovoltaik in Deutschland, wird das größere Ausbaupotenzial doch eher in südeuropäischen oder nordafrikanischen Ländern gesehen (SRU 2011). Eine Studie des RWI schätzt, dass allein die bis 2010 installierten PV-Anlagen über den 20-jährigen Zeitraum ihrer EEG-Vergütung insgesamt über 85 Mrd. € an Kosten verursachen, die als eine Art Solarschuld für gegenwärtige und zukünftige Verbraucher interpretiert werden (Frondel et al. 2008, 2010) (nach dem starken PV-Ausbau 2011 nennen die Medien sogar Kosten von über 120 Mrd. €). Dies stelle einen bedeutenden Entzug volkswirtschaftlicher Kaufkraft dar. Dieser Argumentation steht die Ansicht der Befürworter entgegen, dass durch die dezentrale Nutzung erneuerbarer Energien Energieimporte vermieden würden und die Gewinne weniger bei multinationalen Konzernen, sondern stärker in regionalen Zusammenhängen anfielen, womit eine Kaufkraftsteigerung erzielt würde.

Oftmals werden Solar- und Windstrom miteinander verglichen, um festzustellen, dass insbesondere der preiswert an Land erzeugte Windstrom ein Vielfaches der Photovoltaik zu einem Bruchteil der Kosten leistet. So hat Solarstrom im Jahr 2011 etwa 16 % des gesamten Ökostromaufkommens beigetragen (BMU 2012a) und dafür 46 % der gesamten EEG-Vergütungen auf sich gezogen (BMU 2012b). Die Schlussfolgerungen der Kritiker beinhalten energie-, umwelt- und sozialpolitische Implikationen (Wetzel 2011): Solarstrom lasse sich nicht wirtschaftlich speichern und falle somit in der Hälfte des Jahres komplett aus; die positiven Effekte für die heimische Technologieindustrie hielten sich in Grenzen, weil der Großteil der PV-Module aus dem Ausland, vor allem aus Asien, bezogen wird; letztlich verteuere Solarstrom den Klimaschutz, wirke dem umweltpolitischen Instrument des Emissionshandels entgegen und bedeute mithin eine Umverteilung von Arm zu Reich. Dies zu korrigieren erfordere ein Durchgreifen der Politik, die sich dem Mainstream jedoch nicht entgegenzustellen vermöge und sich somit eines ökologischen Populismus verdächtig mache (ebd.). Die Folge sei, dass die energiewirtschaftlich vermeintlich richtigen Entscheidungen nicht getroffen würden und somit in Zukunft weitere Milliardenbeträge in den Solarstrom flössen, was zum Großteil nur den ausländischen Technologieherstellern zugutekomme. Für die Kritiker liegt es auf der Hand: „Dass die ‚Energiewende' eher zu einer ‚Sonnenwende' zu werden droht, hat viel damit zu tun, dass die einseitige Argumentation der Solarlobby öffentlich kaum je hinterfragt wird" (ebd., S. 16).

Wenn es um die „wahren Kosten" der Photovoltaik geht, wird mit unterschiedlichen Kosten- und Nutzenkonzepten argumentiert. Während die Befürworter relativierende Berechnungen ins Feld führen, die auch weitreichende, indirekte Arbeitsplatzeffekte beinhalten, tendieren die Kritiker zu hohen Kostenbeträgen, die über längere Zeiträume anfallen und den Nutzen eher gering erscheinen lassen. Im vierten Abschnitt wird daher eine integrative Perspektive vorgestellt. „Integrativ" bedeutet hierbei, abseits von Partikularinteressen ökologische und soziale Faktoren in die Bewertung mit einzubeziehen. Derartige Bewertungsfragen können entscheidend für das Gelingen der Energiewende sein. Die Fähigkeit, große Teile der Gesellschaft für ein Vorhaben zu gewinnen, ist auch eine Frage der Interpretationshoheit über die Vor- und Nachteile der zur Wahl stehenden Alternativen.

▶ **Frage:** Weshalb existieren so unterschiedliche Auffassungen über die „wahren Kosten" der Photovoltaik – sollten sich diese nicht objektiv beurteilen lassen?

▶ **Aufgabe:** Vergleichen Sie die Darstellungen von Kosten und Nutzen der erneuerbaren Energien; bspw. des Bundesverbandes der Energie- und Wasserwirtschaft e. V. (BDEW, www.bdew.de) und des Bundesverbandes Erneuerbare Energie e. V. (BEE, www.bee-ev.de). Identifizieren Sie vergleichbare Fakten, die unterschiedlich interpretiert werden und stellen Sie die Argumentationen gegenüber.

Energie aus integrativer Perspektive

Die Berücksichtigung externer Effekte

Die vorhergehenden Kostenbetrachtungen werden um einen oft vernachlässigten Bestandteil ergänzt: sogenannte externe bzw. soziale Kosten. Sind diese Kosten in der Preisbildung nicht enthalten und werden sie nicht vom Verursacher, sondern von Dritten getragen, wird von negativen externen Effekten gesprochen. Externe Effekte können auch in positiver Form auftreten. Ökonomische Disziplinen wie die Neue Institutionenökonomie sowie die Umwelt- oder Ressourcenökonomie befassen sich mit diesem Themenkomplex (z. B. Endres 2007; Fritsch et al. 2011).

Externe Effekte sind energiewirtschaftlich problematisch, da sie nicht marktwirksam sind, d. h., diese Kosten spiegeln sich nicht im Marktpreis wieder und können somit dem Verursacher nicht direkt angelastet werden. Die Folge ist ein Marktversagen: Externe Kosten werden auf die Allgemeinheit abgewälzt und stellen daher ein gesellschaftliches und ökonomisches Problem dar (Fritsch et al. 2011). Der Markt führt folglich zu einer sub-optimalen Nutzung von Energieressourcen. Bestimmte Energieoptionen erscheinen aufgrund nicht berücksichtigter externer Kosten – und somit günstigerer Preise – vorteilhafter als dies aus der volkswirtschaftlichen Perspektive unter Einbezug sozialer Kosten der Fall wäre. Die unterschiedliche Bewertung externer Kosten ist damit ein Hauptfaktor für das Vorliegen verschiedener Akteursperspektiven im Energiesektor. Ein Beispiel sind die oben aufgeführten spezifischen CO_2-Emissionen unterschiedlicher Stromerzeugungsoptionen. Es ist zu erkennen, dass auch Strom aus Sonnen- und Windenergie negative Externalitäten verursacht, die verglichen z. B. mit Kohlestrom jedoch sehr gering ausfallen.

Externe Effekte können mittels gesetzgeberischer Aktivitäten internalisiert und marktwirksam gemacht werden. Ein Beispiel ist der europäische Emissionszertifikatehandel, der dem Ausstoß von CO_2 Kosten zuordnet und diese den Verursachern über die Pflicht

Tab. 11.1 Beispielhafte Klassifizierung externer Effekte

Zeitbezug und Quantifizierbarkeit	Beispiele
Gegenwärtig, quantifizierbar	Subventionen, Fördermittel, direkte Kostenübernahme durch die Allgemeinheit, Wertschöpfungsaspekte
Gegenwärtig, nicht- bzw. schwer quantifizierbar	Kurzfristige Umwelt- und Gesundheitsschäden
Zukünftig, quantifizierbar	Von der Allgemeinheit übernommene Entsorgungskosten, Finanzierungsgarantien und Bürgschaften, Ressourcenverbrauch
Zukünftig, nicht bzw. schwer quantifizierbar	Langfristige Umwelt- und Gesundheitsschäden

zum Erwerb entsprechender Verschmutzungsrechte (CO_2-Zertifikate) anlastet. Weiterhin erfolgt mit zunehmendem Wissen über diese Effekte und zunehmender ökonomischer Bewertbarkeit zudem eine teilweise Internalisierung durch die Marktakteure im Rahmen ihrer langfristigen Strategie- und Investitionsüberlegungen. Hierbei spielen Ökobilanzen eine wichtige Rolle (siehe zweiten Abschnitt).

Bei externen Effekten kann zwischen gegenwärtigen und zukünftigen sowie quantifizierbaren und nicht- bzw. schwer quantifizierbaren Effekten unterschieden werden (Tab. 11.1). Besonders problematisch sind hierbei die nicht- bzw. schwer quantifizierbaren Effekte, da sich diese einer detaillierten Bewertung entziehen. Sie sind daher besonderer Bestandteil und Antrieb gesellschaftlich-normativer Diskurse.

Die Tab. 11.2 stellt einen qualitativen Vergleich der jeweils möglichen externen Effekte nach Stromerzeugungsoption an und nennt die spezifischen durchschnittlichen Erzeugungskosten.

Die Nachhaltigkeitswissenschaften befassen sich intensiv mit externen Effekten, deren Bewertung, Internalisierung und Minimierung. Insbesondere stellen zukünftige externe Effekte ein grundlegendes Nachhaltigkeitsproblem dar, da diese Effekte die Möglichkeiten nachfolgender Generationen einschränken. Die Auseinandersetzung mit externen Effekten und Verfahren ihrer Minimierung bzw. Internalisierung im Energiesektor ist daher ein wichtiges Betätigungsfeld transdisziplinärer Nachhaltigkeitsforschung.

▶ **Frage:** Was versteht man unter externen Effekten und warum spricht man in der mikroökonomischen Theorie hierbei von Marktversagen?

▶ **Aufgabe:** Machen Sie sich mit den mikroökonomischen Grundlagen zu externen Effekten vertraut. Listen Sie mögliche Effekte unterschiedlicher Energieerzeugungsarten auf, sowohl negative als auch positive, und unterscheiden Sie zwischen fossilen und erneuerbaren Energien.

Tab. 11.2 Beispiele verschiedener Stromerzeugungsarten sowie ihrer betriebswirtschaftlichen und externen Kosten

Erzeugungsart	Stromerzeugungskosten in € pro kWh (vgl. Kost et al. 2012)	Zusätzliche externe Kosten in € pro kWh (vgl. Breitschopf und Memmler 2012; Küchler und Meyer 2012)	Beispiele externer Effekte
Konventionell (fossil und nuklear)	0,06–0,07	Erdgas: 0,05 Steinkohle: 0,09 Braunkohle: 0,11 Kernkraft: 0,001–3,20 (sehr unsichere Schätzungen)	Berg- und Tagebauschäden, Luftverunreinigung, Verstrahlung, Klimawandel, Umweltbelastungen bei Herstellung und Entsorgung
Wind	0,07–0,08 (onshore) 0,11–0,16 (offshore)	0,003	Beeinträchtigung des Landschaftsbildes, Störung des Vogelzugs, Geräuschbelastung, Schattenwurf, Netzverträglichkeit, Umweltbelastungen bei Herstellung und Entsorgung
Photovoltaik	0,14–0,20 (Kleinanlagen) 0,11–0,17 (Freifläche)	0,012	Beeinträchtigung des Landschaftsbildes, Flächenverbrauch, Netzverträglichkeit, Umweltbelastungen bei Herstellung und Entsorgung

Ein integratives Bild der Energiepreisbildung

Oben wurde erläutert, dass letztlich die Fähigkeit Arbeit zu verrichten am Markt nachgefragt wird, d. h. Nutzenergie wie die Bewegungsenergie eines Fahrzeugs, Raumwärme oder Licht. Der Preis verschiedener Nutzenergieformen hängt daher von der beabsichtigten Nutzung ab und enthält zum Teil bereits eine primärenergetische Bewertung. Die Preisbildung ist dabei im Detail sehr komplex und schließt die Einflüsse historisch gewachsener, kapitalbindender Infrastrukturen und Wirtschaftsweisen mit ein (z. B. die Kosten für bestehende Kraftwerkskapazitäten, die sich wirtschaftlich amortisieren müssen, sowie die vorhandene Netzinfrastruktur). Vereinfachend lässt sich sagen, dass im Endkundenmarkt letztlich Exergie gehandelt wird, d. h., der Kunde bezahlt neben der eigentlich nachgefragten Nutzenergie auch die Hilfsenergie, die für die Bereitstellung der Nutzenergie aufzuwenden ist (siehe zweiten Abschnitt). Insgesamt orientiert sich der Endkundenpreis folgerichtig nicht nur an der bereitgestellten Nutzenergie, sondern am primärenergetischen Gesamtaufwand (Exergieaufwand).

Abhängigkeit der Endverbraucherpreise verschiedener Nutz- und Endenergiearten vom Primärenergieeinsatz („exergetische Bewertung")

Wärme mit einem Primärenergiefaktor von 1,1 wird für ca. 50 €/MWh angeboten. Elektrische Energie mit einem Primärenergiefaktor von 3 wird von gewerblichen Abnehmern für ca. 130 €/MWh bezogen (ohne EEG-Umlage). Das primärenergetische Verhältnis beträgt mit 3/1,1 = 2,7. Das Preisverhältnis bewegt sich mit 130 €/50 €=2,6 sehr nahe am primärenergetischen Verhältnis. Ein Indiz für eine (indirekte) exergetische Bewertung.

Bewegungsenergie ist besonders hochwertig. In einem PKW werden durchschnittlich nur 10–20 % des Energieeinsatzes in Bewegungsenergie umgewandelt und genutzt. Die nutzbare kinetische Energie, d. h. die Bewegungsenergie des Fahrzeugs, ist damit nochmals um den Faktor 5–10 teurer als die chemische, im Kraftstoff enthaltene Energie.

So wird beispielsweise für eine zurückgelegte Strecke von 1.500 km eine Endenergiemenge von ca. 1 MWh in Form von Benzin oder Diesel zum Preis von 150 € benötigt. Wird der Wirkungsgrad des Verbrennungsmotors mit 20 % angenommen, ergibt sich eine äquivalente Nutzenergiemenge in Form von Bewegungsenergie von 200 kWh. Es ergibt sich, bedingt vor allem durch die geringe Primärenergieausnutzung, ein Preis von 750 €/MWh mechanische Nutzenergie. Ein hoher Preis verglichen mit 50 €/MWh für die Nutzenergieform Wärme, der den hohen Exergiegehalt von mechanischer Energie und des verwendeten Kraftstoffs widerspiegelt.

Diese Beispiele verdeutlichen, dass am Markt letztendlich Exergie gehandelt wird. Nicht nur die Nutzenergie wird dem Endkunden in Rechnung gestellt, sondern auch die Hilfsenergie und die Energieverluste, die nicht unmittelbar wahrgenommen werden. Somit erklärt sich, dass relativ einfach herstellbare Wärme als Nutzenergie sehr viel günstiger ist als die Bewegungsenergie von Fahrzeugen.

Der Grad der Exergieausnutzung bei der Nutzenergiebereitstellung ist ein wesentlicher Faktor für das Ausmaß der externen Effekte, insbesondere im Zusammenhang mit Treibhausgasemissionen. Während insbesondere die Kohleverstromung eine schlechte Exergieausnutzung aufweist, da die zugeführte Exergie in den beteiligten Umwandlungsprozessen nur teilweise zu Strom umgewandelt wird (Kennzahl hierfür ist der Wirkungsgrad) und ein Großteil als Anergie bei der Anlagenkühlung als ungenutzte Wärme verloren geht, ist der Exergieeinsatz bei erneuerbaren Energieträgern äußerst gering. Energiewirtschaftlich betrachtet stellen Solar- und Windenergieanlagen Exergie in Form von Strom zur Verfügung, ohne dem Wirtschaftssystem Exergie in Form von Kohle, Öl, Gas oder anderen knappen und damit wirtschaftlich und ökologisch bedeutsamen Primärenergieträgern zu entziehen (dies gilt jedoch nicht für Errichtung und Betrieb der Anlagen). In der Folge stellt sich auch die CO_2-Bilanz erneuerbarer Energieträger deutlich besser dar, d. h. es werden kaum bzw. keine ökologischen Kosten in Form von Treibhausgasemissionen erzeugt.

Man könnte sagen, dass dieser Zusatznutzen offenbar ebenfalls einen Preis hat. Es zeigt sich nämlich, dass die Erzeugungskosten derjenigen Varianten, die eine bessere Primärenergie- und damit Exergieausnutzung sowie geringere externe Effekte aufweisen, offensichtlich höher liegen. Umgekehrt weisen Erzeugungsvarianten mit schlechterer Exergieausnutzung, höherem Primärenergiebedarf und größeren externen Effekten geringere Kosten auf. Offensichtlich liegt ein Marktversagen vor: Während im Endverbrauchermarkt Energienutzungsarten mit niedriger Effizienz dementsprechend hohe Preise besitzen, ist es in der erzeugungsseitigen Betrachtung umgekehrt. Die Stromproduktion aus Kohle besitzt beispielsweise den höchsten CO_2-Ausstoß, ist von allen Erzeugungsvarianten jedoch die preiswerteste. Es ergibt sich offenbar gerade durch die Möglichkeit der Externalisierung der mit Ressourcenverbräuchen und Umweltbeeinflussungen einhergehenden Kosten ein Wettbewerbsvorteil für die konventionellen Technologien. Ebenso begrenzen diese vermeintlich preisgünstigen Erzeugungsformen den im Wettbewerb erzielbaren – und gesellschaftlich akzeptablen – Endkundenpreis.

Ohne die politische Förderung der erneuerbaren Energien (siehe dritten Abschnitt) würde dieses Marktversagen, welches auch durch vorangegangene energiepolitische Entscheidungen und Forschungsförderungen verursacht wurde, zu einer starken Benachteiligung umweltschonender, aber noch junger und daher verhältnismäßig teurer Alternativen führen. In der Zukunft ist eine Angleichung der Preisniveaus zu erwarten: Die Preise für photovoltaische und solarthermische Stromerzeugung werden weiter sinken, während die Windstromerzeugung nur noch geringe Lernkurveneffekte aufweisen wird (Abb. 11.3).

Die Preise für konventionelle Stromerzeugung werden hingegen durch die fortschreitende Internalisierung der externen Effekte ansteigen (z. B. durch Kosten für die Vermeidung von Emissionen und steigende Brennstoffpreise). Die Regelungen zur Einspeisung und Vergütung erneuerbarer Energien sowie zum Emissionszertifikatehandel sorgen durch die zeitweise Beseitigung der Wettbewerbsnachteile alternativer Stromerzeugungsarten für eine beschleunigte Anpassung des sehr kapitalintensiven und daher trägen Energiesektors an die Rahmenbedingungen knapper werdender Ressourcen und des Klimawandels. Weiterhin werden durch die vormalige und insgesamt deutlich längere Förderung konventioneller Technologien verursachte Ungleichgewichte ausgeglichen, was neue Entwicklungsmöglichkeiten zur Realisierung der Energiewende schafft.

▶ **Frage:** Wie lassen sich die unterschiedlichen spezifischen MWh-Preise von Wärme-, elektrischer und Bewegungsenergie erklären?

▶ **Aufgabe:** Erläutern Sie am Beispiel einer von Ihnen gewählten Energieerzeugungsart die Idee der exergetischen Bewertung. Nehmen Sie Bezug auf die Bedeutung von Primärenergie und Exergie und stellen Sie einen Bezug zu den externen Effekten der Energieerzeugungsart her.

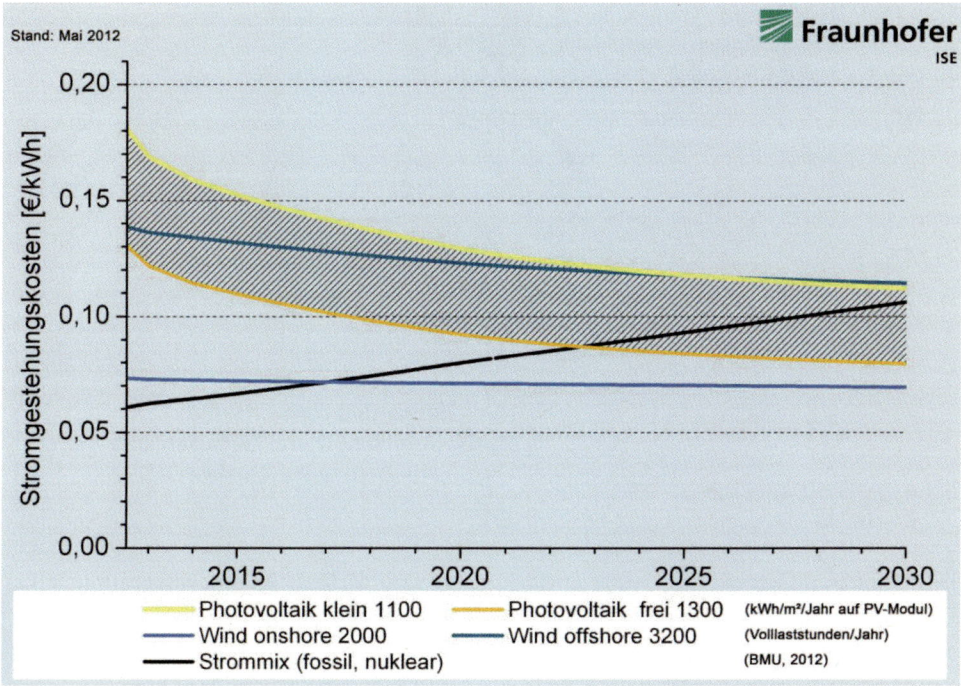

Abb. 11.3 Lernkurvenbasierte Prognose von Stromgestehungskosten erneuerbarer Energien bis 2030 (Kost et al. 2012, S. 4)

Die Energiewende als transdisziplinäre Herausforderung

Die deutsche Energiewende stellt ein exemplarisches Anwendungsfeld für die transdisziplinäre Nachhaltigkeitsforschung dar. Es geht um die Transformation der Energiewirtschaft zu einem nachhaltigen sozio-technischen System, das die in einem permanenten Spannungsverhältnis stehenden sozialen, ökologischen und ökonomischen Ansprüche des sogenannten Energiedreiecks in Einklang zu bringen versucht (BMU 2006; Deutsche Bundesregierung 2011; Ethik-Kommission Sichere Energieversorgung 2011). Durch das Leitbild des Energiedreiecks werden die Erfordernisse an eine nachhaltige Energieversorgung mit besonderer Betonung der erneuerbaren Energien definiert: Versorgungssicherheit, ökonomische Effizienz, Klima- und Umweltschutz (Abb. 11.4). Neben den erneuerbaren Energien stellen Energieeffizienz und -einsparung weitere Säulen der Energiewende dar.

In der Auseinandersetzung mit den für das Leitbild der Energiewende zentralen Schriftstücken der deutschen Bundesregierung und der Ethik-Kommission Sichere Energieversorgung wird deutlich, dass – auch wenn dies nicht explizit ausgeführt wird – ein transdisziplinärer Prozess zur Umsetzung dieses Vorhabens notwendig ist (BMU 2011c;

Abb. 11.4 Das „Energie-
dreieck" einer nachhaltigen
Energieversorgung (basierend
auf BMU, 2006, S. 21)

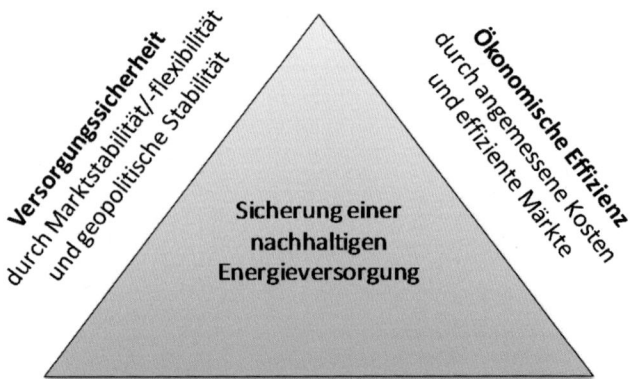

Klima- und Umweltschutz
durch Naturschutz und Klimastabilität
und Verhinderung von Nuklearrisiken

Deutsche Bundesregierung 2011; Ethik-Kommission Sichere Energieversorgung 2011).
Der Diskurs zur Energiewende ist über disziplinäre Grenzen hinweg zu führen. Zu verschieden und zugleich voneinander abhängig sind die involvierten politischen, wirtschaftlichen und zivilgesellschaftlichen Akteure und ihre Perspektiven auf das Querschnittsthe-
ma Energie. Symptomatisch ist in diesem Zusammenhang, dass der ehemalige Bundesumweltminister Röttgen die Kernenergie und das Wachstumsdenken im Allgemeinen als zu
überwindende „traditionelle deutsche Kampfthemen" bezeichnet (BMU 2011c).

Indes fordern Lüneburger Nachhaltigkeitswissenschaftler in einer öffentlichen Stellungnahme zur Energiewende die Berücksichtigung von drei integrativen Prinzipien
(Leuphana Universität 2011):

- Die verschiedenen Interessen, Wissensformen und Wertvorstellungen der beteiligten
  gesellschaftlichen Gruppen sind zusammenzuführen, was inter- und transdisziplinäre
  Lern-, Kommunikations-, Reflexions-, Bildungs- und Gestaltungsprozesse erfordert.
- Die Energiewende erfordert eine langfristige Energiepolitik, die gemäß dem Leitbild
  der nachhaltigen Entwicklung Wechselwirkungen und Zielkonflikte sozialer, ökologischer und ökonomischer Aspekte beachtet und bearbeitet.
- Die Grenzen zwischen Wissenschaft, Politik, Wirtschaft und Gesellschaft sind zu überwinden, um konkrete Lösungen für den erforderlichen technischen, institutionellen
  aber auch individuellen Wandel zu entwickeln.

Die Gemeinsamkeiten mit den bspw. von Pohl angeführten Eigenschaften der transdisziplinären Forschung sind offensichtlich (Pohl 2005). Wir haben es bei der Energiewende
also mit einem notwendigerweise transdisziplinären Prozess zu tun, der sich in Anlehnung an Pohl mit vier wesentlichen Eigenschaften beschreiben lässt. Transdisziplinäre
Forschung 1) greift die Komplexität eines Problems bewusst auf, um den gegenwärtigen

Zustand sowie die Dynamik des Problems zu verstehen; 2) berücksichtigt die verschiedenen Sichtweisen und Problemwahrnehmungen sowohl der Wissenschaft als auch der Zivilgesellschaft; 3) überwindet idealisierte Forschungskontexte, um praktisch relevantes Wissen zu generieren; 4) balanciert die verschiedenen Interessen und Beiträge der unterschiedlichen Akteure und Disziplinen, die sich an dem Forschungsprozess beteiligen (Pohl 2005, S. 1160–1161). Bewusst wird transdisziplinäre Forschung als *Prozess* und nicht als *Methode* definiert, da es sich um einen Prozess gegenseitigen Lernens handelt. Rigide Methodologie würde den beschriebenen Charakteristika der Transdisziplinarität zuwiderlaufen (siehe Beitrag von Daniel Lang in diesem Buch).

Welches sind die zentralen Herausforderungen dieses Prozesses? Mit dem vom Deutschen Bundestag beschlossenen Ausstieg aus der Atomenergie bis 2022 wird auf nationaler Ebene fortgesetzt, was mit dem Reaktorunfall von Tschernobyl 1986 – sowie zuvor in den 1970er-Jahren – in Form von Bürgerbewegungen seinen Anfang nahm und durch die Katastrophe im japanischen Kernkraftwerk Fukushima im Jahr 2011 erneut verdeutlicht wurde: Es bedarf eines energiepolitischen Leitbildes, das soziale, ökologische und ökonomische Bedürfnisse integriert, den Großteil der Gesellschaft hinter sich versammelt und den Grundstein für einen entschiedenen Transformationsprozess legt. Mit dem Energiewendekonzept wird dies versucht (Deutsche Bundesregierung 2011). Der weitere Ausbau der erneuerbaren Energien, der umfassende Einsatz von Effizienztechnologien sowie die Entwicklung von intelligenten Stromnetzen und Speichertechnologien stellen nur einige Beispiele jener Herausforderung dar, die von der Ethik-Kommission Sichere Energieversorgung als ein gesamtgesellschaftliches Gemeinschaftswerk charakterisiert wird. Die Kommission betont den übergreifenden Charakter dieses Gemeinschaftswerks sehr deutlich:

> Durch Wissenschaft und Forschung, technologische Entwicklungen sowie die unternehmerische Initiative zur Entwicklung neuer Geschäftsmodelle einer nachhaltigen Wirtschaft verfügt Deutschland über Alternativen: Stromerzeugung aus Wind, Sonne, Wasser, Geothermie, Biomasse, die effizientere Nutzung und gesteigerte Produktivität von Energie sowie klimagerecht eingesetzte fossile Energieträger. Auch veränderte Lebensstile der Menschen helfen Energie einzusparen, wenn diese die Natur respektieren und als Grundlage der Schöpfung erhalten (Ethik-Kommission Sichere Energieversorgung 2011, S. 4).

Welche Hürden sich ergeben können, wurde anhand des Beispiels der Photovoltaik dargestellt. Die Kritikpunkte gegen deren Förderung (siehe dritten Abschnitt) verdeutlichen beispielhaft, dass neben den betriebswirtschaftlichen Kosten pro kWh vor allem die gesellschaftlichen Kosten das Für und Wider des energiewirtschaftlichen Transformationsprozesses bestimmen werden. Die Fähigkeit, diese Kosten zu begründen und zu legitimieren, wird entscheidend sein – für den Erfolg der Energiewende und den gesellschaftlich akzeptablen Energiemix. Da es hierbei um die Bewertungs- und Interpretationshoheit über gesellschaftliche Kosten- und Nutzenabwägungen geht, stellt die Energiewende nicht nur eine technische, sondern auch – vielleicht sogar vielmehr – eine diskursive Herausforderung dar.

In 2011 verabschiedete Gesetze zur Energiewende (Quelle: http://www.bmu.de)
Gesetzespaket zur beschleunigten Transformation des deutschen Energiesystems:
- Dreizehntes Gesetz zur Änderung des Atomgesetzes (AtG)
- Gesetz zur Neuregelung des Rechtsrahmens für die Förderung der Strom-erzeugung aus erneuerbaren Energien (EEG)
- Gesetz zur Neuregelung energiewirtschaftsrechtlicher Vorschriften (EnWGÄndG)
- Gesetz über Maßnahmen zur Beschleunigung des Netzausbaus Elektrizitäts-netze (NABEG)
- Gesetz zur Änderung des Gesetzes zur Errichtung eines Sondervermögens „Energie- und Klimafonds"
- Gesetz zur Stärkung der klimagerechten Entwicklung in den Städten und Gemeinden

Gegenwärtige Maßstäbe, die auf klassischen Investitions- und Betriebskostenkalkulationen basieren, stellen so manche erneuerbare Energie als relativ teure Alternative dar (Tab. 11.2, Abb. 11.3). Ein „Fakt", der regelmäßig gegen sie ins Feld geführt wird. Eine Bewertung unter Berücksichtigung externer Effekte und exergetischer Eigenschaften würde jedoch zu einem anderen Ergebnis führen (siehe vierten Abschnitt). Die „Solarschuld" durch die langfristige EEG-Förderung der Photovoltaik (siehe dritten Abschnitt) mag rechnerisch richtig erscheinen. Zugrunde liegen jedoch Bewertungen, die durch verschiedene Formen des Marktversagens und politische Eingriffe verzerrt sind (keine Berücksichtigung negativer und positiver Externalitäten, natürliche (Netz-)Monopole, Informationsasymmetrien, Subventionen etc.). Der Solarschuld muss diskursiv eine „fossile Verschuldung" durch zukünftige externe Effekte und den Verbrauch bzw. die Verknappung nicht-regenerativer Ressourcen entgegengesetzt werden.

Da ein verzerrungsfreier Maßstab fehlt, liegen die Bewertungen weit auseinander: Atomausstieg, Netzausbau, Windparks, Biogasanlagen, PV-Freiflächenanlagen – keine Option, die nicht kontrovers diskutiert wird. Hier ist transdisziplinäre Vermittlung gefragt. In Form eines integrativen und die Interessen ausbalancierenden Prozesses, der Forschung und Praxis verbindet und hohe Komplexitätsgrade verarbeiten kann (erste Ansätze stellen bspw. die Bürgerforen zur Endlagersuche und zum Netzausbau dar, die vom Bundesumweltministerium initiiert und begleitet werden). Am Beispiel der Photovoltaik wurde hingegen deutlich, dass der gegenwärtige Diskurs vor allem auf die Verteilung finanzieller Belastungen fokussiert. Es geht im Kern um nichts anderes als die Allokation von Finanzmitteln und deren Legitimation. So werden bspw. die Kosten der Atomkraft gegen jene der erneuerbaren Energien aufgewogen. Während das Forum Ökologisch-Soziale Marktwirtschaft direkte und indirekte staatliche Förderungen der Atomkraft in Höhe von 200 Mrd. € für den Zeitraum 1950–2010 berechnet (Meyer und Küchler 2010), kommen Weis et al. nur auf 17 Mrd. € Forschungsförderung und vergleichen diese mit den

Kosten der Photovoltaik, die Frondel et al. auf 80 Mrd. € für die 20-jährige Vergütungs-dauer aller bis 2010 installierten Anlagen beziffern (Frondel et al. 2010; Weis et al. 2011). Die Frage der „richtigen", d. h. gesellschaftlich akzeptablen, Allokation ist aber keine Frage von kompensatorischen Umverteilungen (z. B. zwischen Betreibern konventioneller und alternativer Energieanlagen). Vielmehr basiert eine Allokation im Sinne einer nachhalti-gen Energiewende auf der integrativen Neubewertung aller Alternativen. In einem Ener-giewirtschaftssystem, das externe Effekte und Exergieeinsatz „richtig" bepreist, sollte sich eine Verlagerung zu erneuerbaren Energien, Effizienz und Einsparung sehr viel leichter er-reichen und *legitimieren* lassen. Ökobilanzen und ähnliche integrative Instrumente stellen wichtige Hilfsmittel dar, stehen jedoch noch ganz am Anfang ihrer Verbreitung und ihrer gesellschaftlichen Akzeptanz.

Ein solchermaßen integrierender und legitimierender Bewertungsmaßstab scheint gegenwärtig ein eher theoretisches Gedankenspiel zu sein. Politik und Gesetzgeber nutzen daher altbewährte Mittel: Die Energiewende wird durch Gesetze auf den Weg gebracht – d. h. durch den stärksten Eingriff, der dem demokratischen Rechtsstaat zur Verfügung steht. Diesen Ansatz im Sinne einer integrativen Bewertung weiterzuentwickeln ist eine Aufgabe für die transdisziplinäre Nachhaltigkeitsforschung.

▶ **Frage:** Was unterscheidet die transdisziplinäre von der disziplinären und inter-disziplinären Forschung (siehe auch den Beitrag von Daniel Lang in diesem Buch)?

▶ **Aufgabe:** Identifizieren Sie verschiedene gesellschaftliche Akteure, die von der Energiewende betroffen sind. Definieren Sie deren spezifische Interessen, Gemeinsamkeiten und Konfliktpotenziale. Diskutieren Sie die Bedeutung der Transdisziplinarität in diesem Kontext.

Literatur

Agentur für Erneuerbare Energien (2012) Haushaltstrompreise und Erneuerbare Energien (Renews Kompakt, 01.10.2012). Agentur für Erneuerbare Energien, Berlin

Bhandari R, Stadler I (2009) Grid parity analysis of solar photovoltaic systems in Germany using experience curves. Sol Energy 83(9):1634–1644

Breitschopf B, Klobasa M, Sensfuß F, Steinbach J, Ragwitz M, Lehr U, Horst J, Leprich U, Diekmann J, Braun F, Horn M (2010) Einzel- und gesamtwirtschaftliche Analyse von Kosten- und Nutzenwir-kungen des Ausbaus Erneuerbarer Energien im deutschen Strom- und Wärmemarkt. Fraunhofer ISI, Karlsruhe

Breitschopf B, Memmler M (2012) Ermittlung vermiedener Umweltschäden – Hintergrundpapier zur Methodik – im Rahmen des Projekts „Wirkungen des Ausbaus erneuerbarer Energien". Fraunhofer ISI, Karlsruhe

Bundesministerium für Umwelt, Naturschutz und Reaktorsicherheit (BMU) (2006) Erneuerbare Energien. Innovationen für die Zukunft. BMU, Berlin

Bundesministerium für Umwelt, Naturschutz und Reaktorsicherheit (BMU) (2010) Energiekonzept für eine umweltschonende, zuverlässige und bezahlbare Energieversorgung. BMU, Berlin

Bundesministerium für Umwelt, Naturschutz und Reaktorsicherheit (BMU) (2011a) Erneuerbare Energien in Zahlen. Nationale und internationale Entwicklung. BMU, Berlin

Bundesministerium für Umwelt, Naturschutz und Reaktorsicherheit (BMU) (2011b) Entwicklung der erneuerbaren Energien in Deutschland im Jahr 2010 – Grafiken und Tabellen. BMU, Berlin

Bundesministerium für Umwelt, Naturschutz und Reaktorsicherheit (BMU) (2011c) Aufbruch in ein neues Energiezeitalter. Gemeinsam auf dem Weg in eine nachhaltige Moderne. Rede von Bundesumweltminister Dr. Norbert Röttgen an der Freien Universität Berlin. BMU, Berlin

Bundesministerium für Umwelt, Naturschutz und Reaktorsicherheit (BMU) (2012a) Erneuerbare Energien in Zahlen. Nationale und internationale Entwicklung. BMU, Berlin

Bundesministerium für Umwelt, Naturschutz und Reaktorsicherheit (BMU) (2012b) Zeitreihen zur Entwicklung der Kosten des EEG. BMU, Berlin

Bundesministerium für Umwelt, Naturschutz und Reaktorsicherheit (BMU) (2012c) Die wichtigsten Änderungen der EEG-Novelle zur Photovoltaik 2012. BMU, Berlin

Bundesnetzagentur (BNA) (2013) Photovoltaikanlagen: Datenmeldungen sowie EEG-Vergütungssätze. http://www.bundesnetzagentur.de. Zugegriffen: 8. Feb. 2013

Bundesverband Erneuerbare Energie e. V. (BEE) (2012) BEE-Hintergrund zur EEG-Umlage 2013 – Bestandteile, Entwicklung und Höhe. BEE, Berlin

Bundesverband Solarwirtschaft e. V. (BSW) (2013a) Entwicklung des deutschen PV-Marktes. Auswertung und grafische Darstellung der Meldedaten der Bundesnetzagentur nach § 16 (2) EEG 2009. http://www.solarwirtschaft.de/fileadmin/media/pdf/bnetza_0112_kurz.pdf. Zugegriffen: 11. Feb 2013

Bundesverband Solarwirtschaft e. V. (BSW) (2013b) EEG-Vergütungssätze im Überblick. http://www.solarwirtschaft.de/fileadmin/media/pdf/online_verguetungssaetze_2013.pdf. Zugegriffen: 11. Feb 2013

Bührke T, Wengenmayr R (Hrsg) (2012) Erneuerbare Energie. Konzepte für die Energiewende. Wiley, Weinheim

Burritt R, Schaltegger S, Zvezdov D (2011) Carbon management accounting: Explaining practice in leading German companies. Aust Acc Rev, 21(1):80–98

Corning PA (2002) Thermoeconomics: Beyond the second law. J Bioecon 4(1):57–88

Deutsche Bundesregierung (2011) Der Weg zur Energie der Zukunft – sicher, bezahlbar und umweltfreundlich. http://www.bmu.de/energiewende/doc/47465.php. Zugegriffen: 27. Sept 2011

Deutsche Energie-Agentur (dena) (2010) dena-Netzstudie II – Integration erneuerbarer Energien in die deutsche Stromversorgung im Zeitraum 2015–2020 mit Ausblick 2025. dena, Berlin

Endres A (2007) Umweltökonomie. Lehrbuch, 3. Aufl. Kohlhammer, Stuttgart

Ethik-Kommission Sichere Energieversorgung (2011) Deutschlands Energiewende – Ein Gemeinschaftswerk für die Zukunft. Geschäftsstelle der Ethik-Kommission Sichere Energieversorgung im Bundeskanzleramt. Berlin

European Photovoltaic Industry Association (EPIA) (2012) Global market outlook for photovoltaics until 2016. EPIA, Brussels

Fritsch M, Wein T, Ewers HJ (2011) Marktversagen und Wirtschaftspolitik: Mikroökonomische Grundlagen staatlichen Handelns. Vahlen, München

Frondel M, Ritter N, Schmidt C (2008) Germany's solar cell promotion: Dark clouds on the horizon. Energy Policy 36(11):4198–4204

Frondel M, Ritter N, aus dem Moore N (2010) Die ökonomischen Wirkungen der Förderung Erneuerbarer Energien: Erfahrungen aus Deutschland. Z Wirtsch 59(2):107–133

Georgescu-Roegen N (1971) The Entropy Law and the Economic Process. Harvard University Press, Cambridge

Hansen E, Lüdeke-Freund F, West J, Quan X (2011) Technology push vs. demand pull: The evolution of solar policy in the US, Germany and China, Academy of Management 2011 Annual Meeting "West meets East", 12–16 August 2011, St. Antonio, Texas, USA

Heinrichs H, Fischedick M, Lechtenböhmer S, Newig J, Roßnagel A, Ruck W, Schomerus T, Thomas S (2011) Die Energiewende als transdisziplinäre Herausforderung. GAIA 20(3):202–204

Jacobsson S, Lauber V (2006) The politics and policy of energy system transformation – explaining the German diffusion of renewable energy technology. Energy Policy 34(3):256–276

Kost C, Schlegl T, Thomsen J, Nold S, Mayer J (2012) Studie Stromgestehungskosten erneuerbare Energien. Fraunhofer ISE, Freiburg

Küchler S, Meyer B (2012) Was Strom wirklich kostet: Vergleich der staatlichen Förderungen und gesamtgesellschaftlichen Kosten konventioneller und erneuerbarer Energien. FÖS Forum Ökologisch-Soziale Marktwirtschaft e. V., Berlin

Lettner G, Auer H (2012) Realistic roadmap to PV grid parity for all target countries. Vienna University of Technology – Energy Economics Group, Wien

Leuphana Universität (2011) Stellungnahme der Fakultät Nachhaltigkeit zur Energiewende. http://www.leuphana.de/aktuell/meldungen/ansicht/datum/2011/08/11/stellungsnahme-der-fakultaet-nachhaltigkeit-zur-energiewende.html. Zugegriffen: 27. Sept 2011

Lorenz P, Pinner D, Seitz T (2008 June) The economics of solar power. McKinsey Q McKinsey & Company

Meyer B, Küchler S (2010) Staatliche Förderungen der Atomenergie, 2. Aufl. Greenpeace, Hamburg

Nitsch J, Krewitt W, Nast M, Viebahn P, Gärtner S, Pehnt M, Reinhardt G, Schmidt R, Uihlein A, Barthel C, Fischedick M, Merten F (2004) Ökologisch optimierter Ausbau der Nutzung erneuerbarer Energien in Deutschland. Forschungsvorhaben im Auftrag des BMU, FKZ 901 41 803. Deutsches Zentrum für Luft- und Raumfahrt (DLR), Stuttgart

Nolting W (2011a) Grundkurs Theoretische Physik 1: Klassische Mechanik, 9. Aufl. Springer, Berlin

Nolting W (2011b) Grundkurs Theoretische Physik 2: Elektrodynamik, 8. Aufl. Springer, Berlin

Nolting W (2011c) Grundkurs Theoretische Physik 3: Spezielle Relativitätstheorie, Thermodynamik, 7. Aufl. Springer, Berlin

Pohl C (2005) Transdisciplinary collaboration in environmental research. Futures 37(10):1159–1778

Rest J (2011) Grüner Kapitalismus? Klimawandel, globale Staatenkonkurrenz und die Verhinderung der Energiewende. VS Verlag für Sozialwissenschaften, Wiesbaden

Sachverständigenrat für Umweltfragen (SRU) (2011) Wege zur 100 % erneuerbaren Stromversorgung – Sondergutachten (Hausdruck). SRU, Berlin

Servatius HG, Schneidewind U, Rohlfing D (Hrsg) (2012) Smart Energy. Wandel zu einem nachhaltigen Energiesystem. Springer, Berlin

Ströbele W, Pfaffenberger W, Heuterkes M (2010) Energiewirtschaft. Einführung in Theorie und Politik, 2. Aufl. Oldenbourg, München

Umweltbundesamt (UBA) (2010) Energieziel 2050: 100 % Strom aus erneuerbaren Quellen. UBA, Dessau

Weis M, van Bevern K, Linnemann T (2011) Forschungsförderung Kernenergie 1956 bis 2010: Anschubfinanzierung oder Subvention? atw – Int Z Kernenerg 8/9:466–468

Wenzel B, Nitsch J (2010) Entwicklung der EEG-Vergütungen, EEG-Differenzkosten und der EEG-Umlage bis zum Jahr 2030 auf Basis eines aktualisierten EEG-Ausbaupfades. DLR, Stuttgart

Wetzel D (2011) Der große Solarschwindel. Welt am Sonntag 26(26.06.2011):15–19

Wirth H (2013) Aktuelle Fakten zur Photovoltaik in Deutschland. Fraunhofer ISE, Freiburg

Klimaschutz: Beispiel Moorrenaturierung 12

Goddert von Oheimb, Jan Felix Köbbing und Markus Groth

Moore als Kohlenstoffsenken

Moore gehören zu den bedeutendsten Kohlenstoffspeichern der Erde. Obwohl sie lediglich etwa 3 % der Landoberfläche bedecken (ca. 4 Mio. km^2), lagert in den Mooren etwa ein Drittel des insgesamt in Böden vorhandenen Kohlenstoffs (geschätzt 450 bis 550 Gigatonnen; Parish et al. 2008; Strack 2008). Diese immensen Kohlenstoffvorräte sind das Ergebnis über Tausende von Jahren ablaufender Akkumulationsprozesse, und weisen Moore als eine der wichtigsten terrestrischen Senken für Kohlenstoffdioxid (CO_2) aus. Moore sind weltweit verbreitet, jedoch befinden sich 80 % der Moorfläche in den gemäßigten und kalten Klimazonen. Der Anteil der Moorareale an der deutschen Gesamtfläche betrug ursprünglich etwa 4 %, dieser Flächenanteil ist allerdings infolge jahrhundertelanger nicht nachhaltiger Nutzung stark zurückgegangen (Succow und Joosten 2001).

Dieser Text ist eine stark gekürzte und überarbeitete Version der folgenden Buchpublikation:
Köbbing J F, Groth M, Oheimb G v (2012) Klimaschutz durch Moorrenaturierung: Ansätze zur ökonomischen Bewertung. Hannover, ibidem Verlag

G. v. Oheimb (✉) · J. F. Köbbing
Fakultät Nachhaltigkeit, Leuphana Universität Lüneburg, Lüneburg, Deutschland
E-Mail: vonoheimb@leuphana.de

J. F. Köbbing
Institut für Botanik und Landschaftsökologie, Universität Greifswald,
Greifswald, Deutschland
E-Mail: Jan.Koebbing@stud.uni-greifswald.de

M. Groth
Climate Service Center (CSC), Helmholtz-Zentrum Geesthacht - Zentrum für
Material- und Küstenforschung GmbH, Hamburg, Deutschland
E-Mail: Markus.Groth@hzg.de

H. Heinrichs, G. Michelsen (Hrsg.), *Nachhaltigkeitswissenschaften,*
DOI 10.1007/978-3-642-25112-2_12, © Springer-Verlag Berlin Heidelberg 2014

Durch anthropogene Beeinflussung, zumeist in Form landwirtschaftlicher Nutzung, kommt es zur Störung der natürlichen Kohlenstoffsenke Moor und zu weltweiten Treibhausgas-Emissionen in der Größenordnung von 2 bis 3 Mrd. t CO_2 pro Jahr (Parish et al. 2008; Joosten und Couwenberg 2009, zum Vergleich: die deutschen Gesamt-Treibhausgas-Emissionen betrugen im Jahr 2008 ca. 0,85 Mrd. t CO_2 (UBA 2011)). In Deutschland entfallen 30 % der Treibhausgas-Emissionen der gesamten Landwirtschaft und 3,7 % der gesamtwirtschaftlichen Treibhausgas-Emissionen auf die Entwässerung und landwirtschaftliche Nutzung von Moorflächen (Hirschfeld et al. 2008). Damit trägt die Moorzerstörung in einem Ausmaß zum anthropogenen Treibhauseffekt bei, der bislang sowohl in der öffentlichen Wahrnehmung nicht ausreichend bekannt ist als auch auf der politischen Agenda zu wenig Berücksichtigung findet.

Über ihre Funktion als Kohlenstoffsenke hinaus stellen Moore zahlreiche Ökosystemdienstleistungen zur Verfügung. Dies sind beispielsweise der Arten- und Biotopschutz, die Regulierung des Wasserhaushalts, die Senkenfunktion für atmogene Schadstoffe (insbes. Stickstoffverbindungen) und die Erholungsfunktion (Niedersächsisches Umweltministerium 2002; Kimmel und Mander 2010). Diese Ökosystemdienstleistungen besitzen einen hohen ökonomischen Wert für die Gesellschaft, ihre langfristige Bereitstellung kann jedoch durch anthropogene Eingriffe gefährdet sein. Dabei hat sich gezeigt, dass die Erhaltung von Ökosystemdienstleistungen ganz überwiegend deutlich kostengünstiger ist als ihre Wiederherstellung (TEEB 2010). Eine nicht-nachhaltige Nutzung im Bereich der Moore resultiert vor allem daraus, dass viele Ökosystemdienstleistungen der Moore den Charakter so genannter „Öffentlicher Güter" haben. Dies beschreibt Güter, denen nicht oder nur sehr schwer Verfügungsrechte zugeordnet werden können, weshalb sie nicht auf Märkten gehandelt werden (Baumgärtner und Becker 2008). Eine Konsequenz daraus kann eine Übernutzung dieser Ressourcen oder ihre zu geringe Bereitstellung sein.

Die Auswirkungen einer solchen Nicht-Einbeziehung in Märkte lassen sich am Beispiel der Moore klar erkennen. Aufgrund rein betriebswirtschaftlicher Abwägungen – in diesem Fall zumeist der Landwirte – werden die ökologischen Leistungen der Moore in zu geringem Maße bereitgestellt oder sogar zerstört (Vogel 2002). Durch eine Renaturierung, d. h. durch das Ergreifen von Maßnahmen, die den Wasser- und Nährstoffhaushalt so stabilisieren oder entwickeln, dass Torfwachstum wieder möglich ist (Dierßen und Dierßen 2008; Timmermann et al. 2009), können diese ökologischen Leistungen, besonders die Kohlenstofffestlegung (sog. Sequestrierung), wieder erbracht werden.

Ein wichtiges umweltpolitisches Ziel besteht darin, eine effiziente und effektive Honorierung von Ökosystemdienstleistungen zu erreichen. Dazu wird mithilfe bestimmter umweltökonomischer Bewertungsverfahren versucht, auch die nicht auf Märkten gehandelten Leistungen von Ökosystemen zu erfassen, zu monetarisieren und bei der Abwägung der Durchführung politischer Maßnahmen zu berücksichtigen. Für Moorstandorte befinden sich Bewertung und insbesondere Honorierung von Ökosystemdienstleistungen allerdings noch in den Anfängen.

Trotz der bisher schwierigen ökonomischen Rahmenbedingungen sollten aufgrund der deutlichen Klimarelevanz möglichst unverzüglich Konzepte und Instrumente zum Schutz, zur Renaturierung bzw. zur nachhaltigen Nutzung von Mooren ausgearbeitet und umgesetzt werden. Um die Rentabilität einer Moorrenaturierung im Vergleich zu anderen

Maßnahmen abschätzen zu können, ist der Nutzen gegenüber den Kosten abzuwägen (Marggraf und Streb 1997). Dafür sollte grundsätzlich eine umfassende und ökologisch erweiterte Kosten-Nutzen-Analyse (KNA) oder – als eine Unterform der KNA – eine Kosten-Effizienz-Analyse durchgeführt werden. Sie setzt die monetären Kosten eines Projekts beispielsweise zu den eingesparten Treibhausgas-Emissionen in Beziehung. Doch auch hierfür muss zunächst eine solide Datengrundlage vorhanden sein.

Dieser Beitrag diskutiert, mit welchen Kosten, Nutzen, Möglichkeiten, Potenzialen und Grenzen sich Entscheidungsträger bei der Zielsetzung „Klimaschutz durch Moorrenaturierung" konfrontiert sehen. Dabei wird auch die Frage behandelt, welche Möglichkeiten durch eine ökonomische Bewertung unter Verwendung einer Kosten-Effizienz-Analyse bestehen. Das gewählte Fallbeispiel verdeutlicht Herausforderungen und Möglichkeiten, die mit einer derartigen Erfassung ökologischer Leistungen einhergehen können.

Die ökologische Perspektive: Moore als Ökosystem

Charakteristika der Moor-Ökosysteme

Moore sind Lebensräume mit einer positiven Stoffbilanz, d. h. es kommt aufgrund einer gehemmten mikrobiellen Zersetzung der abgestorbenen, organischen Substanz zu einer Akkumulation mehr oder weniger stark zersetzter Phytomasse. Dieses organische Material wird als Torf bezeichnet (in der Bodenkunde wird Torf als Bodensubstrat mit über 30 % organischer Substanz definiert). Die Ursache für die Torfbildung in Mooren liegt in der langfristigen Wassersättigung des Substrats. Moore gehören mit Sümpfen und Marschen zur Gruppe der Feuchtgebiete und finden sich in 90 % aller Länder weltweit. Weitere Erläuterungen zur Abgrenzung von Mooren und der Torfbildung in Mooren finden sich hervorgehoben in den nachfolgenden beiden Kästen.

Die Fähigkeit der Moore, der Atmosphäre dauerhaft Kohlenstoff zu entziehen und zu binden, steht in diesem Kapitel im Mittelpunkt. Moore sind im Laufe der Jahrtausende zu Kohlenstoffsenken geworden und tragen auch heute noch weltweit zu einer Festlegung von mindestens 100 Mio. t CO_2 im Jahr bei (Parish et al. 2008; Strack 2008). Mooren kommt daher unbestritten eine Klimaregulationswirkung zu. Menschliche Eingriffe in dieses „Akkumulationsökosystem", zumeist in Form landwirtschaftlicher Nutzung, führen hingegen zu einer Umwandlung in ein „Freisetzungsökosystem" (Timmermann et al. 2009).

> **Definition „Ökosystem Moor"**
> Moore lassen sich grundsätzlich in zwei Haupttypen differenzieren: Hoch- und Niedermoore (Succow und Joosten 2001). Daneben lassen sich anhand von Kriterien wie Nährstoffgehalt, pH-Wert, Topographie (Geländeform), Entwicklungsgeschichte etc. zahlreiche weitere ökologische und hydrogenetische Moortypen (z. B. Durchströmungs-, Flach-, Kessel- oder Verlandungsmoor) unterscheiden (der „hydrogenetische Moortyp" gibt Auskunft über die Moorentstehung sowie die Herkunft und Art der Wasserspeisung). Hochmoore speisen sich ausschließlich aus Nieder-

schlägen, weshalb sie oft auch als Regenmoore bezeichnet werden. Natürlicherweise ist Regenwasser in Mitteleuropa „ombrotroph", d. h. arm an Nährstoffen und mäßig sauer. Niedermoore werden von geogenen (d. h. in der Erde entstandenen) Grund-, Boden- oder Oberflächenwasserzuflüssen gespeist (Dierßen und Dierßen 2008). Der unterirdische Nährstoffaustausch von Niedermooren erstreckt sich oft über viele Kilometer, was ihnen, verglichen mit den Hochmooren, grundsätzlich eine höhere Nährstoffversorgung garantiert. Aufgrund dieser günstigeren Nährstoffversorgung weisen sie zumeist eine höhere Primärproduktion und eine höhere Biodiversität auf.

Torfbildung in Mooren

Bei der Torfbildung in Mooren handelt es sich um „sedentär", d. h. an Ort und Stelle, gebildete Ablagerungen aus den unvollkommen zersetzten Resten abgestorbener Pflanzen. Im Allgemeinen ist abgestorbene Biomasse Mineralisierungs- und Humifizierungsvorgängen ausgesetzt, die maßgeblich durch Mikroorganismen gesteuert werden (Succow und Joosten 2001). Die Zersetzungsrate hängt dabei entscheidend von der Temperatur, der Sauerstoffverfügbarkeit, der chemischen Beschaffenheit der Pflanzenreste und der Aktivität der Mikroorganismen ab (Dierßen und Dierßen 2008). Unter Zufuhr von Sauerstoff (aeroben Bedingungen) laufen diese Prozesse relativ schnell ab und es kommt schließlich zur Freisetzung von CO_2. In ungenutzten Mooren hingegen sorgen geringe Sauerstoffgehalte in den wassergesättigten Böden dafür, dass diese Vorgänge, zumindest in den unteren Bodenschichten, nicht oder nur sehr verlangsamt ablaufen. Weitere wichtige Faktoren, die die Torfbildung in Mooren begünstigen, sind die relativ hohen Anteile von mikrobiell schwer abbaubaren Substanzen in den abgestorbenen Pflanzenresten und ein Mangel an Bodentieren. Ein kleiner Teil der über die Nettoprimärproduktion erzeugten Biomasse (zwischen 2 und 16 %) verbleibt so im Boden, wodurch Moore maximal 1 mm pro Jahr in die Höhe wachsen (Timmermann et al. 2009). In den letzten zehntausend Jahren kann dadurch der Torfkörper je nach Bedingungen zu einer Mächtigkeit zwischen 5 und 10 m angewachsen sein (Parish et al. 2008). Moore sind somit ein natürlicher Kohlenstoffspeicher.

Status quo der Moore in Europa und Deutschland

„Von allen Ökosystemtypen Mitteleuropas sind es die Moore, die am längsten als Wildnis überdauert haben" (Timmermann et al. 2009). Ursprünglich als Ödland angesehen, dessen einziger Zweck es war, als Reservoir für Heiz- oder Baumaterial zu dienen, wurden sie, nachdem große Teile der europäischen Waldflächen in Agrarland umgewandelt worden waren, zu landwirtschaftlichen Zwecken entwässert (Dierßen und Dierßen 2008). Heute sind weite Teile der europäischen Moore gestört – beispielsweise in Ungarn etwa 97 % und in Polen etwa 70 %. Lediglich in Island, Russland, Lettland, Schweden, Norwegen und Litauen ist mehr als die Hälfte der früheren Moorgebiete in einem ursprünglichen Zustand erhalten geblieben. Die Moorfläche Deutschlands betrug ursprünglich etwa 1,5 Mio. Hektar. Inzwischen sind 99 % dieser Moorflächen drainiert, um sie für Torfabbau, Land- und Forstwirtschaft oder Bebauung nutzbar zu machen. Lediglich auf einem Prozent der ursprünglichen Fläche finden sich heute noch wachsende und Torf akkumulierende Moore, zumeist in Hang- oder Randlage (Succow und Joosten 2001). Der ganz überwiegende Teil der Moorfläche Deutschlands liegt in den vier Bundesländern Mecklenburg-Vorpommern, Niedersachsen, Schleswig-Holstein und Bayern. Niedermoore nehmen mehr als zwei Drittel der bundesdeutschen Moorfläche ein, Hochmoore sind auf annähernd einem Drittel der Fläche ausgebildet (Höper 2007).

Die Hälfte der entwässerten Moorflächen in Europa wird heute landwirtschaftlich genutzt, während eine forstwirtschaftliche Nutzung auf 30 % sowie eine urbane Nutzung und ein industrieller Abbau von Torf auf jeweils 10 % der Fläche erfolgen (Bryne et al. 2004). Die Entwässerung der Moorflächen mithilfe von Gräben und Pumpwerken hat Mineralisation, Sackung, Schrumpfung und Vererdung (d. h. Verringerung des Gehaltes an organischer Substanz) der Böden zur Folge (Dierßen und Dierßen 2008). Diese Veränderungen bezeichnen eine Degradierung der Böden, aus natürlichen Moorstandorten werden landwirtschaftliche Grenzertragsstandorte. Eine landwirtschaftliche Nutzung ist nach einigen Jahren nur noch durch eine erneute Entwässerung und massiven Düngereinsatz möglich. Die damit einhergehenden steigenden Kosten sowie die allgemeine Überproduktion der Landwirtschaft in den letzten Jahrzehnten hat die landwirtschaftliche Nutzung von Moorflächen in der Vergangenheit zunehmend unattraktiv gemacht. In der Folge haben seit Mitte der 1990er-Jahre Moorrenaturierung bzw. die Einführung moorschonender Nutzungsweisen stark an Bedeutung gewonnen. So haben die vier moorreichen Bundesländer umfassende Moorschutzkonzepte aufgelegt. Zudem gibt es eine Reihe von Forschungsprojekten zu alternativen Moornutzungsformen.

Allerdings ist in den letzten Jahren eine Umkehrung dieser Entwicklung erkennbar. Eine steigende Nachfrage nach und Förderung von Energiebiomasse, insbesondere Mais, hat zu einem zunehmenden Druck auf Marginalflächen, wie aufgegebene Moorstandorte, geführt. Für die Zukunft kann eine wachsende Attraktivität der landwirtschaftlichen Nutzung von Niedermoorgrünland durch die steigende Konkurrenz zwischen Nahrungsmittel-, Futtermittel- und Energiepflanzenproduktion auf den vorhandenen Ackerstandorten angenommen werden.

▶   **Fragen:** Welches sind die besonderen Merkmale von Moorökosystemen? Welche dieser Merkmale und Entwicklungen sind im Zusammenhang mit dem Klimaschutz von besonderer Bedeutung?

▶   **Aufgabe:** Zeichnen Sie mithilfe der weiterführenden Literatur die historische und gegenwärtige Einflussnahme des Menschen auf die Moore in Deutschland nach.

Tab. 12.1 Abschätzung des Beitrages unterschiedlicher Spurengase von ungestörten bzw. wieder-vernässten norddeutschen Niedermooren zum Treibhauseffekt (eigene Darstellung nach Augustin (2001))

Treibhausgas	C- bzw. N-Netto-Emissions-rate $[kg\ ha^{-1}\ a^{-1}]$	Treibhausgas-$CO_{2\text{-äq}}$ $[kg\ ha^{-1}\ a^{-1}]$
Kohlenstoffdioxid (CO_2)	−140 bis −2.250	−140 bis −2.250
Methan (CH_4)	+2,7 bis +521	+24 bis +4.585
Lachgas (N_2O)	0,0 bis +0,8	0 bis +107
Summarische Klimarelevanz (Treibhausgas-Potenzial)	–	−2.226 bis +4.552

Auswirkungen der Nutzung auf das Treibhausgas-Potenzial von Mooren

Der anthropogene Eingriff in das Ökosystem Moor hat Auswirkungen auf Lebensgemein-schaften und Stoffbilanzen. Dies gilt sowohl für die Erhaltung einzigartiger Arten als auch für den Wasserhaushalt und den Ausstoß von klimarelevanten Gasen. Im Folgenden wird die Auswirkung unterschiedlicher Nutzungsweisen auf die Stoffbilanzen von Niedermoo-ren in der gemäßigten Zone Europas analysiert.

Gasaustausch natürlicher Moore

Bei Mooren handelt es sich um sehr sensible Ökosysteme. Die genaue Ausprägung der bio-chemischen Prozesse in diesen Systemen hängt von vielen Faktoren ab, insbesondere dem Moortyp, dem Standort, der Vegetation, den klimatischen Verhältnissen, dem Wasser-stand, der Nährstoffverfügbarkeit und dem pH-Wert (Succow und Joosten 2001). Die drei Gase CO_2, N_2O und CH_4 sind die wichtigsten klimarelevanten Spurengase, die mit den in Mooren ablaufenden Stoffumsetzungsprozessen in Verbindung stehen (vgl. Tab. 12.1). Natürliche – d. h. unberührte – Moore sind in der Regel Senken für CO_2 und N_2O (SRU 2008). Gleichzeitig sind Moore im natürlichen Zustand Quellen von CH_4. Zu beachten ist, dass CH_4 eine ca. 21-fach stärkere Treibhausgas-Wirkung als CO_2 aufweist. Die Treibhaus-gas-Nettobilanz eines Moorstandortes ergibt sich aus der Brutto-Treibhausgas-Aufnahme abzüglich der Brutto-Treibhausgas-Emissionen. Dafür wird die Umrechnung aller Klima-gase in CO_2-Äquivalente ($CO_{2\text{-äq}}$) vorgenommen, und es wird vom Treibhausgas-Poten-zial eines Ökosystems gesprochen. Bei diesen Berechnungen werden sowohl die unter-schiedlichen mittleren Erwärmungswirkungen der Gase als auch ihre unterschiedlichen Verweilzeiten in der Atmosphäre berücksichtigt und in einem Wert kumuliert (Joosten und Augustin 2006).

Die in der Literatur zu findenden Angaben über die Treibhausgas-Emissionen von Nie-dermooren liefern höchst unterschiedliche Werte. Die Gründe für die sehr hohe zeitliche und räumliche Variabilität basieren nach Couwenberg et al. (2008) unter anderem auf:

- der großen Bandbreite von Moor- und Torftypen mit jeweils spezifischen Emissionsmerkmalen,
- den unterschiedlichen Klimabedingungen, denen Moore unterliegen,
- der räumlichen Heterogenität vieler Standorte, inkl. den wechselnden Mächtigkeiten der Torfe,
- der sehr unterschiedlichen (früheren) Art der Bewirtschaftung,
- der aktuellen Ausprägung der Vegetation, von offenen Torfen bis zu Hochwald,
- den unterschiedlichen klimarelevanten Gasen, die beteiligt sind, und unterschiedliches Treibhausgas-Potenzial aufweisen mit diametral gegenläufigen Reaktionen auf eine Wiedervernässung sowie
- dem weiten Spektrum der Standorteigenschaften, die die Treibhausgas-Emissionen beeinflussen.

Einen umfassenden Überblick über eine ganze Reihe von Studien zu Emissionen aus Niedermooren bietet Augustin (2001). Die Untersuchung kommt für ungestörte und wiedervernässte norddeutsche Niedermoore zu einer Variation des Treibhausgas-Potenzials von − 2.226 bis + 4.552 kg $CO_{2-äq}$ je Hektar und Jahr (Tab. 12.1). Negative Zahlenwerte bedeuten eine Nettoaufnahme von Klimagasen und damit eine Verminderung des Treibhauseffekts durch das Moorökosystem. Positive Zahlenwerte stehen für Emissionen aus den Mooren.

Veränderter Gasaustausch unter anthropogener Nutzung

Bislang ist jeder Art der land- oder forstwirtschaftlichen Moornutzung gemeinsam, dass ein Absenken des (Grund-)Wasserspiegels erforderlich ist, da nur dann ein Befahren der Flächen mit konventioneller Landtechnik möglich ist (Timmermann et al. 2009). Die Veränderung des Wasserregimes wird erreicht durch die Anlage und Aufrechterhaltung von Entwässerungsgräben und den Einsatz von Pumpen. Durch die Drainage der Flächen kommt der bisher unter Luftabschluss liegende Torfkörper an die Oberfläche und wird stärker mineralisiert (Dierßen und Dierßen 2008). Mit der Mineralisation einher geht die verstärkte Emission von Treibhausgasen, und es besteht eine enge nicht-lineare Korrelation zwischen Entwässerungstiefe und Emissionsraten (Augustin 2001; Höper 2007). Die Dauer der verstärkten Emission von Treibhausgasen aus entwässerten Mooren ist abhängig von der Mächtigkeit des Torfkörpers und kann mehrere Jahrzehnte betragen (Hirschfeld et al. 2008). Aufgrund der nährstoffreicheren und leichter abbaubaren organischen Substanz sind die Treibhausgas-Emissionsraten der Niedermoore im Allgemeinen höher als diejenigen der Hochmoore (Dierßen und Dierßen 2008). Da die verschiedenen Nutzungsweisen unterschiedliche Entwässerungstiefen erforderlich machen, ist, neben dem Moortyp, die Art der anthropogenen Nutzung entscheidend für die Emissionsraten (MLUV Mecklenburg-Vorpommern 2009). Eine Nutzung der Niedermoorstandorte als Dauergrünland (Wiesen oder Weiden) erfordert Entwässerungstiefen von 0,4 bis 0,8 m

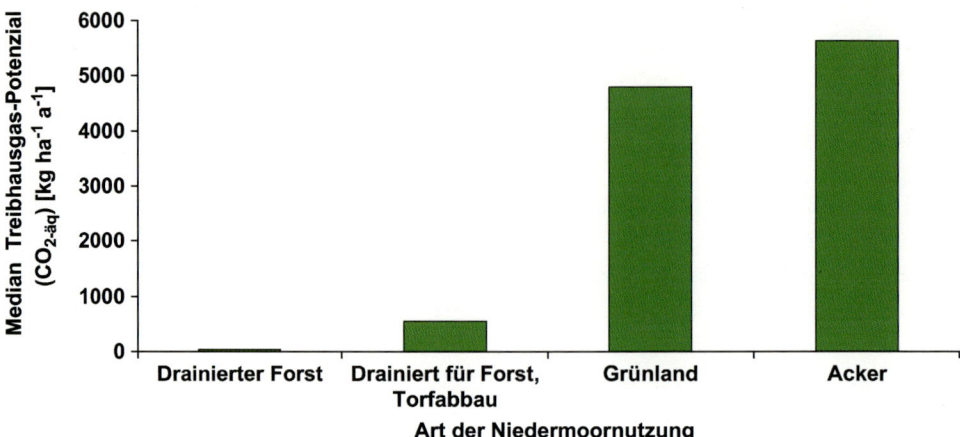

Abb. 12.1 Treibhausgas-Potenzial unterschiedlicher Niedermoornutzungsformen in Europa. Bei den Berechnungen sind die unterschiedlichen Zeiträume der CO_2-Speicherfähigkeit zu beachten: bei Holz beträgt dies ca. 100 Jahre, bei Torf mehr als 1000 Jahre. (Eigene Darstellung nach Bryne et al. (2004))

unter Flur. Eine noch deutlich stärkere Absenkung des Wasserspiegels ist mit einer ackerbaulichen Nutzung verbunden (1,0 bis 1,2 m). Da sich die angestrebte Entwässerungstiefe an dem tiefsten Punkt des Entwässerungsgebietes orientiert, können sich jedoch auch Entwässerungstiefen von über 2 m ergeben (Landesamt für Natur und Umwelt Schleswig-Holstein 2002; Bryne et al. 2004).

Bei einer Grünlandnutzung von europäischen Niedermoorstandorten beträgt der Median des Treibhausgas-Potenzials fast 4,8 t $CO_{2\text{-}äq}$ je Hektar und Jahr, bei einer Ackernutzung sogar über 5,6 t $CO_{2\text{-}äq}$ je Hektar und Jahr (Abb. 12.1). Der Sachverständigenrat für Umweltfragen (SRU 2008) sieht daher in der „ackerbaulichen Nutzung von Mooren die größte Treibhausgas-Einzelemissionsquelle im Sektor Landwirtschaft". Als die konventionelle Moorbewirtschaftungsform mit den niedrigsten Treibhausgas-Emissionen gilt die forstwirtschaftliche Nutzung (0,042 t $CO_{2\text{-}äq}$ je Hektar und Jahr).

Auswirkungen der Moorrenaturierung

Aus den vorher genannten Gründen ist seit Anfang der 1990er-Jahre die landwirtschaftliche Nutzung vieler Moorflächen in Europa stark zurückgegangen. Ist mit der Nutzungsaufgabe keine Neuregulierung des Wasserregimes verbunden, so setzt sich die Torfkörperzehrung ungebremst fort (Succow und Joosten 2001). Sowohl aus ökologischer als auch aus ökonomischer Sicht ist daher eine gemanagte Renaturierung notwendig. Vorrangiges Ziel der Renaturierungsprojekte ist die Wiederherstellung des Stoffrückhaltes und, damit verbunden, wichtiger Elemente des Natur- und Klimaschutzes (Timmermann et al. 2009).

Tab. 12.2 Geschätztes Treibhausgas-Potenzial eines Niedermoores in Weißrussland nach der Wiedervernässung (Eigene Darstellung nach Joosten und Augustin (2006))

Mineralisationsrate	Drainiertes Niedermoor $CO_{2\text{-äq}}$ [kg ha^{-1} a^{-1}]	Wiedervernässtes Niedermoor $CO_{2\text{-äq}}$ [kg ha^{-1} a^{-1}]		
	Phase 0	Phase 1 1–5 Jahre	Phase 2 5–20 Jahre	Phase 3 >20 Jahre
Hoch	+18.713	+23.992	−1.113	0
Niedrig	+5.112	+10.027	−1.113	0

Die Wiedervernässung ist der wesentliche Bestandteil jeder Moorrenaturierung. Um dies zu erreichen, ist ein adäquater Rückbau der Entwässerungssysteme erforderlich. Ziel dieser Maßnahmen muss sein, ein wachsendes, in jeder Hinsicht naturnahes Moor wiederherzustellen, d. h. auch das Torfwachstum wieder zu beleben (Timmermann et al. 2009). Eine wesentliche Voraussetzung, dieses Ziel erreichen zu können, ist, dass der Torfkörper nicht zu stark mineralisiert ist. Bei den für eine Wiedervernässung geeigneten Flächen muss der Wasserabfluss gestoppt und eine Anhebung des Grundwasserspiegels auf mindestens 20 cm unter Flur erreicht werden. In der Regel sind dafür künstliche Entwässerungseinrichtungen wie Gräben, Schöpfwerke, Deiche oder Drainagen zu entfernen. Begleitet wird die Wiedervernässung häufig durch die Ansiedlung von typischen torfbildenden Pflanzenarten (z. B. Torfmoose (Gattung *Sphagnum*), Schilf (*Phragmites australis*), Rohrglanzgras (*Phalaris arundinacia*)), um so die Herstellung eines möglichst naturnahen Zustands zu beschleunigen.

Meist sind mit der Wiedervernässung große Hoffnungen auf die Wiederherstellung der Senkenfunktion verbunden (Augustin 2003). In diesem Zusammenhang ist es hilfreich, die Rücküberstauung – wie auch in Tab. 12.2 dargestellt – in drei zeitliche Phasen einzuteilen (MLUV Mecklenburg-Vorpommern 2009):

- Phase 1: Die CH_4-Emissionen steigen aufgrund der Zersetzung von Pflanzenresten sehr stark an, während die Festlegung von CO_2 sehr gering ist. Die Klimawirkung ist in dieser Stufe negativ.
- Phase 2: Die CH_4-Emissionen sinken ab, es wird sehr viel CO_2 festgelegt. Insgesamt kommt es zu einer Reduzierung der klimarelevanten Wirkungen.
- Phase 3: Das Moor nimmt einen naturnahen Zustand an, sowohl die CH_4-Emissionen als auch die Sequestrierung von CO_2 sind gering. Die Klimabilanz ist ausgeglichen.

Entscheidend für eine Bewertung des Treibhausgas-Potenzials nach Wiedervernässung ist die Dauer der unterschiedlichen Wiedervernässungsphasen (SRU 2008). Joosten und Augustin (2006) haben dafür verschiedene Szenarien berechnet und diese mit den Emissionen verglichen, die ohne Wiedervernässung auftreten würden (Tab. 12.2). Die Ergebnisse zeigen, dass eine Wiedervernässung langfristig das Treibhausgas-Potenzial deutlich reduziert. Die Senkenwirkung wiedervernässter Moore kann je nach Bedingungen über Jahrhunderte oder Jahrtausende andauern (Hirschfeld et al. 2008).

Festzuhalten ist, dass eine Renaturierung von Moorstandorten aus klimatischer Sicht grundsätzlich wünschenswert ist, denn sie reduziert mittel- bis langfristig die ausgestoßenen Treibhausgasmengen deutlich bzw. kann (unter bestimmten Bedingungen) eine Senkenfunktion wieder herstellen. Trotzdem muss davon ausgegangen werden, dass eine starke Degradation auch zu Schäden im Boden geführt hat, z. B. im Bezug auf die Wasserleitfähigkeit, so dass eine Herstellung des ursprünglichen Zustandes nur langfristig wieder eintreten kann (Höper 2007).

Alternative Moornutzungsverfahren

War Moorrenaturierung anfänglich grundsätzlich mit einer Nutzungsaufgabe verbunden, so gibt es bereits seit geraumer Zeit Bestrebungen, anstelle einer mit einer weiteren Degradierung der Böden einhergehenden Moorbewirtschaftung moorschonende Nutzungsverfahren zu etablieren (Kowatsch et al. 2008). Dabei gilt es, Nutzungsformen zu finden, die sowohl das Ökosystem Moor erhalten und das Klima schützen als auch wirtschaftlich interessant sind (Timmermann et al. 2009). Bisherige moorschonende Nutzungsformen (z. B. extensive Grünlandnutzung) sind ausschließlich in existierende Betriebsstrukturen eingepasst (Kowatsch et al. 2008). Neben der extensiven Grünlandnutzung befinden sich derzeit andere Kulturverfahren, so genannte Paludikulturen, in der Erprobungsphase. Dabei handelt es sich um die Bewirtschaftung unterschiedlichster Pflanzenarten unter sehr nassen Bedingungen, dessen Ziel zum einen die nachhaltige Produktion von Roh- oder Brennstoffen, zum anderen eine Torfbildung oder zumindest eine Torferhaltung ist (Timmermann et al. 2009). Paludikulturen versuchen damit explizit den Moor- bzw. Klimaschutz mit einer landwirtschaftlichen Wertschöpfung zu verbinden (Wichmann und Wichtmann 2009). Den Erträgen der standortangepassten Anbauverfahren kommt dabei der hohe Nährstoffgehalt der vormals landwirtschaftlich genutzten Flächen zugute. Auf der anderen Seite bedingt dies, dass Ziele des Artenschutzes nur sehr langfristig zu erreichen sind (Timmermann et al. 2009). Am häufigsten in der Erprobung ist die Kultivierung von Schilf, Rohrglanzgras, Breitblättrigem Rohrkolben (*Typha arundinacea*), Gemeinem Wasserschwaden (*Glyceria maxima*), verschiedenen Seggen-Arten (insbesondere *Carex acuta, C. acutiformis, C. paniculata, C. riparia)* und von Schwarzerlen (*Alnus glutinosa)* (Wichtmann 2003; Timmermann et al. 2009). Zudem gibt es Versuchsflächen für die Torfmooskultivierung.

▶   **Frage:** Was ist das Treibhausgas-Potenzial eines Ökosystems?

▶   **Aufgaben:** Recherchieren Sie die Treibhausgas-Wirkung der drei im Text genannten Gase.
Diskutieren Sie konventionelle und alternative Moorbewirtschaftungsformen vor dem Hintergrund einer nachhaltigen Landnutzung.

Die ökonomische Perspektive: Kosten-Effizienz-Analyse der Moorrenaturierung

Ökonomische Grundlagen der Moornutzung und ihrer Bewertung

Für die von Mooren bereitgestellten Ökosystemdienstleistungen gibt es zurzeit noch keine adäquate Vergütung (Kowatsch et al. 2008). Flächenbesitzer rechnen in einem privatwirtschaftlichen Kalkül mit dem landwirtschaftlichen Ertrag der Fläche, nicht jedoch mit den volkswirtschaftlichen Kosten oder Nutzen. Unter den derzeitigen agrarpolitischen Strukturen besteht bei einer einzelwirtschaftlichen Strategie kein Anreiz zu einer umweltgerechten Moornutzung, im Gegenteil erscheint eine möglichst intensive Nutzung ohne Berücksichtigung der ökologischen Nebenbedingungen einzelwirtschaftlich sinnvoll (Schäfer und Degenhardt 1999; Wichmann und Wichtmann 2009). Um zu einer umfassenden volkswirtschaftlichen Bewertung zu kommen, wäre eine Abwägung der gesamten Kosten- und Nutzenstrukturen von Nöten, welche in der Konsequenz zu einem veränderten Flächennutzungsprofil führen würde. Dadurch könnten auch andere Verfahren der Moorbewirtschaftung konkurrenzfähig werden (Wichmann und Wichtmann 2009).

Eine Vermeidung bzw. Verminderung von Treibhausgas-Emissionen, z. B. durch Moorrenaturierung, verhindert Schäden und stiftet somit einen Nutzen (Wicke 1993; Michaelis 1996). Umgekehrt stellt ein Schaden einen entgangenen Nutzen dar (Hampicke 1996). Mit Maßnahmen zur Vermeidung oder Speicherung von Treibhausgasen sind Kosten verbunden. Aus ökonomischer Sicht ist es das Ziel, die Treibhausgas-Emissionen soweit zu senken, dass die Grenzkosten – also die zusätzlichen Umweltkosten pro emittierte Schadstoffeinheit – den Grenznutzen entsprechen (pareto-optimaler Zustand). Hier hat die Summe aus Vermeidungskosten und verbleibenden Schäden ihr Minimum (Michaelis 1996). Den Grenzschaden – also den Schaden, den eine zusätzliche Tonne CO_2 verursacht – genau zu quantifizieren ist in der Praxis sehr schwierig. Schäfer (2009) präsentiert hier aufgrund unterschiedlicher Zeithorizonte, Diskontraten und regionaler Schadensverteilungen Werte von 14 bis 300 € je t $CO_{2-äq}$. Da die minimalen Schadenskosten so stark variieren, kann quasi jede Schadensfunktion aufgestellt werden.

Damit sind die Kosten und Nutzen von Vermeidungsmaßnahmen nur unzureichend miteinander vergleichbar. Aufgrund dieser Schwierigkeiten werden Wirtschaftlichkeitsuntersuchungen oftmals nur auf der Grundlage betriebswirtschaftlicher Nutzen und Kosten durchgeführt (Witte et al. 1992). Dies führt häufig zu einer Unterbewertung der Nutzenseite, damit zu ökonomischer Ineffizienz und einer Unterschätzung der Rentabilität von Umweltmaßnahmen. Volkswirtschaftlich durchgeführte KNA können hingegen oft nur eine relativ vage Schätzung der Schadensfunktion liefern (Michaelis 1996).

Eine pragmatische alternative Bewertungsmethode ist die Kosten-Effizienz-Analyse (Wicke 1993; Hofmeister 2006). Mit ihr werden die monetär erfassten Projektkosten den nicht monetär erfassten Projektwirkungen gegenübergestellt (Dehnhardt et al. 2008). Ein normatives, nicht monetäres Ziel wird exogen festgesetzt, z. B. eine Treibhausgasobergrenze, welche mit minimalen volkswirtschaftlichen Kosten erreicht werden soll (Wicke 1993).

Im Falle der Moorrenaturierung wäre dieses Ziel die Einsparung einer Tonne $CO_{2-äq}$. Die Nutzen (CO_2-Einsparung) werden zu den Gesamtkosten des Projekts – wie Investitions-, Bau- und Planungskosten – in Relation gesetzt. Der Quotient aus beiden steht für die Kosteneffizienz einer Maßnahme und gibt die Kosten pro festgelegter Einheit $CO_{2-äq}$ an (Grenzvermeidungskosten) (Eberts 2004). Durch eine Kosten-Effizienz-Analyse können also Aussagen dazu getroffen werden, mit welcher Maßnahme das gegebene Ziel der Reduzierung von Treibhausgasen zu geringst möglichen gesamtwirtschaftlichen Kosten zu erreichen ist (Wicke 1993; Eberts 2004).

Für das hier behandelte Fallbeispiel „Klimaschutz durch Moorrenaturierung" werden die Maßnahmenkosten und -nutzen, die unmittelbar auf das Ziel Klimaschutz gerichtet sind, als direkte Kosten und Nutzen definiert. Vor- und Nachteile, die nicht unmittelbar dem Klimaschutz dienen, werden als indirekte Wirkungen mit entsprechenden Kosten und Nutzen behandelt (Dehnhardt et al. 2008).

Um die Kosten und Nutzen der Wiedervernässung einordnen zu können, sind zunächst der zu analysierende Zeitrahmen, die Art der Kosten (kontinuierlich, einmalig) und der Zeitpunkt der Entrichtung zu unterscheiden (Dehnhardt et al. 2008). Besonders problematisch ist, dass die Kosten und die Nutzen einer Renaturierung sowohl in den Zeitpunkten (Wicke 1993) als auch in der Häufigkeit (einmalig, periodisch, variabel) asymmetrisch anfallen (Michaelis 1996). Die Kosten sind am Anfang hoch und nehmen danach ab, für den (Klimaschutz-)Nutzen verhält es sich genau umgekehrt. Daraus resultieren entscheidungsrelevante Konsequenzen, da die Kosten jetzt zu tragen sind, der Nutzen aber nicht gesichert ist (Hanusch 2004; Wichmann und Wichtmann 2009). Mittels finanzmathematischer Methoden (Diskontierung) werden zukünftige Kosten- und Nutzenkomponenten temporal homogenisiert (sog. Gegenwartswert oder Barwert) (Hampicke 1991; Dehnhardt et al. 2008).

Die Diskontierung ist jedoch ein überaus komplexes und in der wirtschaftswissenschaftlichen Literatur kontrovers diskutiertes Thema (Michaelis 1996). Die Höhe der angenommenen Diskontrate ist entscheidend für eine Investitionsentscheidung – „je höher die Diskontrate, umso geringer gehen zukünftige Nutzen und Kosten in die Bewertung ein" (UBA 2007). Hieraus kann sich der Schluss ableiten, für sehr langfristige Projekte, die einen sehr hohen zukünftigen Nutzen haben, einen niedrigen oder einen Zinssatz von Null anzunehmen (Hampicke 1992; Michaelis 1996). Handelt es sich bei den zu bewertenden Aspekten um Zeiträume, die sich über Generationen erstrecken, so ist mit der gewählten Diskontrate auch implizit ein Werturteil über deren Präferenzen sowie die Gewichtung der zukünftigen Kosten und Nutzen im Vergleich zu heutigen verbunden (UBA 2007). Die Methodenkonvention des Umweltbundesamtes empfiehlt bei der Bewertung von Umweltschäden eine Diskontrate von 3 % (bis zu 20 Jahren), bei längeren Zeiträumen eine von 1,5 % (UBA 2007).

Die Berechnungen zur Ermittlung des Gegenwartswertes machen es nötig, den Betrachtungszeitraum im Vorfeld festzulegen. Dieser erstreckt sich bei Renaturierungsprojekten oft über mehrere Generationen (Hofmeister 2006). Dadurch ergeben sich für den Investor, z. B. den Landwirt, zwangsläufig spekulative Elemente und Unsicherheiten. Daher wird oftmals gefordert, den Planungshorizont auf maximal 120 Jahre zu beschränken. Aufgrund der Trägheit des klimatischen Systems ist dies aber bei einer traditionellen KNA des Klimawandels keine Option, birgt es doch die Gefahr, dass ein Großteil der Kosten nicht in die Berechnungen miteinfließt (Michaelis 1996). Bei dem Einsatz von Paludikulturen sind die Betrachtungszeiträume je nach eingesetzter Pflanzenart sehr unterschiedlich: sie liegen zwischen 4 Jahren für den Schilfanbau und 65 Jahren beim Anbau von Schwarzerlen.

Arten von Renaturierungsnutzen und Renaturierungskosten

Da die Vermeidung bzw. Sequestrierung von Treibhausgasen durch Wiedervernässung von Moorstandorten in der überwiegenden Zahl der Projekte das primäre Ziel ist, wird der Klimaschutznutzen als direkter Nutzen bezeichnet (Dehnhardt et al. 2008). Für eine Analyse der Moorrenaturierungsmaßnahmen ist es entscheidend, im Vorfeld das Treibhausgas-Einsparungspotenzial einer bestimmten Fläche zu quantifizieren (Eberts 2004). Da Moore jedoch höchst komplexe, variable Ökosysteme sind, ist entsprechend auch das Einsparungspotenzial sehr unterschiedlich. Bislang basierten die Angaben zumeist auf Spurengasuntersuchungen, die das Renaturierungsprojekt begleiten. Diese sind allerdings technisch und finanziell aufwändig. Ein von der Universität Greifswald entwickeltes Modell – das sog. *GEST*-Modell (*T*reibhaus-*G*as-*E*missions-*S*tandort-*T*ypen) – erlaubt es inzwischen, Moorstandorte ohne umfängliche Vor-Ort-Messungen hinsichtlich ihres aktuellen Emissionsverhaltens einzuschätzen (Couwenberg et al. 2008).

Zusätzlich zu den Treibhausgasen, die entweder nicht mehr emittiert oder in Zukunft sogar sequestriert werden, muss bei Paludikulturen eine weitere Senke in die Kalkulation einbezogen werden. Der Biomasseanbau auf den vernässten Flächen bindet Kohlenstoff. In welcher Form eine Anrechnung der produzierten und abgeernteten Biomasse als Kohlenstoffsenke möglich ist, hängt entscheidend von der weiteren Verwendung ab. Werthölzer wie Bau- oder Möbelmaterial haben in der Regel eine Benutzungsdauer von 30 Jahren (Eberts 2004). Nach Ablauf dieser Zeit gelangt das Holz durch Verrottung wieder in den Kohlenstoffkreislauf. Somit kann Biomasse für diese Art der Verwendung nur als temporäre Senke bilanziert werden. Wird Biomasse allerdings zur Substitution fossiler Energieträger wie Öl, Erdgas oder Kohle verwendet, so ist sie als permanente Senke zu veranschlagen (Joosten und Augustin 2006). Die CO_2-Bilanzen für verschiedene Paludikulturen in der Tab. 12.3 berücksichtigen sowohl die CO_2-Emissionsminderung durch die Wiedervernässung als auch diejenige durch die Substitution fossiler Energieträger. Einschränkend auf die positive Treibhausgasbilanz der Biomasseproduktion wirken sich die Verluste durch das Handling aus, da Mahd, Transport, Lagerung, Anlieferung und ggf. der Betrieb von Feuerungsanlagen mit CO_2-Emissionen verbunden sind.

Mit einer Wiedervernässung von Moorstandorten nähert sich der Standort seinem ehemaligen Zustand wieder an, und eine Reihe von Ökosystemfunktionen und -dienstleistungen, die nicht im direkten Fokus des Vorhabens lagen, stellen sich mit der Zeit wieder ein. Während die direkten Nutzen lediglich quantitativ erfasst wurden, werden die indirekten

Tab. 12.3 Kohlenstoffdioxid-Bilanzen ausgewählter Paludikulturen auf Testflächen (Eigene Darstellung nach Wichtmann (2008))

	CO_2-Emissionen aus Wiedervernässung [t ha^{-1}]	CO_2-Emissionen aus Heizölersatz [t ha^{-1}]	CO_2-Emissionen aus Handling [t ha^{-1}]	CO_2-Bilanz [t ha^{-1}]
Rohrglanzgras	-10	-6	$+1$	-15
Schilf	-15	-15	$+2$	-28
Schwarzerle	-10	-7	$+1$	-16

Nutzen, wenn möglich, auch monetär quantifiziert. Ein Beispiel aus dem Peenetal (Mecklenburg-Vorpommern) zeigt, dass durch die Wiedervernässung einer 509 ha großen Niedermoorfläche 945.000 € Gegenwartswert für Entwässerungskosten und Instandhaltungskosten in den nächsten 30 Jahren entfallen (Schägner 2009).

Geht eine Wiedervernässung mit der Etablierung von Paludikulturen auf den Flächen einher, so sind Verkaufserlöse durch Beerntung der Biomasse zu erzielen (Tab. 12.4). Diese Erlöse sind abhängig von der Produktivität der Kultur, der Art und Qualität des Materials sowie der Verwendungsweise. Beispielsweise kann Schilf in den Bereichen Bauindustrie, Garten- und Landschaftsbau, Zellulose- und Papierindustrie, Wasserbau, Abwasserbehandlung, Klärschlammvererdung sowie als Energieträger verwendet werden. Weitere wichtige Aspekte, die berücksichtigt werden sollten, sind der Nährstoffentzug durch die Ernte der Biomasse (und damit verbunden eine Produktivitätsminderung oder die Erfordernis, Nährstoffe durch Düngung zuzuführen) sowie die Schaffung von Arbeitsplätzen (Wichmann und Wichtmann 2009).

Die Analyse der Kostenseite ist bei der Durchführung von Renaturierungsvorhaben ebenfalls eine sehr komplexe Aufgabe. „Einer Gesellschaft entstehen Kosten, wenn sie für die Renaturierung von Ökosystemen Produktivkräfte einsetzt, die auch alternative Verwendungen zuließen, oder wenn sie auf ökonomische Leistungen, die ein nicht renaturiertes Ökosystem erbringen würde, verzichtet" (Hampicke 2009). Diese Kosten stellen somit einen Verzicht auf Alternativen und damit einen Knappheitsindikator dar (UBA 2007). Ökonomen sprechen hier von Opportunitätskosten.

Die direkten Ausführungskosten einer Moorwiedervernässung sind alle Kosten, die unmittelbar mit der Renaturierung in Zusammenhang stehen. Dies sind Bau-, Nachsorge-, Transaktions- und Sanierungskosten, Kosten für Landerwerb, Verfahrenskosten und Monitoring (UBA 2007; Dehnhardt et al. 2008; Wichmann und Wichtmann 2009). Sie können, soweit sie von öffentlichen Trägern aufgewendet werden, als soziale Kosten betrachtet werden, die die Gesellschaft trägt (Kächele 1999). Kosten entstehen jedoch nicht nur, wenn Geld ausgegeben wird, sie können auch aus entgangenem Nutzen oder Gewinn resultieren; sog. indirekte Kosten. „Opportunitätskosten treten also bei Renaturierungsvorhaben auf, wenn damit einträgliche Nutzungen der nicht renaturierten Ökosysteme beendet werden, oder wenn ihre Aufnahme unterbunden wird" (Hampicke 2009). Die Höhe dieser indirekten Kosten hängt entscheidend von der bisherigen Nutzungsweise ab. Handelt es sich um Brachflächen, liegen die Einkommensausfälle entsprechend bei Null. Nur wenn die Moorfläche bewirtschaftet wird, kann es zu Einkommensrückgängen kommen. Wie hoch

Tab. 12.4 Erträge und Erlöse ausgewählter Paludikulturen (TM: Trockenmasse; fm: Festmeter). (Eigene Darstellung nach Barthelmes et al. (2005) und Wichmann und Wichtmann (2009))

	TM-Erträge in fm ha^{-1} bzw. t ha^{-1}	Erlöse in € t^{-1}	Gesamterlös in € ha^{-1}
Schwarzerle im Endbestand	120	100–300	12.000–36.000
Schilf	12,5	40	498
Rohrglanzgras	5,8	40	230

diese sind, ist jedoch vom Einzelfall abhängig. Sicher ist aber, dass es nur aus betriebswirtschaftlicher Sicht zu Opportunitätskosten kommt. Aus volkswirtlicher Perspektive handelt es sich bei der Moorbewirtschaftung immer um eine defizitäre Landnutzung. Eine andere Form von Opportunitätskosten, auf die hier nicht näher eingegangen wird, tritt auf, wenn knappe Ressourcen (z. B. finanzielle Mittel) für die Moorrenaturierung nicht mehr anderweitig eingesetzt werden können. Durch den Nutzenverzicht auf eine andere Verwendung entstehen Kosten.

Diesen Abschnitt abschließend werden im Folgenden in aller Kürze einige der wichtigsten Abwägungsfragen im Zusammenhang mit einer Analyse der Moorrenaturierung dargelegt. Zunächst einmal ist zu fragen, was als Referenz für eine Abschätzung von Nutzen gelten soll. Prinzipiell müssen zwei Situationen miteinander verglichen werden: die Entwicklung mit und ohne das betrachtete Vorhaben (Ellis et al. 2001; Hofmeister 2006). In unserem Fallbeispiel ergeben die Nettoänderungen der Kohlenstoffvorräte der verschiedenen Kompartimente gegenüber der Ausgangssituation die Senkenleistung eines Renaturierungsvorhabens, die sog. Baseline (Eberts 2004). Die Differenz zwischen den erhobenen Emissionen nach Projektabschluss und den Emissionen des Baseline-Szenarios ergibt die vermiedenen Emissionen. So können beispielsweise mit dem GEST-Modell sowohl die Emissionen vor der Wiedervernässung (ex post) als auch die erreichte Reduktion (ex ante) berechnet werden (Couwenberg et al. 2008). Die Gesamtannahmen der Baseline beruhen jedoch auf einer ganzen Reihe von Einzelannahmen und müssen immer hypothetisch bleiben (Ellis et al. 2001). Grundsätzlich hängen sie von bestimmten „driving forces" ab, wie beispielsweise dem zukünftigen Wirtschaftswachstum, dem Bevölkerungswachstum, dem technischen Fortschritt, dem Energiebedarf oder dem Klimawandel (Michaelis 1996; Ellis et al. 2001). Soll ein Bewertungsrahmen außer für die Kohlenstofffestlegung auch für andere ökologische Leistungen (z. B. die Erhaltung der biologischen Vielfalt) geschaffen werden, so gestaltet sich der Prozess deutlich schwieriger.

Ein weiterer, damit eng verknüpfter, Aspekt besteht in Bezug auf Unsicherheiten über die Eintrittswahrscheinlichkeit zukünftiger Entwicklungen (Kächele 1999). Unsicherheiten basieren auf den unterschiedlichsten Einflussgrößen und der Art des zu bewertenden Projektes, u. a. der Entwicklung des Zinssatzes, der wirtschaftlichen Lebensdauer von Projekten, der Inflationsrate, relativen Preisverschiebungen, Wetterverhältnissen, Katastrophen, Schädlingen oder dem Klimawandel (Barthelmes et al. 2005; Dehnhardt et al. 2008).

Volkswirtschaftliche und betriebswirtschaftliche ökonomische Bewertungsmaßnahmen kommen mitunter zu sehr unterschiedlichen Resultaten. Während ein volkswirt-

schaftliches Referenzsystem theoretisch von einem perfekten Markt ausgeht und Markt-
verzerrungen wie Subventionen, Steuern und Markteintrittsbarrieren unberücksichtigt
lässt, wird in einer betriebswirtschaftlichen Analyse ein unvollständiger Markt als gegeben
hingenommen und alle Direktzahlungen oder Förderungen in die Berechnung miteinbezogen (Kächele 1999; Dehnhardt et al. 2008). Das bedeutet auch, dass in diese Kalkulatio-
nen negative externe Effekte nicht einfließen, und sie somit nur ein unvollständiges Bild
abgeben. Durch ihren vielfältigen volkswirtschaftlichen Nutzen ist eine naturnahe Moorbewirtschaftung, auch wenn für eine umfassende, monetäre Analyse teilweise noch die
Instrumente fehlen, bereits als positiv zu bewerten (Wichmann und Wichtmann 2009).

▶   **Fragen:** Weshalb kommt es zu einer „Moorübernutzung durch Marktversagen"?
    Wie unterscheiden sich KNA und Kosten-Effizienz-Analyse, und weshalb ist in
    dem dargestellten Fallbeispiel eine Kosten-Effizienz-Analyse vorteilhaft gegen-
    über einer KNA?

▶   **Aufgaben:** Stellen Sie Renaturierungskosten und -nutzen gegenüber.
    Ziehen Sie den Text und Wichmann und Wichtmann (2009) heran, um zu einer
    ökologischen und ökonomischen Beurteilung von Paludikulturen zu kommen.

Klimaschutz durch Moorrenaturierung als interdisziplinäre Herausforderung

Durch eine wachsende Weltbevölkerung, sich wandelnde Ernährungsgewohnheiten in
vielen Ländern der Erde und einen steigenden Bedarf an biologischen Energieträgern als
Ersatz fossiler Brennstoffe wird der Druck auf potenzielle Agrarflächen in den nächsten
Jahren stark zunehmen. In der Folge wird es wahrscheinlicher, dass brachliegende und
unter Schutz stehende Areale in landwirtschaftliche Nutzflächen umgewandelt werden.
Um trotzdem ehemals sowie gegenwärtig genutzte Moorflächen wieder in einen naturnä-
heren Zustand zu überführen und damit einen wichtigen Beitrag zum Klimaschutz zu leis-
ten, ist die Anlage von Paludikulturen neben reinen „Stilllegungsprojekten" eine wichtige
Alternative bei Moorrenaturierungsvorhaben.

Die Vermeidung bzw. Festlegung von Treibhausgasen durch nachhaltige Moornutzung,
wie auch allgemeiner die umfassende Sicherung der Ökosystemdienstleistungen von Mooren, stellt somit ein hervorragendes Beispiel für die interdisziplinäre Nachhaltigkeitsforschung dar.

Bei diesem Prozess muss zunächst einmal die Komplexität des Handlungsfeldes ver-
deutlich werden. Zudem sind die verschiedenen Sichtweisen und Problemwahrnehmungen der unterschiedlichen Akteure und Disziplinen zu berücksichtigen. In unserem Fallbeispiel erfordert die Moorrenaturierung inklusive des Anbaus von Paludikulturen aus
ökologischer Sicht im Vorfeld eine sorgfältige Analyse der Standorteigenschaften. Je nach
Degradationsstadium, Feuchtigkeitsgrad, Nährstoffgehalt, Topologie, klimatischen Verhältnissen usw. ist über die geeigneten Maßnahmen zu entscheiden. Aus dieser Sicht kann

es bei komplexen Ökosystemen und vielfältigen Nutzungsmöglichkeiten keine einfachen Antworten und Handlungsempfehlungen geben. Zudem gilt es, weitere Faktoren in der Analyse zu berücksichtigen, insbesondere die sog. indirekte Landnutzung, d. h. die räumliche Verlagerung der nicht-nachhaltigen Nutzung von der renaturierten Fläche hin zu anderen Flächen (häufig auch Verlagerung in andere Länder). Erst wenn auch diese Faktoren in eine Gesamtbilanz einfließen, kann eine Aussage zum Nettonutzen getroffen werden.

Aus ökonomischer Sicht kann eine ökologisch erweiterte KNA bei dem Entscheidungsprozess für oder gegen eine Renaturierung helfen, sowohl die ökologischen Leistungen als auch den Schaden durch Treibhausgase monetär zu erfassen und somit die Kosten einer Renaturierung vergleichbar zu machen. Allerdings wird auch die umfassendste KNA nicht in der Lage sein, wirklich objektive Prognosen und Effizienzanalysen abzugeben, denn auch sie muss sich mit den hier diskutierten Grundsatzfragen, wie beispielsweise der Diskontierung oder der Finanzierung, auseinandersetzen. Zukünftige Entwicklungen und Präferenzen lassen sich nur anhand des uns heute verfügbaren Wissens abschätzen, so dass Unsicherheiten bestehen bleiben.

Fehlende Märkte für die spezifischen Güter und Ökosystemdienstleistungen von Mooren sind ein wesentlicher Grund für die Schwierigkeiten bei der monetären Erfassung ökologischer Leistungen. Neben einer ökonomischen eröffnet sich hier auch eine umweltpolitische Dimension. Für die Sequestrierung von Treibhausgasen könnte durch internationale klimapolitische Verpflichtungen zukünftig eine Honorierung möglich werden. Dies würde die Rentabilität der standortgerechten Moorbewirtschaftung stärken und zwar durch eine leistungsbezogene, d. h. ohne staatliche Subventionierung und/oder Vergütung. Hier könnte insbesondere die Entwicklung und Ausgestaltung der zukünftigen internationalen Klimapolitik im Rahmen der nächsten Weltklimakonferenzen einen wichtigen Einfluss haben. Sollte eine Honorierung von Leistungen im Rahmen internationaler Klima- oder Biodiversitätsschutzabkommen nicht möglich sein, so sollten sich Moore in den Naturschutzbemühungen der gemeinsamen europäischen Agrarpolitik wiederfinden. Eine dem Moorschutz entgegenlaufende Subvention, wie es in Teilen die Grünlandprämie ist, gilt es umzuwidmen. Alternativ könnte durch die Ausweitung der EU-Flächenprämie auf Moorstandorte der Subventionsanspruch mit anderen landwirtschaftlichen Flächen gleichgesetzt werden. Biomasseanbau auf Nassstandorten muss wie konventionelle Landwirtschaft förderfähig sein.

▶   **Frage:** Welche gesellschaftlichen Akteure sind im Handlungsfeld Klimaschutz durch Moorrenaturierung betroffen? Definieren Sie deren spezifische Interessen, Gemeinsamkeiten und Konfliktpotenziale.

Literatur

Augustin J (2001) Emission, Aufnahme und Klimarelevanz von Spurengasen. In: Succow M, Joosten H (Hrsg) Landschaftsökologische Moorkunde, Schweizerbart, Stuttgart, S 28–36
Augustin J (2003) Einfluss des Grundwasserstandes auf die Emission von klimarelevanten Spurengasen und die C- und N-Umsetzungsprozesse in nordostdeutschen Niedermooren. In: Stoff-

austräge aus wiedervernässten Niedermooren. Wissenschaftliches Kolloquium am 25.02.2002. Güstrow, S 38–45

Barthelmes A, Joosten H, Kaffke A, Koschka I, Schäfer A, Schröder J, Succow M (2005) Erlenaufforstung auf wiedervernässten Niedermooren. ALNUS Leitfaden. Ernst-Moritz-Arndt-Universität Greifswald, Institut für Landschaftsökologie und Botanik

Baumgärtner S, Becker C (2008) Ökonomische Aspekte der Biodiversität. In: Lanzerath D, Muthke J, Barthlott W, Baumgärtner S, Becker C, Spranger TM (Hrsg) Biodiversität. Reihe: Ethik in den Biowissenschaften – Sachstandsberichte des DRZE, Bd. 5. Verlag Karl Alber, Freiburg, München, S 75–115

Bryne A, Chojnicki B, Christensen TR, Drösler M, Freibauer A, Friborg T, Frolking S, Lindroth A, Mailhammer J, Malmer N, Selin P, Turunen J, Valentini R, Zetterberg L (2004) EU Peatlands: Current carbon stocks and trace gas fluxes. CarboEurope-GHG Concerted Action – Synthesis of the European Greenhouse Gas Budget. Workshop-paper, Lund, Sweden, October 2003

Couwenberg J, Augustin J, Michaelis D, Wichtmann W, Joosten H (2008) Entwicklung von Grundsätzen für eine Bewertung von Niedermooren hinsichtlich ihrer Klimarelevanz. Endbericht, DUENE e. V. und Universität Greifswald. http://paludikultur.de/fileadmin/user_upload/Dokumente/pub/gest.pdf. Zugegriffen: 15. Mai 2012

Dehnhardt A, Hirschfeld J, Drünkler D, Peschow U, Engel H, Hammer M (2008) Kosten-Nutzen-Analyse von Hochwasserschutzmaßnahmen. In: Umweltbundesamt (Hrsg) Forschungsbericht 31/08, Dessau-Roßlau, Eigenverlag, S 269

Dierßen K, Dierßen, B (2008) Moore. Verlag Eugen Ulmer, Stuttgart

Eberts J (2004) Ökonomie der Kohlenstoffsenken in der Forstwirtschaft – Analyse einer Aufforstung wiedervernässten Niedermoorgrünlandes mit Schwarzerlen. Diplomarbeit, Universität Greifswald

Ellis J, Missfeldt F, Bosi M, Painuly J (2001) UNEP/OECD/IEA workshop on baseline methodologies. Possibilities for standardised baselines for JI and the CDM. Background paper.

Hampicke U (1991) Naturschutz-Ökonomie. Verlag Eugen Ulmer, Stuttgart

Hampicke U (1992) Neoklassik und Zeitpräferenz – der Diskontierungsnebel. In: Beckenbach F (Hrsg) Die ökologische Herausforderung für die ökonomische Theorie, Metropolis Verlag, Marburg, S 127–150

Hampicke U (1996) Perspektiven umweltökonomischer Instrumente in der Forstwirtschaft insbesondere zur Honorierung ökologischer Leistungen. Statistisches Bundesamt. Mater Umweltforsch 27:1–164

Hampicke U (2009) Kosten der Renaturierung. In: Zerbe S, Wiegleb G (Hrsg) Renaturierung von Ökosystemen in Mitteleuropa – Synthese und Herausforderungen für die Zukunft, Spektrum Akademischer Verlag, Heidelberg, S 441–457

Hanusch H (2004) Nutzen-Kosten-Analyse. Vahlen, München

Hirschfeld J, Weiß J, Preidl M, Korbun T (2008) Klimawirkungen der Landwirtschaft in Deutschland. Schriftenreihe des IÖW 186/08, S 1–203

Hofmeister F (2006) Die Rückgewinnung von Feuchtgebieten als eine Lösung für aktuelle Umweltprobleme. Hemmnisse und Möglichkeiten. Dissertation, Universität Heidelberg

Höper H (2007) Freisetzung von Treibhausgasen aus deutschen Mooren. TELMA 37: 85–116

Joosten H, Augustin J (2006) Peatland restoration and climate: on possible fluxes of gases and money. In: Proceedings of the International Conference „Peat in" solution of energy, agriculture and ecology problems" in Minsk, Belarus on 29.05.–02.06.2006, S 412–417

Joosten H, Couwenberg J (2009) Are emission reductions from peatlands MRV-able? In: Wetlands International (Hrsg), Produced for the UN FCCC meetings June 2009. Bonn, Germany

Kächele H (1999) Auswirkungen großflächiger Naturschutzprojekte auf die Landwirtschaft. Ökonomische Bewertung der einzelbetrieblichen Konsequenzen am Beispiel des Nationalparks „Unteres Odertal". Z Betr, Marktforsch Agrarpolit 163:1–222

Kimmel K, Mander Ü (2010) Ecosystem services of peatlands: Implications for restoration. Prog Phys Geogr 34:491–514

Kowatsch A, Schäfer A, Wichtmann W (2008) Nutzungsmöglichkeiten auf Niedermoorstandorten. Umweltwirkungen, Klimarelevanz und Wirtschaftlichkeit sowie Anwendbarkeit und Potenziale in Mecklenburg-Vorpommern – Endbericht, im Auftrag des MLUV Mecklenburg-Vorpommern

Landesamt für Natur und Umwelt Schleswig-Holstein (2002) Programm zur Wiedervernässung von Niedermooren. Kiel

Marggraf R, Streb S (1997) Ökonomische Bewertung der natürlichen Umwelt. Theorie, politische Bedeutung, ethische Diskussion. Spektrum Akademischer Verlag, Heidelberg

Michaelis P (1996) Effiziente Klimapolitik im Mehrschadstofffall. Eine theoretische und empirische Analyse. Verlag H. Siebert und J. C. B. Mohr, Tübingen

MLUV (Ministerium für Landwirtschaft, Umwelt und Verbraucherschutz) Mecklenburg-Vorpommern (2009) Konzept zum Schutz und zur Nutzung der Moore. Fortschreibung des Konzeptes zur Bestandssicherung und zur Entwicklung der Moore in Mecklenburg-Vorpommern

Niedersächsisches Umweltministerium (Hrsg) (2002) Niedermoore in Niedersachsen. Ihre Bedeutung für Gewässer, Boden, Klima und die biologische Vielfalt, Hannover

Parish S, Sirin A, Charman D, Joosten H, Minayeva T, Silvius M, Stringer L (2008) Assessment on peatlands, biodiversity and climate change. Main Report. Global Environment, Centre Kuala Lumpur and Wetlands International

Schäfer A (2009) Moore und Euros – die vergessenen Millionen. Arch Forstwes Landsch 43: 156–160

Schäfer A, Degenhardt S (1999) Sanierte Niedermoore und Klimaschutz – Ökonomische Aspekte. Arch Nat Landsch 38: 335–354

Schägner J P (2009) Moorrenaturierung als Klimaschutzmaßnahme. Ökol Wirtsch 1/2009: 28–29

SRU – Sachverständigenrat für Umweltfragen (2008) Umweltgutachten 2008. Umweltschutz im Zeichen des Klimawandels, Hausdruck

Strack M (Hrsg) (2008) Peatlands and climate change. International Peat Society, Jyväskylä, Finland

Succow M, Joosten, H (Hrsg) (2001) Landschaftsökologische Moorkunde, Schweizerbart, Stuttgart, zweite völlig neu überarbeitete Auflage

TEEB – The Economics of Ecosystems and Biodiversity. Synthesis Report Mainstreaming the Economics of Nature: A synthesis of the approach, conclusions and recommendations of TEEB

Timmermann T, Joosten H, Succow, M (2009) Restaurierung von Mooren. In: Zerbe S, Wiegleb G (Hrsg) Renaturierung von Ökosystemen in Mitteleuropa. Spektrum Akademischer Verlag, S 55-93

UBA – Umweltbundesamt (Hrsg) (2007) Ökonomische Bewertung von Umweltschäden- Methodenkonvention zur Schätzung externe Umweltkosten. Dessau, Eigenverlag

UBA (2011) CO_2-Emissionen nach Quellkategorien. http://www.umweltbundesamt-daten-zur-umwelt.de/umweltdaten/public/theme.do?nodeIdent=2842. Zugegriffen: 15. Mai 2012

Vogel T (2002) Nutzung und Schutz von Niedermooren. Empirische Untersuchung und ökonomische Bewertung für Brandenburg und Mecklenburg-Vorpommern. Der andere Verlag, Osnabrück

Wichmann S, Wichtmann W (Hrsg) (2009) Bericht zum Forschungs- und Entwicklungsprojekt (ENIM). Universität Greifswald und DUENE e.V. Abschlussbericht an die DBU, S 190

Wichtmann W (2003) Verwertung von Biomasse von Niederungsstandorten. Greifswald Geograph Arb 31:43–53

Wichtmann W (2008) Standortgerechte Landnutzung auf wiedervernässten Niedermooren, Paludikultur. Präsentation bei Tagung: Landnutzung und Klimaschutz. Potenziale in Landwirtschaft, Naturschutz und Bioenergieerzeugung am 19. November 2008 in Berlin. Plenum 2 – Klimaschutzpotenziale von Mooren und Auenlandschaften

Wicke L (1993) Umweltökonomie. Eine praxisorientierte Einführung. Vahlen, München

Witte H, Weinberger M, Willeke R (1992) Umweltschutzmaßnahmen und volkswirtschaftliche Rentabilität. Umweltbundesamt (Hrsg), Forschungsbericht, Erich Schmidt Verlag, Berlin

Wasser

Mariele Evers und Jens Newig

Die nachhaltige Bewirtschaftung von Wasserressourcen gehört zu den wichtigen Herausforderungen des 21. Jahrhunderts. Insbesondere der Klimawandel und damit einhergehende mögliche Probleme wie Wasserknappheit, extreme Hochwasserereignisse oder schlechte Wasserqualität verstärken die Forderung nach einer integrierten Bewirtschaftung der Wasserressourcen.

Aktuelle Herausforderungen und Problemfelder

Wasser ist unverzichtbar für alles Leben auf unserem Planeten. Eine ausreichende Versorgung mit Süßwasser von geeigneter Qualität ist grundlegend für die menschliche Gesundheit und das Wohlbefinden. Dies ist eine anerkannte Forderung der UN Generalversammlung in der „Declaration of clean water and sanitation as a human right" (UN 2010). Süßwasser ist zentrales Lebensmittel und essenziell für die Nahrungsmittelproduktion, Industrieprodukte sowie viele andere und oftmals konkurrierende Zwecke. Als solches ist Wasser ein Schlüsselelement zur sozioökonomischen Entwicklung, grundlegend für die menschliche Existenz und Bedarfe. Darüber hinaus stellen viele von Wasser beeinflusste bzw. abhängige Habitate ökologisch wertvolle und oft sehr artenreiche Lebensräume wie beispielsweise Auen und andere Feuchtgebiete dar.

Angesichts eines weltweit rapide steigenden Wasserverbrauchs und weiterer menschlicher Aktivitäten mit direktem oder indirektem Einfluss auf die Gewässer lastet heute

M. Evers (✉)
Geographisches Institut, Universität Bonn, Bonn, Deutschland
E-Mail: mariele.evers@uni-bonn.de

J. Newig
Fakultät Nachhaltigkeit, Leuphana Universität Lüneburg, Lüneburg, Deutschland
E-Mail: newig@leuphana.de

H. Heinrichs, G. Michelsen (Hrsg.), *Nachhaltigkeitswissenschaften*,
DOI 10.1007/978-3-642-25112-2_13, © Springer-Verlag Berlin Heidelberg 2014

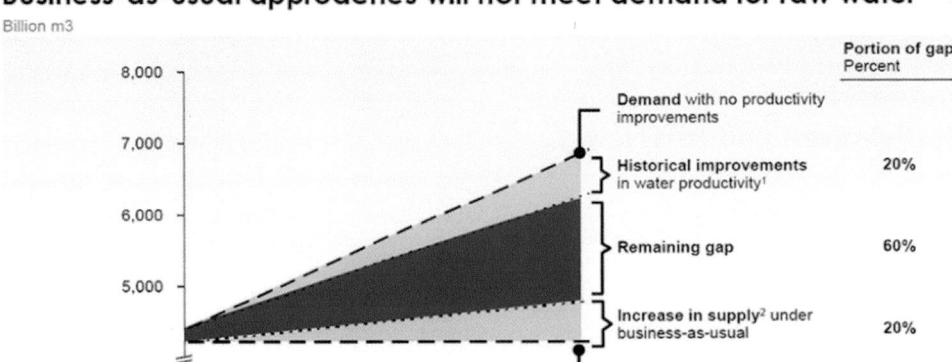

Abb. 13.1 Prognostizierter Wasserverbrauch bis 2030 (2030 Water Resources Group 2009)

ein erheblicher Druck auf Wasserressourcen, Wasserqualität und -quantität sowie Wasser-bezogenen Lebensräumen. Wasser, auch als „weißes Gold" bezeichnet, gilt wegen seiner steigenden Verknappung bereits als der Schlüsselrohstoff des 21. Jahrhunderts. Die globale Wasserentnahme hat sich in den letzten 50 Jahren verdreifacht (WWDR-3 2009). Der derzeitig prognostizierte Wasserverbrauch übersteigt weltweit gesehen das natürlich mögliche nachhaltige Wasserangebot, wie Abb. 13.1 verdeutlicht.

Mit der Zunahme der Weltbevölkerung auf geschätzte 9 Mrd. Menschen im Jahre 2050 (UNFPA) wird auch der Wasserbedarf steigen. 40 % der weltweit hergestellten Nahrungs-mittel werden derzeit aus Bewässerungslandbau gewonnen (FAO 2011). Es wird geschätzt, dass dieser Anteil um weitere 11 % steigen wird, um den Bedarf an Nahrungsmittel- und Biomasseproduktion zu stillen.

Durch die prognostizierte Zunahme der globalen Mitteltemperatur um 2–6 °C bis 2100 könnten sich zudem viele Wasserprobleme drastisch verschärfen (IPCC 2007). Der Klima-wandel wird vor allem in den semiariden Gebieten starke Auswirkungen haben. In Europa trifft das viele Regionen rund um das Mittelmeer bzgl. der Trinkwassergewinnung, land-wirtschaftlichen Bewässerung, Tourismus etc.

Prognosen der FAO besagen, dass bis 2020 in Afrika zwischen 75 und 250 Mio. Men-schen verstärkt Wassermangel ausgesetzt sein werden. Ernten aus Regenfeldbau könnten um 50 % verringert sein (FAO 2011).

Bis 2050 wird die Zahl der Megacities mit mehr als zehn Millionen Einwohnern von derzeit rund 20 auf über 60 Mio. wachsen. Bis zum Jahr 2030 wird die Stadtbevölkerung von heute 3 Mrd. auf 5 Mrd. wachsen. Mit dem Wachstum dieser Städte steigt auch der Bedarf an funktionierenden Strukturen für Trinkwasser und Abwasserreinigung.

In den Millennium Development Goals (MDG) ist als Ziel Nummer sieben formuliert, dass der Anteil der Menschen ohne nachhaltigen Zugang zu sicherem Trinkwasser und Sa-nitäreinrichtungen bis 2015 (im Vergleich zu 2000) halbiert werden soll. In vielen Ländern

vor allem Schwarzafrikas ist dieses Ziel noch in weiter Ferne (http://www.mdgmonitor.
org). Diese Problematik trifft auch auf manche europäische Regionen zu. Die Europäische
Umweltagentur (EEA) stellt fest: „unsafe water, sanitation and hygiene results in 18,000
premature deaths, mostly of children, each year in the pan–European region" (EEA 2007).

   Wasserknappheit und Armut sind eng miteinander verbunden, daher ist die Ermöglichung eines leichten Zugangs zu Wasser ein wichtiger Teil von Armutsbekämpfung. Armut betrifft Frauen weltweit in höherem Maße als Männer. Frauen (und Mädchen) sind in
vielen Regionen der Erde für die Besorgung und den Umgang mit Wasser zuständig (Singh
et al. 2006). Dennoch werden sie in wasserwirtschaftlichen Planungs- und Konsulations-
prozessen oftmals kaum berücksichtigt (GWA 2005). Die Gender and Water Alliance stellt
fest:

> research and practical experience demonstrate that effective, efficient and equitable manage-
> ment of water resources is only achieved when women and men are equally involved in
> consultation processes as well as in the management and implementation of water-related
> services. (GWA 2005, S. 4)

Neben dem direkten Verbrauch von Trinkwasser ist ebenso der Verbrauch von virtuellem
Wasser, d. h. jenem Wasser, das zur Erzeugung von Produkten wie Lebensmittel, aber auch
anderen Industrieprodukten wie Textilien, Kraftfahrzeuge, Strom etc. aufgewendet wird,
relevant (Allan 1997). Das Konzept des virtuellen Wassers wurde in den 1990er-Jahren
vom britischen Geograph John Anthony Allan entwickelt. Zieht man die Bilanz des virtuellen Wassers, verbraucht jede/r Deutsche pro Tag rund 4.000–5.000 l Wasser (WWF
2011).

   Neben der Bedeutung als Ressource spielt Wasser eine zentrale Rolle im Ökosystem.
Vörösmarty et al. (2010) haben festgestellt, dass 65 % der globalen Abflussmengen und
der abhängigen aquatischen Lebensräume mäßig bis hoch bedroht sind. Darüber hinaus
schätzen sie, dass mindestens 10.000–20.000 Süßwasserarten der Flora und Fauna ausge-
storben oder gefährdet sind.

   Auch in der Europäischen Union sind 40 % der Oberflächengewässer nicht in dem
guten Zustand (EU 2007a), wie er in der Europäischen Wasserrahmenrichtlinie (WRRL)
definiert ist. Diese Situation zeigt ernsthafte Auswirkungen auf die Naturräume und auch
die Qualität des Trinkwassers. 40 % der Grundwasserkörper sind aufgrund zu hoher Stick-
stoff- oder Pestizidgehalte oder zu hoher Grundwasserentnahme belastet. Acht europäische Länder fallen in die Kategorie „wasserarm" im Sinne des Water Exploitation Index
(WEI) (EEA 2009).

   Für Deutschland stellt das Umweltbundesamt fest, dass sich nur 10 % der Oberflächen-
wasserkörper derzeit in einem guten ökologischen Zustand befinden. Das sind bei den
Binnengewässern rund 14 % der Fließstrecke von Fließwässern. Die häufigsten Ursachen
für eine Einstufung in eine schlechtere Zustandsklasse sind Veränderungen der Gewässerstruktur und die fehlende Durchgängigkeit für Fische und kleinere Organismen. Darüber hinaus sind hohe Nährstoffbelastungen vor allem aus diffusen Quellen wie der Land-

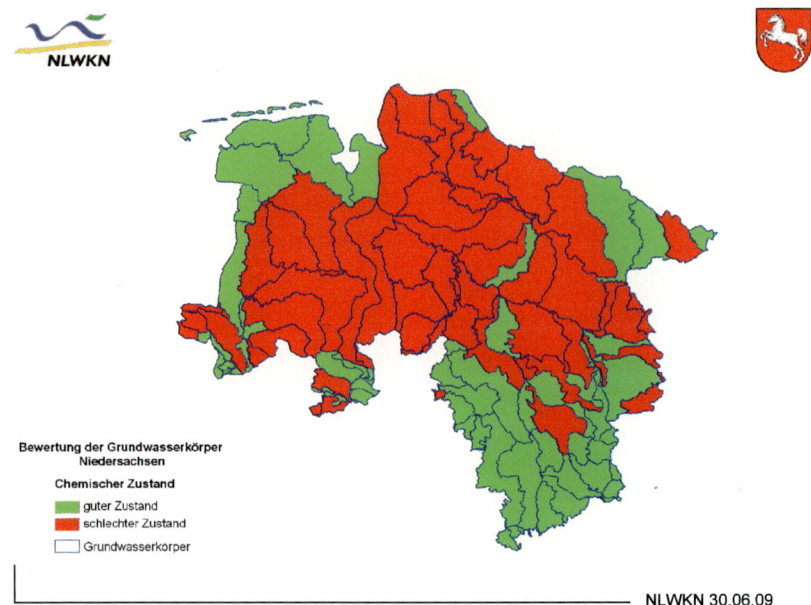

Abb. 13.2 Grundwasserkörper in Niedersachsen und Bremen: Chemischer Zustand für den Parameter Nitrat, Stand November 2008 (LBEG 2011)

wirtschaft oder atmosphärische Einträge problematisch. Bei den Seen sind 39 % in einem guten ökologischen Zustand. Problematisch ist der Zustand der Übergangs- und Küstengewässer, von denen vor allem aufgrund der hohen Nährstoffbelastung nur einem Wasserkörper (von 74) ein guter ökologischer Zustand zugewiesen werden kann.

Von den Grundwasserkörpern sind 63 % in einem „guten chemischen Zustand". Belastungen stammen hauptsächlich aus zu hohen Nitrateinträgen (UBA 2010). In Niedersachsen hingegen sind über die Hälfte der Grundwasserkörper aufgrund zu hoher Nitratbelastung in einem schlechten Zustand (Abb. 13.2; LBEG 2011). Zu hohe Wasserentnahmen stellen in Deutschland in der Regel kein Problem dar (UBA 2010).

Neben der Gewässerqualität stellt ebenso ein temporärer Überschuss an Wasser immer mehr ein Problem dar. Zwischen 1998 und 2004 gab es in Europa über 100 größere Überschwemmungen, einschließlich der katastrophalen Fluten entlang der Flüsse Donau und Elbe im Sommer 2002. Häufigere und intensivere Hochwasserereignisse sind durch mehrere Simulationen (z. B. IPCC 2007) vorhergesagt. Das IPCC prognostiziert, dass sich in vielen Bereichen durch den Klimawandel die Bedingungen für Hochwasserereignisse weiter verschärfen (IPCC 2007) werden. Der Norddeutsche Klimaatlas, der vom Norddeutschen Klimabüro veröffentlicht wird, geht von einer höheren durchschnittlichen Temperatur von + 2.9 °C bis an das Ende des 21. Jahrhunderts im Vergleich zu heute (1961–1990) aus (http://www.norddeutscher-klimaatlas.de). Spezifiziert auf beispielsweise die Region Lüneburger Heide/Wendland bedeutet das einen möglichen mittleren Temperaturanstieg im Sommer von + 3,2 °C und eine Zunahme von Regen im Winter von + 31 %.

▶ **Frage:** Wo liegen Probleme und Herausforderungen in der nachhaltigen Wasserwirtschaft?

▶ **Aufgabe:** Formulieren Sie eigene Beispiele zu regionalen Problemfeldern des Wassermanagements.

Verständnis Nachhaltiges Wassermanagement

Nachhaltiges Wassermanagement spielt eine zentrale Rolle in der Agenda 21, die 1992 auf der UN-Konferenz für Umwelt und Entwicklung in Rio de Janeiro beschlossen wurde. Zwei der 40 Kapitel der Agenda 21 beziehen sich direkt auf nachhaltige Wasserwirtschaft. So wird in Kap. 17 der Schutz von Ozeanen und Meeren einschließlich der Küstengebiete gefordert. Kap. 18 formuliert Ziele zum Schutz der Süßwasserressourcen:

> Oberstes Ziel ist die gesicherte Bereitstellung von Wasser in angemessener Menge und guter Qualität für die gesamte Weltbevölkerung bei gleichzeitiger Aufrechterhaltung der hydrologischen, biologischen und chemischen Funktion der Ökosysteme.... (Agenda 21, Kap. 18, Abs. 2)

Weiterhin setzt sich die Agenda für eine integrierte und ganzheitliche Bewirtschaftung von Wasserressourcen ein. Sie geht dabei von einem einzugsgebietsbezogenen Bewirtschaftungskonzept unter einer ausgewogenen Berücksichtigung der Bedürfnisse von Mensch und Umwelt aus. Dabei sollte der Umgang mit Wasser im Sinne einer nachhaltigen Entwicklung konsequent unter sozialen, wirtschaftlichen und ökologischen Gesichtspunkten betrachtet werden.

Als nachhaltige Wasserwirtschaft bezeichnen Kahlenborn & Kraemer (1999) „die integrierte Bewirtschaftung aller künstlichen und natürlichen Wasser(teil)kreisläufe unter Beachtung von drei wesentlichen Zielsetzungen:

- Langfristiger Schutz von Wasser als Lebensraum bzw. als zentrales Element von Lebensräumen;
- Sicherung des Wassers in seinen verschiedenen Facetten als Ressource für die jetzige wie für nachfolgende Generationen;
- Erschließung von Optionen für eine dauerhaft naturverträgliche, wirtschaftliche und soziale Entwicklung".

Zur Erreichung dieser Ziele identifizieren die Autoren neun Grundsätze nachhaltigen Wassermanagements. Drei dieser Grundsätze entsprechen den seit den 1970er-Jahren aufgestellten Handlungsprinzipien der Umweltpolitik:

- Verursacherprinzip: Die Kosten von Gewässerbelastungen und Wassernutzungen sind von den Verursachern zu tragen.

- Kooperations- und Partizipationsprinzip: Betroffene sind in Entscheidungen miteinzubeziehen, Möglichkeiten zur Selbstorganisation sind zu fördern.
- Vorsorgeprinzip: In unsicheren Entscheidungssituationen sind (Extrem-)Schäden für Gewässer und Wasserressourcen von vornherein zu vermeiden; unbekannte Risiken sind auszuschließen.

Kahlenborn & Kraemer (1999) formulieren sechs weitere Ziele nachhaltiger Gewässerbewirtschaftung:

- Regionalitätsprinzip: Belastungen durch menschliche Tätigkeiten sollten regionale Grenzen nicht überschreiten. Damit sollen räumliche negative Externalitäten vermieden werden.
- Integrationsprinzip: Da Gewässer und Wasserressourcen in Verbindung mit anderen Umweltmedien stehen, sind diese bei der Bewirtschaftung zu berücksichtigen.
- Ressourcenminimierungsprinzip: Die Wasserwirtschaft soll kontinuierlich ihren Ressourcen- und Energieverbrauch minimieren.
- Quellenreduktionsprinzip: Emissionen sind am Ort des Entstehens zu unterbinden. Dies lässt sich auch als eine spezielle Form des Vorsorgeprinzips lesen.
- Reversibilitätsprinzip: Maßnahmen müssen in ihren Folgen reversibel sein, das heißt, irreversible Folgen dürfen nicht eintreten.
- Intergenerationsprinzip: Der zeitliche Horizont von Planungen muss dem zeitlichen Wirkungshorizont entsprechen.

Die Umsetzung dieser Prinzipien und integrativen Konzepte erfordert eine umfassende, transsektorale Zusammenarbeit verschiedener Behörden und Akteure und birgt viele Schwierigkeiten. Das IPCC identifiziert beispielsweise Managementprobleme: „Current water management practices may not be robust enough to cope with the impacts of climate change" und „Water resources management clearly impacts on many other policy areas" (IPCC 2007). Blockaden für eine kohärente Maßnahmenplanung und deren Umsetzung auf Einzugsgebietsebene (EZG-Ebene) werden durch folgende Faktoren bestimmt:

1. Fehlende (korrelierte) Daten und Informationen sowie Mangel an integrierten Modellen auf Einzugsgebietsebene
2. Unzureichende Sektor- und Regionen-übergreifende Integration unterschiedlicher fachlicher Informationen und Planungen
3. Dominanz technischer Lösungen, wie unter anderem im Hochwasserrisikomanagement oder in der Entwicklung von Entscheidungsunterstützungssystemen für integriertes Wasser- und Landmanagement
4. In vielen Fällen ineffiziente oder nicht akzeptierte Managementstrukturen und mangelnde Umsetzungskompetenz sowie unzureichende horizontale und vertikale Kooperation

5. Fehlende oder mangelhafte Partizipationsprozesse sowie wenig Hydrosolidarität auf
   Flussgebietsebene zur Identifikation und Akzeptanz (erforderlicher) Maßnahmen und
   deren Implementierung

Ein zentraler internationaler Ansatz zur nachhaltigen Wasserwirtschaft ist das „Integrated
Water Resources Management" (IWRM), dessen Umsetzung insbesondere auf Integration
und Kooperation beruht. Obwohl es (noch) kein einheitliches Verständnis von IWRM
gibt, wird häufig die Definition der F) verwendet: „IWRM is a process which promotes the
co-ordinated development and management of water, land and related resources, in order
to maximize the resultant economic and social welfare in an equitable manner without
compromising the sustainability of vital ecosystems" (GWP TAC 4 2000).

Nach Neubert und Theesfeld (2008) umfassen die IWRM-Prinzipien ein flussgebiets-
basiertes sektorübergreifendes Wassermanagement, das auf der Integration des natürlichen und sozialen Systems sowie auf partizipativ-kooperativen Strukturen basiert.

Als wesentliche Implementationselemente wurden von der GWP (2000) folgende genannt:

- Rolle der Institutionen,
- Managementinstrumente und ein
- förderliches Umfeld

Hervorzuheben ist hier das förderliche Umfeld, die „enabling environment". Sie umfasst
die „Spielregeln" für IWRM, zu denen unter anderem die Beteiligung von Bürgern und
interessierten Kreisen („Stakeholder") gehört.

Die GWP definiert enabling environment folgendermaßen:

> The enabling environment is basically national, provincial or local policies and the legislation
> that constitutes the ‚rules of the game' and enable all stakeholders to play their respective roles
> in the development and management of water resources. (GWP TAC 4 2000)

Die Aufstellung der Spielregeln obliegt den Regierungsorganisationen. Bestandteil der
„Enabling Environment" sind außerdem Finanzierungsstrukturen, die den Aufbau einer
nachhaltigen Wasserwirtschaft gewährleisten (GWP TAC 4 2000).

Das IWRM-Konzept wird auch kritisch diskutiert. Einige Autoren und Autorinnen kritisieren die Unklarheit des Konzeptes oder dass der Ansatz zu viel vage und unspezifisch
sei (z. B. Butterworth et al. 2010; Jeffrey und Gearey 2006).

Tatsächlich ist nicht klar, wie IWRM erfolgreich umgesetzt werden kann und welche
Faktoren als förderlich angesehen werden können.

In einer Studie haben Evers et al. (2010) eine dokumentengestützte Analyse von
IWRM-Projekten durchgeführt, um förderliche Faktoren für IWRM zu identifizieren. Für
die Analyse wurden 26 Fallstudien aus 18 Ländern weltweit untersucht. Als Basis wurde
ein Evaluationsbogen entwickelt, der sechs Hauptkategorien mit einer jeweils unterschied-

lichen Anzahl an Subkategorien umfasst. Die Hauptkategorien umfassen folgende Bereiche: (1) vier Integrationsachsen, (2) Kulturelle Aspekte, (3) Enabling Environment, (4) Management, (5) Partizipation/Kooperation, (6) Wissensmanagement und Kompetenzentwicklung/Capacity Development. Die Hauptkategorie „Enabling Environment" untergliedert sich in die Subkategorien „Ressourcen und Finanzierungsstrukturen", „Rechtliche (Rahmen-)Bedingungen", „Politische Strukturen und Regierungsstrukturen" sowie „Daten(verfügbarkeit)".

In den untersuchten Fallbeispielen ist die sektorübergreifende Zusammenarbeit sowohl auf horizontaler als auch auf vertikaler Ebene ein zentrales Element der Managementprozesse. Es zeigt sich, dass die Umsetzung von IWRM insbesondere von der Kooperationsbereitschaft und Kooperationsfähigkeit der politischen Führung sowie der weiteren Beteiligten abhängt. Die Bereitschaft und die Fähigkeit zur Kooperation wirken sich förderlich auf IWRM aus und können als Erfolgsfaktoren für IWRM eingestuft werden.

Interessant ist darüber hinaus, dass es in der Mehrzahl der untersuchten Fälle ein/e verantwortliche/er Prozesskoordinator/in mit Entscheidungsressourcen und entsprechenden Kompetenzen nachgewiesen werden konnte, der/die die Prozesse weitestgehend organisiert. Aufgrund der Ergebnisse ist anzunehmen, dass in Bezug auf die Prozesskoordination von einem Erfolgsfaktor für IWRM gesprochen werden kann.

Ein Großteil der IWRM-Prozesse in den untersuchten Fallbeispielen ist „top-down" initiiert worden; in Europa insbesondere bedingt durch die EU-WRRL und die daran gekoppelten Forderungen an integriertes Wasserressourcenmanagement. Aber auch Umweltprobleme und Herausforderungen, einschließlich des Klimawandels, führten in einigen Fallbeispielen zum Umdenken in der Bewirtschaftung der Wasserressourcen – wie beispielsweise in Dänemark, den Niederlanden oder Ecuador.

Partizipation spielt in den bislang untersuchten Fallbeispielen eine große Rolle für erfolgreiche Prozesse. Auffällig ist, dass eine Vielzahl unterschiedlicher Methoden und Modelle angewandt wird, um Stakeholder in den Managementprozess einzubeziehen. Das Spektrum reicht von reiner Information über Anhörungen bis hin zum aktiven Einbezug und Kooperation.

Als förderliche Faktoren für IWRM konnten zusammengefasst folgende identifiziert werden:

1. sektorübergreifende Zusammenarbeit
2. Kooperationsbereitschaft und Kooperationsfähigkeit der Akteure
3. verantwortliche Person/en für Prozesskoordination
4. Einsatz sozio-technischer Instrumente wie Entscheidungsunterstützungsinstrumente oder gekoppelte Modelle
5. intensive Partizipationsprozesse mit angepassten Partizipationsmodellen und -methoden

Neben IWRM gibt es weitere Ansätze und Programme für einen nachhaltigen Umgang mit der Ressource Wasser. Hier sind zu nennen das Integrierte Flussgebietsmanagement

(IFGM) oder auch Integrated River Basin Management (IRBM), das oft synonym zum IWRM verwendet wird. Jedoch zielt das IFGM hauptsächlich auf die ökologischen Komponenten der Bewirtschaftung eines Flussgebiets ab und betrachtet Wasser erst in zweiter Linie als sozioökonomische Ressource (Bandaragoda und Babel 2010).

Neben diesen Konzepten ist das adaptive Wassermanagement zu nennen. Der Ansatz des adaptiven Managements wird schon seit einigen Jahrzehnten im Gebiet des Ökosystemmanagements diskutiert (Holling 1978; Walters 1986; Lee 1999; Liefferink et al. 2009). Der Ansatz beruht auf folgender Einsicht:

> The ability to predict future key drivers influencing an ecosystem, as well as system behaviour and response, is inherently limited. Hence management must be adaptive and include the ability to change management practises based on new experiences and insights. (Liefferink et al. 2009)

Adaptives Management fußt daher auf einem systemischen Ansatz, um Management-Politiken und -Praktiken kontinuierlich zu verbessern, indem aus den Folgen implementierter Management-Strategien gelernt wird.

Wassermanagement im europäischen Kontext: Wasserrahmenrichtlinie und Hochwasserrisikomanagement

Die EG-Wasserrahmenrichtlinie

Die am 22.12.2000 in Kraft getretene EG-Wasserrahmenrichtlinie (WRRL) bildet einen Meilenstein in der europäischen Gewässerschutzpolitik. Mit ihrem Ziel, bis 2015 flächendeckend einen „guten Zustand" aller europäischen Gewässer zu erreichen, setzt sie zum einen materiell neue Maßstäbe. Zugleich führt die WRRL grundlegende Innovationen in der Planung und Bewirtschaftung von Wasserressourcen und den Instrumenten zur Erreichung eines nachhaltigen Gewässerschutzes ein.

Der Verabschiedung der WRRL im Herbst 2000 ging eine über zehnjährige Entstehungsgeschichte voraus. Ausgangspunkt war eine zunehmende Unzufriedenheit etlicher EU-Mitgliedstaaten mit dem seit den 1970er-Jahren bis dahin entstandenen „Flickenteppich" aus zahlreichen inkonsistenten und teilweise widersprüchlichen Richtlinien des europäischen Gewässerschutzrechts (Breuer 2000). Hervorzuheben sind die Badegewässerrichtlinie von 1975, die Gewässerschutzrichtlinie von 1976, die Grundwasserrichtlinie von 1979, die Kommunalabwasser-Richtlinie von 1991 sowie die Trinkwasserrichtlinie von 1991. An dem aufwändigen Rechtsetzungsverfahren der WRRL konnten zahlreiche Interessengruppen partizipieren. Insbesondere die aktive Rolle zivilgesellschaftlicher Umweltverbände wird als entscheidend für die fachliche Qualität, aber auch für die Bürgernähe der Gesetzgebung beurteilt (Kaika und Page 2003).

Neben einer – weitgehend gelungenen – Harmonisierung des europäischen Gewässerschutzrechts durch die WRRL sind sieben Hauptinnovationen hervorzuheben.

- Bis 2015 wird ein einheitlich hohes Schutzniveau angestrebt, wonach grundsätzlich alle
  Oberflächengewässer einen guten chemischen und ökologischen, alle Grundwasserkörper einen guten chemischen und mengenmäßigen Zustand erreichen müssen; außerdem gilt für alle Gewässer ein Verschlechterungsverbot.
- Zur Erreichung dieser Ziele wird ein integrativer Ansatz verfolgt, der sowohl die Schad-
  stoffeinträge in die Gewässer (Emissionen) sowie die Erreichung einer bestimmten Gewässerqualität (Immissionen) reguliert.
- Die Bewirtschaftung von Wasserressourcen wird mit weitgehenden Planungserforder-
  nissen verbunden, wobei in sechsjährigen, wiederkehrenden Zyklen Maßnahmenprogramme und Bewirtschaftungspläne aufzustellen sind, deren Erfahrungen systematisch
  in die nächste Planungsperiode einfließen sollen.
- Um den räumlich-hydrologischen Gesetzmäßigkeiten der Verbreitung von Gewässerbelastungen (Stichwort: Oberlieger-/Unterlieger-Problematik) Rechnung zu tragen, erfolgt die Planung und Bewirtschaftung neuerdings auf der räumlichen Maßstabsebene
  von Flusseinzugsgebieten anstelle von bestehenden politisch-administrativen Einheiten
  (Moss 2003).
- Nichtstaatliche Akteure sind systematisch an der Umsetzung der Richtlinie, insbesondere der Bewirtschaftungsplanung, zu beteiligen. Dies wird als wesentlicher Faktor für
  den Erfolg der Richtlinie gewertet (Präambel 14 WRRL, Newig 2005).
- Um eine kohärente Umsetzung des komplexen Regelwerks der WRRL in allen Mitgliedstaaten zu gewährleisten, erarbeiten fachliche Arbeitsgruppen im Rahmen einer
  europaweit einmaligen „Gemeinsamen Umsetzungsstrategie" themenbezogene Leitfäden (Newig 2005).
- Ökonomische Instrumente wie zum Beispiel das Verursacherprinzip („kostendeckende
  Wasserpreise") spielen eine wichtige Rolle zur Erreichung der Richtlinienziele. Darüber
  hinaus bildet die WRRL die Grundlage für weitere Gewässerschutzpolitiken wie beispielsweise die 2007 in Kraft getretene neue Grundwasserrichtlinie.

Mit diesen Neuerungen gilt die WRRL international als Modell für Integriertes Wasserressourcenmanagement (Earle und Malzbender 2006).

Die Neuerungen in der Wasserrahmenrichtlinie betreffen materielle und prozedurale
Bestimmungen. Neben den oben skizzierten materiellen Vorgaben (guter Zustand, inte-
grierter Ansatz) liegen die Hauptinnovationen der Richtlinie in den Verfahren zu ihrer
Umsetzung. Wesentliches Kennzeichen dieser Rahmengesetzgebung ist es, geeignete Pro-
zeduren und Prozesse festzulegen, die über einen Jahrzehnte währenden Planungs- und
Implementationszeitraum der Erreichung des guten Gewässerzustands dienen. Anstatt
alle Standards selbst festzusetzen, gibt die WRRL Vorgaben, wie, wann, durch wen und
auf welcher Ebene solche Standards festgelegt werden müssen. Da hierbei unterschiedliche staatliche Stellen, wirtschaftliche und zivilgesellschaftliche Verbände bis hin zu einzel-

Tab. 13.1 Entscheidungsebenen der WRRL-Umsetzung

Entscheidungsebene	Entscheidungsträger	Entscheidungsspielraum (Beispiele)
EU	CIS-Gruppen	Umfangreiche Leitlinien der Umsetzung zu spezifischen Fragen
	Kommission	Qualitätsziele für bestimmte Stoffe
Mitgliedstaat (hier: D)	LAWA	Umweltqualitätsstandards für Stoffe in Anhang VIII WRRL
Bundesland	Landesregierung	Alle maßgeblichen Umsetzungsschritte (Monitoring, Maßnahmenprogramme usw.)
Lokale Ebene	z. B. Gebietskoop. in Niedersachsen	Vor-Ort-Festlegung von Maßnahmen, Messverfahren, Ausnahmen für Gewässerkörper

nen Wassernutzern teilhaben, wird auch von Wasser-Governance (im Unterschied zu rein staatlich-hoheitlichem ‚Government') gesprochen (Page und Kaika 2003; Moss und Newig 2010).

Die Umsetzung der WRRL geschieht im europäischen Mehrebenensystem (siehe Tab. 13.1). Zwar obliegt die eigentliche rechtliche und faktische Umsetzung primär den Mitgliedstaaten sowie ggf., wie in Deutschland, untergeordneten Einheiten wie den Bundesländern. Dabei spielt in Deutschland die Bund-Länder-Arbeitsgemeinschaft Wasser (LAWA) eine besondere Rolle in der Koordination länderübergreifender Aktivitäten und Entwicklung von Qualitätsstandards. Zur Sicherstellung einer kohärenten Umsetzung in der gesamten EU wurde jedoch mit der WRRL eine bislang einzigartige Institution auf Gemeinschaftsebene geschaffen: die „Gemeinsame Umsetzungsstrategie" (Common Implementation Strategy – CIS). In mehreren fachlichen Arbeitsgruppen, zusammengesetzt aus Fachleuten und Behördenvertreterinnen und -vertretern aus verschiedenen Mitgliedstaaten, wurden und werden in einem kontinuierlichen Prozess detaillierte Leitfäden für spezielle Aspekte (z. B. ökonomische Kriterien, erheblich veränderte und künstliche Gewässerkörper oder Öffentlichkeitsbeteiligung) erarbeitet.

Als zentrale räumliche Einheit führt die WRRL die Bewirtschaftung auf Flusseinzugsgebieten ein (Art. 3, 11, 13 WRRL). Flussgebietsmanagement trägt dem Umstand Rechnung, dass Gewässerbelastungen administrative Grenzen überschreiten, fördert die einheitliche Bewertung grenzüberschreitender Gewässer und führt Oberlieger und Unterlieger in gemeinsamen Entscheidungsprozessen zusammen. Es ergeben sich jedoch zahlreiche Herausforderungen für die bisher an politisch-administrativen Grenzen ausgerichtete Wasserwirtschaftsverwaltung (Moss 2003). Die bisherigen Erfahrungen in Deutschland zeigen, dass zwar die Verwaltungen einzelner Bundesländer in den jeweiligen Flussgebietseinheiten verstärkt zusammenarbeiten, dass ein tatsächliches Flussgebietsmanagement aber zurzeit noch ein Desiderat ist.

Eine große Bedeutung kommt der lokalen Ebene zu. Präambel 13 WRRL fordert, „Ent-scheidungen sollten auf einer Ebene getroffen werden, die einen möglichst direkten Kontakt zu der Örtlichkeit ermöglicht, in der Wasser genutzt oder durch bestimmte Tätigkeiten in Mitleidenschaft gezogen wird." Inzwischen finden sich zahlreiche Beispiele lokaler Entscheidungsforen, z. B. auf der Ebene von Teileinzugsgebieten (Newig 2005).

In diesem Zusammenhang ist die *Beteiligung nicht-staatlicher Akteure* von großer Bedeutung. So hängt nach der Präambel 14 WRRL der Erfolg der Richtlinie „von einer engen Zusammenarbeit und kohärenten Maßnahmen auf gemeinschaftlicher, einzelstaatlicher und lokaler Ebene ab. Genauso wichtig sind jedoch Information, Konsultation und Einbeziehung der Öffentlichkeit, einschließlich der Nutzer". Art. 14 WRRL schreibt ein dreistufiges Anhörungsverfahren für die Erarbeitung von Bewirtschaftungsplänen sowie die „aktive Beteiligung" aller interessierter Stellen an der gesamten Umsetzung der Richtlinie vor (Newig 2005; Jekel 2006). Hintergrund für diese Betonung der Partizipation ist weniger deren demokratiefördernde Funktion als vielmehr eine erwartete verbesserte Effektivität der Richtlinie durch Einbeziehung lokalen Wissens, die Information der Bevölkerung und die Schaffung einer höheren Akzeptanz für Maßnahmen. So gilt die Beteiligung der Öffentlichkeit als „Instrument, um die Umweltziele der Wasserrahmenrichtlinie zu erreichen" (EU 2002). Vor dem Hintergrund zahlreicher mit der WRRL verbundener Unsicherheiten (Ambivalenz der ökologischen Ziele, unsicheres Wissen über hydrologisch-ökologische Systemzusammenhänge) gelten partizipative Verfahren als geeignete Wege, normative und faktische Unsicherheiten zu managen (Newig et al. 2005).

Neben den Fragen wer, wie und auf welcher Ebene an der Umsetzung der WRRL beteiligt ist, gibt die Richtlinie detaillierte Vorgaben zum Zeitplan der Umsetzung. Nachdem bis 2003 die Transformation ins nationale Recht geschehen ist, 2004 die erstmalige Bestandsaufnahme aller Gewässer unternommen wurde und 2006 die Überwachungsprogramme gestartet sind, stehen in den kommenden Jahren noch mehrere Umsetzungsschritte an. In einem dreistufigen Verfahren sind, unter Beteiligung der Öffentlichkeit, bis 2009 die Maßnahmenprogramme sowie Bewirtschaftungspläne für jede Flussgebietseinheit verbindlich aufzustellen und zu veröffentlichen. Bis 2010 sind kostendeckende Wasserpreise einzuführen und bis 2015– mit Ausnahmeregelungen bis 2027– die Umweltziele zu erreichen.

Der genannte Planungsprozess ist iterativ. Das heißt, die Bewirtschaftungspläne und Maßnahmenprogramme müssen alle sechs Jahre überprüft und aktualisiert werden. Es sind jeweils die Erfahrungen aus der vorherigen Periode, auch über die durchgeführte Öffentlichkeitsbeteiligung, systematisch auszuwerten und an die Kommission zu berichten. Eine Sammlung und systematische Auswertung der jeweils gesammelten Erfahrungen ermöglicht eine Anpassung der Beteiligungsverfahren im nächsten Zyklus aufgrund der zuvor gewonnenen Erfahrungen. Mit diesem Instrument wird damit – soweit ersichtlich – erstmals auf einer überregionalen Politik-Ebene eine Gesetzesevaluation nicht allein als retrospektive Gesetzesfolgenabschätzung (Böhret und Konzendorf 2001), sondern, weitergehend, im Sinne eines adaptiven Managements der natürlichen Ressource Wasser (siehe oben) systematisch und rechtsverbindlich institutionalisiert.

Tab. 13.2 Darstellung globaler Hochwasserentwicklung zwischen 1980 and 2009 (Quelle: EM-DAT 2011)

Decade	Average World Population (millions)	Total people affected by floods (millions)	Total flood damages (million USD)	Number of flood events
1980–1989	4,804,700	468.4	$ 43.3	524
1990–1999	5,661,673	1,436.6	$ 211.7	865
2000–2009	6,465,031	948.5	$ 166.6	1729

Mit diesen materiellen und prozeduralen Innovationen steht zu hoffen, dass die WRRL zu einem nachhaltigen Schutz der natürlichen Wasserressourcen mit ihren ökosystemaren und Nutzungsfunktionen beitragen wird.

Die EG-Hochwasserrisikomanagement-Richtlinie

Neben der WRRL spielt eine weitere Richtlinie eine wichtige Rolle in der europäischen Wasserwirtschaft. Tabelle 13.2 stellt die Entwicklung der weltweiten Hochwasserereignisse dar und verdeutlicht, dass der Umgang und das nachhaltige Management von Hochwasser einen wichtigen Aspekt der Wasserwirtschaft bilden. Das Hochwassermanagement wird in der WRRL so gut wie nicht behandelt. Für die Staaten der Europäischen Union ist 2007 eine eigene Richtlinie über die Bewertung und Bekämpfung von Hochwasser in Kraft getreten (EU 2007b). Sie wurde im Jahr 2009 durch Novellierung des Wasserhaushaltsgesetzes (WHG) gleichlautend in bundesdeutsches Recht umgesetzt.

Das Ziel der Hochwasserrichtlinie ist

> einen Rahmen für die Bewertung und das Management von Hochwasserrisiken zu schaffen, mit dem Ziel der Reduzierung der negativen Folgen für die menschliche Gesundheit, die Umwelt, das Kulturerbe und wirtschaftliche Tätigkeiten in der Gemeinschaft findet. (EU 2007b, Artikel 2)

Die zentralen Charakteristika dieser Richtlinie sind in erster Linie ein (1) grenzüberschreitender Ansatz und (2) Hochwassermanagement auf der Ebene von Flussgebieten und (3) eine Integration von Nutzungen und Entwicklungen im Einzugsgebiet in Bezug auf Hochwasserrisiko und in Hinblick auf Reduktionspotentiale für Hochwasserrisiko.

Unter dieser Richtlinie müssen die Mitgliedstaaten zunächst eine Vorprüfung zu potenzieller Hochwassergefahr durchführen, um Einzugsgebiete und zugehörige Küstengebiete zu klassifizieren (Artikel 4). Für identifizierte Gebiete mit signifikantem Hochwasserrisiko ist die Erarbeitung von Hochwasserkarten und vorläufigen Karten für potenzielle Hochwasserschäden erforderlich (Artikel 7).

Die zweite Phase bildet die Entwicklung von Hochwassergefahrenkarten und Hochwasserrisikokarten für Gebiete mit potenziell signifikantem Hochwasserrisiko. Die Karten

müssen Überflutungsflächen, Wassertiefen und, soweit angemessen, Strömungsgeschwin-
digkeiten in den folgenden drei Szenarien darstellen (Art. 6,3):

- Hochwasser mit niedriger Wahrscheinlichkeit oder Szenarien mit einem Extrem-Ereig-
  nis;
- Hochwasser mit mittlerer Wahrscheinlichkeit (wahrscheinliche Wiederkehrperiode
  100 Jahre);
- Hochwasser, die mit hoher Wahrscheinlichkeit entstehen (wie bspw. alle 30 Jahre).

Die Frist für die Hochwassergefahrenkarten und Hochwasserrisikokarten ist der 22. Dezember 2013. Besonders interessant in Bezug auf nachhaltiges Wassermanagement ist die
Erfordernis zur Erarbeitung von Hochwasserrisikomanagementplänen (HWRMP) (Artikel 9), die bis zum 22. Dezember 2015 fertig gestellt werden müssen.

Bei den Hochwasserrisikomanagementplänen soll der Schwerpunkt auf Vermeidung,
Schutz und Vorsorge liegen. Um den Flüssen mehr Raum zu geben, sollten in den Plänen,
sofern möglich, der Erhalt und/oder die Wiederherstellung von Überschwemmungsgebieten sowie Maßnahmen zur Vermeidung und Verringerung nachteiliger Auswirkungen auf
die menschliche Gesundheit, die Umwelt, das Kulturerbe und wirtschaftliche Tätigkeiten
berücksichtigt werden (Art. 14).

Die HWRM-Pläne werden auf der Ebene der Flussgebietseinheiten für die Gebiete aufgestellt, die nach der vorläufigen Bewertung ein potenziell signifikantes Hochwasserrisiko
haben (vgl. § 75 Abs. 1 WHG). Hervorzuheben ist, dass der HWRM-Plan alle im jeweiligen Einzugsgebiet relevanten Aspekte des Hochwasserrisikomanagements berücksichtigen und für jede Flussgebietseinheit bzw. für jedes Teileinzugsgebiet angemessene Ziele
und Maßnahmen beinhalten soll (LAWA 2010).

Die HWRMP müssen „angemessene Ziele" für das Management von Hochwasserrisiken enthalten, die sich auf die Reduzierung der möglichen nachteiligen Folgen von Hochwasser auf die menschliche Gesundheit, die Umwelt, das Kulturerbe und wirtschaftliche
Tätigkeiten auswirken, und, sofern angemessen, sich auf nicht-bauliche Maßnahmen und/
oder auf die Verringerung der Wahrscheinlichkeit von Hochwasser beziehen (Art. 7,2).

Sie sollen alle relevanten Aspekte berücksichtigen, wie Kosten und Nutzen der Gebiete
mit Potenzial für die Beibehaltung Hochwasser, wie natürliche Überschwemmungsgebiete,
die Umweltziele der Wasserrahmenrichtlinie (2000/60/EG), Bodennutzung und Wasserwirtschaft, Raumordnung, Flächennutzung, Naturschutz und Schifffahrt.

Hier wird deutlich, dass die HWRM-RL einen integrierten Ansatz verfolgt und alle relevanten Nutzungen und Belange beim Hochwasserrisikomanagement berücksichtigt werden sollen. Dies stellt einen Paradigmenwechsel vom Hochwasserschutz, der vorrangig auf
technische Maßnahme zum Schutz bestimmter Bereiche abzielte, zum Risikomanagement
dar, bei dem auch Aspekte wie das Flächenmanagement oder Vorsorge eine wesentliche
Rolle spielt.

Der Aspekt der Information und Beteiligung der Öffentlichkeit ist, wie in der WRRL,
ebenso ein wichtiger Aspekt in der HWRRL. Die Mitgliedstaaten sollen ebenso wie bei
der WRRL für eine aktive Beteiligung aller interessierten Stellen bei der Erstellung, Über-

prüfung und Aktualisierung der HWRMP sorgen. Diese aktive Beteiligung muss mit den Beteiligungsprozessen im Rahmen der WRRL abgestimmt werden.

Fachlich sinnvoll und rechtlich gefordert ist die Koordination der Ziele und Inhalte der Managementpläne der WRRL und der HWRM-RL.

Die integrierten Aspekte können wie folgt zusammengefasst werden:

- In beiden Richtlinien wird ein Einzugsgebiet-Ansatz verfolgt
- Maßnahmen aus WRRL-Maßnahmenplan bzw. Bewirtschaftungsplan und Hochwasserrisikomanagementpläne sollen koordiniert werden
- Die Potenziale für die Reduzierung des Hochwasserrisikos durch Maßnahmen im Einzugsgebiet müssen berücksichtigt werden;
- Alle relevanten Pläne und Aktivitäten müssen im Hinblick auf potenzielle Zunahme der Hochwassergefahr überprüft werden;
- Pro-aktives Management mit anderen Planungsbereichen ist gefordert und soll koordiniert werden;
- Ökologische Auswirkungen und Schäden durch Überschwemmungen müssen betrachtet werden;
- Die Beteiligungsprozesse, die im Rahmen der beiden RL durchgeführt werden, müssen abgestimmt werden;
- Beide Richtlinien sehen eine Aktualisierung und Überprüfung der Umsetzung in einem Turnus von sechs Jahren vor (adaptives Management).

Ursprünglich war projiziert, dass die Erstellung der HWRMP mit der Erstellung der Bewirtschaftungs- und Maßnahmenprogramme koordiniert werden. Durch die zeitliche Abfolge ist das nur bedingt möglich. Die Umweltziele der WRRL müssen im Jahr 2015 erreicht werden, für die HWRMRL müssen die Pläne erst 2015 aufgestellt sein. Die Hochwasserrichtlinie sagt nichts darüber aus, bis wann die im HWRMP beschriebenen Maßnahmen umgesetzt sein müssen. Auch die wichtigen Aspekte des Datenmanagements und der Informationsaustausch zwischen den Sektoren bleiben unerwähnt.

Alles in allem zeigen diese rechtlichen und Bewirtschaftungs-Grundlagen, dass interdisziplinäre Ansätze für ein Wasser- und Hochwassermanagement gefordert sind. Hier kann transdisziplinäre Forschung, die wissenschaftliches und praktisches Wissen verbindet, ein adäquater Ansatz sein.

Im den folgenden Abschnitten werden zwei Beispiele kooperativer Ansätze in transdisziplinären Forschungsprojekten am Beispiel von Grundwassermanagement und Hochwasserrisikomanagement illustriert.

▶   **Frage:** Was sind zentrale Instrumente der europäischen Wasserpolitik und wie können diese charakterisiert werden?

▶   **Aufgabe:** Identifizieren Sie Schnittstellen zu den zentralen Instrumenten der Europäischen Wasserpolitik und anderen Planungsinstrumenten in den Nachhaltigkeitswissenschaften.

Transdisziplinäre Ansätze für nachhaltiges Wassermanagement

Fallstudie: Wasserrahmenrichtlinie und Partizipation in einer Agrarintensivregion

Regionen, die von intensiver landwirtschaftlicher Nutzung geprägt sind, gehören zunehmend zu Verursachern von Umweltproblemen (Beispiele: Stickstoff- und Pestizideinträge in Gewässer). Zugleich sind sie selbst einem wachsenden Anpassungsdruck ausgesetzt. So fordert die WRRL den „guten Zustand" der europäischen Gewässer bis zum Jahr 2015 und stellt somit auch die Landwirtschaft vor neue ökologische Herausforderungen. Der Gewässerschutz - wie auch Landwirtschaftspolitik – erfahren damit einen von europäischer Ebene („top down") initiierten Institutionenwandel, der neue Handlungsanforderungen an die landwirtschaftliche Flächennutzung stellt.

Angesichts dieser Ausgangslage erscheint es geboten, Szenarien und Strategien für die sich abzeichnenden Transformationsprozesse zu erarbeiten. Transdisziplinäre Forschung kann dazu beitragen, wissenschaftlich fundierte Methoden zur Erstellung von Szenarien einer nachhaltigeren Landbewirtschaftung unter sich ändernden Rahmenbedingungen zu entwickeln, und zwar unter direkter Einbeziehung derjenigen Akteur/innen, für die diese Szenarien letztlich von Belang sind.

Unter Beteiligung der Landwirtschaftskammer Niedersachsen wurde im Rahmen eines transdisziplinären Forschungsprojektes an der Universität Osnabrück (www.partizipa.net) ein Akteursforum zur Umsetzung der WRRL initiiert. Unter dem Motto „Wasserrahmenrichtlinie und zukunftsfähige Landwirtschaft im Landkreis Osnabrück" fanden von September 2004 bis März 2006 insgesamt sieben dreistündige Forumssitzungen, moderiert von Mitgliedern des wissenschaftlichen Projektteams, jeweils werktags von 17 bis 20 Uhr statt. Es nahmen jeweils etwa ein Dutzend Vertreter regionaler Akteure aus Land- und Wasserwirtschaft, Naturschutz und Verwaltung teil (siehe Tab. 13.3).

Ziel dieses modellhaften Runden Tisches war es, gemeinsam mit den Akteuren vor Ort Perspektiven zur regionalen Umsetzung der WRRL zu untersuchen. Sachlich standen angesichts der in der Region Osnabrück/Hase-Einzugsgebiet (Abb. 13.3) drängenden Nitratproblematik (Fuest 2000) die Diskussion und Bewertung von Maßnahmen zum Grundwasserschutz im Vordergrund. Methodisch galt es, den Informationsfluss und austausch und damit Lernprozesse zwischen allen Beteiligten zu fördern (Newig et al. 2008). Moderne, teils formalisierte, teils offene Kommunikationstechniken dienten auch als pilothafter Test für die offiziellen Beteiligungsverfahren, wie sie mit den Gebietskooperationen institutionalisiert wurden. Dabei wurde von der Annahme ausgegangen, dass Beteiligungsverfahren davon profitieren, die Kenntnisse und das Wissen sowie die Meinungen und Interessen der einzelnen Teilnehmer bestmöglich für den gemeinsamen Prozess zu nutzen.

Zu Beginn des Forumsprozesses sollten mögliche Ursachen für Konflikte sowie Lösungsmöglichkeiten ermittelt und kommuniziert werden. Dazu wurden die Vorstellungen und das spezielle Wissen jedes einzelnen Teilnehmers zu dem Themenkomplex Gewässerschutz, intensive Landwirtschaft (Veredelungsregion) und Nitratbelastung („mentale

Tab. 13.3 Mitglieder des PartizipA-Akteursforums

Organisation/Sektor	Vertreter
Landkreis Osnabrück (Fachdienst Umwelt, Raumplanung)	3
Oberbürgermeister einer Kommune im Landkreis	1
Landwirtschaftsamt Osnabrück (regionale Vertretung der Landwirtschaftskammer)	1
Landvolk Osnabrück	1
Gartenbau	1
Maschinenring	1
Forstamt Osnabrück	1
Niedersächsischer Landesbetrieb für Wasserwirtschaft, Küsten- und Naturschutz (NLWKN)	1
	2
Gewässerunterhaltungsverband (Dachverband Hase)	1
Naturschutzverband NABU	1
Mitglieder insgesamt	14

Abb. 13.3 Die Lage der Untersuchungsregion: Der Landkreis Osnabrück und das Einzugsgebiet der Hase in Niedersachsen (Berkhoff et al. 2006)

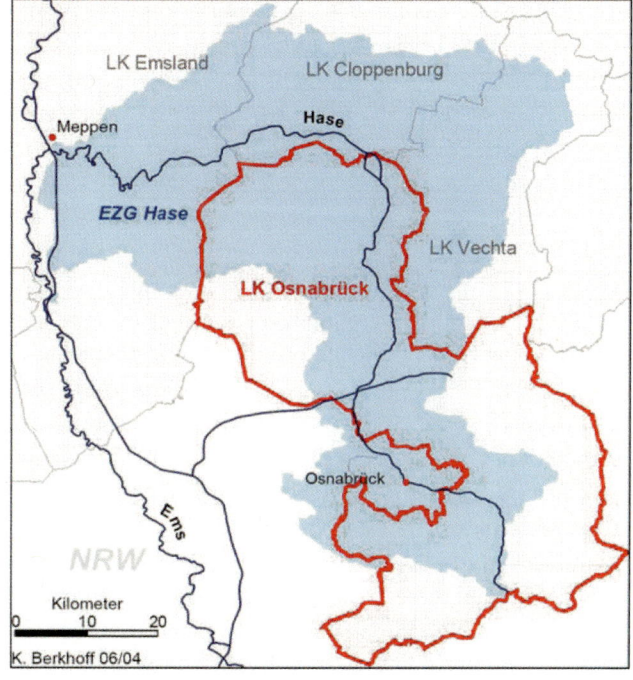

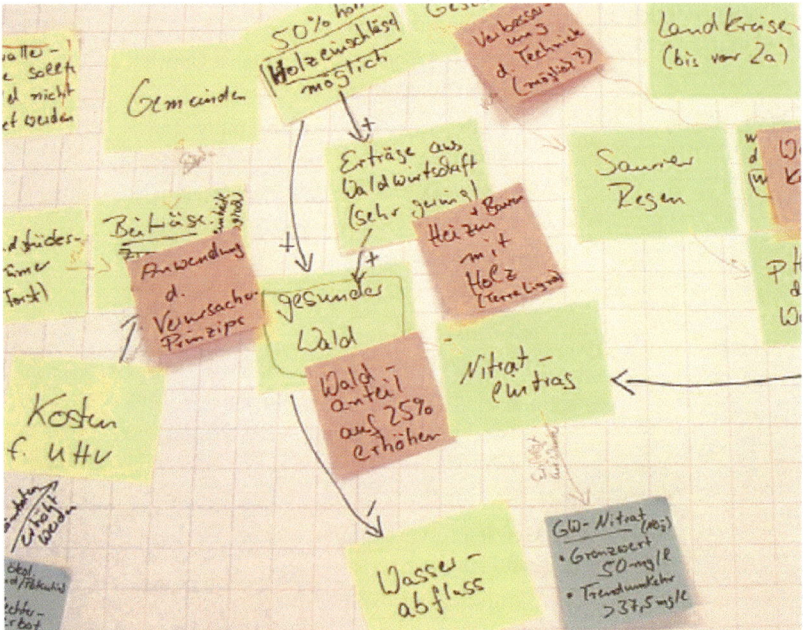

Abb. 13.4 Ausschnitt eines „mentalen Modells" (Newig und Kaldrack 2007)

Modelle") in Einzelinterviews erhoben und in Wirkungsdiagrammen – Cognitive Maps (Doyle und Ford 1998) – dargestellt (siehe Abb. 13.4).

Dabei zeigten sich teils erhebliche Wahrnehmungsunterschiede (Newig und Kaldrack 2007): Allgemein wurden die Unsicherheiten über zu leistende Anpassungen durch die Vorgaben der WRRL betont. Während aber die Vertreter der Landwirtschaft und des NLWKN eine hundertprozentige Umsetzung der WRRL für realitätsfern hielten, kritisierte der Naturschutz-Vertreter den geplanten Gebrauch von Ausnahmeregelungen. Grundsätzlich bestand Einigkeit über die Verursachung der Nitratbelastung durch die Landwirtschaft; zugleich lenkten viele Akteure den Blick auf die Verbraucher am anderen Ende der Stoffstromkette. Fast einhelliger Konsens bestand, dass der Landwirtschaft durch die WRRL keine wirtschaftlichen Nachteile entstehen sollen. Dagegen wurden die Potenziale neuer Technologien – wie etwa der Güllevergasung – und deren Anwendbarkeit äußerst kontrovers bewertet. Schließlich wurde auch festgestellt, dass weder die Umweltverbände noch andere zivilgesellschaftliche oder staatliche Akteure eine Lobby für den Grundwasserschutz bilden, denn die Arbeitsschwerpunkte der Naturschutzverbände liegen bei der Gewässerstruktur, Gewässerrenaturierung und Biologie, weniger dagegen beim Thema Grundwasser und Reduzierung von Nährstoffüberschüssen (Kastens und Newig i. E.).

Nachdem auf diese Weise – und darüber hinaus auch in Form von Fachvorträgen – zunächst Information in das Forum hineingetragen wurde, begann anschließend, in einem mehrstufigen diskursiven Prozess, eine zunehmende Aggregation von Informationen bis hin zur gemeinsamen Bewertung einzelner Handlungsoptionen.

Abb. 13.5 Modellsynthese in Kleingruppen (Berkhoff et al. 2006)

Zunächst wurden die in den Einzelinterviews erhobenen einzelnen Wirkungsdiagramme in Kleingruppen zu je drei oder vier Personen miteinander verglichen und anschließend zu gemeinsamen Wirkungsdiagrammen aggregiert. Dieser Prozess der gemeinsamen Modellbildung („Group Model Building" nach Vennix 1996) ging mit einem intensiven Austausch in Kleingruppen einher (siehe Abb. 13.5). Er zwang die Beteiligten zu einer besonderen Exaktheit und half, ein Verständnis für die Standpunkte anderer Teilnehmer aufzubauen. Zugleich konnten implizite Annahmen der Beteiligten transparent gemacht und auf ihre Plausibilität hin untersucht werden (Newig und Kaldrack 2007).

Die weiteren Diskussionen im Akteursforum flossen in eine multikriterielle Bewertung (Rauschmayer 2000) ein. Diese Methode ermöglichte die transparente Bewertung von Maßnahmen hinsichtlich ihrer Auswirkungen und ihres Nutzens für die Region. Solche reichten von einer Erhöhung des Waldanteils über Grünlandbewirtschaftung, optimierte Düngeverfahren, Biolandbau, Gewässerrandstreifen und Zwischenfruchtanbau bis hin zu einer Stilllegung einzelner Flächen. Auf dieser Basis konnte die Diskussion über mehrere Sitzungen hinweg strukturiert und die Entwicklung geeigneter Handlungsempfehlungen erleichtert werden (Newig und Kaldrack 2007). Schließlich wurden die Bewertungen unterschiedlicher Gewässerschutzmaßnahmen in einem gemeinsamen Schlussdokument (Berkhoff et al. 2006) festgehalten. Dies geschah im Zuge eines iterierten, stark strukturierten Vorgehens unter Rückgriff auf die Ergebnisse der multikriteriellen Analyse. Dabei gelang es, bei fast allen Maßnahmenvorschlägen konsensuale Bewertungen zu erzielen.

Fallstudie: Hochwasserrisikomanagement im Einzugsgebiet der Alster

Für den sich derzeit vollziehenden Paradigmenwechsel vom Hochwasserschutz hin zum Hochwasserrisikomanagement (HWRM) sind sektorübergreifende Ansätze und Beteiligungsprozesse von wesentlicher Bedeutung. Soziale Faktoren wie Risikobewusstseinsbildung und Kompetenzerweiterung bei Akteuren und in der Bevölkerung spielen eine wichtige Rolle.

Für das Einzugsgebiet der Alster in Hamburg und Schleswig-Holstein wurde im Rahmen des ERANET-CRUE Projektes „Decentralised Integrated ANalysis and Enhancement of Awareness through Collaborative Modelling and Management of Flood Risk (DIANE-CM)" die Methode der *collaborative modelling* oder der kooperativen Modellierung als Partizipationsmethode angewendet (Evers et al. 2011; Evers et al. 2012).

Hochwasserrisikomanagement ist komplex und für Laien ein abstraktes Thema. Ziel des DIANE-CM Projektes war es demzufolge, eine Methode zu entwickeln und anzuwenden, bei der der Bevölkerung und besonders betroffenen Akteuren das Thema anschaulich illustriert und die lokale Relevanz deutlich wird, Wirkungszusammenhänge veranschaulicht und gemeinsam Handlungsoptionen entwickelt werden. Daher wurde ein partizipativer Ansatz gewählt, bei der Prozesse individuellen und sozialen Lernens durch kooperative Modellierung unterstützt werden. Hierdurch wird gemeinsames Wissen und Kompetenzerweiterung generiert und es können abgestimmte Maßnahmen für das HWRM entwickelt werden. Die Ziele im Einzelnen im Alster-Einzugsgebiet waren:

- die Entwicklung eines gemeinsamen Verständnisses des aktuellen Hochwasserrisikos
- die Entwicklung und Bewertung von Alternativen (Maßnahmenpaketen) für den Hochwasserschutz zur Risikominderung oder (Um-) Verteilung von Risiko
- das Testen und Bewerten von Hochwasserrisiko-Alternativen unter verschiedenen Szenarien
- Unterstützung für die Aushandlung und die Auswahl von gemeinsam vereinbarten Alternativen

Die Fallstudie wurde in einem transdisziplinären Ansatz in enger Kooperation mit regionalen Behörden, vor allem dem Landesbetrieb Straßen, Brücken und Gewässer (LSBG) Hamburg, sowie mit regionalen Stakeholdern durchgeführt.

Zentrale *Methode* hierbei ist eine interaktive Modellierung der Wissenschaftlerinnen und Wissenschaftler des Projektes zusammen mit Akteuren im Alster-Einzugsgebiet, die in einem iterativen Prozess durchgeführt wird. Hauptinstrument zur Kommunikation und Visualisierung ist eine interaktive web-basierte-Plattform. Über diese Plattform werden Informationen, interaktive Karten und Dialog- und Abstimmungsfunktionen angeboten.

Für die Beschreibung der Ist-Situation sowie für die Simulation von Maßnahmen wurden Niederschlagsabflussmodelle verwendet sowie ein hydraulisches 1D-Modell aufgestellt. Außerdem werden Extremszenarien modelliert. Auch diese werden mit den Stakeholdern diskutiert und Schlussfolgerungen diskutiert. Alle Arbeitsschritte werden in enger Kooperation mit dem technischen Partner, dem Landesbetrieb Straßen, Brücken und Gewässer (LSBG), der in Hamburg für den Binnenhochwasserschutz zuständig ist, abgestimmt.

Die Fallstudie konzentriert sich auf das Einzugsgebiet der Alster, das in Schleswig-Holstein und Hamburg liegt. Das Alster-Einzugsgebiet hat eine Größe von circa 600 km^2 und mündet im Hamburger Stadtgebiet in den tidebeeinflussten Teil der Elbe (Hamburger Hafen). Im Alster-Gebiet waren *fluviatile*, d. h. durch Flusswasser induziert (im Gegensatz z. B. zu lokal auftretenden Starkregen, das als pluviatiles Hochwasser bezeichnet wird), Hochwässer in Alster und den Nebengewässern zentrales Untersuchungsthema sowie das mittel- bis langfristige Hochwassermanagement.

Der Projektansatz fußt zentral auf dem Konzept des sozialen Lernens (Pahl-Wostl 2006). Die kooperative Modellierung ist ein spezifizierter Ansatz des sozialen Lernens mithilfe von hydroinformatorischen Modellen (also Modelle zur Simulation von wasserwirtschaftlichen Zusammenhängen) und einer web-basierten Plattform. Das *collaborative modelling* umfasst einen interaktiven und iterativen Prozess; gemeinsam mit den Akteuren im Einzugsgebiet werden Ziele des HWRM im Alstergebiet, Szenarien und Alternativen bzw. Maßnahmen diskutiert und so weit wie möglich mithilfe von Computermodellen simuliert.

Zur Identifikation der relevanten Akteure im Gebiet wurde eine ausführliche Stakeholder- sowie eine Netzwerkanalyse durchgeführt, bei der mithilfe von Soziogrammen vertikale und horizontale Beziehungen zwischen den Akteuren im Einzugsgebiet der Alster analysiert und visualisiert werden (GtZ o. J.). Nach der Fertigstellung der Stakeholderliste für das Alstereinzugsgebiet wurden für das weitere Vorgehen zwei Stakeholderkategorien eingeführt – „Core-Stakeholder" und „Online-Participants". Diese Kategorienbildung ist notwendig, da an den geplanten Workshops zur Ermöglichung eines interaktiven Dialogs maximal 30 Personen teilnehmen können, die Anzahl der Stakeholder im EZG Alster jedoch deutlich darüber liegt.

Die „Core-Stakeholder" sind diejenigen, die im Optimalfall sowohl an den Workshops als auch an dem Austausch über die Plattform teilnehmen (z. B. Landesverwaltung und Bezirks- bzw. Kreisverwaltung sowie Naturschutzverbände), wohingegen die „Online-Participants" primär über die Modellierungsplattform Zugang zu dem Prozess erhalten (z. B. politische Gremien, Kleingartenvereine sowie Bürgerinnen und Bürger). Als Ausnahme sind insbesondere hochwassergefährdete Anwohnerinnen und Anwohner zu nennen, deren Teilnahme an den Workshops ausdrücklich erwünscht war.

Neben den „Core-Stakeholdern" und den „Online-Participants" wurde eine Liste mit (möglichen) Multiplikatoren (z. B. Schulen) erstellt, durch die die allgemeine nicht organisierte Öffentlichkeit (plattformbasiert) an dem Prozess beteiligt werden soll.

Die Stakeholderbeziehungen wurden mittels eines Organigramms sowie eines kategoriebezogenen Soziogramms visualisiert, die durch Experteninterviews ermittelt wurden. Die Ergebnisse der Stakeholder- und Netzwerkanalyse unterstützen die Planung und Durchführung des Beteiligungsprozesses, da bereits im Vorfeld der Beteiligung Funktionen und Interessen wichtiger Akteure vorliegen. Darüber hinaus ist die Stakeholder- und Netzwerkanalyse auch die Grundlage für die Identifikation von *local champions*

(Pitt 2008); dies ist eine oder sind mehrere Personen, die eine „Schnittstelle" zwischen Behörden und Bevölkerung zur verbesserten Berücksichtigung der lokalen Ebene darstellen bzw. als Vermittlerinnen oder Vermittler agieren. Neben der Stakeholder- und Netzwerkanalyse wurde zur besseren Einbindung der allgemeinen Öffentlichkeit ein differenziertes Kommunikationskonzept erarbeitet.

Der Beteiligungsprozess zur kooperativen Modellierung fußt sowohl auf der durchgeführten Stakeholder- und Netzwerkanalyse sowie auf dem erarbeiteten Kommunikationskonzept als auch auf der Simulation von Maßnahmen mithilfe verschiedener Computermodelle. Zentrale Beteiligungsform des DIANE-CM Projektes ist eine Serie von vier Workshops, die durch die Online-Plattform gestützt wurde.

Der Ablauf der Workshop-Serie mit den jeweiligen Zielen und Arbeitsschritten ist in Tab. 13.4 dargestellt. Zwischen den einzelnen Workshops war jeweils eine Zeitspanne von etwa sechs Wochen, in der von den Wissenschaftlerinnen und Wissenschaftlern diskutierte und identifizierte potenzielle Maßnahmen und Szenarien simuliert oder andere Analysen durchgeführt wurden, die als relevant angesehen wurden.

Ergebnisse: Mit relevanten Akteuren im Einzugsgebiet der Alster wurden Ziele des HWRM identifiziert, potenzielle Maßnahmen diskutiert, Wetspots identifiziert (neuralgische Hochwassergefahrenpunkte und -gebiete), und weitere Informationen zusammengestellt. Alle Informationen werden über die Online-Plattform visualisiert und sind für die Öffentlichkeit interaktiv zugänglich.

Eine Matrix mit vier verschiedenen Handlungsalternativen wurde erarbeitet und abgestimmt. Zu den verschiedenen Alternativen wurden mögliche Maßnahmen identifiziert und mithilfe hydroinformatorischer Software simuliert. Es hat sich gezeigt, dass über die Methode des *collaborative modelling* ein interaktiver Beteiligungsprozess und das HWRM im Gebiet der Alster in einem konstruktiven Dialog und ein sozialer Lernprozess unterstützt werden kann.

Der Mix aus online- und Workshop-Beteiligung ist förderlich für den Austausch von Informationen, Möglichkeiten der Visualisierung, wechselseitigem Input in die Prozesse, Generierung lokalen Wissens sowie Entwicklung gemeinsamer Handlungsoptionen.

Jedoch war die Vorbereitung des Beteiligungsprozesses mit Stakeholderanalyse, Netzwerkanalyse, Interviews etc. langwierig und ressourcenintensiv.

Die Ergebnisse des Projektes werden in die weitere Planungen und die Aufstellung der HWRMP in Hamburg und Schleswig-Holstein integriert, so dass eine nachhaltige Nutzung der im Rahmen dieses Beteiligungsprozesses erarbeiteten Ergebnisse gewährleistet ist.

Für die erfolgreiche Umsetzung des DIANE-Projektes spielte der „local champion", die Schnittstelle zwischen dem Projekt bzw. dem technischen Partner, d. h. der zuständigen Behörde und den Akteuren (Stakeholdern), eine zentrale Rolle. Durch sein lokales Wissen, dem Engagement sowie der Glaubwürdigkeit seiner Person hat er die Akzeptanz des Projektprozesses und der Ziele und Maßnahmen, die hier gemeinsam entwickelt wurden, deutlich befördert.

Tab. 13.4 Ablauf der Workshopserie im Rahmen des *collaborative modelling* mit hauptsächlichen Zielen und Aktivitäten

Veranstaltung	Ziel und Arbeitsschritte
Workshop (Dezember 2010)	Information und Ermittlung der Interessen und Ziele Randbedingungen des Prozesses festlegen, Klärung von Begriffen Info und Diskussion, Online-Teilnahme/ Workshops Resultate der Status quo-Modellierungen der gegenwärtigen HW-Risiken Feedback zu Modellen/Szenarien Mögliche Ziele für HWRM vorstellen und diskutieren Weitere Ideen, Vorschläge etc.
Workshop (Januar 2011)	Diskussion/Diskurs Identifikation von neuralgischen Punkten (sog. „wet spots") im Einzugsgebiet Szenarien, mögliche Maßnahmen vorstellen und diskutieren Feedback lokales Wissen/Erfahrungen Beispiele für Maßnahmen vorstellen und Maßnahmenkatalog diskutieren Ggf. Ziele überprüfen Info und Diskussion, Input aus Online-Beteiligung
Workshop (März 2011)	Abstimmung Ergebnisse, Simulationen zu Maßnahmen diskutieren Ergebnisse der Szenarien vorstellen und diskutieren Identifikation von Konflikten und Konsens Weiterer Input aus WS Gruppe und Online-Beteiligung
Workshop (Mai 2011)	Abschluss/Schlussfolgerung Ergebnisse, Simulationen zu Maßnahmen diskutieren Abschließende Abstimmung über mögliche Maßnahmen und Alternativen Durchführung der computer-gestützten Übung zur kollaborativen Modellierung und Ranking der Alternativen Abschluss

Fazit

Die beiden Fallstudien illustrieren transdisziplinäre Forschungsansätze, bei denen unter Einbezug von Praxisakteuren der Wasserwirtschaft und andere in Bezug stehende Bereiche Lösungsansätze für aktuelle und praxisrelevante Probleme erarbeitet werden. In einem konstruktiven Dialog wurden Problembereiche konkretisiert, Lösungsansätze visualisiert sowie Umsetzungsmöglichkeiten diskutiert und damit eine konkrete Implementierung vorbereitet.

In Kooperation von Wissenschaft und Öffentlichkeit bzw. Praxis kann auf diese Weise eine gemeinsame Wissensbasis generiert werden, die es ermöglicht, Problembereiche zu analysieren und potenzielle Konflikte sowie eventuelle kontroverse Haltungen zu möglichst konstruktiven Ansätzen hin zu entwickeln. Gemeinsame Lernprozesse tragen zum gegenseitigen Verständnis und zu praktikablen Lösungen bei.

Bei diesen transdisziplinären Ansätzen können und sollen verschiedenste sozialwissenschaftliche und naturwissenschaftlich-technische Methoden eingesetzt werden. Hilfreich für die beschriebenen Projekte waren die rechtlichen und planerischen Rahmenbedingungen (WRRL, HWRMRL), die ganzheitliche und nachhaltige Ansätze dieser Art befördern.

▶   **Frage:** Welche Beispiele für integrative und kooperative Ansätze für eine nachhaltige Wasserwirtschaft kennen Sie?

▶   **Aufgabe:** Diskutieren Sie die Herausforderungen für transdisziplinäre und kooperative Forschungs- und Projektansätze.

Literatur

2030 Water Resources Group (2009) Charting our water future. Economic frameworks to informed decision-making. http://www.2030waterresourcesgroup.com/water_full/Charting_Our_Water_Future_Final.pdf. 30.06.2012

Bandaragoda DJ, Babel MS (2010) Institutional development for IWRM. An international perspective. Intern J River Basin Manag 8(3–4):215–224

Berkhoff K, Kaldrack K, Kastens B, Newig J, Pahl-Wostl C, Schlußmeier B (Hrsg) (2006) EG-Wasserrahmenrichtlinie und zukunftsfähige Landwirtschaft im Landkreis Osnabrück. Schlussdokument zum Partizip A-Akteursforum September 2004. Osnabrück

Böhret C, Konzendorf G (2001) Handbuch Gesetzesfolgenabschätzung (GFA): Gesetze, Verordnungen, Verwaltungsvorschriften. Nomos, Baden-Baden

Breuer R (2000) Europäisierung des Wasserrechts. NuR 22(10):541–549

Butterworth J, Warner J, Moriarty P, Smits S, Batchelor C (2010) Finding practical approaches to integrated water resources management. Water Altern 3(1):68–81

Doyle JK, Ford DN (1998) Mental models concepts for system dynamics research. Syst Dynam Rev 14(1):3–29

Earle A, Malzbender D (Hrsg) (2006) Stakeholder participation in transboundary water management – selected case studies. Cape Town. http://iwlearn.net/publications/ll/stakeholder-participation-in-transboundary-water-management-selectedcase-studies. 30.06.2012

Europäische Union (EU) (2002) Leitfaden zur Beteiligung der Öffentlichkeit in Bezug auf die Wasserrahmenrichtlinie. Aktive Beteiligung, Anhörung und Zugang der Öffentlichkeit zu Informationen [Auf Englisch.] Guidance Document No. 8. http://www.wrrl-info.de/docs/Leitfaden_Partizipation.pdf. 30.06.2012

Evers M, Lange L, Ramünke M (2010) Erfolgsfaktoren und Indikatoren für Integriertes Wasserressourcenmanagement (IWRM). In: Meon G, Schöniger M (Hrsg) Nachhaltige Wasserwirtschaft durch Integration von Hydrologie, Hydraulik, Gewässerschutz und Ökonomie, Deutsche Vereinigung für Wasserwirtschaft, Abwasser und Abfall, Braunschweig

Evers M, Jonoski A, Maksimovic Č, Ochoa-Rodriguez S (2011) Enhancing stakeholders' role through collaborative modelling for reduction of urban flood vulnerability. UFRIM Conference 2011, Graz

Evers M, Jonoski A, Maksimovic C, Lange L, Ochoa S, Cortés J, Almoradie A, Dinkneh A 2012 Enhancing stakeholders' role by collaborative modelling for urban flood risk reduction. Nat. Hazards Earth Syst. Sci., 12, 2821-2842, 2012

Fuest S (2000) Regionale Grundwassergefährdung durch Nitrat. Vergleich von räumlich differenzierten Überwachungsdaten und Modellrechnungen. Beiträge des Instituts für Umweltsystemforschung der Universität Osnabrück. Dissertation. Universität Osnabrück

Holling CS (Hrsg) (1978) Adaptive environmental assessment and management. Wiley, Chichester

Jekel H (2006) Einbindung der Öffentlichkeit bei der Umsetzung der WRRL. In: Rumm P, von Keitz S, Schmalholz M (Hrsg) Handbuch der EU-Wasserrahmenrichtlinie. Inhalte, Neuerungen und Anregungen für die nationale Umsetzung, Erich Schmidt, Berlin, S 81–99

Kahlenborn W, Kraemer RA (1999) Nachhaltige Wasserwirtschaft in Deutschland. Springer, Berlin

Kaika M, Page B (2003) The EU water framework directive: Part 1. European policy-making and the changing topography of lobbying. Eur Environ 13(6):314–327

LBEG (2011) Europäische Wasserrahmenrichtlinie (EU-WRRL). http://www.lbeg.niedersachsen.de/live/live.php?navigation_id=716article_id=543&_psmand=4.

Lee KN (1999) Appraising adaptive management. Conserv Ecol 3(2):3

Liefferink D, Arts B, Kamstra J, Ooijevaar J (2009) Leaders and laggards in environmental policy: A quantitative analysis of domestic policy outputs. J Eur Publ Pol 16(5):677–700

Moss T (2003) Solving problems of 'fit' at the expense of problems of 'iterplay'? The spatial reorganisation of water management following the EU water framework directive. In: Breit H, Engels A, Moss T, Troja M (Hrsg) How institutions change. Perspectives on social learning in global and local environmental contexts, Leske + Budrich, Opladen, S 85–121

Moss T, Newig J (2010) Multilevel water governance and problems of scales: Setting the stage for a broader debate. Environ Manag 46(1):1–6

Newig J (2005) Die Öffentlichkeitsbeteiligung nach der EG-Wasserrahmenrichtlinie: Hintergründe, Anforderungen und die Umsetzung in Deutschland. Z Umweltpolit Umweltr 28(4):469–512

Newig J, Kaldrack K (2007) Sauberes Wasser durch Partizipation? Umsetzung der EGWasserrahmenrichtlinie im Landkreis Osnabrück. In: Schäfer M, Nölting B (Hrsg) Impulse für eine nachhaltige Landwirtschaft und Ernährung. Ergebnisse der sozialökologischen Forschung. Ökom, Berlin

Newig J, Pahl-Wostl C, Sigel K (2005) The role of public participation in managing uncertainty in the implementation of the water framework directive. Eur Environ 15(6): 333–343

Newig J, Gaube V, Berkhoff K, Kaldrack K, Kastens B, Lutz J, Schlußmeier B, Adensam H, Haberl H (2008) The role of formalisation, participation and context in the success of public involvement mechanisms in resource management. Systemic Pract Action Res 21(6):423–442

Page B, Kaika M (2003) The EU water framework directive: Part 2. Policy innovation and the shifting choreography of governance. Eur Environ 13(6):328–343

Rauschmayer F (2000) Entscheidungsverfahren in der Naturschutzpolitik: die Multikriterienanalyse als Integration planerischer, ökologischer, ökonomischer und ethischer Überlegungen. Lang, Frankfurt a. M.

Singh N, Jacks G, Bhattacharya P, Gustafsson J (2006) Gender and water management: some policy reflections. Water Policy 8:183–200

United Nations Population Fund (UNFPA) http://www.unfpa.org/public/

Walters C (1986) Adaptive management of renewable resources. Biological resource management. MacMillan, New York

WWF (2011) Virtuelles Wasser und der Wasser-Fußabdruck. http://www.wwf.de/themen/politik/wasserpolitik/weltwasserforum-2009/virtuelleswasser-und-der-wasser-fussabdruck/

Hochwasser- und Küstenschutz in Deutschland

14

Birgitt Brinkmann und Harald Heinrichs

Einführung

Das Leben in den tiefliegenden Küstenregionen geht stets mit der Gefahr einher, Hab und Gut – und im schlimmsten Fall das Leben – durch Überflutungen infolge von Sturmfluten oder Tsunamis zu verlieren. Aber das Leben in diesen Regionen birgt für die Menschen auch Vorteile: das in regelmäßigen Abständen überflutete Land ist als Folge der Überflutungen in vielen Küstenregionen sehr fruchtbar und trägt zum Wohlstand der dort lebenden Menschen bei. Somit gilt es, eine Abwägung zwischen den Vor- und Nachteilen des Lebens in diesen Regionen vorzunehmen, das heißt eine Risikobetrachtung durchzuführen.

Dem Risiko des Verlustes ihrer Güter sind die in Küstenregionen ansässigen Menschen seit vielen Jahrhunderten so begegnet, dass sie Schutzbauwerke gegen das Vordringen des Wassers in das von ihnen genutzte Land oder später in die von ihnen genutzten Regionen errichtet haben. Schutzbauwerke wie Warften, Deiche, Hochwasserschutzwände oder auch Sturmflutsperrwerke dienen in erster Linie dem Schutz vor Überflutungen und zählen zu den Hochwasserschutzbauwerken (Abb. 14.1). Indem sie das Land vor dem Eindringen des Wassers schützen, verhindern sie auch den Verlust von Land durch Erosion infolge Wellen- und Strömungsangriff und werden damit auch zu den Küstenschutzbauwerken gezählt. Die Differenzierung zwischen Hochwasserschutz und Küstenschutz ist in der Literatur nicht einheitlich. Viele Quellen zählen die Hochwasserschutzbauwerke zu den Küstenschutzbauwerken. Weitere Küstenschutzbauwerke (Abb. 14.2) wie Deckwerke und Buhnen hingegen dienen nur dem Erhalt der Küstenlinie und schützen vor Erosion, nicht

H. Heinrichs (✉) · B. Brinkmann
Fakultät Nachhaltigkeit, Luephana Universität Lüneburg, Lüneburg, Deutschland
E-Mail: harald.heinrichs@leuphana.de

B. Brinkmann
E-Mail: brinkmann@leuphana.de

H. Heinrichs, G. Michelsen (Hrsg.), *Nachhaltigkeitswissenschaften,*
DOI 10.1007/978-3-642-25112-2_14, © Springer-Verlag Berlin Heidelberg 2014

Abb. 14.1 Hochwasserschutzbauwerke, die auch vor Rückgang der Küstenlinie schützen. Oben links: Warft bei Sturmflut (www.welt.de), oben rechts: Deich auf Nordstrand, unten links: Hochwasserschutzwand in Timmendorf, unten rechts: Eidersperrwerk (www.wsv.de)

aber vor Überflutungen. Darüber hinaus tragen auch natürlich entstandene Schutzelemente wie Dünen und Vegetation zum Küstenschutz bei.

Waren früher der Hochwasser- und Küstenschutz vornehmlich Angelegenheit des auf die funktionale und konstruktive Gestaltung der Bauwerke spezialisierten Ingenieurs, so hat sich in den vergangenen Jahrzehnten insbesondere im Hinblick auf den reinen Küstenschutz mehr und mehr ein ganzheitlicher Ansatz durchgesetzt, d. h. die Einbeziehung von Fachleuten, deren verschiedene Spezialisierungen die Betrachtung des gesamten Ökosystems Küste und damit das „integrierte Küsten(zonen)management" (IKZM oder IKM) erlauben. Die EU-Kommission definierte diesen ganzheitlichen Ansatz 1999 wie folgt:

> Das Integrierte Küstenzonenmanagement versucht langfristig, ein Gleichgewicht herzustellen zwischen den Vorteilen der wirtschaftlichen Entwicklung und der Nutzung der Küstengebiete durch die Menschen, den Vorteilen des Schutzes, des Erhalts und der Wiederherstellung der Küstengebiete, den Vorteilen der Minimierung der Verluste an menschlichem Leben und Eigentum sowie den Vorteilen des Zugangs der Öffentlichkeit zu und der Freude an den Küstenzonen, und zwar stets innerhalb der durch die natürliche Dynamik und die Belastbarkeit gesetzten Grenzen.

Abb. 14.2 Künstlicher (oben) und natürlicher Küstenschutz (unten). Oben links: Deckwerk auf Norderney (NLWKN), oben rechts: Buhnen auf Wangerooge (NLWKN) unten: Schutz durch Dünen und Vegetation in Port Alfred, Südafrika

Aus dieser Definition geht hervor, dass verschiedene wirtschaftliche Nutzungen der Küstenregionen (z. B. durch die Landwirtschaft und den Tourismus) sowie der Schutz der dort lebenden Menschen in Einklang mit dem Schutz der Küsten selbst vor den fortschreitenden Nutzungen durch den Menschen zu bringen ist – und dies unter Wahrung der natürlichen Ereignisse und Prozesse in dieser Region wie Hochwasser, Strömungen, Wellenangriff, Erosion, Anlandungen sowie dem Erhalt und der Entwicklung der dort heimischen Flora und Fauna.

Kurzfristige und langfristige Änderungen der natürlichen Ereignisse und Prozesse und die daraus resultierenden Kräfte haben direkte Auswirkungen auf den Lebensraum Küste. Nehmen sie an Stärke und Häufigkeit ab, sind heutige Nutzungen und vorhandenes Leben im Bestand nicht gefährdet. Nehmen sie jedoch an Stärke und Häufigkeit zu, ist damit eine Verminderung des derzeitigen Sicherheitsniveaus für die Nutzungen in den Küstenzonen verbunden und es sind adäquate Strategien für den Umgang damit erforderlich.

Zur Quantifizierung des Sicherheitsverlustes eignet sich die Methodik der probabilistischen Risikoanalyse. In dieser ist das Risiko für eine Küstenzone als Produkt der Versagenswahrscheinlichkeit des Küstenschutzsystems und der mit diesem Versagen verbundenen Überflutungsschäden im Küstenhinterland definiert (Mai 2005). Die Bewertung des Sicherheitsverlustes bzw. des Schutzkonzepts darf aber nicht nur anhand ingenieurwissenschaftlicher oder wirtschaftlicher Werte erfolgen, sondern muss auch gesellschaftliche Werte einbeziehen. Eine Forderung, die sich unmittelbar aus dem Nachhaltigkeitsprinzip ergibt.

Auswirkungen auf den Lebensraum Küste haben aber nicht nur die o.g. natürlichen Prozesse, sondern auch der wachsende Siedlungsdruck an den Küsten infolge wachsender Weltbevölkerung und dem Wunsch der Menschen, möglichst nah am Wasser zu leben. Werden mehr Küstenregionen besiedelt bzw. stärker besiedelt, sind entweder mehr Küstenabschnitte vor Überflutungen und dem Vordringen des Wassers infolge Meeresspiegelanstiegs zu schützen, oder es ist für diese Küstenabschnitte ein hohes Risiko von Überflutungsschäden zu akzeptieren.

Organisatorische und rechtliche Grundlagen des Hochwasser- und Küstenschutzes in Deutschland

Regelungen zum Hochwasser- und Küstenschutz für Deutschland existieren auf europäischer, nationaler, föderaler und kommunaler Eben. Die baulichen Schutzmaßnahmen werden auf föderaler, kommunaler oder korporativer Ebene (Deichverbände) geplant und realisiert.

Europäische Hochwasserrichtlinie 2007

Im Jahr 2007 wurde vom Europäischen Parlament und vom Rat der Europäischen Union eine Richtlinie zur Bewertung und zum Management von Hochwasserrisiken verabschiedet, die EU-Hochwasserrisikomanagementrichtlinie (EU-HWRM-RL 2007). Sie verfolgt das Ziel, hochwasserbedingte Risiken für das menschliche Leben, die Umwelt, das Kulturerbe, die wirtschaftlichen Tätigkeiten und die Infrastrukturen zu verringern.

Nationale Regelungen

In Deutschland ist der Hochwasserschutz der staatlichen Daseinsvorsorge zuzurechnen. Sie wird gegenüber der Allgemeinheit geleistet, ein individueller Rechtsanspruch auf den Schutz gegen Hochwasser existiert jedoch nicht. Somit gilt grundsätzlich, dass sich zunächst jeder selbst vor Hochwasser zu schützen hat.

Aus dem Selbstvorsorgeprinzip heraus haben sich die Deichverbände gegründet, in denen sich die Bürger zur Verteidigung ihres Landes gegen Hochwasser zusammengeschlossen haben. Der Bau von Hochwasserschutzanlagen ist bis heute keine direkte staatliche Aufgabe. Die Europäische Union, der Bund und die Bundesländer unterstützen lediglich die Deichverbände bzw. die Städte und Gemeinden bei der Finanzierung, der Planung und dem Bau von Schutzanlagen.

Im Jahr 2005 wurde das Gesetz zur Verbesserung des vorbeugenden Hochwasserschutzes (HWS-G 2005) verabschiedet, was zu einer Erweiterung der bis dahin geltenden Rahmenvorschriften zum Hochwasserschutz auf Bundesebene geführt hat.

Im Gesetz zur Verbesserung des vorbeugenden Hochwasserschutzes (HWS-G 2005) sind unter anderem drei Grundsätze des Hochwasserschutzes zur Aufnahme in das Wasserhaushaltsgesetz (WHG 2008) festgelegt, die sich auf eine das Hochwasserrisiko mindernde Gewässerbewirtschaftung, auf die Eigenverantwortung der Betroffenen bezüglich Hochwasservorsorgemaßnahmen und auf die auf Länderebene zu regelnde Informations- und Warnkommunikation hinsichtlich Hochwasservorsorge und Hochwassergefahren beziehen.

Zudem wurden im Wasserhaushaltsgesetz (WHG 2008) neben den Überschwemmungsgebieten die so genannten „überschwemmungsgefährdeten Gebiete" eingeführt, die bei Überspülung oder Versagen von Hochwasserschutzeinrichtungen überflutet werden können. Das Überschwemmungsgebiet ist in erster Linie das Gebiet zwischen Uferlinie und der nach einem bestimmten Schutzziel bemessenen Hochwasserschutzanlage bzw. dem ausreichend hoch liegenden Gelände. Das Schutzziel basiert auf einem behördlich festgelegten Bemessungshochwasser und orientiert sich u. a. am Schadenspotenzial im geschützten Gebiet. Auf der Binnenseite der Hochwasserschutzanlagen befinden sich die überschwemmungsgefährdeten Gebiete, die im Falle eines Hochwassers, das höher als das gewählte Bemessungshochwasser aufläuft, oder bei Versagen der Hochwasserschutzanlage überflutet werden können.

Regelungen in den Bundesländern

Die Hauptverantwortung für den Hochwasser- und Küstenschutz liegt bei den Wasserwirtschaftsverwaltungen der Bundesländer. Die Wasserwirtschaftsverwaltung folgt in den meisten Bundesländern dem dreigliedrigen Aufbau der allgemeinen Verwaltung (BMU 2004):

- Oberbehörde ist das jeweilige Landesministerium mit dem Geschäftsbereich Wasserwirtschaft, im Regelfall das Umweltministerium. Die Aufgaben umfassen die Steuerung der Wasserwirtschaft und übergeordnete Verwaltungsverfahren.
- Die Mittelinstanz bilden Bezirksregierungen, Regierungspräsidien und Landesämter. Die Aufgaben umfassen die regionale wasserwirtschaftliche Planung und bedeutsame wasserrechtliche Verfahren.
- Die untere Instanz bilden die unteren Wasserbehörden der Kreise und kreisfreien Städte sowie technische Fachbehörden wie Wasserwirtschaftsämter und Umweltschutzämter. Die Aufgaben umfassen wasserrechtliche Aufgaben, Fachberatung und Überwachung der Gewässer.

Eine Ausnahme vom dreistufigen Aufbau bilden einige Länder, die eine zweistufige Verwaltung ohne Mittelinstanz besitzen und Stadtstaaten mit nur einer wasserwirtschaftlichen Verwaltungsebene (BMU 2004).

Die grundlegende Ausrichtung der Hochwasserschutzstrategien in den einzelnen Bundesländern wird von der Oberbehörde in sogenannten allgemeinen Aktions- oder Hochwasserschutzprogrammen, in Küstengebieten auch Generalpläne genannt, dargestellt. Hierin sind in der Regel jedoch keine konkreten Maßnahmen beschrieben. Vielmehr berufen sich die Aktionspläne zumeist recht generell auf die im Jahr 1995 von der Bund/Länder-Arbeitsgemeinschaft Wasser (LAWA) beschriebenen drei Kernhandlungsfelder:

- Natürlicher Rückhalt/vorbeugender Hochwasserschutz
- Technischer Hochwasserschutz
- Weitergehende Hochwasservorsorge

Die Maßnahmen selbst werden von den jeweiligen Vorhabensträgern spezifiziert. Finanziell beteiligt an den Maßnahmen sind über Förder- und Finanzierungsvereinbarungen grundsätzlich Land, Bund, EU, Kommunen, Verbände sowie private Vorteilszieher.

Der Bau und die wesentliche Veränderung von Hochwasser- und Küstenschutzanlagen setzen in der Regel ein Planfeststellungsverfahren sowie eine Umweltverträglichkeitsprüfung voraus (WHG 2010).

Kommunen

Die Errichtung eines angemessenen lokalen Hochwasser- und Küstenschutzes ist grundsätzlich eine elementare hoheitliche Aufgabe der Kommunen im Rahmen ihrer Daseinsvorsorge. Die Hochwassergefahren und Möglichkeiten des Schutzes gegen Hochwasser sind zu prüfen und angemessene Maßnahmen sind zu treffen. Es wird jedoch davon ausgegangen, dass für die für den Hochwasserschutz zuständigen Kommunen oder Verbände keine Rechtspflicht besteht, die in Hochwasseraktionsplänen oder Generalplänen beschriebenen Maßnahmen zeitnah umzusetzen.

Bürger

Ein wesentlicher Schwerpunkt der auf Bundes-, Landes- und Kommunalebene zu leistenden Öffentlichkeitsarbeit zum Hochwasserschutz ist die Information der Bürgerinnen und Bürger über die möglichen Hochwassergefahren. Durch die Informationen soll die Eigenverantwortung der Betroffenen gestärkt werden und die Initiative für eigene Hochwasserschutzvorrichtungen geweckt werden. So heißt es in § 5 Abs. 2 Wasserhaushaltsgesetz (WHG 2010):

> Jede Person, die durch Hochwasser betroffen sein kann, ist im Rahmen des ihr Möglichen und Zumutbaren verpflichtet, geeignete Vorsorgemaßnahmen zum Schutz vor Hochwassergefahren und zur Schadensminderung zu treffen, insbesondere die Nutzung von Grundstücken den möglichen Gefährdungen von Mensch, Umwelt oder Sachwerten durch Hochwasser anzupassen.

Änderungen der für die Hochwasser- und Küstenschutzmaßnahmen relevanten ozeanographischen Einflussgrößen

Veränderungen des mittleren Meeresspiegels

Unter dem mittleren Meeresspiegel (mean sea level) wird die über 19 Jahre gemittelte Höhe der Oberfläche des Meeres an einem Tidepegel verstanden. Dabei werden während aller Tidephasen i.d. R stündlich die Höhen über einem zuvor bestimmten Referenzniveau (Pegelnullpunkt) gemessen (übersetzt nach IHO 1994).

Bei der Betrachtung der Veränderungen des Meeresspiegels an den Küsten ist zu berücksichtigen, dass dieser durch viele Faktoren bestimmt wird, die auf der Zeitskala eine sehr große Bandbreite aufweisen: Gezeiten (Ebbe und Flut) und Wetter ändern sich innerhalb von Stunden oder Tagen, das Klima innerhalb von Jahren bis Jahrtausenden. Das Land selber kann sich über kurze oder lange Zeiträume heben oder senken, und die Landbewegungen sind miteinzurechnen, wenn Aussagen über veränderte Pegelaufzeichnungen herangezogen werden, um Effekte eines Klimawandels auf den Meeresspiegel abzuleiten (IPCC 2007).

Die größten Einflüsse auf die Höhe des Meeresspiegels haben Ereignisse, die auf der Zeitskala sehr klein sind und nur wenige Stunden oder Tage andauern und die durch Sturmereignisse hervorgerufen werden. Niedriger Atmosphärendruck und starke Winde können zu großem Anstieg von Wasserständen führen, deren Auswirkungen besonders schwerwiegend sein können, wenn sie mit den Tidehochwasserständen zusammenfallen.

Die weltweiten Pegelaufzeichnungen an den Küsten lassen den Schluss zu, dass der weltweit gemittelte Meeresspiegel während des 20. Jahrhunderts angestiegen ist. Seit den 60er-Jahren werden Wasserstände auch kontinuierlich mit zunehmender und nunmehr fast weltweiter Abdeckung durch Satelliten erfasst. Pegelaufzeichnungen und Satellitenaufnahmen stimmen weitgehend insofern überein, dass der Anstieg des weltweit gemittelten Meeresspiegels für den Zeitraum von 1961 bis 2003 1,8 mm ± 0,5 mm/Jahr beträgt (IPCC 2007). Unter der angenommenen Voraussetzung, dass der Anstieg linear erfolgt, ergäbe sich damit ein weltweit gemittelter Anstieg des mittleren Meeresspiegels von 13 cm bzw. 23 cm in hundert Jahren.

Während der Anstieg des mittleren Tidemittelwassers (MTmw) an 12 ausgewählten Pegeln in der Nordsee für das 20. Jahrhundert zwischen 9 cm und rd. 22 cm lag, nahm der für die Sicherheitsbeurteilung der Hochwasser- und Küstenschutzanlagen relevante mittlere Tidehochwasserstand (MThw) an diesen Pegeln um rd. 12 cm bis 43 cm zu (Jensen und Mudersbach 2004). Der starke Anstieg an einigen dieser Pegel ist aber – wie auch bei den hier nicht betrachteten Pegeln in den Tideflüssen Elbe, Weser, Ems – weniger auf die in 3.1.1 aufgeführten Gründe für den Anstieg des mittleren Meeresspiegels, sondern vielmehr auf ausbaubedingte Änderungen des Tidegeschehens zurückzuführen, wie Baggerungen in Hafenzufahrten und andere bauliche Eingriffe.

In der südlichen Ostsee betrug der für das 20. Jahrhundert ermittelte Anstieg des MW (Mittelwasser) max. 15 cm (Jensen und Mudersbach 2004).

▶ **Aufgabe:** Ermitteln Sie die Prognosen zum Meeresspiegelanstieg für den Indischen Ozean.

▶ **Frage:** Warum unterscheiden sich die von verschiedenen Fachleuten aufgestellten Prognosen des zu erwartenden Meeresspiegelanstiegs?

Sturmklima

Während der Anstieg der Tidewasserstände im 20. Jahrhundert in der Fachwelt unbestritten ist, bestehen hinsichtlich der Entwicklung der Sturmsituation über dem Nordatlantik und der Nordsee für diesen Zeitraum unterschiedliche Auffassungen (Mai 2004): Duphorn 1976; Lamb und Weiss 1979; sowie Erchinger 1995 weisen für die Nordsee anhand von Windmessungen ein vermehrtes Auftreten von Starkwinden (Windstärke =6 Bft-7 Bft) und Stürmen (Windstärke >7 Bft) sowie eine erhöhte Häufigkeit von Nordwest- und Westwinden nach. Hingegen liegt gemäß von von Storch et al. (1993, 1998) für diesen Zeitraum keine systematische Veränderung der Windstatistik im Bereich der Nordsee vor. Gleiches gilt für den Nordatlantik (WASA Group 1998). Abgesicherte Prognosen sind gemäß IPCC (2007) für die Entwicklung des Sturmklimas aufgrund der geringen Datenlage für diese Seegebiete nicht möglich.

Alexandersson et al. (1998, 2000) erstellten eine homogene Serie von Luftdruckmessungen seit 1880 für eine Vielzahl von Orten in fast ganz Nordeuropa und kamen zu dem Ergebnis, dass die Sturmaktivität über der Nord- und Ostsee in den Jahren 1960 bis 1995 tatsächlich zugenommen hat; vom Beginn der Aufzeichnungen bis etwa 1960 herrschte jedoch eine lange Periode abnehmender Aktivität, und seit 1995 nimmt die Sturmaktivität in diesen Gebieten ebenfalls wieder ab (NaDiNe 2012).

Sturmfluten

Die Frage, ob es eine Häufung von Sturmfluten aufgrund des prognostizierten Klimawandels gibt, beantwortet der Niedersächsische Landesbetrieb für Wasserwirtschaft, Küsten- und Naturschutz (NLWKN) auf seiner Webseite (Stand: 9.5.2011) mit einem klaren Nein. Vom 1. November 2006 bis einschließlich Mitte März 2008 registrierte der NLWKN insgesamt 28 Sturmfluten, sodass bei vielen Beobachtern das subjektive Empfinden einer hohen Sturmfluthäufigkeit auftrat. Dies wird auch damit begründet, dass es zuvor eine mehrjährige Phase unterdurchschnittlicher Sturmfluthäufigkeit gegeben hat (vgl. Abb. 14.3). Für die vergangenen Jahrzehnte sind regelrechte Sturmflutzyklen zu verzeichnen: 1973 bis 1975,

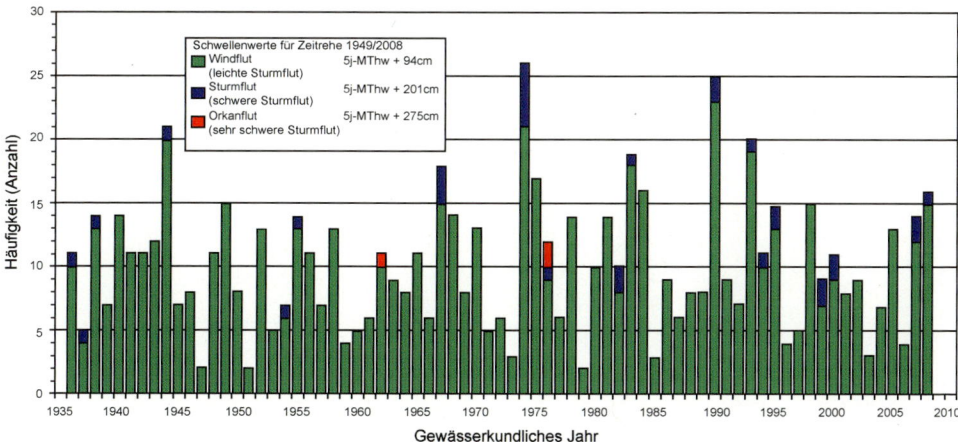

Abb. 14.3 Sturmfluthäufigkeiten am Pegel Norderney – Klassifikation nach DIN 4049 (Niedersächsischer Landesbetrieb für Wasserwirtschaft, Küsten- und Naturschutz – Forschungsstelle Küste)

1982/1983, 1989/1990 und 1992/1993 traten jeweils eine besonders hohe Zahl von Sturmfluten auf, dazwischen immer wieder Jahre mit sehr geringer Sturmfluthäufigkeit. Derzeit herrscht eine relative Ruhe an der Sturmflutfront: In den Jahren 2009 und 2010 wurden von dem Sturmflutwarndienst des NLWKN jeweils nur drei Sturmfluten registriert.

Glaser (2001) hat aus Archivmaterial die Sturmfluthäufigkeiten an der deutschen Nordseeküste seit 1100 rekonstruiert. Dabei wurde festgestellt, dass längere Phasen unterschiedlicher Sturmfluthäufigkeiten auftreten: Erhöhte Werte ab Mitte des 16. Jahrhunderts, niedrige Werte ab Mitte des 18. und im späten 19. Jahrhundert. Danach steigen die Häufigkeiten wieder an, erreichen aber bis 2000 nicht die Werte des 16. und 18. Jahrhunderts (Abb. 14.4). Ein Trend zur Ableitung der Sturmflutzunahme infolge anthropogener Einflüsse auf das Klima ist auch aus dieser langfristigen Betrachtung nicht ableitbar.

Als Beispiel für die langfristige Entwicklung der Sturmhochwasser in der Ostsee sind die jährlichen Höchstwasserstände (HHW) am Pegel Travemünde seit 1825 aufgetragen (Abb. 14.5). Die Anzahl der Ereignisse über 600 cm hat seit 1950 eindeutig zugenommen. Auffällig ist der sich vom Rest der HHW-Werte abhebende Sturmhochwasserstand des Jahres 1872. Er liegt mehr als ein Meter über allen übrigen HHW-Werten.

Im Hinblick auf den Hochwasserscheitel von Sturmflutereignissen wird allgemein davon ausgegangen, dass dieser infolge des prognostizierten Meeresspiegel- und des MThw- bzw. HW-Anstiegs (vgl. 3.1.2) ebenfalls ansteigen wird. Auch hierfür gibt es – wie bei den Prognosen für den Meeresspiegel – in der Literatur stark voneinander abweichende Angaben.

Bei der Beurteilung der Sicherheit des Küstenschutzes bzw. bei der Bemessung von Bauwerken des Küstenschutzes sind neben den langperiodischen tidebedingten Wasserstandsvariationen auch kurzperiodische Änderungen der Wasserspiegellage infolge von

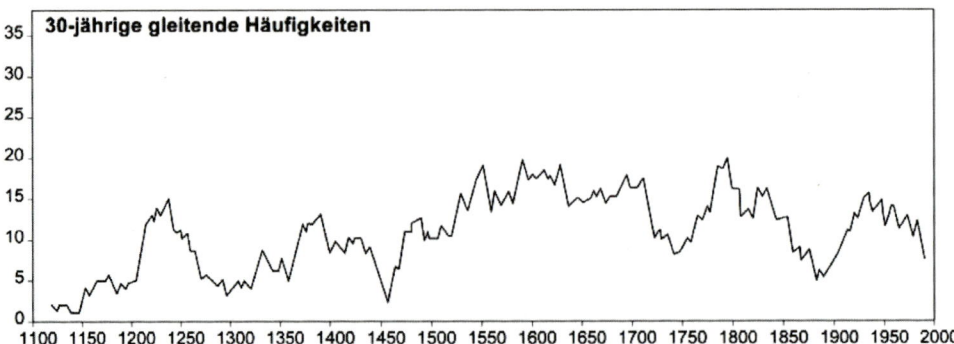

Abb. 14.4 30-jährige gleitende Häufigkeiten von Sturmfluten an der deutschen Nordseeküste 1100–2000 (Glaser 2001)

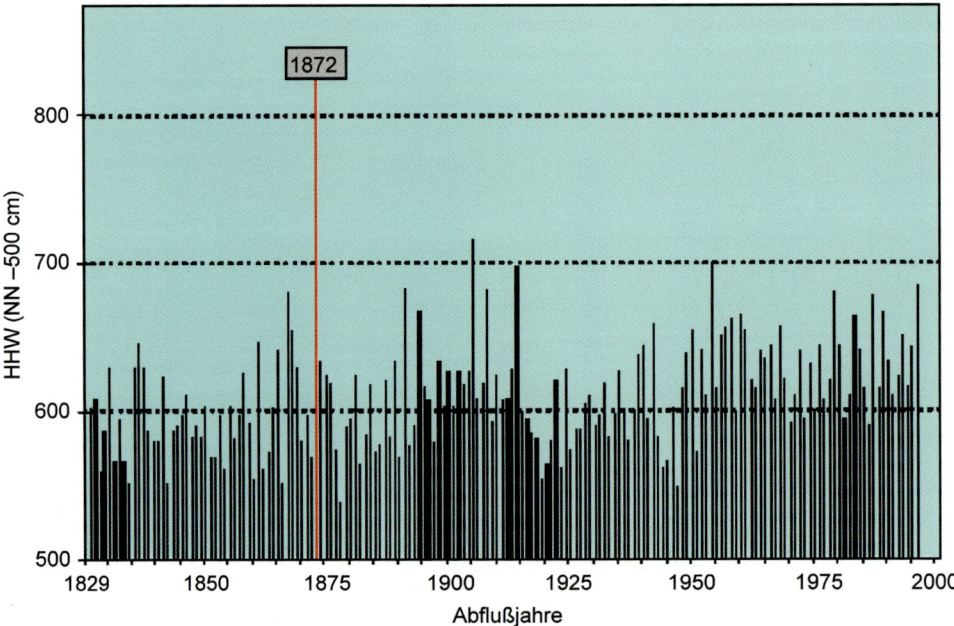

Abb. 14.5 Entwicklung der jährlichen Höchstwasserstände am Pegel Travemünde seit 1825 (MLR 2001)

Seegang zu berücksichtigen. Im Gegensatz zu den Tidewasserständen, deren Statistik aus jahrzehntelangen Messungen abgeleitet werden kann, stehen für die Beschreibung des Seegangs keine Messungen ausreichender Dauer zur Verfügung. Derzeit bietet sich lediglich eine Abschätzung der Seegangsstatistik mithilfe numerischer Seegangssimulationen unter Vorgabe des Windes an (Mai 2005). Da aber über die Prognosen für die Sturmereignisse in der Fachwelt kontrovers diskutiert wird, sind auch die anhand der nicht abgesicherten Sturmprognosen ermittelten Seegangsereignisse kritisch zu bewerten.

Nach Mai (2005) ist an der deutschen Nordseeküste je nach Küstenabschnitt infolge des Wasserstandsanstiegs eine Erhöhung der dem 100-jährlichen Seegang zugeordneten signifikanten Wellenhöhe um ca. 10 % bis 50 % zu erwarten. Der Wasserstandsanstieg führt insbesondere dazu, dass die Wellen brechende Funktion von Schutzelementen, die der Küste vorgelagert sind (z. B. Vorländer und Sommerdeiche), erheblich eingeschränkt wird. Im Gegensatz dazu würde ein Anstieg der Windgeschwindigkeit speziell an Küstenabschnitten ohne vorgelagerte Küstenschutzelemente zu einer verstärkten Seegangsbelastung führen. Verglichen mit dem wasserstandsbedingten Anstieg der Seegangsbelastung wäre der windbedingte Anstieg in Nord- und Ostsee jedoch gering.

Seegang und Tideströmungen

Steigt das Tidehochwasser an, ist damit eine Veränderung der Tidewelle und -strömung verbunden. Insbesondere in den Ästuaren wird sich mit Erhöhung der Fortschrittsgeschwindigkeit der Tidewelle der Flutstrom verstärken und somit die Brackwasserzone stromaufwärts verlagern. Die Ebbestromgeschwindigkeit wird abnehmen, allerdings ist die Abnahme geringer als die Zunahme der Flutstromgeschwindigkeit. Die Änderungen der Tideströmungen sind gemäß den Prognosen abhängig von der Wassertiefe und sollen für den Flutstrom im Tiefwasser zwischen 5 % und 12 % und im Flachwasser bis zu 40 % betragen (Mai 2005).

Konsequenzen für den Hochwasser- und Küstenschutz

Vom Anstieg des mittleren Meeresspiegels und des mittleren Tidehochwassers abgesehen, sind bislang keine Anstiege der für die Bemessung der Hochwasser- und Küstenschutzmaßnahmen relevanten ozeanografischen Einflussgrößen nachweisbar.

Hochwasser- und Küstenschutz liegen in Deutschland in der Verantwortung der Bundesländer. Nachfolgend wird beispielhaft der Umgang der Länder Niedersachsen und Schleswig-Holstein mit der Problematik des Meeresspiegelanstiegs aufgezeigt.

In Niedersachsen:

> Darüber, ob und gegebenenfalls in welchem Umfang künftig ein höherer Meeresspiegelanstieg rein vorsorglich berücksichtigt werden soll, haben die Niedersächsische Landesregierung und der NLWKN schon 2007 gemeinsam beraten. Das Ergebnis: Anlässlich des Symposiums „Klimawandel und Küstenschutz" im Juli 2007 in Oldenburg hat Umweltminister Hans-Heinrich Sander entschieden, die Küstenschutzdeiche künftig um zusätzliche 25 cm zu erhöhen. Die bisherige Sicherheitsreserve von ebenfalls 25 cm wird durch diesen Klimabeiwert verdoppelt (www.nlwkn.niedersachsen.de, Stand: 05.04.2012).

In Schleswig-Holstein:

> Im Hinblick auf den Hochwasserschutz wird der im Generalplan Küstenschutz festgelegte
> „Klimazuschlag" von 50 cm (Nordsee und Elbe) bzw. 30 cm (Ostsee) bei der Bemessung der
> vordringlichen Deichverstärkungen als vorsorgende Maßnahme bestätigt. Die regelmäßigen
> Überprüfungen der Deichsicherheit (etwa alle 10 Jahre) garantieren darüber hinaus eine fle-
> xible und zeitnahe Berücksichtigung künftiger Entwicklungen. Mit der heutigen Strategie
> ist es möglich, das Sicherheitsniveau langfristig zu gewährleisten. Selbst bei einem über den
> Erwartungen liegenden Meeresspiegelanstieg können auch bereits erhöhte Deiche in ihrer
> Wehrfähigkeit verbessert werden. Zum Beispiel könnten sie nach entsprechenden Schutz-
> maßnahmen einen höheren Wellenüberlauf schadlos verkraften (www.schleswig-holstein.de,
> Stand: November 2009).

Für den Küstenschutz wird davon ausgegangen, dass der Abbruch insbesondere von der
jährlichen Meeresspiegelanstiegsrate sowie einer möglichen Änderung der Sturmflutin-
tensität (Häufigkeit und Stärke) abhängt. Grundsätzlich nimmt der Küstenabbruch mit
erhöhten Anstiegsraten zu. In der Konsequenz wird davon ausgegangen, dass in einigen
Jahrzehnten mit verstärktem Küstenabbruch gerechnet werden muss – auch an Stellen,
die heute stabil sind. Hinsichtlich dieser Herausforderung wird es als wichtig angesehen,
rechtzeitig Überlegungen über mögliche Anpassungsstrategien anzustellen. Es wird davon
ausgegangen, dass mittelfristig erhöhte Anstrengungen (finanziell und technisch) erforderlich sein werden, um den Sicherheitsstandard zu erhalten (www.schleswig-holstein.de,
Stand: November 2009).

Bestimmung der Sollhöhen von Hochwasser- und Küstenschutzanlagen in den betroffenen Bundesländern

Die Sollhöhe der Hochwasser- und Küstenschutzwerke ergibt sich aus dem auf die Besonderheiten der Wasserstände der Nordsee-Sturmfluten und der Ostsee-Hochwässer abgestimmten Bemessungswasserstand zuzüglich des jeweils ortsspezifisch festzulegenden
Wertes für die Wellenauflaufhöhe, ggf. mit zugelassener Wellenüberlaufmenge.

Aufgrund der Länderzuständigkeiten für den Hochwasser- und Küstenschutz liegen
keine einheitlichen Verfahren zur Bemessung der Schutzanlagen vor. Insbesondere die *Bestimmung des Bemessungswasserstands* variiert in den Küstenländern, ist aber jeweils in
Regelwerken festgelegt.

Die Bemessung von Maßnahmen des reinen Küstenschutzes, also des Schutzes der Küste vor Erosion, ist nicht in Regelwerken festgehalten. Sie erfolgt je nach Bauwerkstyp oftmals basierend auf Erfahrungen und wird in diesem Rahmen nicht vorgestellt.

In der EAK 2002 wird der Bemessungswasserstand wie folgt erläutert: Der Bemessungswasserstand, auch maßgebender Sturmflutwasserstand oder Bemessungshochwasserstand
(Ostsee) genannt, dient der Bemessung von Hochwasserschutzanlagen. Diese werden mit
dem Ziel errichtet, den in ihrem Schutz lebenden Menschen weitgehende Sicherheit zu ge-

währen. Diese Anlagen sind daher notwendigerweise für Extremsituationen auszubauen. Hieraus ergibt sich die Zielvorgabe für die Festsetzung des Bemessungswasserstandes. Er ist in Deutschland länderspezifisch verbindlich definiert und methodisch durch verschiedene Verfahren festgelegt (s. u.). Daneben gibt es Deiche/Schutzanlagen mit geringerer Schutzwirkung (z. B. Sommerdeiche, Überlaufdeiche oder sonstige Deiche), deren Bemessung auf niedrigere Wasserstände ausgelegt ist (Bemessungswasserstände, die nicht für extreme Ereignisse ermittelt werden).

Der Bemessungswasserstand ist eingebunden in die jeweils von den Ländern politisch festgesetzte Küstenschutzstrategie. Die Schutzstrategien gehen von der Zielvorgabe aus, die Hochwasserschutzanlagen so auszugestalten, dass sie alle zu erwartenden Hochwasserstände (Sturmfluten) sicher abwehren (kehren). Der Bemessungswasserstand ist so festzulegen, dass er zusammen mit den zusätzlich zu berücksichtigenden hydrographischen Komponenten (Seegang, säkularer Meeresspiegelanstieg) sowie den bautechnischen Vorgaben unter Berücksichtigung von Deichbaustoffen und Baugrundverhältnissen dem als Sicherheitsstandard definierten Schutzziel genügt. Der Sicherheitsstandard für die deutschen Küstengebiete ist sehr hoch, kann aber keine absolute Sicherheit gewährleisten. Er ist das Ergebnis einer Sicherheitsdiskussion. Da das Gefühl der Sicherheit eine Frage der Wahrnehmung, also subjektiv ist, kann der Sicherheitsstandard somit auch der darin enthaltende Bemessungswasserstand nicht allein als Ergebnis wissenschaftlich-technischer Untersuchungen festgelegt werden. Ein absoluter Schutz vor Extremhochwasser (Katastrophenfluten) ist nicht möglich, weil diese nicht sicher vorhersagbar sind. Es kann somit nicht absolut ausgeschlossen werden, dass der Bemessungswasserstand überschritten wird. Ob es im Überschreitungsfall zum Versagen des Schutzbauwerkes kommt, hängt von einer Vielzahl von Faktoren ab (Art und Zustand der Konstruktion, Seegang, Überlaufmengen usw.). Der Versagensfall führt zu Überflutungen und zu Schäden. Die Frage, wie sicher die Hochwasserschutzanlagen sind, d. h. wie unwahrscheinlich der Versagensfall ist, zielt auf eine Bezifferung des Risikos, dem der Küstenbewohner ausgesetzt ist. Festzuhalten ist, dass mit der Festlegung des Bemessungswasserstandes – als Ergebnis eines politisch-gesellschaftlichen Entscheidungsprozesses – gleichzeitig indirekt auch Vorgaben festgelegt wurden für die Größe des akzeptierten Risikos.

Niedersachsen und Bremen: Die Bemessung von Hochwasserschutzanlagen wird im Generalplan Küstenschutz (NLWKN 2007) geregelt. Die Sollhöhe der Anlagen (in Niedersachsen vornehmlich Hauptdeiche) ergibt sich aus dem Bemessungswasserstand zzgl. Wellenauflauf. Die Sollhöhe ist ein von der zuständigen Deichbehörde festgelegter Wert.

Zur Ermittlung des Bemessungswasserstandes wird das deterministische Einzelwertverfahren (Abb. 14.6) eingesetzt. In diesem werden vier Einzelwerte addiert, deren Summe eine physikalisch denkbare, aber noch nicht eingetretene Sturmfluthöhe darstellt, um das Zusammenwirken jeweils ungünstiger Faktoren zu berücksichtigen. Dieses Verfahren soll gewährleisten, dass an der gesamten niedersächsischen Nordseeküste ein möglichst gleichwertiger Schutz vor Überflutungen erreicht wird (NLWKN 2007).

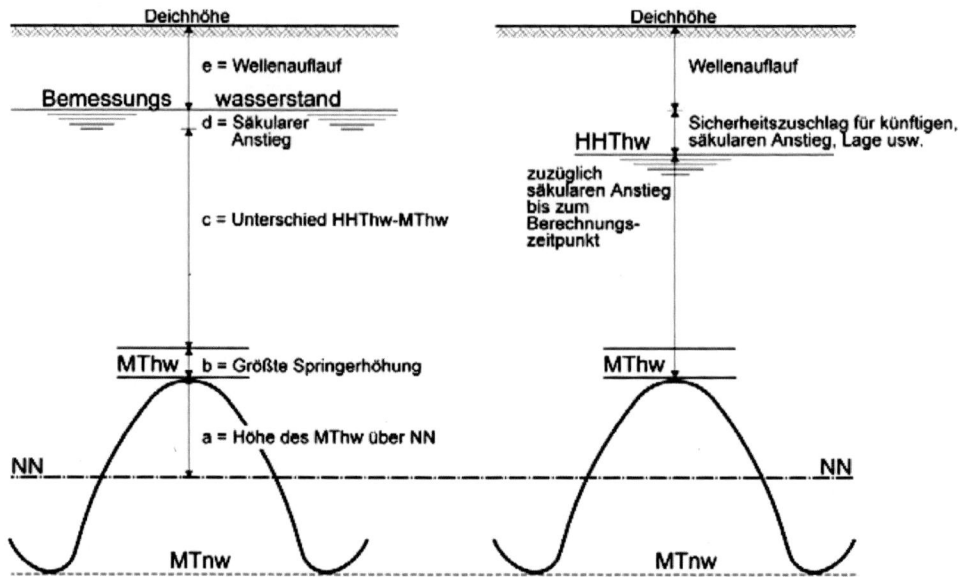

Abb. 14.6 Einzelwert- und Vergleichswertverfahren (nach NLWKN 2007)

Der Bemessungswasserstand ergibt sich dabei aus der Addition von

- Höhe des mittleren Tidehochwassers (MThw) über NN (Normalnull)
- Höhenunterschied zwischen dem höchsten Springtidehochwasser (HSpThw) und dem MThw
- Höhenunterschied zwischen dem höchsten eingetretenen Tidehochwasser (HHThw) und dem MThw
- zukünftiger Meeresspiegelanstieg für 100 Jahre (säkularer Meeresspiegelanstieg)

Das Vergleichsverfahren (Abb. 14.6) wird nach einer höchsten eingetretenen Sturmflut zur Überprüfung der aus dem Einzelwertverfahren oder Modellrechnungen gewonnenen Daten dort angewendet, wo z. B. die örtliche Lage, Einflüsse von Baumaßnahmen oder weitere Faktoren die Sturmflutwasserstände beeinflussen können. Es wird die Summe des höchsten bisher eingetretenen Tidehochwasserstandes zuzüglich des zukünftigen säkularen Anstiegs bis zum Berechnungszeitpunkt und eines Sicherheitszuschlags für weitere Einflüsse gebildet. Der jeweils höhere Wert der Bemessungsverfahren ist für die Bestimmung der Solldeichhöhe maßgebend (NLWKN 2007).

Die Ermittlung von Bemessungswasserständen für die Ästuardeiche erfolgt nicht mithilfe des Einzelwertverfahrens, da bei dem Verfahren der Einfluss des Oberwassers nicht berücksichtigt werden kann und Veränderungen der Flusstopographie das Systemverhalten so verändern können, dass keine homogenen Datensätze vorliegen. Für Ästuardeiche werden die Bemessungswasserstände mithilfe von hydrodynamisch numerischen Modellen ermittelt. Rahmenbedingungen bilden dabei ein festgelegter Bemessungswasserstand an einem unbeeinflussten Eingangspegel, ein pegelbezogener Oberwasserabfluss und maßgebende Sturmflutereignisse (NLWKN 2007).

Für die Elbe wird das Verfahren zur Bestimmung des Bemessungswasserstands in einer Arbeitsgruppe, die aus Mitgliedern der drei Länder Niedersachsen, Schleswig-Holstein sowie Hamburg besteht, und für die Weser aus einer Arbeitsgruppe zwischen Niedersachsen und Bremen festgelegt.

Der Wellenauflauf an Deichen ist abhängig von dem verursachenden Seegang. Bei scharliegenden und gegen die Hauptangriffsrichtung kehrenden Deichen ist unter ungünstigen Verhältnissen ein Wellenauflauf bis zu 3,5 m beobachtet worden. Derzeit werden für weite Teile der niedersächsischen Küste zur Bestimmung des Bemessungsseegangs mathematische Seegangsmodelle angewendet (NLWKN 2007).

Schleswig-Holstein Die Landesschutzdeiche sollen gemäß Generalplan Küstenschutz folgende Bestickgrößen (= Sollhöhen) aufweisen: 1) Bemessungswasserstand einschl. Klimazuschlag, und 2) Wellenauflauf. Der Bemessungswasserstand entspricht einem Sturmwasserstand, der statistisch einmal in 200 Jahren zu erwarten ist (jährliche Häufigkeit = 0,005) zzgl. eines Klimazuschlages von 0,5 m. Der somit ermittelte Bemessungswasserstand soll dabei nicht wesentlich niedriger als der höchste bisher beobachtete Sturmflutwasserstand liegen. Der zugehörige Wellenauflauf soll nach Eurotop (2007) ermittelt werden. Unter diesen Voraussetzungen ist das jeweils optimale Deichprofil zu planen und umzusetzen (www.schleswig-holstein.de, Stand: 17.09.2010).

Mecklenburg-Vorpommern In Mecklenburg-Vorpommern wird das Vergleichswert-Verfahren (vgl. Abb. 14.6) angewendet, allerdings wird dort unter Abwägung des Risikos mit ökonomischen und kommunalen Interessen die Möglichkeit vorgesehen, den ermittelten Bemessungswasserstand um max. 25 % zu reduzieren (z. B. innen liegende Boddenküste). Auch bei max. Reduzierung ist gewährleistet, dass die Schutzanlagen noch Ereignissen bis zu einem Wiederkehrintervall von 100 Jahren standhalten. Für Schutzanlagen der Außenküste kommt eine Reduzierung des Bemessungswasserstands nicht in Betracht (Regelwerk Küstenschutz 2009).

Hamburg Für Hamburg werden die Bemessungswasserstände wie folgt definiert und festgelegt: Bemessungswasserstände sind die höchsten an einem Ort zu erwartenden Ruhewasserstände der Bemessungssturmflut, bezogen auf den Zeitraum bis zum Jahr 2085. Sie steigen stromaufwärts entlang der Elbe an und berücksichtigen einen säkularen Anstieg des Wasserspiegels von 0,30 m (Amtl. Anzeiger Nr. 14 2008). Die Bemessungssturmflut ist eine fiktive, in Modelluntersuchungen ermittelte Extremsturmflut. Sie wurde 1988 zwischen den drei Elbanliegerländern Schleswig-Holstein, Niedersachsen und Hamburg vereinbart und definiert die für den Hochwasserschutz an der gesamten Tideelbe maßgeblichen Bemessungswasserstände. Sie basiert auf der bislang höchsten Sturmflut vom 03.01.1976, setzt aber noch stärkere Wind-, Windstau- und Oberwasserabflussverhältnisse

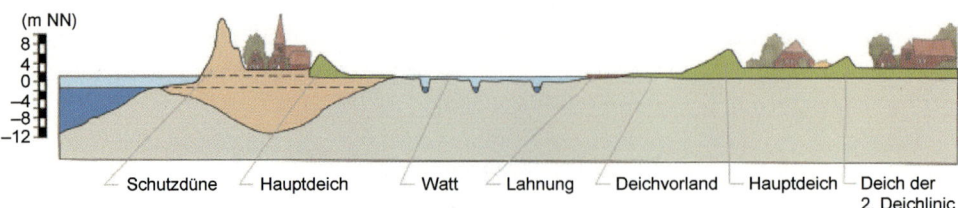

Abb. 14.7 System aus Schutzelementen (NLWKN 2007)

an (und damit höhere Wasserstände). Die Grundlagen der Bemessungssturmflut werden alle 10 Jahre überprüft (www.fahrrinnenausbau.de/lexikon). Zur Bestimmung des Wellenauflaufs und Wellenüberlaufs von Hochwasserschutzbauwerken ist nach Eurotop (2007) vorzugehen.

▶   **Aufgabe**: Recherchieren Sie die Festlegung des Bemessungswasserstands in den Niederlanden als Vergleich zu den oben aufgeführten Vorgehensweisen.

▶   **Frage**: Welche grundsätzlichen Unterschiede stellen Sie bei der Ermittlung des Bemessungswasserstandes fest?

Risikobetrachtung

Im Rahmen der mit dem prognostizierten Meeresspiegelanstieg verbundenen Zunahme der Belastungen auf die Schutzbauwerke (erhöhte Wasserstände und daraus resultierend erhöhter Seegang und erhöhte Tideströmungen) werden die in Deutschland noch angewendeten deterministischen Bemessungsverfahren in Frage gestellt, da bei weiterer Anwendung dieser Verfahren zukünftig die Kosten zur Wahrung des heutigen Schutzniveaus stark steigen werden. Eine Alternative zur Fortführung dieser Küstenschutzstrategie ist die Verringerung des Schutzniveaus. Zur Quantifizierung des Schutz- bzw. Sicherheitsverlustes eignet sich die Methodik der probabilistischen Risikoanalyse, die in Deutschland – im Gegensatz zu den Niederlanden – noch keinen Eingang in Regelwerke oder Empfehlungen gefunden hat.

Küstenschutzsystem

Der Schutz einer Küste wird i.d. R durch ein System von Schutzelementen (Abb. 14.7) gewährleistet. Die Sturmflut kehrenden Hauptelemente bestehen aus Deichen und Sperrwerken (Beispiele siehe Abb. 14.1). Die dauerhafte Funktionalität der Deiche wird mit weiteren Schutzelementen, z. B. Sturmflutmauern, Buhnen und Deckwerken (Beispiele siehe Abb. 14.2) erreicht. Diese bilden ein mit dem Deich zusammenwirkendes System. Landseitig der Deichlinie ist in Niedersachsen und Schleswig-Holstein ein 50 m breiter

Abb. 14.8 Arbeitsschritte
einer Risikoanalyse (Mai 2004)

Streifen dem Küstenschutz vorbehalten. Seeseitig wird die Deichlinie durch vorgelagerte Schutzelemente wie Vorland und Lahnungen ergänzt.

Liegen vor dem Festland Inseln, wirken diese bei Sturmfluten wie ein Bollwerk. Dadurch reduzieren sie den auf die Festlandsdeiche treffenden Seegang. Sie leisten einen wichtigen Beitrag zum Schutz der dahinter liegenden Festlandküste vor Sturmfluten und sind aus diesem Grund in ihrem Bestand zu erhalten.

Der in das Watt einschwingende Seegang wird von Rinnen, Platen und hochgelegenen Wattflächen beeinflusst. In unmittelbarer Nähe des Deiches schützt das Deichvorland den Deichfuß. Es reduziert in Abhängigkeit von seiner Höhe und dem herrschenden Wasserstand die auf den Deich treffende Seegangsenergie und damit die Belastung der Deichböschung. Erhalt und Pflege des Deichvorlandes sind deshalb für den Küstenschutz von großer Bedeutung. In einigen Küstenabschnitten ist eine zweite Deichlinie vorhanden. Sie bildet eine zusätzliche Sicherheit (Sicherheitsgewinn) im Falle des Versagens der ersten Deichlinie und kann maßgeblich zur Einschränkung von Überflutungen und so zur Reduzierung potenzieller Schäden beitragen. Sie ist deshalb zu erhalten und ggf. zu ergänzen.

Risikoanalyse

Das Risiko für eine Küstenzone ist als Produkt aus der Versagenswahrscheinlichkeit des Küstenschutzsystems und der mit diesem Versagen verbundenen Schäden im Küstenhinterland definiert (Mai 2005):

$$Risiko = Versagenswahrscheinlichkeit \times Schaden$$

$$R = p_f \times C$$

Der Ablauf einer probabilistischen Risikoanalyse für die Küstenzone ist in Abb. 14.8 zusammengefasst.

Die Gefährdung der deutschen Küstenzonen ist im Wesentlichen auf extreme Sturmfluten zurückzuführen. Die maßgebenden Belastungen auf das Küstenschutzsystem resultieren aus den bei Sturmfluten um mehr als 3 m gegenüber der mittleren Tide erhöhten
Wasserständen sowie aus starker Seegangsbelastung. Der Einfluss der Tideströmungen auf
das Küstenschutzsystem ist erheblich geringer und beschränkt sich weitestgehend auf die
den Hauptschutzelementen vorgelagerten Küstenschutzelemente, wie z. B. die Vorland-
kante (Mai 2004).

Eine qualitative Analyse des Versagens von Küstenschutzanlagen erfordert die Identifikation der maßgebenden Versagensmechanismen. Für Küstenschutzanlagen stellen Über-
strömen, Wellenüberlauf und Versagen des Bauwerksfußes die Hauptursachen eines Versagens dar. Neben diesen technischen Versagensformen können auch Managementfehler
(menschliches Versagen), Sabotage sowie höhere Gewalt Ursache des Versagens sein.

Die Berechnung der Versagenswahrscheinlichkeit von Küstenschutzsystemen stellt eine
Erweiterung des derzeitigen deterministischen Bemessungsansatzes dar. So wird z. B. als
Kriterium für die Beurteilung der Sicherheiten von Deichen und Hochwasserschutzwän-
den die Wellenüberlaufmenge herangezogen. Im Falle eines Anstiegs des Tidehochwassers erhöht sich die Überlaufmenge und damit die Wahrscheinlichkeit des Versagens des
Schutzbauwerks. Mit dem Anstieg der Wasserstände ist aber auch eine größere Belastung
der Schutzelemente durch Seegang verbunden. Zum einen können sich in tieferem Wasser höhere Wellen ausbilden und zum anderen verringert sich die Seegangsdämpfung der
Deichvorländer (Mai 2005).

Die Berechnung der Folgen des Versagens, die Überflutungsschäden im Hinterland,
erfordert zunächst eine Erhebung des Wertbestandes im Küstenhinterland und schließlich, nach Abgrenzung der bei Versagen des Küstenschutzsystems zu erwartenden Über-
flutungsfläche und -höhe, die Quantifizierung der Schäden.

Die Vorgehensweise bei einer Risikoanalyse für eine Küstenzone wird bei Mai (2004)
ausführlich erläutert und für die Jade-Weser-Region exemplarisch dargestellt.

Risikominderung

Der mit steigenden Wasserständen zu erwartenden Erhöhung des Sturmflutrisikos für das
Küstenhinterland kann durch geeignete Methoden der Risikominderung begegnet werden. Dies kann neben der zurzeit favorisierten Küstenschutzstrategie, der Verteidigung,
zukünftig auch durch alternative Schutzstrategien wie der Anpassung sowie ggf. auch des
Rückzugs erfolgen (Probst 1994). Abbildung 14.9 veranschaulicht die verschiedenen Strategien. Ein Vordringen der Schutzbauwerke in Richtung Wasser scheidet als Strategie aus,
da hierdurch u. a. ggf. Retentionsraum verloren geht. An der deutschen Nordseeküste wäre
damit auch in weiten Teilen ein Eingriff in das unter Naturschutz stehende Wattenmeer
(Nationalpark und seit 29.06.2009 UNESCO-Weltkulturerbe) verbunden.

Eine Möglichkeit zur Risikominderung wäre ein Ausbau des bestehenden Schutzsystems, z. B. durch eine Erhöhung der Hauptdeiche (Verstärkung der Verteidigung).

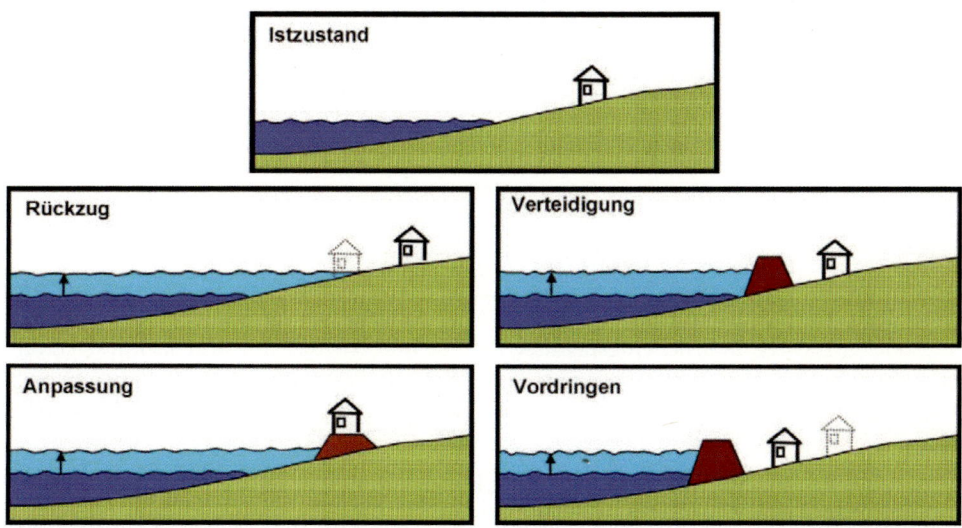

Abb. 14.9 Grundsätzliche Strategien des Küstenschutzes bei Anstieg des Meeresspiegels (geändert nach Probst 1994)

Außer der Risikominderung durch Reduzierung der Versagenswahrscheinlichkeit durch Verstärkung der vorhandenen Küstenschutzelemente ist eine Risikominderung durch die Anlage einer 2. Schutzlinie (2. Deichlinie, Abb. 14.7) möglich, wie sie in Schleswig-Holstein vielerorts bereits besteht (die heutige 2. Deichlinie war hier die frühere Hauptdeichlinie). Durch die rückwärtigen Deiche wird die bei Versagen der Hauptdeichlinie überflutungsgefährdete Fläche stark reduziert und so der zu erwartende Überflutungsschaden sowie das Überflutungsrisiko vermindert. Alternativ zur Anlage einer 2. Deichlinie ist eine Reduzierung des Überflutungsschadens auch durch gezielte Ableitung des bei Versagen des Hauptküstenschutzelements in das Hinterland einströmenden Seewassers in tiefer liegende Retentionsräume möglich (Mai 2004).

Neben dieser technisch-naturwissenschaftlichen Definition des Risikos hat die sozialwissenschaftliche Risikoforschung das Bewusstsein für die Grenzen einer rein technischen Risikobetrachtung geschärft (Renn 2008; Mai et al. 2004; Schuchardt und Schirmer 2002). Risiko wird dabei nicht als ein „objektives" Phänomen, sondern als ein „soziales Konstrukt" verstanden, das je nach Betrachtungsperspektive spezifische Dinge in den Blick bekommt und andere ausblendet. Die beschriebene naturwissenschaftlich-technische Risikoanalyse und daraus abgeleitete Küstenschutz- und Risikomanagementoptionen sind demzufolge in demokratischen Gesellschaften in politischen und öffentlichen Diskursen zu interpretieren. Die möglichen Risikomanagementstrategien bedürfen der sozial-kulturellen und politischen Bewertung. Es lässt sich eben nicht technisch bestimmen, wie viel Risiko eine Küstengesellschaft tragen will oder wie das Risiko über unterschiedliche gesellschaftliche Gruppen verteilt werden soll. Im Wesentlichen lassen sich das wissenschaftlich-technische, das politisch-administrative und das öffentliche Risikokonstrukt unterscheiden (Peters und Heinrichs 2005). Ein Risikomanagement unter Klimawandelbedingungen bedarf somit einer angemessenen Kommunikation über Risiken und nachhaltige Entwicklung, in der naturwissenschaftlich-technische Expertise systematisch mit individuellen und kollektiven Risikobewertungen in Politik und Gesellschaft verzahnt wird.

Ausblick

Das Leben in den Küstenzonen birgt große Gefahren mit sich, hat aber auch große Vorteile. Änderungen der natürlichen Ereignisse wie Sturmfluten, Seegang und Strömungen und die daraus resultierenden Prozesse wie Sedimenttransportvorgänge oder Entwicklungsmöglichkeiten für Flora und Fauna haben direkte Auswirkungen auf den Lebensraum Küste.

Zum Erhalt und zur Verbesserung der Lebensbedingungen in der Küstenzone hat der Mensch ein System aus Schutzbauwerken (Deiche, Sperrwerke, Buhnen, etc.) geschaffen, das auf der Basis deterministischer Bemessungsansätze errichtet wurde. Dabei wird ein maßgebender Sturmflutwasserstand zugrunde gelegt, der den im Schutz der Bauwerke lebenden Menschen weitgehende Sicherheit gewährt.

Mit Anstieg des Meeresspiegels wird die Belastung auf die Schutzbauwerke größer. Daraus resultierend werden auch die Kosten für den Bau und die Erhaltung des Schutzsystems steigen oder es wird das durch die Bauwerke erzielte Sicherheitsniveau abnehmen. Zur Quantifizierung des Sicherheitsverlustes eignet sich die Methodik der probabilistischen Risikoanalyse, in der das Risiko für eine Küstenzone als Produkt der Versagenswahrscheinlichkeit des Küstenschutzsystems und der mit diesem Versagen verbundenen Überflutungsschäden im Küstenhinterland definiert ist (Mai 2005). Die Bewertung des Sicherheitsverlustes bzw. des Schutzkonzepts und die daraus entstehenden Konsequenzen dürfen aber nicht nur anhand ingenieurwissenschaftlicher oder wirtschaftlicher Werte erfolgen, sondern müssen auch gesellschaftliche Werte einbeziehen.

Der vorliegende Beitrag ist auf den Hochwasser- und Küstenschutz in Deutschland fokussiert, d. h. auf ein hoch entwickeltes Industrieland mit angemessener technischer und finanzieller Ressourcenausstattung. In Entwicklungsländern, wie z. B. Bangladesch, sind die Herausforderungen andere. Mit Blick auf den Klimawandel ist deshalb sowohl anspruchsvoller Klimaschutz notwendig als auch Technologie-Transfer. Aber auch dabei sind die gesellschaftliche Bewertung, das lokale Wissen und das Empowerment der ortsansässigen Bevölkerung zum Umgang mit gegenwärtigen und zukünftig erwartbaren Flutereignissen von zentraler Bedeutung.

Die Gestaltung zukunftsfähiger Lösungsansätze im Hochwasser- und Küstenschutz bedarf aufgrund der komplexen Wechselbeziehungen zwischen Dynamiken in natürlichen Systemen, technischen Infrastrukturen und gesellschaftlicher Entwicklungen inter- und transdisziplinärer Forschungs- und Entwicklungsprozesse. Die ingenieurwissenschaftliche Expertise der (probabilistischen) Risikoanalyse ist dafür (noch) stärker zu verzahnen mit sozialwissenschaftlichen Erkenntnissen über gesellschaftliche Risikowahrnehmungs-,

Kommunikations- und Entscheidungsprozesse und naturwissenschaftlichen Erkenntnissen zu Veränderungen in Klima- und Ökosystemen. Da letztendlich jede Risikomanagemententscheidung nicht naturwissenschaftlich oder technisch determiniert ist, sondern kulturellen Bewertungen unterliegt, ist der enge, systematische Austausch zwischen Wissenschaft und Praxis weiterzuentwickeln, um nachhaltigen Hochwasser- und Küstenschutz zu realisieren.

Literatur

Alexandersson H, Schmith T, Iden K, Tuomenvirta H (1998) Long-term trend variations of the storm climate over NW Europe. The Global Atmosperic Ocean System 6

Alexandersson H, Schmith T, Iden K, Tuomenvirta H (2000) Trends of storms in NW Europe derived from an updated pressure data set. Clim Res 14:71–73

Amtl. Anzeiger Nr. 14 (2008) Richtlinie Berechnungsgrundsätze für Hochwasserschutzwände, Flutschutzanlagen und Uferbauwerke im Bereich der Tideelbe der Freien und Hansestadt Hamburg vom November 2007. Anlage 2 des Amtl. Anzeigers Nr. 14 der Freien und Hansestadt Hamburg vom 19. Februar 2008.

BMU – Bundesministerium für Umwelt, Naturschutz und Reaktorsicherheit (2004) Bericht der Bundesrepublik Deutschland gemäß Artikel 3 Abs. 8 und Anhang I der EG-Wasserrahmenrichtlinie (RL 2000/60/EG). http://www.bmu.de/files/pdfs/allgemein/application/pdf/wrrl_bericht_umsetzung.pdf. Zugegriffen: 11. November 2012

Duphorn K (1976) Gibt es Zusammenhänge zwischen extremen Nordsee-Sturmfluten und globalen Klimaänderungen? Wasser und Boden 10

Kuratorium für Forschung im Küsteningenieurwesen (Hrsg) EAK – Empfehlungen für Küstenschutzwerke (2002) Die Küste 65

Erchinger HF (1995) Zunehmende Bedrohung der Küste durch Sturmfluten. Wasser + Boden 47(12). Westholsteinische Verlagsanstalt Boyens & Co, Heide in Holstein

EU-HWRM-RL – Richtlinie 2007/60/EG des Europäischen Parlaments und des Rates vom 23. Oktober 2007 über die Bewertung und das Management von Hochwasserrisiken. Amtsblatt der Europäischen Union, L 288/27, 6.11.2007

Eurotop (2007) Wave overtopping of sea defences and related structures: assessment manual. In: Kuratorium für Forschung (Hrsg) Die Küste 73. Westholsteinische Verlagsanstalt Boyens & Co., Heide in Holstein

Glaser R (2001) Klimageschichte Mitteleuropas: 1000 Jahre Wetter, Klima, Katastrophen. Primus Verlag, Darmstadt

HWS-G – Gesetz zur Verbesserung des vorbeugenden Hochwasserschutzes, 3.05.2005 (2005) Bundesgesetzblatt Jahrgang 2005 Teil I Nr. 26, ausgegeben zu Bonn am 9. Mai 2005

IHO – International Hydrographic Organization (1994) Hydrographic Dictionary, Part I, Vol. I. 5th edn. Special Publication No. 32

IPCC – Intergovernmental Panel on Climate Change (2007) Technical Summary. In: IPCC, Climate Change. The Physical Science Basis. Contribution of Working Group I to the Fourth Assessment Report of the Intergovernmental Panel on Climate Change (IPCC). Cambridge University Press, Cambridge

Jensen J, Mudersbach C (2004) Zeitliche Änderungen in den Wasserstandszeitreihen an den Deutschen Küsten. Proceedings Klimaänderung und Küstenschutz

Lamb HH, Weiss I (1979) On Recent Changes of the Wind and Wave Regime of the North Sea and the Outlook. Fachliche Mitteilungen des Amts für Wehrgeophysik (GeophysBDBw-FM 194)

Mai S (2004) Klimafolgenanalyse und Risiko für eine Küstenzone am Beispiel der Jade-Weser-Region. (Mitteilungen des Franzius-Instituts für Wasserbau und Küsteningenieurwesen der Universität Hannover 91)

Mai S, Elsner A, Meyer V, Zimmermann C (2004) Präventives Risiko- und Küstenschutzmanagement als Reaktion auf den Klimawandel. HTG-Jahrbuch. Schifffahrtsverlag, Hamburg

Mai S (2005) Klimawandel und präventives Risiko- und Küstenschutzmanagement. In: Tagungsband zum 2. Int. Kongress der aqua alta zum Thema „Klimafolgen und Katastrophenschutz", München

MLR – Ministerium für ländliche Räume, Landesplanung, Landwirtschaft und Tourismus des Landes Schleswig-Holstein (2001) Generalplan Küstenschutz – Integriertes Küstenschutzmanagement in Schleswig-Holstein 2001

NLWKN – Niedersächsischer Landesbetrieb für Wasserwirtschaft, Küsten- und Naturschutz (2007) Generalplan Küstenschutz Niedersachsen/Bremen, Festland

Peters HP, Heinrichs H (2005) Öffentliche Kommunikation über Klimawandel und Sturmflutrisiken. Bedeutungskonstruktion durch Experten, Journalisten und Bürger. Schriftenreihe Forschungszentrum Jülich, Bd. 58. Jülich

Probst B (1994) Überlegungen für einen Küstenschutz der Zukunft. Mitteilungen des Franzius-Instituts für Verkehrswasserbau der Universität Hannover 75

Regelwerk Küstenschutz (2009) Regelwerk Küstenschutz Mecklenburg-Vorpommern, Übersichtsheft Grundlagen, Grundsätze, Standortbestimmung und Ausblick. Ministerium für Landwirtschaft, Umwelt und Verbraucherschutz Mecklenburg-Vorpommern, Schwerin

Renn O (2008) Risk governance. Coping with uncertainty in a complex world. Earthscan, London

Schuchard B, Schirmer M (2002) Climate change, risk constructs and coastal protection: Aim and approach of the interdisciplinary project KRIM. Proc. of the 12th SRA Europe Annual Meeting „Integrated Risk Management – Strategic, Technical, and Organizational Perspectives", Berlin

von Storch H, Guddal J, Iden J, Jónson T, Perlwitz J, Reistad M, de Ronde M, Schmidt H, Zorita E (1993) Changing Statistics of Storms in the North Atlantic. Report Nr 116. Max-Planck-Institut für Meteorologie, Hamburg

von Storch H, Langenberg H, Pohlmann T (1998) Küstenklima – Stürme, Seegang und Sturmfluten. In: Lozán JL, Grassl H, Hupfer P (Hrsg) Warnsignal Klima, Hamburg, S 182–189

WASA Group (1998) Changing storm and wave climate in the Northeast Atlantic and Adjacent Seas. Bull Am Meteorol Soc 79 (5): 741–760

Weisse R, von Storch H (2004) Großräumige Änderungen des Wind-, Sturmflut- und Seegangsklimas in der Nordsee und mögliche Implikationen für den Küstenschutz. Proceedings „Klimaänderung und Küstenschutz"

WHG – Gesetz zur Ordnung des Wasserhaushalts (Wasserhaushaltsgesetz) in der Fassung der Bekanntmachung vom 19. August 2002 (BGBl. I S. 3245), das zuletzt durch Artikel 8 des Gesetzes vom 22. Dezember 2008 (BGBl. I S. 2986) geändert worden ist. Bundesministerium der Justiz, Berlin

WHG – Gesetz zur Ordnung des Wasserhaushalts (Wasserhaushaltsgesetz) in der Fassung der Bekanntmachung vom 31. Juni 2009 (BGBl. I S. 2585), das durch Artikel 12 des Gesetzes vom 11. August 2010 (BGBl. I S. 1163) geändert worden ist. Bundesministerium der Justiz, Berlin

Nachhaltige Raumentwicklung

Sabine Hofmeister, Tanja Mölders und Anja Thiem

Das Konzept Nachhaltige Entwicklung hat bereits früh Eingang in die raumwissenschaftliche Forschung und in die Raumplanung gefunden. Mit der Novelle des Raumordnungsgesetzes (ROG) wurde es 1998 als Leitvorstellung räumlicher Entwicklung festgeschrieben. Allerdings war die Raumplanung in den 1990er-Jahren – trotz der Bekenntnisse vieler Raumplaner und Raumplanerinnen, sie hätten es „schon immer" zugrunde gelegt (Hübler et al. 2000: 108) – noch weit davon entfernt, das Prinzip Nachhaltigkeit tatsächlich auch zu operationalisieren. Ein erster (und in dieser Form bislang einzigartiger) Entwurf, es für die Regionalplanung entlang von konstitutiven Elementen und strategischen Prinzipien auszuformulieren sowie Ziele und Indikatoren einer nachhaltigkeitsorientierten Planung zu entwickeln, arbeiteten Ende der 1990er-Jahre Hübler et al. (2000) im Auftrag des Umweltbundesamtes aus (auch ARL 2000). Doch auch mehr als ein Jahrzehnt danach ist die Frage, was Raumentwicklung entlang des Nachhaltigkeitsprinzips genau bedeutet und wie die raumordnerische Leitvorstellung in der Planungspraxis genau umzusetzen ist, nicht eindeutig beantwortet. Einige Studien zeigen, dass es dazu nach wie vor unterschiedliche, teils widersprüchliche Auffassungen unter Raum- und Planungswissenschaftlern und -wissenschaftlerinnen gibt (exemplarisch Wolfram 2002).

S. Hofmeister (✉) · A. Thiem
Fakultät Nachhaltigkeit, Leuphana Universität Lüneburg, Lüneberg, Deutschland
E-Mail: hofmeister@leuphana.de

A. Thiem
E-Mail: anja.thiem@leuphana.de

T. Mölders
Fakultät für Architektur und Landschaft, Leibniz Universität Hannover, Hannover, Deutschland
E-Mail: t.moelders@archland.uni-hannover.de

H. Heinrichs, G. Michelsen (Hrsg.), *Nachhaltigkeitswissenschaften,*
DOI 10.1007/978-3-642-25112-2_15, © Springer-Verlag Berlin Heidelberg 2014

Im Folgenden werden wir zunächst unser Verständnis darlegen und zeigen, dass und weshalb ein Rückbezug auf die Ergebnisse einer an der Kategorie Geschlecht orientierten Raumforschung hilfreich sein kann, nachhaltige Raumentwicklung auszubuchstabieren. In einem zweiten Schritt werden wir anhand von Forschungserfahrungen und -ergebnissen exemplarisch darlegen, was ein sozial-ökologischer, geschlechtersensibler Ansatz in der raumbezogenen Nachhaltigkeitsforschung zu leisten vermag. Schließlich wird deutlich, welche neuen Denk- und Handlungsräume für die nachhaltige Raumentwicklung damit geöffnet werden. Im Ausblick gehen wir dabei auch auf die notwendige Weiterentwicklung inter- und transdisziplinärer Ansätze in der Raumforschung und -gestaltung ein.

Nachhaltige Raumentwicklung: Gerechtigkeit und Integration der Entwicklungsdimensionen

Das Leitbild Nachhaltige Entwicklung hat nach der Weltkonferenz für Umwelt und Entwicklung in Rio de Janeiro, auf der sich 178 Staaten auf die Agenda 21 (BMU o. J.) verpflichtet hatten, zahlreiche Debatten angestoßen und beeinflusst. Seitdem ist Zukunftsgestaltung zunehmend Thema politischer und wissenschaftlicher Debatten – quer zu den tradierten Politikressorts und Fachdisziplinen. Im Zentrum stehen zwei normative Basiselemente: das Gerechtigkeitsgebot und das Integrationsgebot (Tab. 15.1).

Tab. 15.1 Zwei normative Basiselemente nachhaltiger Entwicklung (eigene Darstellung)

Gerechtigkeit	Integration
Intragenerationale	Kulturelle
Intergenerationale	ökonomische, soziale und ökologische
… Gerechtigkeit verwirklichen	… Entwicklung in Einklang bringen

In der Perspektive auf nachhaltige Entwicklung wird Gerechtigkeit zweifach verstanden: Sowohl zwischen den Menschen in der Gegenwart (intragenerational) als auch gegenüber künftigen Generationen (intergenerational) gilt es, Handlungs- und Gestaltungsoptionen gerecht zu verteilen.

In der Raumentwicklung wird intragenerationale Gerechtigkeit vor allem mit dem Gestaltungspostulat Sicherung gleichwertiger Lebensverhältnisse verbunden. Gemeint ist eine Entwicklung von Räumen, die „[…] die sozialen und wirtschaftlichen Ansprüche an den Raum mit seinen ökologischen Funktionen in Einklang bringt und zu einer dauerhaften, großräumig ausgewogenen Ordnung mit gleichwertigen Lebensverhältnissen in den Teilräumen führt" (ROG 2008 § 1 (2)). Damit ist der Zugang zu (öffentlichen) Ressourcen im Raum wie zu sozialen und technischen Infrastruktureinrichtungen für die gesamte Bevölkerung gleichermaßen zu gewährleisten. Seit den 1990er-Jahren – paradoxerweise zeitgleich mit Beginn der Debatten um nachhaltige Entwicklung in der Raumplanung – geriet dieses Leitbild jedoch in die Diskussion (u. a. Hahne 2005). Wenngleich

es nicht aufgegeben wurde, wird die Realisierbarkeit gleichwertiger Lebensverhältnisse vor
dem Hintergrund der Globalisierung der Märkte und der damit verbundenen regionalen Standortkonkurrenzen sowie einer deutlich verringerten Gestaltungskompetenz des
Staates aufgrund enger werdender öffentlicher Budgets mehr und mehr infrage gestellt.
Die Regulierung räumlicher (Siedlungs)Entwicklung durch öffentliche Investitionen gestaltet sich deutlich schwieriger als noch in den 1960er- bis 1980er-Jahren. Zudem besteht
Konsens in der Auffassung, dass „Gleichwertigkeit" nicht mit „Gleichartigkeit" identifiziert werden darf (a. a. O., Barlösius 2006), wenn durch räumliche Planung die Vielfalt und
Eigenart der verschiedenen Regionen erhalten und entwickelt werden soll (ROG 2008 § 2
(2), 5). Im Blick auf das Gerechtigkeitsgebot gegenüber künftigen Generationen stehen
die ressourcen- und ökologisch orientierten Grundsätze der Raumordnung – Erhaltung
und Entwicklung der Funktionen des Naturhaushalts und der Landschaft sowie Sicherung
gesunder Umweltbedingungen (ROG 2008 § 2 (2), 6) – als Voraussetzung für intergenera-
tionale Chancengleichheit im Zentrum.

Das zweite normative Basiselement nachhaltiger Entwicklung – das Integrationsgebot
– verlangt danach, ökonomische, soziale und ökologische Entwicklungsziele in Einklang
zu bringen (ROG 2008, § 1 (2)). Erst auf Basis der Integration dieser drei Dimensionen
kann es gelingen, Gestaltungsoptionen in einem breiten gesellschaftlichen Konsens entlang von demokratischen Aushandlungsprozessen zu entwickeln und zu verwirklichen.
Dieses Postulat führt notwendig zu einer Perspektiverweiterung – und zwar auf jede der
drei Dimensionen von gesellschaftlicher Entwicklung. Das Integrationsgebot, wie es in
das Leitbild Nachhaltige Entwicklung eingeschrieben ist, fordert daher zu mehr heraus
als zu einem Denken im „3-Säulen-Modell", in dem die drei Entwicklungsdimensionen
– Ökonomie, Soziales und Ökologie – getrennt und nebeneinander betrachtet werden.
Werden die drei Dimensionen nachhaltiger Entwicklung nicht isoliert, sondern integrativ
jeweils in Beziehung zu den anderen gesetzt, so stellt sich ein erweitertes Verständnis davon her, was Ökonomie, was Soziales und was Natur ist (Forschungsverbund „Blockierter
Wandel?" 2007: 85).

Im Blick auf die Integration der Entwicklungsziele bringt die räumliche Planung Kompetenzen und Potenziale mit, die auf eine lange Tradition zurückblicken können: Was die
politischen Planungssysteme in Bezug auf die Herstellung gleichwertiger Lebensverhältnisse im Raum, d. h. auf die Realisierung intragenerationaler Gerechtigkeit als überörtliche
leisten sollen, soll im Blick auf das Integrationsgebot durch das Prinzip der Überfachlichkeit räumlicher Planung gesichert werden: In dieser Weise agiert Raumplanung grundsätzlich integrativ. Sie hat die Aufgabe, unterschiedliche und mithin konkurrierende Entwicklungsziele und Raumnutzungsansprüche abzuwägen und auszugleichen. Doch auch dieser
Anspruch lässt sich nicht umfassend einlösen: Politisch und bei den an der Raumentwicklung beteiligten Institutionen und Akteuren setzt sich der Trend zu einer zunehmenden
Sektoralisierung und Spezialisierung fort; zugleich bleiben die (im engeren Sinne) (markt)
wirtschaftlich motivierten Entwicklungsziele dominant. Allein durch räumliche Planung
– auf den formellen Ebenen Länder und Regionen sowie durch die kommunale Bauleitplanung – lassen sich die Dimensionen nachhaltiger Entwicklung nicht umfassend zusam-

menführen, integrierte Raumentwicklung lässt sich nicht realisieren. Dafür bedarf es einer breiten Akzeptanz des Nachhaltigkeitsprinzips und einer engen Kooperation zwischen den regionalen Akteuren, die bislang – auch aufgrund unterschiedlicher, z. T. widersprüchlicher Auslegungen von „Nachhaltiger Entwicklung" – nicht ausreichend gegeben ist.

Allerdings weisen die (mangelnden) Fähigkeiten räumlicher Planung in der Durch- und Umsetzung nachhaltiger Raumentwicklung womöglich auch auf ein Theoriedefizit hin: Der überwiegende Teil der bislang geltenden Konzepte räumlicher Planung basiert auf einem Raumbegriff, der raumwissenschaftlich an Bedeutung zunehmend verliert und paradigmatisch mehr und mehr überwunden wird: ein Verständnis von „Raum" als einem dreidimensionalen Körper, in dem (gesellschaftliche) Subjekte, Artefakte und Funktionen angeordnet sind und zugeordnet werden. Dieses Raumverständnis, das als „Container- oder Behälterraum" beschrieben wird, ist seit den 1970er-Jahren in den Raumwissenschaften heftig umstritten. Im folgenden Abschnitt werden wir zeigen, weshalb es dem Leitbild Nachhaltige Raumentwicklung nicht gerecht zu werden vermag.

Grundzüge eines sozial-ökologischen Raumkonzeptes: Anforderungen und Entwürfe

Aus der Integration der unterschiedlichen Entwicklungsdimensionen gemäß dem Leitbild Nachhaltigkeit resultiert die Notwendigkeit, Städte und Regionen als Einheiten von Na- tur-, Wirtschafts- und sozial lebensweltlichen Räumen zu verstehen.

Moderne Raumkonzepte sind jedoch noch weitgehend geprägt durch den Dualismus zwischen (materiellem) „Behälterraum" und (sozialem) „Beziehungsraum". Die traditio- nelle Raumwissenschaft und die konzeptionellen Grundlagen räumlicher Planung ba- sieren noch überwiegend auf essentialistischen Raumvorstellungen: Raum wird als un- abhängig von den darin befindlichen Objekten, als vorgegeben konzeptualisiert, dessen Wirkungen auf die Gesellschaft es zu untersuchen gilt. Demgegenüber gehen sozio- und handlungszentrierte Konzepte, wie sie insbesondere durch den Einfluss des Konstrukti- vismus in die Raumwissenschaften Eingang gefunden haben, davon aus, dass Raum das Ergebnis sozialer, wirtschaftlicher und politischer Prozesse ist und mithin sozial herge- stellt wird. Beide Paradigmen – der materiell physische „Wirkraum" einerseits und Raum als „soziales Konstrukt" andererseits – stehen in den Raum- und Planungswissenschaften nebeneinander. Sie bedingen unterschiedliche Forschungsfragen, -gegenstände und -logi- ken (Bauriedl et al. 2010: 10ff.).

Während „Naturraum" vor allem in der Physiogeographie Gegenstand ist und hier es- sentialistisch aufgefasst wird, ist der konstruktivistisch verstandene Sozialraum Gegenstand von Sozial-, Kultur- und Wirtschaftsgeographie (Löw und Sturm 2005). Im soziozentrierten Paradigma werden die ökologische Dimension und die physische Umwelt (wenn überhaupt thematisiert) zu cinem „sekundären Themenfeld" der Raum- und Regionalforschung (Da- nielzyk 1998). Im Paradigma moderner Raumkonzepte werden „Räume", „Raumstruktu- ren" und „-gestalten" als gewordene, als über soziale, ökonomische und kulturelle Praktiken und Beziehungen konstituierte ausgewiesen: Raum erscheint als ein (Re)Produkt sozialer Verfasstheiten, Gestaltungen und Beziehungen (Löw und Sturm 2005; u. a. Lefèbvre 1991; Giddens 1995). In dieser Erkenntnisperspektive rückt die soziale Dimension in den Vordergrund. Dabei besteht die Gefahr, dass die Materie und die physischen Faktoren aus dem Blick geraten. Der Fokus raumwissenschaftlicher Analysen richtet sich auf den Aspekt des Raumes als (sozial) gewordener und weniger auf seinen Aspekt als werdender.

Diese in die dualistisch getrennten wissenschaftlichen Raumkonzepte eingeschriebene Trennung des Raumes in ein „Naturprodukt" (physiozentriertes Verständnis) und ein „Kulturprodukt" (soziozentriertes Verständnis) verstellt daher den Blick auf Räume als sozial *und* ökologisch gewordene *und* werdende. Dass die materiellen und ökologischen Qualitäten von Räumen und Orten, wie ihre sozial lebensweltlichen Verfasstheiten auch, intendiert und nicht intendiert (mit)hergestellte Resultate sozial-ökonomischer Prozesse sind, kann auf Basis von in Sozial- und Naturraum dissoziierten Raumkonzepten nicht wahrgenommen und nicht thematisiert werden. Umgekehrt führen die Vorstellungen von einer vorgegebenen natürlichen (Um)Welt und von konstanten Natur(raum)qualitäten notwendig dazu, dass ökologische Qualitäten als sozial konstruierte und als politisch definierte (z. B. durch Umweltqualitätsstandards) nicht mitgedacht und bedacht werden. Dass und wie der gesellschaftlich (um)gestaltete „Naturraum" wiederum auf sozial-ökonomische Prozesse zurückwirkt – spezifische Entwicklungen befördert oder auch hemmt –, wird auf Basis dissoziierter Raumkonzepte ebenso nicht umfassend verstanden.

Für die Raumentwicklung und -planung sind in dieser wissensimmanenten Trennung praktische Probleme impliziert: Weil „Natur" in der einen Sichtweise ausgeblendet und in der anderen als gegeben, als konstant konzeptualisiert wird, erscheint es zwingend, ihr *entweder* in der Logik des Instrumentalisierens und Zurichtens zu begegnen *oder* gesellschaftliches Handeln den „natürlichen Gegebenheiten" anzupassen und zu unterwerfen. In der Trennungsstruktur wird Gestaltungsmacht herrschaftlich entweder sozio- oder naturzentrisch zugewiesen („Deichen oder Weichen", für den Hochwasserschutz Kruse 2010). Sozial-ökologische Transformationen gesellschaftlicher Naturverhältnisse geraten nicht umfassend in den Blick. Auch aufgrund von Theoriedefiziten werden also die Möglichkeiten, gesellschaftliche Naturverhältnisse für nachhaltige Raumentwicklung aktiv zu regulieren und zu gestalten, nicht oder nicht ausreichend wahrgenommen. Die dualistische Wahrnehmung von Raum führt zur Nichtbeachtung und Steuerungsträgheit politischer Steuerungs- und Planungssysteme im Blick auf die Erreichung sozial-ökologischer Nachhaltigkeitsziele (u. a. Hofmeister 2011; Kanning 2005).

Vor diesem Hintergrund wird immer häufiger nach einer „dritten Position" gefragt, mithilfe derer es gelingen könnte, die essentialistischen Kategorien „Natur" und „Raum" aufzugeben und *zugleich* die Materialität des Raumes in soziale Raumkonzepte einzudenken. Die Grundlage für solche Überlegungen bildet ein relationales Raumverständnis, wie es beispielsweise die Geographin Doreen Massey (1994) oder die Soziologinnen Martina Löw (2001) und Gabriele Sturm (2000) vertreten. Dieses wird mit Blick auf eine raumbezogene, genderorientierte Nachhaltigkeitsforschung vermittlungstheoretisch fruchtbar gemacht (u. a. Bauriedl et al. 2010) und angewendet (u. a. Bauriedl et al. 2008).

Aufbauend auf diese Ansätze schlagen wir die Entwicklung eines sozial-ökologischen Raumkonzeptes vor, das es ermöglicht, Materialität als „Natur" in ein relationales Raumgefüge analytisch zu integrieren: Nicht menschliche Lebewesen und Lebensräume sind in diesem Verständnis unmittelbar an der Konstruktion von Räumen beteiligt. Wir fokussieren damit auf einen prozesshaften Naturbegriff: als Akteurin hat „Natur" an den Prozessen der Raumkonstruktion teil (Latour 1995). Zugleich wird „Natur" (in Anführungszeichen) als ein hybrides Resultat sozialer und ökologischer Wechselbeziehungen konzeptualisiert: Sie ist nicht unabhängig von Gesellschaft, nicht vorrangig existent (Haraway 1995) – wohl aber wirkmächtig in der Weise, dass sie den sozialen, ökonomischen und politischen Raum mitgestaltet (Forschungsverbund „Blockierter Wandel?" 2007; Hofmeister und Scurrell 2006; Kruse 2010; Mölders 2010). In die Entwicklung des sozial-ökologischen Raumkonzeptes nehmen wir die Erkenntnisse feministischer und genderorientierter Raumforschung auf.

Die Kategorie Geschlecht (Gender) in den Raumwissenschaften

Die Erweiterung raumwissenschaftlicher Konzepte um Geschlecht als soziale Strukturkategorie (Gender)[1] hat eine vergleichsweise lange Tradition – eine Tradition, an die die Debatten um nachhaltige Raumentwicklung anknüpfen, häufig allerdings, ohne dass der hier zugrunde liegende herrschaftskritische Kontext mitgedacht und explizit gemacht würde. Eine zentrale These dieser Forschungsrichtung ist, dass es zu einer Perspektiverweiterung kommt, wenn (sozial) weibliche Lebensformen als Lebensmodelle für Frauen und Männer vorausgesetzt und Entwicklungsziele aus der Perspektive der gesamten Lebenswelt formuliert und realisiert werden. Die verschiedenen Alltagsroutinen und Lebensstile von Menschen und mithin die vielfältigen Bedürfnisse und Anforderungen an den Raum (Diversity) werden damit zum Ausgangspunkt für Raumanalyse und -planung. Indem Entwicklungsziele aus der Perspektive der Lebenswelt formuliert und realisiert werden, entwickelt sich eine neue Perspektive auf Regionen und Städte, in der sich die Alltagswirklichkeiten in ihrer Vielfalt und die ganze Palette der Lebensstile und Bedürfnisse widerspiegeln und materialisieren (BBR 2006; Evers und Hofmeister 2011). Dies ist eine grundlegende Prämisse für die nachhaltige Raumentwicklung. Die im Zusammenhang mit Nachhaltigkeitszielen immer wieder formulierten Forderungen nach Nutzungsmischung und Nutzungsvielfalt haben hier ihre Wurzeln.

Die Kritik an Dualismen findet sich schon in den frühen Ergebnissen feministischer Raumforschung und Planungsdebatten wieder. Insbesondere die Konstruktion von Öffentlichkeit vs. Privatheit im Raum als strukturierendes Konzept zur Beschreibung und

---

[1] Mit „Gender" wird auf die gesellschaftlichen Geschlechterzuschreibungen Bezug genommen, die Vorstellungen und Erwartungen ansprechen, wie Frauen und Männer sein sollen bzw. sind. Geschlechterzuschreibungen sind sozial und kulturell geprägt und damit gestaltbar und veränderbar. Statt des biologischen Geschlechts (Sex) rückt die soziale Rolle von Frauen und Männern (Gender) in den Vordergrund. Durch die Ergänzung „soziale Strukturkategorie" wird hierauf Bezug genommen.

Ordnung von Räumen (sowie der Gesellschaft) in den Raum- und Planungswissenschaften wie in der Planungspraxis stand dabei im Zentrum der Kritik (Sturm 1997: 53). Aufbauend auf die Analyse der Entstehung geschlechtsspezifischer Arbeitsteilung und der mit ihr verbundenen Materialisierungen geschlechtlicher Herrschaftsbeziehungen in der Raumstruktur war und ist die kritische Auseinandersetzung mit den Prinzipien des Trennens und Grenzziehens zentraler Gegenstand feministischer und genderorientierter Raumwissenschaften. In dieser Perspektive kommt es darauf an, die Trennungen zwischen den „reproduktiven" und produktiven Tätigkeiten und Leistungen aufzudecken und, wo möglich, zu überwinden. Auf diesem Weg werden die Trennungen zwischen Wirtschafts-, Lebens- und Naturräumen durchlässig, die (re)produktiven Qualitäten des Raumes sichtbar und der Gestaltung zugänglich. Nachhaltige Raumentwicklung verweist in dieser Sicht auf ein (re)produktives Gestaltungsprinzip, das die gesellschaftlichen und naturalen Bedingungen von Entwicklung dauerhaft erhält oder/und erneuert.

Für die nachhaltige Raumentwicklung hat Barbara Zibell (1999) aufbauend auf das Konzept Vorsorgendes Wirtschaften, in dem (Re)Produktivität eine zentrale Kategorie darstellt, auf deren Basis drei Handlungsprinzipien formuliert werden (Biesecker et al. 2000), folgende „Prüfsteine" vorgeschlagen:

Das Prinzip Vorsorge, vorausschauendes, auf die Zukunftsfähigkeit von Raumstrukturen und -gestalten gerichtetes Handeln ist eine klassische Leitvorstellung und Aufgabe räumlicher Planung (ROG 2008 § 1 (1), Nr. 2). Es konsequent auszulegen und anzuwenden bedeutet, Raumnutzungen und -aneignungen prinzipiell als Vornutzungen zu begreifen und als solche auszugestalten (Zibell 1999: 27).

Auch das zweite Handlungsprinzip des Vorsorgenden Wirtschaftens, Kooperation, ist im Diskurs um ein nachhaltigkeitsorientiertes Selbstverständnis von räumlicher Planung eine zentrale Referenz. Der feministischen Raumforschung und dem Gender-Planning sind eine umfassende Teilhabe der Nutzer und Nutzerinnen und der von Nutzungen Betroffenen an der Planung nicht neu. Im Blick auf Nachhaltigkeit wird das Kooperationsprinzip jedoch, wie dargestellt, um „Natur" erweitert: In Entscheidungen über Raumnutzungen und Raumgestalten sind die Belange nicht menschlicher Akteure, Lebewesen, Lebensräume und -zeiten, einzubeziehen.

Aus dem dritten Handlungsprinzip, der Orientierung am für das „gute Leben" Notwendigen, folgt, dass räumliche Entwicklung an den Alltagsbedürfnissen von Frauen und Männern sowie von allen – in den Kategorien sozialer Status und Einkommen, Ethnizität, Religion und Alter – sich unterscheidenden Menschen auszurichten ist. Die Kategorie Geschlecht fungiert dabei als „eye opener". In der Stadtentwicklung genießt das Gebot, Nutzungsvielfalt und -mischung zu ermöglichen, bereits eine hohe Priorität. Die Frage, was „gutes Leben" bedeutet und was dafür notwendig ist, gilt es jedoch für die ganze Region zu stellen und „Natur" als eine zentrale Akteurin einzubinden. Gutes Leben in der Region stellt sich in der Verbindung und Wechselwirkung von Kultur-/Sozial- und Naturraum her, wobei in beiden Perspektiven Raumqualitäten sowohl Grundlage als auch Ziel sind.

Fassen wir zusammen: An der Kategorie Geschlecht orientierte Ansätze in der Raumforschung werden im Kontext nachhaltiger Raumentwicklung unmittelbar relevant und sind direkt anwendbar. Die im Zusammenhang mit Nachhaltigkeitszielen formulierten

Tab. 15.2 Prämissen nach-haltiger Raumentwicklung (eigene Darstellung)	Prämissen nachhaltiger Raumentwicklung
	Erhaltung langfristiger Nutzungsoptionen
	Integration von Nutzungsansprüchen

Forderungen nach Nutzungsmischung und Nutzungsvielfalt – sowohl im Sinne des Integrationsprinzips als auch mit Blick auf die Gerechtigkeitsdimensionen – treffen in (feministischen) Raumdebatten auf eine lange, theoretisch fundierte Tradition. An diese Tradition knüpfen wir an und erweitern sie – über baulich gestaltete, urbane Räume hinaus – auf die Region in der Verbindung und Differenz von urban und ländlich geprägten, kulturell gestalteten und naturnahen Räumen. Dabei steht die Erhaltung der regional besonderen Raumqualitäten, der ökologischen wie auch der sozialen und kulturellen Diversität der Orte im Vordergrund einer auf Nutzungsvielfalt durch Entfunktionalisierung und Entnormierung gerichteten Entwicklung des Raumes.

Die Anforderungen an eine am Leitbild Nachhaltigkeit orientierte Raumentwicklung lassen sich auf dieser Basis auf zwei wesentliche Prämissen verdichten: Erstens geht es um …

- … die Erhaltung langfristiger Nutzungsoptionen – basierend auf den Gerechtigkeitsgeboten in intra- und intergenerationaler Dimension – und zweitens um …
- … eine weitreichende Integration von Nutzungsansprüchen – basierend auf einem Raumverständnis, das die Einheit von Wirtschaftsraum, sozial-kulturellem und ökologischem Lebensraum voraussetzt (Tab. 15.2).

▶ **Frage** Welche Konsequenzen haben die Verständnisse von Raum als entweder „(materieller) Behälterraum" oder „(sozialer) Beziehungsraum" für die räumliche Planung?

▶ **Frage** Welche Bezüge zum Leitbild Nachhaltige Raumentwicklung sehen Sie?

▶ **Aufgaben** Bitte unterscheiden Sie am Beispiel Hochwasserschutz die verschiedenen Lösungsansätze und ordnen Sie sie den Raumkonzepten zu.
Finden Sie fünf Beispiele dafür, wie verschiedene Lebensmodelle zu unterschiedlichen Raumnutzungen führen und arbeiten Sie dabei jeweils die Bedeutung der Kategorie Geschlecht heraus.

Ergebnisse raumbezogener Nachhaltigkeitsforschung

Im vorangehenden Abschnitt haben wir unter Bezugnahme auf die Kategorie Geschlecht unser Verständnis einer nachhaltigen Raumentwicklung hergeleitet. Wir konnten zeigen, dass das Integrationsgebot, wie es konstitutiv für das Leitbild Nachhaltige Entwicklung ist, zum erweiterten Verständnis für die Entwicklungsdimensionen Ökonomie, Soziales und

Ökologie führen muss. Dies bedeutet vor allem, dass „neue Bezogenheiten" (Forschungs-verbund „Blockierter Wandel?" 2007: 101 ff.) entstehen zwischen im modernen Denken und Handeln voneinander getrennten Kategorien.

Arbeits- und Tätigkeitsräume: Das Beispiel Landwirtschaft und Dorfentwicklung

Arbeits- und Tätigkeitsräume sind von großer Bedeutung zur Sicherung der Attraktivität ländlicher Räume für die Bewohnerinnen und Bewohner: Der zunehmende Verlust von Erwerbsarbeit im ländlichen Raum wird als ein wesentlicher Faktor diskutiert, der zur Entleerung der Räume und zum Aussterben von Dörfern führt. Die Sicherung der Lebens-qualität in ländlichen Räumen wird vor allem unter diesem Aspekt diskutiert. Tatsächlich sind es Arbeits- und Tätigkeitsräume, die zum einen der sozialen und wirtschaftlichen Ab-sicherung von Menschen in ländlichen Räumen dienen und zum anderen die Teilhabe am gesellschaftlichen und gemeinschaftlichen Leben ermöglichen (Bätzing 1997; Baier et al. 2005; Biesecker et al. 2000; Forschungsverbund „Blockierter Wandel?" 2007; Müller 1997). Doch um welche Art von Arbeits- und Tätigkeitsräumen geht es (Thiem 2009)?

In Arbeits- und Tätigkeitsräumen werden sowohl bezahlte Arbeiten als auch nicht be-zahlte Tätigkeiten verrichtet, wie Subsistenzwirtschaft, zivilgesellschaftliches Engagement und Fürsorgearbeit. Während der Bereich der bezahlten Erwerbsarbeit männlich domi-niert ist, übernehmen überwiegend Frauen den nicht bezahlten sog. Reproduktionsbe-reich (Hofmeister und Karsten 2003: 18 f.). Dies trifft auch auf ländliche Arbeits- und Tätigkeitsräume zu, die in Landwirtschaft und Dorfentwicklung konstituiert werden (Bai-er et al. 2005, 2007; Mölders 2008). Geschlechtergerechtigkeit im Sinne der Nachhaltig-keit, d. h. gleicher Zugang zu und gleiche Teilhabe an materiellen und immateriellen Res-sourcen, ist in diesen Räumen noch nicht erreicht. Für ihre Realisierung und den Erhalt von Arbeits- und Tätigkeitsräumen in ländlichen Räumen ist mit Blick auf bezahlte und unbezahlte Arbeit und somit mit Blick auf das „Ganze der Arbeit" (Biesecker 2000) eine integrative Perspektive erforderlich: Das ökonomische Leitziel Schaffen und Sichern von Arbeits- und Tätigkeitsräumen ist sozial, kulturell und ökologisch zu kontextualisieren (Hofmeister 2003). Daher ist es für eine nachhaltige Entwicklung ländlicher Räume, die als eine Einheit von Wirtschafts- und sozial-kulturellem Lebens- und Naturraum zu begreifen sind, wichtig, die einzelnen Dimensionen – wirtschaftliche, soziale und ökologische – in-tegrativ aufeinander zu beziehen.

Wie Räume genutzt und wahrgenommen werden, steht in Zusammenhang mit der ge-sellschaftlichen Praxis und mit individuellen Lebenssituationen (Löw 2001; Sturm 2000). Als soziale und physische Konstruktion erschließt sich Raum über Wahrnehmung und Interpretation (Löw und Sturm 2005). Raum entsteht, indem Elemente und/oder Men-schen zueinander in Beziehung gesetzt werden. Somit ist jedes Konstituieren von Raum eine soziale Leistung, die von dem Vermögen der Menschen abhängig ist, das Wahrge-nommene zu interpretieren und die Symbolik von Räumen zu lesen und zu verstehen.

Dabei werden räumliche Strukturen im Handeln geschaffen, gleichzeitig strukturieren sie auch das Handeln. Nach Martina Löw (2001: 166 ff.) ist diese Dualität von Handeln und Struktur immer auch eine Dualität von Raum. Jede Konstitution von Raum ist außerdem ein mit Macht durchdrungener Prozess, denn der Zugang zur Ressource Raum ist nicht allen Menschen gleichermaßen und in gleicher Weise möglich, wie im Folgenden am Beispiel der Arbeits- und Tätigkeitsräume in Landwirtschaft und Dorfentwicklung in Glaisin, einem Dorf in Mecklenburg-Vorpommern, gezeigt wird. Das bedeutet, dass die Konstitution von Raum Verteilungen hervorbringt, die zu Ein- und Ausschlüssen zwischen den Geschlechtern führen kann (u. a. Holland-Cunz 1992/1993; List 1992/1993; Terlinden 1990), die sich in geschlechterspezifischen Nutzungsmöglichkeiten von Räumen ausdrückt und die ein Zeichen unterschiedlicher Verfügungsmöglichkeiten über soziale Stellung, gesellschaftliche Teilhabe, Geld u. a. sind.

Die folgenden Ausführungen basieren auf Daten, die in einer qualitativen empirischen Erhebung in Glaisin im Landkreis Ludwigslust, Mecklenburg Vorpommern erhoben wurden (Thiem 2009). In den Interviews wurden Frauen zu den Bedeutungen befragt, welche die lokalen Räume im Dorf haben. Historisch betrachtet werden am Beispiel der Arbeits- und Tätigkeitsräume in Landwirtschaft und Dorfentwicklung in Glaisin die engen Verflechtungen von sozialen und räumlichen Beziehungen sowie von produktiven und „reproduktiven" Tätigkeiten sichtbar. Die Zeit vor dem „Sozialistischen Frühling" war in Glaisin stark geprägt durch die Auswirkungen des Zweiten Weltkrieges und die Wiederherrichtung der landwirtschaftlichen Höfe. Da viele Männer aus dem Krieg nicht wieder zurückkehrten, waren es vor allem Frauen, die als Neu-Bäuerinnen das für das Überleben Notwendige erwirtschafteten. Eine strikte Trennung zwischen produktiven und „reproduktiven" Tätigkeiten gab es in dieser Form nicht.

Der politische Richtungswechsel brachte viele Veränderungen mit sich: Es wurden landwirtschaftliche Produktionsgenossenschaften (LPG) gegründet, Frauen wurde die Berufsarbeit erleichtert, sie wurden systematisch in die Arbeitsprozesse integriert und in der Familienarbeit durch Schaffung von entsprechender Infrastruktur und Kinderbetreuungseinrichtungen entlastet (Thiem 2009: 135 ff.). Die Männer wurden aufgefordert, sich an allen Arbeiten – produktiven wie „reproduktiven" – zu beteiligen und mehr Verantwortung für Haushalt und Familienarbeit zu übernehmen. Die politisch angeordnete Gleichstellung führte nach Scholz (1997: 23 ff.) dennoch zu keiner wesentlichen Entlastung für Frauen, die trotzdem deutlich mehr Zeit mit sorgenden Tätigkeiten („care") verbrachten.

Im Jahr 1960 wurde Glaisin vollgenossenschaftlich, d. h. sämtliche landwirtschaftliche Betriebe waren sozialisiert. Die Landwirtschaft blieb in dieser Zeit das Bindeglied der Menschen untereinander. Das Arbeiten in landwirtschaftlichen Kontexten bedeutete ein regelmäßiges Einkommen, wohnortnahe Erwerbsarbeitsplätze, Kontakte zu Dorfbewohnern und Dorfbewohnerinnen, gegenseitige Unterstützung und Teilhabe am gesellschaftlichen Leben im Dorf. Der Weg zur Arbeit durch das Dorf ermöglichte Begegnungen und Gespräche mit den anderen Bewohnern und Bewohnerinnen, die ihre Kinder zur Krippe brachten oder anderen (re)produktiven Tätigkeiten, die beides sind, produktiv und reproduktiv (Biesecker und Hofmeister 2010, 2006), nachgingen (Tab. 15.3). Es war bspw.

Tab. 15.3 Arbeits- und Tätigkeitsräume. (eigene Darstellung)

Produktive Tätigkeiten	„reproduktive" Tätigkeiten	(re)produktive Tätigkeiten
= die in Wert gesetzte Sphäre des Ökonomischen	= die nicht wertgeschätzte, nicht bewertete Produktivität sozialer und natürlicher lebensweltlicher Systeme	= produktive Tätigkeiten lassen sich nicht von „reproduktiven" trennen und wirken als (re)produktive Tätigkeiten

Abb. 15.1 Das Haus der Vierjahreszeiten in Glaisin (Thiem 2009: 126)

üblich, dass die beschäftigten Männer und Frauen gemeinsam mit ihren Kindern in der LPG zu Mittag aßen. Somit gab es an Orten, wie der LPG oder dem lokalen Straßenraum, ein Nebeneinander von Erwerbsarbeits-, Familienarbeits- und Begegnungsräumen (Löw 2001: 198 ff.), die für das soziale Miteinander der Dorfbewohnerinnen und Dorfbewohner wichtig waren.

Die Wende und die darauf folgende Wiedervereinigung 1990 führten zu tief greifenden Veränderungen: Es gibt kaum noch Erwerbsarbeitsplätze im Dorf und der näheren Umgebung. Diejenigen, die einer Erwerbsarbeit nachgehen, pendeln zur Arbeit und das Dorf wirkt dadurch tagsüber sehr still. Gleichzeitig werden jene Orte in Glaisin seltener, an denen es ein Nebeneinander von Räumen gibt, in denen (Re)Produktives stattfindet. Die Lebensweisen der Bewohner und Bewohnerinnen sind pluralisiert und ausdifferenziert (Hainz 1999; Marinescu 1988; Marx 1999) und in Folge auch die Lebensräume. Dennoch möchten die Bewohnerinnen und Bewohner altes Wissen und Traditionen sowie den Bezug zu landwirtschaftlichen Lebensweisen im Dorf erhalten. Es werden neue Räume konstituiert, bspw. das Haus der Vierjahreszeiten (Abb. 15.1), der Forsthof und die Gillhoff-Stuben, in denen tradierte Handlungsweisen gelebt und Wissen darüber weitergegeben werden, in denen (über)regionale als auch lokale Begegnungen möglich sind. In diesen Räumen bekommt (Re)Produktives einen neuen Stellenwert: Selbst hergestellte kulturelle Güter, die nicht auf der Waren-, sondern auf der Subsistenzproduktion beruhen, werden in neu konstituierten Räumen angeboten und ausgestellt. Sie erfahren eine überregionale Wertschätzung, die über das Lokale hinausgeht.

Die beschriebenen Entwicklungen in Glaisin sind für eine nachhaltige Dorfentwicklung Herausforderung und Potenzial zugleich. Als Potenzial sind die Eigenbeteiligung und die Motivation der Akteure an der Gestaltung der Räume im Dorf einzuschätzen, ihre Fähigkeit zur Selbstorganisation, die Verständigung über gute Lebens- und Raumqualitäten und die Initiierung von bottom-up-Prozessen (Busch-Lüty 1998; Ganzert 2006). Die Raumkonstitutionen, u. a. auch von Arbeits- und Tätigkeitsräumen in Glaisin, sind in Prozessen entstanden, in denen die Bewohnerinnen Räume für sich und andere Menschen neu erschließen, um die Räume und damit das Dorf als attraktiven Lebensraum zu erhalten. Eine Herausforderung für die räumliche Planung besteht darin, diese Prozesse zu unterstützen, die vorhandenen Ressourcen und Motivationen zu erkennen und die Bewohner in Dorfentwicklungsprozesse aktiv einzubinden – d. h. Partizipation als ein grundlegendes Element nachhaltiger Entwicklung zu realisieren. Eine weitere Herausforderung ist der Erhalt von Lebensperspektiven für die Menschen in ländlichen Räumen. Hierfür sind, wie das Beispiel zeigt, nicht allein Erwerbsarbeitsplätze in der Region wichtig und die Aussicht auf eine berufliche Zukunft. Einen hohen Stellenwert nehmen auch familiäre und soziale Beziehungen ein, eine Bindung an die regionale, lokale Kultur sowie gesellschaftliche Wertschätzung und die Möglichkeit, sichtbaren (re)produktiven Tätigkeiten nachzugehen. Diese Aspekte erfordern politische und planerische Aufmerksamkeit und Schnelligkeit in der Reaktion, um gute Lebensqualitäten in der ländlichen Region zu erhalten, Abwanderungen (vieler junger) Menschen zu verhindern und der Überalterung entgegenwirken zu können.

Was bedeutet dies für zukünftige Entwicklungen von Räumen in Glaisin? Für eine nachhaltige Entwicklung von Glaisin und der Region und für den Erhalt einer guten Lebensqualität ist „Arbeit" als Ganzes und damit als (re)produktiv zu denken. Ausgehend von einem sozial-ökologischen Raumverständnis gilt es, Räume in ihrer Ganzheit – vermittelt in ihrer Materialität und in ihren sozialen Konstitutionen – als „werdende" zu begreifen, die (soziale, ökologische, ökonomische) Qualitäten abbilden. Sie sind gemeinsam mit den Menschen vor Ort und aus der Region weiterzuentwickeln. In Glaisin wurde z. B. das Haus der Vierjahreszeiten von den Bewohnerinnen und Bewohnern in gemeinschaftlichen Prozessen als ein „hybrider" Raum – ein Raum, der vielfältige, öffentliche, halböffentliche und private Nutzungen ermöglicht, neu konstituiert (Thiem 2009): Als sozialer Raum ist das Haus der Vierjahreszeiten für die Dorfbewohnerinnen und Dorfbewohner und die Menschen aus der Region lokaler und öffentlicher Kommunikationsraum.

Mit Bezug auf regionale Bräuche und Eigenheiten werden in diesem Raum ökonomische Qualitäten neu erzeugt, indem Leistungen und Produkte (re)produktiv hergestellt und angeboten werden. Auf diese Weise entstehen spezifische ökologische Qualitäten, da die hergestellten kulturellen Güter vorwiegend auf Subsistenzproduktion beruhen. Räumliche Planung hat im Sinne einer nachhaltigen Entwicklung grundsätzlich die Aufgabe, gemeinsam mit den Menschen vor Ort diese vielfältigen Nutzungsoptionen und Qualitäten weiterzuentwickeln, um Glaisin und die Region als attraktiven Lebensraum zu erhalten.

▶ **Frage** Welche nachhaltigkeitsrelevanten Aspekte sind bei der Gestaltung lokaler Räume mitzudenken?

▶ **Aufgabe** Finden Sie jeweils zwei Beispiele für lokale Räume im Dorf, in denen vorwiegend produktive, „reproduktive" oder (re)produktive Tätigkeiten ausgeführt werden. Diskutieren Sie Gemeinsamkeiten und Unterschiede.

NaturKulturRäume: Das Beispiel Biosphärenreservate

Natur und Gesellschaft bestehen nicht unabhängig voneinander, sondern sind als gesellschaftliche Naturverhältnisse in unterschiedlicher Weise miteinander vermittelt: (Jahn und Wehling 1998; Becker und Jahn 2006b). Im Folgenden werden die Begriffe Kultur und Gesellschaft synonym verwendet, um den Gegenpol zur Kategorie Natur zu bezeichnen. (Zur wissenschaftsgeschichtlichen Unterscheidung der Begriffe Natur und Kultur bzw. Natur und Gesellschaft vgl. Becker und Jahn 2006a: 158 f.; Becker et al. 2006: 175.) Überall dort, wo Menschen leben und wirtschaften, kommt es zu Veränderungen der materiell-physischen Natur. Auf der Basis gesellschaftlicher Zuschreibungen ist Natur außerdem symbolisch bedeutsam, denn das Erkennen und Beschreiben einer vermeintlich außergesellschaftlichen Natur als z. B. „schön", „erhaben" oder „bedrohlich" verweist auf innergesellschaftliche Kategorien. Schließlich sind auch normativ-ethische Überlegungen dazu, wie Natur und Gesellschaft zu sein haben, Fragen nach den gesellschaftlichen Vorstellungen eines richtigen, wahren und guten Denkens und Handelns (Gloy 1995; Görg 1999). Die materiell-physische, die symbolische wie auch die normativ-ethische Dimension gesellschaftlicher Naturverhältnisse ist variabel in Raum und Zeit. Die gesellschaftlichen Auseinandersetzungen mit Natur finden ihren Ausdruck in „Raumbildern", die als Landschaften Auskunft geben über die gesellschaftliche Naturpolitik (Kaufmann 2005: 40). Als vergesellschaftete „Natur" im Raum sind Landschaften spezifische NaturKulturRäume in der Zeit (Mölders und Thiem 2005; Mölders 2010: 81 ff.).

Der historische Kontext, in dem gesellschaftliche Naturverhältnisse spätestens seit den 1980er-Jahren diskutiert und bewertet werden, ist der einer sozial-ökologischen Krise, d. h. einer Krise des Politischen, der Geschlechterverhältnisse und der Wissenschaft (Becker 2006: 53). Räumlich stellt sich die sozial-ökologische Krise als eine globale Krise dar, deren lokale Auswirkungen jedoch durchaus unterschiedlich ausfallen. Das Konzept Nachhaltige Entwicklung gilt als Strategie zur Bewältigung sozial-ökologischer Krisenphänomene. Dabei wird der Blick von vornherein auf die Vermittlungsverhältnisse zwischen Natur und Gesellschaft gerichtet: Es sind die gesellschaftlichen Naturverhältnisse – und nicht Natur oder Gesellschaft –, die nachhaltig gestalten werden sollen. Diese gesellschaftlichen Naturverhältnisse materialisieren sich in Räumen, wo sie auch symbolisch bedeutsam werden und als NaturKulturRäume zu gestalten sind.

Ein Beispiel für den Versuch Nachhaltige Entwicklung raumbezogen umzusetzen, stellt das Konzept Biosphärenreservate der UNESCO dar.

Abb. 15.2 Zonierung der
UNESCO-Biosphärenreservate
(Hammer 2003: 17)

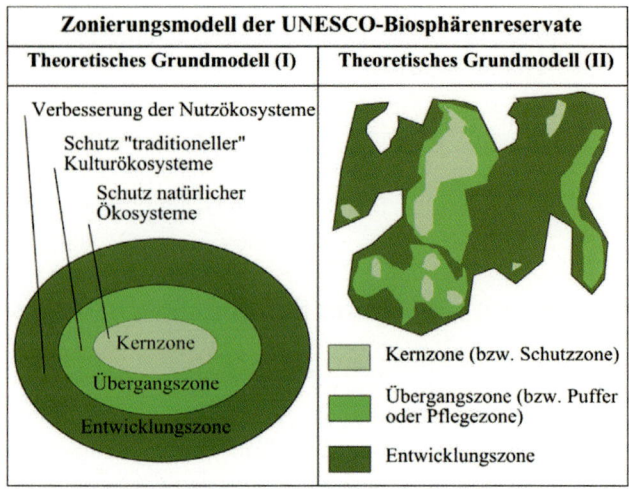

Als international anerkannte Großschutzgebiete stellen UNESCO-Biosphärenreservate das zentrale Element im zwischenstaatlichen Programm „Der Mensch
und die Biosphäre" (MAB) dar. Seit seinen Anfängen zu Beginn der 1970er-Jahre
hat sich die Ausrichtung von MAB gewandelt: Ging es zunächst vor allem darum,
bedeutende Naturlandschaften zu schützen und in diesen die Mensch-Umweltbe-
ziehungen zu erforschen, wurde das Biosphärenreservatskonzept zunehmend an das
Leitbild Nachhaltige Entwicklung angepasst (Walter et al. 2004). Dieser Wandel war
vor allem deshalb widerspruchslos möglich, weil die Verbindungen zwischen Natur
und Gesellschaft von Beginn an den Gegenstandbereich des MAB-Programms
markierten. Einige Autoren und Autorinnen argumentieren sogar, dass die Nachhaltigkeitsidee in MAB bereits angelegt war, bevor sie in Folge der Rio-Konferenz
zum internationalen Leitbild zukünftiger Entwicklungen avancierte (z. B. Plachter und Puhlmann 2004: 16; Kruse-Graumann 2004). Bis heute hat die UNESCO
621 Biosphärenreservate in das Weltnetz der Biosphärenreservate aufgenommen
(Deutsche UNESCO-Kommission e. V.2013). In Deutschland existieren aktuell 15
UNESCO-Biosphärenreservate.

Ausgewählte Regionen werden als NaturKulturRäume begriffen und sollen so gestaltet
werden, dass Modellregionen nachhaltigen Wirtschaftens entstehen (AGBR 1995; Deutsches MAB-Nationalkomitee 2004 sowie Abb. 15.2). Ausgehend von dem oben eingeführten Verständnis einer nachhaltigen Raumentwicklung stellt sich die Frage, ob das Konzept
der Biosphärenreservate diesem Anspruch gerecht wird und tatsächlich eine gesellschaftliche Strategie zur Umsetzung nachhaltiger Entwicklung bereithält. Die folgenden Ausführungen basieren auf einer theoretischen Analyse des Konzeptes Biosphärenreservate

sowie einer empirischen Untersuchung im Biosphärenreservat Mittelelbe in Sachsen-Anhalt (vgl. Mölders 2010).

Theoretische wie empirische Analysen ergeben, dass die nachhaltige Gestaltung der gesellschaftlichen Naturverhältnisse über integrative Schutz-Nutzen-Konzepte eine der größten Herausforderungen in Biosphärenreservaten darstellt (z. B. Fischer 2000; Deutsches MAB-Nationalkomitee 2004; Mölders 2010). Denn: „Der Beitrag des Naturschutzes zu einer Nachhaltigkeitsstrategie kann sich weder in einem punktuellen, konservierenden Schutz von Arten und naturnahen Ökosystemen noch in der Forderung nach Wiedereinführung pseudo-extensiver historischer Landnutzungsformen erschöpfen" (Plachter et al. 2004: 20 f.). Vielmehr geht es darum, „[…] nachhaltige Landnutzungsmodelle zu etablieren, die sowohl dauerhaft-naturverträglich als auch wirtschaftlich und sozial tragfähig sind" (Erdmann und Niedeggen 2003: 99). NaturKulturRäume werden auf der Umsetzungsebene so zu SchutzNutzenRäumen.

Die Einschätzungen, inwieweit ein solcher Integrationsanspruch bereits erfüllt wird, gehen in der Literatur auseinander. So deutet Thomas Hammer (2001: 282) den Wandel hin zu integrierten Schutzkonzepten als Ausdruck eines erweiterten Mensch-Natur-Verhältnisses und -Verständnisses und meint, dass der Dualismus zwischen Mensch und Natur im Konzept Biosphärenreservate dadurch überwunden werde, dass Natur und Landschaft vermehrt als Mitwelt interpretiert würden. Kritische Stimmen stellen hingegen das Gelingen einer Integration von Naturschutz und Naturnutzung, wie sie etwa über das Instrument Vertragsnaturschutz realisiert werden soll, infrage. Sie argumentieren, dass hier Menschen als „Landschaftsproduzenten" unter Schutz gestellt würden, sodass nicht mehr – wie im traditionellen Naturschutz – die Natur vor der menschlichen Wirtschaftsweise geschützt werde, sondern vielmehr die wirtschaftenden Menschen in die Schutzkonzeption einbezogen würden (Hofmeister und Mölders 2007: 204; Mölders 2010: 119): „Als quasi Nutzer/innen betreiben sie Landschaftspflege, jedoch bleiben ihre Tätigkeiten weitestgehend ausgeschlossen von den ökonomischen Bedingungen, die außerhalb des besonderen NaturKulturRaumes Biosphärenreservat gelten" (Mölders 2010: 119; auch Forschungsverbund „Blockierter Wandel?" 2007: 69): Die hier angesprochene Gefahr, mit Biosphärenreservaten „Museumslandschaften" (AGBR 1995: 27) zu schaffen, wird auch von den Befürworterinnen und Befürwortern des Konzeptes erkannt und problematisiert: „Es besteht die Gefahr, dass die Pflegezonen zu einem permanenten ‚Pflegefall' des Naturschutzes werden, was mit den Prinzipien des MAB-Programms (ökonomische Nachhaltigkeit, Übertragbarkeit) auf Dauer nur schwer vereinbar sein dürfte" (Plachter und Puhlmann 2004: 85).

Die dargestellte Kritik rückt das Verständnis des Ökonomischen als Frage nach dem wirtschaftlichen Tätigsein einer Gesellschaft in und mit der Natur ins Zentrum der Auseinandersetzung mit einer nachhaltigen Gestaltung von NaturKulturRäumen. So stellt sich beispielsweise die Frage, ob „Naturschutz als Marktleistung" gefördert werden kann und soll? „Ja" lautet die mehrheitliche Antwort aus der wissenschaftlichen wie auch der politischen Naturschutzdebatte: „Solange keine fairen Preise bezahlt werden, solange die gesetzlichen Rahmen- und Förderbedingungen eher zugunsten der Intensiv-Produktionen beispielsweise mit synthetischen Pestiziden ausfallen, solange ist die ‚Honorierung ökologischer Leistungen' nicht nur gerechtfertigt, sondern auch dringend erforderlich" (Rösler 2002: 31). Zugleich gibt es Stimmen, die den Anspruch erheben, diese ökonomischen Rahmenbedingungen und Zwänge selbst infrage zu stellen und aufzubrechen: „Nicht die Biosphärenreservate müssen für ihre ökologisch-sozialen Leistung [sic!] mit den Mitteln der nicht zukunftsfähigen Wirtschaft subventioniert werden, sondern diese Wirtschaft muss auf eine ökologische Produktion und die Gesellschaft auf eine veränderte Konsumption gelenkt werden" (Fischer 2000: 31).

Damit rückt das Verhältnis von visionären und krisenverursachenden Rationalitäten in den Blick: Können Biosphärenreservate als Experimentierräume nachhaltigen Wirtschaftens genutzt werden und gleichsam „von innen heraus" zur sozial-ökologischen Transformation beitragen oder können sie, indem sie Teil des in die Krise geratenen Systems sind, keine Alternativen im Denken und Handeln aufzeigen? Die vorläufige Antwort auf diese Frage verweist auf die Schaffung von NaturKulturRäumen als (re)produktive Räume: Damit die Produktivität von Natur und Gesellschaft heute und in Zukunft erhalten bleibt, gilt es, die natürlichen und gesellschaftlichen Reproduktionsprozesse und -arbeiten als produktiv anzuerkennen und entsprechend zu bewerten. Naturschutz wäre dann und nur dann eine (re)produktive Leistung, wenn er erstens als pflegendes, erhaltendes und gestaltendes Tätigsein an und mit einer dynamischen Natur verstanden und zweitens über entsprechende Institutionalisierungen finanziell abgesichert würde sowie drittens aus dieser Position heraus das Transformationspotenzial für ein insgesamt verändertes, d. h. Naturproduktivität erhaltendes Wirtschaften entfalten könnte.

Das heißt, dass die Schaffung (re)produktiver NaturKulturRäume immer auch bedeuten muss, Räume der Kritik und Aushandlung zu schaffen – Räume, in denen dominante gesellschaftliche Wertmaßstäbe und Rationalitäten infrage gestellt werden und mit neuen Verständnissen in Bezug auf Natur und Ökonomie experimentiert wird. Das vorrangige Ziel von Wirtschaftsprozessen wäre nicht (mehr) Profitmaximierung, sondern das Hervorbringen und Gestalten von erhaltenswerter „Natur". Für das Konzept Biosphärenreservate hieße das, dass mehr als bisher die Frage nach dem Verhältnis von Innen und Außen gestellt werden müsste. Und zwar nicht allein als Frage nach der Übertragbarkeit von in Biosphärenreservaten gesammelten Erfahrungen, sondern als Frage nach neuen Formen des Denkens und Handelns insgesamt.

▶ **Frage** Welche Ziele werden mit dem Konzept Biosphärenreservate der UNESCO in Bezug auf eine nachhaltige Regionalentwicklung verfolgt? (Wie) Werden die Nachhaltigkeitsziele erreicht?

▶ **Aufgabe** Finden Sie drei Beispiele für Regionalvermarktung in deutschen Biosphärenreservaten und arbeiten sie deren jeweiligen Beitrag zu einer nachhaltigen Regionalentwicklung heraus.

Zwischenfazit: Ländliche Räume als Politik- und Planungsräume

Die vorher betrachteten Räume, die Arbeits- und Tätigkeitsräume sowie die NaturKultur-Räume, haben als Beispiele für Landwirtschaft und Dorfentwicklung sowie Biosphären-reservate etwas gemeinsam: Es handelt sich in beiden Fällen um ländliche Räume. Wir konnten zeigen, dass diese ländlichen Räume durch Dichotomisierungen gekennzeichnet sind, die eine nachhaltige Entwicklung blockieren. Zugleich haben wir herausgearbeitet, dass es Ansätze für neue Bezogenheiten zwischen den getrennten Sphären gibt, die die ländlichen Räume als (re)produktive Räume adressieren und so ihre nachhaltige Entwicklung ermöglichen.

Dichotomien:

Arbeits- und Tätigkeitsräume	
Erwerbsarbeit	reproduktive Arbeit
NaturKulturRäume	
Nutzen	Schutz

neue Bezogenheiten:

Arbeits- und Tätigkeitsräume
(re)produktives Verständnis von Arbeiten
NaturKulturRäume
(re)produktives Verständnis von Natur

Ziel an dieser Stelle ist es auszuleuchten, inwiefern die identifizierten Dichotomisierungen und neuen Bezogenheiten in der Politik für und Planung von ländliche(n) Räume(n) angelegt sind. Lassen sich ländliche Räume, verstanden als Politik- und Planungsräume, als nachhaltig qualifizieren?

Ja, denn wie oben ausgeführt ist eine nachhaltige Raumentwicklung ist als Leitvorstellung gesetzlich festgeschrieben. Diese wird mit Blick auf die ländlichen Räume präzisiert: „Ländliche Räume sind unter Berücksichtigung ihrer unterschiedlichen wirtschaftlichen und natürlichen Entwicklungspotenziale als Lebens- und Wirtschaftsräume mit eigenständiger Bedeutung zu erhalten und zu entwickeln; dazu gehört auch die Umwelt- und Erholungsfunktion ländlicher Räume. Es sind die räumlichen Voraussetzungen für die Land- und Forstwirtschaft in ihrer Bedeutung für die Nahrungs- und Rohstoffproduktion zu erhalten oder zu schaffen" (ROG 2008 § 2 (2), Nr. 4).

Auch die Agrarpolitik, die für die Entwicklung ländlicher Räume traditionsgemäß von besonderer Bedeutung ist, verpflichtet sich dem Leitbild einer nachhaltigen Entwicklung. Dies gilt insbesondere für die Politik für ländliche Räume, die als sogenannte 2. Säule der Gemeinsamen Europäischen Agrarpolitik (GAP) der 1. Säule (gemeinsame Marktordnungen) gegenübersteht. Für die aktuelle Förderperiode (2007–2013) wurde der „Europäische Landwirtschaftsfonds für die Entwicklung des ländlichen Raums" (ELER) eingerichtet. Die zugehörige ELER-Verordnung umfasst Maßnahmen zur Entwicklung der ländlichen

Räume Europas (Verordnung (EG) 1698/2005) zu den Schwerpunkten Verbesserung der Wettbewerbsfähigkeit der Land- und Forstwirtschaft" (1), „Verbesserung der Umwelt und der Landschaft" (2), „Lebensqualität im ländlichen Raum und Diversifizierung der ländlichen Wirtschaft" (3) und „Leader" (4). Die durch die ELER-Verordnung festgeschriebene Politik für die ländlichen Räume der EU ist an den politisch-strategischen Prioritäten der Gemeinschaft orientiert. Entsprechend heißt es: „Diese Politik sollte auch den im Vertrag festgehaltenen allgemeinen Zielen der Politik zur Stärkung des wirtschaftlichen und sozialen Zusammenhalts Rechnung tragen sowie zu ihrer Verwirklichung beitragen, und darüber hinaus sollten weitere politische Prioritäten einbezogen werden, die der Europäische Rat in seinen Schlussfolgerungen der Tagungen in Lissabon und Göteborg zur Wettbewerbsfähigkeit und zur nachhaltigen Entwicklung formuliert hat" (ebd.: (1)).

Die hier vertretene Position einer unproblematischen, ja synergetischen Verbindung von Wettbewerbs- und Nachhaltigkeitszielen erscheint vor dem Hintergrund des oben hergeleiteten Nachhaltigkeitsverständnisses allerdings fraglich. Sowohl hinsichtlich der Langfristigkeit von Nutzungsoptionen als auch mit Blick auf die Integration von Nutzungsansprüchen bestehen Widersprüche und Zielkonflikte zwischen einer Nachhaltigkeits- und einer Wettbewerbsorientierung. Diese manifestieren sich in den exemplarisch vorgestellten Arbeits- und Tätigkeitsräumen sowie in den NaturKulturRäumen: So wird in den „Strategischen Leitlinien der Gemeinschaft für die Entwicklung des ländlichen Raums" als dem Dokument, mit dem die EU die inhaltlichen Prioritäten für die ländliche Entwicklung setzt, Lebensqualität (Schwerpunkt 3) allein über die Schaffung von Erwerbsarbeitsplätzen diskutiert (EU 2006; kritisch dazu Nölting 2006). Die Frage nach der Produktivität sogenannter reproduktiver Arbeiten und Tätigkeiten wird damit von vornherein ausgeblendet. Ebenso sind die Natur gestaltenden Tätigkeiten in den Bereichen Land- und Forstwirtschaft nicht per se auf die Erhaltung von Natur gerichtet. Vielmehr stellt sich die Frage, ob mit der Schaffung von Agrarumweltmaßnahmen etc. nicht eine konsequente Integration nachhaltiger Nutzungsformen in die Agrarpolitik verhindert wird. Es bleibt zu diskutieren, ob das für die kommende Förderperiode (2014-2020) geplante „Greening" der 1. Säule, das u. a. durch einen Ausbau der Cross Compliance (Bindung von Direktzahlungen an Tier- und Umweltschutzstandards) erreicht werden soll, einen solchen Integrationsbeitrag zu leisten vermag. So kommt Nölting (2006: 45) zu dem Schluss, dass die 2. Säule insgesamt darauf beschränkt bleibe, die Nachhaltigkeitsprobleme zu kompensieren und zu reparieren, die durch die erste Säule verursacht werden, so dass sich kein eigenständiger Politikansatz zur nachhaltigen Entwicklung ländlicher Räume etablieren könne.

Diesen Einschätzungen folgend, stellt sich die eingangs gestellte Frage nach der Nachhaltigkeitsorientierung in ländlichen Räumen aus politisch-planerischer Perspektive ambivalent dar. Einerseits existiert auf der programmatischen Ebene eine explizite Verpflichtung gegenüber dem Leitbild einer nachhaltigen Entwicklung. Auch auf der Umsetzungsebene lassen sich unterschiedliche Aspekte wie der partizipative Ansatz zur dialogischen Beteiligung unterschiedlicher Interessengruppen im Rahmen von ELER positiv hervorheben (ebd.). Andererseits werden mit der Politik für ländliche Räume Integrationsappelle zur Schaffung von Synergien und zur Vermeidung von Widersprüchen formuliert, ohne jedoch tatsächliche Verbindungen im Sinne qualitativer Neuorientierungen in Bezug auf das zu Integrierende zu entwickeln.

Die Herausforderung, die sich der Politik für ländliche Räume vor diesem Hintergrund stellt, liegt somit darin, die Verhältnisse zwischen unterschiedlichen Politikfeldern, unterschiedlichen Instrumenten, unterschiedlichen Akteuren sowie unterschiedlichen Prioritäten und Rationalitäten zu gestalten. Es geht darum, die nicht nachhaltigen Ausrichtungen und Tendenzen in Politik und Planung zu überwinden: „These biases include a focus on the regional over the local, an agricultural-productivist paradigm, a reliance upon scale-economics within a neo-classical framework of analysis, a dependence on the provision of physical infrastructure and mega-projects to generate employment and capital and labour mobility, a fundamental disregard for indigenous peoples living in the rural periphery, and a fragmented and poorly coordinated service delivery environment together with out-dated governance systems. Together these elements consistently expose their own internal contradictions and move us only slightly closer to a model and a reality of genuine rural sustainability" (Lapping 2006: 119; auch Audriac 1997; Williams 2001).

Eine nachhaltige Gestaltung ländlicher Räume bedarf deshalb neuer Formen der Integration, die nicht bei der Vermeidung von Doppelförderung stehen bleibt, sondern die miteinander zu verbindenden Dimensionen aufeinander bezogen neu denkt und sie in ihren spezifischen Qualitäten neu bestimmt (Forschungsverbund „Blockierter Wandel?" 2007: 85). (Ländliche) Räume in diesem Sinne als Politik- und Planungsräume zu entwickeln, würde bedeuten, Nachhaltigkeit nicht nur zum Ausgangspunkt von Politik und Planung zu nehmen, sondern Nachhaltigkeit im Politik- und Planungsprozess zu entwickeln und dabei neue Verständnisse in Bezug auf Ökonomie, Natur, Gerechtigkeit zu erarbeiten.

(Re)Produktive Räume als neue Denk- und Handlungsräume für die nachhaltige Regionalentwicklung

Auf der Grundlage der Fallbeispiele und des Zwischenfazits wird nun deutlich, was das mit dem Leitbild Nachhaltige Entwicklung verbundene Integrationspostulat im Kern meint: ein Neudenken dessen, was ökologische, ökonomische und soziale Entwicklung tatsächlich bedeuten. So dürfen sich ökologische Entwicklungsziele nicht in der Forderung nach Schutz der Natur und Umwelt erschöpfen, wenn sie mit ökonomischen und sozialen Zielen verbunden werden sollen. Ökonomische Entwicklungsziele lassen sich nicht allein auf gesellschaftliche Wertschöpfung reduzieren und „Wohlfahrt" darf nicht ausschließlich am Bruttoinlandsprodukt gemessen werden, wenn sie mit sozialen und ökologischen Zielen verbunden werden sollen. Denn auch Wirtschaften ist in einer integrativen Sicht mehr als über den Markt vermitteltes Handeln: soziales Handeln, welches ausgehend von den Bedürfnissen der Menschen auf die Realisierung eines guten Lebens zielt. Und schließlich dürfen sich auch soziale Entwicklungsziele nicht allein auf den Erwerbsarbeitsmarkt konzentrieren, sondern müssen die Lebenswelt insgesamt, d. h. alle menschlichen Tätigkeiten in den Blick nehmen. Zum weitaus überwiegenden Teil sind das sog. Reproduktionstätigkeiten wie Sorge- und Pflegetätigkeiten in den Familien und Gemeinschaften, bürgerschaftliches Engagement und Engagement für Natur und Umwelt. Im Blick auf nachhaltige Arbeitsverhältnisse allein über Erwerbsarbeit zu sprechen, heißt, den überwiegenden Teil des Arbeitslebens auszublenden. Ein verkürzter Arbeitsbegriff kann die aus nicht nachhaltigen Wirtschafts- und Lebensweisen resultierenden sozial lebensweltlichen Probleme, wie die Defizite im Pflege-, Erziehungs- und Bildungsbereich, weder erkennen noch lösen.

Dass ein in dieser Weise integratives Verständnis von Raum und Raumentwicklung auch unter der Prämisse nachhaltiger Entwicklung keineswegs selbstverständlich ist, ist mit Blick auf die Beispielräume deutlich geworden:

Arbeiten zerfällt in produktive, d. h. erwerbliche, und sog. reproduktive, d. h. unbezahlte Tätigkeiten. In der Perspektive auf die soziale und ökonomische Dimension der Nachhaltigkeit werden programmatisch und konzeptionell überwiegend die Erwerbsarbeit und die hieraus resultierenden Raumansprüche in den Blick genommen. Dies hat zur Folge, dass jene Räume aus dem Blick geraten, in denen (re)produktive Tätigkeiten sichtbar und wertgeschätzt werden. Der Gebrauchswert und der Nutzen dieser Räume für strukturell marginalisierte Gruppen von Nutzern und Nutzerinnen werden von der Dorf- und Stadtentwicklung durch Schwerpunktsetzung auf erwerbszentrierte Pläne und Vorhaben zur Entwicklung ländlicher Räume deutlich gemindert (Thiem 2009).

In den NaturKulturRäumen zerfallen „Natur-" und Landschaftsräume in idealisierte „Schutzräume" einerseits und in nutzbare „Ressourcennaturen" andererseits mit der Folge, dass eine integrierte, die Entwicklungsdimensionen der Nachhaltigkeit zusammenführende Raumentwicklung kaum realisiert wird. Am Beispiel Biosphärenreservate wird sichtbar, dass dies selbst dann nicht (umfassend) gelingt, wenn es programmatisch und konzeptionell angelegt ist, weil in der auf Dichotomisierungen basierenden planerischen Logik ein „Naturraum" eben nur Schutz- *oder* Nutzraum sein kann und der Anspruch der Vermittlung von beidem an der Zuordnung entweder zur einen oder zur anderen Funktion scheitert (Mölders 2010).

Mit Blick auf die „Politik- und Planungsräume" wird deutlich, dass trotz der programmatischen Bekenntnisse zu einer nachhaltigen Entwicklung Brüche und Trennungsverhältnisse – z. B. die Trennung schützenswerter „Naturen" von „Naturen" als Ressourcen oder die Abspaltung von „reproduktiven" Tätigkeiten aus dem Verständnis von Arbeiten – in politische Programme, Konzepte und Planwerke zur Raumentwicklung eingeschrieben sind.

Dichotomisierungen zwischen den sog. produktiven und reproduktiven Raumfunktionen und Tätigkeiten blockieren Ansätze zu einer nachhaltigen Raumentwicklung (Forschungsverbund „Blockierter Wandel?" 2007). Indem wir von (re)produktiven Räumen im Kontext nachhaltiger Entwicklung sprechen – d. h., indem wir bewusst die (re)produktiven Qualitäten des Raumes sichtbar machen und die Entwicklung dieser als eine Prämisse von Politiken und Planungen zur Raumentwicklung verstehen –, nehmen wir eine Analyse- und Gestaltungsperspektive ein, die anknüpfend an die Konzepte des Gender-Planning für die Diskurse um nachhaltige Raumentwicklung fruchtbar gemacht werden

kann. Denn mithilfe der Kategorie (Re)Produktivität kann es gelingen, soziale und ökologische Nachhaltigkeitsziele zusammen zu denken und sie konzeptionell zu integrieren.

Wie lassen sich (re)produktive Räume nun gezielt gestalten, und welche Herausforderungen sind mit der Gestaltung (re)produktiver Räume verknüpft? (Re)Produktive Räume
sind solche, in denen die Bezogenheiten der herkömmlich getrennten Sphären – sowohl
der Arbeits- und Tätigkeitsräume als auch der Natur- und Kulturräume – sichtbar und
wirksam werden. Wir finden solche Räume in den von uns untersuchten Beispielen: z. B.
das Haus der Vierjahreszeiten und die Gillhoff-Stuben in Glaisin oder die Regionalvermarktung im Biosphärenreservat. Die besonderen gebrauchs- und naturwertorientierten
Qualitäten dieser Räume zu erkennen und als Beiträge zu einer nachhaltigen Regionalentwicklung sichtbar zu machen, fordert die Raum- und Nachhaltigkeitswissenschaften
heraus, sich auf die Ebene der Lebenswelt zu begeben. Hier gestalten (lokale) Akteure
Denk- und Handlungsräume für Nachhaltigkeit. In transdisziplinären Forschungsprozessen kann Wissenschaft so von der Praxis lernen, denn die Gestaltung (re)produkti-
ver Räume knüpft unmittelbar an das Alltagswissen und die alltäglichen Bedürfnisse der
Nutzerinnen und Nutzer wie auch an tätige „Naturen" an. Wissenschaft kann so auch
nachvollziehen, wie sich die jeweiligen politischen und planerischen Bedingungen auf die
Akteure und auf Natur auswirken. Das Aufdecken von Blockaden nachhaltiger Regionalentwicklung, die durch politische und planerische Rahmungen bedingt sind, gehört somit
unmittelbar in das Aufgabenfeld nachhaltigkeitsorientierter Raumforschung. Da Räume,
wie wir theoretisch und empirisch zeigen konnten, sowohl materiell wie auch sozial (Mit)
Produkte gesellschaftlicher Entwicklung sind, bedarf es – neben Transdisziplinarität – unverzichtbar auch interdisziplinärer Forschungsperspektiven in der Zusammenarbeit von
Natur- und Sozialwissenschaftlern und -wissenschaftlerinnen, um die Wechselwirkungen
von Materiellem und Sozialem in der Raumbildung verstehen und Optionen sozial-ökologischer Transformation ausloten zu können. (Re)Produktive Räume sind Kritik- und
Aushandlungsräume, die neue Denk- und Handlungsweisen ermöglichen (im Hinblick
auf die Frage, welche Räume warum geschaffen werden und für wen sie bedeutend sind,
oder im Hinblick auf die Frage, welche „Naturen", warum, für wen und von wem geschützt
und/oder genutzt werden sollen). Die Gestaltung (re)produktiver Räume knüpft unmittelbar an das Alltagswissen und die alltäglichen Bedürfnisse der Nutzerinnen und Nutzer wie
auch an tätige „Naturen" an. Entsprechend sind Politik und Planung herausgefordert, alle
Akteure an den Aushandlungen über Raumqualitäten und -nutzungen teilhaben zu lassen
und marginalisierten Perspektiven Gehör zu verschaffen. Ein solches Verständnis ermöglicht ein Neudenken und Neuausrichten von raumbezogener Politik und Planung.

Literatur

AGBR – Ständige Arbeitsgruppe der Biosphärenreservate in Deutschland (Hrsg) (1995) Biosphären-
    reservate in Deutschland. Leitlinien für Schutz, Pflege und Entwicklung. Berlin u. a.
ARL – Akademie für Raumforschung und Landesplanung (Hrsg) (2000) Nachhaltigkeitsprinzip in
    der Regionalplanung. Handreichung zur Operationalisierung. Forschungs- und Sitzungsbericht
    (FuS), Bd 212. ARL, Hannover

Audriac I (Hrsg) (1997) Rural Sustainability in America. Wiley, New York

Baier A, Bennholdt-Thomsen V, Holzer B (2005) Ohne Menschen keine Wirtschaft. Oder: Wie gesellschaftlicher Reichtum entsteht. oekom, München

Baier A, Müller C, Werner K (2007) Wovon Menschen leben. Arbeit, Engagement und Muße jenseits des Marktes. oekom, München

Barlösius E (2006) Gleichwertig ist nicht gleich. APuZ 37/2006:16–23

Bätzing W (1997) Die Auflösung des ländlichen Raumes in der Postmoderne. Kommune 30(11):40–46

Bauriedl S, Schindler D, Winkler M (Hrsg) (2008) Stadtzukünfte denken. Nachhaltigkeit in europäischen Stadtregionen. oekom, München

Bauriedl S, Schier M, Strüver A (2010) Räume sind nicht geschlechtsneutral: Perspektiven der geographischen Geschlechterforschung. In: Bauriedl S, Schier M, Strüver A (Hrsg) Geschlechterverhältnisse, Raumstrukturen, Ortsbeziehungen. Erkundungen von Vielfalt und Differenz im spatial turn. Westfälisches Dampfboot, Münster, S 10–25

BBR – Bundesamt für Bauwesen und Raumordnung (2006) Gender Mainstreaming im Städtebau. Ein Fazit. ExWoSt-Informationen 26/5. Bonn

Becker E (2006) Historische Umbrüche. In: Becker E, Jahn T (Hrsg) Soziale Ökologie. Grundzüge einer Wissenschaft von den gesellschaftlichen Naturverhältnissen. Campus, Frankfurt a. M., S 32–53

Becker E, Jahn T (2006a) Ortsbestimmungen. In: Becker E, Jahn T (Hrsg) Soziale Ökologie. Grundzüge einer Wissenschaft von den gesellschaftlichen Naturverhältnissen. Campus, Frankfurt a. M., S 140–166

Becker E, Jahn T (Hrsg) (2006b) Soziale Ökologie. Grundzüge einer Wissenschaft von den gesellschaftlichen Naturverhältnissen. Campus, Frankfurt a. M.

Becker E, Jahn T, Hummel D (2006) Gesellschaftliche Naturverhältnisse. In: Becker E, Jahn T (Hrsg) Soziale Ökologie. Grundzüge einer Wissenschaft von den gesellschaftlichen Naturverhältnissen. Campus, Frankfurt a. M., S 174–197

Biesecker A (2000) Kooperative Vielfalt und das ,Ganze der Arbeit'. Überlegungen zu einem erweiterten Arbeitsbegriff. Studie im Rahmen des Forschungsprojekts „Arbeit und Ökologie" für das Wissenschaftszentrum Berlin, WZB-Paper, S 00–504

Biesecker A, Hofmeister S (2006) Die Neuerfindung des Ökonomischen. Ein (re)produktionstheoretischer Beitrag zur Sozialen Ökologie. oekom, München

Biesecker A, Hofmeister S (2010) Focus: (Re)Productivity. Sustainable relations both between society and nature and between the genders. Ecol Econ 69(8):1703–1711

Biesecker A, Mathes M, Schön S, Scurrell B (Hrsg) (2000) Vorsorgendes Wirtschaften. Auf dem Weg zu einer Ökonomie des Guten Lebens. Kleine, Bielefeld

BMU – Bundesministerium für Umwelt, Naturschutz und Reaktorsicherheit (Hrsg) (o. J.) Umweltpolitik. Konferenz der Vereinten Nationen für Umwelt und Entwicklung im Juni 1992 in Rio de Janeiro – Agenda 21, Bonn

Busch-Lüty C (1998) Nachhaltige Entwicklung als Leitbild und gesellschaftlicher Verständigungsprozess – Herausforderungen eines Paradigmenwechsels für Wissenschaft und Politik. In: ARL – Akademie für Raumforschung und Landesplanung (Hrsg) Nachhaltige Raumentwicklung. Szenarien und Perspektiven für Berlin Brandenburg. Forschungs- und Sitzungsberichte 205, Hannover, S 4–18

Danielzyk R (1998) Zur Neuorientierung der Regionalforschung. Wahrnehmungsgeographische Studien zur Regionalentwicklung, Bd 17. Oldenburg

Deutsches MAB-Nationalkomitee (Hrsg) (2004) Voller Leben. UNESCO-Biosphärenreservate – Modellregionen für eine Nachhaltige Entwicklung. Bonn

Deutsche UNESCO-Kommission e. V. (2013) http://www.unesco.de/biosphaerenreservate.html. Zugegriffen: 26. NOV. 2013

Erdmann K, Niedeggen B (2003) Biosphärenreservate in Deutschland – Lernräume einer nachhaltigen regionalen Entwicklung. In: Hammer T (Hrsg) Großschutzgebiete – Instrumente nachhaltiger Entwicklung. oekom, München, S 97–119

EU – Europäische Union (2006) Beschluss des Rates vom 20. Februar 2006 über strategische Leitlinien der Gemeinschaft für die Entwicklung des ländlichen Raums (Programmplanungszeitraum 2007–2013) (2006/144/EG). Amtsblatt der Europäischen Union, L 55, S 20–29

Evers M, Hofmeister S (2011) Gender mainstreaming and participative planning for sustainable land management. Environ Plan Manag Journal of Environmental Planning and Managemet (JEPM) 54(10):1315–1329

Fischer W (2000) Sind Biosphärenreservate Modellregionen für zukunftsfähige Entwicklung? TA-Datenbank-Nachrichten 9(2):30 f

Forschungsverbund „Blockierter Wandel?" (2007) Blockierter Wandel? Denk- und Handlungsräume für eine nachhaltige Regionalentwicklung. oekom, München

Ganzert C (2006) Fördermittel sind nicht alles. Antriebe und Hemmnisse für regionales Engagement. In: Agrarbündnis e. V. (Hrsg) Landwirtschaft 2006. Der kritische Agrarbericht. Hintergrundberichte und Positionen zur Agrardebatte. Schwerpunkt 2006: Zwischenbilanz Agrarwende. AbL Verlag, Hamm, S 159–164

Giddens A (1995, orig. 1988) Die Konstitution der Gesellschaft. Grundzüge einer Theorie der Strukturierung. 1. Auflage 1988. Frankfurt a.M.

Gloy K (1995) Das Verständnis der Natur. Band 1: Die Geschichte des wissenschaftlichen Denkens. Komet, München

Görg C (1999) Gesellschaftliche Naturverhältnisse. Westfälisches Dampfboot, Münster

Hahne U (2005) Zur Neuinterpretation des Gleichwertigkeitsziels. Raumordnung und Raumforschung (RuR) 63(4):257–265

Hainz M (1999) Dörfliches Sozialleben im Spannungsfeld der Individualisierung. Schriftenreihe der Forschungsgesellschaft für Agrarpolitik und Agrarsoziologie e. V. Bonn

Hammer T (2001) Biosphärenreservate und regionale (Natur-) Parke – Neue Konzepte für die nachhaltige Regional- und Kulturlandschaftsentwicklung. GAIA 10(4):279–285

Hammer T (2003) Grossschutzgebiete neu interpretiert als Instrumente nachhaltiger Regionalentwicklung. In: Hammer T (Hrsg) Großschutzgebiete – Instrumente nachhaltiger Entwicklung. oekom, München, S 9–34

Haraway D (1995) Die Neuerfindung der Natur. Primaten, Cyborgs und Frauen. Campus, Frankfurt a. M.

Hofmeister S (2003) Das soziale Geschlecht des Raumes. Die Kategorie Geschlecht im Diskurs Nachhaltige Regionalentwicklung. In: Jochimsen MA, Kesting S, Knobloch U (Hrsg) Lebensweltökonomie. Kleine, Bielefeld, S 181–198

Hofmeister S (2011) Anforderungen eines sozial-ökologischen Stoffstrommanagements an technische Ver- und Entsorgungssysteme. In: Tietz HP, Hühner H (Hrsg) Zukunftsfähige Infrastruktur und Regionalentwicklung. Forschungs- und Sitzungsberichte (FuS) Nr. 235. ARL, Hannover, S 176–190

Hofmeister S, Karsten ME (2003) Einführung: Geschlechtergerechtigkeit und Nachhaltige Entwicklung – Konturen einer Verbindung. In: Hofmeister S, Mölders T, Karsten M (Hrsg) Zwischentöne gestalten: Dialoge zur Verbindung von Geschlechterverhältnissen und Nachhaltigkeit. Kleine, Bielefeld, S 9–37

Hofmeister S, Scurrell B (2006) Denk- und Handlungsformen für eine nachhaltige Regionalentwicklung. Annäherungen an ein sozial-ökologisches Raumkonzept. GAIA 15 (4):275–284

Hofmeister S, Mölders T (2007) Wilde Natur – gezähmte Wirtschaft. Biosphärenreservate: Modelle für eine nachhaltige Regionalentwicklung? Zeitschrift für Angewandte Umweltforschung (ZAU) 18(2):191–206

Holland-Cunz B (1992/1993) Öffentlichkeit und Privatheit – Gegenthesen zu einer klassischen Polarität. In: FreiRäume. Streitschrift der feministischen Organisation von Planerinnen und Architektinnen – FOPA e. V. (Hrsg) Raum greifen und Platz nehmen. Dokumentation der 1. Europäischen Planerinnentagung, Sonderheft 1992/93, S 36–53

Hübler KH, Kaether J, Selwig L, Weiland U (2000) Weiterentwicklung und Präzisierung des Leitbilds der nachhaltigen Entwicklung in der Regionalplanung und regionalen Entwicklungskonzepten. UBA Texte 59/00. UBA, Berlin

Jahn T, Wehling P (1998) Gesellschaftliche Naturverhältnisse – Konturen eines theoretischen Konzepts. In: Brand KW (Hrsg) Soziologie und Natur. Theoretische Perspektiven. Leske + Budrich, Opladen, S 75–93

Kanning H (2005) Brücken zwischen Ökologie und Ökonomie – Umweltplanerisches und ökonomisches Wissen für ein nachhaltiges regionales Wirtschaften. oekom, München

Kaufmann S (2005) Soziologie der Landschaft. VS Verlag für Sozialwissenschaften, Wiesbaden

Kruse S (2010) Vorsorgendes Hochwassermanagement im Wandel. Ein sozial-ökologisches Raumkonzept für den Umgang mit Hochwasser. VS Verlag für Sozialwissenschaften, Wiesbaden

Kruse-Graumann L (2004) Menschen und Kulturen in Biosphärenreservaten. In: Deutsches MAB-Nationalkomitee (Hrsg) Voller Leben. UNESCO-Biosphärenreservate – Modellregionen für eine Nachhaltige Entwicklung. Springer, Berlin, S 42–52

Lapping MB (2006) Rural policy and planning. In: Cloke P, Mardsen T, Mooney P (Hrsg) Handbook of Rural Studies, Thousand Oaks, London, S 104–122

Latour B (1995) Wir sind nie modern gewesen. Versuch einer symmetrischen Anthropologie. Fischer Taschenbuch Verlag, Frankfurt a. M.

Lefêbvre H (1991, orig. 1974) The production of space. Oxford, Cambridge

List E (1992/1993) Gebaute Welt – Raum, Körper und Lebenswelt in ihrem politischen Zusammenhang. In: FreiRäume. Streitschrift der feministischen Organisation von Planerinnen und Architektinnen – FOPA e. V. (Hrsg) Raum greifen und Platz nehmen. Dokumentation der 1. Europäischen Planerinnentagung, Sonderheft 1992/1993, S 54–70

Löw M (2001) Raumsoziologie. Suhrkamp, Frankfurt a. M.

Löw M, Sturm G (2005) Raumsoziologie. In: Kessel F, Reutlinger C, Maurer S, Frey O (Hrsg) Handbuch Sozialraum. VS Verlag für Sozialwissenschaften, Wiesbaden, S 31–48

Marinescu M (1988) Die Bauernfamilie im Spannungsfeld zwischen Staat und traditionellem System sozialer Beziehungen. Ein Vergleich. In: Agrarsoziale Gesellschaft e. V. (Hrsg) Ländliche Gesellschaft im Umbruch. Festschrift zum 40-jährigen Bestehen der Agrarsozialen Gesellschaft e. V. Schriftenreihe für ländliche Sozialfragen, Göttingen, S 179–209

Marx B (1999) Soziale Entwicklung in ländlichen Regionen. Ein theoretischer und empirischer Bezugsrahmen für ein Konzept sozialer Regionalentwicklung für die Zielgruppe Frauen und Jugend. LIT, Münster

Massey D (1994) Space, place and gender. University of Minnesota Press, Minneapolis

Mölders T (2008) ‚Natur' und ‚Arbeit' in der Landwirtschaft. Eine (re)produktionstheoretische Interpretation. In: Feindt PH et al. (Hrsg) Nachhaltige Agrarpolitik als reflexive Agrarpolitik. Plädoyer für einen neuen Diskurs zwischen Politik und Wissenschaft. Edition Sigma, Berlin, S 181–211

Mölders T (2010) Gesellschaftliche Naturverhältnisse zwischen Krise und Vision. Eine Fallstudie im Biosphärenreservat Mittelelbe. oekom, München

Mölders T, Thiem A (2005) NaturKulturRäume – Beziehungen zwischen materiell-physischen und soziokulturellen Räumen. Eine dialogische Annäherung aus umwelt- und kulturwissenschaftlicher Perspektive. In: Hofmeister S, Saretzki T (Hrsg) Werkstattberichte Umweltstrategien, Nr. 1. Lüneburg

Müller C (1997) Von der lokalen Ökonomie zum globalisierten Dorf. Bäuerliche Überlebensstrategien zwischen Weltmarktintegration und Regionalisierung. Campus, Frankfurt a. M., New York

Nölting B (2006) Die Politik der Europäischen Union für den ländlichen Raum. Die ELER-Verordnung, nachhaltige ländliche Entwicklung und die ökologische Land- und Ernährungswirtschaft. In: Technische Universität Berlin, Zentrum für Technik und Gesellschaft (Hrsg) Discussion paper Nr. 23/06, Berlin

Plachter H, Puhlmann G (2004) Kulturlandschaften und Biodiversität. In: Deutsches MAB-Nationalkomitee (Hrsg) Voller Leben. UNESCO-Biosphärenreservate – Modellregionen für eine Nachhaltige Entwicklung. Springer, Berlin, S 80–88

Plachter H, Kruse-Graumann L, Schulz W (2004) Biosphärenreservate: Modellregionen für die Zukunft. In: Deutsches MAB-Nationalkomitee (Hrsg) Voller Leben. UNESCO-Biosphärenreservate – Modellregionen für eine Nachhaltige Entwicklung. Springer, Berlin, S 16–25

ROG – Raumordnungsgesetz vom 22. Dezember 2008 (2008) (BGBl. I S. 2986), zuletzt geändert durch Artikel 9 des Gesetzes vom 31. Juli 2009 (BGBl. I S. 2585)

Rösler M (2002) Markt statt Subventionen. Biosphärenreservate schaffen Arbeitsplätze durch Naturschutz. Naturschutz heute 34(1):30 f

Scholz H (1997) Die DDR-Frau zwischen Mythos und Realität. Zum Umgang mit der Frauenfrage in der Sowjetischen Besatzungszone und der DDR von 1945–1989. Frauen- und Gleichstellungsbeauftragte Mecklenburg-Vorpommern (Hrsg), Schwerin

Statistisches Bundesamt (Hrsg) (2006) Im Blickpunkt – Frauen in Deutschland. Statistisches Bundesamt, Wiesbaden

Sturm G (1997) Öffentlichkeit als Raum von Frauen. In: Bauhardt C, Becker R (Hrsg) Durch die Wand! Feministische Konzepte zur Raumentwicklung. Centaurus, Pfaffenweiler, S 53–70

Sturm G (2000) Wege zum Raum. Methodologische Annäherungen an ein Basiskonzept raumbezogener Wissenschaften. Leske + Budrich, Opladen

Terlinden U (1990) Gebrauchswirtschaft und Raumstruktur: ein feministischer Ansatz in der soziologischen Stadtforschung. Silberburg, Berlin

Thiem A (2009) Leben in Dörfern. Analyse der geschlechterspezifischen Raumaneignung von Frauen. VS Verlag für Sozialwissenschaften, Wiesbaden

Verordnung (EG) Nr. 1698/2005 des Rates vom 20.09.2005 (2005) über die Förderung der Entwicklung des ländlichen Raums durch den Europäischen Landwirtschaftsfonds für die Entwicklung des ländlichen Raums (ELER)

Walter A, Precht V, Preyer R (2004) MAB – ein Programm im Wandel der Zeit. In: Deutsches MAB-Nationalkomitee (Hrsg) Voller Leben. UNESCO-Biosphärenreservate – Modellregionen für eine Nachhaltige Entwicklung. Springer, Berlin, S 10–12

Williams J (2001) Achieving local sustainabiltiy in rural communities. In: Layard A, Davoudl S, Batty S (Hrsg) Planning for a Sustainable Future. Spon Press, London, S 235–252

Wolfram K (2002) Raumbezogene Nachhaltigkeitsforschung. Bewertende Synopse der ARL-Forschung und Forschungsbedarf. Arbeitsmaterial der Akademie für Raumforschung und Landesplanung (ARL) Nr. 288. Hannover

Zibell B (1999) Nachhaltige Raumentwicklung – nicht ohne Frauen. PlanerIn 1/2: 25–27

Nachhaltige Kommunalverwaltung

Ev Kirst, Simon Trockel und Harald Heinrichs

Kommunen im Kontext nachhaltiger Entwicklung

Kommunen als kleinste staatliche Einheit und Ort lokaler und gemeinschaftlicher Entwicklungen tragen eine besondere Verantwortung für eine nachhaltige Entwicklung. Eine im Durchschnitt immer älter werdende Bevölkerung, die das soziale System Deutschlands finanzieren soll, schwer vorhersehbare Arbeitsmarktsituationen in Folge globaler Wirtschaftstrends oder zunehmende Wetterereignisse, verursacht durch den Klimawandel: Nicht-nachhaltige Entwicklungen in unterschiedlichen Problembereichen wirken sich am spürbarsten auf der lokalen Ebene aus. Gleichzeitig haben Kommunen durch infrastrukturelle Versorgung, Bildung, Gesundheit, Arbeit und soziale Integration direkten Einfluss auf Problemlösungen zur Verbesserung der Lebens- und Umweltqualität.

Durch ihre Kernaufgabe der Daseinsvorsorge (GG Art. 28 Abs. 2) sind Kommunen verpflichtet, eine Verbesserung der Nachhaltigkeitsleistung zu erreichen. Kommunales Handeln kann für die Bevölkerung vorbildhaft sein, da sie von den meisten Menschen konkret und unmittelbar als Akteur staatlichen Handelns wahrgenommen wird.

Ein Blick auf die Staatsquote inländischer Wirtschaftsleistungen verdeutlicht die Verantwortung und den Umfang des Einflussbereiches, die der öffentliche Sektor für eine nachhaltige Entwicklung hat. Derzeit fließt nahezu die Hälfte der inländischen Wirtschaftsleistungen durch die Hand des Staates (Bund, Länder und Kommunen), z. B. für Personal, Investitionen, Subventionen und Sozialleistungen. Bei einer Staatsquote von

H. Heinrichs (✉) · E. Kirst · S. Trockel
Fakultät Nachhaltigkeit, Leuphana Universität Lüneburg, Lüneburg, Deutschland
E-Mail: harald.heinrichs@leuphana.de

E. Kirst
E-Mail: kirst@leuphana.de

S. Trockel
E-Mail: trockel@leuphana.de

H. Heinrichs, G. Michelsen (Hrsg.), *Nachhaltigkeitswissenschaften*,
DOI 10.1007/978-3-642-25112-2_16, © Springer-Verlag Berlin Heidelberg 2014

knapp 50 % (Bundesfinanzministerium 2010) liegt es auf der Hand, dass staatlichen Einrichtungen und ihrem Handeln bis auf kommunale Ebene eine signifikante Bedeutung für eine nachhaltige Entwicklung zugeschrieben werden muss.

Entsprechend des Grundsatzes „think global, act local" sollten Kommunen mit der bereits 1992 an der UNCED-Konferenz in Rio de Janeiro verabschiedeten Agenda 21 eine zentrale Rolle für die Umsetzung einer nachhaltigen Entwicklung erhalten. Dass dieser Grundsatz nicht an Aktualität verloren hat, zeigt der öffentliche Diskurs, der 2010 vom Rat für Nachhaltige Entwicklung (RNE) initiiert wurde. Im Rahmen des Dialogs „Nachhaltige Stadt" betonen zwanzig deutsche Oberbürgermeisterinnen und Oberbürgermeister die Rolle der Kommunen für eine nachhaltige Entwicklung erneut und rufen zu bundesweitem, gemeinsamem Engagement und zu abgestimmtem Handeln auf allen staatlichen Ebenen auf: „Wir sind bereit, in enger Abstimmung unseren Teil der gemeinsamen Verantwortung zu übernehmen. Gemeinsam – mit Bürgerschaft und Wirtschaft – werden wir dann einer nachhaltigen Entwicklung schnell näherkommen." (RNE 2011).

▶ **Frage:** Warum kommt den Kommunen im Mehrebenensystem der Bundesrepublik eine besondere Bedeutung für eine nachhaltige Entwicklung zu?

Kommunen im politisch-administrativen System Deutschlands

Rechtlich gesehen sind Kommunen öffentliche Gebietskörperschaften und bilden die kleinste politisch-administrative Einheit im Verwaltungsaufbau der Bundesrepublik Deutschland. Ihre Arbeit ist einerseits geprägt durch die Verzahnung von Rat und Verwaltung und andererseits durch die verfassungsmässige Einbettung, die den kommunalen Handlungsspielraum strukturiert. Daraus ergibt sich das kommunale Aufgabenspektrum, das sich grundsätzlich in die zwei Bereiche Auftragsangelegenheiten (übertragener Wirkungskreis) und Aufgaben der Selbstverwaltung (eigener Wirkungskreis) teilt (Bogumil und Holtkamp 2006). Zu den Auftragsangelegenheiten gehören Aufgaben des Vollzugs von Landes- und Bundesgesetzen und zunehmend auch von Gesetzen der Europäischen Union. Diese beinhalten keinen eigenen Handlungsspielraum für Kommunen (dies betrifft z. B. die Bereiche Meldewesen oder Gesundheitsaufsicht). Ein beträchtlicher Anteil aller Gesetze, nämlich 75–90 %, werden auf kommunaler Ebene umgesetzt (Bogumil und Holtkamp 2006). Bei den Aufgaben der Selbstverwaltung handeln die Kommunen in eigener Verantwortung und verfügen daher auch über eigenen Handlungsspielraum. Hier wird wiederum unterschieden in freiwillige Aufgaben (z. B. der Bau und der Unterhalt öffentlicher Bäder und Kultureinrichtungen) und in Pflichtaufgaben (z. B. die Abfallentsorgung und der Unterhalt von Gemeindestraßen). Bei den freiwilligen Aufgaben entscheiden die Kommunen über das „ob" und „wie" der Aufgabenerfüllung, bei den Pflichtaufgaben lediglich über das „wie". Im Grundgesetz Art. 28 wird Kommunen das Recht auf Selbstverwaltung garantiert, um zu gewährleisten, dass sie ihre zentrale Aufgabe, Angelegenheiten der öffentlichen Gemeinschaft im Sinne der Daseinsvorsorge zu regeln, erfüllen können.

Um die Kosten für die Erledigung der kommunalen Aufgaben zu decken, sind die Kommunen auf Einnahmen angewiesen. Neben Umverteilungsregelungen von Bund und Ländern hängen diese vor allem von lokalen wirtschaftlichen Entwicklungen ab. Die Realität zeigt, dass die Einnahmen ungenügend sind, um den wachsenden Leistungsanforderungen der Kommunalverwaltung gerecht zu werden. Der mit der Selbstverwaltung verbundene Handlungsspielraum wird also durch finanzielle Engpässe erheblich eingeschränkt. Für das Jahr 2010 wurde festgehalten, dass jede dritte Kommune keinen ausgeglichenen Haushalt vorlegen konnte. Das bedeutet, dass diese Kommunen ihre Aufgaben nur unzureichend erfüllen können oder auf Kosten zukünftiger Generationen wirtschaften müssen. Als Konsequenz planen z. B. rund 60 % der Kommunen, kommunale Leistungen zu reduzieren und 84 % haben vor, Gebühren und Steuern zu erhöhen bzw. neu einzuführen (Ernst und Young GmbH 2010). Den Bürgern wird mehr finanzielle Beteiligung abverlangt, obwohl die angebotenen Leistungen allenfalls weniger werden. Da dieser Ansatz stark von demografischen und wirtschaftlichen Entwicklungen abhängt, besteht langfristig die Gefahr, dass die Kommunen ihre Aufgabe der Daseinsvorsorge nicht mehr erfüllen können.

▶   **Frage:** Wie ist der Handlungsspielraum der Kommunen in Bezug auf eine nachhaltige Gemeindeentwicklung zu beurteilen?

▶   **Aufgabe:** Recherchieren Sie Beispiele aus der kommunalen Praxis, wie dieser Handlungsspielraum für eine nachhaltige Gemeindeentwicklung bereits genutzt wird.

Bürgerbeteiligung und Verwaltungsmanagement – Wege kommunaler Nachhaltigkeit

Ein wichtiger Impulsgeber für Nachhaltigkeitsprozesse auf kommunaler Ebene war die bereits genannte Rio-Konferenz im Jahr 1992, auf der das weltweite Aktionsprogramm Agenda 21 verabschiedet wurde. Kap. 28.3 der Agenda 21 richtet sich mit einem Auftrag direkt an die Kommunen. Darin heißt es:

> Jede Kommunalverwaltung soll in einen Dialog mit ihren Bürgern, örtlichen Organisationen und der Privatwirtschaft eintreten und eine „kommunale Agenda 21" beschließen (BMU 1992).

Im Jahr 1994 fand in Aalborg, Dänemark, die Europäische Konferenz über zukunftsbeständige Städte und Gemeinden als Reaktion auf Kap. 28 der Agenda 21 statt. In der Konsenserklärung „Charta von Aalborg" verständigten sich die Konferenzteilnehmer auf ein gemeinsames Nachhaltigkeitsverständnis. Zudem verpflichteten sich Kommunen, welche die Charta von Aalborg unterzeichneten – europaweit waren dies 2500 Städte und Gemeinden – zur Initiierung von lokalen Agenda 21-Prozessen (RNE 2011).

Daraufhin wurden auch in der Bundesrepublik zahlreiche LA 21-Prozesse in Städten und Gemeinden initiiert. Sie bezweckten in erster Linie eine konsensorientierte Zielfindung kommunaler Nachhaltigkeit, bei der die verschiedenen gesellschaftlichen Akteure voneinander lernen sollen. Außerdem sollen auf einem gemeinsamen Einverständnis beruhende Strategien entwickelt werden, um nachhaltige Entwicklung auf lokaler Ebene umzusetzen. In Deutschland haben von insgesamt rund 12.000 Kommunen (Statistisches Bundesamt Deutschland 2009) ca. 2.600 Prozesse zur LA 21 ins Leben gerufen (DStGB o. J.). Neben der Formulierung eines lokalen Aktionsprogramms wurden im Rahmen konkreter Projekte Maßnahmen entwickelt und umgesetzt. Mit der LA 21 wurden bundesweit innovative Wege der Bürgerbeteiligung eingeschlagen wie z. B. die Durchführung von Zukunftskonferenzen, die maßgeblich zu einer Bewusstseinsbildung in der Gesellschaft für zukünftige Herausforderungen beigetragen haben, wenn auch mit Schwerpunkt auf ökologischen Problemfeldern. Die gewünschte Langfristwirkung blieb jedoch aus, da es den LA 21-Prozessen oftmals an Verbindlichkeit, Relevanz und Erfolgsorientierung mangelte, was nicht zuletzt fehlenden finanziellen Mitteln oder unzureichendem politischem Willen geschuldet war (Gehrlein und Petersson 2003).

Auch wenn die LA 21-Prozesse in Deutschland etwas zum Erliegen gekommen scheinen, gibt es dennoch weiterhin Bestrebungen in den Kommunen, über die verbesserte Bürgerbeteiligung kommunale Such-, Lern- und Gestaltungsprozesse für Nachhaltigkeit zu ermöglichen. Unter dem Begriff ‚kooperative Demokratie' werden diese nicht gesetzlich festgeschriebenen, dialogisch orientierten und auf kooperative Problemlösungen angelegten Verfahren der Bürger- und Verbändebeteiligung an der Politikformulierung und Politikumsetzung zusammengefasst (Bogumil et al. 2004). Ende der 1990er-Jahre wurde mit der sogenannten ‚Bürgerkommune' eine bedeutsame Perspektive in die Diskussion um kooperative Demokratie eingebracht. Die Reformvorschläge hängen eng zusammen mit den sonstigen Modernisierungsbestrebungen der Kommunen. Als Ergänzung einer reinen Binnenmodernisierung wurde der verstärkte Einbezug der Bürgerinnen und Bürger in allen Phasen des kommunalen Entscheidungs- und Produktionsprozesses gefordert.

Es lassen sich allgemeine Entwicklungen auf der lokalen Ebene diagnostizieren, die das Leitbild der Bürgerkommune attraktiv gemacht haben und auch heute immer noch attraktiv erscheinen lassen. (Reform der Gemeindeordnung, kommunale Haushaltskrise, Wertewandel, Krise klassischer Steuerungsmedien, Politik(er)verdrossenheit). Aus diesen Trends ergeben sich die fünf wesentlichen Ziele der Bürgerkommune:

- höhere Bürgerzufriedenheit mit kommunalen Dienstleistungen und Planungsprojekten (Akzeptanz)
- stärkere Teilnahme der Bürger an der demokratischen Willensbildung und Revitalisierung der kommunalen Demokratie (Demokratisierung)
- Stärkung der Unterstützungsnetzwerke der Bürger (Solidarität)
- Entlastung der kommunalen Haushalte (Effizienz)

- bessere Politikergebnisse im Sinne der politischen Zielsetzungen (Effektivität). (Bogumil et al. 2003)

Mit diesem Ansatz wird eine Neugestaltung des Kräftedreiecks zwischen Bürgern, Kommunalvertretern und Verwaltung angestrebt. Das Besondere dabei ist ein neues Zusammenspiel von repräsentativen, direkten und kooperativen Demokratieformen. Die Bürgerinnen und Bürger sollen parallel eine Kunden-, Mitgestalter- und Auftraggeberrolle übernehmen. Die Beteiligung in der Auftraggeberrolle setzt bei der kommunalen Politikformulierung und Planung an. Dafür wurden in den letzten Jahren immer wieder neue Beteiligungsverfahren in der kommunalen Praxis eingeführt (z. B. Bürgerversammlungen). Die Mitgestalter- und Kundenrolle betrifft die Phase der Politikumsetzung. Unter der Kundenrolle wird dabei eher die passive Beurteilung des kommunalen Outputs verstanden (Kundenbefragungen, Aktives Beschwerdemanagement etc.), während die Mitgestalterrolle das aktive Mitproduzieren von kommunalen Leistungen (z. B. Pflege von Sportstätten durch Vereine, Schulhofumgestaltung, selbstverwaltete Kulturzentren etc.) meint (Bogumil et al. 2003).

In der kommunalen Praxis erfreut sich das Konzept der Bürgerkommune nach wie vor einer großen Beliebtheit. Die systematische Bürgerbeteiligung in Entscheidungs- und Produktionsprozessen ist und bleibt ein ganz wesentlicher Eckpfeiler kommunaler Nachhaltigkeitsbestrebungen.

Neben diesen Bestrebungen in der ‚Außendimension‘ der Kommunen wurde auch in der Kommunalverwaltung selbst versucht, das Thema Nachhaltigkeit besser zu verankern. Dafür wurden zahlreiche Instrumente des Nachhaltigkeitsmanagements aus der Privatwirtschaft adaptiert und weiterentwickelt, die sich vermehrt an die Entscheidungsträger der Kommune richten. Nachhaltigkeitsmanagement ist in Unternehmen bereits relativ weit verbreitet und mithilfe spezieller Instrumente systematisch in den internen Strukturen und Prozessabläufen von Unternehmen integriert. Als Querschnittsaufgabe berücksichtigt es sowohl organisationsbezogene als auch aufgabenbezogene Merkmale betrieblicher Nachhaltigkeit. Es umfasst in der Regel auch Aspekte der internen und externen Nachhaltigkeitskommunikation. Ebenso wie in Unternehmen kann der integrative Ansatz des Nachhaltigkeitsmanagements auch in Kommunalverwaltungen genutzt werden.

Geschieht dies entlang der Abläufe, welche der kommunalen Aufgabenwahrnehmung dienen, werden folgende Phasen des Verwaltungshandelns berücksichtigt:

- Vorbereitung und Begleitung politischer Entscheidungen
- Vorbereitung und Legitimierung von Verwaltungshandeln
- Umsetzung und Aufgabenerfüllung
- Beurteilung und Reflexion

Grundsätzlich gibt es in der Kommunalverwaltung neben den themenbezogenen Aufgabenfeldern auch organisationsbezogene Handlungsfelder, die zahlreiche Ansatzpunkte für kommunales Nachhaltigkeitsmanagement bieten:

- Beschaffungswesen
- Personalmanagement
- Verwaltung von Liegenschaften (Grundstücke, Gebäude)
- Bereitstellung zentraler Dienstleistungen (z. B. Kantinenbetrieb)
- Mobilitätsaufkommen (wie Dienstreisen) und Unterhalt eines Fahrzeugparks

Besonders der Bereich der öffentlichen Beschaffung erfährt in jüngster Vergangenheit große Aufmerksamkeit. In Deutschland werden 17 % des Bruttoinlandprodukts im Rahmen der öffentlichen Beschaffung auf Bundes-, Länder- und Kommunalebene ausgegeben (Schlange und Co. GmbH 2009). Daher besteht ein sehr großes Potenzial in einem nachhaltigen Beschaffungswesen, welches von den Kommunen noch nicht ausgeschöpft wird. Zwar wurde das Vergaberecht 2009 um die Anwendung sozialer und ökologischer Kriterien ergänzt und nachhaltige öffentliche Beschaffung gesetzlich verankert, jedoch beruhen diese Gesetzgebungen auf Freiwilligkeit und werden bislang kaum systematisch umgesetzt.

Die Umsetzung kommunalen Nachhaltigkeitsmanagements wird mit speziellen Instrumenten unterstützt wie z. B. Leitbildern oder Balanced Scorecards, die mittels Kennzahlen die Operationalisierung strategischer Ziele unterstützen (Schaltegger et al. 2009). Nachhaltigkeitsindikatorensysteme oder Nachhaltigkeitsberichterstattungen nehmen beim Nachhaltigkeitsmanagement in Kommunalverwaltungen eine vergleichsweise bedeutsame Rolle ein und sollen daher in aller Kürze vorgestellt werden.

Ein Indikator kann Informationen über ein Phänomen gezielt zusammenfassen, um eine Bewertung möglich zu machen oder zu erleichtern. Indikatoren werden oftmals nicht einzeln genutzt. Häufig müssen mehrere Indikatoren identifiziert und angewendet werden, um komplexe Kontexte darzustellen. Diese systematische Zusammenstellung von Indikatoren wird als Indikatorensystem bezeichnet. Systeme von Nachhaltigkeitsindikatoren beschreiben den Zustand und die Weiterentwicklung einer nachhaltigen Entwicklung. Sie wurden bereits in Kap. 40 der Agenda 21 als Schlüsselinstrument erwähnt:

> Es müssen Indikatoren für eine nachhaltige Entwicklung entwickelt werden, um eine solide Grundlage für Entscheidungen auf allen Ebenen zu schaffen und zu einer selbstregulierenden Nachhaltigkeit integrierter Umwelt- und Entwicklungssysteme beizutragen (BMU 1992).

Nachhaltigkeitsindikatorensysteme können eine Vielzahl von Funktionen einnehmen. In erster Linie helfen sie, nachhaltige Entwicklungen in einer Kommune „sichtbar" zu machen. Sie beschreiben und diagnostizieren in dem Fall die aktuelle Situation einer Kommune (*Zustandsbeschreibung*). Durch Nachhaltigkeitsindikatoren können Ziele einer Kommune formuliert, präzisiert und quantifiziert werden. Durch Betrachtung der Entwicklung und eine mögliche Abweichung des Ist-Zustandes von den angestrebten Zielwerten werden Nachhaltigkeitsdefizite aufgedeckt (*Monitoring*). Zudem können durch Indikatoren politischen Entscheidungsträgern handlungsorientierte Informationen bereitgestellt werden, die die Prioritätensetzung, fachliche Planung und Entscheidungsprozesse erleichtern (*Steuerung*). Des Weiteren können Indikatoren eine *Prognosefunktion* einnehmen, indem sie der Erfassung und Abschätzung zukünftiger Trends und Probleme in Bezug auf eine nachhaltige Entwicklung dienen. Indikatoren liefern verdichtete Informationen und können die *Kommunikation* über komplexe Sachverhalte erleichtern. So können formulierte Nachhaltigkeitsziele und identifizierte Problembereiche an die kommunalen Akteure herangetragen werden und zu einer *Bewusstseinsbildung* beitragen. Darüber hinaus ist es möglich, gewählte Strategien und Maßnahmen für eine nachhaltige Entwicklung zu bewerten und ihren Erfolg zu kontrollieren (*Evaluation*). Nachhaltigkeitsindikatoren können zudem für einen interkommunalen Vergleich (*Benchmarking*) herangezogen werden, wodurch ebenfalls Defizite und zugleich Verbesserungspotenziale in Hinblick auf eine nachhaltige Entwicklung aufgedeckt werden können. Zu beachten ist, dass diese Funktionen nicht nebeneinander stehen, sondern ineinandergreifen und sich gegenseitig bedingen. Unter Umständen bestehen auch Spannungsfelder, sodass grundsätzlich die frühzeitige Diskussion und Festlegung der gewünschten Funktion des Indikatorensystems unerlässlich ist.

Trotz der großen Bandbreite an Einsatzmöglichkeiten werden die entwickelten Indikatorensysteme in deutschen Kommunen bisher nur in seltenen Fällen institutionalisiert angewendet. Laut einer Umfrage des Instituts für den öffentlichen Sektor e. V. im Jahr 2012 arbeiten immerhin 46 der teilnehmenden Kommunen (48 %) bereits mit einem Zielsystem und 45 (knapp 45 %) wenden Indikatoren bzw. Kennzahlen an. Knapp 23 % aller teilnehmenden Kommunen benutzen sowohl ein Zielsystem als auch Indikatoren bzw. Kennzahlen. Zählt man die Angabe „unregelmäßig genutzt" hinzu, geben immerhin schon gut drei Viertel der Kommunen an, regelmäßig und unregelmäßig Indikatoren bzw. Kennzahlen zu nutzen (Beck et al. 2012).

Für die unzureichende Anwendung der Indikatorensysteme werden häufig eine ungenügende Adaption des Indikatorensystems an die bestehenden Geschäftsabläufe der Kommunalverwaltung und Kommunikationsprobleme verantwortlich gemacht (Heiland et al. 2003). Das Indikatorensystem wird nicht mit anderen kommunalen Planungs- und Managementinstrumenten verknüpft. Deshalb wird die potenzielle Leistungsfähigkeit bestehender Nachhaltigkeitsindikatorensysteme nicht ausgeschöpft, d. h. die Funktionen der Steuerung, der politischen Entscheidungshilfe und der Kontrolle können unter Umständen nicht wirksam werden.

Knappe finanzielle und personelle Ressourcen der Kommune können unter anderem dazu führen, dass sich die für das Indikatorensystem notwendige Datenerhebung auf den Zugriff auf bereits bestehende Datenpools beschränkt, wodurch die Aussagefähigkeit des Indikatorensystems maßgeblich beeinflusst wird.

Konzeptionell wird kritisiert, dass Nachhaltigkeitsindikatoren Zielkonflikte, die aufgrund von Wechselwirkungen zwischen den einzelnen Indikatoren bestehen, unzureichend berücksichtigen (Wiek und Binder 2005). Auch die zusätzliche Einbindung regionaler Aspekte in das Indikatorensystem aufgrund räumlicher Wechselwirkungen ist mit großen Herausforderungen verbunden.

Trotz dieser Herausforderungen stellen Indikatorensysteme einen sehr geeigneten Baustein innerhalb eines umfassenden kommunalen Nachhaltigkeitsmanagements dar. Daten, die so mithilfe von Nachhaltigkeitsindikatoren erfasst werden, können in eine Nachhaltigkeitsberichterstattung einfließen. Nachhaltigkeitsberichte dokumentieren und informieren über den aktuellen Stand nachhaltiger Entwicklung in der Kommune (Schaltegger et al. 2009). Bislang fällt die inhaltliche Gestaltung von Nachhaltigkeitsberichten sehr heterogen aus, was einen Vergleich der Nachhaltigkeitsleistung zwischen den Kommunen erschwert. Zwar gibt es Leitfäden, die Qualitätskriterien eines Nachhaltigkeitsberichts und den Prozess zur Berichterstattung beschreiben; z. B. die Leitfäden der Global Reporting Initiative (GRI) oder der Landesanstalt für Umwelt, Messungen und Naturschutz Baden-Württemberg (LUBW), doch konnten sich diese bisher noch nicht als Standardrichtlinien durchsetzen. Die Umsetzung von Nachhaltigkeitsberichten in deutschen Kommunen ist noch weniger verbreitet als die von Nachhaltigkeitsindikatoren. Entsprechend gestalten sich die Zahlen zur Nachhaltigkeitsberichterstattung. So wurden bundesweit nur 80 Kommunen mit mehr als 20.000 Einwohnern identifiziert, die seit dem Jahr 2000 mindestens einen Nachhaltigkeitsbericht veröffentlicht haben (Plawitzki 2010). Viele dieser Nachhaltigkeitsberichte stehen im Zusammenhang mit Prozessen der lokalen Agenda 21, wodurch das Verwaltungshandeln einer Kommune in der Berichterstattung oftmals in den Hintergrund rückt. Laut einer Umfrage der KPMG geben immerhin 30 % der teilnehmenden Kommunen an, einen öffentlichen Nachhaltigkeitsbericht zu nutzen (Beck et al. 2012).

Die Zahlen über die Anwendung von Nachhaltigkeitsinstrumenten in deutschen Kommunen lassen das große Entwicklungspotenzial vermuten, das im Bereich von kommunalem Nachhaltigkeitsmanagement besteht. Instrumente des Nachhaltigkeitsmanagements müssen präziser als bisher auf die Bedürfnisse des öffentlichen Sektors und speziell der Kommunalverwaltungen zugeschnitten werden (ICLEI 2007; Leuenberger 2006, 2007; Leuenberger und Bartle 2009). Zudem kommen die Instrumente bisher eher vereinzelt zur Anwendung oder beschränken sich auf spezifische Themenfelder wie z. B. Klimawandel oder Mobilität. Einzelne Organisations- und Themenfelder sollten nicht losgelöst voneinander betrachtet werden, sondern unter Berücksichtigung von gegenseitigen Wechselwirkungen als Querschnittsaufgabe wahrgenommen werden.

Auch mit Blick auf die ‚Außendimension‘ der Kommunen gibt es nach wie vor großes Entwicklungspotenzial. Die Beteiligungsmöglichkeiten scheinen längst nicht ausgeschöpft und nach wie vor weder in der Breite noch in der Tiefe ausreichend institutionalisiert. Die kooperativere, interaktivere und responsivere Kommunalverwaltung bleibt damit eine große Herausforderung und Chance lokaler Nachhaltigkeit.

Um dem Anspruch gerecht zu werden, die Kommunalverwaltung in ihrer funktionalen Gesamtheit auf nachhaltige Entwicklung auszurichten, müssen neben den erwähnten Nachhaltigkeitsprozessen und -instrumenten weitere Reformbemühungen von Kommunalverwaltungen beachtet werden. Aus diesem Grund widmet sich der nachfolgende Abschnitt noch einmal intensiv den Reformprozessen der Verwaltungsmodernisierung und der kommunalen Haushaltsplanung.

▶ **Fragen:** Was sind die Ziele einer ‚Bürgerkommune‘?
Welche Nachhaltigkeitssteuerungsinstrumente werden derzeit in den Kommunen erprobt? Was sind Funktionen und Herausforderungen von kommunalen Nachhaltigkeitsindikatorensystemen?

▶ **Aufgabe:** Diskutieren Sie die Bedeutung der Außen- und Binnendimension
kommunaler Nachhaltigkeitsbemühungen.

Verwaltungsmodernisierung und Doppik – nachhaltigkeitsrelevante Reformprozesse

Um Leistungen zu erbringen, hat die Kommunalverwaltung grundsätzliche Anforderungen zu berücksichtigen. Im Falle von Leistungen, die der Gemeinwohlorientierung dienen,
sollten dies Prinzipien der Effektivität und der Effizienz sein (Banner 1995). Diesen Anforderungen werden öffentliche Verwaltungen jedoch in der Regel nicht gleichermaßen
gerecht. Die Kommunale Gemeinschaftsstelle (KGSt) konstatiert bereits 1993 vier zentrale
Schwächen der traditionellen Kommunalverwaltung, welche dazu führen, dass die kommunale Selbstverwaltung ihre Leistungen kaum mehr ausreichend erbringen kann. Im
Einzelnen sind dies Lücken hinsichtlich:

- Strategie (die Kommunalpolitik konzentriert sich stattdessen auf kurzfristiges Tagesge-
  schäft)
- Management (Prozesse sind bürokratisch übersteuert)
- Attraktivität und Motivation (leistungsfähige Bewerber werden durch mangelnde Ge-
  staltungsfähigkeit, starke Hierarchien sowie unzureichende Zielvorgaben und Anreize
  abgeschreckt)
- Legitimität (Bürger und örtliche Wirtschaft als Leistungsadressaten sind unzufrieden)

Als mögliche Ursachen für die identifizierten Lücken gelten unangepasste Steuerungsmechanismen in der Kommunalverwaltung, die bei Routinearbeiten Übersteuerungseffekte
und im strategischen Bereich Untersteuerungstendenzen hervorrufen. Mit unangepassten
Steuerungsmechanismen sind die zentrale Zuteilung von Ressourcen, das Fehlen operatio-
naler Zielvorgaben sowie die Trennung von Fach- und Ressourcenverantwortung gemeint
(KGSt 1991).

Ziel der Verwaltungsmodernisierung ist es somit, die genannten Lücken durch eine
Weiterentwicklung der Steuerungsmechanismen zu schließen. Die kommunale Leistungs-
erbringung soll effizienter gestaltet, die Bedürfnisse der Leistungsadressaten (insbesondere der Bürger) besser berücksichtigt und die Kommunalverwaltung ein attraktiverer
Arbeitgeber werden. Die Neuausrichtung geht mit einer veränderten internen Steuerung
einher. Die herkömmliche bürokratische Steuerung von Fachverantwortung (z. B. Tief-
bauamt, Gartenbauamt) und Ressourcenverantwortung (Kämmerei, Hauptamt und Perso-
nalamt) wird getrennt und durch dezentrale eigenverantwortliche Organisationseinheiten
abgelöst. Zur Operationalisierung der Reformbestrebungen hat die KGSt in Anlehnung an
das Modell der niederländischen Stadt Tilburg für deutsche Kommunen das Neue Steuerungsmodell (NSM) entwickelt.

Die Prozesse zur Verwaltungsmodernisierung gelten zwar nicht als unumstritten, sind
in einer Vielzahl deutscher Städte aber als weit fortgeschritten zu charakterisieren. Zudem

haben sie gezeigt, dass tiefgreifende strukturelle Veränderungen nur dann erfolgreich sein können, wenn die Verwaltungsakteure dafür sensibilisiert werden.

Aufgrund der anhaltenden angespannten Finanzsituation deutscher Kommunen wurde in Ergänzung zum Neuen Steuerungsmodell ein weiterer Reformprozess angestoßen, in dem die Frage nach der Rechnungslegung in Organisationen des öffentlichen Sektors aufgegriffen wurde. Damit einher gingen die Forderungen nach einer Abkehr von der kameralistischen Haushalts- und Rechnungslegung und nach einem Übergang zu dem mehr an die kaufmännische Buchführung angelehnten doppischen Rechnungsstil (Berens et al. 2008), der sogenannten Doppik. Im Herbst 2003 beschlossen die Minister der Innenministerkonferenz die Eckpunkte für ein neues kommunales Haushaltsrecht mit einem Übergang zu dem von der KGSt entwickelten Ressourcenverbrauchskonzept. Die meisten Bundesländer haben sich bereits für die Einführung der Doppik entschieden, die bundesweit bis 2016 vollzogen sein soll.

Bei der Modernisierung der Verwaltung wird bisher meist keine Verbindung zum Nachhaltigkeitsleitbild hergestellt, obwohl dies in einer Phase, in der die Verwaltungen ohnehin ihre Strukturen und Abläufe hinterfragen, eigentlich naheläge. Die laufende Einführung neuer Steuerungsmodelle macht die stärkere Ausrichtung am Leitgedanken der nachhaltigen Entwicklung sogar anschlussfähig, da deren Instrumente nicht nur die Binnensteuerung des politisch-administrativen Systems, sondern auch die Steuerung kommunaler Entwicklung insgesamt zum Ziel haben (Gehrlein 2004).

Die doppische Haushaltsrechnung ermöglicht eine umfassende Bewertung der finanziellen Situation deutscher Kommunen. Aufgrund der Informationen des Lageberichts (auch Rechenschaftsbericht oder Konsolidierungsbericht genannt) ist zudem eine Einschätzung der allgemeinen Rahmenbedingungen der Kommune und der zukünftigen Belastungen, Chancen und Risiken möglich. Dies ist für eine nachhaltige Haushaltspolitik und eine langfristige Finanzstabilität zentral. Ferner ermöglicht das neue System neben reinen Finanzkennzahlen die Berücksichtigung nicht-finanzieller Ziele und Kennzahlen, die für die Einschätzung der Nachhaltigkeit im Sinne eines Indikatorensystems nutzbar wären. Noch sind die Instrumente der Doppik außerdem relativ flexibel. Diese Gestaltungsfreiheit kann als einmalige Chance betrachtet werden, nicht nur ökonomische, sondern auch soziale und ökologische Nachhaltigkeitsziele in der Haushaltsplanung, und damit im Zentrum der politisch-administrativen Steuerung der Kommune, wirksam zu verankern. Laut KPMG Studie verwenden auch insgesamt knapp 46 % aller antwortenden Kommunen den Haushalt als Instrument zur Integration von Nachhaltigkeit (Beck et al. 2012). Wie genau allerdings die Verwaltungen den doppischen Haushalt für eine Nachhaltigkeitssteuerung nutzen, bleibt unklar. Hier liegt nach wie vor großer wissenschaftlicher Forschungs- und praktischer Entwicklungsbedarf.

▶ **Fragen:** Welche strategischen Schwächen der Kommunalverwaltung führten zum Neuen Steuerungsmodell?
Wie begünstigt die Umstellung auf die doppelte Buchführung (Doppik) eine nachhaltige Entwicklung?

▶   **Aufgabe:** Mögliche Nachhaltigkeitspotenziale des neuen doppischen Haush-
    altswesens wurden kurz skizziert. Recherchieren und diskutieren Sie weitere
    potenzielle Schnittstellen des Nachhaltigkeits- und des Verwaltungsmod-
    ernisierungsdiskurses.

Aktuelle Entwicklungen in Richtung integrierte Nachhaltigkeitssteuerung

Die aktuelle Forschung im Bereich nachhaltige Kommunalverwaltung befasst sich mit der
Verknüpfung von drei Entwicklungsperspektiven:

- Nachhaltigkeitsmanagement,
- Verwaltungsmodernisierung und
- kommunale Haushaltssteuerung (Doppik)

und zielt auf die Entwicklung einer integrierten Nachhaltigkeitssteuerung für Kommunalverwaltungen. Bisher entwickelte integrative Ansätze lösen sich nur zaghaft aus dem
traditionell disziplinären und organisationalen Kontext. Das von der internationalen Inte-
ressengemeinschaft ICLEI mit acht Kommunen aus Rheinland-Pfalz durchgeführte Projekt „Projekt21" schlägt ein zyklisches Nachhaltigkeitsmanagement in Kommunen vor, das
die Phasen Bestandsaufnahme, Zieldefinition, Ratsbeschluss, Umsetzung und Monitoring
sowie Berichterstattung und Evaluierung umfasst und sich an bestimmten Themen, sogenannten Bedürfnisfeldern orientiert (Abb. 16.1).
    In der Schweiz wurde ein Ansatz entwickelt, der Inhalte nachhaltiger Entwicklung mit
Maßnahmen und Zielen der Verwaltungsmodernisierung synergetisch in Einklang zu
bringen versucht. Dieser Ansatz wurde im Projekt „Nachhaltigkeitsorientierte Gemeinde-
führung (NOGF)" von drei Universitäten in Zusammenarbeit mit fünf Kommunen erarbeitet und erprobt.
    An diese Entwicklungen anknüpfend wurde das transdisziplinäre Forschungsprojekt
„Nachhaltige Kommunalverwaltungen in Deutschland"[1] von der Leuphana Universität
Lüneburg in Zusammenarbeit mit dem Institut für den öffentlichen Sektor des Beratungs-
unternehmens KPMG und den beiden Modellstädten Freiburg und Lüneburg initiiert. Das
Forschungsvorhaben verfolgt das Ziel, ein umsetzungsfähiges Konzept für eine integrierte
Nachhaltigkeitssteuerung für Kommunalverwaltungen zu entwickeln und exemplarisch
anhand eines ausgewählten Schwerpunktthemas je Modellstadt – Nachhaltigkeitsindikato-
ren/Finanzwesen bzw. kommunales Energiemanagement – anzuwenden. Das Projekt verbindet alle drei erwähnten entwicklungsrelevanten Perspektiven, indem es die Steuerung
der finanziellen Mittel ergänzt. Organisationale Entwicklungen zur systematischen Integration von Nachhaltigkeitsanforderungen in Verwaltungsabläufen und -entscheidungen

---

[1] Nähere Informationen zum Projekt unter www.nachhaltige-verwaltung.de

Abb. 16.1 Zyklisches Nachhaltigkeitsmanagement nach ICLEI

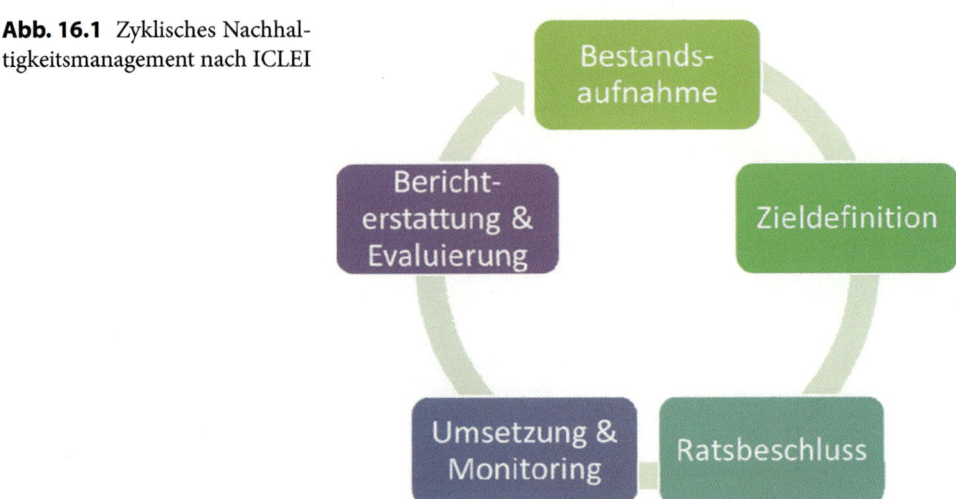

sollen angestoßen werden und kurz-, mittel- und langfristig zu nachhaltigen Entwicklungen beitragen (Abb. 16.2).

Aufgrund der engen Zusammenarbeit von Akteuren aus Wissenschaft und Praxis eignen sich transdisziplinäre Forschungsprojekte, um wirksame Strategien zur Umsetzung nachhaltiger Kommunalverwaltung zu entwickeln und umzusetzen. Die Leuphana Uni-

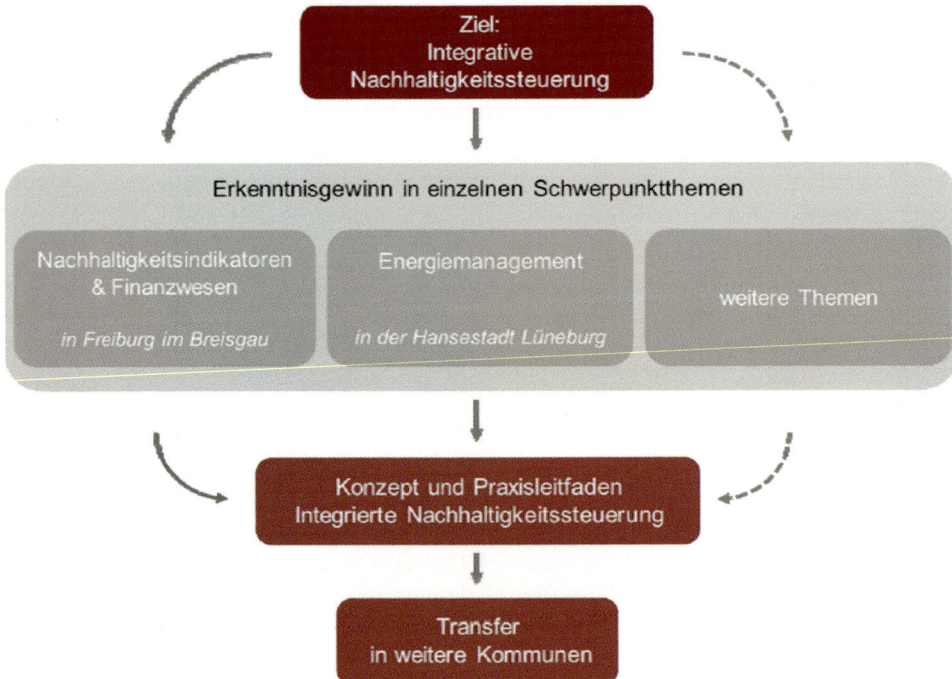

Abb. 16.2 DBU-Projekt „Nachhaltige Kommunalverwaltung in Deutschland"

versität Lüneburg hat diese Chance erkannt und für Studierende des Masterstudiengangs Nachhaltigkeitswissenschaft ein Lehrforschungsprojekt in Kooperation mit verschiedenen Praxispartnern initiiert, unter anderem mit der Stadtverwaltung Lüneburg. Nunmehr zum dritten Mal entwickeln die jungen Forscher und Forscherinnen anschlussfähige Lösungsansätze für die Kommunalverwaltung, die eine kontinuierliche Integration des Themenbereichs nachhaltige Entwicklung in der Lüneburger Kommunalverwaltung unterstützen.

LÜNESCO

LÜNESCO – Lüneburg Network for a Sustainable Community – ist der Name eines einjährigen transdisziplinären Lehrforschungsprojektes, das eine Gruppe Studierender des Masterstudiengangs Nachhaltigkeitswissenschaft der Leuphana Universität in Zusammenarbeit mit der Stadtverwaltung Lüneburg von April 2011 bis März 2012 bearbeitet hat.

Ausgangspunkt ist eine von der Stadt neu ins Leben gerufene Koordinierungsstelle, welche die zahlreichen Nachhaltigkeitsaktivitäten von Akteuren aus Zivilgesellschaft, Wirtschaft, Politik und Verwaltung mitein-

Workshop im Rahmen des Projektes LÜNESCO

ander vernetzen soll. Das Monitoring und die Berichterstattung über den Fortschritt nachhaltiger Entwicklung in Lüneburg zählen ebenso zu den Aufgabenbereichen der Koordinierungsstelle. Nachhaltigkeitsberichte und Indikatorensysteme sind Instrumente, welche die Operationalisierung dieser Aufgaben unterstützen können.

Das Forscherteam hat sich daher mit der Frage befasst: „Wie soll ein Indikatorensystem ausgestaltet werden, um die bestehenden Prozesse hinsichtlich einer nachhaltigen Gemeindeentwicklung in Lüneburg stärker zu koordinieren und zu institutionalisieren?"

Das Projektteam:

- entwickelte hierfür in zwei exemplarischen Themenfeldern ein Indikatorenset,
- analysierte bestehende Wechselwirkungen zwischen den einzelnen Indikatoren,
- legte Zielbereiche für jeden Indikator fest und
- bewertete die Konsistenz der Zielbereiche untereinander.

Akteure, welche die Studierenden als relevant für eine nachhaltige Entwicklung in Lüneburg identifizierten, wurden aktiv in den Gestaltungsprozess eingebunden, z. B. im Rahmen von Workshops.

Als Resultat des Projekts LÜNESCO arbeiteten die Studierenden für die Stadtverwaltung Handlungsempfehlungen aus, in denen sie das Vorgehen zur Ausgestaltung eines Indikatorensystems beschrieben. Diese werden politischen Gremien der Stadt vorgelegt, um über eine mögliche Fortführung der Entwicklung und bestenfalls über eine Implementierung eines Indikatorensystems in der Stadtverwaltung Lüneburg zu entscheiden. Nicht nur die Stadt signalisiert ernsthaftes politisches Interesse an den Projektresultaten, auch erfuhr das Projekt von den beteiligten Praxisakteuren eine positive Resonanz – für die Beteiligten ein zufriedenstellendes Ergebnis. (Seminar Nachhaltige Gemeindeentwicklung 2012)

▶ **Fragen:** Was sind die Phasen des zyklischen Nachhaltigkeitsmanagements nach ICLEI?

▶ **Aufgabe:** Entwickeln Sie weitere konzeptionelle Ideen für ein integratives Nachhaltigkeitssteuerungssystem in Kommunen.

Ausblick

Das Thema Nachhaltigkeit ist auf der kommunalen Agenda. Die Umsetzung einer integrativen Nachhaltigkeitssteuerung, welche die unterschiedlichen Modernisierungsbestrebungen der Kommunen gleichermaßen berücksichtigt und bündelt, steht hingegen noch ganz am Anfang. Einige der aus dem Nachhaltigkeitsmanagement bekannten Steuerungsinstrumente finden zwar mittlerweile vielerorts eine mehr oder weniger regelmäßige Anwendung, allerdings in der Regel ohne zu einem wirkungsvollen Gesamtsteuerungskonzept verknüpft zu sein. Die Möglichkeiten der Nachhaltigkeitssteuerung in den Kommunen bleiben so nach wie vor größtenteils ungenutzt. Statt wie bisher losgelöst voneinander und situativ sollten die verschiedenen Instrumente innerhalb einer ressortübergreifenden Steuerungssystematik querschnitthaft und interdisziplinär angewendet werden. Hierzu müssen sie dauerhaft und verpflichtend in den Abläufen und Strukturen des politisch-administrativen Systems der Kommunen verankert sein. Auch das Zusammenspiel von repräsentativen, direkten und kooperativen Demokratieformen ist bei Weitem noch nicht ausreichend systematisch institutionalisiert, um den hohen Partizipationsanforderungen des Nachhaltigkeitsleitbildes gerecht zu werden.

Zusammenfassend lassen sich einige Kriterien einer integrativen Nachhaltigkeitssteuerung nennen. Zunächst ist ein fachbereichsübergreifendes Verständnis von Nachhaltigkeit entscheidend. Deshalb muss das Thema unbedingt beim Verwaltungschef angesiedelt sein. Kommunale Unternehmen sind in ein Gesamtsteuerungskonzept unbedingt einzubeziehen, da sie Aufgaben mit besonderer Nachhaltigkeitsrelevanz wahrnehmen (Energieversorgung, Abfallwirtschaft, Gesundheits- und Wohnungswesen). Bei einzelnen Nachhaltigkeitsvorhaben und -projekten sind die Ideen und Bedenken der Bürgerinnen und Bürger unbedingt zu berücksichtigen, um von Beginn an eine breitere Akzeptanz bei der Bevölkerung zu gewährleisten. Erforderlich ist außerdem die Einigung und Festlegung auf konkrete strategische und operative Nachhaltigkeitsziele sowie evaluierbare Indikatoren. Zur Bewertung des Fortschritts und zur Unterrichtung der Öffentlichkeit bietet sich die regelmäßige Veröffentlichung eines umfassenden Nachhaltigkeitsberichts an. Daneben ist die Integration der Nachhaltigkeitsaspekte in den Haushalt – gerade in Zeiten einer immer prekärer werdenden Finanzsituation in den Kommunen – von enormer Bedeutung, da ansonsten die rein ökonomische Haushaltssteuerung die (aus- oder nachgelagerte) Nachhaltigkeitssteuerung stets marginalisieren wird (Beck et al. 2012).

Die wirkungsvolle Berücksichtigung des Leitbildes einer nachhaltigen Entwicklung ist wohl nur durch tiefe Eingriffe in die Muster politischer Steuerung möglich, denn es gibt eine augenscheinliche Diskrepanz zwischen den Anforderungen des Nachhaltigkeitskonzeptes und den Verhaltenslogiken der politisch-administrativen Praxis. Die nach fachlich-rechtlichen Gesichtspunkten gegliederte Verwaltung (Ressortprinzip) widerspricht der aus Nachhaltigkeitssicht notwendigen Querschnittsorganisation. Verwaltungshandeln wird dadurch noch häufig durch fachliche Partikularinteressen geprägt. Die Integration von fachfremden Inhalten in das eigene Politikfeld entspricht nicht der Funktionslogik und führt dementsprechend häufig zu Konflikten und Widerständen (Brozus et al. 2003; Fürst 2002).

Dass die Erfolge einer nachhaltigen Politik häufig nicht individuell messbar und zurechenbar sind, lässt sie außerdem für Politiker, die an einer möglichst starken individuellen Profilierung und ihrer Wiederwahl interessiert sind, zunächst einmal nicht sehr zweckdienlich erscheinen. Langfristcharakter ist daher eher untypisch im parlamentarisch-demokratischen System. Die Prämisse der intergenerativen Gerechtigkeit verlangt von kommunalem Handeln jedoch, dass es sich an langfristigen Entwicklungen ausrichtet und Auswirkungen, die weit über die üblichen Planungszeiträume hinausgehen, berücksichtigt. Angesichts dessen ist es umso erforderlicher, dass die Kommunalverwaltungen langfristige Belange in den Entscheidungsprozess einbringen (Pamme 2004).

Aufgrund dieser systemimmanenten Steuerungsprobleme wird es nicht gelingen, bestehende Politikmuster von heute auf morgen durch andere zu ersetzen. Progressive Strategien und Steuerungskonzepte wie das Leitbild der nachhaltigen Entwicklung müssen sich an dem historisch gewachsenen institutionellen Gefüge orientieren. Diese institutionellen Pfadabhängigkeiten und potenziellen Reformblockaden gilt es bei der Suche nach einem integrativen Steuerungskonzept stets zu berücksichtigen.

Literatur

Banner G (1995) Modernisierung der Kommunalverwaltung: Der Rückstand wird aufgeholt. In: Naschold F, & Pröhl M (Hrsg) Produktivität öffentlicher Dienstleistungen (Bd. 2) Dokumentation zum Symposium, Gütersloh, S 283–296

Beck S, Heinrichs H, Horn D (2012) Kommunale Nachhaltigkeitssteuerung. Umsetzungsstand bei großen Städten und Landkreisen. Institut für den öffentlichen Sektor, Berlin

Berens W, Budäus D, Buschor E, Fischer E, Lüder K, Mundhenke E, Streim H (2008) Zum nicht mehr vertretbaren kameralen Haushalts- und Rechnungswesen in einem demokratischen Gemeinwesen. Hamburger Thesen zum notwendigen Wechsel von der Kameralistik zur integrierten Verbundrechnung mit outputorientierter Budgetierung. Öffent Verwalt (DÖV) 61(3):109–111

Bogumil J (2004) Bürgerkommunen als Perspektiven der Demokratieförderung. In: Kessl F, Otto H (Hrsg) Soziale Arbeit und Soziales Kapital. Zur Kritik lokaler Gemeinschaftlichkeit, VS-Verlag, Wiesbaden, S 113–122

Bogumil J, Holtkamp L, Schwarz G (2003) Reformmodell Bürgerkommune. Leistungen – Grenzen – Perspektiven. Sigma, Berlin

Bogumil J, Holtkamp L (2006) Institutionelle Rahmenbedingungen kommunalen Handelns. In: Bogumil J, Holtkamp L (Hrsg) Kommunalpolitik und Kommunalverwaltung. Eine policyorientierte Einführung. VS-Verlag, Wiesbaden, S 50–79

Brozus L, Take I, Wolf K (2003) Vergesellschaftung des Regierens? Der Wandel nationaler und internationaler politischer Steuerung unter dem Leitbild der nachhaltigen Entwicklung. Leske und Budrich, Opladen

Bundesfinanzministerium (2010) Entwicklung der Staatsquote. http://www.bundesfinanzministerium.de/nn_4316/DE/BMF__Startseite/Service/Downloads/Abt__I/Entwicklung__der__Staatsquote__10062010,templateId=raw,property=publicationFile.pdf. Zugegriffen: 15.June 2010

Bundesministerium für Umwelt, Naturschutz und Reaktorsicherheit (BMU) (Hrsg) (1992) Agenda 21. http://www.bmu.de/files/pdfs/allgemein/application/pdf/agenda21.pdf. Zugegriffen: 5. Juli 2012

Deutscher Städte- und Gemeindebund (DStGB) (o. J.) Energiewende und kommunaler Klimaschutz. http://www.dstgb.de/dstgb/Schwerpunkte/Energiewende%20und%20kommunaler%20Klimaschutz/. Zugegriffen: 6. März 2012

Ernst & Young GmbH (2010) Kommunen in der Finanzkrise: Status Quo und Handlungsoptionen. Ergebnisse einer Befragung von 300 deutschen Kommunen. http://www.ernstandyoung.de/Publication/vwLUAssets/Ernst_and_Young_Kommunenstudie_2010/$FILE/EY%20Kommunenstudie%202010.pdf. Zugegriffen: 5. Juli 2010

Fürst D (2002) Schwierigkeiten der fachübergreifenden Koordination. In: Brand K (Hrsg) Politik der Nachhaltigkeit: Voraussetzungen, Probleme, Chancen – eine kritische Diskussion. Sigma, Berlin, S 179–192

Gehrlein U (2004) Integration politischer Steuerungsinstrumente für eine nachhaltige Kommunalentwicklung. GAIA 13(4):271–279

Gehrlein U, Petersson E (2003) Instrumente, Hemmnisse und Lösungsansätze für eine nachhaltige Kommunalentwicklung. Beitrag des sechsten EU-Umweltaktionsprogramms, Brüssel

Heiland S, Tischer M, Döring T, Jessel B (2003) Kommunale Nachhaltigkeitsindikatorensysteme – Anspruch, Eignung, Wirksamkeit. Ergebnisse eines Forschungsvorhabens zum Stand von Entwicklung und Anwendung kommunaler Nachhaltigkeitsindikatorensysteme. UVP-Rep 17(5):202–206

ICLEI (2007) Handbuch Projekt21. Einstieg in ein zyklisches Nachhaltigkeitsmanagement. Freiburg im Breisgau. http://projekt21.iclei-europe.org/fileadmin/template/projects/Projekt_21/files/HandbuchProjekt21_Druck.pdf. Zugegriffen: 3. Mai 2010

KGSt (1991) Dezentrale Ressourcenverantwortung. Überlegungen zu einem neuen Steuerungsmodell, KGSt-Bericht Nr. 12/1991, KGSt, Köln

KGSt (1993) Das Neue Steuerungsmodell – Begründungen, Konturen, Umsetzung. KGSt-Bericht Nr. 5/1993, KGSt, Köln

Landeshauptstadt Erfurt (o. J.) Lokale Agenda 21 Erfurt. http://www.erfurt.de/ef/de/engagiert/agenda21/. Zugegriffen: 5. Juli 2012

Leuenberger D (2006) Sustainable development in public administration: A match with practice? Public Works Manag Policy 10(3):195–201

Leuenberger D (2007) Sustainable development in public administration planning: An exploration of social justice, equity and citizen inclusion. Adm Theory & Prax 29(3):394–411

Leuenberger D, Bartle JR (2009) Sustainable development for public administration. Armonk. M.E. Sharpe, New York

Liepach K, Sixt J, Irrek W (2003) Kommunale Nachhaltigkeitsindikatoren. Vom Datenfriedhof zur zentralen Steuerungsinformation. Umwelt Energie GmbH Wuppertal Institut für Klima (Hrsg). Wuppertal Papers, S 138

Pamme H (2004) Organisation lokaler Nachhaltigkeit. Beharrung und Wandel auf kommunaler Ebene aus strukturationstheoretischer Sicht. Duisburg

Plawitzki J (2010) Welcher Voraussetzungen bedarf es in deutschen Kommunen für die Erstellung eines Nachhaltigkeitsberichtes? Eine explorative Untersuchung in sechs Fallstudien. http://www.faktorn.de/wp-content/uploads/2010/12/Bachelorarbeit-Plawitzki_Faktor-N.pdf. Zugegriffen: 12. April 2011

Rat für Nachhaltige Entwicklung (2010) Strategische Eckpunkte für eine nachhaltige Entwicklung in Kommunen. http://www.nachhaltigkeitsrat.de/uploads/media/Broschuere_Nachhaltige_Stadt_Oktober_2010.pdf. Zugegriffen: 17. Okt 2012

Rat für Nachhaltige Entwicklung (2011) Städte für ein nachhaltiges Deutschland. Gemeinsam mit Bund und Ländern für eine zukunftsfähige Entwicklung. http://www.nachhaltigkeitsrat.de/uploads/media/Broschuere_Staedte_fuer_ein_nachhaltiges_Deutschland_texte_Nr_36_Juni_2011.pdf. Zugegriffen: 17. Okt 2012

Schaltegger S, Haller B, Müller A, Klewitz J, Harms D (2009) Nachhaltigkeitsmanagement in der öffentlichen Verwaltung. Herausforderungen, Handlungsfelder und Methoden. Lüneburg

Schlange & Co. GmbH (2009) Nachhaltige öffentliche Beschaffung in den EU-Mitgliedstaaten einschließlich Deutschlands. Gutachten im Auftrag des Bundesministeriums für Arbeit und Soziales (BMAS). Hamburg

Seminar Nachhaltige Gemeindeentwicklung (2012) Forschungsbericht des transdisziplinären Projekts „Nachhaltige Gemeindeentwicklung". Leuphana Universität Lüneburg

Statistisches Bundesamt Deutschland (2009) Gemeinden nach Bundesländern und Einwohnergrößenklassen 31.12.2009. http://www.destatis.de/jetspeed/portal/search/results.psml. Zugegriffen: 31. Dez 2009

Wiek A, Binder C (2005) Solution spaces for decision-making – a sustainability assessment tool for city-regions. Environ Impact Assess Rev 25:589–608

Ute Stoltenberg und Simon Burandt

Nachhaltige Entwicklung und Bildung

Der für eine nachhaltige Entwicklung notwendige Transformationsprozess erfordert auf allen Handlungsebenen (global, national, regional) veränderte Sichtweisen, neues Wissen, das Wissen um die Grenzen des Wissens und die damit verbundenen Risiken sowie Kompetenzen zur Analyse und Gestaltung der Gegenwarts- und Zukunftsaufgaben.

Entsprechend wurde bereits im Jahr 1992 in der Agenda 21 (Kap. 36) ausdrücklich die Bedeutung von Bildung als Voraussetzung für die Förderung einer nachhaltigen Entwicklung formuliert.

Agenda 21, Kap. 36.3 (BMU o. J.):
„…Bildung ist eine unerlässliche Voraussetzung für die Förderung einer nachhaltigen Entwicklung und die Verbesserung der Fähigkeit der Menschen, sich mit Umwelt- und Entwicklungsfragen auseinanderzusetzen. […] Sowohl die formale als auch die nichtformale Bildung sind unabdingbare Voraussetzungen für die Herbeiführung eines Bewusstseinswandels bei den Menschen, damit sie in der Lage sind, ihre Anliegen in Bezug auf eine nachhaltige Entwicklung abzuschätzen und anzugehen. Sie sind auch von entscheidender Bedeutung für die Schaffung eines ökologischen und eines ethischen Bewusstseins sowie von Werten und Einstellungen,

S. Burandt (✉) · U. Stoltenberg
Fakultät Nachhaltigkeit, Leuphana Universität Lüneburg, Lüneburg, Deutschland
E-Mail: burandt@leuphana.de

U. Stoltenberg
E-Mail: stoltenberg@leuphana.de

H. Heinrichs, G. Michelsen (Hrsg.), *Nachhaltigkeitswissenschaften*,
DOI 10.1007/978-3-642-25112-2_17, © Springer-Verlag Berlin Heidelberg 2014

Fähigkeiten und Verhaltensweisen, die mit einer nachhaltigen Entwicklung vereinbar sind, sowie für eine wirksame Beteiligung der Öffentlichkeit an der Entscheidungsfindung. Um wirksam zu sein, soll […] (Bildung für eine nachhaltige Entwicklung) in alle Fachdisziplinen eingebunden werden und formale und nonformale Methoden und wirksame Kommunikationsmittel anwenden."

Die Vereinten Nationen haben seitdem mit ihren Programmen und Vereinbarungen deutlich gemacht, dass es dabei um „Bildung für alle" und zugleich um Bildung unter den Zielsetzungen einer nachhaltigen Entwicklung, also einer besonderen Qualität von Bildung, geht.

Nachhaltige Entwicklung ist ein wertegeleitetes, offenes Konzept, das innovative Wege suchen und unkonventionelle Entscheidungen finden muss; entsprechend sind die Prozesse einer nachhaltigen Entwicklung notwendigerweise zugleich Lernprozesse. Siedelt man Bildungsprozesse in realen Aufgaben und Problemstellungen an, so können sie selbst zu einem Beitrag für eine nachhaltige Entwicklung werden.

Gesichter der Nachhaltigkeit

Charles Hopkins
- Inhaber des ersten UNESCO Chairs im Kontext einer Bildung für nachhaltige Entwicklung: UNESCO Chair on Reorienting Teacher Education, York University Canada

- Mitautor des Kapitels 36 der Agenda 21: Förderung der Schulbildung, des öffentlichen Bewusstseins und der beruflichen Aus- und Fortbildung

- Senior Advisor des "UNESCO's Transdisciplinary Project, Educating for a Sustainable Future"

- Leiter der "Education for Sustainable Development Working Group" des "Man and the Biosphere Committee (MAB)" Kanada

An dem Begriff „Bildung für eine nachhaltige Entwicklung" hat sich eine kritische Diskussion entzündet, die auf die Gefahr einer Instrumentalisierung durch das Konzept nachhaltiger Entwicklung verweist, die der Idee von Bildung entgegenstehe (u. a. Jickling 1992, Huber 2001). Argumentiert wird dabei nicht zuletzt vor dem Hintergrund von Erfahrungen mit einer Umweltbildung, die lediglich auf Verhaltensänderungen abzielte. Einem solchen Einwand ist entgegenzuhalten, dass „das Konzept „Bildung für eine nachhaltige Entwicklung" als gesellschaftliches Konzept das „eigene Leben" ernst nimmt […] und als Ausgangspunkt und Ort gemeinsamer Lernprozesse begreift" (Stoltenberg 2007). Nachhaltige Entwicklung ist kein Verhaltenskodex, sondern ein individueller und gesellschaftlicher Such-, Lern- und Gestaltungsprozess mit dem Anspruch der Aushandlung der besten Lösungen unter dem ethischen Prinzip einer nachhaltigen Entwicklung. Deshalb ist Bildung für eine nachhaltige Entwicklung nicht ein neuer Inhalt, der von Expertinnen und Experten angeboten werden kann, sondern beinhaltet ein neues Bildungsverständnis, das Raum gibt für „discourse, debate and reflection" (Wals 2010). Wals fasst die Diskussion mit dem Hinweis auf die Notwendigkeit partizipativer Prozesse als Selbstverständnis von Bildungsprozessen zusammen:

> An emancipatory approach (…) assumes that the dynamics in our current world are such that citizens need become engaged in an active dialogue to establish co-owned objectives, shared meanings, and a joint, self-determined plan of action to make changes they themselves consider desirable and of which the government hopes they, ultimately, contribute to a more sustainable society as a whole (Wals und Jickling 2002, zit. nach Wals 2010).

Ein weiterer wichtiger kritischer Diskurs, der insbesondere durch Wissenschaftlerinnen und Wissenschaftler der Länder des Südens eingebracht wird, ist das Verständnis des Begriffs „Entwicklung" im Konzept von "sustainable development", der nicht ohne Auswirkungen auch auf das „Konzept Bildung für eine nachhaltige Entwicklung" sein kann (grundlegend dazu Tucker 1999). Er beschreibt die Gefahr, dass Entwicklung im Sinne des vorherrschenden westlichen ökonomischen Entwicklungsparadigmas verstanden wird. Auch deshalb ist es wichtig, nachhaltige Entwicklung als Transformationsprozess zu verstehen, der sich an Werten orientiert und herkömmliche (nicht nachhaltige) Paradigmen infrage stellt. Diese kritischen Diskussionsansätze müssen integraler Bestandteil von Bildung für eine nachhaltige Entwicklung sein, um Menschen zu befähigen, sich auch an der ständig erforderlichen Reflexion der Überprüfung der Grundannahmen einer nachhaltigen Entwicklung beteiligen zu können.

Die Herausforderung, sich für eine nachhaltige Entwicklung zu bilden, um diese mitgestalten zu können, betrifft alle Menschen und gesellschaftlichen Gruppen, gleich welchen Alters und welchen Status. Bildung für eine nachhaltige Entwicklung ist deshalb auch als lebenslanges Lernen zu konzipieren. Die Ausgestaltung einer Bildung für eine nachhaltige Entwicklung erfordert eine Neuausrichtung von Bildungssystemen und neue konzeptuelle Herangehensweisen in Bildungsprozessen. Im Folgenden werden diese Aspekte im Kern erläutert und anhand von Fallbeispielen verdeutlicht.

Entwicklungslinien und Verständnis von Bildung für eine nachhaltige Entwicklung

Die Idee und das Ziel einer nachhaltigen Entwicklung, die den Zusammenhang von Umwelt und sozialer Entwicklung in dieser einen Welt beinhalten, war Anstoß für die Entwicklung eines Bildungskonzepts, das Menschen dafür wahrnehmungsfähig, sensibel und handlungsfähig macht. Mit einer eher ökologischen Sichtweise des Nachhaltigkeitsgedankens ging – nicht nur in den deutschsprachigen Ländern – eine Gleichsetzung von Umweltbildung und Bildung für eine nachhaltige Entwicklung einher. Zumindest wurde und wird Bildung für eine nachhaltige Entwicklung als Weiterentwicklung von Umweltbildung betrachtet, die seit den 1970er-Jahren in verschiedenen Bildungsbereichen etabliert wurde. Dabei wird zum einen übersehen, dass es auch für die sozialen und kulturellen Aspekte einer nachhaltigen Entwicklung bereits gesonderte Bildungskonzepte gab und gibt (wie Entwicklungspädagogik, Friedenserziehung, interkulturelle Bildung etc.). Zum anderen wird dabei der Paradigmenwechsel nicht beachtet, der das Mensch-Natur-Verhältnis und das der Menschen untereinander in allen gesellschaftlichen Handlungsfeldern berücksichtigt. Bildung für eine nachhaltige Entwicklung kann die genannten Einzelkonzepte unter einer übergreifenden Wert- und Zielperspektive integrieren.

Auf internationaler politischer Ebene wurde Bildung für eine nachhaltige Entwicklung seit 1992 als integraler Bestandteil nachhaltiger Entwicklung programmatisch ausgearbeitet. In der Agenda 21 wird in fast allen Kapiteln durchgängig auf die Bedeutung von Bildung Bezug genommen und zusätzlich im Kapitel 36 gesondert Bildung, öffentliches Bewusstsein und Ausbildung in Verbindung mit einem entsprechenden Handlungskatalog thematisiert (BMU o. J.). Dadurch erhielt die Diskussion um die Rolle von Bildung im Kontext einer nachhaltigen Entwicklung einen zentralen Bezugspunkt (Michelsen 2006). Nach der UN-Konferenz in Johannesburg 2002 wurde die UN-Dekade „Bildung für eine nachhaltige Entwicklung 2005–2014" ausgerufen, um auf die Notwendigkeit der Entwicklung bzw. Neuausrichtung von Bildungssystemen aufmerksam zu machen und eine Zusammenarbeit zur Ausgestaltung einer Bildung für eine nachhaltige Entwicklung und deren Implementierung in alle Bildungsbereiche zu fördern. Ihre Aufgabe wurde auf der UN-Halbzeitkonferenz der Dekade in Bonn 2009 mit der „Bonner Erklärung" bekräftigt (UN Educational 2009). Programmatisch ist Bildung für eine nachhaltige Entwicklung Gegenstand verschiedener nationaler und internationaler Erklärungen (Michelsen 2006, Deutsche UNESCO-Kommission e. V. 2011).

Als ein weiterer wichtiger Impuls kann die 2005 von der UNECE, einer Einrichtung des Wirtschafts- und Sozialrats der Vereinten Nationen und eine von fünf regionalen Kommissionen der Vereinten Nationen, beschlossene übernationale Strategie „Bildung für eine nachhaltige Entwicklung" (Education for Sustainable Development) gelten (UNECE 2005a). Sie wurde durch eine weitere Strategie zur Einführung und Förderung von Bildung für eine nachhaltige Entwicklung in den Staaten der UNECE unterstützt („Vilnius Framework for the Implementation of the UNECE Strategy for Education for Sustainable Development" (UNECE 2005b).

Auf nationaler Ebene können insbesondere die Entschließungen des Bundestags und die offiziellen Vereinbarungen von Kultusministerkonferenz (KMK) und UNESCO sowie von Hochschulrektorenkonferenz (HRK) und UNESCO als Ausdruck des politischen Willens zur Implementierung von Bildung für eine nachhaltige Entwicklung in die verschiedenen Bildungsbereiche und in informelles Lernen gesehen werden (dokumentiert in: Deutsche UNESCO-Kommission e. V. 2011, siehe Kasten „Nationaler Aktionsplan").

Nationaler Aktionsplan
Die internationale und nationale politische Entwicklung von Bildung für eine nachhaltige Entwicklung wird ausführlich in Michelsen (2006) diskutiert. Der Nationale Aktionsplan für Deutschland 2011 zur UN-Dekade enthält neben konkreten inhaltlichen Zielen u. a. eine Übersicht über alle wichtigen politischen deutschen Pläne und Beschlüsse sowie Übersichten über relevante Institutionen auf allen Ebenen und die Mitglieder des Nationalkomitees.

Neben der politischen Programmatik für die Implementierung von Bildung für eine nachhaltige Entwicklung haben sich national unterschiedliche Diskurse zur konzeptuellen Ausgestaltung entwickelt. In Deutschland wurden diese Bildungsfragen zunächst von den zwei wissenschaftlichen Beratungsgremien der Bundesregierung „Rat von Sachverständigen für Umweltfragen (SRU)" und „Wissenschaftlicher Beirat der Bundesregierung: Globale Umweltveränderungen" (WBGU) in Folge der Rio-Konferenz aufgegriffen. Danach fanden einige bildungspolitische Initiativen und Modellversuche in den verschiedenen Bildungsbereichen statt, die durch einen ersten Umweltbildungsbericht der Bundesregierung und eine Evaluationsstudie „abgerundet" wurden (de Haan et al. 1997, Michelsen 2006). In diesem Kontext erfolgten auch wichtige Schritte zur Bildung eines theoretischen Rahmens, wie die Erstellung des BLK-Programms „21" und des dazugehörigen Gutachtens (de Haan und Harenberg 1999) und des BLK-Orientierungsrahmens „Bildung für eine nachhaltige Entwicklung" (BLK 1998), der einen wichtigen Anstoß zur Frage gab, was Nachhaltigkeit für Bildungspolitik und Bildungspraxis beinhaltet.

Die Grundprinzipien des Verständnisses von Bildung für eine nachhaltige Entwicklung stimmen im deutschen und im internationalen Diskurs nahezu überein:

> Education for sustainable development develops and strengthens the capacity of individuals, groups, communities, organizations and countries to make judgements and choices in favour of sustainable development. It can promote a shift in people's mindsets and in so doing enable them to make our world safer, healthier and more prosperous, thereby improving the quality of life (UNECE 2005).

Daher wurde in der Bonner Erklärung, an der über 50 Bildungsminister beteiligt waren, die Zielsetzung bestätigt:

> Education for sustainable development is setting a new direction for education and learning for all. It promotes quality education, and is inclusive of all people. It is based on values, principles and practices necessary to respond effectively to current and future challenges (UNESCO 2009).

Die konzeptuelle Ausgestaltung des Verständnisses ist Inhalt des nächsten Kapitels.

▶   **Aufgabe:** Sammeln Sie Gründe, ob und warum Sie Bildung für eine nachhaltige Entwicklung für wichtig halten. Schreiben Sie dann einige Stichpunkte auf, was Bildung für nachhaltige Entwicklung Ihrer Meinung nach leisten muss und welche Aspekte für einen konzeptionellen Rahmen wichtig sind. Benutzen Sie Ihre Stichpunkte als Leitfragen, um die folgenden Seiten zu lesen.

Konzeptioneller Rahmen von Bildung für eine nachhaltige Entwicklung

Im deutschen Diskurs um „Education for Sustainable Development" wird für „Education" bewusst die Übersetzung „Bildung" (und nicht der intentional und auf Vermittlung angelegte Begriff der „Erziehung") gewählt. Damit wird zum Ausdruck gebracht, dass es bei Bildung für eine nachhaltige Entwicklung um einen Prozess geht, in dem das Individuum, eine Gruppe oder Institution sich in der selbstbestimmten Auseinandersetzung mit der Welt ein Verhältnis zu sich und der Welt ausbildet, das einem die eigene Lebensgestaltung gemeinsam mit anderen ermöglicht. Bildungsverständnisse unterscheiden sich durch die zugrunde gelegten Weltbilder, Menschenbilder und Werte und damit Zielsetzungen von Bildung. Wissensaneignung ist ein Bestandteil von Bildungsprozessen, in engem Zusammenhang mit der Aneignung von Bewertungs- oder Gestaltungskompetenz, ebenso wie Persönlichkeitsentwicklung oder die Ausbildung einer Haltung zur Welt. Lernprozesse können Bildung ermöglichen oder verhindern; um diese Zusammenhänge verstehen und berücksichtigen zu können, werden Lerntheorien herangezogen, die mit dem Grundverständnis des Bildungskonzepts übereinstimmen.

Ein sozio-konstruktivistischer Ansatz (Siebert 1999; Michelsen et al. 2011a) hilft aus theoretischer Perspektive Lernprozesse zu verstehen. Lernen ist aus konstruktivistischer Sicht ein selbstgesteuerter, selbstreferenzieller Vorgang, der auf individuellem Vorwissen und Einstellungen basiert. Das führt dazu, dass nicht exakt das gelernt wird, was gelehrt wird, sondern jede oder jeder Einzelne seine eigene Wirklichkeit auf der Grundlage vorhandener Erfahrungen selbst konstruiert. Daraus ergeben sich mehrere Konsequenzen für Lernprozesse. Zum einen müssen neues Wissen und Erfahrungen anschlussfähig an vorhandene Erkenntnisse und Ansichten sein (ebd.). Zum anderen stellt sich die Frage, wie komplexe Lerninhalte und Sachverhalte – Themen im Kontext einer nachhaltigen Entwicklung – aufgeschlossen werden.

> Seit Beginn der Dekade im Jahr 2005 sind schon über 1600 Projekte und Initiativen aus Deutschland ausgezeichnet worden, die das Ziel der Bildung für eine nachhaltige Entwicklung verfolgen. Diese und weitere Infos sind unter http://www.bne-portal. de zu finden.

An Konzepten zu Bildung für eine nachhaltige Entwicklung und deren Erprobung in der Praxis wird weltweit gearbeitet; insbesondere die UN-Dekade Bildung für nachhaltige Entwicklung 2005–2014 hat dafür wichtige Impulse gesetzt. In diesem Rahmen werden auch wissenschaftliche Konzepte und Beispiele guter Praxis kommuniziert (vgl. u. a. Wals 2009). Diese unterscheiden sich unter dem Problemdruck unterschiedlicher Ausprägungen nicht nachhaltiger Entwicklung und der verfügbaren Ressourcen, umeine Veränderung zu erreichen. So wird man „nachhaltigen Konsum" als vordringliche Aufgabe erst dann ansehen, wenn die Menschen in einem Land nicht durch Armut an der Erfüllung von Basisbedürfnissen gehindert sind. Ökonomische, soziale, ökologische und kulturelle Differenzen beeinflussen Ziele, Inhalte und Arbeitsweisen des Bildungskonzepts. Aber es lassen sich durch einen weltweiten Diskurs über „nachhaltige Entwicklung", und damit auch über die Aufgabe von Bildung, grundlegende Elemente des Konzepts beschreiben.

Bildungsziel

Bildung für eine nachhaltige Entwicklung soll Menschen befähigen, sich verantwortlich und kreativ auf der Grundlage eines fundierten Wissens über komplexe Zukunftsfragen an der Gestaltung von Gegenwart und Zukunft im Sinne einer nachhaltigen Entwicklung zu beteiligen. Diese Zielsetzung beinhaltet für organisierte Bildungsprozesse, dass lebensweltliche Problemstellungen so bearbeitet werden, dass Wahrnehmungsfähigkeit, Wissen und Kompetenzen dafür aufgebaut werden können. Dabei geht es nicht um die Lösung isolierter Problemfelder, sondern um die komplexe Aufgabe eines grundlegenden Wandels (Kopfmüller et al. 2001), der als gesamtgesellschaftlicher Transformationsprozess in globalem Rahmen beschrieben wird (WBGU 2011). Das Ziel ist damit individuelles als auch gesellschaftliches Lernen, um zu einem „neuen Weltgesellschaftsvertrag für eine klimaverträgliche und nachhaltige Weltwirtschaftsordnung" (WBGU 2011) zu gelangen: „Der Gesellschaftsvertrag kombiniert eine Kultur der Achtsamkeit (ökologische Verantwortung) mit einer Kultur der Teilhabe (demokratische Verantwortung) sowie mit einer Kultur der Verpflichtung gegenüber zukünftigen Generationen (Zukunftsverantwortung)".

Werteorientierung

Grundlegend ist der Werterahmen, an dem sich die Ausgestaltung des Konzepts orientiert. Menschenwürde, Erhalt der natürlichen Lebensgrundlagen und Gerechtigkeit im Zugang zu Lebenschancen sowohl für heute auf der Erde lebende Menschen als auch für künftige Generationen liegen den international ausgehandelten Prinzipien von Bildung für eine nachhaltige Entwicklung zugrunde oder sind sogar explizit ausformuliert (Erd-Charta Internationales Erd-Charta Sekretariat 2001; Bonner Erklärung; UN Educational 2009, für den deutschsprachigen Diskurs: Nationaler Aktionsplan für Deutschland 2011; de Haan et al. 2008; Stoltenberg 2009).

Da eine nachhaltige Entwicklung nur durch das Zusammenwirken innerhalb der Weltgesellschaft erreicht werden kann, kommt der Kenntnis von kultureller Vielfalt als Potenzial eine hohe Bedeutung zu. Die UNESCO hat durch internationale Konventionen Grundlagen für die Wertschätzung und den Erhalt kultureller Vielfalt gelegt (UNESCO 2003; UNESCO 2005).

Die Besonderheit der Werteorientierung, der Bildung für eine nachhaltige Entwicklung zugrunde liegt, besteht zum einen in der Verschränkung von sozialer und ökologischer Verantwortung, zum anderen in ihrer globalen Geltung. Dieser Werterahmen ist als gegeben zu betrachten. Da nachhaltige Entwicklung als weltweite Aufgabe ein offenes Konzept ist, das in zivilgesellschaftlichen Prozessen immer wieder ausgehandelt und reflektiert werden muss, ist die kritische Reflexion der Werteorientierung selbstverständlicher und notwendiger Bestandteil dieses ethisch begründeten Konzepts.

Bildungsprozesse sollten daher so angelegt werden, dass dieser Werterahmen erfahren werden kann, die Lernenden sich eine eigene Position dazu bilden und sich an der aktiven Auslegung und Diskussion der Wertvorstellungen im Kontext einer nachhaltigen Entwicklung beteiligen können.

Die **Erd-Charta** ist das Ergebnis eines offenen zivilgesellschaftlichen Denk- und Lernprozesses, in dem vor allem der Werterahmen einer nachhaltigen Entwicklung reflektiert und ausgestaltet worden ist.

Links zum Thema:

http://www.earthcharterinaction.org/
http://www.erdcharta.de
http://www.youtube.com/watch?v=bnGcf0mRZ98

Kompetenzorientierung

Mit der Initiative zur Förderung eines weltweiten Diskurses über Bildungserfordernisse für „moderne Wissensgesellschaften" (OECD, Work on Education 2005–2006) und deren ökonomisches Wachstum, aber auch für den Aufbau von „social capital", das Bedingung sozialen Zusammenhalts einer Gesellschaft sei (OECD, Work on Education 2005–2006), wurde durch die OECD eine breite Kompetenzdiskussion angestoßen. Schlüsselkompetenzen als Fähigkeit zur Bewältigung komplexer Aufgaben werden als zentral für eine nachhaltige Entwicklung angesehen „Nachhaltige Entwicklung und sozialer Zusammenhalt hängen entscheidend von den Kompetenzen der gesamten Bevölkerung ab – wobei der Begriff ‚Kompetenzen' Wissen, Fertigkeiten, Einstellungen und Wertvorstellungen umfasst" (Rychen und Salganik 2003). Schlüsselkompetenzen beziehen sich nicht auf fachlich abgrenzbare Dispositionen (domänenspezifische Kompetenzen), sondern beschreiben kontextübergreifende Dispositionen für alle Altersgruppen quer durch verschiedene Lebensbereiche. Der immer schon vorhandene Zukunftsbezug in Bildungsprozessen meint im Konzept einer Bildung für eine nachhaltige Entwicklung nicht nur den Entwurf einer individuell verantwortlichen Zukunft. Es geht vielmehr darum, individuelles Handeln als Moment gesellschaftlichen Handelns zu reflektieren und Kompetenzen auch für gesellschaftliches Handeln zu entwickeln. Mit der zunehmenden Komplexität, Unsicherheit und Dynamik (welt-)gesellschaftlicher Veränderungen gewinnen Fähigkeiten zur Selbstorganisation an Bedeutung. Entsprechend wird der Erwerb von Kompetenzen, die sich als Selbstorganisationsdispositionen verstehen lassen, zu einem zentralen Ziel von Bildung.

Während sich konventionelle Bildungskonzepte an der Frage orientieren, mit welchen Gegenständen sich die Lernenden auseinandersetzen und welches Wissen sie erwerben sollen (Inputorientierung), fragen kompetenzorientierte Bildungsansätze, „über welche Problemlösestrategien, Handlungskonzepte und -fähigkeiten sie verfügen sollten" (Output-Orientierung) (de Haan et al. 2008), um zentrale Fragen gesellschaftlicher Existenz in relevanten Kontexten bearbeiten zu können (Stoltenberg 2009; Michelsen et al. 2011).

Beiträge zum Diskurs zu Schlüsselkompetenzen (verändert nach Barth 2011)
DeSeCo (Defining and Selecting Competencies): Es wurden drei Kategorien definiert, in denen sich Schlüsselkompetenzen verorten lassen: 1) Interagieren in sozial heterogenen Gruppen, 2) Selbstständiges Handeln und 3) Werkzeuge interaktiv nutzen (www.oecd.org/edu/statistics/deseco).
RESFIA+D Modell: Das RESFIA + D Modell umfasst Responsibility, Emotional intelligence, System orientation, Future orientation, personal Involvement, Action skills und Disciplinary competences for sustainable development (Martens et al. 2010).
Gestaltungskompetenz: siehe Kasten nächste Seite
Sustainable Literacy: Wird unterschiedlich diskutiert – es geht vor allem um Fähigkeiten, den Herausforderungen des 21. Jahrhunderts begegnen zu können oder „become competent in critically understanding and applying the principles of sustainable development" (Sterling und Thomas 2006; weitere Aspekte vgl. Parkin et al. 2004).
Sustainable skills: Hier werden Kompetenzen zusammengefasst, die auf „lebenslanges Lernen" und ein nachhaltiges Leben abzielen (McKeown 2002).
Transboundary Competence: Schlüsselkompetenz zu denken, kommunizieren, lernen und zusammenarbeiten, größtenteils definiert über die Barrieren, die überwunden werden sollen (vgl. de Kraker et al. 2007).
Gestaltswitching: Ist die Fähigkeit zwischen verschiedenen „Mindsets" (zeitlich, räumlich, kulturell und disziplinär) wechseln zu können (Wals und Blewitt 2010).

Die in den unterschiedlichen (nationalen) Diskursen angestrebten Schlüsselkompetenzen sind international vergleichbar (Barth 2007), lediglich die Rangfolge ihrer Bedeutung unterscheidet sich, wie im Vergleich zwischen Europa und Lateinamerika gezeigt werden konnte (Rieckmann 2010).

Im deutschsprachigen Raum werden nachhaltigkeitsrelevante Kompetenzen als „Gestaltungskompetenz" (de Haan und Harenberg 1999; de Haan 2008, de Haan et al. 1997) beschrieben. Gestaltungskompetenz soll die Menschen kooperations- und aushandlungsfähig, mutig für eigenverantwortliches reflektiertes Handeln, auch auf neuen Wegen, wie auch kritisch im Umgang mit ethischen Fragen machen (u. a. Michelsen 2009). Hinzu kommt, dass eine nachhaltige Entwicklung hinsichtlich ihrer Ausgestaltung ein offenes Konzept darstellt; daher ist Partizipationskompetenz oder die Fähigkeit mit Risikoabwägungen und Differenz umgehen zu können, eine wichtige Voraussetzung, um die Gesellschaft im Sinne nachhaltiger Entwicklung mitgestalten zu können.

Gestaltungskompetenz beschreibt ein Set aus Kompetenzen, das vor allem kooperationsfähig und mutig für eigenes Handeln macht (de Haan und Harenberg 1999; zu frühkindlicher Bildung Stoltenberg und Thielebein-Pohl 2011; zu Grundschulbildung Hauenschild und Bolscho 2005 Bertschy et al. 2007; Künzli 2007; zum Sekundarbereich transfer 21; zu Hochschulbildung Barth u. a. 2007, Burandt und Barth 2010). Es werden derzeit zwölf Schlüsselkompetenzen diskutiert (de Haan et al. 2008):

- Kompetenz zur Antizipation: Vorausschauendes Denken und Handeln ermöglicht es, Entwicklungen für die Zukunft zu bedenken sowie Chancen und Risiken von aktuellen und künftigen, auch unerwarteten Entwicklungen zu thematisieren.
- Kompetenz, interdisziplinär zu arbeiten: Ein angemessener Umgang mit Komplexität erfordert das Erkennen und Verstehen von Systemzusammenhängen. Das Verstehen des Prinzips der Retinität, der „Gesamtvernetzung" aller menschlichen Tätigkeiten und Erzeugnisse mit der sie tragenden Natur, ist von fundamentaler Bedeutung.
- Kompetenz zur Perspektivübernahme: Phänomene sollen in ihrem weltweiten Bindungs- und Wirkungszusammenhang erfasst und lokalisiert werden, Lösungen für globale Probleme in weltweiten Kooperationen gesucht werden.
- Kompetenz zum Umgang mit unvollständigen und überkomplexen Informationen: Risiken, Gefahren und Unsicherheiten sollen erkannt und abgewogen werden können.
- Partizipationskompetenz: Von zentraler Bedeutung für eine zukunftsfähige Bildung ist die Fähigkeit zur Beteiligung an nachhaltigen Entwicklungs- und Gestaltungsprozessen.
- Kompetenz zur Kooperation: Hierbei geht es darum, gemeinsam mit anderen planen und handeln zu können.
- Kompetenz zur Bewältigung individueller Entscheidungsdilemmata: Zielkonflikte bei der Reflexion über Handlungsstrategien berücksichtigen zu können, ist von Bedeutung, um mit Entscheidungsdilemmata umgehen zu können.
- Fähigkeit zur Empathie und zur Solidarität: Das Konzept der Nachhaltigkeit ist eng mit dem Ziel verbunden, mehr Gerechtigkeit zu fördern. Sich in diesem Sinne engagieren zu können, macht es erforderlich, individuelle und kollektive Handlungs- und Kommunikationskompetenzen im Zeichen weltweiter Solidarität auszubilden.

- Kompetenz, sich und andere motivieren zu können: Sich mit Nachhaltigkeit zu befassen und Zukunft in ihrem Sinne zu gestalten, erfordert ein hohes Maß an Motivation.
- Kompetenz zur Reflexion über individuelle wie kulturelle Leitbilder: Es geht darum, das eigene Verhalten als kulturell bedingt wahrzunehmen und sich mit gesellschaftlichen Leitbildern auseinandersetzen zu können.
- Kompetenz zum moralischen Handeln: Vorstellungen von Gerechtigkeit als Entscheidungs- und Handlungsgrundlage nutzen können, ist eine wichtige Voraussetzung, um das eigene Handeln im Sinne einer nachhaltigen Entwicklung gestalten zu können.
- Kompetenz zum eigenständigen Handeln: Selbständig planen und handeln können steht im Mittelpunkt dieser Teilkompetenz.

Allgemein gilt für das Ziel der Kompetenzentwicklung, dass sich die behandelten thematischen Bildungsinhalte an den Kompetenzen orientieren bzw. geeignet sein müssen, diese zu reflektieren (Weinert 2001).

Bildungsinhalte

Auch wenn im Rahmen des Konzepts Bildung für eine nachhaltige Entwicklung dem Erwerb von Kompetenzen eine zentrale Bedeutung zukommt, so sind die Themen und Inhalte, an denen sich Gestaltungskompetenzen entwickeln lassen, nicht beliebig. Wissenschaftliche Studien, gesellschaftliche Erfahrungen und der Diskurs darüber haben die Problemfelder identifiziert, die für die Gestaltung einer nachhaltigen Entwicklung zentral sind. Zu den Kernproblemen globalen Wandels gehören Klimawandel, Bevölkerungsentwicklung, Welternährung, Biodiversität, Bodendegradation, Trinkwasserversorgung (hierzu. auch Reid et al. 2010; WBGU 2011). Vereinbarungen wie die Biodiversitätskonvention oder die verschiedenen Konventionen zur kulturellen Vielfalt (UNESCO 2003, 2005) geben weitere Hinweise zu wichtigen Themenfeldern und Teilzielen von Bildung für eine nachhaltige Entwicklung. Die Bonner Erklärung (UNESCO 2009) betont, dass es notwendig ist, den Umgang mit „Handlungsfeldern und Themen, darunter Wasser, Energie, Klimawandel, Katastrophenvorsorge, Verlust der Artenvielfalt, Nahrungsmittelkrisen, Gesundheitsgefährdungen, soziale Verwundbarkeit und Unsicherheit" zu lernen. De Haan (2002) hat Kriterien für Themen genannt, die dem Selektionsverfahren des WBGU für die Identifikation von relevanten Umweltsyndromen folgen und die für den Zuschnitt von Themenstellungen einer Bildung für eine nachhaltige Entwicklung genutzt werden können: Die Themen sollten danach

- zentral für nachhaltige Entwicklungsprozesse, lokal oder global sein,
- längerfristige Bedeutung haben,
- interdisziplinär bearbeitbar sein (d. h. es muss differenziertes Wissen aus verschiedenen Bereichen vorliegen) und
- Handlungspotenzial aufweisen.

Es sind Themenfelder, die unseren Alltag bestimmen, Menschen jeden Alters und in unterschiedlichen Lebenslagen können Bezüge zu ihnen herstellen bzw. verfügen über Erfahrungen in diesen Feldern. Diese Themenfelder sind komplex und stehen in vielfachen Wirkungszusammenhängen (Stoltenberg 2009). Darin liegt die Chance, sie so zu bearbeiten, dass Gestaltungsmöglichkeiten im Sinne nachhaltiger Entwicklung zum Bildungsinhalt werden.

Angesichts der Aufgabe einer nachhaltigen Entwicklung haben einige Themenfelder Priorität für die Gestaltung von Bildungsprozessen. Entscheidend für den Aufbau von Wahrnehmung, Wissen und Kompetenzen im Sinne nachhaltiger Entwicklung sind jedoch die Perspektiven, unter denen Themenfelder bearbeitet werden. So können auch „alte" Themen zum Gegenstand von Bildungsprozessen werden. Die Perspektiven und Arbeitsweisen, unter denen eine Auseinandersetzung mit diesen Handlungs- und Themenfeldern erfolgt, sind zum einen bereits durch den Werterahmen einer nachhaltigen Entwicklung gegeben, er bietet Orientierung für Aushandlungsprozesse und die Entwicklung von Beurteilungskompetenz mit einer integrierenden Sichtweise. Im Rahmen des Nachhaltigkeitsvierecks können Konfliktfelder identifiziert und als Potenzial für Gestaltungsmöglichkeiten genutzt werden. Zum anderen eröffnen die Nachhaltigkeitsstrategien (Effizienz-, Konsistenz-, Suffizienz-Strategien (Loske und von Weizsäcker 1997; Grunwald und Kopfmüller 2006)), sowie darüber hinaus die Gerechtigkeits- und Bildungsstrategie (Stoltenberg und Michelsen 1999) fruchtbare Perspektiven für die Analyse und für die Suche nach Gestaltungsmöglichkeiten. Das schließt ein, dass sowohl die regionale als auch die globale Perspektive einbezogen wird. Somit sind die unterschiedlichen Perspektiven aus dem Nachhaltigkeitsdiskurs und ihre Integration als didaktische Konzepte in Bildungsprozesse für eine nachhaltige Entwicklung nutzbar (Stoltenberg 2009).

Bildung für eine nachhaltige Entwicklung ist damit keine zusätzliche neue Aufgabe für Bildungseinrichtungen, sondern ein Perspektivenwechsel mit neuen inhaltlichen Schwerpunkten und Arbeitsweisen, denen sich der nächste Abschnitt widmet.

Arbeitsweisen

Der Weg zu einer nachhaltigen Entwicklung ist ein Prozess, der der Selbsttätigkeit und Reflexivität von Menschen bedarf. „Nachhaltigkeit vermitteln" wäre also eine Methode, die ihr Ziel verfehlen müsste. Das Ziel der Förderung von relevantem Wissen und des Kompetenzerwerbs bringt eine Verlagerung der Lernziele von reinem Sachwissen hin zu anwendungsorientierten Wissensformen mit sich, wie Systemwissen oder auch das Wissen zur Anwendung von Methoden. Dies wirkt sich insbesondere auf die Form der Lernsettings aus, da Kompetenzen nicht gelehrt werden können, sondern erlernt werden müssen (Weinert 2001; Elsholz 2002).

Die unter Gestaltungskompetenz subsumierten Teilkompetenzen geben Hinweise auf Methoden und Arbeitsweisen, die deren Ausbildung in Bildungsprozessen fördern können (transfer 21., BLK 1998). Wie der Erwerb von Wissen (und Kompetenzen) als Voraussetzung für die Mitwirkung an der Gegenwarts- und Zukunftsgestaltung nur als Zusammenhang des Erwerbs von Sachwissen (als komplexes Zusammenhangswissen), Orientierungswissen (d. h. der Grundlagen von Beurteilungskompetenz) und Handlungswissen (das sich auf die Kenntnis praktischer Handlungsfelder, in denen das jeweilige Wissen von Bedeutung sein kann, als auch auf Gestaltungsmöglichkeiten bezieht) gedacht werden kann, wird u. a. durch Kyburtz-Graber (2006) und Stoltenberg (2009) beispielhaft aufgezeigt.

Impuls und thematischer Ausgangspunkt für Bildungsprozesse sind Aufgaben, Phänomene oder Problemstellungen unter der Perspektive einer nachhaltigen Entwicklung, die in realen Kontexten angesiedelt sind. Damit findet die Aneignung von Wissen und Kompetenzen nicht disziplinorientiert, sondern *problemorientiert* statt. Solche Inhalte von Bildungsprozessen sind komplex und werden gesellschaftlich kontrovers diskutiert. Zu ihrem Verständnis sind deshalb sowohl Wissensbestände aus unterschiedlichen Disziplinen als auch das Wissen aus den jeweiligen gesellschaftlichen Handlungsfeldern heranzuziehen.

Um Wissen aus unterschiedlichen Disziplinen berücksichtigen zu können, ist vom Einzelnen oder möglicherweise von einem Team interdisziplinäres Denken und Arbeiten gefordert. Wünschenswert wäre eine *interdisziplinäre Zusammenarbeit*, denn sie ermöglicht Perspektivenwechsel für alle Beteiligten und bietet gegenüber einer additiven Zusammenführung von fachlichem Wissen Chancen neuer Zugänge zu den bearbeiteten Problemen und einer kritischen Reflexion des Potenzials und der Reichweite disziplinärer Arbeit.

Transdisziplinäres Arbeiten ermöglicht über die Wissensgenerierung unter Einschluss von Expertinnen und Experten der gesellschaftlichen Praxis, Alltagswissen und weiterer (kontroverser) Perspektiven auch den Erwerb von Metawissen und Schlüsselkompetenzen (z. B. durch Verständnis von gesellschaftlichen Strukturen oder Zugang zu kultureller Vielfalt). *Kooperation* mit gesellschaftlichen Akteuren wird so zu einem notwendigen Bestandteil von Bildungsprozessen.

Verschiedene Modelle können herangezogen werden, die helfen, mit der Komplexität umzugehen. Der Syndrom-Ansatz arbeitet mit der Grundannahme, dass verschiedene Sphären Einfluss auf die Komplexität nehmen und bildet Wirkungszusammenhänge durch großflächige Vernetzungen ab (Petschel-Held et al. 2001). Mithilfe des Nachhaltigkeitsvierecks kann ein Phänomen oder eine Problematik hinsichtlich ihrer ökologischen, ökonomischen, sozialen und kulturellen Implikationen analysiert bzw. in diesen Dimensionen gesellschaftlichen Handelns auf Gestaltungsmöglichkeiten, aber auch auf Konflikte hin befragt werden (Stoltenberg und Michelsen 1999; Stoltenberg 2009).

Der Umgang mit unterschiedlichen Wissensquellen schließt den Einsatz von Medien, die Verständigung bzw. Kooperation mit regionalen Expertinnen und Experten und die Recherche traditionellen Wissens ebenso ein wie die Arbeit mit den verschiedenen disziplinären Methoden. Zugleich sind die Herkunft als auch die Grenzen des Wissens zu reflektieren und der Umgang mit Unsicherheit und Nichtwissen zu lernen. *Risikoabwägung* ist deshalb ein wichtiger Bestandteil der Bearbeitung von Fragen im Rahmen von Bildungsprozessen.

Angesichts dessen, dass nachhaltige Entwicklung als Such-, Lern- und Gestaltungsprozess zu verstehen ist, sind solche Methoden und Arbeitsweisen sinnvoll, die *Kreativität, Denken in Alternativen und antizipierendes Denken* fördern (de Haan 2008; Künzli 2007; Stoltenberg 2009). Spezifische Arbeitsweisen sind die Zukunftswerkstatt oder die Szenarioanalyse (Burandt und Barth 2010; Burandt 2011).

Zentrales Prinzip einer Bildung für eine nachhaltige Entwicklung ist *Partizipation* in den Prozessen der Wissensaneignung, der Wissensgenerierung und der Anwendung des Wissens (Di Giulio und Künzli 2006; Kurrat 2010; Rieckmann und Stoltenberg 2011). Dieser Anforderung entspricht am ehesten die Arbeit in Projekten. Partizipationsprozesse ermöglichen zugleich individuelles wie gesellschaftliches Lernen für eine nachhaltige Entwicklung, wenn sie offen für die Einbeziehung unterschiedlicher Sichtweisen, Interessen und Wissensformen sind und Erfahrungs- und Gestaltungsräume eröffnen (Stoltenberg 2007). Voraussetzung dafür ist eine neue Partizipations- und Kooperationskultur von Bildungseinrichtungen.

Wenn Bildungsprozesse so angelegt sind, dass sie zu Partizipation befähigen und zugleich Partizipation erfordern, sind Arbeitsweisen und Methoden so zu wählen, dass sie Erfahrungen und Reflexionen ermöglichen, dass unterschiedliche Perspektiven eingenommen werden und die unterschiedlichen Lernerfahrungen in einer Gruppe untereinander ausgetauscht werden. Bildung für eine nachhaltige Entwicklung folgt keinen festgeschriebenen Arbeitsweisen, je nach Kontext und Thema können unterschiedliche, adäquate Arbeitsweisen gewählt werden. Vor allem partizipative und kollaborative Formen des problemorientierten Lernens sind als innovative didaktische Konzepte aufzunehmen (Barth et al. 2007, Burandt und Barth 2010). Im folgenden Kasten sind beispielhaft unterschiedliche Methoden und Arbeitsweisen aufgezeigt.

Ausgewählte Arbeitsweisen und Methoden zur Ermöglichung von Bildung für eine nachhaltige Entwicklung (einige der genannten Methoden sind absichtlich unter verschiedener Perspektive hier aufgenommen; sie stehen für die allgemeine Einsicht, dass sich Methoden und Arbeitsweisen nicht als linear wirksame Instrumente verstehen lassen):

... für die Ausbildung von Sachwissen, Orientierungswissen und Gestaltungswissen im Zusammenhang:

- Lernen in Ernstsituationen (ernsthafte Aufgaben, sinnvolle Fragestellungen, fragwürdige Phänomene)
- Projektarbeit (mit der gemeinsamen Problemformulierung und einem zu kommunizierenden Ergebnis)
- Methoden spielerischen Lernens, Rollen- und Planspiele, szenisches Spiel

- problemorientiertes Arbeiten (Ausgang von einer komplexen, offenen Problemstellung ohne zwingend nur eine Lösung)
- Beteiligung an Prozessen nachhaltiger Entwicklung (Nachhaltigkeitsaudit; Wettbewerbe; Auszeichnungen)
- Methoden der Gesprächsführung und Gruppenmoderation
- Mediationsverfahren
- Evaluationsmethoden

... für die Ausbildung von Sensibilität und Wahrnehmungsfähigkeit von Mensch-Mensch-Verhältnissen und Mensch-Natur-Verhältnissen:
- Methoden spielerischen Lernens, Rollen- und Planspiele, szenisches Spiel
- Auseinandersetzung mit künstlerischen Produktionen
- Teilnahme an künstlerischen Projekten
- eigene gestalterische Erkenntnis- und Ausdrucksweisen
- Naturerlebnisse

... für den Umgang mit Komplexität und Perspektivenwechsel:
- Qualitative analytische Methoden wie Syndromansatz oder Konstellationsanalyse
- Arbeit mit dem 4-Dimensionen-Modell
- open space
- fishbowl
- Computersimulation, Arbeit mit Datenbanken und elektronischen Informationssystemen
- Mapping
- Methoden zum Perspektivenwechsel aus der Diversity-Diskussion

... für den Umgang mit Offenheit und Nichtwissen:
- open space
- Szenarien
- Planungszellen
- Zukunftswerkstatt
- problemorientiertes Arbeiten (Ausgang von einer komplexen, offenen Problemstellung)

... für Wertereflexion:
- Philosophieren mit Kindern
- Rollen- und Planspiele, szenisches Spiel
- Arbeiten mit Dilemma-Situationen

Bei der Betrachtung der Liste im Kasten wird deutlich, dass die Arbeitsweisen nicht zwingend an die Einbettung in einen formalen Unterricht gebunden sind. Der nächste Abschnitt wird diesen Aspekt deutlicher machen.

Lernprozesse und (informelles) Lernen

Bildung für eine nachhaltige Entwicklung kann im Rahmen formaler, non-formaler wie auch informeller Lernprozesse erfolgen. Informelles Lernen (Overwien und Rathenow 2009) ist Teil von Alltagserfahrung, findet insbesondere am Arbeitsplatz, in der Familie, in der Freizeit, in sozialen Bewegungen oder durch Mediennutzung statt (Brodowski et al. 2009). Es wird in der EU definiert als nicht strukturiert und in der Regel nicht intentional (Europäische Kommission 2001). Damit kommt den Strukturen und den Botschaften, die sowohl an gezielt aufgesuchten Orten wie Museen als auch einfach in Stadträumen aufgenommen werden, eine hohe Bedeutung für die Entwicklung unseres Weltbilds, für den Aufbau von Wissen und Kompetenzen zu. Dieses informelle Lernen findet auch in Bildungsinstitutionen selbst statt (Schugurensky 2000). Unterschieden werden können auf der einen Seite die informellen Lernprozesse, die innerhalb der Lehrveranstaltungen stattfinden („heimliches Curriculum").

> It is difficult to imagine a formal learning context in which only explicit learning of explicit knowledge takes place. To focus only on the explicit learning of formally presented knowledge is to fail recognise the complexity of learning even in well-ordered classrooms (Eraut 2000).

Auf der anderen Seite finden informelle Lernprozesse statt, die sich in vielfältigen Kontexten im Alltagsleben in der Bildungsinstitution ergeben, wie z. B. in der Peer Group, beim Konsum von Lebensmitteln, im freiwilligen Engagement in Schülerarbeitsgruppen, studentischen Initiativen oder ehrenamtlichen Gremien oder in selbstorganisierten Lernprojekten (Sterling und Thomas 2006).

Vor diesem Hintergrund ist auch die Gestaltung der Bildungsinstitution als ein Bestandteil von Bildung für nachhaltige Entwicklung zu konzipieren (für Schulen Bormann 2005; für Universitäten Adomßent et al. 2009; für Kindergärten Stoltenberg und Thielebein-Pohl 2011). Dazu gehört zum einen der bewusste und reflektierte Umgang mit Ressourcen (Wasser, Energie, Vermeidung von Abfall), die Aufmerksamkeit für regionale und ökologische Produkte beim Einkauf, insbesondere von Lebensmitteln, und die Ausstattung mit Mobiliar und Arbeitsmaterialien, die Nachhaltigkeitsansprüchen genügen. Gestaltungsmöglichkeiten sind jedoch auch zum anderen in der sozialen, ökonomischen und kulturellen Dimension der Gestaltung einer Bildungsinstitution im Sinne nachhaltiger Entwicklung auszuschöpfen: durch praktizierte Partizipation, ehrenamtliches Engagement oder durch gelebte kulturelle Vielfalt.

Implementierung von Bildung für eine nachhaltige Entwicklung: Fallbeispiele

Die Ausgestaltung von Bildung für eine nachhaltige Entwicklung ist von vielfältigen Faktoren abhängig: von den Erfahrungen der Beteiligten, den Spielräumen und Unterstützungsangeboten für Innovationsprozesse, der Bereitschaft, umzulernen und die bisherige

Bildungspraxis kritisch zu reflektieren. Die folgenden Fallbeispiele zeigen beispielhaft für unterschiedliche Bildungsbereiche, wie die Implementierung von Bildung für eine nachhaltige Entwicklung gelingen kann, wie informelle und formale Lernprozesse unterstützt und inter- und transdisziplinäre Lernräume genutzt werden können.

KITA21

KITA21 ist ein Kooperationsprojekt von Praxis und Wissenschaft, das Kindergärten und Kindertagesstätten ermöglichen möchte, mit dem Konzept einer Bildung für eine nachhaltige Entwicklung zu arbeiten (Stoltenberg und Thielebein-Pohl 2011). Dazu wurde ein Weiterbildungskonzept für pädagogische Fachkräfte entwickelt, die beteiligten Erzieherinnen und Erzieher wurden durch Information, Beratung, Materialien und die Organisation eines Netzwerks zum Erfahrungsaustausch unterstützt, das neue Konzept in der Praxis zu erproben. Mit einem Projekt konnten sie sich dann für die Auszeichnung als „KITA21-Die Zukunftsgestalter" bewerben. Diese Auszeichnung wird als Element der Qualitätsentwicklung verstanden und kann in diesem Sinne wiederholt werden. Konzipiert und realisiert wurde das Modellprojekt durch die Save Our Future-Umweltstiftung (S.O.F.) in Kooperation mit der Leuphana Universität Lüneburg, Institut für integrative Studien. Es ist ein Beitrag zur weltweiten Aufgabe der UN-Dekade „Bildung für nachhaltige Entwicklung 2005–2014".

Kitas sind neben der Familie ein zentraler Ort für Bildungsprozesse in der frühen Kindheit. Dem Bericht „Bildung in Deutschland 2010" kann man entnehmen, dass über 95 % der Drei- bis Vierjährigen eine Kindertagesstätte besuchen. Sie haben die Gelegenheit, durch gemeinsames Lernen, Spiel im Alltag und durch organisierte Bildungsangebote frühzeitig Wahrnehmungsfähigkeit, Werthaltungen, Wissen und Kompetenzen zu erwerben, die für den Prozess einer nachhaltigen Entwicklung individuell und gesellschaftlich gebraucht werden. Das Modellprojekt richtet sich zunächst an die pädagogischen Fachkräfte, die bisher in der Regel nicht die Gelegenheit hatten, sich mit diesem innovativen Bildungskonzept zu befassen. Die Wertschätzung einer pädagogischen Arbeit, die sich einer verantwortlichen Zukunftsgestaltung verpflichtet fühlt, soll durch eine Auszeichnung, die man durch Teilnahme an dem Modellvorhaben erwerben kann, ausgedrückt werden. Mit einem Grundlagenworkshop wird das Konzept Bildung für eine nachhaltige Entwicklung an die beteiligten Erzieherinnen und Erzieher herangetragen. Sie haben dann die Gelegenheit und Aufgabe, ihre Erfahrungen und neuen Einsichten mit ihren Kolleginnen und Kollegen in der Praxis zu teilen und Ideen für ein Arbeiten in der Kita mit diesem Konzept zu entwickeln. Ein sich nach wenigen Wochen anschließender Praxisworkshop greift diese Ideen für eine innovative Praxis der pädagogischen Fachkräfte im Sinne einer nachhaltigen Entwicklung auf, sie werden mit den theoretischen Überlegungen zusammengeführt und dadurch weiterentwickelt.

Parallel dazu haben die beteiligten Erzieherinnen und Erzieher die Gelegenheit, sich beraten zu lassen, Materialien und Anregungen zu erhalten, die die Arbeit mit dem Konzept fördern. Als Teilnahmevoraussetzung an dem Auszeichnungsverfahren muss ein Bildungsvorhaben durchgeführt und beschrieben werden, das mit den Inhalten der Weiterbildung arbeitet. Für die Beschreibung gibt es eine schriftliche Vorgabe, die zu Ausführungen auffordert, die auf zugrunde gelegte Kriterien zielen, um eine Vergleichbarkeit herzustellen, die zum anderen die Beteiligten auffordert, ihre neue Praxis auch noch einmal unter diesen Nachhaltigkeitskriterien zu reflektieren.

Die Ausgestaltung des Konzepts einer Bildung für eine nachhaltige Entwicklung für Kinder im Elementarbereich steht vor der besonderen Herausforderung, die besonderen Lernwege und mentalen Modelle von Kleinkindern berücksichtigen zu müssen. Zudem ist die besondere Situation von Kleinkindern zu bedenken, die gefordert sind, sich in die sie umgebende Kultur einzuleben – obwohl dies unter Nachhaltigkeitsgesichtspunkten nicht in jeder Beziehung sinnvoll ist, denn in diesem Kontext sind gefestigte Wertvorstellungen und Sichtweisen von Erwachsenen zu hinterfragen. So ist es notwendig, Kleinkindern zu ermöglichen, „in der sie umgebenden nicht-nachhaltigen Welt nach den Wegen zu suchen, die sie selbst für wünschenswert und verantwortlich halten" (Stoltenberg und Thielebein-Pohl 2011). Das gelingt durch Spiel, organisierte Bildungsprozesse durch Projekte und nicht zuletzt im Alltag, durch Begleitung der Kinder und durch Unterstützung ihrer selbstgesteuerten und selbstorganisierten Lernprozesse.

Dementsprechend ist für das Projekt KITA21 das Konzept von Bildung für eine nachhaltige Entwicklung speziell für die Ansprüche von Kindern ausgestaltet worden. Besondere Aufmerksamkeit in der Gestaltung der Lernumgebung und der Bildungsanlässe verdienen danach

- Naturerfahrungen und Wissen über Natur als Lebensgrundlage,
- Wahrnehmung und Wertschätzung von Vielfalt,
- Sachverhalten auf den Grund gehen,
- Kreativität und Querdenken,
- Partizipation und
- Kultur des Umgangs mit den Dingen (Stoltenberg und Thielebein-Pohl 2011).

Das Modellvorhaben hat nicht nur eine Wirkung innerhalb der beteiligten Kita. Die Evaluationsergebnisse zeigen, dass neben Eltern und den Trägern der Einrichtung auch die Nachbarschaft und der Stadtteil auf diese Arbeit aufmerksam werden.

Die Struktur des Modellvorhabens bewährt sich: Die zusätzlichen Informations- und Beratungsangebote werden angenommen (bzw. werden von den Teilnehmenden als große Sicherheit im Hintergrund wahrgenommen, auf die man zur Not zurückgreifen könnte). Mit der Auszeichnung kann gegenüber Eltern und Kooperationspartnern gearbeitet werden. Und ein großer Teil der bereits ausgezeichneten Kitas hat sich nach der Modellphase wieder an dem Projekt beteiligt, das künftig – nicht nur auf Hamburg beschränkt – weiter arbeiten wird.

Das Modellprojekt KITA21 zeigt, dass es auch schon Kindergartenkindern ermöglicht werden kann, Sichtweisen, Wissen und Kompetenzen im Sinne einer nachhaltigen Entwicklung aufzubauen. Für pädagogische Fachkräfte in der Kita erweist sich das Konzept Bildung für eine nachhaltige Entwicklung als Professionalisierungsangebot und zudem als hohe Motivation für innovative Arbeit.

BINK: Transdisziplinäre Interventionsentwicklung zur Veränderung (hoch-)schulischer Konsumkultur

Die Veränderung nicht-nachhaltiger Konsummuster ist ein zentraler Auftrag, den die auf der Weltkonferenz für Umwelt und Entwicklung im Jahr 1992 in Rio de Janeiro beschlossene Agenda 21 der internationalen Staatengemeinschaft für das 21. Jahrhundert mit auf den Weg gegeben hat. Ziel des Projektes BINK (Bildungsinstitutionen und nachhaltiger Konsum) war es, Beiträge von Bildungseinrichtungen zur Förderung eines nachhaltigen Konsums bei Jugendlichen und jungen Erwachsenen auszumachen und im Sinne einer Bildung für eine nachhaltige Entwicklung weiterzuentwickeln. Dazu galt es, formales und informelles Lernen zum nachhaltigen Konsum in Bildungseinrichtungen modellhaft aufeinander zu beziehen, mit partizipativen Organisationsentwicklungsprozessen zu verknüpfen und Nachhaltigkeit erlebbar zu machen. Bildungseinrichtungen wurden als Zielgruppe ausgewählt, da sie in doppelter Weise auf das Konsumverhalten von jungen Menschen wirken. Zum einen können sie durch Bildungsangebote einen Beitrag zur Reflexion und bewussteren Gestaltung des Konsumverhaltens leisten. Zum anderen sind sie auch Orte, an denen konsumiert wird, z. B. in Campus-Cafés oder der Mensa.

Alle Informationen zu BINK sind unter www.konsumkultur.de zu finden.

Im Forschungsprojekt BINK wurde auf theoretischer Ebene ein Ansatz zur systematischen Verknüpfung formalen und informellen Konsumlernens entwickelt (Barth et al. 2010). Darauf basierend sollten Maßnahmen entwickelt werden, die im Sinne einer Bildung für eine nachhaltige Entwicklung helfen, in den beteiligten Praxiseinrichtungen aus dem Bildungsbereich eine nachhaltige Konsumkultur zu etablieren, die die Konsumkompetenz junger Menschen fördert und nachhaltiges Konsumverhalten ermöglicht. Im Mittelpunkt des Projektes stand die Fragestellung, wie sich insbesondere Lernmöglichkeiten außerhalb des planmäßigen Unterrichts in informellen Lernräumen im (hoch-)schulischen Kontext als ein „Erfahrungsraum für Nachhaltigkeit" (Stoltenberg 2000) für gezieltes und beiläufiges Lernen im Sinne eines nachhaltigen Konsums gestalten lassen. Somit standen hier die Prinzipien des Erlebens, Erfahrens und das Einnehmen einer neuen Perspektive als konzeptuelle Rahmenbedingung einer Bildung für eine nachhaltige Entwicklung im Vordergrund.

Veränderungsprozesse hin zu einer nachhaltigen Konsumkultur an Bildungsinstitutionen erfordern ein partizipatives Vorgehen und die Berücksichtigung spezifischer organisationaler Kontexte. Daher wurde die Zusammenarbeit mit den Praxispartnern an den Ansatz der partizipativen Interventionsplanung (Matthies 2000) angelehnt. Basierend auf dem theoretischen Ansatz wurden gemeinsam mit den verschiedenen Praxispartnern in einem partizipativen und transdisziplinär ausgelegtem Prozess, Ziele und Ideen für konkrete Maßnahmen für Konsumlernen formuliert (Fischer 2011b). Praxispartner im Projekt waren nicht nur Schüler, Studierende und das Kollegium der Bildungsinstitutionen, sondern auch Akteure der Orte des Konsums (Mensa, Küche), Experten von außen oder prominente Personen wie die Köchin Sarah Wiener. Daher flossen auch praxisbezogene Wissensbestände über die lokalen Kontexte der Einrichtung sowie unterschiedliche Sichtweisen und Perspektiven auf das Handlungsfeld Konsum ein. Als Ergebnis lag pro Einrichtung ein ausgearbeitetes Maßnahmenpaket vor, das aus mehreren ausgewählten Interventionen bestand, die an verschiedenen Aspekten von Konsumkultur ansetzen und im informellen Lernsetting verortet waren. Die operative Ausgestaltung und Umsetzung sowie die Praxis-Evaluation der Maßnahmen lag in den Händen der beteiligten Praxispartnern, die von wissenschaftlicher Seite des Projektteams moderierend und strukturierend begleitet wurden.

Die Ergebnisse begleitender empirischer Untersuchungen machen deutlich, dass es zum Teil beträchtliche Unterschiede gibt zwischen aktiv an BINK beteiligten und unbeteiligten Jugendlichen und jungen Erwachsenen. So sind die Aktiven signifikant stärker betroffen von den schlechten Arbeitsbedingungen und dem gesellschaftlichen Umgang damit, finden Umwelt und Gerechtigkeit signifikant wichtiger beim Einkaufen und sind insgesamt signifikant zuversichtlicher, durch diese Konsumentscheidungen etwas in Richtung nachhaltiger Entwicklung verändern zu können (Barth et al. 2011b). Die stärksten Einflüsse der Konsumkultur auf das, was Jugendliche und junge Erwachsene über nachhaltigen Konsum lernen, welche Einflussmöglichkeiten sie als Konsumierende sehen und welche persönliche Relevanz nachhaltiger Konsum für sie hat, haben zwei organisationale Merkmale: der Stellenwert nachhaltigkeitsbezogener Konsumbildungsziele und die Wahrnehmung von Veränderung in Richtung nachhaltiger Entwicklung an der Einrichtung. Die Befunde der Studie stützen den im Bildungsprogramm BINK entwickelten Ansatz, nachhaltigen Konsum über die ganzheitliche Gestaltung der Konsumkultur zu einem Anliegen an der Bildungseinrichtung zu machen und entsprechende Veränderungen innerhalb und außerhalb des Unterrichts und der Lehre anzugehen (Barth et al. 2011a).

Beispielprojekt im Rahmen von BINK
An der Leuphana Universität Lüneburg, die selbst als Praxispartnerin im Projekt BINK mitwirkte, wurde im Wintersemester 2009/2010 im Leuphana Bachelor, Major Umweltwissenschaften (3. Semester) als eine Intervention zur Förderung einer nachhaltigen Konsumkultur ein transdisziplinäres Projektseminar konzipiert und durchgeführt (Fischer und Rieckmann 2010). Die übergeordnete Zielsetzung des Projektseminars war es, Studierende zur selbstständigen Planung und Gestaltung informeller Lernsettings zu befähigen, die den Erwerb von Gestaltungskompetenz im Handlungsfeld Konsum ermöglichen und anregen. Einen Schwerpunkt

des Seminarkonzepts bildete der Ansatz, die entwickelten Planungen für informelle Lernsettings in eigenen Forschungs- und Entwicklungsprojekten in Zusammenarbeit mit Praxispartnern praktisch zu erproben und evaluativ zu begleiten.

Im Anschluss an einführende Sitzungen, in denen die wissenschaftlichen Grundlagen des Konsumentenlernens und des Konzepts nachhaltiger Konsum thematisiert wurden, erarbeiteten die Studierendengruppen in einem Planungsworkshop gemeinsam mit ihren Praxispartnern eine gemeinsame Problemstellung, die mit dem Projekt bearbeitet werden sollte. Als praktische Produkte entstanden sieben Projekte, die nachhaltigen Konsum an zentralen Konsumorten der Leuphana Universität Lüneburg sichtbar und erlebbar machten: unter anderem wurde in der Mensa ein Veggie-Day durchgeführt, der für eine klimafreundliche und fleischarme Ernährung warb. Im Campus-Café versperrte eine Holzbarriere den routinierten Griff zu den Papier-Cafébechern. Verdutzte Kund(inn)en lasen darauf, welche Einsparpotenziale der Umstieg auf Keramik-Tassen bietet. Einen Anstoß zu einem grundsätzlichen Hinterfragen unseres Umgangs mit den Dingen lieferte eine Studierendengruppe, die in einem ungenutzten Raum auf dem Campus einen Umsonst-Laden einrichtete und dessen Eröffnung intensiv bewarb. Der Laden „Die Zwiebel" existiert noch heute und ist inzwischen über die Grenzen der Hochschule hinaus bekannt.

Insgesamt wurde hier während des Seminares in einem eher formalen Kontext gelernt, aber die Projekte erschließen ein breites informelles Lernumfeld in dem potenziell jedes Mitglied der Universität eine andere Perspektive erfahren und somit lernen kann.

Hochschulbildung für nachhaltige Entwicklung – Ein Minor nach Prinzipien von Bildung für eine nachhaltige Entwicklung

An der Leuphana Universität Lüneburg wird seit 2007 der Minor „Nachhaltigkeitshumanwissenschaften" (ehemals: „Nachhaltige Entwicklung") vom Institut für Umweltkommunikation fächerübergreifend angeboten. Die jetzige Implementierung des Minor ist als Ergebnis eines organisationalen Lern- und Entwicklungsprozesses zu sehen. Begonnen als Zusatzqualifikation im Studium als „Studienprogramm Nachhaltigkeit" (Barth und Godemann 2010), ist das weiter entwickelte Konzept mittlerweile fest als Nebenfach (Minor) im Curriculum der Leuphana verankert.

Bereits 2005 und 2007 wurde auf den Bildungsministerkonferenzen ein stärkerer thematischer Nachhaltigkeitsbezug in der Hochschullehre eingefordert (Europäische Minister 2005, 2007); jedoch brauchen gebildete, verantwortungsvolle Persönlichkeiten – Führungskräfte der Zukunft – mehr als disziplinäres Fachwissen und möglicherweise thematische Kenntnisse im Kontext einer nachhaltigen Entwicklung.

Der Minor Nachhaltigkeitshumanwissenschaften (NHW) setzt hier an, um den Studie-renden den Erwerb von Wissen und insbesondere überfachlichem Wissen und Kompeten-zen für eine aktive Teilnahme an der Gestaltung einer nachhaltigen Entwicklung der Ge-sellschaft zu ermöglichen. Zu den wichtigsten Kompetenzen, über die die Absolventinnen und Absolventen am Ende des Minor verfügen, zählen Methodenkompetenzen, Denken in komplexen Zusammenhängen, Umgang mit Unsicherheiten und komplexen Problemen sowie die Fähigkeiten zu interdisziplinärer Kollaboration und zum konstruktiven Dialog mit Vertreterinnen und Vertretern verschiedener Forschungs- und Praxisfelder. Ferner sollen auch Soft Skills, wie beispielsweise Fähigkeiten zur Moderation, Präsentation und zum Projektmanagement, gefördert werden (Burandt und Barth 2010).

Für entsprechende Lernprozesse in der Hochschulbildung ergeben sich – wie in ande-ren Lernkontexten auch – bestimmte Konsequenzen für die Lehr- und Lernformen (DGFE 2004; Barth et al. 2007). Konkret gilt, dass die Eigenverantwortung und die Selbststeuerung der Studierenden im Lernprozess stark in den Vordergrund gestellt werden und die Lehre interdisziplinär und kollaborativ ausgerichtet sein sollte (Barth et al. 2007; Burandt und Barth 2010). Bildung für eine nachhaltige Entwicklung bietet hier einen konzeptuellen Rahmen.

Der Minor läuft über vier Semester und hat einen Umfang von 30 ECTS, die in sechs Modulen, die alle aufeinander aufbauen, erworben werden. Die Module folgen dabei einer roten Linie und entsprechen im weitesten Sinne einem Vorgehen in der Nachhaltigkeits-forschung. Die groben Denkschritte sind: Grundwissen und Problembeschreibung, Sys-temanalyse, Zielwissen und Systemtransformation sowie die Entwicklung und Umsetzung von Lösungsstrategien.

Die Studierenden erhalten im ersten Modul eine thematische Einführung (als gemein-same Wissensgrundlage). Es wird ein gesellschaftsrelevantes, komplexes Problemfeld be-arbeitet, welches unterschiedlicher disziplinärer Betrachtungsweisen und Wissensbestän-de bedarf, aber auch hinsichtlich einer Zielbestimmung unklar ist und diskursiv entwickelt werden muss. Konkrete Themen, die bereits bearbeitet wurden, sind bspw. „Entwicklung der Landwirtschaft" oder „(nachhaltige) Stadtentwicklung".

Im folgenden Modul „Komplexe Problemlagen bearbeiten" wird anhand einer wis-senschaftlichen Methode zur Analyse komplexer Systeme, wie z. B. dem Syndromansatz (WBGU 1996) oder der Konstellationsanalyse (Schön et al. 2007), das zuvor eingeführte Problemfeld auf eine konkrete Fallregion übertragen und eine Systemanalyse/Situations-analyse durchgeführt. Hier geht es vor allem um eine Identifikation relevanter Akteure und Einflussfaktoren und die Betrachtung komplexer (nicht-)nachhaltiger Systemzusammen-hänge aus interdisziplinärer Perspektive. Es wird eine gemeinsame Wissensbasis zu den Einflussfaktoren und Beziehungen im System erarbeitet. Im dritten Semester des Minor werden aufbauend auf der Systemanalyse zwei Perspektiven eingenommen. Zum einen wird, um Systemdynamiken und zukünftige Entwicklungsalternativen des betrachteten Falles zu berücksichtigen, eine wissenschaftliche Methode zur Transformation von Systemen erlernt und auf das System angewendet, beispielsweise die Szenarioanalyse. Zum anderen erfolgt eine Erweiterung der Bearbeitung des Problemfeldes aus einer transdisziplinären Perspektive. Hier geht es vor allem um die Entwicklung von Fragestellungen, die von Relevanz für die Praxis und die Nachhaltigkeitswissenschaften sind; angestrebt wird die Integration unterschiedlichster Wissensbestände, die Verknüpfung von Erfahrungswissen und Expertenwissen von Praktikerinnen und Praktikern mit wissenschaftlichem Wissen. Die im Laufe des Semesters erarbeiteten Zukunftsszenarien werden daher außerhalb der Universität im Dialog mit unterschiedlichen Akteuren validiert und deren Perspektiven integriert. Basierend auf den Erkenntnissen und den Szenarien werden Möglichkeiten zur Beeinflussung des Systems in Richtung einer nachhaltigen Entwicklung systematisch abgeleitet. Im anschließenden Praxissemester werden Projekte in der Fallregion mit Praxispartnern durchgeführt. Neben Kompetenzen im Projektmanagement und in der transdisziplinären Kollaboration zielt dieses Semester auf die systematische Umsetzung von wissenschaftlich erzeugtem Wissen auf konkrete Problemsituationen in der Lebenswelt. Sie beinhaltet die Erfahrung, dass wissenschaftliches Wissen für die aktive Teilnahme an der Gestaltung der (nachhaltigen) Entwicklung der Gesellschaft von Bedeutung ist, wenn bestimmte Methoden und Arbeitsweisen unter dem Anspruch inter- und transdisziplinärer Arbeit gewählt werden.

Die Veranstaltungen sind meist als Projektseminare konzipiert. Die inhaltliche Arbeit findet in selbstorganisierter, interdisziplinärer Teamarbeit statt, oft müssen bestimmte inhaltliche Schritte, Analysen etc. zu bestimmten Meilensteinen in den Seminaren vorbereitet und in den entsprechenden Sitzungen präsentiert werden. Vonseiten der Dozierenden wird in die Methoden eingeführt und es werden die Arbeits- und Lernprozesse moderierend begleitet. Um Kollaborationsprozesse gezielt zu unterstützen, wird ein Teil der Veranstaltungen geblockt angeboten, sodass intensiven Diskussionen und Gruppenarbeit hinreichend Zeit eingeräumt werden kann. Zu Beginn des Studiums des Minor werden Teambildungsprozesse unterstützt und die Sitzungen möglichst vielseitig und mit abwechselnden Methoden strukturiert. Es wird nach einer thematischen Einführung im ersten Semester kaum fachliches Wissen vorgegeben, sondern die Inhalte werden im Sinne eines konstruktivistischen Verständnisses beispielsweise in einer gemeinsamen Wissensbasis erarbeitet und gegenseitig überprüft und weiterentwickelt. In jedem Semester gibt es eine transdisziplinäre Phase, in der die Studierenden Teile ihrer Arbeit Personen aus der Praxis vorstellen und diskutieren sowie validieren müssen.

Im Rahmen des Minor-Studiums wird ein kritischer Umgang mit Sachwissen erprobt und reflektiert. Wertvorstellungen bilden sich unter Einnahme verschiedener Perspektiven im Diskurs heraus, die Zukunft wird als gestaltbar erfahren. So bildet das Studium des Minor NHW eine sinnvolle Ergänzung zu den stärker fachlich ausgerichteten Hauptfächern in einem modernen Ausbildungskonzept, das Führungskräfte sowie Multiplikatorinnen und Multiplikatoren für eine verantwortliche Zukunftsgestaltung ausbilden soll.

Informationen zum Minor NHW im Internet unter:

http://www.leuphana.de/college/bachelor/studiengang-
minor/nachhaltigkeitshumanwissenschaften.html

Ausblick

So unterschiedlich die aufgezeichneten Fallbeispiele sind, so zeigen sie in Verbindung mit den theoretischen Erörterungen, dass problemorientiertes Arbeiten, die Einbeziehung der Perspektiven unterschiedlicher gesellschaftlicher Handlungsfelder als auch Inter- und Transdisziplinarität wichtige Elemente des Konzepts Bildung für eine nachhaltige Entwicklung sind. Der Bildungsprozess selbst sollte die Erarbeitung von Sachwissen vorsehen und zugleich die Frage nach sinnvollen Kontexten für dieses Wissen stellen, denn so kann zugleich auch Orientierungswissen/Bewertungswissen und Gestaltungswissen/ Transformationswissen aufgebaut werden. Zukunftsfragen sind komplex; ihre Bearbeitung unter dem Anspruch einer nachhaltigen Entwicklung erfordert die Einbeziehung disziplinären Wissens, das in interdisziplinärer Arbeit fruchtbar gemacht werden kann. Es erfordert zudem einschlägiges gesellschaftliches Wissen und damit eine transdisziplinäre Arbeitsweise. Der Aufbau von Wissen wird verbunden mit einer kritischen Reflexion der Werte, die der Wissensgenerierung und -anwendung zugrunde gelegt werden. Der Bildungsprozess selbst sollte im Prozess der Aneignung von Wissen Erfahrungs- bzw. Gestaltungsmöglichkeiten mit einer nachhaltigen Entwicklung erschließen.

Die hier noch einmal zusammengefassten Prinzipien der Arbeit mit dem Konzept Bildung für eine nachhaltige Entwicklung gelten auch für die Aneignung des Konzepts, also für die Bildungsprozesse derjenigen, die als künftige Multiplikatorinnen und Multiplikatoren damit arbeiten werden. Hochschulstudium bzw. Weiterbildung sind entsprechend inhaltlich und methodisch zu konzipieren. Da das Konzept in seinem Selbstverständnis in den regionalen und globalen gesellschaftlichen Diskurs über eine nachhaltige Entwicklung eingebettet ist, bedarf es zudem immer auch der kritischen Überprüfung und Weiterentwicklung.

Literatur

Adomßent M, Michelsen G, Rieckmann M, Stoltenberg U (2009) Die „Sustainable University" als informeller Lernkontext. In: Brodowski M, Devers-Kanoglu U, Overwien B, Rohs M, Salinger S, & Walser M (Hrsg) Informelles Lernen und Bildung für eine nachhaltige Entwicklung Beiträge aus Theorie und Praxis. Leverkusen-Opladen, Budrich, S 23–34

Barth M (2007) Gestaltungskompetenz durch Neue Medien? Die Rolle des Lernens mit Neuen Medien in der Bildung für eine nachhaltige Entwicklung. Umweltkommunikation, Bd. 4. Berlin

Barth M (2011) Learning for change. An educational perspective on sustainability science. Kumulative Habilitationsschrift, Leuphana Universität Lüneburg

Barth M, Godemann J (2010) Das Studienprogramm Nachhaltigkeit als Beispiel interdisziplinärer Lehre. Herausforderungen, Chancen und Erfahrungen. In: Cremer-Renz C, Jansen-Schulz B (Hrsg) Innovative Lehre. Grundsätze, Konzepte, Beispiele der Leuphana Universität Lüneburg, Wiesbaden, S 171–184

Barth M, Godemann J, Rieckmann M, Stoltenberg U (2007) Developing key competencies for sustainable development in higher education. Int J Sustain High Educ 8(4):416–430

Barth M, Fischer D, Michelsen G (2010) Bildung für nachhaltigen Konsum. Gaia – Ecol Perspect Sci Soc, 19:71

Barth M, Fischer D, Rode H (2011a) Nachhaltigen Konsum fördern durch partizipative Interventionen in Bildungseinrichtungen. Z Int Bild Entwickl 4:20–26

Barth M, Fischer D, Michelsen G, Rode H (2011b) Bildungsorganisationale Konsumkultur als Kontext jugendlichen Konsumlernens. In: Defila R, Di Giulio A, Kaufmann-Hayoz R (Hrsg) Wesen und Wege nachhaltigen Konsums. Ergebnisse aus dem Themenschwerpunkt „Vom Wissen zum Handeln Neue Wege zum nachhaltigen Konsum". Oekom, München, S 247–263

Bertschy F, Gingins F, Künzli Ch, Di Giulio A, Kaufmann-Hayoz R (2007) Bildung für eine nachhaltige Entwicklung in der Grundschule. Schlussbericht zum Expertenmandat der EDK: ‚Nachhaltige Entwicklung in der Grundschulausbildung – Begriffsklärung und Adaption'. http://www.edk.ch/PDF_Downloads/BNE/bne_Schlussbericht_2007_d.pdf. Zugegriffen: 11. Februar 2012

BLK – Bund-Länder-Kommission (1998) Bildung für eine nachhaltige Entwicklung. Orientierungsrahmen. Materialien zur Bildungsplanung und zur Forschungsförderung. Bonn

BMU – Bundesministerium für Umwelt Naturschutz und Reaktorsicherheit (o. J.) Konferenz der Vereinten Nationen für Umwelt und Entwicklung im Juni 1992 in Rio de Janeiro; Agenda21. http://www.bmu.de/files/pdfs/allgemein/application/pdf/agenda21.pdf. Zugegriffen: 31. Januar 2011

Bormann I (2005) Zwischen Wunsch und Wirklichkeit: Nachhaltigkeitskommunikation in Schulen. In: Michelsen G, Godemann J (Hrsg) Handbuch Nachhaltigkeitskommunikation. Grundlagen und Praxis. ökom, München, S 787–797

Brodowski M, Devers-Kanoglu U, Overwien B, Rohs M, Salinger S, Walser M (Hrsg) (2009) Informelles Lernen und Bildung für eine nachhaltige Entwicklung Beiträge aus Theorie und Praxis. Budrich, Leverkusen-Opladen

Burandt S (2011) Szenarioanalyse als Lernsetting für eine nachhaltige Entwicklung. Kumulative Dissertation, Leuphana Universität Lüneburg

Burandt S, Barth M (2010) Learning settings to face climate change. J Clean Product 18(7): 659–665

de Haan G (2002) Die Kernthemen der Bildung für eine nachhaltige Entwicklung. Z Int Bild Entwickl 25(1):1320

de Haan G (2008) Gestaltungskompetenz als Kompetenzkonzept der Bildung für nachhaltige Entwicklung. In: Bormann I, de Haan G (Hrsg) Kompetenzen der Bildung für nachhaltige Entwicklung. Operationalisierung, Messung, Rahmenbedingungen, Befunde. VS Verlag für Sozialwissenschaften, Wiesbaden, S 23–43

de Haan G, Harenberg D (1999) Gutachten zum Programm Bildung für eine nachhaltige Entwicklung. Materia lien zur Bildungsplanung und zur Forschungsförderung der Bund-Länder-Kommission für Bildungsplanung und Forschungsförderung 72. Bonn

de Haan G, Jungk D, Kutt K, Michelsen G, Nitschke C, Schnurpel U, Seybold H (1997) Umweltbildung als Innovation. Bilanzierungen und Empfehlungen zu Modellversuchen und Forschungsvorhaben. Springer, Heidelberg

de Haan G, Kamp G, Lerch A, Martignon L, Müller-Christ G, Nutzinger HG (2008) Nachhaltigkeit und Gerechtigkeit. Springer, Berlin

de Kraker J, Lansu A, Van Dam-Mieras R (Hrsg) (2007) Crossing boundaries: innovating learning for sustainable development in higher education. VAS, Frankfurt a. M.

Deutsche UNESCO-Kommission e. V. (2011) UN-Dekade „Bildung für nachhaltige Entwicklung"
    2005–2014. Nationaler Aktionsplan für Deutschland 2011

DGFE – Kommission „Bildung für eine nachhaltige Entwicklung" der Deutschen Gesellschaft für
    Erziehungswissenschaft (2004) Forschungsprogramm „Bildung für eine nachhaltige Entwick-
    lung". http://www.umweltbildung.uni-osnabrueck.de/pub/uploads/Dgfe-bne/bfn_forschungs-
    programm2004.pdf. Zugegriffen: 10. März 2009

Di Giulio A, Künzli Ch (2006) Partizipation von Kindern und Jugendlichen im Kontext von Bildung
    und nachhaltiger Entwicklung. In: Quesel C, Oser F (Hrsg) Die Mühen der Freiheit. Probleme
    und Chancen der Partizipation von Kindern und Jugendlichen. Rüegger, Zürich, S 205–219

Elsholz U (2002) Kompetenzentwicklung zur reflexiven Handlungsfähigkeit. In: Dehnbostel P, Els-
    holz U, Meister J, Meyer-Menk J (Hrsg) Vernetzte Kompetenzentwicklung: Alternative Positio-
    nen zur Weiterbildung. Sigma, Berlin, S 31–43

Eraut M (2000) Non-formal learning and tacit knowledge in professional work. British Journal of
    Educational Psychology, 70:113–136

Europäische Kommission, Generaldirektion Bildung und Kultur, Generaldirektion Beschäftigung
    und Soziales (2001) Mitteilung der Kommission: Einen europäischen Raum des Lebenslangen
    Lernens schaffen. Brüssel

Europäische Minister (2005) Bergen-Kommuniqué. Der europäische Hochschulraum die Ziele ver-
    wirklichen, Kommuniqué der Konferenz der für die Hochschulen zuständigen europäischen Mi-
    nisterinnen und Minister, Bergen, 19.-20. Mai 2005. http://www.bmbf.de/pubRD/bergen_kom-
    munique_dt.pdf. Zugegriffen: 17. Februar 2011

Europäische Minister (2007) Londoner Kommuniqué. Auf dem Wege zum Europäischen Hoch-
    schulraum: Antworten auf die Herausforderungen der Globalisierung, Kommuniqué der Kon-
    ferenz der für die Hochschulen zuständigen europäischen Ministerinnen und Minister, 17./18.
    Mai 2007 in London. http://www.bmbf.de/pubRD/Londoner_Kommunique_Bologna_d.pdf.
    Zugegriffen: 17. Februar 2011.

Fischer D (2011a) Educational organisations as ‚cultures of consumption': cultural contexts of consu-
    mer learning in schools. Eur Educ Res J 10(4):595–610

Fischer D (2011b) Transdisciplinarity: A new perspective for partnership in education? The case of
    sustainable cultural change in educational organizations. In: Masson P, Baumfield V, Otrel-Cass
    K, Pilo M (Hrsg) (Re)thinking Partnership in Education, (Re)penser le partenariat en Education
    (bilingual publishing). Book Edition, Lille, S 154–194

Fischer D, Rieckmann M (2010) Higher education for sustainable consumption. Concept and results
    of a transdisciplinary project course. J Sustain Edu 1: 296–306

Grunwald A, Kopfmüller J (2006) Nachhaltigkeit. Campus, Frankfurt a. M. u. a

Hauenschild K, Bolscho D (2005) Bildung für Nachhaltige Entwicklung in der Schule – Ein Studien-
    buch. Lang, Frankfurt a. M.

Huber L (2001) Anfragen an das Konzept einer „Bildung für nachhaltige Entwicklung". In: Herz O,
    Seybold H, Strobl G (Hrsg) Bildung für nachhaltige Entwicklung. Leske + Budrich, Opladen,
    S 77–86

Internationales Erd-Charta Sekretariat (2001) Erd-Charta (Dt Übers v. 8.5.2001). Natur & Umwelt
    Verlag, Berlin

Jickling B (1992) Why I don't want my children educated for sustainable development. J Environ Edu
    23(4): 5–8

Kopfmüller J, Brandl V, Jörissen J, Paetau M, Banse G, Coenen R, Grunwald A (2001) Nachhaltige
    Entwicklung integrativ betrachtet. Konstitutive Elemente, Regeln, Indikatoren. Ed. Sigma, Berlin

Künzli DC (2007) Zukunft mitgestalten. Bildung für eine nachhaltige Entwicklung Didaktisches
    Konzept und Umsetzung in der Grundschule. Haupt, Bern

Kurrat A (2010) Bildung für eine nachhaltige Entwicklung in der Grundschule. Implementations-
    chancen aus der Perspektive Partizipation. Berliner Wissenschafts-Verlag, Berlin

Kyburtz-Graber R (Hrsg) (2006) Kompetenzen für die Zukunft. Nachhaltige Entwicklung konkret.
    h.e.p. Verlag, Bern

Loske R, von Weizsäcker EU (1997) Zukunftsfähiges Deutschland – Ein etwas ungewöhnliches Forschungsprojekt. In: Landesinstitut für Schule und Weiterbildung des Landes Nordrhein-Westfalen in Zusammenarbeit mit: Bund für Umwelt und Naturschutz Deutschland e. V. (BUND), „Brot für die Welt", Bischöfliches Hilfswerk Misereor e. V. (Hrsg) Die Zukunft denken – die Gegenwart gestalten. Beltz, Weinheim, Basel

Martens P, Roorda N, Cörvers R (2010) The need for new paradigms. Sustain J Rec 3(5):294–303

Matthies E (2000) Partizipative Interventionsplanung Überlegungen zu einer Weiterentwicklung der Psychologie im Umweltschutz. Umweltpsych, 4:84–99

McKeown R (2002) Education for sustainable development toolkit: Version 2.http://www.esdtoolkit. org/esd_toolkit_v2.pdf. Zugegriffen: 2. März 2012

Michelsen G (2006) Bildung für eine nachhaltige Entwicklung: Meilensteine auf einem langen Weg. In: Tiemeyer E, & Wilbers K (Hrsg) Berufliche Bildung für nachhaltiges Wirtschaften. Konzepte, Curricula, Methoden, Beispiele. W. Bertelsmann Verlag, Bielefeld, S 7–32

Michelsen G (2009) Kompetenzen und Bildung für eine nachhaltige Entwicklung. In: Lucker T, Kölsch O (Hrsg) Naturschutz und Bildung für nachhaltige Entwicklung. Ergebnisse des F + E-Vorhabens „Bildung für nachhaltige Entwicklung (BNE) Positionierung des Naturschutzes". Landwirtschaftsverlag Münster, Bonn, S 45–57

Michelsen G, Siebert H, Lilje J (2011a) Nachhaltigkeit lernen. Ein Lesebuch. VAS-Verlag, Bad Homburg

Michelsen G, Adomßent M, Bormann I, Burandt S, Fischbach R (2011b) Indikatoren der Bildung für nachhaltige Entwicklung. Ein Werkstattbericht. VAS-Verlag, Bonn

Overwien B, Rathenow HF (Hrsg) (2009) Globalisierung fordert politische Bildung. Politisches Lernen im globalen Kontext. Verlag Barbara Budrich, Leverkusen

Parkin S, Johnston A, Buckland H, Brookes F, White E (2004) Learning and skills for sustainable development: Guidance for higher education institutions. London

Petschel-Held G, Reusswig F, Cassel-Gintz M, Lüdeke MKB (2001) Nachhaltigkeit in der Lehre: Die Chancen des Syndromkonzepts. In: Fischer A, Hahn G (Hrsg) Interdisziplinarität fängt im Kopf an. VAS Verlag, Frankfurt a M., S 51–76

Reid WV, Chen D, Goldfarb L, Hackmann H, Lee YT, Mokhele K, Ostrom E, Raivio K, Rockström J, Schellnhuber HJ, Whyte A (2010) Earth system science for global sustainability: grand challenges. Science 330:916–917

Rieckmann M (2010) Die globale Perspektive der Bildung für eine nachhaltige Entwicklung. Umweltkommunikation, Bd. 7. Berlin, Lüneburg

Rieckmann M, Stoltenberg U (2011) Partizipation als zentrales Element von Bildung für eine nachhaltige Entwicklung . In: Heinrichs H, Kuhn K, Newig J (Hrsg) Nachhaltige Gesellschaft. Welche Rolle für Partizipation und Kooperation? VS Verlag, Wiesbaden, S 117–131

Rost J, Lauströer A, Raack N (2004) Abschlussbericht zum Projekt Fragebogen „Gestaltungskompetenz". Leibnitz-Institut für die Pädagogik der Naturwissenschaften, Kiel

Rychen DS, Salganik LH (2003) A holistic model of competence. In: Rychen DS, Salganik LH (Hrsg) Key competencies for a successful life and well-functioning society. Hogrefe & Huber, Cambridge, S 41–62

Schön S, Kruse S, Meister M, Nölting B, Ohlhorst D (2007) Handbuch Konstellationsanalyse. Ein interdisziplinäres Brückenkonzept für die Nachhaltigkeits-, Technik- und Innovationsforschung. oekom-Verlag, München

Schugurensky D (2000) The forms of informal learning: Towards a conceptualization of the field. NALL Working Paper No. 19. Centre for the Study of Education and Work, Toronto

Siebert H (1999) Pädagogischer Konstruktivismus. Eine Bilanz der Konstruktivismusdiskussion für die Bildungspraxis. Luchterhand Verlag, Neuwied

Sterling S, Thomas I (2006) Education for sustainability: the role of capabilities in guiding university curricula. Int J Innov Sustain Dev 1 (4):349–370

Stoltenberg U (2000) Lebenswelt Hochschule als Erfahrungsraum für Nachhaltigkeit. In: Michelsen G (Hrsg) Sustainable University. Auf dem Weg zu einem universitären Agendaprozess. VAS, Frankfurt a. M., S 90–116

Stoltenberg U (2007) Gesellschaftliches Lernen und Partizipation. In: Jonuschat H, Baranek E, Behrendt M, Dietz K, Schlussmeier B, Walk H, Zehm A (Hrsg) Partizipation und Nachhaltigkeit – Vom Leitbild zur Umsetzung. Ergebnisse sozial-ökologischer Forschung. ökom, München, S 96–105

Stoltenberg U (2009) Mensch und Wald. Theorie und Praxis einer Bildung für eine nachhaltige Entwicklung am Beispiel des Themenfelds Wald. ökom, München

Stoltenberg U, Michelsen G (1999) Lernen nach der Agenda 21: Überlegungen zu einem Bildungskonzept für eine nachhaltige Entwicklung. In: Stoltenberg U, Michelsen G, Schreiner J (Hrsg) Umweltbildung den Möglichkeitssinn wecken. NNA-Ber 12 (1):45–54

Stoltenberg U, Thielebein-Pohl R (Hrsg) (2011) KITA21: Die Zukunftsgestalter. Mit Bildung für eine nachhaltige Entwicklung Gegenwart und Zukunft gestalten. ökom, München

transfer 21 (o. J.) Herzlich willkommen in der Schule. http://www.institutfutur.de/transfer-21/daten/materialien/T21_ganztag2.pdf. Zugegriffen: 31. August 2012

Tucker V (1999) The myth of development: a critique of eurocentric discourse. In: Munck R, O'Hearn D (Hrsg) Critical development theory. Contributions to the new paradigmen. Zed Books, London, S 1–26

UNECE – United Nations Economic Commission for Europe (2005a) UNECE strategy for education for sustainable development. http://www.unece.org/env/documents/2005/cep/ac.13/cep.ac.13.2005.3.rev.1.e.pdf. Zugegriffen: 11. Februar 2011

UNECE – United Nations Economic Commission for Europe (2005b) Vilnius framework for the implementation of the UNECE strategy for education for sustainable development. http://www.unece.org/env/documents/2005/cep/ac.13/cep.ac.13.2005.4.rev.1.e.pdf. Zugegriffen: 11. Februar 2011

UNESCO – United Nations Educational, Scientific and Cultural Organization (2003) Das Übereinkommen zur Erhaltung des immateriellen Kulturerbes. http://www.unesco.de/ike-konvention.html. Zugegriffen: 11. Februar 2011

UNESCO – United Nations Educational, Scientific and Cultural Organization (2005) Übereinkommen über den Schutz und die Förderung der Vielfalt kultureller Ausdrucksformen. http://www.unesco.de/konvention_kulturelle_vielfalt.html. Zugegriffen: 11. Februar 2011

UNESCO – United Nations Educational, Scientific and Cultural Organization (2009) Bonn declaration. UNESCO world conference on education for sustainable development, Bonn, Germany on 31 March to 2 April 2009. http://www.esd-world-conference-2009.org/fileadmin/download/ESD2009_BonnDeclaration080409.pdf. Zugegriffen: 11. Februar 2011

Wals A (2009) Review of contexts and structures for education for sustainable development. Learning for a sustainable world. UNESCO – division for the coordination of → United Nations Priorities in Education. http://www.unesco.org/education/justpublished_desd2009.pdf. Zugegriffen: 8. Oktober 2012

Wals A (2010) Message in a bottle: learning our way out of unsustainability. UR, Wageningen

Wals A, Blewitt J (2010) Third wave sustainability in higher education: some (Inter)national trends and developments. In: Jones P, Selby D, Sterling SR (Hrsg) Sustainability education. Perspectives and practice across higher education. Earthscan, London, S 55–74

WBGU – Wissenschaftlicher Beirat der Bundesregierung Globale Umweltveränderungen (1996) Welt im Wandel Herausforderung für die deutsche Wissenschaft. Jahresgutachten 1996. Berlin

WBGU – Wissenschaftlicher Beirat der Bundesregierung Globale Umweltveränderungen (2011) Welt im Wandel: Gesellschaftsvertrag für eine große Transformation. Zusammenfassung für Entscheidungsträger. Berlin

Weinert FE (2001) Concept of competence: a conceptual clarification. In: Rychen DS, Salganik LH (Hrsg) Defining and selecting key competencies. Hogrefe & Huber, Ashland, S 45–65

Nachwort

Dennis Meadows, Mitautor der, 1972 für den Club of Rome erstellten Studie über die „Grenzen des Wachstums", sagte in einem Interview mit der FAZ, dass aus heutiger Sicht der Begriff der ‚nachhaltigen Entwicklung' eine ebenso unsinnige Vokabel sei wie ‚der friedliche Krieg'. Seit Erscheinen der Studie sind nunmehr 40 Jahre vergangen – und aus dem damaligen Weckruf wurden keineswegs die notwendigen Konsequenzen gezogen. Unter dieser Perspektive ist Meadows' Sicht verständlich. Aber was sind schon 40 Jahre in einer Menschheitsgeschichte? Aus Meadows' Worten, so darf vermutet werden, sprechen die persönlichen Enttäuschungen eines klugen und weitsichtigen Forschers, der die Umsetzung seiner Erkenntnisse in konkretes Handeln vermisst. Dies sollte uns allen Ansporn sein, die Idee der Nachhaltigkeit mit Leben zu füllen – umfassender und beharrlicher, als es bis dato der Fall war.

Wenn es um das Verständnis von Nachhaltigkeit geht, wird in der Regel auf den Erhalt eines Systems bzw. bestimmter Elemente eines Systems abgehoben. Aus politischer Perspektive bedeutet dies, alles zu bewahren, was der positiven Entwicklung einer Gesellschaft dient. Hierzu zählt, gerade aus Sicht der Bundesagentur für Arbeit, eine positive Entwicklung des Arbeitsmarktes. Denn von ihr hängen die Einkommens- und Teilhabechancen der Menschen in entscheidendem Maße ab. Wenn Unternehmen sich langfristig ausrichten, nachhaltig wirtschaften und so Arbeitsplätze sichern, wird der Arbeitsmarkt auch in Zukunft diese Funktion erfüllen können.

Aus volkswirtschaftlicher Sicht gibt es zwar noch kein etabliertes Verständnis eines nachhaltigen Arbeitsmarktes, aber von einer guten Situation und Entwicklung des Arbeitsmarktes kann dann gesprochen werden, wenn Vollbeschäftigung, oder zumindest ein hoher Beschäftigungsstand, gesichert ist – und die Qualität der Beschäftigung gewissen Standards genügt: So sollten Beschäftigungsverhältnisse sowohl existenzsichernd als auch qualifikationsadäquat sein. Trotz der zuletzt günstigen Entwicklung am deutschen Arbeitsmarkt ist Vollbeschäftigung noch lange nicht erreicht. Zudem gibt es viele Strukturprobleme: Langzeitarbeitslosigkeit, Fachkräfteengpässe und eine gewisse Polarisierung in der Qualität der Beschäftigung. Auch bestehen regional große Unterschiede in Deutschland und in Europa.

Wer sich mit Fragen zur Nachhaltigkeit beschäftigt, muss sowohl die ernüchternden Befunde und die großen Risiken als auch die ermutigenden ersten Beispiele und Erfolge

H. Heinrichs, G. Michelsen (Hrsg.), *Nachhaltigkeitswissenschaften*,
DOI 10.1007/978-3-642-25112-2, © Springer-Verlag Berlin Heidelberg 2014

zur Kenntnis nehmen, die auf diesem Feld erzielt worden sind. Dies zeigt: Das Thema genießt hohe Priorität und Aktualität. Das Konzept der Leuphana Universität Lüneburg, diese Themen in der wissenschaftlichen Ausbildung zu behandeln, verspricht nicht nur wissenschaftlichen Erkenntnisgewinn, sondern auch konkreten Nutzen für die Studierenden und deren spätere Arbeitgeber. Das Konzept stellt sicher, dass in allen Fach- und Vertiefungsrichtungen das Thema Nachhaltigkeit mit einem gemeinsamen Verständnis behandelt wird – nämlich nicht getrennt nach klassischen Wissenschaftsbereichen, sondern durch ein zumindest phasenweise gemeinsames Studium der Nachhaltigkeitswissenschaften. Die oft geforderte, selten erreichte, intensive Vernetzung der Wissenschaftsgebiete ist also schon im Curriculum angelegt. Sie konkretisiert sich in der täglichen Arbeit und in der persönlichen Erfahrung der Studierenden und der Lehrkräfte.

An dieser Stelle sei daran erinnert, dass es auch in der Bundesagentur für Arbeit zunächst ganz überwiegend Juristen waren, die dort das Sagen hatten. Heute jedoch rekrutiert sich unser Führungspersonal aus den verschiedensten akademischen Fachrichtungen, darunter etwa Betriebswirte, Pädagogen und Ärzte. Die damit verbundene interdisziplinäre Problemsicht ist nachweislich erfolgreicher als die einseitige rechtliche Vollzugsperspektive.

Ein weiterer Aspekt aus der Arbeit der Bundesagentur soll diesen Gedanken verdeutlichen: Wir haben das *Center for Leadership and Values in Society* der Universität St. Gallen damit beauftragt, nicht nur die Ergebnisse unserer Arbeit und den Grad unserer Zielerreichung zu beurteilen, sondern auch den *Public Value*, den wir generieren. Denn nur ein Unternehmen, das auch einen nachhaltigen gesellschaftlichen Nutzen stiftet, kann langfristig bestehen. Für Unternehmen, Organisationen, staatliche Institutionen, aber auch für Individuen wurden Leitlinien definiert, deren Einhaltung *Public Value* und Nachhaltigkeit gewährleisten soll (vgl. den Schweizer Dialog unter www.schweizerdialog.ch): Schäden für die Gesellschaft weder fördern noch dulden, gesellschaftliche Wertschöpfung anstreben, langfristige Profitabilität sicherstellen und Anstand in Graubereichen zeigen.

Letztgenannter Punkt verweist auf die Tatsache, dass Unternehmen auch dann gesellschaftlichen Schaden verursachen können, wenn sie sich formal gesetzeskonform verhalten. Denn nicht alles, was legal ist, ist auch legitim. Die vorstehend genannten Kriterien schaffen für die Studentinnen und Studenten der Nachhaltigkeitsstudiengänge Gewissheit. Die Inhalte und die Art der Beschäftigung mit den Inhalten sind für die Gesellschaft, für den einzelnen Menschen und für die Wirtschaft wichtig und dringlich. Wir wissen heute aus Untersuchungen zur Zufriedenheit mit und zum Erfolg in Berufen, dass für immer mehr Menschen nicht alleine materielle Anreize zählen. Vielmehr ist ihnen auch wichtig, in ihrer Arbeit etwas Sinnvolles, Wertvolles und Nachhaltiges leisten zu können. Arbeitgeber, die unternehmerischen Erfolg mit diesen Erwartungen überwiegend junger Menschen verbinden können, werden als attraktiv wahrgenommen. Sie ziehen die „Besten" an und werden deshalb Spitzenleistungen im Markt erreichen.

So wichtig und positiv diese Aspekte auch sind – sie spielen für den Berufseinstieg und die berufliche Entwicklung bislang kaum eine Rolle. Viele Firmen sind heute noch funktional organisiert, d. h. sie schreiben eine Stelle etwa für eine Controllerin, einen Personalfachwirt oder einen Elektroingenieur aus. Zweifelsohne ist es sehr wichtig, dass angehende Akademikerinnen und Akademiker ein solches konventionelles Fachprofil vorweisen können. Wenn sie jedoch darüber hinaus über Wissen und Erfahrung z. B. im Nachhaltigkeitsmanagement verfügen, sind sie in jedem Fall für solche Unternehmen interessant, die dessen Bedeutung erkannt und zum Teil ihrer Unternehmensphilosophie gemacht haben.

Nachhaltigkeitsmanagement stellt eine Querschnittsfunktion dar. Diese setzt interdisziplinäres Denken und Arbeiten voraus. Daher ist es für die Vorbereitung auf diese Aufgabe entscheidend, bereits im Studium mit der Komplexität umzugehen, die sich aus den verschiedenen disziplinären Perspektiven ergibt. Es gilt, diese Komplexität zu strukturieren, vielfältige Aspekte gegeneinander abzuwägen und daraus schließlich Handlungen abzuleiten. Mit einmaliger Ausbildung jedoch ist es in einem komplexen, sich stetig wandelnden Arbeitsfeld nicht getan. Vielmehr ist eine laufende Anpassung an die technologische und gesellschaftliche Entwicklung unabdingbar. Daher werden Weiterbildung und lebenslanges Lernen auch nach Abschluss des Studiums von Bedeutung bleiben. Die Bundesagentur für Arbeit hat diesen Markt für alle transparent gemacht und nach Kräften unterstützt, denn nur so kann ein nachhaltig guter Arbeitsmarkt entstehen. Die Initiativen der Bundesagentur für Arbeit zielen darauf ab, den notwendigen Strukturwandel zu begleiten, Menschen zu eigenverantwortlichem Handeln zu ermutigen und dem Konzept lebenslangen Lernens in der Arbeitswelt mehr Geltung zu verschaffen – weg von einmaligen Abschlüssen hin zu dynamischen Arbeits- und Lernbiographien.

Profitieren könnten aber auch diejenigen Unternehmen, bei denen dies noch nicht der Fall ist, die aber die Notwendigkeit sehen, sich verstärkt mit der Herausforderung Nachhaltigkeit auseinanderzusetzen. Das Interesse der Wirtschaft dürfte weiter wachsen, wenn die Absolventinnen und Absolventen in ihren Unternehmen unter Beweis gestellt haben, dass nachhaltiges Wirtschaften auch ökonomisch vorteilhafter ist als der kurzfristige Raub von Ressourcen zu Lasten Dritter.

Nürnberg, im Sommer, 2013   Frank-Jürgen Weise
                                                    (Präsident der Bundesanstalt für Arbeit)

Sachverzeichnis

H. Heinrichs, G. Michelsen (Hrsg.), *Nachhaltigkeitswissenschaften*,
DOI 10.1007/978-3-642-25112-2, © Springer-Verlag Berlin Heidelberg 2014

Printed by Printforce, the Netherlands